国家出版基金项目

《中国河湖大典》编纂委员会 编著

Compiled by: Editorial Committee of Encyclopedia of Rivers and Lakes in China

中国河湖大典

ENCYCLOPEDIA OF RIVERS AND LAKES IN CHINA

【西北诸河卷】

SECTION OF RIVER BASINS IN NORTHWEST REGION

中国水利水电出版社
China Water & Power Press

封面题字　敬正书

图书在版编目（CIP）数据

中国河湖大典 = Encyclopedia of rivers and lakes in China. 西北诸河卷 /《中国河湖大典》编纂委员会编著. -- 北京：中国水利水电出版社，2014.8
ISBN 978-7-5170-2566-5

Ⅰ. ①中… Ⅱ. ①中… Ⅲ. ①河流－概况－中国②湖泊－概况－中国③河流－概况－西北地区④湖泊－概况－西北地区 Ⅳ. ①K928.4

中国版本图书馆CIP数据核字(2014)第220819号

审图号：GS（2013）2626号

书　名	**中国河湖大典　西北诸河卷** ENCYCLOPEDIA OF RIVERS AND LAKES IN CHINA SECTION OF RIVER BASINS IN NORTHWEST REGION
版　权	《中国河湖大典》编纂委员会 中国水利水电出版社
出版发行	中国水利水电出版社 （北京市海淀区玉渊潭南路1号D座　100038） 网址：www.waterpub.com.cn E-mail: sales@waterpub.com.cn 电话：（010）68367658（发行部）
经　售	北京科水图书销售中心（零售） 电话：（010）88383994、63202643、68545874 全国各地新华书店和相关出版物销售网点
排　版	中国水利水电出版社微机排版中心
印　刷	北京新华印刷有限公司
规　格	210mm×285mm　16开本　27.5印张　1290千字　3插页
版　次	2014年8月第1版　2014年8月第1次印刷
印　数	0001—3000册
定　价	**278.00元**

凡购买我社图书，如有缺页、倒页、脱页的，本社发行部负责调换

版权所有·侵权必究

《中国河湖大典》编纂委员会

主　任：敬正书

副主任：矫　勇　　周　英　　陈小江

委　员：（按姓名笔画排序）

于　睿	于丛乐	王世江	王仕尧	王扬俊	王全胜	王孝忠
王宏江	王忠法	王晓东	戈　锋	文　明	邓　坚	叶建春
叶勇义	史会云	白玛旺堆	匡尚富	吕振霖	仲　刚	朱开茗
朱芳清	朱宪生	任宪韶	庄　先	刘　震	刘水在	刘兰育
刘伟民	刘雅鸣	汤鑫华	许文海	孙砚方	孙晓山	孙继昌
孙雪涛	纪　冰	杜昌文	李代鑫	李英明	李国英	李洪波
李清林	杨志英	肖　友	吴存荣	吴洪相	冷　刚	宋光禄
宋继峰	张红兵	张志彤	张拓原	张金如	张绮文	张嘉毅
张德新	陆　兵	陈　川	岳中明	金俊杰	周日方	周运龙
周学文	郑连第	赵　伟	赵文元	钟想廷	段安华	袁进琳
耿福明	顾　浩	党连文	钱　敏	高　波	高而坤	黄柏青
盛维德	康国玺	宿　政	彭述明	董克义	蒋尊玉	韩乃义
程　静	焦志忠	谢承或	蔡其华	谭策吾	黎　平	滕胜叶
潘军峰	戴军勇					

主　编：敬正书

常务副主编：顾　浩　　郑连第

副主编：蔡其华　李国英　钱　敏　邓　坚　任宪韶　岳中明　党连文
　　　　叶建春　刘雅鸣　匡尚富　汤鑫华　戴定忠　胡昌支

《中国河湖大典》专家组

组　　长：郑连第

副组长：焦得生

成　　员：陆孝平　窦以松　李文垠　窦鸿身　赵魁义　徐根才　张卫东

《中国河湖大典》编纂委员会办公室

主　　任：胡昌支

副主任：穆励生　王　丽

成　　员：（按姓名笔画排序）

　　　　　马爱梅　王可欣　王海琴　王德鸿　冯红春　纪　红　吉鑫丽

　　　　　曲大鹏　杜丙照　李忠胜　李金玲　吴　娟　崔志强　程　锐

《西北诸河卷》终审专家：（按姓名笔画排序）

　　　　　丁泽民　李代鑫　张卫东　陆孝平　赵广和　郑连第　顾　浩

　　　　　黄朝忠　焦得生

黄河分支编纂委员会
（西北诸河卷）

主任委员：李国英　陈小江

副主任委员：郭国顺　张晓宁
　　　　　　陈荣仲　刘　斌
　　　　　　薛塞光　陈　欣
　　　　　　裴　群　李润锁
　　　　　　于合群　武轶群
　　　　　　邓铭江

委　员：侯全亮　李景宗　杨含侠
　　　　安新代　夏明海　张金良
　　　　董保华　袁崇仁　赵　勇
　　　　周月鲁　孙广生　牛玉国
　　　　李文学　骆向新　郑胜利
　　　　孙爱霞　朱光荣　李甲林
　　　　王昕华　吴黎明　高建民
　　　　渠性英　许　灏　傅　华
　　　　刘照渊　张曼志　尚　文

主　编：李国英　陈小江

副主编：郭国顺　庄景林　郑胜利

执行主编：胡志扬　栗　志　王梅枝

执行副主编：铁　艳

审稿专家：庄景林　邱宝冲　赖世熹
　　　　　张汝翼　宋玉杰　张国泰
　　　　　周　侃　徐海亮

统　稿：邱宝冲　赖世熹　张汝翼
　　　　铁　艳

照片摄影或提供：黄宝林

地图策划：智文河

地图设计：刘寅生

地图编辑：刘寅生　陈艳枝　马福星
　　　　　贾红玲　柳金枝　崔晓惠
　　　　　浮怀鹏　李知音　王晓红
　　　　　冯晓辉　张戈兰　段晓峰

地图审定：刘豪杰　朱圣世　高庆方
　　　　　智文河　邱宝冲　赖世熹

制　表：赖世熹　邱宝冲　铁　艳

编　辑：王继和　于自力　陈晓梅
　　　　刘红梅　张小莲

西北诸河卷编纂人员

青海省水利厅

主要负责人：张晓宁

审　稿：李　杰　孙爱霞　王绒艳
　　　　周茏荪　崔德维　云　涌
　　　　韩　荣　杜文忠

统　稿：云　涌　王绒艳

撰稿人：王绒艳　云　涌　韩　荣
　　　　杜文忠

摄　影：霍列东　王武龙　马生录

绘　图：云　涌　杜文忠

制　表：王绒艳　韩　荣

新疆维吾尔自治区水利厅

《中国河湖大典》新疆编纂委员会

主任委员：王世江

副主任委员：邓铭江
　　　　　　凯色尔·阿不都卡德尔
　　　　　　王志杰

委　员：（按姓名笔画排序）
　　　　王　兵　王　忠　王　波
　　　　王　新　王　毅　王存禄
　　　　王伟成　王炳炬　王新平
　　　　木合塔尔·托合于甫　孔繁新
　　　　朱俊峰　闫　海　孙海军
　　　　杜　强　李学军　李铭利
　　　　吴江宁　张志良　张俊民
　　　　陈　平　尚　文　房延军
　　　　秦继军　袁新梅　党新成
　　　　高亚平　黄凯乾　曹培武
　　　　崔　毅　韩　民　甄文旭

编纂委员会办公室成员

主　任：章曙明

副主任：王　丹　刘洪祥　肖重华

成　员：巴哈提·努拉力汗　王新辉
　　　　尤平达　吴素芬　李新贤
　　　　商思臣

编　纂　工　作　人　员

主　编：王世江

副主编：章曙明（常务）
　　　　王志杰　邓铭江
　　　　凯色尔·阿不都卡德尔

主要执笔人：章曙明　谭平安
　　　　　　吴肇基　龚　原
　　　　　　耿曙萍　马金玲

制图及主要参编人：
　　　　巴哈提·努拉力汗
　　　　王姣妍　魏　琳
　　　　由希尧
　　　　阿迪力·艾则孜
　　　　刘超英　王向东

《中国河湖大典》新疆部分其他参编人员

（按姓名笔画排序）

丁　轲	王秀凤	王近芳	王顺德	苏颖军	杨玉峰	杨　青	杨建明
王前进	王能英	王意军		杨浩宇	李宇安	李进准	李学军
木合塔·买买提	木哈西·阿力克拜			李建龙	吾甫尔·努尔丁	轩辕小路	
邓　洪	邓　勤	卢新荣	冯　军	肖重华	邱景军	何　霖	冶永新
吉顺胜	吉保龙	亚生·玉素甫		张节经	张林海	张国庆	张依国
朱　雷	刘武林	刘焕友	刘新国	张淑华	张锦辉	阿达来提·吐尔地	
汤世珍	许贤祥	孙本国	苏国富	陈　平	陈　祁	陈艳红	陈海鹰

努尔兰·加列力　努尔拉·吾守　　　　　　牙生·玉素甫　牙森·玉素甫
武迎一　若孜汗·塔依尔　欧阳军　　　　阎　斌　杨　森　杨永胜
欧阳宏涛　周国创　房延军　孟玉国　　　杨浩宇　伊力哈木·依明
赵　晔　胡光丽　钟开智　祝　伟　　　　章曙明　张锦辉　张明煊
骆俊斌　袁　培　袁怀冰　柴尚志　　　　张　翔　张权荣　翟世华
恩　和　徐伟伟　高建芳　郭文才　　　　朱　健
陶天亮　曹培武　盛　玲　雪新丽　　照片提供：阿克苏水文水资源勘测局
崔新文　彭家著　董克鹏　路文波　　　　　　　　巴州水利局
蔡文梅　　　　　　　　　　　　　　　　　　　　博州水利局
摄　影：艾麦尔江　艾尼·热合曼　　　　　　　　昌吉州水利局
　　　　白永宏　波拉特·吾拉力别克　　　　　　昌吉水文水资源勘测局
　　　　曹建国　程　鹏　董克鹏　　　　　　　　哈密水利局
　　　　丁　宁　范忠盛　高　波　　　　　　　　哈密水文水资源勘测局
　　　　耿曙萍　龚　原　郭红蔚　　　　　　　　和田水利局
　　　　郭　磊　韩兴胜　胡莲莲　　　　　　　　和田水文水资源勘测局
　　　　江　鸿　孔新学　　　　　　　　　　　　喀什水文水资源勘测局
　　　　库鲁巴依·吾布力　　　　　　　　　　　克拉玛依水利局
　　　　兰文军　梁建辉　李鸿安　　　　　　　　克州水文水资源勘测局
　　　　李卫东　刘建江　李龙池　　　　　　　　石河子水文水资源勘测局
　　　　刘志虎　刘　伟　刘　念　　　　　　　　塔城水利局
　　　　罗光明　马金玲　　　　　　　　　　　　塔城水文水资源勘测局
　　　　孟古别克·俄布拉依汗　　　　　　　　　吐鲁番水利局
　　　　木明江·吾守尔　裴晶晶　　　　　　　　吐鲁番水文水资源勘测局
　　　　秦　杰　任　军　沙　波　　　　　　　　乌鲁木齐水利局
　　　　石秋池　苏宏超　谭平安　　　　　　　　乌鲁木齐水文水资源勘测局
　　　　王新辉　吾甫尔·努尔丁　　　　　　　　伊犁州水利局

甘肃省水利厅

审　定：魏宝君　　　　　　　　　　　　姚恩惠　王　军　陈　文
审　核：杨成有　　　　　　　　　　　　郭玲萍　王兴邦　王　鑫
主　编：周　侃　　　　　　　　　　　　王　岩　杜志勇　刘若琼
　　　　　　　　　　　　　　　　　　　王继宗　安俊廷　孙富华
副主编：吕来瑞　吕迪祥　杜成义　　　　谢登禄　陈其胜　刘义强
撰　稿：周　侃　侯知宇　马继民　　　　马俊峰　韩　平　邓有福
　　　　关茂珍　马　晶　刘厚望　　　　冯自雄　乔宝花　臧烜德
　　　　谢　臻　焦心武　高建芳　　　　尚克兵　葛　贵　慰光文

李世英	编　图：张正强　王启优　郭西峰
摄　影：周　侃	冯小燕
提供照片：马国印	制　表：周　侃

内蒙古自治区水利厅
《西北诸河卷》内蒙古编辑委员会

主　　任：戈　锋	包小庆　任于幽　刘　祥
副主任：冯国华　周秀峰　于长剑	刘玉国　李树彬　李建国
牛　明　康　跃　路二文	邵国清　宝力特　郑春茂
李　旭　吴黎明	杨　茂　张中山　赵焕勋
委　员：（以姓名笔画为序）	赵明宇　高　娃　徐海源
于铁柱　云雪峰　云小林	郭少宏　曾翠英　翟力康
王　忠　王向东　王南风	主　编：戈　锋
王宝林　王荣祥　王海军	常务副主编：牛　明
王继军　巴利平　生效有	副主编：吴黎明　生效有

编 委 会 办 公 室

主　　任：曾翠英　李建国	审　稿：孙秀堂
执行编辑：李建国　杨亚军	统　稿：杨亚军　郭宝丽
编　辑：郭宝丽　袁金梁　常淑英	撰　稿：孙秀堂　杨亚军　郭宝丽
张竹琴	袁金梁　常淑英　张竹琴
摄　影：王　智	编图制表：袁金梁　任建国
照片提供：梁　勇　巴雅尔图	
杨　孝　李建也　孙　磊	
韩　钢　哈　斯	

编修当代水经　服务千秋伟业
——《中国河湖大典》序

水是人类和一切生物生存的物质基础，是发展经济、保护环境、改善民生的基础性自然资源和战略性经济资源。我国幅员辽阔，地形多样，气候复杂，河湖众多，流域面积超过 1 000 平方千米的河流有 1 500 多条，湖水面积在 1 平方千米以上的湖泊达 2 939 个。先民逐水而居，以水为伴，既享受江河湖泊的恩惠，也遭受洪魔旱魃的侵扰。从大禹治水开始，中华民族始终在同水旱灾害作斗争。上下 5 000 年，一部中国历史，从一定意义上讲，也是中国人民兴水利、除水害的历史。

"善治国者先治水"。新中国成立以来，党和政府带领全国人民开展了大规模水利建设，初步形成了防洪、排涝、灌溉、供水、发电等比较完整的水利工程体系，全国已建成江河堤防 28.69 万千米，是新中国成立之初的 7 倍，相当于环绕地球赤道 7 圈多；各类水库数量从 1 223 座增加到 2008 年的 86 353 座，总库容从约 200 亿立方米增加到 6 924 亿立方米；供水量从 1 031 亿立方米增加到 5 828 亿立方米；农田有效灌溉面积从新中国成立之初的 2.4 亿亩扩大到目前的 8.77 亿亩；累计解决了 2.72 亿农村人口的饮水困难和 1.65 亿农村人口的饮水不安全问题，以及 3 亿多无电人口的用电问题；治理水土流失面积 101.6 万平方千米。我国以占世界 6％的淡水资源、9％的耕地养育了占世界 21％的人口并向全面小康社会迈进，这是中华民族 5 000 年文明史上前所未有的伟大成就，也是中国人民对世界发展作出的巨大贡献。

当前和今后一个时期，我国正处于全面建设小康社会、加快推进社会主义现代化的关键阶段。人多水少，水资源时空分布不均、水土资源与生产力布局不相匹配，是我国将要长期面对的基本水情。特别是受全球气候变化影响，近年来我国极端水旱灾害事件呈多发频发突发趋势，洪涝灾害、干旱缺水、水体污染和水土流失等水问题更加复杂。党和政府高度重视解决水问题，把节约资源、保护环境作为基本国策，大力倡导并深入落实科学发展观。水利部门结合实际提出了可持续发展治水思路，坚持以人为本，坚持人与自然和谐，以民生水利发展为重点，以节水防污型社会建设为途径，以水资源可持续利用为目标，对水资源进行合理开发、高效利用、综合治理、优化配置、全面节约、有效保护和科学管理，推进传统水利向现代水利、可持续发展水利转变，以水资源的可持续利用保障经济社会的可持续发展。我们期望并且坚信，到 2020 年我国全面建设小康社会目标实现之时，人民群众的防洪安全将得到可靠保障，城乡居民普遍享有安全清洁的饮用水，水环境和水生态状况显著改善，祖国的山更绿、水更清、天更蓝。

盛世修典是中华民族的优良传统。作为水资源主要载体和水旱灾害的地表源头，河流和湖泊历来受到高度重视，描述河湖的文献成为中华民族文化宝库中的重要典藏。公元 6 世纪郦道元所著的《水经注》，以更早记载我国江河水道的古书——《水经》为纲，溯源探流，访渎搜渠，以辞约意丰、情韵悠然的笔触，记述了 1 500 多年前我国自然地理、人文地理、历史地理面貌，成为后世人们了解全国水资源、水环境及其开发利用状况的主要依据。其后，历代也出现过一些描述河湖的文献，但其内容的广度和深度都无法与《水经注》相比。今人为此作出过很多努力，出版了一些有关中国河湖及水资源的书籍，但仍未能反映我国河湖水系的全貌。新世纪以来，随着经济社会发展和水资源条件变化，随着治水思路调整和水利实践深入，编纂出版《中国河湖大典》（以下简称《大典》），全面、准确地反映我国江河湖泊的历史和现状，弘扬、传承中华水文化，引导社会科学治水，维护河流生态健康，自然成为水利人和各界有识之士的迫切愿望与神圣使命。

水利部党组高度重视《大典》的编纂出版工作。2004 年 3 月，水利部原部长汪恕诚同志作出批示，请时任水利部党组副书记、副部长的敬正书同志担任全书编委会主任兼主编，组成了由有关司局、流域机构及有关各省、市、自治区水利（务）厅（局）等单位负责人为委员的编委会，下设编委会办公室，组织有关专家成立全书专家组；各流域机构和地方水利部门也成立了相应的工作机构，组织了精干力量。敬正书同志不仅亲自著书、审稿，还多次深入各地指导编纂工作，协调处理编纂过程中遇到的各种困难，创造性地解决了大量关键难题，付出了巨大辛劳。各地撰稿人员和有关专家孜孜不倦、辛勤耕耘，或埋头著述，或字斟句酌，或旁征博引，或探幽发微，奠定了《大典》的基础。全书编委会办公室（中国水利水电出版社）和各地编纂办公室工作人员上下沟通，多方协调，充分发挥了桥梁和纽带作用。《大典》涉及编纂人员数千人，既有水利系统领导干部，也有系统内外专业人才，既有水利水电专家，也有地理学科权威。作者阵容之强大，组织工作之繁复，我国水利出版史鲜见。编纂工作不仅要对已有资料进行系统梳理与整编，还要对许多无人区进行开创性勘探、调查与研究；不仅要纠正历史讹误，明辨是非曲直，努力正本清源，还要秉持科学理念，描绘崭新实践，充实时代元素；不仅要善于突破地理盲区，还要勇于超越思想藩篱。可以说，《大典》不仅是我国江河湖泊面貌和水利实践过程的真实写照，也是"献身、负责、求实"水利行业精神的具体展现。借此机会，谨向参与编纂出版工作的同志们表示由衷的敬意和诚挚的感谢！

《大典》以我国河流湖泊的当代水文水资源状况为主、水利工程建设情况为辅，涉及地理、历史、环境、生态、农业、文化、经济和社会等领域，以现有权威水文资料、史志资料为依托，借鉴《水经注》的行文方式，通过图文并茂的装帧版式，对我国河流湖泊的基本资料进行系统收集、整理、加工和提炼，客观描述当今中国河流湖泊的基本状况，反映21世纪初人类对江河湖泊利用、保护、治理的新理念，是一部具有重要存史价值和重大现实意义的权威工具书，可为水利部门、社会各界乃至国际人士提供新颖、系统、准确、便捷的参考信息，为我国水利事业和经济社会的可持续发展服务。

中华民族悠久灿烂的文明史，中华大地多姿多彩的水景观，孕育了具有鲜明特色的水文化。新中国成立以来波澜壮阔的治水实践和举世瞩目的治水成就，又极大地丰富和发展了水文化。在新的历史时期，我们既要充分认识传统水文化的历史意义和现实价值，对传统水文化进行科学梳理、深入挖掘和系统总结，传承和发扬先进水文化；也要从广泛生动的水利实践中汲取时代精神，在人民群众的治水行动中丰富水文化，在水利事业的发展进步中创新水文化，引导社会建立人水和谐的生产生活方式，促使水文化更好地适应经济社会健康发展的需要。《大典》的编纂是一项浩大的水文化工程，它的问世是水文化建设结出的硕果。《大典》以其所载信息的科学性、准确性、实用性、丰富性和系统性，确立了其在中国水利史册中的权威地位，堪称当代中国的《水经注》。希望广大水利干部职工珍爱《大典》，用好《大典》，使《大典》更好地服务于水利这一千秋伟业，更好地推动社会主义文化大发展大繁荣。

我相信，在科学发展观的引领指导下，在水利部门和社会各界的共同努力下，我国的水利事业必将取得更加辉煌的成就，我国的河流湖泊必将变得更加绚丽多彩、永葆生命健康。

是为序。

中华人民共和国水利部部长 陈雷

2009 年 9 月 27 日

编纂说明

《中国河湖大典》(以下简称《大典》)是一部全面、科学、客观描述中国河流湖泊体系,重要河流湖泊自然、人文状况的大型典籍,由中华人民共和国水利部及其派出的流域管理机构组织各省、自治区、直辖市水行政主管部门负责人、水利系统内外相关专家学者组成的《大典》编纂委员会及其执行机构编纂完成,以供各界人士和有关方面了解或研究河流、湖泊之用。

中国幅员辽阔,不同地域气候、水文千变万化,地形、植被千差万别,河流、湖泊自然面貌千姿百态。中华民族悠久的历史又赋予这些河流湖泊深厚多彩的文化内涵。如何全面真实、深浅适度地将这些信息综合表述在统一的文本之中,现存的文献典籍鲜有可借鉴的先例。因此,编纂《大典》可以说是一项具有挑战性的工作。

《大典》编纂工作在启动伊始就受到社会各方的关注,财政部为此立项,新闻出版总署将其列入"十一五"重点图书出版规划。为保证编纂质量,编纂委员会组织水利、地理、历史等学界专家成立了专家组,各流域机构也组建了编纂机构与工作班子,广揽各方熟悉相关河湖的专家学者、工程技术人员、研究和关心河湖的人士作为撰稿人和审稿人,以使本《大典》更真实、更全面、更权威。

《大典》由序、编纂说明、分卷前言、总论、条目、插图、附表和索引等部分组成,其中条目即全书的正文,是《大典》的主体。各部分的编纂规则如下。

一、条目的含义、选列及编号

1. 含义

条目是《大典》的基本叙述单元,一般一个条目表述一条河流或一个湖泊,所指河湖包括天然河流、天然湖泊、著名的人工河流(包括运河、灌溉水系、引水渠道等)和人工湖泊(水库)。

2. 选列标准

中国河流和湖泊数量巨大,规模和影响差异悬殊,为使全书条目的总数合理,做到各地域间条目数量的大致平衡和内容相称,选列条目时河湖分为两类:第一类是在主要技术参数上达到一定规模的,第二类是规模以下但有特色或重要价值的。

(1)《大典》选列条目标准

达到一定规模的选列条目标准为:

天然河流,流域面积达到或超过1 000平方千米者(包括各级支流);

天然湖泊,水面面积达到或超过10平方千米者;

水库,总库容达到或超过1亿立方米者;

人工渠道,限规模大、历史悠久或社会影响独到者。

规模以下河湖数量众多,其中一些在自然、社会、经济、科技、环境、历史、文化、军事等领域具有突出价值或特殊影响,因此也被列入,称为规模以下列条河湖。这类条目入选的数量控制在第一类条目数量的1.0~1.5倍之间。

（2）其他问题处理原则

1）泉源、瀑布、湿地、水渠和水闸的列条问题。泉源、瀑布一般在相应的河流或湖泊中予以阐述；个别著名或特色突出者单独列条，但严格控制数量；各类湿地因与相关河流、湖泊不可分割，除极个别者外，没有单独列条，其内容在相关的河流、湖泊中阐述。我国水渠和水闸所形成的水域数量很大，它们都是开发治理河湖的工程，故在相应的河湖条目中给予表述。

2）"双源"或"多源"河流的列条问题。由于自然或社会的原因，少数河流没有公认的单一的主源头，而是有两个或多个并列的源头（例如，海河有潮白河、永定河、大清河、子牙河、漳卫南运河等）。此类河流通常既从整体上列选一个条目，在撰写释文时，概述部分以全河流域为撰写范围，说明此河有两个或多个并列的源头；纪实部分则从两源或多源的汇合处写起，直至入河（湖、海）口止；此外，又把两个或多个源头分别作为这条河流最上游的两条或多条支流另列条目。

3）河网或河口的列条问题。平原河网地区，河流的干支关系与一般水系不同。《大典》把一定区域内有水流联系的水网作为一个水系列为条目；而水网中的水流如符合列条要求，就列为该水网的下一级条目。一些河流的河口，水流比较复杂，这一区域也作为一个河网予以列条。

3. 条目篇幅分档

为保持全书内容的分布均衡、繁简适当，《大典》在编纂过程中将条目按其篇幅分为7个层次：①特长条；②长条；③中长条；④中条；⑤中短条；⑥短条；⑦短短条。特长条用于极少数特别重要、内容特别丰富的河流，如长江、黄河；长条用于其他重要干流、特别重要的湖泊，如松花江、辽河、淮河、珠江、太湖、洞庭湖、鄱阳湖等；中长条用于七大流域下的重要支流、重要独流入海河流、重要内陆河流、重要湖泊和特大水库，如汉江、汾河、钱塘江、雅鲁藏布江、塔里木河、洪泽湖、三峡水库等；中条用于比较重要的河流、湖泊和水库，如文峪河、白洋淀、密云水库等；中短条用于一般的河流、一般的湖泊；短条用于其他内容偏少的河湖；短短条用于内容最少的河湖。

4. 条目编号

（1）编号的表达形式

为便于读者阅读，《大典》对选列的河湖条目进行统一编号。每个条目都有唯一的编号，读者根据编号可以方便地查找条目在书中的准确位置。所有编号组成的体系，体现了本书列条的全国河流、湖泊的存在状况及相互关系。

条目编号的表达形式为×.×.×.×.×，其中每个"×"标示水系的一个干支层次，即几级支流。其具体编法是：

1）从左侧开始，第一位×为流域分片的编号，也是该流域干流（一级列条河湖）的编号。水系和水系群体之间的排号顺序以东北为先，后续按顺时针方向依次排列。黑龙江及其流域片为1，辽河及其流域片为2，海河及其流域片为3，黄河及其流域片为4，淮河及其流域片为5，长江及其流域片为6，七大江河之外的独流入海河流为7，珠江及其流域片为8，海岛河流水系为9，内陆水系为10。

2）前两位×.×为二级列条河湖编号。在相应的流域范围内，按二级列条河湖入河口在一级列条河湖干流上从上游到下游的顺序排列。湖泊水系编号与河流水系相同。

3）前三位×.×.×为三级列条河湖编号。在相应的二级列条河湖流域范围内，按三级列条河湖入河口在二级列条河湖干流从上游到下游的顺序排列。其余依此类推。

4）条目编号示例

  6 长江   表示长江水系在全国水系中的编号为6

  6.133 洞庭湖水系   表示洞庭湖水系在长江水系中的编号为133

  6.133.5 湘江   表示湘江在洞庭湖水系中的编号为5

  6.133.5.18 舂陵水   表示舂陵水在湘江水系中的编号为18

  6.133.5.18.3 欧阳海水库   表示欧阳海水库在舂陵水水系中的编号为3

（2）独流入海河流、内流河湖编号

《大典》把位于一个特定地区的七大江河以外的独流入海河流或内流河湖作为一个群体（例如东南诸河、广东沿海诸河、羌塘高原内流河湖等）当作一级水系进行编号，其中的河湖按上述原则依次进行编号。

（3）条目编号与条目总表

全书各卷条目按上述原则编成的条目编号体系形成《大典》条目总表，收录于《综合卷》。

5. 分卷安排

依据前述条目编号体系及各水系的地理位置，全书共分下列10卷：综合卷，黑龙江、辽河卷，海河卷，黄河卷，淮河卷，长江卷（上、下），东南诸河、台湾卷，珠江卷，西南诸河卷，西北诸河卷。

二、条目的结构

条目由条题、释文、示意图、照片等组成，释文是条目的主体。

1. 条题

条题由汉字条题和外文条题组成，外文条题是汉字条题对应的外文译名。

（1）一河多名

一河多名的情况甚多。《大典》规定：以国家明文规定的名字为条题，没有国家明文规定名称的河湖则以一个应用最广、在社会上影响最大的名字作为条题，其他名字则在释文中一一列出。

（2）一河分段异名

一条河流上下游可能存在不同名称。对此，《大典》只选择权威认可的或在社会上最具影响的名字作为条题。如果不具备上述条件，则选择最下游一段河名作为条题。为使读者阅读和检索方便，有必要时，在条题后加括弧注明自上而下的河段名称。

（3）多河或多湖同名

多河或多湖同名者很多。由于在正文和附录中所有条目都是按条目编号排列的，在索引中所有河湖名称后面都注有其所在页码，故同名不会出现混淆问题。少数同名者在条题后面加注了所在地区。

2. 释文

释文是条目的核心内容，其主旨是介绍中国河流、湖泊的基本情况，重点是河湖的自然状况，有关经济、工程、文化、社会、历史的内容力求简洁明了，且紧扣人与河湖的相互关系。

释文一般由三部分组成：①题解，②概述，③纪实。

（1）题解

题解是对条题的概括说明。内容包括：河湖名称、别名、少数民族语言称谓、古名，河湖类型，河系关系，河湖发源地、入河（湖、海）口，流域所处经纬度（字数少的条目省略），干流行经及支流伸展所及省、自治区、直辖市。

（2）概述

概述是对河流、湖泊宏观情况的记述，主要包括下述内容：

1）河湖要素。

天然河流：所在水系、自然环境概要、河道历史变迁、河长、流域面积、多年平均入海（河、湖）水量、输沙量。

天然湖泊：湖河关系、自然环境概要、历史变迁、湖面面积及其丰枯变化、水质及其变化等。

人工河流：功用及开发目标、水系关系、自然环境概要、河长、设计规模、建成时间等。

水库：位置、自然环境概要、功用及开发目标、坝型、坝体主要尺寸、库容、库面面积及其丰枯变化、淤积情况、建成时间等。

2）气候水文。气候、降水、蒸发、多年平均流量、冰情、历史洪水等。

3）减灾兴利。旱涝灾害、水利史概述、水资源开发、防洪、灌溉、治涝、发电、航运、城市供水、水土保持等。

（3）纪实

自源头至入河（湖、海）口，依次记述流经地段、自然状况、人与河湖相互影响，属于微观情况描述。包括：

1）自然状况。地质地貌、水流（流态、变化、特殊洪水、断流、泉源、瀑布、地下河等）、沼泽、环境与生态（植被覆盖、生物资源及其多样性、珍稀动植物）等。

2）水事工程和遗迹。重要堤防、不列条水库、渠道、灌区、灌排设施等。

3）自然资源和社会经济概况。

4）与河湖相关的自然景观与文化遗存。城邑聚落、历史事件、民族文化、风景名胜（世界文化遗产和自然遗产、国家重点文物、国家风景名胜区、国家水利风景区等）、名人胜迹（历史人物在此地值得记忆的与河湖相关的遗迹）等。

5）与条目相关的不列条河湖的特色内容的简要表述。

3. 示意图

在《大典》条目的释文中，附加了一些平面布置图或河流水系示意图、湖区示意图、库区示意图等。

4. 照片

部分条目配有照片，与释文相互印证和烘托。多数照片反映自然生态，也有部分照片反映人文和工程面貌。

5. 其他

（1）水利工程本身的描述原则

《大典》不只是水利著作，故对水利工程不作专业详述，主要记述工程在人与河湖关系中的作用，扼要地反映工程的科学技术水平。

（2）水库的描述原则

水库是作为人工湖泊而列条的。《大典》主要描述其形成、规模、形状，人与水库的关系，经济社会效益，以及相关生态、环境情况。

（3）条目与行政区划的关系

条目撰写以水系为单元，不受行政区划的分割。

三、《大典》的其他组成部分

1. 地图与水系图插页

地图与水系图分为3个层次：

（1）全国地图

包括中国政区图、中国地形图、中国河流水系及水资源分区图等。

（2）大流域和大地区水系图

1）大流域水系图包括七大江河的水系图。

2）大地区水系图包括七大江河水系以外由大地区联系的河湖水系图，涉及东南诸河、西南诸河、西北诸河等。

3）七大江河以外无法划入大地区的河湖，根据水资源分区和流域管理范围，分别划入大流域或大地区。

（3）重要支流水系图

一些大流域或大地区水系图比例尺较小，所展示的内容有限。因此，把大流域、大地区按大支流、干流区间或独立的小流域群分片，绘制若干支流水系图，显示相应范围内的列条河湖的流向及干支关系。

根据《大典》的宗旨，所附地图或水系图与一般的地图不同，其核心内容是河湖水系。除标出居民点等必要信息外，其他内容尽量简化。

2. 附表

（1）全国水系一览表

列条河湖数量有限，为了更全面展示我国河湖总体情况，在《综合卷》中编列了"全国水系一览表"，把收录范围扩大为：河流流域面积100平方千米，湖泊水面面积1平方千米，水库库容100万立方米及其以上规模。

（2）其他附表

为使读者更方便、清晰地了解各列条河湖要素及相关事项，《大典》在各卷之末增列一些附表，如"列条河流一览表"、"列条湖泊一览表"、"列条水库一览表"、"灌溉面积在2万公顷以上的灌区一览表"。

3. 索引

《大典》中河湖数量众多，相互关系错综复杂，为方便读者查阅，每卷后设"条题汉字笔画索引"、"条题外文索引"和"内容索引"。内容索引中的河湖名有黑体和宋体两种，黑体为列条河湖，宋体为列条河湖的别称、又称和未列条河湖。内容索引中宋体的河湖名在释文中用楷体标示，以方便检索。释文中标示为斜体的为列条河湖名，表示读者可在专条查阅该河湖的知识，此处不赘述。

《西北诸河卷》前言

西北诸河包括青海、新疆的羌塘高原，新疆塔里木内流区、艾比湖水系、准噶尔盆地河湖、乌伦古湖水系、吐哈—巴依盆地河湖，青海柴达木盆地河湖、青海湖水系，甘肃和内蒙古的河西走廊—阿拉善河湖水系，内蒙古高原内流区河湖，中哈跨界河流水系（额敏河、伊犁河、额尔齐斯河等）等。除额尔齐斯河为外流河水系外，其余均为内陆河湖水系。西北诸河地处我国西北干旱地区，降水稀少，蒸发强烈，气候干燥，水资源是这些地区最重要、最宝贵的自然资源。因此，西北诸河在我国大西北开发战略和经济社会可持续、和谐发展中，具有十分重要的战略意义。

《中国河湖大典·西北诸河卷》（以下简称《西北诸河卷》），是一部全面反映西北诸河的自然状况，真实记录西北诸河的变迁、治理、保护和开发利用的历史和现状，以及各河湖水系丰富多彩的文化遗存的重要基础性文献。《西北诸河卷》的编纂出版，为广大读者提供了系统、准确、丰富、新颖的河湖信息和人文史实，为世人了解西北诸河、关爱大西北、治理保护和开发建设大西北服务。

西北诸河分布地域辽阔，土地面积广大，情况复杂，资料稀缺，因此《西北诸河卷》的编纂出版应是一部十分珍贵的文献。根据《中国河湖大典》编纂宗旨和分工，水利部黄河水利委员会（以下简称黄委）负责组织黄河及西北诸河卷的编纂工作。2004年8月，黄委成立了编纂委员会，下设办公室，具体负责编纂工作的实施，流域片新疆、青海、甘肃、内蒙古等省（自治区）水利厅（局）也分别设立相应的编纂机构。2007年4月，黄委又成立了中国河湖大典黄河及西北诸河卷专家组，负责技术指导、咨询和技术把关，部分专家直接参加了编纂工作。

《西北诸河卷》共编列658个条目，其中河流402条，湖泊170条，水库73条，其他13条。所列附表有4种，即西北诸河卷列条河流一览表，西北诸河卷列条湖泊一览表，西北诸河卷列条水库一览表，西北诸河卷灌溉面积在2万公顷以上的灌区一览表。

《西北诸河卷》附有大流域（区）水系图、各分区水系图和重要支流水系示意图15幅，即"西北诸河水系图""羌塘高原（青海、新疆部分）内流区水系图""塔里木内流区水系图""艾比湖水系示意图""玛纳斯湖水系示意图""博格达山北麓水系示意图""乌伦古湖水系示意图""北塔山诸小河水系示意图""吐哈—巴伊盆地河湖水系图""柴达木盆地河湖水系图""青海湖水系图""河西走廊—阿拉善内流区河湖水系图""内蒙古高原内流区河湖水系图""中哈跨界内陆河水系图""额尔齐斯河境内水系图",此外还有其他支流、湖泊等示意图43幅,彩色照片422张。

《西北诸河卷》的编纂工作,大部分任务主要由新疆、青海、甘肃、内蒙古等省(自治区)水利厅(局)承担,羌塘高原青海部分由南京地理湖泊研究所承担,大区和各分区水系图、示意图主要由黄委承担。

在《西北诸河卷》编纂工作中,得到了水利部、黄委和各省(自治区)水利厅(局)领导及有关专家的大力支持,参加编纂工作的全体人员和专家为此倾注了大量心血,付出了极大的艰辛和努力。在此,我们谨向他们表示衷心的感谢!

由于资料浩瀚,时间紧促,水平有限,在编纂工作中难免出现疏漏和不足之处,诚请广大读者批评指正。

编者

目　　录

编修当代水经　服务千秋伟业——《中国河湖大典》序
编纂说明
《西北诸河卷》前言

内 陆 河 湖 水 系
Inland Rivers and Lakes

一、羌塘高原内流区河湖
Endorheic Rivers and Lakes in Qiangtang Plateau

10.3　羌塘高原内流区河湖（Endorheic Rivers and Lakes in Qiangtang Plateau）……………………… *1*	10.3.204.2　跑牛河（Paoniu River）………… *12*
10.3.190　盐湖（Yanhu Salt Lake）………… *3*	10.3.204.3　小沙河（Xiaosha River）……… *13*
10.3.191　海丁诺尔（Haidingnuoer Lake）… *4*	10.3.205　阿牙克库木湖（Ayakekumu Lake）… *13*
10.3.191.1　海丁河（Haiding River）……… *4*	10.3.205.1　依协克帕提河（Yixiekepati River）… *14*
10.3.192　库赛湖（Kusai Lake）…………… *4*	10.3.205.1.1　依协克帕提湖（Yixiekepati Lake）… *14*
10.3.192.1　库赛河（Kusai River）………… *5*	10.3.205.1.2　库木开日河（Kumukairi River）… *15*
10.3.193　卓乃湖（Zhuonai Lake）………… *5*	10.3.205.1.3　皮提勒克河（Pitileke River）… *15*
10.3.193.1　卓乃河（Zhuonai River）……… *6*	10.3.205.2　色斯克亚河（Sesikeya River）… *15*
10.3.194　错达日玛（Cuodarima Lake）…… *6*	10.3.205.3　库木库勒湖（Kumukule Lake）… *16*
10.3.195　可考湖（Kekao Lake）…………… *7*	10.3.205.4　克其克库木库勒湖（Keqikekumukule Lake）……………………………………… *16*
10.3.196　可可西里湖（Kekexili Lake）…… *7*	10.3.205.5　贝勒克勒克湖（Beilekeleke Lake）… *16*
10.3.196.1　饮马湖（Yinma Lake）………… *7*	10.3.206　鲸鱼湖（Jingyu Lake）…………… *16*
10.3.197　勒斜武担湖（Lexiewudan Lake）… *8*	10.3.206.1　玉浪河（Yulang River）……… *17*
10.3.198　涟湖（Lianhu Lake）……………… *8*	10.3.207　阿其格库勒湖（Aqigekule Lake，Aqqikkol Lake）……………………………… *17*
10.3.199　月亮湖（Yueliang Lake）………… *8*	10.3.207.1　哈夏克力克河（Haxiakelike River）… *17*
10.3.200　移山湖（Yishan Lake）…………… *9*	10.3.207.2　艾梗乌塔木各河（Aigengwutamuge River）……………………………………… *18*
10.3.201　西金乌兰湖（Xijinwulan Lake）… *9*	10.3.207.3　阿其格库勒河（Aqigekule River）… *18*
10.3.201.1　洪水河（Hongshui River）…… *9*	10.3.207.3.1　月牙河（Yueya River）……… *18*
10.3.201.2　倒流沟河（Daoliugou River）… *10*	10.3.208　塔什库勒湖（Tashikule Lake）… *18*
10.3.201.3　陷车河（Xianche River）……… *10*	10.3.209　朝勃湖（Chaobo Lake）………… *19*
10.3.201.3.1　永红湖（Yonghong Lake）… *10*	10.3.210　长虹湖（Changhong Lake）…… *19*
10.3.201.4　还东河（Huandong River）…… *10*	10.3.211　半岛湖（Bandao Lake）………… *19*
10.3.202　明镜湖（Mingjing Lake）……… *11*	10.3.212　黄草湖（Huangcao Lake）……… *19*
10.3.202.1　盼来沟河（Panlaigou River）… *11*	10.3.213　工字湖（Gongzi Lake）………… *20*
10.3.202.2　明镜西河（Mingjingxi River）… *11*	10.3.214　阿克赛钦湖（Akesaiqin Lake）… *20*
10.3.202.2.1　节约湖（Jieyue Lake）……… *11*	10.3.215　萨利吉勒干南库勒湖（Salijilegannankule Lake）… *20*
10.3.203　豌豆湖（Wandou Lake）………… *12*	10.3.216　列腾格湖（Lietengge Lake）…… *21*
10.3.204　乌兰乌拉湖（Wulanwula Lake）… *12*	
10.3.204.1　等马河（Dengma River）……… *12*	

二、塔里木内流区河湖
Endorheic Rivers and Lakes in Talimu Basin

10.4 塔里木内流区河湖（Endorheic Rivers and Lakes in Talimu Basin） …… 22	10.4.2.1.1.11 恰尔隆萨依河（Qiaerlongsayi River） …… 55
10.4.1 罗布泊（Luobupo Lake，Lop Nur Lake） …… 27	10.4.2.1.1.12 霍什拉甫河（Huoshilafu River） …… 55
10.4.1.1 孔雀河（Kongque River） …… 29	10.4.2.1.1.13 棋盘河（Qipan River） …… 56
10.4.1.1.1 博斯腾湖（Bositeng Lake，Bosten Lake） …… 31	10.4.2.1.1.14 东方红水库（Dongfanghong Reservoir） …… 56
10.4.1.1.1.1 大盐湖（Dayan Lake） …… 32	10.4.2.1.1.15 依干其水库（Yiganqi Reservoir） …… 56
10.4.1.1.1.2 乌什塔拉河（Wushitala River） …… 32	10.4.2.1.1.16 艾里西湖水库（Ailixihu Reservoir） …… 57
10.4.1.1.1.3 曲惠沟（Quhuigou River） …… 33	10.4.2.1.1.17 苏库恰克水库（Sukuqiake Reservoir） …… 57
10.4.1.1.1.4 清水河（Qingshui River） …… 33	
10.4.1.1.1.5 黄水沟河（Huangshuigou River） …… 34	10.4.2.1.1.18 提孜那甫河（Tizinafu River） …… 57
10.4.1.1.1.6 开都河（Kaidu River） …… 34	10.4.2.1.1.18.1 柯克亚河（Kekeya River） …… 59
10.4.1.1.1.6.1 扎格斯台河（Zhagesitai River） …… 36	10.4.2.1.1.18.2 乌鲁克河（Wuluke River） …… 59
10.4.1.1.1.6.2 依克赛河（Yikesai River） …… 37	10.4.2.1.1.19 前进水库（Qianjin Reservoir） …… 60
10.4.1.1.1.6.3 赛日木河（Sairimu River） …… 37	10.4.2.1.1.20 红海水库（Honghai Reservoir） …… 60
10.4.1.1.1.6.4 萨恨图海河（Sahentuhai River） …… 37	10.4.2.1.1.21 小海子水库（Xiaohaizi Reservoir） …… 60
10.4.1.1.1.6.5 阿仁萨恨图海河（Arensahentuhai River） …… 37	10.4.2.1.1.22 永安坝水库（Yonganba Reservoir） …… 61
	10.4.2.1.1.23 上游水库（Shangyou Reservoir） …… 61
10.4.1.1.1.6.6 哈尔嘎特郭勒河（Haergateguole River） …… 37	10.4.2.1.2 喀什噶尔河（Kashigaer River） …… 61
10.4.1.1.1.6.7 察汗乌苏水库（Chahanwusu Reservoir） …… 38	10.4.2.1.2.1 喀拉铁热克河（Kalatiereke River） …… 65
10.4.1.1.1.6.8 察汗乌苏河（Chahanwusu River） …… 38	10.4.2.1.2.2 卓尤勒干苏河（Zhuoyoulegansu River） …… 65
10.4.1.1.1.6.9 大山口水库（Dashankou Reservoir） …… 38	10.4.2.1.2.3 玛尔坎苏河（Maerkansu River） …… 65
10.4.1.1.1.6.10 乌拉斯台河（Wulasitai River） …… 38	10.4.2.1.2.4 康苏河（Kangsu River） …… 66
10.4.1.1.2 铁门关水库（Tiemenguan Reservoir） …… 39	10.4.2.1.2.5 阿依嘎尔特河（Ayigaerte River） …… 66
10.4.1.1.3 希尼尔水库（Xinier Reservoir） …… 39	10.4.2.1.2.6 卡浪沟吕克河（Kalanggouluke River） …… 67
10.4.1.1.4 库塔干渠（Kuta Channel） …… 39	10.4.2.1.2.6.1 库孜滚河（Kuzigun River） …… 67
10.4.1.1.5 阿克苏甫水库（Akesufu Reservoir） …… 40	10.4.2.1.2.7 吐曼河（Tuman River） …… 67
10.4.1.1.6 科克苏湖（Kekesu Lake） …… 40	10.4.2.1.2.8 盖孜河（Gaizi River） …… 68
10.4.2 台特马湖（Taitema Lake） …… 40	10.4.2.1.2.8.1 开牙克巴什河（Kaiyakebashi River） …… 69
10.4.2.1 塔里木河（Talimu River，Tarim River） …… 40	10.4.2.1.2.8.2 阿拉木特河（Alamute River） …… 70
10.4.2.1.1 叶尔羌河（Yeerqiang River，Yarkand River） …… 43	10.4.2.1.2.8.3 琼库勒巴什湖（Qiongkulebashi Lake） …… 70
10.4.2.1.1.1 纳赫什河（Naheshi River） …… 48	10.4.2.1.2.8.4 康西瓦河（Kangxiwa River） …… 70
10.4.2.1.1.2 阿克塔河（Aketa River） …… 48	10.4.2.1.2.8.4.1 喀拉库勒湖（Kalakule Lake） …… 71
10.4.2.1.1.3 麻扎达拉沟（Mazhadalagou River） …… 49	10.4.2.1.2.8.5 布伦库勒湖（Bulunkule Lake） …… 71
10.4.2.1.1.4 苏勒库瓦提河（Sulekuwati River） …… 49	10.4.2.1.2.8.6 维他克河（Weitake River） …… 71
10.4.2.1.1.5 克勒青河（Keleqing River） …… 49	10.4.2.1.2.8.7 乌鲁阿特河（Wuluate River） …… 72
10.4.2.1.1.5.1 音苏盖提河（Yinsugaiti River） …… 50	10.4.2.1.2.8.8 且木干河（Qiemugan River） …… 72
10.4.2.1.1.5.2 克里满河（Keliman River） …… 51	10.4.2.1.2.9 恰克马克河（Qiakemake River） …… 72
10.4.2.1.1.6 马尔洋河（Maeryang River） …… 51	10.4.2.1.2.9.1 苏约克河（Suyueke River） …… 73
10.4.2.1.1.7 皮勒河（Pile River） …… 51	10.4.2.1.2.9.1.1 托云萨依河（Tuoyunsayi River） …… 74
10.4.2.1.1.8 巴什却甫河（Bashiquefu River） …… 51	10.4.2.1.2.10 布古孜河（Buguzi River） …… 74
10.4.2.1.1.8.1 库浪那古河（Kulangnagu River） …… 51	10.4.2.1.2.11 库山河（Kushan River） …… 76
10.4.2.1.1.9 大同河（Datong River） …… 52	10.4.2.1.2.11.1 沙罕水库（Shahan Reservoir） …… 76
10.4.2.1.1.10 塔什库尔干河（Tashikuergan River） …… 52	10.4.2.1.2.12 依格孜亚河（Yigeziya River） …… 76
10.4.2.1.1.10.1 塔克敦巴什河（Takedunbashi River） …… 54	10.4.2.1.2.13 西克尔水库（Xikeer Reservoir） …… 77
10.4.2.1.1.10.2 塔合曼河（Taheman River） …… 54	10.4.2.1.2.14 硝尔库勒湖（Xiaoerkule Lake） …… 77
10.4.2.1.1.10.3 瓦恰河（Waqia River） …… 55	10.4.2.1.2.15 柯坪河（Keping River） …… 78
10.4.2.1.1.10.4 帕斯热瓦提河（Pasirewati River） …… 55	10.4.2.1.3 阿克苏河（Akesu River） …… 79

10.4.2.1.3.1 托木尔苏河（Tuomuersu River）………… 82	10.4.2.1.15 迪那河（Dina River）………………… 102
10.4.2.1.3.2 托什干河（Tuoshigan River）………… 82	10.4.2.1.16 阳霞河（Yangxia River）……………… 103
10.4.2.1.3.2.1 阿依克特克河（Ayiketeke River）…… 84	10.4.2.1.17 野云沟（Yeyungou River）…………… 103
10.4.2.1.3.2.2 玉山古西河（Yushanguxi River）…… 84	10.4.2.1.18 塔里木水库（Talimu Reservoir）……… 103
10.4.2.1.3.2.3 别迭里河（Biedieli River）………… 84	10.4.2.1.19 恰拉水库（Qiala Reservoir）………… 104
10.4.2.1.3.3 阿克库木须水库（Akekumuxu Reservoir） ………………………………………………… 85	10.4.2.1.20 赛依特库勒湖（Saiyitekule Lake）…… 104
	10.4.2.1.21 巴什库勒湖（Bashikule Lake）……… 104
10.4.2.1.3.4 多浪水库（Duolang Reservoir）……… 85	10.4.2.1.22 格力米开勒库勒湖（Gelimikailekule Lake） ………………………………………………… 104
10.4.2.1.3.5 萨依艾日克湖（Sayiairike Lake）…… 85	
10.4.2.1.3.6 黄宫湖（Huanggong Lake）…………… 85	10.4.2.1.23 大西海子水库（Daxihaizi Reservoir）… 105
10.4.2.1.3.7 艾西曼湖（Aiximan Lake）…………… 85	10.4.2.2 乌尊硝尔湖（Wuzunxiaoer Lake）……… 105
10.4.2.1.3.8 新井子水库（Xinjingzi Reservoir）…… 86	10.4.2.3 米兰河（Milan River）…………………… 105
10.4.2.1.3.9 柯柯亚尔河（Kekeyaer River）……… 86	10.4.2.4 若羌河（Ruoqiang River）……………… 106
10.4.2.1.4 和田河（Hetian River）………………… 86	10.4.2.5 瓦石峡河（Washixia River）……………… 106
10.4.2.1.4.1 错鲁勒错湖（Cuolulecuo Lake）……… 89	10.4.2.6 塔什萨依河（Tashisayi River）…………… 107
10.4.2.1.4.2 滚石河（Gunshi River）……………… 89	10.4.2.7 车尔臣河（Cheerchen River）…………… 107
10.4.2.1.4.3 吐日苏河（Turisu River）……………… 89	10.4.2.7.1 金水河（Jinshui River）………………… 109
10.4.2.1.4.4 阿机拉河（Ajila River）………………… 90	10.4.2.7.2 阿里雅力克河（Aliyalike River）……… 109
10.4.2.1.4.5 普守达里亚河（Pushoudaliya River）… 90	10.4.3 喀拉米兰河（Kalamilan River）…………… 110
10.4.2.1.4.6 庞纳子达里亚河（Pangnazidaliya River）… 90	10.4.3.1 青格里克湖（Qinggelike Lake）………… 111
10.4.2.1.4.7 鲁直干直代牙河（Luzhiganzhidaiya River） ………………………………………………… 90	10.4.4 莫勒切河（Moleqie River）………………… 111
	10.4.5 安迪尔河（Andier River）………………… 111
10.4.2.1.4.8 乌鲁瓦提水库（Wuluwati Reservoir）… 90	10.4.6 绍尔克里湖（Shaoerkeli Lake）…………… 112
10.4.2.1.4.9 东风水库（Dongfeng Reservoir）…… 91	10.4.7 曲曲克苏湖（Ququkesu Lake）…………… 112
10.4.2.1.4.10 玉龙喀什河（Yulongkashi River）…… 91	10.4.8 牙通古孜河（Yatongguzi River）…………… 112
10.4.2.1.5 胜利水库（Shengli Reservoir）………… 92	10.4.9 尼雅河（Niya River）………………………… 113
10.4.2.1.6 色格孜力克湖（Segezilike Lake）……… 93	10.4.9.1 叶亦克河（Yeyike River）………………… 114
10.4.2.1.7 台兰河（Tailan River）………………… 93	10.4.9.1.1 贝勒克湖（Beileke Lake）……………… 114
10.4.2.1.8 喀拉玉尔滚河（Kalayuergun River）…… 93	10.4.10 硝尔库勒湖（Xiaoerkule Lake）………… 114
10.4.2.1.9 艾曼库勒湖（Aimankule Lake）……… 94	10.4.11 吐米亚河（Tumiya River）………………… 114
10.4.2.1.10 期满水库（Qiman Reservoir）………… 94	10.4.12 克里雅河（Keliya River）………………… 115
10.4.2.1.11 大寨水库（Dazhai Reservoir）………… 94	10.4.12.1 皮什盖河（Pishigai River）……………… 117
10.4.2.1.12 帕满水库（Paman Reservoir）………… 94	10.4.13 乌鲁克库勒湖（Wulukekule Lake）……… 117
10.4.2.1.13 渭干河（Weigan River）……………… 94	10.4.14 阿什库勒湖（Ashikule Lake）…………… 117
10.4.2.1.13.1 卡木斯浪河（Kamusilang River）…… 97	10.4.15 奴尔河（Nuer River）……………………… 117
10.4.2.1.13.1.1 台勒维丘克河（Taileweiqiuke River）… 97	10.4.16 乌鲁克萨依河（Wulukesayi River）……… 118
10.4.2.1.13.2 卡拉苏河（Kalasu River）…………… 98	10.4.17 恰哈河（Qiaha River）…………………… 118
10.4.2.1.13.3 黑孜河（Heizi River）………………… 98	10.4.18 策勒河（Cele River）……………………… 119
10.4.2.1.13.4 克孜尔水库（Kezier Reservoir）…… 99	10.4.19 杜瓦河（Duwa River）…………………… 119
10.4.2.1.13.5 跃进水库（Yuejin Reservoir）……… 100	10.4.20 波斯喀河（Bosika River）………………… 120
10.4.2.1.13.6 五一水库（Wuyi Reservoir）………… 100	10.4.21 桑株河（Sangzhu River）………………… 120
10.4.2.1.14 库车河（Kuche River）………………… 100	10.4.22 皮山河（Pishan River）…………………… 121
10.4.2.1.14.1 盐水沟（Yanshuigou River）………… 101	

三、艾比湖水系
Water System in Aibi Lake Area

10.5 艾比湖（Aibi Lake, Ebinur Lake）………… 124	10.5.1.3.2 古尔图河（Guertu River）……………… 127
10.5.1 奎屯河（Kuitun River）…………………… 125	10.5.2 柳树沟河（Liushugou River）……………… 127
10.5.1.1 乌兰萨德克河（Wulansadeke River）…… 126	10.5.3 精河（Jinghe River）……………………… 128
10.5.1.2 奎屯水库（Kuitun Reservoir）…………… 126	10.5.3.1 下天吉水库（Xiatianji Reservoir）……… 129
10.5.1.3 四棵树河（Sikeshu River）……………… 126	10.5.4 博尔塔拉河（Boertala River）……………… 129
10.5.1.3.1 柳沟水库（Liugou Reservoir）………… 127	10.5.4.1 沃托格赛尔河（Wotuogesaier River）…… 130

10.5.4.2 哈拉吐鲁克河（Halatuluke River） …………… 131
10.5.4.3 保尔德河（Baoerde River） ……………………… 131
10.5.4.4 五一水库（Wuyi Reservoir） ……………………… 132
10.5.4.5 大河沿子河（Daheyanzi River） ……………… 132
10.5.4.6 阿恰勒河（Aqiale River） ………………………… 132
10.5.5 赛里木湖（Sailimu Lake，Sarim Lake） …………… 133

四、准噶尔盆地河湖
Rivers and Lakes in Zhungaer Basin

10.6 准噶尔盆地河湖（Rivers and Lakes in Zhungaer Basin） …………………………… 134
10.6.1 北塔山诸小河（Rivers in Beita Mountain Area） … 134
10.6.1.1 北塔山湖（Beitashan Lake） …………………… 135
10.6.2 博格达山北麓水系（Rivers in Northern Piedmonts of Bogeda Mountain） …………… 135
10.6.2.1 木垒河（Mulei River） …………………………… 137
10.6.2.2 芨芨湖（Jiji Lake） ………………………………… 137
10.6.2.3 开垦河（Kaiken River） ………………………… 138
10.6.2.4 中葛根河（Zhonggegen River） ……………… 138
10.6.2.5 碧流河（Biliu River） ……………………………… 139
10.6.2.6 白杨河（奇台县）（Baiyang River in Qitai County） ………………………………………… 139
10.6.2.7 东大龙口河（Dongdalongkou River） ……… 139
10.6.2.8 西大龙口河（Xidalongkou River） …………… 140
10.6.2.9 白杨河（阜康市）（Baiyang River in Fukang City） ……………………………………………… 141
10.6.2.10 甘河子河（Ganhezi River） …………………… 141
10.6.2.11 四工河（Sigong River） ………………………… 142
10.6.2.12 三工河（Sangong River） ……………………… 142
10.6.2.12.1 天山天池（Tianshan Tianchi Lake） ……… 142
10.6.2.13 芦草沟（Lucaogou River） …………………… 143
10.6.2.14 水磨河（Shuimo River） ……………………… 143
10.6.3 玛纳斯湖（Manasi Lake，Manas Lake） ………… 144
10.6.3.1 乌鲁木齐河（Wulumuqi River，Urumqi River） …………………………………………… 145
10.6.3.1.1 乌拉泊水库（Wulapo Reservoir） ………… 146
10.6.3.1.2 红雁池水库（Hongyanchi Reservoir） …… 146
10.6.3.1.3 猛进水库（Mengjin Reservoir） …………… 146
10.6.3.2 头屯河（Toutun River） ………………………… 147
10.6.3.3 三屯河（Santun River） ………………………… 147
10.6.3.4 呼图壁河（Hutubi River） ……………………… 148
10.6.3.5 雀尔沟河（Queergou River） ………………… 149
10.6.3.6 塔西河（Taxi River） ……………………………… 149
10.6.3.6.1 石门子水库（Shimenzi Reservoir） ……… 150
10.6.3.7 玛纳斯河（Manasi River，Manas River） … 150
10.6.3.7.1 呼斯台郭勒河（Husitaiguole River） …… 152
10.6.3.7.2 清水河子（Qingshuihezi River） ………… 152
10.6.3.7.3 跃进水库（Yuejin Reservoir） ……………… 152
10.6.3.7.4 大泉沟水库（Daquangou Reservoir） …… 152
10.6.3.7.5 夹河子水库（Jiahezi Reservoir） ………… 153
10.6.3.7.6 蘑菇湖水库（Moguhu Reservoir） ……… 153
10.6.3.7.7 宁家河（Ningjia River） ……………………… 153
10.6.3.7.8 金沟河（Jingou River） ……………………… 154
10.6.3.7.9 巴音沟河（Bayingou River） ……………… 155
10.6.3.8 艾里克湖（Ailike Lake） ………………………… 155
10.6.3.8.1 白杨河（克拉玛依市）（Baiyang River in Karamay City） ………………………………… 156
10.6.3.8.2 木胡尔塔依河（Muhuertayi River） ……… 157
10.6.3.8.2.1 达尔布特河（Daerbute River） ………… 157
10.6.3.9 小艾里克湖（Xiaoailike Lake） ………………… 157
10.6.3.10 达巴松诺尔湖（Dabasongnuoer Lake） …… 157
10.6.3.11 小盐池（Xiaoyanchi Salt Lake） ……………… 158
10.6.3.12 和布克河（Hebuke River） …………………… 158

五、乌伦古湖水系
Water System in Wulungu Lake Area

10.7 乌伦古湖（Wulungu Lake） …………………………… 160
10.7.1 乌伦古河（Wulungu River） ………………………… 161
10.7.1.1 小青格里河（Xiaoqinggeli River） …………… 163
10.7.1.2 查干郭勒河（Chaganguole River） ………… 163
10.7.1.3 布尔根河（Buergen River） …………………… 164
10.7.1.4 福海水库（Fuhai Reservoir） ………………… 164
10.7.1.5 吉力湖（Jili Lake） ………………………………… 165

六、吐哈—巴伊盆地河湖
Rivers and Lakes in Tuha-Bayi Basin

10.8 吐哈—巴伊盆地河湖（Rivers and Lakes in Tuha-Bayi Basin） ……………………………… 166
10.8.1 艾丁湖（Aiding Lake，Aydingkol Lake） ………… 168
10.8.1.1 阿拉沟（Alagou River） ………………………… 169
10.8.1.1.1 白杨河（乌鲁木齐市）（Baiyang River in Urumqi City） …………………………………… 170
10.8.1.1.1.1 高崖子沟（Gaoyazigou River） ………… 170
10.8.1.2 柴窝堡湖（Chaiwopu Lake） ………………… 171

10.8.1.3	盐湖（Yanhu Salt Lake） ……… 171	10.8.5	沙尔湖（Shaer Lake） ………………… 176
10.8.1.4	大河沿河（Daheyan River） …… 172	10.8.5.1	石城子河（Shichengzi River） …… 178
10.8.1.5	塔尔郎河（Taerlang River） …… 172	10.8.5.1.1	榆树沟（Yushugou River） ……… 180
10.8.1.6	煤窑沟（Meiyaogou River） …… 173	10.8.5.1.2	石城子水库（Shichengzi Reservoir） … 180
10.8.1.7	黑沟（Heigou River） …………… 173	10.8.5.2	八木墩河（Bamudun River） …… 180
10.8.1.8	二塘沟（Ertanggou River） …… 174	10.8.5.3	白山湖（Baishan Lake） ………… 180
10.8.1.9	柯柯亚尔河（Kekeyaer River） … 175	10.8.6	巴里坤湖（Balikun Lake） ………… 180
10.8.1.10	坎尔其果勒河（Kanerqiguole River） … 175	10.8.6.1	柳条河（Liutiao River） ………… 181
10.8.2	帕尔干布拉克东湖（Paerganbulakedong Lake） ……………………………… 176	10.8.7	托勒库勒湖（Tuolekule Lake） …… 183
10.8.3	沙尔得兰布拉克湖（Shaerdelanbulake Lake） ……………………………… 176	10.8.8	淖毛湖（Naomao Lake） …………… 184
		10.8.8.1	伊吾河（Yiwu River） …………… 184
10.8.4	乌尊布拉克湖（Wuzunbulake Lake） … 176	10.8.9	新疆坎儿井（Kariz in Xinjiang） … 185

七、柴达木盆地河湖
Rivers and Lakes in Chaidamu Basin

10.9	柴达木盆地河湖（Rivers and Lakes in Chaidamu Basin） …………………………… 188	10.9.12.2.4.1	夏日哈河（Xiariha River） …… 205
10.9.1	苏干湖（Sugan Lake） ……………… 190	10.9.12.3	哈鲁乌苏河（Haluwusu River） … 205
10.9.1.1	大哈尔腾河（Dahaerteng River） … 190	10.9.12.4	诺木洪河（Nuomuhong River） … 205
10.9.1.2	小哈尔腾河（Xiaohaerteng River） … 191	10.9.12.5	蒙古尔河（Mengguer River） …… 206
10.9.1.3	小苏干湖（Xiaosugan Lake） …… 191	10.9.12.6	五龙沟（Wulonggou River） …… 206
10.9.2	昆特依干盐湖（Kunteyi Playa） …… 191	10.9.12.7	大格勒河（Dagele River） ……… 206
10.9.3	德宗马海湖（Dezongmahai Lake） … 192	10.9.12.8	格尔木河（Geermu River） ……… 207
10.9.3.1	鱼卡河（Yuka River） …………… 192	10.9.12.8.1	卡巴纽尔多湖（Kabaniuerduo Lake） … 208
10.9.4	伊克柴达木湖（Yikechaidamu Lake） … 192	10.9.12.8.2	错日阿巴鄂阿东湖（Cuoriabaeadong Lake） ……………………………… 208
10.9.5	巴嘎柴达木湖（Bagachaidamu Lake） … 193	10.9.12.8.3	格涌曲（Geyongqu River） …… 208
10.9.5.1	塔塔棱河（Tataleng River） …… 193	10.9.12.8.3.1	错木斗江章湖（Cuomudoujiangzhang Lake） ……………………………… 209
10.9.6	托素湖（Tuosu Lake） ……………… 194		
10.9.6.1	克鲁克湖（Keluke Lake） ……… 195	10.9.12.8.4	灭格滩根郭勒（Miegetangenguole River） … 209
10.9.6.2	巴音河（Bayin River） …………… 195	10.9.12.8.5	温泉水库（Wenquan Reservoir） … 209
10.9.6.2.1	东荡格尔郭勒（Dongdanggeerguole River） ……………………………… 196	10.9.12.8.6	昆仑河（Kunlun River） ……… 210
		10.9.12.8.6.1	黑海（Heihai Lake） ………… 210
10.9.6.2.2	拜兴沟（Baixinggou River） …… 197	10.9.12.8.6.2	南沟（Nangou River） ………… 210
10.9.6.2.3	黑石山水库（Heishishan Reservoir） … 197	10.9.12.8.7	小干沟水库（Xiaogangou Reservoir） … 211
10.9.7	尕海（Gahai Lake） ………………… 197	10.9.12.9	托拉海河（Tuolahai River） …… 211
10.9.8	柴凯盐湖（Chaikai Salt Lake） …… 198	10.9.12.10	大灶火河（Dazaohuo River） …… 211
10.9.9	柯柯盐湖（Keke Salt Lake） ……… 198	10.9.12.11	小灶火河（Xiaozaohuo River） … 212
10.9.10	希里沟湖（Xiligou Lake） ………… 199	10.9.12.12	拉陵灶火河（Lalingzaohuo River） … 212
10.9.10.1	都兰河（Dulan River） …………… 199	10.9.12.13	乌图美仁河（Wutumeiren River） … 212
10.9.11	苦海（Kuhai Lake） ………………… 199	10.9.13	西台吉乃尔湖（Xitaijinaier Lake） … 212
10.9.12	察尔汗盐湖水系（Water System in Chaerhan Salt Lake Area） ……………………… 200	10.9.14	东台吉乃尔湖（Dongtaijinaier Lake） … 213
		10.9.14.1	那棱格勒河（Nalenggele River） … 213
10.9.12.1	素棱郭勒河（Sulengguole River） … 201	10.9.14.1.1	库水浣（Kushuihuan Lake） …… 214
10.9.12.1.1	东灶火河（Dongzaohuo River） … 201	10.9.14.1.2	太阳湖（Taiyang Lake） ……… 214
10.9.12.2	柴达木河（Chaidamu River） …… 202	10.9.14.1.3	雪山河（Xueshan River） ……… 214
10.9.12.2.1	冬给措纳湖（Dongjicuona Lake） … 203	10.9.14.1.4	小库赛湖（Xiaokusai Lake） … 215
10.9.12.2.2	乌兰乌苏河（Wulanwusu River） … 203	10.9.14.1.5	楚拉克阿拉干河（Chulakealagan River） ……………………………… 215
10.9.12.2.2.1	阿拉克湖（Alake Lake） ……… 203		
10.9.12.2.3	清水河（Qingshui River） ……… 204	10.9.14.1.5.1	额尔滚赛埃图河（Eergunsaiaitu River） … 215
10.9.12.2.4	察汗乌苏河（Chahanwusu River） … 204	10.9.14.1.6	浑德伦河（Hundelun River） … 215

10.9.14.1.7	台吉乃尔河（Taijinaier River） 215	10.9.18	大浪滩干盐湖（Dalangtan Playa） 216
10.9.15	甘森泉湖（Gansenquan Lake） 216	10.9.19	尕斯库勒湖（Gasikule Lake） 217
10.9.16	一里坪干盐湖（Yiliping Playa） 216	10.9.19.1	铁木里克河（Tiemulike River） 217
10.9.17	茫崖盐湖（Mangya Salt Lake） 216	10.9.19.1.1	阿特阿特坎河（Ateatekan River） 217

八、青海湖水系
Water System in Qinghai Lake Area

10.10　青海湖水系（Water System in Qinghai Lake Area） 218
10.10.1　青海湖（Qinghai Lake） 220
10.10.1.1　哈尔盖河（Haergai River） 222
10.10.1.2　甘子河（Ganzi River） 222
10.10.1.3　尕海（Gahai Lake） 223
10.10.1.4　倒淌河（Daotang River） 223
10.10.1.4.1　错果湖（Cuoguo Lake） 223
10.10.1.5　黑马河（Heima River） 223
10.10.1.6　布哈河（Buha River） 224
10.10.1.6.1　错喀隆湖（Cuokalong Lake） 224
10.10.1.6.2　希格尔曲（Xigeerqu River） 224
10.10.1.6.3　夏日格曲（Xiarigequ River） 225
10.10.1.6.4　峻河（Junhe River） 225
10.10.1.6.4.1　夏日哈河（Xiariha River） 226
10.10.1.6.5　吉尔孟河（Jiermeng River） 226
10.10.1.7　泉吉河（Quanji River） 226
10.10.1.8　伊克乌兰河（Yikewulan River） 226
10.10.2　茶卡盐湖（Chaka Salt Lake） 227
10.10.3　哈拉湖（Hala Lake） 227

九、河西走廊—阿拉善内流区河湖
Endorheic Rivers and Lakes in Hexi Corridor-Alashan Region

10.11　河西走廊—阿拉善内流区河湖（Endorheic Rivers and Lakes in Hexi Corridor-Alashan Region） 229
10.11.1　果红呆不隆诺尔（Guohongdaibulongnuoer Lake） 230
10.11.2　吉兰泰盐湖（Jilantai Salt Lake） 230
10.11.3　鸡龙同古干盐湖（Jilongtonggu Playa） 230
10.11.4　巴音诺尔（Bayinnuoer Lake） 231
10.11.5　爱麦克湖（Aimaike Lake） 231
10.11.6　干盐池（Ganyanchi Playa） 231
10.11.7　长湖（Changhu Lake） 231
10.11.8　白碱诺尔（Baijiannuoer Lake） 231
10.11.9　和屯盐池（Hetunyanchi Salt Lake） 231
10.11.10　大海子（Dahaizi Lake） 231
10.11.11　雅布赖盐湖（Yabulai Salt Lake） 231
10.11.12　中泉子芒硝湖（Zhongquanzimangxiao Lake） 232
10.11.13　吉尔乃湖（Jiernai Lake） 232
10.11.14　哈登贺少干盐湖（Hadengheshao Playa） 232
10.11.15　青土湖（Qingtu Lake） 232
10.11.16　石羊河（Shiyang River） 234
10.9.16.1　大靖河（Dajing River） 237
10.11.16.1.1　大靖河水库（Dajinghe Reservoir） 237
10.11.16.2　古浪河（Gulang River） 238
10.11.16.3　黄羊河（Huangyang River） 238
10.11.16.3.1　黄羊水库（Huangyang Reservoir） 238
10.11.16.4　杂木河（Zamu River） 239
10.11.16.5　金塔河（Jinta River） 239
10.11.16.5.1　南营水库（Nanying Reservoir） 240
10.11.16.6　西营河（Xiying River） 240
10.11.16.6.1　西营水库（Xiying Reservoir） 241
10.11.16.7　红水河（Hongshui River） 242
10.11.16.8　红崖山水库（Hongyashan Reservoir） 242
10.11.16.9　东大河（Dongda River） 242
10.11.16.9.1　皇城水库（Huangcheng Reservoir） 243
10.11.16.10　西大河（Xida River） 243
10.11.16.10.1　西大河水库（Xidahe Reservoir） 243
10.11.16.10.2　金川峡水库（Jinchuanxia Reservoir） 244
10.11.17　居延海（Juyanhai Lake） 244
10.11.18　黑河（Heihe River） 245
10.11.18.1　八宝河（Babao River） 249
10.11.18.2　大马营河（Damaying River） 250
10.11.18.2.1　李桥水库（Liqiao Reservoir） 250
10.11.18.2.2　童子坝河（Tongziba River） 251
10.11.18.2.3　洪水河（Hongshui River） 251
10.11.18.2.3.1　双树寺水库（Shuangshusi Reservoir） 252
10.11.18.2.4　苏油口河（Suyoukou River） 252
10.11.18.3　梨园河（Liyuan River） 252
10.11.18.3.1　鹦鸽嘴水库（Yinggezui Reservoir） 253
10.11.18.4　摆浪河（Bailang River） 253
10.11.18.5　马营河（Maying River） 254
10.11.18.6　丰乐河（Fengle River） 254
10.11.18.7　讨赖河（Taolai River） 254
10.11.18.7.1　大草滩水库（Dacaotan Reservoir） 255
10.11.18.7.2　洪水坝河（Hongshuiba River） 255
10.11.18.7.3　鸳鸯池水库（Yuanyangchi Reservoir） 255
10.11.19　哈拉湖（Hala Lake） 256
10.11.20　疏勒河（Shule River） 256
10.11.20.1　昌马水库（Changma Reservoir） 258

10.11.20.2 白杨河（Baiyang River） ··········· 259
10.11.20.3 石油河（Shiyou River） ············ 259
10.11.20.4 双塔堡水库（Shuangtabao Reservoir） ··· 259
10.11.20.5 踏实河（Tashi River） ············· 260
10.11.20.6 党河（Danghe River） ············· 260
10.11.20.6.1 野马河（Yema River） ··········· 261
10.11.20.6.2 党河水库（Danghe Reservoir） ····· 261
10.11.20.7 月牙泉（Yueyaquan Lake） ········· 261

十、内蒙古高原内流区河湖
Endorheic Rivers and Lakes in Inner Mongolia Plateau

10.12 内蒙古高原内流区河湖（Endorheic Rivers and Lakes in Inner Mongolia Plateau） ······ 263
10.12.1 伊和沙巴尔诺尔（Yiheshabaernuoer Lake） ··· 263
10.12.1.1 准沙巴尔诺尔（Zhunshabaernuoer Lake） ··· 263
10.12.1.2 乌兰乌苏浑迪（Wulanwusuhundi River） ··· 264
10.12.1.2.1 敦德呼舒冈干（Dundehushuganggan River） ········· 264
10.12.1.3 呼赉冈干（Hulaiganggan River） ······· 265
10.12.1.4 乌兰道希浑迪（Wulandaoxihundi River） ··· 265
10.12.2 乌拉盖戈壁（Wulagaigebi Lake） ········ 265
10.12.2.1 乌拉盖河（Wulagai River） ·········· 265
10.12.2.1.1 乌拉盖水库（Wulagai Reservoir） ····· 267
10.12.2.1.2 色也勒钦郭勒（Seyeleqinguole River） ··· 267
10.12.2.1.3 敖伦套海（Aoluntaohai River） ······· 268
10.12.2.1.4 布尔嘎斯台郭勒（Buergasitaiguole River） ········· 268
10.12.2.1.5 彦吉嘎郭勒（Yanjigaguole River） ····· 268
10.12.2.1.6 高日罕郭勒（Gaorihanguole River） ···· 268
10.12.2.1.7 阿尔勒诺尔（Aerlenuoer Lake） ······ 269
10.12.2.1.8 伊和达布斯诺尔（Yihedabusinuoer Lake） ··········· 269
10.12.2.1.9 额仁诺尔（Erennuoer Lake） ········ 269
10.12.2.1.9.1 新郭勒（Xinguole River） ·········· 269
10.12.2.2 巴拉格尔郭勒（Balageerguole River） ···· 270
10.12.2.2.1 浩勒图郭勒（Haoletuguole River） ···· 270
10.12.2.3 柴达木诺尔（Chaidamunuoer Lake） ···· 270
10.12.3 伊和吉林郭勒（Yihejilinguole River） ······ 270
10.12.3.1 巴格吉仁郭勒（Bagejirenguole River） ···· 271
10.12.3.2 敖优廷郭勒（Aoyoutingguole River） ···· 271
10.12.3.2.1 巴彦郭勒（Bayanguole River） ······· 272
10.12.3.2.2 锡林河（Xilin River） ············ 272
10.12.3.2.2.1 塔日彦浑迪（Tariyanhundi River） ···· 272
10.12.3.2.2.2 浩来郭勒（Haolaiguole River） ······ 273
10.12.3.2.3 宝楞高勒（Baolenggaole River） ····· 273
10.12.3.2.4 哈沙图高勒（Hashatugaole River） ···· 273
10.12.3.3 额吉诺尔（Ejinuoer Lake） ·········· 273
10.12.3.4 阿尔塔高勒（Aertagaole River） ······· 274
10.12.3.5 吉拉嘎浑迪（Jilagahundi River） ······· 274
10.12.4 达里诺尔（Dalinuoer Lake） ··········· 274
10.12.4.1 公格尔河（Gonggeer River） ········· 274
10.12.5 巴彦诺尔（Bayannuoer Lake） ········· 275
10.12.6 呼尔查干淖尔（Huerchagannaoer Lake） ··· 275
10.12.6.1 高格斯台郭勒（Gaogesitaiguole River） ··· 276
10.12.6.1.1 辉腾高勒（Huitenggaole River） ····· 276
10.12.6.1.2 白银库伦诺尔（Baiyinkulunnuoer Lake） ··········· 276
10.12.6.2 努格斯郭勒（Nugesiguole River） ····· 276
10.12.6.2.1 扎格斯台诺尔（Zhagesitainuoer Lake） ··· 277
10.12.7 浩勒图音诺尔（Haoletuyinnuoer Lake） ··· 277
10.12.8 宝沙岱诺尔（Baoshadainuoer Lake） ····· 277
10.12.8.1 哈拉巴郭勒（Halabaguole River） ····· 277
10.12.9 沙拉格诺尔（Shalagenuoer Lake） ······ 277
10.12.10 布尔嘎斯特高勒（Buergasitegaole River） ··· 277
10.12.11 哈沙土诺尔（Hashatunuoer Lake） ····· 278
10.12.12 伊和高勒（Yihegaole River） ·········· 278
10.12.13 哈沙图高勒（Hashatuguole River） ····· 278
10.12.14 朝勒更郭勒（Chaolegengguole River） ··· 278
10.12.15 阿尔善戈壁诺尔（Aershangebinuoer Lake） ··········· 278
10.12.16 阿木乌苏浑迪（Amuwusuhundi River） ··· 279
10.12.17 呼吉尔诺尔（Hujiernuoer Lake） ······· 279
10.12.18 德尔嘎郭勒（Deergaguole River） ······ 280
10.12.18.1 上胡尔登郭勒（Shanghuerdengguole River） ··········· 280
10.12.19 巴彦布拉格郭勒（Bayanbulageguole River） ····· 280
10.12.20 赛音呼都格郭勒（Saiyinhuduguole River） ··· 280
10.12.21 横格勒浑迪（Henggelehundi River） ···· 280
10.12.21.1 长胜湾河（Changshengwan River） ···· 281
10.12.21.2 丁计河（Dingji River） ············ 281
10.12.22 乌日古布力格（Wurigubulige River） ···· 281
10.12.23 好来浑迪（Haolaihundi River） ······· 281
10.12.24 章古音高勒（Zhangguyingaole River） ···· 281
10.12.25 查干推饶木诺尔（Chagantuiraomunuoer Lake） ··········· 282
10.12.26 达布散诺尔（Dabusannuoer Lake） ···· 282
10.12.27 察汗淖（Chahannao Lake） ·········· 282
10.12.27.1 不冻河（Budong River） ·········· 282
10.12.27.2 特布乌拉河（Tebuwula River） ······· 282
10.12.28 碱海子（Jianhaizi Lake） ············ 284
10.12.29 东岸湖（Dongan Lake） ············ 284
10.12.30 黄旗海（Huangqihai Lake） ·········· 284
10.12.30.1 泉玉林河（Quanyulin River） ········ 284
10.12.31 岱海（Daihai Lake） ··············· 285
10.12.32 呼和诺尔（Huhenuoer Lake） ········ 286
10.12.32.1 塔布河（Tabu River） ············ 286
10.12.32.1.1 乌日图沟（Wuritugou River） ······· 287
10.12.33 乌兰陶勒盖高勒（Wulantaolegaigaole River） ············· 287

10.12.34 查干淖尔（Chagannaoer Lake）……………… 288	River）……………………………………………… 290
10.12.34.1 腾格尔诺尔（Tenggeernuoer Lake）…… 288	10.12.38.2 昌吉高勒（Changjigaole River）………… 291
10.12.34.1.1 艾不盖河（Aibugai River）…………… 289	10.12.39 包尔呼顺高勒（Baoerhushungaole River）… 291
10.12.34.1.1.1 塔尔洪河（Taerhong River）……… 289	10.12.40 巴音呼热音高勒（Bayinhureyingaole River）… 291
10.12.34.2 乌苏特郭勒（Wusuteguole River）……… 289	10.12.41 阿布日和音高勒（Aburiheyingaole River）…
10.12.35 开令河（Kailing River）……………………… 289	…………………………………………………… 291
10.12.36 扎尔格楞图河（Zhaergelengtu River）…… 290	10.12.42 巴格毛德庙高勒（Bagemaodemiaogaole
10.12.37 那林河（Nalin River）……………………… 290	River）……………………………………………… 291
10.12.37.1 乌兰额热格（Wulan'erege River）……… 290	10.12.43 迈马乌苏郭勒（Maimawusuguole River）… 292
10.12.38 阿尔沙土沟（Aershatugou River）………… 290	10.12.44 莫林河（Molin River）……………………… 292
10.12.38.1 古尔班乌兰好来（Guerbanwulanhaolai	

十一、中哈跨界内陆河
Inland Rivers Crossing China-Kazakhstan Border

10.13 中哈跨界内陆河（Inland Rivers Crossing China-Kazakhstan Border）……………………… 293	10.13.4.8 阔步河（Kuobu River）…………………… 310
	10.13.4.9 库克苏河（Kukesu River）………………… 310
10.13.1 额敏河（Emin River）………………………… 295	10.13.4.9.1 库尔代河（Kuerdai River）……………… 311
10.13.1.1 乌什水水库（Wushishui Reservoir）……… 297	10.13.4.10 小吉尔格郎河（Xiaojiergelang River）…… 312
10.13.1.2 哈拉依灭勒河（Halayimiele River）……… 297	10.13.4.11 大吉尔格郎河（Dajiergelang River）…… 312
10.13.1.3 马拉苏河（Malasu River）………………… 297	10.13.4.12 巩乃斯河（Gongnaisi River，Kunes River）… 313
10.13.1.4 乌尔雪勒特河（Wuerxuelete River）……… 298	10.13.4.12.1 恰甫河（Qiafu River）…………………… 314
10.13.1.5 锡伯图河（Xibotu River）………………… 298	10.13.4.13 喀什河（Kashi River，Kax River）……… 315
10.13.1.6 阿不都拉河（Abudula River）……………… 298	10.13.4.13.1 阿热斯坦河（Aresitan River）………… 316
10.13.1.7 哈拉布拉河（Halabula River）…………… 299	10.13.4.13.2 孟克德萨依河（Mengkedesayi River）… 316
10.13.1.8 喀浪古尔河（Kalangguer River）………… 299	10.13.4.13.2.1 萨尔克提河（Saerketi River）……… 316
10.13.1.8.1 喀浪古尔水库（Kalangguer Reservoir）… 300	10.13.4.13.3 寨口河（Zhaikou River）……………… 316
10.13.1.9 乌拉斯台河（Wulasitai River）…………… 300	10.13.4.13.4 巴尔尕依提河（Baergayiti River）…… 317
10.13.1.9.1 乌拉斯台水库（Wulasitai Reservoir）… 301	10.13.4.13.5 吉林台水库（Jilintai Reservoir）……… 317
10.13.1.10 察汗托海河（Chahantuohai River）…… 301	10.13.4.13.6 博尔博松河（Boerbosong River）…… 317
10.13.2 塔斯提河（Tasiti River）……………………… 301	10.13.4.13.7 托海水库（Tuohai Reservoir）………… 318
10.13.2.1 布尔干河（Buergan River）………………… 302	10.13.4.14 吉尔格郎河（Jiergelang River）………… 318
10.13.3 铁列克提河（Tielieketi River）……………… 302	10.13.4.15 加格斯台河（Jiagesitai River）…………… 318
10.13.4 伊犁河（Yili River，Ili River）……………… 302	10.13.4.16 匹里青河（Piliqing River）………………… 319
10.13.4.1 木扎特河（Muzhate River）………………… 307	10.13.4.17 萨尔布拉克河（Saerbulake River）……… 319
10.13.4.2 夏特河（Xiate River）……………………… 307	10.13.4.18 洪海沟（Honghaigou River）…………… 320
10.13.4.3 苏木拜河（Sumubai River）……………… 308	10.13.4.19 果子沟（Guozigou River）………………… 320
10.13.4.4 哈桑河（Hasang River）…………………… 309	10.13.4.20 小西沟（Xiaoxigou River）………………… 321
10.13.4.5 阿克苏河（Akesu River）………………… 309	10.13.4.21 三道河子河（Sandaohezi River）………… 322
10.13.4.6 阿合牙孜河（Aheyazi River）……………… 309	10.13.4.22 开干河（Kaigan River）…………………… 322
10.13.4.7 科克铁热克河（Keketiereke River）……… 310	10.13.4.23 霍尔果斯河（Huoerguosi River）………… 322

独流入海水系
Rivers Flowing Directly into the Sea

7.20 额尔齐斯河（Eerqisi River，Ertix River）…… 324	7.20.4 克兰河（Kelan River）………………………… 330
7.20.1 喀依尔特斯河（Kayiertesi River）…………… 327	7.20.4.1 汗德尕特河（Handegate River）…………… 331
7.20.2 可可托海水库（Keketuohai Reservoir）…… 328	7.20.4.2 唐巴湖水库（Tangbahu Reservoir）……… 331
7.20.3 喀拉额尔齐斯河（Kalaeerqisi River）……… 328	7.20.4.3 阿苇滩水库（Aweitan Reservoir）………… 331
7.20.3.1 卓路特河（Zhuolute River）………………… 329	7.20.4.4 阿拉哈克河（Alahake River）……………… 332
7.20.3.2 巴拉额尔齐斯河（Balaeerqisi River）…… 329	7.20.4.4.1 阿拉哈克湖（Alahake Lake）…………… 332

7.20.4.4.2	克孜治拉湖（Kezizhila Lake）	332	7.20.6 哈巴河（Haba River）	337
7.20.4.5	黑刺滩湖（Heicitan Lake）	332	7.20.6.1 铁列克德河（Tieliekede River）	338
7.20.5	布尔津河（Buerjin River）	333	7.20.7 别列则克河（Bieliezeke River）	338
7.20.5.1	阿克库勒湖（Akekule Lake）	334	7.20.8 阿拉克别克河（Alakebieke River）	339
7.20.5.2	喀纳斯湖（Kanasi Lake）	334	7.20.9 塔斯特河（Tasite River）	339
7.20.5.3	禾木河（Hemu River）	335	7.20.10 拉斯特河（Lasite River）	340
7.20.5.4	苏木达依日克河（Sumudayirike River）	336	7.20.11 乌勒昆乌拉斯图河（Wulekunwulasitu River）	341

附　录
Appendix

附表一　西北诸河卷列条河流一览表 …… 343	附表四　西北诸河卷灌溉面积在 2 万公顷以上
附表二　西北诸河卷列条湖泊一览表 …… 366	灌区一览表 …………………… 375
附表三　西北诸河卷列条水库一览表 …… 371	

索　引
Index

条题汉字笔画索引 …………………………… 377	内容索引 ……………………………………… 387
条题外文索引 ………………………………… 382	

插　页　目　录

西北诸河水系图

羌塘高原（青海、新疆部分）内流区河湖水系图

塔里木内流区河湖水系图

柴达木盆地河湖水系图

河西走廊—阿拉善内流区河湖水系图

内蒙古高原内流区河湖水系图

图　　例

北京市★	首都		小型水库
乌鲁木齐市◉	省级行政中心		干盐湖
克拉玛依市◎	地级市行政中心		流域界
伊宁市	自治州行政中心 地区(盟)行政公署		分水线
库车县⊙	县级行政中心		洼、沼泽、泊
肖夹克○	乡、镇、村庄		雪山
布尔德	蒙古包		泉
	国界	⊕	河源
	未定国界	#	井
	省级界	⊠	闸
	地级界	▲	水文站
	县级界		水电站
	国外地区界		口岸
	印巴停火线	○	文化遗址、景点
3835 ▲木斯套山	山峰		世界及国家级地质公园
	常年河、湖泊		世界自然和文化遗产
	咸水湖	✤	国家级自然保护区
	时令河		国家级风景名胜区
	潜流		国家水利风景区
	大中型水库		国家森林公园

内陆河湖水系

Inland Rivers and Lakes

一、羌塘高原内流区河湖

Endorheic Rivers and Lakes in Qiangtang Plateau

10.3 羌塘高原内流区河湖

(Endorheic Rivers and Lakes in Qiangtang Plateau)

"羌塘"藏语意为"北方的高平地",广义的羌塘高原是指昆仑山脉以南,冈底斯山至念青唐古拉山脉以北的广大内流区域,为青藏高原的组成部分。羌塘高原内流区在行政区划上包括青海省西南部、西藏自治区北部(参见西南诸河卷10.3.1～189条)及新疆维吾尔自治区的东南隅。

羌塘高原内流区青海部分,其范围为东经89°30′～94°00′、北纬33°20′～36°36′,位于昆仑山以南,唐古拉山以北,东起**长江**源区的分水岭,西抵西藏自治区与青海省分界;南北相距200～300千米,东西相距250～400千米,面积7.2万平方千米。

羌塘高原内流区新疆部分指羌塘高原内流区西北部的部分区域,位于新疆维吾尔自治区东南部,自东向西依次被**车尔臣河**、**和田河**和**克里雅河**分割为东、中、西三个区域,总面积9.38万平方千米。

一、青海羌塘高原内流区

地质地貌 本区在地质构造上处于欧亚大陆与冈瓦纳古陆之间的古特提斯缝合带的中段,属特提斯中生代地槽的组成部分。南北两侧山岭逶迤、地势高峻,中部盆地和谷地开阔、起伏和缓,平均海拔在5 000米以上。北缘昆仑山脉最高峰布喀达坂峰(又名新青峰)海拔6 860米,此外,还有马兰山(海拔6 016米)、巍雪山(海拔6 004米)、五雪山(海拔5 805米)和大雪山(海拔5 863米)等高大雪山;南侧唐古拉山西段除长江源头海拔6 621米的最高峰各拉丹冬外,还有嘎尔岗日(海拔6 513米)、赛多浦岗日(海拔6 016米)和唐古拉峰(海拔6 205米)等高大雪山。南北两侧的这些高大雪山均为现代冰川的发育中心。

本区活动断裂地貌发育。北部多属断裂构造较发育的深大断裂,而南部则为相对较弱的一般断层。断裂构造影响了本区地表起伏和主要地貌类型的形成。全区断层均为东西或北西西走向,故基本地貌类型大都具有明显北西西—南东东方向展布的特征。因受青藏高原强烈隆升引起的河流溯源侵蚀影响较小,区内高原面主要由小起伏高山、高海拔丘陵及台地和平原组成,相对高差一般在300～600米。

气候 本区属高原亚寒带半干旱气候,以寒冷、干旱为主要特征。据东部海拔4 500～4 700米的基本气象观测站五道梁与沱沱河沿资料,多年平均气温分别为−5.6摄氏度与−4.3摄氏度,最冷月(1月)平均气温分别为−16.9摄氏度和−16.6摄氏度,最暖月(7月)平均气温分别为5.4摄氏度与7.5摄氏度。全区平均气温在−6摄氏度以下,并且由东向西及西北山区随着海拔增高气温降低。本区气候的另一特点是太阳辐射强,地面风速大,在西金乌兰湖附近年平均风速可达8米每秒以上。全区多年平均年降水量200～400毫米,6—8月降水量占全年的70%左右,降水分布有自东南向西北递减的趋势。

水系与水文 本区地处中亚内陆水系与太平洋水系交汇地带。东部和南部与**楚玛尔河**、**沱沱河**(**长江**上源)及**尕尔曲**组成的长江河源外流水系相邻。区内以一系列湖泊为中心构成内陆水系。较大的内陆河流有汇入**库赛湖**的**库赛河**(河长140千米),其余均较短小。受气候和水源补给所限,这些内陆河川径流具有明显的季节性变化,有的一年中大部分时间河床干涸,仅夏季降水后才短时有水流通过。流水地貌表现为河流搬运能力弱,河谷宽缓,河床宽浅,有的发育呈瓣状水系;阶地不发育,阶地前缘坡坎平缓;多数河段为砾石河床,砾径一般为5～10厘米,磨圆度差。全区面积大于1平方千米的湖泊有近百个,总面积达3 000余平方千米,且有分布广泛而又相对集中的特点。其中面积大于100平方千米的大中型湖泊有9个。特别是面积大于200平方千米的一系列著名湖泊如**乌兰乌拉湖**、**西金乌兰湖**、**可可西里湖**及**勒斜武担湖**等连片分布,形成了青藏高原继藏北南部大湖区以外的第二个湖泊最集中的次级内陆高原湖区。按湖水化学分类,这些湖泊大多为咸水湖(矿化度1～50克每升)和盐湖(矿化度大于50克每升),仅个别为淡水湖(矿化度小于1克每升),如太阳湖。湖水大多清澈透亮,淡水湖水色呈淡绿色或绿色,咸水湖一般呈浅蓝或深蓝色,盐湖一般呈白色或浅灰色。按成因分类,本区湖泊多为构造湖,表现为湖泊分布及湖盆走向均明显受区内近东西向带状构造地貌展布特征所制约。

本区湖盆主要是晚新生代以来形成的,早更新世时期湖泊分布较广,并以淡水湖泊为主,晚更新世以来,这些湖泊经历了多次扩张与退缩的波动过程,但距今5 000年以来,湖泊范围总的趋势是不断退缩。据野外实地考察资料,标志湖泊退缩的外围最高古湖岸线高出现代湖面程一般均低于10米,如乌兰乌拉湖东北侧为8.5米(最高古湖岸,下同),**明镜湖**南侧为5米,太阳湖西南侧为6米,**可考湖**北侧为4.5米,可可西里湖北侧为4米,而**卓乃湖**北侧仅见到1米左右。这与西藏境内普遍存在的湖泊古湖岸线高出现代湖面数十米乃至100~200米的情况形成鲜明的对照。反映出本区湖滨地貌的年轻性,近期湖成作用过程不发育,湖泊作用亦不如高原内部那样活跃、复杂。考察还发现,这些内陆湖泊湖盆周围的某些部位往往存在"出口",即同相邻水系,甚至与长江河源水系之间并没有明显的分水岭,现存的分水垭口十分低平,这表明它们之间在历史上是有流水相通的。

生态系统与动植物群落 本区主要植被类型为高寒草原、高寒草甸、高山垫状植被、高山冰缘稀疏植被和高寒荒漠。其中高寒草原分布最广,约占全区总面积的48.3%,代表性植物群落是紫花针茅、羽柱针茅、青藏苔草和扁穗茅等;高寒草甸则主要分布在东南部唐古拉山北坡,约占全区总面积的20%,以小嵩草草甸占优势;以垫状驼绒藜为建群种的高山荒漠主要分布在各盐湖湖滨及一些山前丘陵坡地的下部;高山冰缘稀疏植被是高寒无植被坡地段与连续植物被覆地段之间的过渡地带的一种特殊植被类型,在冰碛、台地和山前冲积扇等区域可见。据统计,全区有199种植物,其中原高原特有种达80种以上。

本区有11个野生哺乳动物特有种,最著名的有藏野驴、野牦牛、藏羚羊和藏原羚等,种群密度大,动物数量多,且具有结群活动或栖居习性。据1989年4—6月中国科学院青藏综合科学考察队李炳元等实地考察,累计见有藏羚羊34群,计686头;藏野驴22群,计384头;野牦牛12群,计245头。最多的一群藏羚羊有近百头,藏野驴达200头,在西部偏僻的西金乌兰湖周围曾见一群野牦牛超过100头。在1990年考察期间,见有藏野驴、野牦牛、藏羚羊和藏原羚总数达6 000余头。这是青藏高原东南部森林动物所不能比拟的。这些动物都是濒危珍稀物种,属国家一级、二级保护动物。此外,狼、棕熊、高原兔、藏狸也常有出没,繁殖力极强的高原鼠兔对草场的破坏性很大。鸟类特有种有7种,常见的在湖滨地区有赤麻鸭、斑头雁、棕头鸥等,在草丛及山谷地区栖息有西藏毛腿沙鸡、西藏雪鸡等。

目前,本区绝大部分地区仍为无人区,自然环境还保持着完好的原始自然状态。但人类活动正逐渐沿青藏公路沿线向西渗透,随之自然环境的破坏也在日益加剧。尤以近年马兰山一带的淘金热更为突出,其结果不但严重破坏和浪费了宝贵的矿产资源,而且造成植被破坏,地面裸露,水土流失,野生动物纷纷外逃。因此,不合理的人类活动是导致脆弱的高原自然生态不断破坏的根本原因。

二、东羌塘区

地理位置和范围 东羌塘区位于巴州若羌县南部,新疆、青海、西藏三省(自治区)交界处的东昆仑山北坡大型凹陷盆地——库木库里盆地中,西北部以库木巴彦山(最高峰海拔6 140米)山脊为界与车尔臣河支流**阿里雅力克河**流域毗邻,东北以祁漫塔格山脊为界与若羌县和青海柴达木内流区的古尔嘎赫德河(尾闾为**尕斯库勒湖**)流域毗邻;东、东南、南部以昆仑山东部支脉末梢山脊和昆仑山主山脊为界,分别

与青海省和西藏自治区毗邻;西与车尔臣河流域接壤。流域地理位置为东经87°30′~91°18′、北纬36°00′~37°48′,平均海拔约4 500米,东西最长约360千米,南北最宽约200千米,面积43 000平方千米,年河川径流总量约12亿立方米。

地貌 区域内群山环抱,北部为北东向的库木巴彦山和北西向的祁漫塔格山(最高峰海拔5 670米),山地高差一般在400~1 000米之间;南部分布有一系列山地,东西高中间低,自西向东依次有木孜塔格峰(海拔6 973米)、雁头山(最高峰海拔5 530米)、屏障岭峰(海拔5 473米)、阿尔格山(最高峰海拔5 840米)、阿尔喀山(最高峰海拔5 627米)、巍雪山(最高山峰海拔6 004米)、布喀达坂峰(也称莫诺马哈山或新青峰,海拔6 860米)。

木孜塔格峰为本区最高峰,终年冰雪覆盖,峰区现代冰川极为发育,类型齐全,共存大小冰川93条,冰川活动性强,冰崩、雪崩频发,常发出可怕的爆裂声。其中最大的冰麟川冰川长8千米,冰厚300米左右。巨大的冰川固体水库为**阿其格库勒湖**水系的**月牙河**提供了充沛的水源。位于阿尔金山国家自然保护区东北部的库木库里沙漠和**鲸鱼湖**东部的积沙滩新月形沙丘堪称沙漠奇观。库木库里沙漠是世界上海拔最高的沙漠,至今仍在堆积上升。积沙滩新月形沙丘底部潜水发育,潜水依沙丘汇聚成月牙形水泊,名曰"月牙泉"。夏季形成小湖,清澈碧蓝,冬季结冰封冻,犹如银月,可与敦煌月牙泉争奇斗艳。在沙漠西南部阿尔喀山附近有大面积的岩溶地貌,被称为"高原桂林"的古岩溶,形成于距今一亿多年前的侏罗纪,冰川与岩溶套叠的地貌,奇异动人,世所罕见。

壮观的木孜塔格峰

水系 库木库里盆地内的隆起带将盆地分割为若干封闭的中、小盆地,由此形成若干独立水系,其中较大的有**阿牙克库木湖**水系、阿其格库勒湖水系、

库木库里沙漠

鲸鱼湖水系。阿牙克库木湖水系包括**依协克帕提湖**、**贝勒克勒克湖**、**克其克库木库勒湖**、**库木库勒湖**、**依协克帕提河**、**色斯克亚河**、**皮提勒克河**、**库木开日河**等。阿其格库勒湖水系包括阿其格库勒湖及其支流**阿其格库勒河**、**艾梗乌塔木各河**、**哈夏克力克河**、**月牙河**等。鲸鱼湖水系运行于阿尔喀山与东昆仑主山脊构成的半团合山间盆地内,盆口向东北方向花海滩敞开,水系包括鲸鱼湖及支流**玉浪河**。

生态和生物 东羌塘海拔 3 800～4 500 米的山地上部为垫状植被，下部是以小蒿草为主的高寒草原；4 500～5 000 米以上过渡为稀疏的高寒植丛和冰冻风化带；5 500 米以上地区为高山冰雪带。阿尔金山国家自然保护区位于本区内，属高原生态系统保护区，是当今世界上内陆面积最大的自然保护区，设立于 1983 年，世界自然与自然资源保护联盟（IUCN）、世界野生动物基金会（WWF）联合考察后在报告中称，这里是"世界上少有的生物地理省之一，是不可多得的高原物种基因库"。保护区设立当年即被收录到《大英百科全书》名录中，并被我国列入《中国生物多样性保护行动计划》优先保护名录。保护区核心地带属第三纪末地壳变动形成的封闭型山间盆地，周围群峰巍峨，峡谷幽深。这里人迹稀少，是各类野生动物的天然乐园。保护区内有中国特有的珍稀野生动物 359 种，包括蹄类 30 种、鸟类 79 种、昆虫类 250 种；有国家一类保护动物 12 种、二类 17 种；属国家级保护的珍稀野生动物达 15 万余头，数量最多的是高原有蹄类动物，仅藏羚羊、藏野驴、野牦牛 3 个物种就达 6 万多头。

三、中羌塘区

地理位置和范围 本区位于新疆南部，东邻车尔臣河流域上游，西接克里雅河流域上游，南为昆仑山主脉，北部自东向西依次为昆仑山支脉九个达坂山、托库孜达坂山和喀什塔什山，跨巴州且末县及和田地区的民丰县、于田县等行政区，地理位置为东经 85°15′～86°20′、北纬 35°20′～36°52′；东西最长约 380 千米，南北最宽约 140 千米，面积约 33 000 平方千米，年河川径流量约 5.7 亿立方米。

水系 本区小河系、小湖泊较为发育。主要水系有**塔什库勒湖**水系、硝尔库勒湖水系、石漫湖水系、萤水湖水系、永丰湖水系、小鲸鱼湖水系、**长虹湖**水系等。塔什库勒湖水系位于中羌塘区北部，包括塔什库勒湖、塔什库勒苏巴什湖、木那瓦萨依河、野鸭湖、陡坎沟、向南沟、黄羊沟及其支流焕珠沟、千枝沟、渗水沟、眉沙沟、吟诗湖等河湖。此外区内还分布着一些相对独立的小湖泊，如落雁湖、**朝勃湖**、虾子湖、皓月湖、银球湖等。硝尔库勒湖水系位于中羌塘区西部，主要河湖有硝尔库勒湖、半天沟、黄羊沟、向阳沟及盼水河。石漫湖水系位于中羌塘区中部，包括石漫湖、鸟歇湖、彬水河等，与其邻近的还有长鼻湖、阳春湖等独立湖泊。萤水湖水系的主要河流只有溪水河。永丰湖水系主要河流为归丰河和乌溪沙河。小鲸鱼湖水系的主要河流有细流河和多曲河。中羌塘区南部的可可西里山北麓发育有长虹湖水系，包括长虹湖、峡口河和群波河以及与之相连的巨头湖、微波河等河湖。可可西里山西北麓还发育有**半岛湖**水系及相邻的**黄草湖**、莲藕湖、草东湖、鸭嘴湖、把柄湖等独立湖泊，其中仅半岛湖较大。此外，还有一些独立小湖泊散布在高原丘陵中，如格斗湖、击拳湖、笋子湖、沛雨湖、丽湖、双须湖、激风湖、腾鱼湖、东辙湖、船湖、冰水湖、雪水湖、群鸭湖、三个湖、红沙湖、半边湖、方块湖、脚印湖、**工字湖**等。

地貌、动植物 中羌塘区位于中昆仑山山间高原湖盆地带，东南部的琼木孜格格峰海拔高达 6 962 米，山顶终年积雪。海拔 4 500 米以下的山坡及岩屑坡上，稀疏分布着垫状驼绒藜、糙点地梅等植被；河谷或湖滨等水分条件稍优处，则片状零星分布着高寒草原草地；海拔 4 500～5 500 米地带，下部为稀疏植被，上部为寒冻风化带；海拔 5 500 米以上地区为冰雪带。

中昆仑自然保护区位于中羌塘区东北部，海拔一般为 4 500～5 500 米，面积 3.2 万平方千米，设立于 2001 年，属野生动物类自然保护区。有主要保护对象藏羚羊约 2 万头，占新疆、西藏藏羚羊总数的 20% 左右。藏羚羊有长途迁徙的习性，每年有大批藏羚羊从阿尔金山山区集结到此产仔。保护区不仅保护了藏羚羊野生种群和繁殖地，也保护了从青海可可西里和西藏羌塘地区迁徙来的藏羚羊。夏季沿车尔臣河谷地带进入保护区，可以见到红景天、点地梅、西藏黄华、鸢尾、棘豆等高原花卉五颜六色，争相吐艳；藏羚羊、藏野驴、野牦牛悠闲采食，盘羊、岩羊在高山之巅驻足观望，这里是开展野生动植物科研、探险、登山和观光等活动的理想场所。

四、西羌塘区

地理位置和范围 西羌塘区为半封闭的山间盆地，位于新疆和田地区和田县南端，西南与印控克什米尔地区隔喀喇昆仑山山脊为邻，东南与西藏阿里地区相连，北及东北与和田河流域接壤，地理位置为东经 78°40′～80°26′、北纬 34°25′～35°40′；东西长约 130 千米，南北宽约 140 千米，面积约 17 800 平方千米。地表水资源量约 3.7 亿立方米。

地质地貌、植被 西羌塘区在地质构造上，北为西昆仑山背斜带，南为古生代褶皱带，由于受到历次构造运动的影响，山体岩层非常混乱，有的为古生代石灰岩、片岩，有的为志留纪、泥盆纪砂岩、页岩等。

植被类型较为单一，海拔 4 500～5 500 米的高山为生长着刺矶松、高寒棘豆等植物的高寒半灌木荒漠，5 500 米以上为高山冰雪带。

水系和气候 区内水系主要为**阿克赛钦湖**及其支流阿克赛钦河、**萨利吉勒干南库勒湖**及其支流萨利吉勒干南库勒河与萨利吉勒干西河、**列腾格湖**。区域海拔较高，一般都在 5 000 米以上，很多山峰在 6 000 米左右。东南部的阿克赛钦湖湖面海拔 4 490 米，中部的列腾格湖湖面海拔 5 250 米，南部的萨利吉勒干南库勒湖湖面海拔 5 181 米。

西羌塘区地处高寒地区，气候恶劣，空气稀薄，太阳辐射强，温度变化大，并常有大风。整个区域由三个湖泊盆地构成，受喜马拉雅山、喀喇昆仑山和西昆仑山对水汽输送的阻隔作用影响，盆地内降水相对较少。

区内虽然海拔极高，气候寒冷严酷，但地势较为平坦，自古以来就是新疆至印度次大陆、经克什米尔至中东各国的捷径。新中国成立后，建成新疆至西藏阿里地区公路，通过西羌塘的专线道路可达喀喇昆仑山口、空喀山口等边防站点，穿梭于新疆和西藏之间的过往车辆络绎不绝。

2004 年，区内又建立了西昆仑地区藏羚羊繁殖自然保护区，在新疆的藏羚羊栖息繁殖地全部列入了保护区范围。

10.3.190　盐湖

（Yanhu Salt Lake）

位于青海省玉树藏族自治州治多县东北部，东经 93°20′～93°29′，北纬 35°29′～35°34′，因盐矿资源丰富而得名，属硫酸镁亚型内陆卤水盐湖。

从青藏公路 70 号道班沿便道曲折西北行 24 千米可抵西侧湖滨，湖面海拔 4 440.0 米时，湖泊东西长度 14.8 千米，南北最大宽度 5.1 千米，平均宽度 2.2 千米，湖面面积 32.8 平方千米。湖外形很不规则，多半岛、岬湾。湖周长度 54.0 千米，岸线发展系数达 2.7。湖中分布石质小岛 10 余个，面积多在 0.01～0.2 平方千米。

湖泊处于东昆仑山南侧第三纪陆相断陷盆地内，系构造湖。湖盆四周多为第四纪晚更新统、全新世冰缘冲积洪积砂砾层和湖相沉积，滨湖现代沼泽面积超过 20 平方千米。其中

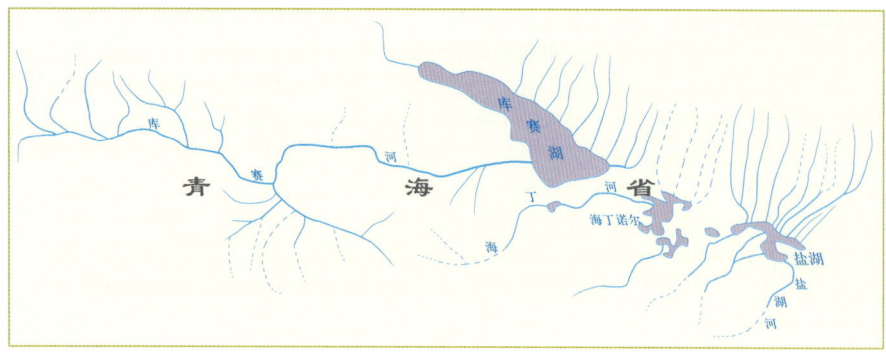

盐湖、海丁诺尔、库赛湖水系示意图

湖泊西侧及南侧，在第四纪地层的外围分布有大面积晚第三纪上新统陆相地层构成的残丘。盐湖与西侧**海丁诺尔**、**库赛湖**等同受北西西断裂带控制，共同组成羌塘高原最东端的一个内陆次级小湖群。

流域西接内陆湖泊**海丁诺尔**；北越昆仑山与达布逊湖入湖河流格尔木河上源相邻；东、南分水岭外均流通天河支流**楚玛尔河**外流水系，面积 948.0 平方千米，湖泊补给系数为 27.9。湖区多年平均气温－2 摄氏度，多年平均年降水量约 150 毫米，属高原亚寒带羌塘半干旱气候区。主要植被类型是紫花针茅及青藏苔草高寒草原，北部昆仑山南麓主要分布由风毛菊构成的高山垫状稀疏植被。

湖水主要依赖冰雪融水及大气降水补给。湖北侧源于昆仑山脉博卡雷克塔格山（阿那瓦日雪山）冰川，有北南平行流向较大溪沟 15 条，长度多在 25 千米左右，河道平均比降达 29.2‰，每年暖季（7—10 月）大量冰雪融水南泄直接入湖，是盐湖水量的主要来源；其次是从东南岸入湖的盐湖河，长度虽达 53 千米，但源头高程仅 4 800 米左右，无冰川覆盖，加之流域面积很小（约 180 平方千米），河床沿程地形平坦（河道平均比降仅为 6.8‰），河川径流很难形成，故仅在夏季偶有很少水量补给湖泊。此外，湖周有数十个时令性大小水塘（面积在 0.01~1.0 平方千米），分布位置高于盐湖，亦有少量季节性地下渗水流向湖泊。

盐湖水色呈浅灰白色，透明度 0.5~1 米，湖水密度 1.140，pH 值 6.9，矿化度 221.35 克每升。湖水中硼、锂含量较高，分别达到 40 毫克每升及 62 毫克每升，水化学类型为硫酸镁亚型。湖底有盐类矿物石盐、白钠镁矾、水钙芒硝、无水芒硝、石膏等结晶析出，质地较纯，沉积厚度约 0.5 米，东部湖体老盐层已被开采运往西藏等地销售。

10.3.191　海丁诺尔

（Haidingnuoer Lake）

位于青海省玉树藏族自治州治多县境东北部，东经 93°10′、北纬 35°35′，属硫酸镁亚型内陆咸水湖泊。

从青藏公路 70 号道班沿简易路西北行约 45 千米可抵北部湖滨。湖面高程 4 470.0 米时，湖泊长度 8.6 千米，最大宽度 4.9 千米，平均宽度 4.2 千米，湖面面积 35.7 平方千米。湖泊形态很不规则，多半岛、岬湾，湖周长度 72 千米，岸线发展系数高达 3.40。湖中另有高出湖面 21~23 米的石质小岛两座，面积分别为 0.37 平方千米及 0.11 平方千米。

湖泊处于东昆仑山脉博卡雷克塔格山南麓、可可西里山北侧的早第三纪陆相断陷盆地内，系构造湖泊。湖盆四周多分布紫红及灰紫红色厚层砾石构成的第三系中新统陆相残丘。残丘外围是大片第四系晚更新统和全新统冰缘冲积洪积砂砾层，形成宽阔的倾斜平原。湖滨最高古湖岸砂砾堤相对高程在 10 米以下，显示湖泊退缩幅度不大。它与西侧**库赛湖**、东侧**盐湖**等同受北西西断裂带控制，共同组成羌塘高原最东端的一个内陆次级小湖群。

流域除北南两侧分别以昆仑山及可可西里山为界外，东西分别与盐湖及库赛湖水系相邻，面积 1 044 平方千米，湖泊补给系数为 28.2。湖区多年平均气温－2 摄氏度，多年平均年降水量约 150 毫米。属高原亚寒带羌塘半干旱气候区。流域主要植被类型为青藏苔草及紫花针茅高寒草原。另在北侧山区分布有垫状驼绒藜高寒荒漠，西侧**海丁河**沿岸分布有匍匐水柏枝河谷灌丛。

湖水补给主要依赖西岸入湖的海丁河及湖北侧一系列短小季节性溪沟的地表和地下径流。湖北侧发育于昆仑山南麓的较大溪沟计有 10 条，由北而南几乎呈平行梳状排列，长度一般 18~20 千米，河床平均比降达 20‰左右，每年 7—10 月下泄径流先于湖北侧 4~6 千米平坦砂砾地处形成数十个临时性大小水塘，最后以地下水形式补给湖泊。

海丁诺尔湖水较浑浊，呈现浅绿色，微有臭味，湖水密度为 1.019，pH 值 8.6，矿化度为 27.569 克每升，属硫酸镁亚型内陆咸水湖泊。湖水中有苔藓及水蚤繁衍。湖滨砾石裸露，土壤贫瘠，植被稀疏，环境恶劣，野生动物鲜见。

10.3.191.1　海丁河

（Haiding River）

海丁诺尔西岸汇入的最大入湖河流，位于青海省玉树藏族自治州治多县境东北部，东经 92°34′~93°08′，北纬 35°23′~35°38′。

河流长度 66 千米，正源源于可可西里山脉高岭山（高程 5 043.3 米）北麓，源头高程 4 800 米，自然总落差 330 米，河床平均比降为 5.0‰。流域大致呈东西向展布，西、北接内陆湖泊**库赛湖**水系；南邻**长江**上源通天河支流**楚玛尔河**，面积 568 平方千米，占海丁诺尔流域总面积（1 044 平方千米）的 54.4%。

流域属高原亚寒带羌塘半干旱气候区，多年平均气温－2 摄氏度，多年平均年降水量约 150 毫米。河川径流主要依赖大气降水及地下水补给。高海拔剥蚀台地是流域内主要地貌类型，近河谷地区分布较宽广的高海拔冲积洪积平原。河谷附近主要植被类型是匍匐水柏枝灌丛，其外围分布有紫花针茅及青藏苔草高寒草原。主要野生动物有藏羚羊、藏野驴等。

全河大致可分上下游两段。上游河段长约 45 千米，正源自高岭山北坡形成后，在一个大型山间盆地（面积约 400 平方千米）内沿正东方向缓慢流淌，其间虽先后集左右两岸短小时令溪沟（多数长 6~8 千米）数十条，但因地面平坦，下渗量大，干流仅 7—10 月间方出现少量河川径流。出盆地后的下游段干流折向东北，河段长 21 千米，两岸基本无支流汇入，河川径流相对较为稳定，夏季流速可达 0.3 米每秒左右。河槽左右摆动频繁，形成宽阔的沙质河床。在海丁诺尔西侧约 3 千米处，干流分成南北两支分别注入海丁诺尔。

10.3.192　库赛湖

（Kusai Lake）

位于青海省玉树藏族自治州治多县境内，东经 92°37′~93°03′、北纬 35°38′~35°50′，属硫酸镁亚型内陆咸水湖泊。

湖呈北西—南东向狭长形态。湖面高程 4 475.0 米时，湖泊长度 42.5 千米，平均宽度 6.0 千米，最大宽度 10.6 千米，湖面面积 254.4 平方千米。东南湖体开阔，西北湖体相对狭窄。湖岸线比较平整，湖周长度 103.3 千米，岸线发展系数为 1.83。实测最大水深 56.0 米。

湖泊地处东昆仑山南侧早第三纪陆相断陷与晚印支褶皱带接合部，系一典型的复合构造断陷湖。湖盆走向完全受北西向断裂带控制。湖盆四周山地中生代地层广布，主要为上三叠纪深灰及灰黑色板岩、砂质板岩。流域西邻**卓乃湖**（霍通诺尔）水系，北隔昆仑山脉与柴达木盆地达布逊湖及台吉乃尔湖入湖河流源区交界；东及南侧是内陆湖泊**海丁诺尔**及通天河上源**楚玛尔河**水系。流域面积 3 954.0 平方千米，湖泊补给系数为 14.5。西北部湖体南北两侧山麓断层面清晰，陡峭山崖紧逼湖岸。东南部湖体滨湖地形开阔，北侧、东侧为晚更新世大面积冲积洪积山麓倾斜平原；南侧为全新世冲积洪积砂地，系该湖最大入湖河流**库赛河**的入湖三角洲河谷平原；西侧为中小起伏的高山。湖区受青藏高原强烈隆升所引起的高原边缘河流溯源侵蚀影响较小，保存了较好的高原面。湖滨最高古湖岸砂砾堤相对高程在 10 米以下，显示湖泊退缩幅度不大。东南侧湖滨分布有许多残留小湖塘，较大者面积在 1 平方千米左右。

流域属于高原亚寒带羌塘半干旱气候区，多年平均气温－2 摄氏度左右，多年平均年降水量约 150 毫米。湖水补给以地表径流及少量源于冰雪融水的地下径流为主。最大入湖河流是西南岸汇入的库赛河。库赛河北侧的昆仑山山顶冰雪覆盖面积达 60 余平方千米，其中属本湖流域有 10 平方千米左右，东西向绵延 20 余千米。由此发育的多条短小沟溪，虽经冰水倾斜平原时纷纷渗入地下，但最后复以地下水形式补给湖泊的水量也相当可观。

库赛湖湖水呈深蓝色，清澈、味苦，湖水密度 1.017，pH 值 8.3，矿化度 28.538 克每升，属硫酸镁亚型。湖水中硼、锂含量较高，分别为 24.33 毫克每升和 5.00 毫克每升，湖泊东部和残留小湖有季节性薄层粉末状石盐析出。库赛湖东南部开敞湖体水深多在 10～15；西北湖体水深多在 30～50 米，最大水深 56 米。湖水位 4 475.0 米时，相应湖泊容积为 33.9 亿立方米。全湖水下地形状况与整个湖区地貌形态特征相吻合。据卫片综合分析，从 20 世纪 50 年代末至 70 年代中期库赛湖湖泊水域向外扩展了 300～500 米；而从 70 年代中期至 90 年代初期湖水面又呈退缩趋势，其缩小范围在 500～1 000 米。反映了近期气候变化对可可西里地区自然环境的影响。

高寒垫状稀疏植被及高寒草原为流域主要植被类型。湖泊周围及库赛河流域多为紫花针茅草原及青藏苔草高寒草原，湖北侧近昆仑山麓及湖泊西侧山区有垫状驼绒藜高寒荒漠分布。流域土壤主要为高山草原土（寒冻钙土），在库赛河入湖三角洲地区有固定、半固定的风沙土分布。湖区环境恶劣，人迹罕至。野生动物有藏羚羊、藏野驴、野牦牛、狼、棕熊、藏狸、高原鼠兔等，滨湖常有赤麻鸭、斑头雁等鸟类栖息，西藏毛腿沙鸡、雪鸡等也常出没。

10.3.192.1　库赛河

(Kusai River)

库赛湖最大入湖河流，由西南岸入湖。位于青海省玉树藏族自治州治多县境内，东经 91°39′～92°51′，北纬 35°23′～35°52′。

库赛河长度 140.0 千米，正源源于昆仑山脉雪月山（高程 5 548.8 米）南麓，源头高程 5 200.0 米，自然总落差 725.0 米，河床平均比降为 5.18‰。流域大致呈东西向狭长形展布，西邻**卓乃湖**（霍通诺尔）水系；北邻**东台吉乃尔湖**最大入湖河流**那棱格勒河**源区支流；南与内陆湖泊**海丁诺尔**及通天河上源**楚玛尔河**交界，面积 2 864.0 平方千米，占库赛湖流域总面积（3 954.0 平方千米）的 72.4%。

流域属于高原亚寒带羌塘半干旱气候区，多年平均气温－2.0 摄氏度左右，多年平均年降水量约 150.0 毫米，寒冷干燥。河川径流主要依赖大气降水及冰雪融水补给。流域地貌类型主要是小起伏高山及高海拔丘陵，近河谷则为高海拔冰水平原剥蚀台地及冲积洪积平原。高寒垫状稀疏植被及高寒草原为流域内主要植被类型。前者主要分布在山区；在较开阔的河谷附近区域主要分布紫花针茅高寒草原及青藏苔草高寒草原。主要野生动物有藏羚羊、藏野驴及野牦牛等。

全河大致分为上下游两段。正源自雪月山冰雪覆盖区（冰雪面积约 4 平方千米）南麓形成后，先正南、后由西向东流淌。7～8 千米后，左岸有源自三雪包（高程 5 530.1 米）冰雪区（冰雪面积约 1.2 平方千米）的支流汇入，形成宽约 18 米的沙质河床，径流继续以 0.7 米每秒左右的流速东泄。在卓乃湖正北，干流左岸分别汇入源自大雪峰（又名阿欠冈欠，高程 5 863.4 米）冰雪覆盖区（冰雪面积 24.0 平方千米）南流的 6 条冰雪融水补给充沛的支流，致干流水量明显增加。其中位于最东侧的最大一条无名支流定名为碎石沟（因经高程 4 960.9 米的碎石岭西侧），其与干流交汇口（高程 4 730.0 米）以上河段称为上游段。河段长 58.0 千米，自然落差 470.0 米，河床平均比降为 8.10‰。本河段一般河床宽 9～18 米，水深 0.3～0.4 米，流速 0.7 米每秒左右，是库赛河径流的主要补给区。

碎石沟与干流汇合口以下为河流下游段，河段长 82.0 千米，自然落差 255.0 米，河床平均比降降至 3.11‰，基本西东流向，途中很少有支流汇入。本河段地势平坦，河曲较为发育，河槽左右摆动频繁，形成的沙质河床一般宽达 100～200 米。近库赛湖之河谷两侧为大面积寸草不长的冲积洪积砂砾地三角洲平原。

本河段在卓乃湖东侧的湖东山（高程 5 111.8 米）东麓宽阔谷地中残存一条现已干涸的干流右岸支流，河长约 26 千米，河谷宽达 200～300 米。其源头与卓乃湖（湖面高程 4 751.0 米）东端湖体间分水垭口高程为 4 755.0 米，两者水平距离仅 300～400 米，显示在第四纪高湖面时，卓乃湖湖水曾经经由此通道大量向库赛河排泄。亦即昔日卓乃湖是库赛湖水系中的一个内陆吞吐湖泊。

10.3.193　卓乃湖

(Zhuonai Lake)

又名霍通诺尔，位于青海省玉树藏族自治州治多县境内，东经 91°47′～92°07′，北纬 35°29′～35°37′，属硫酸镁亚型内陆咸水湖泊。

湖泊形似蝌蚪，西部宽阔而东部狭窄。湖面高程 4 751.0 米时，湖泊东西长度 30.0 千米，平均宽度 8.5 千米，南北最大宽度 15.3 千米，湖面面积 256.4 平方千米。湖泊岸线平整，形态规则，湖周长度 91.0 千米，岸线发展系数为 1.60。

湖泊地处东昆仑山脉五雪峰（高程 5 577.3 米）、雪月山（高程 5 548.8 米）、大雪山（高程 5 863.4 米）以南，好扎日旧山（高程 5 404.7 米）、约巴山（高程 5 386.7 米）以北的晚第三纪陆相盆地内，系构造湖。湖盆走向明显受北西—南东向断裂带所控制。北侧由晚三叠纪地层构成的湖中北山（高程 5 067.4 米）山麓线紧逼湖体，其分水岭与湖泊水边线距离仅 2～3 千米；东、西及南侧的湖滨带也很狭窄，多分布第四纪全新世砂砾质地层，属高海拔洪积冲积平原地貌类型。在第四纪高湖面时期，卓乃湖湖水曾从湖体东端输水通道外泄**库赛河**，并最终入**库赛湖**。亦即它曾是库赛湖水系的一个内陆季节性吞吐湖泊。目前残存的昔日输水通道（即库赛河右岸支流）长约 26 千米，河谷宽达 200～300 米，其源头与卓乃湖东端湖体间 300 余米宽的平坦沙质分水垭口高程仅为 4 755 米，此亦为该湖最高古湖岸线。航片及卫片资料证实，卓乃湖自 20 世纪 50 年代以来，经历过先扩大后又缩小的波动变化过程，但不再出现湖水继续外泄的状况。

流域位于高原亚寒带羌塘半干旱气候区，多年平均气温－3 摄氏度，多年平均年降水量约为 160 毫米。流域西隔多布扎拉山（高程 5 323.5 米）与**可可西里湖**、**可考湖**交界；东、北是库赛湖入湖河流库赛河及台吉乃尔湖入湖河流那棱格勒河；南接内陆湖泊**错达日玛**及通天河源头**楚玛尔河**水系，面积 1 776 平方千米，湖泊补给系数仅为 5.9，显示湖水补给条件较好。湖水补给以冰雪融水为主，次为地下水及大气降水。从湖西岸汇入的**卓乃河**是其最大入湖河流，其余则多系大气降水形成的季节性溪流。部分地下水在滨湖开阔平坦的冲积洪积三角洲平原外溢，形成数以百计的大小"无源"湖塘，面积大多在 0.01～0.05 平方千米，有些与大湖仅一堤之隔。

流域主要植被类型为紫花针茅及青藏苔草高寒草原。在卓乃河上游山区分布以风毛菊为主的高山稀疏植被，下游则主要是杂类草高寒草原及水柏枝河谷灌丛。湖泊水域有水草和桡足类生长繁衍。湖区野生动物种群数量大，藏羚羊、野牦牛、藏野驴等哺乳动物成群结队活跃在湖泊周围。特别是每年夏季，大量藏羚羊经长途跋涉来此产仔、繁衍后代，使湖区成为野生动物重要的繁殖基地。但近几年因受"淘金热"影响，湖南岸成为"黄金通道"，草地破坏严重，大批野生动物纷纷外逃。

10.3.193.1　卓乃河
(Zhuonai River)

卓乃湖（霍通诺尔）最大入湖河流，由湖西岸汇入。位于青海省玉树藏族自治州治多县境内，东经 91°22′～91°49′，北纬 35°30′～35°54′。

卓乃河河流长度 65 千米，正源源于昆仑山脉五雪峰（高程 5 577.3 米）西侧冰雪覆盖区（高程 5 805.0 米）南缘。源头高程 5 330.0 米，自然总落差 579.0 米（卓乃湖湖面高程 4 751.0 米），河床平均比降 8.9‰。流域大致呈北西—南东向狭长形展布。北邻柴达木盆地**东台吉乃尔湖**最大入湖河流**那棱格勒河**源区支流，西接**可考湖**水系，南隔多布扎拉山与通天河支流**楚玛尔河**交界。流域面积 684 平方千米，占卓乃湖流域总面积（1 776 平方千米）的 38.5%。

流域位于高原亚寒带羌塘半干旱气候区，多年平均气温－3 摄氏度，多年平均年降水量约 160 毫米。河川径流主要依赖冰雪融水及部分大气降水补给。上游地区流域地貌主要是高海拔冰碛及冰水平原；中游右侧为大面积小起伏熔岩高方山，左侧为高海拔剥蚀平原及小起伏高山；下游干流两侧是高海拔开阔的冲积洪积平原。流域植被，上游是以风毛菊为主的高山稀疏植被类型；中游是以紫花针茅、青藏苔草为主的高寒草原；下游主要是水柏枝河谷灌丛及杂类草高寒草原。

主要野生动物有藏羚羊、藏野驴、野牦牛等。

卓乃河源区分布冰川积雪面积达 80～90 平方千米，其中本流域约占 40%，冰雪融水补给量比较丰沛。

全河大致可分三段。正源自五雪峰西侧冰雪覆盖区源出后顺山势向南下泄，6～7 千米后缓慢折向东流，并相继汇集左侧（北侧）源于五雪峰冰雪区的 6～7 条沟溪，干流水势大增。最东的五峰沟汇入口（高程 4 932 米）以上干流为上游段，河段长 26 千米，自然落差 398 米，河床平均比降 15.3‰，河宽 12～13 米，水深 0.3 米，是卓乃河径流的主要汇集区。五峰沟汇入口至长平顶山（高程 4 986.3 米）西侧干流（河床高程 4 820 米）以上为中游段，河段长 23 千米，自然落差 112 米，河床平均比降 4.7‰，河川径流基本顺西侧大坎顶（高程 5 239.9 米）及东侧长梁山（高程 5 187.7 米）两山间峡谷南泄，河道顺直，无支流汇入，河床宽 15 米左右，水深 0.3 米，流速约为 0.7 米每秒。长平顶山西侧干流至入湖河口为下游段，河段长 16 千米，自然落差 69 米，河床平均比降为 4.3‰，因干流右岸有源于黑石山（高程 5 323.5 米）的几乎平行的多条时令溪沟汇入，夏季径流量有所增加（平时多系干沟），这些沟溪径流下泄同时挟带大量泥沙，致使下游河段沙质河床宽达 100～200 米，中上游河段径流途经下游宽阔河床时逐渐渗入地下，除夏季偶遇洪水可直达湖泊外，河川径流最终多以地下水形式补给湖泊。部分地下水在滨湖开阔平坦的冲洪积三角洲平原区外溢，形成数以百计的大小"无源"湖塘。

10.3.194　错达日玛
(Cuodarima Lake)

位于青海省玉树藏族自治州治多县境内，东经 91°47′～91°58′，北纬 35°16′～35°22′，为内陆咸水湖。

湖体由两部分组成，西北部大湖体呈椭圆形，东南部小湖体呈弧条状。穿越两湖间宽 200～300 米低平沙堤的一条狭窄水道将两湖连通。湖面高程 4 775.0 米时，湖泊东西长度 18.1 千米，南北最大宽度 8.0 千米，平均宽度 5.0 千米，湖面面积 89.9 平方千米。其中大湖面积 76.3 平方千米，小湖面积 13.6 平方千米。大湖湖体比较规则，小湖湖岸曲折，合计湖周长度 65.6 千米，岸线发展系数为 1.95。

湖泊处于东可可西里山东西走向的晚第三纪陆相凹陷盆地内，系构造湖。北侧好扎日旧山（高程 5 404.7 米）及南侧巴音多格山旧山（高程 5 209.6 米）山脊线距湖岸仅 3～4 千米之遥，其山麓线紧逼水面，湖岸陡峭，滨岸狭窄；东西两侧滨湖相对比较开阔。

流域位于高原亚寒带羌塘半干旱气候区，多年平均气温－4 摄氏度左右，多年平均年降水量约为 180 毫米。北与**卓乃湖**（霍通诺尔）相邻；西、南、东被长江源头支流**楚玛尔河**水系包围，其中东南侧隔山脊分水岭即为长江源头外流湖泊**多尔改错**（叶鲁苏湖），两湖直线距离仅约 4 千米，但前者湖面高程却较后者高出 87 米。流域面积 650 平方千米，湖泊补给系数为 6.2。湖水主要依赖大气降水及周边碎屑岩系中的地下水补给。湖周分布的一系列同心状干沟、小溪，其长度多在 10 千米之内，仅雨季偶有少许沟溪径流入湖。其中最大的是发育在东侧由第三系杂色碎屑岩构成低缓山峦中的错达日玛河，河长约 22 千米，源于约巴山（高程 5 318 米）南麓，从上中游干流两侧茂密树枝状干沟发育，一系列地下水形成的大小水塘，以及下游宽达 3～4 千米的沙质河床分析，该河雨季的瞬时地表径流比较可观，是湖水补给的主要来源。

错达日玛是内陆咸水湖泊，湖水水色深蓝、清澈，透明度可达10米左右。湖区植被主要是由紫花针茅、青藏苔草等组成的高寒草原，湖周山麓是羽柱针茅、垫状驼绒藜占优势的高寒荒漠植被，而更高的山体则是以风毛菊为主体的高山垫状稀疏植被。

航片和卫片对比分析显示，错达日玛20世纪50年代至70年代中期湖水曾向东部峡谷缓坡扩张了约250米，湖水位也相应上升了近20米。

10.3.195　可考湖
(Kekao Lake)

原为无名湖，1990年中科院青藏高原综合科学考察队考察该湖后得名。位于青海省玉树藏族自治州治多县境内，东经91°16′~91°28′，北纬35°40′~35°44′。

湖面高程4 882.0米时，湖泊东西长度17.5千米，平均宽度3.6千米，南北最大宽度7.1千米，湖面面积62.3平方千米。湖泊形状不规则，西部湖体尤为破碎。湖周长度62.8千米，岸线发展系数为2.24。

湖泊位于东昆仑山与可可西里山间东西走向的晚第三纪陆相凹陷盆地内，系构造湖。湖体东、南、北三侧均为晚第三纪和上三叠纪地层构成的相对高程200~300米的平缓山地，湖滨带比较狭窄，仅西部分布比较宽阔的第四纪全新世冲积洪积砂砾质湖滨倾斜平原。

流域位于高原亚寒带羌塘半干旱气候区，多年平均气温－3摄氏度，多年平均年降水量为160毫米。东接**卓乃湖**水系；西、南与**可可西里湖**入湖河溪相邻；北越东昆仑山是柴达木盆地**东台吉乃尔湖**入湖河流**那棱格勒河**源区支流，流域面积652.0平方千米，湖泊补给系数为9.5。湖水主要依赖冰雪融水和周边碎屑岩系地下水补给，其中源于西北侧小冰帽蘑菇峰（高程5 584.0米）的春进沟和源于东侧黑石山（高程5 323.5米）的无名小溪规模相对较大，前者河长25.0千米，后者河长12.0千米左右，每年6~9月有较稳定的水量下泄。

流域主要植被为青藏苔草—垫状驼绒藜高寒荒漠草原，西侧入湖河流春进沟源区是以风毛菊为主的高山稀疏植被。湖区出没的野生动物主要有藏羚羊、野牦牛、藏野驴等，但近年因受"淘金热"干扰，动物栖息环境遭受破坏，种群有所减少。可考湖周最高古湖岸线高出现湖面约4.5米，显示湖泊退缩进程缓慢。湖水呈浅绿—浅蓝色，密度为1.002，pH值为9.0，矿化度为10.340克每升，属氯化物型内陆微咸水湖泊。湖底淤泥沉积较厚，湖中有水草繁衍。

10.3.196　可可西里湖
(Kekexili Lake)

位于青海省玉树藏族自治州治多县境内，东经90°56′~91°20′，北纬35°31′~35°39′，系可可西里地区第三大湖，为硫酸钠亚型内陆终点咸水湖泊。

湖面呈东西走向，湖面高程4 878.0米时，东西长度37.7千米，南北最大宽度14.4千米，平均宽度8.0千米，湖面面积299.9平方千米。湖岸曲折，多半岛、岬湾及沙嘴；湖中分布大小岛屿11座，面积大者2.2平方千米，小的仅0.02平方千米，岛屿总面积约5平方千米。湖周长度140千米，岸线发展系数为2.28。

湖泊处于昆仑山与可可西里山间断陷盆地内，湖盆走向明显受北西西—南东东向展布的区域构造断裂带控制，属构造湖泊。湖泊北、南、东侧地形比较陡峻，山地地层多属上

第三系及中生代上三叠纪，近湖滨则为第四纪全新世冲积—洪积倾斜平原及山麓洪积扇台地；湖泊西侧与**饮马湖**之间是宽广的全新世湖积平原及低缓丘陵岗地，其间分布面积0.01~0.4平方千米、主要由地下水补给形成的大小积水洼塘数以百计。湖泊流域西纳**月亮湖**，南与**西金乌兰湖**及**楚玛尔河**源区水系交界，东隔多布扎拉山与**卓乃湖**相望，北越马兰山、蘑菇峰（高程5 584.0米）接柴达木盆地**东台吉乃尔湖**入湖河流**那棱格勒河**源区水系。流域面积2 577平方千米，湖泊补给系数为5.3（计算时考虑上游吞吐湖泊饮马湖面积）。流域多年平均气温－4~3摄氏度，多年平均年降水量在140~180毫米之间，属高原亚寒带羌塘半干旱气候区。主要植被类型为以青藏苔草——垫状驼绒藜为主的高寒荒漠草原，在周围山区则分布水柏枝河谷灌丛及卵果大黄稀疏植被。

可可西里湖系内陆终点湖泊，湖水补给主要来自西部两条入湖河川径流。一条为连水河，此为可可西里湖与其上游内陆吞吐湖泊**饮马湖**间连通河道，河段长约13千米。饮马湖湖面高出可可西里湖约40米，湖水通过连水河向可可西里湖下泄。途中左岸又有源自马兰山南麓冰川前缘的数条长16~18千米的支流加入，水量颇丰。但自第四纪高湖面以来，饮马湖湖面不断退缩，排水通道逐渐淤塞，目前在距湖东端出水口2.5千米处的连水河河床已形成明显季节性分水垭口，旱季饮马湖水位低时，湖水不再向可可西里湖排泄。另一条为冷水河，河长约28千米，源于湖泊南侧可可西里山脉的汉台山（高程5 713米）北麓，源头高程5 300米，河床平均比降达15.1‰，源头终年积雪覆盖面积5平方千米左右，由此发育的数十条沟溪相继向北下泄，并于出山口逐渐汇集成干流，其下游沙质河床宽3~5米，水深0.3米，流速可达1.2米每秒。此外，可可西里湖北、南、东三侧，湖岸距分水岭一般10~20千米之遥，其间发育众多梳状排列的入湖山区性坡陡干沟，雨季偶会有瞬时急流下泄，区间入湖径流补给应相当可观；在湖泊西北端由数眼泉水形成的3千米长的入湖小溪，水量稳定，是不远处马兰山冰融水经地下转换的另一种湖水补给形式。

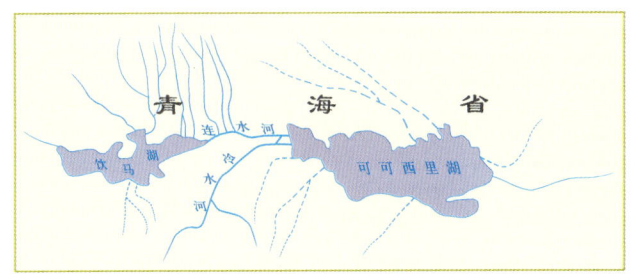

可可西里湖水系示意图

可可西里湖湖水pH值8.8，湖水密度1.008，矿化度为13.412克每升。湖底淤泥为灰褐色，有水草生长、水蚤繁衍。滨岸带植被稀疏，砂砾裸露，多盐碱结皮，生态景观荒凉，野生动物罕见。

10.3.196.1　饮马湖
(Yinma Lake)

位于青海省玉树藏族自治州治多县境西北部，东与**可可西里湖**相望，西与**月亮湖**紧邻。地理位置为东经90°29′~90°48′，北纬35°34′~35°39′。为内陆吞吐湖泊。

湖面作东西向延伸，湖面高程4 918米，相应湖泊长28.0千米，最大湖宽9.7千米，平均宽3.83千米，湖面面积

107.2 平方千米。湖形很不规则，多半岛、湖湾和沙嘴，岸线曲折。湖岸周长 110 千米，岸线发展系数高达 3.0。湖中有岛屿 3 座，面积均不逾 0.03 平方千米。

饮马湖深居青藏高原腹地，与可可西里湖、月亮湖等同坐落在马兰山—大雪山—大梁山和可可西里山之间东西向宽阔的断陷湖盆带内。湖之北部马兰雪山（海拔 6 056 米）有冰川发育，距湖约 14 千米，冰雪覆盖面积达 72 平方千米；南部之天台山亦有冰川发育，面积约 3 平方千米。环湖南、西及西北部为相对高差 100～200 米的低山丘陵，其余方位为广阔的山前洪积冲积平原。湖周残迹湖众多，尤以湖东最为密集，面积大者在 1.0 平方千米左右，多数面积在 0.01～0.3 平方千米。湖区属羌塘高寒草原半干旱气候，多年平均气温 −4～−2 摄氏度，多年平均年降水量 100～150 毫米。流域面积 707 平方千米，湖泊补给系数 5.6。计有大小入湖河流 10 余条，以时令河为主，长者 19～22 千米，短者 6～8 千米，均源于冰舌前缘，6—10 月有径流产生，冰雪融水为主要补给形式。另外，饮马湖东端的连水河河谷东与可可西里湖通连，但因湖面逐年下降，河床淤塞，干旱季节排水不畅而导致两湖之间湖水不能交换，其分水垭口在距饮马湖 2.5 千米处。亦即饮马湖已演变为季节性内陆吞吐湖泊。湖水呈淡绿色，pH 值 8.7，矿化度 2.548 克每升，属硫酸镁亚型咸水湖泊。近 20 多年来，该湖有"返春"现象，湖面已向外扩展近 1.0 千米。湖中水草茂盛，但滨湖植被稀疏，草地发育不良，野生动物亦较少。

10.3.197　勒斜武担湖
（Lexiewudan Lake）

位于青海省玉树藏族自治州治多县西北部，东经 90°02′～90°21′，北纬 35°41′～35°49′。西距西藏自治区境约 22 千米，为氯化物型内陆卤水盐湖。

湖面高程 4 867.0 米时，湖泊东西长度 29.0 千米，南北最大宽度 11.3 千米，平均宽度 7.8 千米，湖面面积 227.0 平方千米。湖泊形态近似"元宝状"，湖周长度 82.8 千米，岸线发展系数为 1.55。

湖泊处于东昆仑山黑驼峰（高程 5 561.0 米）—马兰山（高程 6 016.0 米）以南、可可西里山黑牛岭（高程 5 500.0 米）以北的狭长形断陷盆地之中，东西向展布的矩形湖面系明显受断裂带控制所致。湖泊南北侧广布火山岩系，其中黑驼峰一带火山岩呈波状分布，黑锅头实质是一个古火山口，地形陡峻，山麓线紧逼湖岸，一系列季节性短小沟溪冲刷形成的小型洪积扇裙于湖边连片分布，湖滨带狭窄；东西两侧地形比较开阔、平缓，地表广泛覆盖第四系全新统冲积洪积砂砾层，其中西侧由白色砂砾构成的"白沙滩"面积达 70 余平方千米。

湖泊流域东邻**可可西里湖—饮马湖**水系，南与**月亮湖**、**涟湖**及**西金乌兰湖**入湖河流**还东河**交界，北越分水岭黑驼峰接**库水浣**入湖河流源区，西侧是西藏内陆湖泊向阳湖与多格错仁强错流域。面积 1 907 平方千米，湖泊补给系数为 7.4。流域多年平均气温 −4～−3 摄氏度，多年平均年降水量 100～150 毫米，属高原亚寒带羌塘半干旱气候区。风毛菊高山坡地稀疏植被是主要植被类型，在湖泊东西两侧平坦砂砾地主要分布水柏枝河谷灌丛，局部近湖滨地区有良好的紫花针茅—青藏苔草高寒草原植被。

勒斜武担湖系湖水补给主要依赖东西两侧的入湖河流。西侧入湖河流称白沙河，河长约 38 千米，源于东岗扎日雪山（高程 6 167.0 米）北坡，干流系由上源 10 余条直接源于冰川末端的北泄沟溪于白沙滩逐渐汇集而形成，夏季水量充沛。白沙河干流流经白沙滩时呈辫状水系，大大小小数十条分散的银白色水流自西向东缓慢流向大湖，蔚为壮观。白沙河下游近入湖河口段沿岸泉水成群出露，致使入湖水量大增。东侧入湖河流称东泉河，河长约 30 千米，源于马兰雪山（冰雪面积约 13 平方千米）西坡，干流亦由上源多条直接源于冰川末端的沟溪汇集形成，沿途又有泉水径流相继加入，入湖水量亦十分丰沛。除此以外，湖泊南北两侧发育的一系列季节性短小干沟，雨季瞬时的区间入湖补给水量亦占相当比重。

勒斜武担湖湖水呈浅绿—浅蓝色，实测水深 1.5 米，透明度 1.0 米，湖水密度 1.093，pH 值 7.0，矿化度为 135.526 克每升。湖底未见石盐析出，仅在滨岸浅滩上出现红色薄层石盐沉积。湖水中锂的含量平均为 171 毫克每升，已达到工业矿床边界品位（150 毫克每升）之上。湖区实地考察及航片、卫片资料判读显示，勒斜武担湖近数十年来，湖面曾经历过从扩大到缩小的变化过程。东侧湖滨分布一系列面积 0.01～2.5 平方千米残留小湖及水塘，这说明自第四纪高湖面以来，勒斜武担湖总的趋势是在不断地退缩。

10.3.198　涟湖
（Lianhu Lake）

位于青海省玉树藏族自治州治多县境西端，东经 90°10′～90°18′，北纬 35°29′～35°37′。

涟湖东与**月亮湖**相距 2 千米。湖形奇特，呈狭长链状，因受北东、南西两个方向构造线控制，呈 L 形展布。湖面高程 4 915 米，相应湖长 29.0 千米，最大湖宽 2.1 千米，平均宽 0.9 千米，湖泊长宽之比为 32.2∶1，湖面面积 26.3 平方千米。岸线曲折多湾，周长 73 千米，岸线发展系数高达 4.02。

涟湖地处青藏高原腹地，坐落在可可西里山脉北麓一断陷盆地内。湖周为低缓岗岭和孤丘所环绕，岗丘间的洼地内小型残迹湖星罗棋布，面积大者 2～4 平方千米，多数只有 0.01～0.1 平方千米。湖区属羌塘高寒草原半干旱气候，多年平均气温 −4～−2 摄氏度，多年平均年降水量 100～150 毫米。湖泊流域面积 400 平方千米，湖泊补给系数 14.2。入湖水系极不发育，湖水补给仅有一条长 25 千米的时令河从西北隅汇入，6—10 月有径流产生。属硫酸镁亚型咸水湖泊，湖水略呈淡红色，pH 值 6.6，矿化度 35.861 克每升。湖边浅滩有水碱晶花析出。

10.3.199　月亮湖
（Yueliang Lake）

位于青海省玉树藏族自治州治多县境西端，东经 90°23′、北纬 35°37′，西距**涟湖** 2 千米，西南隔 100 米之堤埂与一无名小湖（面积 7.8 平方千米）紧邻。

湖泊长轴呈东西向延伸，湖面高程 4 915 米，相应湖泊长 8.3 千米，最大湖宽 2.9 千米，平均宽 1.80 千米，湖面面积 15.0 平方千米。环湖曲折多湾，周长 24 千米，岸线发展系数 1.75。湖中有石质岛屿 3 座，面积分别为 0.26 平方千米、0.20 平方千米和 0.03 平方千米。

月亮湖坐落在马兰山—大雪山—大梁山和可可西里山之间呈东西向延伸的断陷湖盆带内，湖周为相对高程约 200 米的低山环绕，山麓逼近湖岸，西部有干涸河沟与涟湖相通。湖区属羌塘高寒草原半干旱气候，多年平均气温 −6～−4 摄氏度，多年平均年降水量 100~150 毫米。流域面积 125 平方千米，湖泊补给系数 7.3。入湖水系甚不发育，湖水补给主要为东部的一条时令沟溪，长约 10 千米，6—10 月有径流汇入。另有周边山前潜水渗流入湖。湖泊为内陆咸水湖，近 20~30 年间湖水上涨了 1.0~2.0 米。

10.3.200　移山湖
(Yishan Lake)

位于青海省玉树藏族自治州治多县西部，东经 90°55′、北纬 35°14′，为内陆微咸水湖。

湖面高程 4 850 米，相应湖泊东西长 9.3 千米，南北最大湖宽 4.7 千米，平均宽 1.99 千米，湖面面积 18.5 平方千米。湖形酷似葫芦，芦颈将该湖明显区分为东、西两个湖区：东部湖区是该湖的主体，大而圆；西部湖区呈尖突状，两湖区间仅以不足百米宽的狭窄水道相连通。湖泊周长 27 千米，岸线发展系数 1.78。东部湖区有小岛 1 座，面积约 0.01 平方千米。

移山湖地处可可西里山脉东段之南缘，西距**西金乌兰湖**直线距离 20 千米，东部与长江上源通天河支流**楚玛尔河**河源（宰日子下湖水系）仅一岗阜之隔，相距 2 千米，岗阜高程约 4 860 米，分水岭处地势开阔，分布有 9 个残迹小湖，面积在 0.01~0.20 平方千米。环湖东南至西部为低山缓丘，相对高差一般在 100~150 米；东北至北部为洪积、冲积平原，地势平缓。湖区属羌塘高寒草原半干旱气候，多年平均气温约－6 摄氏度，多年平均年降水量 150~200 毫米。属内陆微咸水湖。湖泊流域面积 188 平方千米，湖泊补给系数 9.2。湖水补给主要源于东岸入湖的 20 千米长的小河，另在湖的北部与西部有 5 眼泉水出露，也是该湖较为稳定的补给源。滨湖植被发育较好，有野牦牛等大型野生动物出没。

10.3.201　西金乌兰湖
(Xijinwulan Lake)

位于青海省玉树藏族自治州治多县境西端，东经 90°06′~90°38′，北纬 35°09′~35°18′，为内陆终点湖。

东与**移山湖**相望，西与**永红湖**紧邻，南近**明镜湖**、**节约湖**，北隔可可西里山与**饮马湖**、**涟湖**相邻。湖形不规则，略似蟹状，呈东西向延伸，湖面高程 4 769 米，相应湖长 49.3 千米，最大湖宽 15.5 千米，平均宽 7.02 千米，湖面面积 346.2 平方千米。湖岸曲折，周长 252.0 千米，岸线发展系数 3.8。

西金乌兰湖深居青藏高原腹地，坐落在可可西里山和乌兰乌拉山之间东西向断陷宽谷之中。湖区外围多为第三系中

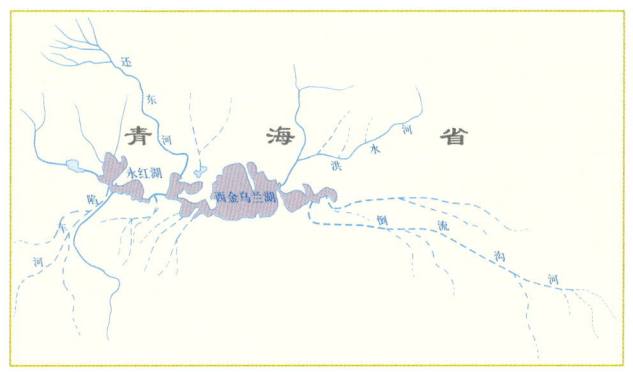

西金乌兰湖水系示意图

新统地层构成的低山残丘，起伏和缓，相对高差 100~200 米；滨湖为第四系全新统地层构成的洪积、冲积平原，地表为砂砾层所覆盖。环湖残迹小湖众多，面积在 0.1~3.3 平方千米间。半岛和砂堤将湖面明显区分为东、中、西三个湖区，各湖区间仅以宽约 100 米的水道相连通。其中，中部湖区水面最大，是该湖的主体，形似蟹体；东、西两侧湖区形似蟹爪，水面分割破碎，曲折多弯。湖周计有大小半岛 12 个，以鹰头半岛最大，面积约 32 平方千米，由北部伸入中、西湖区之间。湖区属羌塘高寒草原半干旱气候，多年平均气温在－6 摄氏度上下，多年平均年降水量 150~200 毫米。流域面积 6 176 平方千米，湖泊补给系数 13.8（计算时含**永红湖**）。湖水补给主要靠地表径流，其中冰雪融水径流占主要成分。环湖计有大小入湖河流 17 条，其中较大的有**陷车河**、**还东河**、**洪水河**、**倒流沟河** 4 条，河长在 53~73 千米间；其余入湖河流皆源流短小，几乎全为时令河。湖泊为盐湖，湖水呈蓝绿色，东、西湖区水色略显浊黄，实测水深 4.7 米，pH 值 7.13，矿化度 256.733 克每升，属硫酸镁亚型。得益于该湖对环境的调节效应，湖区植被发育相对较好，紫花针茅高寒草原为主要植被类型，湖区北部亦有青藏苔草高寒草原及匍匐水柏枝河谷灌丛植被发育。湖区野生动物资源丰富，主要有野牦牛、野驴、藏羚羊、黄羊、盘羊、藏狐及赤麻鸭等。

10.3.201.1　洪水河
(Hongshui River)

西金乌兰湖四大入湖河流之一，位于湖区东北部，在青海省玉树藏族自治州治多县境西北隅，东经 90°21′~90°55′，北纬 35°13′~35°33′。

洪水河流域呈短柄之蘑菇状，北、西与**饮马湖**、**涟湖**水系接壤，南、东与**明镜湖**、**移山湖**水系紧邻。河长 53 千米，源于可可西里山脉天台山南侧，河源高程约 5 400 米，总落差 631 米，河床平均比降 11.9‰。河源区有常年冰雪覆盖，冰雪融水径流是该河的主要补给源。

河流上下游特性差异显著，上游为山区，河段长 33 千米，落差 515 米，河床平均比降 15.6‰；下游为山前洪积冲积平原，河段长 20 千米，河床平均比降 5.8‰。流域面积 828 平方千米，占西金乌兰湖流域总面积的 13.4%。流域属羌塘高寒草原半干旱气候，多年平均气温约－6 摄氏度，多年平均年降水量 150~200 毫米。流域上游近河源区以岩屑坡为主，偶有零散植被发育；上游段下部及下游段依次有高寒草原及河谷灌丛植被发育。野生动物资源较为丰富。

洪水河上游河源区水系较稀疏，干流由天台山南侧诸零散常年冰雪覆盖区源出后，沿山谷走势先曲折西流，在 20 千米流程内水情无明显变化，6—10 月河宽 2 米，水深 0.2 米，流速 0.2 米每秒。继之，有右岸较大支流与干流呈 V 形相汇后干流转而曲折南流，大致在 4 885 米高程出山谷口进入下游山前洪积冲积平原段，两岸地势豁然开朗，河道渐宽。蛇形沟是流域内最大支流，位于干流下游段左岸，源于汉台山常年冰雪覆盖区下部，河长 45 千米，河宽 2.5~4.0 米，水深 0.3~0.4 米，流速 0.3 米每秒。蛇形沟河口高程约 4 804 米，由此以下干流河宽 2.0 米，水深 0.4 米，流速 0.5 米每秒，下行约 3.0 千米流程，干流演变为时令河，并于西金乌兰湖东部湖区西北端入湖。洪水河上下游沿河两岸均有小型残迹湖断续分布。下游段戈壁广袤，河谷宽阔，河床全系砂或砂砾。

10.3.201.2　倒流沟河
（Daoliugou River）

西金乌兰湖主要入湖河流之一，位于湖区东南部，在青海省玉树藏族自治州治多县西北隅，东经90°35′~91°10′，北纬34°57′~35°21′。流域呈宽带状，南枕乌兰乌拉山，北接**洪水河**水系，东与**移山湖**水系为邻，西与**明镜湖**（**盼来沟河**）水系接壤。

倒流沟河河长64千米，源于乌兰乌拉山北侧山地，河源高程5 100米，总落差331米，河床平均比降5.2‰。倒流沟河系时令河，7—10月有径流形成。上游为山地丘陵，河段长34千米，落差213米，河床平均比降6.3‰；下游为洪积、冲积平原，河段长30千米，落差118米，比降3.9‰。流域面积892平方千米，占西金乌兰湖流域总面积的14.4%。流域属羌塘高寒草原半干旱气候，多年平均气温约-6摄氏度，多年平均年降水量150~200毫米。流域上游以岩屑坡为主，偶有零散植被发育；下游以青藏苔草高寒草原为主，近湖区为高寒荒漠。野生动物资源较丰富，主要有野牦牛、野驴、藏羚羊、黄羊、岩羊等。

倒流沟河总体由东南向西北流，流域水系稀疏，略呈树枝状。上游近河源区山势陡峻，地表起伏较大，相对高差在300米以上；河谷狭窄，河岸陡峭。河床高程在5 000米以下的上游段下部，地势呈阶梯状下降，沿河两岸以低缓岗阜丘陵为主，相对高差一般不逾100米，且开始出现众多小型残迹湖，面积大者仅1.0平方千米上下，多数面积在0.1~0.5平方千米。沿河两岸鲜有支流入注。河床高程大致在4 887米以下，进入下游洪积冲积平原段，两岸地势进一步开阔坦荡，河谷宽达1 200~1 500米，河床组成物质全为砂砾所充填。在入湖河口区，有本流域最大支流（无名，长达44千米）从右岸汇入。倒流沟河于西金乌兰湖东部湖区东端入湖。河口区有较为典型的三角洲地貌发育，面积约在10平方千米左右，地表呈现广袤的戈壁荒漠景观。

沿河口右岸最大支流河谷有东西向便道与外界相通，其中10月至次年4月可通汽车。

10.3.201.3　陷车河
（Xianche River）

西金乌兰湖最大的入湖河流，位于湖区西南部，在青海省玉树藏族自治州治多县境内，东经89°35′~90°06′，北纬34°53′~35°30′。

流域东南与**明镜西河**水系接界，东北与**还东河**水系紧邻。河长73千米，源于冬布勒山东北侧，源头高程约5 400米，总落差631米，河床平均比降8.6‰。河源区有常年冰雪覆盖面积约30平方千米，冰雪融水是该河的主要补给源，泉水径流亦占有一定比例。

河流上下游特性迥然相异。上游为山地丘陵与吞吐性湖泊，河段长67千米，落差625米，河床平均比降9.3‰；下游为冲积平原段，长6千米，落差6米，河床平均比降1.0‰。流域面积2 160平方千米，占西金乌兰湖流域总面积的36.6%。流域属羌塘高寒草原半干旱气候，多年平均气温约-6摄氏度，多年平均年降水量150~200毫米。上游近河源区以岩屑坡为主，无植被发育；流域其他地区为青藏苔草高寒草原，植被发育相对较茂盛。野生动物较多，主要有野驴、野牦牛、藏羚羊等。

陷车河上游段水系发育较好，呈近似火炬形。河流由冬布勒山北坡诸山源出后顺山谷走势分多股下泄，曲折东北流，以时令性河流特性为主，6—10月冰雪融水径流丰沛，沿程有17眼泉水相继汇入。在上游段之下部，两岸地势渐变为低缓丘陵，河谷宽阔，河流分作2~3股于永红湖之西部入湖，其中主泓宽15~20米，水深0.4~0.6米，流速0.5米每秒。由左岸汇入的涟水河系陷车河最大支流，同时又是**永红湖**的主要入湖河流之一，河长38千米，最大河宽15米，水深0.3米。入湖径流经永红湖调节后，由该湖之东南端泄出，由此标志着进入陷车河之下游段，曲折东经6千米之流程终见西金乌兰湖之西部入湖。入湖前宽15米，水深0.4米，河口区发育有小型三角洲，地表砂砾广布。下游段两岸小型残迹湖星罗棋布。

10.3.201.3.1　永红湖
（Yonghong Lake）

位于青海省玉树藏族自治州治多县境西部，东经89°55′~90°03′，北纬35°11′~35°18′，为氯化物型微咸水湖，东与**西金乌兰湖**直线距离约4千米，东南与**节约湖**相望。属西金乌兰湖水系**陷车河**通连之内陆吞吐湖。

湖形不规则，湖中部有一大的半岛由东北伸向西南，使湖面形成钳口状。湖面高程4 775米，相应湖长20.1千米，最大湖宽7.2千米，平均宽3.48千米，湖面面积69.9平方千米。湖岸曲折，多湖湾、沙嘴和半岛，岸线周长68.0千米，岸线发展系数2.30。

永红湖地处青藏高原腹地，坐落在西金乌兰湖—多尔改错断裂宽谷带之西段。湖泊外围为相对高程100~200米的孤山残丘，地势起伏和缓；滨湖以洪积冲积平原为主，地势开阔，地表多砂或砂砾。环湖四周小型残迹湖众多。湖区属羌塘高寒草原半干旱气候，多年平均气温约-6摄氏度，多年平均年降水量150~200毫米。流域面积2 150平方千米，湖泊补给系数29.7。湖水补给以冰雪融水径流为主，泉水补给亦占有一定成分。由永红湖西部汇入的陷车河是该湖主要的入湖河流，6—10月入湖前主泓宽15~20米，水深0.4~0.6米，流速0.5米每秒。出永红湖后的陷车河下游段曲折东流6千米由西金乌兰湖的西部入湖。永红湖湖水较浑浊，略呈淡红色，pH值7.4，矿化度7.40克每升。湖滨草地较丰茂，野生动物较多。

10.3.201.4　还东河
（Huandong River）

西金乌兰湖四大入湖河流之一，位于湖区西北部，在青海省玉树藏族自治州治多县境西北隅，东经89°42′~90°10′，北纬35°14′~35°38′。

还东河流域呈长条带状，西、南与**陷车河**水系接界，东与**涟湖**水系紧邻。河长71千米。源于可可西里山脉岗扎日山东南侧，源头高程约5 400米，总落差631米，河床平均比降8.9‰。河源区有常年冰雪覆盖面积达70平方千米，现代冰川发育良好，冰雪融水径流是该河的主要补给源。上游为山区，河段长42千米，落差515米，河床平均比降12.2‰；下游为低缓岗丘与洪积冲积平原，河段长29千米，落差116米，河床平均比降4.0‰。流域面积520平方千米，占西金乌兰湖流域总面积的8.4%。

流域属羌塘高寒草原半干旱气候，多年平均气温约-6摄氏度，多年平均年降水量150~200毫米。上游近河源区为岩屑坡，无植被发育，上游的下部为高寒草甸和高寒草原；下游沿河两岸为匍匐水柏枝河谷灌丛。野生动物资源较丰富。

还东河上游河源区水系发育较好，呈树枝状展布。干流由常年冰雪覆盖区下部山谷源出后，曲折东南流，沿程山势陡峻，左右岸相继有短小山溪汇入。6—10月干流河宽3～4米，水深0.3～0.5米，流速0.7～1.4米每秒。下行至约5 000米河床高程，有位于左岸之最大支流汇入。该支流也源于常年冰雪覆盖区，流域内并有4眼泉溪入注，径流颇丰，暖季河宽3米，水深0.5米，流速1.0米每秒。进入下游段，两岸渐变为低缓丘陵与洪积冲积平原景观，干流继续曲折东南流，流淌于宽阔河谷之中，谷宽300～600米，全由细砂砾充填；河道宽约6米，水深0.6米，流速1.0米每秒。沿河两侧小型残迹湖连绵不断。干流于西金乌兰湖之西北隅入湖。入湖前干流分作3股呈扇形展布，并发育有较为典型的扇形三角洲，地表全系细砂砾覆盖。

10.3.202　明镜湖
（Mingjing Lake）

位于青海省玉树藏族自治州治多县境西部，东经90°26′～90°41′，北纬35°02′～35°06′，南望**乌兰乌拉湖**，北近**西金乌兰湖**，西与**节约湖**直线距离约12千米，为内陆终点湖。

湖呈东西向延伸，形状不规则，多半岛、沙嘴和湖湾。湖面高程4 790米，相应湖长20.0千米，最大湖宽6.5千米，平均宽4.40千米，湖面面积88.1平方千米。岸线曲折，周长95.0千米，岸线发展系数2.9。湖中有大小岛屿7座，最大者面积1.2平方千米，高出现湖面23米；最小者面积仅0.02平方千米。

明镜湖地处青藏高原腹地，坐落在可可西里山和乌兰乌拉山—查香结德山之间的东西向构造宽谷中。湖泊东、西两侧为洪积冲积平原，地势开阔平缓；南、北两侧为相对高程100～150米的岗陵孤丘屏列，地表起伏和缓。滨湖古湖岸砂堤断续分布，高出湖面约5米。湖周小型残迹湖星罗棋布，面积最大者2.75平方千米，多数面积仅0.01平方千米左右。湖区属羌塘高寒草原半干旱气候，多年平均气温约－6摄氏度，多年平均年降水量150～200毫米。流域面积1 865平方千米，湖泊补给系数16.7。湖水补给以入湖地表径流为主。**明镜西河**和**盼来沟河**为两大入湖河流，分别位于该湖的西、东两侧。实测湖泊最大水深1.5米，水呈深绿色，湖水透明度0.5米，pH值7.8，矿化度105.365克每升，属硫酸镁亚型盐湖；湖底有石盐沉积，厚0.3米左右。湖区植被属紫花针茅高寒草原，植被发育较稀疏。野生动物种类较丰富，主要有野牦牛、野驴、藏羚羊、黄羊、岩羊、盘羊、高原兔、旱獭等。

滨湖西北隅有放牧活动，并有便道与外界相通。

10.3.202.1　盼来沟河
（Panlaigou River）

明镜湖两大入湖河流之一，位于湖区东南部，在青海省玉树藏族自治州治多县境内，东经90°40′～91°09′，北纬34°44′～35°04′。

流域北、东分别与**倒流沟河**、**楚玛尔河**水系接界，南、西与**乌兰乌拉湖**水系相邻。河流源出乌兰乌拉山，源头高程5 350米，全河长70千米，总落差560米，河床平均比降8.0‰。源头至河床高程约4 900米处为上游山地丘陵段，河段长45千米，落差450米，河床平均比降10.0‰；下游为河流宽谷与洪积冲积平原段，河段长25千米，落差110米，河床平均比降4.4‰。流域面积800平方千米，占明镜湖流域总面积的42.9%。流域属羌塘高寒草原半干旱气候，多年平均气温在－6摄氏度左右，平均年降水量150～200毫米。流域上游近河源区以岩屑坡为主，一般无植被发育或仅有零星植被生长，其余地区是以紫花针茅为建群种的高寒草原。流域野生动物主要有野驴、野牦牛、藏羚羊、藏原羚等。

盼来沟河水系构成稀疏，上游段略呈树枝状，系时令河，仅在每年7—10月有径流形成。干流由乌兰乌拉山源出后，先自东北流向西南，再折而转向西北，沿程山地相对高程200～300米，丘陵相对高程100米上下，地势起伏和缓，且丘间洼地多有小型残迹湖散布，面积在0.01～0.5平方千米。进入下游段，又成为常年河，两岸地势豁然开阔，呈现河流宽谷与洪积冲积平原景观，河宽约8米，水深0.5米，流速0.4米每秒，为沙质河床，沿程多有河道分汊现象。在明镜湖东南隅，该河分作两支呈钳口形入湖，并发育有较为典型的河口三角洲地貌，三角洲面积约10平方千米，地表物质组成主要由砂砾覆盖。下游段右岸近河口处有一时令性支流汇入，支流河长34千米。两岸小型残迹湖明显多于上游地区。

10.3.202.2　明镜西河
（Mingjingxi River）

明镜湖主要入湖河流之一，因位于明镜湖之西，遂称明镜西河，在青海省玉树藏族自治州治多县境内。

流域北与**西金乌兰湖**水系接界，南与**乌兰乌拉湖**水系为邻。河流源于海拔5 410米的冬布勒山，河长71千米，总落差620米，河床平均比降8.7‰。吞吐湖泊节约湖以上为上游山地丘陵段，河段长52千米，落差595米，河床平均比降11.4‰；节约湖以下为下游河流宽谷及冲积平原段，河段长19千米，落差25米，河床平均比降1.3‰。流域面积627平方千米，占明镜湖流域总面积的33.6%。流域属羌塘高寒草原半干旱气候，多年平均气温约－6摄氏度，多年平均年降水量150～200毫米。流域上游近河源区以岩屑坡为主，一般无植被发育；其他地区为高寒草原，植被稀疏，紫花针茅和青藏苔草为组成植被的建群种类。流域野生动物主要有野牦牛、野驴、藏羚羊、藏原羚等。

明镜西河水系稀疏，略呈树枝状。河流由冬布勒山北坡源出后依沿程地势曲折东北流，上游近河源区为时令河，7—10月有径流形成。大致在4 880米河床高程，该河始演变为常年河，河宽7～9米，水深0.4米，流速0.2米每秒，为沙质河床；沿程两岸岗阜孤丘起伏和缓，小型残迹湖连绵不断，汇入支流短小，长度一般仅10～15千米，且皆为时令河。及至近**节约湖**，干流分作两支，呈喇叭形于该湖南部入湖。入湖径流经调节后，从该湖东南部之尾闾口泄出，由此标志着进入明镜西河下游之时令性河段，河流曲折东流，在以串珠状穿流众多小型残迹湖后，终由西部汇入明镜湖。

10.3.202.2.1　节约湖
（Jieyue Lake）

明镜湖水系**明镜西河**流域内陆吞吐湖，位于青海省玉树藏族自治州治多县辖境西部，东经90°16′、北纬35°04′，北近**西金乌兰湖**，南望**乌兰乌拉湖**，东邻**明镜湖**。

节约湖呈近似矩形，北西—南东向展布。湖面高程4 815米，相应湖泊长7.4千米，最大湖宽3.1千米，平均宽2.3千米，湖面面积 17.0 平方千米。湖泊岸线周长 21.0 千米，岸线发展系数 1.4。湖中有小岛 1 座，面积 0.08 平方千米。

节约湖地处青藏高原腹地及明镜西河上、下游河段之衔接部位，坐落在一小型凹陷盆地内，湖泊东南部为冲积淤积平原，地势开阔，其余方位为相对高程 100~200 米的岗阜孤丘和山地，地势起伏和缓。环湖小型残迹湖众多。湖区属羌塘高寒草原半干旱气候，多年平均气温为 -6 摄氏度，多年平均年降水量 150~200 毫米。湖泊流域面积 599 平方千米，湖泊补给系数 34.2。明镜西河干支流为该湖最主要的补给源。明镜西河干流由南部入湖，7—10 月最大河宽 9 米，水深 0.4 米，流速 0.2 米每秒。尾间河口位于湖之东南部，为时令河。湖泊水深 1.3 米，湖水 pH 值 8.1，矿化度 2.860 克每升，属硫酸镁亚型微咸水湖。湖中有大量浅黑色咸水蟹生息繁衍。

滨湖西北隅有放牧活动，并有便道可通往外界。

10.3.203 豌豆湖
（Wandou Lake）

位于青海省格尔木市境内，东经 90°51′、北纬 34°33′，西北隔星星湖滩地与**乌兰乌拉湖**相望，两湖间直线距离仅 18.0 千米，为内陆微咸水湖。

湖面高程 4 860 米，相应湖长 8.9 千米，最大湖宽 3.3 千米，平均宽 2.01 千米，湖面面积 17.9 平方千米。岸线周长 30.0 千米，岸线发展系数 2.0。湖中有岛屿 3 座，面积在 0.02~0.24 平方千米。

豌豆湖地处青藏高原腹地，坐落在乌兰乌拉山间一断陷盆地内。湖泊南、北、东三面低丘岗阜环绕，相对高差 100~200 米，起伏和缓；湖西地势开阔坦荡，为洪积冲积平原。湖周小型残迹湖星罗棋布，地貌特征显示，该湖正在经历着日益萎缩的地质演变过程。湖区属羌塘高寒草原半干旱气候，多年平均气温在 -6 摄氏度上下，多年平均年降水量 150~200 毫米。流域面积 338 平方千米，湖泊补给系数 17.9。湖水补给主要来源于乌兰乌拉山的两条小河，河长分别为 29 千米和 26 千米，夏季有少量河水补给湖泊。

10.3.204 乌兰乌拉湖
（Wulanwula Lake）

又名马池湖，位于东经 90°14′~90°44′、北纬 34°41′~34°55′，北与**明镜湖**、**节约湖**为邻，东南与**豌豆湖**相近。湖呈近似封闭之环圈形，略作东西向展布，属内陆咸水湖。

湖面高程 4 854.0 米，相应湖泊长 46.4 千米，最大湖泊宽 18.5 千米，平均宽 11.73 千米，湖面面积 544.5 平方千米。湖泊岸线曲折多湾，岸线周长 295.0 千米，岸线发展系数达 3.57。湖内有大小岛屿 7 座，面积在 0.01~0.6 平方千米。

乌兰乌拉湖是可可西里地区著名大湖，地处青藏高原腹地，坐落在乌兰乌拉山与祖尔肯乌拉山之间一大型断陷盆地内，属构造湖。湖泊北部紧倚屏湖岭山地，最高海拔 5 255 米，湖岸陡峭；南为祖尔肯乌拉山山麓带及宽阔的山前洪积冲积平原，洪积扇地貌发育甚为典型。由洪积扇群所形成的复合洪积扇东西最宽处达 20 余千米，面积在 300 平方千米以上，地表河道汊流纷繁，干沟众多。湖泊东西两侧为河流宽谷及冲积平原，地势平衍坦荡。镇湖岭为该湖最大的半岛，自东而西呈蘑菇状伸入湖中，并将该湖明显区分为南、北、东三个湖区，且彼此之间仅以狭窄的水道相互连通。环湖四周小型残迹湖星罗棋布，滨湖南部砂砾地广袤，东北部古湖岸砂堤清晰可见，堤顶高出现湖面 8.5 米。湖区地貌特征显示，该湖正在经历着日益萎缩的地质演变过程。今镇湖岭半岛即是该湖在不断萎缩的演变过程中由原湖中大型岛屿渐变而成。湖区属羌塘高寒草原半干旱气候，多年平均气温约为 -6 摄氏度，多年平均年降水量 150~200 毫米。

流域面积 5 524 平方千米，湖泊补给系数 9.1。湖水补给主要来自南、西两侧的地表径流。入湖河流主要有**小沙河**、**跑牛河**、**等马河**及熊鱼河和两条无名河。其中以等马河最大。乌兰乌拉湖实测水深 6.9 米，透明度 1.0 米左右，湖水 pH 值 8.0，矿化度 10.916 克每升，属硫酸钠亚型微咸水湖。等马河口北部湖湾区湖水矿化度有分异现象，即河口淡水带—湖中微咸水带—湖湾咸水带。

湖区植被以高寒草原及河谷灌丛为主，紫花针茅、青藏苔草、匍匐水柏枝等为构成植被的优势种类。湖中有裂腹鱼、小头裸裂尻鱼和高原鳅生息繁衍，有水草生长。湖区野生动物种类丰富，主要有野牦牛、野驴、藏羚羊以及赤麻鸭、斑头雁、灰鸥等。

10.3.204.1 等马河
（Dengma River）

乌兰乌拉湖最大的入湖河流，位于湖区南部，在青海省格尔木市境内，东经 90°13′~90°39′、北纬 34°04′~34°43′。

流域南倚祖尔肯乌拉山，东与**长江**源沱沱河支流**波陇曲**及**豌豆湖**水系接界，西与熊鱼河、**跑牛河**水系相邻。河源高程 5 480 米，源头有两处冰雪覆盖区，合计面积约 4 平方千米，冰雪融水是该河的重要补给源。河长 84 千米，总落差 626 米，河床平均比降 7.5‰。河流特性上下游迥然相异。上游为高山深谷段，河段长 59 千米，落差 530 米，河床平均比降 9.0‰；下游为山前洪积冲积平原段，河段长 25 千米，落差 96 米，河床平均比降 3.8‰。流域面积 1 360 平方千米，占乌兰乌拉湖流域总面积的 24.6%。

流域属羌塘高寒草原半干旱气候，多年平均气温约为 -6 摄氏度，多年平均年降水量 150~200 毫米。流域上游近河源区以岩屑坡为主，仅有风毛菊等零星植被发育；上游段之下部为紫花针茅、棘豆等为主的高寒草原；下游为匍匐水柏枝灌丛。流域野生动物主要有野牦牛、野驴、藏羚羊、盘羊、岩羊等。

等马河近河源区水系发育较好，略呈树枝状展布。河流由祖尔肯乌拉山小冰川下缘源出后，顺高山深谷曲折东北流，初名尕诺尔扎木仁玛，6—9 月河宽 7~8 米，水深 0.2 米，流速 0.3 米每秒，以沙质河床为主。下行约 22 千米，右岸有较大支流汇入，汇入口以下，干流始称等马河。沿程随着两岸支流的相继注入，水势逐渐增强，河宽 14~18 米，水深 0.5 米，流速 1.2 米每秒。两岸支流长度一般在 12~15 千米，其中分布于右岸的大小支流有 5 条，左岸 3 条。出山谷口河道折而北流进入下游段，两岸豁然开阔，展现规模宏大的山前洪积冲积平原景观，沿程再无支流汇入，河道支汊分流现象突显。在近河口区干流分作 10 条支汊呈扇面形于乌兰乌拉湖南部入湖。其中主泓河宽 9 米，水深 0.4 米，流速达 1.2 米每秒。河口区发育有典型的三角洲地貌。三角洲东西宽达 8 千米，地表全由广袤的砂砾覆盖，景观苍茫而单调。

10.3.204.2 跑牛河
（Paoniu River）

乌兰乌拉湖主要入湖河流之一，位于湖区西南部，在青海省格尔木市境内，东经89°48′～90°25′、北纬34°23′～34°44′。

流域北界**小沙河**水系，东南与**等马河**、熊鱼河水系紧密相邻，西南枕玉带山。河源高程5 440米，河源区有断续分布的常年冰雪覆盖面积约4平方千米，冰雪融水是该河的重要补给源。河长80千米，总落差586米，河床平均比降7.3‰。全河可区分为两个不同特性的自然河段：上游高山深谷段，河段长45千米，落差440米，河床平均比降9.8‰；下游河流宽谷与洪积冲积平原段，河段长35千米，落差146米，河床平均比降4.2‰。流域面积940平方千米，占乌兰乌拉湖流域总面积的17.0%。流域属羌塘高寒草原半干旱气候，多年平均气温在-6摄氏度，多年平均年降水量150～200毫米。流域植被以紫花针茅、棘豆等为优势种类所组成的高寒草原为主，下游近河口区为葡萄水柏枝灌丛植被。流域主要野生动物有野牦牛、野驴、藏羚羊、盘羊、岩羊等。

跑牛河上游近河源区水系呈树枝状展布，大致可分为东、西两大支。西支源于玉带山小冰川，东北流向，为正源，6—9月河宽8～11米，水深0.2～0.3米，流速0.4米每秒，沙质河床；东支为偏支，源于高程5 300米以上的山区，西北流向，6—9月河宽3～8米，水深0.2～0.3米，流速0.4米每秒，石质或沙质河床。东、西两支相汇（河床高程5 050米）后，跑牛河水势明显增强，河宽11～15米，水深0.3～0.5米，流速0.4米每秒，曲折北流，穿行于高山深谷之中。出山谷口，干流转为东北行，进入下游段，两岸地势豁然开阔坦荡，河道迂回曲折，小型残迹湖如繁星点缀，河宽10～12米，水深0.2～0.3米，流速0.4～0.6米每秒。近河口区，河道支汊分流多达6股，于乌兰乌拉湖西南隅呈喇叭状入湖，并发育有典型的三角洲地貌。沿河两侧砂砾滩地广布，地势平缓，景观单调。

10.3.204.3　小沙河
（Xiaosha River）

乌兰乌拉湖主要入湖河流之一，位于湖区西南部，在青海省格尔木市境内，东经89°47′～90°16′、北纬34°30′～34°54′。

流域北界冬布勒山，南邻**跑牛河**水系，西枕玉带山。河源高程5 440米，河源区有常年冰雪覆盖，面积约16平方千米，冰雪融水是该河的主要补给源。河长68千米，总落差586米，河床平均比降8.6‰。全河可区分为两个不同特性的自然段：上游为高山深谷与山间盆地段，河段长51千米，落差550米，河床平均比降10.8‰；下游为河流宽谷与冲积平原段，河段长17千米，落差36米，河床平均比降2.1‰。流域面积1 160平方千米，占乌兰乌拉湖流域总面积的21.0%。

流域属羌塘高寒草原半干旱气候，多年平均气温约为-6摄氏度，多年平均年降水量150～200毫米。流域植被上游以高寒草原为主，紫花针茅为构成植被的优势种类；下游为河谷灌丛，葡萄水柏枝为构成植被的优势种类。流域野生动物主要有野牦牛、野驴、藏羚羊、岩羊、盘羊等。

小沙河近河源区水系呈树枝状，为时令河。诸沟溪由冰雪融水源出后，顺高山深谷而下，沿程相继汇聚形成支干流，先得名东龙河，由西北向东南流淌，继而呈弧形曲折流向东北，6—9月河宽4～6米，水深0.1～0.2米，最大流速0.4米每秒，以沙质河床为主。沿程两岸支流稀疏而短小，支流长度一般5～10千米。由山区进入山间盆地后，干流分作两支，并于左岸纳最大支流。该支流长25千米，河源区常年冰雪覆盖面积约1平方千米，6—9月上段河宽2～3米，水深0.1米；下游段河宽12米，水深0.6米，流速0.3米每秒。出山间盆地后，干流折而东行并为单股，始得名小沙河。进入下游段后，小沙河呈扇形相继分作南北3支于乌兰乌拉湖西部入湖：北支为偏支，河宽6米，水深0.7米，流速0.4米每秒；中支为主泓，仍名小沙河，河宽11米，水深0.8米，流速0.2米每秒；南支亦为偏支，名天水河，河宽5米，水深0.4米，流速0.2米每秒。沿河两岸小型残迹湖遍布，入湖河口区发育有较为典型的三角洲地貌。

10.3.205　阿牙克库木湖
（Ayakekumu Lake）

又称阿雅格库木库里湖，位于新疆维吾尔自治区若羌县祁曼塔格乡境内，地理位置为东经89°04′～89°44′、北纬37°28′～37°38′，属高原内陆盐湖，"阿牙克库木"系维吾尔语，意为"下面的沙子"。

阿牙克库木湖

湖泊坐落在羌塘高原库木库里盆地东北部最凹处，集水面积约25 140平方千米。全流域高山区发育有冰川300条，冰川面积338平方千米，冰储量约38立方千米。湖水主要依赖冰雪融水径流补给，入湖河流有**依协克帕提河**、**色斯克亚河**等。湖泊东侧的依协克帕提河入湖口区发育有200余平方千米的沼泽盐滩。湖泊水面海拔约3 876米，长47.8千米，最大宽17.6千米，水域面积约538平方千米。湖水东浅西深，南浅北深，最深处50米，蓄水量约55亿立方米。

湖区属大陆性高原干旱气候，多年平均气温在0摄氏度以下，最高气温28摄氏度，最低气温-37摄氏度，日温差25摄氏度，年温差55摄氏度；多年平均年降水量100～200毫米；湖区太阳辐射强烈，年日照时数约2 900小时；盛行西北风和西风，风速达10～15米每秒。

阿牙克库木湖盐湖资源包括卤水资源、固体盐类沉积资源，卤水资源是阿牙克库木湖的主要资源，充满了整个湖盆。湖水pH值为8.9，相对密度1.105，矿化度高达145.9克每升，湖水中含有钠、钾、镁、钙、氯等多种元素，属硫酸镁亚型盐湖；固体盐类沉积资源主要有石盐和碳酸盐（主要是碳酸钙）两种类型；盐类矿床主要有石盐、纤水碱美矾等；浮游藻类仅见颤藻、波纹藻等，无鱼类栖息。由于湖泊处于我国最大的自然保护区——阿尔金山国家自然保护区内，动物资源较为丰富，湖内有棕头鸥、赤麻鸭、灰天鹅等飞禽，湖周有藏野驴、野牛、藏羚羊等有蹄动物。湖区有禾本科、菊科、豆科、莎草科等类植物。

湖泊水面开阔，微风吹过，碧波粼粼，涟漪阵阵；远山如

10.3.205.1 依协克帕提河

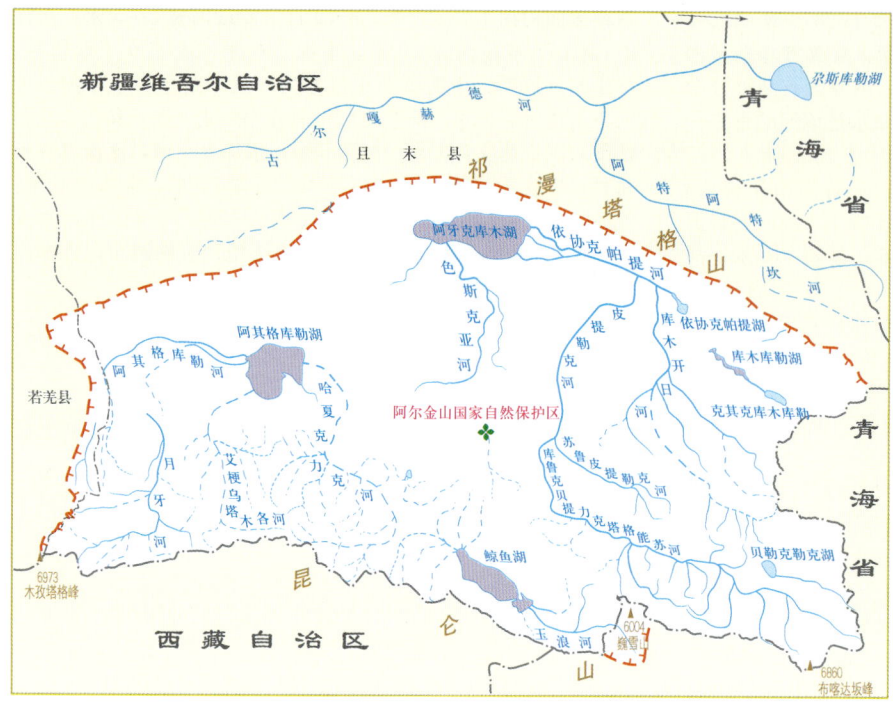

东羌塘内陆河湖水系示意图

流域南拥昆仑山主脉，北倚祁曼塔格山，总体地势呈两山夹一谷，东高西低。谷地内河流、湖泊、沼泽、沙丘交织，具有典型的平原河流特征，河道平均比降仅 0.2‰，两岸水草丰茂，生机盎然。

流域内设有阿尔金山国家野生动物保护区检查站。沿依协克帕提河流域西北荒漠便道可至阿尔金山国家自然保护区北大门，沿途可眺望阿尔金山主峰的雄姿和高原湿地、雪山、绿水辉映的美景，还可领略怪石沟、彩石沟的奇特景观，欣赏野骆驼、野驴等野生动物悠闲自得、信步人间天堂的欢娱情景。

10.3.205.1.1 依协克帕提湖
(Yixiekepati Lake)

又名伊肝巴达湖，位于新疆维吾尔自治区若羌县境内祁曼塔格山西南麓，为**阿牙克库木湖**上游湖泊，属高山内陆吞吐淡水湖，地理位置为东经 90°18′、北纬 37°18′。湖泊北靠祁曼塔格山，东邻西沙山边缘的沼泽地，南面是昆仑山北麓脚下的库木开日河草原，西与**依协克帕提河**的沼泽湿地相连。"依协克帕提"系维吾尔语，意为"陷驴蹄之地"，湖泊因所在区域沼泽湿地发育，难以行走而得名。

依协克帕提湖一角

湖水赖于湖泊周围众多泉水溢出形成的小河补给，集水面积 1 994 平方千米。湖泊形似葫芦状，长 9.3 千米，最宽处 4.3 千米，深 8 米；湖面海拔 3 889 米，水域面积 15.2 平方千米。湖水水质较好，矿化度为 0.8 克每升，湖里有钩虾等水生生物。

湖水自西端出流泄入依协克帕提河，入河口以下约 15 千米为沼泽湿地区。湿地内小湖、小岛、星星点点。每当春夏之交，成千上万的黑颈鹤、银鸥、斑头雁、赤麻鸭等鸟类从远方飞来生息繁育，因此该湖又被称为"鸟类天堂"。湖泊东北侧依山傍水，景色迷人，是祁曼塔格乡政府驻地。"祁曼塔格"维吾尔语意为"花草山"，该乡因地处祁曼塔格山南麓而得名。1909 年若羌县设屈莽乡，辖依协克帕提和铁木里克地区之牧业；1979 年逐步扩大为三个牧业大队（合作社），1981 年 5 月成立依协克帕提和喀拉墩两牧业大队，后又成立依协克帕提牧业合作社，1983 年 11 月成立祁曼塔格乡。全乡面积 6.56 万平方千米，辖 1 个村委会，2005 年全乡人口 67 人，均为维

岛，山水相映，水禽飞舞；湖畔水草茂盛，祁曼塔格乡牧业点傍湖而居，这里的牧民头顶蓝天白云，脚踏青青绿草，尽享高原神湖的清新，湖区优美的景色和当地原汁原味的民俗颇具神秘的魅力，吸引着探险者和游客前来观光。

10.3.205.1 依协克帕提河
(Yixiekepati River)

又名伊肝巴达河，位于新疆维吾尔自治区若羌县境内，是依协克帕提河流域干流河段，东起自**依协克帕提湖**，西止于**阿牙克库木湖**，干流段河长 72 千米，流域总面积约 1.5 万平方千米，多年平均年径流量约 6.5 亿立方米。

河流自依协克帕提湖流出后，沿祁曼塔格山南麓大致自东向西流，穿行于长约 15 千米的沼泽湿地中，在湿地东部，先后接纳了发源于昆仑山北坡的大支流**库木开日河**、**皮提勒克河**。皮提勒克河河口以下，河道蜿蜒曲折，主槽游荡不定，河流时而水流集中，时而分叉为数股水流，约经 22 千米流程后，河流分为南、北两支汊流，其中南支下行约 13 千米后再度分叉为两支汊流。这些汊流分别穿过阿牙克库木湖东侧约 200 平方千米的沼泽湿地，注入阿牙克库木湖。沿河两岸泉水发育，大量地下水回归河流，河滨及河漫滩富含地下水。

依协克帕提河

吾尔族，是若羌县的牧业基地之一。乡内设有卫生院和兽医站各1所，有通往依吞布拉克镇和青海省境内的简易公路。

10.3.205.1.2 库木开日河
(Kumukairi River)

又名宗昆尔玛河，位于新疆维吾尔自治区若羌县祁曼塔格乡境内，为**依协克帕提河**左岸大支流之一。流域东北为库木库里沙漠，东南与青海省境内的**那陵格勒河**流域毗邻，西、南与**皮提勒克河**流域接壤；河流全长165千米，流域面积4 709平方千米，多年平均年径流量约0.75亿立方米。"库木开日"系维吾尔语"沙滩渗出的水"之意。河流因出山口后流经荒漠区，上游河流水流渗入地下后又复出而得名。

库木开日河流域地貌形态较为复杂，景色迥异。上游区为高原台地，地势较为平坦，星星点点的小湖泊、湿地点缀其中，细长的泉流如丝网交织。中游区河谷两侧雪山矗立，高山区发育有6条小冰川，冰川面积1.79平方千米；河谷狭窄，左岸支流发育，两岸水系极不对称。下游区呈典型高原大陆性干旱荒漠景观，山口以下河流虽所经区域大多为沙丘区及戈壁荒滩，然泉水溢出带、河口及近湖区水草丛生，走兽出没，飞鸟成群，呈现出一派生机，成为傍河而居的牧民游牧生息之地。库木开日河作为一道天然屏障，对于阻隔库木库里沙漠的西进功不可没。

河流上、中游山区河段称为哈夏克里克得亚河。上游段穿行在昆仑山东端末梢的高原台地中，河流自源头由东南向西北流约11千米后转西流；下行约4千米入一无名湖泊；出湖后向东北流2千米，复转西北流，蜿蜒下行约15千米，与右岸大支流汇合。汇合口以下即为河流的中游段，该河段两岸支流较为发育，地势渐趋陡峻，河流续西北流约12千米后，在海拔4 976米的勒什尔峰南侧进入两侧为崇山峻岭的峡谷区，经约48千米流程后在库木库里盆地东南部流出山口，途中两岸接纳多条无名支流（较大的有12条）。出山口后，河流绕行于库木库里沙漠西缘，河水渐潜于地下，又在下游约18千米处溢出，形成呈扇状分布、宽约34千米的泉水溢出带。涓涓泉流分别归入3条均称为宗昆尔玛哈勒赛河的泉水河中。3条泉水河汇合后，河流始称库木开日河。库木开日河自西南向东北流约10千米，右岸接纳了发源于前山带的泉水河——求勉雷克苏河，并渐转向北流，经约31千米流程，呈散流状进入依协克帕提河左岸湿地和**依协克帕提湖**下游小湖区，最终汇入依协克帕提河。

在库木开日河支流求勉雷克苏河汇合口以下河流西侧（地理位置东经90°14′28″、北纬37°06′07″）现遗存有"嘛呢堆"，即用梵文经文雕刻的石刻堆，可见经文的石刻共有3堆，约几十块。经文石刻所用石板为早更新世细砂岩。其中一块经文石刻，长25厘米，宽15厘米，其上刻有藏传佛教经文。经青海省社会科学院著名民族宗教学教授鉴定，为藏文佛教《六字真言经》石刻，汉文音译作"唵嘛呢叭咪吽"，为吐蕃时期文化遗存，距今约1 130～1 150年。由此印证了吐蕃占领青海后，其势力一度已扩展到新疆东南部阿尔金山东部一带。由于库木开日河为流沙河，很难过河到达左岸，加之西岸一带为砂砾地，气候干旱，牧草稀疏，只有少量野驴、野牛及黄羊活动，人迹罕至，所以这些"嘛呢堆"得以保存。

10.3.205.1.3 皮提勒克河
(Pitileke River)

依协克帕提河最大支流，又称贝提力克达利亚河，位于

皮提勒克河

新疆维吾尔自治区若羌县境内的阿牙克库木湖盆地内，发源于昆仑山主脉北坡，河长280千米，流域面积8 869平方千米，多年平均年径流量约2.47亿立方米。

河流源区分布有248条冰川，冰川面积311平方千米，冰储量36立方千米。主源流库鲁贝提力克塔格能苏河发源于昆仑山主脉山脊处海拔6 860米的布喀达坂峰（又名莫诺马哈山峰）冰川区。河流自河源由东南向西北流，在长达152千米的流程中，两岸有多条无名支流汇入干流，这些支流多发源于昆仑山主山脊。此后河流转向北流，12千米后接纳右岸支流苏鲁皮提勒克河，以下始称皮提勒克河。河流流经34千米转向东北流，经52千米流程，在**依协克帕提湖**下游小湖区汇入依协克帕提河。

流域山间谷地呈荒漠景观，少有人至，虽环境恶劣，不宜人居，然造物者的神气丝毫未减。河流上游崇山峻岭中的古老石灰岩山，经千百年的风吹雨打，溶解分化，呈千姿百态的溶沟、石芽、甬道和走廊等岩溶地貌。形成了"静扫群山出，突兀撑青空"的角峰，岩溶地貌套叠冰川地貌，崖壁奇峭，冰川悬挂，可谓气象万千。

10.3.205.2 色斯克亚河
(Sesikeya River)

阿牙克库木湖入湖河流之一，位于新疆维吾尔自治区若羌县境内，流域东与**皮提勒克河**流域接壤，南以阿尔喀山山脊为界，与**鲸鱼湖**流域毗邻。"色斯克亚"系维吾尔语，意为"臭水坑"，河流因水草腐烂常散发臭气而得名。

河流发源于昆仑山支脉阿尔喀山北坡，全长120千米，流域面积4 660平方千米，多年平均年径流量约0.85亿立方米。

色斯克亚河流域海拔最高5 707米，地势南高北低，自南向北由高山区、山间盆地区、浅山丘陵区、冲洪积平原区4个地貌单元构成。色斯克亚河流域多为丘陵区和洪积、冲积平原区，地势较为平缓，呈干旱荒漠景观。河流两岸有少数牧民居住，河谷植被以沼泽化、盐化草甸为主。

河流上游源流称为哈舍克雷克河，自源头由南向北流11千米，左岸接纳了一条长约9千米的无名支流；又约流4千米，右岸接纳了另一无名支流（河长18千米）；再流10千米出山口进入山间盆地，途中左岸又有一较大无名支流汇入。出山口后河流转向西北流，下行约18千米进入泉水溢出带，沿溢出带东缘续西北流约10千米，左岸接纳了发育于泉水溢出带的西支泉水河，以下河流始称色斯克亚河。色斯克亚河先向东北流，下行约9千米，右岸接纳了东支泉水河后转向北流，穿行于浅山丘陵峡谷中；约经33千米流程后，在峡谷出

口下游右岸接纳了支流百泉河（因其源头由众多泉水溢出汇集而成得名，河长45千米）。此后，河流进入冲洪积平原区，并转西北流，下行约25千米，汇入阿牙克库木湖。

色斯克亚河是一条以泉水补给为主的河流，流域山间盆地内泉水较为发育。发源于高山区的河、沟出山口后，河水大多渗入地下，后在浅山隆起带的作用下，于盆地中、北部溢出，形成了以干流为轴线，向东延伸约15千米（称东区），向西延伸约25千米（称西区）的两个泉水溢出带。西区溢出带泉水较东区发育。西支泉水河沿北侧的大黑山南麓自西向东流，西区的溢出泉水尽收其中。东区的溢出泉水则分别汇入东支泉水河和百泉河。河谷中游泉水出露形成的沼泽湿地内潺潺泉流，青青绿草，点缀着这条荒芜的高原河流，为藏牦牛、藏野驴、藏羚羊等野生动物提供了难得的栖息活动之所。

10.3.205.3　库木库勒湖
（Kumukule Lake）

又名大九坝湖，位于新疆维吾尔自治区若羌县祁曼塔格乡南部，是**克其克库木库勒湖**的下游湖泊，为内陆高原咸水湖，属**阿牙克库木湖**水系。地理位置为东经90°25′～90°37′，北纬37°02′～37°09′，"库木库勒"系维吾尔语，意为"沙子湖"，湖泊因地处库木库里沙漠中而得名。

湖泊水源主要来自克其克库木库勒湖，其次为湖周地下水补给。通过湖泊东南侧一条长约10千米的小河，克其克库木库勒湖水源不断地注入库木库勒湖。湖面海拔4100米，湖泊呈东南至西北向的长条状，长14.9千米，最大宽2.5千米，最大水深5米，水域面积25平方千米，贮水量约7500万立方米。湖中有8个小岛。滨周为第四系全新统波状风积沙丘，沙丘间分布有面积0.01～0.10平方千米的14个残留小湖。

湖区属高原干旱气候，干旱寒冷，终年无夏，多年平均气温在0摄氏度以下。库木库勒湖受周边沙丘不断蚕食，犹如肢体不断遭受创伤、无力独自支撑的兄长，在克其克库木库勒湖这个营养良好、体魄健壮的小弟照应下，与浩瀚雄伟的库木库里沙漠相依共存，勾绘出世界屋脊水沙和谐的人间奇景。

10.3.205.4　克其克库木库勒湖
（Keqikekumukule Lake）

位于新疆维吾尔自治区若羌县祁曼塔格乡南部，是**库木库勒湖**的上游湖泊，为内陆高原淡水湖，属**阿牙克库木湖**水系，"克其克库木库勒"系维吾尔语，意为"小沙子湖"，湖泊因其规模小于库木库勒湖而得名，地理位置为东经90°34′、北纬36°59′。

沙子泉奇观

湖泊坐落在羌塘高原区、东昆仑褶皱系山间凹陷内的库木库里盆地沙漠中，湖周为风积沙砾和波状沙丘，东南端泉水出露处分布有约2.0平方千米沼泽，西北有一条长约10千米的小河与库木库勒湖相通。湖泊形状呈橄榄状，湖面海拔4100米，东西长9.5千米，最大宽3.1千米，最大深度5米，水域面积18平方千米，贮水量约3000万立方米。湖水主要依赖湖泊东南部长3千米的小河及两眼泉水补给，水质良好，属重碳酸盐类钙组淡水湖。湖内生物种类繁多，浮游藻类有蓝藻、绿藻、硅藻等；浮游动物有钟形虫、帕米尔蚤、隆线蚤等；底栖动物有钩虾、萝卜螺等；水生植物有眼子菜、水毛茛等。

库木库里沙漠海拔4000多米，是世界上海拔最高的沙漠。巨大的沙山之下清泉涌动，呈现出沙、湖相连，沙、泉共存，沙漠与沼泽相间的奇观胜景。沙山中的沙子泉泉水涌出形成沙子河，涓涓溪流，经久不息，滋养着沙漠之湖。

湖区属大陆性高原干旱气候，多年平均气温在0摄氏度以下。克其克库木库勒湖和库木库勒湖这对孪生兄弟横卧于流动性极强的库木库里沙漠中而百年不衰，其顽强的生命力令人叹服。

10.3.205.5　贝勒克勒克湖
（Beilekeleke Lake）

又称伯拉拉克里湖，位于新疆维吾尔自治区若羌县境内，属**阿牙克库木湖**水系，距阿牙克库木湖东南158千米，地理位置为东经89°03′、北纬36°42′，"贝勒克勒克"系维吾尔语，意为"有鱼之湖"。

湖泊坐落于昆仑山高原台地一个封闭的小盆地中，湖面海拔在4700米以上，水域面积21平方千米，长7.7千米，最大宽4.2千米，平均水深2米，最深处6米，湖水矿化度为2.57克每升，水化学类型为硫酸盐类镁组，属淡水湖。湖泊主要依赖四周的诸多季节洪沟补给，集水面积约483平方千米。其中，水量最大的入湖河流为东岸的一条无名河沟，发源于昆仑山主山脊海拔5270米的无名山峰（西南距布喀达坂峰30千米），自河源沿新疆维吾尔自治区与青海省的省界由南向北流11千米，后改向西北而流入新疆维吾尔自治区境内，于下游35千米处注入贝勒克勒克湖。

湖区属大陆性高原干旱气候，多年平均气温低于0摄氏度，降水稀少。

10.3.206　鲸鱼湖
（Jingyu Lake）

因湖形酷似鲸鱼而得名，坐落于新疆维吾尔自治区若羌县东南部的新疆、青海、西藏三省（自治区）交界处，南临昆仑山主山脊，北倚昆仑山支脉阿尔喀山，与北侧的**阿牙克库木湖**流域仅一山之隔，地理位置为东经89°16′～89°38′，北纬36°11′～36°27′。

湖面海拔4708米，长约37千米，最宽处约10千米，水域面积约264平方千米，水深2～10米。由于两湖水质的明显差异，形成了东湖"鸥歌鸭舞"、西湖"万马齐喑"的鲜明对比，故又被称做"阴阳湖"。

湖泊三面环山，小水系较为发育，北侧小河出山口距湖泊相对较远，水量大多潜入地下补给湖泊；发源于昆仑山主山脊东、北坡的河流则大多可直接补给湖泊，其中，位于湖泊东侧的**玉浪河**是该区域内水量最大的河流，湖泊总集水面积4480平方千米。

鲸鱼湖

湖泊四周为第四系洪积、冲积平原，湖的东部有呈 V 形、长达 8 千米的自然砂砾堤，将湖泊分隔成东、西两部分，中间有一缺口约 80 米，使两湖之水相通。东高、西低的有利地形，加之玉浪河与其他泉水河的大量冰川融水注入，使东半湖恰似吞吐湖泊，得以水量交换，故为淡水湖。西半湖虽有淡水补给，但缺乏水量交换功能，作为闭口湖，水走盐留，日积月累，湖水含盐量较大，属咸水湖。西半湖湖水 pH 值为 9.0，矿化度为 59 克每升，属氯化物钠组 Ⅲ 型卤水。湖中无固体盐类矿床沉积，无鱼类生栖，但卤虫丰富。

鲸鱼湖作为世界内陆高山湖泊中罕见的湖泊类型，如同高原上的一颗蓝色明珠，镶嵌在阿尔金山国家自然保护区的南部。湖水倒映着巍巍昆仑的冰峰雪岭，巍峨壮观，魅力无限，给保护区增添了一丝奇光异彩。

10.3.206.1 玉浪河
(Yulang River)

鲸鱼湖的源流之一，先后流经青海省治多县、新疆维吾尔自治区若羌县，由于河源终年积雪，上游河段海拔较高，气候寒冷，河水中常伴有未融化的冰、雪，急流夹杂飞溅的浪花，晶莹如玉，故名玉浪河。

玉浪河全长 55 千米，流域面积 376 平方千米，多年平均年径流量约 0.4 亿立方米。河流发源于青海省治多县西北部的昆仑山脉北坡海拔 6 004 米的巍雪山冰川区，源区有 16 条冰川，冰川面积 63 平方千米。河流自源头绕巍雪山东侧流经 38 千米，进入新疆境内，后自东向西沿昆仑山北麓穿行于高原盆地中，沿途接纳两岸多条无名支流，经 28 千米转向西北流，又 11 千米，从东南端注入鲸鱼湖，成为鲸鱼湖东半湖的主要水源。

流域地处海拔 4 700 米以上，高寒缺氧，属高原大陆性荒漠干旱气候，多年平均气温为 −2.0 摄氏度，降水多为雪、雹等固体形态，常伴有大风。河流下游两岸生长有片状分布的匍匐水柏枝、红景天等灌丛，河流入湖口有沼泽盐化草甸。河谷内的草地是藏羚羊理想的繁殖地和夏草场。

10.3.207 阿其格库勒湖
(Aqigekule Lake, Aqqikkol Lake)

位于新疆维吾尔自治区若羌县南部，又名阿其库勒湖，为高山内陆盐湖，地理坐标为东经 88°18′~88°33′，北纬 36°55′~37°10′，"阿其格库勒"系维吾尔语，意为"苦水湖"，因湖水含盐量高、苦涩得名。

湖泊地处北倚库木巴彦山，南为昆仑山主山脊的库木库里盆地西南部。湖面海拔 4 250 米，湖长 25.8 千米，最宽 19.3 千米，水域面积 351.2 平方千米，最深处 12.6 米，贮水量约 34.4 亿立方米；矿化度达 78.2 克每升，属硫酸镁亚型卤水盐湖。湖泊中有三岛矗立：南部的大、小舰岛高出湖面 100~200 米，面积 0.5~0.8 平方千米；西北部的碱地岛面积约 1.0 平方千米。湖泊主要靠**阿其格库勒河**、**艾梗乌塔木各河**、**哈夏克力克河**等河流和湖周地下水及湖面降水补给，流域面积 14 070 平方千米。湖泊东南出露有 200 余眼温、热、沸泉水，东岸广布盐渍沼泽。

湖区属高原干旱气候，多年平均年降水量约 150 毫米。在湖北侧海拔 4 800 米处发现有大批阔叶乔木化石，表明 200 万年前这里雨量充沛，森林密布，动植物区系与云南接近，当时山体海拔比现在低 2 700 米左右。随着山地隆升，荒漠逐渐取代了森林。在湖滨还发现了一种特殊的喜湿宽叶草本植物——马尿泡，表明高原盆地内水分条件较好。湖岸主要为沼泽地，植被以莎草、根茎杂草类为主，草甸以赖草、窄颖赖草和高寒偃麦草为优势种。另外还有珍芽蓼、蒿草、苔草和委陵菜等，植被高度 10~50 厘米。湖内有卤虫、水蝇幼虫及多种浮游藻类。每年夏天 5 万~10 万只棕头鸥在湖边栖息，另外还有黑颈鹤、绿头鸭、斑头雁、秋沙鸭、赤嘴潜鸭、赤麻鸭、红脚鹬、针尾沙锥、蒙古沙鸻和渔鸥等飞禽。周边复杂的高原喀斯特地貌为棕熊、狼、藏狐、盘羊、藏羚羊、岩羊等提供了活动和繁殖场所。湖区富含石盐、石膏等盐类矿藏。

阿其格库勒湖

湖区风光优美，盛夏之际，飞禽集聚，景象壮观，令人叹为观止。湖泊四周多为砂砾地，湖边有淡水，是高原旅游、狩猎、登山及科学考察的理想扎营地。

10.3.207.1 哈夏克力克河
(Haxiakelike River)

位于新疆维吾尔自治区若羌县境内，为**阿其格库勒湖**入湖河流之一，发源于昆仑山主山脊北坡。"哈夏克力克"维吾尔语意为"沙石"，喻指河水含沙量较大。

河流源头位于昆仑山山脊附近的埃里在列克柳山东坡，源区由 3 条支流汇集而成。河流全长 142 千米，流域面积 3 233 平方千米，多年平均年径流量约 1.687 亿立方米。河流自汇合口平行于昆仑山主山脊自西向东流，下行约 28 千米后，渐转大弯向西北流去；又下行约 60 千米，左岸接纳了双泉河并转北流；再下行 8 千米出山口。山口以下，河流呈散流状向东北流约 20 千米，在右侧茶德尔塔格山西侧转向西北流，再经约 20 千米流程汇入阿其格库勒湖。

河流自源头起，沿途两岸支流密集。较大支流有发源于屏障岭北坡的一条无名支流（流域面积 202 平方千米），发源于埃里在列克柳山北坡的碎石河（流域面积294平方千米）和穿行在南为埃里在列克柳山北麓、北为一道梁山南麓之间的双泉河（流域面积535平方千米）。

哈夏克力克河源区无冰川分布，多数支流为时令河。流域植被稀少，唯河谷内散布高寒草甸。除河源区而外，河流所经区域均为地势平缓、宽阔的河谷，这里因而也成为探险者和牧人翻越昆仑山的交通要道之一。

10.3.207.2　艾梗乌塔木各河
（Aigengwutamuge River）

阿其格库勒湖入湖河流之一，又称艾梗乌塔格能苏河，位于新疆维吾尔自治区若羌县境内，"艾梗乌塔木各"系维吾尔语，意为"小溪旁有猎户居住"，表明历史上曾有人在此捕猎为生。

发源于昆仑山主脉北坡，河流全长96千米，流域面积2 007平方千米，多年平均年径流量约0.662亿立方米。艾梗乌塔木各河山区水网主要由两大河系构成，一支为发源于昆仑山主山脊的黄沙河，另一支为穿行在北为松枝梁山、南为雁头山之间宽谷中的泉水补给型河流，历史上将该支泉水河亦称为艾梗乌塔木各河。以河长和水量论，黄沙河当为艾梗乌塔木各河主源。

黄沙河源头位于昆仑山主山脊黄山口峰附近的埃里在列克柳山西南坡。河流自源头平行于昆仑山主山脊由东向西流，流经27千米，左岸接纳了源头位于昆仑山山脊乏牛岭山口（海拔5 352米）附近的乏牛岭河后转向北流；又流38千米，汇入由东而来的艾梗乌塔木各河。黄沙河自源头至与艾梗乌塔木各河干流汇合口，沿途两岸峭壁悬崖，沟谷纵横，水网较发育，汇入的支流达十余条，较大的支流有三岔口河和黄泥河。三岔口河为黄沙河上游左岸大支流，源于昆仑山主山脊，水系呈树枝状分布，大致为西南－东北流向，河长12千米，流域面积136平方千米。黄泥河系黄沙河下游左岸支流，源于三岔顶峰北坡，在黄沙河河口上游约2.5千米处汇入黄沙河，河长23千米，流域面积138千米。

亦称艾梗乌塔木各河的一支干流沿谷地向西北流，沿途接纳了发源于雁头山北坡的8条较大支流和发源于松枝梁山南坡的6条较大支流，其中，最大的支流为发源于雁头山北坡的一条无名支流，河长达30千米；约经25千米流程后，与黄沙河汇合。两河系汇合后，河流转向北流，下行约10千米流出山口。出山口后，河流呈散流状向东北流20余千米汇入阿其格库勒湖，除洪水外，河流水量多以潜流形式补给湖泊西南侧湿地。

流域源区海拔较低、无冰川分布，干、支流均为时令河。除河谷区有少量植被外，多呈荒山秃岭景观，生境恶劣，少有人至。山间盆地地势平缓，河谷宽阔，丘陵、台地多分布着黄土。洪水期河流挟黄沙而下，河水混浊，流域内的黄泥河、黄沙河、黄土山等皆因此得名。

10.3.207.3　阿其格库勒河
（Aqigekule River）

又称阿次克库里宁果勒河，位于新疆维吾尔自治区若羌县南部，是**阿其格库勒湖**的主要补给河流。

阿其格库勒河西起泉水湖、东至阿其格库勒湖河口，河段长65千米，流域面积4 691平方千米，多年平均年径流量约1.4亿立方米。

阿其格库勒河自西向东流，穿行在北为库木巴彦山南麓、南为昆仑山主脉北麓的宽谷（属库木库里盆地西南部）之间，沿途接纳了从湖西侧汇入阿其格库勒河的全部河流，较大支流有**月牙河**等。这些支流除有部分洪水可直接汇入阿其格库勒河外，枯水期出山口后水量均潜入地下，以地下水形式补给干流，因此阿其格库勒河水量较稳定，源源不断东流入湖。

阿其格库勒河源头的泉水湖主要依赖湖周地下水补给，为吞吐性淡水湖。泉水湖周及河谷滩地中分布有部分沼泽及高寒草甸。阿其格库勒河入湖口处发育有大片沼泽。河流北岸有滨河山间小道，牧人可沿此路翻越主山脊入**车尔臣河**河谷。

10.3.207.3.1　月牙河
（Yueya River）

阿其格库勒河支流，因河流走向形如弯月得名，位于新疆维吾尔自治区若羌县境内，发源于东昆仑山脉北坡，全长124千米，流域面积2 741平方千米，多年平均年径流量约0.91亿立方米。

月牙河发源于东昆仑山海拔6 973米的木孜塔格峰，上游源区为冰麟川冰川（长19.1千米，冰川面积66.7平方千米），河流自冰麟川冰川冰舌末端由西南向东北流约25千米，右岸相继接纳了源头位于主山脊处的阔沙河和大拐杖沟后转向东流；下行约11千米，右岸又接纳了长峡沟和小拐杖沟等多条源自主山脊的小支流，之后绕雪照壁山东南侧转向北流。下游左岸接纳的支流有鹿角沟、长春泉沟、寒凝泉河，右岸接纳三岔河和其余3条较大无名泉水河，再经45千米后出山口。山口以下，河水大部渗入地下，以地下水形式进入阿其格库勒河南岸湿地；洪水期间，河流呈散流状穿过湿地，汇入阿其格库勒河。

三岔河主源头位于昆仑山北坡支脉三岔顶峰南坡，由源区的十余条支流呈扇状水系汇集而成，众支流汇合后，干流由东南向西北汇入月牙河，河长约25千米。鹿角沟源头位于木孜塔格冰川区北侧，由源区多条支流呈扇状水系汇集而成，干流由西向东流经33千米汇入月牙河。寒凝泉河源头为月牙河南北向宽谷中的寒凝泉，自南向北与月牙河呈平行状流出山口，河长21千米。

月牙河流域以山地为主，流域最高峰——木孜塔格峰峰区是东昆仑山脉现代冰川最为发育的地区。"木孜塔格"维吾尔语意为"冰山"。这里降水丰沛，气候寒冷，主山脊终年为冰雪覆盖。河流源区山高谷深，水网密布；中游河谷展宽，高寒草甸散布在两岸阶地及附近坡地上；河口区潜流溢出带为大片沼泽湿地。

月牙河深藏于万山之中，流域山势陡峻，远离绿洲，交通不便，涉足者甚少，雪白巍峨的冰山、蜿蜒曲折的河流、炫耀欢奔的野牦牛、藏羚羊，展示出了一道独特、美丽的高原风景线。

10.3.208　塔什库勒湖
（Tashikule Lake）

又名阿克苏库勒湖，位于新疆维吾尔自治区且末县境内，地理位置为东经84°27′、北纬36°36′，系羌塘高原内陆闭口咸水湖，"塔什库勒"维吾尔语意为"石头聚集之湖"，"阿克苏库勒"维吾尔语意为"白水湖"。

湖泊系新生代构造断陷形成，北为托库孜达坂山最高峰——海拔6 748米的阿克塔什峰，南为昆仑山北坡支脉双伍山，西距**安迪尔河**山区河段东支阿克苏萨依河流域分水岭不足千米，唯东北面为开敞的塔什库勒苏巴什河谷。湖水主要来自东侧塔什库勒苏巴什河及南侧一无名支流补给。湖面

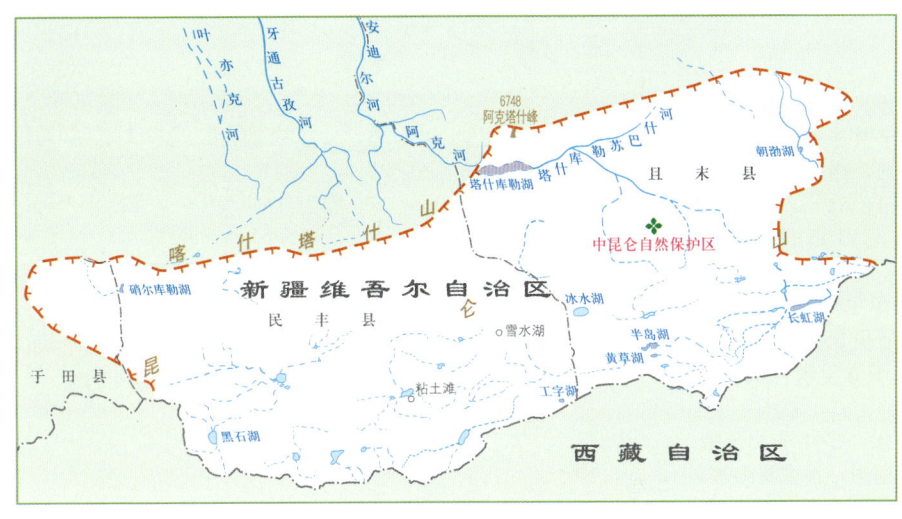

中羌塘内陆河湖水系示意图

海拔4 344米，长6.0千米，最宽4.1千米，水域面积约11.2平方千米。湖周为湖积砂地和盐碱滩，湖盆为第四纪冲积砂砾层，盐类矿床以石盐为主，呈薄层状，含泥沙，无开采价值。

湖区属大陆性高原干旱气候，多年平均气温在0摄氏度以下。塔什库勒湖形如开口三角，静卧于群山之中，湖周山体陡峻挺拔，山峰积雪依稀可见。湖泊东侧的宽敞河谷地势平缓，沿河坡地散布有高寒草甸、沼泽湿地；位于河流左岸山坡上的野鸭湖如半坡一盆净水，引来野鸭等野生水禽光顾嬉戏。这里人迹罕至，环山而卧的塔什库勒湖的神秘面纱有待世人揭开。

10.3.209　朝勃湖
(Chaobo Lake)

位于新疆维吾尔自治区且末县境内，地理位置为东经85°48′、北纬36°34′，是羌塘高原区的一个闭口咸水湖。

湖泊地处高原区内一个山间盆地中，其西北横亘有恒笛山（最高峰海拔5 024米）及绕云山（最高峰海拔4 890米），东部有百条山，南部为嵯峨山。湖泊形似三角形，边长分别约6.5、3.5、5千米；湖面海拔约4 772米，水域面积9.6平方千米，湖泊东岸为宽约3.5千米、长约7.5千米、近似长方形的沼泽湿地，面积约26平方千米。汇入湖泊的支流主要有北部源头位于绕云山南坡的一条无名支流（河长3.9千米）和南部源头位于嵯峨山北坡的黎晖沟（河长14千米），湖泊集水面积约103平方千米。

湖泊地处中昆仑野生动物自然保护区内，湖周德岩屑坡上分布着垫状驼绒藜等高寒植被；湖畔则分布有红景天、西藏黄华、棘豆等高原植物，有藏羚羊、野牦牛等珍贵野生动物活动。

10.3.210　长虹湖
(Changhong Lake)

位于新疆维吾尔自治区且末县境内，其东南岸距新疆、西藏分界线不足8千米，地理位置为东经86°02′、北纬36°03′，为高山内陆闭口咸水湖，因呈长条状横卧于新疆维吾尔自治区与西藏自治区交界处的昆仑山北麓高原上，冠名者形象地喻之"长虹"。

湖泊水面海拔4 910米，东西长13.9千米，南北宽1.9千米，水域面积17.2平方千米，水深约3米。湖泊西侧通过约6千米的河道与巨头湖相连。巨头湖长约3.1千米，面积1.6平方千米。

湖水来自发源于周边山区的支流补给。主要支流有：发源于可可西里山云雾岭北坡的微波河、峡口河和群波河；北部发源于屏障岭、向阳川南坡的无名小支流。其中，微波河全长约60千米，其上游主要支流有二道沟，干流自西向东穿过巨头湖，出湖6千米后注入长虹湖。峡口河自西南向东北汇入长虹湖，全长约46千米，源流称五道沟，主要支流有东岔河（六道沟、七道沟、八道沟）、西岔河（又称三道沟）。群波河全长约25千米，由南向北注入长虹湖，湖泊总集水面积为1 495平方千米。

湖北侧为三叠系陆相火山岩，南侧为第四系冲洪积砂砾层。盆地内地势平缓，地下水发育；高寒草甸和散布的湖沼环绕湖泊。

10.3.211　半岛湖
(Bandao Lake)

位于新疆维吾尔自治区且末县西南角，南距**黄草湖**2.3千米，地理位置为东经85°16′、北纬35°54′，地处昆仑山北坡，为羌塘高原的一个闭口咸水湖。

湖面海拔4 930米，东西长约8.7千米，南北宽2.4千米，水域面积约为11.8平方千米。湖泊依靠东侧发源于昆仑山支脉云雾岭北坡的头道沟河、湖周的时令小溪及湖周地下水补给。头道沟河是湖泊的主要水源，河流自源头由东向西注入半岛湖，河长40.7千米，集水面积250平方千米。

河口区有小片沼泽湿地。湖滨坡地上散布着高寒草甸。湖泊东南距新、藏边界线上海拔6 307米的昆仑山耸峙岭仅36千米。临湖远眺，冰峰形如钜脊，峰峦起伏、雪白巍峨，倒映在蓝色的湖水中，静谧美丽的景色令人陶醉。

10.3.212　黄草湖
(Huangcao Lake)

位于新疆维吾尔自治区且末县西南角，北距**半岛湖**仅2.3千米，南距新疆、西藏边界仅9千米，地理位置为东经85°17′、北纬35°52′，属羌塘高原的一个闭口咸水湖。

湖泊水域面积约为2.10平方千米，东西长约3.57千米，南北宽约1.44千米，集水面积约188平方千米。周围分布有多个小湖泊：湖泊南侧邻近的草东湖，面积约0.9平方千米；东南方向4.8千米处坐落有连藕湖，面积约1平方千米；连藕湖西南约5.2千米的新藏边界新疆一侧的鸭嘴湖，面积0.5平方千米；黄草湖北侧还有把柄湖，面积0.56平方千米。

黄草湖主要依赖发源于昆仑山云雾岭北坡、由冰雪融水汇集而成的一条无名小河补给，河流自东向西汇入黄草湖，河长约25千米。连藕湖也有一条发源于云雾岭北坡的时令小河补给湖泊，河长25千米。黄草湖区有大片高原冻土层，冻土层表面稀疏地生长着垫状驼绒藜等高寒荒漠植被。草地上时有藏羚羊、藏野驴、野牦牛等野生动物出没。盆地下蕴藏着丰富的硼酸盐、石膏、芒硝等矿产资源及锂、铷、铯等稀有金属。

10.3.213　工字湖
(Gongzi Lake)

位于新疆维吾尔自治区和田地区民丰县东南角，东距巴音郭楞蒙古自治州且末县界仅 1.8 千米，南距西藏自治区分界线仅 1.1 千米，地理坐标为东经 84°52′、北纬 35°42′，为羌塘高原区封闭咸水湖，湖泊因其形状酷似"工"字得名。

湖盆系新生代构造断陷形成。湖泊水源主要来自东、西两侧的两条无名泉水沟的水量补给，集水面积 338 平方千米。湖面海拔约 4 900 米，水域面积约为 0.81 平方千米，东西长约 1.76 千米，南北宽约 1.03 千米。

湖区属大陆性高原干旱气候，高寒干燥，多年平均气温多低于 0 摄氏度，降水集中在 6—9 月暖季期间，且主要为雪、霰、雹等固态形式，生境极为严酷。湖泊周围山地的山坡及岩屑坡上分布有针茅、昆生葱、昆仑蒿等稀疏高寒荒漠植被。这里人迹罕至，是藏羚羊、藏野驴、野牦牛等珍贵野生动物难得的一片净土。

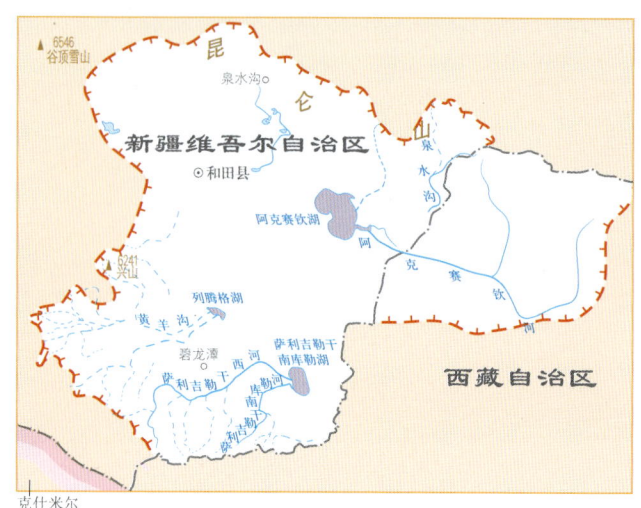

西羌塘内陆河湖水系示意图

10.3.214　阿克赛钦湖
(Akesaiqin Lake)

又名阿克萨依湖，位于新疆维吾尔自治区和田地区和田县南部，是西羌塘高原新疆一侧的最大天然湖泊，为闭口咸水湖，地理位置为东经 79°52′、北纬 35°13′，"阿克赛钦"系维吾尔语，意为"白石滩"。

阿克赛钦湖

阿克赛钦湖坐落在昆仑山山间弧状构造盆地内，湖泊东北靠昆仑山脉，西南临昆仑山支脉阿克赛钦塔格山。湖面海拔约 4 848 米，水域面积约 165.8 平方千米，长 19.3 千米，最大宽 12.5 千米，最大水深 12.6 米，蓄水量约 12.9 亿立方米。阿克赛钦湖最主要的入湖补给源为阿克赛钦河，其次还可获得东北岸的数条季节性冰雪融水河流补给。

阿克赛钦河穿行于西藏自治区境内昆仑山中段南麓，流经新疆和田县和西藏阿里地区，是一条连接西藏阿里地区的郭扎错湖和新疆和田地区的阿克赛钦湖的天然水道。河流自郭扎错湖流出，蜿蜒西南流 43 千米后，转西北流；穿过一长约 19 千米的峡谷，又经 53 千米流程，于湖泊东侧注入阿克赛钦湖。河流右岸沿途接纳了源自昆仑山南坡的多条河、沟，其中较大的河流自东向西依次为里田河、克其克冰水河、琼冰水河。河流左岸支流均为季节性河流，较小河沟出山口后，河水全部渗入地下，以地下水形式补给河流。河流北侧的昆仑山南坡分布有多塔冰川、弓形冰川、中锋冰川、多峰冰川等多条小冰川。

阿克赛钦湖是一座美丽而神秘的湖泊，为新疆十大名湖之一。湖区属高原干旱气候，寒冷干燥。219 国道横穿湖泊西侧谷地，南来北往的路人，每每在此做一消歇。凭高东眺，远处的蓝天、白云、雪山、湖水柔美地交织在一起映入眼帘，带着点湿气的湖风拂过脸颊，清新自然，吹散了旅途的倦怠；深邃幽暗的湖水、浩渺无际的湖面，令人久久不能忘怀。

10.3.215　萨利吉勒干南库勒湖
(Salijilegannankule Lake)

羌塘高原西区的一个闭口咸水湖，位于新疆维吾尔自治区和田县南部，距和田市区约 270 千米，地理位置为东经 79°42′、北纬 34°41′。

流域南、东分别以喀喇昆仑山脊为界与西藏自治区接壤，西以长平岭山脊为分水岭，与希奥克河在中国境内的上游源流**昌隆河**流域毗邻，西北与**列腾格湖**流域相邻。

湖泊坐落于第三纪喜马拉雅山期形成的一个山间断陷盆地的最洼处，三面环山，北为西北—东南走向的昆仑山脉南坡，南为喀喇昆仑山东段北坡，东为昆仑山与喀喇昆仑山末梢结合部，西北为戈壁砂砾区。湖形如一巨朵，长 10.8 千米，最宽 5.7 千米，水域面积 46.9 平方千米，湖面海拔 5 181 米。湖水主要来自由西岸入湖的萨利吉勒干西河、萨利吉勒干南库勒河河水补给。

萨利吉勒干西河是萨利吉勒干南库勒湖的最大支流，流域

萨利吉勒干南库勒湖

海拔最高点为喀喇昆仑山脊处海拔 6 119.5 米的察坎峰。主源与源于喀喇昆仑山山脊的陇坎山冰川相连,河流自山脊处的陇坎山冰川由南向北流约 8 千米,经尼斯楚自然村,又流 18 千米转东流。此后,河流右岸沿程接纳了源于喀喇昆仑主山脊的老路冲沟、无名 1 沟(流经歪头山、望南山、月牙山)、无名 2 沟(流经棺材头山、金鱼山)和猎马沟等四条较大支流,经 58 千米流程,绕蛇山汇入萨利吉勒干南库勒湖。河流全长 84 千米,流域面积约 1 140 平方千米。

萨利吉勒干南库勒河源头位于喀喇昆仑山主脉山脊冰川区,流域海拔最高 6 345 米。河流总体呈西南—东北流向,自源头下行 17 千米,右岸接纳了发源于喀喇昆仑山主脉山脊的一无名大支流(河长 19 千米);又下行 2 千米,左岸接纳了一无名小支流后,河流出山口;再下行 21 千米,从湖泊西侧注入萨利吉勒干南库勒湖,河流全长 40 千米,流域面积约 620 平方千米。

湖泊地处高原地带,虽气候严酷、人烟稀少,但交通尚便利。流域内的尼斯楚村为一交通要道,往南通过萨利吉勒干西河的察坎山口可达西藏自治区;往西翻越温泉达坂可达昌隆河畔的温泉自然村;往北沿萨利吉勒干西河河谷翻越乱石达坂可至红山头,再经列腾格湖盆地可达 219 国道。沿湖泊东岸绕行的乡道北接 219 国道,南越八一八达坂至西藏自治区。

10.3.216 列腾格湖
(Lietengge Lake)

羌塘高原的一个闭口咸水湖,又称腾格湖,位于新疆维吾尔自治区和田县南部、西羌塘高原区的卡子勒谷地南部,东南约 18 千米处为**萨利吉勒干南库勒湖**,西南为喀喇昆仑山北麓山前冲洪积平原区,地理位置为东经 79°22′、北纬 34°53′。

湖面海拔 5 250 米,东西长 14 千米,南北宽 4 千米,水域面积约 43 平方千米。湖泊水源主要靠源于喀喇昆仑山东北坡及其余脉的河流和源于昆仑山支脉南坡的河流补给,主要河流有黄羊沟和一无名河流。入湖河流出山口进入盆地后河水大多渗入地下,以地下水形式补给湖泊,部分洪水可直接入湖。

黄羊沟发源于喀喇昆仑山支脉长平岭冰川区,其源流山羊沟源头海拔最高 5 957 米。河流自源头由西南向东北流 22 千米,左岸接纳了发源于长平岭的清水沟后转向北流。又流 4 千米出山口,山口以下,河流转向东北流,途中先后接纳了两条发源于马鞍山北坡和火烧云北坡的无名季节性河流,流约 40 千米从南侧注入列腾格湖。黄羊沟支流、发源于火烧云北坡的无名季节性支流途中串联着两个小湖泊,分别称为对耳湖和碧龙潭。发源于昆仑山南坡的无名河流,自源头向东南流 14 千米出山口。山口以下,河流先向南流 20 千米,后转东流。又流经 37 千米,左岸接纳发源于昆仑山北麓的一条无名干沟(源头以山脊为界、与卡子勒谷地毗邻,河长约 40 千米)后,又流经 4 千米,从西南侧注入列腾格湖。

湖区处在山间盆地之内,降水稀少,多年平均气温 0 摄氏度以下,无霜期短。湖区北面有 219 国道,东、南面有专线道路,西距县乡道仅 12 千米。

二、塔里木内流区河湖

Endorheic Rivers and Lakes in Talimu Basin

10.4 塔里木内流区河湖

(Endorheic Rivers and Lakes in Talimu Basin)

"塔里木",古突厥语意为"注入湖泊、沙漠的河流"。"塔里木河"一名见于《清史稿》,维吾尔语意为"无缰之马"和"田地、种田"双重含义。

塔里木内流区,为塔里木盆地诸河流域的总称,跨中国、吉尔吉斯斯坦、塔吉克斯坦、巴基斯坦等国,大部分位于中国新疆维吾尔自治区南部,是中国最大的内流区。国内部分行政区划包括南疆阿克苏地区、喀什地区、和田地区、克孜勒苏柯尔克孜自治州(以下简称克州)、巴音郭楞蒙古自治州(以下简称巴州)5个地(自治州)42个县(市)及新疆生产建设兵团(以下简称兵团)的4个师55个农垦团场,地理位置为东经73°28′~93°25′,北纬34°40′~43°20′。流域总面积102万平方千米,其中中国境内91万平方千米。

概 述

流域水系 塔里木内流区由发源于塔里木盆地周边的天山南坡、帕米尔高原、喀喇昆仑山、昆仑山及阿尔金山的内陆河流,向盆地内部流动,构成向心水系,河流的归宿点是塔里木盆地的低洼部位。

区域内河流众多,水系发育,除**塔里木河**干流外,其他较大水系有**开都河**、**渭干河**、**阿克苏河**、**喀什噶尔河**、**叶尔羌河**、**和田河**、**克里雅河**、**车尔臣河**等,全区河川径流总量411.61亿立方米,其中由国外流入水量62.23亿立方米。发源于境外的部分河流有:阿克苏河支流**托什干河**和**库玛拉克河**源自吉尔吉斯斯坦;喀什噶尔河主流克孜勒苏河源自吉尔吉斯斯坦和塔吉克斯坦;叶尔羌河支流**克勒青河**部分源自克什米尔巴基斯坦实际控制区。

内流区内大于1平方千米的湖泊共有72个(不包括已干涸的**罗布泊**),总水域面积约1 589平方千米,占全疆湖泊总面积的31%。**博斯腾湖**是区域内最大的湖泊。内流区高山冰川面积为23 320平方千米,冰川储量约2 404立方千米,年冰雪融水量可达172亿立方米,占塔里木内流区地表水总水量的43.2%。

按照塔里木河内流区四周的山系的构成,塔里木河内陆河湖水系构成可以分为罗布泊水系、塔里木河干流段、叶尔羌河流域、喀什噶尔河流域、阿克苏河流域、和田河流域、渭干河流域、中昆仑山北麓诸河、东昆仑山-阿尔金山北麓诸河9大水系。

地质地貌 塔里木内流区地形极为复杂,北部是天山山脉,西南侧为帕米尔高原和喀喇昆仑山,南侧为昆仑山、羌塘高原和阿尔金山,中间形成基本封闭的塔里木盆地,盆地中部为塔克拉玛干沙漠。整个内流区按地貌形态可分为高山区、山前平原区和沙漠区。

1. 山区。山区山势巍峨、陡峻,高峰林立,峰顶常年积雪,冰川发育,是内流区内诸河流的径流形成区,主要分布在塔里木盆地南部、西南部、西部和北部,涉及天山、帕米尔高原、喀喇昆仑山、昆仑山和阿尔金山。

天山。塔里木盆地内流区内的天山山脉,依据山形和构造带在地貌上的分类,分为南天山和中天山。其中,中天山为那拉提山和额尔宾山;南天山西起克孜勒苏河河源,东至博斯腾湖北面山脉,包括阿赖山、铁列克套山、吐尔尕特山、喀拉铁克山、科克沙勒山、哈尔克他乌山、科克铁克山、霍拉山、库鲁克塔格山等。南天山南坡海拔3 800~4 200米的高山带,主要为冰雪覆盖;海拔2 600~2 700米的中山带,堆积了大量古代冰川沉积物,并保留了多种冰川侵蚀地形,植被类型为亚高山草原;海拔1 500~2 700米的中、低山带,河网密布,河谷阶地发育,植被类型有亚高山草甸、山地森林、山地草原、山地干草原、山地荒漠草原和山地荒漠。

内流区北部的河流,除开都河水系的部分河流源于那拉提山和额尔宾山外,其余水系均发源于南天山山脉南坡,主要河流有:喀什噶尔河水系的克孜勒苏河、**卡浪沟吕克河**、**恰克马克河**、**布古孜河**;阿克苏河水系的托什干河、**阿依克特克河**、**玉山古西河**、**别迭里河**、**库玛拉克河**、**托木尔苏河**、**柯柯亚尔河**、**台兰河**、依格其艾肯河、**喀拉玉尔滚河**;渭干河水系的所有河流;迪那河等诸小河以及开都河—孔雀河水系的**萨恨图海河**、**伊克赛河**等。

帕米尔高原。帕米尔高原及其延伸山脉早在中国汉代就以"葱岭"相称,《山海经》《淮南子》等书又将帕米尔高原及其延伸山脉统称为不周山。"帕米尔",系塔吉克语,意为"世界屋脊"。帕米尔高原按照自然地理状况可分为八个部分(古代文言称八为"帕"),由北向南依次为:和什库珠克帕米尔、萨雷兹帕米尔、郎库里帕米尔、阿尔楚尔帕米尔、大帕米尔、小帕米尔、塔克敦巴什帕米尔、瓦罕帕米尔。帕米尔高原群山起伏、高峰耸立,海拔5 000米以上为高山冰雪带;海拔4 500~5 000米为高山荒漠带;海拔3 000~4 500米为高山、亚高山草原带,且阴坡有成片森林;海拔3 000米以下区域以荒漠为主。发源于帕米尔高原的主要河流有:喀什噶尔河水系的**阿依嘎尔特河**、**玛尔坎苏河**、**盖孜河**、**库山河**以及叶尔羌河水系的**塔什库尔干河**等河流。

喀喇昆仑山。喀喇昆仑,维吾尔语意为"紫黑色的昆仑山"。喀喇昆仑山脉有4座超过8 000米的山峰,其中,海拔8 610米的乔戈里峰为世界第二高峰。源区山峰尖削、陡峻,多雪峰及巨大的冰川,主要山口有明铁盖山口、红其拉甫达坂及喀喇昆仑山口等,自古以来为通往巴基斯坦和印度的交通要道。发源于喀喇昆仑山的河流主要有:叶尔羌河干流主源流和其支流塔什库尔干河、克勒青河以及和田河水系喀拉喀什河上游河段的部分支流。

昆仑山。昆仑山被古人尊为"万山之宗""龙脉之祖"和"龙山"。《史记》《山海经》《禹贡》和《水经注》中都有关于

巍巍昆仑山

它的富于神话色彩的记载。昆仑山西高东低，按地势可分为西、中、东昆仑山三部分。

昆仑山西段为塔什库尔干谷地以东、**提孜那甫河**支流**乌鲁克河**河谷以西的山区。昆仑山西段海拔5 000米以上为高山冰雪带；海拔4 500～5 000米的高山为高寒半灌木荒漠。谷地两侧海拔4 000米以上是以粉花蒿和垫状驼绒藜为主的高寒荒漠；海拔3 000～4 000米为干旱冰碛丘陵与冰水冲积扇，分布着以雌雄麻黄为主的灌木荒漠；海拔3 000米的塔什库尔干宽谷中分布着高位沼泽化草甸。海拔2 700～3 000米区域，上部是以紫花针茅和银穗羊茅为主的山地草原，阴坡有小片雪岭云杉林，构成山地森林草场；下部为主要分布合头草的沙土地。低于海拔2 700米的中山带上部为以昆仑蒿为主的草原化荒漠，下部为红沙与合头草荒漠。发源于昆仑山西段的主要河流有叶尔羌河水系的**麻扎达拉沟**、**巴什却甫河**、**霍什拉甫河**、提孜那甫河、**棋盘河**、柯克亚河以及**皮山河**、**桑株河**和**杜瓦河**等。

昆仑山中段为乌鲁克河河谷以东与车尔臣河河源的九个达坂山之间的山区，主脉向南略呈弧形，克里雅山口和喀拉米兰山口是通往西藏的山口。昆仑山中段海拔6 000米以上的山峰有8座，如乌孜塔格（6 250米）、慕士山（7 282米）、琼木孜塔格（6 920米）等。海拔4 500～5 500米高山带下部有稀疏植被，上部为寒冻风化带，更高山峰则为冰雪带；海拔4 500米以下的中山带则为垫状驼绒藜、糙点地梅组成的稀疏高寒荒漠，低山带分布着以针茅、昆生葱、昆仑蒿为主的荒源草原和合头草、红沙半灌木荒漠。发源于昆仑山中段的主要河流有和田河水系的喀拉喀什河中段部分支流、**玉龙喀什河**、克里雅河、**尼雅河**及**安迪尔河**，除喀拉喀什河和玉龙喀什河水量较大外，其他河流出山口后很快散失于塔克拉玛干沙漠中。

昆仑山东段为九个达坂山以东的山区（包括九个达坂山），海拔5 500米以上为高山冰雪带；海拔4 500～5 000米过渡为稀疏的高寒植丛和寒冻风化带；海拔3 800～4 500米的山地下部是以小蒿草为主的高寒草原，上部为垫状植被；海拔3 600～3 800米为紫花针茅亚高山草原；海拔3 600米以下为干燥剥蚀的基岩山地，植被稀少，沟坡及岩屑堆上散生有垫状驼绒藜、红沙、合头草。车尔臣河水系的**阿里雅力克河**、乌鲁古苏河等绝大部分河流都发源于此，主要依赖河源区的冰雪融水补给。

阿尔金山。阿尔金山蒙古语意为"有柏树的山"，属荒漠性山地，层叠的群山、绵延的山麓和辽阔的盆地浑然一体，一派高原特色。海拔4 000～4 400米分布有高寒草原，但仅出现在西段；海拔3 700～4 000米为高寒荒漠；海拔3 400～3 700米为荒漠草地；海拔3 400米以下植被稀疏，为大片寸草不生的风积沙坡。发源于阿尔金山的主要河流有车尔臣河水系的**瓦石峡河**、**若羌河**、**喀拉米兰河**等。

2. 山前平原区。塔里木内流区的山前平原区是绿洲的主要分布区，上接低山丘陵，下抵沙漠边缘，由山区向盆地内倾斜，海拔900～1 200米，环带宽度约50～70千米，地形平缓。农业经济历史悠久，是灌溉农业所在地，也是粮食、棉花的主要产区和人类生存的基地。

根据塔里木盆地内的地貌变化、堆积过程以及河道的变迁，盆地内山前平原区可分为英吉沙冲积—洪积平原、天山南麓平原、昆仑山北麓平原三部分。

（1）英吉沙冲积—洪积平原。位于塔里木盆地的最西端，为介于南天山、帕米尔高原和西昆仑山之间的楔状三角地，由山地流下来的克孜勒苏河、盖孜河、岳普湖河、叶尔羌河等挟带而来的物质充填在凹陷地区，形成宽大的冲积、洪积复合三角洲平原，包括喀什三角洲、英吉沙山麓平原、叶尔羌河中游冲积平原、叶尔羌河下游冲积平原。三角洲地形开阔平坦，草地以寒旱生牧草植物为主，草质优良，适口性好，但单位面积产草量不高。

（2）天山南麓平原。这里第四系沉积层厚度可达500米。洪水季节，河流沉积大量泥沙，使河床垫高，河道经常发生变迁，形成南北宽约50千米的河谷平原。该区热量充足，作物生长期长，可垦土地面积大，已逐步发展为南疆的粮棉基地。本区包括阿克苏三角洲、渭干河—库车河三角洲、库尔勒三角洲、塔里木河上、下游冲积平原。

阿克苏三角洲地势略向东南倾斜，以亚砂土为主，土地利用系数很高。由于在河流上游大量河水经渗漏、蒸发和灌溉引用，使得下游三角洲的现代堆积作用不强，但由于边缘地下水水位抬升，以及暴雨将邻近山地基岩中所含盐分冲刷下来，致使土壤盐分增加。

渭干河—库车河三角洲分布着一些规模不大的绿洲，在洪积平原的前缘亚黏土沉积带上，出现沙拐枣和红柳灌丛沙丘。一般较老的沙丘由细砂组成，新的沙丘砂质较粗。沙丘之间沉积着季节性洪水带来的淡红色亚黏土，干时龟裂。往南，洪水散流在古老山前平原上，形成一片白色盐滩。

库尔勒三角洲因受库鲁克塔格南侧构造运动影响，隆起高，上面保留着圆砾、砂石和亚黏土的夹层，圆砾长期风化，已成碎块。

塔里木河上游冲积平原区西起阿克苏河与和田河的汇合口，东至阿克苏地区与巴音郭楞蒙古自治州分界；坡降较大，河道在河床内剧烈摆动，河漫滩极宽，滩地盛长拂子茅。南部广阔的平原有很多老河道，分布的沙包、沙地上生长着一些盐生草类。

塔里木河下游冲积平原位于新疆阿克苏地区与巴州分界处以下区域，在宽大的洼地平原，河流分为很多汊流，沼泽密集，河道变得细小，无固定河槽，汛期洪水四处漫溢。各汊流两岸堆积着细砂或沙壤，生长着胡杨林。

（3）昆仑山北麓平原。位于昆仑山与塔克拉玛干沙漠之间，是由大小不等的洪积扇联合组成的砾漠平原。西起于喀什地区的叶城，东止于巴州若羌县东部的大红山。晚第三纪以来，由于昆仑山和阿尔金山上升剧烈，河流从山地运来的物质，堆积在山前坳陷部分，厚度达1 700米。在现代的干三角洲中，埋藏有大量的地下水，一部分在渗漏带上出露，成为绿洲灌溉的主要泉源之一。在扇缘的盐化草甸土或盐土上，生长有大片芦苇。

3. 沙漠区。沙漠区位于塔里木盆地中部，以塔克拉玛干沙漠为主，属于第四纪沉积物，海拔约800～900米，土质为细砂和粉细沙。地貌类型为新月形沙丘链、复合新月沙丘链、纵向沙垄和灌丛沙堆等。从沙漠边缘到腹地，由固定、半固定沙丘过渡到流动沙丘，沙丘高度一般为5~10米。

塔克拉玛干沙漠北缘

"塔克拉玛干"，系维吾尔语，意为"进去出不来的地方"。塔克拉玛干沙漠被当地人称为"死亡之海"，位于塔里木盆地腹地，为世界第二大沙漠。整个沙漠东西长约1 000千米，南北宽约400千米，总面积33.76万平方千米。沙漠区四周，沿叶尔羌河、塔里木河、和田河和车尔臣河等河流两岸，生长着密集的胡杨林和柽柳灌木，形成"沙海绿岛"，特别是横穿沙漠而过的和田河两岸分布着芦苇、胡杨等多种沙生植物，构成了沙漠中的"绿色走廊"。林间出没的野兔、鸟类等动物，为"死亡之海"增添了一线生机。沙层下还藏有丰富的石油、天然气等矿产资源。

气候　塔里木内流区地处中纬度西风带，且位于欧亚大陆腹地，远离海洋，除了东面开口外，北、西、南三面高山环绕，属典型的暖温带大陆性干旱气候。区内四季气候悬殊，温差较大，多风沙、浮尘天气。气温年平均日较差14~16摄氏度，年最大日较差一般在25摄氏度以上。多年平均气温3.3~12摄氏度。夏季，7月平均气温20~30摄氏度，极端最高气温43.6摄氏度；冬季，1月平均气温-10~-20摄氏度，极端最低气温-30.9摄氏度。

塔里木内流区干燥少雨，蒸发强烈，降水量北部多于南部，西部多于东部，山地多于平原，迎风坡多于背风坡。平原区年降水量20~80毫米，山区年降水量250~500毫米；日照时间长，光热资源丰富，冲积平原及塔里木盆地内部不低于10摄氏度积温多在4 000摄氏度以上，持续180~200天；山区不低于10摄氏度积温则少于2 000摄氏度；一般情况下，纬度北移1°，不低于10摄氏度积温约减少100摄氏度，持续天数约缩短4天。区内年均日照时数2 550~3 500小时，无霜期190~220天。

自然资源

1. 水资源。塔里木内流区地表水资源量349.38亿立方米，国外入境水量62.23亿立方米，河川总径流量411.61亿立方米，水资源总量370.22亿立方米。

2. 土地。塔里木内流区土地资源丰富，总农用土地面积2 496万公顷，其中耕地面积168万公顷。区内除风沙土外，其余均为水成型土壤，主要有胡杨林土、草甸土、沼泽土、盐土、残余沼泽土、残余盐土、龟裂土、风沙土和绿洲土等。土壤的分布受地形、水文地质条件的影响，垂直河道有明显的地带性规律。一般河漫滩上分布着盐化草甸土或盐化草甸胡杨林土；自然堤或老河漫滩上分布着胡杨林盐土或灌木林盐土；牛轭湖或阶地旁洼地上分布着沼泽土；在阶地或河间洼地上分布着典型盐土或草甸盐土；河间古老冲积平原上分布着荒漠化盐土、荒漠化草甸土或风沙土。

3. 森林　塔里木内流区山地森林主要分布在天山南坡和昆仑山北坡。天山南坡的森林植被中天然针叶林呈小块状分布于海拔2 300~2 800米地带，且林相稀疏；在低山河谷有密叶杨分布，森林多集中分布在中西部的温宿县和拜城县境内，优势树种为云杉。昆仑山林区，森林植被稀疏，资源相对较少，森林分布在海拔3 000~3 600米的山区，树种为云杉；海拔2 000~3 000米的河谷中有稀疏的昆仑圆柏分布。平原胡杨林和荒漠灌木林是塔里木内流区天然林资源的重要组成部分，胡杨林面积为17万公顷，主要分布在塔里木河源流和干流区域，尤其以干流沿岸分布最集中；荒漠灌木林以柽柳灌丛为主，还有少量的盐豆木、苏枸杞等。

4. 草地。塔里木内流区草地资源丰富，区内草地总面积达2 300万公顷，其中，山区草地面积1 570万公顷，平原区草地面积730万公顷。

区内遍布新疆11个大类的各种草地类型。山区草地繁多，广泛分布于天山、昆仑山、帕米尔高原。平原区草地基本上只有温性荒漠类草地、低平地草甸和沼泽草地三大类，在其特定的暖温干旱环境条件制约下，周围山麓冲、洪积扇和山麓古老冲积平原发育着以暖温带盐柴类半灌木荒漠、灌木荒漠和柽柳灌丛占优势的地带性植被；在塔里木河源流和干流的河漫滩及低阶地，发育着非地带性的隐域低平地草甸植被，形成由胡杨林、柽柳灌丛及草本植物组成的大面积乔灌草带和宽广的天然草地。

5. 矿产。塔里木内流区是新疆矿产资源开发前景良好的区域之一，矿产种类多，含量丰富。已发现的矿产资源主要有石油、天然气、煤、锰、铁等几十种。探明储量大、有巨大开发前景的主要有石油、天然气、石棉等。

塔里木盆地是中国最大的含油气沉积盆地，石油蕴藏量达107.5亿吨，天然气蕴藏量8.4万亿立方米。尉犁县且干布拉克蛭石矿产资源总量达1 200万吨，是世界级的超大型矿床，已探明储量613万吨；白云母储量6.9万吨，占全中国储量的60%；膨润土资源总量约50亿吨，其中钠基膨润土可与国际优质膨润土相媲美。

6. 动植物。塔里木内流区山区森林繁茂，河畔及湖滨地区大多水草丰茂，胡杨、灌丛、草地镶嵌分布，给野生动物提供了良好的栖息环境，成为荒漠地区野生动物生存和繁衍的摇篮。内流区内鸟类约二三百种，兽类近百种，其中有国家一类保护动物野驴、野骆驼、黑牦牛和黑颈鹤等，二类保护动物雪豹、马鹿、藏羚羊、盘羊、天鹅等，三类保护动物石貂、鹅喉羚、藏雪鸡等；此外还有北山羊、鹿、狼、熊、白鹤、赤狐和玉带海雕、猎隼等野生动物。为了保护内流区的珍贵野生动物资源，国家在巴音布鲁克和阿尔金山分别设立了国家级自然保护区。

区内野生植物资源也很丰富，其中具有生态保护作用和较高经济价值的野生植物有胡杨、柽柳、云杉、雪莲、贝母、甘草、罗布麻等。

7. 旅游。塔里木内流区旅游资源丰富。特殊的地理位置、奇特的干旱区风光、浓郁的民族风情和悠久的历史文化，构成了塔里木内流区旅游资源的总体风貌，成为新疆乃至中国旅游业最具发展前景的地区之一。

境内著名的自然资源景观有：中国最大的内陆河——塔里木河；最大的内陆淡水湖——博斯腾湖；巴音布鲁克天鹅湖；以高大雄伟而闻名于世的世界第二峰乔戈里峰、有"冰山之父"美名的慕士塔格峰及各具特色的公格尔山、慕士山等；举世闻名而又神秘色彩的"盐泽"——罗布泊；

世界第二大流动性沙漠——塔克拉玛干沙漠独特的沙漠景观等。

内流区不仅有各种自然奇观异景，而且还保留了大量的古代文明遗址，人文旅游资源十分丰富。在塔克拉玛干沙漠深处和周围，已发现的古城遗址就有40余座，仅阿克苏境内古"丝绸之路"通道上，就有全国重点文物保护单位和自治区文物保护单位59处。除此之外，南疆人民在与严酷的自然条件长期斗争中创造的现代文明，如横穿塔克拉玛干沙漠的"沙漠公路"、和田"千里葡萄长廊"、库尔勒绿洲香梨园等，均成为中外游客企望驻足的旅游热点。

经济社会 塔里木内流区是一个多民族聚居区，主要有维吾尔、汉、回、柯尔克孜、塔吉克、哈萨克、乌兹别克等18个民族。1998年，内流区总人口770万，占新疆总人口的44%，其中，少数民族人口633万，农业人口595万。

1949年以来，内流区经济发展经历了起步、发展、徘徊、恢复、大发展5个阶段。改革开放以来，是内流区经济发展最为迅速的时期。1998年，塔里木内流区地区生产总值296亿元，人均3 856元，工业总产值115亿元，农业总产值221亿元。

塔里木内流区是新疆棉粮瓜果的主要产地，在新疆农业生产中占有极其重要的地位。1998年耕种面积129.22万公顷，粮食播种面积70.32万公顷，总产量375.29万吨；棉花播种面积61.63万公顷，总产量90.54万吨；各类林果面积9.87万公顷，总产量66.09万吨。

旱、涝、沙化、盐碱灾害 春季是农作物生长的关键期，而此时河川径流一般处于最枯时期，由于缺乏调蓄工程，常常因干旱而大面积减产。2000年，和田、喀什、克州、阿克苏、巴州5地（州）发生严重旱情，作物受旱面积达16.6万公顷，有6.8万人和38.9万头牲畜出现饮水困难，旱灾损失达5.5亿元。

塔里木河水系是新疆洪水灾害比较突出的河流之一，洪水类型多，灾害较频繁。据统计，1950—2000年叶尔羌河发生过近20场较大的冰川湖突发洪水；阿克苏河支流库玛拉克河发生过37场冰川湖突发洪水；克孜勒苏河也多次发生泥石流堰塞湖突发洪水。除此以外，暴雨洪水、消融洪水更是时有发生。1999年，和田、喀什、克州、阿克苏、巴州5地（州）遭受严重洪灾，受灾人口达50万人，受灾农田5.7万公顷，造成直接经济损失17.3亿元。

塔里木内流区土地沙漠化十分严重，根据1959年和1983年航片资料统计分析，24年间塔里木河干流区沙漠化土地面积上升了15.6%。下游土地沙漠化发展更为严重，24年间沙漠化土地上升了22.05%，特别是自1972年以来，塔里木河**大西海子水库**以下长期处于断流状态，土地沙漠化以惊人的速度发展。土地沙漠化导致气温上升，旱情加重，大风、沙尘暴天数增加，植被衰败，道路、农田及村庄埋没，严重威胁绿洲的生存和发展。

塔里木盆地是一个封闭的内陆盆地，土壤普遍积盐，形成大面积盐土。由于水资源利用不合理，灌排不配套等原因，灌区土

塔里木河畔枯萎的胡杨

壤次生盐碱化现象也十分严重。

治理与开发 自20世纪50年代以来，为治理水、旱灾害，开发利用水资源，在塔里木内流区开展了大规模的水利建设。截至20世纪末，共建成水库167座，总库容38.2亿立方米，其中，大中型水库53座，总库容34.6亿立方米。修建各类水闸382座，各类渠系建筑物242 764座，灌溉渠道总长16万千米，机电井8 217眼，修建堤防3 529千米，建成万公顷以上灌区191处。

随着国家西部大开发战略的实施，塔里木内流区的生态环境问题得到了党中央、国务院的高度重视和人大、政协等有关部门的关心和支持。1990—1992年，塔里木河流域管理局和塔里木河流域水利委员会相继成立，拉开了塔里木河综合治理的序幕。2001年2月，国务院第九十五次总理办公会议通过了塔里木河流域近期综合治理方案。2001年6月27日，国务院正式批复了《塔里木河流域近期综合治理规划报告》。至2009年投资107亿元的塔里木河治理项目正在如期进行，治理规划中的塔里木河干流工程已基本完成，源流节水工程也在建设中，中下游地区绿色走廊的生态环境正逐步得到修复。

边境及口岸 塔里木内流区与哈萨克斯坦、吉尔吉斯斯坦、塔吉克斯坦、阿富汗、巴基斯坦、印度接壤，边境线长达2 200千米。历史上，这里是东、西方交流、沟通的古"丝绸之路"的重要通道，现拥有5个已开放和待开放口岸。

塔里木内流区位于南疆，是中国西北部的屏障。塔里木河下游恰拉至**台特马湖**的条状植被带，抵御着沙漠对绿洲的侵蚀，常被人们称为"下游绿色走廊"，是新疆与青海、甘肃，进而与内地联系的通道，具有重要的经济、社会、生态和国防战略意义。

纪　实

水网变迁 最早记载塔里木河的书是《山海经》，有文字曰："河出昆仑，合而东注泑泽"。《汉书·西域传》称，西域"南北有大山，中央有河……其河有两源，一出葱岭，一出阗，于阗在南山下，其河北流，与葱岭河合，东注蒲昌海……"葱岭河指今天的喀什噶尔河和叶尔羌河，蒲昌海指今天的罗布泊。唐《通典·于阗传》小注："于阗河……北流七百里入计戍河（塔里木河）……同入盐泽（罗布泊）"。1775年测制的《大清一统舆图》中，将和田河、叶尔羌河、喀什噶尔河、阿克苏河4条河流的汇合处绘在今阿克苏南的阿拉尔地区，这与《河源记略》（1783年）的记载相吻合。

历史上，塔里木河源流较多，塔里木盆地周围的天山山脉、帕米尔高原和昆仑山脉的大、中河流，都曾是塔里木河的源流。据史料，曾有60余条河流汇入塔里木河。直至20世纪40年代，依然有和田河、叶尔羌河、喀什噶尔河、阿克苏河、渭干河和开都河—孔雀河等6条支流与塔里木河水网相通；并且渭干河—库车河水系、迪那河水系也有水直接汇入塔里木河。20世纪40年代以后，库车河和迪那河逐渐与塔里木河脱离了地表水力联系。塔里木河在轮台县以南河势不稳，河道汊流经常变化，与流向罗布泊的孔雀河时分时合，与罗布泊及台特马湖的水力联系也在不断变化。

台特马湖现为塔里木河尾闾，历史最大水面面积曾达150平方千米（1983年航片数据），海拔801~802米，1974年始近于干涸。2004年开始，大西海子水库向湖中输水，湖面面积恢复至约10平方千米。台特马湖北100余千米为喀拉和顺湖，海拔788米，现已成为一片小湖泊洼地。罗布泊位于台特马湖东北180余千米，是孔雀河的尾闾，形成于第三纪末、第

四纪初，距今约200万年，海拔778～780米，极盛时水域面积约2万平方千米。

输水后的塔里木河下游

20世纪50年代以后，各支流汇入塔里木河的水量日趋减少，很多河流水量逐渐耗散于灌区中，相继与塔里木河失去了地表水力联系。50年代后期，喀什噶尔河已无水汇入塔里木河。60年代后，叶尔羌河上修建了巴楚**小海子水库**后，仅在大洪水年份才有少量余水进入塔里木河。和田河也只有在洪水期才能穿越300多千米的塔克拉玛干沙漠汇入塔里木河。只有阿克苏河长年有水补给塔里木河，成为塔里木河的主要水源，但随着塔里木拦河闸、上游水库及其他引水工程的逐步修建，其下泄水量也开始锐减。随着车尔臣河两岸灌区不断扩大，入台特马湖的水量也逐渐减少。

目前，塔里木内流区水网处于分割状态，除阿克苏河、和田河、叶尔羌河、孔雀河与塔里木河干流保持水力联系而外，多数水系已自成独立水系。流域水系的历史归宿——罗布泊已经干涸，唯台特马湖尚可维持部分湖沼湿地。

水利和文化 古丝绸之路曾途经塔克拉玛干沙漠的整个南缘，有着悠久、古老和光辉灿烂的古代文明。

丝绸之路的开通，是塔里木盆地及周边民族部落文化的最初融合，塔里木河流域绿洲文化有了吸纳和创造的广阔发展空间，也有了选择、扬弃和传播外来文化的极大自由，塔里木河流域的游牧狩猎文化走向绿洲农耕文化成为流域最伟大的社会变革，由此而发展的农耕文化开始孕育着塔里木河的西域文明。

早在西汉时期，就有了塔里木河中下游轮台、渠犁的灌溉工程。汉宣帝时西域都护府在焉耆、龟兹设营屯田，屯田军民在今沙雅县、新和县、轮台县修建了很多渠道，引水灌田，塔里木河下游罗布泊地区更是田畴阡陌成片、水网渠道纵横的著名屯田区。东汉时西域政治动乱，农业及水利事业受到严重影响，但疏勒、于阗、楼兰、精绝等地的屯田还是断断续续进行了100多年。楼兰城的官署规模宏大，成为这一时期屯田军民文化的历史见证。魏晋南北朝时期的农田水利建设，仍主要集中在塔里木河下游的楼兰、尼雅、伊循等地。当时楼兰不仅设有戍己校尉，还设置了西域长史，实行对这一地区政治、军事和屯田的领导，在屯田耕种的士卒中还有

楼兰三间房

守堤管水的专职军官。隋唐时代，塔里木河流域的伊循、且末、焉耆、龟兹、乌垒、疏勒、于阗等地"大开屯田""规模宏远"，这些地区水源充足、土地肥沃，宜耕宜牧，因此成为农田水利开发的重点地区。设在龟兹的西域最高权力机构西域都护府，分别设置了"掏拓所"和"知水官"等各级专管农田水利的机构和官吏，每年负责组织军民整修土地，修建水利工程。宋元以后，长达数百年的漫长时期，新疆战乱频仍，塔里木河流域也田园荒芜，水利失修，赤地千里，十室九空。争夺权力的各种内乱、叛乱甚嚣尘上，在严酷自然环境中本来就很脆弱的绿洲文明，又陷入战争的水深火热之中。直至清乾隆二十四年（1759年）清政府平定发生在新疆北部的准噶尔部叛乱后，为巩固边防、防御沙俄而驻军新疆，为解决军粮问题展开了空前的屯垦高潮。当时塔里木内流区的屯垦主要集中在库车、阿克苏、喀什、和田等地。中华民国时期，新疆的屯垦及水利建设又有了发展，但大部分集中在天山以北，塔里木河流域较少。1949年中国人民解放军十万大军进入塔里木内流区，自力更生，开荒造田，这支军队后改编为兵团农一、二、三师等。分布在塔里木河中下游的农二师、阿克苏河流域和塔里木河中上游的农一师、叶尔羌河等流域的农三师以及和田河流域的农十四师，人口总数达到百万之多。他们深入到塔里木河流域的每个角落，披荆斩棘，开荒造田，挖渠筑坝，兴修水利，一场开发塔里木内流区的全方位战役，在荒无人烟的戈壁沙漠中展开了。这是历史上空前规模、成效最大的一次屯垦戍边行动。进入20世纪90年代，塔里木盆地石油、天然气等优势资源勘探开发取得突破性进展，国家棉花基地建设和南疆铁路延伸工程等一批重点建设项目陆续上马。新中国成立后半个多世纪，经过几代各族人民的共同努力，目前塔里木河主要源流均已被开发利用，内流区经济社会快速发展，已成为新疆产业发展战略的重要基地和我国西部开发潜力巨大、最具发展活力的地区之一。

在进行水利开发的同时，塔里木内流区气候干旱、水资源相对贫乏、生态环境脆弱的特点也凸显出来。近几十年来，塔里木河来水量不断减少，下游区生态环境不断恶化，河道断流，台特马湖近于干涸，塔里木河下游以胡杨林为主体的荒漠植被全面衰败，沙漠化过程加剧，夹在塔克拉玛干沙漠和库鲁克塔格沙漠间的"绿色走廊"面临生存危机，严重影响到区域经济社会的可持续发展和人民群众的生产、生活环境。塔里木河流域历史上形成的天然绿洲，是阻挡塔克拉玛干沙漠风沙侵袭、保护人类生存环境的天然屏障。近年来，随着塔里木河流域综合治理项目的实施，塔里木河中下游大片的胡杨林重现了勃勃生机，生态环境得到了逐步改善。

水是生命之源，河流孕育着古老的人类文明，而中华文明就是典型的大河文明，塔里木河所承载的西域文明是中华文明的重要组成部分。万里长城是固态的，是封闭自守的实体，而丝绸之路是流动的，是开放互通的象征。塔里木河是西域丝绸之路文明传承的载体。两汉时期，"丝绸之路"在新疆境内主要有南、北两道。

丝绸之路南道以敦煌为起点，沿塔里木河以南，经罗布泊附近的鄯善国楼兰，西去且末国（今巴州且末县）、精绝国（今和田地区民丰县）、拘弥国（今和田地区于田县东）、于阗国（今和田地区和田县）、皮山国（今和田地区皮山县）、莎车国（今喀什地区莎车县）、疏勒国（今喀什地区喀什市）、蒲犁国（唐代称揭盘陀国、今喀什地区塔什库尔干塔吉克自治县）等地，翻越葱岭（今帕米尔高原），进入中亚地区，进而往南可抵达印度等国。南道在中国境内经过的河流有塔里木河、车尔臣河、喀拉米兰河、安迪尔河、**牙通古孜河**、尼雅河、克

里雅河、**奴尔河**、**策勒河**、和田河、杜瓦河、桑株河、皮山河、乌鲁克河、库克牙河、叶尔羌河、喀什噶尔河、塔什库尔干河等。

丝绸之路北道从玉门西行，经车师前部（今吐鲁番市）进入天山南路，沿塔里木河以北，经焉耆国（今巴州焉耆县）、乌垒国（今巴州轮台县）、龟兹国（今阿克苏地区库车县）、姑墨国（今阿克苏地区阿克苏市及温宿县）、疏勒国，越过葱岭，经中亚诸国到达印度、波斯（今伊朗）、地中海沿岸各国。北道在中国境内经过的河流有孔雀河、开都河、迪那河、库车河、渭干河、台兰河、阿克苏河、叶尔羌河、喀什噶尔河、塔什库尔干河等。

塔里木内流区远离海洋，群山环抱，为干旱内陆荒漠气候。在如此恶劣的自然环境下，造就了高度发达的古代西域文明，不能不归功于塔里木河的伟大贡献。内流区内星罗棋布的绿洲、城镇，既是沙漠中的地理单元和文化单元，又是人类活动和相互交流的纽带。这里一度成为丝绸之路上各国商客、游人温馨的歇息之地，货物云集的贸易市场，讲经论法的交流圣地和施展抱负的政治舞台，既有歌舞相迎的太平之时，也常伴有血腥的争战，丝绸之路上无数的关隘、烽火台和古墓群的遗址，湮没于风沙中的佛寺、王宫、城堡和驿站的废墟，贮存着古老的西域文明，放射着独具魅力的历史文化光芒。

塔里木河是伟大的，没有塔里木河就没有"丝绸之路"，就没有古代西域文明，也就没有了西域36个古王国和高度发达的塔里木内流区三大文化中心——于阗文化中心、龟兹文化中心、楼兰及罗布泊文化中心。没有塔里木河，希腊文明、波斯文明、埃及文明、印度文明与华夏文明的撞击交汇可能要推迟许多个世纪。美国学者摩尔根说："世界文化的钥匙埋藏于塔里木河流域，若能找到这把钥匙，那世界文化的奥秘就揭开了。"

10.4.1 罗布泊

(Luobupo Lake, Lop Nur Lake)

位于新疆维吾尔自治区巴音郭楞蒙古自治州若羌县城东北110千米、塔克拉玛干沙漠东缘、库木塔格沙漠西北端大洼地北部，地理位置为东经 90°09′55″～92°10′30″，北纬39°45′10″～40°45′40″，古名"泑泽""洹海""蒲昌海""牢兰海""盐泽"等。"泑泽"系指湖水颜色而言，"盐泽"是盐水湖之意，"牢兰海"则因其位于楼兰古城之旁而得名；元代以后又称为"罗布淖尔"，系蒙古语"百水汇集的湖泊"之意；近代始称罗布泊，1972年以后渐干涸，呈碱滩。

概　　述

罗布泊洼地形成于晚更新世或全新世初期，距今约200万年，是新构造运动影响下，由断裂形成的一个构造坳陷区，面积约2万平方千米以上，地质构造上处于经过上升的塔里木盆地东端的坳陷中心。塔里木盆地由西向东倾斜，西面海拔达1 300米，而东部的罗布泊地区则降低到海拔760米，盆地内分割成几个洼地：南为**台特马湖**，中为喀拉和顺湖，罗布泊则是处于北面最低最大的一个洼地内。20世纪50年代初，**塔里木河**、**孔雀河**和**车尔臣河**都还有水注入罗布泊，发源于阿尔金山的**米兰河**、**若羌河**、**瓦石峡河**等河流也曾经流入洼地。从20世纪70年代以来，因上游水利开发等原因，各源流相继与罗布泊脱离地表水力联系，湖泊失去水源补给，现罗布泊已经是一个巨大且没有湖表卤水的干盐湖，湖表被盐壳所覆盖。

由于塔里木河中游段为游荡性河道，历史上此河段多次发生分汊、改道，与流向罗布泊的孔雀河也多次离合，罗布泊也因入湖水道的南北改流而处于不断变迁之中。据考证，洼地面积2万平方千米，湖泊面积最大时约为5 350平方千米。从卫星照片上看，整个罗布泊湖盆像一个巨大的耳轮，从所分布的古湖岸堤出露的顺序，可以推断出不同历史时期的湖泊范围，表明罗布泊从第四纪以来，在漫长的历史演变中，始终只在湖盆内进行涨缩变化，湖水从未越出湖盆范围。

罗布泊地区为典型的大陆性干旱气候，多年平均气温约10摄氏度，最低气温－30摄氏度，盛暑期地面气温最高可达70摄氏度；年降水量不足20毫米，年平均风速达8米每秒，最大月平均风速达10米每秒。湖盆周围为沙丘、戈壁或风蚀地貌，特有的气候等自然条件还形成了区域内独特的雅丹地貌、盐碱地等荒漠景观。

罗布泊盐湖资源包括卤水资源和固体盐类资源。卤水资源只有晶间卤水，赋存在表层石盐沉积和底层石膏、钙芒硝沉积盐层中；湖表层晶间卤水矿化度为372克每升，相对密度为1.21，pH值为7.23（1997年10月），主要分布在罗北洼地、罗南洼地，其次是白龙堆西部洼地和阿奇克谷地，水化学类型为硫酸盐型硫酸镁亚型，属于富含钾盐的高矿化卤水。固体盐类资源有石盐、钾镁盐、硝酸钾盐和钠钙硫酸盐（石膏、钙芒硝等）。石盐是罗布泊分布最广、储藏量最丰富的盐类资源，分布面积达3 700平方千米，分布在包括罗北洼地、罗南洼地、白龙堆西部洼地和阿奇克谷地的盐壳分布区，估算储量约有数百亿吨，是一个特大型的石盐矿床。钾镁盐矿床有钾石盐、光卤石、含钾碎屑岩系等。在罗布泊的罗北洼地、大洼地等都发现有钾石盐矿床，在大洼地圈定钾盐储量520万吨，在罗北洼地查明钾盐矿床中氯化钾远景储量2.5亿吨。硝酸钾盐分布在罗布泊北缘大洼地等丘间洼地，面积约11平方千米，硝酸钾盐品位8%，估算硝酸钾储量12万吨。钠钙硫酸盐矿床主要是石膏、钙芒硝沉积资源，在罗布泊的罗北洼地、罗南洼地和白龙堆西侧的盐滩底部盐层，还有三龙沙和白龙堆盐丘或雅丹地貌，都是由厚巨的钠、钙硫酸盐层组成。随着西部大开发战略的实施和推进，罗布泊盐类资源的开发利用发展迅速，利用罗布泊盐湖资源生产的硫酸钾和硝酸钾产品已经实现规模化，现已建成120万吨的钾肥生产基地。

罗布泊地区有野骆驼、马鹿、鹅喉羚等珍稀保护动物，其西南部为世界上唯一的野骆驼自然保护区。2002年1月23日，若羌县在罗布泊中心地带设立了罗布泊镇，镇域总面积约5.2万平方千米，全镇辖4个自然村，总人口5 000余人，常住人口3 000余人，主要为工矿人员。

纪　　实

湖泊变迁

1. 先秦至晋。历史上关于罗布泊的记载，最早见于《山海经·北山经》："敦薨之山，敦薨之水出焉，而西流注于泑泽"（注：原文如此，实际应为东流），敦薨之水即开都河。汉代张骞出使西域，回朝向汉武帝奏曰：于阗河"东流注盐泽，盐泽潜行地下，其南则河源出焉"。其后，班固在《汉书》卷九六上《西域传》中，更进一步引说："蒲昌海，一名盐泽者也，去玉门、阳关三百余里，广袤三百里。其水亭居，冬夏不增减，皆以为潜行地下，南出于积石，为中国河云。"这种误认罗布泊为**黄河**之源的观点，由先秦至清末，流传了2 000多年。

《水经注》也有泑泽"其水澄渟，冬夏不减"的记述，说

10.4.1 罗布泊

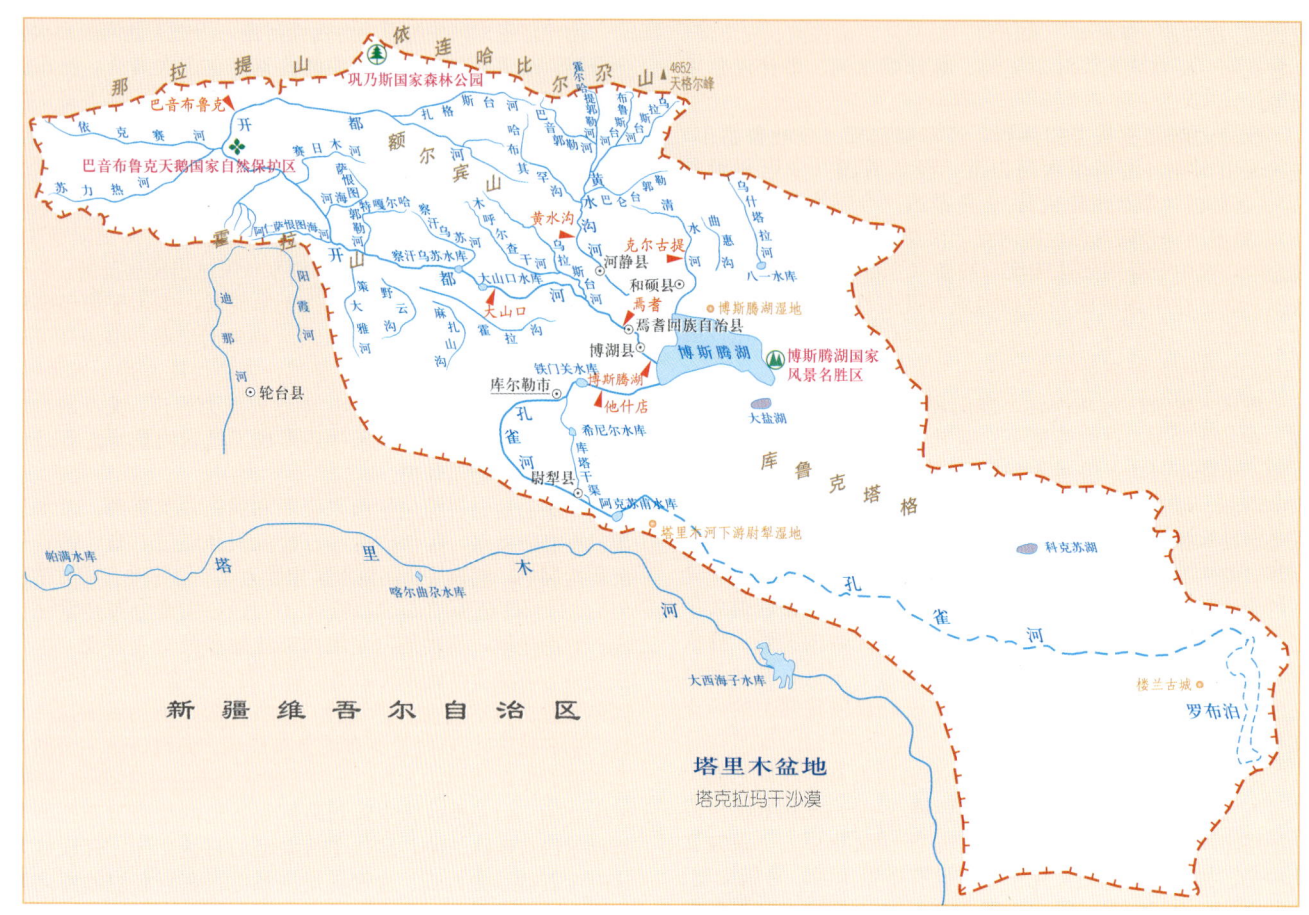

罗布泊水系示意图

明当时河、湖含沙量还较少，湖水清澈、稳定。《史记·大宛传》记载："自阳关西至盐水，往往有亭"，而"临盐泽"的楼兰，正"当空（孔）道"。从位于罗布泊西北角的古楼兰遗址所出土的西汉至魏晋时期的文书，可证实楼兰作为通西域的屯戍所在，农业发展很好。

北魏郦道元为《水经》作注，引晋释道安《释氏西域记》记载，葱岭北河、南河均东流注于罗布泊，曰："阿耨达山西北有大水，北流注牢兰海者也。其水北流，迳且末南山，又北，迳且末城西……"，又曰"且末河东北流，迳且末北，又流而左会南河。会流东逝，通为注滨河。注滨河又东，迳鄯善国北，治伊循城，故楼兰之地也。"阿耨达山西北大水当指且末河（车尔臣河）的上游卡墙河，汇入南河后，通过注滨河注于罗布泊，可见当时罗布泊水源的丰盛。据卫星照片，若羌河与米兰河下游皆有故道与罗布泊相连，亦说明当时东流之水注入喀拉和顺湖及罗布泊。

到了公元4世纪，曾经是"水大波深必汛"的罗布泊西面的楼兰国陷入了要用法令限制用水的拮据境地，说明罗布泊此时期出现衰退萎缩。

2. 隋唐。罗布泊已发生了极大的变化。隋裴矩在《西域图记》中叙述盐泽一带："并沙碛之地，绝水草难行，四而危，道路不可标记。"这说明入罗布泊洼地的水量已经大为减少，水草茂盛的古道，已成为一片沙碛，著名的历史古城楼兰已衰落。此时期罗布泊水源主要来自台特马湖余水，其水体已局限于湖盆的南部。现今位于吐鲁番地区的鄯善县虽不是古代的鄯善国（楼兰国改名后的国名），但古鄯善国与今鄯善县隔罗布泊、白龙堆南北相望。鄯善国亡国后，其遗民们大多迁徙到了高昌和伊吾。迁到高昌的鄯善移民被安置在库姆塔格沙漠北缘的绿洲地带，这里后来被鄯善移民们命名为"蒲昌"，以示对故乡蒲昌海——罗布泊的纪念。

3. 清朝。在清乾隆二十四年（1759年）测绘完成的《皇舆全图》上，可以看出塔里木河又再次改道，其下游大致沿现孔雀河注入罗布泊。罗布泊水体又北移，位于"极四十度三十分至四十五分，西二十八度十分至二十九度十分（以北京为本初子午线）"。清代学者徐松在《西域水道记》中引用《吐鲁番回部传》写道："罗布淖尔邻吐鲁番，为巨泽，叶尔羌、喀什噶尔诸境水六十余汇之"。纪昀《河源纪略》也指出："以山势揆之，回环纡折，无不趋归淖尔"。《新疆图志》称"由卡墙入罗布泊约千有余里，虽不通舟楫，夏涨而冬不枯"。上述历史记载反映了清朝时期塔里木盆地内河流与罗布泊的水力联系。清同治二年（1863年），胡林翼主持刊行的《大清一统舆图》，罗布泊的位置定在北纬四十度四十分。

清光绪初，新疆巡抚刘锦棠等派员探查古道时，发现罗布泊的主体"黑泥海子"已南移至喀拉和顺洼地中心，其水域面积"水涨时东西长八、九十里，南北宽二、三里及数十丈不等"，已成了区区一小湖。清光绪二十二年（1896年），瑞典人斯文赫定来到罗布淖尔地区进行考察，到达孔雀河的下游库鲁克河南面的铁干里克附近，只见到阿布尔库尔、喀喇库尔、艾喀库尔、阿尔喀库尔等呈南北向的一连串的四个小湖。

4. 近现代。1921年，由于有人在塔里木河干流上筑堤引水，致使塔里木河冲垮尉犁东的小水磨渠，形成汉流，通过长达120里的拉依河与孔雀河相汇。相汇后的两河向东越过沙漠，沿着一条被当地居民称作库姆河（沙河）和库鲁克河（乾河）已干涸的旧河床，注入北纬40°～41°间的罗布泊，罗布泊水域又再次扩大起来。1928年，斯文赫定再次来到罗布泊时，看到原来干涸的罗布泊又已一片汪洋。1930—1931年，地球物理学家陈宗器到罗布泊考察，并留下题为《罗布淖尔与罗布荒原》的文章；当时罗布泊水域面积约有1 900平方千米，呈葫芦形，南北长85千米，北窄南宽，北20千米，南45千米。考古学家黄文弼也深入罗布泊考察，并写有《罗布淖尔考古记》。

1952年，尉犁县在塔里木河中游修建轮台大坝，封堵拉依河，使塔里木河河水全部归入1921年改道前的河道，河水全部注入台特马湖，罗布泊又因湖水量大减日渐退缩。1959年，中国科学院新疆综合考察队在罗布泊北岸考察时，见到的还是烟波浩渺、水鸟成群、风光如画的景象，南北过往的候鸟都要在湖区作短暂的停留，觅食饮水。1962年我国航测的1/20万地形图上，其面积为660平方千米。

20世纪60年代以后，由于原先注入罗布泊的几条主要河流塔里木河、孔雀河、车尔臣河等流域新辟了大规模的农场，截留了大量河水，罗布泊渐失水源补给，趋于全面干涸。1972年湖泊完全干涸，湖底显现出一片白茫茫的结着盐壳的碱土，成为广袤的盐湖盆。

闻名于世的楼兰古城、海头古城、土垠遗址、楼兰古墓群等傲然屹立在罗布泊的西北岸，其中最著名的人文景观就是楼兰古城遗址。

楼兰是西汉时西域三十六国之一，东与玉门、阳关相通，西北可达焉耆、尉犁，西南可至若羌等南道诸国，是古"丝绸之路"上以丝绸交易为主的贸易中转站，也是中西方文化交流的咽喉关口，历史上玄奘、法显等名人均路经此地。

海头古城，又称罗布泊南古城，在楼兰古城西南48千米处，它是历史上罗布泊地区仅次于楼兰的第二大城，总面积约2万平方米。"小河"5号墓地是早期楼兰人墓葬和举行宗教仪式的地方，它位于阿尔干以北的罗布泊沙漠中一条被称为"小河"的干河床附近，被当地人称为"千口棺材的墓地"。

土垠遗址位于罗布泊北岸的台地上，曾三面环水，北边通陆地，为汉代水陆码头及驿站所在地。1930年被中国第一位进入罗布泊考察的考古学家发现，根据其年代和历史上的地位，被视为仅次于楼兰古城的重要遗址。土垠古遗址风蚀十分严重，台基延伸入湖盆。站在土垠的高土台上，向北望是一片土台雅丹群，南面则是看不到边际的罗布泊湖心区。从土垠遗址向南行进，还可看到大片枯死的芦苇根茎。可判断当时这里曾是一派芦苇浩荡的水乡风光。

罗布泊北岸的高台地，在水与风的作用下，已形成了规模威宏的雅丹群，龙城与白龙堆一东一西伫立于北岸，成为罗布泊地区三个著名的雅丹群之一。龙城雅丹北靠库鲁克塔格山脉，南至孔雀河道铁板河三角洲边缘。越过孔雀河古河道，与龙城遥遥相对的另一片荒漠土台，则表现为雏形雅丹地貌群，其形成晚于龙城许多年，是孔雀河断流、罗布泊干涸、气候干燥、土地荒漠化的延续。这片雏形雅丹地貌群中，静静地隐藏着举世闻名的楼兰古城遗址。据地勘资料，龙城雅丹连同楼兰古城一带的雅丹在内，其范围东西为40千米，南北最宽处60千米，面积达1 800平方千米。这些迷人多姿的雅丹地貌群，越来越多地吸引着国内外的专家学者和游客前来探险、旅游和观光。

10.4.1.1 孔雀河
(Kongque River)

维吾尔语称"昆其达里雅"，"昆其"意为"皮匠"，"达里雅"意为"河"，"孔雀"系"昆其"转音。清代许松《西域水

道记》中统称**开都河**—**孔雀河**为"海都河"。孔雀河亦称"饮马河"，因东汉班超曾饮马于此而得名；中国旧图又称浣溪河、宽柴河等。河流源自**博斯腾湖**，流经新疆维吾尔自治区巴音郭楞蒙古自治州库尔勒市、尉犁县和若羌县，古时尾闾为**罗布泊**，地理位置为东经85°30′～87°00′，北纬41°15′～41°55′。

由于气候变化、河流改道和孔雀河上游水资源大量开发利用，地表径流已很难进入罗布泊，1972年罗布泊完全干涸。

概　述

流域地处欧亚大陆腹地，属暖温带大陆性干旱气候区。流域降水主要集中于6—8月，夏季炎热，最高气温40摄氏度，冬季寒冷少雪，最低气温-25.3摄氏度，日照长，昼夜温差大，春末夏初盛行东北风，最大风速21米每秒。

孔雀河是博斯腾湖的泄水通道，源出小湖区达吾提闸。天然情况下，河流来水由湖泊自然调节，近代，先后建设了控制小湖出流量的达吾提闸和从大湖区提水的博斯腾湖扬水站（含东、西两个泵站），孔雀河来水已在人工控制之下。从博斯腾湖西泵站和东泵站抽取的湖水，经博斯腾湖小湖区南岸的两条人工渠道向下游输送，经34千米流程后合为一条干渠，又流4千米后汇入孔雀河。

孔雀河自东向西蜿蜒而行，流经8千米后至他什店水文站，又流7千米于右岸接纳哈满沟（哈满沟为暴雨山洪和泥石流多发洪沟，沟长33千米），然后进入**铁门关水库**。

孔雀河库尔勒市区河段

孔雀河出库后穿过霍拉山与库鲁克塔格山相倚的铁门关峡谷，流经石灰窑电站，穿库尔勒市区，绕行半圆，向西经上和什力克村、下和什力克村后转向南流，到普惠牧场后折向东南，进入尉犁县境内。此后河流穿过尉犁县城南侧，蜿蜒迂回东流至**阿克苏甫水库**。受水库下泄水量减少影响，孔雀河阿克苏甫以下河道现已基本干涸，原河道向东蜿蜒迂回，于库鲁克塔格山南麓的冲洪积扇边缘一直延伸至罗布泊。孔雀河至尾闾湖泊全长942千米。

孔雀河中游风光

历史上孔雀河就与**塔里木河**有着密切的水力联系。《水经注》中有"大河又东，右会敦薨之水，其水出焉耆之北"

的记述（原文如此，实际应为左会敦薨之水）。敦薨之水即今之开都河及孔雀河，大河即为塔里木河。1921年，塔里木河汊流在普惠农场附近袭夺孔雀河，借道东流入罗布泊。1952年，因在塔里木河汊流拉因河口修筑轮台大坝，迫使塔里木河回归故道，孔雀河复又单独经塔里木盆地东北部注入罗布泊。

1983年，博斯腾湖扬水站建成后，博斯腾湖入孔雀河水量受人为控制，实测多年平均年径流量13.3亿立方米；河流水质总体上属于国家地表水环境Ⅲ类标准，下游水质劣于上游。孔雀河是库尔勒市、尉犁县及兵团农二师二十八团、二十九团、三十团等农业团场的主要供水水源，并担负着向塔里木河下游生态输水的任务。孔雀河流域灌区总灌溉面积约7.9万公顷，人口52万余人。河流上现有的主要水利工程有：博斯腾湖扬水站，博斯腾湖小湖区达吾提放水闸，铁门关水电站，石灰窑水电站，孔雀河第一、第二、第三分水枢纽，普惠水库，*希尼尔水库*，阿恰龙口枢纽和阿克苏甫水库等。

1965年建成的孔雀河第一分水枢纽，位于孔雀河石灰窑水电站尾水末端，为一开敞式拦河中型枢纽工程，设计引水流量72立方米每秒，承担着向农二师十八团渠、*库塔干渠*引水任务，控制灌溉面积4.8万公顷。1950年，王震将军带领步兵六师十八团人员踏勘了大墩子、乌瓦地区，决定修建水利工程，"十八团渠"因此得名。1998年建成并投入运行的孔雀河第二分水枢纽，位于第一分水枢纽下游5千米处，设计引水流量16立方米每秒，承担着向左岸多浪渠、右岸下户渠的引水任务，控制灌溉面积7 333公顷。1990年建成并投入运行的孔雀河第三分水枢纽，位于孔雀河第一分水枢纽下游约30千米处，设计引水流量14立方米每秒，设计泄洪流量150立方米每秒，坝长202米，坝高2.8米，承担着向东岸永丰渠、西岸团结渠引水的任务，控制灌溉面积3 480公顷。建成于1959年的普惠水库位于库尔勒市普惠乡境内，是孔雀河下游的一座拦河水库，坝高9米，库容300万立方米，灌溉普惠灌区农田。2004年建成并投入运行的阿恰龙口枢纽工程，承担着向孔雀河下游灌溉、生态供水和向塔里木河输水的任务。

纪　实

孔雀河自博斯腾湖至他什店水文站，河滨沼泽发育，芦苇茂密，河床比降约0.1‰，水流缓慢，水质清澈。河流进入铁门关峡谷，坡降加大为6‰～8‰，河底巨石暗礁增多，水流急，峡谷长约14千米，总落差94米，河道在该段转了3个大弯，两岸为陡峻的变质岩或花岗岩山坡，河谷最窄处不到200米，河床宽约30～40米。

孔雀河出峡谷后进入位于冲洪积平原区的库尔勒市。库尔勒市是华夏第一大州——巴音郭楞蒙古自治州政府所在地，历史悠久，是古丝绸之路的咽喉要道，因盛产香梨而称为"梨城"。市区内驻有兵团农二师师部、塔里木油田分公司、塔里木石化工程建设指挥部、南疆铁路办事处等中央、自治区驻市单位，全市总面积7 116.9平方千米，总人口43.8万人。库尔勒市是中国十大魅力城市之一，是中国经济百强县（市）之一，荣获国家级旅游城市、卫生城市、园林城市等称号。孔雀河穿过库尔勒市中心地段，滨河旅游带全长10千米，夏季绿草如茵、鲜花怒放、景色宜人。

以普惠水库为依托的普惠度假村位于库尔勒市西南53千米处，水库水面面积40平方千米，湖滨天然胡杨林达1 100余公顷，水天一色、浑然一体，自然风光优美。

尉犁县位于孔雀河下游，是古西域之尉犁国、渠犁国、山国等国地。西汉为尉犁国地，亦称尉；元明时期称"罗布淖尔"（蒙古语意为多水汇入的湖）；明末称"昆其"；清光绪二十四年（1898年）设新平县（无城郭）；1914年改为尉犁县，以古国名命名；1960年经国务院正式批准，尉犁县维吾尔语名称（孔雀，皮匠之意）音译改为"罗布淖尔"。尉犁县现辖2镇7乡，境内还有兵团三十一团、三十二团、三十三团、三十四团、三十五团，县域总人口11.24万；农业种植以棉花为主，是巴州最大的产棉县；矿产资源中的蛭石储量占全国总储量的93%，居世界第二；县城西侧3.8千米的孔雀河边有总面积约1 000公顷的原始胡杨林生态园。

孔雀河畔的胡杨

尉犁县境内阿克苏甫乡依明达西村下游，河流两岸有茂盛的胡杨、红柳、罗布麻等植被，是一条天然的绿色走廊。自阿克苏甫乡地里帕村以下至罗布泊，河道已完全干涸，但古河道大多还十分清晰。河道南侧为荒漠，北侧是呈伞状的平缓坡体。越向东行越荒凉，河床为沙砾覆盖，两岸为土台，圆滑的卵石时常可见。河岸土台上常有倒地的胡杨林残干，下游河床被风沙淤塞，土地沙化，呈荒漠化景观。

孔雀河在远古时期，水流充沛，水质清澈，滋润着河道两岸的土地，也养育着两岸古老的民族和生命。至今沿孔雀河古河道两岸还存有多种文物古迹，最负盛名的有营盘、古墓沟和孔雀河三角洲。在此三角洲地区曾经河网密布，为渔猎之区，至今还存有渔村遗址，曾发现古人遗留的捕鱼及狩猎用具。古楼兰城就位于孔雀河下游的汊流河畔。

孔雀河烽燧群的11座烽燧，分布于尉犁县境内阿克苏甫乡以东、东西长达150千米的孔雀河沿岸荒漠地带，为汉代至晋代的军事设施，属全国重点文物保护单位。

营盘古城遗址位于尉犁县县城东南150千米、兵团农二师三十五团以北一个名为甘草莲的地方，由圆形古城、佛寺塔院、烽火台和上百座古墓组成，还有水渠田畴痕迹，为汉代遗址。这里曾经是横贯罗布泊地区东西的丝绸之路"楼兰道"上的一个交通重镇，现为全国重点文物保护单位。

从营盘古城向东行进，从距库尔勒约300千米的老开屏开始，一直到前进桥之间一段长100多千米的戈壁滩，在20世纪80年代曾为前中国核爆试验部队基地区。沿着孔雀河岸由西向东进罗布泊，在荒漠戈壁中有一条30多年前核爆部队修筑的土便道，戈壁深处，可以看到大片废弃的营房孤立于大漠中，中国第一颗原子弹爆炸形成直径近2 000米的锅状弹坑，就在库鲁克塔格山脉的洼地中。

孔雀河古墓沟位于孔雀河下游北岸第二台地的一片小沙丘上，东距干涸的罗布泊约70千米，海拔847米，墓地面积约1 600平方米。墓地所在沙丘地势平缓，地表有环形的地桩标志，像一座美丽的圆城，据科学测定大约是3 800年前罗布泊地区土著民族的文化遗存。

10.4.1.1.1 博斯腾湖

（Bositeng Lake, Bosten Lake）

中国最大的内陆淡水吞吐湖，位于新疆维吾尔自治区巴音郭楞蒙古自治州博湖县境内，距博湖县城14千米，距焉耆回族自治县县城24千米，地理位置为东经86°42′~87°26′，北纬41°49′~42°09′。博斯腾湖自古闻名，《山海经》《水经注》中称"敦薨之渚"；《隋书》中称"敦薨"；唐朝称之"鱼海"；清朝初名"特雅海子"或"焉耆海"；《西域水道记》又称之为"博斯腾淖尔"；古时亦有人称之"敦薨浦"；清代中期始定名为"博斯腾湖"，蒙古语称"博斯腾淖尔"——"博斯腾"意为站立，"淖尔"意为湖，因三座湖心山屹立于湖中而得名；维吾尔语称"巴格拉什"湖，意为"绿洲"湖。

博斯腾湖一角

概　　述

博斯腾湖属中生代断陷构造湖泊，湖区地处欧亚大陆腹地，光照充足，雨量稀少，为内陆荒漠气候，多年平均年降水量68.2毫米，年水面蒸发量1 395毫米。湖泊形状近似三角形，水域辽阔，水位1 049.1米（康斯坦丁基面）时，东西长55千米，南北平均宽20千米，水面面积1 210.5平方千米，容积约90亿立方米，平均水深7.5米，最深16米。湖盆呈深碟形，中间底平，靠近湖岸水深急剧变浅。

博斯腾湖从水系状况、补给关系可分为源流区和博斯腾湖区。源流区流入博斯腾湖的河流有**开都河**、**黄水沟河**、**清水河**、**曲惠沟**和**乌什塔拉河**等，开都河、黄水沟河、清水河3条河流多年平均年径流量分别为35.09亿立方米、2.83亿立方米和1.158亿立方米。开都河是唯一能常年补水给博斯腾湖的河流，河流在博湖县城西南的宝浪苏木分东、西两支，东支注入大湖，西支注入西南小湖区。

博斯腾湖既是开都河的尾闾，又是**孔雀河**的源头，小湖水通过达吾提闸流入孔雀河，大湖水通过东、西泵站扬水输入孔雀河。

博斯腾湖水量的变化主要受开都河来水量的影响。1949年前，湖泊基本处于进出水量天然平衡状态。其后出现过持续低水位和连续高水位时期，1984—1992年，出现连续低水位，最低水位1 044.88米，为有记载以来最低；而1996—2002年开都河为丰水年，湖泊水位持续上升，从1996年的1 047.19米攀升到2002年的1 049.39米，达到有记载以来的最高水位，沿湖5个乡、4个渔场严重受灾，受灾农民达1 230户5 438人，3 580公顷耕地被淹没，倒塌房屋804间，直接经济损失5 316万元。

为了调节博斯腾大、小湖水位，2002年修建了11千米长的大小湖隔堤，并在隔堤上修建了过水流量为75立方米每秒的两座泄洪生态闸。为了促进湖泊水量交换，控制博斯腾湖调节水量的功能，先后在湖泊南岸修建了东泵站和西泵站两处提水工程。西泵站装机容量4 800千瓦，抽水流量60立方米每秒；东泵站装机容量5 500千瓦，设计抽水流量45立方米每秒。上游灌区的排水通过三条排水干渠（胜利干排、团结总干排、东风总干排）进入博斯腾湖。

纪　　实

博斯腾湖分大、小两个湖区。大湖区是湖泊的主要部分，水域辽阔，烟波浩渺，天水一色，被誉为沙漠瀚海中的一颗明珠。小湖区位于大湖西南部，由那木肯诺尔湖、达乌逊诺尔湖、特热特诺尔湖等组成，统称西南小湖区，小湖之间都有汊流互相沟通，苇翠荷香，曲径邃深，被誉为"世外桃源"，是中国四大苇区之一。芦苇湿地不仅是鱼类的繁殖场所，也是各种水禽的栖息地。1962年以前博斯腾湖仅有扁吻鱼和塔里木裂腹鱼两种土著鱼类和叶尔羌条鳅，自20世纪60年代起，水产部门先后从疆内外引进鱼种进行养殖，目前鱼类已达32种，主要有：贝加尔雅罗鱼、赤鲈、鲤、鲫、青、草、鲢、池沼公鱼等；近年来又引进了沼虾、秀丽小白虾、中华绒毛蟹和古巴牛蛙等。博斯腾湖浮游植物共有7门77属130种，其中以硅藻最多；浮游动物共48属104种；挺水植物有芦苇、香蒲、荆三棱等9种；沉水植物有竹叶眼子菜、篦齿眼子菜、金鱼藻等8种；底栖动物有寡毛类、水生昆虫等17种，是鱼类的主要食饵之一。博斯腾湖水产品年产量约3 700吨。

湖区的矿产资源有食盐、芒硝、泥炭、石油四种，泥炭矿田为全国罕见，是制造有机肥料的主要原料，总储量2.9亿吨；博斯腾湖西南有丰富的石油矿藏（宝浪油田），品质极佳。

人类活动对湖泊水盐变化影响很大。20世纪80年代之前，湖水呈淡水，此后湖水矿化度逐年上升，由原来的0.39克每升升至1.8克每升，年入湖盐量平均在100万吨左右，湖水变为微咸水，致使出湖水质变差。20世纪90年代中期以后，通过人工干预，湖水水质逐渐改善。

1986年，新疆维吾尔自治区人民政府批准博斯腾湖为对外开放旅游区，主要景点有金沙滩海滨浴场、阿洪口景区、莲花湖旅游度假村、扬水站、大河口、白鹭洲、落霞湾等。

大河口是指开都河东支入大湖区湖口处，这里上下天水一色，碧波万顷，气势恢宏，远眺湖心山屿如黛，近览湖光水色迷离；"博湖日出"和"博湖明月"是有名的博湖二景。

博斯腾湖日出

白鹭洲位于博斯腾湖南岸，由龙马出海、那达慕村、沐浴西海、双湾竞秀、白鹭洲头、金海湾等六个相对独立的小

博斯腾湖的金沙滩海心山

区构成,这里依山傍水,沙坡如缎,落沙如泻,红柳成荫,水鸟翔集,白鹭比翼。

位于博斯腾湖西南角的阿洪口景区,由孔雀河河道、乌图诺尔湖、海尔诺尔湖、查尕拉克其诺尔湖等大小湖泊组成,这里水域辽阔,湖畔沙粒柔软纯净,湖中芦苇生长旺盛,高及5米,众多水鸟栖息其中。这里还有我国面积最大的天然睡莲生长区,与湖区芦苇荡共同构成了博斯腾湖一道靓丽的风景线。2002年5月,博斯腾湖风景区被列入国家级风景名胜区。

10.4.1.1.1.1 大盐湖
(Dayan Lake)

位于新疆维吾尔自治区巴音郭楞蒙古自治州和硕县境内,距**博斯腾湖**约3千米,临博斯腾湖东南缘,地理位置为东经87°26′~87°36′,北纬41°50′~41°54′,为博斯腾湖退缩后河谷侵蚀洼地形成的硫酸钠亚型盐湖。

湖面高程1 048米,湖东西长约15千米,南北最宽约7千米,平均宽4.33千米,水深仅0.05米,湖面面积65平方千米。湖区属温带大陆性气候,多年平均气温约9摄氏度,盛行北风、西北风。

大盐湖地处南天山地槽褶皱带的博斯腾湖山间坳陷内,湖水主要依靠库鲁克塔格山北坡季节性冲沟地表径流和湖周地下水补给。湖滨为现代粉细沙、粉沙黏土沉积,湖盆内为近代冲积、湖积粉沙淤泥和含沙盐硝沉积所覆盖。湖泊盐类矿床主要是石盐及芒硝,矿床层薄,含泥沙,利用价值不大。

10.4.1.1.1.2 乌什塔拉河
(Wushitala River)

位于新疆维吾尔自治区巴音郭楞蒙古自治州和硕县境内,发源于中天山东端一小支脉南坡,尾闾为**博斯腾湖**。

流域东、西分别与乌斯特沟和**曲惠沟**流域接壤,北与**阿拉沟**流域为邻;山口以上河长50千米,集水面积783平方千米,多年平均年径流量约0.50亿立方米。"乌什塔拉"系维吾尔语,意指"马兰花"。

流域源区发育有冰川4条,冰川面积1.01平方千米。河流由两大源流汇集而成:西支努茨根乃勒郭勒河发源于中天山支脉南坡的哈衣都他乌冰川,最高海拔4 132米,沿途有萨尔乌日萨依河、莫尼萨依河、阿哈日儿梗河等支流汇入;东支冬都塔西哈恩郭勒河源头延伸至塔西干达坂冰川,最高海拔4 199米,接纳下游支流扎哈塔西恰恩郭勒河后南流8千米入山间谷地。两大源流在谷地内汇合后始称乌什塔拉河。

乌什塔拉河南流约1千米汇入八一水库(又称乌什塔拉水库)。八一水库建于1961年,是灌溉、防洪功能并重的中型水库。大坝为浆砌块石重力坝,最大坝高46.3米,坝长220米,总库容1 600万立方米,控制灌溉面积2 333公顷。

河水经水库调节后,穿过长7.5千米的哈尔乌拉山峡谷段出山口;在山口处大部分河水经山口引水枢纽引向乌什塔拉回族乡灌区,余水沿河道南流,穿过绿洲区,散失于博斯腾湖以北的盐沼区;唯有大洪水发生时,部分河水呈散流状注入博斯腾湖。

位于扎哈塔西恰恩郭勒河山口的查汗通古山谷是个水草丰

乌什塔拉河上游河谷

八一水库

美的山间小盆地,被称为"金丝特"盆地。"金丝特"系蒙古语,意为凤凰头上的冠。盆地内坐落有乃仁克尔乡政府和金丝特军博园,海拔2 300米,光热资源丰富,昼夜温差大,无霜期短,冬暖夏凉,十分适宜牧草、马铃薯、大蒜等植物生长。

乃仁克尔乡有草场面积4.4万公顷,是一个山区纯牧业乡,乡辖3个行政村,人口为1 257人。其中,蒙古族人口占99.31%,多为清乾隆三十六年(1771年)东归和硕特部的后裔,自东归后一直生活在这片土地上,1961年为了支持国防建设迁移出去,1991年又重归故地。乃仁克尔乡水草丰美,景色秀丽,沿着崎岖的山路上行20余千米即可到达高山牧场,牧场内有一座民国34年(1945年)建造的喇嘛庙。

金丝特军博园是我国20世纪60年代核试验基地的研究中心场所之一和部队基地指挥中心,现存多处核实验部队遗留的军事设施,从中可寻觅诸多国防将领和核试验科学家工作与生活的足迹;长达300米的深邃迂曲的防空隧洞,透露着核试验的神秘与艰辛,现已被列为自治区文物保护单位。

乌什塔拉乡辖7个行政村,总人口1.1万人,有耕地1 700余公顷,是一个以农牧业为主的回族乡。"老城"位于乌什塔拉乡沙梁湾村东南,据钟广生著《新疆志稿》记载,此城为唐代所设置的张三守捉城遗址;四十里大墩烽燧位于马兰村附近,为汉代烽燧。穆巴拉克风情园位于乌什塔拉乡往博斯腾湖金沙滩旅游区公路东2千米处,占地约80公顷,建有葡萄长廊,种植桑树、白杏、酿酒葡萄和各类风景树计50余公顷,是一个集生态观光、休闲娱乐、民族餐饮为一体的民族风情园。

20世纪50年代末,在现乌什塔拉乡314国道南侧3千米处的大庄子村建起了核试验基地。当时,这里还是一片遍地沙砾的不毛之地,但却奇迹般地散布着呈紫色或嫩黄色的马兰花,马兰基地由此得名。如今的马兰基地已俨然一座微型城市,充满了绿色,各种生活设施一应俱全,已正式对外开放,成为爱国主义教育基地。

10.4.1.1.1.3　曲惠沟
(Quhuigou River)

位于新疆维吾尔自治区巴音郭楞蒙古自治州和硕县境内博斯腾湖北侧,隶属**博斯腾湖**水系;发源于中天山东端一小支脉南坡,东、西分别与**乌什塔拉河**流域和**清水河**流域接壤,北邻**阿拉沟**流域;山口以上河长46千米,集水面积392平方千米,多年平均年径流量约0.16亿立方米。

曲惠沟源流曹浩恩郭勒河由东海沟和绰汗哈尔肯河汇集而成。汇合口以下,曹浩恩郭勒河向东南流约14千米,左岸接纳了大支流哈伦沟(河长25千米)后,始称曲惠沟;沿河谷南流16千米后到达山口,经山口渠首,大部分河水被引入曲惠乡和二十六团灌区,余水顺河而下。在山口渠首以下约4千米处河道分为两支汊流,分别穿越314国道,经曲惠乡政府驻地、兵团二十六团部驻地后,散流于博斯腾湖北岸湿地,偶有大洪水可直接入博斯腾湖。

曲惠沟山口渠首引水枢纽工程始建于1964年,1965年遭水毁,1994年重建,设计引水流量2立方米每秒,干渠长17千米,灌溉面积约2 667公顷。

曲惠乡辖3个行政村,总人口2 700余人,耕地面积2 333公顷,林地面积479公顷。下游兵团二十六团辖10个基层单位,总人口1 300余人,垦荒2 000公顷,其中1 667公顷农田已建成水利配套设施。

曲惠沟出山口附近,有一"红蝶谷",谷内的桑、榆、杏、核桃、沙棘等枝叶婆娑,时有野兔、红嘴鸡等野生动物出没其中。5月中旬,桑葚成熟,吸引成千上万只红蝴蝶飞舞谷内,一片火红。

距山口上游20千米处有一气势宏大的汉代古墓遗址,依稀可见古时风貌,给山谷增添了诸多神秘色彩。曲惠乡政府以东约300米处,现存汉代西域三十六国之一的危须国古城遗址,《汉书·西域传》中有"危须西至焉耆百里"的记载,考古学家黄文弼先生的《塔里木盆地考古纪》中也持此见,现为自治区文物保护单位。

流域下游的芳香植物园建于2001年12月,是集科研、种植、加工、销售、旅游为一体的农业产业化高科技企业,占地867公顷;已建成了万亩麻黄草园、万亩葡萄园、万亩芳香植物种植大田、精油加工厂、芳香庄园、养鸽场、鸵鸟场等特色产业区,成为亚洲最大的芳香植物种植基地,也是国家级现代农业示范区和AAA级旅游景区。春夏两季来到园内,可见开满紫色小花的神香草一望无际,粉黄的罗马甘菊、素雅的薰衣草在风中摇曳多姿,浓郁的花香沁人心脾。

10.4.1.1.1.4　清水河
(Qingshui River)

又名克尔古提河,上游位于新疆维吾尔自治区巴音郭楞蒙古自治州和静县境内,发源于中天山东端一小支脉南坡,东、西分别与**曲惠沟**和**黄水沟河**流域毗邻,北界奎先达坂与**阿拉沟**流域接壤。河流自北向南出山口后,进入焉耆盆地东北部和硕县境内,流经和硕县政府驻地特吾里克镇、苏哈特乡、清水河农场,最后注入**博斯腾湖**;山口以上集水面积1 016平方千米,多年平均年径流量约1.0亿立方米。

清水河上游由两大支流汇集而成。中支乌特艾肯河和东支那依特河均源于中天山哈衣都他乌冰川区域,最高海拔4 594米;两支流在那依特村汇合后始称清水河,干流长57千米。河流下行3千米入克尔古提湖。克尔古提湖像一牙弯月镶嵌在河谷草原中,湖泊面积0.16平方千米,湖长1.4千米,最宽处约200米。

清水河出湖后又南流约2.5千米右纳依克尔克尔古提河。依克尔克尔古提河源头位于海拔3 334米的沙斯克达坂,河流自西向东流,沿途左岸接纳了依克尔乔鲁突沟、粗鲁布突沟和嘎哈提河等支流后,转向东南流,流10千米后汇入清水河。

清水河接纳依克尔克尔古提河后,又下行12千米即至出山口的克尔古提水文站。山口以下,河上建有两座引水枢纽,两枢纽相距约1.5千米,分别通过东、西干渠将河水引向和硕县灌区及清水河农场灌区。引水枢纽以下,河流呈散流状进入冲洪积平原,主干流向南延伸17千米,从和硕县城东侧分两股汊流穿越东郊灌区,3千米后两汊流在清水河农场场部东侧汇成一支，再向南 8 千米成散流状流进博斯腾湖北岸湿地，湿地距博斯腾湖北岸约 6 千米。

清水河引水枢纽建于 1996 年，由引水闸、泄洪闸和底栏栅泄流堰组成，引水流量 5 立方米每秒，控制灌溉面积 2 666 公顷。

清水河流域北高南低，海拔 3 800 米以上高山区域发育有 22 条冰川和永久积雪，总面积 5.64 平方千米。中山带河谷、阴坡生长有云杉、河柳、山杨等树种，阳坡生长着以禾本科、豆科、莎草科为主的山地草甸，是优良的天然牧场。低山带山体岩石裸露，植被稀疏，多呈半荒漠景观。河流出山口后为前山丘陵—洪积、冲积扇—扇缘溢出带，呈现地表干旱、植被稀少的荒漠景观。

清水河下游的和硕县，汉代为危须国地，和硕系蒙古和硕特部落名，意为"先遣部队"。清乾隆三十六年（1771 年）和硕特部落东归后，部分被清政府安置在和硕县境内。和硕县现辖 1 镇 5 乡及 1 个民族乡；境内还有清水河子农场、马兰公安管区、兵团二十四团、二十六团，总人口约 6.48 万。

10.4.1.1.1.5 黄水沟河
(Huangshuigou River)

位于新疆维吾尔自治区巴音郭楞蒙古自治州和静县境内，为**博斯腾湖**支流，发源于天山山脉中段依连哈比尔尕山东部冰川区；流域东部分别与**阿拉沟**和**清水河**流域接壤，西部分别与**开都河**源头和哈合仁郭勒为邻；河流自北向南进入焉耆盆地西北部，先后流经和静县、和硕县、焉耆回族自治县；山口以上河长 110 千米，集水面积 4 311 平方千米，多年平均年径流量 2.83 亿立方米。黄水沟河又称哈布奇哈郭勒河；因平原区西支汊流汇入右邻**开都河**支流**乌拉斯台河**下游东支河床，故又俗称乌拉斯台河。

黄水沟河下游河段

概 述

黄水沟河主源乌拉斯台河发源于海拔 4 477 米的冰达坂，河流由东北向西南流至乌拉斯台村，接纳左岸支流哈龙沟和右岸支流布鲁斯台沟后转向南流。河流至巴仑台镇，右岸有由发源于哈尔哈特达坂东侧的巴音郭勒河和发源于葛伦达坂的霍尔哈提郭勒河汇集而成的乃门乌苏河汇入，流向转向南流，始称黄水沟。

河流由此经 14 千米流程，左、右岸分别接纳了东支巴仑台郭勒河和西支哈布其罕沟，再经 23.5 千米流出山口，山口处设有黄水沟水文站。东支巴仑台郭勒河，又称老巴仑台沟，上游称柯斯莉河，源头有少量冰川，流域最高海拔 4 187 米。西支流哈布其罕沟，自山源西北向东南流，在接纳了左岸支流哈尔嘎特河后经 6 千米汇入黄水沟河干流。

山口以下，黄水沟河向东南流约 10 千米，在黄水沟分洪枢纽以下转向南流，此后河流呈散流状分为多支：大部分散流在枢纽以下约 10 千米处沿两支汊流汇入右邻乌拉斯台河东支汊流河床，再下行约 4.5 千米汇入开都河北岸汊流；其余水量在枢纽以下约 6.5 千米处汇合，转向东南流，蜿蜒穿行于焉耆盆地灌区中，流经约 63 千米，注入博斯腾湖西北部。

流域高山区属高寒半湿润地区，只有冷暖两季；低山区气候温凉，巴仑台气象站（海拔 1 753 米）多年平均气温 6.3 摄氏度，无霜期 131 天，年降水量 208.2 毫米；平原区多年平均气温 8 摄氏度，年降水量 67 毫米。

黄水沟分洪枢纽位于下游出山口处，建于 1964 年 7 月，由东西、支泄洪闸和溢流堰组成，设计泄洪流量 240 立方米每秒（10 年一遇），校核泄洪流量 360 立方米每秒（百年一遇）。

黄水沟河灌区包括和静镇、肉牛场、兵团二二三团、哈尔莫墩乡、乌拉斯台农场等，灌溉总面积 6 667 公顷，灌区总人口约 32 000 余人，主要种植小麦、玉米、瓜果、甜菜、番茄及其他经济作物。灌区主要水利配套设施有毛阿堤渠首，开泽干渠和团结干渠。

纪 实

黄水沟河中、东两条支流源头有冰川 84 条，冰川总面积 23.8 平方千米。流域地势北高南低，河流穿越崇山峻岭，两岸山势陡峭，沟壑纵横；中山带山区天然树种以云杉为主，伴生少量山柳，河谷下部有桦树、白榆等树种，野生动植物种类繁多，有雪莲、天山贝母、麻黄、甘草等野生药用植物和雪鸡、黄羊、马鹿、熊等国家二、三类保护动物；矿藏资源有铁、铅、锌、白云石、大理石等。

巴仑台镇位于乃门乌苏河与乌拉斯台河交汇处上游三角地带，海拔 1 500～1 800 米，冬暖夏凉，是和静县主要牧业区之一，兼有少量农业。全镇辖 6 个行政村，总人口 5 381 人，其中蒙古族占 76%。

沿老巴仑台沟溯流而上 10 千米处，为老巴仑台所在地，海拔 1 450 米，这里有一座规模宏伟、被称为"小布达拉宫"的喇嘛寺院，宗教法名为"夏尔布达尔杰楞"，意为"黄教圣地"，始建于清乾隆年间，落成于清光绪十四年（公元 1888 年）；建筑群由 27 座庙宇组成，东西绵延 2.5 千米，一直是土尔扈特、和硕特喇嘛教徒朝觐圣地。巴仑台沟还是一处天然森林公园，在东西长 20 余千米的绿色谷地中，杨柳林木葱郁，奇峰怪石耸天，山泉云海缥缈，冬暖夏凉。

国道 216 线由北向南翻越中天山冰达坂后，顺乌拉斯台河而下至乌拉斯台村与南疆铁路线相会，两线伴河至巴仑台镇，铁路线又与一路随巴音郭勒河北来的 218 国道并行，顺黄水沟河出山口后，各自分道扬镳。

黄水沟河东侧的和静县，汉代为焉耆国地，民国 27 年（1938 年）成立和通县，后改名和靖县，1965 年 11 月 3 日，国务院批准改名为和静县，辖 2 区 4 镇 8 乡和 7 个国有农牧场，境内还驻有兵团 4 个团场、3 个国有农牧场等 40 多个单位，总人口 18 万余人。坐落于县城中心的满汗王府建于 1927 年，是一座青灰色砖木结构的宫殿式王宫，它是南路旧土尔扈特部最后一个封建领主满楚克扎布（满汗王）继承汗位后，用以居住和从事各种活动的场所，一度成为土尔扈特部政治、经济、文化和宗教活动的中心。

10.4.1.1.1.6 开都河
(Kaidu River)

《新疆图志》《西域水道记》中均称"海都河"；《山海经》

10.4.1.1.1.6 开都河

《水经注》中谓之"敦薨之水";又谚曰"通天河"。开都河发源于天山山脉中段依连哈比尔尕山南坡,流经新疆维吾尔自治区巴音郭楞蒙古自治州和静县、焉耆回族自治县和博湖县后注入**博斯腾湖**,地理位置为东经82°58′～86°55′,北纬41°47′～43°21′,流域面积47 878平方千米,河流全长560千米。

概 述

开都河流域地处欧亚大陆腹地,属大陆性北温带气候。河源高山区终年积雪,有现代冰川840条,冰川总面积490.43平方千米,冰川总储量24.12立方千米。流域海拔3 600米以上终年积雪,地势北高南低,河流途经高山峡谷、盆地,由于地形变化幅度大,流域内从半湿润型到干旱型气候区均有分布。上游依连哈比尔尕山南坡山区年降水量在500毫米以上,西部科克铁热克山东坡年降水量在700毫米左右,巴音布鲁克地区年降水量在300毫米以上;北部中、低山带为200毫米,南部平原区仅67毫米。焉耆盆地光热资源丰富,多年平均气温8～9摄氏度,最高温度40摄氏度,最低温度－30摄氏度,昼夜温差大。

大山口水文站是开都河的主要水量控制站,集水面积19 022平方千米,多年平均年径流量35.09亿立方米,春、夏、秋、冬四季水量分别占年水量的23.3%、45.0%、20.9%和10.8%。河水含沙量少,矿化度为0.3～0.48克每升,水质良好。

开都河洪灾频繁,历史上曾发生过三次特大洪水。1958年8月13—14日暴雨洪水,焉耆水文站洪峰流量达854立方米每秒,河堤决口12处,焉耆、和静、和硕三县倒塌房屋440间,淹没农田1 943公顷、麦场3 111个,损失粮食477万千克,油料6.6万千克。1999年7月26—27日,大山口水文站最大洪峰流量1 450立方米每秒,洪水峰高、量大、历时长,河岸多处决口,和静县哈尔莫墩乡、巴润哈尔莫墩镇等沿河两岸农田及居民点被淹,灌溉引水、输水设施被冲毁,博湖县城北侧宝浪苏木分水枢纽上游4千米处左岸堤防溃决,博湖县城进水,农二师二十五团的大量农田被淹。2000年7月25日,大山口水文站最大洪峰流量1 080立方米每秒,27日焉耆站洪峰流量904立方米每秒,洪水使水利工程遭到不同程度的水毁,博湖县7座泵站被湖水倒灌淹没,焉耆盆地灌区有1/3的耕地受涝,解放二渠多座建筑物被冲毁,直接影响下游约3.3万公顷耕地的灌溉。

开都河流域涉及和静县、焉耆县、和硕县、博湖县4个县的33个乡(镇、场)、3个州直农牧场(乌拉斯台、清水河子和阿瓦提农场)和兵团农二师8个团场(二十一团、二十二团、二十三团、二十四团、二十五团、二十六团、二十七团及二二三团),流域总灌溉面积约10万公顷,灌区总人口为41.46万人。

开都河干流水能资源蕴藏量达140万千瓦,规划建设多个梯级电站,总装机容量达112万千瓦,是新疆规划中的三大水电基地之一,目前已开发的有大山口水电站和察汗乌苏水电站。水利工程主要有开都河第一分水枢纽和第三分水枢纽(宝浪苏木分水枢纽);干渠主要有第一分水枢纽南岸干渠和北岸干渠、第三分水枢纽南岸干渠和北岸干渠、解放一渠、解放二渠总干渠、八一干渠、解放二渠北干渠、大巴仑渠、翻身渠等;灌区内较大的三条总干排为东风干排渠、胜利干排渠和团结干排渠,合计长73千米;2006年修建了焉耆县城区段防洪大堤。

纪 实

上游 开都河主源流亥特克河发源于哈尔尕特达坂,由东南向西北流38千米,进入小尤路都斯盆地东南部的沼泽地带,此后,于左岸先后接纳发源于萨尔宾山主脉北坡冰川区的多条溪流,较大的有古洛沟、依其里克沟、亚马堤沟、沙里满河、驼斯讨河和几木革特沟;右岸接纳的较大支流有大布鲁斯台河和小布鲁斯台河,河流坡降平缓,主要由地下水补给;至小尤路都斯盆地中心地带,接纳了从东北方向而来的支流**扎格斯台河**。

扎格斯台河发源于扎格斯台达坂,河流由东向西流,河床狭窄,水流湍急,沿途右岸有发源于依连哈比尔尕山南坡冰川的多条溪流汇入,水量丰富。218国道自扎格斯台达坂起,伴河而行至小尤路都斯盆地东北部,此后向西延伸而去。

小尤路都斯盆地位于依连哈比尔尕山与额尔宾山之间。盆地东北部山区有赛尔克勒接河、布贴克勒接河、哈贴克勒接河、乌拉斯台河和卡拉赛河5条较大支流汇入。盆地内坡降平缓,沿河两岸多为湿地。盆地西部有众多互通的小湖点缀在河流两岸。

开都河向西经过介于夏可日他乌山和额尔宾山之间长约50千米的窄谷,在巴音布鲁克水文站以下折向东南流入大尤路都斯盆地。盆地内河谷渐开阔,坡降平缓,河流蜿蜒曲折,河网交错,水草丛生,植物种类繁多,牧草丰茂。这里的牧草以禾本科和莎草科为主,被誉为优质的"酥油草",是良好的天然牧场。沿河遍布大面积的湖沼湿地。

巴音布鲁克天鹅湖位于此湿地中部,水域面积300多平方千米,湖水清澈见底,湖中水生植物丛生,四周群山环抱,高山雪岭倒映湖中,极为壮观,常有大天鹅、小天鹅、疣鼻天鹅、雁鸥等70多种珍禽鸟类在此栖息繁衍,1986年被列为中国唯一的国家级天鹅自然保护区。每当春天来临,冰雪消融,万物复苏,大批天鹅从印度和非洲南部成群结队飞越崇山峻岭,来到天鹅湖栖息繁衍。当地蒙古族牧民把天鹅视为"贞洁之鸟""美丽的天使""吉祥的象征",格外珍爱。站在大尤路都斯盆地东南部大天鹅湖畔巴西勒克山顶眺望,古老的开都河从天边缓缓而来。这就是"此景只应天上有,人间能有几回现"的九曲十八弯。它像是由泉水和雪水汇聚而成的仙女的飘带穿过天鹅湖;更像是上苍为巴音布鲁克这个翡翠王国披上的圣洁的哈达。

巴音布鲁克天鹅湖

大、小尤路都斯盆地合称巴音布鲁克草原,面积约23 835平方千米。"巴音布鲁克"蒙古语为"丰富的山泉"之意。远在2 600年前,这里就有姑师人活动。清乾隆三十六年(1771年),原生活在伏尔加河流域的卫拉特蒙古土尔扈特部,在其首领渥巴锡率领下武装起义,回归祖国;清乾隆三十八年(1773年),渥巴锡率4旗54苏木到开都河流域和巴音布

大尤路都斯盆地内开都河的九曲十八弯

鲁克草原定居。如今这里分布有额勒再特乌鲁乡（位于小尤路都斯盆地）的3个行政村和巴音乌鲁乡（位于大尤路都斯盆地）的7个村委会，两乡均主要为蒙古族人。这里盛产焉耆马、巴音布鲁克大尾羊、中国的美利奴羊和有"高原坦克"之称的牦牛。每到仲夏季节，草原上鲜花盛开，争奇斗艳，羊群像白云游荡，雪莲花般的座座蒙古包坐落其间。一年一度的草原东归那达慕盛会都在此举行。

在大尤路都斯盆地西部，开都河干流在先后接纳了支流**依克赛河**和**赛日木河**后东南流入中游峡谷段。峡谷以上为上游段，河长约250千米。

中游 开都河东南流行于峡谷河段。峡谷北侧为额尔宾山和萨尔明山，海拔3500～4000米；西南部和南部为虽多尔别力音山和霍拉山，海拔一般在3000米左右。河谷平均宽度约200米左右，两侧山体悬崖峭壁，岩石裸露，坡积物和岩屑堆积在河谷内。中游河段水流湍急，总落差达1169米，《西域水道记》对之有"万壑争流，百川进集，奔腾激浪，有河经砥柱，江出巫峡之险"的精彩记述，形象地描绘了开都河峡谷段险峻雄伟的气势。河谷两岸支流如树枝状排列，以北岸较多，较大的支流有**萨恨图海河**、**阿仁萨恨图海河**、**哈尔嘎特郭勒河**和**察汗乌苏河**等。河流穿过峡谷段，经**大山口水库**、大山口水文站流出山口，从西侧进入焉耆盆地。

下游 焉耆盆地三面环山，地势由西向东倾斜，河谷展宽，河漫滩发育，河床宽200～400米。开都河在焉耆盆地内蜿蜒穿行约100余千米至焉耆县城，途中先后接纳了**乌拉斯台河**及**黄水沟河**下游右岸汊流等。焉耆县城以下，河道坡降更缓，多汊流、沙洲。《西域水道记》引用王希贤"杂志"云："海都河环绕而来，渐近城边，内无卵石，玉沙如绵，波涛不惊，潆回绉碧，斯得其状矣"。

壮观的开都河拦河式第一分水枢纽位于和静县北哈尔莫墩乡境内，建于1999年9月，由5孔开敞式泄洪闸、两孔开敞式冲沙闸、两孔胸墙式进水闸和拦河坝组成。南岸干渠引水流量23～28立方米每秒，北岸干渠32～38立方米每秒，控制下游灌溉面积7.53万公顷。

焉耆回族自治县位于开都河下游北岸河畔。"焉耆"一名，在《汉书·西域传》《晋书》等多部史料中都有记载，古代还称乌夷、阿耆尼，为汉代西域三十六国之焉耆国地。唐代高僧法显、玄奘去天竺取经路经此地时，焉耆已是西域佛教圣地之一。西汉在焉耆屯田，北魏时在此设镇，唐代在此设督都府。焉耆以其独特的地理位置、发达的经济文化成为古丝绸之路上的重镇。清光绪二十九年（1903年），焉耆知府刘嘉德将青海回民马骥等率领的起义军残部迁至府城外开都河南岸、官办马草场一带，并命名为"抚回庄"，垦荒数千顷。

民国时期，随马仲英入疆的回民士兵也部分留在焉耆，之后又有多批回民来此定居。

焉耆回族自治县于1954年3月5日成立，现辖4乡4镇3个国有农牧场，有兵团、铁路和石油勘探公司等17个驻焉耆单位。区内回族风情浓郁。锡克沁千佛洞，又称七个星佛寺，位于焉耆县城西南30千米处，是一座唐代寺院遗址，遗址包括南大寺、北大寺、佛洞石窟群三部分。在此曾发现了不少公元6—9世纪的泥塑佛头。博格达沁古城距焉耆县城12千米，为汉代焉耆国都员渠城，历经汉、南北朝、至隋唐而衰；遗址中挖掘出的铜镜、包金铁剑等为汉代物品。

开都河最后流经的博湖县，旧称宝浪苏木，历史上属焉耆县。1970年11月25日国务院批准设立博湖县，因临博斯腾湖而得名。全县辖5乡2镇，驻县单位有农二师二十五团、二十七团种马场、巴州种畜场等；全县总面积3808.6平方千米，其中水域面积占总面积的43.2%。

宝浪苏木拦河式引水枢纽建于1988年9月，位于博湖县城西侧的开都河上，由9孔泄洪闸、1孔进水闸组成。枢纽造型颇具民族风格；设计引水流量5立方米每秒，控制灌溉面积3333公顷。

宝浪苏木分水枢纽

开都河经宝浪苏木引水枢纽分为两支，西支注入博斯腾湖小湖区，东支向东南流约15千米入博斯腾湖大湖区。

10.4.1.1.1.6.1 扎格斯台河
(Zhagesitai River)

开都河右岸支流，位于新疆维吾尔自治区巴音郭楞蒙古自治州和静县境内，发源于天山山脉扎格斯台达坂，流域西部为小尤路都斯盆地，北部以依连哈比尔尕山脊为界，与天山北坡的**玛纳斯河**流域为邻，东部源头与**黄水沟河**流域接壤。河流全长81千米，流域面积1025平方千米，多年平均年径流量约1.65亿立方米。"扎格斯台"为蒙古语，为"鱼较多"之意。

河流自源头由东向西伴218国道在宽阔的山谷中同行，沿途有8条支流从北岸汇入，与干流组成典型的梳状水系，其中前5条河流均发源于天山南麓的冰川地带，海拔最高4664米。河流出山口进入小尤路都斯盆地后，218国道向西，扎格斯台河则折向西南，流约50千米，在小尤路都斯盆地中部汇入开都河。

据《西陲纪略》载，雍正中使臣《至准噶尔行程记》云："自察罕鄂博图往小裕勒都斯，九十里，途路平坦，水草皆好，自小裕勒都斯，住大裕勒都斯，八十里，路平，水草佳。两裕勒都斯冬夏皆宜，惟季春犹雪，飞霎无时，迁风即成糁"。勾画出了小尤路都斯盆地独特的北国风光。

10.4.1.1.1.6.2 依克赛河
(Yikesai River)

开都河中游右岸支流，又名依克如族海底克河，位于新疆维吾尔自治区巴音郭楞蒙古自治州和静县境内，流域东部为大尤路都斯盆地；北部以那拉提山为界，与伊犁哈萨克自治州巩留县境内的**大吉尔格朗河**流域为邻；西部与**库克苏河**流域接壤；南部以科克铁热克山为界，分别与阿克苏地区拜城县境内的**黑孜河**及库车县境内的**库车河**流域为邻。河长108千米，集水面积4 101平方千米，多年平均年径流量约10.2亿立方米。

依克赛河上游源流又名江布肯德郭勒河，发源于天山山脉那拉提山南坡江布达坂，自西向东流，沿途两岸有多条支流汇入。发源于北侧那拉提山南坡、从河流北岸汇入的支流有江布哈尔赛沟、巴格哈尔特落沟、依克哈尔特落沟、巴音塔拉沟、阿木尔郭勒河、塔克勒特河、布拉格力特河、乔鲁特河、乔克津乌朗乌生河、乌拉包苏河等，上述支流流域海拔最高3 972米，部分支流源头发育有冰川，共计31条，冰川总面积26.89平方千米。发源于南侧科克铁热克山北坡木斯塔格冰川、从南岸汇入的支流有嘎勒挺拜乌克沟、尕落吐沟、阿沟特沟、哈里哈特沟、阿尔沙特乌生河、巴音郭勒河等，这些支流流域海拔最高4 525米，大部分支流源头都有冰川发育，共有冰川172条，冰川总面积126.9平方千米；其中，巴音郭勒河流域面积最大，河长105千米，上游主要由苏力热河和克努克克河汇集而成，流域发育有冰川107条，冰川总面积67平方千米，占南岸冰川面积的53%。

依克赛河干流在山区部分流程很短，但河道比降大，达33‰以上；出山口后河面渐宽，比降在7‰以下，蜿蜒东流在大尤路都斯盆地中部汇入开都河。依克赛河上游的奎克乌苏达坂是与发源于和静县境内、流向伊犁州特克斯县境的库克苏河流域的分水岭。奎克乌苏达坂之下的那拉提山北麓，有着千姿百态、光怪陆离的奎克乌苏石林和幽谷绝境"一线天"，是和静县著名的旅游景点。

位于干流中游（距与开都河汇合口约25千米）的巴音郭楞乡，平均海拔2 400米，可使用草场面积20万公顷，年最高气温28摄氏度，年最低气温-48摄氏度。巴音郭楞乡辖5个行政村3个站所，有454户1 800余人，主要从事畜牧业生产。该乡的特色畜牧产品巴音布鲁克黑头羊属肉脂兼用型绵羊品种，具有耐严寒、抗病力强、耐粗饲和适应高海拔等优点，是我国三大优质绵羊品种之一。

10.4.1.1.1.6.3 赛日木河
(Sairimu River)

开都河左岸支流，位于新疆维吾尔自治区巴音郭楞蒙古自治州和静县境内大尤路都斯盆地东部。河流全长61千米，集水面积约511平方千米，多年平均年径流量约0.9亿立方米。

赛日木河发源于天山山脉额尔宾山南坡，源头位于额尔宾山和萨尔明山之间的赛日木隘口。源流自东向西流，两侧均为海拔4 000米以上的冰川雪峰，南岸的开口斯山冰峰海拔4 308米，北侧的额尔宾山南坡冰川面积较大，东西延绵30千米，冰川海拔最高4 142.8米。河流进入大尤路都斯盆地后转90°，向南穿行在哈尔沙拉西德力山与贝西力克山之间，向西汇入开都河。河口上游长约8千米、宽500～1 500米河段为沼泽地带。

10.4.1.1.1.6.4 萨恨图海河
(Sahentuhai River)

开都河中游左岸支流，位于新疆维吾尔自治区巴音郭楞蒙古自治州和静县境内，发源于天山山脉海拔4 308米的额尔宾山；流域东、西和北部分别与**哈尔嘎特郭勒河**流域和**赛日木河**流域接壤。河流全长50千米，集水面积597平方千米，多年平均年径流量约1.75亿立方米。

萨恨图海河源区由发源于萨尔明山的主源和发源于萨尔明山东侧的支流组成，主、支流分别从开口斯山东侧和北、西侧绕行，相继汇入位于开口斯山南麓的开口斯湖东、西湖区；出湖下行约1.5千米处汇合后称萨恨图海河；转向南流，沿途左纳哈尔开普郭勒河、右纳哈尔萨拉河、塔格勒给特河和阿尔奇坦郭勒河，其后下行5千米汇入开都河。萨恨图海河干支流构成扇状水系。

流域海拔3 800米以上为冰川区，海拔3 500米以下为高山草甸。位于源流区的开口斯湖是个神秘的高山湖泊，东、西两个湖区咫尺之遥，却隔山而望。两湖区均呈狭长状，湖面高差大，东湖长约5千米，湖面面积约2平方千米，湖面海拔约3 030米；西湖长约3.5千米，湖面面积约1.4平方千米，湖面海拔约2 900米。两湖区静卧于人迹罕至的高山峡谷之中，朦胧中透出秀美和神奇。

10.4.1.1.1.6.5 阿仁萨恨图海河
(Arensahentuhai River)

开都河右岸支流，又名阿仁哈森河，位于新疆维吾尔自治区巴音郭楞蒙古自治州和静县境内，发源于天山中段霍拉山乌兰格林达坂。流域西北部为大尤路都斯盆地，南部为霍拉山脉。河流全长48千米，集水面积488平方千米，多年平均年径流量约1.17亿立方米。

河源又名乌铁肯河，由东向西流约25千米后与左岸支流巴格亚马特河汇合后始称阿仁萨恨图海河。干流自西北向东南流约6千米和10千米处，右岸先后接纳支流阿哈尔哈木尔音郭勒河和乌塔木尔河。乌塔木尔河流域最高点海拔4 200米，右岸沿途有霍拉山北坡的大小十余条河流自南向北汇入，呈开口向南的梳状水系。

阿仁萨恨图海河纳乌塔木尔河后续流21千米汇入开都河。此段河流右岸接纳发源于霍拉山北坡的大小支流共计有12条之多，各支流源头都延伸至海拔4 000米以上的小型山谷冰川。此段是霍拉山北坡冰川发育最多的区域，整个霍拉山北坡共发育有冰川63条，冰川总面积24.65平方千米。

溯阿仁萨恨图海河而上，翻越乌兰格林达坂，顺乌兰格林郭勒沟而下可达大尤路都斯盆地，沿途分布有多处临时牧业转场站点。

10.4.1.1.1.6.6 哈尔嘎特郭勒河
(Haergateguole River)

开都河中游左岸支流，位于新疆维吾尔自治区巴音郭楞蒙古自治州和静县境内，发源于天山支脉额尔宾山南坡，流域东、西分别与**察汗乌苏河**和**萨恨图海河**流域毗邻，河流全长51千米，集水面积463平方千米，多年平均年径流量约1.25亿立方米。

河流源头位于哈尔哈特达坂，源区发育有冰川56条，冰川面积24.16平方千米，流域海拔最高4 606米。

河流自源头向西南流29千米，转东南流约9千米，又南流约13千米入开都河干流。沿途汇入干流的主要支流均来自左岸，呈开口南的梳状水系。

流域山势陡峻，河流穿行于高山峡谷之中，河床狭窄，水流湍急，河谷两岸层峦起伏，广布高山草甸，有牧道蜿蜒溯流而上。

10.4.1.1.1.6.7 察汗乌苏水库
(Chahanwusu Reservoir)

位于新疆维吾尔自治区巴音郭楞蒙古自治州和静县境内、**开都河**中游峡谷河段上的大（2）型水库，位于新疆维吾尔自治区巴音郭楞蒙古自治州和静县，坝址位于**察汗乌苏河**汇合口上游1.3千米处，地理位置为东经85°30′、北纬42°19′。水库以发电为主，兼顾防洪、水产养殖等综合效益。

水库坝址以上集水面积18 668平方千米，多年平均年径流量约34.21亿立方米。坝型为混凝土面板坝，坝顶高程1 651.6米，最大坝高151.6米，坝顶长347.36米，坝顶宽10米。水库正常蓄水位1 649.0米，相应水面面积3.1平方千米，总库容1.25亿立方米，为不完全年调节水库。坝后水电站总装机容量30.9万千瓦，年发电量11.01亿千瓦时。

水库于2004年10月开工，2005年11月22日实现截流，2006年5月大坝工程全面开工，2007年10月31日开始蓄水，12月20日首台机组并网试运行。

察汗乌苏水库电站为南疆目前装机容量最大的水电站，又位于"万壑争流，百川进集，奔腾激浪，有河经砥柱，江出巫峡之险"（《西域水道记》）的开都河峡谷段内，故被誉为新疆的"三峡"工程。

10.4.1.1.1.6.8 察汗乌苏河
(Chahanwusu River)

开都河峡谷段末端的左岸较大支流，位于新疆维吾尔自治区巴音郭楞蒙古自治州和静县境内。河流全长61千米，集水面积669平方千米，多年平均年径流量约1.2亿立方米。

流域中高山区冰雪资源较为丰富，河流干、支流源区共发育有86条冰川，冰川总面积87.64平方千米；源流盲起苏河源头为萨尔明山最大的冰川，河流两岸海拔4 000米以上的冰峰达16座，最高冰峰海拔4 835米。

察汗乌苏河源流盲起苏河自冰舌末端向东南流，沿途接纳了多条源于冰川区的小支流，流经39千米后，与左岸支流科克乌苏河汇合；汇合口以下称察汗乌苏河，续东南流9千米后转向西南流，下行约11千米汇入开都河。

科克乌苏河亦称克肯乌苏河，是察汗乌苏河的最大支流，河长34千米，集水面积230平方千米，发源于萨尔明山南坡海拔4 220米的哈勒哈特达坂附近，河流自西北向东南流，途中有一名为科克乌苏的通河小湖泊，湖面似菱形，对角线长约3.5千米，最宽约500米，面积1.22平方千米。科克乌苏河穿湖而过，下行8.5千米与盲起苏河汇合。

10.4.1.1.1.6.9 大山口水库
(Dashankou Reservoir)

位于新疆维吾尔自治区巴音郭楞蒙古自治州和静县境内、**开都河**峡谷出口处，地理位置为东经85°42′、北纬42°14′，是一座以发电为主兼顾下游防洪的中型拦河水库。

水库于1985年6月1日开工，1992年12月建成后，电站4台机组全部并网发电。水库坝址以上集水面积18 827平方千米，多年平均年径流量34.2亿立方米。主坝为混凝土重力拱

大山口水库

坝，长220米，最大坝高72米，水面面积约99万平方米，总库容2 980万立方米，最大泄洪流量1 859立方米每秒。坝后电站总装机容量8万千瓦，年发电量3.1亿千瓦时。水库下游的大山口水文站是开都河的水量监控站。

大山口水库区域属大陆性北温带气候区，一般11月下旬气温降到零摄氏度以下，冬季长达4～5个月，库面冰层厚1.2米左右；夏季，库区碧波蓝天、温度适宜的环境为到这里"休整"的天鹅所青睐。库区下游河道为宽浅砾石河床，河谷内有少量柳树、榆树和草滩，两岸阶地为植被稀疏的浅山丘陵区。

10.4.1.1.1.6.10 乌拉斯台河
(Wulasitai River)

开都河左岸支流，蒙古语意为"白杨树沟"，位于新疆维吾尔自治区巴音郭楞蒙古自治州和静县境内。流域东邻**黄水沟河**流域，西、南面与**察汗乌苏河**流域接壤，北与开都河源流区分水岭为界。河流全长71千米，多年平均年径流量约1.3亿立方米。

乌拉斯台河由在山区呈独立水系的两条源流木呼尔查干河（主源）、哈合仁郭勒河汇合而成，两大源流出山口后，分别进入焉耆盆地西部平原区，至乌拉斯台农场渡槽处汇合，汇合口以下河流始称乌拉斯台河。两大源流源区均发育有少量冰川，沿途均为高山峡谷地带，木呼尔查干河发源于天山山脉额尔宾山南麓东段的东豆达坂，海拔最高4 280米。山口以下总体地势为西北高东南低，流域下游为焉耆盆地西部平原区，气候属典型的暖温带干旱荒漠气候，年降水量64.7毫米，多年平均气温8.4摄氏度。

木呼尔查干河自源头由西北向东南流35千米出山口，山口以下，河流向东北流24千米后，河床呈散流状，河水渗入地下，其后在下游约9千米处又在河床中出露，进入灌区，先转向东流6.5千米，又转向南流800米，接纳西北而来的哈合仁郭勒河。哈合仁郭勒河发源于古鲁文达坂，流域海拔最高4 185米，河流先由西北向东南、继而转向北流24千米，接纳较大支流哈尔沙拉沟后流出山口，后向东南流经10千米，进入灌区，余水沿河床先转向南，继而又转向东南，流约14千米汇入木呼尔查干河。

乌拉斯台河蜿蜒穿行于灌区之中，下行约5千米，河流分为南、东两支。南支向南流经4.5千米汇入开都河北岸汊流。东支续东流，蜿蜒迂回8千米后，左岸接纳了北来的黄水沟河下游两支汊流；之后转向南流，穿过开都河北岸第一分水枢纽北岸干渠渡槽，再南流4.3千米，也汇入开都河北岸汊流。

河水主要被乌拉斯台农场和哈尔莫敦镇灌区引用。乌拉斯台农场建场于1959年，隶属于巴州农业局管辖，全场耕地面积3 340公顷。哈尔莫敦镇位于和静县城西南部，"哈尔莫

乌拉斯台河下游河段

敦"，蒙古语为"有榆树的地方"，全镇辖7个行政村，耕地6 333余公顷。

10.4.1.1.2 铁门关水库
（Tiemenguan Reservoir）

位于新疆维吾尔自治区巴音郭楞蒙古自治州首府库尔勒市区以北8千米的**孔雀河**上游、霍拉山与库鲁克塔格山相倚的峡谷入口处，地理位置为东经86°11′、北纬41°48′，是一座以发电为主，兼有防洪、灌溉功能的小型拦河水库。

铁门关水库

铁门关水库坝址由王震将军1951率水利专家亲自踏勘选定，1966年建成。水库大坝为黏土心墙砂砾石坝，最大坝高25米，坝顶长261.82米，正常蓄水位时水面面积约0.7平方千米，库容724.3万立方米，混合式电站总装机容量7万千瓦。

铁门关排名在中国26个古名关之末，故又称"最后一关"。晋代最早在此设关筑卡，具有"一夫当关，万夫莫开"

铁门关

之势。《明史·西域传》中记载："有石峡，两岸如斧削，其口有门，色如铁，番人号为铁门关"。西汉张骞出使西域，路经铁门关，唐代诗人岑参的名诗《题铁门关楼》曰："铁关天西涯，极目少行客。关门一小吏，终日对石壁。桥跨千仞危，路盘两崖窄。试登西楼望，一望头欲白。"清代徐松记述铁门关道："余当盛暑，籍草水滨，崖壁险隘，危矶吞吐，骇浪溯洄，聒耳炫目，凛乎可怖"。透过这些诗句文载足见当年铁门关之险要与雄奇，前人曾在关旁石壁上镌刻下"襟山带河"四个大字，也表明了铁门关位置的重要。

铁门关水电站依山而建，气势磅礴。如今的铁门关已成为新疆著名的旅游景点之一，城楼上"铁门关"楼牌系王震将军1986年题书。库尔勒因盛产香梨而称为"梨城"，铁门关水库库区亦辟出梨园，建起亭台楼阁，成为当地的旅游胜地。

10.4.1.1.3 希尼尔水库
（Xinier Reservoir）

位于新疆维吾尔自治区巴音郭楞蒙古自治州尉犁县西尼尔镇境内，北距库尔勒市区20千米，南距尉犁县城27千米，地理位置为东经86°10′～86°12′，北纬41°34′～41°36′，是**孔雀河**流域内的一座以灌溉功能为主的注入式大（2）型平原水库。

希尼尔水库

水库自孔雀河第一分水枢纽引水，经库塔总干渠输水注入，设计总库容为2.2亿立方米。一期工程于2000年5月18日开工，2003年3月建成蓄水；坝型为砂砾石均质坝，复合土工膜防渗，混凝土板防护。大坝全长7.65千米，其中主坝长4.664千米，最大坝高20米，副坝长2.986千米，最大坝高11米；总库容0.98亿立方米，正常蓄水位时水面面积16.74平方千米，平均水深6米。

水库的主要功能为向库尔勒市和尉犁县的2.7万余公顷农田提供灌溉用水，同时对铁门关电站起反调节作用，并承担向**塔里木河**下游输水的重要任务。

10.4.1.1.4 库塔干渠
（Kuta Channel）

是从**孔雀河**引水向库尔勒市、尉犁县及**塔里木河**下游输送生态用水的大型输水工程，干渠起点为新疆维吾尔自治区巴音郭楞蒙古自治州库尔勒市境内的孔雀河第一分水枢纽，末端为尉犁县境内塔里木河北岸的**恰拉水库**。

库塔干渠由总干渠及东、西干渠组成。

总干渠自孔雀河第一分水枢纽渠首起，到**希尼尔水库**止，长17.8千米，设计流量35立方米每秒。

西干渠起自希尼尔水库，长 38 千米，设计流量 15 立方米每秒，灌溉库尔勒市、尉犁县约 2.67 万公顷农田。

东干渠上段起自希尼尔水库，末端接孔雀河第五分水枢纽（阿恰龙口），承担着向阿克苏甫灌区供水和向塔里木河下游生态输水的任务，渠长 42.5 千米，设计流量 30 立方米每秒，多年平均年输水量约为 4.8 亿立方米。东干渠下段起自第五分水枢纽，末端为恰拉水库，全长 29.2 千米，走向由西北向东南，是恰拉水库唯一的输水道。

10.4.1.1.5　阿克苏甫水库
（Akesufu Reservoir）

孔雀河最末级水库，位于新疆新疆巴音郭楞蒙古自治州尉犁县阿克苏甫乡境内、尉犁县城东南 23 千米处，地理位置为东经 $86°22'\sim 86°32'$、北纬 $41°12'\sim 41°14'$，是一座以灌溉为主的小型拦河水库。

水库建于 1960 年，1992 年进行除险加固，坝型为均质土坝，坝长 5.3 千米，最大坝高 3.5 米，总库容 581 万立方米；灌溉阿克苏甫乡 3 666 公顷耕地。

水库建有水上乐园，为水域风光旅游区，备有游艇、冲锋舟、独木舟供娱乐，还可品尝新鲜河虾、鱼，享受垂钓之乐和烧烤之趣。水库周边胡杨茂密，还有芦苇、罗布麻、芨芨草和红柳等植物。

10.4.1.1.6　科克苏湖
（Kekesu Lake）

位于新疆维吾尔自治区巴音郭楞蒙古自治州尉犁县境内、**罗布泊**西北约 97 千米处，地理位置东经 $88°59'\sim 89°06'$、北纬 $41°02'\sim 41°05'$。

科克苏湖地处塔里木地台塔东坳陷内，湖北部为库鲁克山山前坡积、洪积扇沙砾带，东、西、南三面为风积沙丘，湖盆内为盐碱沼泽。湖面海拔 870 米，湖长 11 千米，最大宽 5 千米，平均宽 2.27 千米，水深仅 0.05 米，湖面面积 25 平方千米。湖水主要依靠降水和地下水补给，属内陆闭口盐湖。

湖区属温带大陆性干旱气候，湖滨呈荒漠景观，植被稀疏，多年平均气温约 10.5 摄氏度，降水稀少，盛行西北风。湖区内盐类矿床主要是石盐、芒硝，未开采。

10.4.2　台特马湖
（Taitema Lake）

又称卡拉布浪海子，位于新疆维吾尔自治区巴音郭楞蒙古自治州若羌县铁干里克乡罗布庄西 2 千米的低洼地带、若羌县城北 45 千米处，现为**塔里木河**、**车尔臣河**的尾闾湖泊，其北有塔里木河，西南为车尔臣河、**瓦石峡河**，南是**若羌河**和**米兰河**，地理位置为东经 $88°15'\sim 88°30'$、北纬 $39°22'\sim 39°32'$。

台特马湖位于**罗布泊**洼地内，主要补给水源为塔里木河和车尔臣河。历史上，罗布泊洼地曾分布有北（罗布泊）、中（喀拉和顺湖）、南（台特马湖）三湖，罗布泊最低，三湖水流相通。清代《新疆图志》记："由卡墙入罗布泊约千有余里，虽不通舟楫，夏涨而冬不枯"，说明当年车尔臣河是入台特马湖再经喀拉和顺湖入罗布泊的。根据 1983 年的航片，结合实地考察，台特马湖近百年来东西长约 14 千米，南北宽约 12 千米，湖水面积最大时达到 150 平方千米，水深也曾达 5 米，最大容积 2 亿立方米。

1921 年，塔里木河在上游尉犁县境内的赛依拉克村决口，形成汊流拉因河，塔里木河部分河水经拉因河入**孔雀河**后直接流入罗布泊。1952 年，尉犁县在塔里木河中游建筑轮台大坝，迫使分流的塔里木河水复归塔里木河干流河道，再经若羌县铁干里克乡、阿尔干村流入台特马湖。1959 年调查，台特马湖水面面积约 80 平方千米，平均水深 $0.3\sim 0.4$ 米，矿化度 7.7 克每升。1963 年以前，塔里木河恰拉水文站多年平均年径流量约为 13 亿立方米，沿途灌溉恰拉、铁干里克灌区后，余水流经阿尔干、罗布庄，沿途蒸发渗漏后仍有 4 亿～5 亿立方米水注入台特马湖。

1972 年**大西海子水库**建成以来，下游塔里木河 320 千米的河道断流，仅车尔臣河、若羌河在春、夏汛期有水入湖，导致湖泊水域逐渐缩小，湖滨植被逐渐衰败，湖盆区大多演变为裸露荒沙地。至 20 世纪 80 年代，台特马湖近于干涸，湖底表面为一层松软盐壳，底下为疏松沙层，在风力吹蚀下，极易起沙，干涸的湖底成为风沙源地。218 国道通过此段。

自 2000 年 8 月至 2007 年年底，大西海子水库连续 9 次向塔里木河下游应急输水 27.2 亿立方米，其中三次水流到达台特马湖。经过应急输水，湖泊重现生机，湖滨原已枯萎的柽柳灌丛，已有许多抽出新枝；湖区内有较大面积的片状芦苇幼苗出现，水面上也再次出现了野鸭等水鸟的身影，生态环境得到了改善。

10.4.2.1　塔里木河
（Talimu River，Tarim River）

位于新疆维吾尔自治区塔克拉玛干沙漠北缘，由**和田河**、**叶尔羌河**、**阿克苏河**等多条源流汇集而成。干流起始于和田河、叶尔羌河、阿克苏河、**喀什噶尔河**交汇处的阿拉尔市肖夹克，流经沙雅县、库车县、轮台县、库尔勒市、尉犁县和若羌县以及兵团农一师、农二师所属的 15 个农牧团场，而后河流沿塔克拉玛干盆地沙漠北缘，穿越盆地东部，最后注入**台特马湖**，全长 1 303 千米（以叶尔羌河为主源）。历史上塔里木河中游段曾有汊流与**孔雀河**连通，部分水量经此水道可直入**罗布泊**。

塔里木，古突厥语意为"注入湖泊、沙漠的河流"；"塔里木河"的称谓见于《清史稿》，系维吾尔语"无缰之马"和"田地、种田"双重含意。千百年来，有关塔里木河的文字不绝于书，有史籍文献称其为计戍水、葱岭河、恩浑河等。

概　述

水系及站网　源自天山、帕米尔高原、喀喇昆仑山、昆仑山、阿尔金山，流入塔里木盆地的所有河流构成了一个封闭的内陆塔里木河流域。区域内的河网习惯上称为塔里木河水系，塔里木河为该水系的重要的河流。历史上塔里木盆地内有九大水系均可汇入塔里木河干流。由于人类活动、气候变化、地貌变迁等影响，目前与塔里木河干流有地表水力联系的只有和田河、叶尔羌河和阿克苏河 3 条源流。此外，在人为干预下，孔雀河通过**库塔干渠**向塔里木河下游输水。"三源流"多年平均入塔里木河的年水量为 49 亿立方米。自 1956 年起，先后设立阿拉尔、新渠满、英巴扎、乌斯满、恰拉、依玛帕夏、肖塔等多处水文站。其中，阿拉尔站和新渠满站测验项目较全，资料系列较长。

水文　干流水量控制站阿拉尔站：汛期（7—9 月）水量占多年平均年径流量的 69.6%；洪水主要由源流山区暴雨及冰雪融水共同形成，其特点是峰高量大，历时长，一般每年发生 2～4 次，1 000 立方米每秒以上的洪水平均每年两次左右；实测最大洪峰流量 2 280 立方米每秒。1999 年 8 月阿拉尔

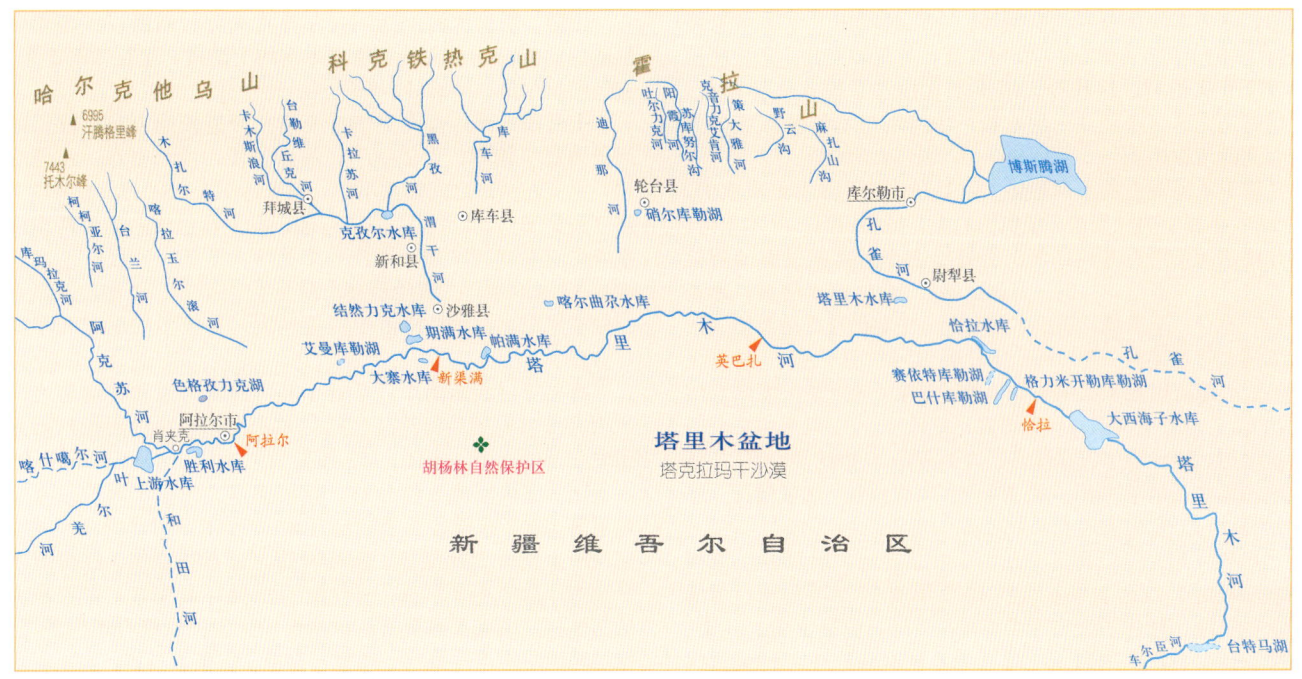

塔里木河干流段水系示意图

水文站、新渠满水文站、英巴扎水文站各断面多年平均输沙量分别为 2 283 万吨、1 693 万吨和 1 197 万吨；塔里木河汛期来沙量占全年的 90%；由于泥沙沿程大量淤积，致使河床不断抬高，河流频繁改道迁移。

地质地貌　塔里木河流域三面高山耸立，北倚天山，西临帕米尔高原，南靠昆仑山、阿尔金山。山区以下分为山麓砾漠带、冲洪积平原绿洲带、塔克拉玛干沙漠区。塔里木河流域周边山区及盆地总面积占新疆总面积的 63%。盆地面积 53 万平方千米，盆地中心塔克拉玛干沙漠面积 33.76 万平方千米，山前平原绿洲仅 19.24 万平方千米。

塔里木河干流位于天山山槽与塔里木地台之间的山前坳陷区，海拔 760～1 020 米，地势西高东低、北高南低，由西向东倾斜，至铁干里克转为由北向南倾斜。塔里木地台自中生代以来，广泛堆积了中、新生代岩层和第四纪松散堆积物，并在此基础上形成了现在的地貌形态。塔里木河历史上即为有名的游荡性河流，北部因受天山褶皱构造抬升而使冲积扇形平原向南延伸，迫使河流南移；南部冲积平原受冲积物和风成沙的堆高，又迫使河流北返，如此往复，摆幅达 80～130 千米，形成了广阔而深厚的平原。

塔里木河干流区具有深厚的第四纪沉积层，一般由河床—漫滩—阶地组成，自上游至下游，颗粒逐渐由粗变细。河床质主要为细砂和亚砂土，河漫滩为粉砂和亚砂土，阶地的表层部分常带有亚黏土夹层。

上中游冲积平原的岩层主要由巨厚的粉砂、细砂及夹小砾石的亚黏土组成，地下水分布在由细砂组成的含水层中。下游冲积平原的岩层，上部为冲积层，以粉砂为主；下部为以黏土、亚黏土夹粉砂为主的湖相沉积层，地下水则分布在两层之间。地下水的补给主要来自河道的渗漏，其埋深由河床向两岸逐渐变深。

气候　塔里木河干流区远离海洋，并受高山阻隔，属于典型的暖温带大陆性极干旱气候。夏季炎热，冬季干冷，多年平均气温 10.7 摄氏度，极端最高气温 43.6 摄氏度，极端最低气温 -30.9 摄氏度。降雨稀少、蒸发强烈，多年平均年降水量 17.4～42.8 毫米，多年平均年水面蒸发量 1 125～1 600 毫米。无霜期和日照时间长，光热资源丰富，温差大，年均日照时数 3 000 小时，无霜期 187～233 天。四季多风，浮尘天气较多，每年 8 级以上大风天气达 20 天之多，下游地区尤为严重，若羌县可达 40 天；大于 5 米每秒的起沙风，年均出现 202 次，沙暴日约 20 天。

土壤植被　塔里木河干流区土壤除风沙土外，主要为水成土壤系列的各类土壤。河滩地和河间低地多为草甸土和沼泽土，河道两岸的自然堤和老河道两旁发育着盐化平原林土，古老冲积平原上覆盖着漠化草甸土和漠化平原林土，距河更远的古代冲积平原上则是龟裂土或残余盐土。风沙土分布最为普遍，尤其以南岸更为集中，这就是塔克拉玛干大沙漠。由于地表植被稀疏，生物物质积累少，土壤有机质含量很低，土壤质地轻，在植被破坏和干旱多风条件下，风蚀严重，危害着周边的农田和牧场。

特殊的气候和土壤条件下形成了典型的荒漠植被。旱生、沙生和盐生荒漠植被发育，种类贫乏、结构单纯、生长稀疏，以小灌木、灌木占优势。植被的分布受限于河网变迁，湿地植被与旱生植被交替演化。

开发治理　塔里木河干流区现有平原水库 8 座，总库容 6.17 亿立方米，有效库容 5.31 亿立方米，平均年引水量 9.67 亿立方米。其中，上游段有 4 座，分别为**帕满水库**、结然力克水库、**期满水库**、**大寨水库**，总库容 2.06 亿立方米，有效库容 1.58 亿立方米，平均年引水量 4.31 亿立方米；中游段有两座，分别为喀尔曲尕水库、**塔里木水库**，总库容 0.45 亿立方米，有效库容 0.36 亿立方米，平均年引水量 0.53 亿立方米；下游段有两座，分别为**恰拉水库**、**大西海子水库**，总库容 3.66 亿立方米，有效库容 3.37 亿立方米，平均年引水量 4.83 亿立方米。干流区内还有为数众多的引水渠首和闸口，以及少量标准较低的河道堤防工程。

纪　实

历史变迁　塔里木河是中国最大的内陆河，也是一条古老的河流。历史上最早记载塔里木河的是《山海经》："河出昆仑，合而东注泑泽……"《汉书·西域传》记载，其"南北有

10.4.2.1 塔里木河

大山,中央有河……其河有两源,一出葱岭山(今帕米尔高原),一出于阗(今和田),其河北流,与葱岭河合。东注蒲昌海(今罗布泊)"。这和今天塔里木盆地水系模式大体吻合。北魏郦道元著《水经注·河水篇》中将塔里木河及源流分为南、北两河叙述。

塔里木河现在的水网形势大致是在17至18世纪形成的。在1775年测制的《大清一统舆图》上,把和田河、叶尔羌河、喀什噶尔河及阿克苏河四河汇合处绘在今阿克苏以南的阿拉尔地区,这与清纪昀写的《河源纪略》"会处四水交贯,形若牛栏"吻合。至清朝,塔里木河在上、中游仍有5条源流(阿克苏河、叶尔羌河、和田河、喀什噶尔河和*渭干河*)。后因绿洲扩大,源流引水干渠增至563条,支渠1887条,灌溉农田面积60.1万公顷(据《新疆图表》统计),人工渠道增多,引水量增加,喀什噶尔河在清末、渭干河在20世纪50年代初就无地表水注入塔里木河。20世纪40年代以前,**克里雅河**、**迪那河**相继与干流失去地表水力联系。

1949年以后,上游的和田河、叶尔羌河、阿克苏河流域灌溉面积由35.1万公顷扩大到1995年的77.7万公顷。为灌溉这些土地,修建了大型干渠5985千米,包括支渠、斗渠、农渠总计渠系长度达到58 732千米;同时还修建各种渠道建筑物84 413座,年引水量达148亿立方米,占三源流多年平均年总径流量的75.5%。这就使得叶尔羌河从20世纪80年代以后再无水补给塔里木河,和田河季节断流时间延长,阿克苏河也只有在洪水期才有水下泄,枯水期河水全部通过塔里木拦河闸引入阿拉尔灌区。塔里木河干流枯水期水量全部是灌溉回归水和农田排水,洪水期也只能流到恰拉水库和大西海子水库。

由于塔里木河上游地区耕地面积不断扩大,加之水资源开发利用粗放、浪费严重,水资源不能有效实施统一调度、合理配置,导致干流水量不断减少。据恰拉水文站和大西海子站资料,1963年以前,恰拉水文站多年平均年径流量为13亿立方米。沿途灌溉恰拉、铁干里克灌区后,余水经阿尔干、罗布庄,除去沿途蒸发渗漏之后,约有4亿~5亿立方米水量注入台特马湖。而1974年塔里木河流经恰拉水文站的多年平均年径流量已降至5亿立方米,减少了61.54%。至20世纪80年代末又进一步降至3.5亿立方米左右。大西海子水库年下泄水量1964—1973年平均为2.54亿立方米;1974年以后平均年下泄水量降至0.46亿立方米,减少了82%;从20世纪80年代以后水库下游河流基本断流,只留下320千米的干河道,致使下游生态环境急剧恶化,严重影响了塔里木河流域经济社会的可持续发展和人民群众的生产、生活。

改革开放后,塔里木河流域社会经济高速发展,20世纪90年代,随着国家西部大开发战略的实施,塔里木盆地石油、天然气等优势资源勘探开发取得了突破性进展,国家棉花基地建设和南疆铁路延伸工程等一批重点建设项目也陆续上马,塔里木河流域的生态环境问题得到了中共中央、国务院以及全国人大、政协的高度重视和关心。2000年9月,国务院总理朱镕基视察新疆时,要求用5~10年时间使塔里木河生态环境建设取得突破性进展。新疆水利厅在水利部、黄河水利委员会的帮助下,编制了《塔里木河流域水资源和生态环境问题及其对策》。2001年2月,国务院第九十五次总理办公会议通过了塔里木河流域近期综合治理方案,同年6月27日,国务院正式批复了自治区、水利部编制的《塔里木河流域近期综合治理规划报告》,并投资107亿元开始对塔里木河流域进行综合治理。

上游 塔里木河上游阿拉尔市肖夹克村断面以下至轮台县境内的英巴扎水文站为塔里木河的上游段,全长495千米,流经阿拉尔市、沙雅县、库车县、轮台县。

上游段上部(肖夹克—新渠满)河道较顺直,在较长的河段内宽窄相间,形似藕节,河床宽浅,沙洲密布,汊道交织,主流在两岸之间摇摆不定,河宽达1千米以上。上游段下部(新渠满—英巴扎),河道弯曲,有大弯道十余处,两岸河漫滩广泛发育,阶地分布广,多为河曲阶地,一级阶地高出河面3~3.5米,二级阶地高出河面4.5~5米。上游段左岸平原较右岸窄,右岸平原由于接近沙漠,有较多的固定和半固定沙丘。

肖夹克村断面南岸,是处于和田河新河道和古河道之间的**胜利水库**;随后河流流经阿拉尔水文站,穿过阿拉尔市兵团农一师的九团、十团、十一团、十二团、十三团、十四团、十五团等灌区后流入沙雅县。新渠满水文站位于阿拉尔水文站下游180千米处,北距沙雅县城25千米。测站所在区域沿河两岸生长着大片胡杨、灰杨林带,分布有草甸、红柳灌木丛及多汁盐柴类灌木丛;右岸有目前保存最完好、世界最大的胡杨林,塔里木河胡杨林自然保护区为国家级自然保护区。保护区内时常出没野猪、狐狸、刺猬、塔里木马鹿、盘羊、羚羊等野生动物及上百种鸟类,还生长着大量的甘草、罗布麻、大芸、红柳等名贵野生植物。胡杨,维吾尔语意为"最美丽的树",是一种民谚谓之"活着千年不死,死了千年不倒,倒了千年不朽"的古老珍奇树种。附近新建的塔里木河太阳岛胡杨度假村景色独特,深秋时节,形态各异的胡杨林在阳光下金光灿灿,颇为壮观。

新渠满水文站下游35千米、塔里木河左岸建有帕满水库;再往下20千米建有艾来克水库,水库南面河岸边有艾吉乃姆古墓群。古墓群四周地形平坦,林木葱郁,一派原始古朴的气氛,据考证其年代为15世纪。

塔里木河续流,从库车县南缘潺潺流进巴州的轮台县和尉犁县,与两县县界伴行90余千米。

塔里木河中游河段

中游 自轮台县境内的英巴扎水文站至尉犁县境内的恰拉水文站为塔里木河中游段,河长约398千米,为容易泛滥的迁徙性河段。

中游段上部(英巴扎—尉犁县群克尔村)两岸地势平坦,分布有大片胡杨林;水流缓慢,河曲发育,泥沙淤积严重,致使河床不断抬升,河流易改道;洪水期主槽不稳定,水流漫溢分散,形成众多汊流,如拉因河、阿拉河、恰阳河、恰特恰什河和奥干河等。河水漫入河间洼地,形成许多沼泽池沼,新、老河道穿插交织。拉因河在尉犁县境内与孔雀河相通。1921年以前,塔里木河主流在奥干河。由于河床抬高和人为筑坝引水,1921年塔里木河在赛依拉克决口,夺拉因河,自此塔里木河以拉因河为主河道，加之孔雀河汇入，曾一度使下游罗布泊水域面积不断扩大。1952年，为减轻尉犁县水患，当地政府在塔里木河汊流拉因河入口处修建大坝，使塔里木河复归1921年前故道，流向台特马湖。群克尔以下的中游段下部，汊流大为减少，河道又合成一支，流经恰拉水库上游的恰拉水文站断面。

塔里木河中游河畔胡杨林

从英巴扎水文站上游20千米至其下游70千米，塔里木河两岸为塔里木胡杨林自然保护区。塔里木胡杨林国家森林公园位于保护区核心区域的塔里木河畔，占地2万多公顷。园内集中地球上大部分胡杨树种类，色彩绚丽多变。世界最长沙漠等级公路自此处由北向南贯通塔克拉玛干大沙漠。作为公路北端起点的塔河大桥横跨在宽阔的塔里木河上，距桥北10千米的轮南新镇，是轮南油田景区和塔里木油田重点输气工程"西气东输"首站。登桥向塔里木河上下游远眺，塔里木河蜿蜒曲折，汊流间胡杨林海沿河道一直伸向茫茫天际，极为壮观。

下游 塔里木河下游段，系指恰拉水文站以下至尾闾台特马湖部分，穿行于塔克拉玛干大沙漠与库鲁克塔格沙漠之间狭窄的冲积平原上，全长410千米。塔里木河在大西海子水库以下尉（犁）若（羌）分水闸处分为齐文阔尔河和老塔里木河。齐文阔尔河靠北，沿218国道下行；老塔里木河靠南，沿塔克拉玛干沙漠北缘蜿蜒东南流；两河河长分别为188千米和145千米，在下游若羌县境内的阿尔干村（上距大西海子水库188千米）交汇后，向南175千米注入台特马湖。

下游段通常亦称"塔里木河下游绿色走廊"。绿色走廊上段北岸是塔里木河下游和孔雀河之间的冲积平原，也是以尉犁县境内兵团农二师5个农垦团场为中心的绿洲区。塔里木河在恰拉断面以下向东南呈一窄长平原，地势平坦，曲流发育，牛轭湖广布。绿色走廊中、下段为若羌县境内的塔里木河下游区域。英苏村上距大西海子水库60千米，隶属若羌县铁干里克乡，是河流从尉犁县进入若羌县的第一个村落，曾是若羌县的牧业区。阿尔干地区20世纪60年代还是良好的牧场，时有牧人在此放牧，沿岸还有农田，胡杨林枝繁叶茂，一派生机盎然的景象；罗布庄一带尚有摆渡业务。因此，1972年前是大西海子水库以下塔里木河自然生态环境较好的时期。

塔里木河于若羌县铁干里克乡汇入台特马湖。

20世纪70年代以后，直到塔里木河流域综合治理规划项目实施之前，大西海子水库下游老英苏村断面（距大西海子水库45千米）以下河道基本干涸。塔里木河左岸，虽仍有成片胡杨林，但长势不良，罗布麻、铃铛刺、柽柳等灌木丛分布稀疏。右岸的沙漠逐渐侵吞河道，老英苏村的牧民已被迫迁至大西海子水库和若羌县城附近。英苏地区地下水水位降到9米以下，草本植物基本绝迹，成为塔里木河下游生态环境恶化的重点地区。阿尔干以下河段两岸地下水水位由20世纪50年代的3~5米降至6~11米，胡杨、红柳等天然植被大面积衰败死亡。地表在强烈风蚀下迅速向沙漠化发展。到1985年，低矮沙丘以每年10米的速度向前移动，使原有的灌丛沙堆迅速向流动沙丘趋势发展。台特马湖水域也于1972年前后开始大幅萎缩，裸露的湖盆逐渐沙化。

根据国务院批复的《塔里木河流域近期综合治理规划报告》，为尽快使塔里木河下游生态环境得到修复，有关部门组织协调，利用**开都河**连续丰水年的有利时机，自2000年8月至2007年年底，大西海子水库连续9次向塔里木河下游输送生态水27.2亿立方米，其中有三次输水到达台特马湖，台特马湖水域明显扩大，从而结束了大西海子水库以下320千米河道多年持续断流的历史。

应急输水使塔里木河下游河道两侧地下水位明显上升，河道两侧原先衰败的胡杨、柽柳等植被已逐步恢复生机，并恢复了繁殖能力，其种类也明显增加。根据遥测成果，输

再现生机的塔里木河下游

水后塔里木河下游天然植被恢复面积达1.8万公顷；阿尔干断面河流两岸350米范围内，地下水位平均上升了约4.0米；台特马湖周边区域柽柳灌丛中，已有部分个体抽出新枝；有较大面积的片状芦苇幼苗及单株叉枝芽出现；水面上又可看到野鸭等鸟群，地面上还观察到鼠类和小型鸟类的足迹，台特马湖及湖滨的动植物景观开始显现生机。

10.4.2.1.1 叶尔羌河
(Yeerqiang River, Yarkand River)

塔里木河的主源，流域地处塔里木盆地西南缘，南以喀喇昆仑山主山脊为界与印度河流域相邻，东南、东北分别与**和田河**流域和塔克拉玛干大沙漠相连，西南以萨雷阔勒岭为界与巴基斯坦、阿富汗、塔吉克斯坦等国壤，西、北分别与克孜勒苏柯尔克孜自治州及阿克苏地区相邻。叶尔羌河流域地理位置为东经74°27′~80°53′，北纬35°27′~40°24′。

"叶尔羌"系维吾尔语，意为"土地宽广的地方"，叶尔羌河流域范围广阔，水系极为发育，河流除在山区接纳众多支流而外，东侧的**提孜那甫河**、**柯克亚河**、乌鲁克苏吾斯塘河以及卡尔瓦斯曼吾斯塘河等4条小河流依地形论，亦属叶尔羌河水系。

叶尔羌河流域山区集水总面积58 560平方千米（其中叶尔羌河干流山区集水面积为47 080平方千米），流域总面积8.57万平方千米（其中中国境外面积1 339平方千米），河流全长约1 269千米。

河流先后流经新疆维吾尔自治区和田地区的皮山县、喀什地区的叶城县、塔什库尔干塔吉克自治县，克州的阿克陶县，喀什地区的莎车县、泽普县、麦盖提县、岳普湖县、巴楚县，阿克苏地区的阿瓦提县，最后汇入塔里木河。叶尔羌

10.4.2.1.1 叶尔羌河

叶尔羌河水系示意图

是塔里木河水系中水量最大、流程最长、穿越行政区最多、洪水规模最大的一条河流。

概　述

地貌　叶尔羌河形成于喀喇昆仑山、昆仑山和帕米尔高原之间的构造接触带上。以**塔什库尔干河**河谷和叶尔羌河上游（**克勒青河**入汇处）干流谷地为界，南部和西南部为喀喇昆仑山区，北部为昆仑山西段山脉，西北部为帕米尔山区，山区山势巍峨峻拔、高峰林立、峡谷纵横，现代冰川分布广泛。流域地势自南部边缘最高的喀喇昆仑山主脉起，向北逐渐降低，最后没入塔里木盆地，流域海拔从极高山区的8 000～6 000米降至平原区的1 300～1 000米。

叶尔羌河流域内的主要山脉是喀喇昆仑山主脉（北侧）。除海拔8 611米的主峰乔戈里峰外，海拔8 000米以上的高峰还有布洛阿特峰（8 051米）、迦雪布鲁姆Ⅰ峰（8 088米）和迦雪布鲁姆Ⅱ峰（8 035米）等3座；海拔7 000米以上和6 500米以上的山峰分别有25座和40余座。介于叶尔羌河上游干流谷地和其支流克勒青河谷之间的阿吉里山，为若干断

冰雪覆盖的叶尔羌河上游

块山体构成，一般山峰海拔均在6 000米以上，最高峰海拔6 858米。

昆仑山在叶尔羌河流域内的部分只是其西段，主要山脉有喀拉塔格山（最高峰海拔6 236米）、西昆仑山脉西段（即西昆仑山，6 328米）、阿尕孜山（5 940米）、塔西土鲁克山

（6 532米，也叫塔什库祖克山）、皮的其力尕山（5 976米）、喀热巴得热克山（5 541米）和克拉达坂山（5 410米）等，除塔西土鲁克山等少数山脉的山峰海拔超过6 000米外，其余均相对较低。阿尕孜山和克拉达坂山以北至河流出山口之间的山地，山峰海拔均低于4 000米。

帕米尔山区系指位于塔什库尔干河西缘和北缘的萨雷阔勒岭和慕士塔格山。区内萨雷阔勒岭（东侧）山峰海拔在6 000米以上的仅有两座，最高峰6 368米，一般山峰低于5 500米。慕士塔格山为一巨大断块山，主峰慕士塔格阿塔冰山海拔7 509米；其南坡为叶尔羌河流域范围，最高海拔7 028米，一般山峰海拔低于6 000米。

流域内河谷海拔除下游出山口附近为2 000米左右外，干流中段和克勒青河和塔什库尔干河谷地均在3 000米以上，河源区为4 000～5 000米。

气候 叶尔羌河流域深居内陆，处于西风气流控制区，大陆性气候特性显著。流域内靠近塔克拉玛干沙漠边缘的区域多年平均气温10～12摄氏度，年降水量小于40毫米，空气干燥，日照强，多风沙天气。海拔1 000～1 300米的绿洲平原区，气温高、年较差大，光照充足，热量丰富，四季分明，多年平均气温11.4～11.8摄氏度，年降水量43～55毫米。海拔1 300～3 000米中低山丘陵区，多年平均气温变化较大，大约在3.3～11.4摄氏度，冬季长于夏季，多年降水量53.2毫米。海拔3 000～4 000米的帕米尔高原区，多年平均气温3.3摄氏度，年降水量71.9毫米，冬季寒冷漫长，夏季温凉。在河源区东部与青藏高原的过渡带，年平均气温低，年较差相对较小，年降水量不足70毫米，即使在克勒青河上游海拔4 250米处的大型冰川末端附近，年降水量也仅186毫米。整个流域内的河谷地带气候都较干燥。专家推算，流域冰川区平均雪线（5 360米）附近的多年平均气温约-10.2摄氏度，降水量360～640毫米；在叶尔羌河主源区冰川上海拔5 050米的雪线附近，年降水量至少463～675毫米。尽管叶尔羌河流域为高寒干旱区，但巨大的山体和高山冷储作用，使得高山区仍有较丰富的降水，为冰川发育提供了得天独厚的条件。

冰川 叶尔羌河流域共发育有现代冰川3 059条，冰川总面积5 925平方千米，成为我国目前已知冰川数量分布最多的区域之一。就整个流域而言，克勒青河流域冰川分布最多，占全流域冰川总面积的43.5%；叶尔羌河干流上游区域占28.8%；干流下游两岸占7.2%；塔什库尔干河流域占14.6%；提孜那甫河流域占5.9%。按流域内的山区统计，喀喇昆仑山冰川占全流域的78.5%，为冰川的主要分布区；西昆仑山占16.8%；帕米尔山区占4.7%。冰川的主要类型为山谷冰川和冰斗冰川，两类冰川面积分别占冰川总面积的56.6%和27.4%。其中，大型山谷冰川（面积大于70平方千米）共11条，主要分布在乔戈里峰东西两侧的喀喇昆仑山主脉北坡及阿吉里山东部，各条冰川面积72.88～380平方千米；面积大于100平方千米的山谷冰川有6条，冰川面积合计1 482平方千米，占到全流域冰川总面积的25%以上。音苏盖提冰川是流域内最大的山谷冰川，也是我国已知的规模最大的山谷冰川，该冰川长约42千米，冰川面积达380平方千米。除大型山谷冰川而外，流域内还广泛分布有众多的中小型冰川，面积5～30平方千米，其中，面积20～56.25平方千米的山谷冰川有22条，主要分布于阿吉里山。

水文 叶尔羌河是一条以冰雪融水补给为主的河流，出山口处的卡群水文站基本上控制了河流水量，多年平均年径流量66亿立方米，6—9月水量占年水量的70%～80%；春、夏、秋、冬四季来水量分别占全年水量的15%、60%、18%和7%。

洪水灾害 河流以洪水次数多、洪水灾害频繁、河流含沙量大而著称。每年6—8月，冰雪消融洪水接连不断，洪峰流量最大可达3 000立方米每秒以上，洪水过程持续时间长达1个月以上。上游山谷冰川阻塞河谷形成冰川堰塞湖，溃决时常导致危害性极大的"溃坝型"洪水发生，给下游造成惨重灾害。1961年9月3日大洪水，洪峰流量为6 270立方米每秒，造成7人死亡，43人失踪，淹没农作物720余公顷，绝收441公顷，冲走小麦5.2万斤，冲毁房屋124间，毁坏大小各类水利设施157座，冲毁6座较大龙口，叶尔羌河大桥被冲垮，乌—和交通干线中断达半月之久。1999年8月11日，叶尔羌河卡群水文站发生了洪峰流量为6 060立方米每秒的特大洪水，导致8人死亡，伤160人，死亡牲畜2 988头，淹没房屋面积达162 534平方千米，棉花210.3公顷，水稻17.1公顷，其他农作物73.9公顷，叶尔羌河流域水利工程直接损失9 106万元。历史文献中最早记载叶尔羌河发生较大洪灾的年份为北宋大观四年（1110年），据洪水痕迹估算在10 000立方米每秒以上，一夜之间毁灭了莎车的第三大古城堡——库勒城。另据史料记载：清嘉庆九年（1804年）、清咸丰元年（1851年）、清光绪六年（1880年）、光绪十七年等年的大洪水，都给当地人、畜、物造成了严重损失。

开发治理 当代，为防止叶尔羌河洪水灾害，地方政府和流域内各族人民付出了艰辛的努力。目前，已修建并发挥防洪功能的大小堤防工程有30余处。

叶尔羌河流域已建成大型引水渠首5座（喀群渠首、勿甫渠首、中游渠首、民生渠首、艾力克塔木渠首），中型渠首两座，小型渠首1座。

喀群引水枢纽。建成于1989年，由西岸总引水闸（引水流量170立方米每秒）、泄洪闸（校核标准洪水泄流量3 650立方米每秒）、溢流堰及溃坝段、东岸总进水闸（引水流量170立方米每秒）等组成；承担下游32万公顷耕地的引水灌溉任务；是叶尔羌河上游集引水、泄洪、排沙、防洪为一体的控制性引水枢纽。

勿甫引水枢纽。距上游喀群引水枢纽28千米，建成于1982年，由泄洪闸、进水闸（引水流量100立方米每秒）和溢流堰组成，控制灌溉面积6.67万公顷。

民生渠首。建成于1990年，位于叶尔羌河下游巴楚县英吾斯塘乡境内，主要由泄洪闸、冲沙闸、民主渠闸、色力布亚闸、阿拉根闸及群després恰克乡巴格托格拉克引水洞组成，控制灌溉巴楚县4.85万公顷农田。

喀群引水枢纽以下灌区内建有多座灌注式水库。泽普县境内有建桑水库和阿克塔木水库；莎车县境内建有**苏库恰克水库**、**依干其水库**、**艾里西湖水库**（上、下库）、墩巴克水库、**东方红水库**（上、下库）、塔尕其水库、米吉东水库、古勒巴格水库、托喀木库勒水库（央托卡依水库）、克克其汗水库；麦盖提县境内建有吉仁力玛水库；巴楚县境内建有**红海水库**、草龙水库、卫星水库、邦克尔水库。

灌区渠道分总干、干、支、斗、农五级，共27 455条，总长31 439千米。其中，总干渠7条，总长490千米；干渠、支干渠88条，总长1 845千米；支渠673条，长4 722千米；斗、农渠26 699条，长24 382千米。灌区内建有平原水库24座，总库容14.47亿立方米，其中大型水库4座，中型水库14座。**小海子水库**、**永安坝水库**隶属于兵团农三师，其他水库隶属于地方各县。

叶尔羌河灌区由东岸大渠灌区和西岸大渠灌区组成。东岸大渠灌区东西宽20～25千米，南北长约250千米，包括泽普县、莎车县、叶城县部分乡、麦盖提县大部分区域和农三师3个团场及军垦卡斯农场，总灌溉面积16万公顷。西岸大渠灌区主要有莎车县11个乡、5个县办农场、公安牌楼农场、岳普湖县铁里木乡、麦盖提县1个乡以及巴楚县的一部分和农三师四十二团的一部分。

叶尔羌河流域还建有众多排水工程，主要有东岸总排水干渠、西岸排水总干渠、麦盖提灌区西排干渠、东排干渠、伽师总场北排干渠等。

纪　实

上游　源头至克勒青河汇入口为上游段。叶尔羌河最上游的源流是发源于喀喇昆仑山的昆仑冰川河（位于叶城县境内），河源海拔最高6596米。河流自昆仑冰川末端由西南向东北流约17千米，在东侧接纳发源于卡德帕冈波拉山口（右侧距喀喇昆仑山口仅2千米）的支流隆格帕冈波河，汇合口以下始称叶尔羌河。此后河流转向北流，行20千米至叉路口（地名）后转西北流，24千米后纳卡帕朗苏河，转东北流，经36千米流程，沿途先后于左岸接纳了**纳赫什河**和卡帕浪沟，右岸接纳了发源于喀喇昆仑山口附近的**阿克塔河**（又名喀喇昆仑河，位于皮山县境内）等支流。

叶尔羌河上游河谷

叶尔羌河在阿克塔河河口以下继续蜿蜒西北流，穿行于北为喀拉塔格山、南为拐弯达坂山、长约56千米、迂回曲折的大峡谷之中；至新藏公路（国道219线）的柯尔克孜江尕勒道班附近转向西流，新藏公路伴河蜿行50千米至麻扎兵站后转向北去，叶尔羌河续西行24千米，在右岸接纳了**麻扎达拉沟**后进入塔什库尔干县境内，再西行13千米，河流在伊力克古边防哨遗址处的左岸接纳了**苏勒库瓦提河**并转西北流，穿行在高山河谷之中，两岸有多条无名支流汇入。该河段河谷宽约500米左右，谷坡冲沟多，岩石裸露，谷底堆积有较厚的岩块碎屑，河道窄深，水流湍急。

续流约35千米，在阿孜尕勒自然村附近河流两岸分别接纳支流克达石沟和穷阿孜尕拉沟，河谷渐开；继续西北流约20千米，左岸接纳了大支流克勒青河，河流水量骤然大增。

河源水网十分发育，干、支流交织呈网格状。叶尔羌河干流河道流向与山脉走向大致平行，呈东南-西北向；大支流克勒青河和塔什库尔干河在河口处都与干流近于直交。山区段河道坡度陡峻，集中了全河90%以上的落差，平均比降约为4.5‰、最大达11‰。阿克塔河汇入口以上区域，叶尔羌河干流和阿克塔河均流淌在起伏和缓的高原上，谷地开阔，河床上常有冰雪覆盖。柯尔克孜江尕勒以下至克勒青河汇入口干流河段河谷宽约500～1000米，谷坡冲沟多，岩石裸露，物理风化强烈，谷底堆积有较厚的岩块碎屑；在河道开阔处，发育有沙洲。

中游　克勒青河汇入口至流出山口为中游段。叶尔羌河在克勒青河汇合口河以下续西北流，下行约40千米，沿途先后接纳了尉里克河、公吉里尕河、热斯卡木河等支流，在热斯卡木河汇入口以下进入皮的其力尕山与塔什库祖克山之间的大峡谷；河流穿行于曲折迂回的峡谷之中，沿途接纳的较大支流有铁瓦托乎拉克河、米斯克尼河、莫米吉力克河、库内勒克河、多扎克达拉河、喀森得尔河、马拉特河等，经70千米流程，至左岸支流**马尔洋河**河口。

叶尔羌河在马尔洋河汇入口以下急转东北流，蜿蜒下行32千米后于河流右岸接纳了**皮勒河**，转东北流；又流22千米，右岸接纳了**巴什却甫河**后转向北流，穿行在西为喀热巴得热克山、东为克拉达坂山之间的峡谷中，下行58千米，在克州阿克陶县境内，左岸接纳了大支流塔什库尔干河，沿途两岸有多条支流相继汇入，较大支流均来自左岸，主要有布伦木沙河、克其布通河、**大同河**等。大同河河口下游叶尔羌河干流上有库鲁克兰干水文站。

叶尔羌河在塔什库尔干河河口以下蜿蜒东北流约38千米，左岸接纳了**恰尔隆萨依河**后转向东流；又流26千米，在莎车县阿热塔什村上游进入莎车县境内，改向东南流，此段河流呈反S形大转弯，下行约37千米，在恰木萨勒村上游附近进入前山丘陵区，右岸接纳了**霍什拉甫河**；之后河流转向东北流，右岸又接纳**棋盘河**。

叶尔羌河至此流出山口，下行约7千米即抵达喀群乡的喀群引水枢纽。从源头至喀群，河流全长约596千米。

克勒青河汇入口以下，河流进入昆仑山脉的皮其力尕山与塔什库祖克山之间的大峡谷。这里山高谷深，河道深切，河谷宽约250米左右，水流集中，急滩与深潭相间，牛轭颇多，波涛汹涌。支流马尔洋河谷内驻有马尔洋乡，干流流经皮勒村，下游布伦沙河谷内驻有达马来特选乡，大同河谷内驻有大同乡，沿河有多个自然村落分布于两岸河谷。

塔什库尔干河汇合口以下，叶尔羌河两岸山势渐低，多为低山和丘陵。谷地宽1～2千米，谷地内分布有巨厚的沉积物。两岸坡面上岩石裸露，冲沟发育，支流谷口堆积的洪积扇常被切割成为高达十多米的阶地，河流宽阔的河槽中沙洲、汊流发育。叶尔羌河流经阿克陶县的库什拉甫乡及莎车县的霍斯拉甫乡及所属自然村庄。

叶尔羌河中游河段

下游　山口以下为叶尔羌河的下游河段，河长673千米。该河段水流平缓，河床宽阔，最宽处可达数千米。自喀群引水枢纽向东北约60千米的河段为泽普县与莎车县界河。

叶尔羌河进入莎车县境内9千米后，在**依于其水库**西侧转向北流；流经58千米，在莎车县荒地乡东侧进入麦盖提县境内；续向北流约33千米后，河流又转为东北流；由此以下

94千米的河段为巴楚县与麦盖提县的界河。20世纪60年代以前，两县界河段自起始点向下游32千米处左岸分出一汊流，称为协海吾斯塘河。协海吾斯塘河向北流经115千米至阿吉根洼地（又称阿吉厄肯湖），湖水从北岸流入卫星水库和红海水库。20世纪60年代以后该岔流已被封堵。

叶尔羌河干流在协海吾斯塘河汊流河口下游50千米处（巴楚县阿拉格尔乡政府驻地东北9千米），左岸又分出一汊流，称为宰依达里亚河（俗称泽河）。泽河向东北流42千米，其间先后流经右岸兵团四十八团场团部驻地、左岸巴楚县阿оссак马热勒乡政府驻地；之后，在原农三师师部驻地东南约5千米处又分为两支：西支为泽河主流，向北流经约25千米注入阿吉根洼地，阿吉根洼地以下河段称福哈里克河；东支喀拉达利亚河继续向东北流，经40千米流程后与艾里克塔木枢纽下游的叶尔羌河右岸汊流汇合，又流约8千米汇入小海子水库。1968年泽河口也被封堵，该汊流河床现已为农田所覆盖。

叶尔羌河干流在泽河分汊口以下向东北流经85千米到达艾里克塔木引水枢纽。河流水量在此被分为两部分：大部分水量沿左岸汊流向北流约18千米汇入小海子水库；枢纽下泄余水顺干流河道向东北流，从琼塔格山北侧穿过、沿图木舒克市东南、塔克拉玛干沙漠西北缘蜿蜒下行，经约200千米流程，进入阿克苏地区阿瓦提县境内。下游流经胡杨林野生动物自然保护区。

叶尔羌河在阿瓦提县林场附近，河流东北流经114千米，与**喀什噶尔河**下游河道相接，注入**上游水库**。出库后，在水库下游20千米处的肖夹克，先后与**阿克苏河**、和田河相汇，成为塔里木河。

叶尔羌河平原段河道

叶尔羌河冲出峡谷，进入平原，映入眼帘的是素有"新疆都江堰"之称的新疆已建最大渠首——喀群引水枢纽。枢纽上建有"望江亭"，南、北两端各竖一座高大的牌楼，牌楼分别书有"北育绿洲"和"南触昆仑"，字迹遒劲，一语道尽了这条大河和这座水利枢纽的重要地位和磅礴气势。枢纽以下，叶尔羌河穿过长16千米、面积达1 200公顷的金胡杨国家森林公园，林间自然形成了许多沟塘湖泊，水面清澈碧绿，水边丛生有红柳、沙棘、甘草、麻黄以及珍贵药材大芸等。这里丰富的自然资源成了野鸭、黄鸥、白鹭、翠鸟、斑鸠等鸟类以及野兔、狐狸和刺猬等野生动物的理想栖息地。入秋黄叶如染，如诗如画。

位于河流右岸的泽普县历史悠久。泽普是"泽普勒善"的简称，因泽普勒善河（今叶尔羌河）得名。"泽普勒善"系塔吉克语，意为"黄金之河"，因河有沙金得名。泽普又名"波斯喀木"，是维吾尔语"富饶的土地"之意。公元318年以前泽普为西域莎车国的一个大庄，地处泽普勒善河（今叶尔羌河）南岸。张骞出使西域后，汉朝军队就在此屯田。可以说，泽普是公元2世纪前就已开发的一片古老绿洲沃土。泽普县境内气候四季分明，光照充足，无霜期长，地势平坦，土地肥沃，水源丰富，适宜农林牧副渔各业发展，素有"塞外江南，鱼米之乡"的美称。民国11年（1922年）1月10日正式建县，现辖2镇10乡，境内驻有中央直属石油企业和兵团企业，总人口181 721人。

叶尔羌河下游河漫滩

莎车县有2 000多年的历史，该区域曾称莎车国、渠沙国、叶尔羌汗王国；1943—1956年为莎车专署所在地；1956年成立莎车县；现辖7区7镇22个乡，总人口68.3万人。县内共建有引水干、支渠9 800千米，建成中、小型水库17座，建成各类水电站6座。全县拥有耕地面积10.5万公顷，种植有棉花、小麦、玉米、巴旦木、玫瑰花、甜瓜、石榴、葡萄、杏等，是中国最大的巴旦木生产基地。县境内名胜古迹众多。在县城西南有汉朝解忧公主墓和祈富台，也称践盟台，当地人称"巴依都埃土墩"，为西汉解忧公主之子——莎车王万年因思念父母和希望人民富裕安康而建，上有亭台、牌楼，牌坊上书有"共尊汉室，同拒匈奴"八个大字，1956年被列为自治区文物保护单位。在县城东北部有奥力通麻扎，又名莎车王墓，是明末清初新疆伊斯兰教黑山派和卓家族和叶尔羌汗国王室10余代君王的陵园。建立于明正德九年（1514年）的叶尔羌汗国，其首都叶尔羌（莎车）城成了维吾尔音乐大典"十二木卡姆"套曲搜集、整理、合成的中心；城内现存的"十二木卡姆"主要合成者——阿曼尼莎汗王妃的陵墓，精美绝伦，充满浓郁的维吾尔民族气息。

在莎车县和麦盖提县境内，河道河曲发育，主槽游荡，沙壤土河岸高1～8米，岸壁直立，常塌岸；两岸各级引水渠道纵横交错，大小水库星罗棋布。出麦盖提县境后，河流泥沙淤积严重，沙洲和汊流发育，河漫滩广阔。

麦盖提县清光绪年间为巴楚州八大庄之一，称麦盖提庄。1922年由巴楚县分出设麦盖提县。现辖1镇9乡，县境内有五一林场、胡杨林场、良种场、园艺场、兵团四十三团、四十五团和四十六团、农三师前进水库管理处和一个部队农场，总人口23万人。全县耕地面积5.5万公顷，林地3.5万公顷，草场4.7万公顷；除种植小麦、玉米等粮食作物外，经济作物有棉花、花生、红薯、大蒜、茴香、圆葱等，其"瀚海牌"棉花为全国十大知名品牌之一；盛产梨、杏、桃、葡萄、红枣、巴旦木、石榴等各类果品，是有名的瓜果之乡；特色产品有被誉为沙漠"黑珍珠"的野生胡杨蘑菇、刀郎羊、甘草、大芸、沙棘、红花等。央塔克乡是"刀郎人"的发源地，据考古证明，早在公元15世纪后，就有"刀郎人"在此游牧、狩猎、捕鱼，刀耕火种，繁衍生息。在长期的生产生活中创造提炼的"刀郎麦西莱甫""刀郎木卡姆"、农民画等民族文化丰富多彩，享誉海内外。2005年被中国特产之乡推荐委员会授予

"中国刀郎麦西莱甫之乡""中国刀郎木卡姆之乡"和"中国刀郎农民画之乡"荣誉称号。其中,"刀郎木卡姆"和"刀郎麦西莱甫"被联合国、国家文化部评为世界级、国家级非物质文化遗产保护项目。

平原区下部(艾里克塔木以下河段)

1959年以前,叶尔羌河艾里克塔木以下河段基本没有水利工程,河道附近基本上也没有人工灌区。1960年兵团农一师在阿瓦提县境内建成上游水库,本为叶尔羌河原入塔里木河河口以上27千米处的一座拦河水库。后因叶尔羌河每年下泄水量极不稳定,水库蓄水无保证,水库改由主要通过阿克苏河上的塔里木拦河闸南干渠引水蓄库。历史上,喀什噶尔河下游与叶尔羌河汇合。近代,喀什噶尔河下游故道尾段已成为兵团农一师沙井子垦区及三团的排水总干渠,常年有排放的盐碱水于黑尼亚孜处汇入叶尔羌河。另外,阿瓦提县排水总干渠也于黑尼亚孜以下5千米的木孜里克处排入叶尔羌河。上述两股排水的矿化度很高,约有6克每升以上。为了避免这些劣质水体入库,农一师在位于上游的木孜里克村以南1.5千米处修建了一座排碱闸,并在该处的叶尔羌河上筑一土坝,迫使非汛期上游叶尔羌河来水通过排碱闸沿库外排水沟排入水库坝后的叶尔羌河故道,最后汇入塔里木河。洪水期当叶尔羌河来洪水时,则临时扒开拦河土坝,关闭排碱闸,使洪水进入上游水库。2000年上游水库管理处在水库南侧新开了一条人工排盐渠(全长35千米)。2001年始用此水道将叶尔羌河洪水导入和田河。上游水库至此结束了与叶尔羌河的天然地表水力联系。这一工程的实施彻底改变了以往叶尔羌河与阿克苏河汇合后流入塔里木河的历史状况,从此,叶尔羌河先与和田河汇合,之后两河之水一同汇入塔里木河。

1967年以前小海子水库引水口在库得里克处,通过叶尔羌河的下游大汊河—泽甫引水。1968年以后引水口被下移至艾里克塔木。在此处叶尔羌河干流被拦腰截断,使河流洪水全部注入小海子水库,并通过其泄洪闸泄入永安坝水库。入库的多余水量再通过永安坝泄洪闸泄入叶尔羌河的汊河之一——盖美力克河中(又称克列根河,俗称夏河),最后于夏河林场上游汇入叶尔羌河干流。艾里克塔木处筑坝引水使艾里克塔木至夏河林场之间近100千米的叶尔羌河干流段多年断流,河床干涸。至1995年艾里克塔木渠首建成以后,多余洪水方可从艾里克塔木渠首下泄。2001年从渠首下泄了约4亿立方米洪水,使艾里克塔木至夏河林场的干流河段河流环境有所恢复。

巴楚夏河林场在其场内的叶尔羌河上先后筑起了三道土坝拦截洪水漫灌林区,致使林区内河道岔流发育,同时也造成了叶尔羌河自艾里克塔木渠首至夏河营一号坝之间河段河床淤积严重。林区下游河道由于多年无水下泄,在风沙掩埋下部分河段已基本失去河道功能。

1960年以前,即上游水库建成以前,叶尔羌河汇入塔里木河的水量平均每年约6亿立方米;1961—1976年的16年里,受小海子水库及上游水库影响,其中只有10年有水入上游水库,平均年入库水量约2亿立方米;1977—1985年的9年里,有6年有水入上游水库,平均年入库水量约1.3亿立方米;1986—2000年的15年间,除1994年特丰年有2亿立方米水入上游水库外,叶尔羌河基本无水入上游水库。目前,叶尔羌河下游向塔里木河的输水工程已纳入塔里木河近期综合治理规划之中。

叶尔羌河下游沿主河槽、岔流呈走廊式分布的胡杨林(包括灰杨),占总生态林的95%以上。除胡杨和灰杨外,汊河道还分布着一些灌丛(柽柳)和低地草甸植被。草本植物主要有芦苇、胀果甘草、疏叶骆驼刺、罗布麻、铃铛刺和花花柴等。植被群落分布较好的通常由三层构成,上层主要是由胡杨和灰杨构成的乔木层,中层主要是以柽柳为代表构成的灌木层,下层则主要是由芦苇、胀果甘草、疏叶骆驼刺、花花柴、罗布麻等构成的多年生草本植物层。在远离河道主槽处,随着距离的增加,地下水埋藏趋深,胡杨等高层植被逐渐稀疏,中层灌木分布也逐渐消失。近沙漠处胡杨已呈散生状态,荒漠化逐渐增强,中层灌木和第三层多年草本植物也已消失。下泄水量减少及河道断流致使叶尔羌河下游部分河段两岸乔、灌、草地资源遭到严重破坏,植被稀疏,郁闭度低。

历史上的叶尔羌河下游河畔,水草茂密,给野生动物提供了觅食、饮水和隐蔽的原始环境,所以动植物种类较多,曾经是动物出没及繁衍生息的乐园。近代由于下游河段生态环境的不断变化,各种林草植被面积减少,分布范围缩小,野生动物丧失了栖息环境,加之乱捕滥猎,使本来就很稀少的野生动物无论从种群还是数量上都有不同程度的减少。据当地有关人员介绍,现虽仍有野猪、狼、狐狸等兽类出现,但无种群分布。在2002年进行的踏勘过程中,勘察人员未发现动物及兽类出没,就是繁殖能力很强的野兔也很难觅其踪迹,这表明下游的野生动物已处于濒危状态。

阿瓦提县境内距叶尔羌河下游河流北侧约3千米处和约10千米处坐落着被称为"姊妹城"的依令达塔木古城和巴夏合其古城遗址。依令达塔木古城有4座城堡,十字街将之相连通;城内可见150余间房屋的残垣断壁;街道东侧有残留的城墙,北面有已坍塌的哨所;考古人员根据古城发掘所见烧剩的房椽和家具等,推断该城是遭战火焚毁后逐渐衰败。"巴夏合其"维吾尔语意为"许多路出城"之意,巴夏合其古城因当时地处交通要道而得名。该城后因战争被毁,逐渐荒芜,整个古城已被黄沙掩埋。两座古城虽已毁坏,但遗留城郭和文物见证着多浪人的历史发展过程,具有历史研究价值,并具有一定的旅游观赏度。

10.4.2.1.1.1 纳赫什河
(Naheshi River)

叶尔羌河上游段源流区左岸较大支流之一,位于新疆维吾尔自治区喀什地区叶城县境内,地理位置为东经76°59′~77°35′,北纬35°47′~36°06′。河流全长58千米,流域面积1168平方千米,多年平均年径流量约2.1亿立方米。

河流源头西部、南部有塔塔尔山隘和阿吉里捷普山隘,流域与叶尔羌河另一支流**苏勒库瓦提河**源流沙隆格帕河流域相邻。

纳赫什河流域内共发育有冰川108条,冰川面积270.7平方千米。上游段称恰地吉尔尕河,发源于喀喇昆仑山脉阿吉里山北坡的沙斯库木巴冰川西端,源流由西南向东北流9千米,接纳左岸由两条山谷冰川及众多小溪汇集而成的较大无名支流后,河流转90度东南流去,沿途又接纳若干小溪;在距出山口10千米处,右岸接纳了发源于沙斯库木巴塔格山北麓山谷冰川的一条较大无名支流后,河流始称纳赫什河,其后干流蜿蜒东行约17千米汇入叶尔羌河。

10.4.2.1.1.2 阿克塔河
(Aketa River)

叶尔羌河上游段右岸支流,位于新疆维吾尔自治区和田地区皮山县境内。流域西连喀什地区叶城县境内叶尔羌河上游支流隆格帕冈波河，南以喀喇昆仑山脊为界与印控克什米尔地区毗邻，东、北均与**和田河**源流喀拉喀什河流域接壤。河流全长73千米，流域面积3 453平方千米，多年平均年径流量约2.6亿立方米。

流域内共发育有69条冰川，冰川面积45.63平方千米。主源流喀喇昆仑河发源于喀喇昆仑山昆仑冰川（北吕莫冰川）东端、海拔5 539米的中印边界喀喇昆仑山口，山口东侧为海拔5 947米的界上峰。

河流自源头流经南距喀喇昆仑山口9千米的神仙湾哨；又下行9千米，在爬浪沙山谷口右岸接纳同源同向的支流沙特巴克兰沙河后，进入宽约2~10千米、长37.5千米、海拔4 700~5 000米的高原谷地；在大黄山西北坡左岸接纳一无名支流后河流转向西北流，进入喀喇昆仑山和喀拉塔格山（属昆仑山脉）之间的河谷，以下河段始称阿克塔河；再流21千米，阿克塔河进入叶城县境内汇入叶尔羌河。

喀喇昆仑山口自古以来就是印度、斯里兰卡与中国新疆之间的通道之一，抗日战争时期，爱国人士陆振轩曾在这里开辟了第二条支援中国抗日的运输线路，并带领马帮三次翻越喀喇昆仑山口，从印度的列城运送物资到中国抗日前线，由此诞生了悲壮的《驼工日记》，后又有人将这段历史搬上了银幕。

流域内中国人民解放军神仙湾哨所海拔5 380米，是世界上海拔最高的驻兵点。这里多年平均气温低于0摄氏度，昼夜最大温差约30摄氏度；空气中含氧量仅约为平原地区的一半，而紫外线强度却高出50%；每年冰雪期长达10个月；盛吹17米每秒以上大风，是不折不扣的"高原之巅"，被生物学家称为不适宜人类居住的"生命禁区"。

10.4.2.1.1.3　麻扎达拉沟
(Mazhadalagou River)

叶尔羌河上游段右岸支流，位于新疆叶城县境内、麻扎兵站以西。河流全长34千米，流域面积687平方千米，多年平均年径流量约1.5亿立方米。

麻扎达拉沟发源于昆仑山脉的塔什库祖克山（塔西土鲁克山）东坡末端的苦克浪达坂。流域内共发育有冰川80条，冰川面积94.05平方千米。

河流从源头自北向南流经9千米，右岸有另一条发源于塔什库祖克山东侧冰川区（冰川区内海拔5 900米以上的山峰达十余座，较大的山谷冰川有8条）的支流汇入；河流由此转向东南流，行约18千米，又有一无名支流在卡帕达拉处汇入；再流约8千米汇入叶尔羌河。

河道全程在高山峡谷中运行，河源海拔5 084米，汇入口海拔4 300米，河道平均比降达34‰，沟口的洪积扇高出叶尔羌河河床数十米。麻扎达拉沟虽处大山深处，但其沟口却不乏光顾之客。这里是前往乔戈里峰等喀喇昆仑山高山区的科考人员和探险者们必经之地。自219国道的重要驿站麻扎兵站沿简易道路乘车西行25千米即达麻扎达拉沟沟口，往**克勒青河**河谷的徒步之旅自此开始。

10.4.2.1.1.4　苏勒库瓦提河
(Sulekuwati River)

又名伊力克河，**叶尔羌河**上游左岸支流；流域大部分区域位于新疆塔什库尔干县境内。河流全长115千米，流域面积2 122平方千米，多年平均年径流量约5.9亿立方米。

河流上游称沙隆格帕河，发源于喀喇昆仑山脉沙斯库木巴塔格山冰川区西端的阿吉里捷普桑山隘南侧（山隘北侧为叶尔羌河上游支流恰地吉勒尕河源头）。流域内共发育有冰川273条，冰川面积517.23平方千米。

沙隆格帕自源头由北向南流，河流两侧的沙斯库木巴塔格山冰川区耸立着十余座海拔6 000米以上的冰峰，最高峰海拔6 504米；下行15千米，左岸接纳由东而来、穿行在沙斯库木巴塔格山和阿吉里山之间山谷中的一无名支流（其源头为一条巨大的山谷冰川，最高海拔6 748米）后，河流转向西流；又下行10千米，左岸接纳了发源于阿吉里山冰川区的另一无名支流并转西北流，沿途南岸有多条源于阿吉里山北坡的小型山谷冰川的小支流汇入，18千米后转向东北流；再下行11千米后右岸接纳了卡里鲁克隆格帕河，以下河流始称苏勒库瓦提河。

苏勒库瓦提河改向西北流，经36千米流程，右岸纳入了较大支流拉库哇提河（源头海拔最高6 137米）；续西北流15千米，左岸接纳阿格勒达坂沟后汇入叶尔羌河。阿格勒达坂沟源于阿格勒达坂，沟内杂草丛生，沟长20千米，山高坡陡，河床遍布漂砾，一条羊肠小道可直达**克勒青河**河谷，几乎每年都有络绎不绝的科考、探险驼队伴以悦耳的驼铃声过往此道，这里成为探究喀喇昆仑山高山区无尽奥秘的必经要道。

苏勒库瓦提河河口区东距麻扎兵站37千米，是一个三面环山的宽谷区域，海拔3 450米左右，河畔坐落有伊力克自然村。该村曾是从喀喇昆仑山口进出境的必经此地，故为重要的军事要塞，驻扎过部队，设立过边境检查站，北岸山坡上至今残存有古边防哨遗址，可南扼阿格勒达坂沟通往克勒青河谷咽喉要塞，西守叶尔羌河下游方向峡谷。伊力克自然村西面、距伊力克边防站4千米的热斯喀木村为塔什库尔干县的一个行政村，叶尔羌河在谷底流过，这里土地贫瘠，寸草不生，散落在岸边用泥土垒起的土房里，住着十几户柯尔克孜族牧民，过着简单而宁静的生活。

10.4.2.1.1.5　克勒青河
(Keleqing River)

叶尔羌河左岸支流，上游段称沙克斯干河，为叶尔羌河水量最大的支流。流域西南面以喀喇昆仑山脊为界，与克什米尔巴基斯坦实际控制区为邻；东北面为横亘于克勒青河与叶尔羌河干流之间的阿吉里山。河流全长236千米，流域面积7 802平方千米（其中，国外集水面积为2 870平方千米），多年平均年径流量约19.5亿立方米。

流域高山区气候十分恶劣，每年9月中旬至翌年4月中旬，强劲的西风凛冽而至，带来严酷寒冬，最低气温达-50摄氏度，最大风速达25米每秒以上。5~9月，西南季风送来暖湿气流形成降水。据叶尔羌河冰川洪水科学考察资料，特拉木坎力冰川末端谷区实测年降水量186毫米；对昆仑冰川海拔5 650米处坑测定，多年平均年降水量约700毫米。高大的山体，加上丰富的降水，孕育了巨大的山谷冰川，使这里成为世界现代冰川最为发育的地区之一，各类冰川共计547条，冰川面积2 578.55平方千米，占叶尔羌河流域冰川总面积的1/3。

克勒青河发源于叶城县境内的喀喇昆仑山北坡，自河源的胜利达坂至位于岔河口处的克勒青河河口，河流穿行于高山河谷之中。河流源头位于胜利南达坂冰川（冰川长10.0千米，面积32.06平方千米）西端，两岸发育着巨大的山谷冰川，两侧山势险峻，冰崖壁立，高出河床数百米。

克勒青河自源头由东南向西北湍流而下，行约5千米，入高山峡谷，窄处仅能并行3人，时有深潭，谷长13千米，出谷即为由南岸抵北岸的克亚吉尔冰川（冰川长20.8千米，面积105.60平方千米）形成克亚吉尔冰川湖（冰川湖坝高约133米，湖长3.4千米，平均宽265米，最大蓄水量约3.18亿立方米）；湖泊下游18千米处为位于塔什库尔干县境内堵塞河谷的特拉木坎力冰川湖（冰川堰塞湖，冰川长28.0千米，面积124.53平方千米），冰川坝与河流右岸壁结合部坝下有泄水洞，时开时闭。坝下游槽谷逐渐开阔。

克亚吉尔冰川堰塞湖

克勒青河下游向西北110千米内，由南至北，直交河槽的冰川还有：斯坦格尔冰川（冰川长27.8千米、面积83.51平方千米）、乌尔多克冰川（冰川长27.5千米、面积97.56平方千米）、迦雪布鲁姆冰川（冰川长26千米、面积119.8平方千米）、乔戈里冰川（冰川长21.3千米、面积91.19平方千米）、木斯塔冰川（冰川长15.4千米、面积41.14平方千米）、音苏盖提冰川（冰川长42.0千米、面积379.97平方千米）。**音苏盖提**河口向下42千米、52千米、59千米处分别有源于国外的消尔布拉克代牙河、果其拉甫吐鲁河和发源于中巴界海拔5888米的塔木太开山的**克里满河**（中巴界河）。全河总体上呈东南—西北流向，在吾甫浪（东经75°55′、北纬36°36′）处，河道呈近130度弯转向东流，下行8千米，峡口处有边防站遗址；再往下河床宽阔平坦，宽度在700～1300米之间，河流两侧高山耸峙，向东北流19千米在岔河口处入叶尔羌河。

克勒青河下游河谷

河流两岸巨大的山脉高峰密集，世界上14座8000米以上的高峰，这里占了近1/3，分别是：海拔8611米的世界第二高峰乔戈里峰（塔吉克语，意为"高大雄伟"）、乔戈里峰东侧的布洛阿特峰（8047米）、迦雪布鲁姆Ⅰ峰（8068米）、迦雪布鲁姆Ⅱ峰（8035米）。海拔7000米以上的高峰有20余座。这里因而成了世界登山家们瞩目的第二个登山中心之一。1902年，英国登山队首次攀登乔戈里峰，以失败告终；1954年7月31日，意大利登山队从巴基斯坦一侧沿东南山脊首次登顶成功；1982年8月4日，日本山岳协会乔戈里峰登山队首次从北坡沿北山脊登顶。之后，又有意大利、日本横滨山岳协会登山队、美国登山队等，先后从中国一侧成功地登上了乔戈里峰。

流域各大冰川区内地形复杂多变，冰川表面破碎，明暗冰裂隙纵横交错。山谷两侧为陡峭岩壁，滚石、冰崩和雪崩、山崩频繁。特拉木坎力冰川最奇异的自然景观是高达数十米的冰塔林，自海拔5200米处发育，向下直至冰舌末端，长度在11千米以上。冰川上的连座冰塔形成的一座座冰峰甚是壮观，冰峰下常伴有冰湖，碧波荡漾。冰舌上段冰面洁净，如同冰雕一样的形态随处可见。

雄伟、峻峭、奇异的冰川地貌成为科研工作者进行科学考察探索的乐园。自1856年起，先后有印度测量局的蒙哥马利（T. G. Montgomerie）上校、英国地理学家戈德温·奥斯汀（H. H. Godwin Austen）上校等多名科学家前来测量和考察。1976年和1977年，中国登山协会也曾两次组队进入乔戈里峰北侧进行路线考察。

1984年秋，新疆维吾尔自治区水利厅与中国科学院兰州冰川冻土研究所联合组织的叶尔羌河冰川洪水考察队，历时3年，对叶尔羌河上游洪水源头极高山区进行了全面考察，克勒青河是此次考察的重点区域之一。据此次考察，叶尔羌河上游因特拉木坎力和克亚吉尔两条大冰川冰舌横切河谷，在主河谷形成的梯级堰塞湖是叶尔羌河突发性洪水的策源地，其下游的斯坦格尔、乌尔多克、迦雪布鲁姆3条大冰川的冰舌均停留在河谷边缘，具有阻塞河谷的潜在威胁；洪峰大小主要取决于湖泊的蓄水量和冰坝的尺寸和结构，随着蓄水量的增加，超越冰坝的承受力就会溃决；冰坝溃决时，克亚吉尔湖为冰下排水，特拉木坎力湖则为河道右岸冰坝溃口排水。1987年8月5日，科考队员们在冰坝下游目睹了特拉木坎力冰川的一次小规模溃泻，下泄洪峰流量1500立方米每秒。

10.4.2.1.1.5.1　音苏盖提河
（Yinsugaiti River）

克勒青河左岸支流，又称慕士塔格河，位于新疆维吾尔自治区喀什地区塔什库尔干塔吉克自治县境内，流域面积1035平方千米，多年平均年径流量约0.95亿立方米。

音苏盖提是喀喇昆仑山高山区东北麓由冰川发育形成的一条全冰川性河流，流域内共发育有冰川124条，冰川面积达951.83平方千米，占流域总面积的92%。冰川末端最高海拔6000米，最低海拔4000米。

河流上游有三支大冰川：东支乔戈里冰川，源头为海拔8611米的乔戈里峰，冰川面积91平方千米，长21.3千米，平均宽5千米；中支慕士塔格冰川，源头为海拔7410米的慕士塔格峰，冰川面积197平方千米，总长29.4千米，平均宽7.7千米；西支音苏盖提冰川，源头西部是与其走向垂直、南北向发育的布拉尔杜冰川，由4条山谷冰川呈扇状汇集而成，总面积达380平方千米，长42千米，平均宽9.5千米，海拔最高7030米，是中国境内已知的最大冰川。三支冰川汇合后始称音苏盖提河，由南向北注入克勒青河，河口高程3700米。

河源区南侧是常年积雪和冰川覆盖的喀喇昆仑山脉，山体高大。河谷两侧冰峰耸立，高度均在4000米以上。纵向谷、横向冰川的地貌格局是音苏盖提河源区的主要地貌特点之一，河谷以流水侵蚀作用为主，气候干燥，基岩裸露，碎屑广布，顺坡下伸的山谷冰川一直延伸入干流谷底。

音苏盖提河流域奇异的高山山谷冰川吸引着国内外众多

探险家和科研人员。1889—1890 年，欧洲探险家法兰西斯·扬哈斯本（Younghusband，F.E.）横穿昆仑山，越过阿格勒（Aghil）达坂，详细考察了克勒青河中游的冰川，对冰川的形态及位置作了有意义的记述，形象地称音苏盖提冰川为"裂隙冰川"。1937 年英国著名探险家艾力克·伊尔·施普顿（Shipton，E.）从喀喇昆仑山南坡慕士塔格山口进入克勒青河中游及阿格勒（Aghil）一带，对音苏盖提冰川进行了比较详细的考察。1945 年斯科勃（Schomberg，R.E.）也从布拉尔杜冰川进入，顺消尔布拉克代牙河而下，进入克勒青河，对音苏盖提冰川作了考察。

10.4.2.1.1.5.2　克里满河
（Keliman River）

克勒青河左岸支流，又名吾甫浪吉勒尕河，位于新疆维吾尔自治区喀什地区塔什库尔干塔吉克自治县境内，下游河段为中国与克什米尔地区巴基斯坦实际控制区的界河；流域西南为巴控克什米尔区，河流源区西邻**塔什库尔干河**支流**塔克敦巴什河**，北邻**叶尔羌河**小支流于里克吉利阿月河和塔特勒库勒河流域；河流全长 42 千米，流域面积 352 平方千米，多年平均年径流量约 0.67 亿立方米。

河流发源于喀喇昆仑山脉海拔 4 910 米的吾甫浪达坂及海拔 5 888 米的塔木太开山北坡，流域内共发育有冰川 79 条，冰川面积 169.76 平方千米。流域平均海拔在 5 000 米以上，冰峰耸立，常年被积雪和冰川覆盖。河流自西北向东南顺流而下，沿途有发源于中国境内的北其牙里克河和发源于巴控克什米尔区的南其牙里克河汇入，下游又有发源于巴控克什米尔区的阿克吉勒尕河在里斯马姆处汇入，最后在吾甫浪处汇入克勒青河，汇合口海拔 3 249 米。

10.4.2.1.1.6　马尔洋河
（Maeryang River）

叶尔羌河中游左岸支流，位于新疆维吾尔自治区喀什地区塔什库尔干塔吉克自治县马尔洋乡境内，河流全长 32 千米，流域面积 462 平方千米，多年平均年径流量约 0.57 亿立方米。"马尔洋"系塔吉克语，为"彩云沟"之意。

河流发源于皮得其力尕山东北坡，流域海拔最高 5 550 米，共发育有冰川 12 条，冰川面积 8.56 平方千米。源头位于塔阿什纳克尔冰川末端，两源流扑克依拉夫阿夫河（主源）和马岭见喏依河汇合后，即为马尔洋河。马尔洋东南流 8.5 千米，在迭村（马尔洋乡政府驻地）上游 1 千米处右岸接纳了发源于赞格尔达坂的藏戈尔河；后转向东流，又流 7.7 千米，在努西墩村附近，左岸接纳了发源于白尔力克达坂、由北而来的喀子尔河；再流 11 千米汇入叶尔羌河。

流域内皆为山区，四季不分明，自然环境恶劣，山高坡陡，沟岔纵横；帕米尔盘羊（大头羊）、黄白山羊、熊、豹、狼、狐、野兔、旱獭等野生动物时有出没，矿藏有玉石、水晶石、云母、铁、铜、硫黄等。

沿河谷坐落有马尔洋乡政府及其所辖迭村和努西墩村；农牧区仅分布在河谷地带。迭村为马尔洋乡政府驻地，距下游马尔洋河口 17 千米。"迭村"系塔吉克语"村庄"之意，地处海拔 3 400 米的河流两岸，有 116 户 650 余人，耕地面积 61 公顷。迭村下游 5 千米处为努西墩村（塔吉克语意为"杏花村"），有 82 户 470 余人，耕地面积 36.6 公顷。两村的农作物主要有冬小麦、玉米、青稞、豆类等，产量很低。果树有杏、桃、李、苹果、核桃、沙枣、桑葚等。

溯马尔洋河而上，翻越海拔 4 339 米的马尔洋达坂，路经**塔什库尔干河**支流**瓦恰河**流域的瓦恰乡和班迪尔乡后，可前往塔什库尔干县城，马尔洋乡政府距县城约 130 千米。

10.4.2.1.1.7　皮勒河
（Pile River）

叶尔羌河中游右岸支流，位于新疆维吾尔自治区喀什地区塔什库尔干塔吉克自治县马尔洋乡境内，河流全长 33 千米，流域面积 272 平方千米，多年平均年径流量约 0.21 亿立方米。

皮勒河流域呈南北长条状，河流源头为昆仑山脉塔西土鲁克山西麓的莫莫克里其达坂冰川，流域海拔最高 5 683 米，流域内发育有冰川 14 条，冰川面积 7.59 平方千米。河流自南向北流，与东、西两侧的塔西土鲁克山山脊和叶尔羌河干流大致平行。河流南距叶尔羌河干流河床最远也不足 15 千米。源头紧邻塔西土鲁克山山脊，河流下游北距山脊最远不足 5 千米。河流沿途汇入的溪沟主要有热尔哈诺沟、恰比晓克沟、哈拉巴吐尔钦沟和哈拉木莫沟等。

河流自源头至河口，河道平均比降达 80‰，河水咆哮奔腾于高山峡谷之中。两岸 4 500 米以上的山峰有十余座。河口处坐落有马尔洋乡皮勒村。从河口溯皮勒河而上 15 千米即到达萨提曼自然村，沿河谷两侧散落着牧民居住点，有简易牧道伴行。"皮勒"，系塔吉克语"木碗"之意。皮勒村有 76 户 420 余人，耕地面积 47 公顷，农作物有冬小麦、玉米、豆类等，并种植有杏、桃、李、沙枣、桑葚等果树。皮勒河流域内分布有玉石、铜、铅、水晶石、锑等矿产资源。

10.4.2.1.1.8　巴什却甫河
（Bashiquefu River）

叶尔羌河中游右岸支流，又名雀甫河，位于新疆维吾尔自治区喀什地区叶城县境内，流域西连叶尔羌河支流**皮勒河**流域，东与**提孜那甫河**和**棋盘河**流域相邻。河流全长 71 千米，流域面积 2 181 平方千米，多年平均年径流量约 2.5 亿立方米。

河流发源于阿尕孜山北坡的冰川区域，流域海拔最高 5 592 米，流域内发育有冰川 183 条，冰川面积 241.5 平方千米。河流上游由波茶克利可河（15.8 千米）和奥合西奶克河（河长 15.4 千米）两条支流组成，汇合口以下始称巴什却甫河。

巴什雀甫河自汇合口由东南向西北沿阿尕孜山北麓流 36 千米，在巴什雀甫村下游 20 千米附近，左岸接纳了发源于昆仑山脉塔什库祖克山东北坡冰川的**库浪那古河**；又流 26 千米，在提昆村下游约 4 千米处汇入叶尔羌河，沿途右岸先后接纳了阿孜半德尔河、苏特开什三代河、阔腊木阿特吉勒尕河等较大支流。河口高程 2 100 米。

流域内分布有叶城县西合休乡的 3 个行政村，主要以牧业为主，沿河星星点点地分布着 10 多个牧业自然村庄。

10.4.2.1.1.8.1　库浪那古河
（Kulangnagu River）

巴什却甫河左岸支流，亦为该河最大支流，位于新疆维吾尔自治区喀什地区叶城县境内。河流全长 83 千米，流域面积 1 401 平方千米，多年平均年径流量约 2.1 亿立方米。

流域地理位置十分特殊，河流左、右两侧分别为塔什库祖克山北坡和阿尕孜山南坡。流域形状呈长条形，宽度 15～

22 千米。河流发源于昆仑山脉塔什库祖克山东北坡冰川区，流域海拔最高 6 026 米。流域内发育有冰川 140 条，冰川面积 207.32 平方千米。

河流自源头由东南向西北流，沿途接纳的支流大多源自左岸塔什库祖克山高山冰川区，呈梳状水系。较大的支流有高吉拉沟、解拉克沟、吉力斯也布力干河和来排尔提河。库浪那古河经 57 千米流程，在左岸接纳伊色可斯支流后，转向北流，下行 26 千米汇入巴什却甫河。

河流自源头起一直在塔什库祖克山和阿尕孜山之间的峡谷中奔腾，两岸高山耸立，景观却迥然不同。左岸塔什库祖克山阴坡冰川发育，支流密集且水量大，是叶尔羌河流域昆仑山脉冰川发育较为集中的地区之一；右岸阿尕孜山南麓为阳坡，支流短小而稀疏，为高山荒漠景观。

10.4.2.1.1.9　大同河
(Datong River)

叶尔羌河中游左岸支流，位于新疆维吾尔自治区喀什地区塔什库尔干塔吉克自治县境内，流域南、西分别与小同河和**塔什库尔干河**支流**瓦恰河**流域接壤；河流全长 49 千米，流域面积 635 平方千米，多年平均年径流量约 0.29 亿立方米。河流又名勒吾尔喀茨河，"勒吾尔喀茨"系塔吉克语，意为"峡谷"。

大同河发源于喀热巴得热克山东北坡。流域内发育有冰川 14 条，冰川面积 5.89 平方千米。河流源头位于拉依布拉冰达坂，先由南向北流，沿途左岸接纳了发源于喀热巴得热克山东北坡冰川区的众多溪流，后渐转约 90 度大弯向东流。

大同河河谷

大同河自源头流经约 36 千米，在阿可托尕兰干村附近，河流右岸接纳了同源同向的支流若达勒孜河（河长 24 千米）；又流 13 千米，经阿依克热克村，在大同乡政府驻地附近左岸接纳了南来的小同达坂河（达坂南坡为小同河流域）；再流 5 千米汇入叶尔羌河。

大同河上游冰峰雪岭、深谷涧流，几乎与世隔绝。流域内有雪豹、黄羊、青羊、雪鸡等国家级保护动物，有雪莲、石莲、库鲁木提、锁阳、大芸等野生中药材，还有玉矿、东陵石矿、铅锌矿等矿产。河流穿越在峡谷之间，两岸分布有大同乡的阿可托尕兰干村（21 户 172 人）和阿依克热克村（154 户 825 人），居民高度分散，两岸散落的塔吉克族人村落一直延伸至峡谷深处。这里是我国唯一的欧罗巴人种——塔吉克族人最原始和淳朴的保留地，山区蓝天白雪，谷地土地肥沃，水草肥美，夏季气候凉爽湿润，河畔小桥流水映衬下的小村如诗如画、如梦如幻，仿佛进入了世外桃源。

大同乡政府驻地建有小型水电站 1 座，装机容量为 30 千瓦。大同乡另两个村：库乃克兰干村位于大同河口下游约 3 千米的叶尔羌河右岸河畔，有 52 户 210 余人，耕地面积 32 公顷，库鲁克兰干水文站就位于该村附近的叶尔羌河干流上；克其克同村（小同村），位于大同河流域南邻的小同河流域内，有 63 户 380 余人，耕地面积约 20 公顷，村里办有东陵石矿企业，建有装机容量 18 千瓦的小水电站一座。

大同河流域内盛产青白玉、糖玉和白玉。小同河流域由于地层断裂构造十分复杂，广布前寒武系岩层，由于岩浆活动频繁，曾叠加多次火山活动，构成系列地质景观。大同河上游的东陵石矿总储量 5 000 吨以上，品质优良。

叶尔羌河产玉在《西域水道记》中就有记载。清乾隆四十二年，高朴疏言："经前任大臣奏明拣采，然解万贡者不过数十块，质尚逊于和田，续经前任大臣采获白玉三块，于清乾隆四十年十二月致祭河神，近年得玉，颇有似和阗者。"由此可见清朝时期在叶尔羌河已盛行采玉。2005 年，在大同河上游又发现了中国迄今最大、重约 16 吨的巨型东陵玉。

10.4.2.1.1.10　塔什库尔干河
(Tashikuergan River)

叶尔羌河中游左岸主要支流，位于新疆维吾尔自治区喀什地区塔什库尔干塔吉克自治县境内，发源于喀喇昆仑山及萨雷阔勒岭北坡。河流全长 276 千米，流域面积 11 707 平方千米，多年平均年径流量 11.5 亿立方米。"塔什库尔干"系突厥语，意为"石头城"，塔什库尔干县因县城东北 100 米处有古代石砌城堡而得名，河名亦同县名。

流域属寒温带高原大陆性干旱气候，全年四季不分明。据塔什库尔干县气象站资料，流域多年平均年降水量 68.9 毫米，盛行西北风，最大风速 29 米每秒，最大冻土深 177 厘米，多年平均气温 3.4 摄氏度，极端最高气温 32.5 摄氏度，极端最低气温－39.1 摄氏度。

塔什库尔干河河源区有冰川 668 条，冰川面积 862.5 平方千米。河流主要以冰雪融水补给为主，县城下游 18 千米的依尔列黑水文站多年平均年径流量 11.5 亿立方米，春、夏、秋、冬四季水量分别占全年的 10%、63%、18.4% 和 8.6%，6—9 月水量占全年来水量的 73.4%。

河流上游由发源于萨雷阔勒岭北瓦根基达坂、南瓦根基达坂附近的源流喀拉其库尔河和发源于喀喇昆仑山红其拉甫达坂附近的支流**塔克敦巴什河**在达布达尔乡阿特加依里村附近汇集而成。汇合口以下始称塔什库尔干河。

源流喀拉其库尔河，又名卡拉秋尔苏河，"喀拉其库尔"系古突厥语，为"黑色的河流或黑色的通道"之意。喀拉其库尔河源区发育有冰川 239 条，冰川面积 378.48 平方千米，下游两岸接纳的较大支流有：发源于基里盖克达坂（海拔 4 827 千米）的基里克河、发源于托克满苏达坂（海拔 4 959 米）的托克满苏河、发源于明铁盖达坂（海拔 4 726 米）的罗布盖孜河、发源于克克拉去考勤达坂（海拔 4 981 米）的排依克吉勒嘎河以及发源于东克克吐鲁克达坂（海拔 5 760 米）的克排恰克吉勒尕沟，沿途还有多支小山洪沟汇入。喀拉其库尔河出山口后，在沙木拉村附近与塔克敦巴什河汇合成塔什库尔干河。

汇合口至塔什库尔干县城大约 80 千米，其间河流穿行在帕米尔高原宽阔的河谷中，与 314 国道相伴，向北偏西方向而行。河谷两岸山坡有数十条发源于两岸高山冰川区的支流流

塔什库尔干河水系示意图

向河谷，潺潺汇入干流，左岸接纳的较大支流有皮斯岭沟、萨热克塔什河、库鲁木勒克河、吐尔得库勒河、迭依布依沟、楼乌热那沟、热格色洛沟、额尺不井奇沟等河；右岸接纳的较大支流依次有赞坎达尔尤河、沙依地库拉沟、马如卡尔沟等。

县城下游14千米（其间左岸接纳支流辛滚沟），河流在左岸接纳了由西北而来的**塔合曼河**后转90度弯向东流，经塔什库尔干水电站、依尔列黑水文站，又流约23千米（其间左岸接纳其其力克吉勒尕河），进入正在修建的下阪地水库库区，并于右岸接纳**瓦恰河**。干流续蜿蜒东流，下游两岸分别有科科什老克河、**帕斯热瓦提沟**、阿勒马力克河、巴格泽子沟、迪尔吉勒尕河、库孜吉勒尕河汇入。

塔什库尔干河自瓦恰河汇入口以下约88千米，在阿克陶县塔尔塔吉克民族乡库祖村以下汇入叶尔羌河。

源流喀拉其库尔河流域有其独特的地理位置，溯喀拉其库尔河干流而上，河流两岸山坡上均为草场。上游依次有5个出国通道：北边有拜依克（Baiyik，又称排依克别勒）山口和托克满苏（Tugan Su）达坂通往塔吉克斯坦的小帕米尔高原；南边有明铁盖达坂和基里克（Kilik）达坂通往巴控克什米尔区的洪扎河谷；翻过正西的喀拉其库尔河源头克克吐鲁克达坂（Kok Terak）为阿富汗的瓦罕帕米尔，即著名的"瓦罕走廊"（也称阿富汗走廊）。

源区冰川发育，河深坡陡，卵石河槽，水流湍急。我国古代城堡——公主堡，位于喀拉其库尔河北侧一座海拔4 000多米、称为"克孜库尔干"（塔吉克语"公主堡"）的山冈上。古堡所在山头山势峻险，北侧有山沟可通萨雷阔勒岭的皮斯岭达坂，翻越达坂即为塔吉克斯坦境内的奥克苏河流域，距奥克苏河河边的公路不足30千米，古代公主堡曾是丝绸之路南道上的重要咽喉。古城堡遗址垣墙依山势起伏而筑，由城垣、重门、地穴和石室等建筑组成，高危险峻，攀登不易。城堡内有居住遗迹13处。唐玄奘西天取经经由此地回国，在《大唐西域记》卷十二《朅盘陀国》一节中，翔实地记述了公主堡的历史渊源以及塔吉克族和汉族人民血脉相连的动人传说。皮斯岭沟汇入口下游1千米是达布达尔乡政府所在地，夏季生长有多种高原紫色菊花，姹紫嫣红，景色绚丽，被当地誉为金草滩。

驰名中外的明铁盖（塔吉克语"一千头羊"之意）达坂，是中国与巴控克什米尔间的山口，海拔4 703米。达坂两侧雪山高耸，冰川形成的冰舌直泻山下。在海拔4 200米的罗布盖孜河岸山坡上，有以研究《红楼梦》而闻名于世的冯其庸先生的跋题"玄奘取经东归故道"纪念碑。据《大唐西域记》关于"朅盘陀国"的记载："自此川（注：即波谜罗川，今帕米尔高原）中东南，登山履险，路无人里，唯多冰雪，行五百余里，至朅盘陀国"。由于明铁盖达坂向西与古代丝绸之路的重要通道"瓦罕走廊"相连，在漫长的历史时期里，这个海拔4 700多米的山口一直是帕米尔高原连接东西方丝绸之路的主通道。

塔什库尔干县历史悠久，元、清代分别为朝廷所辖。西汉时为蒲犁、依耐等国地。公元2—3世纪，在此建羯盘陀国，是"丝绸之路"南道的必经之地。唐代在此设"葱岭守捉"。民国2年（1913年）设蒲犁县。该县地理位置十分重要，历史上一直是通往中亚各国及巴基斯坦的重要通道，现县辖10乡2镇2国有牧场，共33 600余人。县城西隔萨雷阔勒岭及喀喇昆仑山与塔吉克斯坦、阿富汗和巴控克什米尔地区相邻，素以"鸡鸣四国"著称。境内的中巴红其拉甫口岸、中塔

塔什库尔干河畔的石头城

卡拉苏口岸成为中国通往中亚、西亚的桥头堡。著名的"石头城"遗址位于县城东郊塔什库尔干河东岸山坡上，是汉代西域三十六国的蒲犁国国都，现为全国重点文物保护单位。

塔吉克族牧羊女

河流下游段穿行于深山峡谷，两岸峭壁直立，河道弯曲，河床中有大卵石和冰川漂砾，水流湍急。下阪地水库，是一座综合开发利用塔什库尔干河水资源的控制性工程，水库总库容达7.8亿立方米，坝后电站装机容量达14万千瓦，可惠及喀什地区河流下游各县。下游两岸坐落着一些近于原始的村落，班迪尔乡、库科西鲁克乡以及下游阿克陶县的塔尔塔吉克民族乡，都是旅游者探访当地乡土民俗、观赏高原风景的绝佳之地，作曲家陈刚所作的小提琴独奏曲《阳光照耀着塔什库尔干》生动地传颂着这里古朴的风俗人情。

10.4.2.1.1.10.1 塔克敦巴什河
（Takedunbashi River）

塔什库尔干河两大源流之一，俗称红其拉甫河，位于新疆维吾尔自治区喀什地区塔什库尔干塔吉克自治县境内，全长71千米，流域面积1 623平方千米，多年平均年径流量约2.7亿立方米。"红其拉甫"系塔吉克语，意为"不可逾越的红墙"；维吾尔语为"血谷"或"死亡之谷"之意。

河流发源于喀喇昆仑山红其拉甫达坂附近的红其拉甫冰川，河流先由西向东流经5千米，右岸接纳源头位于一山谷冰川（最高点海拔5 863米）末端的牙娃石吉勒尕沟，下行3千米又接纳阿尤吉里阿沟后转向东北流；再流11千米，右岸接纳发源于吾甫浪达坂（海拔4 901米）的吾甫浪沟，并转向西北流；此后，还有喀拉苏沟、依拉克苏沟、群沙然里河沟、克其克沙然里克河、帕日帕克河等支流汇入，沿途河谷渐宽；最后在沙木拉村附近与喀拉其库尔河汇合，河口处河谷宽达5千米以上。汇合口以下即为塔什库尔干河。

流域内高山区共发育有冰川121条，冰川面积196.54平方千米。全年无霜期仅82天，多年平均气温-2摄氏度，气候恶劣。著名的"中巴友谊公路"进入塔什库尔干县后，由北向南、沿着塔克敦巴什河畔溯流而上，穿越红其拉甫达坂进入巴控克什米尔地区，是我国与巴基斯坦唯一的陆路进出口通道。红其拉甫界碑位于海拔4 733米的山脊隘口（俗称达坂）处的中巴公路旁，隘口南北两侧冰峰林立，终年积雪，海拔均在6 000米以上，自然景观壮丽。

流域内享有盛名的红其拉甫口岸是中国与西南亚以及欧洲经济、文化交流的重要通道，原口岸位于距红其拉甫达坂17千米的河流左岸，现已迁至塔什库尔干县城东郊。该口岸自1986年对第三国开放以来，已有100多个国家和地区的商贾、游客过往口岸。

10.4.2.1.1.10.2 塔合曼河
（Taheman River）

塔什库尔干河左岸支流，又名普塔吾牙河、唐盖沟，位于新疆维吾尔自治区喀什地区塔什库尔干塔吉克自治县境内。流域北以苏巴什达坂（海拔4 130米）及慕士塔格冰山南侧山脊为分水岭，与克孜勒苏柯尔克孜自治州阿克陶县境内的**盖孜河**流域接壤，西以萨雷阔勒岭为界与塔吉克斯坦相邻。河流全长34.5千米，流域面积1 553平方千米，多年平均年径流量约3.17亿立方米。"塔合曼"系塔吉克语"四面环山"之意，河流因流经塔合曼盆地而得名。

流域内共发育有冰川51条，冰川总面积105.47平方千米。河流发源于慕士塔格冰山西侧、萨雷阔勒岭东坡的苏巴什达坂附近山区。源流又称阔克赛勒苏河，由西北向东南流，穿行于萨雷阔勒岭与慕士塔格山之间的峡谷中，沿途右岸接纳了发源于萨雷阔勒岭东麓的卡拉苏沟、喀英迪吉勒尕沟等支流；左岸接纳了发源于慕士塔格冰山西端南麓的10余条山谷冰川末端的溪流，较大的山谷冰川有扩斯库拉克冰川、扩扩色勒冰川，较大的溪流有扩赛尔河、日杰克山沟和买尔耐牙孜沟；自苏巴什达坂向东南流31千米在柯克亚尔柯尔克孜族乡政府驻地流出山口，进入塔合曼山间盆地，始称塔合曼河。

此后，河流在广阔平坦的塔合曼盆地平原湿地内漫流，其间左岸接纳发源于慕士塔格冰山南麓喀拉昆仑冰川的萨拉俄尔沟、喀拉库鲁木沟及土根曼苏河；右岸接纳发源于萨雷阔勒岭东坡的别勒迭什吉勒尕河、萨热克吉勒尕河、额兰阿勒吉勒尕河。河流流经塔合曼乡政府驻地后，下行约10千米到达盆地南侧垭口，穿过5千米长的峡谷，在提孜那甫乡汇入塔什库尔干河。

塔合曼盆地四周山脉连绵，被称为"冰川之父"、海拔7 509米的慕士塔格峰（在阿克陶县康西瓦河流域内）坐落于盆地北面。慕士塔格山脊及南侧，分布有10余座海拔6 000米以上的山峰、20余座海拔5 000米以上的冰峰，雪峰连绵，沟壑纵横，山势险峻。

溯上游支流卡拉苏沟而上18千米，即达卡拉苏沟源头阔勒买达坂，达坂西侧为塔吉克斯坦，有公路伴沟而行通向境外，途中设有卡拉苏口岸。"中巴友谊公路"（314国道）自苏巴什达坂起，一路伴河南行，穿越峡谷到塔什库尔干县城。从苏巴什达坂下行约4千米左岸有一条干沟汇入，沿干沟向东溯流而上约9千米，即到达位于阿克陶县与塔什库尔干县交界处的慕士塔格山脚下，在一个海拔4 156米的冰川湖畔，坐落着世界著名的慕士塔格冰川公园区。公园方圆约20千米，跨越两县，距源头位于慕士塔格山脊处（海拔6 956米）的阿尔且特克山谷冰川末端仅1.5千米。园区冰川雄伟壮观，冰塔、冰洞多姿多彩，冰湖柔美，峻冷。园区东南约6千米，可见奇特的巨大冰瀑及长达21千米的"科克日西里吉勒尕"冰川（又称扩斯库拉克山谷冰川），还有各种奇山怪石，偶尔还可见到珍贵的野生动物。由于交通便利，登山季节较长，虽有高度，但危险度相对低，因此每年都吸引着世界各地的登山爱好者来此攀登，公园西侧设有登山营地。

塔合曼盆地南北长33千米，东西宽10千米，处于海拔3 100米以上地带。多年平均气温1.6摄氏度，全年只有冷暖两季，气候寒冷，日照时间长，是典型的高原寒温干旱气候。盆地内地势、地貌复杂，塔合曼河两岸多沼泽地和优良的天然牧场，地下水丰富；草短而密，营养丰富，高寒环境形成了与之适应的优良动、植物品种。这里的塔吉克族人仍保留着游牧民族的生活习俗。塔合曼乡位于盆地中央的塔合曼河畔，全乡辖4个行政村，总人口2 750余人，其中塔吉克族占95%；全乡现有耕地518公顷，可利用草场5.7万公顷，草场多分布在3 500米以上的高山沟谷地带。柯克亚尔柯尔克孜族乡（原为塔合曼乡的一个村）成立于1985年9月15日，现辖两村，总人口910余人，其中柯尔克孜族占97.3%。

塔合曼温泉位于塔合曼盆地的卡比新峡谷，峡谷南、西和北三面环山，东西长5千米，南北宽1 500米。附近有早期的"土蒙古包"遗址。这里的泉水开发利用距今已有约200年历史，泉水水温约为67摄氏度，有硫黄味，经检验无有害物质，可治疗多种疾病。距温泉500米的峡谷西南，还有5眼甘美山泉。这里环境幽美，时有国内外游客及登山队光顾，沐浴歇息。

10.4.2.1.1.10.3　瓦恰河
（Waqia River）

塔什库尔干河右岸较大支流，又称半的代里牙河，位于新疆维吾尔自治区喀什地区塔什库尔干塔吉克自治县境内。流域西、东分别是皮的其力尕山脉和喀热巴得热克山脉，南与**马尔洋河**流域毗邻，北与其力克吉勒尕河隔河相望。河流自河源全长63千米，流域面积951平方千米，多年平均年径流量约0.73亿立方米。

瓦恰河发源于喀喇昆仑山脉皮的其力尕山的白尔力克达坂（海拔4 749米），河源部分又名依当河，源区最高峰海拔5 972米，发育有冰川23条，冰川面积13.38平方千米。依当河绕马尔达坂向东北流经15km后，与左岸源自海拔4 339米的马尔洋达坂的支流塔米尔河汇合为瓦恰河。汇合口下游有发源于塔阿什琼克尔冰川（海拔最高5 700米）的塔夏阿勒河和发源于卡尔萨阿来塔格山冰川（海拔最高5 572米）的科乃孜河相继汇入。河流由东南向西北流，在波斯特班迪尔村附近汇入塔什库尔干河。

瓦恰河谷自上而下坐落有塔什库尔干县的瓦恰乡和班迪尔乡。瓦恰乡辖5个行政村，有2 814人；班迪尔乡辖3个行政村，有1 423人。两乡塔吉克族人均占99%以上，均是以牧为主、农牧并举的乡，主要种植小麦、豌豆、青稞等高原农作物，牲畜有山羊、绵羊、牛、马、驴、驼等。

流域夏季水源充足，牧草丰盛，这里的塔吉克族人每年都要从农历春分这一天开始，连续一个星期举行各种仪式，欢度塔吉克人传统迎春日子——"肖公巴哈尔"系列节日。其中的"祖吾尔节（引水节）""铁合木祖瓦提斯节（播种节）"于2006年被列为国务院第一批国家非物质文化遗产名录。班迪尔乡阿热塔木村是胡杨的故乡，沿河两岸狭长的原始胡杨林带景色壮观。这里有5人连手方可环抱的千年胡杨王，以及遍布全乡的高原长寿树——沙棘。班迪尔乡附近还挖掘出了许多丝绸古道文物。

瓦恰河河谷两岸蕴藏着丰富的矿藏，有云母、铜、铀等，已探明的铜矿平均品位在4%以上。

10.4.2.1.1.10.4　帕斯热瓦提河
（Pasirewati River）

塔什库尔干河下游左岸支流，位于新疆维吾尔自治区克孜勒苏柯尔克孜自治州阿克陶县境内。流域东邻**恰尔隆萨依河**流域，西与其其力吉勒尕河流域接壤，北依保勒木沙勒达坂。河流全长58千米，流域面积930平方千米，多年平均年径流量约0.5亿立方米。

河流发源于慕士塔格山冰川东端，流域内发育有冰川41条，冰川面积13.08千米。河流上游由两条支流构成：一条为羊布拉克河，发源于孔格尔艾拉克山海拔4 918米的吐尔布隆达坂、海拔4 930米的灭尔开达坂和海拔4 827米的羊哥达坂，河长29千米；另一条为塔勒巴什河，发源于最高海拔5 332米卡拉特尔山东麓，河长20千米。两支流由西向东流，在恰特自然村附近汇合后始称帕斯热瓦提河。

在汇合口下游7千米处的托依布鲁村附近，河流左岸接纳了由北向南流、发源于海拔4 442米的保勒木沙勒达坂的保勒木沙吉勒尕河（河长15千米）；又东南流7千米，右岸接纳了木扎冷吉尔嘎河后转向南流；再流17千米右岸又接纳了巴尔大隆吉勒嘎河。之后，河流流出阿克陶县县境，在塔什库尔干县乌鲁本克村汇入塔什库尔干河。

河流在高山深谷中穿行，两岸有恰尔隆乡的3个行政村，经济以牧业为主。

10.4.2.1.1.11　恰尔隆萨依河
（Qiaerlongsayi River）

又名库斯拉甫河，为**叶尔羌河**中游末段左岸支流，位于新疆维吾尔自治区克孜勒苏柯尔克孜自治州阿克陶县南部山区。河流全长59千米，流域面积1 227平方千米，多年平均年径流量约0.47亿立方米。

河流发源于慕士塔格山东端高山积雪带的喀什喀苏达坂，自源头由西北向东南流24千米后转向东流；下行4千米在恰尔隆乡麻扎窝孜村附近右岸接纳苏阿克河，下游沿途又分别接纳了铁勒特孜沟、羊大库勒沟、塔什克勒木河（发源于马乃克达坂）以及艾去库雨孜河。恰尔隆乡是大山深处的一个边远牧区乡，乡政府所在地麻扎窝孜村海拔2 600米，"恰尔隆"系古突厥语，意为"群山汇集之处"，因这里是四条山沟的汇合处而得名。该乡辖5个行政村，拥有耕地73.43公顷，人口4 000余人，以柯尔克孜族为主；境内有雪鸡、黄羊、盘羊等珍贵动物，以及雪莲、云杉等名贵植物。

之后，河流渐转东南流，流经21千米，左岸有北来大支流喀依孜河（河长36千米）汇入，此后下行7千米，在库斯拉甫乡（海拔1 700米）西侧注入叶尔羌河。库斯拉甫乡辖4个行政村，人口约300人，以维吾尔族为主，拥有耕地90.58公顷。

流域内很早就有人类活动，英阿瓦提地和胡吉艾拉木达尔汗拱北遗址见证着人类在大山深处生息繁衍的历史。

2005年6月21—23日，恰尔隆萨依河流域两次突降暴雨和冰雹，导致地质灾害、洪水泛滥，玉米粒大小的冰雹倾落，致使恰尔隆乡及库斯拉甫乡多个村庄受灾，其中麻扎窝孜村受灾最为严重，造成房屋和羊圈倒塌259间，10余公顷耕地被毁，冲毁水渠14千米，冲毁公路17千米。

10.4.2.1.1.12　霍什拉甫河
（Huoshilafu River）

叶尔羌河出山口处右岸支流，位于新疆喀什地区莎车县境内、流域浅山丘陵区。流域东、南与**棋盘河**相邻。河流自河源全长64千米，流域面积1 028平方千米，多年平均年径流量约0.21亿立方米。"霍什拉甫"系维吾尔语，意为"河流会合的地方"。

河流发源于昆仑山脉西段，源流克孜克尔沟发源于塔什库尔干县、叶城县、莎车县交界处的克拉达坂山东坡，源区海拔最高 4 947 米。河流自西南向东北流，经依其拜勒提行政村、克孜勒克尔行政村，流程 51 千米到达木斯乡政府驻地，在附近右纳库尔阿克沟（季节河，河长 14 千米），下游 3 千米处又左纳大支流炮江沟，以下始称霍什拉甫河。霍什拉甫河续东北流 14 千米，在霍什拉甫乡古勒巴格村汇入叶尔羌河。

炮江沟由发源于阿特马斯山北麓的坎地里克河（主源）和发源于买热孜干达坂的博塔千河汇集而成，东北流经 22 千米汇入霍什拉甫河，河流全长 31 千米。当地小有名气的旅游景点达木斯乡原始森林区位于炮江沟上游支流坎地里克河流域。这里森林茂密，牧草繁茂。"达木斯"，维吾尔语意为"祈祷"。传说以前这里森林茂密，雷击闪电常致火灾，老人们常在此祈祷求福，此地因而得名。

霍什拉甫乡位于霍什拉甫河口宽阔的三角形冲积扇区域，辖 15 个村，16 500 余人，乡政府驻巴扎村。达木斯乡位于上游干流与库尔阿克沟交汇的三角形河口地带；辖 8 个村，共 7 900 余人。两乡均为半农半牧，主要种植小麦、玉米和大豆等农作物。两乡境内有煤矿、石灰厂、水泥厂等企业。

10.4.2.1.1.13　棋盘河
(Qipan River)

叶尔羌河出山口处右岸支流，位于新疆维吾尔自治区喀什地区叶城县境内、流域浅山丘陵区，河流全长 94.2 千米，流域面积 2 104 平方千米，多年平均年径流量约 0.21 亿立方米。《西域水道记》对棋盘河作如是题解："棋盘，帕尔西语，谓牧羊者，山坡之下多游牧处，故名"。

河流发源于昆仑山西段克拉达坂山东北坡的库拉木阿特达坂附近，由克拉依亚汗、奥吐腊克尔、恰尔隆河（主源）三条支流汇集而成，汇合口以下始为棋盘河。河流自汇合口由西向东流约 10 千米到达库勒阿格孜自然村，在右岸接纳克音勒河后转向东北流；向下游先后流经萨木其行政村、阿孜干萨勒行政村，行 18 千米，在阿勒拜勒都自然村附近左岸接纳由西而来、发源于苏阔腊木山的支流许许达腊河；又下行 9 千米，从巴瓦格村开始，河谷由上游的 200～300 米宽逐步扩展到 1 000 米以上；其后流经恰热克来行政村、尤喀克欧让行政村，在欧让行政村附近流出山口，倘徉在山前二级台地上。下游流经棋盘乡政府驻地，在依勒尼什村转向西北，流经瓦勒瓦行政村、喀拉肖尔行政村后进入莎车县境内，在坎其木都村附近汇入叶尔羌河。

棋盘河流域海拔最高 4 975 米，山区降雨较丰富，森林植被较好。从海拔 2 600 米的中山带往下，河流两岸散落有十余个村庄。棋盘乡辖 13 个行政村，总人口 13 162 人，耕地 1 200 公顷，以农为主，盛产贡梨，味美甘甜。

棋盘千佛洞，又名布特翁库尔佛窟，当地人称"姑娘洞"，位于棋盘乡政府驻地南偏西 12 千米处的棋盘河谷绝壁上。专家推测可能是距今 700～800 年前的元代遗址。1929 年，考古学家黄文弼来此考察后，在其《塔里木盆地考古记》中留有笔墨。千佛洞附近、阿孜干萨勒村东南约 3 千米的山体断面上，有两处隔山而布的岩画，岩画内容有人、羊、狗和蛇等形象。溯棋盘河而上，有牧道伴河而行，翻库拉木阿特达坂、越叶尔羌河，可达塔什库尔干塔吉克自治县。

密尔岱玉石矿及附近的要隆矿、苏格拉西沟矿、夏努提沟矿、要瓦西矿、库尔马提等矿均位于棋盘河上游。矿石多为青玉、青白玉，质好品种多，玉音清脆悠长，可制作玉磬。《汉书·西域记》及《西域水道记》中均曾记载密尔岱山盛产

美玉。清代"大禹治水图"玉山（高 2.24 米、宽 0.96 米、重 7 吨）原料就来自此地，清乾隆时期，每年产玉不下 5 000 千克。如今在河流上游山区还可见许多废弃的矿坑。

10.4.2.1.1.14　东方红水库
(Dongfanghong Reservoir)

位于新疆维吾尔自治区喀什地区莎车县城西 12 千米处，地理位置为东经 77°06′、北纬 38°26′，是一座以灌溉为主的中型平原灌注式水库。水库通过**叶尔羌河**西岸**苏库恰克水库**引水渠引水，引水渠长 3.5 千米，沿程有三个跌水，落差均为 4.5 米。

东方红水库

水库分上、下两库，1971 年修建，1975 年完工；由于坝体填筑密度偏低、渗漏严重，后于 2007 年 7 月完成除险加固，现总库容为 3 800 万立方米，其中上库 1 750 万立方米，下库 2 050 万立方米。大坝为均质土坝，水库主坝长 13 千米，最大坝高 8 米，正常水位水域面积 19.2 平方千米。

水库有上、下两处放水闸和下库放水干渠，渠长 7.5 千米，主要向下游莎车县伊什库力乡、帕克其乡等 7 个乡镇、1 个农场共 2 万余公顷耕地供水。

10.4.2.1.1.15　依干其水库
(Yiganqi Reservoir)

坐落于**叶尔羌河**下游冲洪积平原区右岸河畔，东距新疆维吾尔自治区喀什地区莎车县伊盖尔其镇 3 千米，西距莎车城 15 千米，地理位置为东经 77°25′、北纬 38°21′，是一个以灌溉为主的中型平原灌注式水库。

库区呈西南—东北向近似矩形状展布，长轴线大致平行于西侧的叶尔羌河。水库西侧距叶尔羌河河道最近处仅 1.5 千米，东、西两侧紧邻几个村的农田。库区南北长约 8 千米，东西宽约 2.5 千米，总面积 20.55 平方千米。

水库于 1955 年 8 月动工修建，1956 年 10 月建成运行，设计总库容 6 200 万立方米，现状库容 4 758 万立方米，水库大坝为沙壤土均质坝，坝长 8 千米，最大坝高 6 米。

水库从叶尔羌河右岸直接引水，引水渠道长 6.6 千米，设计流量 25 立方米每秒；水库放水渠长 12 千米，设计流量 12 立方米每秒。

依干其水库是叶尔羌河流域平原区重点水库之一，属喀什地区直接管理，水库供水的灌区为：麦盖提县提孜那甫灌区的巴提吉来乡、克孜阿瓦提乡、尕孜库勒乡、库木库萨尔乡、五一林场、麦盖提镇及县园艺场，莎车县阿瓦提灌区的阿瓦提镇、阿拉买提乡、阿扎提巴格乡、伯什坎特镇，共计

4.7万余公顷耕地。

水库正常蓄水位对应水域面积 18 平方千米。水库浩瀚的水面伴以库周生机盎然的绿茵，构成了干旱平原区难得的宜人佳境。历年来，这里一直是盛暑季节周边各县各族人民踏青郊游的首选之地。

《十二木卡姆》

"依干其"，系维吾尔语"依盖尔其"音转，意为"鞍匠"，因昔时此地有马鞍匠人制作鞍具得名。水库邻近的伊盖尔其镇，是著名的维吾尔"十二木卡姆"曲合成者之一——阿曼尼沙汗王妃的诞生地。这里传统的维吾尔族民俗、民风和民间饮食文化非常浓厚，也是新疆著名的歌舞之乡。2005 年 11 月 25 日，《十二木卡姆》正式被联合国列入"世界非物质文化遗产"名录。

10.4.2.1.1.16　艾里西湖水库
(Ailixihu Reservoir)

位于新疆维吾尔自治区喀什地区莎车县艾里西湖镇境内、**叶尔羌河**左岸河畔，地理位置为东经 77°19′、北纬 38°39′，是一座以灌溉为主的中型平原灌注式水库。

艾里西湖水库由上、下两库构成。上库色力勿衣水库始建于 1957 年，1962 年竣工，原设计库容 3 000 万立方米；下库艾里西湖水库建于 1965 年，1968 年竣工，原设计库容 3 400 万立方米。上、下两库于 2005 年完成除险加固工程，现状总库容 5 180 万立方米，上、下两库库容分别为 1 910 万立方米和 3 270 万立方米；大坝为均质土坝，最大坝高分别为 5.3 米和 5.6 米，主坝长 14.1 千米，正常水位水域面积 14.67 平方千米。水库引蓄叶尔羌河河水，进水闸为 3 孔，引水土渠 5.2 千米；放水系统分别由上、下库放水闸、上下库连接闸、连接渠组成；灌溉莎车县下游灌区 1 万余公顷耕地。

位于水库北侧约 1 千米的艾里西湖镇东临叶尔羌河，辖 27 个行政村 3 个场，有 35 200 余人。艾力西湖是维吾尔语"艾日什阔"的变音，意为"杂居"。据传 600 多年前，此处有各地来人定居，因而得名。古丝绸之路上的商客多在此处停歇，商旅往来，逐渐发展为乡镇，为"巴莎"公路沿线重镇之一。

10.4.2.1.1.17　苏库恰克水库
(Sukuqiake Reservoir)

位于新疆维吾尔自治区喀什地区莎车县城北艾力西湖镇辖区内，地处布古里库木沙漠东部边缘处，地理位置为东经 77°16′、北纬 38°46′，是以灌溉为主的大（2）型平原灌注式水

苏库恰克水库

库。

水库于 1974 年动工，1985 年年底完成一期工程。黏土心墙坝，主坝长 13.9 千米、副坝长 7.8 千米，最大坝高 7.7 米，设计总库容 1.6 亿立方米，现状库容 1.08 亿立方米，有效库容 9 800 万立方米；正常水位水域面积 47.5 平方千米。

通过苏库恰克水库引水渠、放水渠，沟通了**叶尔羌河**西岸自喀群引水枢纽至民生渠首全长近 200 千米的西岸输水系统。水库主要灌溉下游莎车县、麦盖提县、巴楚县、岳普湖县的 14 个乡场和农三师四十二团的耕地，控制灌溉面积 7.27 万公顷。库区水域宽阔，终年不涸，其间又多生芦苇，水草丰盛，为发展渔业提供了良好的条件，现养殖有鲤鱼和草鱼等鱼种。沿库周边种植有桃、梨、杏、柳等树种。

在枯水年及旱季，为减少河道输水损失，自喀群引水枢纽引河水入西岸总干渠。干渠沿西岸布古里库木沙漠边缘延伸 100 余千米，形成了一道绿色屏障。叶尔羌河河水经引水渠道缓缓注入库中，浑浊的河水入库后，变得碧蓝深邃，因而水库被人们冠以沙漠明珠的美称。

10.4.2.1.1.18　提孜那甫河
(Tizinafu River)

叶尔羌河下游右岸支流，流域东邻**柯克亚河**流域，地理位置为东经 76°30′~77°56′、北纬 36°34′~39°24′。河流流经新疆维吾尔自治区喀什地区叶城县、泽普县、莎车县和麦盖提等县，河长 320 千米，流域面积 7 226 平方千米。

提孜那甫河中游河段

《新唐书》称提孜那甫河为"繁馆河"，《西域水道记》中称之为"听杂阿布河"，并注明帕尔西语为"水流平缓"之意。清朝又定名为提孜那甫河，其意之一为"多浪的河"；意二为该河汛期洪水时大时小，出其不意，没有规律，像个"傻郎"（维吾尔语"傻子"之音转），因此又有"傻郎河"之说。

概 述

地貌 河流发源于西昆仑山脉的克拉达坂山、阿尕孜山和西昆仑山主脉北麓，流域从地貌形态上可分为山地和平原两大地貌单元。流域内最高峰阳吉峰海拔 6 328 米，海拔 5 000 米以上的高山区分布有大量冰川和永久性积雪，冰川总数 370 条，冰川面积 350.67 平方千米，冰川储量 22 立方千米；海拔 2 000～5 000 米的高中山区森林及草地植被较好；海拔 2 000 米以下为山间盆地和冲积扇缘绿洲平原，是提孜那甫河的主要农业区。

水文及洪水灾害 提孜那甫河玉孜门勒克水文站为该河水量控制站，测站以上河长 190 千米，集水面积 5 800 平方千米。流域多年平均年径流量 8.535 亿立方米，春、夏、秋、冬四季来水量分别占多年平均年径流量的 9.2%、74.3%、12.5% 和 4%。河流春、秋、冬三季来水量少，下游灌区严重缺水；夏季洪水易泛滥。1999 年 8 月 2 日发生"暴雨～消融混合型"洪水，洪峰流量达 1 210 立方米每秒，为实测最大洪水。自罕克尔水库修建以来，受水库蓄水影响，抬高了河道水位，造成罕克尔渠首以上 10 余千米的河道严重淤积，逐步发展成了"地上河"。每至汛期来临，洪水造成两岸决口，泛滥成灾。自 1955 年至今，共发生洪灾 18 次，每年因洪水造成的损失超过 2 000 万元。

水利工程 1949 年后，河流上先后修建了江卡、红卫、黑孜阿瓦提和罕克尔引水工程以及罕克尔水库等蓄水工程，提孜那甫河流域灌溉面积由 1949 年前的 2.67 万公顷发展到现在的 14.86 万公顷。

江卡引水枢纽位于叶城县沙依巴格乡境内，是提孜那甫河上的一级引水枢纽，1996 年建成。由上游导流堤、人工弯道、3 孔进水闸、5 孔泄洪闸和冲砂闸及下游整治段组成，灌溉面积 3.52 万公顷，控制灌溉面积 5.01 万公顷。红卫引水枢纽位于泽普县古鲁瓦克乡境内，是提孜那甫河上的二级引水枢纽，由 5 孔进水闸、3 孔泄洪闸和溢流堰组成，控制灌溉面积 2.67 万公顷。黑孜阿瓦提引水枢纽位于莎车县巴格阿瓦提乡境内，是提孜那甫河上的三级引水枢纽，1998 年建成，由 3 孔进水闸、5 孔泄洪闸和溢流堰组成，控制灌溉面积 2.67 万公顷。罕克尔渠首是提孜那甫河上最末一级引水枢纽，1987 年建成，由两孔**前进水库**进水闸、两孔罕克尔水库进水闸、两孔新提河进水闸、两孔退水闸组成。

罕克尔水库位于麦盖提县尕孜库勒乡境内，建成于 1968 年 10 月，总库容 3 200 万立方米，坝长 8.4 千米，最大坝高 7 米，控制灌溉面积 1.02 万公顷。拜勒克齐亚水库位于叶城县加依提勒克乡境内，建成于 1963 年，设计库容 300 万立方米，实际库容 250 万立方米，主坝长 500 米，副坝长 300 米，最大坝高 12 米，控制灌溉面积 433 公顷。苏依提勒上库和苏依提勒下库均位于叶城县吐古其乡境内，建于 1969 年，上库总库容 300 万立方米，主坝长 450 米，副坝长 2 570 米；下库总库容 1 130 万立方米，主坝长 350 米，副坝长 3 070 米；上、下库共控制灌溉面积 6 387 公顷；水源大多为"引叶济提"干渠水或提孜那甫河门卡提渠灌区灌溉余水。

由于提孜那甫河水量不足以满足灌区的用水需求，灌区内又兴建了 5 个"引叶济提"工程，通过叶尔羌河七一大渠、叶尔羌河东岸输水总干渠、**依干其水库**的引、蓄、放水系统、麦盖提县的"大寨渠"及前进水库引水渠，每年向提孜那甫河灌区调水 3 亿立方米以上。

纪 实

河流上游源流称喀拉斯坦河，喀拉斯坦河上游又分东、西支流，分别称为东、西喀拉斯坦。两支流源头均位于西昆仑山主脉的冰川区，源区发育有冰川 211 条，冰川面积 222.22 平方千米。

西喀拉斯坦河为主源流，其源头位于赛力亚克达坂（海拔 4 962 米），河流自源头由西向东流约 12 千米，在峡南桥（新藏公路桥）转向北流；又流约 8 千米，左岸接纳徐结矮艾力河后转向西北流，沿途又接纳了苏盖提力克河、穷麦汗河及一条长达 31 千米的无名支流等较大支流；自徐结矮艾力河汇入口流经 48 千米，与东喀拉斯坦河汇合成主干流喀拉斯坦河。

东喀拉斯坦河上游又由牙依拉克河（河长 14 千米）和穷牙依拉克河（河长 15 千米）汇集而成，汇合口以下即为东喀拉斯坦河，两岸溪流密布，呈羽状水系，较大的支流有苏盖提力克河（与西喀拉斯坦河接纳的苏盖提力克河同名）、开克入木河、赛女西河等。河流自汇合口以下向西北流经 40 千米，与主源流西支喀拉斯坦河汇合。

喀拉斯坦河自东南向西北流，下行 21 千米左岸接纳了南来的支流帕合甫河；又下行 33 千米，左岸接纳了西合休河，并转向东北流；再下行 13 千米，又有纳玉沙斯河从左岸汇入。此后河流流经 44 千米，在塔什布拉村流出山口，进入前山宽谷中，以下河流始称提孜那甫河。自纳玉沙斯河河口至河流出山口处，河流先后流经喀拉尤勒滚行政村、莫木克行政村等村庄；在莫木克行政村上游左岸还接纳了古萨斯河（源头发育有冰川 7 条，冰川面积 1.79 平方千米）。

帕合甫河全长 49 千米，发源于阿尕孜山北麓海拔 5 413 米的塔合土库浪木达坂冰川地带，源头发育有冰川 57 条，冰川面积 53.96 平方千米；上游由其克半的河和卡拉卡西河汇集而成，汇合以下即为帕合甫河；下游两岸接纳的较大支流还有库拉河和克西塔古孜河。

西合休河发源于海拔 5 285 米的阿尕孜达坂，源头发育有冰川 33 条，冰川面积 24.43 平方千米；源流阿尕孜河自源头由东南向西北流，经过一段弧形转弯转向东北流；23 千米后，在西合休乡政府驻地左岸接纳牙杂克河，下行 4.7 千米，右岸接纳克其克斯坦河后转向北流；在下游 17 千米、19 千米处，左岸分别接纳库米河和求汪阿尔孜河（由克拉达坂山东侧的科其克热依格勒河和阿其格牙依拉克河汇集而成）；再下行 2 千米汇入喀拉斯坦河。

河出山口后，提孜那甫河流经墩孜拉、阿曼夏、阿瓦提巴格等行政村，在苏盖提自然村附近转向正北流，经 32 千米流程，抵达出山区水量控制站玉孜门勒克水文站。水文站以下，河流流经江卡引水枢纽、江卡电站等水利水电工程后，与右岸相邻支流柯克亚河、**乌鲁克河**部分水量共同引入下游灌区，剩余水量流经叶城县城西约 12 千米的沙依巴格乡、伊力克其乡、夏合甫乡，过叶尔羌河七一大渠和 315 国道提孜那甫大桥；之后，即作为界河穿行于泽普县与叶城县分界线上（界河段长约 38 千米），其间在提孜纳甫大桥下游约 26 千米处建有红卫引水枢纽。枢纽以下，河流向北穿过莎车县，进入麦盖提县境内，流经黑孜阿瓦提渠首。渠首以下约 3 千米，河流又成为莎车县和麦盖提县的界河（界河段长约 23 千米）。黑孜阿瓦提引水枢纽下游 21 千米处，河流上又建有罕克尔渠首，通过引水渠将部分河水引入东北方约 30 千米的前进水库；其余河水则沿河道北流 4 千米入罕克尔水库。罕克尔水库泄水则沿提孜那甫河下游河道迂回曲折东北流，在前进水库下游约 50 千米处汇入叶尔羌河。1987 年罕克尔渠首建成后，渠首下游河床全部渠化，称新提渠。

江卡引水枢纽以下通过肖塔总干渠和门卡提渠，将河水引入叶城县东侧洛克乡、伯西热克乡、铁提乡、吐古其乡、加依提勒克乡和江格勒斯乡等灌区，余水入苏依提勒上库、苏依提勒下库和拜勒克齐亚水库。枢纽下游干流河道来水主要为汛期洪水，其余时间仅有少量余水或回归水汇入河道。

提孜那甫河自古以来曾一直与叶尔羌河干流水网相通。《西域水道记》记述："听杂阿布河水又东北流，经哈尔噶里克庄南……过叶尔羌城东而合，为葱岭南河"。叶尔羌城东即莎车县城，葱岭南河即叶尔羌河。据莎车县志记载，清朝以前，提孜那甫河自现红卫渠首处左转，沿泽普县依克苏乡和古勒巴格乡交界处，在叶尔羌河依干其渡口前汇入叶尔羌河。据史料记载，当时提孜那甫河在依克苏乡境内漫滩横流，河面宽达十余里，经过多年沉积，河床抬高，河道遂进行了第一次改道：经现红卫引水枢纽处北流经黑孜阿瓦提，在拉依当处左拐，穿过涝洼荡，汇入叶尔羌河。后来，涝洼荡上游淤积，致使河流又第二次改道：提孜那甫河继续向东迁移，在现罕克尔引水枢纽处分为两支：一支左转穿过胡杨林区，在亚红当处汇入叶尔羌河；另一支继续向东沿低洼地势，穿过麦盖提县东部，散失于胡杨林中。清道光九年（1829年），清政府命叶尔羌大臣主持提孜那甫河流域一带开荒事宜，将新垦荒地免耕赋税一年，民众踊跃，由于荒地多在麦盖提县境内，叶儿羌大臣命堵封提孜那甫河左支，只留一支进入麦盖提县。此后，提孜那甫河又逐渐变成了一条独立的河流。

位于提孜那甫河右岸的叶城是古代丝绸之路南道重镇。西汉初（公元前176年前后），当时位于县境南部的西夜、子合国，距今已约有2 200年的历史。叶城，维吾尔族称"喀格勒克"，清代称"哈尔噶里克"。清光绪十一年（1885年），叶城建县，现辖3镇17个乡5个农、林牧场。2006年年底，叶城县总人口约394 100人，其中少数民族占94%；全县有耕地面积47 600公顷，建成设施农业蔬菜生产基地和3万公顷核桃、1.33万公顷杏、6 667公顷石榴三大果品生产基地，素有中国"核桃之乡、石榴之乡、玉石之乡、歌舞之乡"的美称。在县城南80千米处的沙巴什山中有石刻人像，传说是汉代子合国故地，汉代张骞、东晋高僧法显、惠景、唐代高僧玄奘均曾在这里留下足迹。西提亚古城遗址位于叶城县洛克乡政府驻地西北1千米处，其分布面积为东西1千米，南北1.5～2千米，属自治区文物保护单位，著名考古学家黄文弼曾来此考察，初步推测为唐宋时期。315国道贯穿叶城县城。

果萨斯原始森林自然风景区位于上游支流古萨斯河上游、柯克亚乡的果萨斯村与棋盘乡萨木其村的交接处，风景区内气候怡人、景色秀丽、森林密布、群山林立、河水淙淙，一派世外桃源景象，令人流连忘返。新藏公路（219国道）起点在叶城，南至中国、印度、尼泊尔三国交界之要冲——藏北阿里地区普兰县。新藏公路穿越流域东邻的**柯克亚河**流域上游，翻越海拔3 310米的阿卡子达坂，在海拔2 600米的阿喀孜村进入提孜那甫河上游源流喀拉斯坦河河谷；公路沿河谷溯流而上、翻越海拔4 962米的赛力亚克达坂后，进入叶尔羌河支流麻扎山谷，继而到达叶尔羌河畔，再通往遥远而神秘的青藏高原。

10.4.2.1.1.18.1　柯克亚河
(Kekeya River)

提孜那甫河下游右岸支流，位于新疆维吾尔自治区喀什地区叶城县境内。山口以上河长38千米，集水面积377平方千米，多年平均年径流量约0.78亿立方米。

流域总的地势是自南向北倾斜。海拔5 000米以上区域为永久性积雪；海拔3 500米以上山区，山高坡陡；海拔1 500～3 500米中、低山区，地形起伏较大，形成深切的河谷，两岸河阶地分布有一块块不连续的小绿洲，气候温凉，亦农亦牧亦林。海拔1 250～1 500米为冲积扇及冲积平原区，上部为砾石戈壁，植被稀少；中下部灌溉条件较好，是叶城县的古老绿洲和主要农业区。1987年7月，河流曾发生暴雨洪水，洪峰流量247立方米每秒，造成叶城县新藏公路0公里一带严重受灾。

河流发源于西昆仑山北坡，流域海拔最高5 233米。源流称亚斯波龙河，河流自源头向北流，左、右岸各有一条无名支流相继汇入后始称柯克亚河。

柯克亚河北流4千米，右岸接纳贵新波龙河后转向东北流；又流8千米，右岸接纳索芝龙河后复转北流；再流19千米出山口。山口以下河流先向西北、继而转向东北流，经普萨牧场、柯克亚乡政府驻地、英阿瓦提村，在山口以下40千米处的布那克村下游又接纳了南来的支流阿克其河。柯克亚河在阿克其河汇入口以下34千米处建有引水渠首，大部分河水被引入下游叶城县城以东灌区，余水沿河道北流，逐渐散失于下游绿洲区内。历史上，下游河流转向西北流，汇入提孜那甫河。阿克其河发源于海拔最高5 768米的麦仑山区，源头有少量冰川，由源流曲滚河（河长11.8千米）和曲朗河（河长8千米）汇集而成，汇合口以下，即为阿克其河。

河流自汇合口由南向北流4.5千米，左岸接纳支流阿依不龙河（河长10千米）后，沿途又有发源于海拔5 337米的贵新格勒冰川的贵新格勒河、发源于海拔4 932米的玉珊格勒冰川的玉珊格勒河汇入，流程39千米，在阿克其克行政村附近流出山口，又经31千米，在布那克村下游汇入柯克亚河。

新藏公路伴柯克亚河溯流而上，到普萨村与之分道扬镳。柯克亚乡是一个山区乡镇，以牧业为主，辖17个行政村，总人口17 800余人，拥有耕地799公顷。由于柯克亚乡地处山区，各村相对分散疏远，故分为4个片区进行管理，即柯克亚片区（5个村），其余西合甫片区（6个村）、莫木克片区（3个村）、果萨斯片区（3个村），除柯克亚片区而外，其他片区均位于左邻的提孜那甫河流域；乡政府设在柯克亚片区。这里的"赛买提杏"果大肉厚，色泽油润鲜艳，成熟期会延至9月底，被称为"人间仙果"。柯克亚片区上游有一个名为阿克美奇特的村庄（219国道100千米处），这里海拔2 562米，四周环山，山后叠现着皑皑雪峰，有三条山沟在此汇集：一条沟前行15千米通向坡龙森林公园；一条沟是盘旋上山的羊肠牧道；还有一条就是新藏公路南上昆仑的大山谷。在这个小小的冲积扇上，点缀着星星点点的绿色，几十户人家低矮的小屋掩映于绿色之中。"坡龙森林公园"内群山林立、古柏葱郁，夏、秋季节，区内山花烂漫，河水淙淙，气候宜人，一幅世外桃源景象。

10.4.2.1.1.18.2　乌鲁克河
(Wuluke River)

提孜那甫河下游右岸支流，位于新疆维吾尔自治区喀什地区叶城县境内。流域东、西分别与卡尔瓦斯曼吉斯塘河（季节河）和**柯克亚河**流域毗邻，山口以上河长103千米，集水面积1 121平方千米，多年平均年径流量约1.56亿立方米。

河流发源于昆仑山北坡的太坎冰川。河流呈羽状水系，两岸溪流发育，流域呈狭长条状。河流自源头向西北流28千米，左岸接纳较大支流克捷克库木拉河后转向北流。此后，河流先后接纳了拜格力克河、托孜拉河、库特鲁牙依拉河和塔什那郭特河等较大支流，流经台斯村、尤克日恰喀村。

自克捷克库木拉克河汇入口，经 75 千米流程，河流出山口，进入乌夏巴什—宗朗山间盆地。山口处建有乌鲁克河引水枢纽，部分水量被引入下游乌夏克巴什镇、宗朗乡灌区；余水沿河道下泄，经 35 千米流程，抵达盆地南垭口处的宗朗水库。在这里，绝大部分水量被引入水库，经渠首分水至下游叶城县城东南各乡灌区；少量余水和洪水期的部分洪水，从水库大坝侧面的河道下泄，最后河水呈散流状散失于 315 国道以北；历史上可向西北汇入提孜那甫河。

流域右邻的季节性河流卡尔瓦斯曼吾斯塘河，自源头由南向北流，从乌夏巴什—宗朗山间盆地东侧穿盆而过，在盆地东部垭口处建有灌注式的保尔水库，水库以上集水面积 930 平方千米；水库下游，河道向西北延伸约 12 千米呈散流状消失在荒漠中。历史上，河流在下游可与乌鲁克河汇合。

乌鲁克河引水枢纽建于 1981 年，2004 年改建，主要由 4 孔引水闸、4 孔冲砂闸、溢流坝组成，控制灌溉面积 8 000 公顷。宗朗水库由上、下两个水库组成，两库间由输水涵闸相连。上库建成于 1962 年，主坝长 450 米，最大坝高 15.2 米；下库建成于 1979 年，主坝长 1 200 米，最大坝高 16.59 米，水库总库容 1 360 万立方米，承担向叶城县 10 个农牧业乡的 1.67 万公顷耕地灌溉及人畜用水的供水任务。保尔水库位于洛克乡境内，建于 1962 年，最大坝高 16 米，主坝长 200 米，副坝长 800 米，设计库容 1 000 万立方米，控制灌溉面积 1 033 公顷。

流域高山区群峰矗立，主峰海拔 6 144 米，发育有冰川 59 条，冰川面积 39.1 平方千米。海拔 2 000～3 000 米的中低山区地势起伏相对较小，河谷深切，两岸多阶地，除河谷生长稀疏植被外，多为荒漠生态景观。山口区的铁斯村以下为海拔 2 000～1 700 米的乌夏巴什—宗朗山间盆地。海拔 1 700 米以下为平原灌区。河流主要由高山融雪水和降水混合补给，夏天 5—8 月水量占多年平均年径流量的 80.5%。1960—1962 年，河流出山口处曾设有台斯水文站。局地暴雨型洪水是乌鲁克河的主要灾害洪水。据考证，1920 年发生了洪峰流量达 272 立方米每秒的特大洪水。1999 年 8 月 2 日，发生洪峰值为 205 立方米每秒的大洪水，造成下游水利设施及桥梁被毁。

乌夏巴什镇和宗朗乡均位于山间盆地内，盆地内多年平均气温 9.4 摄氏度，最热 7 月平均气温 21 摄氏度，最冷 1 月平均气温 -9.6 摄氏度，每年春季 3—5 月气候干燥，风沙肆虐。每年 7—9 月，时有暴雨，并引发山洪，沿河两岸的村庄遭受洪灾。10 月中旬至次年 3 月，气候寒冷。乌夏巴什镇辖 20 个行政村，村民 19 000 余人，拥有耕地 3 400 公顷，果园 2 400 公顷。宗朗乡辖 6 个村，5 300 余人，拥有耕地 1 189 公顷。两乡均以农为主，农牧结合，种植小麦、玉米，并兼营林果业。

宗朗灵泉位于宗朗乡政府驻地东南 6 千米处、乌鲁克河东岸一座 40 米高的崖壁上，从崖体中渗出的道道泉水，犹如一条条用珍珠串成的"帘子"，终年不断，夏季清凉透心，冬季温而爽手。当地的老人们讲，壁上曾有车轮大的两个草体汉字"灵泉"，还挂有用汉文写的"泽及边吏"木匾。在泉水的滋润下，周围的古树郁郁葱葱、奇姿百状，造型各异。

乌夏克巴什镇铁斯村现存有布特布尔纳佛教遗址，有佛窟、佛像（残）3 座，有岩画残迹，年代不详。洛克乡政府驻地西北 1 千米的西提亚古城遗址，据专家推测为唐宋时期，属自治区级文物保护单位。

10.4.2.1.1.19 前进水库
(Qianjin Reservoir)

原名喀拉玛水库，位于**提孜那甫河**下游东岸、新疆维吾尔自治区喀什地区麦盖提县城东北 15 千米处。水库东连塔克拉玛干沙漠，西南距麦盖提县城 15 千米，地理位置为东经 77°49′、北纬 38°55′，是以灌溉为主的大（2）型灌注式平原水库。

前进水库始建于 1966 年，1969 年竣工投入运行；大坝为碾压式土坝，坝长 19.8 千米，最大坝高 10.8 米，原设计库容 9 500 万立方米。2001 年对水库进行了除险加固后，坝长 22.31 千米，库容 1.27 亿立方米，最大水面面积 44.43 平方千米，并可使前进水库增加蓄水量 3 500 万立方米，减少渗漏 4 250 万立方米。

前进水库原仅从提孜那甫河引水，后又增加从**叶尔羌河**引水。水库及附属水利设施简称"三渠二堤一库一龙口两枢纽"。三渠是指乌依布代渠、前进引水渠、前进放水总干渠；乌依布代渠引叶尔羌河水，渠长 40.2 千米，年引水量为 2.67 亿立方米；前进引水渠从提孜那甫河引水，渠道全长 38.8 千米，年引水量 0.43 亿立方米；前进放水总干渠全长 21.6 千米，为向团场供水的主渠道。二堤是指叶尔羌河东河滩 2.5 千米防洪堤和提孜那甫河西岸 10 千米防洪堤。一库即为前进水库。一龙口是指"一块钱龙口"，即乌依布代渠引水龙口，是前进水库在叶尔羌河东岸主流的引水龙口。两枢纽是指修建于 1980 年的雅洪达枢纽和罕克尔枢纽。水库承担着向前进灌区的兵团农三师四十三团、四十五团、四十八团及水管处 4 个单位提供生产生活用水的任务。整个灌区现有耕地 2.13 万公顷，总人口 3.63 万，是农三师发展"两高一优"农业的示范区，也是国家商品棉基地之一。

前进水库养殖业较为兴旺，库内特色养殖品种有螃蟹、斑点叉尾鮰、大口鲶、乌鳢、狗鱼、五道黑等；还成功引进健鲤、银鲫等名优鱼种和莲藕、茨菇等水生植物。水库大堤东面是绵延千里的塔克拉玛干沙漠，一堤之隔的西面则是碧波荡漾的水面和绿洲，清澈的水面碧波荡漾，引来海鸥、野鸭等飞禽频频戏水；湖中小岛上花草繁多；岸边绿树成荫，花香鸟语。

10.4.2.1.1.20 红海水库
(Honghai Reservoir)

位于新疆维吾尔自治区喀什地区巴楚县阿纳库勒乡境内，东距巴楚县城约 8 千米，地理位置为东经 78°26′、北纬 39°46′，是以灌溉为主、兼顾防洪的灌注式中型平原水库。

水库通过民生引水枢纽和巴楚总干渠引蓄**叶尔羌河**河水。巴楚总干渠全长 92 千米，沿途有两处退水闸。渠水在红海水库上游约 12 千米处进入阿吉根洼地（又称阿吉厄肯湖）后，通过引水渠入红海水库，设计引水流量 40 立方米每秒。

水库始建于 20 世纪 40 年代，后经几次扩建，设计总库容达 7 200 万立方米，坝型为均质土坝，坝长 24.8 千米，其中主坝长 8.25 千米，最大坝高 6.3 米，副坝长 16.52 千米，最大坝高 4.3 米，正常水位水域面积 34 平方千米。水库主要担负着巴楚县的 6 个乡镇约 2 万公顷耕地的灌溉任务。库内养殖有鲤、鲢、鲫、昌等 10 余个鱼种，还有牛蛙、螃蟹、河虾等特色水产品。水库四周绿树环绕，碧绿茂盛的芦苇与蓝天白云倒映在清澈的水中，景色优美。

10.4.2.1.1.21 小海子水库
(Xiaohaizi Reservoir)

位于新疆维吾尔自治区喀什地区巴楚县境内大（2）型平原水库，西距巴楚县城 14 千米，东北距图木舒克市 28 千米，

地理位置为东经78°39′~78°48′、北纬39°39′~39°47′，是新疆乃至西北地区最大的平原水库。

水库于1958年10月开工建设，1964年完成第一期工程，蓄水量为2.5亿立方米；1969年开始续建二期工程，1975年完工，蓄水量增至4亿立方米；于1982年完工的第三期工程，使水库库容达到5亿立方米的设计要求。水库最大坝高14米；分南北两坝，北坝长13.2千米，南坝长11.8千米；最大水面面积147平方千米。水库建有南、北两处放水闸，最大泄水流量分别为220立方米每秒和230立方米每秒。1997—1998年，在小海子水库南、北坝上各修建了5千米防浪墙；2002—2004年，又对小海子水库南、北坝进行了除险加固。

水库蓄水量受**叶尔羌河**水量丰枯影响而变化，多年平均年引水量约15亿立方米。1967年以前，水库从叶尔羌河下游分支泽河的两汊河——福哈里克河和喀拉达利亚河引水；1968年起，从叶尔羌河艾里克塔木引水枢纽引水蓄库。1961年，叶尔羌河发生特大洪水，卡群水文站洪峰流量6 270立方米每秒，小海子水库出现险情，不得已从南坝段扒口泄洪，洪水泄入苏地盖墩以南胡杨林及荒漠滩地。水库经近50年的运行，库内淤积严重，已减少库容1.1亿立方米。

小海子水库由农三师小海子水库管理处管理，由南闸、北闸和盖美力克河向下游图木舒克市灌区、小海子水库管理处和巴楚县恰尔巴格乡灌区、**永安坝水库**等供水，灌溉面积8.33万公顷，灌区人口达26万；同时还是巴楚县三乡两镇自来水水源地。辽阔的水库水面养殖有20多种鱼、虾和著名的"昆仑雪蟹"，年产水产品总量达500吨以上。

位于小海子水库东岸的"西海湾"是国家AAA级景区及国家水利风景区；也是天然的淡水浴场。这里建起了全疆最大的（占地400余公顷）人工种植园，栽种有大榆树、馒头柳等200多种风景树。浴场东依海拔2 063米的麻扎山，西南面是绵延数十千米、面积16万公顷的原始胡杨林。沿库岸水草茂盛，常年栖息着十余种水鸟，周边湿地还有鸬鹚、黄鸭、黑鹳等野生动物栖息繁衍。

图木舒克市是小海子水库的主要灌区，驻有农三师四十四团、四十九团、五十团、五十一团、五十二团、五十三团、小海子水库管理处和图木舒克工建集团等单位，总人口12万，是小海子垦区政治、经济、文化中心及农副产品加工中心和集散地。该市主导产业为农业，现有耕地面积7.33万公顷，是中国仅有的长绒棉种植区，也是国家批准的优质商品棉基地。

10.4.2.1.1.22　永安坝水库
（Yonganba Reservoir）

位于新疆维吾尔自治区喀什地区巴楚县境内、**小海子水库**东北18余千米处，由南、北两库组成，是小海子水库的调节水库。该水库以灌溉为主，兼有水产养殖功能的大（2）型水库。

水库建成于1982年，水源来自小海子水库和**叶尔羌河**引洪渠。北库原为1959年前利用自然洼地修建的小型水库，后利用库区东侧南北走向、相互间断的四座小石山挡水进行了扩建。扩建后北库坝长12千米，库容9 000万立方米，水面面积60平方千米；南库坝长4.0千米，库容1.1亿立方米，水面面积62平方千米。大水时南、北库可通过调节闸相互沟通联合运用。

水库主要泄水建筑物包括：6孔泄洪闸，设计下泄最大流量240立方米每秒；两孔吐来提泄洪闸，设计最大下泄流量240立方米每秒；3孔盖美力克河（又称克列根河，俗称夏河）泄洪闸，设计最大下泄流量150立方米每秒；3孔南库泄洪闸，设计最大下泄流量240立方米每秒；两座灌区放水闸，共12孔，设计最大下泄流量100立方米每秒。

为解决小海子北坝后巴楚县等排碱水经**喀什噶尔河**故道入永安坝水库问题，在西端沿北坝外侧修建了11.5千米排碱渠，之后又在喀什噶尔河上建12孔拦河排碱闸，较好地解决了库水矿化度增高的问题。

10.4.2.1.1.23　上游水库
（Shangyou Reservoir）

因地处**塔里木河**干流段最上游而得名，位于新疆维吾尔自治区阿拉尔市境内，东北距阿拉尔市50千米，地理位置为东经80°41′、北纬40°26′，是一座以灌溉为主，兼顾防洪、渔业、旅游等综合效益的大（2）型灌注式平原水库。

水库于1960年由兵团农一师建成并蓄水，原为**叶尔羌河**上的一座拦河水库，距下游叶尔羌河入塔里木河河口27千米处。后因叶尔羌河下泄洪水不正常且水质较差，水库蓄水无保证，改为从**阿克苏河**上的塔里木引水枢纽南干渠引阿克苏河水蓄库。水库原设计库容1.2亿立方米，1985年经除险加固、加高坝体后，库容增至1.8亿立方米。坝型为均质土坝，坝长56.59千米。水库放水渠长26千米，穿越**和田河**与**胜利水库**连接，两库联合调度运用，设计灌溉面积5.13万公顷，实际有效灌溉面积2.47万公顷。

水库平均水深8米，最深达12米。库中放养有草鱼、鲤鱼、甲鱼等鱼种。库区内有许多小沙洲，周边长有芦苇、胡杨林、红柳、胖姑娘等草木，成为灰鹤、野鸭、鱼鸥等各类飞禽的乐园，因而被称为"鸟岛"。水库岸边沙滩地建有游泳、垂钓等旅游场所。

10.4.2.1.2　喀什噶尔河
（Kashigaer River）

"喀什噶尔"，其语源由突厥语、古伊兰语、波斯语等融演而成，含意有"各色砖房""玉石集中之地""初创"等不同解释。《西域水道记》中诠释为："回语谓各色为喀什，砖屋为噶尔，地富庶、多砖屋也"。

喀什噶尔河主源克孜勒苏河上段科克苏河发源于吉尔吉斯斯坦境内的克孜尔阿根山特拉普齐峰（海拔6 040米）南坡，进入中国境内称克孜勒苏河，先后流经新疆维吾尔自治区克孜勒苏柯尔克孜自治州乌恰县及喀什地区的疏附县、喀什市、疏勒县。疏附县、疏勒县、伽师县三县交界处干流始称喀什噶尔河（干流长463千米），然后由西南向东北流，先后经喀什地区的伽师县、巴楚县、图木舒克市、阿克苏地区的阿瓦提县及兵团农三师四十一团、四十二团、伽师总场、东方农场、农一师五十一团，最后在阿拉尔市的肖夹克汇入**塔里木河**。以克孜勒苏河为主源，河流全长1 019千米（其中，吉尔吉斯斯坦境内76千米），出山口以上集水面积15 947平方千米，流域总面积约66 760平方千米，多年平均年径流量约45.92亿立方米。

概　　述

喀什噶尔河流域西高东低，西北、西、西南分别以天山南脉山脊和萨雷阔勒岭山脊为界，与吉尔吉斯斯坦和塔吉克斯坦毗邻，东部接塔里木盆地。流域山区面积47 570平方千米，平原区面积仅17 830平方千米。从山区到平原，地形起伏很大。高山区众多湖泊星罗棋布，河网发育；浅山区干沟纵横，丘陵山地有大量山泉涌出；出山口以下形成喀什噶尔河流域倾斜平原。上游山区最高点为支流**玛尔坎苏河**源头，海拔6 630米。河流上游为天山与帕米尔高原的天然分界线，河源区群山起伏，海拔3 200～3 800米的高山区，植被以高寒牧草为主；海拔2 800～3 200米的山区，植被类型为山地荒漠草原，旱化特征十分明显；海拔2 600～2 800米的山地，荒芜，几乎无植被；下游平原区，在扇缘泉水溢出带及河流沿岸生长有以盐化草甸（含灌丛草甸和疏林草甸）为主的低平地草甸，其他地区为裸露戈壁和极稀疏的荒漠植被群落。

流域地处内陆腹地，远离海洋，属温带大陆性气候。气候垂直地带性分布规律显著；山区分为冷季和暖季，夏季凉爽，冬季漫长寒冷；高山区最大年降水量超过700毫米；平原区年降水量则小于80毫米，蒸发强烈，日照充足，浮尘大风频繁。

喀什噶尔河水系主要由主源流克孜勒苏河和**盖孜河**、**库山河**、**依格孜亚河**、**布古孜河**、**恰克马克河** 5条较大支流汇集而成。其中，盖孜河、库山

克孜勒苏河中游河谷

河、依格孜亚河发源于帕米尔高原区；布古孜河、恰克马克河发源于天山南脉；克孜勒苏河（源头位于天山南脉吉尔吉斯斯坦境内的克孜尔阿根山北坡）为两大山脉分区界河，穿行在帕米尔高原与天山南脉之间。

喀什噶尔河流域各大支流在下游平原区，被大量引用灌溉农田，造就了古老、文明、发达的喀什噶尔绿洲，养育着维吾尔族、汉族、柯尔克孜族、回族、塔吉克族、乌兹别克族等各族人民200余万人。整个流域自20世纪50年代起，先后建成了中、小型水库37座；引水渠首12座；干、支、斗三级渠道总长57 764千米，其中防渗渠3 661千米，各种渠系配套建筑物16 746座；排水渠系总长7 990千米；机井1 966眼，总灌溉面积27.87万公顷。

喀什噶尔河上主要的水利工程较多。

喀什一级电站引水枢纽建于1980年，由拦河大坝、泄洪闸、引水弯道、进水闸及电站组成。大坝为黏土心墙坝，坝长476米，最大坝高17米，蓄水库容400万立方米。喀什一级电站建成于1983年，总装机容量1.95万千瓦；喀什二级电站于1992年正式运行，总装机容量7.5万千瓦；喀什三级电站于1959年建成，总装机容量7.5万千瓦。

卡甫卡渠首位于疏附县木什乡，建于1965年，控制灌溉面积7万公顷。

兰干水库位于喀什市区东北20千米的伯什克热木乡境内，建成于1959年，总库容350万立方米，控制灌溉面积约1 300公顷。

牙郎水库（又称上牙郎水库）位于喀什市区东10千米的浩罕乡牙郎村，建于1958年，均质土坝，坝长1.3千米，最大坝高5.5米，总库容500万立方米，控制灌溉面积近2 000公顷。

天南维其克引水枢纽位于疏附县站敏乡境内，建于1990年，由5孔进水闸（设计流量65立方米每秒）、5孔泄洪冲砂闸、溢流堰（长300米）及南、北防洪导流堤组成，控制灌溉面积6万公顷。

克孜保依干渠西起疏附县天南维其克引水枢纽，东至伽师县夏合曼渠首，总长52千米，担负着伽师、疏勒、岳普湖三县约4万公顷农田的灌溉任务及伽师县吾甫尔水库的引水任务。

吾甫尔水库位于伽师县米夏乡，建于1963年，大坝为均质土坝，主坝长3.1千米，最大坝高6米，总库容600万立方米，控制灌溉面积2 700公顷。

卡甫卡孜力肯防洪堤位于疏附县木什乡克孜勒苏河北岸，建于1992年，为浆砌石护面土石堤，堤长8.05千米，保护疏附县、喀什市等地区11.2万人口及9 000公顷耕地防洪安全。

喀什一级电站尾水入北岸电站引水渠，依次经喀什小一级电站、二级电站、三级电站发电后，尾水退入阿瓦提干渠。卡甫卡渠首以西分水入阿瓦提干渠，阿瓦提干渠向东延伸10余千米后，接纳**卡浪沟吕克河**在木什乡灌区余水及喀什三级电站尾水，继续向东延伸至喀什机场东部的尤库日买里村，经相姆巴些阿伯分水闸，下游又分为三支，北支注入兰干水库，中支引入疏附县阿瓦提乡灌区，南支注入牙郎水库。

英阿瓦提渠首位于伽师县夏普吐勒乡境内，建于1988年，主要由8孔进水闸（引水流量200立方米每秒）、溢流堰（泄洪流量500立方米每秒）、7孔泄洪闸组成，控制灌溉面积2.3万公顷。

布哈拉渠首位于伽师县和夏阿瓦提乡境内，建于1988年。引水枢纽由7孔进水闸（引水流量86立方米每秒）、9孔泄洪冲砂闸（设计流量86立方米每秒）和溃坝段（泄洪流量225立方米每秒）组成，控制灌溉面积约1.6万公顷。

邦克尔水库与卫星水库初建时均以引蓄喀什噶尔河水为主，后由于喀什噶尔河水量骤减，不能满足其用水要求，于是同时引蓄喀什噶尔河及**叶尔羌河**水。邦克尔水库位于巴楚县阿纳库勒乡境内，东距巴楚县城70千米，隶属新疆监狱管理局下属的克拉玛勒监狱，是一座引水灌注式中型平原水库。水库建于1963年，2004年进行除险加固，库容4 700万立方米，坝体为均质土坝，坝长7.45千米，最大坝高5米。水库库盘为半圆形，库区面积40平方千米，南北长8千米，东西宽5千米，控制灌溉面积1 200公顷。

卫星水库位于巴楚县阿纳库勒乡境内，东距巴楚县城18千米，是一座中型平原水库；建成于1972年，1994年进行除险加固，库容2 500万立方米，坝体为均质土坝，最大坝高4.5米，坝长11.1千米；主要引蓄喀什噶尔河及叶尔羌河夏季洪水，调节下游阿纳库勒乡、胜利乡、恰瓦克乡、良种场和园艺场1.7万公顷耕地灌溉用水。

纪 实

喀什噶尔河主源克孜勒苏河在吉尔吉斯斯坦境内的上游源流称科克苏河。河流自源头由北向南流64千米后折向东流，下行12千米流入中国新疆克州乌恰县境内。自源头至中吉两国边界之间的河段，两岸水系十分发育，除接纳了发源于天山南脉北坡的多条支流外，还于左岸接纳了发源于阿赖山脉北坡冰川区（最高峰海拔6 406米）的两大支流。

河流入中国境后向东北流40千米，沿途两岸先后接纳了阔什乌托克河、喀英都河、**喀拉铁热克河**、萨喀勒河、**卓尤勒干苏河**等支流，流经牙师水文站后转向东南流。牙师水文站是克孜勒苏河水文控制站，为国家基本站。此后，河流两岸又接纳了多条支流，较大的支流有玛尔坎苏河、喀孜嘎尔特吉勒嘎河、江布拉克河、夏特河、**阿依嘎尔特河**、**康苏河**、卡浪沟吕克河，随后流出山口，流程128千米。沿途河畔分布有乌鲁克恰克乡、吾合沙鲁乡及所辖多个自然村落。

西北诸河卷

10.4.2.1.2 喀什噶尔河

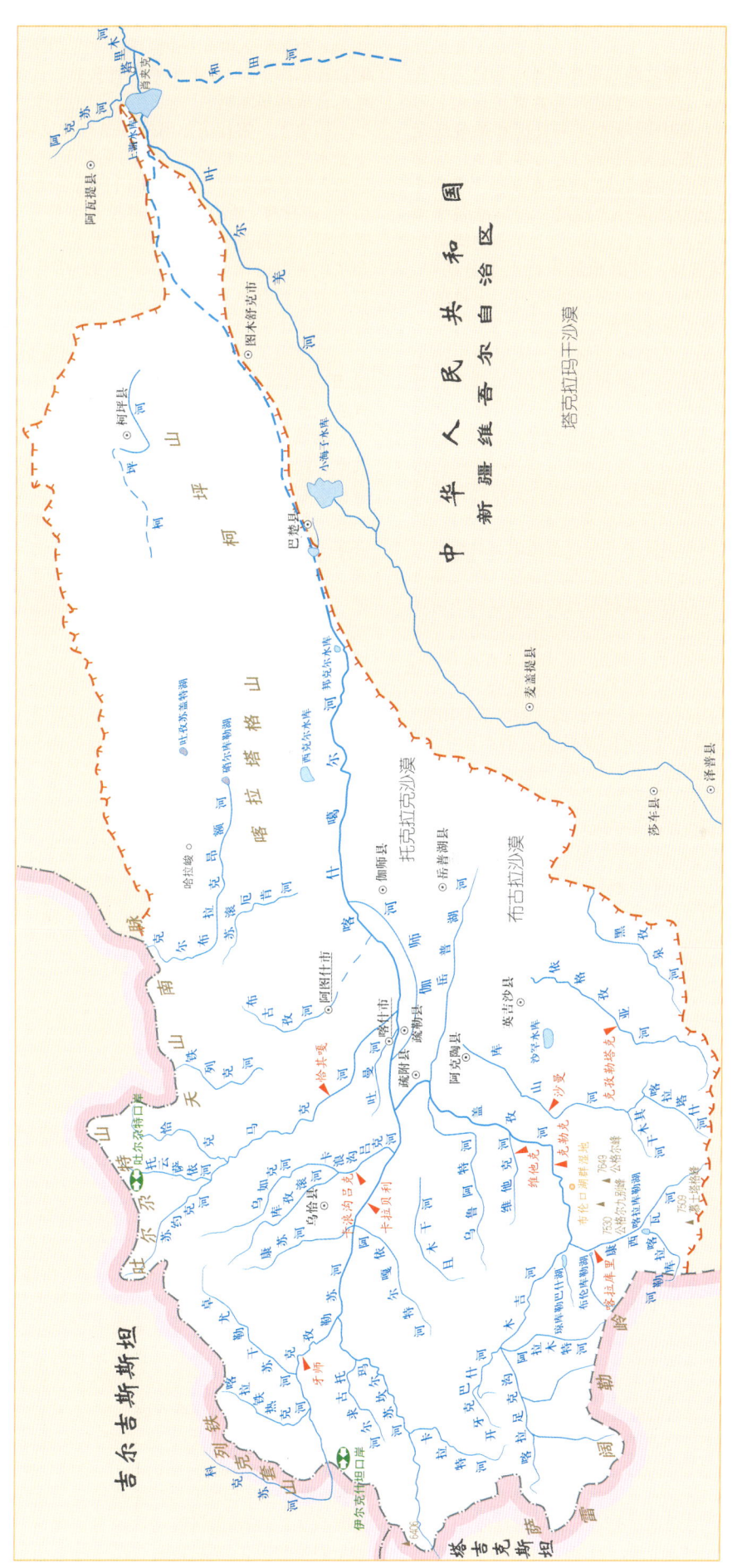

喀什噶尔河水系示意图

河流入国境向东 4.5 千米的南岸为伊尔克什坦口岸，原称"斯木哈纳口岸"，距乌恰县城 150 千米，距吉尔吉斯斯坦奥什市约 260 千米，曾是历史上丝绸之路的重要通道，现已成为我国最西部的国家一类口岸，是中吉两国的主要贸易通道。口岸东面紧挨的斯木哈纳村，是中国最晚迎来日出和最晚送走落日的地方。克孜勒苏河上游北岸河畔的吾合沙鲁乡，仅辖三个村，居民 1 027 人。"吾合沙鲁"，系柯尔克孜语"子弹上膛"之意，因清代当地民众为抵御外来侵略、时刻准备参战而得名。乌恰县乌鲁克恰提乡和吾合沙鲁乡交界处的海贝化石山，是从古地中海中隆起的，其海相沉积特点十分明显，有的似海底斜卧的暗礁，有的似露出海面的礁石。山体的颜色一层红、一层白、一层黄，层次清晰。

克孜勒苏河出山口以后，先后流经喀什一级电站引水枢纽以及下游 18 千米的卡甫卡拦河引水枢纽；又流 20 千米，经天南维其克拦河引水枢纽。枢纽以下，河流分为干流与伽师河汊流。干流沿喀什市与疏附县、疏勒县的县界向东流经 25 千米后，至喀什市多来特巴格乡艾格日亚村，左岸接纳了**吐曼河**；续东流约 42 千米，在疏附县、疏勒县、伽师县三县交界处，又与伽师河汇合，以下河段始称喀什噶尔河。伽师河，又称克孜保依河，自西北向东南流 7 千米，至疏附县吾库萨克镇八里桥，过 314 国道；又流 18 千米过 315 国道，在疏勒县城东南 4 千米处的巴仁乡阿热克其其村附近接纳盖孜河下游灌区退水；之后折向东流，下行 25 千米至疏勒县东北部的亚曼牙乡艾其库其其村附近转向东北流；再流 15 千米，在疏附县、疏勒县、伽师县三县交界处又与克孜勒苏河干流汇合。

疏附县和疏勒县，均为汉代西域三十六国之一的疏勒国地。疏勒县因古代隶属古疏勒国而得名，是喀什地区的东南门户，素有"黄金走廊"之称，全县辖 3 镇、12 乡，总人口 29 万人，耕地面积 3.6 万公顷，是新疆主要的粮棉产区之一，县内遗存的巴依汗古城、喀什噶尔督粮仓等遗址依稀可见。疏附县城俗称喀什噶尔回城或老城，现辖 1 镇 14 乡，共 36.6 万人，是著名的水果之乡，享有"中国木纳格葡萄之乡""中国喀什噶尔石榴之乡"的美誉，塞外稻乡——帕哈太克里稻田风光、伯什克然木乡大果园等民俗风情让中外游客流连忘返。

喀什噶尔河续流，沿疏附县与伽师县县界蜿蜒东北流 18 千米，之后进入伽师县境内，经英阿瓦提拦河渠首，两岸的南、北干渠将部分水量分别引至克孜勒苏乡灌区及和夏阿瓦提乡灌区。

河流自渠首以下续东北流，经约 41 千米流程，后转东流，沿途左岸先后接纳了北来的恰克马克河南支余水、布古孜河下游汊流及来自左岸上游灌区的退水；又下行约 34 千米至布哈拉渠首，渠首以下干渠将部分水量引入东北 21 千米处的**西克尔水库**。

布哈拉渠首以下，河道多弯曲，汊流发育，有多条河流故道，大洪水时，水流可通过多条故道下泄，但主要水道为南、北两支。

南支为经布哈拉渠首引水后的河流下泄余水，迂回曲折东流约 90 千米后注入邦克尔水库；水库泄水再向东北流约 36 千米注入卫星水库，水库以下南支故道向东延伸至阿吉根洼地内的**红海水库**库区。

北支原由喀什噶尔河汊流及布古孜河、恰克马克河等河系下游汊流汇集而成，是这些水系洪水下泄的主要下游通道；现主要为西克尔水库坝后非常情况下的泄水通道。

喀什噶尔河向东延伸 70 千米至玉代克力克乡附近后折向东南流；下行约 20 千米，沿邦克尔水库北侧向东延伸 64 千米至沿巴楚县城北侧；又下行 23 千米，右岸接纳**小海子水库**下泄水量，再下行 13 千米注入**永安坝水库**；出库后，河道向东北 218 千米汇入叶尔羌河，随后注入下游 14 千米处的**上游水库**；在水库下游 20 千米处的肖夹克，先后与**阿克苏河**、**和田河**汇合成塔里木河。

历史上，喀什噶尔河的 6 条较大支流均与干流水网贯通，干流水量浩大，是塔里木河的重要源流之一。20 世纪 60 年代以后，喀什噶尔河各支流出山口后，大部分水量被上游灌区引用，**盖孜河**、**库山河**和**依格孜亚河**等支流已无余水汇入喀什噶尔河，各自逐步演变成独立水系；布古孜河、恰克马克河余水也大多由托卡依水库等拦蓄。喀什噶尔河剩余水量主要被拦蓄在西克尔水库和邦克尔水库，下游河道已成为上游灌区排碱水下泄通道，已不再与塔里木河有地表水力联系。

喀什噶尔河在古代曾是塔里木河最重要的源流之一，《水经注》《西域水道记》均将其作为塔里木河的第一条源流加以叙述，并将其称为葱岭北河。

流域自古以来就是个多民族聚居地区，历史上曾有匈奴、突厥、回鹘、契丹等多个民族在这里农耕、游牧、狩猎，也是多种宗教并存的地区。在漫长的历史长河中，既有中央集权的统一管辖，又有封建地方势力的割据，加之民族的迁徙、部落的兼并，外来力量侵略，曾多次成为中国历史上群雄称霸、纵马逐鹿的疆场，演绎出许多丰富而多彩的历史画卷。据《穆天子传》中记载，周穆王到达昆仑山后曾到了一个名叫"曹奴"的地方，据考证"曹奴"即位于今喀什噶尔河流域内。

喀什噶尔河上游北面为中国与塔吉克斯坦国界，西南面为盖孜河下游汊流岳普湖河，东南邻叶尔羌河，南岸为托克拉克沙漠。托克拉克沙漠面积近 2 000 平方千米，"托克拉克"，系维吾尔语"最美丽的树"之意，即指人们熟知的胡杨树。沙漠因周边胡杨茂盛而得名。托克拉克沙漠现已被新疆维吾尔自治区列为重点治沙区域。伽师县辖 2 镇 11 乡，总人口 34 万，其中，少数民族人口占 98.81%。全县耕地面积 5.3 万公顷，盛产棉花、小麦、玉米、安息茴香以及伽师瓜、杏、葡萄、酸梅等农产品，是全国粮棉生产基地和稀有果品生产基地，伽师瓜、酸梅、唛饴赛木夸为三大特产，2001 年，伽师县被农业部命名为"中国伽师瓜之乡""中国伽师杏子之乡""中国酸梅之乡"。

巴楚是"巴尔楚克"的简称，维吾尔语意为"鹿头"。巴楚县位于喀什噶尔河下游南岸，历史悠久，汉代为西域三十六国之一的尉头国地，唐设尉头州，清光绪九年（1883 年）设玛喇尔巴什直隶厅，1913 年设巴楚县。现巴楚县辖 4 镇 8 乡，总人口 39 万，是全国最大的优质棉基地，被中国农业部授予"中国新疆巴楚县雪莲牌棉花之乡"称号。巴楚县城以东 35 千米的喀什噶尔河古河道北岸坐落着马蹄山（海拔 1 690 米），因山丘有两个酷似马蹄的巨大印记而得名。山脚下生长着 12 棵枝繁叶茂的巨型胡杨，其中最大的一棵胡杨，底部周长 8.6 米，中间 6.3 米，被誉为"千年胡杨王"，被尊为神树。

图木舒克市位于干流下游，河流古道北岸的勒亚依里塔格山支脉坎斯坎套山与图木秀克塔格山之间的托库孜萨热依自然村（现图木舒克市一营驻地）附近有著名的唐王城（唐代尉头州城遗址），又称托库孜萨来古城，建于公元前 206 年，距今已有 2 200 多年的历史。早在公元 75 年，东汉政府派班超率吏士 36 人赴西域，曾在唐王城驻守 17 年。此地四面环山，地势险要，是历代兵家必争之地，也是"丝绸之路"必经要道，并是东汉政府当年在西域设立的唯一据点；其佛教遗迹年代大致在南北朝或盛唐时期。至今附近尚有大片屯田遗迹，具有极高的考古价值，被列为自治区文物保护单位。

唐王城的东北、喀什噶尔河古河床北岸，一直延伸至位于现柯坪县其兰村的齐兰古城之间长约80千米的荒漠区域内，还遗存有包尔其佛教寺院、琼梯木烽火台、麻将勒克屯垦城遗址、达干古城、齐兰烽火台、齐兰古城等文化遗迹。

10.4.2.1.2.1　喀拉铁热克河
（Kalatiereke River）

卓尤勒干苏河

又名吉根河，位于新疆维吾尔自治区克孜勒苏柯尔克孜自治州乌恰县境内，为**喀什噶尔河**主源克孜勒苏河左岸支流。流域西、北分别与天山南脉的铁列克套山脊和且克拉岭（又名阿赖山）山脊为界与吉尔吉斯斯坦毗邻，东与克孜勒苏河支流**卓尤勒干苏河**流域接壤。河流全长40千米，流域面积780平方千米，多年平均年径流量约1.78亿立方米。

河流发源于天山南脉且克拉岭南坡，最高点海拔4 648米。河流上游水系呈扇状分布，由分别发源于且克拉岭山脊的穆兹别离山口、库鲁姆杜山口、库曲克勃勒山口的铁克塔什河、库鲁姆杜河、塔尔特库里河在卡特硝若自然村下游附近汇集而成，汇合口以下即为喀拉铁热克河。

河流自汇合口向西南流12千米，右岸接纳了与干流同向的支流喀拉哲勒尕河（河长26千米，主要支流有喀英都河和阿克铁热克河）后折向南流；下行约6千米，右岸接纳了支流喀拉阔洛特河（河长24千米，由喀拉喀苏河和萨色克河汇集而成）并转东南流；流经吉根乡政府驻地及下游的那格拉电站，9千米后，在萨喀勒恰提村附近汇入克孜勒苏河。

流域地处高山寒冷山区，年无霜期不足100天，常伴有雪灾、大风、冰雹等灾害性天气。下游段河谷内生长有沙棘、野柳等树种的大片野生灌木丛，林中牧草茂盛，时有石鸡、盘羊等珍贵野生动物出没活动。吉根乡是中国最西北的乡，平均海拔约2 720米，辖4个村，有2 052人，均为柯尔克孜族；草场面积达9万公顷，耕地面积仅100公顷。"吉根"系柯尔克孜语"聚合"之意，因当地柯尔克孜族人常在河畔聚会得名。柯尔克孜人是高原上的歌手和诗人，每逢喜庆节日欢聚时，人们总要邀请"玛纳斯奇"（演唱《玛纳斯》的民间歌手）来演唱柯尔克孜族的著名史诗"玛纳斯"，这已成为柯尔克孜牧民的传统习俗。

10.4.2.1.2.2　卓尤勒干苏河
（Zhuoyoulegansu River）

位于新疆维吾尔自治区克孜勒苏柯尔克孜自治州乌恰县境内，为**喀什噶尔河**主源克孜勒苏河左岸支流。河流全长90千米，集水面积2 006平方千米，多年平均年径流量约3.6亿立方米。

河流发源于天山南脉且克拉岭（又名阿赖山）东南坡，河源区以且克拉岭山脊为界，与吉尔吉斯斯坦境内的塔尔河流域毗邻，流域最高点海拔5 235米。上游水系极为发育。

源流铁格尔曼苏河发源于天山南脉且克拉岭，由发源于且克拉岭山脊南侧的琼喀什苏啊嗯河、源头位于迭木加依洛别勒达坂的迭木加依洛苏啊嗯河、源头位于库勒哲勒嘎达坂的阿克苏尔科苏啊嗯河（河长22千米）和琼喀拉哲勒嘎河等4条支流汇集而成，呈扇状水系。

铁格尔曼苏河自汇合口由东北向西南流经14千米，在库塔拉自然村附近，右岸接纳了源头位于且克拉岭山脊南侧的玉奇塔什苏啊嗯河（源头位于阿热克托如克勃勒山口东北侧，源区泉眼密集，溪流众多；由阿克塔什泉、协依特阿日相泉、麻扎阿日相泉、伊铁勒格乌亚泉、阔克莫依纳克泉等泉水汇集的溪流和希依达木苏啊嗯河、谢依特喀什喀苏河、克勒喀什喀苏河、琼喀什喀苏河等较大支流汇集而成，在琼喀什喀苏河汇合口下游2.3千米处汇入铁格尔曼苏河）。铁格尔曼苏河转向南流，途中两岸又接纳了尼奇克河、克孜加尔河等支流，流经12千米，左岸大支流塔尕库如木苏啊嗯河（发源于阿克巴什阿尤山南坡，河长33千米，较大支流为也尔嘎颇恰勒河）和古吕提根河（发源于其勒坦套冰川区，河长26千米，主要支流有大喀什喀苏河、小喀什喀苏河、加拉帕克博孜河、苏鲁铁热克河、库乃克铁热克河）相继汇入，汇合口以下始为卓尤勒干苏河。源流铁格尔曼苏河全长48千米，集水面积604平方千米。

卓尤勒干苏河自古吕提根河汇合口转向西南流，两岸先后接纳阔库河、阿龙然河、喀英都河、萨瓦亚尔顿河（源头位于且克拉岭山脊处的萨瓦亚尔顿山口附近，河流由北向南流经13.3千米，左岸接纳了支流阿热克托如克河后转向南流，约22千米汇入卓尤勒干苏河）等支流，过乌鲁克恰提乡，经43千米流程汇入克孜勒苏河。阿热克托如克河源头位于阿热克托如克勃勒山口西南侧，河流自源头平行于且克拉岭山脊、自东北向西南流，河流西北界距边界线约2～3千米，沿途左岸汇入的支流有琼喀什喀苏河、克其克喀什喀苏河、阿特加依洛河，河长21千米。

乌鲁克恰提乡政府驻地库尔干村，位于卓尤勒干苏河和克孜勒苏河的交汇处。"乌鲁克恰提"，柯尔克孜语意为"大山沟的分岔口"，因克孜勒苏河谷在此地分岔为三道山沟而得名。历史上这里就是通往吉尔吉斯斯坦的交通要道，战略位置十分重要。1913年在现乌鲁克恰提乡设乌鲁克恰提分县；1929年改为乌鲁克恰提设治局，县佐和设治局衙门均设在乌鲁克恰提。1938年设乌恰县时，迁往现黑孜苇乡，仍沿用乌鲁克恰提的简称乌恰。如今所留遗址甚少，仅有当时栽种的7棵白杨，枝繁叶茂，成为历史的见证。乌鲁克恰提乡现辖3个村委会，共4 150余人，拥有耕地85公顷，草地面积464公顷，主要以牧业为主。

河流源区降水丰富，植被优良，以高寒草原为主，多为寒旱生牧草。玉奇塔什苏啊嗯河流域为乌鲁克恰提乡的玉奇恰特牧场。自河口的乌鲁克恰提乡有公路溯流而上一直通往玉奇恰特牧场。夏季来临，玉奇塔什草原以其特有的高山草原风光吸引大批游客纷至沓来，景区已被载入了《中国名胜古迹大观》。

10.4.2.1.2.3　玛尔坎苏河
（Maerkansu River）

喀什噶尔河主源克孜勒苏河右岸支流，为国际跨界河流。

河流自塔吉克斯坦境内流入中国境内后，流经新疆维吾尔自治区克孜勒苏柯尔克孜自治州阿克陶县，在乌恰县境内汇入克孜勒苏河。河流全长 150 千米，流域面积 3 724 平方千米（其中，国外集水面积 760 平方千米）。

流域南部为帕米尔高原萨雷阔勒岭北坡，萨雷阔勒岭西南坡即为塔吉克斯坦境内的喀拉湖流域；中部横亘有帕米尔高原昆盖山北坡冰川区；北部为西南—东北向的阿赖山脉东南坡。

河流源头位于塔吉克斯坦境内的阿赖山列宁峰（海拔 7 134 米）东南坡，源区冰川发育。河流自西北向东南流至玛尔坎苏村附近折为东流，入中国境内后续东流，沿程左岸接纳了发源于阿赖山东南坡的支流琼喀讷什沟（河长 17.5 千米）和琼萨达特沟（河长 19.5 千米）；右岸接纳了发源于萨雷阔勒岭北坡冰川区的托吾恰克·乌勒都沟、萨帕尔库勒墩·吉勒嘎河、克尔克孜乌勒滚沟；边界线以下 40 千米处，右岸又接纳了发源于萨雷阔勒岭东北坡的大支流卡拉特河。之后，河流转向东北流，进入乌恰县境内的昆盖山区，流经约 70 千米，至乌恰县吾合沙鲁乡马尔坎恰特村附近汇入克孜勒苏河；其间，两岸相继有托克沙洼河、乌尔托明铁盖河、古肉木吐尔河、土拉巴依河、阿恰别勒河、托古求尔河等支流汇入。

支流乌尔托明铁盖河、古肉木吐尔河均发源于昆盖山北坡冰川区，最高峰阿克萨依峰海拔 6 102 米。两河源头分别位于乌尔托明铁盖冰川和别列克明铁盖冰川末端，河流均由南向北流，河长分别为 18.5 千米和 22 千米。支流克牙冱河发源于阿赖山南坡冰川区，西南向东北流经 32 千米转向东流，约 17 千米汇入玛尔坎苏河。

10.4.2.1.2.4　康苏河
(Kangsu River)

位于新疆维吾尔自治区克孜勒苏柯尔克孜自治州乌恰县康苏镇境内，为**喀什噶尔河**主源克孜勒苏河左岸支流，河长 60 千米，集水面积 668 平方千米，多年平均年径流量约 0.5 亿立方米。

河流发源于天山南脉西段且克拉岭（又名阿赖山）东南端的其勒坦套山冰川区南坡，源区最高点海拔 4 985 米。源流称铁列克河，由发源于冰川末端的迷木加依洛河及阿克然河、硝尔鲁河汇集而成。铁列克河自硝尔鲁河口自西北向东南流，沿程左岸接纳了加斯喀克河、塔塔活络提河等支流，经约 42 千米流程，进入康苏河谷。在康苏镇北山口处建有拦河渠首——青年渠首，将部分河水向东引至左邻**库孜滚河**河畔的黑孜苇灌区。渠首泄水继续沿河道南流 6 千米、穿过康苏镇后，以下河流始称康苏河。

康苏河南流约 12 千米，在左岸接纳了肖尔布拉克河后，于下游 4 千米处的康苏镇八一村附近汇入克孜勒苏河。

河流上游河谷深切，窄而规整，纵坡陡峻，海拔高于 3 000 米的山区坡地分布有高寒草原植被，海拔 2 000～3 000 米的区域为山地荒漠草原区。

"康苏"系维吾尔语，其含义有两种说法：一是清朝时期当地人民为反抗中亚地区浩罕国阿古柏入侵新疆的战争，烈士的鲜血染红了这条河，"康苏"意指"血染的河水"；二是河流常有闪光的矿石随水流动，"康苏"意指"含有金属闪光的河水"。康苏镇素有"帕米尔高原上的明珠"的美誉，初建于 1958 年 5 月，曾是帕米尔高原上的第一个工业城镇——康苏矿区驻地，镇内设 2 个居委会，共 6 624 人。

康苏河流域内矿产资源丰富，已探明的矿种有煤、铅、锌、铜、锶、铁、石灰石、天青石等，是克州及南疆地区重要的煤炭基地。镇内从事矿产品采选和加工的企业有十余家，较大的有康苏煤矿和兵团四十一团煤矿。

10.4.2.1.2.5　阿依嘎尔特河
(Ayigaerte River)

喀什噶尔河主源克孜勒苏河浅山丘陵区右岸支流，又名朦尔托阔依河，位于新疆维吾尔自治区克孜勒苏柯尔克孜自治州乌恰县境内，发源于昆盖山北坡。河流全长 78.5 千米，流域面积 1 376 平方千米，多年平均年径流量约 1.7 亿立方米。

河流自西向东流，经 40 千米流程至克孜勒库木自然村，沿途先后接纳了源自昆盖山主山脊北坡冰川区由南向北流的牧古鲁加依洛河、古勒滚涅克河、孙多果勒河、多勒塔尔河、塔尔嘎拉克河；河流折向东北流，下行约 18 千米，左岸又接纳了阔克阔勒河；再流 5 千米出山口。山口处建有玛依喀克尔引水枢纽，将部分河水引至右岸的玛依喀克尔灌区。渠首下泄余水继续沿河道向东北流，于下游 7 千米处的康苏镇八一村附近汇入克孜勒苏河。

牧古鲁加依洛河源头为牧古鲁加依洛山谷冰川，河长 13 千米。古勒滚涅克河源头为阿依杜那玛大型山谷冰川，河长约 18 千米。孙多果勒河源区冰川极为发育，上游段有 5 条较大型山谷冰川（其中较大的有克其克托尔山谷冰川、吾尔托托尔冰川）形成的支流呈扇状分布，5 条支流先后汇合后始称孙多果勒河。孙多果勒河干流自西南向东北流 12 千米，右岸接纳了发源于焦肖冰川的阿克塔什河；又流 6 千米汇入阿依嘎尔特河。多勒塔尔河发源于阿依嘎尔特河左岸的阿克佐山东侧，自源头由西向东流 21 千米后折向东南流，约 9 千米后汇入阿依嘎尔特河。塔尔嘎拉克河源头位于塔尔嘎拉克冰川，河长 15 千米。阔克阔勒河是阿依嘎尔特河最长的支流，发源于坑吉勒嘎能巴希套山的阔克阔勒敦别力达坂，河流自西向东穿行在一条狭长的山谷之间，左岸有多条短而小的溪流呈梳状汇入；自源头流经 22 千米，右岸接纳了与之上游平行的支流阿尔恰别勒河（河长 24 千米）；下游又流经 16 千米汇入阿依嘎尔特河。

流域西南部为昆盖山高山冰雪区，分布有 39 条冰川，冰川总面积 121 平方千米，各支流上游两岸高山巍峨，峰峦叠嶂。流域东北部为农牧区，植被良好，居民较多，且分布有一些沙金采矿点。

玛依喀克尔引水枢纽建成于 2006 年，主要由进水闸（设计流量 2.66 立方米每秒，加大流量 6.26 立方米每秒）、3 孔泄洪冲沙闸（设计流量 134 立方米每秒，校核流量 485 立方米每秒）、40 米溢流堰（设计流量 332 立方米每秒，校核流量

玛依喀克尔引水渠首

667立方米每秒）组成，灌溉面积1 333公顷。

10.4.2.1.2.6　卡浪沟吕克河
(Kalanggouluke River)

喀什噶尔河主源克孜勒苏河左岸支流，河流流经新疆维吾尔自治区克孜勒苏柯尔克孜自治州乌恰县、喀什地区疏附县。河流全长116千米，其中干流段河长仅23千米。下游卡浪沟吕克水文站以上集水面积1 954平方千米，多年平均年径流量1.12亿立方米。

卡浪沟吕克河由乌如克河（河长93千米，主源）和**库孜滚河**在乌恰县黑孜苇乡康什维尔村附近汇合而成卡浪沟吕克河。

乌如克河，又称乌瑞克达里亚河，位于乌恰县境内，河流全长93千米，流域面积937平方千米，多年平均年径流量约0.59亿立方米。河流发源于天山南脉阿赖山阿克巴什阿尤山东侧，最高点海拔4 687米，河源区终年冰雪覆盖，冰川面积1.75平方千米。

河流上游段称硝若鲁河，自河源向东南流，两岸依次接纳了阿依巴勒萨依河、硝乌鲁萨依河、塔克塔阔若木河、阿克巴什阿尤河、喀什喀苏河（与库孜滚河上游的喀什喀苏河同名）、琼萨色克河、公多依河（上游称息特乌特博斯河）等诸多支流，经43千米流程至塔月勒嘎牧场，以下河段称为乌如克河。下游河流沿喀拉伯克托尔山北侧、东侧呈半环状东南流38千米后，进入乌恰盆地东侧宽阔的康西湾山谷。河流先后流经谷口处的康西湾渠首、康什维尔村，穿309省道，后折向西南流，在康西湾渠首以下12千米处与右邻库孜滚河汇合成为卡浪沟吕克河。

汇合口以下，河流向南流经6.3千米，至与疏附县交界处的疏附县喀浪沟吕克自然村，右岸接纳支流喀拉尧勒混苏萨依河后流出山口并转东南流，9千米后进入长达9千米的前山峡谷。河流出峡谷口即呈90度弯转向西南流，又经5.5千米，流经喀帕喀自然村后，汇入克孜勒苏河。

在山口处的喀浪沟吕克自然村附近，河流上建有卡浪沟渠首，通过干渠将部分河水引向东南约10千米的疏附县木什乡明尧勒村。在喀帕喀自然村附近的峡谷出口，河流上也建有引水渠首及10千米长的干渠，为木什乡下游灌区供水。

明尧勒古战场位于木什乡明尧勒村。清光绪三年（公元1877年），清军将领刘锦棠率部在此全歼阿古柏匪徒残部，使整个新疆南部重新置于中国管辖。后清政府曾在此立有记功碑一座（1982年发现于明尧勒古战场遗址），碑文大意是："清光绪三年（1877年）十二月十九日，清军将领刘锦棠部在此歼灭阿古柏与白彦虎残部，使南疆重新置于清朝的管辖之下，特立碑志功。"此碑现保存于新疆维吾尔自治区博物馆内。发现石碑的荒地上只留下一处不高的土丘，为自治区文物保护单位。

10.4.2.1.2.6.1　库孜滚河
(Kuzigun River)

卡浪沟吕克河的河源重要支流，位于新疆维吾尔自治区克孜勒苏柯尔克孜自治州乌恰县境内，河流全长80千米，流域面积667平方千米，多年平均年径流量约0.361亿立方米。

河流发源于天山南脉且克拉岭（又名阿赖山）东南坡其勒坦美山东侧，流域海拔最高4 642米。河流自源头由西北向东南流，沿程两岸接纳了阿克巴下依河、莫勒河、喀什喀

河、巴什加斯卡沟等支流，流经萨孜村、加勒古勒嘎村，经56千米流程至出山口。经库孜滚引水枢纽后，河流进入四面环山的乌恰盆地。入盆地后，河流续南流，从乌恰县城东侧约2.5千米处穿流而过，自出山口流经16千米，在盆地前山峡谷垭口，与左邻由北奔流而来的乌如克河汇合成卡浪沟吕克河。在乌恰盆地内河流有汊流，洪水发生时，部分洪水可沿汊流汇入卡浪沟吕克河右岸支流喀拉尧勒混苏萨依河。

库孜滚引水枢纽建于1996年4月，主要由进水闸、泄洪冲砂闸、溢流坝组成，进水闸设计引水流量3.5立方米每秒。经引水枢纽后长约15千米的库孜滚干渠，将部分河水引向西南面的黑孜苇乡灌区，灌溉1 300余公顷农田。

公元9世纪40年代，柯尔克孜人建立柯尔克孜汗国。1938年设置乌恰县时，县城选定在现黑孜苇乡，县名取原乌鲁克恰提设置局（位于现乌鲁克恰提乡）的"乌鲁克恰提"之简称"乌恰"。故现乌鲁克恰提乡仍称"老乌恰"。1985年8月23日乌恰县发生7.4级强烈地震，县城被毁。后又在原县城东北6千米的博鲁什重建新县城。新县城建筑富有民族特色，是一座具有现代建筑的山区城镇。国家已将伊尔克什坦口岸移至乌恰县城西，使其更具有良好的区位地缘优势。乌恰县现辖2镇9乡，总人口约43 545人，其中柯尔克孜族占72%，享有盛名的柯尔克孜英雄史诗《玛纳斯》就诞生在这块神奇的土地上。

10.4.2.1.2.7　吐曼河
(Tuman River)

"吐曼河"，维吾尔语意为"雾河"，位于新疆维吾尔自治区喀什市境内，属**喀什噶尔河**水系。河流全长83千米，流域面积869平方千米，多年平均年径流量约1.3亿立方米。

河流发源于疏附县兰干乡苏鲁克村山前泉水出露带，是典型的泉水河；此外，还汇集有**卡浪沟吕克河**分支在木什乡灌区的排水和克孜勒苏河经阿瓦提干渠引至兰干乡灌区的排水。

河流自兰干乡由西向东流约10余千米，经吐曼河大桥，在荒地乡流入喀什市；在喀什市区东行7千米，穿喀什市区北大桥后折向东南，又8千米，流至市区东门大桥后折向南流，流经东湖公园及南关桥。

吐曼河下游河流分为两支：一支向南流，在下游3千米处的多来特巴格乡阿克亚贝希村汇入克孜勒苏河；另一支复转为东行，13千米后在距下牙郎水库南600米处再入疏附县，又东流13千米注入红旗水库。红旗水库建成于1972年，是一座以灌溉为主的注入式中型平原水库，坝长8 350米，最大坝高5米，设计库容2 500万立方米，控制灌溉面积2 000公顷。该水库属病险水库，最大蓄水能力仅为1 200万立方米，已进

吐曼河喀什市区河段

行除险加固。出库河流继续东行，24千米后，在疏附县阿克喀什乡林场附近汇入喀什噶尔河。

河流流经喀什市区段地形较复杂，河床比市区地面平均低10～15米。河流两岸人口密集，河水受到废水、废渣及生活污水、生活垃圾等严重污染。喀什地区环境监测站监测数据表明：吐曼河上游（市区北大桥以上段）河水呈自然状况，水质较好；中游（喀什市区北大桥至南关桥段）河水污染较重，有异味，石油类、COD（化学需氧量）、大肠杆菌、总氮等监测项目超标；吐曼河下游（喀什市南关桥以下）水质浑浊，有明显臭味，石油类、COD、大肠杆菌、总氮、悬浮物等多项指标严重超标，污染较严重。

吐曼河曾被誉为喀什市的"母亲河"，孕育了悠久灿烂的历史文化。喀什市自古以来就是一座"中国历史文化名城"，汉代为疏勒国地；唐为疏勒都督府辖境；宋、元以来"疏勒"一词逐渐被"喀什噶尔"代替；清属准噶尔统治，清光绪九年（1883年）设疏勒县；1952年从疏勒县中划出喀什市。历史上，喀什市作为古丝绸之路的要冲，一直是中外商贾云集的国际商埠和东西方文化交流荟萃之地。境内闻名遐迩的阿帕克霍加墓（香妃墓）、艾提尕尔清真寺、东汉名将班超驻守的城堡遗址——班超纪念公园、玉素甫·哈斯·哈吉甫墓（11世纪中期的维吾尔族思想家、学者和诗人，叙事长诗《福乐智慧》的作者）、高台民居、莫尔佛塔等历史遗址坐落在吐曼河两岸，真实记录着西域文化的历史变迁。

艾提尕尔清真寺

香妃墓

10.4.2.1.2.8 盖孜河
(Gaizi River)

喀什噶尔河右岸支流，"盖孜河"，柯尔克孜语意为"灰水河"。流域位于萨雷阔勒岭北坡，东与**库山河**流域接壤，西与吉尔吉斯斯坦境内的喀拉湖流域以萨雷阔勒岭主山脊为界，南为塔吉克斯坦境内的喷赤河流域，北与克孜勒苏河流域毗邻。河流流经新疆维吾尔自治区克孜勒苏柯尔克孜自治州阿克陶县及喀什地区疏附县、疏勒县、岳普湖县，全长257千米，流域面积17 460平方千米。克勒克水文站是盖孜河干流水量控制站，测站以上河长177千米，集水面积9 212平方千米，多年平均年径流量9.547亿立方米。

盖孜河中游河道

盖孜河源区为萨雷阔勒岭主山脊冰川区，流域最高点为海拔7 649米公格尔峰。流域高山区冰川较为发育，分布冰川条数达910条，冰川总面积1 439平方千米。河流上游由源流木吉河和支流**康西瓦河**构成，汇合口以下始称盖孜河。

源流木吉河，又名木孜河，发源于中国与塔吉克斯坦边境的萨雷阔勒岭东北坡，全长140千米，集水面积5 820平方千米，多年平均年径流量约2亿立方米。"木吉"系柯尔克孜语"米吉"的音转，意为"火山喷发的山地"，河流因流域内残存着一个巨大的火山凹陷口而得名。

盖孜河上段喀拉足克沟长85千米，由西向东流，经35千米流程，在喀拉佐克恰特自然村附近纳了大支流克孜勒吉也克河；其间，沿途两岸汇入的溪流达14条之多，这些溪流均发源于海拔4 100米以上的高山区，流程较短。喀拉足克沟在克孜勒吉也克河河口以下，又流26千米即达琼让村；该河段两岸接纳的支流有吉勒莫吾子河、麻麻西河、卡拉西瓦克沟、卡拉吉勒尕沟、哈斯木卡拉吉勒尕沟、古鲁苏勒代克河、倭鱼巴勒滚河，以及铁开里、尼其克吉勒尕、乌尊古勒尕等溪流。再下行17千米，在木吉乡附近与**开牙克巴什河**、**阿拉木特河**汇合成木吉河。

木吉河自西北向东南穿行于萨雷阔勒岭北麓与昆盖山南麓之间的山谷中，沿途南岸接纳发源于萨雷阔勒岭北坡的较大支流的拉卡拉麻河和流经**琼库勒巴什湖**的喀拉马沟；北岸接纳发源于昆盖山南坡冰川区的支流乌鲁尕依提能萨依、伯日克孜、阿日其麻扎、科克特克、卡力拉塔什、拜克塔日阿克旦干等。河流自三大源流汇合口以下流经62千米，在布伦口乡别勒库木村与康西瓦河汇合为盖孜河。

流域内建有多座水利工程。塔什米里克引水枢纽建于1963年，由4孔进水闸、6孔冲砂闸、8孔泄洪闸、溃坝段和导流堤组成，通过东岸干渠将水引至疏附县铁里木乡和布拉克苏乡灌区，承担约10万公顷农田的灌溉任务。三道桥渠首建成于1984年，主要承担疏附县、疏勒县三个乡及兵团四十一团共6万余公顷耕地的灌溉任务。喀塔苏盖提水库位于疏勒县塔孜洪乡，距县城仅12千米，是一座以灌溉为主的注入式中型平原水库，建于1960年，2005年进行了除险加固，坝长7.2千米，最大坝高11.6米，总库容2 900万立方米，控制灌溉面积1万公顷。帕万水库是一座以灌溉为主的小（1）型水库，建于1952年，总库容300万立方米，控制灌溉面积仅

3 000公顷。昆都孜水库东北距岳普湖县城25千米，建于1953年，2006年完成了除险加固，坝高7.5米，库容1 800万立方米，控制灌溉面积1.6万公顷。

盖孜河自两大源流汇合口以下，向东穿行在公格尔山与萨尔祖鲁克峰之间的峡谷中，两岸山崖陡峻，河谷狭窄，呈V形，水流湍急，河流落差达1 600米，水能资源极为丰富。河流经盖孜村转向北流后，河谷渐宽，呈U形，沿河两岸为滩地，分布着稀疏荒漠植被。

木吉河源自萨雷阔勒岭东北坡，呈西北至东南流向；康西瓦河源自帕米尔高原终年积雪的慕士塔格山和公格尔山，呈东南至西北流向。汇合口以下，盖孜河转向东北流，经29千米流程至布伦口乡盖孜村附近，右岸先后接纳了源于公格尔峰（海拔7 649米）冰雪区的克拉牙依拉克山谷冰川河和由三条较大山谷冰川河汇集而成的可尔干可鲁河；盖孜村以下续东流13千米，右岸又接纳了源头为小型山谷冰川的土根曼苏能西其河；再流3千米，河流折向北流；下行19千米，**维他克河**自左岸汇入，河流由此出山口。

雪山脚下的盖孜河

维他克河河口下游1.6千米处分别建有吐木休克渠首（通过红光渠引水至阿克陶县巴仁乡等灌区）和电站渠首，左岸建有维他克电站和吐木休克电站；下游8.4千米处建有塔什米里克引水枢纽。

枢纽以下，盖孜河向北流约14千米后分为两支汊流：东支称阔纳盖孜达利亚河，向东北流经20千米，又与西支汇合。西支（盖孜河主流）向北流经12千米，左岸接纳了**乌鲁阿特河**下游湿地的泉水沟；又流2千米，左岸接纳了**且木干河**后转向东北流12千米，接纳东支汊流。

盖孜河续流，在下游4千米处，河流又分为北、东两支汊流。北支河床现已基本成为由湿地、农田、小型塘坝或小型水库交替串连的水道，途中古河床时隐时现，自分岔口向东北延伸约29千米，向北汇入克孜勒苏河分支伽师河。东支改称岳普湖河，蜿蜒东流13千米至三道桥渠首（所引水量部分通过跃进渠注入喀塔苏盖提水库，部分通过岳普湖输水干渠入疏勒县艾尔木东乡灌区）。三道桥渠首下游39千米处建有拦河枢纽——合理闸。合理闸下游河流南岸相继修建了帕万水库、昆都孜水库。在合理闸下游41千米处建有拦河的风口闸，闸后的5条干渠将部分河水引入灌区；余水沿河道东流，下游河流称铁热木河，经58千米流程出岳普湖县境，入巴楚县境内后，渐失于荒漠中。下游段河道、渠系交错，河流流经四十二团场北岸灌区、岳普湖县胡杨林场、阿洪鲁库木乡3个行政村和乡农场。

河流上游山区的木吉乡地处高寒地区，距阿克陶县城283千米，乡辖行政区域西、南均与塔吉克斯坦接壤，边境线长380千米。这里设立的边防派出所以管理中国边境线最长、管辖面积最大而著称。木吉乡辖木吉、琼让、布拉克、昆提别斯等4个村委会，共有居民3 400余人，其中柯尔克孜族占99.8%，主要从事畜牧业生产。境内矿产丰富，有铁、铜、金及绿柱石等，但因交通不便，仅有稀少的几个铜、金采矿点。

源区盖孜河源区冰川耸立，海拔4 000～4 500米的雪线以上区域几乎寸草不生，唯有雪莲能在此生根、开花；雪鸡、雪豹也时有出现。乌孜别里山口是中国最西端的山口，整片大地和其间耸立的山体均呈赤红色。"克孜勒吉也克"系柯尔克孜语"克孜杰克"的音转，"克孜"与姑娘的意思接近，另一层含义是红色，"杰克"是山，"克孜杰克"意指"红色的山"。这个地名隐含着一个地理隐秘，从海拔5 100多米的乌孜别里山口往下，可以看见火山喷发过程的清晰演绎，与大大小小的石块夹裹在一起的土层似是砂浆凝固后的状态，应为当年随着火山喷发一路流泻的岩浆。海拔3 500～4 000米区域的天然植被主要为高山草甸、高寒草原；这里是主要的夏牧场，但由于气候寒冷，放牧季节较短。克孜勒吉也克河河口以下，喀拉足克沟河谷渐宽，琼让村就地处海拔3 600米、宽约1～2千米的宽阔河谷地带。河谷两岸主要生长旱生禾草，野生药用植物有麻黄、枸杞、锁阳和沙棘等。

闻名遐迩的汉代驿站——布伦口乡盖孜村附近的盖孜驿站，自汉代以来，数千年间人迹不泯。来到盖孜古驿站，目睹这座尚且残留的用石块垒起来的围墙、具有粗犷原始美的石屋以及屋内被炊烟熏燎的四壁、一堆堆似余温尚存的灰烬，使人深感历史之高邈，岁月之悠然……

岳普湖系维吾尔语"尧柔克奥尔达"（意为"白色的营帐"）之音转。汉为疏勒国地。1940年，成立岳普湖设治局，1943年4月升格为县。岳普湖县现辖2镇7乡5个国营农林牧场，2005年年末总人口（不含农三师四十二团）13.86万人，其中维吾尔族占96%。岳普湖县有"中国沙漠风光旅游之乡""中国毛驴之乡""中国小尾寒羊发展之乡"等称号。县境内的达瓦昆风景区被评为AAA级景区，景区以达瓦昆天然湖泊为中心，辐射千年胡杨王、千年柳树王、霍加阿西木、"圣湖"和卓墓等12处自然景观和古迹观光点。景区周边总面积达2 000余公顷的布力曼库木沙漠，沙丘起伏，宛如大海波涛。大漠边缘的达斯坦古城宫殿遗址，面积达1 000平方米，每当大风过后，从流沙中露出的红、黄、蓝色陶片和年代久远的古币，让那些喜爱怀古寻幽之人平添几分惊喜。

10.4.2.1.2.8.1 开牙克巴什河

(Kaiyakebashi River)

盖孜河主源木吉河左岸支流，位于新疆维吾尔自治区克孜勒苏柯尔克孜自治州阿克陶县境内。发源于萨雷阔勒岭东北坡，河流全长39千米，流域面积422平方千米，多年平均年径流量约0.8亿立方米。

河流源头位于缺力卡尔地冰川区，流域海拔最高5 534米。源流阔勒阿依尔克河自源头由西南向东北流经12.6千米，在左岸接纳了沙热塔什、塔依旁、塔什巴依等溪流后，以下河段始称开牙克巴什河。

开牙克巴什河续向东北流9千米后转向东南流；下行2千米，右岸接纳了由多谷多尔河、去库尔河、阿依尔克河汇集而成的支流，在木吉乡布拉克村附近进入南、西为萨雷阔勒岭、北、东为昆盖山的木吉盆地。盆地内沼泽湿地极为发育，湿地北侧昆盖山南麓由众多泉水溢出形成的溪流密布，较大泉水河有苏勒巴什达利亚河、坑苏河、尼其克苏河。木吉河沿盆地低洼处穿行于湿地之中,沿途接纳了众多泉水河、溪;自布拉克村向东南流约22千米,又相继与南来的**喀拉足克沟**和**阿拉木特河**汇合,形成盖孜河源流段木吉河。

河流流经的木吉盆地,其北侧的昆盖山山脊一般海拔都在5 500米以上;最高点为阿克萨依峰,海拔6 102.6米,山顶白雪皑皑,山体极为陡峭;山脚是干旱少雨的木吉盆地,盆地内海拔3 500米左右,盆中第四系沉积物深厚。发源于昆盖山南坡冰川区的河流出山后,河水潜入地下,又在盆地内以泉水出露形式复出,汇集成泉水溪流补给河流。盆地内散落着约15处1 500年前火山喷发形成的火山口,最大的直径有15米,最小的只有2米;火山口周围土质呈铁红色,火山口或灌满河水、形成一泓清泉;或突起地面已干涸。火山口周围河水肆意流淌,形成了高寒草甸。

10.4.2.1.2.8.2 阿拉木特河
(Alamute River)

盖孜河主源木吉河右岸支流,位于新疆维吾尔自治区克孜勒苏柯尔克孜自治州阿克陶县境内。发源于萨雷阔勒岭北麓,北以山脊为界与塔吉克斯坦毗邻。河长56千米,流域面积702平方千米,多年平均年径流量约0.263亿立方米。

阿拉木特河流域海拔均在4 000~5 000米,地势高峻,山体宽厚,河谷宽约千米左右,十分开阔。两岸山体岩石裸露,山梁多砾质,植被稀疏。

流域最高点喀赞吉勒嘎套峰海拔5 160米。阿拉木特河上游由加郎吉勒嘎沟、萨热别列斯沟和玉依布扎尔沟三条支流汇集而成,汇合口以下始称阿拉木特河。河流自源头由东南向西北流14千米,途中先后接纳了依日吉勒嘎河、源自阿拉木特别力山口附近的别勒吉勒嘎河、乌尊吉勒嘎河,后转向北流;又流14千米,在木吉乡恰特牧场附近,两岸相继接纳沙拉吉勒嘎河(河长16.6千米)和塔什乌托克沟(河长22千米,主要支流有尼奇克吉勒嘎河、索洛莫沟及加朗阿依热克河);再流7千米,在木吉乡皮拉里村附近又接纳了较大支流皮拉里河(源头位于琼阿腊勒奥祖白格乔库冰川区,海拔最高5 202米,河流自源头由南向北流16千米后转向西流,又流8.5千米汇入阿拉木特河),并转西北流;下行约20千米后在木吉乡政府驻地附近汇入木吉河。

10.4.2.1.2.8.3 琼库勒巴什湖
(Qiongkulebashi Lake)

位于**盖孜河**主源木吉河下游支流喀拉马沟沟口上游约1.2千米处,位于新疆维吾尔自治区克孜勒苏柯尔克孜自治州阿克陶县布伦口乡境内,属高山吞吐淡水湖泊。湖中心地理位置为东经74°54′,北纬38°46′。

湖水主要依赖于冰雪融水径流补给,主要源流喀拉马沟、琼库木吉勒尕沟、克其克库木吉勒尕沟等河沟均发源于萨雷阔勒岭东北坡。喀拉马沟是最大的支流,长约20千米,河流自西向东注入琼库勒巴什湖。

湖面海拔约3 300米,水域面积7.5平方千米,东西长约5.2千米,南北宽约2.6千米,蓄水量约1 350万立方米,水质优良,矿化度为0.3~0.6克每升。

湖泊镶嵌在木吉河右岸的山谷中,从高处眺望湖面,其形状酷似一头从萨雷阔勒岭雪山中向河口狂奔的雪豹,栩栩如生。湖面像璞玉一般纯朴自然,水色湛蓝。远处冰峰林立,高山载雪,倒映在静静的湖面,使人感到无限静谧。周围为夏牧场,湖北侧有公路直通位于喀拉马沟河源区的铜矿采矿厂,沿河两岸散布有多个居民点。

10.4.2.1.2.8.4 康西瓦河
(Kangxiwa River)

盖孜河上游支流,位于新疆维吾尔自治区克孜勒苏柯尔克孜自治州阿克陶县境内,东邻**库山河**流域。河流全长71千米,流域面积2 561平方千米,多年平均年径流量约3.488亿立方米。"康西瓦"系维吾尔语,意为"有矿的地方"。

康西瓦河穿行在高耸入云的慕士塔格峰与公格尔峰之间,山顶终年积雪,河水夹杂冰凌。两岸的慕士塔格峰、公格尔峰和公格尔九别峰被称为"昆仑三雄"。慕士塔格峰海拔7 509米,山顶冰层厚100~200米,有"冰山之父"之称;公格尔峰海拔7 649米,山峰呈金字塔形;公格尔九别峰海拔7 530米,因峰顶周围终年积雪犹如牧民的帽子而得名("公格尔九别",柯尔克孜语意为"白色的帽子")。公格尔峰和公格尔九别峰山体相连,直线距离仅15千米,周边海拔7 000米以上的山峰就有6座,发育冰川55条,冰川面积33平方千米。1983年5月末,由一次里氏5.5级地震引发了落差达1 000~2 000米的罕见雪崩,地动山摇,雷霆万钧。

美丽的公格尔峰

整个流域除下游河谷外,高程均在3 500米以上,气候寒冷,多年平均气温0.7摄氏度,两岸为高寒草原。流域内矿产资源十分丰富,主要有铁、铜、绿柱石、白云母等,苏巴什刚玉矿是我国少有的红、绿宝石矿床之一。

河流发源于昆仑山脉西部终年积雪的慕士塔格山冰川区东北坡。主源流吐尔布隆达里亚河源自慕士塔格山东南的吐尔布隆达坂。河流自源头由东南向西北流,经约10千米流程至慕士塔格峰东麓海拔4 370米的吐尔布隆自然村;下行7千米,左岸接纳了源头位于慕士塔格山最高峰——慕士塔格峰的科克晒力冰吉勒嘎河;又下行6千米右岸接纳了源头位于阿克萨依山谷冰川的支流依给别里吉勒嘎河。此后河流穿行在慕士塔格山和公格尔山之间的峡谷中,右岸接纳了多条源头位于公格尔山南段冰川区山谷冰川的溪流,较大的有托库提吐鲁克河和姜满加尔河;左岸接纳了托库玉入库能阿俄孜河和奥力木克得河,下行25千米接纳流经**喀拉库勒湖**的较大支流喀拉库勒河和流经沙特瓦拉得湖的巴色克库勒河。

河流续向西北流,沿途右岸先后接纳了苏鲁克斯达克河、塔尔米嘎河及诸多小溪流;左岸先后接纳了琼阔云都沟、木库尔吉勒嘎河及**布伦库勒湖**的琼库勒吉勒嘎河等支流。下游河流在别勒库木自然村附近汇入盖孜河源流段木吉河。

自喀拉库勒河口至与木吉河汇合口,河长34千米。

中巴公路自康西瓦河与木吉河汇合口起,沿康西瓦河蜿蜒上行,经喀拉库勒湖畔,又沿支流喀拉库勒河溯流而上,穿越苏巴什达坂、进入塔什库尔干县境内，最终通往红其拉甫口岸。

10.4.2.1.2.8.4.1 喀拉库勒湖
（Kalakule Lake）

位于新疆维吾尔自治区克孜勒苏柯尔克孜自治州阿克陶县布伦口乡苏巴什村慕士塔格冰山脚下的中巴友谊公路旁，为高山冰碛淡水湖，湖中心地理位置为东经75°05′、北纬38°25′。"喀拉库勒"系柯尔克孜语，意为"黑水湖"。主要入湖水源为**康西瓦河**支流、源自萨雷阔勒岭的喀拉库勒河。

慕士塔格山下的喀拉库勒湖

喀拉库勒湖南、东、东北分别矗立着雄伟苍劲的慕士塔格峰和公格尔峰，西北面雄踞逶迤不绝的萨雷阔勒岭。湖泊周围堆积的冰碛物高出湖面7～8米，以绿色片岩为主，间有灰色花岗岩漂砾。湖面海拔约3 640米，最大水深30多米，水域面积6平方千米。

湖泊由左右两个毗邻的湖泊组成，形同一双亲密无间、相依相傍的孪生姐妹，故又称为姊妹湖。波光潋滟的湖水，会因天气的变化时而湛蓝，时而淡黄，时而橘红。湖水清澈冰凉，水深莫测，风平浪静时犹如镶嵌在群山间的一块碧玉，湖面倒映着银白的雪峰和清澈的蓝天；每当乌云遮天、闪电雷鸣时，湖面会变得墨黑乌亮，成为名副其实的"黑水湖"；清晨朝雾满天、傍晚夕阳西下时，湖面又成一片金红。夏日里的湖畔是一望无际、绿草如茵的高山牧场，羊群、驼群和牦牛迈着沉稳的步履在湖畔漫步，一派高原美景。湖区已被列为AA级国家旅游景区。

10.4.2.1.2.8.5 布伦库勒湖
（Bulunkule Lake）

位于新疆维吾尔自治区克孜勒苏柯尔克孜自治州阿克陶县布伦口乡境内，**盖孜河**主源木吉河和支流**康西瓦河**汇口附近，是山区吞吐淡水湖，湖中心地理位置为东经74°56′、北纬38°39′。"布伦库勒"系柯尔克孜语，意为"角落里的湖泊"。

布伦库勒湖坐落在萨雷阔勒岭北麓、布伦口乡西南面，湖面海拔3 300米，水域面积3.5平方千米。湖泊水源主要依赖西岸的琼库勒吉勒嘎河补给。琼库勒吉勒嘎河源于萨雷阔勒岭支脉库勒敦巴希乔库山东坡，全长31千米，集水面积445平方千米。

三面环山的布伦库勒湖，波光潋滟。湖边环绕着一圈异常茂密的芦苇，仿佛是为布伦库勒湖这面宝镜镶上了一圈墨绿色的绒边儿，湖心有一个小岛，水草丰茂。湖面常有野鸭款款游弋，间或还可见对对天鹅戏水。湖中生长有一种鱼，当地居民称之为"狗鱼"，得益于圣洁的雪山冰水的涵养，鱼肉质嫩味鲜。湖区属暖温带高寒气候，年降水量100～200毫米，多年平均气温0摄氏度左右，年无霜期仅90～100天。位于布伦库勒湖畔的布伦口乡号称"千湖之乡"，辖布伦库勒、苏巴什、恰克尔艾格勒、盖孜、托喀依5个村委会，人口约6 000人，其中，柯尔克孜族占99.9%，以牧业为主，因饲养苏巴什大尾羊而闻名。

10.4.2.1.2.8.6 维他克河
（Weitake River）

盖孜河左岸支流，河长43千米，流域面积497平方千米。位于新疆维吾尔自治区克孜勒苏柯尔克孜自治州阿克陶县境内，又称阿依托那克河、乌依塔克河、奥依塔克河，均系突厥语"奥依塔克"的音转，意为"群山之中洼地"。维他克河以冰川融水为主要补给来源，山口以上设有维他克水文站，多年平均年径流量1.758亿立方米。

维他克河下游河谷

河流发源于昆盖山东北坡的奥依塔克冰川，流域海拔最高6 678米。源流由两条源自山谷冰川的溪流汇集而成。河流由西向东流21千米，途中接纳小支流阿不拉河和阿依里河后，右岸又接纳皮拉勒河（河长14千米）；之后，河流续向东流经24千米，途经阿特奥依纳克村、奥依塔克镇后汇入盖孜河。

维他克河源头昆盖山峰顶常年积雪，冰川面积91.9平方千米。坐落于河源区的奥依塔克风景区被誉为"西域第一生态景观"。这里有中国海拔最高的托热瀑布群（海拔3 800米）及中国海拔最低的其克拉克现代冰川（海拔2 804米）。景区将雪山、冰川、瀑布、河流、草地揉为一体；异常茂密的原始森林莽莽苍苍、遮天蔽日，飞禽走兽晨鸣暮啸，湖泊清澈，浮光跃金，冰川雪练光怪陆离，飞流瀑布倾珠泼玉。冰山与山脚下的茵茵草原交相辉映，给人留下无限的遐思。

奥依塔克镇下辖4个行政村，有厂矿企业10家；拥有人口4 100余人、耕地143公顷、林地约1 110公顷、草场1.1万公顷，是一个典型的半农半牧乡镇。2002年，当地牧民在沿河两岸的砾石沙滩上实施了万亩沙棘生态林建设工程，如今已取得明显的经济、生态效益。沙棘树下牧草茂盛，适宜畜牧，沙棘果又成为各大食品商家的抢手产品。

自河口沿河流溯源而上，只见飞流而来的大河滚滚涛涛，河滩中成片的沙棘林郁郁葱葱；两岸山体地貌奇特且五彩斑斓，或一抹褐红、或一片青紫、或一绺鹅黄，好似巧夺天工的雕塑，整个河谷形同一个雕塑展览廊道，与岸边的绿树映衬，煞是美丽。位于河流右侧、与维他克水文站一河之隔的山岩上，有一酷似白胡子老道士盘腿打坐的天然图案，为这绚烂的河谷平添了几分神秘。

10.4.2.1.2.8.7　乌鲁阿特河
(Wuluate River)

盖孜河左岸支流，发源于昆盖山东北麓，部分河段为新疆维吾尔自治区克孜勒苏柯尔克孜自治州乌恰县与阿克陶县界河。山口以上河长 42 千米，集水面积 584 平方千米，多年平均年径流量约 1 亿立方米。

河流由阿特耶依拉克河、吾鲁尕提河以及伯日科孜河三大源流呈扇状在伯日科孜自然村附近汇合而成。汇合口以下，乌鲁阿特河向东北流经 11 千米，左岸接纳支流喀拉托如克河后转向东南流；下行 7 千米，右岸又接纳了支流阿克塔什河；再流 8 千米出山口。山口以下河流呈散流状渗入宽阔河床之下，在下游约 30 千米处的盖孜河左岸形成湿地和多支泉水沟，经沿程引用后，余水汇入盖孜河。

流域最高点海拔 5 667 米，源区冰川较发育，冰川储量达 6.56 立方千米。河流主要以冰川融水、地下水和暴雨洪水为补给源。在河流出山口处建有阿克塔什渠首，河水由渠首后的依买克渠和种养场渠引入下游灌区。

10.4.2.1.2.8.8　且木干河
(Qiemugan River)

位于新疆维吾尔自治区克孜勒苏柯尔克孜自治州乌恰县膘尔托阔依乡和喀什市疏附县乌帕尔乡境内，为**盖孜河**左岸支流；发源于昆盖山东北坡，流域北、西北面与克孜勒苏河流域接壤，西南以昆盖山山脊为界与盖孜河主源木吉河流域隔山为邻，南与**乌鲁阿特河**流域相连；山口（且木干渠首）以上河长约 37 千米，集水面积 396 平方千米，多年平均年径流量约 0.8 亿立方米。

流域源区最高点海拔 6 082 米，分布有永久冰川和积雪，冰川总面积 135 平方千米。且木干河上游由两支发源于昆盖山主山脊的小型山谷冰川的源流汇集而成。

河流自源流汇合口向东北流 4 千米后转向北流，又流 7 千米，左岸接纳了支流阿克萨依河，沿途两岸均有小支流汇入。之后，河流折向东北流，下行 14 千米，左岸接纳了库木且木干河（且木干河的最大支流，发源于昆盖山焦肖嫩别力达坂附近，呈西南至东北流向，河长 20 千米）；转向东流，下行 6 千米，在阿克奇行政村西侧流出山口。且木干河出山口处修建有且木干渠首，下接膘尔托阔依水电站。经渠首及配套渠系，大部分河水被引入膘尔托阔依水库和下游灌区。除洪水期以外，河流已无余水汇入盖孜河。

出山口后且木干河转向东北流，经约 11 千米流程后，呈散流状下行约 7 千米，之后转向东南流去，沿程水量渗失殆尽。在喀什地区疏附县乌帕尔乡乌普拉特村上游，潜入地下的河水复又溢出，经由三条泉水沟（分别称为买批格拉克沟、果吉勒阿沟和拉依吉勒阿沟）汇入克孜尔吉勒嘎河；克孜尔吉勒嘎河向东北流经 20 千米改称沙孜吉勒嘎河，又经 6 千米汇入盖孜河。

膘尔托阔依乡是乌恰县的主要产粮区，有耕地 2 000 公顷。乡辖 5 个行政村，6 200 余人，主要为柯尔克孜族。"膘尔托阔依"系柯尔克孜语，意为"狼群出没的树林"。萨洛依铜矿位于乌恰县膘尔托阔依乡南部 17 千米处的高寒山区。这里地形切割剧烈，矿石组合以黄铁矿、黄铜矿等矿床为主，为硫、铁、铜共生多金属矿床。中国冶金勘测院新疆分院对其周围 43.8 平方千米的区域进行了普查，初步判定这里有可能成为西部较大的铜矿区。

10.4.2.1.2.9　恰克马克河
(Qiakemake River)

发源于天山南脉南坡，为**喀什噶尔河**主源克孜勒苏河左岸支流。流域东、西分别与**布古孜河**流域和克孜勒苏河流域接壤，北以天山南脉山脊为界，与吉尔吉斯斯坦毗邻。河流流经新疆维吾尔自治区克孜勒苏柯尔克孜自治州的乌恰县、阿图什市及喀什地区的喀什市、疏附县、伽师县，全长 226 千米，流域面积 4 820 平方千米，多年平均年径流量 1.979 亿立方米。"恰克马克"系维吾尔语"雷鸣闪电"之意，河流因陡涨陡落的洪水似闪电一般迅猛而得名。

恰克马克河中游河谷

流域最高海拔 3 913 米。源区小支流较多、呈树枝状分布，流域内水利工程较多。恰克马克引水枢纽位于阿图什市上阿图什乡境内，主要由左、右两侧进水闸、中部泄洪冲砂闸、上下游整治段等组成；进水闸共 10 孔，设计流量 12 立方米每秒，加大流量 15 立方米每秒；泄洪冲砂闸校核泄洪流量 851 立方米每秒。恰克马克枢纽主要承担上阿图什乡、阿扎克乡及喀什地区疏附县拜什克然木乡共 1.12 万公顷耕地的灌溉任务。引水枢纽下接 3 支引水干渠：北支引至麻扎水库，出库水量经麻扎干渠引入阿图什市阿扎克乡灌区；中支又被一分为三：北干渠引水至麻木鲁克水库，独立干渠和南干渠引水至上阿图什灌区；南支引水至米拉斯库里水库。

麻木鲁克水库建成于 1978 年，最大坝高 10 米，坝长 760 米，设计库容 140 万立方米，承担下游上阿图什乡 133 公顷耕地的灌溉任务。米拉斯库里水库建成于 1980 年 10 月，最大坝高 6.5 米，坝长 550 米，设计库容 260 万立方米，承担下游拉依力克村和吾提亚克村耕地的灌溉任务。

库吉那水库建成于 1977 年 10 月，最大坝高 12 米，坝长 1 200 米，设计库容 100 万立方米，承担下游乌恰村和尤其拉村耕地的灌溉任务。

流域内河流两岸还建有多处防洪堤坝，其中山区巴音库鲁提乡政府驻地左岸修建有 1.2 千米长的巴音库鲁提防洪堤，保护乡政府及周边 180 公顷耕地；下游吐日尕特口岸处建有 3 千米长的防洪堤，保护下游 5 000 多居民的安全。

恰克马克河源区各支流源头分别位于通往吉尔吉斯斯坦的 7 个山口（分称喀什喀拉阔山口、乌谢列克山口、玉奇克孜对外能巴西山口、博孜阿拉塔什山口、吐日拜勒山口、楚克莱山口、阿福勒特能巴西山口）附近。源流孔多依达里亚河自源头由北向南流经 30 千米，沿途左岸接纳了发源于卡拉格尔山脊处的喀什喀苏河、克其托库依瑞克河、琼托库依瑞克河等支流，以下河流始称恰克马克河。此后，河流下行 13 千米，左岸接纳了瑟尔门阿拉别依河后，折向西南流约 34 千米，在托云乡恰克马克牧场附近的恰克马克大桥，与右岸大支流**苏约克河**汇合后转向东南流。此后河流穿越25千米的峡谷段流至巴音库鲁提乡政府驻地，又下行15千米流经吐尔尕特口岸，在乌恰县克孜勒阿根村下游附近进入阿图什市境内，于布拉克塔尔勒尕自然村附近流出山口，进入浅山丘陵区。

山口以下约11千米处建有恰克马克引水枢纽，枢纽上游附近设有恰其嘎水文站。枢纽以下，河谷骤然开阔，河流分为北、南两支汊流。北支向东沿博孜塔格山南麓向东流经阿图什市南部，途中部分水量被引入库吉那水库；在阿扎特乡政府驻地南又转向东北流，汇入布古孜河下游河段，北支河长约52千米。

南支为主流，先向东南流经上阿图什乡，之后转向东流，并改称拜什克热木达里亚斯河，穿过阿克塔格山东段山谷、经27千米流程，进入喀什市境内，下游河段又改称斯迪尔琼亚尔河。

此后恰克马克河穿越南疆铁路，流经18千米至依坎里克水库。水库以下河流转向东北流，经约14千米流程，在喀什市、疏附县、阿图什市交界处转向东；以下约28千米长的河道为阿图什市和疏附县界河，河流改称为阿其克吉勒尕河。之后恰克马克河转向东北流，下行约6千米注入伽师县境内的一座小型拦河水库。水库以下河流转向东南流，约行5千米汇入喀什噶尔河。

自吐尔尕特口岸溯流而上，沿河有212省道伴行至托云乡恰克马克牧场。之后，212国道又沿苏约克河支流**托云萨依河**河畔北伸，直至吐尔尕特山口，过山口即进入塔吉克斯坦境内。

著名的阿图什天门（又称希普顿石拱门）位于恰克马克河出山口处、吐尔尕特口岸西约5千米阿图什市与乌恰县交界处的土休克塔格山区。天门呈"∩"形，宽约100米，高达500米，雄奇、险峻，鬼斧神工，被美国探险杂志确定为世界20个最值得探险的景区之一。据史料记载，1932年美国记者夏合拉格欧、1947年英国探险家希普顿曾先后游猎于此。

恰克马克河（南支流）至阿图什市与喀什市交界处，河流南岸阿克塔格山北坡峭壁半腰间有著名的汉代佛窟三仙洞，又称脱库孜吾吉拉佛窟、玉其莫日万千佛洞，距今有1 800年以上历史，开凿时间比敦煌莫高窟早三四百年，是中国西部保存较好的最古老的佛教壁画洞窟，现为自治区文物保护单位。

依坎里克水库下游、恰克玛克河左岸约5千米为阿图什市与喀什市边界，边界以北的阿图什市的库木沙依村为汉代疏勒国国都所在地，曾被当地维吾尔人称做"汗诺依"，其意为"国王居住的地方"。这里留下的最惊人的建筑，便是我国西部最古老的佛塔——阿图什莫尔佛塔。塔身呈圆柱形，中

阿图什天门

部直径6.4米，高6米，塔顶呈弧形，带有古印度佛教早期佛塔的特点，为佛教传入我国之初所建，对于研究佛教传入我国的年代、路线，有很高的价值。宋代这里已是信奉伊斯兰教的喀拉汗王朝的活动中心，但这座喀拉汗王朝宫墙边的佛塔却奇迹般地被保存了下来。

汉代佛窟三仙洞

阿图什莫尔佛塔

莫尔佛塔西南面为宽阔的恰克马克河古河床，据说在明代以前，河流两岸的喀什市伯什克然木乡与阿图什市阿扎克乡的部分村庄还是连接在一起的，而且都在疏勒国和喀拉汗王朝的王城之中。明朝年间，恰克玛克河以其"雷鸣闪电般"的洪峰来势在喀什噶尔绿洲咆哮狂奔，繁华千余年的古疏勒城及喀拉汗王朝丰饶的王者之都瞬间被夷为平地。繁华的城市湮灭了，只有高处的这座佛塔得以幸免。这里的沧桑变化、兴衰起伏，大概只有这座古塔可以作证了。

10.4.2.1.2.9.1　苏约克河
(Suyueke River)

恰克马克河上游右岸大支流，位于新疆维吾尔自治区克孜勒苏柯尔克孜自治州乌恰县北部托云乡境内。河流全长74千米，流域面积963平方千米，多年平均年径流量约1.07亿立方米。

苏约克河发源于中国与吉尔吉斯斯坦边界的琼喀拉乔阔山与阿克套山之间的苏约克山口，流域海拔最高4 610米。河流上游段两岸溪流发育，两岸有10余条短小支流汇入，呈羽状水系。自源头向东南流23千米，河流两岸分别接纳了阿拉坎其克达里亚和琼科克尔特河；此后，下游左岸的克姆孜河、库尔嘎克皮亚孜河、绥吕皮亚孜河和阿依浪苏河和右岸的塔什玉依河和英库尔干河相继汇入干流。河流自源头流经62千米后，左岸接纳了大支流**托云萨依河**；后经12千米流程，先后流经托云乡政府驻地和农三师托云牧场，在托云乡恰克马

克牧场附近的恰克马克大桥处汇入恰克马克河。

支流克姆孜河、阿依浪苏河因分布有罕见、美丽、独特的岩溶地貌名扬天下。

克姆孜河，又名"克姆孜苏达里亚"，系柯尔克孜语，意为"马奶子河"，因河水呈青白色而得名。克姆孜河发源于吐尔尕特山脉的克默考苏套山，河流上游的河岸边，有一片面积约500平方米的五彩山坡。远远望去，鹅黄色的山坡上，一条条鲜红的水纹，有如一条条殷红血管从山脊的主动脉上分流而出注入山坡下；近看那鲜红色的"血管"之中，流淌的却是清澈透明的无色清泉，在阳光下，金光闪闪、耀眼夺目，可谓天下奇观。在山坡与河床相接触的河岸边，形成一排排小巧玲珑的钟乳石，奇幻多姿，琳琅满目。

阿依浪苏河，柯尔克孜语为"酸奶子河"之意，因河水呈乳白色如酸奶得名。涛涛的乳白色河水，在卵石河滩中湍湍而流，为卵石上留下了一层乳白色的结晶体，晶莹剔透，如雪凝之、如冰裹之。在上游宽阔的河谷里，有几处细细的清泉从石缝中渗出，形成清澈透明的溪流，水底满是五花彩石，在阳光映照下色泽绚丽迷人。沿河的卵石河滩上，留下一层乳白色的结晶体，晶莹剔透。岩石河床之中还有多处泉流溢出，最大的泉流于一巨石之下涌出，泉口如盆，水柱冲高30厘米后又洒落盆中，溢出水流顺岩石缓缓注入河流。

苏约克河流域地处高寒地区，中下游的河谷分布有次生林，主要为沙棘、野柳，两岸有大片草场。托云乡政府地处海拔约2 750米的河谷内，辖两个村委会（托云村、苏约克村），有2 200余人，主要以牧业为主，耕地面积少，且只能种植青稞。农三师托云牧场主要以发展畜牧业为主，耕地面积仅20公顷。

10.4.2.1.2.9.1.1　托云萨依河
（Tuoyunsayi River）

苏约克河左岸支流，因源于吐尔尕特山口附近又称"吐尔尕特河"，位于新疆维吾尔自治区克孜勒苏柯尔克孜自治州乌恰县境内。河流全长50千米，流域面积482平方千米，多年平均年径流量约0.342亿立方米。"托云"系柯尔克孜语"能吃饱的地方"之意，河流因流域水草丰茂、牛羊饲草充足而得名。

河流发源于吐尔尕特山（又称图噜嘎尔特山）与乔拉克盖尔灭山之间的吐尔尕特山口，河流源区最高点海拔4 432米。河流自源头由北向南流，两岸支流繁多，其中左岸有伯布彦登勒河、波祖丘克萨依、结尔布都萨依、克孜龙库尔萨依、帕夏汗河和塔木彻萨依等，右岸有科纳郎扎萨依、琼阔克布拉克、克其克阿尔萨依、琼阿克萨依、曲曲克里克萨依、奥塔什萨依等。

托云萨依河源区曾设有吐尔尕特口岸（后下迁至乌恰县克孜勒阿根村附近，仍沿用吐尔尕特口岸之名，距原吐尔尕特口岸101千米），是古代民间贸易的通道之一，也是汉唐"丝绸之路"上的一个重要驿站，但它作为两个主权国家的通商口岸始于1881年。清光绪三十二年（1906年）华俄运胜银行贷款2亿卢布修筑了自边境吐尔尕特山口至喀什的道路，自此，这条通道为增进中苏民间贸易与友好往来起了重要作用。中苏双方在这个口岸第一次通商贸易始于1951年。1952年2月19日，中苏双方邮政换件由伊尔克什坦改为在吐尔尕特交接；1983年12月23日，口岸重新开放。口岸四季寒冷，多风缺氧，全年无霜期仅为13天，被国家列为特类艰苦地区。

吐尔尕特山口南4千米的河流右岸设有托云气象站，属国

吐尔尕特口岸

家基本气象站。河流自源头至河口，沿程有212省道伴行，通往乌恰县和喀什市。

10.4.2.1.2.10　布古孜河
（Buguzi River）

属**喀什噶尔河**水系，位于新疆维吾尔自治区克孜勒苏柯尔克孜自治州阿图什市境内，又名博古孜达里亚河，发源于天山南脉南坡；流域北以天山南脉山脊为界，与吉尔吉斯斯坦毗邻，西与**恰克马克河**流域接壤；山口以上河长182千米，集水面积6 610平方千米，多年平均年径流量约0.98亿立方米。

20世纪50年代以来，随着上游用水量的增加，阿湖水库以下河道水量大大减少，正常年份已无余水补给喀什噶尔河干流。只有少数丰水年份，有部分泄水经托喀依水库的引洪干渠被引入喀什噶尔河。

布古孜河水系由在山区呈独立水系的铁列克河和布古孜河干流两大水系构成。

布古孜河上游段称为马依丹萨依河，其源头位于天山南脉散达勒山的和坚特山口附近（又称克孜勒别里山口）。

布古孜河自源头由东北向西南流23千米，右岸又接纳发源于克其德菲谢套山的德菲谢河，并转向南流；下行15千米，在马依丹行政村附近，左岸接纳了流经吐古买提乡牧场的库仍别河，又转西南流；下游4千米及9千米处，右岸分别接纳了博孜艾格尔河和克普恰克河，之后复折向南流，经约7千米流程，在木拉特布隆自然村附近进入西北为天山山脉、东南侧为喀拉塔格山的山间盆地——吐古买提盆地。

进入盆地后，河流即呈散流状，大量河水渗入地下。吐古买提盆地呈东北、西南展布的狭长形，中部为丘陵所隔，海拔1 900～2 000米，面积约500平方千米。河流主支在盆地中向南流经19千米，进入东、西两侧分别为喀拉塔格山和喀拉多维克孜勒塔格山之间的峡谷，左岸接纳了左岸支流吐古买提河（由盆地南缘溢出潜水汇集而成），以下河段始称布古孜河。

河流自吐古买提河河口下行6.5千米，左岸接纳了阿图什大峡谷沟；又流10千米，注入位于峡谷口的拦河水库——阿湖水库。阿湖水库是一座以防洪为主，同时具有灌溉、发电、水产、旅游等多种功能的中型拦河水库；大坝为黏土心墙砂砾石坝，坝长363米，最大坝高30.7米，总库容4 000万立方米，控制灌溉面积5 000公顷，保护下游阿图什市及1乡、1个农场的防洪安全。坝后建有德力电站，装机2台总容量1 200千瓦。

布古孜河自阿湖水库以下分为东、西两支汊流，分别在

阿湖水库冬景

喀拉塔格山和博孜塔格山之间形成的一段宽阔的谷地（俗称阿湖宽谷）中穿行。阿湖宽谷为断隔槽地，东北—西南走向，面积50多平方千米。发源于喀拉塔格山东南坡的多条河流分别汇入布古孜河东、西两支干流中。

布古孜河西支汊流自分叉口向南流约10千米，过博孜塔格山北侧隘口，沿途有大支流铁列克河和多条发源于喀拉塔格山的季节性河流（阿亚克恰纳克河、通古孜鲁克河、塔什普什喀萨依河等）呈散流状从右岸汇入；又流约5千米进入阿图什市区；此后，河流从阿图什市市区西侧乡东南穿流而过，经12千米，接纳右岸的恰克马克河北支汊流；之后呈90度弯转向东北流，约16千米注入托喀依水库。托喀依水库是一座以灌溉为主兼顾防洪的中型水库，建成于1970年，2000年除险加固，最大坝高13.6米，有效库容2 800万立方米；出库水量大部分经格达良干渠被引至格达良乡的灌区，部分余水被引入古尔鲁克水库。水库以下原河道呈散流状，其中一支向东南流经25千米进入伽师县境内，又向西南流经约6千米，汇入喀什噶尔河。

布古孜河东支汊流自阿湖水库坝址以下向东南流经8.8千米后转向东北流；又经8千米注入位于博孜塔格山北侧隘口的托格拉克水库（库区曾建有托格拉克水文站）。水库以下，河流穿过长达16.5千米的博孜塔格山间峡谷，峡谷段以下河流改称玉勒克河；出峡谷处坐落有农三师红旗农场场部。红旗农场场部以下河流转向东流，约行50千米，与布古孜河西支托喀依水库以下的众多散流，在下游汇合成为一支（改称硝尔达里亚河）入古尔鲁克水库。

古尔鲁克水库以下，布古孜河流忽合忽分，流经约30千米，最后汇集于建于布古孜河古河床洼地的大型水库——**西克尔水库**。

吐古买提盆地古代曾是塞种人和蒙古人的游牧地，蒙古文化遗址、遗物甚多。现盆地内分布有阿图什市的吐古买提乡，全乡辖5个行政村，7 500余人，主要为柯尔克孜族人。乡政府驻吐古买提村海拔1 630米。"吐古买提"系柯尔克孜语，意为"水磨"。吐古买提乡地处吐古买提盆地南侧，土层深厚、土壤肥沃，适宜耕作。该乡以牧业为主，可利用草场15.1万公顷，仅有耕地400公顷。

吐古买提河河口以下3千米、布古孜河左岸的阿图什大峡谷，又称"加依帕其木圣地"，是新疆伊斯兰教创始人沙土克避难的地方，后为穆斯林朝拜的圣地，距今已有1 000多年的历史。景区山深谷幽、怪石突兀、泉水清澈、雪鱼畅游，让人身临其境感受到"艳阳山间照，清泉石上流，雪鱼浅底游，奇山水中映"的奇妙美景。阿湖水库四面环山，水域面积300公顷，宽广清澈的水面碧波荡漾，野鸭、水鸟在水面嬉戏，数座自然小岛点缀其中，成为当地居民节假日休闲览胜之地。

"阿湖"原称"阿尔湖"，最早见于五代时期，突厥语意为

阿图什大峡谷

"谷地"。阿湖宽谷内水源充足，灌溉条件良好。境内泉水、沼泽地、湿地多，耕地、林地、草地面积大。坐落于宽谷内的阿湖乡辖6个行政村，约15 300人，拥有耕地2 092公顷，主要农作物有小麦、玉米、高粱、胡麻、油菜和少量水稻，是阿图什市重要的粮食生产基地之一。这里人文生态景观和自然生态景观也极为丰富。1981年9月，在宽谷内布古孜河右岸河畔阿其克村出土的"阿图什人"头骨化石（国家二级保护文物）将这里的文明史向前推进了17 000多年。自治区首批文物保护单位苏温古城遗址（唐朝）即在此地，但古城遗址的确切位置至今仍是个谜。

苏里堂麻扎

阿图什市汉代为西域疏勒国地；民国27年（1938年）9月，阿图什设治局成立，民国32年（1943年）1月升格为丙级县；今为克州政治文化中心。市区地处博孜塔格山南坡，地处洪冲积平原，布古孜河从城区西缘流过，市区依山傍水，素洁清雅。阿图什市素有"无花果之乡"的美称，距市中心1千米的松他克乡阿孜汗村因阿孜汗无花果园而享誉盛名。"无花果"维吾尔语称"安居尔"，又名"人参果"，

原产于西亚，唐代经丝绸之路传入我国，称"阿驿"或"府珍"，味甘芳香，营养丰富。每当果实成熟的夏季，众多中外游客慕名而来。苏里堂麻扎位于市区西南约 2 千米的买谢提村，是公元 10—13 世纪初"喀拉汗王朝"的古墓群；由墓葬群、陵室、礼拜寺和庭院组成；其中种植的白杨、细柳、金果满枝的沙枣树和绿叶婆娑的桑树，交相辉映，装点着这座古老的陵园。

10.4.2.1.2.11　库山河
(Kushan River)

属**喀什噶尔河**水系，又名汗铁列克代尔亚河，维吾尔语意为"集水河"，发源于公格尔山东坡，流域东邻**依格孜亚河**，西为**盖孜河**流域，流经新疆维吾尔自治区克孜勒苏柯尔克孜自治州阿克陶县及喀什地区的英吉沙县。山口以上河长 117 千米，集水面积 2 169 平方千米，多年平均年径流量约 6.457 亿立方米。

库山河河源与冰川相接，属径流高值区，特殊的产流条件为库山河提供了稳定的水源。上游两岸山体陡峻、山脊裸露、河道比降较大，沟壑纵横、河床切割较深，水流湍急。河水出山口进入山前丘陵区后，河床逐渐展宽，一般宽约 400~500 米，最宽达 600 米以上，水量渗失严重。

河流上游水系由其木干河（主源）和喀拉塔什河两大源流构成。

库山河主源其木干河全长约 37 千米，流域面积 615 平方千米。上游由喔尔达特依冰川、卡依嘎尔冰川和待皮依下依拉克冰川的支流汇集而成。河流自 3 条支流汇合口由西向东流 7 千米后，转向东南流；又流约 7 千米，右岸接纳托儿色子河；再转东流约 7 千米，在阿克陶县库勒博依自然村附近与南来的喀拉塔什河汇合成库山河。

喀拉塔什河上游段称为灭尔开河，源头位于灭尔开达坂附近，流域海拔最高 5 408 米；河流自源头由西南向东北流，12.6 千米和 18 千米流程右岸分别接纳了支流保勒木沙勒河和布拉萨依河；续东北流，下行 9 千米，左岸接纳了卡拉塔石河；又流 4 千米，苏盖特河从左岸汇入干流始称喀拉塔什河。河流东北流 6 千米，经喀拉塔什村，右岸接纳了牙满萨依河；转向西北流，下行 10 千米，在库勒博依自然村与其木干河汇合。喀拉塔什河长 46 千米，流域面积 876 平方千米。

库山河自两源流汇合口以下由南向北穿过 44 千米的峡谷后至沙曼水文站，其间两岸分别接纳了支流乌尊克拉嘎依河、喀音能伊其河、喀拉彻兰吉勒嘎河和亚普羌吉勒尕河等众多支流；又下行 22 千米，在阿克陶县和英吉沙县交界处流出山口。

在河流出山口处的木华里引水枢纽建于 1989 年，由 3 孔进水闸、两孔冲沙闸、3 孔泄洪闸组成，控制灌溉面积 7.5 万公顷。枢纽后有三支干渠：东支下游建有木华里电站（也称莫勒尕电站），尾水经莫勒尕干渠引至英吉沙县龙甫乡及乔勒潘乡灌区；中支称康帕大渠，沿途建有康帕一级、二级电站，经尾端的胜利渠首分水，部分水量经胜利渠引至英吉沙县苏盖提乡和托普鲁克乡灌区，其余水量被引入下游沙罕水库；西干渠通过下游 10 千米处的吾依拉分水闸及三条支渠（团结渠、库尼沙克干渠及玉麦干渠）分别将水引至阿克陶县巴仁乡灌区、阿克陶镇（阿克陶县城驻地）灌区及玉麦乡灌区。

山口以下河流转向东北流，经 5 千米流程后，分为两支汊流。北支继续向东北流，下行约 6 千米后呈散流状散失于阿克陶县境内的冲洪积平原中。东支则转向东南流进入英吉沙县境内，经约 40 千米流程后注入**沙罕水库**，水库泄水沿原河道向东南流去，河水渐散失于疏勒县境内。历史上东支水流可汇入盖孜河下游汊流岳普湖河。

库山河的主要灌区为阿克陶县的巴仁乡、玉麦乡和阿克陶镇。"阿克陶"系柯尔克孜语"白山、雪山"之意。阿克陶镇为阿克陶县政府驻地。阿克陶古城位于今阿克陶县旧城，又称汉代"桢中城"，为公元 87 年东汉定远侯班超在此驻兵屯田之地，距今已有 2 000 多年的历史，1957 年公布的首批自治区文物保护单位。斯的克巴克古城遗址，又称思的克古城，位于阿克陶镇亚格恰克村，为 19 世纪柯尔克孜族希布察克部落封建主思的克屯兵驻守之地，相传斯的克巴克城即为当年思的克率柯尔克孜等族民众抗击阿古柏侵略者的军营，1961 年公布为自治区文物保护单位。阿克陶镇现辖 1 个社区 9 个行政村，人口约 2.8 万。

"玉麦"系维吾尔语"桑葚"之意，因这里桑树多、桑葚好而得名。玉麦乡现辖 12 个行政村，人口 24 900 余人，拥有耕地 3 150 公顷，以农牧业为主。该乡的阿马西村历史遗迹颇多，萨帕勒图木古城遗址刻写着 3 000 年前人类在西域的活动；"阿克亚"古城遗址、古水渠路遗址和喀胡尔塔木遗址述说着人类开发边疆的壮举；库尼萨克麻扎和海勒帕木麻扎记录着 400 年前伊斯兰教曾有的辉煌。

"巴仁"系维吾尔语"拜哈勒"的音转，意为"两河之间的平地"，因巴仁乡坐落于盖孜河和库山河之间而得名。巴仁乡现辖 14 个村委会、1 个乡直农场，人口 2.85 万，拥有耕地 2 940 公顷，是驰名中外的"中国巴仁杏"的主产地。

10.4.2.1.2.11.1　沙罕水库
(Shahan Reservoir)

位于新疆维吾尔自治区克孜勒苏柯尔克孜自治州英吉沙县城东南约 5 千米处的**库山河**上，坝址地理位置为东经 76°12′、北纬 38°54′，是一座以灌溉为主的丘陵区拦河中型水库。

沙罕水库建成于 1967 年。水库水源比较复杂，除引蓄库山河河水而外，发源于南部山区的依格孜亚河下游汊流洪水及部分山洪沟洪水也可直接入库，另外还有库山河与依格孜亚河下游灌区的灌溉余水。

水库建筑物主要包括大坝、放水闸、放水渠、泄洪闸、泄洪渠。土坝主坝段长 700 米，最大坝高 22 米，顶宽 6 米，库容 5 600 万立方米，放水闸设计流量 10 立方米每秒，担负着英吉沙县的沙罕、芒申、英叶、城关、色提力 5 个乡近 2 万公顷农田的灌溉任务。

由于水库拦蓄多条河、沟洪水，入库泥沙量大，加之缺乏排沙设施，经几十年的运行，水库泥沙淤积问题十分突出。2000 年后，虽对水库实施了除险加固，但仍未从根本上解决水库排沙问题。

10.4.2.1.2.12　依格孜亚河
(Yigeziya River)

属**喀什噶尔河**水系，又名依格孜也尔河、堪库鲁河，系维吾尔语，意为"高山河坝"；清朝时，也曾称察汗乌苏河、塔斯滚河，这些称谓均出自蒙古语。河流流经新疆维吾尔自治区克孜勒苏柯尔克孜自治州的阿克陶县及喀什地区的英吉沙县。流域东邻黑孜泉河流域，西为**库山河**流域。山口附近的克孜勒塔孜水文站以上河长 70 千米，集水面积 1 340 平方千米，多年平均年径流量 1.04 亿立方米。

依格孜亚河发源于公格尔山东南端东北坡的布拉达坂（海拔 4 905 米）附近。河流先由西北向东南流，继而走出一个半圆形转向东北流，途中接纳较大支流塔木卡拉河、喀什喀苏河、阿勒尼卢河、特给乃奇克河、卡拉阿勒河、坡克陶河，自河源向下经 39 千米流程后，在英吉沙县煤矿下游的右岸支流奥尔木都河汇合口以下转向北流。下游又流经 18 千米，途中先后接纳了左岸支流其不其库尔河、右岸支流沙尔我依萨依河，流经阿克达拉水电站，在左岸支流穷不斯萨依河、右岸支流阿黑尔太来克河与干流三河交汇处（三岔口）以下，河流转向东北流。再下行 20 千米，河流出山口，其间，左岸的两条较大支流艾捷克萨依河和乌尔大隆萨依河相继汇入。乌尔大隆萨依河发源于公格尔山冰川区的克孜勒达坂附近，流域海拔最高 5 089 米，源头发育有 3 条小型冰川；河流自西北向东南流经 21 千米，在克孜勒陶乡政府驻地附近汇入依格孜亚河干流。阿克陶县克孜勒陶乡坐落在乌尔大隆萨依河河口处，河口下游设有克孜勒塔克水文站。

穷不斯萨依河源自位于布拉达坂东侧的布留列达坂（海拔 4 304 米）附近，河流全长 32 千米，沿途两岸接纳的较大支流有沙你达勒河、克斯麻克河、库母吉尔嘎、雨孜你那克孜河、吴甫尔吉勒尕河、库里巴克吉勒嘎河。

依格孜亚河流出山口后，进入英吉沙县依格孜也尔乡境内，部分河水经依格孜也尔渠首分流入灌区。山口处的依格孜也尔拦河引水枢纽建成于 1984 年，由 1 孔进水闸（设计流量 7 立方米每秒）、6 孔泄洪闸、1 孔冲砂闸、2 孔溢流堰组成，控制灌溉面积 1.57 万公顷。渠首以下经依格孜亚干渠，为依格孜也尔乡灌区、托普鲁克灌区与沙罕等灌区供水；下游附近还修建有依格孜亚小型水库。渠首以下河道迅速展宽，水流成散流状，主流向西北流约 25 千米，散流河水复归槽，又下行约 5 千米，注入**沙罕水库**。

依格孜亚河下游的英吉沙县汉为依耐国地；清光绪九年（1883 年）置英吉沙尔直隶厅；民国 2 年（1913 年）改为英吉沙县，现辖 1 镇 13 乡，总人口 23.2 万，耕地面积 1.93 万公顷；因其独具 1 000 多年传统工艺的维吾尔族手工艺品——英吉沙小刀而传名于世。这里因居民擅长维吾尔族传统的杂技艺术"达瓦孜"（意为"高空走绳"）而被誉为"中国达瓦孜之乡"；还是创多项吉尼斯世界纪录的高空王子阿地力的故乡。英吉沙县色买提杏历经 400 多年选育而成，具有保健功效，被誉为"冰山玉珠"。

10.4.2.1.2.13 西克尔水库
(Xikeer Reservoir)

位于新疆维吾尔自治区喀什地区伽师县西克尔库勒镇，北距南疆铁路及 314 国道不足 500 米，地理位置为东经 77°20′，北纬 39°47′，是一座以灌溉为主兼顾防洪、养殖的大（2）型注入式平原水库，主要承担下游伽师县 10 个乡和兵团农三师伽师总场共 0.87 万公顷农田灌溉及 5 万头牲畜饮水任务。

水库地处**恰克马克河**、**布古孜河**及**喀什噶尔河**主源克孜勒苏河相汇处，上、下游古河道汇流处的洼地上，经喀什噶尔河上的布哈拉渠首及干渠引水入库，水库退水向南 20 千米可重归河道。水库建于 1959 年，由均质土坝、溢洪道、泄洪洞、放水涵洞等组成；主坝长 4 546 米，坝顶宽 7 米，最大坝高 7.1 米；副坝长 8 768 米，坝顶宽 5 米，最大坝高 4.4 米。库区面积 47 平方千米，总库容 1 亿立方米。

水库处于Ⅷ级烈度地震区。从 1958—1974 年的 15 年间，库区发生地震 10 次，其中较大的有 3 次。1961 年 4 月 13 日 23 时，发生里氏 6.5 级地震，震中距水库约 30 千米，当时水库蓄水 4 734 万立方米，主坝段有 230 米坝段沉陷 2～2.5 米，副坝裂缝达 165 条。2002 年 3 月 4 日，西克尔水库副坝发生管涌致决口，对下游构成严重威胁，经军民奋力抢险 12 天，最终解除了险情。

西克尔水库北望喀什喀尔套山，南为平原灌区，库区景色优美，库中建有 4 座小岛，特别适宜垂钓休闲。西克尔库勒镇南距水库仅 2 千米，交通极为便利。水库北侧的喀什喀尔套山青石峡，幽深迂回，峡谷内有各种海相生物化石，极具特色。

10.4.2.1.2.14 硝尔库勒湖
(Xiaoerkule Lake)

新疆维吾尔自治区克孜勒苏柯尔克孜自治州阿图什市哈拉峻乡境内，为哈拉峻盆地最低处是所有发源于哈拉峻盆地周边山脉水系的尾闾。流域北以喀拉铁热克山脊为分水岭，与主要河段在阿合奇县境内的**托什干河**流域毗邻；东、南隔喀拉塔格山脊与**柯坪河**及**喀什噶尔河**下游相邻，西与库鲁木都克河流域相连。流域地理位置为东经 76°27′～77°43′，北纬 39°59′～40°35′，东西最长约 110 千米，南北最宽约 72 千米，总面积约 5 954 平方千米。

哈拉峻盆地属大陆性干旱气候，多年平均气温 8.7 摄氏度，年均日照时数 2 792.8 小时，多年平均年降水量 120 毫米，无霜期 171 天。

硝尔库勒湖水系主要包括发源于天山南脉的库鲁木都克河中、东两支汊流，喀拉铁热克山南坡的众多小河、溪，以及喀拉塔格山北坡的小河、溪。流域海拔最高 4 382 米。自库鲁木都克河以东，发源于喀拉铁热克山南坡的较大河沟依次有库铁热克尤鲁沟、乌尊喀克尔沟、铁热克布拉克沟、布拉克沟、音根河、谢依特河、希维鲁沟、塔什艾勒克河、库铁列克沟、恰尔青萨依沟、塔勒坎木沟、阔什布拉克萨依沟、塔勒勒克萨依沟、奥依布拉克萨依沟、塔拉马拉萨依沟，以及发源于喀拉铁热克山与喀拉塔格山之间的皮阡萨依河。喀拉塔格山北坡则多为小溪沟。

硝尔库勒湖水系中水量较大的河流为音根河、谢依特河和塔什艾勒克河。塔什艾勒克河为盆地内水量最大河流，在浅山区的古尔库热村附近建有库克热拦河渠首，通过库克热干渠将部分河水引至下游哈拉峻乡农场。

上述河流出山口进入哈拉峻盆地后，在非汛期全部渗入地下，以潜水形式补给距各山口约 18～30 千米的盆地中部湿地，继而间接补给居于盆地中央的硝尔库勒湖、吐孜苏盖特湖，或在湿地中形成多个泉水河直接补给上述两湖。盆地中较大的泉水河有：克尔布拉克昂额河、喀拉苏河以及吐孜敦昂额河。汛期个别水量较大河流的洪水可直接入湖或补给泉水河。

哈拉峻盆地周边为数众多的小河、溪，孕育了哈拉峻盆地中央南北宽约 10～20 千米、东西长约 70 千米、面积约为 1 200 平方千米的湿地。

湖泊属第四系全新统化学沉积。两湖相通，相距 5～10 千米。湖水面积随季节变化。由于同处于哈拉峻盆地的低洼处，四周地表水均向湖泊汇集，使各时代地层中的盐类（主要是钠盐）物质随水搬运至湖中沉积，至今仍在不断进行。两湖盐泽化面积 140 平方千米，其中，膏盐层及含盐卤姆面积约 90 平方千米。大部分为盐泽化的砂泥卤姆及淤泥所覆盖，从湖面向下依次为：盐壳（盖）层，由盐、黏土、细砂

10.4.2.1.2.15 柯坪河

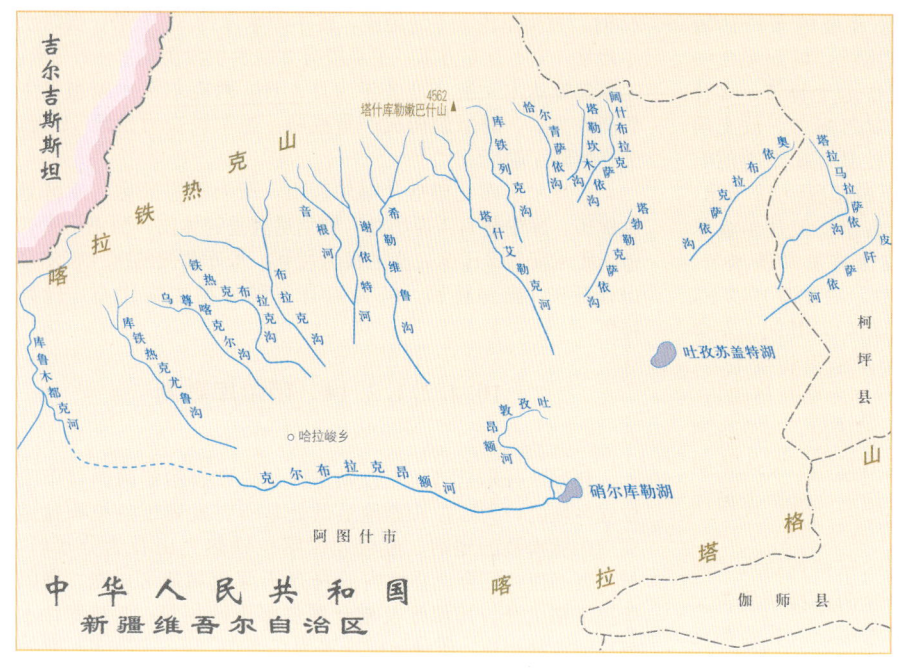

硝尔库勒湖水系示意图

组成,厚0.2~1米;盐矿层,为中晶、粗晶岩盐层,厚0.2~0.6米,是目前开采层位;淤泥层,由盐、淤泥组成,含少量砂石。

硝尔库勒湖呈北西—南东向分布,湖面高程1551米,盐湖水面面积50平方千米,长约13千米,宽2~6千米,平均水深1.2米;盐类矿床主要为石盐,盐层厚度0.5~1.5米,盐矿层厚0.2~0.3米,通过对盐湖矿取样检验,测算出固态盐D级储量为8600万吨。吐孜苏盖特湖呈北东—南西向分布,长约18千米,宽2~4千米,湖表面为一层盐盖层,厚度0.2~0.3米,向下为粗晶石盐层,厚度0.3~0.6米,测算固态盐D级储量1320万吨、芒硝E级储量3126万吨。两湖中偶尔可见小块儿绿色植物,湖边生长着稀落的胡杨。

哈拉峻盆地内地下水资源丰富,有70多个泉眼出露,地势平坦,土壤肥沃。位于盆地内的哈拉峻乡辖9个村委会,人口12 300余人(柯尔克孜族占97.4%);拥有天然草地8.13万公顷,森林面积1万公顷,耕地800公顷;以牧业为主,主要牲畜有马、牛、羊、骆驼等,被喻之"全身皆宝"的"塔河马鹿"的养殖也已形成规模。乡政府位于哈拉峻盆地西北侧,海拔1550米,交通便利,306省道横穿乡境。

哈拉峻盆地北部的喀拉铁热克山区,有一条长长的峡谷,两岸的大理石山体经过大自然的风雨削蚀,将岩石雕凿成千姿百态的怪石山。进入山谷,仿佛进入了一个雕塑艺术林立的巨大宫殿,山体犬牙交错,奇岩危耸,形态各异的怪石犹如艺术家精心雕刻的艺术珍品,形象逼真,令人叹为观止。但如遇狂风天气,山鸣谷响,呼啸之声惊天动地。

10.4.2.1.2.15 柯坪河
(Keping River)

下游流经柯坪县,又名苏巴什河、麻扎艾肯河。流域西与新疆维吾尔自治区克孜勒苏柯尔克孜自治州阿合奇县和阿图什市境内的**硝尔库勒湖水系**接壤,北以南天山支脉黑尔塔格山脊为界,与流经阿合奇县和阿克苏地区乌什县境内的**托什干河**流域毗邻,南、东南以柯坪山脊为界,与**喀什噶尔河**下游流域相连。主源流苏巴什河发源于天山南脉支脉黑尔塔格山南坡,出山口以上河长90千米,集水面积约4 470平方千米,多年平均年径流量约0.52亿立方米。

柯坪河苏贝希村以上河段是一条以地下水和降雨补给为主的山溪季节性河流,从苏贝希村上游附近的泉水溢出带开始河流才常年有水,因此柯坪河又名苏巴什河。"苏巴什河"系"苏贝希河"音转,因流经苏贝希村得名。苏贝希村附近泉水溢出带以上河段非汛期为干河床,只有汛期或暴雨期间,河流上游段才有水流至苏贝希村。

苏巴什渠首位于柯坪县,建于1979年,设计引水流量3立方米每秒,控制灌溉面积2 600公顷;下游干渠上建有柯坪县水电站。苏巴什防洪堤位于玉尔其乡附近的苏巴什河右岸,建于2001年,设计洪峰流量900立方米每秒,堤长5千米,用以保护柯坪县城、玉儿其乡共1.13万人口及940公顷耕地防洪安全。阿拉玛防洪堤位于玉尔其乡下游苏巴什河右岸,建于2003年,堤长12千米,用以保护柯坪县玉儿其乡9 852人口及760公顷耕地防洪安全。

柯坪河源头位于阿合奇县境内的喀拉提坎自然村附近。源流在阿合奇县境内称几格代喀克河,自源头由西南向东北穿行在苏盖特—柯坪盆地之中,流经23千米后进入柯坪县境内并转向东流,河流改称琼萨依河;续东流26千米,河流穿过北为喀拉艾尔山、南为帕勒克克孜勒塔格山、长约6.7千米的峡谷后转向东北流;又流经16千米汇入苏贝希村附近的泉水溢出带。以下河流称柯坪河。

河流自源头至苏贝希村,沿途左岸汛期分别接纳了发源于黑尔塔格山南麓的数条季节性支流,非汛期这些支流出山口后即呈散流状渗入地下,以地下水形式补给河流。

柯坪河自苏贝希村由西南向东北流,穿过南为亥拜依能克孜勒塔格山、北为喀拉布拉克斯塔格山的峡谷,向东北流经一段谷地后,又穿过南为松布勒塔格山、北为克斯勒塔格山之间峡谷,在柯坪县玉其乡哈马提坎村流出山口,进入柯坪谷地。山口处建有苏巴什引水枢纽,将大部分河水引向东南玉尔其乡、盖孜力克乡灌区及距山口约10千米的柯坪县城。

主河道向东流经8千米后,从县城北侧转向东南流,沿途接纳北部山区诸多散流小洪沟后,又流经9千米,接纳由西南而来的季节性河流托乌力亚河,以下河流又称麻扎艾肯河。

托乌力亚河是位于南为柯坪山、北为喀拉塔格山的山间宽谷内的泉水河流。该河始于萨尔干湿地,河流向东北流,一直穿行在两山之间的宽谷(又称阔克库勒—柯坪谷地)中,途中先后改称为阔克库勒力松河、阿亚克捷格厄肯河,流经65千米,在库木也尔以下改称托格腊亚尔河,下游又改称托乌力亚河,最终汇入麻扎艾肯河,河流全长83千米。在改称托格腊亚尔河以上的河段平时均为干河床。

麻扎艾肯河沿库木阿提拉克塔格山北缘向东流14千米,流经阿恰勒乡政府驻地,部分水量被引向东北方向约10千米处的齐兰村,余水沿河床转向东南流,下游河道分为3支,流向冲洪积扇缘湿地沼泽区,主流则弯弯曲曲流经约30余千米后进入喀什噶尔河北岸湿地,历史上洪水期有洪水可汇入喀什噶尔河。

柯坪县汉代为温宿国地，是古"丝绸之路"的必经之地。维吾尔语称柯坪为"克勒品"，为"洪水"或"地窝子"之意。1903年设分防县丞时定名柯坪，1930年正式建柯坪县。该县是一个以农业为主、牧业占有一定比重的县，现辖1镇4乡，总人口4.5万，有耕地0.67万公顷。独特的地理环境、水土光热条件和无污染栽培使该地生产的"恰玛古"成为名特产品，因此柯坪县又有"恰玛古之乡"之美誉。

其兰烽燧位于柯坪河下游河道南侧约13千米、阿恰乡其兰村西南1.5千米处的绿洲区南缘，始建于汉代，后在唐朝蔚头州时又增高加固，至今仍雄踞大漠。与其邻近的其兰古城为清代驿站遗址，又称"阔纳先尔"。遗址面积很大，残存建筑物表明当时古城有民用建筑、军事建筑、宗教建筑、农垦遗址等。100多年前，由于气候干旱，致农田荒废，城里唯一的水塘也干涸了，人们不得不赶着毛驴去远处驮水。渐渐的，古城的居民开始搬迁，1918年春天的一天早晨，留守古城的最后100多位生意人也离开了，留下古城废墟任由风吹雨打，最终坍塌，被风沙掩埋，成为一片历史遗迹。县境内还有克孜勒塔格佛寺、丘达依塔格城堡、亚依地烽燧等古迹。

10.4.2.1.3 阿克苏河
(Akesu River)

"阿克苏"系维吾尔语，为"白水"之意，阿克苏河因上游河段流经地表破碎的白云岩、大理岩地段、而使河水呈乳白色得名。《水经注》中称其为姑墨川水。阿克苏河是**塔里木河**的主要源流之一，属国际跨界河流，源自吉尔吉斯斯坦境内，流入中国境内后，流经新疆维吾尔自治区克孜勒苏柯尔克孜自治州阿合奇县、阿克苏地区乌什县、温宿县、阿克苏市和阿瓦提县及兵团农一师所属16个农牧团场，地理位置为东经75°35′～81°00′，北纬40°25′～42°28′。

阿克苏河由源自吉尔吉斯斯坦境内天山南脉的源流**托什干河**与源自捷尔斯克伊阿拉套山的库玛拉克河（主源）两大源流汇集而成，两源流入中国境内后，分别流经368千米和115千米，在温宿县喀拉都维村汇合，以下河流始称阿克苏河。以库玛拉克河为主源，阿克苏河全长468千米，流域面积46 787平方千米。

脉喀拉铁热克山山脊为分水岭与**喀什噶尔河**流域接壤，北以天山南脉支脉哈尔克他乌山山脊为界与**伊犁河**流域相依，东部与**渭干河**流域相接，东南部为塔克拉玛干沙漠，中部的平原绿洲海拔950～1 400米。

全流域高山区发育有冰川1 005条，冰川面积2 412平方千米，冰储量437立方千米，是天山山区冰川规模最大的流域。流域最高点为天山南脉主山脊处海拔7 443米的托木尔峰，是天山山脉在中国境内的最高峰，北距海拔6 995米的天山山脉第二高峰——汗腾格里峰约20千米左右。河流源区发育有冰川堰塞湖，位于吉尔吉斯斯坦境内的南伊内尔切克冰川和北伊内尔切克冰川交汇处的冰川谷地，1902年法国人G·麦茨巴赫发现而命名为"麦茨巴赫湖"。该湖频繁发生突发性泄水，加之山区水系呈扇状分布，河流流程较短，纵坡陡峻，极易酿成灾害性洪水。1994年7月23日，库玛拉克河突发特大冰川堰塞湖溃坝洪水，协合拉站洪峰流量达2 700立方米每秒。

阿克苏河干流段位于平原区，河谷宽阔，水流分散，多沙洲，下游河床最宽达3千米，纵坡极平缓，河水常四处散溢流淌。《西域水道记》中有"余旋程五月，河流未盛，已有浩淼之思矣"的描述，反映了古人经此河流时慨叹阿克苏河水量之大的心境。阿克苏河的汉流老大河多古河道，形成众多近南北走向的湖泊及河间洼地，以及众多南北向分布的起伏高地和河湾，生长茂密的胡杨林、红柳、芦苇等植物，冲积平原局部发育有灌丛沙包。

气候 流域地域广阔，地形复杂，平原与山区海拔相差大，气候存在较大差异，大致可分为西北部山区和南部平原区两大气候区。西北部山区海拔4 000米以上高山带，山顶终年积雪，终年气温在0摄氏度以下，年降水量400～600毫米；海拔2 000～4 000米的地区，夏季凉爽短促，冬季寒冷漫长，年降水量150～400毫米；海拔1 600～2 000米的浅山带，干旱少雨，温差变化大，多浮尘天气。南部平原区多年平均气温10.3摄氏度，多年平均年降水量75毫米，四季分明，光照充足，湿度小，温差大，多风沙。

河流水文 阿克苏河历史上由库玛拉克河、托什干河和**台兰河**三条支流及北山其他一些小河汇合而成，现一般年份仅有库玛拉克河与托什干河长年有水注入河道。

两主源流汇合口下游8千米处的西大桥引水枢纽以下，河流分为东、西两支，东支称为新大河，西支称为老大河。

阿克苏河两源汇合处

阿克苏河西大桥下游河道

概 述

地质地貌 流域地势西北高，东南低，自西北向东南倾斜。流域北部为横亘东西的天山南脉，西北以天山南脉山脊为界与吉尔吉斯斯坦和哈萨克斯坦毗邻，西南以天山南脉支

新大河是阿克苏河主流，流经阿克苏市后，向东南流7千米，至依干其乡尤勒滚鲁克村，左岸接纳**柯柯亚尔河**和台兰河部分水流后折向南流；又流33千米，至阿克苏市库木巴什乡艾尼瓦提村并转东南流；再流21千米至塔里木拦河闸，在

10.4.2.1.3 阿克苏河

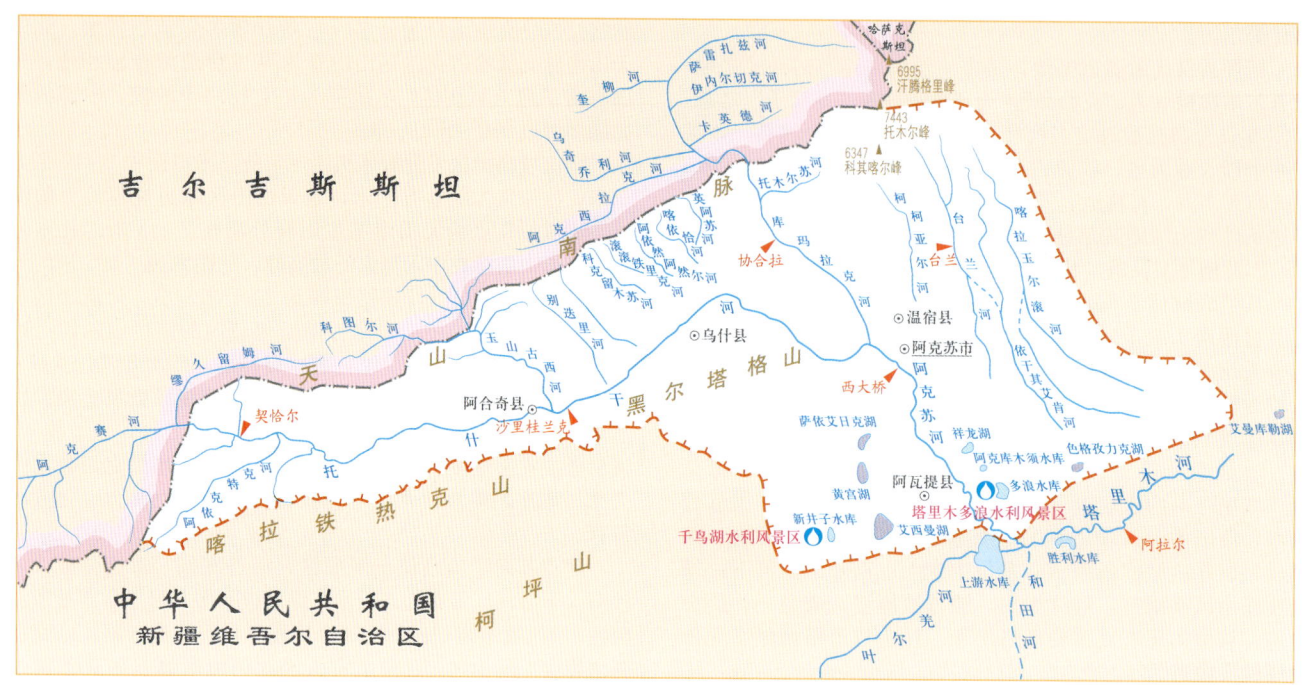

阿克苏河水系示意图

此大量河水被引向河流两岸灌区，拦河闸泄水沿河道续东南流约10千米，右岸接纳老大河。

自艾尼瓦提村以下，阿克苏河作为界河穿行于县（市）交界之处，其中，阿克苏市与阿瓦提县界河段长约36千米；阿瓦提县与阿拉尔市界河段长约32千米。

老大河自西大桥引水枢纽向南流44千米，经阿克苏市阿依库勒乡敦阔坦村进入阿瓦提县，沿途部分水量被引入沿河灌区，部分水量注入**上游水库**，余水经退水渠汇入新大河。

新大河、老大河汇合后，阿克苏河经49千米流程，至阿瓦提县的肖夹克村，相继与**叶尔羌河**、**和田河**汇合成塔里木河。《河源纪略》中有"会处四水交贯，形如井栏"的记述，就是对诸河相汇场景的生动写照。

阿克苏河是一条由冰雪融水和降雨混合补给的河流，其中冰雪融水补给比重较大。汛期一般在5—8月，河流洪水频发，尤以冰川堰塞湖溃坝型洪水造成的灾害最重。自1950—1998年的48年中，阿克苏河流域有36年发生了不同程度的洪水灾害。

水利工程 河流自上而下依次建有协合拉拦河引水枢纽、塔尕克一级水电站、吐曼巴什防洪堤、帕什塔什引水枢纽、恰克拉克渡槽、革命大渠分水闸、达汗黄羊滩防洪堤、多浪渠引水枢纽、多浪渔场防洪堤和依尔玛防洪堤、艾力西引水枢纽、西大桥引水枢纽、西大桥防洪堤、拜什吐格曼防洪堤、塔里木拦河引水枢纽等重要水利工程。流域属洪灾多发区，河道、山洪沟洪水防线长达800余千米。截至2008年已建成各类堤防580余千米，主要有拜什吐格曼防洪堤、哈拉塔勒防洪堤、阿克苏市东城防洪工程。全流域已建大型水库1座，中小型水库13座；中小型水电站68座；引水枢纽13座，分水闸5座；支干渠以上骨干灌溉渠道98条，总长1 615千米；支、斗、农渠26 414条，总长度27 952千米。

协合拉拦河引水枢纽位于河流出山口处，经枢纽向东、西两岸引水，引水流量分别为90立方米每秒和10立方米每秒；加大引水流量分别为120立方米每秒和18立方米每秒；以灌溉引水为主，兼顾发电，控制灌溉面积近9万公顷。

多浪渔场防洪堤

协合拉拦河引水枢纽

塔尕克一级水电站位于温宿县萨瓦甫齐牧场，距协合拉水文站约10千米，厂区距Z620国防公路约1千米，为引水式电站，装机2台容量46兆瓦，引水渠长6.79千米，尾水渠长4.1千米。

吐曼巴什防洪堤位于温宿县吐木秀克镇境内、库玛拉克河左岸，建于1975年，浆砌石坝结构，堤防长4.4千米，防洪标准10年一遇，保护吐木秀克镇4万人及6 028公顷耕地安全。

帕什塔什引水枢纽位于温宿县吐木秀克镇境内、库玛拉克河左岸，建于1971年，由3孔进水闸、3孔泄洪闸组成，引水流量42立方米每秒，泄洪流量80立方米每秒，控制下游灌溉面积1.5万公顷。

横跨河流的恰克拉克渡槽位于吐木秀克镇附近的库玛拉克河上，建于2003年，总长887米（包括进出口连接段），共26跨，为双孔箱涵，设计流量6.39立方米每秒，加大流量7.98立方米每秒，控制灌溉面积约7500公顷。

革命大渠分水闸位于吐木秀克镇，建于1991年，主要建筑物有进水闸、退水闸，设计流量7.9立方米每秒。

多浪渠引水枢纽位于温宿县阿合牙其村，建于1976年。工程由两孔进水闸（引水流量30立方米每秒）、3孔泄洪闸（泄洪流量175立方米每秒）、冲沙闸、溢流堰、多浪总干渠（长69.5千米）等组成，控制灌溉面积60万公顷。

达汗黄羊滩防洪堤位于温宿县托乎拉乡库玛拉克河左岸，建成于2006年，防洪标准30年一遇，设计洪峰流量达2420立方米每秒，堤防长15千米，主要保护温宿县和阿克苏市16万人、4万公顷耕地及库玛总干渠、多浪总干渠、314国道、南疆铁路等重要的水利、交通设施安全。

多浪渔场防洪堤位于温宿县阿合牙其村河流左岸，建成于1991年，全长7.8千米，防洪标准20年一遇，主要保护阿克苏市和温宿县托乎拉乡29万人和6.87万公顷耕地安全。

依尔玛防洪堤位于阿克苏市依干其乡库玛拉克河左岸，建成于2006年，长9千米，主要保护依干其乡居民安全。

艾力西引水枢纽位于托什干河与库玛拉克河汇合处，始建于1965年，由进水闸、泄洪冲沙闸和侧堰、输水渠道等工程组成，设计引水流量120立方米每秒，控制灌溉面积达18万公顷。

西大桥引水枢纽位于艾力西引水枢纽下游约8千米处，是一座主要为引水发电服务的弯道式大型引水枢纽，电站装机容量26兆瓦，年发电量1.49亿千瓦时，电站进水闸设计引水流量160立方米每秒，电站尾水被引入灌区。西大桥防洪堤位于河流右岸，堤长1.5千米，主要保护对象为下游的阿克苏市、314国道、南疆铁路等。

拜什吐格曼防洪堤位于拜什吐格曼乡新大河中游左岸，建于1998年，长1.2千米，主要保护对象为拜什吐格曼乡居民及约900公顷耕地。

自艾力西引水枢纽引水的阿克苏老大河灌区是流域最大的灌区。灌区内又分为老大河东干渠灌区、沙井子灌区、阿瓦提灌区。老大河东干渠灌区包括阿瓦提县拜什艾日克乡、多浪乡及农一师丰收一场、二场、卡尔墩农场和良种场等，灌溉面积4.6万公顷；灌区内土壤盐碱化较严重，经修建干排，排水系统可控约90%的耕地，地下水位普遍下降1～2米，已使1.3万公顷重盐碱地得以改良。沙井子灌区包括农一师一团、二团、三团场和一个民族连，由胜利渠引水，灌溉面积2.4万公顷，主要种植小麦、水稻、棉花；灌区灌排系统较完善，经过种稻洗盐，土壤改良效果显著。阿瓦提灌区地处新、老大河之间，包括阿克苏市托普鲁克乡、阿依库勒乡、库木巴什乡及农一师良种场，灌溉面积1.4万公顷；灌区内地下水埋深1～4米，排水畅通。

塔里木拦河引水枢纽位于阿克苏市境内，工程为1972年兵团农一师所建，工程由拦河闸、南北进水闸和上游导流堤组成；拦河闸共32孔，设计流量1330立方米每秒，校核流量1690立方米每秒，1999年8月1日实际过闸流量达到2284立方米每秒；南、北两侧进水闸各7孔，设计流量分别为80立方米每秒和60立方米每秒，担负着向上游水库、**胜利水库**、**多浪水库**三座大型水库的输水和十个农垦团场约10万公顷耕地的灌溉用水任务。

纪　实

阿克苏河源头的汗腾格里峰，海拔6995米，是中国境内天山山脉的第二高峰，坐落在南天山的主脊线上，峰体高峻雄伟，终年积雪，冰、雪崩频繁。尤其在山体南侧，多断层峭壁和沟壑，冰雪壁像一堵玉壁高耸于苍穹之下，令人望而却步。与河源相接的汗腾格里冰川，又名南依诺尔切克冰川，为世界八大山谷冰川之一，长61.3千米，上游位于中国境内，下游伸入吉尔吉斯斯坦境内。

河流在吉尔吉斯斯坦境内部分称萨雷扎兹河，进入中国境内后始称库玛拉克河。萨雷扎兹河两岸支流繁多，有奎柳河、乌奇乔利河、阿克西拉克河、伊内尔切克河、卡英德河等13条支流汇入。进入中国境内后库玛拉克河呈西北—东南流向，为阿克苏地区乌什县和温宿县的界河，沿程在距国界约13千米、13.5千米、27.3千米和29.5千米处分别接纳了英沿河、**托木尔苏河**、阿合奇河等支流。英沿河源头位于天山南脉库力克达坂附近，河流全长30千米；托木尔苏河源自天山南脉的托木尔峰，河流全长63.5千米；阿合奇河源头位于天山南脉主山脊，河流全长30千米。

阿合奇河河口以下，河流续东南流21.3千米出山口，到达干流控制站——协合拉水文站及协合拉引水枢纽；再流32千米至吐木秀克镇西侧进入温宿县境内；下行7.5千米，河流分叉为东、西两支，分别流经22千米和24千米，在喀拉都维村附近与托什干河汇合，以下河流始称阿克苏河。

库玛拉克河上游中国与吉尔吉斯斯坦交界处，海拔较高，植被较优良。高山区河谷狭窄，河水湍急。在支流阿合奇河汇入口以下约8千米处，河道骤然展宽达200～300米，水流渐缓，两岸山体突兀，植被稀落。河流在出山口的协合拉水文站以下，河床由500米左右逐渐展宽至1～2千米。在距水文站以下约20千米的兵团四团龙口处，河床宽达3千米左右。吐木秀克镇以下，河道又缩至800米左右，下游至东、西分支处又逐渐增为1.8千米，东、西两支河床宽分别在500～800米左右。

枯水期库玛拉克河下游河道

著名的神木园风景名胜区坐落在协合拉引水枢纽下游5.6千米的河流左岸，地处天山南脉山前丘陵地带。天山雪水出山口后渗入地下，在神木园景区特殊的地质条件下以多个泉水出露，滋养着园内许多近千年古树神木。因伊斯兰教阿訇苏立坦库米什赛依德曾在此地传经、后又埋葬于此，故而此地又俗称"库尔米什阿塔木麻扎"。神木园四周为戈壁荒丘，园内古木怪异，匍匐在地，起伏而生，犹如龙蛇起舞，形态万千。林中还有多处清泉，清冽甘甜，当地人称之为"神泉"。

神木园内的库尔米什阿塔木麻扎

位于河流左岸的温宿县汉为姑墨国地；清光绪二十八年（1902年）九月设温宿县，隶属温宿府；现辖5乡5镇、9个国有农、牧、林场及兵团农一师五团、六团，共22万余人（2003年）。温宿县是新疆商品粮生产基地之一，素有南疆稻乡之美名，是全国绿色食品（优质大米）基地之一；经济作物有棉花、啤酒花、甜菜、胡麻等，也是阿克苏地区棉花、啤酒花出口基地之一。

坐落于阿克苏河左岸的阿克苏市，历史上曾是"丝绸之路"北道上的重要驿站，为西去中亚的必经之地；汉代为西域姑墨国地，隋唐时期称为跋禄迦国，唐显庆三年（658年）置姑墨州；唐玄奘西天取经就曾路过此地，《大唐西域记》中对跋禄迦国有较详细的记载；乾隆二十二年（1757年），清政府平定准噶尔叛乱后，将地名定为阿克苏。阿克苏市现辖5乡2镇1场，总人口56万，拥有耕地3.8万公顷，主产作物以小麦、棉花、玉米、大米、甜菜为主，素有"塞外江南"之美称，是全国商品粮基地之一。市区内的博斯坦风情园、姑墨农家乐园、依干其万亩果林观光园、多浪人家风情园、齐曼扎杏园及河西岸的西湖水上乐园等是人们休闲旅游的著名景区。

"阿瓦提"系维吾尔语，为"繁荣"之意。阿瓦提县原名"多浪"，是古维吾尔部族"多浪人"的故乡。历史的长河在这里孕育了特有的"多浪"森林草原游牧文化和绿洲文化，其中有传说中的西域最著名的人物、智慧的化身——阿凡提曾在此地生活和传播智慧。1950年，设立阿瓦提县，现辖五乡三镇，总人口20.96万，现有耕地80万亩，各类草场243万亩。阿克日克胡杨林风景区位于阿瓦提县城东南10千米，占地面积7平方千米，老大河从中横穿而过，两岸为河漫滩灌木草甸草地，生长有茂密的胡杨林、芦苇、苦豆子、蒲草等植物，林中时有野鸡、野鸭、野兔出没。

农一师现辖16个团场及托海牧场，总人口27.55万，其中14个团场分布在阿克苏河流域现已建成棉、粮、畜牧、果品、水产5大商品生产基地。农一师师部坐落在阿克苏市中心。

坐落于阿克苏河上的拦河引水枢纽——塔里木拦河闸前的祥龙湖建于2004年，占地面积20余公顷。祥龙湖集江南园林建筑群与原始的自然生态美景为一体，融入了颇具地域特色的民族风情与水利屯垦文化等人文景观，有"江南水乡"之美誉，现已开发为旅游景区，2005年被评为国家水利风景区，2006年又被列为国家AAA级旅游景区。景区内建有塔河览胜、摘星亭、过仙桥、西域琴韵、明月水榭等十余处景点。

阿拉尔市是2002年由国务院批准设立的一座新兴军垦城市，现辖4个街道1个乡，市内驻有农一师10个团场（七团至十六团）及托海牧场、塔里木农垦大学等单位；2006年全市人口28.9万，主要有汉族、维吾尔族、回族等。

10.4.2.1.3.1 托木尔苏河
(Tuomuersu River)

阿克苏河上源库玛拉克河支流，又名铁米尔苏河，位于新疆维吾尔自治区阿克苏地区温宿县境内，也是中国境内库玛拉克河上的最大支流；发源于天山山脉托木尔峰南坡冰川区，河流全长63.5千米，流域面积1 018平方千米，多年平均年径流量约6.17亿立方米。"托木尔苏"系维吾尔语，意为"铁山上的水"。

河流源区共发育有冰川98条，冰川面积531.71平方千米，占整个流域面积的52.2%。其中，源流上游巨大的托木尔苏冰川一直延伸至天山山脉在中国境内的最高峰——海拔7 443米的托木尔峰，冰川长达41.1千米，冰川面积达337.85千米，冰舌末端海拔仅2 780米，一直下延至喀日托自然村附近，与右岸支流阿依丁库勒河汇合。阿依丁库勒河源自长达16.5千米的阿依浪苏冰川，冰川面积达45.91平方千米，其源头位于中吉边界、海拔4 710米的阿依浪苏达坂，河长约9千米。

托木尔苏河自阿依丁库勒河汇入口处始转向西南流，经6千米、13千米流程，左、右岸分别接纳了阿克恰依苏河和大支流孤尔克苏河；又流16千米，在阿克塔什村附近汇入库玛拉克河。

孤尔克苏河源头位于托木尔峰冰川区南坡，最高海拔5 234米。源流帕梯卡拉里克苏河由源于穷库尔木冰川（长8.5千米，面积9.63平方千米）和冰滩冰川（长7.3千米，面积8.98平方千米）的支流汇集而成，自汇合口向西流经约6千米，右岸接纳了源头为青冰滩冰川（长7.3千米，面积5.23平方千米）的提坎布拉克河；续西行约9千米，汇入托木尔苏河。

托木尔峰又名胜利峰，北距汗腾格里峰仅20千米，是世界登山爱好者的必登之峰。托木尔峰周围6 000米以上的高峰有15座，是天山山脉的高峰密集区，也是中国最大的现代冰川作用区之一，共有冰川829条（其中发育在中国境内的冰川有509条），冰川总面积达2 746平方千米，冰雪储量达3 500亿立方米。1977年7月25日中国科学考察登山队首次登顶托木尔峰，并进行了多学科科学考察。

10.4.2.1.3.2 托什干河
(Tuoshigan River)

阿克苏河源流之一、国际跨界河流。流域西及西北与吉尔吉斯斯坦境内的纳伦河流域毗邻，北与库玛拉克河流域接壤，地理位置为东经75°37′～80°05′，北纬40°43′～41°43′。河流自西向东依次流经吉尔吉斯斯坦的卡拉科尔市及中国新疆维吾尔自治区克孜勒苏柯尔克孜自治州的阿合奇县、阿克苏地区的乌什县和温宿县，全长592千米（中国境内长358千米），流域面积24 018平方千米。"托什干河"系维吾尔语，意为"兔子河"，因河畔曾多有野兔出没而得名。

概　　述

河流源区冰川丰富，分布有冰川272条，冰川面积223平方千米。托什干河由发源于吉尔吉斯斯坦境内的两大源流阿

托什干河中游阿热力桥

克赛河、缪久留姆河汇集而成。阿克赛河上游段又称捷列克河，发源于天山南脉麦丹他乌山北坡，全长约111千米。缪久留姆河发源于天山南脉麦丹他乌山东端北坡，全长82千米。两大源流汇合后，始称托什干河。

河流自两大源流汇合口向东流约20千米，在川赤察尔山口附近流入中国阿合奇县境内；续东流穿行在北为天山南脉主脉、南为天山南脉支脉喀拉铁热克山之间的峡谷中，流经71千米至契恰尔水文站。途中两岸接纳多条支流，其中，左岸依次接纳了沙尔比亚河、廓噶尔特萨依河（源自天山南脉廓噶尔特山口）、铁西克恰甫河、巴勒梗得河以及源于天山南脉冰川区的其其尔哈纳克河、僧阿尔加尔河、坎苏河、琼库尔恰克河等较大支流；右岸依次接纳了卡拉阿依乌鲁河（源自天山南脉山脊处、河长12千米）、琼乌鲁苏河（源自天山南脉川乌鲁苏山口、河长33千米、冰川面积17平方千米）以及发源于天山南脉支脉喀拉铁热克山北坡的**阿依克特克河**、开勒特外克河等较大支流。

契恰尔水文站下游10千米，河流转向东北流，沿途右岸接纳的支流有乌帕塔勒坎沟、塔什科若沟、开普尔台沟、阿勒吐勒尕沟、玉奇开沟、阿沙哇义沟、萨塞布拉克沟；左岸接纳的支流有阿特加依劳沟河、麦尔开其沟河、奥尔到梅盖西沟河、土由克梅盖西沟河、铁列克河；经41千米流程后，河流进入北为天山南脉主脉、南为天山南脉支脉黑尔塔格山、长约53千米的宽谷地带，宽谷右岸接纳的小支流有比勒提河、西力比驴河、铁盖列克河、昆提白斯河；左岸有通古孜鲁克河、阿克窝铁克苏河。河流在宽谷中流经哈拉奇乡、苏木塔什乡，在阿合奇县城下游约9千米处，左岸汇入大支流**玉山古西河**（又称琼乌散库什河），汇合口下游约4千米处设有沙里桂兰克水文站，测站以上集水面积18 400平方千米。

沙里桂兰克水文站以下，河流续东北流，下行约22千米进入阿克苏地区乌什县境内。在乌什县境内，河流左岸先后接纳了**别迭里河**、科克留木苏河、滚滚铁里克河、阿依然阿然尔河、喀依恰河、英阿苏河等较大支流。自入乌什县境始，下行62千米，河流在乌什县贡格拉提行政村南侧的阿热勒自然村附近渐转东南流；又下行29千米后，托什干河成为下游县（市）界河（长约45千米），并在界河终点的温宿县喀拉都维村附近与西北而来的阿克苏河主源库玛拉克河汇合，成为阿克苏河。

托什干河自上而下依次建有吾曲防洪堤、喀拉玉儿滚渡槽、上色拉阿拉尔防洪堤、秋格尔渠首、联合渠首、英沙引水枢纽等重要水利工程。

秋格尔渠首位于乌什县奥特贝希乡，建于1983年12月，由14孔拦河闸、3孔引水闸组成，设计引水流量20.61立方米每秒，控制灌溉面积2.2万公顷。

联合引水枢纽位于乌什县依麻木乡，建于1992年，为7孔拦河闸，设计引水流量11立方米每秒，控制灌溉面积2万公顷。

英沙引水枢纽位于乌什县阿恰塔格乡，建于2003年，设计引水流量9立方米每秒，控制灌溉面积9 487公顷。

吾曲防洪堤位于阿合奇县城东4千米的吾曲镇托什干河段右岸，建于2004年，全长5千米，设计洪峰流量1 510立方米每秒，旨在保护阿合奇县及吾曲镇的470公顷耕地。

喀拉玉儿滚渡槽位于乌什县亚曼苏柯尔克孜乡，建筑物为金属结构，共25跨，设计流量1.32立方米每秒，承担着向托什干河下游左岸亚曼苏乡1 000公顷耕地供水的任务。

上色拉阿拉尔防洪堤位于乌什县奥特贝希乡托什干河下游右岸，始建于1999年，2006年加固改建，设计洪峰流量达1 700立方米每秒，堤防长5.1千米，主要保护乌什县城、乌什镇、奥特贝希乡及周边国防公路、燕子山水电站、2万公顷耕地及2.1万居民防洪安全。

纪　实

科尔更古城堡坐落在托什干河流入中国边境的山谷隘口处，具有"一夫当关，万夫莫开"之势，是19世纪70年代柯尔克孜义军抵御外敌入侵时所建。城堡四周群山簇拥，千峰竞秀，绿草如茵，附近泉水清澈如镜。托什干河入中国境内后，山区上游段河谷狭窄，河床为砂卵石，水流湍急，两岸多断续阶地，或呈阶梯状谷坡。《西域水道记》中描述托什干河景象为："岚嶂层复，岩岫峻险，山间溪涧纵横，谷中尤隘，凡百余里，劣容单骑"，由此可见，这里地形十分险要。巴勒根迪古炮台位于托什干河上游支流巴勒梗得河汇合口左岸，建于19世纪中叶，也是柯尔克孜义军反击阿古柏侵略时所建。炮台依北山建于三岔路口，东南西三面平坦，规模宏大，结构坚固，两端为炮室，中间为掩体兼指挥室，颇具一台镇三关的气势。

"阿合奇"系柯尔克孜语，意为"白芨芨草"，阿合奇县所在地因曾生长着大片的芨芨草而得名。阿合奇县汉代为西域三十六国之一的尉头国地，唐置蔚头州，清代为乌什辖境，1940年8月单独建县；现辖1镇5乡1场，总人口3.4万余人，其中，柯尔克孜族占90%。县境是柯尔克孜族民间史诗《玛纳斯》的发源地，著名的《玛纳斯》演唱大师居素甫·玛玛依就诞生于此。

阿合奇县城西约10千米、托什干河畔的苏木塔什乡的四百多户牧民，家家养鹰驯鹰捕猎，是名副其实的"猎鹰之乡"。每年冬季，这里都要举行数百只猎鹰的捕猎比赛，场面妙趣横生、惊心动魄。阿合奇县城以东2千米处的乌赤古城遗址，传为9世纪民间史诗《玛纳斯》中的柯尔克孜英雄库尔曼别克征服强敌凯旋时所建，乾隆三十年（1765年）重建。古城依山傍水，占地面积30余公顷，分内外两城。据《西域水道记》记载："乌赤古城西南至城东有屯田三，曰宝兴，曰充裕，曰丰盈，凡五千亩多，皆引河水溉之，南岸林木葱郁，如列屏障，城蔽於树，砲攻不入……"，可见此处当时树木之茂密、农耕水利历史之悠久。

托什干河下游与乌什县交界处的南岸河畔的悬崖上有一棵千年古树，枝繁叶茂，树冠如云，站在树下，可闻泉水叮咚声，寻声觅迹，泉水却从50米远处流出，当地人谓之"圣水"。木孜力克岩画位于古树南面的小洪沟中，岩画刻绘在一块表层为白色石英岩的岩面上，内容多为古代游牧民族的生活场景。

乌什县汉代为西域温宿国地，唐置温肃州，清光绪九年（1883年）设乌什直隶厅，民国2年（1913年）改为乌什县；现辖1镇8乡，县境内还驻有兵团农一师四团，总人口18.2万，是国家及自治区粮食基地县、鹰嘴豆基地县。此外，当地的各类果品也是质量上乘，特别是别迭里河汇合口下游河谷地带生长的、具有药用保健及生态价值的野生沙棘，以其面积大、品质优而使乌什县被冠以"中国沙棘之乡"的美誉。

乌什石猿

乌什县城素有"半城山色半城泉"的美称，城西的燕子山，因山石中藏有远古时代的海生贝类动物化石而得名。拾级而上，可见一巨大石刻题迹"远近汉唐"，系300多年前清初文人所留笔墨。凭山远眺，山峦起伏，阡陌纵横，乌什城尽收眼底。山脚下的林荫深处，九眼翻滚如沸的清泉一字排开，四季不断，夏季水凉透骨，甘美无比；严寒冬季却见泉上雾气如烟似云、别具一景。其中"柳树泉"泉眼四周古老的杨树、柳树如一把把绿色的大伞遮住水面，苍翠的树木形状有如静坐的长者，也有如屹立的将军，或像舞爪小人，或像相互紧拥的恋人，千姿百态，趣味无穷。

10.4.2.1.3.2.1　阿依克特克河
(Ayiketeke River)

托什干河上游右岸支流，又名克提克河，流域西以天山南脉主山脊为界与吉尔吉斯斯坦毗邻。河流流经新疆维吾尔自治区克孜勒苏柯尔克孜自治州阿图什市、阿合奇县，全长89千米，流域面积1283平方千米，多年平均年径流量约2.05亿立方米。

河流发源于阿图什县境内天山南脉支脉喀拉铁热克山海拔3897米的琼勃勒山附近。河流自源头由西向东流8千米，沿途先后接纳了恰尔阿尔恰河、萨热提坎河等小支流，后转向北流；下行10千米，在左岸接纳了支流勃勒喀喇哲勒嘎河后折向东北流；再经约45千米流程进入阿合奇县境内，其间，两岸接纳的较大支流有库勒加加依洛河、阔克萨依河、阿克萨依河、布特木罗克河、艾色特别克河、木尔则克勒德河、巴依吐若河、图尤克河、刊苏河、希勒维鲁河、冶雷苏河等。此后，河流续东北流约27千米，在哈拉布拉克乡牧场附近汇入托什干河。

吉鲁苏温泉位于阿依克特克河支流冶雷苏河河口上游2千米处的河谷西侧。温泉由"一"字的五个泉眼组成，泉水清澈见底，四季长流不息；水温常年保持在35摄氏度左右，水体中含硫、锂、硫化氢等矿物质。

10.4.2.1.3.2.2　玉山古西河
(Yushanguxi River)

托什干河左岸最大支流，又名琼乌散库什河、乌宗图什河、玉山湖溪河，属国际跨界河流；发源于吉尔吉斯斯坦境内，入中国境内后穿行在新疆维吾尔自治区克孜勒苏柯尔克孜自治州阿合奇县境内。河流全长150千米，流域面积3464平方千米。

玉山古西河源区分布有417条冰川，冰川面积达501平方千米，水系极为发育。上游段河流两岸群山巍峨，高峰林立，河谷纵坡陡峭，水流湍急。下游支流琼巴勒迪尔河谷内有铁格热克萨斯森林保护区，景区内有闻名的铁格热克萨斯瀑布，谷内景色迷人。

在克孜勒布拉克河河口下游12千米处建有以发电与灌溉为主的拦河式水利枢纽——玉山古西引水枢纽。枢纽建成于1997年，主要由3孔泄洪闸、2孔排砂闸、1孔进水闸及玉山古西电站引水渠组成，电站装机两台总装机容量1600千瓦，承担着阿合奇县5乡1场的工农业用电及库兰萨日克乡1万公顷农田的灌溉任务。

玉山古西河上游由科图尔河和穷乌金格库乌什河两大支流汇合而成。

主源流科图尔河位于吉尔吉斯斯坦境内，其源流奥托塔什河源头位于天山南脉北坡冰川区一山谷冰川末端；由南向北流14千米后转向东流，并改称科图尔河；又流40千米右岸接纳了昌秋耶库衣鲁克河（中吉界河），其间，沿途右岸还接纳了发源于天山南脉北坡冰川区的乌晋吉库乌什和昌图拉苏河等支流；左岸也接纳了扎雷克塔尔河、图尤克河和乔洛克卡普奇盖河等支流。

河流自昌秋耶库衣鲁克河河口以下至左岸大支流穷乌金格库乌什河河口之间长约21千米的河段为中吉界河，其间埃基恰特河、基奇秋耶库衣鲁克河和奇坎塔什河相继从右岸汇入。

玉山古西河

河流自穷乌金格库乌什河汇合口以下始称玉山古西河，并进入中国境内。穷乌金格库乌什河是玉山古西河的最大支流，发源于吉尔吉斯斯坦境内阔可沙勒岭南坡，由埃麦根河、卡衣那尔河、克齐乌金格库乌什河、尼契克苏河四大源流呈扇状汇集而成，全长43千米，集水面积740平方千米。

河流入中国境后续东流约5千米后折向东南流，其间左岸接纳了克齐铁热克河、琼铁热克河（源自海拔4146米的铁列克达坂）。此后，河流先后接纳恰特铁热克河、贝郡河、琼巴勒迪尔河、哈热别勒河、巴勒肯迪河、克孜勒布拉克河等支流，又经38千米流程出山口并转向南流；再下行18千米，在阿合奇县阿合奇镇牙狼奇村汇入托什干河。

10.4.2.1.3.2.3　别迭里河
(Biedieli River)

托什干河左岸支流，是新疆维吾尔自治区克孜勒苏柯尔克孜自治州阿合奇县与阿克苏地区乌什县的界河，发源于天山南脉南坡，全长32千米，集水面积408平方千米，多年平均年径流量约0.785亿立方米。

河流源头位于天山南脉山脊处的别迭里山口附近，源区发育有冰川45条，冰川面积21平方千米。河流自源头由西北向东南流，沿程接纳乌拉太尔河、尚海沟、克拉基乃克河、铁热克河、基什卡苏河、米吉提河、夏尔苏河、其吕特克河、卡拉嘎依萨依河、拜什特勒克河、明得戈罗河等支流，经36千米流程，在乌什县奥依塔勒村流出山口并折向南流，于下游13.5千米处的萨里托克特村汇入托什干河。

别迭里河谷早在东汉时就已是关隘和交通要道。别迭里山口海拔4 264米，是中亚地区与西域相互往来的山口之一，据考证，汉朝张骞第一次出使西域就是从别迭里山口出去的。清朝时曾在支流卡拉嘎依萨依河汇入口附近上游的干流上设有关卡，现存有依布拉音古堡。下游出山口奥依塔勒村左岸遗有别迭里·布拉力烽燧，为柯尔克孜族英雄苏甫指派布拉力所建，扼别迭里山口要冲，占地100平方米，高10米，分两层，规模宏伟。

乌什口岸早在1942年即为中苏哈拉湖—乌什别迭里口岸，曾为新疆西出的通商口岸之一，后关闭；现已被国家海关总署列入国家口岸发展规划，中国和吉尔吉斯斯坦两国政府已达成开放乌什口岸意向书，并签订了修建口岸公路的协议，未来乌什口岸将成为通向亚欧大陆的又一重要通道。

10.4.2.1.3.3 阿克库木须水库
(Akekumuxu Reservoir)

位于新疆维吾尔自治区阿克苏市喀拉塔勒镇境内，地理位置为东经80°35′，北纬40°44′，是一座以灌溉为主的中型灌注式平原水库。

水库工程由土坝、引水渠、输水渠、放水闸、库外截排渠等组成，均质土坝坝长18.25千米，最大坝高7.2米，总库容5 769万立方米，担负着下游6 000公顷农田的灌溉任务。

水库来水主要靠多浪渠引**阿克苏河**河水，通过水库调蓄，充分利用多浪灌区的水资源，解决灌区的春季干旱缺水问题，满足灌区农业、人畜和工业的用水需求，同时对扩大绿洲面积、改良灌区盐碱化土壤、生态环境及**塔里木河**沿线的生态用水发挥着重要作用。水库兼顾水产养殖和旅游业。库区属暖温带大陆性干旱气候，四季分明，热量丰富，降水稀少，光照充足，昼夜温差大，多年平均气温10.3摄氏度，多年平均降水量75毫米，年无霜期200天左右。

10.4.2.1.3.4 多浪水库
(Duolang Reservoir)

位于新疆维吾尔自治区阿拉尔市，西北距阿克苏市区约70千米，地理位置为东经80°46′，北纬40°36′；是一座以灌溉为主，兼顾发电、生活供水、渔业、旅游等综合利用的大（2）型灌注式平原水库。

水库建于1965年，主体工程由大坝、两座进水闸、两座放水闸组成；大坝为碾压均质土坝，坝长21.4千米，最大坝高8.5米，坝顶宽度5米，水库总库容1.2亿立方米，死库容1 000万立方米；主要通过**阿克苏河**下游的拦河闸及23千米长的多浪渠引水入库；进水闸及放水闸设计流量均为30立方米每秒，主要承担向兵团农一师八团、九团3万公顷农田灌溉及人畜饮水供水任务。

多浪水库是利用阿克苏河下游左岸的一处天然沼泽洼地围坝而成，依库而建的多浪公园是阿拉尔市最大的综合性风景区，也是新疆最大的原始自然风景与人文景观交相辉映的旅游风景区，占地面积4.68万平方米，旅游基础设施齐全，设有军垦第一彩门、军垦文化长廊、水上乐园、钓鱼台、民俗风情园、沙滩球类运动场等景点。水库养殖有各种鱼类、"天山雪"螃蟹、南北白对虾等水产品。水库东南面有207省道通过，交通便利。水库景区被列为国家AAA级旅游景区、国家水利风景区。

10.4.2.1.3.5 萨依艾日克湖
(Sayiairike Lake)

又名沙依力克湖，维吾尔语意为"戈壁湖"；位于新疆维吾尔自治区阿克苏地区阿克苏市阿依库勒镇南，湖中心地理位置为东经80°04′，北纬40°50′；是**艾西曼湖**群中的一个子湖，属内陆微咸湖。

湖泊西临阿依库勒干渠，东与阿瓦提县英艾日克干渠毗邻，南为**黄宫湖**，北为阿依库勒湖。湖面面积约8.10平方千米，湖底较平坦，平均水深1.2米。入湖水源主要为山前倾斜平原的暴雨洪水和阿依库勒灌区的退、排水。2004年之后，入湖水量逐年减少，湖泊水位已下降约0.6米。

萨依艾日克湖生态环境优美，湖内水草茂盛、野鸭成群、鱼类繁多，是阿克苏市郊一个度假休闲、钓鱼健身的场所。

10.4.2.1.3.6 黄宫湖
(Huanggong Lake)

位于新疆维吾尔自治区阿克苏地区阿克苏市阿依库勒镇西南，北与**萨依艾日克湖**相邻，是**艾西曼湖**群诸多子湖中的一个较大湖泊，湖中心地理位置为东经80°02′，北纬40°48′，属微咸湖泊。

湖泊水面面积8.64平方千米，平均水深1.5米，最大水深2.5米，湖底平坦。入湖水源除山前倾斜平原及**阿克苏河**下游老大河三角洲潜水补给外，还有来自阿依库勒灌区的农业灌溉退、排水补给。

黄宫湖湖水属富营养型微碱水质。据1994年调查，湖水呈黄绿色，pH值为8.94，矿化度为5.7克每升，属氯化物钠Ⅲ型水；有浮游藻类4门37属，以优美空球藻为优势种；有浮游动物26属35种，以沙壳虫、壳状臂尾轮虫、矩形龟甲轮虫、秀体蚤为优势种；有底栖动物12种，以摇蚊幼虫为优势种，水生植物有篦齿眼子菜等。

湖内丰富的浮游生物和浮游植物是鱼类的天然饵料。1959年以前仅有塔里木裂腹鱼、扁吻鱼2种经济鱼类及3种条鳅，均为土著鱼类；1960年后从长江移植了青、鱼、鲢、鳙、鲤、鲫、鳊等鱼苗入湖，目前湖中主要经济鱼类有鲤、鲫、鲢、鳙、草、团头鲂等。"黄宫鱼"肉质鲜美，在当地久负盛名。库周边水草丰茂，栖息着多种水禽，21世纪以来，随着上游入湖水量的减少，湖域面积逐渐缩小，湖区生态环境有恶化趋势。

10.4.2.1.3.7 艾西曼湖
(Aiximan Lake)

跨新疆维吾尔自治区阿克苏地区阿克苏市和阿瓦提县，地理位置为东经80°01′~80°14′，北纬40°30′~40°54′，属咸水湖。

艾西曼湖由老湖（由阿依库勒湖、**萨依艾日克湖**和**黄宫湖**组成）和新湖（当地亦称艾西曼湖，又称一团海子、二团海子）等湖呈弯月形依次排列组成。南北长45千米，东西宽16

千米,湖群水域总面积约150平方千米,平均湖深2.0米,最大湖深7.5米,新、老湖蓄水总量约2.75亿立方米。湖水矿化度为1~2克每升,pH值为8。

湖区属温带大陆性干旱气候,多年平均气温10.8摄氏度,多年平均年降水量59.5毫米,年无霜期207天,多西北风,最大风速20米每秒。湖水于12月中下旬开始封冻,封冻期约90天,冰厚0.2~0.4米。

老湖地处距今300~500年前的**阿克苏河**下游西支汊流老大河故道旁的洼地内,面积约29.4平方千米;湖水主要赖于湖泊西北面的喀拉塔格山区部分季节性山洪沟地表径流以及黄宫湖下泄清水补给;其次为喀拉塔格山山前洪积平原的地下潜水、胜利渠退水及阿依库勒灌区排水补给。

新湖水源主要来自胜利渠退水及沙井子灌区排水补给,湖区面积约120平方千米。湖泊水位年内变动受农田灌溉回归水入湖影响明显,一般每年4月初至7月中旬,湖区水位相对较高。20世纪50—70年代,沙井子灌区不断扩大耕地面积,灌溉回归水大量入湖,湖泊水位明显上升。近年来,灌区干渠实施防渗工程,致使艾西曼湖补水减少,水位下降,现水面约60平方千米。湖周草木丛生,野生植物种群丰富,其中有国家一级、二级保护植物10余种。

"借问水乡何处有,月亮湖泊逍遥游。"如今艾西曼湖及周边地区已被开发成风景游览区。湖面烟波浩渺,湖中有许多小岛和芦苇荡,湖心沙岛上绿草如茵,湖周岸边水草如织,野鸭、天鹅等自由游弋。湖岸不规则,新湖西南岸胡杨环绕,远处为小型灌丛沙丘组成的茫茫沙海。

10.4.2.1.3.8 新井子水库
(Xinjingzi Reservoir)

位于新疆维吾尔自治区阿克苏地区阿克苏市境内兵团农一师沙井子垦区中心地带,北距314国道仅10千米,地理位置为东经79°49′、北纬40°30′,是一座以灌溉为主的灌注式中型平原水库。

水库建于1988年,水源主要引自**阿克苏河**;大坝为黏土心墙坝,坝长34.7千米,最大坝高5.6米,库容8600万立方米,担负着农一师沙井子灌区2万余公顷农田的灌溉任务。水库渔业资源丰富,有鲤鱼、草鱼、鲢鱼、牛蛙、草虾、河蚌等多种鱼类和水生动物。

2004年,新井子水库被授予千鸟湖国家水利风景区称号,为国家AAA级旅游景区。数百个不同特色的小岛与片片蒲草将水天一色、浑然一体的千鸟湖分为12大景区。景区内小河迂回,绿草如茵,芦荡连天,泛舟点点;湖畔怪柳丛生,胡杨挺拔,沙丘蜿蜒,湖水清澈见底。每到夏秋时节,150公顷的百鸟区便吸引了成百上千只候鸟在蓝天碧水间自由飞翔,与周边金色的黄沙与丛生的怪柳、胡杨相映成趣。

10.4.2.1.3.9 柯柯亚尔河
(Kekeyaer River)

阿克苏河下游左岸支流,又名帕克勒克苏河、卡各墨西尔苏河,发源于天山南脉南坡冰川带,流经新疆维吾尔自治区阿克苏地区温宿县、阿克苏市,河流全长100千米,山口以上河长34千米,集水面积为488平方千米,多年平均年径流量约0.98亿立方米。

河流源区共发育有冰川33条,冰川面积124.34平方千米。

河流源流科契卡尔巴西苏河发源于巨大的科契卡尔巴西冰川,该冰川一直延伸至海拔6347米的科其喀尔峰,长达26千米,冰川面积达83.56平方千米,冰舌末端海拔3060米。科契卡尔巴西苏河向东南流经4千米,左岸接纳源于衣什塔尔吉冰川(冰川长8.2千米,面积14.77平方千米)的衣什塔尔吉苏河,下游始称阿托衣纳克苏河。

阿托衣纳克苏河向东南流7千米,接纳右岸支流达什喀力克河后,转向南流,进入山前丘陵区,以下河流改称柯柯亚尔河。

柯柯亚尔河经12千米流程后,穿越东为阿拉卡衣山、西为哈马塔拉山,长约7千米的峡谷流出山口。山口以下2.5千米处的河流上建有柯克亚渠首,部分河水从西岸被引至下游灌区,渠首下泄余水顺河道续南流27千米,穿过314国道;又南流3.5千米,河流大部分水量在此被引入温宿县依希来木其乡海楼村水库,余水沿河道南流至海楼村水库下游2千米处,有左邻的**台兰河**西支汇入;再南流21千米,进入阿克苏市境内,穿行于阿克苏市东郊城区,在依干其乡尤勒滚鲁克村附近汇入阿克苏河。

10.4.2.1.4 和田河
(Hetian River)

和田河,古称于阗河,为**塔里木河**源流之一,由喀拉喀什河(主源流)和**玉龙喀什河**两大源流汇合而成,汇口在新疆维吾尔自治区墨玉县喀瓦克乡麻雪特村下游约9千米处,汇口以下河流称和田河。主源喀拉喀什河发源于喀喇昆仑山东部山区,流经和田、皮山、墨玉县,与玉龙喀什河汇口以下和田河干流流经和田地区的洛甫县、阿克苏地区的珂凡提县,最后在阿拉尔市的肖夹克村附近汇入塔里木河。和田河全长1138千米,主源流喀拉喀什河流域面积26600平方千米,河长808千米。

两源汇合口下游的和田河

汉籍史典称喀拉喀什河为达利水、乌玉河,《突厥语大词典》称喀拉喀什河。"喀拉喀什"系维吾尔语,意指"黑色玉石",因河流产墨、绿色玉石而得名。

概 述

地貌 和田河流域地处青藏高原北缘、塔里木盆地中西部。在山口乌鲁瓦提水文站以上为山区,以下至与玉龙喀什河汇口区间为平原,汇口以下至入塔里木河口为沙漠区(塔克拉玛干沙漠)。

俘虏沟以上上游山区主要位于和田县南部昆仑山与喀喇昆仑山之间的阿克赛钦盆地内,地质构造上为中昆仑山脊斜带,南部为古生代褶皱带。盆地海拔大多超过4000米,盆地周围的山峰海拔大多超过6000米,最高峰达6644米。高原区地形起伏相对和缓,山顶浑圆,两岸山势低矮,全年冰雪覆盖。俘房沟两岸山上发育有冰川124条，冰川面积137.02平方千米。主要山脉为海拔6 546米的谷顶雪山和海拔6 536米的南屏王山，山势陡峻雄伟。赛图拉以下至乌鲁瓦提山口间，山体高大雄伟，河流两岸高峰对峙，谷地相对较窄，最窄处仅20米，河谷呈V形，河床切割较深，河道平均比降为8‰。从出山口到墨玉大桥，为山前冲积平原区，河床由卵石和砾石组成，河宽一般在200～300米，两岸为冲积扇及冲积平原细土绿洲带。

气候水文 流域南部受青藏高原阻挡，印度洋暖湿气流很难到达，气候干燥。气候主要受西风环流影响。高山区为高寒荒漠，冬季漫长，年平均气温均在0摄氏度以下。位于海拔5 243米的天文站，年平均气温为-10.2摄氏度，气温年较差为25.5摄氏度；海拔3 986米的康西瓦站，年均气温为-0.6摄氏度，1月为-11.3摄氏度，7月为9.8摄氏度，年较差为21.1摄氏度，无霜期仅10天。据科考队和有关专家推算，在海拔4 000～5 000米地区，年降水量可达360～480毫米，在平均雪线高度5 560米地区，年降水量可达540～570毫米。降水量一般随高度增高而增加，迎风坡大于背风坡。山口乌鲁瓦提水文站（海拔1 962米）多年平均年降水量79.2毫米。平原地区（海拔2 000米以下）四季分明，年平均气温12.5摄氏度，极端最高气温可达43.2摄氏度，年降水量在35毫米左右。

河流水系主要集中在山口以上地区，主源流喀拉喀什河及主要支流玉龙喀什河流域水系发育，支流众多。河水主要由冰雪融水补给，径流年际变化相对较小，实测最大年径流量为31.9亿立方米，最小为12.7亿立方米，6—9月来水量占全年来水量的81.3%。喀拉喀什河和玉龙喀什河汇合口断面多年平均年径流量22亿立方米。和田河在穿越沙漠的过程中，由于大量蒸发，渗漏，使水量大减，肖塔水文站多年平均年径流量仅为10.28亿立方米，并有逐年减少趋势。

水利工程 新中国成立以来，和田河流域修建了许多水利工程，为工农业供水、发电、生活用水发挥了巨大作用。在干流上游喀拉喀什河流域山前区修建了乌鲁瓦提大型水利枢纽，下游建成了排考瓦提、喀拉格尔两座中型电站，3座小型电站和11座引洪灌注式中、小型水库。在河道上建有多座引水枢纽，主要有喀拉喀什河引水枢纽、墨玉县总分水枢纽、墨玉县引洪枢纽、墨玉县萨依巴格乡引洪干渠及羊阿克分水闸等。流域内建设有**东风水库**、英艾日克水库、色斯吾特水库、新建水库、吐孜鲁克吾塔格水库、吐孜鲁克吾塔格二库、雅瓦第一水库、南平水库、喀尔赛水库等。在支流玉龙喀什河上建有玉龙喀什河引水枢纽、尕宗水库、友谊水库、东方红水库、斯马瓦提水库、哈拉快勒水库、布尔库木水库等。

乌鲁瓦提大型水利枢纽位于喀拉喀什河出山口处的乌鲁瓦提村附近。下游出山口附近建有喀拉喀什河引水枢纽，具有引水、泄洪、排沙等多种功能，枢纽位于墨玉县萨依巴格乡境内，1987年12月建成，为分层钢筋混凝土结构，由3孔进水闸、6孔泄洪闸组成，设计引水流量160立方米每秒，最大泄洪流量1 500立方米每秒；主要担负墨玉县、农十四师二二四团、和田县及皮山县部分乡的农田灌溉任务，控制灌溉面积17万公顷。墨玉县总分水枢纽位于墨玉县阿克萨依乡境内，建成于1958年，承担下游16个乡（镇）的分水任务，控制灌溉面积8.47万公顷。墨玉县引洪枢纽建成于1987年，钢筋混凝土结构，由2孔进水闸、9孔泄洪闸组成。羊阿克分水闸位于墨玉县阿克萨依乡境内的引洪干渠上，建成于1958年，由节制闸和分水闸组成，节制闸设计流量60立方米每秒，分别为东风水库、新建水库、雅瓦乡引洪干渠供水；右岸分水闸分别向扎兵乡夏哈勒克干渠、雅瓦水库分水，控制灌溉面积1.73万公顷。

英艾日克水库位于英艾日克乡，建于20世纪60年代初；设计库容2 450万立方米，现仅有1 700万立方米，大坝为均质土坝，主坝长2.75千米，最大坝高9.4米。主要引蓄喀拉喀什河冬闲水，补充和田县马牙克灌区春季用水不足，是乌鲁瓦提水库电站的反调节水库，控制灌溉面积2.08万公顷。色斯吾特水库位于和田县色格孜库勒色斯吾特农场，建成于1963年10月；大坝为均质土坝，主坝长1.5千米，最大坝高8米，设计库容330万立方米，主要引蓄喀拉喀什河冬闲水，补充色斯吾特农场春季灌溉用水不足，控制灌溉面积160公顷。新建水库建成于1966年，是一座灌注式平原水库，主坝长1千米，最大坝高11米，总库容2 300万立方米，控制灌溉面积1.27万公顷。雅瓦第一水库建成于1958年11月，大坝为均质土坝，主坝长1千米，最大坝高7米，总库容400万立方米，控制灌溉面积5 266公顷。南平水库建成于1964年5月，最大坝高6米，总库容600万立方米，灌溉面积1 866公顷。喀尔赛水库建成于1958年，总库容500万立方米，水源主要来自喀尔赛沟的泉水补给，灌溉面积4 633公顷。

纪　　实

和田河主源流喀拉喀什河源头位于和田县南部喀喇昆仑山间的阿克赛钦盆地，源头南支延伸至喀喇昆仑山海拔5 412米的迪拉山口（又名科姆帕斯拉）。源流自东南向西北流，途经一名为"兰池"的小湖，沿途左岸接纳了发源于喀喇昆仑山东北麓的多条支流，流经20千米后，左岸又接纳了发源于喀喇昆仑山西大雪山的碧兰冰川和元宝山冰川的大沟河，之后先向东而后又转向北流，下行5千米后与西源（支流）汇合，汇合口以下称喀拉喀什河。

阿克赛钦盆地内河流大多河谷开阔，谷底堆积有坡积碎屑物，河面均在海拔4 700米以上，河床平均比降仅为6‰左右。两岸植被稀少，只有在自然条件较好的山坡和湖盆生长有藜、线叶蒿草、灰黄火绒草和珠芽蓼等，构成高寒草甸。

喀拉喀什河北流24千米，左纳胜利河后转向东北流，流经18千米，右纳克孜勒吉勒尕河。河流从克孜勒吉勒干高原盆地西侧穿过。克孜勒吉勒干高原盆地，面积约160平方千米，盆地东侧有一名为红山湖的湖泊，水面面积约13平方千米，湖面海拔4 837米。河流出盆地西北口，向西北流经29千米，左纳小喀拉喀什河后进入西南至东北向长约85千米的俘房沟，俘房沟内只有一条名为毛拉切可沟的山洪沟汇入干流，河流出俘房沟，右纳**滚石河**后转西北流，穿行在阿克赛

喀拉喀什河引水枢纽渠首

10.4.2.1.4 和田河

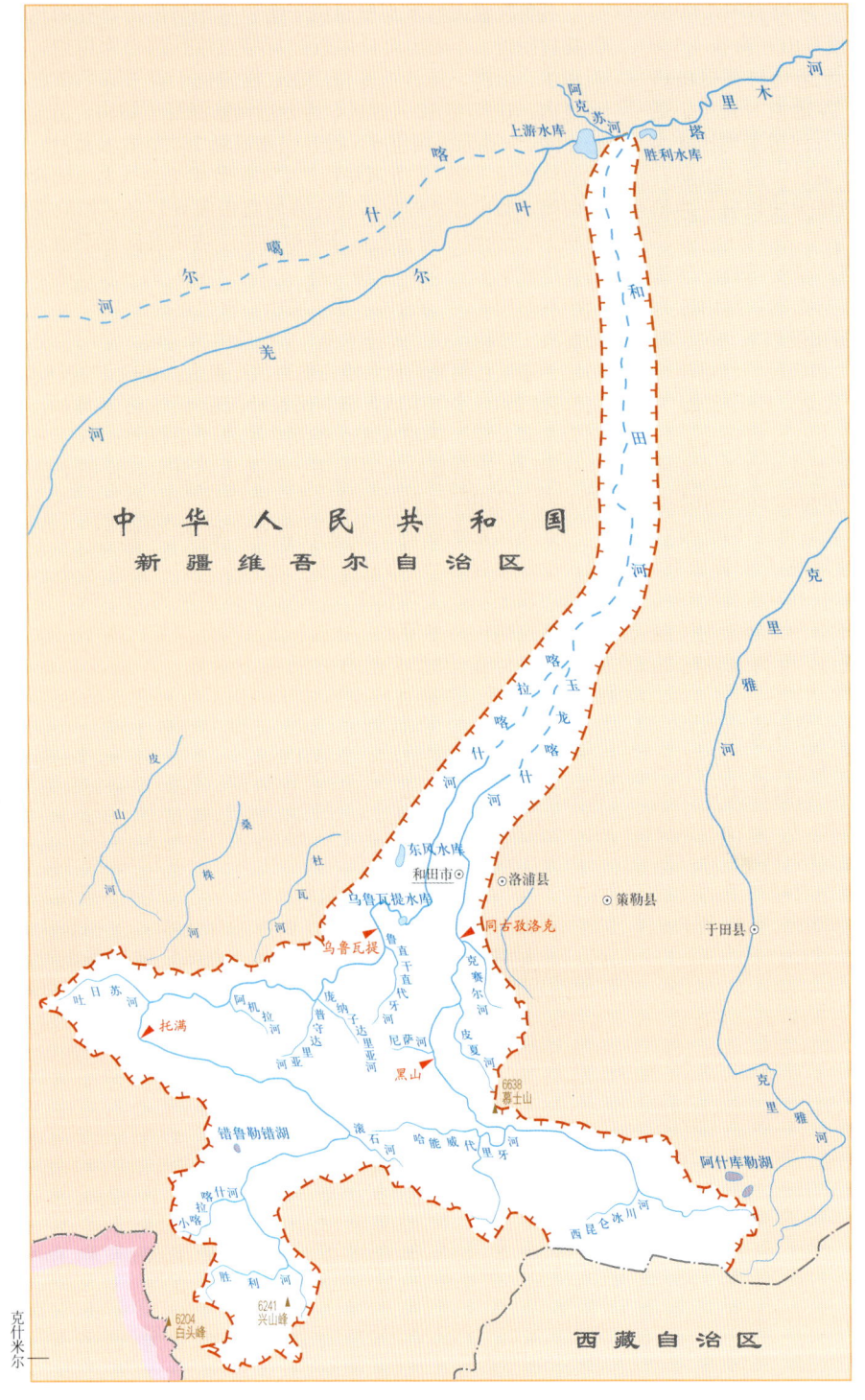

和田河水系示意图

烈士陵园，陵园前矗立着刻有"保卫祖国边防，烈士永垂不朽"的雄伟纪念碑。三十里营房位于新藏公路363千米处，海拔3 720米，是新藏公路上最大的交通站，这里饭店、招待所、诊所、汽车修理店等一应俱全。中央军委命名的"喀喇昆仑模范医疗站"就在这里，医疗站的女兵们被誉为"昆仑女神"。"赛图拉"在维吾尔语中意为"殉教者"；赛图拉遗址位于海拔3 628米的新藏公路348千米处，有路标"赛图拉军遗址"。1877年左宗棠收复南疆后，清政府曾在此设卡，1928年设赛图拉边防局，有200余人。

在赛图拉附近，河流在左岸接纳了发源于柯克阿特达坂的一条伴219国道而行的无名支流，续北流16千米，左纳**吐日苏河**。之后河流蜿蜒东流，穿行在康西瓦北山和桑珠达坂山之间的峡谷中，沿途两岸接纳的较大支流有：克里洋河、达瓦沟、阿孜阿那个沟、因爱西河、克艾牙克河、塔机拉河、**阿机拉河**、盖拉马拉克河、科许孜河、卡拉克河、勒依赛河、牙瓦西其克河、科落克河、**普守达里亚河**、**庞纳子达里亚河**。自吐日苏河汇入口至庞纳子达里亚河汇入口，河段长118千米。庞纳子达里亚河汇入口以下，河流蜿蜒东北流54千米，途中接纳了托满河、邵拉克宁依奇河、皮及宁依奇河、炮斯台宁依奇河、阿尔塔什宁依奇河、阿西帕克宁依奇河。之后河流转北流18.5千米至乌鲁瓦提水文站，其间右纳了**鲁直干直代牙河**。此后河流向北流经长达65千米的倒S形河段，在和田县朗如乡奴遂村附近流出山口。河流出山口后渐转向东北流，下行165千米，右纳大支流玉龙喀什河，汇口以下称和田河。

赛图拉以下至乌鲁瓦提山口河段，两岸植被多为高寒草原，有多年生的禾草、紫化针芽、昆仑蒿、合头草、麻黄等小灌木植被，水草丰沛，是优良牧场。清代曾在此设置马场，历史上曾有坎巨提人、吐外特人、和硕特人、布鲁特人在此牧畜。河中产玉，尤以墨绿玉为珍品。每年春秋，民间皆有下河捞玉

钦盆地北部，南为喀喇塔格山，北为康西瓦北山长达210千米的宽阔的山谷中。俘房沟曾为中印边境战争中羁押印度战俘的地方，俘房沟内河岸边的小平原上绿草如茵，山花烂漫，景色优美。出峡谷流8千米到大红柳滩。大红柳滩位于海拔4 200米的新藏公路489千米处，为兵站和养路段驻地，仅有一条由招待所、小饭店、商铺等构成的小街道。过大红柳滩27千米，右纳阿克沙依河，再下行15千米到康西瓦，后即进入皮山县境，继续西北流70千米至三十里营房，途中左纳支流哈巴克沟、古里巴扎沟，其后转向北流，下行15千米到赛图拉。康西瓦位于新藏公路443千米处，海拔4 290米，曾为中印边境战争的前线作战指挥所。这里有世界上海拔最高的

之俗，下游第四纪冲积带金沙采洗区分别于1942年、1984年采得0.5克拉、1.04克拉金刚钻石各一颗。

山前冲积平原区，水土条件好，林带、条田、道路有机组合，自然环境优美。墨玉大桥以下至玉龙喀什河汇入口，河谷不明显，河宽达1~2千米，**乌鲁瓦提水库**修建后，除汛期外，河道近于干涸。

喀拉喀什河流经的和田县拉依喀乡附近，在其东岸80多米高的山腰上，有一座库克玛日木石窟——"赞木庙"遗址。"库克玛日木"波斯语意为"蛇山"，相传伊斯兰修行者曾在此与蛇一同修行而得名，401年法显大师路过时发现，并在《佛

国记》中为此地定名。下游巴格其乡艾拉曼村境内的"约特干"遗址是3~8世纪于阗国的一处佛教建筑群。19世纪60年代因喀拉喀什河改道而流经此处,冲出了一条长条形深沟,致使汉至宋代的金器、陶器、钱币等古物昭然于世。遗址比周围的原地形低4~5米,据考证为公元前200—400年间的古于阗国首都,现为自治区文物保护单位。

位于拉喀依乡境内的河流东岸,有一棵500多年树龄的无花果王,虽然年代久远,但依然枝繁叶茂,果大鲜嫩,被誉为人间"仙果",传说此树是16世纪初时昆仑西王母为和田王续嗣的仙树。

喀拉喀什河畔的墨玉县自西汉以来长期属古于阗国,1919年划喀拉喀什河西岸设为墨玉县,因河中多产墨玉而得此名。墨玉县现辖1镇15乡,境内有兵团农十四师四十七团,总人口约43万(2003年)。主要农作物有小麦、玉米、水稻、高粱、棉花、向日葵、红花、大麻、烟草、小茴香等;经济林有核桃、杏、葡萄、桃、石榴、苹果等60余种。距县城18千米的阿克萨拉依乡古勒巴格村,有一棵千年古梧桐树,主干胸围达8.75米,7人方可环抱,树冠遮盖面积914平方米,枝繁叶茂,浓荫蔽日,生机盎然。下游扎瓦乡境内有一夏合勒克封建庄园遗址,庄园总面积2公顷,建筑面积3000平方米,房屋巍峨宏大,室内陈列豪华。庄园形成于19世纪中叶,是墨玉县历史上残酷剥削农奴的农奴主买买提力汗奢靡生活的地方,对研究和田地区近代史、政治、宗教及农奴制度等,具有重要的参考价值。

夏合勒克封建庄园遗址

和田河自喀拉喀什河与玉龙喀什河汇合口向北180千米的河段为墨玉县与洛甫县的界河,此后流入阿克苏地区的阿瓦提县境内,下行约50千米,河流分为两支,东支为老和田河,向东北流经约100千米后,在阿拉尔市境内,胜利水库下游汇入塔里木河,该河现已干涸。西支为新和田河,自分汊口向北流约42千米转向东北流,流经约28千米,在阿拉尔市肖夹克村(东经80°56′、北纬40°28′)汇入**叶尔羌河**,以下河段始称塔里木河。

和田河下游干流全程穿行在塔克拉玛干沙漠中,两岸新月形沙丘此起彼伏,河道平均比降在0.6‰以下;河床质主要为风积细沙,河槽不稳定,河宽达1~5千米。河流两侧的天然绿色长廊靠汛期洪水维持生存,河滨洪泛区内生长有胡杨、芦苇和沙棘等灌木,时有北山羊、野猪、鹅喉羚、马鹿、塔里木野兔等野生动物出没其中。非汛期河道结冰或完全干涸,因有两岸胡杨林指引,使下游宽阔的河床成为贯通塔克拉玛干沙漠的重要绿色通道。

和田地区在古代是中西陆路必经之地,历史上曾为丝绸之路南端要冲,是东西方文化、商贸交流的荟萃之地。唐玄奘在《大唐西域记》中对于阗国做了许多生动的描述。玉龙

喀什河汇入口以下和田河北岸约54千米,河流左侧有一列自西向东横陈100余千米,南北宽约1千米的麻扎塔格山,向东至和田河左岸戛然而止,此河段南有红山嘴,北有白山嘴,自然景观苍茫独特,《宋史·于阗传》称之为"通圣山"。山上遗存汉代戍堡和唐代佛寺以及宗教战争时伊斯兰殉教者的麻扎(坟墓)。其中的麻扎塔格戍堡址,据考证为唐代遗址,现为全国重点文物保护单位。距城堡不远处还巍然矗立着一座烽火台,见证着和田河流域的苍茫历史。

10.4.2.1.4.1 错鲁勒错湖
(Cuolulecuo Lake)

位于新疆维吾尔自治区皮山县境内,喀拉塔格山南麓的南屏雪山脚下的一个高原盆地内,地理位置为东经78°33′~78°35′,北纬35°50′~35°53′。"错鲁勒错湖"系藏语"湖中湖"之意,因湖南侧堤岸旁又有小湖群分布,似湖中又有湖之景观而得名。

湖泊坐落于高原山间坳陷内,呈鸭蛋形,湖长4千米,湖宽2.5千米,湖面海拔约4710米,水域面积约9.38平方千米;水质为阿列金分类硫酸盐型,极硬度水,咸水湖。湖泊集水面积380平方千米,水源主要来自湖泊南部河流及湖周地下水补给。湖泊为山体环绕,南岸地势相对平坦开阔,近湖区小湖群及沼泽较发育,湖周分布有高寒草甸。

湖泊深居高原腹地,少有人至。南面3千米处,有一被称为羊乃皆了的季节性牧道,向西可达**叶尔羌河**支流**阿克塔河**畔。此外,通过湖泊南面的土兹达万山口,可达**和田河**干流上游俘房沟,山口距俘房沟底距离仅10千米。

10.4.2.1.4.2 滚石河
(Gunshi River)

和田河右岸支流,发源于昆仑山脉中段西南坡,流域位于新疆维吾尔自治区和田县南部山区,东、北面与**玉龙喀什河**流域毗邻,南面与西羌塘西端相连,流域面积672平方千米,河长39千米,多年平均年径流量0.51亿立方米。

河流上游最高峰海拔6744米,流域内发育有冰川69条,冰川面积114.89平方千米。源头位于一条山谷冰川末端,其左侧有一条小沟通向一高原盆地,盆地南侧有一小湖,湖面面积约0.18平方千米。河流自东南流向西北,右岸海拔6000米以上区域为永久性冰川区,沿途接纳了发源于冰川脚下的5条小河沟,下行约21千米至一三岔河口,这里坐落有新藏公路509道班。新藏公路由此续东南行约70千米,翻越一无名达坂后进入青藏高原区。

河流自三岔河口沿新藏公路向西北顺流而下。下行18千米,汇入和田河,汇口高程约为4300米。和田河在此转向西北流,下行8千米即达新藏公路大红柳滩交通站。

10.4.2.1.4.3 吐日苏河
(Turisu River)

和田河左岸支流,流域位于新疆维吾尔自治区皮山县西部,西面与**提孜那甫河**及**乌鲁克河**流域相邻,河流全长59千米,流域面积812平方千米,多年平均年径流量2.26亿立方米。

吐日苏河发源于西昆仑山西段北坡,河源最高峰海拔6210米。流域大部分区域在海拔4000米以上,发育有冰川207条,冰川面积279.38平方千米,占流域面积的34.4%。河流自源头先由西南向东北流,下行18千米转向东流,又20

千米转向东南流,再下行 21 千米在吐日苏村附近汇入和田河。从河源到河口,河流呈向北凸起的弯弓形。河道平均比降达 2.5%,河口处高程约为 3 500 米。

吐日苏村南,沿和田河谷向上游 16 千米,为 219 国道(新藏公路)赛图拉段,再沿东南方河谷行 15 千米即达三十里营房。

10.4.2.1.4.4　阿机拉河
(Ajila River)

和田河右岸支流,发源于昆仑山脉北坡,流域位于新疆维吾尔自治区和田县境内,西与塔机拉河流域相连,北与科许孜河和勒依赛河流域为邻,南部以横亘东西的昆仑山脊为界与喀拉喀什河上游干流为邻。流域面积 426 平方千米,河流全长 36 千米,多年平均年径流量 0.714 亿立方米。

流域内发育有冰川 71 条,冰川面积 128.84 平方千米,占流域面积的 30.2%。阿机拉河有东、西两支流。东支源头由东南向西北方向依次排列,发育有 5 条南北向的较大山谷冰川,最高冰峰海拔 6 481 米;西支由 7 条源头分别延伸至小型山谷冰川的小支流汇集而成,最高冰峰海拔 6 270 米。两支源流的山谷冰川均发育在左岸阴坡,均呈梳状水系。两源流汇合后,下行 11.5 千米,左岸有一条较大的无名山谷冰川汇入,最高冰峰海拔 5 701 米。此后河流由东南向西北,流经 7.3 千米后汇入和田河。

流域内海拔 5 000 米以上均为冰川地带,98% 以上的集水面积均分布在海拔 3 000 米以上高山区,这里崇山峻岭,交通不便,基本无人类活动。

10.4.2.1.4.5　普守达里亚河
(Pushoudaliya River)

和田河右岸支流,流域位于新疆维吾尔自治区和田县中部、219 国道以北,北以昆仑山主山脊为界与康西瓦地区相邻,河长 38.4 千米,流域面积 688 平方千米,多年平均年径流量 1.13 亿立方米。

河流发源于昆仑山脉的印地他什冰川达坂,海拔最高 6 481 米。流域内发育有冰川 90 条,冰川面积 159.61 平方千米,占流域面积的 24.3%。河流自西南向东北流 18 千米,沿途依次接纳的支流主要有土拉河、额依他什河、碱姆协勒河、锅巴河。其中锅巴河为较大支流,其源头有三条较大冰川一直延伸至锅巴河谷,冰川海拔最高 6 010 米。纳锅巴河后,普守达里亚河大致由南向北流,沿途右岸又接纳了艾里加克河和库如克玉瑞克河等较大支流,经约 21 千米流程后汇入和田河干流,河口高程约为 2 400 米。

自普守达里亚河河口溯源上行,有牧道伴河而上,行程 52 千米,途中翻越源头印地他什冰川达坂,即为喀拉喀什河谷著名的康西瓦兵站。

10.4.2.1.4.6　庞纳子达里亚河
(Pangnazidaliya River)

和田河右岸支流,又名帕那孜河,位于新疆维吾尔自治区和田县朗如乡境内,河长 51.2 千米,流域面积 1 003 平方千米,多年平均年径流量 2.177 亿立方米。

河流发源于昆仑山脉的冰川地带,流域内发育有冰川 98 条,冰川面积 176.42 平方千米,占流域面积的 18%。源流由源于得其捷克山谷冰川和庞纳子山谷冰川形成的支流汇集而成,两支山谷冰川均溯源至海拔 6 360 米的阿尔赛依冰峰。汇合口以下,河流下行 30 千米,左岸接纳了穷卡拉子河并转西北流,又下行 15 千米后汇入和田河。

穷卡拉子河源头为海拔最高 6 077 米的苏吐日山谷冰川和抗大牙山谷冰川,两冰川河汇集后,先向西北流,再转东北流,经 24 千米流程后,接纳了发源于克其克卡拉子山谷冰川(海拔最高 6 028 米)的克其克卡拉子河,其后转向北流 5 千米,左岸有托普苏孜河汇入,又流 3.7 千米汇入庞纳子达里亚河。

流域海拔 4 500 米以上为冰川发育区,海拔 3 300～4 500 米地段,为高山草甸带,水草较好,是和田县的主要夏牧场。两岸 2 700～3 300 米的中山带为山地温性草原,是冬牧场。河流不断切割侵蚀,形成很深的河谷和深切河曲,河曲阶地形成不连续的小块绿洲。

10.4.2.1.4.7　鲁直干直代牙河
(Luzhiganzhidaiya River)

和田河右岸的大支流,又名米提孜达里亚河,位于新疆维吾尔自治区和田县朗如乡境内,河口位于**乌鲁瓦提水库**回水区内,河长 53.6 千米,集水面积 563 平方千米,多年平均年径流量 0.473 亿立方米。

河流发源于昆仑山脉的托日艾峨孜塔格山,流域海拔最高 5 208 米,源区发育有 7 条冰川,冰川总面积 1.04 平方千米。流域内多座山脉纵横交错,河流源区左侧为普鲁斯塔格山,右侧有依斯古拉木塔格山、蒙枯鲁能塔格山。流域中部又有玛纳沟塔格山和苏怒斯能塔格山横亘于流域两侧,顺流而下,位于河流两侧的山脉还有库塔格山、阿斯塔格山和克可沙艾姆塔格山。

河流源流称玛依纳能依奇河,河流自南向北流,沿途两岸有多条支流汇入,在接纳支流苏拉尼能依奇河、苏怒斯能依奇河、苏热依能依奇河和艾地呀西依奇河后,下游河段始称鲁直干直代牙河。自艾地呀西依奇河汇合口以下,河流流经 7.3 千米到达米提孜自然村。此后,河流先向东北流,后渐转向西北流,流经约 46 千米汇入和田河。汇口处高程约 1 900 米,现已是乌鲁瓦提水库的回水区,附近河畔坐落有吐鲁干直村。

10.4.2.1.4.8　乌鲁瓦提水库
(Wuluwati Reservoir)

位于新疆维吾尔自治区和田县境内**和田河**出山口处,北距和田市区 71 千米,地理位置为东经 79°24′、北纬 36°51′,是一个具有灌溉、防洪、发电、水产养殖、生态保护及旅游等多种功能的大(2)型山区拦河高坝水库。

水库大坝以上集水面积 19 983 平方千米,河长 509 千米,多年平均年径流量 21.9 亿立方米。工程由主坝及副坝、溢洪道、泄洪排砂洞、冲沙洞、发电引水系统及厂房等组成。坝型为混凝土面板砂砾石坝,主坝最大坝高 133 米,坝顶宽 12 米,长 365 米;副坝高 67 米,长 108 米。水电站厂房位于拦河坝后,安装 4 台单机容量 15 兆瓦的水轮发电机组。水库正常蓄水位 1 962 米,回水长 23.5 千米,水面面积 12.93 平方千米。枢纽设计洪水标准为 100 年一遇,洪峰流量 1 690 立方米每秒;校核洪水标准为 2 000 年一遇,洪峰流量 2 829 立方米每秒,总库容 3.47 亿立方米。

乌鲁瓦提水库是国家重点水利建设项目,也是国家对和田地区的一项扶贫工程。1993 年 8 月开始修建,2001 年竣工。

乌鲁瓦提水库

水库建成后,扩大灌溉面积 4.6 万公顷,年发电量达 1.97 亿千瓦时,并使下游喀拉格尔、排孜瓦提两电站增加年有效发电量 0.45 亿千瓦时,使喀拉喀什河防洪标准提高到 50 年一遇,有效地保护了下游两岸工、农业生产等设施,并改善了工业及城乡生活供水,还将为正在建设中的装机容量 150 兆瓦的波波那水电站工程创造有利条件。

水利枢纽区位于西昆仑山褶皱带北缘,北侧的铁克里克断裂距枢纽 8.5 千米,该断裂已有 2 800 年未曾活动;南侧的柯岗断裂距枢纽区 30 千米,但坝址区无规模较大断层及活动性断裂,属基本稳定区,断层裂隙不发育。枢纽区河谷狭窄,呈倒 S 形,有利于枢纽建筑物布置。库区南面有几个小岛,生长着众多植物,是灰鹤、野鸭、大雁等飞禽的乐园。库区四周被干燥剥蚀的低山环绕,形态奇异,湛蓝色的湖水水清浪静,荒山挟绿水,构成了西域干旱区特有的水域景观。水库管理区坐落于人工绿荫之中,从枢纽下泄的和田河水沿管理区西侧潺潺流过,环境宜人,已成为和田市民夏日避暑休闲之所。

10.4.2.1.4.9 东风水库
(Dongfeng Reservoir)

原名"喀拉玛水库",位于**和田河**流域新疆维吾尔自治区墨玉县城以西的扎瓦乡西部,距县城 18 千米,地理位置为东经 79°33′、北纬 37°12′,是一座以灌溉为主的中型注入式平原水库。

水库初建于 1959 年,库容为 1 100 万立方米,大坝为均质土坝。2003—2005 年对水库除险加固后,库容增至 4 370 万立方米,主坝最高 9 米,坝长 4 100 米;副坝高 5 米,坝长 5 214 米,年调节水量 7 631 万立方米,担负下游墨玉县乌尔其乡、阿克萨拉依乡、扎瓦乡、喀尔赛乡共 7 853 公顷农田的灌溉任务。

水库渔场位于水库北侧,是和田地区的第一座渔场,另建有池塘 63 公顷,年繁殖鱼苗 1 亿余尾,以家鱼人工繁殖和苗种培育而著称,水库集游钓、餐饮和娱乐为一体,是当地人节假日休闲之处。

10.4.2.1.4.10 玉龙喀什河
(Yulongkashi River)

和田河右岸支流,《魏书》称首拔河,《元史》作玉河。"玉龙喀什"系突厥语,意为"明亮的堤岸",因玉龙喀什河在和田城之东,太阳升起时最先照亮河岸得名。

河流发源于昆仑山北坡,河流大体由南向北,流经新疆维吾尔自治区于田县、策勒县、和田县、和田市、洛浦县后,在墨玉县喀瓦克乡麻雪特村下游约 9 千米处与喀拉喀什河汇合成和田河。流域东与**克里雅河**、**策勒河**,西与喀拉喀什河流域接壤,南以昆仑山山脊为界,与西藏自治区毗邻。河流全长 505 千米,流域面积 19 803 平方千米。同古孜洛克水文站以上河长 340 千米,集水面积 14 575 平方千米,多年平均年径流量 22.5 亿立方米。

概　述

玉龙喀什河发源于昆仑山西段的主峰昆仑峰区北坡山区。地质构造属海西褶皱带。褶皱强烈,断裂发育明显。主要由北昆仑山地向斜褶皱带、昆仑山中央结晶带和南昆仑山地向斜褶皱带三个构造岩相组成。第三纪末至第四纪初,青藏高原隆起,昆仑山由北向南成阶梯状断块上升,形成了两列呈西北—东南向的高大山脉,由北向南分别为康西瓦北山—喀拉塔什山和昆仑山主脉。流域内共发育有冰川 1 331 条,冰川总面积 2 958 平方千米,占流域山区集水面积的 20.2%。

昆仑山主脉山体高大雄伟,山脊海拔一般超过 6 000 米。高于 6 000 米的山峰约 20 座。最高峰为位于西玉龙喀什河支流之一的多峰冰川上游的昆仑峰,海拔 7 167 米。由于侵蚀强烈,切割深度大,山势陡峻,奇峰林立,河谷多呈 V 形。比较著名的冰川有玉龙冰川、西玉龙冰川、多峰冰川和昆仑冰川。其中:玉龙冰川长 30.9 千米,冰川面积 139.07 平方千米;西玉龙冰川长 21.9 千米,冰川面积 125.86 平方千米;昆仑冰川长 23.6 千米,冰川面积 200.02 平方千米;多峰冰川长 31 千米,冰川面积 251.7 平方千米。喀拉塔什山山体海拔一般在 4 000 米以上,山脊海拔超过 5 500 米,大于 6 000 米的高峰有近 10 座。最高峰为木孜塔格峰,海拔 6 638 米。峰顶山坡陡峭,集中发育着中小型冰川。

玉龙喀什河是一条以冰雪融水补给为主的河流,径流年际变化不大;但年内分配极不均匀,冰雪消融水量占年水量的 66.3%,7 月、8 月两月来水量占年来水量的 67.1%,6—9 月来水量占年来水量的 88.6%。消融洪水多在 7 月发生,危害性较大的"消融和暴雨混合型"洪水多发生在 7 月、8 月。调查到的历史最大洪水发生在 1886 年,峰值达 2 100 立方米每秒。1978 年 8 月实测最大洪峰 1 460 立方米每秒,冲毁西岸村庄多处。

河流切割强烈,从河源至出山口河道平均比降约 11‰。一般河谷宽约 300 米,窄处仅 60 米。河流沿途有多处急流、险滩,冲沟发育,支流众多。由于流量大,中游谷地堆满冰水沉积物,河道深切在沉积层中,形成 4～5 级阶地,并下切至基底片岩之中。河流出山口至和田县下游的东方红水库之间为丘陵区,沿岸两岸是和田、洛浦两县的农业区,河道平均比降在 6‰左右;河床多由卵石及沙组成,河床开阔,两岸阶地明显,河床最宽处超过 1 000 米,最窄处 30 米,阶地高 100 米以上。英艾日克乡以下至与喀拉喀什河汇合口处为平原沙漠区,水流明显变缓,河道平均比降不及 0.7‰,河床由细沙组成,无明显河槽,河宽 1～2 千米,两岸沙丘密布,长有茂密的胡杨、芦苇和沙棘。

玉龙喀什河向两岸灌区供水,解决了洛浦县、和田市、和田县共 6 万公顷农田的灌溉用水。自 20 世纪 50 年代以来,流域内已建成多个水利工程,其中:玉龙喀什河引水枢纽建成于 1992 年 10 月,由 3 孔进水闸、6 孔泄洪闸组成;尕宗水库(和田市)建于 1978 年,库容 160 万立方米,控制灌溉面积 2 000 公顷;昆仑水库(和田市)总库容 95 万立方米,灌溉面积 270 公顷;友谊水库(和田市)建成于 1963 年,库容 330 万立方米,控制灌溉面积 533 公顷;东方红水库位于玉龙

玉龙喀什河引水枢纽下游河段

喀什河东岸的沙漠边缘，和田县塔瓦库勒乡境内，建成于 1970 年 7 月 1 日，总库容 3 000 万立方米，控制灌溉面积 6 667 公顷；斯马瓦提水库位于和田县伊斯拉木阿瓦提乡玉龙喀什河下游西岸，建于 1961 年，总库容 350 万立方米，控制灌溉面积 400 公顷；哈拉快阿水库位于玉龙喀什河流域洛浦县洛浦镇，总库容 2 300 万立方米，主要调节多鲁乡、拜什托格拉克乡及恰乡农场等 6 667 公顷耕地的灌溉用水；布尔库木水库建成于 1962 年 3 月，位于玉龙喀什河流域洛浦县多鲁乡，兴利库容 229 万立方米，主要调节多鲁乡 340 公顷灌溉用水。

纪　　实

玉龙喀什河上游由东、西玉龙喀什河两条支流汇集而成。东玉龙喀什河源流又由阿拉克沙依河（源头位于阿克沙依冰川）和克孜勒沙衣河在奈勒湖畔汇集而成，两河均发源于昆仑山脊处的大型冰川区，各自由多条大型河谷冰川河汇集而成（其中，克孜勒沙衣河一分支源头海拔最高 6 786 米，其东侧即为著名的克里雅山口）。东玉龙喀什河自两源汇合口由东往西流，沿途左岸有数十条发源于昆仑山脊冰川区的大、中型冰川的河流汇入干流，经约 57 千米流程后与西玉龙喀什河汇合，其间，著名的玉龙冰川河就位于阿拉克沙依河与克孜勒沙衣河汇合口以下约 25 千米处的左岸。西玉龙喀什河干流（河长 43 千米）由西向东流，后又转向北流，右岸有 4 条源于巨型山谷冰川的河流汇入干流。

东、西玉龙喀什河汇合后，河流转向北流，行进 20 千米，右岸接纳主要发源于喀拉塔什山南麓的再依勒克河后又转向西流。下游 4 千米左岸接纳发源于昆仑山主脉北麓的西昆仑冰川河后，河流穿行在昆仑山主脉和喀拉塔什山之间长达 73 千米的峡谷中，其间左岸接纳多条发源于昆仑山主脉北麓冰川区的支流。下游左岸接纳哈能威代里牙河后转向西北流，在康西瓦北山和喀拉塔什山间峡谷中穿行。

自哈能威代里牙河汇入口起，下游两岸又相继接纳了别仁界及能代里牙河（比林切克代里亚河）、奥米沙代里亚河、喀让古塔格河、尼萨河，此段河长约 66 千米。河流自尼萨河汇入口起总体上一直北流，下游两岸接纳的较大支流还有尼夏普鲁宁依奇河、卡其代牙河、皮夏河、达格渠克宁依奇河、克赛尔河（可斯勒代牙河），此段河长 81 千米。克赛尔河汇合口以下设有玉龙喀什河水量控制站——同古孜洛克水文站。水文站以下 17 千米，建有玉龙喀什河引水枢纽。枢纽以下通过东、西两条干渠以及下游纵横交错的灌溉渠系，灌溉下游万顷良田。

玉龙喀什河引水枢纽以下，河流穿越和田市区向北流去，约 64 千米，在东方红水库附近转向东北流，又流 100 千米，和左邻喀拉喀什河汇合成和田河。

玉龙喀什河河畔的和田历史悠久，汉代是西域三十六国之于阗国地；唐上元二年（675 年）置于阗镇，为安西四镇之一；清初定名为和阗，清乾隆二十四年（1759 年）设和阗办事大臣，辖额里齐、哈拉哈什、玉珑哈什、齐尔拉、克勒底雅、塔克等六城；清光绪九年（1883 年）置和阗直隶州，1913 年改直隶州为和阗县，即现今的和田市及和田县。和田市是和田地区政治、经济、文化中心，现辖 5 乡 2 镇 1 个管理区 1 个工业园区，人口约 28 万。和田县辖 1 镇 11 乡，总人口 26 万余人。和田市、县素以金玉之都、瓜果之邦、粮棉之仓、歌舞之乡著称于世。

1981 年，山普拉居民在河流出山口后约 20 千米的河边开渠造田时发现了山普拉古墓群，它是目前和田绿洲区分布面积最大、保存状况最好的一处战国至南北朝时期的古墓群。热瓦克佛寺遗址距和田城 60 千米，是以一组佛塔为中心的佛寺建筑群，兴衰年代为 2—10 世纪，佛塔周围院墙内外有许多泥塑壁画，塑像风格与中原迥异，衣饰形态都带有鲜明的西亚风格，现被列为全国重点文物保护单位。玛利克瓦特古城遗址位于和田市区南 25 千米处的玉龙喀什河西岸，为汉代于阗国王城遗址，兴衰于公元前 206 年至 907 年间，东临河床，西有沙山环绕，是丝绸之路南道的要冲及古文化交流胜地之一。阿克斯色伯勒古城，亦称"阿克斯比尔"，维吾尔语意为白城，位于洛浦县城西北 40 千米处的玉龙喀什河东岸，为唐至宋代的古于阗国遗址。巴格达麻扎位于洛浦县多鲁乡色日克村，由礼拜寺和墓地两部分组成，为明代所建，1957 年被列为自治区文物保护单位。

和田地区干旱少雨、日照长、温差大，其独特的自然环境和昆仑山融雪水灌溉的有利条件，使各种果树栽培历史悠久。河流左岸以和田县巴格其镇为中心建有长达 1 000 千米的葡萄长廊，好似一座绿色"长城"。核桃树王位于河流东岸的和田县巴格其镇喀拉瓦其村内，经考证属唐朝年树，已有 1 300 多年历史，历经千年风雨沧桑，却叶肥果盛。四周千里葡萄长廊与古老的核桃树王交相辉映，呈现出一派优雅别致、恬静而古老的田园景象。葡萄树王位于河流东岸的洛浦县杭桂乡斯坦乌其村，1982 年经国家林业部门鉴定树龄为 132 年，目前它依然枝繁叶茂，每年能收上千公斤葡萄。

玉龙湾景区以引玉龙喀什河水的布尔库木水库为依托，丰水期湖泊水面面积最大时达 110 公顷，湖泊四周有大小不等的 15 个鱼池，鱼池四周被芦苇环绕。湖水与周边沙漠巧妙组合在一起，湖泊的西北外围为茂密的胡杨林，金秋十月，金黄的胡杨林、沙丘、雪山倒映在碧绿的湖面上，与飞翔的野鸭、白鹤以及散布于湖边的维吾尔族民居、羊群构成了一道极具民族特色的风景线。景区规划面积为 17 平方千米，为 AAA 级旅游风景区。

夏季昆仑山原生玉矿经风化剥蚀后，由洪水携带而下，玉石就浮藏在河滩和河床中。玉龙喀什河盛产白玉、碧玉、黄玉等，最为珍贵的羊脂玉洁白、细腻，如油似脂。传统的采玉方式多种多样，其中有下河"捞玉"之说。春秋时节，民间皆有"踏玉"之俗。玉龙喀什河中有塔里木裂腹鱼、鳅科鱼类等。

10.4.2.1.5　胜利水库
（Shengli Reservoir）

位于新疆维吾尔自治区阿拉尔市境内，地处**塔里木河**右岸、**和田河**古河道与现代河道之间，西距**上游水库** 30 千米，地理位置为东经 80°59′～81°06′，北纬 40°25′～40°30′，是一座以灌溉为主的大（2）型灌注式平原水库。

水库建成于1970年，坝型为碾压均质土坝，坝长26.5千米，顶宽3米，最大坝高8.67米，总库容1.08亿立方米。闸后放水渠长1.3千米，与塔南总干渠相接，设计流量78立方米每秒。

水库水源主要由上游水库放水渠输送，与上游水库联合调度运行，设计灌溉面积5.13万公顷，实际有效灌溉面积2.47万公顷。主要承担塔里木灌区农田的灌溉任务，同时也是阿拉尔市和塔南灌区人畜饮水的水源地。水库由塔里木灌区水管处管理，并兼营胜利水库养殖场，库内放养有草鱼、鲢鱼、螃蟹、鲤鱼等鱼种。

10.4.2.1.6　色格孜力克湖
（Segezilike Lake）

又名托海盐碱滩，位于新疆维吾尔自治区阿克苏市中部，多浪水库东面，**塔里木河**以北，地理位置为东经80°58′~81°08′，北纬40°45′~40°49′，属盐湖。

湖泊地处塔里木地台塔东拗陷内，历史上曾有**台兰河**、依干其艾肯河、**喀拉玉尔滚河**等注入。20世纪90年代湖面水位为1 049米，湖长约12千米，最宽7.2千米，水面面积79平方千米。现湖水主要依赖季节性冲沟和沼泽水补给，地下水位较高，形成大片盐碱沼泽。水域面积很小，水深0.05~0.1米，矿化度50克每升，湖表卤水极浅，基本处于干涸状态。湖盆大部分为粉细砂、粉砂黏土和含砂盐碱沉积覆盖，属现代河谷侵蚀谷地形成的硫酸镁亚型盐湖，无开采价值。

湖区属暖温带大陆性干旱气候，年平均气温约9.8摄氏度，每年平均年降水量约68毫米，无霜期约208天，盛行西北风，最大风速可达40米每秒。

10.4.2.1.7　台兰河
（Tailan River）

又名塔什吾斯塘河，属**塔里木河**水系，发源于天山托木尔峰南坡冰川区，流经新疆维吾尔自治区温宿县、阿克苏市，河流全长217千米。山口处台兰水文站以上集水面积1 338平方千米，多年平均年径流量7.10亿立方米。

历史上台兰河曾汇入塔里木河，由于20世纪中期以来，上游河水大量被引入灌区，河道水量骤减，下游的**色格孜力克湖**湿地逐渐干涸，仅遇较大洪水才有少量洪水能汇入塔里木河。

老龙口渠首

台兰河自上而下有台兰河新龙口渠首、老龙口渠首等水利工程。新龙口渠首建于1999年，由2孔进水闸（设计流量120立方米每秒）、2孔冲沙闸（设计流量120立方米每秒）、7孔泄洪闸（设计流量210立方米每秒）和溢流堰（设计流量300立方米每秒）四部分组成，控制灌溉面积46万公顷。老龙口渠首建于1978年，有5孔进水闸，其中，3孔为台兰河一干渠进水闸，设计流量35立方米每秒；2孔为台兰河二干渠进水闸，设计流量25立方米每秒。

台兰河流域是一个抗侵蚀能力极弱的区域，每遇暴雨洪水，流域坡面遭受冲刷，大量泥沙随水流被携运至山口以下，实测河流多年平均悬移质含沙量4.37千克每立方米，多年平均年悬移质输沙模数达3 740吨每平方千米，输沙模数居新疆河流之首。

河流源区发育有冰川102条，冰川面积425.94平方千米。台兰河由琼台兰河和克其克台兰河两大源流汇集而成。台兰河自汇合口向南流12千米，右岸接纳了大支流塔合拉克河后流出山口。塔合拉克河由源头位于海拔6 555米的科其喀尔峰冰川区的帕赫鲁克冰川河和沙加尔雷克冰川河汇集而成，河流全长31千米。

台兰河出山口后下行5千米至新龙口拦河渠首；又下行8千米，右岸接纳了支流麻扎阿得河，流经老龙口渠首后，下游河流呈散流状，主要分为东、西两支。东支称甲玉儿斯当河，为台兰河主流，向东南流25千米至佳木镇阿热勒巴格村后转向南流；又流32千米至克孜勒镇英艾日克村，与左邻的依干其艾肯河西支汇合；再流约65千米后复转东南流，最后消失在下游约40千米处的色格孜力克湖湿地（又称托海盐碱滩）。西支自老龙口渠首向西南15千米，与右岸阿拉卡衣山南坡的小洪沟汇合后转向南流，经11千米后再次分为东、西两支。东支向西南流，于下游6千米处的海楼村水库下游与柯柯亚尔河汇合。西支向南流约37千米，逐渐消失于台兰河古河道中，现原河道已改造成农田。

10.4.2.1.8　喀拉玉尔滚河
（Kalayuergun River）

发源于天山支脉哈尔克他乌山南坡，隶属**塔里木河**水系，东邻**渭干河**主源木扎尔特河，流经新疆维吾尔自治区温宿县和阿克苏市，山口以上河长66千米，集水面积520平方千米，多年平均年径流量约2.4亿立方米。

喀拉玉尔滚河流域海拔最高6 581米，源区分布冰川58条，冰川面积195.3平方千米。上游河段称为库孜娃依能代尔亚斯河，由穷库孜娃依能代尔亚斯河和克奇克库孜娃依能代尔亚斯河两条源流汇集而成。穷库孜娃依能代尔亚斯河发源于穷库孜娃依冰川（冰川长17千米，面积73.67平方千米），由北向南流18千米后，与源于克奇克库孜娃依冰川（冰川长9千米，面积33.76平方千米）的克奇克库孜娃依能代尔亚斯河（河长27千米）汇合，下游始称库孜娃依能代尔亚斯河。此后河流向东南流3千米，在博孜墩柯尔克孜族乡政府驻地附近左岸接纳了库尔会洛克河（又称库尔归依鲁河），又流8千米后折为南流，再流20千米后出山口，以下河流始称喀拉玉尔滚河。

喀拉玉尔滚河出山口后，经拦河而建的喀拉玉尔滚引水枢纽，向南流20千米，至博孜墩柯尔克孜自治乡喀拉玉尔滚村过314国道。又流15千米后，河流复转为东南流，消失于下游60千米处的**色格孜力克湖**湿地中，仅较大洪水期有余水可泄入塔里木河。

喀拉玉尔滚弯道式引水枢纽由兵团农一师于1959年修建，工程由进水闸（引水流量25立方米每秒）、泄洪闸（泄洪流量80立方米每秒）、溢流侧堰（泄洪流量300立方米每秒）组成，并通过西岸20千米长的胜利三渠为下游农一师五团灌区提供水源。

博孜墩柯尔克孜自治乡有人口 4 300 余人，其中柯尔克孜族占 47%，经济以农业为主，畜牧业次之，拥有耕地 718 公顷。

农一师五团组建于 1956 年，是兵团 38 个边境团场之一，园艺业是该团仅次于棉花的支柱产业。此外，五团在山区拥有天然草场 2.2 万公顷，垦区退耕还林还草面积 1 200 公顷，人工草场 666 公顷，畜牧业也是五团的重要产业之一。

10.4.2.1.9　艾曼库勒湖
(Aimankule Lake)

又名奥依切克库都克湖，位于新疆维吾尔自治区阿克苏地区沙雅县境内，地理位置为东经 82°10′、北纬 40°57′，是一个坐落于**塔里木河**侵蚀洼地内的干盐湖。

湖泊南邻塔里木河，未干涸前湖面海拔 992 米，水域面积约 10 平方千米，长 6 千米，宽 1.5～2.0 千米。湖区属于暖温带大陆性荒漠干旱气候，多年平均气温约 10.8 摄氏度，极端最低气温 -28.7 摄氏度，极端最高气温 41.8 摄氏度。

艾曼库勒湖滨为近代沙漠或细砂、粉细砂组成的沙丘，湖盆内为第四系冲积、风积、湖积粉细砂、粉砂黏土及含泥砂盐硝沉积。湖水主要依赖于塔里木河漫溢洪水和地下水补给，形成盐碱沼泽。入湖水量年际间变化大，近代随着塔里木河来水量逐年减少，湖泊逐渐演变为干盐湖。湖区矿藏主要是石盐，呈薄层状，含有泥砂，尚未被开发利用。

10.4.2.1.10　期满水库
(Qiman Reservoir)

又名达热依水库，位于新疆维吾尔自治区阿克苏地区沙雅县托依堡勒迪镇辖区内，北距县城 49 千米，地处**塔里木河**干流段上游左岸，地理位置为东经 82°38′、北纬 41°03′，是一座以灌溉为主的灌注式中型平原水库。

期满水库建成于 1965 年，由引水渠、进水闸、土坝、放水闸、放水渠及防洪堤等建筑物组成；大坝为黏土心墙坝，坝长 2.1 千米，最大坝高 3.8 米。原设计库容 6 500 万立方米，后由于淤积有效库容仅剩 3 910 万立方米。主要承担沙雅监狱及周边乡的 0.37 万公顷耕地的供水任务。

水库坐落在沙雅县的农家葡萄休闲园旅游景区内，库区周边浅水区芦苇、水草繁茂，四周胡杨树林苍劲，金色的沙丘此起彼伏。库中有一个当地人称之为"鸭岛"的小岛，夏季，有 30 余种鸭类等水禽环绕小岛嬉戏玩耍，并在岛上栖息繁殖。宽阔的水面上各种鱼儿穿梭跳跃，颇有点南国水乡风韵，令人流连忘返。

10.4.2.1.11　大寨水库
(Dazhai Reservoir)

塔里木河上游右岸一座以灌溉为主的中型注入式平原水库，位于新疆维吾尔自治区沙雅县托依堡勒迪镇西南部，地理位置为东经 82°41′、北纬 40°59′。

水库引蓄塔里木河河水，初建于 1970 年，2002 年进行了改扩建；大坝为碾压均质土坝，坝长 13.2 千米，最大坝高 4.4 米，库容 1996 万立方米；承担着沙雅县塔南灌区 8 000 公顷耕地和草场的灌溉任务。库区属大陆性暖温带干旱气候，气候干燥，日照充足，降水稀少，蒸发强烈。

大寨水库库区平坦开阔，水面面积约 9.15 平方千米。库内水草及天然饵料丰富，适宜发展水产养殖，尤以养殖中华绒毛蟹经济效益最为显著。这里出产的螃蟹远销乌鲁木齐、上海、北京等地，所产螃蟹个大、体壮、黄多，深受消费者喜爱。碧蓝的水面上，常常能看到上万只鸬鹚（国家二级保护动物）展翅翱翔。

10.4.2.1.12　帕满水库
(Paman Reservoir)

位于新疆维吾尔自治区沙雅县境内，**塔里木河**左岸，地理位置为东经 83°08′、北纬 41°00′，是一座以灌溉为主的注入式中型平原水库。

水库始建于 1967 年，1972 年投入运用，属"文化大革命运动"期间典型的"三边"（边投资、边设计、边建设）工程。自塔里木河左岸引水蓄库，经多年运行，大量泥砂入库，致使水库淤积严重，加之水库位于塔里木河中游洪水漫溢区内，洪水对水库构成严重威胁，水库长期"带病"运行。2006 年实施除险加固后，库容达 4 000 万立方米，坝型为均质土坝，主坝长 11.1 千米，最大坝高 6.2 米，并建有泄洪闸、引水渠、退洪渠、放水渠等工程，控制灌溉面积 5 730 公顷。

水库灌区是库车、沙雅两县的棉花生产基地之一，也是两县主要的畜牧业、养殖业发展基地。库区位于塔克拉玛干沙漠北缘，干燥少雨，蒸发强烈；附近的塔里木河段两岸的胡杨林是新疆最主要的胡杨区之一，并分布有大面积草场。

10.4.2.1.13　渭干河
(Weigan River)

历史上曾为**塔里木河**支流，但自 20 世纪 50 年代以后，大量河水被引入下游两岸灌区，河流下游已基本断流，除遇特大洪水年外，一般年份已无水入塔里木河。

《水经注》中称之为龟兹西川水，是天山南坡 3 条大河之一，由发源于天山支脉哈尔克他乌山南坡的木扎尔特河（主源）与发源于天山支脉科克铁克山南坡的**黑孜河**汇集而成，汇合处建有**克孜尔水库**，水库以下始称渭干河。流域北部以天山山脉主山脊为界，与**伊犁河**流域毗邻，西与**阿克苏河**流域接壤，东与**库车河**流域相连，南隔塔克拉玛干沙漠与塔里木河干流相望。河流由北向南依次流经新疆维吾尔自治区阿克苏地区拜城县、新和县、库车县、沙雅县，地理位置为东经 80°40′～84°10′、北纬 41°05′～42°45′。渭干河（木扎尔特河源至与黑孜河汇合口）河长约 185 千米，集水面积 16 784 平方千米，多年平均年径流量 21.8 亿立方米。

渭干河流域可分为北部山区和南部平原区两大地貌单元。北部山区海拔 3 000 米以上高山区均为冰川带或终年积雪带，气候寒冷，无植被；海拔 3 000～2 000 米的中山区，夏季气

克孜尔水库下游的渭干河河谷

候温和多雨，冬季寒冷多雪，年降水量约 300～350 毫米，针叶林带呈斑状或片状分布，草场生境优越，牧草种类繁多；海拔 2 000 米以下的低山带，年降水量小于 150 毫米，以荒漠草地为主。南部平原区降水稀少，干燥多风，地表多为砾石戈壁，由洪水及地下水补给的冲积扇下缘及河流沿岸植被发育较好。

流域地处中纬度地带，远离海洋，属典型温带大陆性干旱气候，多年平均气温 10.7 摄氏度，日照充足，多风沙。平原区多年平均年降水量仅 47.3 毫米。

流域山区位于天山山区暴雨带中心，由于各干、支流径流补给成分的差异，其形成的洪水类型也有所不同。木扎尔特河及其大支流卡木斯浪河主要是由山区冰雪融化形成的融雪型洪水；黑孜河及木扎尔特河另一大支流卡拉苏河则主要为暴雨型洪水。因此，渭干河洪水一般由融雪型洪水和暴雨型洪水组合而成。1958 年 8 月，流域内发生了一场特大暴雨洪水，克孜尔水库站最大洪峰流量达 1 900 立方米每秒，造成经济损失超亿元。2002 年 7 月下旬渭干河发生大洪水，克孜尔水库入库洪峰流量达 3 680 立方米每秒，水库紧急泄洪，给下游河流两岸造成了较大经济损失。渭干河为多泥沙河流，克孜尔水库坝址处多年平均年含沙量 3.99 千克每立方米，多年平均年输沙量达 976 万吨。2003 年一场大洪水入库泥沙就达 1 亿立方米以上，泥沙问题已成为克孜尔水库的顽疾，严重困扰着水库的正常运行。

分布在渭干河下游两岸的灌区是新疆古老灌区之一，位于渭干河中下游的新和县、库车县、沙雅县的 7 个乡及 3 个农场，灌溉面积达 17 万公顷，是新疆重要的粮食、棉花生产基地。灌区内共修建有 9 座水库，总库容 1.43 亿立方米，大中型渠首 5 座，机电井 3 556 眼，干渠总长 81.7 千米。

渭干河拦河引水枢纽

渭干河拦河引水枢纽位于河流出山口处，于 1966 年开建，1970 年建成，兼有灌溉和发电双重功能，主要由引水枢纽、水电站、分洪枢纽和总干渠组成。其中，分洪枢纽工程因分洪比例为 4∶6，故又称四六洪闸，包括英大雅河分洪闸和沙雅大河分洪闸。库木吐拉水电站，又称东方红水电站，位于引水枢纽右岸，为坝后式水电站，总装机容量 6×1 600 千瓦。渭干河山口以下东、西两岸 5 千米处分别建有**跃进水库**和**五一水库**两座灌注式水库。

纪　　实

渭干河源流木扎尔特河源区海拔最高 6 769 米，冰雪资源极为丰富，发育有冰川 295 条，冰川面积 1 235 平方千米，占流域山口以上集水面积的 43.4%，为新疆冰川面积覆盖比例较大的河流之一。冰川类型有山谷冰川、冰斗冰川、坡面冰川、悬冰川等。木扎尔特冰川，又称巴什克里灭斯冰川，长 33 千米，面积 137.7 平方千米，为木扎尔特河的源头。自上游向下，河流两岸发育的大型和较大型山谷冰川西岸有乌库尔冰川（长 32.4 千米，面积 185 平方千米），土格别里齐冰川（长 36.1 千米，面积 313.7 平方千米），洛尾希达里亚冰川，琼阿克塔格冰川，阿克库热木艾克麦冰川，阿帕确且克遂也冰川，阿克塔格冰川及克孜勒塔格冰川；东岸有塔木格塔什冰川（长 18 千米，面积 32.88 平方千米），喀拉库买冰川（长 18 千米，面积 51.1 平方千米）等。

渭干河木扎尔特河山口段河道

木扎尔特冰川位于哈尔克他乌山（古书中称"木素尔岭"）雪莲峰北侧，自古以来就是北疆伊宁地区与南疆阿克苏地区之间最近的交通要道，很早就引起中外旅行家的关注。自木扎尔特达坂南行约 2.5 千米，再翻越什波雷克达坂即到达横亘东西向、巨大的木扎尔特冰川；沿冰面先南行，然后向西、继而向西南绕行 10 余千米后，向南便进入了木扎尔特河谷。在距冰舌末端 3 千米附近，有一高达 100 米左右的冰瀑布横亘冰舌，为木扎尔特冰道上最危险的地段。木扎尔特冰川热融喀斯特异常发育，冰洞、冰墙、冰沟、冰面湖和冰井等，规模巨大。海拔 3 400 米以上冰面河流交织。3 400 米以下，冰面河流逐渐潜入冰下，最后从冰舌末端的巨大冰洞内流出。这一地貌特征与史书中对勃达岭的描写十分相像，《西域水道记》中记有："嘉庆二十一年（1816 年）正月五日黎明，自噶克察哈尔海军台（注：清乾隆年间所设军台，属阿克苏，与伊犁惠远军台相邻）行二十里，至山麓，朝日始升。据鞍鱼贯，如缘螺壳，天风横吹，飞沙击面，寒砭肌骨，噤不出声。冰每坼裂，宽或近尺，塞马骨作桥"。又引杜环《经行记》云："有细道，道傍往往有冰孔。嵌空万仞，转堕者莫知数"。尽管道路艰险，环境恶劣，木扎尔特达坂仍然是中国古代通往中亚的要道之一。汉朝时经此与昭苏一带的乌孙国交往；有专家认为，唐玄奘印度取经亦借道此地。唐玄奘在其所著《大唐西域记》中的《大慈恩寺三藏法师传》中写道："国（跋禄迦国，现阿克苏）西北行三百余里，度石碛，至凌山"；"山谷积雪，春夏合冻，虽时消泮，寻复结冰。经途艰险，寒风惨烈。多暴龙，难凌犯"；"自开辟以来，冰雪所聚，积而为凌，春夏不解。凝沍汗漫，与云连属。仰之皑然，莫睹其际。其凌峰摧落，横路侧者，或高百尺，或广数丈。由是蹊径崎岖，登涉艰阻。……席冰而寝"。书中所说"凌山"即木扎尔特通道一带冰山。此外，木扎尔特达坂还是古代边疆军事要道，1946 年新疆三区革命也把木扎尔特达坂作为进军南疆的军事路线。木扎尔特冰川在天山西南部（中国境内）冰川面积大于 100 平方千米的冰川中，排位第五，其冰储量约 260 亿立方米。

木扎尔特河自木扎尔特冰川末端西南流约 4 千米，左、右两岸分别接纳了支流塔木塔格什河（源于塔木塔格什冰川）和卡拉交勒河（源于乌库尔冰川），后折向南流；下行 15 千米，右岸接纳支流土格别里齐河（源于土格别里齐冰川）后又转向东南流；又流经17千米后复转南流，其间，两岸接纳的较大支流有洛尾希达里亚河（源于洛尾希达里亚冰川）、阿克奇苏达里亚河（源于卡拉库买依冰川）、腊吉勒拜克尕尔河、喀腊喀特勒克温库尔阔坦河、阿克库热孜河（源于阿克库热木艾克麦冰川）、奇不吐盖河、琼色日克苏河。此后河流沿程两岸接纳了克其克萨来克苏河（源于旧尔洛克冰川区）、佳哈力买河（源于阿帕确且克遂也冰川及阿克塔格冰川区）、库勒克达里亚河（源于克孜勒塔格冰川区）等较大支流，过破城子水文站，经约33千米流程，在木扎尔特河引水枢纽以下流出山口，进入山前冲积扇平原区。河流出山口以后，阶地发育，可明显看到五、六级阶地，河床滩地渐宽，水流分散。位于察尔其镇附近的却勒塔格山南麓察尔其雅丹地貌紧邻307省道，又称拜城五彩山，远远望去，层层叠叠的红色山峦雄壮神奇、奇异多姿。

木扎尔特河拦河引水枢纽（又称阿合布隆引水枢纽）建于1996年，由进水闸、冲沙闸、泄洪闸组成，设计引水流量45立方米每秒，控制灌溉面积2.53万公顷。引水枢纽以下，河床展宽，河流呈散流状向西南流39千米至察尔其镇，其间，在引水枢纽下游附近左岸相继接纳了阿恰勒河、吐鲁木塔依厄肯河等支流。过察尔其镇后，河流转向东流，穿行在南为却勒塔格山、北为哈尔克他乌山南坡之间的拜城盆地南缘，经44千米流程后，左岸接纳了大支流**卡木斯浪河**；又流7千米，**卡拉苏河**下游各汊流开始陆续汇入；再流26千米后进入**克孜尔水库**库区，与左岸末级大支流**黑孜河**汇合，汇合口以下，始称渭干河。

渭干河自拜城县境内的克孜尔水库东侧流出，沿却勒塔格山北缘自西向东流14千米后，转为东南流，穿行于长约28千米、迂回曲折的却勒塔格山山间峡谷中，经出峡谷口处的渭干河拦河引水枢纽后流出山口。渭干河拦河引水枢纽的分洪枢纽以下河流为东、西两支，东支为英达雅河，西支为沙雅大河。

东支英达雅河（又称英达里亚河）向东南流入库车县境内，经约100千米流程后注入喀拉哈提水库（又名上草湖水库），出库水流又在东南10千米处注入英达雅河尾闾——巴依孜库勒湖（又名草湖水库）。英达雅河曾经只是一条很浅、很窄的渭干河下游汊流，清宣统元年（1909年）渭干河发生的一场特大洪水，将该沟冲成长达100千米，宽40余米的大沟；历经近百年的冲刷切割，现已形成一条大河，成为渭干河洪水的主要下泄通道；现河宽约300～400米，河床冲刷深度一般在5米左右，最深处达7.9米，目前依然处在下切过程中。

西支沙雅大河为渭干河下游的主要泄洪通道，该河沿新和县与库车县两县县界蜿蜒南流27千米后进入沙雅县境内；向下3千米处拦河建有沙雅干渠五号闸，河流水量大多经长达43千米的肖尔肯退洪渠被引往塔里木乡，主要用于行洪和生态用水。此后，河流水量骤减，余水散失在塔里木河北岸湿地中，只有特大洪水发生时，才有余水向南汇入塔里木河。

克孜尔水库下游7千米处、河流北岸山脉悬崖上开凿的克孜尔千佛洞（又称上千佛洞），始凿于3世纪（东汉末年），与唐玄奘齐名的伟大佛经翻译家鸠摩罗什即诞生于此。克孜尔千佛洞石窟群绵延3千米，其特殊的窟形、壁画题材和艺术风格，多方面反映了古龟兹的社会生活，是外来文化与中国传统文化结合的产物，1961年被列为第一批全国重点文物保护单位。

河流穿越的却勒塔格山间峡谷，又称千佛洞峡谷。峡谷长28千米，宽约100米，最窄处约50米。峡谷内的"千泪泉"系从峡谷山岩间渗出，宛若垂落在崖壁上的银色珠帘。河流在峡谷中蜿蜒曲折流出拜城县境。位于渭干河龙口上游5千米处河流东岸悬崖上的库木吐拉千佛洞，又称下千佛洞，为5世纪后佛教兴盛时期修建的石窟群，大部分已遭盗窃、

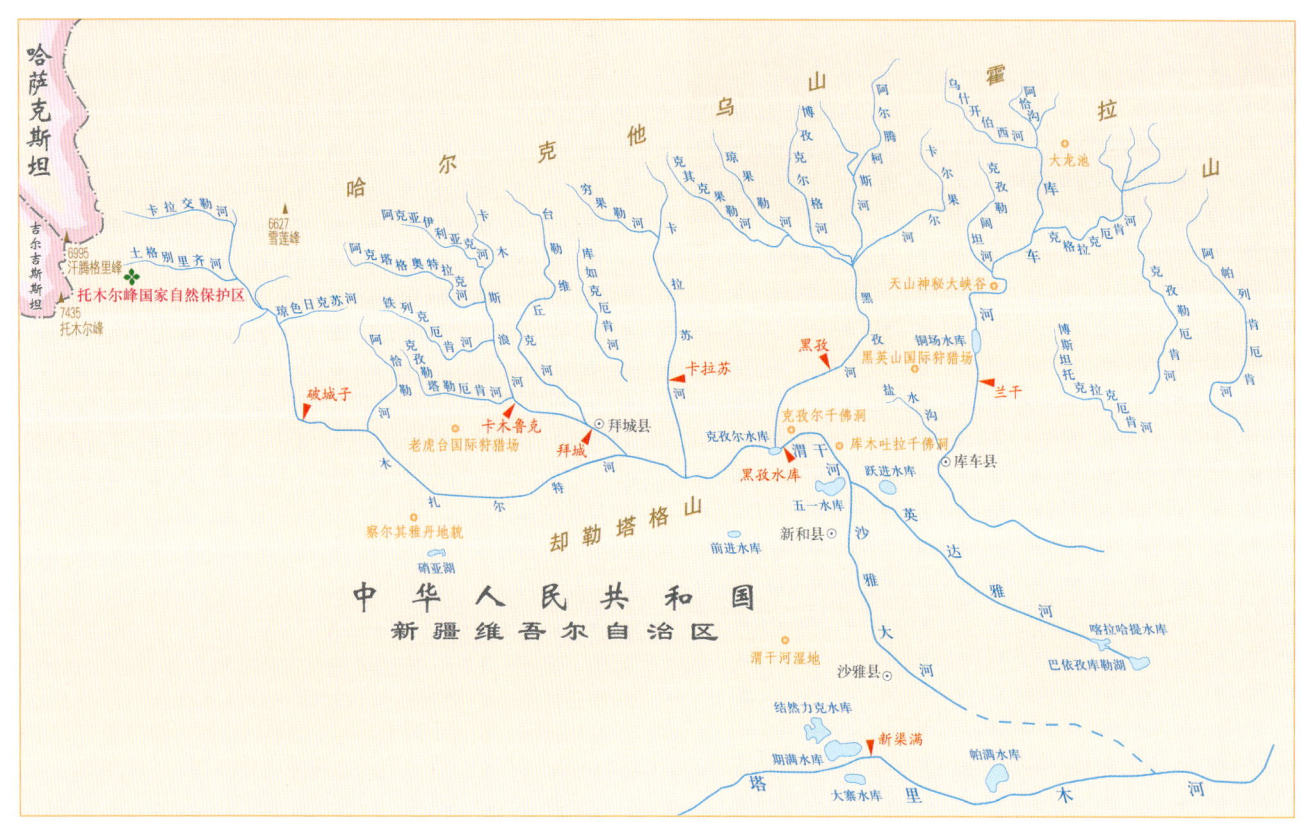

渭干河、库车河水系示意图

克孜尔千佛洞

破坏。

新和县位于渭干河西岸，汉属龟兹国地，历经各朝，于民国19年（1930年）置托克苏县（维吾尔语意为"丰水县"），1941年更名为新和县，现辖2镇6乡1个农场（桑塔木农场），总人口14万，拥有耕地3.03万公顷，林地3.26万公顷，草场11.6万公顷。县城境内的吐尔拉城堡（又称"夏克土尔"城堡、"色乃当"旧城）为《新唐书》卷四十三中记载的唐代安西柘厥关。位于吐尔拉城堡正南20千米的通古斯巴西城址，是古代龟兹地区最具代表性的军事建筑之一，2006年5月被列为第六批全国重点文物保护单位。此外，境内还有卡力马克古城、尤勒滚协海尔烽火台等古迹。

沙雅县位于渭干河下游汉流沙雅大河河流水量散失区，汉为龟兹国地，清光绪二十八年（1902年）设沙雅县。现辖4镇4乡，境内有新垦农场、一牧场、二牧场、沙雅监狱等单位，总人口21万，其中少数民族占83.2%。

渭干河畔日落

唐王城遗址坐落在库车县境内、英达雅河尾闾区域巴依孜库勒湖水库东侧，为唐代龟兹国建筑，1957年1月被列为自治区文物保护单位。1958年，考古学家黄文弼在《新疆考古发掘报告》中写道："唐王城，维吾尔语称大黑沁古城，意为汉人城，居渭干河中游，土地肥沃，水草丰盈，地势险要，系古代据守的堡垒"。位于唐王城西南25千米的大故城，为汉代屯田时的校尉城，维吾尔语又称"穷沁"（意为"大城"），为自治区文物保护单位。

10.4.2.1.13.1 卡木斯浪河
（Kamusilang River）

*渭干河*左岸支流，发源于南天山支脉哈尔克他乌山南坡，流域位于新疆维吾尔自治区拜城县境内，北以哈尔克他乌山脊为界，与伊犁哈萨克自治州昭苏县的*阿合牙孜河*流域毗邻，河流全长118千米，出山口处的卡木鲁克水文站以上集水面积2620平方千米，多年平均年径流量6.676亿立方米。

流域最高点海拔4460米。河源区共发育有冰川203条，冰川面积357.3平方千米。流域海拔3000米以上高山区为冰川及终年积雪带；3000~2000米为高山森林带，分布有云杉、冷杉、胡山杨、桦树等树种；海拔2000米以下的中低山区分布着山地草原及荒漠草地，主要生长有垫状蒿、大蓟、芨芨草等植被。

河流出山口处的卡木斯浪渠首（又称红旗北干渠引水枢纽），建于1996年，由4孔进水闸、6孔泄洪闸、2孔冲沙闸、非常溢洪溃坝段、溢流侧堰等建筑物组成，控制灌溉面积1.87万公顷。

卡木斯浪河发源于卡普斯浪冰川区（冰川78条、面积145.68平方千米），河流自源头由西北向东南流，沿途接纳的较大支流有卡普斯浪冰川河（冰川长9.2千米，冰川面积21.2平方千米）、卡普斯浪2号冰川河（冰川长13.6千米，冰川面积28.6平方千米）、阿克亚伊利亚克河和克其克亚伊利亚克河；经52千米流程后，右岸接纳了北来的阿克塔格奥特拉克河（又称卡木斯浪河北支）后转向南流；此后河流下行13千米至铁热克镇，右岸接纳支流铁列克厄肯河后流出山区进入丘陵地带；又下行18千米，右岸接纳支流克孜勒塔勒厄肯河后折向东南流出山口。山口处设有卡木鲁克水文站。水文站以上约3千米，河流即呈散流状。东支为河流主槽，向东南流经26千米，穿过卡木斯浪河大桥，左岸接纳了大支流*台勒维丘克河*后转为南流，于下游6千米处汇入渭干河。在山口区附近，河流两岸均有引水，部分河流水量被引入下游米吉克乡等灌区。

阿克塔格奥特拉克河发源于阿克塔格奥特拉克冰川区（冰川67条、面积147.3平方千米），由两条均称阿克塔格奥特拉克河的源流汇集而成，其中主源为阿克塔格奥特拉克河北支，自源头由北至南流经24千米，右岸接纳同名的支流阿克塔格奥特拉克河西支（河长31千米，流域面积394平方千米）后，成为阿克塔格奥特拉克河。

位于河谷内的铁热克镇辖两个行政村，约6400人，农业生产规模较小，主要为工矿企业，有铁热克煤矿、拜城火电厂、化肥厂、水泥厂等。从铁热克镇沿河畔砂石路溯流而上5千米，河谷右岸的一级阶地上分布着著名的铁热克温泉群，单泉涌水量最大3升每秒，微咸，平均水温68摄氏度，一年四季热气腾腾，溢出泉水注入卡木斯浪河中，被誉为"南疆第一泉"。泉水富含以硫黄为主的多种矿物质，对皮肤病、类风湿性关节炎有疗效。铁热克森林公园坐落在铁热克镇辖区内的卡木斯浪河右岸。园内生长有沙棘、白杨、野蔷薇等乔灌木，林下各类杂草高约8~20厘米，小溪潺潺，曲径通幽，景色秀美。

支流克孜勒塔勒厄肯河出山口右岸丘陵地带为著名的老虎台国际狩猎场，面积约200平方千米，为河流左侧老虎台乡的冬春牧场，主要植被有芨芨草、苔草、针茅及菌陈蒿。每到傍晚，狩猎场内有马鹿、羚羊、野山羊、盘羊、野猪、狼等野生动物出没。

10.4.2.1.13.1.1 台勒维丘克河
（Taileweiqiuke River）

*卡木斯浪河*左岸支流，又名特尔维其克河，发源于南天山支脉哈尔克他乌山南坡，流域位于新疆维吾尔自治区拜城

县境内，北以哈尔克他乌山脊为界，与伊犁哈萨克自治州昭苏县的**阿合牙孜河**流域毗邻，河流全长86千米。出山口处的特尔维其克水文站以上河长65千米，集水面积870平方千米，多年平均年径流量0.79亿立方米。

流域海拔最高5 145米，河源区发育有冰川42条，冰川面积57.63平方千米。河流自哈尔克他乌山脊处的冰川区由东北向西南流约14千米，左、右岸分别接纳了3条无名支流后折为南流，上游水系呈扇状分布。下行16千米，右岸接纳了阿克塔西厄肯河并转东南流。此后，河流沿途左岸先后接纳了依布拉格河、苏拉克艾奇厄肯河等支流，在伯尔勒包格孜（地名）处转一大弯，向西南穿行在一个长约13千米的狭长山间盆地（称艾来克别西盆地）内，在盆地西南侧河流右岸接纳了别嘎逊摇尔河。河流出盆地隘口后又渐转东南流，下行21千米后流出山口进入山前平原区。又流17千米，在拜城县城北侧转向南流，绕县城东侧，流经约3千米，缓缓汇入卡木斯浪河。

河流上游两岸河畔分布有大片云杉林，地面植被以草甸为主，草群生长茂密、覆盖度大，生长期短，主要为夏季放牧利用，长期有牧民居住。艾来克别西盆地宽仅1千米左右，为当地一个良好的"冬窝子"牧场。河流出山口后，水量增大，河道展宽。河滨为漠化草甸土，土层较厚，有机质含量高，土壤肥沃，产草量也高，是拜城县的主要冬牧场之一。在河流出山口区两岸修建有长8千米的台勒维丘克城市防洪堤，以保护两岸1 300公顷耕地、拜城县城及城内工业园区4万余人的安全。

拜城县境，汉时为姑墨国、龟兹国地，直至清乾隆二十五年（1760年）仍设"巴依"和"赛里木"两城；清光绪八年（1882年）两地合并建拜城县，民国9年（1920年）为阿克苏行政区所辖九县之一；现辖2镇11乡，总人口约20余万人。拜城县不仅是中国美利奴新疆型细毛羊和新疆粮油基地县之一，还是国家重点产煤大县以及"西气东输"工程的重要气源地。已查明的矿藏资源储量除原煤、天然气外，还有麦饭石、红柱石、锰矿、重晶石、刚玉、盐岩等。其中，原煤远景储量达53亿吨以上，享有南疆"煤都"之美誉。

10.4.2.1.13.2　卡拉苏河
（Kalasu River）

渭干河左岸支流，位于新疆维吾尔自治区拜城县境内，发源于南天山支脉哈尔克他乌山南坡，全长89千米。山口处的卡拉苏水文站以上河长70千米，集水面积1 604平方千米，多年平均年径流量2.33亿立方米。"卡拉苏"系维吾尔语，意为"黑水河"。

流域最高点海拔4 559米，河源区共发育有冰川76条，冰川面积43.46平方千米。源流称依史布拉克河，由西北向东南流13千米，右岸接纳支流特洛门根日能艾根勒河后折向南流，以下河流始称卡拉苏河。经54千米流程后，河流流出山口进入山前平原，途中河两岸接纳的较大支流有塔勒勒克艾根勒河、穷果勒河、赛不等埃根勒沟、苦习卡习布拉克沟、开克利克布拉克沟。山口处卡拉苏引水枢纽下泄河水沿河床呈散流状分为多支汊南流，其中，主流转向西南流，穿行在拜城县托克逊乡灌区的田野农庄之中，经20千米汇入木扎尔特河；其余汊流或汇入东西流向的木扎尔特河，或注入**克孜尔水库**库区。

支流穷果勒河源头位于哈尔克他乌山脊处的冰川区，共发育有冰川49条。河流自西北向东南流，途中左岸接纳了百

习沟解克河、牙尔巴垦能艾根勒河、唐拉卡尔河；右岸接纳了两条无名支流。穷果勒河全长35千米，流域面积376平方千米。

流域北部高山区平均降水量约300毫米，两岸植被为山地针叶林和云杉等树种。南部中、低山带降水量显著减少，地表为沙砾石覆盖和鹅卵石堆积，植被覆盖度在25%～40%，草地载畜能力较低，河谷坡降大。

卡拉苏引水枢纽渠首位于河流出山口右岸，建于2000年，由泄洪闸、冲沙闸、上游导流堤、下游导流堤、溢洪溃坝段等建筑物组成，进水闸设计引水流量15立方米每秒，泄洪流量557立方米每秒，控制灌溉面积1万公顷。

10.4.2.1.13.3　黑孜河
（Heizi River）

渭干河左岸支流，又名克孜勒河，《西域水道记》中称之为渭干河东源，发源于南天山支脉科克铁克山南坡，位于新疆维吾尔自治区拜城县境内，流域东邻**库车河**流域，北以山脊为界，与伊犁哈萨克自治州境内的**库克苏河**流域毗邻。河流全长130千米。流域面积4 956平方千米，多年平均年径流量4.39亿立方米。

概　　述

黑孜河主源流为阿尔腾柯斯河，流域最高点（海拔4 720米）位于阿尔腾柯斯河流域内科克铁克山山脊处，源区分布有冰川76条，冰川面积65.62平方千米。

流域内海拔2 000～3 000米的中山带植被生长较好，河流两岸坡地上生长有以云杉为主的针叶林带，草地以高山草甸为主，草群生长茂密、覆盖度大，生长期短，主要为夏季牧场。河流两岸坐落有稀稀落落的牧场、村庄及重晶石、麦饭石采矿点。黑英山乡政府驻地位于东、西、北三面为低山丘陵，南面为褶皱地带的黑英山盆地之中。"黑英"系维吾尔语，意为"桦树"，因此地曾经桦树茂盛而得名。盆地属温带大陆性高山气候，多年平均气温7.2摄氏度，多年平均年降雨量150毫米，无霜期仅125天。黑英山乡辖14个村委会，约1.2万人，其中维吾尔族占99.9%；以牧业为主，草场面积约8 000公顷，农业主要种植小麦、油菜、亚麻等。

支流卡尔果尔河两岸植被以草甸为主，是当地牧民的夏牧场，其支流科然木阿勒克河汇合口以下东岸，坐落有卡尔果勒锰矿、库车北方锰矿等采矿点。山口处的喀拉果勒村南约6千米，分别建有库车县俄霍布拉克煤矿和库车钢铁厂。河流出山口处建有引水渠，为厂、矿区供水。

黑孜河引水枢纽位于克孜尔乡境内，是黑孜河上第一级引水枢纽，建于1987年，2003年进行了修复，由1孔进水闸、4孔泄洪闸、冲沙闸、导流堤等组成，最大泄洪流量为500立方米每秒，担负拜城县两个乡镇2 666公顷耕地的灌溉任务。

纪　　实

黑孜河主源阿尔腾柯斯河源头位于科克铁克山脊浩腾萨拉达坂附近的冰川区。河流自源头由南向北流约3千米后转西南流；又流10千米，转南流；再流18千米，左岸接纳了较大支流托个别拜尔哥列河（河长20千米，流域面积378平方千米，主要支流有苏入河列河、不如库特河）。托个别拜尔哥列河河口以上阿尔腾柯斯河呈树枝状水系，沿途两岸先后有多条小支流汇入。托个别拜尔哥列河河口以下，阿尔腾柯斯河复转西南流，下行5千米，另一较大支流依拉尔勒河从右岸汇入（河长37千米，流域面积215平方千米）。此后，河流出

山口，进入黑英山盆地；续南流 15 千米，在黑英山乡拜什托克拉克自然村附近，右岸接纳了由在山区呈独立水系的博孜克尔格河、琼果勒河支流；下游 1 千米处左岸又接纳了卡尔果尔河，之后河流始称黑孜河。

卡尔果尔河河口以下，黑孜河南流 8 千米，在黑英山盆地南部右岸接纳支流梅斯布拉克河（季节、河长 56 千米），穿过长达 19 千米的前山峡谷，流出山口并转西南流，进入冲洪积平原区；下行 16 千米，经黑孜河引水枢纽，进入克孜尔乡绿洲，在右岸先后接纳玉树滚艾肯河、帕曼艾肯河、切得根艾肯河等季节性山洪沟后再转南流，穿越 307 省道，流经 17 千米，注入与**木扎尔特河**汇合处的**克孜尔水库**。

博孜克尔格河发源于科克铁克山海拔 4 075 米的阿克布拉克达坂，源区分布有冰川 10 条，冰川面积 6.14 平方千米。河流由北向南流，沿程左岸接纳毛木他西河、包孜克勒河、巴苏河、坦色河和阿日克特克河，右岸接纳他西土尔河、阿日克河、将勒嘎吉勒嘎河和卡求格吾格赛河后，流出山口进入丘陵区。山口以下河流向东南流约 22 千米，与右邻琼果勒河汇合，又流 3 千米汇入阿尔腾柯斯河。河流全长 56.5 千米，集水面积 519 平方千米。沿博孜克尔格河河谷中的崎岖石径延伸至科克铁克山脊处的阿克布拉克达坂，是一条历尽千年沧桑、阅尽人间春秋的古栈道——乌孙古道，翻越达坂即进入伊犁哈萨克自治州的特克斯县（古乌孙国地）。博孜克尔格河河谷中上游即为著名的阿克布拉克草原，黑英山乡的夏牧场就位于此区域，这里山顶终年积雪，山下云杉叠翠，牧草丰美，牛羊肥壮。"阿克布拉克"系维吾尔语"清水泉"之意，因草原上泉水清澈得名。博孜克尔格河出山口西侧一处较为平整的花岗岩壁上，有一块字迹斑驳的《刘平国治关城诵》石刻，系东汉永寿年间（155—158 年）西域都护府下辖龟兹国刘平国左将军修筑关城时的遗存。关城遗址早已湮没在历史的长河中，山水依旧，斯人已逝，只有这块石刻似乎在诉说着 2 000 多年以前，在东汉中央集权时期，各族人民友好往来的历史。

克孜尔魔鬼城位于流域冲洪积平原区的支流玉树滚艾肯河流域内。这里纵横交错的沟谷脊梁、地台上裸露的岩石经暴雨冲刷及大风吹蚀，形成座座孤丘。每当大风吹过，谷内怪声阵阵，令人不寒而栗。

琼果勒河蒙古语意为"大山沟"，发源于科克铁克山南坡，源区分布冰川 40 条，冰川面积 24.87 平方千米。河流呈西北至东南流向，自上面下依次接纳了可克阿卡落河、卡一勒克河、阿克基尔阿河、爬卡克西拉克能伯西河、大档曲垦河、小档曲垦河、特陪苏龙河和卡洛基告克起克河等支流，经 53 千米流程至阿热盖买村，右岸接纳了克其克果勒河；又东南流 16 千米与博孜克尔格河汇合。河流全长 61 千米，集水面积 446 平方千米。

克其克果勒河蒙古语意为"小山沟"，为琼果勒河大支流，发源于天山西段山脊处支其专勒拜什纳格卡拉求马克冰川区。自河源向东南穿越一段长约 10 千米顺直、深切的峡谷后，两岸相继接纳塔斯都威河、优尔打息克尔河、下得拉克河、达吾千洛克河、云喀齐洛克河等支流；流至开普台尔哈娜村附近折向东北流，又流 5 千米至阿热盖买村附近入琼果勒河。河流全长 46 千米，集水面积 223 平方千米。

卡尔果尔河又名喀拉古里河，发源于科克铁克山南坡中山带，上游源流又称哦合拜谢河。河流自源头由北向南流，两岸依次接纳的较大支流有不拉格勒克河、姜格拉勒克河、达万阿勒克河和科然木阿勒克河，经 26 千米在拜城县与库车县交界处的喀拉果勒村北侧附近流出山口，下游改称卡尔果尔河。山口以下，河流先转大弯向西流 5 千米、继而转向西南流经 24 千米，在博孜克尔格河与阿尔腾柯斯河汇合口下游 1 千米处汇入黑孜河。河流全长 50 千米，集水面积 505 平方千米。卡尔果尔河山口处地形较特殊，大洪水时部分水量可经东汊流汇入库车河。

10.4.2.1.13.4 克孜尔水库
（Kezier Reservoir）

俗称黑孜水库，位于新疆维吾尔自治区拜城县克孜尔乡南面**木扎尔特河**与**黑孜河**汇合处，地理位置为东经 82°21′、北纬 41°44′，是**渭干河**流域的一座以灌溉、防洪为主，兼顾发电、水产养殖及旅游开发等综合功能的大（2）型水库。

克孜尔水库

水库于 1985 年开工，1998 年竣工运行；主要建筑物有拦河主坝、副坝、溢洪道、泄洪排砂兼导流涵洞、发电引水涵洞、电站厂房、升压站等；坝型为黏土心墙坝，主坝最大坝高 44 米，坝顶长 2 208 米，副坝最大坝高 32.6 米，坝顶长 1 288 米；总库容 6.4 亿立方米，水面面积 44 平方千米，平均水深 15 米；电站装机容量 26 兆瓦；溢洪道设计泄量 1 725 立方米每秒。水库主要担负着下游库车、沙雅、新和三县 11.3 万公顷农田的灌溉任务和防洪重任。水库主要拦蓄木扎尔特河、黑孜河水量，坝址以上流域面积 1.7 万平方千米，多年平均年入库水量 24.6 亿立方米。

水库坝区位于天山地槽与塔里木地块间的过渡带、拜城洼地东北部与隆起带接壤处，地层为第三、第四系陆相沉积物。水库南侧为却勒塔格山北坡，山脉相对高约 200～300 米，冲沟较为普遍；水库北侧地势平坦，草丛丰厚，多有泉水露头。库区处在强震且发震频繁的地区，坝区地震基本烈度为Ⅷ度，副坝建在活动断层之上。水库设计吸取了国内外在强震区建坝的经验，在土石坝抗震设计、泄水建筑物及钢筋混凝土结构抗震设计方面都达到国内领先水平。为保证水库安全运行，水库大坝安装了大坝安全自动化监测系统及水库形变遥测系统和地震遥测系统。工程运行期间，历经数次大洪水和地震考验，大坝及各建筑物运行状态正常。

水库还是即将濒临灭迹的珍稀鱼种——扁吻鱼（俗名新疆大头鱼，国家一级保护动物）和尖嘴鱼（国家二级保护动物）的主要繁衍生息之地。扁吻鱼起源于 3 亿年前，素有古鱼类活化石之称。库区水域广阔，周围奇峰怪石嶙峋，工程建筑宏伟壮观，亭台楼阁参差有致。水库下游 7 千米处河流左岸即为闻名遐迩的克孜尔千佛洞，加之库区优美的自然风光吸引着慕名而来的众多游客。

10.4.2.1.13.5　跃进水库
（Yuejin Reservoir）

俗称草湖，位于新疆维吾尔自治区库车县城西南15千米处的玉奇吾斯塘乡境内，地理位置为东经82°47′、北纬41°39′，是以灌溉为主的灌注式中型平原水库。

水库初建于1958年，1979年扩建成中型水库，大坝为均质土坝，主坝段长9.55千米，副坝长5.8千米，最大坝高8米，库容5 800万立方米；进水闸为2孔，设计引水流量15立方米每秒；泄水闸为3孔，最大放水流量25立方米每秒。水库担负着库车县7乡、1场2.6万公顷耕地的灌溉供水调节任务，是**克孜尔水库**下游的一个必不可少的反调节水库，对解决春旱问题发挥着重要作用。

跃进水库北侧与314国道、南疆铁路相邻，交通十分便利。水库水面面积26.4平方千米，水库养殖鱼类繁多。库区气候干旱，夏季炎热，多年平均气温11.3摄氏度，昼夜温差大，多年平均年降水量约75毫米。周围有大片梨园，绿树成荫，景色优美，现已被综合开发为旅游度假村。

10.4.2.1.13.6　五一水库
（Wuyi Reservoir）

位于新疆维吾尔自治区新和县塔什艾日克乡辖区内，北距库木吐拉电站6千米，南距新和县城10千米，地理位置为东经82°35′、北纬41°39′，是一座以灌溉为主的平原灌注式中型水库。

水库建于1958年，系利用山前冲洪积洼地围筑而成，2000年、2003年又先后两次进行了除险加固；由大坝、引水建筑物、放水渠等组成；大坝为均质土坝，坝长8.4千米，其中，主坝长3.7千米，最大坝高7米，总库容3 900万立方米；担负新河县3乡1场1.8万公顷耕地的灌溉任务，为新和县发展林果业、棉花增产、农民增收提供了用水保障。

由于水库地处却勒塔格山南麓，虽设计为灌注式水库，主水源来自**渭干河**引水，发源于水库北侧的数条季节性山洪沟来水也均可入库。库区属暖温带干旱气候，多年平均年降水量77毫米，多年平均气温10.8摄氏度，无霜期208天左右。水库西北倚天山支脉却勒塔格山，东临库木吐拉千佛洞、**跃进水库**，南靠新和县城，库区栖居有白鹤、天鹅等国家保护动物，已成为周边居民假日休闲之处。

10.4.2.1.14　库车河
（Kuche River）

属**塔里木河**水系，位于新疆维吾尔自治区库车县境内，又名铜厂河，《西域水道记》《水经注》等史书中均称其为龟兹东川水。"库车"系古吐火罗语，维吾尔语意为悠久、长久。河流发源于南天山支脉科克铁克山南坡，流域北以科克铁克山脊为界，与巴州和静县境内的**开都河**流域毗邻，东与**迪那河**流域相连，西与**黑孜河**流域接壤。出山口处的兰干水文站以上河长126千米，集水面积3 118平方千米，多年平均年径流量3.80亿立方米。

概　　述

库车河在历史上曾为**塔里木河**支流。《水经注》曰："东川水出龟兹东北，历赤沙、积梨南流。枝水右出，西南入龟兹城……其水又东南流，右会西川枝水……，其水又东南注大河"。清代徐松在《西域水道记》中记载："郦君作注（即郦道元所著水经注）时，西川分为三，二支先入大河，一支逕城南会东川枝水，入东川，东川达於河。东川入河处在渠犁国西……今则西川自入河，东川入湖后无复余水，不与河通"。由此可见，库车河在北魏时期曾可直接汇入塔里木河，但到了清代入草湖后已无水汇入塔里木河。

河流源区海拔最高4 550米，共发育有冰川60条，冰川面积24.2平方千米。库车河是一条洪水频发的山溪性河流。洪水可分为暴雨、冰雪消融、雨雪混合三种类型。其中，尤以暴雨洪水最为突出。1958年的"8.13"大洪水突袭库车县城，洪峰流量达1 940立方米每秒，致林基路大坝溃口，造成城毁人亡的灾难，使得库车河洪水载入了《中国历史大洪水》史册。

库车河引水枢纽位于库车河出山口处的阿格乡境内，建于1964年，由5孔进水闸（引水流量50立方米每秒）、2孔正面泄洪冲砂闸（泄洪流量115立方米每秒）、2孔侧面泄洪冲砂闸（泄洪流量135立方米每秒）、4孔溢流侧堰（泄洪流量137立方米每秒）、溢流坝（泄洪流量840立方米每秒）等建筑物组成，控制灌溉面积3万公顷。库车城市防洪堤，又称盐水沟老城防洪堤，建成于1997年，为浆砌石永久性防洪堤，堤长9千米，保护着下游库车县境内的8万人口及1万公顷耕地。林基路防洪坝位于库车河下游右岸，建成于2004年，堤长15千米，基础深4米，保护22万人口、2.9万公顷耕地及库车县工业园区等的防洪安全。

2012年9月建成的铜场水库是库车河山区拦河中型水库，具有防洪、灌溉、发电、生态及供水等综合效益，南距库车县25千米，设计库容6 410万立方米，坝长240米，坝高59米，坝型为黏土心墙坝，装机容量3×1 250千瓦，控制灌溉面积2.74万公顷。

纪　　实

河流主源流乌什开伯西河源头位于科克铁克山木孜塔格冰川区，由西北向东南流，沿途有多条支流从两岸汇入，经40千米流程后，左岸接纳了支流阿恰沟后折向南流，以下河流始称库车河。

阿恰沟上游源头由卡力什提克河（河长15千米）和布拉格提格力克河（15.7千米）汇集而成，汇合口以下即称阿恰沟。河流自汇合口向东南流经3.3千米，左岸接纳支流欧都力特格力克河（12.2千米）后转向南流；下行3千米，左岸又接纳了大龙池沟、小龙池沟；又流2千米在库尔干村附近汇入乌什开伯西河。上游河岸有大、小龙池风景区。大龙池为高山淡水湖泊，主要由从东侧入湖的支流群木孜力克河（河长13.7千米）及周围的冰雪融水补给；水面高程约2 400米，水域面积约1.2平方千米，湖水如璞玉一般清澈碧蓝。小龙池位于大龙池下游1.4千米处，由大龙池渗漏补给，汛期湖水自西岸溢出，形成落差150米的瀑布，甚为壮观。置身大龙池湖畔，远眺山巅冰峰耸立，终年积雪，近观湖畔山坡云杉叠翠，绿草如茵，令人心驰神往。

阿恰沟沟口以下，库车河南流27千米至阿格乡库如力自然村附近，左岸接纳了支流克格拉克厄肯河并折向西南流；又流17千米，在科台克里克自然村（库车煤矿）附近，右岸接纳了支流克孜勒阔坦河（又称卡尔塔西河）；之后，绕大S形弯穿行在巨大的红褐色峡谷（又称天山神秘大峡谷）之中。美丽的天山神秘大峡谷内悬崖绝壁，曲径通幽。两岸红褐色岩石经过大自然鬼斧神工般的风雕雨刻，造型生动，形态万千，是我国罕见的自然风景奇观，现为国家AA级旅游名胜风景区。1999年秋在距谷口1.4千米处的山崖上又发现了一处盛唐时期的千佛洞遗址——阿艾石窟，窟内正壁中堂式壁画、左右侧佛像壁画"十六观"基本保存完好，并有汉文墨书榜题及龟兹文题记23处。尤为称奇的是，壁画上的小楷汉字工整清丽，是龟兹石窟中唯一写有汉字的壁画艺术，充分体现出汉文化与龟兹文化的早期融合。

出峡谷后复转为南流，再流30千米，进入横亘东西的却勒塔格山北侧宽约6千米的宽谷地带，流经位于宽谷内的阿格乡，又进入长约6.5千米的却勒塔格山间峡谷，先后途经铜场水库、阿格乡兰干村及兰干水文站流出山口。

苏巴什西大寺

库车河中游河谷

河流出山口后呈散流状，主要分为东、西两支。东支转向东南流，途中接纳一些源自却勒塔格山南麓的小洪沟，经13千米流程，至牙哈镇克日希村折向南流，6千米后注入牙哈镇辖区内的麻扎水库。出水库水流沿河道继续向南，约30余千米后消失于塔里木河北岸湿地。西支呈散流状向东南流约18千米，途经314国道和南疆铁路，在喀让古一村附近相继汇合，以下河流改称喀郎古艾肯河。喀郎古艾肯河先向南流继而转向东南流，经100余千米流程（其间右岸有支流**盐水沟**汇入），消失于塔里木河北岸湿地，遇较大洪水期间，才有水汇入塔里木河。

著名的天山公路（217国道）自库车县城始，从阿格乡溯库车河谷而上，进入阿恰河谷后，又沿大龙池、小龙池北岸及群木孜力克河谷上行，翻越铁力买提达坂，进入巴州境内开都河流域的巴音布鲁克草原；此后向北进入**伊犁河**流域**巩乃斯河**上游美丽的那拉提草原风景区，并与218国道交汇。自两条国道交汇处向西可进入伊犁河谷；向北横穿**喀什河**流域、沿奎屯河谷可达北疆重镇奎屯市；向东则可进入小尤路都斯盆地，进而向北沿乌鲁木齐河谷可达乌鲁木齐市；向南沿**黄水沟河**顺流而下可达和静县。

库车河下游东岸河畔的库车县城，古称龟兹，是西域三十六国之一；汉代西域都护府、唐时安西都护府均曾设于此；五代至宋称龟兹回鹘；元明时期改称亦力巴力；清乾隆二十三年（1758年）定名库车，为古丝绸之路上的一颗璀璨的明珠和西域文明的荟萃之地。库车县现辖8镇6乡5个国营农牧场，有中央及各级驻库单位和部队200余个，总人口45万（2003年），是一个以维吾尔族为主体、多民族聚居的大县。如今县境内南疆铁路、314国道横贯东西，217国道纵贯南北，空中民航直达乌鲁木齐等地。境内已探明的天然气和石油储量分别占塔里木盆地已探明储量的90%和95%以上，是国家"西气东输"工程的主气源地。库车素有"西域乐都""歌舞之乡"和中国"白杏之乡"之美誉。县城内的库车大寺重建于1923年，面积1165平方米，原是伊斯兰教政教合一的产物，现为信奉伊斯兰教的群众做礼拜的宗教活动场所。盐水沟流域上游北部有黑英山国际狩猎场。

10.4.2.1.14.1　盐水沟

(Yanshuigou River)

库车河下游右岸支流，因河水苦咸而得名，发源于天山南坡低山带，流经新疆维吾尔自治区阿克苏地区拜城县、库车县，河流全长63千米，盐水沟峡谷口以上集水面积470平方千米，多年平均年径流量约2300万立方米。

河流集水区位于却勒塔格山以北的一个浅山盆地内，山区水系由拜城县境内、库车河流域和**黑孜河**流域之间的众多山洪沟在却勒塔格山北缘山脚下汇集而成。干流形成伊始，自东北向西南流，沿途右岸接纳多条源自天山南麓低山带的山洪沟，较大的有康热艾肯沟、琼库尔艾肯沟等，流经14千米，在拜城县盐水沟自然村附近转大弯向东南进入长约10千米的却勒塔格山间的盐水沟峡谷；流出山口后，在山前平原区续东南流11千米，在库车县城北侧转南流；此后河流从库车县城穿流而过，经14千米流程后，在库车县郊又转东南流，于下游约25千米处汇入库车河下游西支喀郎古艾肯河，水量散失于塔里木河北岸湿地中。

盐水沟为季节性山洪沟，以降雨和地下水补给为主。河

苏巴什东大寺

河流出山口处有古老的苏巴什古城，总面积18万平方米，古城内的苏巴什佛寺，又名雀梨大寺、昭怙厘大寺，东、西两寺隔河相望，寺内有佛塔、庙宇、房舍以及佛洞，是南北朝时期至唐代的佛寺遗址，《水经注》《西域水道记》《大唐西域记》等史书均对其有所记载。该寺曾是古龟兹国的佛教中心，龟兹高僧鸠摩罗什和唐玄奘都曾到过此地。苏巴什佛寺遗址为全国重点文物保护单位。苏巴什古城东北10千米处的森木赛姆千佛洞（"森木塞姆"系维吾尔语"有细水流出"之意）位于却勒塔格山沟内犬牙交错的崖壁上，是一处晋至宋代（3—13世纪）的佛教石窟群遗址，亦为全国重点文物保护单位。邻近的玛尔扎百赫千佛洞和河流下游西岸的克孜尔尕哈千佛洞均为唐代遗址，也为自治区文物保护单位。

盐水沟

流上游段流经平缓宽阔的前山带山间盆地,源流均为时令洪水沟。中游峡谷段谷宽仅30米左右,峡谷内河流委婉曲折,沟内流淌着涓涓细流。山口以下河流平时断流,唯发生暴雨洪水时方有水流至山口以下平原区。受流域岩性及水文地质条件影响,河水水质很差。

盐水沟地处新疆暴雨主要路径之一,时有暴雨洪水发生。1958年8月13日盐水沟发生特大暴雨洪水,洪峰流量达1120立方米每秒,下泄洪水与库车河林基路大坝溃口洪水遭遇,致库车县老城区惨遭水毁,酿成城毁人亡的大灾。盐水沟从此闻名。

盐水沟峡谷两岸山石嶙峋,奇峰异景,有鬼斧神工之妙,岩石呈红褐色。其中一座岩峰在夕阳逆光下呈现出唐三藏、猪八戒、沙和尚翘首仰望,似等候孙悟空的剪影,因而被冠以"唐僧师徒岩"的美名。盐水沟下游距库车县城约10千米处的河谷东岸戈壁平台上,坐落着始建于汉宣帝年间的克孜尔尕哈烽火台(维吾尔语意为"红色哨卡"),现存残高13.5米,平面呈长方形,虽历经2000多年的风雨吹打,至今依然雄姿犹存。贯穿天山南北的217国道沿峡谷溯流而上,经盐水沟山间谷地可进入库车河冲洪积平原区,在库车县阿格乡境内与314国道交汇。

10.4.2.1.15 迪那河
(Dina River)

塔里木河支流,《新疆图志》称为第纳尔水,先后流经新疆维吾尔自治区阿克苏地区库车县和巴州轮台县,是轮台县境内的第二大河。迪那河水文站以上河长81千米,集水面积2300平方千米,多年平均年径流量3.5亿立方米。

流域源区发育有冰川117条,冰川总面积51.07平方千米。各大支流河谷阴坡植被较好,生长着云杉、河柳等树种及麻黄、甘草和针茅、苔草、狐草等牧草;野生动物有北山羊、鹅喉羚、雪豹等。干流河谷下切较深,两岸山体直立,岩石裸露,植被稀少。

迪那河流域平原区属温带大陆性气候,多年平均年降水量47.4毫米,多年平均气温11.0摄氏度,无霜期188天。迪那河春、夏、秋、冬四季水量分别占年径流的14.5%、69%、14.6%和1.9%,洪枯悬殊,最大洪峰流量为1100立方米每秒,年均输沙量为298.5万吨,平均矿化度1.0克每升,水质较好。

迪那河渠首是流域内一座大型人工弯道式引水枢纽,设计引水流量40立方米每秒。其他水利工程还有:红桥引水口、新大渠引水口、卡尔东引水口;迪那河总干渠、塔拉克干渠、卡尔塔干渠、群巴克干渠及多条支渠;节制分水闸54座,灌溉"2场、3镇、4乡",总灌溉面积2.28万公顷,占轮台县总耕地面积的64%。

五一水库是迪那河干流上的控制性水利枢纽工程,位于水文站上游5千米处,具有供水、防洪、生态、发电等综合功能,设计正常蓄水位1370米,最大坝高102米,总库容0.984亿立方米。

迪那河发源于天山南脉中段霍拉山南坡,上游段称卡拉库尔艾肯河,由发源于古鲁布哈拉萨拉艾肯随德尔山南坡的吐要克艾肯河、裙它力克艾肯河(两河均发源于阿克苏地区库车县境内)、伊亚衣艾肯河和发源于虽多尔别音乌鲁山的喀拉库尔艾肯河汇集而成。河流由北向南流,沿途右岸接纳亚勒古孜阿恰勒艾肯河、铁干力克迪那河后始称迪那河。

铁干力克迪那河发源于地那达坂,其主要源流巴西迪那河由发源于古鲁布哈拉萨拉艾肯随德尔山南坡的达坂艾肯河(源头为巴西地那达坂)、托格拉艾肯河、裙地那艾肯河汇集而成。巴西迪那河由西北向东南流,沿途接纳多条支流,流约10千米后始称铁干力克迪那河,之后转向东汇入迪那河。

迪那河中游河谷

汇合口以下9千米,迪那河左岸又接纳了发源于索都尔别力山西部的阿散艾肯河;再流经27千米,左、右岸分别又有牙格迪那河和高弟狼河汇入;再流经12千米后转向东南流出山口。在山口以下10千米的迪那河渠首处曾设有迪那河水文站。渠首配套干渠将部分水量引入灌区。渠首以下河床渐宽,至轮台县西北侧处河床宽达2000米。河流由此分为两支,分别从轮台县城东、西两侧穿过县城。其中东支下游又分为喀拉塔勒河(主河道)和黑孜河(红桥河),途中建有青年水库和喀拉塔勒水库(均为小型水库)。汛期洪水及灌溉余水在县城以南灌区南缘形成漫流和湿地,呈散流状汇向塔里木河谷。

迪那河下游的轮台镇(轮台县政府驻地)为丝绸之路北道要冲,汉代是西域三十六国中的乌垒国地。西汉神爵二年(公元前60年),汉朝在这里最初设置西域都护府,历时72载,统领西域诸国。历经千年变迁,于清光绪二十八年(1902年)改置轮台县。现轮台县辖2镇10乡,全县总人口91986人;县域内总灌溉面积2.73万公顷,其中耕地1.87万公顷,是全国商品粮基地县和重要产棉区之一;其特色园艺果品杏、香梨、葡萄、石榴、核桃、苹果、李、桃等已形成规模,其中,"轮南白杏"因品质佳,味香甜而闻名。

轮台古城位于轮台县城东南21公里的大道南乡喀拉塔勒河下游荒漠平原上的红柳丛中。当地人称轮台古城为"奎玉克协海尔",大意是"灰烬中的城"。1928年,我国著名的考古学家黄文弼先生来此考察,根据出土文物确定,轮台古城是西汉仑头国的都城——仑头城。卓尔库特古城位于轮台县城东南约25公里的黑孜河西岸沼泽苇湖中。古城是一个边长300余米的略圆城池,城中和四周全为沼泽水沟,城中有一环形小湖,湖心高台上有古建筑遗址。古城以西、以北的戈壁柽柳丛中，现还可找到汉代"田卒"屯垦时留下的田埂、旧渠的残迹和大小均匀、划分整齐的田块。黄文弼根据在古城中挖出的大量麦壳和陶片、箭镞等文物，确认遗址为汉昭帝始元年间（公元前86—前81年）赖丹校尉修建的校尉城。拉依苏烽燧遗址位于轮台县城西约20千米处，分别矗立有汉唐时期的烽火台和小型戍堡遗址。烽火台南侧附近残存有房屋遗迹，曾出土较多剪轮五铢铜钱；烽火台四周为屯田遗址。唐代烽火台残高约14米，上下共11层，为自治区文物保护单位。

下游河畔的草湖乡是塔里木河流域迄今为止较为罕见的胡杨水乡，面积约1 900平方千米。这里居住着民情淳朴、古老的罗布人后裔，日出而作，日落而息，水寨生活平静，环境怡人，现草湖乡辖6个村委会，人口不足千人。

轮台是闻名中外的塔里木油气开发主区场和"西气东输"首站，流域下游有全国最大的沙漠森林公园及胡杨林自然保护区。

10.4.2.1.16　阳霞河
（Yangxia River）

属**塔里木河**水系又名阳霞艾肯河，《新疆图志》称其为洋萨尔水；《西域图志》称为恩楚鲁克郭勒。位于新疆维吾尔自治区轮台县境内，发源于天山支脉索都尔别力山南坡，东、西分别与玉音力克艾肯河和塔力克河流域相邻；出山口以上河长60千米，集水面积510平方千米，多年平均年径流量1.07亿立方米。

阳霞河流域北高南低，最高点海拔4 685米，源区阴坡分布着17条小冰川，冰川总面积约6.18平方千米。山区沟壑纵横，山势陡峻，河深岸陡，两岸植被较好，生长着山杨、河柳、桦等树种及针茅、苔草、狐草等牧草，是阳霞乡的夏季牧场。山区河流呈树枝状分布，山口海拔高程约1 200米。山前冲洪积扇上部，河流两岸阶地直立，地表植被稀少；下部河道渐宽，纵坡趋于平缓。南部平原地势平缓，降水稀少，蒸发强烈。

阳霞河以降雨和冰雪消融补给为主，水量主要集中在4—9月，水质较好。阳霞河拦河式引水枢纽建于1989年，由2孔泄洪闸，1孔排沙闸，2孔引水闸和溢流堰组成，设计引水流量5立方米每秒，控制灌溉面积1 500公顷。阳霞镇辖8个行政村，总人口13 800人，耕地面积3 066公顷，果园面积1 533公顷，林地面积673公顷。

河流自源头先由西向东流经25千米，左岸接纳源于木孜达坂冰川区的琼开克能艾肯河后转向南流。下行3千米和7千米，两岸先后接纳较大支流塔水艾肯河和木吞板艾肯河，之后又南流37千米出山口。山口以下，河流先向南、继而转向东南流，经12千米流程，在南疆铁路北侧约1千米处与左、右两侧前山诸多出山口以后呈散流状的山洪沟汇集成巴格吉格代河。巴格吉格代河穿越阳霞镇绿洲，流经约13千米，分成多支，散入50多千米之外、塔里木河下游汊流——沙子列克达里亚河北岸、央塔克库都克沙漠北侧的却勒库木湿地中。

10.4.2.1.17　野云沟
（Yeyungou River）

属**塔里木河**水系又名艾希买沟，《西域图志》中称额什墨郭勒，位于新疆维吾尔自治区轮台县境内，发源于天山支脉霍拉山西端南坡，流域东、西分别与库尔勒市境内的麻扎山沟和轮台县境内的策大雅河流域相邻。山口以上河长37千米，集水面积369平方千米，多年平均年径流量0.254亿立方米。

野云沟平原区河道

河源最高峰海拔4 134米，源区有两支源流呈平行状自西北向东南流，在萨热依阔坦附近汇合，继续东南流，在克音勒克阿恰克转向西南流，流经约7千米出山口。经山口渠首向野云沟绿洲灌区引水，余水沿河床分为两支而下，穿南疆铁路、314国道和野云沟乡灌区后，在灌区南部呈散流状，形成湿地，最后耗散在塔里木河左岸荒漠区。

河流山口处修建的野云沟拦河式引水枢纽建于2001年，由泄洪闸、引水闸、底栏栅引水廊道及溢流堰组成，设计引水流量2立方米每秒。野云沟干渠长8.5千米，控制灌溉面积1 080余公顷。

野云沟乡汉代为西域乌垒国属地，现遗城堡两处，一处位于现乡政府东1千米，古城池为方形，周长约百米，东有城楼阁，南有城洞；另一处位于乡政府东10千米公路北侧，后人称"白土墩"，有残城垣、田埂和烽燧。乡辖3个行政村，共3 267人，其中维吾尔族人口占99.8%。全乡现有耕地867公顷。

10.4.2.1.18　塔里木水库
（Talimu Reservoir）

位于**塔里木河**左岸，新疆维吾尔自治区尉犁县境内，塔里木河和**孔雀河**之间，地理位置为东经86°02′~86°08′，北纬41°15′~41°17′，是一座以灌溉为主的中型平原灌注式水库。

水库建于1970年，原分为一库和二库，2003年对水库进行了除险加固，原二库库址成为现在的塔里木水库。大坝为碾压均质土坝，北坝长5.3千米，南坝长6.76千米，西坝长2.31千米，最大坝高3.5米，总库容2 970万立方米。水源主要为从塔里木河中游段最大的汊流乌斯曼河引水。

库区为内陆沙漠性气候，光照充足，热量充沛，蒸发强

阳霞河中游河谷

塔里木水库

烈,降水稀少,夏季炎热,冬季干冷。库区及外围地貌皆为堆积地形,其北部、西部为风积地貌,主要由固定、半固定沙丘组成,东部、南部为早期形成的一片古河床网所构成的沼泽洼地,水库周边生长有芦苇、罗布麻、芨芨草和红柳等植被。水库灌区包括塔里木乡、古勒巴格乡,人口7 500余人,灌溉面积3 333公顷。

10.4.2.1.19　恰拉水库
（Qiala Reservoir）

位于新疆维吾尔自治区尉犁县城东南50千米的兵团农二师三十一团九连北侧、**塔里木河**左岸,距下游**大西海子水库**约90千米,地理位置为东经86°36′～86°47′,北纬40°59′～41°04′,是一座以灌溉为主的大（2）型平原注入式水库。

恰拉水库

水库始建于1958年,1967年基本建成,由兵团农二师管理,主要承担农二师塔里木灌区的农业灌溉任务,灌区面积约27 000公顷,是农二师粮、棉、香梨、鹿茸等生产基地。恰拉水库原分为一库（艾沙米尔水库）和二库（恰拉水库）,两库由中心坝分开,1983年,中心坝被风浪淘刷溃决后两库合一,称恰拉水库。水库水源原由塔里木河经阿群干渠注入,20世纪80年代中期改由**孔雀河**库塔干渠供水。

作为国家对塔里木河流域综合治理规划实施项目之一,为恢复塔里木河下游绿色走廊,确定将塔里木河下游的末级水库——大西海子一库、大西海子二库合并为"生态水库",退出农业灌溉功能,致使原由大西海子水库承担的约5万余人、6 600余公顷耕地的灌区部分用水量改由恰拉水库提供。因此,上游实施了一系列自开—孔河（开都河—孔雀河）至恰拉灌区的相关输水工程,包括**博斯腾湖**东泵站及其输水渠道工程,库塔干渠（上、下段）,恰拉水库,恰铁干渠等输、蓄、配水系统。2003年9月完成了对恰拉水库的除险加固和改扩建,扩建后总坝长27.27千米,大坝为碾压式均质土坝,最大坝高8.3米,库容为1.61亿立方米,正常蓄水位875米,相应水面面积为47.80平方千米,灌区总引水量4.5亿立方米。

恰拉水库西南侧为218国道和恰铁干渠,东北部、东部为低矮沙丘及荒地,为改善水库周边荒漠自然条件,建造了大片防风固沙林,造林面积160公顷,种植了大量的胡杨、新疆杨、沙枣、香梨等树种,并利用广阔的水域面积大力发展水产养殖业,除有传统的草鱼、鲤鱼、鲢鱼外,还先后引进大闸蟹、鲶鱼、龙虾等。下游恰拉灌区农二师三十一团、三十三团,主要以优质棉、库尔勒香梨和优质鹿茸为三大经济支柱产业。

10.4.2.1.20　赛依特库勒湖
（Saiyitekule Lake）

俗称六场副业队海子,位于新疆维吾尔自治区尉犁县境内兵团农二师三十一团团部驻地以西、**塔里木河**右岸,地理位置为东经86°42′～86°46′,北纬40°49′～40°54′。

湖泊呈东北—西南向的长条状,最长9千米,最宽1.6千米,最窄0.3千米,水面面积10平方千米,湖面高程约900米。

湖泊地处塔里木地台东拗陷内,位于塔里木河下游右岸。湖泊东北端距塔里木河干流约1.4千米,西南是茫茫的塔克拉玛干大沙漠,湖周围被沙丘围绕,沙丘海拔960米,东南方距**巴什库勒湖**9千米,西北方2.5千米处有一小湖,面积为1.6平方千米。湖泊与塔里木河对岸的恰拉村和三十一团所属连队隔河相望。湖水来源主要靠塔里木河洪水期河水漫溢注入,因此湖面面积大小随丰枯年份及塔里木河上游来水情况而变化,1987年以后湖水已干涸。

10.4.2.1.21　巴什库勒湖
（Bashikule Lake）

位于**塔里木河**右岸新疆维吾尔自治区尉犁县境内农二师三十一团团部驻地西7.5千米处,地理位置为东经86°45′～86°53′,北纬40°42′～40°52′。

湖泊为东北—西南向的狭长状,最长17千米,最宽1.7千米,最窄处0.86千米,水面面积4.4平方千米,湖面高程约900米。

湖泊东北端距塔里木河右岸约1.6千米,西南面是茫茫的塔克拉玛干大沙漠;湖周被沙丘围绕。向西北9千米处有**赛依特库勒湖**;东南方6千米处有**格力米开勒库勒湖**,8.5千米处有鸡鸭海子;湖泊与塔里木河对岸的三十一团场部及所属连队隔河相望。湖水来源主要靠塔里木河洪水期河水注入,因此湖面面积大小随丰枯年份及塔里木河上游来水情况而变化。目前多数年份湖泊已成盐沼。

10.4.2.1.22　格力米开勒库勒湖
（Gelimikailekule Lake）

又称黑里勒库勒湖,位于新疆维吾尔自治区尉犁县境内,地理位置为东经86°53′～86°56′,北纬40°44′～40°49′。

湖泊地处塔里木地台东拗陷内,呈东北—西南方向长条状,最长8千米,最宽处2.3千米,最窄处1千米,水面面积11平方千米,湖面高程860米。

湖泊位于**塔里木河**下游右岸,其东北端距塔里木河干流约0.7千米,西南面是茫茫的塔克拉玛干大沙漠,湖周围被沙丘围绕,西北岸有一条狭长沙丘,沙丘最高处高程947米。湖泊与塔里木河对岸的农二师三十一团、三十二团团部和所属连队隔河相望,西北方距**巴什库勒湖**6千米,东南方距鸡鸭海子2.5千米。湖水主要靠塔里木河洪水期河水注入,因此湖面面积随丰枯年份及塔里木河上游来水情况而变化,1987年以后湖水已干涸。

10.4.2.1.23 大西海子水库
(Daxihaizi Reservoir)

位于新疆维吾尔自治区尉犁县铁干里克镇西南15千米处,距**恰拉水库**90千米,距下游的**台特马湖**320千米,地理位置为东经$87°19'\sim 87°37'$、北纬$40°32'\sim 40°39'$,是**塔里木河**下游最后一座拦河水库。

水库由兵团农二师于1959年8月开工建设,1960年完成第一期工程,库容为6500万立方米。此后几经扩建,至1972年完成扩建,库容达1.86亿立方米。水库大坝为均质土坝,主坝长8.98千米,最大坝高9米。

水库拦截了塔里木河干流的全部来水并全部引入灌区,导致下游320千米的河道和塔里木河尾闾台特马湖近于干涸,两岸大面积的红柳、胡杨林生态系统严重退化,绿色走廊逐渐衰败,下游原5.3万余公顷的胡杨林仅残余6600余公顷,沙漠化土地占总面积的70%,严重威胁着塔里木河"绿色走廊"的安危和下游居民的生存。受塔里木河上游来水量不断减少的影响,1993年9月,大西海子水库出现了建成后的第一次干涸,不得不通过塔里木河下游河道调**孔雀河**水注入水库救急。

大西海子水库一景

2003年,国家开始实施塔里木河流域综合治理,确定大西海子水库为"生态水库",退出农业灌溉功能,承担向塔里木河下游生态输水任务。改造后的大西海子水库设计库容为4739万立方米,水库水面面积从68平方千米缩至51平方千米。水库通过蓄积塔里木河水和从以北300千米外的**博斯腾湖**调水,根据下游的生态形势,选择有利时机向下游输水,以改善塔里木河下游地区的生态环境。

大西海子水库地处塔里木盆地腹地,多年平均气温10.6摄氏度,多年平均年降水量21.5毫米。气候干燥,多风沙,蒸发强烈,水库水域面积广阔,库内养殖有草鱼、鲤鱼、鲢鱼、五道黑等。

10.4.2.2 乌尊硝尔湖
(Wuzunxiaoer Lake)

属**台特马湖**水系,坐落于新疆维吾尔自治区若羌县境内,邻近新疆与青海两省区分界线,南距315国道8千米,西北距若羌县城160千米,地理位置为东经$89°57'$、北纬$38°30'$,属高原内陆闭口盐湖。

乌尊硝尔湖地处东羌塘高原阿尔金山间的依吞布拉克盆地中的乌尊硝尔盆地内,南倚阿尔金山主山脊,西北临阿尔金山支脉金雁山,东与依吞布拉克镇毗邻。湖泊呈狭长状,南北长约4千米,东西宽约800米,水域面积3.115平方千米,水面海拔2930米。湖泊周围发育有近30平方千米的湿地,与湖泊南侧11千米处的子湖——乌苏肖湖水流连通。

湖泊水源来自北岸金雁山南坡及阿尔金山北坡的诸多季节洪沟补给,其中以阿尔金山北坡的库勒萨依河、曼达勒克萨依河、科克萨依河水量较大。科克萨依河发源于阿尔金山主山脊海拔5795米的无名山峰北坡,河源区有冰川发育,河流由南向北流经10千米后折向东北,又流9千米转向东流,于下游23千米处注入乌尊硝尔湖湿地;曼达勒克萨依河发源于阿尔金山脉海拔4665米的曼达勒克山北坡,自源头由西南向东北流14千米后转向东流,又流15千米注入乌尊硝尔湖湿地;库勒萨依河发源于阿尔金山主山脊海拔5795米的无名山峰西侧,呈西南至东北流向,经36千米流程,注入乌苏肖湖及周边的乌尊硝尔湖湿地。除发生洪水外,多数河、沟出山口后河水潜入地下,以地下径流形式进入湖区。

依吞布拉克镇因当地的依吞布拉克泉而得名,位于湖泊南侧10千米的阿尔金山北麓,海拔3183米,设立于1983年11月5日,辖1个社区14个矿区居民点,有常住人口500余人。小镇地处新疆维吾尔自治区与青海省交界处,东南距青海省芒崖镇仅约10千米,315国道横贯全辖区。区内矿产资源丰富,有金、铜、石棉、玉石、煤、铅、锌等56种,现主要以石棉开采为主,伴有煤、铅、锌、铜等采矿点,正成为一个新兴的矿山集镇。

10.4.2.3 米兰河
(Milan River)

位于新疆维吾尔自治区若羌县境内,属**台特马湖**水系,山口以上河长142千米,集水面积4108平方千米,多年平均年径流量约1.40亿立方米。"米兰"系蒙古语"骏马奔驰的地方"之意。米兰河在当地又俗称子母河。1989年经一支科学考察队对河水化验分析,河水中确含有对动物生殖系统能产生特殊影响的微量元素。

河流发源于阿尔金山支脉玉素甫阿雷克雪山北坡,流域最高海拔6161米。源区海拔5500米以上,发育有冰川69条,冰川总面积88.01平方千米。米兰河上游水系由帕夏拉依档河和卡鲁乔卡沟(喀喇乔喀沟)构成,两河汇合口后始称米兰河。汇合口以下河流向西北流,在下游苏吾什杰村附近转向西流,流程约34千米后,于左岸接纳了由南而来的库木塔什河;后转向北流(库木塔什河主要由阿基格库勒河和卡尔恰尔—苏盖里克河汇集而成),下游河流又流经40千米的峡谷段出山口。河流出山口处建有引水渠首,干渠沿河道右岸流经17千米后与河道分道扬镳,向北延伸10千米进入米兰镇灌区。渠首未引之余水沿河道东北行47千米,最终散失于**台特马湖**下游的荒漠区。

河流水源主要由冰川融水和降水混合补给,受山间谷地影响,流域调蓄能力较强,年内分配相对均匀,春、夏、秋、冬四季水量分别占多年平均年径流量的22.3%、39.1%、19.7%和18.9%。

兵团农二师三十六团是米兰河流域的主要开发建设者,

其团部所在地米兰镇位于出山口约 30 千米处的米兰河左岸。河流出山口 3 千米处建有米兰河第一引水渠首，渠首下游建有一、二级水电站，装机容量分别为 2 000 千瓦和 1 920 千瓦。米兰河总干渠长 22.85 千米，设计流量 6 立方米每秒，灌溉面积约 3 867 公顷。三十六团现有建制单位 15 个，总人口约 8 000 余人，可耕土地 1.5 万余公顷，主要种植棉花、甜瓜和果品等经济作物。

米兰历史上曾为一片小绿洲，《汉书·西域传》有记载：鄯善"国中有伊循城，其地肥美"，表明自古米兰就以屯田闻名。1965 年，兵团农二师来这里勘测时发现了汉代米兰的水利灌溉系统，由总干渠、7 条支渠和许多斗渠、毛渠组成，规模宏大，渠系布置均匀，由南向北呈扇形展开，总干渠长约 8 千米，宽 10～20 米，高 10 米。支渠宽 3～5 米，高 2～4 米，长 3～5 千米，灌溉范围 30 平方千米。渠道流经之处曾发现了犁沟痕迹，还有麦草和麦穗，经考证可追溯至汉唐时期。

米兰古城遗址位于三十六团团部东约 6 千米处，占地约 10 平方千米，有大小遗址 14 处，其中以戍堡遗址最为著名。据考证，米兰古城遗址是汉代西域三十六国之一——鄯善国的伊循城，5 世纪时毁于战乱，该地后被吐蕃占据近百年，9 世纪后荒废。

米兰佛塔、寺庙遗址为数较多，在一座寺庙遗址中，英国人斯坦因盗揭走了有佉卢文题证的"维萨达罗五子本生故事"壁画和一组青年男女群像，轰动了当时欧洲的文化学术界，1989 年，新疆考古工作者再次发现"有翼天使"的壁画，被视为中亚绘画艺术的精品，米兰壁画也被认为是了解东西方文化关系的途径之一。在米兰古城东约 35 千米的荒漠中，有一座以烽火台为主要标志的十分显眼的古城堡遗址——墩立克遗址。墩立克城堡西与米兰城堡呼应，北通海头城以及楼兰城，东连敦煌，为一位置十分重要的军事要塞。

米兰位于**罗布泊**西南边缘，从米兰向东踏出一步，就是荒凉的大漠了。如今，向东南通往青海省西宁市的 315 国道已改建，三十六团已成为南疆第二条出疆通道的桥头堡。

10.4.2.4　若羌河
（Ruoqiang River）

属**台特马湖**水系，流经新疆维吾尔自治区若羌县城区，发源于阿尔金山北坡，山口以上河长约 176 千米，集水面积 2 775 平方千米，多年平均年径流量 1.00 亿立方米。

河流上游段称阿克苏河，发源于玉苏普阿勒克山海拔 5 000 米以上高山终年积雪带，流域海拔最高 6 062 米，发育有冰川 18 条，冰川面积 17.02 平方千米。积雪范围约 30 余平方千米。融雪水向北汇流 10 余千米后即渗入地下，潜行 10 余千米后又复出转向西北流，又经 47 千米，左岸接纳较大支流其兰勒克河（河长 39 千米）后，下行 40 千米流出山口，河流在出山口附近始称若羌河。

若羌河流域的主要特点是坡度较缓，径流形成区为宽大的山间谷地，流域调蓄能力相对较强，大量地表径流在河流中游转化为地下径流，以潜流的形式补给河流，从而使河流水量年际、年内变化较为平缓。河流出山口后，河床下切很深，出山口下游 30 千米后又急剧扩散，水量大部分被引用，余水散失于下游的荒漠区。

若羌河是一条以冰雪融水、地下水和降雨混合补给的河流，水量年内分布相对均匀，春、夏、秋、冬季水量分别占

若羌河下游河道

24.7%、38.1%、20.4% 和 16.8%。

自 20 世纪 60 年代以来，在出山口以下河流段，先后修建了若羌河龙口电站和龙口一级电站、龙口二级电站。1999 年在山口又新建引水枢纽，由 1 孔进水闸、1 孔泄洪闸、电站、尾水洞、灌溉明渠等组成，控制灌溉面积 2 333 公顷。下游 11 千米，又建有若羌河山口电站，装机容量 2 060 千瓦。

支流其兰勒克河由发源于玉苏普阿勒克山积雪带西北 20 千米处的三条时令河构成：东支在巴什布拉克石棉矿西北 4 千米处有 3 眼淡水泉，总流量约为 18 000 升每小时，汇集成东南至西北流向、长 7 千米的英格里克河（翁格勒克萨依河）；中支由硝鲁克布拉克泉水汇流后流向北，汇集成南北长 12 千米的约马克其河（又称马尔克其萨依河）；西支是一条长约 32 千米的南北向时令河。三条支流至艾赫买提考什村汇合，由南向北流 23 千米汇入阿克苏河。

若羌河畔的若羌县历史悠久，从公元前的西汉时期起，就成为古"丝绸之路"南道上的重镇。全县总面积 20.23 万平方千米，是全国面积最大的县，有"华夏第一县"之美称。现辖 1 个管委会、3 镇 5 乡，境内驻有农二师三十六团，总人口 5.6 万，其中少数民族占 40%。由于独特的地理条件和气候因素，"楼兰红枣"是若羌县的品牌农产品之一，这里的红枣甜脆适口，香味浓厚，堪称枣中极品。目前全县红枣种植面积已达 6 000 余公顷，成为南疆的大枣之乡。

10.4.2.5　瓦石峡河
（Washixia River）

属**台特马湖**水系，位于新疆维吾尔自治区若羌县境内，流域西、东分别与**塔什萨依河**和吐格曼塔什萨依河流域毗邻，山区河长 87 千米，集水面积 1 750 平方千米，多年平均年径流量 0.70 亿立方米。"瓦石峡"维吾尔语意为"人多而喧闹、繁华"，河流因流经地名为"瓦石峡"的地方而得名。

河流发源于阿尔金山脉的苏拉木塔格雪山北坡，源区有数座 5 500 米以上高峰，发育有冰川 32 条，冰川面积 51.42 平方千米。两岸水系发育均匀，呈扇状分布。河流干流与同源同向的支流吐孜布拉克河，自南向北流至低山区汇合，流程 9 千米出山口。出山口后，河流下切、渗漏严重。下游地势平缓，河床开阔，在山口处的托帕科瑞克村下游 23 千米处建有引水枢纽，枢纽以下通过长达 17 千米的干渠，将河水引入瓦石峡乡灌区。未引用的河余水沿河道流经 14 千米，在灌区上游分为两支，分别穿过 315 国道和瓦石峡乡绿洲后折向东北，又流经 19 千米后汇成一支，又经约 15 千米，呈散流状散失于下游荒漠区。

瓦石峡河引水枢纽建于 1987 年，为底栏栅式，由 1 孔进

瓦石峡河下游河道

水闸及引水廊道、1孔泄洪闸、1孔排沙闸组成，设计引水流量1.2立方米每秒，设计泄洪流量180立方米每秒，下游控制灌溉面积2 000公顷。1997年在干渠上建成一座125千瓦小水电站，2003年经改扩建后装机容量达150千瓦。

河流下游瓦石峡乡辖4个村，总人口5 200人。耕地面积3 466公顷，农作物主要有棉花、甜瓜、小麦、玉米、恰麻古、皮牙孜等，红枣种植面积1 200公顷。

瓦石峡古城遗址位于瓦石峡河下游瓦石峡村附近，有12处较集中的遗址、3处窑址、2处墓葬区及1处冶铁遗址，房屋遗址时代为唐宋时期。清光绪十七年（1891年），陶保廉随侍其父陶模赴新疆任巡抚时，在其著的《辛卯侍行记》中称瓦石峡古城为弩支城。弩支城是古楼兰国的经济重镇。约2 000年前，这里的手工业生产就已颇具规模，至今仍残留有冶炼金属和烧制器皿的土窑、炉渣、陶片等，先后发掘出隋、唐、宋时期的钱币、丝织品，以及元代的汉文文书和玻璃器皿等，尤其是粗玻璃器皿为研究我国古代玻璃工业的发展史提供了宝贵的实物资料。

10.4.2.6　塔什萨依河
(Tashisayi River)

属**台特马湖水系**，山区段位于新疆维吾尔自治区且末县境内，河流出山口后部分河段为且末与若羌界河；流域西、北部均与**车尔臣河**流域相邻，东部与**瓦石峡河**流域接壤；山口以上河长77千米，集水面积1 433平方千米，多年平均年径流量1.40亿立方米。"塔什萨依"维吾尔语意为"石头沟"，因河床中有较多玉石碎粒而得名。

塔什萨依河下游河道

河流发源于阿尔金山脉苏拉木塔格雪山，流域海拔最高6 295米，源头积雪区面积80余平方千米，发育有冰川34条，冰川面积38.39平方千米。上游由东、西两大支流汇集而成。

山区段河床坡度陡峻，下切较深，为南—北走向，从高山蜿蜒流出山口。山口以下，北流约60千米左右，在阿恰希附近散失于荒漠之中。

塔什萨依河建有引水工程，灌溉土地2 600余公顷。河流属冰雪融水、降雨混合补给型河流，水量主要集中在6—8月，夏季高山区冰川融水和前山带雨洪遭遇时，易发生灾害性洪水。

塔什萨依河流域是巴州确定的四个社会主义新农村开发实验区之一。流域开发范围位于且末、若羌两县境内。截至2008年，流域开发全面展开，已完成条田平整900余公顷，营造防风林68公顷，建设机井23眼，种植红枣、油葵等农作物230余公顷。

塔什萨依河上游右岸支流上有两处塔什萨依玉石矿点。因塔什萨依河多处悬崖瀑布难以通行，去矿点只能绕行塔什萨依河的相邻流域尧勒萨依（维吾尔语意为"路沟"）河溯流而上。站在4 800米的尧勒达坂上，塔什萨依矿区的所有矿点尽收眼底。

10.4.2.7　车尔臣河
(Cheerchen River)

又名且末河、卡墙河，流经新疆维吾尔自治区且末县、若羌县，入**台特马湖**，地理位置为东经85°30′～88°15′，北纬36°30′～39°25′，河流全长813千米，山区集水面积24 692平方千米，多年平均年径流量8.1亿立方米。

概　述

地貌　流域处于亚欧大陆腹地，北接塔克拉玛干沙漠，南临青藏高原，东邻库姆塔格沙漠，西南与昆仑山北麓东部诸河为邻。区内大部分为山区，自南向北依次分布有昆仑山主山脊木孜塔格峰区、库木巴彦山和托库孜达坂山。南部山地高大而陡峻，中部为起伏相对和缓的低山丘陵，总地势由南向北倾斜，最终没于塔里木盆地。

木孜塔格峰最高海拔6 973米，是车尔臣河主源流乌鲁克苏河的发源地。源区发育有冰川36条，冰川面积273.26平方千米。现代冰川均发育在海拔5 000米以上的山峰，车尔臣河流域共发育有冰川318条，总面积529.21平方千米。木孜塔格山峰区方圆约50千米，大致由三排平行排列的东西向断块山地组成。南排为主峰，为巨大的浑圆状金字塔形山体，平均海拔6 200米，中排山体平均海拔5 760米；北排为木孜塔格山北部外围低山，平均海拔5 560米，地形切割破碎。

气候、水文　流域受西风带环流控制，气候寒冷干燥，雨雪稀少。上游河源区气候变幻莫测，气温较低，最低气温可达－30摄氏度，最大风力可达11级左右。平原区气温较高，年较差大，多年平均年降水量不足50毫米，大部分集中在夏季，春夏两季多大风和沙尘天气。

车尔臣河是一条典型的以冰雪融水补给为主的河流，年水量87%来自冰川和永久积雪融水，河流水量年际变化相对平稳。车尔臣河上游实际上是处在一个向北倾斜的外泄盆地中，各大小支流大都发源于泉流，平时水流不大，甚至全部渗入地下，最后汇集于吐拉山间盆地。流域山前戈壁砾石带河床下切深达100多米，河床窄，坡降大。在第一引水枢纽以下，河流主槽开始游荡，河床展宽至300～500米。315国道大桥以下，河流呈散流状，河床宽浅，最宽处达1 000米以上。下游河流穿经且末县城东侧，河流呈蜿蜒状，河床缩窄，河宽200～400米，河岸高5～6米，凸岸侧河槽内河漫滩发育，有泉水在河岸一级阶地出露补给河流。中游支流主要发

10.4.2.7 车尔臣河

东昆仑山—阿尔金山北麓水系示意图

源于托库孜达坂山北麓，因此山口以上河网基本上呈梳状水系。且末县城以北下游河道展宽，汊流发育，河道坡降较大，河床更为宽阔，沿河沼泽苇湖发育，形成绵延40多千米、总面积达9 333公顷的车尔臣河下游湿地——群库尔大沼泽。群库尔沼泽以下下游河流河水矿化度增加，在阿克塔孜附近已成咸水，水量很小，河道坡降极缓，在罗布庄附近河宽仅有10余米。

水利开发 20世纪50年代以来，在河流出山口以下相继建成车尔臣河第一拦河引水枢纽（巴什克其克电站引水枢纽）、革命大渠引水枢纽、第二分水枢纽和塔堤让引水枢纽四大水利工程。车尔臣河第一拦河引水枢纽建于1984年，由5孔泄洪闸、3孔冲沙闸、溢流堰和进水闸组成，设计引水流量25立方米每秒，泄洪流量800立方米每秒。引水枢纽控制灌溉面积1.43万公顷。下游一级电站、二级电站是且末县的主要供电源，装机容量0.32万千瓦。革命大渠引水枢纽建于1967年，设计引水流量40立方米每秒，灌溉面积1.13万公顷。第二分水枢纽建于1996年，设计引水流量40立方米每秒，泄洪流量406立方米每秒，灌溉面积1.13万公顷。塔提让引水枢纽为无坝引水，设计引水流量3立方米每秒，灌溉面积740多公顷。

纪 实

车尔臣河上游主要由乌鲁克苏河及**阿里雅力克河**两大源流组成。乌鲁克苏河为主源，发源于昆仑山主脊木孜塔格峰北麓，源流段称乌鲁格河。源区冰川发育，许多溪流均发源于木孜塔格峰冰川区的多条大型山谷冰川末端，各溪流与干流呈典型的扇状水系。河流自源头从南向北流经69千米后渗入一高原盆地，又经24千米，河水又在盆地北侧出露进入峡谷中，流7千米后，左纳支流**金水河**（先在盆地南部渗入盆地，后又在盆地北部溢出汇入乌鲁克苏河），又经6.8千米，右岸接纳乌鲁克苏河东支流（河长90千米），后进入托库孜达坂山和库木巴彦山之间的峡谷，在其下游37.8千米和55.4千米处，右岸分别接纳支流喀拉阿塔萨依河和克孜勒翁库勒河（河长30千米），再北流5千米，右岸接纳支流阿里雅力克河，汇口以下称车尔臣河。此后车尔臣河转向西流，进入苏拉木塔格山（属阿尔金山脉）与托库孜达坂山之间的吐拉盆地。流经25千米，在吐拉牧场东侧河流分成多支汊流，穿越吐拉牧场25千米后又合为一支，再向下游又接纳了发源于托库孜达坂山北麓的克克嗯格河（河长30千米）和曼达克河（河长55千米）。又向下流约29千米，左岸接纳阿克苏河（河长51千米）后，河流进入东北—西南向的苏拉木塔格山和托库孜达坂山之间长达61千米的峡谷区，沿途接纳的支流大多在左岸，自东北向西南依次为：可克尔塔哈沟、琼库恰克沟、克其格萨依河、坦特尔恩格沟、克其克其干科勒河、琼其干科勒河、秦布拉萨依河、矿萨依河、曲库萨依河、阿克达湾河、克尔格斯克尔干沟，在其出山口附近左岸接纳了较大支流托其里萨依河后，河流呈90度拐弯转向西北流出山口。向西北流33.5千米，先后途经第一引水枢纽、引水式一级电站、二级电站（距第一引水枢纽3千米）；再下行34千米，经革命大渠枢纽；下游12.5千米处设有且末水文站。过且末水文站，河流先后流经且末县城和县城下游10.5千米的第二分水枢纽。之后河流转向东北流，经46千米到达塔特让乡政府驻地，再流经145千米，**在塔什萨依河**下游的吕普吐勒库勒村入若羌县境，沿塔克拉玛干沙漠南缘继续流约170千米，平缓地注入台特马湖。

吐拉牧场位于阿尔金山和昆仑山接连地段，牧场四面环

乌鲁克苏河

山,多年平均年降水量200毫米,年最高气温28摄氏度,最低气温-35摄氏度。场部驻巴什玛勒农村,自然条件恶劣。吐拉牧场是且末县重要的畜牧业生产基地之一,也是国家农业部备案的贫困牧场之一。

"且末"这个名字最早出现在《汉书》里,该书还提及荀悦《汉记》中称沮末国,维吾尔语称其为"恰尔羌"。且末河流域人类活动历史悠久,早在7 000年前,车尔臣河流域就有人类活动,西域三十六国中的小宛国和且末国就在此区域。西汉建元三年(公元前138年),张骞出使西域曾到且末,开始了这里与内地的联系。北魏太平真君三年(442年),因避战乱,鄯善王率4 000余户西奔且末。隋大业五年(609年),在且末设郡,统肃宁、伏戎两县,并谪天下罪人,配为戍卒,大开屯田。唐贞观十八年(644年),玄奘自印度取经回国经且末(《大唐西域记》记载)。元至元二十七年(1290年),从内地迁千余人与元军新附军杂居,在且末屯田,称"者里辉"。清光绪十年(1884年)设且末县治。且末县现辖1镇11个乡,1个良种场,2个国营牧场,2个农业综合开发区,县境内驻有兵团农二师且末工程队。2008年总人口62 170人,有耕地8 400公顷。

在车尔臣河左岸且末县城附近堆积阶地上有公元前1 000年左右的扎滚鲁克古墓群,面积约3.5万平方米,为第五批全国重点文物保护单位。"车尔臣阔纳协海尔"系维吾尔语,意为"且末古城",位于现且末县城西南约6千米的老车尔臣河岸台地上,海拔1 273米,据考证是汉代军队屯田驻守城邑的遗址,初步考证修建于宋元时期,古城墙已全部坍毁,现存护城河遗址。尼牙孜庄园位于县城西托格拉克勒克乡,是一座目前新疆面积较大、保存较完好、且独具风格的维吾尔族古代民居建筑,初建于1911年,庄园占地780多平方米,1998年被列为自治区文物保护单位。

车尔臣河下游河道

车尔臣河流域高山带为终年积雪的冰川区,亚高山带地形十分复杂,植被有明显的垂直地带性分布规律,生长有茵

陈、茇茇、龙胆等草类。由于人迹稀少,野牦牛、藏羚羊、雪鸡、马鹿等20多种野生动物在这里繁衍生息。2004年以来,人工育苇和湿地恢复工程已有效阻止了流域植被衰退和土地盐碱化进程,湿地内芦苇等各种生物开始恢复,河流中又出现了新疆珍惜鱼种大头鱼和裂腹鱼,湿地内随时可见黄鸭、鸬鹚、麻雁成群游弋水中,对生态有着特殊敏感的马鹿、塔里木兔、野猪、鹅喉羚、赤孤等野生动物又在湿地重现踪迹。

10.4.2.7.1 金水河
(Jinshui River)

车尔臣河左岸支流,因河底有红色河卵石反射,而金光灿灿得名,发源于昆仑山北坡的羌塘高原内流区,位于新疆维吾尔自治区且末县境内,河流全长184千米,流域面积7 377平方千米。

金水河上游主要源流之一的天浒河,其源头为羌塘高原的方廓湖,流经阳春湖、长鼻湖和积涝湖,河流呈半月形从东南向西北再转向东北,其间有美曲沟、盘丝沟汇入,接纳弘水河后下游段又称弘水河,此后流经35千米,与由南向北流的贵水河汇合后始称金水河。其间路经右岸的长尖湖、左岸的五瓣湖。

金水河的另一源流贵水河上游源流段称柯河,发源于昆仑山主脊(新疆、西藏边界),呈扇形水系,汇集了发源于昆仑山北坡早阳山冰川区的多条支流。河流自南向北流经早阳山(海拔5 831米)和晓岚山(海拔5 795米)之间峡谷,下行11千米出山口后进入一高原小盆地后逐渐渗入地下,盆地内河床比降为7‰,河水只有在洪水期才能徜徉其间、由南向北汇入金水河。贵水河汇合口以下,金水河沿途右岸有多条小支流注入,下行25千米,有金水河最大的支流哈拉米兰河汇入。

哈拉米兰河发源于东昆仑山最高峰海拔6 973米的木孜塔格峰西坡,流域内共发育有冰川9条,冰川面积2.64平方千米。河流自源头向西北流,沿途接纳多条支流,其中较大支流为源于昆仑山脊处银石峰(海拔5 883米)的青龙河。青龙河汇入后,河流下行11千米,从东南方进入宽阔的高山盆地沙鸡滩,河水渗入地下,后在沙鸡滩北侧又溢出,并有阔床河和白水河先后从左、右岸汇入哈拉米兰河。阔床河发源于海拔5 663米的昆仑山脉主脊,沿途穿越西岸的换梁山与东岸的曙光梁山之间峡谷,出峡谷后从西南方进入沙鸡滩。白水河发源于木孜塔格冰川西麓海拔5 844米的无名冰川,沿途路经峰林山、丽霞山和风华山。

哈拉米兰河汇入后,金水河向东北下行7千米,右岸接纳春艳河、白银河后转向西北,行12千米左岸接纳秀水河后又转向北流,11千米后左岸春雷河汇入后又转向东北,12千米后右岸有湍流河汇入,由此出山口,进入高原盆地戈壁区渗入地下,在盆地东北边缘又以泉水溢出,汇入车尔臣河。

金水河流域属于羌塘高原区,其高原风光景色优美,从沿程颇具特色的山名、河名和地名的称谓中可见一斑。

10.4.2.7.2 阿里雅力克河
(Aliyalike River)

车尔臣河上游右岸支流,位于新疆维吾尔自治区且末县境内,河流全长约92千米,集水面积2 249平方千米。"阿里雅力克"维吾尔语意为"弯曲高坡"。

河流源区地形复杂,主要支流发源于昆仑山与阿尔金山之间的库木巴彦山北坡,流域海拔最高6 140米。流域南以库

阿里雅力克河上游河谷

木巴彦山脊为界，分别与车尔臣河主源流乌鲁克苏河流域和东羌塘高原的**阿其格库勒湖**水系毗邻，东与库木巴彦山东麓脚下的**阿牙克库木湖**隔山相望，北以库木巴彦山支脉古尔嘎赫德山山脊为界，与流向青海境内**尕斯库勒湖**的**铁木里克河**为邻。流域内共发育有冰川149条，冰川面积167.95平方千米。

河流源流称布卡塔什萨依河，源头位于阿雅里克内阿塔司达坂，河流自东向西流，沿途右岸接纳的发源于古尔嘎赫德山南坡的主要支流有阿拉雅力克·库拉木拉克萨依河、库木鲁克萨依河及一条无名支流；左岸接纳发源于库木巴彦山北坡冰川的塔斯萨依河、克孜勒萨依河、日吉普河、雅克拉克萨依河。在雅克拉克萨依河汇合口下游8.9千米处，与自南向北流的乌鲁克苏河相遇，汇合成车尔臣河。

日吉普河是阿里雅力克河最大的支流，其源头位于库木巴彦山脊地带，河流由东向西流，沿途左岸有13条源头位于山脊北坡山谷冰川末端的支流汇入，呈典型的开口朝南的梳状水系，河流自源头流经37千米转向西北流，12.6千米后汇入阿里雅力克河干流。

流域主要分布在海拔4 000米以上的高山严寒区，两岸地形复杂，植被尚好，由于紧靠阿尔金山国家自然保护区，野生动物主要有雪豹、野牦牛、雪鸡、藏羚羊、盘羊等。山区蕴藏有玉石、黄金、云母、铜、水晶石、矿盐、石灰石等丰富的矿产资源。流域内只有季节性牧民流动放牧。

10.4.3 喀拉米兰河
（Kalamilan River）

位于新疆维吾尔自治区且末县境内，发源于昆仑山北坡，

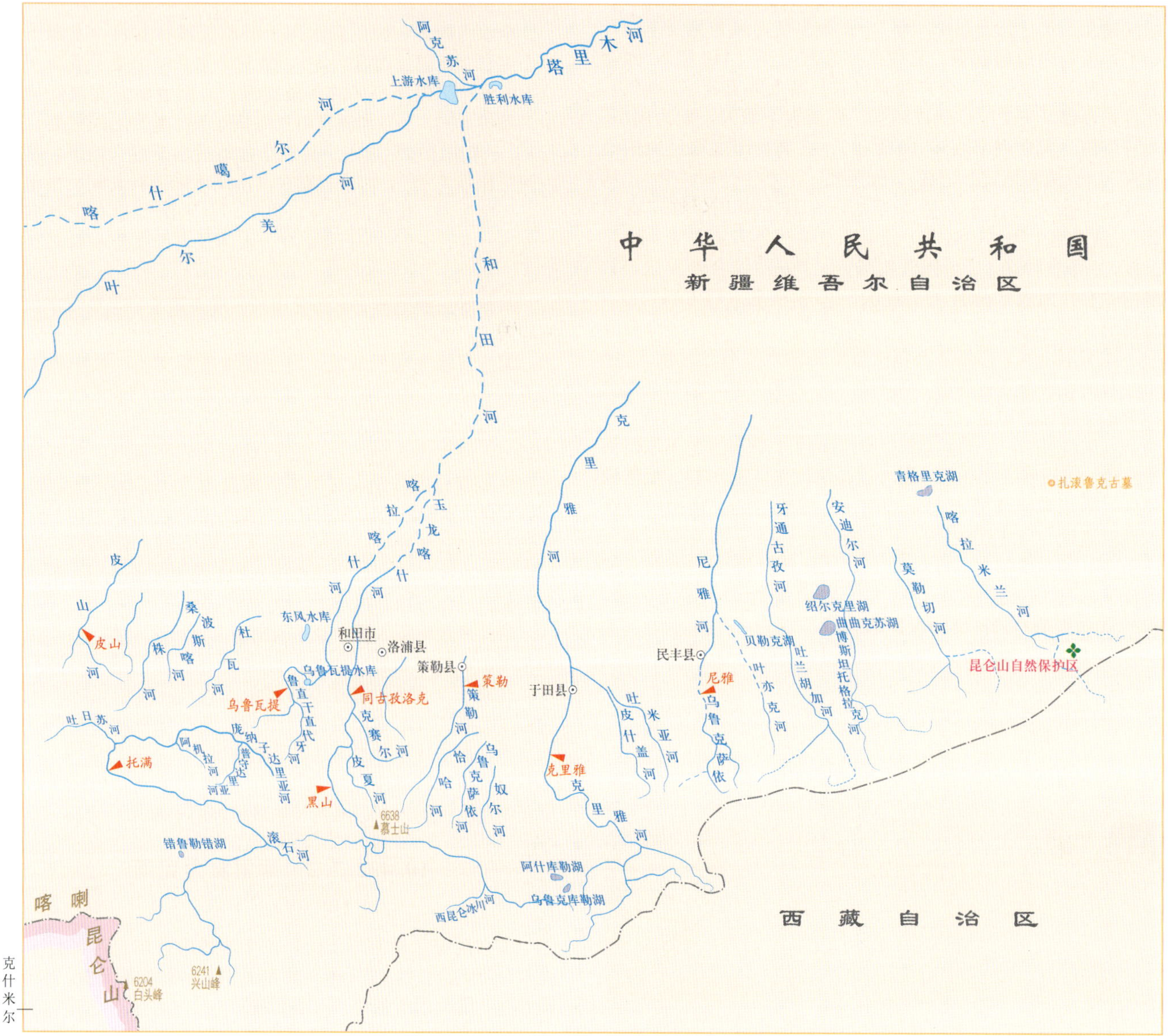

中昆仑北麓水系示意图

流域东、西分别与阿羌河和**莫勒切河**流域为邻；山口以上河长78千米，集水面积2 923平方千米，多年平均年径流量1.69亿立方米。

流域山区地形复杂，山势高耸，地表裸露，风化剥蚀严重，覆盖着碎石粗砂。河床宽约300米，两岸陡峭，高70～80米，纵坡为1/50～1/20。山前冲洪积扇区河道平均比降为16‰。平原区地势平坦，最显著的地貌是柽柳土包。气候四季分明，夏季干燥炎热，冬季寒冷，降水少，蒸发量大。

昆其布拉克牧场（原解放牧场）场部位于支流昆其布拉克河入干流汇合口处，场区平均海拔约3 194米，属典型的高山温性荒漠草原，是且末县最大的国营牧场。"昆其布拉克"系维吾尔语"沟里泉眼多"之意。牧场辖2个牧业大队，现有牧民176户700余人，均为维吾尔族。牧场四周环山，有耕地120公顷，种植青稞、豌豆、小麦等农作物。区内有沙金、矿盐、煤、石棉、铁、玉石等矿藏。还有黄羊、青羊、雪鸡、狼等多种野生动物。

流域山区还有且末县阿羌乡所属喀特勒什村和萨尔干吉村，均属高寒牧区村。喀拉米兰河下泄水量主要用于维护下游生态环境。

河流上游段称凌云河，源头位于昆仑山北坡凌云山冰川，冰川海拔最高6 284米。河流自源头由东向西顺流而下，右侧分别有发源于托库孜达坂山冰川和与其相邻的箭峡山冰川南侧的三条小支流汇入，流程45千米后，左岸接纳南来发源于昆仑山脉托库孜达坂山北坡的布拉克巴什代牙河后，河流始称喀拉米兰河。其后在山区左岸先后接纳的较大支流还有卡特里西萨依河和昆其布拉克河。在昆其布拉克河汇入后，河流出山口后自东南向西北流，下行5千米，左岸又接纳了在山区呈独立水系的支流达拉克岸河。再流28千米，米特代牙河于左岸汇入。米特代牙河汇入口以下，河流分为两支汊流，在分叉口以下约37千米处复合为一股水流，蜿蜒西北流约25千米后，呈散流状分多股水流向北穿过315国道，散失于国道以北的**青格里克湖**湿地区。

10.4.3.1 青格里克湖
(Qinggelike Lake)

喀拉米兰河尾闾，位于新疆维吾尔自治区且末县县城西约80千米处，地理位置为东经84°21′～84°35′，北纬37°58′～38°07′。

湖泊地处塔克拉玛干沙漠南缘，昆仑山山前洪积、冲积平原最低洼处，河水在出山口后约20千米处大部分渗入地下，以地下水形式补给湖泊。洪水发生时，河水可直入湖区。湖周沙漠环绕，湖盆内为冲积、风积和湖积沙层及湖相泥质盐碱层所覆盖，属现代风蚀丘间洼地形成的干盐湖，盐类矿床主要为含砂石盐，层厚3.0～5.0米。

湖面海拔1 268米，湖长23千米，最宽处11千米，平均宽5.22千米，湖盆面积120平方千米。湖区为温带大陆性气候，多年平均气温10摄氏度，极端最低气温-26.4摄氏度，极端最高气温41.3摄氏度，降水稀少，蒸发强烈。

10.4.4 莫勒切河
(Moleqie River)

位于新疆维吾尔自治区且末县境内，发源于昆仑山脉托库孜达坂山的阿孜塔格冰川地带，流域西与米特代牙河流域接壤，北为塔克拉玛干大沙漠，山口以上河长150千米，集水面积2 478平方千米，多年平均年径流量2.41亿立方米。

流域高山区山谷冰川发育，山体高大陡峻，最高峰四岔雪峰（又称阿克塔什）海拔6 748米；中山区山地草甸和草原发育，河谷宽达800～1 000米，纵坡1/80～1/50；低山带主要为山地荒漠植被。河流主要由东、西两大源流组成。西支阿克布牙代牙河上游由多条支流汇集而成，各支流源头大多有独立的小型山谷冰川延伸至河谷，形成典型的开口向南梳状水系，由西南向东北较大的分支有：吾克里克萨依沟、艾西木萨依沟、布谷鲁克萨依沟、阿克布阿萨依沟、塔尔干里萨依沟、塔西里萨依沟、干顿萨依沟、西日芒来代牙萨依沟、七安勒克萨依沟、赛里阔勒萨依沟、几克里阔勒萨依沟、包斯堂萨依沟等12条河流；下游吾斯塘萨依河汇入后，河流转向北流，在赛哦子暗义村（地名）与由东而来的东支考克木然代牙河汇合成莫勒切河。

东支考克木然代牙河的两大分支源头均有较大的山谷冰川延伸至谷底，流域海拔最高6 651米，河流从源头由南向北流，到遥里特什（地名）转90度大弯，向西穿越宽约1～2千米、长约32千米的考克木然代牙峡谷后，汇入莫勒切河干流。在两支流汇合口下游22千米处，测站海拔高程约2 200米。

山前冲积平原段呈戈壁荒漠景观，冲积扇带河床下切强烈。出山口北流约20千米，河流分为东、西两支，西支流向位于且末县西部边界的喀木尕孜村；东支流向硝尔堂村。下游河床逐渐扩散，河流支汊众多，渗漏严重，河水流至喀木尕孜村就逐渐消失在沙漠中，只有汛期水流才能到达尼牙孜央塔克村以下。

莫勒切河流域早在7 000多年前就有人类活动。莫勒切河山壁岩画位于海拔2 570～2 600米的莫勒切河出山口附近，分布在两岸山崖上的黑色岩石上，达数千幅之多。岩画题材广泛，有野生动物、家畜和各种狩猎、放牧、激烈的部落战争、欢快而热烈的原始舞蹈等场面，还有日月星云、天体形象和各种神秘符号等，内容丰富，艺术精湛。

10.4.5 安迪尔河
(Andier River)

又名博斯坦托格拉克河，部分河段为新疆维吾尔自治区民丰、且末两县界河，发源于昆仑山北坡，山口以上河长81.5千米，集水面积3 944平方千米，多年平均年径流量1.46亿立方米。"安迪尔"维吾尔语意为"河边的河"，亦有"河床深陷"之意，"波斯坦托格拉克"维吾尔语意为"茂密的胡杨河"。

安迪尔河主要由两大支流汇集而成：西支阔果能萨依河位于民丰县境内，西邻**牙通古孜河**流域，流域海拔最高5 535米；东支阿克苏萨依河，为民丰和且末两县界河，源头延伸至羌塘高原区，与塔什库勒苏巴什河尾闾**塔什库勒湖**毗邻，流域海拔最高6 048米，沿途接纳的较大支流有阿格塔尔坎勒河、阿克萨依河、乌尊克勒河和苏盖提坎河等。两支流在艾格勒阔勒村附近汇合后，始称安迪尔河。安迪尔河干流在山谷中呈东南-西北流向，在喀拉萨依村附近出山口转向北流。进入冲积平原后，为积沙所阻，河床较高，除洪水期有水下泄外，河水大量渗入地下，经约25千米潜流后，于布拉克巴什村附近重又溢出。秋季最小流量1.0立方米每秒；冬季潜水溢出流量反而达3～4立方米每秒。河流自布拉克巴什村下行15千米后，流经安迪尔兰干、穿越315国道向北流去。河流最终消失于安迪尔牧场东北方向的沙漠之中。下游河流水质pH值在8.1～8.4，人、畜不能直接饮用。

安迪尔河下游河道

安迪尔河下游、315 国道北 25 千米处已建有引水渠首 1 座，灌溉耕地 833 公顷。因受特殊的气候条件影响，这里日照时间长，昼夜温差大，其主要特色经济作物为甜瓜，香甜可口，享誉新疆。

在 1 500 年前五代十国期间，后晋使节张匡邺、高居诲前往于阗国时路过此地，并在《使于阗记》一书中对这条"陷河"做了详细记述。元初大臣耶律铸的《渡陷河》一诗曰："天幕旁围翡翠茵，自来原是自迷津。谁期也值南风起，吹得黄沙不见人。"形象地描绘了安迪尔河下游的景观及气候特征。他在另一首诗《翌日东渡陷河》中也有类似描述。有专家认为，安迪尔河即西游记小说中流沙河的原型。

阿克阔其卡古城位于安迪尔牧场西北 15 千米处，是一个椭圆形的城堡，直径五六百米，墙体大多被沙土埋没，保存完好。河流下游安迪尔古城遗址是尼雅古城的姊妹城，位于安迪尔牧场西北约 27 千米的沙漠腹地，是丝绸之路南道汉唐时期的重要遗址，城内建筑密集，城墙厚 2～3 米，附近有高耸的佛塔，周围是茂密的胡杨林，其中一株高 32 米，树龄 240 年。2001 年 6 月 25 日国务院公布安迪尔古城遗址为第五批全国重点文物保护单位。

10.4.6　绍尔克里湖
(Shaoerkeli Lake)

位于新疆维吾尔自治区民丰县境内，南距**曲曲克苏湖** 3～4 千米，北面为塔克拉玛干沙漠，地理位置为东经 83°28′～83°32′，北纬 37°37′～37°39′。

绍尔克里湖地处塔里木地台南部且末—若羌断陷内，原系曲曲克苏湖的一部分，后因气候变干而分离独立成湖，属盐湖。湖长 15.0 千米，最宽处 8.0 千米，平均宽 6.0 千米，湖盆面积 90.0 平方千米。湖区多为盐碱沼泽，周边被沙漠所包围，一些沙丘生长着柽柳和少量的胡杨。由于临近沙漠，水量蒸发量大，环境气候恶劣，没有被开发利用。

10.4.7　曲曲克苏湖
(Ququkesu Lake)

位于新疆维吾尔自治区和田地区民丰县城东北 80 千米、315 国道北 7 千米处，东、西分别为**安迪尔河**和**牙通古孜河**流域，南部为昆仑山山前冲积平原，北为**绍尔克里湖**，地理位置为东经 83°22′～83°36′，北纬 37°30′～37°35′。

湖区气候为温带大陆性荒漠干旱气候，多年平均气温 11.1 摄氏度，最低气温－28.3 摄氏度，最高气温 41.5 摄氏度，多年平均年降水量 30.2 毫米，盛行南风，平均风速 5.0～7.0 米每秒。

湖泊地处塔里木地台南部，湖水主要依靠地下潜水补给。湖表卤水受季节影响明显，丰水期水深 0.05 米，水域面积约 15 平方千米，湖盆面积 100 平方千米。湖盆内为第四纪盐碱沼泽、淤泥和沙砾，属新生代河谷侵蚀洼地形成的盐湖。盐类矿床主要是石盐，因层薄且含泥沙，故开采价值不大。水面周围有灌木林和稀疏芦苇，外围则是大片的盐碱地和不规则沙丘，有些零星的沙丘上生长着柽柳和少量的胡杨。附近居住的牧民不足百人，以放牧为主。

10.4.8　牙通古孜河
(Yatongguzi River)

位于新疆维吾尔自治区民丰县境内，流域东、西分别与**安迪尔河**和**叶亦克河**流域相邻，山口以上河长 94 千米，集水面积 2 000 平方千米，多年平均年径流量约 2.4 亿立方米。"牙通古孜"维吾尔语意为"野猪出没的地方"，因历史上此流域多野猪而得名。

上游段称吐兰胡加河，吐兰胡加河河槽由山体断裂形成。吐兰胡加峡谷是进入羌塘高原的通道之一，峡谷以西属昆仑山中段，以东属昆仑山东段。经长久的雨雪侵蚀冲刷，山区北坡悬崖峭壁，岩石裸露，山区南部则与羌塘高原连成一片，坡势平缓。这里 26.6 万余公顷的山坡草地，是民丰县夏、秋两季的重要牧场。

库亚克村下游地貌呈现为一条深陷、蜿蜒北流的巨壑，有 60～70 米深，数十米宽，两岸如刀切般呈陡立状，最深达 240 米，一股湍流在壑底奔腾。该山谷从形态上看呈箱形谷，站在箱口上端俯瞰，峡谷极为壮观。其主要成因是自第三纪以来的新构造运动使昆仑山猛烈抬升，连带扯起山前荒漠平原，而河的基准面又保持不变，造成河床笔直下切，形成目前这种特殊形态。河谷的深度正好说明 70 万年前中更新世以来地面抬升的高度。美国西部大峡谷以及非洲高原等地也有类似河流。有位美国地貌学家看到此河时大为惊异，认为下切之深、直立之陡，实属罕见，由于兼备观赏和研究价值，可谓昆仑山脉一大奇观。

吐兰胡加河主要由 3 条较大支流汇集而成。中支流未都拉克哈恩木代牙河沿吐兰胡加峡谷向南延伸，源头直至羌塘高原区，流域海拔最高 5 565 米，河长 73 千米。西支流西日克吐斯代牙河流淌在喀什塔什山间的一条大峡谷中，谷宽一般 2～4 千米，谷长达 72 千米。河流源头坐落着两个名同为昂格提勒克库勒的姊妹湖，"昂格提勒克"维吾尔语意为"大雁、鹅"，湖泊因夏季多有大雁栖息而得名。昂格提勒克库勒湖系周边山区冰雪融水汇集而成的淡水湖，湖面海拔约 4 700 米，最宽处约 1 000 米，最窄处约 500 米，两湖相距 800 米，面积分别为 1 平方千米和 0.33 平方千米。东支流称云机里克哈恩木代牙河，流域海拔最高 5 324 米，河长 28 千米。三支流先后会合于苦牙克村附近。苦牙克村地处一高原小盆地中，三面环山，西南方即为西支流西日克吐斯代牙河峡谷。三支流汇合后，始称吐兰胡加河，河流由南向北穿越吐兰胡加峡谷，流程 15 千米经库亚克村出山口，流向冲洪积平原。

河流出山口后，通过下游修建的阿克塔什渠首，将部分河水引到西邻叶亦克河渠首，被萨勒吾则克乡引用。余水在距库亚克村 40 千米处渗入地下，在海拔 1 400 米处（315 国道南 16 千米）出露后始称牙通古孜河。河流由此向北穿越 315 国道牙通古孜大桥，流经亚瓦通古孜兰干村，流程 70 余千米后经亚瓦通古孜村和安迪尔乡，又流经约 20 余千米，消失于北部沙漠之中。

牙通古孜河下游河道

"沙漠第一村"亚瓦通古孜村所在的安迪尔乡是新疆最小的一个乡级单位,辖2个村,2个村民小组,共56户380余人。那里居住着的维吾尔族人自称是古代遗留的自给自足的"尼雅人"。该乡种植甜瓜近万亩,是全乡经济的支柱产业,其他还种植有人工红柳大芸等经济作物。阿克阔其卡古城遗址位于安迪尔乡东部约15千米的沙丘中,面积达3.6万平方米。遗址由城墙围成,其南面有胡杨木双扇大门,遗址中可看到被沙丘土掩埋的650多间房屋轮廓。遗址东南3千米处有古水沟(河流)痕迹。

10.4.9 尼雅河
(Niya River)

维吾尔语意为"遥远的河",纵贯新疆维吾尔自治区民丰县境,西与**克里雅河**流域毗邻,东与**叶亦克河**水系相连,南依昆仑山脉的吕什塔格山,北俯塔克拉玛干大沙漠。尼雅水文站以上集水面积1 661平方千米,河长66千米,多年平均年径流量1.69亿立方米。

尼雅河发源于昆仑山北坡的吕什塔格山冰川区,流域海拔最高6 368米。山区干流河段称为乌鲁克萨依河,上游段有7条支流相继汇入,构成混合水系。河流自源头流经约50千米,右岸接纳下马里克河(发源于海拔4 000～5 000米的高山带,源头无冰川发育)。又流15.8千米至出山口区,左岸接纳了一无名小支流后始称尼雅河。出山口后河流向北流,经八一八引水枢纽、八一八电站,北流50千米后从民丰县城西侧右转90度弯向东流约18千米,在县城北侧又左转90度向北流去。下游约55千米处建有红旗水库,水库坝后长达18千米的干渠将部分河水引入喀帕克阿斯干村灌区,余水沿河床流经喀帕克阿斯干村及下游约6千米处的尼雅古城遗址,河床在古城遗址下游约10千米处,渐渐消失在茫茫的塔克拉玛干沙漠之中。

流域源区的吕什塔格山冰川区,终年积雪,峰顶平坦,

尼雅河河源

白雪皑皑,银装素裹,颇为壮观。乌鲁克萨依河(维吾尔语意为"大峡谷")河谷深切,两岸悬崖绝壁高达100～300多米,落差大,流水势如奔马,声如轰雷,令人惊心动魄。由于昆仑山体隆起幅度大,风化和剥蚀作用强烈,大量碎屑被洪水带出山口,形成宽大的山麓倾斜平原。海拔1 450米以下,是砾石遍地,怪柳、麻黄和骆驼刺等稀疏其间的砾质冲积平原,昆仑山雪水把大量泥沙带到这里,淤积成平坦沃野,造就了大面积多样化的低地草甸、胡杨林及灌木丛植被,也孕育了绿洲农业。尼雅河绿洲是民丰县最大的绿洲。

尼雅河

尼雅河来水以季节性积雪消融和降雨混合补给为主,全年90%的水量集中在5—8月。尼雅河上已建水电站2座,水库2座,渠首2座。

八一八引水洞位于乌鲁克萨依河出山口处,1968年6月18日始建,洞长7 120米,历时5年终于引出尼雅河水。之后又利用高落差建成了康赛水电站和八一八水电站。两大工程改变了民丰人民多年缺水少电的历史。2006年又重建了八一八拦河引水枢纽。枢纽由1孔进水闸、3孔泄洪闸组成;设计泄洪流量530立方米每秒,设计引水流量5立方米每秒;主要为下游尼雅乡、尼雅镇、若克雅乡提供农业灌溉用水,控制灌溉面积4 332公顷。

1972年,通过八一八水电站下游长达18千米的幸福渠引水,在尼雅镇东南8千米处修建了胜利水库。这是一座以灌溉为主的小型灌注式平原水库,为碾压式均质土坝,最大坝高12米,坝长1 200米,总库容300万立方米,控制灌溉面积2 000公顷。位于尼雅河下游的红旗水库及阿克墩干渠灌溉下游喀帕克阿斯干村(俗称大麻扎村)的260余公顷耕地。

民丰县历史悠久,人类聚居劳作已有7 000年。在纪元前建立了精绝、卢戎两个小国,同为丝绸之路南道上的重要驿站。1944年建县,定汉语名"民丰",维吾尔语仍称"尼雅"。全县辖5乡1镇2场,有3.5万余人,其中维吾尔族占92%。

尼雅遗址是中国汉—晋时期丝绸之路南道名城的遗址。1901年,被英国探险家斯坦因首次发现,并立即引起轰动,被西方学者誉为"东方的庞贝",是世界上罕见的原生态文化保存完好的文物群。据考证,尼雅遗址为西域三

尼雅遗址——佛塔

十六国之一的精绝国都故址。在古城遗址中，残存的佛寺、房舍、墓地散落其间，当年的农田、林带、渠系和冶炼遗址依稀可见，现保存的古建筑主要有佛塔、半地穴建筑、独木桥，还有古河道、古渠道、古道路遗迹等。1996 年国务院公布尼雅遗址为全国重点文物保护单位。与遗址邻近的喀帕克阿斯干村（意为"挂满葫芦的村庄"）有一"麻扎"矗立在一处高大的沙丘上，相传是传播伊斯兰教到古于阗国的加法尔·萨迪克修建。站在沙丘上向下俯瞰，坟茔遍布四周，远处郁郁葱葱的胡杨林恰似守护"麻扎"的卫士。

10.4.9.1 叶亦克河
(Yeyike River)

尼雅河支流，位于新疆维吾尔自治区民丰县中部，流域东、西分别与**牙通古孜河**流域和尼雅河流域相邻；山口以上河长 32 千米，集水面积 299 平方千米，多年平均年径流量 0.59 亿立方米。

河流发源于昆仑山脉北侧的吕什塔格山，流域海拔最高 5 800 米。河流自源头由南向北流出山口，流经叶亦克乡及所辖村庄，在出山口以下 12 千米分为两支：西支流经 33 千米，左岸接纳与其同源同向、在山区呈独立水系的支流其其汗河后，进入下游萨勒吾则克乡灌区；东支流经 23 千米后，右岸接纳了由在山区呈独立水系的格子布拉克萨依、五鲁滚布拉克萨依两条支流汇集而成的无名支流，之后转向西北流，经 21 千米也进入萨勒吾则克乡灌区。东、西两支流在灌区下游，315 国道南 3 千米处又汇合成一支，之后向北穿越 315 国道、流经 10 千米，与**贝勒克湖**下游地下水溢出形成的泉水河汇合，后转向西北流，流 12 千米后穿越著名的沙漠公路（民丰至轮南），又流 5 千米汇入尼雅河下游河道。

流域海拔 3 000～4 000 米为高寒草原地带，分布有一些高山垫状植被以及醉马草、羊毛草、针毛草等，覆盖着宽阔舒缓的山坡。山上建有民丰县的高山牧场度假村，并设有一处山区气象台。中山带为夏秋草场。河流主要以融雪补给为主，季节性特征明显，85% 水量集中于 5—8 月，最大流量可达 95.5 立方米每秒，而枯水期下游断流。

叶亦克乡政府位于海拔 2 500 米的河流出山口处，以牧为主，所辖 6 个行政村分布于河流两岸，拥有耕地面积 1 563 公顷。河流下游的萨勒吾则克乡北临塔克拉玛干沙漠，地处冲洪积平原潜水溢出带。这里地下水丰富，土地肥沃，气候干燥，日照充足，昼夜温差大。全乡总人口 1 377 户 4 877 人，耕地 2 600 余公顷，主要种植小麦、棉花、玉米、油料等，也是中药材红柳大芸（肉苁蓉）主要产地之一。这里的村民过去常在沙漠中挖野生大芸，植被破坏严重，随着人工栽种的红柳大芸面积逐步扩大，有效地遏制了土地沙化。

河流上建有叶亦克河引水渠首，同时又通过长 38 千米的阿克塔什渠，接纳输送来的吐兰胡加河水，共同灌溉萨勒吾则克乡灌区。

10.4.9.1.1 贝勒克湖
(Beileke Lake)

俗称"鱼湖"，位于新疆维吾尔自治区民丰县城东北约 40 千米处，地理位置为东经 82°55′～83°01′，北纬 37°12′～37°16′，"贝勒克"维吾尔语意为"有鱼的地方"。

贝勒克湖为微咸水湖，地处昆仑山北麓**叶亦克河**流域山前冲洪积扇缘地下水溢出带洼地，由大小 5 个各成一体、形状各异的湖泊组成，呈弯月状东南—西北向排列，延约 12 千米。湖面高程在 1 360～1 390 米。湖泊水面面积随河流丰枯交替而变化。近年来，由于上游地表水及地下水资源的开发利用，入湖水量大为减少。现湖面最宽 700 米，最窄 150 米，最大水深 15.8 米，平均水深 8 米。最大的是第 4 湖，呈长条形，长约 3.86 千米，依偎在其南侧的 315 国道旁；其次为第 1 湖，长约 1.8 千米。第 2 湖、第 3 湖分别长约 700 米和 500 米，但湖水面较小，主要为湿地。第 3 湖北侧边缘距 315 国道约 500 米，湖水微咸。水质最好的是第 1 湖，湖边有甜水泉，水质甘洌清甜，据测定为优质矿泉水。第 5 湖位于第 4 湖北侧，为椭圆形，其北侧有水道，下游 2 千米与叶亦克河下游河床联通，通向**尼雅河**下游河床。

夕阳下的贝勒克湖

湖泊因鱼多而得名，主要有鲫、鲤、草、武昌等鱼种，最多的是鲫鱼，这里是民丰县重要的渔业基地。湖内水草茂盛，湖岸为沙质堤。各湖间及周边为盐化沼泽、草甸，主要植被有芦苇、香茅和蒲草。远处是高大的沙丘。湖泊像一串碧蓝的宝石镶嵌在沙漠的怀抱中，湖水清澈，水中鱼跃，水面上常有野鸭、水鸟、大雁等飞禽游弋，岸边牛羊成群，风光宜人。

10.4.10 硝尔库勒湖
(Xiaoerkule Lake)

位于新疆维吾尔自治区民丰县境内，地理位置为东经 82°40′～82°41′，北纬 36°05′～36°08′。

湖泊为盐湖位于民丰县南部的喀什塔什山南侧的吕什塔格山和中昆仑山北坡之间的盆地中部，盆地面积约 530 平方千米，系新生代山间构造断陷形成。盆地东部为旋风岭。湖泊水源主要由湖周冰雪融水、湖面降水补给，另有源于吕什塔格山南坡冰川的 5 条时令小河汇入。湖面海拔 4 476 米，东西最宽 1 500 米，最窄 200 米。南北长 4 千米，水面面积约 5 平方千米。

湖泊四周为沼泽地，外围地势平坦开阔，四周有 20 平方千米的沙砾地带及盐碱地。盆地西侧还有一无名湖，面积约 2.8 平方千米。

10.4.11 吐米亚河
(Tumiya River)

位于新疆维吾尔自治区于田县境内，发源于昆仑山北坡，东、西分别与**尼雅河**流域和**皮什盖河**流域接壤。山口以上长约 40 千米，集水面积 637 平方千米，多年平均年径流量 0.564 亿立方米。"吐米亚"系维吾尔语"再不住"之意，因早期人们不愿居住此地而得名。

河流发源于吕什塔格山冰川地带，流域最高峰海拔 6 250

吐米亚河下游河道

米,上游4条支流源头均位于4条小型冰川冰舌末端。四条支流汇合后,河流由东南向西北流经18千米,到达位于河流出山口处的吐米亚村。在村庄上游建有拦河引水枢纽。河流自枢纽处向北流经约38千米,在也斯尤勒滚村附近又转向东北流,下行约10千米,消失在荒漠中。河流为冰川融水和降水混合补给的季节性河流,径流年内分配极不均匀,其中夏季占79.1%,春、秋、冬季分别占12.9%、7.5%和0.5%。

高山带河床呈深切割V形,河谷深60~70米,宽20米左右。前山区及冲积扇区河道呈砾石谷槽状。下游段河道平缓,河床宽20~150米。引水枢纽以下通过20千米长的干渠,经空木斯拉克村将河水引至下游吐米亚渠首。渠首以下引水又分为两支,一支通过25千米渠道向西北灌溉奥依托格拉克绿洲,另一支称也苏勒工干渠(渠长17千米),向北灌溉也斯尤勒滚绿洲,灌溉总面积2 000公顷。

10.4.12 克里雅河
(Keliya River)

《唐书》称建得力河,《西域图志》称克里底雅河,为纵贯新疆维吾尔自治区于田县境内的最大河流。河流发源于昆仑山脉支脉乌斯腾塔格山(俗称克里雅山)北坡,流域南依巍巍昆仑山脉,北接塔克拉玛干大沙漠,东与**尼雅河**流域毗邻,西与**策勒河**流域相连,山口以上集水面积8 382平方千米,河长438千米。"克里雅"系古突厥语,今释为"峭壁,动荡不定"之意,比喻河流岸壁陡峭,进入平原区后,河槽游荡,时而改道。

概 述

流域源头高大的山脉之间形成有两个较大的山间盆地(乌拉音盆地和乌鲁克盆地),盆地中坐落着一些高山湖泊,湖泊群的西面就是终年白雪皑皑的崇山峻岭,数以千计的冰凌玉柱耸立其中,气势巍峨壮观。这里有世界上独一无二的集湖泊群、冰川群、火山群于一体,让中外探险者心驰神往的绝境佳地。站在克里雅山口北望,一串串冰山下的湖泊镶嵌在由南向北倾斜的乌拉音盆地中,十余条雪融溪水潺潺入湖,其中之一即为由维吾尔族人吾拉音发现,并以他的名字命名的吾拉音库勒(湖)。1929年春汛前,吾拉音率人沿山间河谷寻找克里雅河源,途中艰难跋涉,到达高山湖泊时,只剩下几个随从和一袋苹果。他们在湖的东北角找到了纵坡平缓的出水口并投下了苹果,半个月后,当人们将一盆从山上漂流下来的苹果递给他时,吾拉音确信那座高山湖泊就是克里雅河源头。

吾拉音库勒湖位于乌拉音盆地中心,海拔5 400米,面积11.2平方千米,东西长12千米,南北平均宽0.93千米,平均水深0.9米,最大水深3米,湖水味咸,容量约0.1亿立方米,每年10月结冰,冰厚0.8~2米。支流阿克苏河西侧、平均海拔5 000米的乌鲁克高原盆地,人迹罕至,分布着两个著名的高山湖泊——**阿什库勒湖**和**乌鲁克库勒湖**,以及14座火山,其中,被称为亚洲一号火山的阿其格库勒火山曾于1951年喷发,成为中国最年轻的活火山。克里雅山口处目前还存留着唐代的罕坦木帕夏古堡;上游支流阿特塔木河途经的阿塔木帕夏一带,还可见到一座建于8—9世纪、至今仍保存完好的要塞,它扼古道咽喉,南可抵西藏,北通和田,是中世纪回鹘人与吐蕃人征战时所设。

克里雅河流域地势南高北低,流域海拔最高的琼木孜塔格峰高达6 962米。海拔5 500米以上的高山带雪山连绵,冰川发育,巨大的乌斯腾塔格山脉有大小冰川296条,冰川总面积达681.29平方千米。

克里雅河是一条以冰雪融水和降雨补给为主的河流,河流出山口以下15千米处设有克里雅水文站,多年平均年径流量7.02亿立方米。径流年际变化相对稳定,但年内分配不均匀,6—8月来水量占年水量的66.7%。融雪洪水多发生在7月,7—8月易发生危害性较大的融雪和暴雨混合型洪水。河流曾发生过类似于**叶尔羌河**的冰川堰塞湖溃决型洪水,时间一般在8月底至9月初,最大一次发生在1963年9月14日,洪峰流量达780立方米每秒。

克里雅河出山口以下已建成引水渠首4座(昆仑渠首、解放渠首、团结渠首、公安渠首)、引洪渠首1座、干渠24条、桥2座、注入式水库7座、中型电站3座。昆仑引水枢纽建成于1996年3月,由3孔进水闸、3孔泄洪闸组成,为拦河分层式,承担下游10个乡(镇)的分水任务,控制灌溉面积2.67万公顷。东方红水库建于1976年,实际蓄水库容1 000万立方米,控制灌溉面积3 333公顷。五一水库建于1962年,库容400万立方米,控制灌溉面积2 200公顷。红旗水库建于1962年,实际库容330万立方米,控制灌溉面积1 400公顷。西吾勒水库建于1958年,实际库容200万立方米,控制灌溉面积2 000公顷。喀尔汗水库建于1977年,实际库容190万立方米,控制灌溉面积2 066公顷。

清代的《于阗县乡土志》记载:"克里雅河发源于克里雅山,有路通后藏。"《于阗县乡土志》还详细地记述了"从于阗县南行1 430里即到达新疆与西藏交界处"的情况。这条被称为"克里雅山口道"(当地维吾尔族人称之为"藏道",学术界称之为唐蕃古道)的道路,是从于田县城出发,沿克里雅河南行,通过慕士山玉龙冰川和乌斯腾塔格山之间的克里雅山口,进入西藏。

纪 实

河流上游源流阿特塔木河由5大支流汇集而成,其中,中支和右侧两支流源头均延伸至昆仑山脉山脊北侧的巨大冰川区,左侧一支流源头最南延伸至克里雅山口,山口以北有一个由发源于昆仑山东南坡的十余条小支流汇集而成、位于乌拉因高山盆地内的乌拉因湖,河水自湖泊东侧泄出,由西向东汇入干流。左侧另一支流由5条发源于昆仑山脉一支脉东南坡山谷冰川区的支流汇集而成,呈梳状水系。五源流相继汇合后,下游始称阿特塔木河。阿特塔木河由西南向东北流,沿途右岸接纳了5条发源于昆仑山脊北坡冰川区的较大支流,流经38千米转向北流。下游9千米,右岸又接纳了一条长约47千米、由5条发源于昆仑山脊北坡冰川的支流汇集而成、呈梳状水系的大支流。又下行10.5千米,河流于左岸接纳大支流阿克苏河后转向东北流,以下河流始称克里雅河。

大支流阿克苏河发源于昆仑山脊冰川区,流域海拔最高 6 384 米。源区支流众多,呈树枝状水系。河流自源头流经 41 千米,右岸接纳发源于冰川区的克他斯吉勒干河后转向东流,下游 19 千米汇入克里雅河,流域面积 1 200 平方千米。

阿克苏河汇入口以下 20 千米,河流在右岸接纳了大支流阿克它鲁代亚河后又转向西北流;下游 43 千米和 55 千米处,左岸接纳了分别发源于柳什塔格山南麓和北麓冰川区的两条支流(柳什塔格山海拔最高 6 596 米,河长分别为 33 千米、16 千米),同时,右岸又接纳一大支流(河长 65 千米)。下游河流转向北流,右岸相继接纳阿拉马斯代牙河和柳什代牙河(河流自东向西流,河长 31 千米)后,左转 90 度弯向西流去;18 千米后,左岸接纳爱什库龙代牙河后又转向西北流;下行 3 千米,左岸接纳大支流库拉图代亚河(又称普鲁河)后,再经 16 千米河流出山口,转东北流,进入山前冲洪积平原区。山口下游 46 千米,右岸又接纳了在山区呈独立水系的苏克代亚河。

克里雅河出山口后深切的河谷

中山带,山势起伏大,地貌由宽谷盆地收缩为峡谷区,生长着亚高山草甸植被。河流出山口后,下游流经昆仑拦河引水枢纽、昆仑水电站、引洪渠首、阿热勒渠首、解放渠首、团结渠首、公安渠首;自山口向下流程 65 千米,从于田县城东侧穿流而过。自公安渠首以下,河流先向西北流,后又转向北流,流经 80 千米进入荒漠区,下游弯弯曲曲又流经约 160 千米,至达里雅博依的大河沿村,再下行约 60 千米,河流逐渐消失于荒漠中。历史上,河流向北可汇入**塔里木河**。

位于爱什库龙代牙河上游的乌什开布隆行政村上游有一叫做艾曲库隆的自然村,位于海拔 3 000 米以上的昆仑山北坡,是克里雅河在昆仑山间滋养的第一个村庄,被称为海拔最高的"昆仑第一村"。此地生长着典型的高山寒漠底线下的山间草甸,层叠的椭圆形地垄上长满了草,为避免夏天洪水季节遭受水害,村民的房屋大都搭建在河谷旁边较高的河岸阶地上,依山傍水,风景如画,令人向往。

克里雅河山口区左岸支流库拉图代亚河上的普鲁村,位于昆仑山北坡海拔 3 500 米以下的中山区。这里气候温和,适于植物生长。普鲁村居民世代过着半耕半牧的生活。村北约 10 千米的克里雅河南岸第三级阶地上,距现河床 150 米处,现还存有巴什康苏拉克新石器遗址,具有典型的新石器特征,属中石器时代遗址,也是迄今和田地区发现的年代最早的遗址。据《汉书·西域传》,今天的于田县即为汉代的扜弥国,其西及南为渠勒国。考古人员根据此地发掘出的古墓葬群,初步认定距今已有 2 600 余年,普鲁村一带很有可能即是汉代渠勒国的故址。普鲁村附近蕴藏金、玉、水晶、大理石等矿,清代曾置衙司采玉。普鲁村还以产、销藏民传统手工毛制品氆氇布、毡而闻名。位于柳什代牙河流域上的阿羌乡柳什村有一处 3 000 年前昆仑山早期人类活动遗址——流水青铜时代墓地。考古人员先后对几十座墓葬进行了发掘,出土了大量的陶器、铜器、玉器等文物。考古专家将流水古墓所代表的文化取名为"流水文化",是迄今在昆仑山北麓地区所发现的年代最早的古代文化。

出普鲁山口为流域的冲洪积平原区。这里气候四季分明、昼夜温差大,光照足,降水稀少,蒸发量大,春夏多风沙浮尘,属典型的暖温带内陆干旱荒漠气候。山口以下,河流主槽游荡,浅宽砾石漫滩,阶地发育,一级、二级阶地上生长着胡杨、柽柳、疏林灌木。冲积洪积扇中下部为主要农业区,克里雅河在这里养育着克里雅绿洲和十几万克里雅人。戈壁明珠兰干乡位于克里雅河西岸,葡萄种植面积 933 公顷,占总耕地面积的 60.8%,是名副其实的葡萄之乡。

克里雅河畔的于田县历史悠久,早在公元前三四世纪就进入定居的农业社会,开发大片绿洲,成为古扜弥国繁荣的腹心地带。据史书记载,汉唐时期,于田境内即"土宜五谷并桑麻""果瓜蔬菜与中国等",曾兴修水利,使用铁器,用牛耕作,有了较为发达的农业。明清时代,农业发展迅速。清光绪八年(1882 年)就置"于阗县"。现于田县辖 2 镇 13 个乡,人口约 20 万,并以其特有的资源、特产,各乡被国家有关部委分别冠以"中国探险旅游之乡""中国大芸之乡""中国大叶紫花苜蓿之乡""中国玉石之乡""中国胡杨之乡"。毛泽东"一唱雄鸡天下白,万方乐奏有于阗"的诗词更令古城于田闻名天下。

被称为"世界沙漠旅游景观之最"的"达里雅布依风景"河段位于克里雅河下游大河沿一带的冲积平原区,南距于田县城 150~200 千米。此段河流穿行于沙丘之中,气候极端干旱。河段众多的河湾、洼地,古朴秀美的胡杨林、红柳、芦苇和骆驼刺等植被,组成了一道林、水、沙漠为一体的奇丽风景线。伴河而栖的大河沿村(现为达里雅布依乡政府驻地)居住着 1 300 多个克里雅人,这个十几年前因与世隔绝而声名鹊起的村落,保存着和田最悠远的景色和最边缘的文明,被称为"和田最后的宝藏",其独具特色的民俗风情文化,对研究塔里木盆地沙漠古绿洲生态变迁及民俗民情都具有重要意义。

古老的喀拉墩古城遗址位于大河沿村北约 24 千米处,城墙内及其周围有 2 个佛寺痕迹和 600 多间房屋的痕迹,遗址内、外曾出土了麦种、稻种、豆种、干果和药材根以及磨石、佛像模和各种装饰品,其年代被推断为公元前 2 世纪至六七世纪。据考证,道家学派创始人老子曾在达里雅布依闭门修学 3 年,这一史典引起日本、东南亚等国考古专家高度重视,成为探幽访古热地。

达里雅布依下游,河流分支呈瓣状水系,洪水使河床连

克里雅河下游河道

续迭置，阶地对称。枯水期河床呈龟裂纹。两岸发育有天然胡杨、原杨林、柽柳灌木。古河道交错北延，伸入塔克拉玛干沙漠腹地，在距塔里木河仅 30 千米处才消失，河流自出山口起，河段长约 350 千米，因此，克里雅河也是一条较长的沙漠河，是著名的沙漠绿色走廊。

10.4.12.1　皮什盖河
(Pishigai River)

克里雅河支流，位于新疆维吾尔自治区于田县阿羌乡境内，流域西邻阿羌河流域，东与**吐米亚河**流域相连，山口以上河长 52 千米，集水面积 606 平方千米，多年平均年径流量 0.569 亿立方米，河流全长 132 千米。"皮什盖"系维吾尔语"皮夏""皮什南"之音转，意为"熟地"。

河流源头位于吕什塔格山北侧冰川带，流域最高峰 6 380 米。河流上游由两条含有大小 11 条小型山谷冰川的支流汇集而成。两支流汇合口以下，河流自东南向西北流，下行 8 千米，左岸接纳了一支流，其源流也由 5 条小型冰川汇集而成；再下行 6 千米，一无名支流于左岸汇入。此后，河流先转向北流、后转西流，经约 26 千米流程，至山口处的皮什盖村。上游河谷呈 V 形，河岸高 30 米，河床宽 20~30 米，最宽达 60 米。出山口后河道渐宽，达 100~800 米，东岸陡峭，西岸平缓，河滩盛长红柳。

河流在皮什盖村附近转向北流，在下游约 7 千米处的河道上建有引水渠首。渠首以下有两条干渠，一条干渠向西延伸约 2 千米，引水灌溉河流左岸保孜亚村小片耕地；另一条干渠向西北延伸约 31 千米，引水灌溉下游奥依托格拉克乡绿洲。河流余水在渠首以下呈散流状，分多支汊流分别穿越下游奥依托格拉克乡绿洲后转向西北流，又流约 35 千米，在于田县城北侧汇入克里雅河。

奥依托格拉克乡辖 12 个村委会，人口 1.5 万余人。该乡以盛产大青桃远近闻名。全乡还种植 2 000 公顷红柳大芸，被国家授予"中国大芸之乡"称号，中国科学院的大芸科研所也设在这里。另外，2008 年建成的 3 300 余公顷石榴基地也已初具规模，成为高效生态农业生产区之一。

塔木其铜锌矿点位于皮什盖村东南方向约 10 千米处的皮什盖河河谷中，分布在海拔 2 700~3 000 米区域，主要为火山岩多金属硫化物型矿，其中硫、铜、锌的品位较高，现探明地质储量 15 130 吨。

10.4.13　乌鲁克库勒湖
(Wulukekule Lake)

位于新疆维吾尔自治区于田县南部昆仑山间的乌鲁克盆地，西北 5 千米即**阿什库勒湖**，地理位置为东经 81°35′~81°40′，北纬 35°38′~35°42′，为火山堰塞湖。"乌鲁克库勒"维吾尔语意为"神圣之湖"。传说唐朝中期吐谷浑部军队由西藏入于阗时，路经此地，感叹湖泊周边景观为"神圣之地"，湖泊由此得名。

乌鲁克库勒湖面高程 4 680 米，主要由湖周小河冰雪融水补给。湖泊南部有一条支流汇入，长 9.5 千米，东北及西南还有 2 处泉水注入。湖泊南北长 7 千米，东西宽 3.8 千米，呈不规则半月形，水面面积 15.4 平方千米，最深处达 38 米，容积约 1 亿立方米，湖水 pH 值为 8.9，矿化度为 32.4 克每升，属氯化钠型咸水湖。湖水清澈碧蓝，水浅处可见浮游的高山鱼虾。

乌鲁克盆地内分布有大、小十余座火山遗址。乌鲁克库勒湖东北 1.3 千米处有一座被称为 3 号火山的火山锥体，相对高度仅 70~80 米，锥顶北高南低向南开口并有积水痕迹。除此之外，乌鲁克库勒湖周围还有 7 座火山。

历史上高原通道经此地入藏北，从于田县普鲁村出发沿着克里雅河上行，翻过 5 114 米的硫黄达坂，便进入了平均海拔 5 000 米的乌鲁克高原盆地。盆地内高山景色宜人，乌鲁克库勒湖犹如一面明亮的月牙，镶嵌在冰山雪峰之中，火山锥规则的形态倒立在湖中，融蓝天、冰雪于一体，构成一幅大自然的美妙图画，这里还是野牦牛、野驴和藏羚羊等野生动物的天堂。

10.4.14　阿什库勒湖
(Ashikule Lake)

又名阿其格库勒湖，系维吾尔语，意为"盐碱湖"，因水质咸苦得名。位于新疆维吾尔自治区于田县境内**克里雅河**上游乌鲁克高原盆地西部，西南临玉龙冰川，北为吕什塔格山，地理位置为东经 81°32′~81°36′，北纬 35°43′~35°45′。

阿什库勒湖属火山岩熔岩堰塞湖，湖面高程 4 670 米，水域面积 10.5 平方千米，东西长 6.5 千米，南北宽 3 千米，平均水深 1.9 米，容积 2 200 万立方米。湖水由高山冰雪消融、地下水溢出及湖面降水混合补给，其中有一条时令河汇入其中，集水面积 730 平方千米。湖水 pH 值为 8.9，矿化度为 7.08 克每升，阿列金分类硫酸盐型，属盐湖。湖泊西面有 4 个小湖为淡水湖，可饮用。湖周生长有草甸，湖面有麻鸭、斑头雁栖息，呈高原盆地火山区湖泊景观。历史上高原通道曾路经此湖，南入藏北。湖泊东北部曾发掘出中石器时代石器遗址。

我国史书上曾记载："南望昆仑，其火熊熊"，有历史记载的火山喷发有 5 次。阿什库勒火山位于阿什库勒湖附近，火山海拔 4 923 米，是我国大陆上最年轻的活火山。它曾于 1951 年 5 月 27 日上午 9 时 50 分喷发，火山口直径约 100 米许，四周均散布着灰黑色的火山熔岩和火山灰。这里除有一种名叫高山驼绒藜的垫状植物零星点缀之外，就再无其他绿色植物了。

10.4.15　奴尔河
(Nuer River)

新疆维吾尔自治区策勒县水量最大的河流，流域东、西分别与萨依巴格河、**乌鲁克萨依河**流域为邻，出山口以上河长 37 千米，集水面积 736 平方千米，多年平均年径流量约 1.7 亿立方米。河流属冰雪融水和降雨混合补给型河流，6—8 月来水量占全年水量的 77% 以上。

河流发源于昆仑山支脉喀什塔什山北坡冰川区，冰川最高峰海拔 6 409 米，由提约奴哈河、拉龙河、大龙河三支源流在上游独木行政村附近汇集而成。汇合口以下 8.6 千米，右岸接纳水苦龙河后，又经 6 千米流出山口。海拔 2 400 米以上山区河段，河宽 200~1 000 米，河床下切深度 50~100 米不等，河中多巨石，坡度大，水流湍急。河水在山区灌溉独木村 60 余公顷耕地。

山口建有拦河渠首——奴尔渠首。渠首以下，河床宽阔。渠首以下 11.5 千米的河流两岸，为奴尔乡及所属 4 个行政村和农一师一牧场所辖灌区。灌区以下河流转向东北流，河床骤然展宽，河岸高降至 3~5 米以下，部分河段甚至看不出明显河床，洪水在广阔的冲积扇上漫流、渗入地下。河流流经约 30 千米，右岸与萨依巴格河下游河道汇合后转向北流；又经约 30 千米，下游形成多股泉水溪流，经泉水沟分别注入下游 6 座蓄泉水库，在 315 国道南侧有丰收水库、卡尔苏水库、红旗水库，315 国道北侧有卡提亚水库、甫那克水库、卡尔曼水库，灌溉达玛沟乡和固拉合玛乡的农田，余水散入北部沙漠区。

奴尔渠首建成于 1968 年，由 1 孔进水闸、3 孔泄洪闸组成，设计泄洪流量 300 立方米每秒（20 年一遇），设计引水流量 50 立方米每秒，主要承担奴尔乡、固拉合玛乡及达玛沟乡的引水任务，控制灌溉面积 1.2 万公顷。从 20 世纪 60 年代起，策勒县人民风餐露宿，历经数十年，直至 1990 年 5 月 1 日才建成全长 86 千米的"战斗渠"。沿渠共建 6 座退水闸、1 座分水闸和 3 座公路桥，每年引 6 000 万立方米努尔河水到下游固拉哈玛乡、达玛沟乡灌区。在渠首下游 4 千米奴尔乡附近，1985 年建成 2×40 千瓦小水电站 1 座。战斗渠通水后给灌区带来了大量泥沙，为解决这一问题，1992 年在奴尔渠首下游 2 千米处，采用涡管排砂新技术，修建了 1 座排沙设施。1996 年在排沙工程的下游，又新建 1 座渠首及 14 千米干渠，灌溉出山口附近奴尔乡一管理区和兵团农一师一牧场的 1 660 余公顷耕地。20 世纪 50 年代，分别在达玛沟乡的三条泉水沟和固拉哈玛乡的两条泉水沟上先后修建了 6 座拦蓄泉水的小型水库，水库蓄水和战斗渠来水灌溉着两乡 9 530 多公顷耕地。50 多年来，努尔河上修建永久性防洪堤 5.474 千米，临时性防洪堤 12.4 千米，干、支、斗渠 423.9 千米。

丰收水库建成于 1960 年，总库容 920 万立方米，均质土坝，控制灌溉面积 766 公顷，冬季蓄水量可达 900 万立方米，水面面积 240 公顷。甫那克水库建成于 1957 年，总库容 25 万立方米，均质土坝，控制灌溉面积 166 公顷。红旗水库建成于 1976 年，总库容 130 万立方米，均质土坝，控制灌溉面积 140 公顷。卡尔苏水库建成于 1998 年，总库容 620 万立方米，均质土坝，控制灌溉面积 1 446 公顷。

奴尔乡属山区半农半牧乡，乡政府驻地海拔 2 350 米，辖 18 个行政村，共 10 400 余人。耕地面积 2 133 公顷，主要种植小麦、玉米、油料等作物。下游固拉哈玛乡辖 19 个自然村，共 27 600 余人，耕地面积 3 838 公顷，其中经济作物（油料、孜然、瓜果）635 公顷，林果业 2 248 公顷，主要引战斗渠水灌溉。达玛沟乡有 17 个行政村，共 19 300 余人；乡南面为草滩，北面为戈壁，有自然草地、野生胡杨林、红柳绿地近 2 400 公顷，耕地面积 3 900 公顷，林果面积 2 022 公顷，其中万米核桃长廊，优质杏、红枣、葡萄等示范园区已初具规模。

达玛沟乡境内分布着许多重要佛教遗址，其中老达玛沟佛教遗址发现于 2000 年 3 月，2002 年 9 月进行抢救发掘，始建年代大约在 6—7 世纪，保存完整，残存壁画内容以大乘佛教为主。壁画人物形态圆润丰满优美，佛像雕塑精湛，佛堂典雅，令人叹为观止，充分体现了于阗佛教的艺术特点，具有较高艺术水平。现建有达玛沟佛教遗址博物馆，它以"托普鲁克墩 1 号"遗址为依托建馆，为疆内首个遗址博物馆。展出文物均来自达玛沟遗址群，博物馆面积 400 平方米，共展出各种文物 108 件。

老达玛沟实际上是个范围广大的古遗址群。1929 年 5 月黄文弼教授来此考察后认为这里是 13 世纪马可·波罗经行和田所说的培因州，在其《塔里木考古记》中记述道："过达摩支村（达玛沟）向北东行，入沙碛约五六公里地，即有红色陶片散布，显示已逼近古代住宅区域也。转东行，至一为数众多瓦砾场，地名特特尔格拉木，西南—东北一线，绵延约数里，房屋虽已毁败，但其痕迹、街衢巷陌尚可辨识，中有大道一条通向东北，显然为一旧城镇之残迹……"有学者认为老达玛沟古遗址群即是汉之扞弥城，唐之坎城，明之培因城。

10.4.16 乌鲁克萨依河
（Wulukesayi River）

位于新疆维吾尔自治区策勒县中部，流域东、西分别与**奴尔河**和**恰哈河**流域接壤，北与**玉龙喀什河**毗邻；山口以上河长 76 千米，集水面积 895 平方千米，多年平均年径流量 1.272 亿立方米。"乌鲁克"维吾尔语意为"大沙滩"，河流因流经大沙滩而得名。

乌鲁克萨依河发源于昆仑山北坡冰川地带，流域海拔最高 6 296 米。源流由 5 条源头均位于小型山谷冰川末端的支流汇集而成。河流自源头由南向北流，途经琼萨依村 25 千米后，右岸接纳一条在山区呈扇状水系的较大支流。下游流经 18 千米，经乌鲁克萨依渠首流出山口。出山口后，河流流经乌鲁克萨依乡政府驻地、巴达干村；又 9 千米后，在科克尔村附近左纳支流玉龙河后转向东北流；此后河流逐渐呈散流状，并渗入地下，下游无明显河床。汛期洪水在戈壁中漫流，经约 50 千米，汇入右邻奴尔河下游河道。

玉龙河发源于昆仑山北坡海拔 6 300 米的冰川脚下，下游玉龙村（牧业村）距源头不足 10 千米。河流自玉龙村由西北转向东北流，流经 21 千米接纳右岸一无名支流后，下游 16 千米、19 千米处，右岸又分别接纳了玉龙克尔河（流经玉龙克尔村）和乌坦勒克河（流经乌坦勒克村），其后又流经 5.5 千米汇入乌鲁克萨依河。

乌鲁克萨依渠首竣工于 1986 年，下游干渠引水灌溉巴达干村、色格孜勒克村农田后，多余水引至巴达干水库。巴达干水库库容 20 万立方米，主坝高 5 米，坝长 1 500 米。

乌鲁克萨依乡是个以牧业为主的乡。全乡辖 8 个行政村，其中 3 个农业村，5 个牧业村，共 4 020 人。流域中低山带（海拔 2 500～3 500 米）降水较丰富，日温差大，无霜期短，但冬无严寒、夏无酷暑。山区牧场辽阔，草原丰茂，分布着乌鲁克萨依乡的 4.47 万公顷草原，有黄羊、狐狸、旱獭、雪鸡等野生动物出没其间，野生植物主要有青兰、锁阳和雪莲等。乡政府东南 5 千米的山区，是负有盛名的贝兰干天然草场，这里气候宜人，每年 6—9 月绿草如茵，一片"天苍苍，野茫茫，风吹草低见牛羊"的草原美景。全乡牲畜存栏数达 4 万多头（只）。农区是和田大叶紫花苜蓿原种生产基地。全乡有 433 公顷耕地、150 公顷林地，主要分布在 2 000～3 000 米的河谷阶地上，特别适合杏、沙枣和中草药的生长，这里的策勒黄杏，鲜食果汁酸甜，杏仁个大，口感滑爽。此外，流域内分布有黄金、玉石等矿藏资源。

10.4.17 恰哈河
（Qiaha River）

位于新疆维吾尔自治区策勒县恰哈乡境内**策勒河**东侧，东与**乌鲁克萨依河**流域相邻，南部与**玉龙喀什河**上游段毗邻，山口以上河长 97.5 千米，集水面积 552 平方千米，多年平均年径流量约 0.9 亿立方米。

河流发源于昆仑山北坡慕士冰川东侧的喀依拿能吐日山，上游段称千吉萨依代牙河，源头延伸至海拔最高 6 066 米的冰川脚下。河流自源头由西向东流，两岸水系呈羽状分布；流经 24 千米，右岸接纳无名支流后转向北流；途经千吉萨依村，流经 46 千米出山口。山口以下始称恰哈河。山口处建有托特马克渠首，引水灌溉左岸萨孜喀木村农田。渠首下游河流右岸建有一小渠首，引水至右岸 8 千米处的浪沙水库（蓄水库容 20 万立方米），主要解决克孜亏地改、克希、奥依巴格、色日克孜四个村春季用水。河流自托特马克渠首转向东北流，经奴尔乡政府驻地，在下游17.5千米处建有恰哈河拦河引水枢纽，其后通过7.1千米引水渠（引水流量15立方米每秒）引水至胜利水库。河流自恰哈河拦河引水枢纽以下，继续向东北流约6千米，河流呈散流状，河水散失在宽阔漫无边际的河床下；约35千米后又以泉水出露形成两条泉水沟，汇入下游16千米的卡尔苏水库；又下游约3千米进入固拉合玛乡灌区，河床在灌区北部荒漠中消失。

胜利水库位于策勒县城至恰哈乡公路45千米处，恰哈河与策勒河之间的天然洼地中，建成于2003年11月，总库容980万立方米，下游输水干渠（民航渠）全长37.7千米，通过民航渠将水引至下游策勒河灌区的东方红渠首，灌溉下游策勒乡（镇）6 860余公顷耕地。

恰哈乡政府驻地海拔2 060米，辖20个行政村，共12 500余人。草地面积6.7万公顷，耕地面积1 876公顷，主要种植小麦、玉米等。

10.4.18 策勒河
(Cele River)

上游段又称阿希河，位于新疆维吾尔自治区策勒县境内，流域东邻**恰哈河**流域，西与**玉龙喀什河**流域接壤，策勒水文站以上河长134千米，集水面积2 032平方千米，多年平均年径流量1.28亿立方米。

策勒之名源于汉代西域之渠勒国，"渠勒"维吾尔语意为"红枣"。《西域水道记》对该河作如下诠释："于阗国（今和田地区）地有六城，其中之一曰'齐尔拉'，回语引水入境也。"旧对音作"齐喇"，又作"策勒、努喇"。

概 述

河流源头位于和田县与策勒县交界处海拔6 638米的慕士山峰一带，这里几乎完全被冰雪所覆盖，冰川发育。强烈的冰蚀作用将山体雕刻成锋利的角峰和刃脊，使峰体形态更加清晰壮观。山峰北坡依次分布有冰川作用的极高山带、寒冻作用的干旱半干旱高山带、干旱剥蚀的中山带、低山丘陵带和冲洪积倾斜平原带。流域西侧的"铁克里克"山，维吾尔语意为"公山羊"，喻山势陡峭，只有公山羊可攀，最高海拔5 466米；山坡上生长有荒漠植被、岩羊、藏雪鸡、黑鹳等野生动物时有出没。受该山抬升的影响，策勒河上游河床深切，阶地发育。自乌库村（海拔2 700米左右）至下游康托喀依村（海拔1 800米）之间长58千米的河段，河流穿行于喇叭口朝东北的宽谷地带，河道比降高达15.8‰，两侧河岸陡深，在邻近康托喀依村一带，河岸高达百米以上。大部分河段上都有三至四级阶地，恰哈乡7个村、共730多公顷的耕地像一条绿色飘带分布在此段河流两岸。耕地土层厚数十厘米至1～2米不等，主要种植小麦、玉米、青稞、豆类和油料作物。

河流主要由冰雪融水和降雨补给，汛期6—8月来水量占全年来水量的73%以上。洪水期水流夹带大量泥沙、卵石滚滚而下，某些河段水面宽达百米以上。枯水期水深仅数十厘米，个别年份下游断流。11月下旬至次年2月下旬为结冰期。

恩尼里克水电站建成于1998年，设计水头62.5米，装机容量2×500千瓦，现已停用。恰拉卡依水电站装机容量2×320千瓦。东方红渠首建成于1964年5月，最大泄洪量120立方米每秒，引水流量50立方米每秒。先锋水库建成于1965年，库容500万立方米，为均质土坝，灌溉面积5 133公顷。

纪 实

河流发源于昆仑山北坡海拔6 638米的慕士山峰的慕士冰川。慕士山峰区几乎完全被冰雪所覆盖，冰川发育，冰川总面积2 700平方千米。河流上游由3条支流汇集而成。西支为喀拉塔什河（河长17千米），其上游支流曲日能代牙河、阿克苏能代牙河源头均位于庞大的慕士山峰区的慕士冰川冰舌末端；中支为乌吐克代牙河（河长33.6千米）；东支为色日克布隆河（长17千米，河名系维吾尔语，意为"黄色角落河"，因河流经一黄色岩石山沟得名）。三支流由西南向东北顺流而下，汇集于乌库村，汇合口以下即为阿希河。乌库村以下，河流先后流经阿格塔勒村、恩尼里克村及恩尼里克水电站、萨孜喀木村、阿萨村、玉如克塔什村、阿西村及康托喀依村。该河段长约58千米，其间有拉瓦斯河、秋库吐力河、牙台伯地河、卡尔苦子河等支流汇入阿希河。康托喀依村以下，河流向北流16千米至恰拉卡依水电站，电站以下始称策勒河。河流流经17千米穿越315国道，策勒水文站位于315国道以南7千米处。在国道南侧附近建有拦河式东方红引水枢纽，枢纽下游干渠将水大部引向国道北侧策勒县城以北的策勒乡绿洲。渠首以下河流转向西北流，下游约3.5千米处建有拦河水库——先锋水库。水库以下，河流从策勒县城西侧流过，下行约20多千米后消失在荒漠中。

策勒县历史悠久，汉为渠勒国地，唐置坎城镇。《西域图志》中称"齐尔拉"，并写道："齐尔拉旧对音为齐喇，在玉陇哈什东二百里，西距额里齐城二百三十里。民物繁庶，无城垣而居。六城之一，西有河自塔克来，西北流入于沙碛。"1919年置策勒县佐，1928年升为三等县。全县辖7乡1镇，境内驻有兵团农十四师奴尔牧场，总人口14万余人。

清代萧雄的《西域杂述诗》云："西走长途葱岭边，平开沃野是于阗，六城烟雨生金玉，鸡犬桑麻别有天。"上述"六城"分别为克勒底雅（今于田县）、塔克、齐尔拉（今策勒县城所在地）、玉龙哈什（今玉龙喀什河附近）、额里齐城（即和田市）、喀喇哈什（今墨玉县城）。其中的"塔克"就是指策勒河谷中、分别残存在现阿西村的阿西山和阿萨村的阿萨山山顶上的阿西（又称阿西乔克吐如希）古城堡和阿萨（又称阿萨乔克吐如希）古城堡。两古城堡建于1001年，当时，于阗国与喀喇汗王朝之间经过24年的战争后，于阗国军队的两名统帅朱克提热西提、努克提热西提兄弟率领残部败退策勒河谷，修建了这两座城堡。该残部于1006年冬全部战死在策勒山区，留下了这两座具有悲壮历史的城堡。两城堡1999年被自治区列为文物保护单位。

伊麻木加帕尔特合兰古墓位于策勒县城以北的策勒河下游，是现存历史悠久，规模宏伟，保存比较完整的一处古迹，距今约有近1 400多年的历史。保存完好的主要有艾提喀美其特寺院、主麻美其特寺院和斯麻古墓。

丹丹乌依里克遗址位于策勒县城北约91千米处的沙丘中，总面积达1平方千米左右。从沙丘上可以看到用红柳树枝编出、用泥抹成的木制结构的古屋轮廓。根据此地出土的佛教壁画、青铜、陶器、木料、玻璃制品、佛像、古手稿和古文文书，遗址被认为具有2 000多年的历史。

10.4.19 杜瓦河
(Duwa River)

位于新疆维吾尔自治区皮山县境东部，流域东与**喀拉喀什河**流域接壤，西与**波斯喀河**流域相邻。河流出山口以上河长58千米，集水面积1 034平方千米，多年平均年径流量0.476亿立方米。

河流主要由降水和冰雪消融混合补给，春、夏、秋、冬四季来水量分别占多年平均年径流量的 22.7%、57.8%、14.2% 和 5.3%，汛期为 6—8 月。杜瓦水库建成于 1979 年，正常蓄水位 1 630.84 米，设计库容 400 万立方米，最大坝高 22.5 米，长 480 米，控制灌溉面积 1 066 公顷。

河流发源于昆仑山北坡，流域海拔最高 5 726 米。流域内发育有冰川 7 条，冰川面积 2.3 平方千米。河流上游河段由两条支流汇集而成。自汇合口始河流由西南向东北流 6.2 千米，左岸接纳了支流阿其克吉利阿河，后转向东流；下游相继接纳了右岸的一条较大无名支流和卡里克阿克达西河，之后转向北流；自卡里克阿克达西河汇入口下行 41 千米，流经苏那克村、克台克力克村、亚尔克村、都村、塔什艾日克村、欧尔纳村后，到达杜瓦镇；又下行 9 千米入杜瓦水库。通过水库坝后的杜瓦干渠部分河水被引向绿洲区。水库以下，河流转向东北流，约 5.7 千米穿越 315 国道；又流 12.5 千米，从皮亚勒玛乡及所辖加依塔什村、库木博依村、塔吾孜吾斯塘村、喀塔尔墩村绿洲西缘流过；下游呈涓涓细流，经 21.4 千米流程，在兵团农十四师皮墨垦区上游呈发散状渗入地下。

河流上游地区主要为山地草原，境内有草场 51 处，面积约 2 000 公顷，长有昆仑蒿、昆仑针茅、银穗、新麦、苔草和羊茅草等，山中草药有党参、锁阳、甘草、麻黄、曼陀罗等，并有狐狸、黄羊、旱獭、兔子、雪鸡、鹰等野生动物出没。流域内有煤、石膏等矿藏。杜瓦公路溯流而上可通到上游的苏那克村。流域内左岸有杜瓦煤矿、地区煤矿等，临河还坐落有水泥厂、小型水电站等。

杜瓦河

杜瓦镇所属 8 个行政村及自然村落分布在长达 25 千米的杜瓦河谷中的河流两岸。杜瓦镇辖 8 个村委会，总人口 6 386 人，全镇耕地面积 563 公顷。皮亚勒玛乡位于 315 国道北约 10 千米的杜瓦河畔，辖 5 个村委会，总人口约 5 100 余人，是我国著名的石榴之乡。《西域同文志》释为："皮雅勒阿勒玛，回语，皮雅勒，木也，阿勒玛，不可取之，谓当地沙碛，少器用，故以不取戒行人也"。乡域地处塔里木盆地南缘沙碛平原带，干旱多风沙，多年平均气温 11.6 摄氏度，无霜期 215 天左右。秋季走进皮亚勒玛乡，一棵棵挂满果实的石榴树在阳光下火红耀眼，这里出产的石榴果形漂亮，粒大、汁多、味甜、富含维生素 A、B_1、B_2 和钙、铁等 18 种营养成分，曾获得国际农业博览会银奖。

2001 年，随着长达 50.43 千米的皮亚勒玛引水干渠通水及镇区容积达 2 万立方米的沉沙池（人工湖）建成，兵团农十四师皮墨垦区的开发建设正式拉开了帷幕。垦区可灌溉面积 1.5 万公顷，未来将成为国内最大、最先进的节水灌溉农业示范区之一。现已开发出园地面积 8 444 公顷，林地面积 6 000 公顷，绿化居民点面积 333 公顷，林木覆盖率达到 70.37%，土地利用率达到 78.10%。昔日多沙丘、少植被的戈壁荒漠，如今已变成林、果、草结合的绿洲，成为和田河流域西部一道抵御风沙的绿色屏障，成为戈壁滩上又一颗璀璨的明珠。

10.4.20 波斯喀河
（Bosika River）

又名普斯开河，因流经普斯开村而得名，位于新疆维吾尔自治区皮山县境内，流域东、西部分别与**杜瓦河**、**桑珠河**流域为邻，波斯喀水库以上集水面积 659 平方千米，河长 46 千米，多年平均年径流量 0.23 亿立方米。

河流发源于中昆仑山支脉桑株塔格山冰帽冰川区，流域海拔最高 5 726 米，流域内发育有冰川 4 条，冰川面积 2.48 平方千米。河流上游由不尔都吉利阿沟、克瓦河和吐孜良达里亚河在海拔 2 650 米的阿尔皮勒克村汇集而成，上游呈扇状水系，汇合口以下始称波斯喀河。河流由此向北流经 26 千米，转向东流后进入巴什波斯喀村河谷，河流两岸为桑株乡 4 个行政村的农田。河流东流约 10 千米注入波斯喀水库。水库以下，河流转向北流，流经 11 千米的绿色河谷区后，出山口进入冲洪积平原区。平原区河流向东北流经 21 千米，穿越 315 国道，进入藏桂乡灌区。经灌区引水灌溉，河流余水散失在灌区以北的荒漠中。

波斯喀河汛期主要集中在 5—8 月，汛期水量占全年的 71%。波斯喀水库建成于 1978 年，坝高 18.4 米，坝长 378.5 米，库容 150 万立方米，灌溉面积 820 公顷。

"藏桂"一词系"赞古尼亚"语之音变，意为"聪明干净"。乡域地处波斯喀河流域冲积扇缘带，地势平坦，北部为沙漠戈壁。

10.4.21 桑株河
（Sangzhu River）

位于新疆维吾尔自治区皮山县境内，属**塔里木内陆河湖**水系，流域东、西部分别于**波斯喀河**和**皮山河**流域相邻，山口以上集水面积 1 070 平方千米，河长 56 千米，多年平均年径流量 2.56 亿立方米。

桑株河

流域高山区的桑株达坂冰川区，海拔最高 6 248 米。流域内高原寒带—亚寒带过渡区，植被主要为亚高山草甸，时有藏羚羊、猞猁、岩羊等出没，河床深切。中低山区，主要生长昆仑蒿、昆仑针茅、银穗草、羊茅草和芨芨草等草本荒漠植被，产党参、大黄、番泻叶、香檀等中草药，河道为宽谷河床，沿河断续分布有块状绿洲，为柯尔克孜人半农半牧区。下游冲积平原为干旱暖温区，河面开阔，系浅宽砾石河床。上游河道内自然繁育有塔里木裂腹鱼、叶尔羌鳅科鱼族。山区矿藏资源有水晶、煤、铁、铜、硫黄等。

桑株水库有东、西两支引水干渠。西干渠接坝后电站——桑珠二级水电站尾水渠,灌溉沿河西岸灌区农田。东支为坝后的桑株干渠,沿途灌溉河流东岸桑株乡农田;途中利用干渠落差建有桑株水电站,尾水又回归桑株干渠。两支干渠的灌溉余水与天然河道下泄水量一并流向距水库26千米的恰斯干拦河引水枢纽。恰斯干引水枢纽将水引入3支干渠。东支通过长约21千米的藏桂干渠引入藏桂乡灌区。中、西两支向北延伸16千米,穿越315国道,灌溉315国道以北木吉乡、乔达乡灌区;余水分别注入距315国道约10千米的杭斗克水库和距315国道14千米的巴西拉水库。流域内控制灌溉面积达3.2万公顷。

桑株水库建成于1993年10月,坝型为均质土坝,最大坝高53米,坝长1050米,总库容4388万立方米。恰斯干引水枢纽建成于1968年8月,主要承担下游木吉乡、藏桂乡、乔达乡的引水任务,控制灌溉面积8000公顷。杭斗克水库建成于1958年1月,坝高5米,设计库容100万立方米,实际库容80万立方米,控制灌溉面积133公顷。巴西拉克水库建成于1959年,均质土坝,最大坝高5.25米,坝长1510米,总库容350万立方米,控制灌溉面积400公顷。

河流发源于中昆仑山西段桑珠塔格山海拔5035米的桑株达坂,流域内发育有冰川113条,冰川面积118.75平方千米。主源流曲谷达克达利亚河自源头由南向北流,沿途两岸有多条发源于两岸冰川区的溪流汇入,流经23千米,在库尔良行政村,左岸接纳发源于中昆仑山山脊冰川区的支流库尔良达利亚河(河长27千米)。自此以下河始称桑株河,下游7.3千米和8.5千米处,两岸分别接纳杨瓦克河和奎勒河;又流23千米,途中接纳了布西良河,流经桑株水文站,在康克尔柯尔克孜民族乡政府驻地附近经喇叭形宽谷流出山口。桑珠水文站位于康克尔乡上游6千米处。河流出山口下游3千米处即为桑株拦河水库。水库坝址以下26千米,河流流经恰斯干引水枢纽。枢纽以下,河流呈散流状,主要分为4支。东支流向东北方向的藏桂乡境内,散失于戈壁漫滩中。中间两支呈散流状下泄,在砾质平原上部渗入地下,又在恰斯干引水枢纽下游约20余千米处,以泉水出露,部分水量注入杭斗克水库,另一部分水量在下游东侧分别形成两支较大泉水沟,又流淌约10余千米,散失在荒漠中。西支沿途散失渗入地下,又在恰斯干引水枢纽以下22千米处以泉水出露,注入巴西拉克水库。水库下游,河道向西北延伸约20多千米,消失在荒漠中。

从皮山县逆桑珠河而上,穿越219国道、通过喀喇昆仑山口可进入印度,此路即是古时的"皮山道"。清军曾在萨纳株(即桑株)设有卡伦(即哨所)。《西域图志》记载:"由萨纳株西南行,可达痕都斯坦(即今印度)"。此道自古为吐蕃通商之路,唐至清代,均在桑株达坂置关设卡,以查计商贾货物;也为佛门香客、军队通行的道路,至今仍遗留有很多驻军要塞遗迹及耕种痕迹;20世纪50年代初为解放军进西藏阿里的供给线。关于"皮山道",张大军在《新疆风暴七十年》记载:"由桑株行40里至康凯啊(康克尔柯尔克孜自治乡所在地),南行16里至柯外孜(今桑株河边开外孜村),40里至阿克卡孜(今桑株河上游三条支流汇合口阿卡孜),南行22里至柯啊良(今库尔浪村),60里至曲沟由达(今曲谷达克村),80里至蒙古包(今色日克克日附近),90里至赛图拉(今赛图拉)……30里至卡尔库罗木达坂(今喀喇昆仑山口)……"之后入今印度境内。

康克尔柯尔克孜民族乡地处昆仑山谷、桑株河上游两岸地带;辖4个村委会,总人口1600余人。"康克尔"意为宽坝。历史上此山川深谷荒无人烟,后柯尔克孜族人沿山溪逐

水草放牧、居住成村,淤地造田时,因此埂宽大而得名。乡属各村分布在海拔2250～2450米地带,经济上以畜牧业为主。当地最为著名的桑株岩画位于海拔2300米的乌拉其村旁的桑株河谷中,画面正对着河滩,两岸危崖嶙峋,水绿草青。岩画内容主要描述青铜时代的狩猎场面,1962年7月由自治区人民政府公布为第二批文物保护单位。

桑株岩画

桑株乡辖24个村委会,总人口27200余人。相传很早以前,此地人烟稀少,后人们逐水放牧,寻觅耕地陆续至此,定居桑株河两岸形成村庄。约13世纪时,当地人信奉佛教,被伊斯兰教徒视为"桑斯了株霍提",后演变为"桑株",按维吾尔语译,意为"顽固异教徒聚居地"。另一说"桑株"系藏语,其含义为"吉祥如意"。桑株乡东、西、南三面环山,地势北倾,多山地河谷,全乡耕地面积3472公顷,除种植小麦等传统农作物外,平原区还种植有核桃、沙枣、杏等,素有"核桃之乡"之美誉,杏品种达20余种。

木吉乡辖20个村委会,总人口19200余人。《西域地名》一书作"木济",系阿拉伯语"买吾吉"之音转,其意有"波涛,波澜"之说,亦指"繁华"之意。全乡耕地面积3272公顷。乔达乡辖14个村委会,总人口10700余人。两乡域自南向北倾斜,地势平坦,北为荒漠沙丘,中、南部为灌区,主要农作物为小麦、玉米、油料、棉花、苜蓿等。

10.4.22 皮山河
(Pishan River)

概 述

又名合什地克塔孜洪河,位于新疆维吾尔自治区皮山县境内,由发源于中昆仑山西段北坡的主源流克里阳河和支流布琼河两大支流汇集而成,汇合口以上集水面积2930平方千米;下游雅普泉水库以上河长107千米,相应集水面积3215平方千米。

河流属冰雪消融、降水混合补给型河流,全年水量74%以上集中在夏季6—8月,易发生春洪,秋、冬季则主要靠地下水补给。

流域最高海拔6396米,流域内发育有冰川113条,冰川面积91.57平方千米。高山区海拔4500米以上终年积雪,年平均温度在0摄氏度以下;3500～4500米地带为干草原草地,呈带状分布在融雪浸润的山坡和河谷。海拔2500～3500米的中山带地形复杂,发育箱谷形河道,水流湍急,植被主要为巴萨草、合头草等,为夏、秋草场,唐代时后藏萨毗部落人多在此游牧。海拔1400～2500米的前山丘陵地带和山前冲积扇区为戈壁绿洲,包括阔什塔格、司木斯拉、克里阳一带,多年平均气温10.1摄氏度,夏季有冰雹、暴雨灾害。

10.4.22 皮山河

皮山河上游河道

依格孜拦河引水枢纽

海拔1 250～1 400米的平原地带，包括固玛镇、科克铁热克、木奎拉等315国道以北的几个乡镇；这里地势平坦，光热资源丰富，多年平均气温11.8摄氏度；无霜期217天。海拔1 250米以下的戈壁沙漠地带，干旱缺水，多流沙，有稀疏的红柳、胡杨等沙漠植被。

在阿克肖尔河河口上游1.5千米处以及康阿孜河河口上游1.1千米处，分别建有阿克肖和康阿孜两座拦河水库。水库下游5千米的克里阳河干流建有克里阳拦河引水枢纽。该枢纽的下游还建有依格孜拦河引水枢纽、阿日甫渠首和皮西那渠首。其中，依格孜拦河枢纽向克里阳乡和下游灌区引水。阿日甫渠首后的干渠分为两支：西支巴什兰干渠向西北方的巴什兰干乡灌区引水；东支将河水向东引入江尕水库。皮西那渠首后亦有两支干渠：北支皮西那干渠将水输送至北部皮西那乡灌区；东支引水至阔什塔格乡灌区。雅普泉水库建有坝后雅普泉水库电站，下游胜利干渠上还建有雅普泉水电站以及4座分水闸，分别向固玛镇、木奎拉乡、科克铁热克乡和皮山农场供灌溉用水。灌溉余水在皮山县城东、西两侧形成泉水沟，分别注入跃进水库和阿热库木水库。

克里阳引水枢纽

阿克肖水库建成于1979年10月，总库容100万立方米，控制灌溉面积160公顷。康阿孜水库建成于1979年5月，设计库容10万立方米，控制灌溉面积160公顷。克里阳引水枢纽建成于1975年，由6孔进水闸、8孔泄洪闸组成，设计引水流量60立方米每秒。依格孜引水枢纽建成于1988年3月，由3孔进水闸、5孔泄洪闸组成。江尕水库建成于1993年，为均质土坝，坝高34米，正常蓄水位时库容为800万立方米，控制灌溉面积1.4万公顷。雅普泉水库建成于1955年10月，最大坝高27米，总库容2 180万立方米，兴利库容1 500万立方米，控制灌溉面积1.67万公顷。阿热库木水库建成于1959年10月，水库坝长2.4千米，总库容300万立方米，灌溉面积666公顷。跃进水库现库容280万立方米，改扩建后水库库容将增加到800万立方米。

流域北部的兵团皮山农场现辖12个农牧业连队，总人口18 400余人，其中，少数民族人口占98.19%，是兵团最大且是唯一的边境少数民族团场。易垦荒地1.33万公顷，现有耕地2 520公顷。水源主要来自跃进水库，水库有连接全场的各级渠道237条，长达264千米。主要种植小麦、玉米、棉花、豆类、无核白葡萄、苹果、梨、桃、杏，兼植油料、瓜、菜等，由于地处沙漠边缘，光照充足，昼夜温差大，这里的苹果香脆可口、含糖量高，种植面积180公顷，产品远销巴基斯坦、哈萨克斯坦、乌孜别克斯坦等国。

纪　实

克里阳河上游由主源阿克肖尔河与支流康阿孜河汇集而成。"阿克肖尔"系维吾尔语"白碱"之意，河流因流经阿克肖村得名。阿克肖尔河上游由主源拉木隆河和支流博斯腾塔河汇集而成。拉木隆河源流巴沙拉克河源头位于昆仑山脊处海拔5 242米的穷巴沙以拉克达坂，河流自源头由南向北流经22千米，途中左岸接纳了克其克巴沙依拉克河，右岸接纳了同源同向的支流苏木勒克河（河长16千米）；又流3.5千米，两岸分别接纳了拉木龙河和达仇克河，自此始称拉木隆河；再流5.8千米，右岸又接纳了奇阿拉克河；之后河流转向西北流，经16千米与左邻博斯腾塔河汇合，始为阿克肖尔河。博斯腾塔河上游源流埃泽孜河源头位于山脊处一山谷冰川的末端；河流自源头由南向北流，沿途两岸接纳的主要支流有他龙河、顷木勒河、色拉阿特河、拍什坡河、满达勒赫河。满达勒赫河汇入口以下始称博斯腾塔河。自汇入口北流33千米，博斯腾塔河与拉木隆河汇合。阿克肖尔河自两河汇合口向西北流19千米，与左邻康阿孜河汇合为克里阳河。

"康阿孜"系维吾尔语"宽阔地少"之意，河流因流经康阿孜村而得名。康阿孜又称卡尔塔希河，河源区4条发源于冰川区的支流（分别称也步泉土尕氏河、牙依拉克土尕氏河、土外提牙依拉克河、绒牙依拉克河）呈扇状汇聚成康阿孜河。河流自汇合口由南向北流，经约44千米的流程，与右邻阿克肖尔河在垴阿巴提塔吉克族乡政府驻地附近汇合，沿途两岸接纳的主要支流有托孜拉河、麻扎河、克孜纳克河、苏盖特河、买勒里河、妖吾斯塘河、切茄克列克河。位于垴阿巴提吉克族乡附近的克里阳河干流上，设有皮山水文站，多年平均年径流量3.35亿立方米。

克里阳河由此转向东北流，经13千米流程，从克里阳乡政府驻地西侧穿过，并分出一支岔流卡尔曼吾斯塘河；又7千米后流经萨扎木村；再流8千米河流分为两支。东支向东北流14千米，与布琼河相汇，汇合口处建有江尕水库，水库以下即为皮山河。皮山河下行7千米，汇入拦河水库——雅普泉水库。北支向东北流21千米，不经江尕水库，直接汇入雅普泉水库。水库泄水沿皮山河向北流约 30 千米，途中穿过 315 国道，从皮山县西郊穿流而过，注入下游阿热库木水库。水库以下河流逐渐散失在荒漠中。

布琼河发源于昆仑山北坡中山带，流域海拔最高 4 654 米。其源流乌达阿河自源头由东南向西北流，经 7.5 千米流程，在布琼行政村下游左岸相继接纳两条小溪流，两条溪流源头均由众多泉水溢出形成溪流汇集而成。此后河流始称布琼河。河流自布琼村向北流经 24 千米至克依克其村，左岸接纳了阿其克吾斯塘河和西来的克里阳河汊流卡尔曼吾斯塘河。下游又经 18 千米（途中流经科克塔格水电站），布琼河与克里阳河东支相汇，入江尕水库。布琼河全长约 50 千米。

皮山河有众多令人神往的自然景观。支流康阿孜河江岗处的两岸悬崖峭壁上的岩画，再现了古代塔吉克族人的狩猎生活。阿克肖尔河口的"一线天"自然景观，山石耸立，水流湍急，由谷底向上仰望，仅见幽幽一线蓝天，从谷顶俯瞰，顿觉山崩地裂，深不可测，气势雄伟。阿克肖尔河和康阿孜河汇合口下游 200 米处，可见到高约 20 米的天然彩虹瀑布美景。周边风景如画，且生长有野生沙棘、中草药等。克里阳乡西约 15 千米处，有季节性自溢泉 2 眼，称苏特布拉克泉，维吾尔语意为"乳泉"，喻水似乳汁，系山地基岩裂隙水经山前第四纪松散堆积孔隙溢出，年均流量 30 升每秒，重碳酸盐型。

阿克肖尔河口的"一线天"

布琼河上游有一条长 20 余千米，面积 2 600 余公顷的原始天然松柏林。以布琼村（海拔 2 550 米）为中心，发育着众多的天然高原温泉，水中含有多种矿物质。在布琼河出山口处的克依克其村附近布琼河畔有一"燕子山"，山坡下堆满风化剥落的石燕化石。石燕是距今 3.5 亿年的古海洋生物化石，贝体大，两壳呈双凸型，壳面饰有细密的壳纹，非常美丽。燕子山脚下流水淙淙，气候凉爽，绿树成荫，乃休闲避暑佳地。

雅普泉水库西南方向一草场中间有千足奇石，出地部分长 4 米，宽 1 米，高 2.5 米，地下埋深不可测。上面有大人、儿童、平底鞋、高跟鞋等一组人的脚印，部分部位好似带有红色血迹，平添几分神秘色彩。"雅普"系维吾尔语，系草本植物名，散香味，雅普泉周围多长此草，故名。雅普泉位于雅普泉水库下游，共有 5 眼自溢泉，并溢流汇集形成 2 处小湖。

皮山县汉朝时期为皮山国地。对此，《新疆图志》中注："汉，皮山国地，为西域三十六国之一。"魏晋时期为乌秅国，南北朝时期为蒲山国。清光绪二十九年（1903 年）七月在叶城之固玛置县，更名皮山。皮山县现辖 2 镇 13 个乡 2 个国营农牧场，并驻有兵团农十四师皮山农场，总人口 198 000 余人。

亚尕其乌依里克古城遗址位于皮山县城以北 140 千米处，地处塔克拉玛干大沙漠边缘，面积达 80 平方千米，遗址有古建筑残留，田渠轮廓和干涸的湖泊等。据此地出土的古尸、陶片、串珠、铜币、银币、元宝等古物推断，大约为 2 200 年前的汉代遗址。吐尔地阿吉庄园建于 1929 年，位于皮山河下游兵团农十四师皮山农场羌尕墩买里村内 3 米高的沙丘上，传说由宗教人士买提尼牙孜艾来木带人到此筑坝堵水，开荒种田，致此地日益繁荣，故称"阿瓦提"，维吾尔语为"繁荣"之意。该庄园初期建房屋 64 间，建筑风格大气壮观，现存 14 间，对研究维吾尔建筑和绘画很有艺术价值，已列为自治区级文物保护单位。

三、艾比湖水系

Water System in Aibi Lake Area

10.5 艾比湖

（Aibi Lake, Ebinur Lake）

位于新疆维吾尔自治区博州精河县北部，地理位置东经82°35′~83°16′，北纬44°34′~45°08′，艾比湖蒙古语意为"向阳之湖"，清徐松《西域水道记》中称"喀喇塔拉额西柯淖尔"，清齐召南《水道提纲》中称"博罗塔拉鄂模"，俗称盐海，属咸水湖，也是新疆比较大的卤水湖，有"国门湖"之美誉。

湖泊南部为河流三角洲，北部为玛依勒山南麓，东部为冲积平原，西部为阿拉套山和别珍套山的低山丘陵区。湖盆是准噶尔盆地中最低洼的湖盆，也是盆地内地表水和地下水的汇集中心。艾比湖湖盆面积约1 444平方千米，湖面海拔195米，湖泊水面面积634平方千米。历史上，位于艾比湖周围的博尔塔拉、精河、奎屯河和喇叭河等23条河流均可注入其中。近代，大规模的水利开发致使入湖的地表水量明显减少，部分河流与湖泊失去地表水力联系，只有**奎屯河**、**博尔塔拉河**、**精河**有水直接汇入。

湖区风多雨少，蒸发量大，多年平均气温7.8摄氏度，最高气温42.23摄氏度，最低气温-36.4摄氏度，年降水量105.17毫米；盛行西北风，多年平均大风日数为165天，最大风力达12级，尤其是来自阿拉山口的大风对湖区影响明显。夏季湖泊水温可达30摄氏度左右，12月至翌年3月湖面为封冻期，冰下水温可达-2~-1摄氏度。

艾比湖的盐类资源包括卤水资源、固体盐类沉积资源和生物资源，以湖表卤水资源为主。湖水化学类型为硫酸盐型类钠组。湖表卤水面积634平方千米，水深2.95米，湖水东深西浅，南部深北部浅，估算储水量7.3亿立方米，pH值8.09，矿化度为112.4克每升。湖水属于高矿化卤水，湖表卤水中除含有钠、钾、镁、钙、氯、硫酸根、碳酸根、碳酸氢根等主要成分外，还富含溴、碘等30多种稀有元素。固体盐类沉积资源有石盐和芒硝，以石盐为主。石盐分布在湖盆的边缘，以沙泉子盐滩规模较大，面积达10~15平方千米，估算石盐储量约1 000万吨。芒硝矿分布在湖区的北岸，顺湖呈带状，矿体长10千米，宽2千米。

湖泊生物资源可分为植物资源和动物资源两大类。艾比湖植物资源有红柳、芦苇和蒲草等，大多生长在湖区南部，以及精河、博尔塔拉河下游地表水或地下水比较多的地区。动物资源包括水禽和喜盐虫等，水禽有黄鸭、赤麻鸭、斑头雁、白天鹅和棕头鸥等观赏性动物，春夏水鸟繁衍季节，数万只水禽在湖面上嬉水游荡，场面壮观，令游人大饱眼福；喜盐虫资源主要是卤虫，也称丰年虫，是鱼、虾、蟹等水产养殖品种的良好饵料，主要分布在湖区的中部偏东、水深2~2.9米的水域，沿东西向呈红褐色带状，宽8~12米，长30~40米，层厚3~5米，是一种很有开发利用前景的资源。艾比湖资源开发始于20世纪50年代初，产品有原盐、精制盐、加碘盐、风化硝、水氯镁石及卤虫卵的采捞、加工、外销等。

艾比湖湿地

艾比湖形似椭圆，湖盆为浅碟状，西岸分布着二级阶地。靠近阿拉山口的湖滨区域地表裸露，泛白碱，常年的大风使湖中形成沙堤。湖泊西南侧为艾比湖银沙滩风景区，生长着茂盛的胡杨、梭梭、红柳、芦苇等。春秋两季，湖泊东南侧湖滨大片湿地成为迁徙于西伯利亚至东南亚的近百万只候鸟的停歇地，也是众多珍稀水禽的繁衍地。湿地周边有著名的甘家湖梭梭林自然保护区。艾比湖虽湖中无鱼类生存，但在湖周河流、排水渠入湖口附近鱼类却较多，是湖滨养殖业的重

落日余晖映照下的艾比湖

艾比湖水系示意图

要基地。

历史上，艾比湖水面面积最大时曾达 3 000 平方千米左右，最大湖深 40 米。《西域水道记》中记载："湖东西百五十里，南北八十里，周四百余里，冬夏不盈亏。屏水於岸，自然成盐，商贾运贩，一升数钱，伊犁之境，是焉仰给。"由此可见，该湖在清代是重要的产盐地，伊犁地区食盐主要靠其供给。1949 年湖水面积约为 1 070 平方千米，随后入湖水量减少，湖面急剧萎缩到 800 平方千米左右，20 世纪 80 年代末期，水域面积最小时仅 499 平方千米。水位下降导致湖滨及四周的生态环境急剧恶化。在阿拉山口大风的侵袭下，西部 500 多平方千米的干涸湖底已成为我国最西部的沙尘暴源地，大风掠过，瞬间就会黄尘滚滚，天昏地暗。为此，新疆维吾尔自治区人民政府于 2000 年批准建立了艾比湖保护区，2007 年 8 月 1 日，艾比湖湿地经国务院批准列为国家级自然保护区。目前湖泊水域面积正逐步恢复，滨湖环境已有所改观。

10.5.1 奎屯河
(Kuitun River)

古称叶叶河，又称扎尔玛图河，先后流经新疆维吾尔自治区塔城地区乌苏市和博州精河县，属**艾比湖**水系。流域东、西分别与安集海河流域和**四棵树河**流域接壤，南以依连哈比尔山脊为界与**伊犁河**大支流**喀什河**流域毗邻。"奎屯"系蒙古语，意为"极冷"，奎屯河因流域冬季寒冷而得名。

概　述

奎屯河发源于天山支脉依连哈比尔尕山北坡，流域内有冰川 209 条，冰川面积 201 平方千米。源流由奥尔塔乌尊河、阿尔乌尊河和且特乌尊河汇集而成，奥尔塔乌尊河是主源。三河均发源于冰川区，源头均位于大型山谷冰川的尾端，最高冰峰 4 925 米。三河汇合后，河流由南向北流，在右岸先后接纳乔拉克乌尊河和金希克乌尊沟后转向西北流，下行 20 千米后，于左岸接纳了奎屯河支流**乌兰萨德克河**后转向北流；其后两岸接纳的支流有那仁乔勒河、兰能果尔河和沙大王河；再流 25 千米出山口。两岸接纳的较大支流有乌拉森阔腊河、亚马特河、乌斯吐河和达尔很萨拉河。位于出山口处的加勒果拉水文站是该河的水量控制站，测站以上河长 71 千米，集水面积 1 910 平方千米，多年平均年径流量 6.57 亿立方米。河流出山口后，由南向北在广阔的平原上冲刷出了一条造型奇特、沟壑层叠、全长近 30 千米的巨大狭长 V 形峡谷（此段峡谷为克拉玛依市独山子区与乌苏市界河）。出峡谷后水流趋于平缓，流经号称"金三角"的克拉玛依市独山子区、奎屯市和乌苏市交界处，过车排子后转向西流，接纳了**四棵树河**后进入博州精河县境内，经甘家湖梭梭林国家自然保护区茫丁乡注入艾比湖。

奎屯河是一条水利开发程度较高的河流，山口建有引水渠首，山口以下平原区建有泉沟水库（库容 4 000 万立方米）、黄沟一库（库容 3 220 万立方米）、黄沟二库（库容 2 480 万立方米）、**奎屯水库**（库容 5 000 万立方米）、车排子水库（库容 1 650 万立方米）等多座水库。为石化基地独山子、戈壁明珠奎屯市、新疆经济强县乌苏市提供了供水保障，浇灌着兵团农七师 2.5 万公顷耕地。由于下游的水土开发，20 世纪 70 年代后期，河流入艾比湖水量骤减，目前仅以季节性洪水和地下水方式补给艾比湖。

纪　实

奎屯河流域源头冰川及永久性积雪面积约 200 平方千米。受区域地形地貌及气候影响，植被呈明显垂直带状分布。高山区岩石裸露，垫状植被发育良好，主要由蒿草、苔草和其他杂草类组成，植被低矮，覆盖度较大。海拔 1 700～2 700 米区域降水量较为丰富，主要为林地及草地，在西来水汽迎风坡和陡峭的阴坡为高覆盖度林地，主要为云杉。河谷生长有白桦、榆树等。海拔 1 400～1 700 米低山带，年降水量在

200毫米左右,河流两岸为低矮的灌丛,植被覆盖度低。海拔较低的山麓地带,下垫面植被覆盖度低,沿山麓分布的河沟纵横,洪积扇发育,地表坡度大,极易发生陡涨陡落、破坏力较大的突发性暴雨洪水。1999年8月2日,奎屯河发生有观测资料以来最大洪水,最大洪峰流量330立方米每秒,两岸的引水设施、公路、农田大部被冲毁。

奎屯河下游流经的甘家湖白梭梭林国家自然保护区,位于准噶尔盆地西部,面积5.5万公顷,是世界第二、中国最大的野生次生林和白梭梭林保护区。保护区范围内覆盖物种超过270种,其中濒危物种达32种。保护区内局部地区完整地保留着大自然的原始形态,在这里人们可以感受到亚洲大陆腹地特异的地貌景观,是我国研究荒漠生态系统的重要基地。

奎屯河上游河谷

奎屯河流域因其地缘、资源、人文诸多优势,成为西部大开发战略中的重点区域。流域水资源开发利用可追溯至清代,那时就有库尔喀喇乌苏水利屯田,清乾隆三十六年(1771年)土尔扈特归顺,置东路二千二百二十户于奎屯河西岸。徐松在《西域水道记》中对奎屯河有较多记述:"源出额林哈毕尔噶山,山产金,乾隆三十六年置厂",并记曰:"余自奎屯军台西行,烟草接天,青痕无际,平碾双轮,蛐蜓一线。四十里乱流奎屯,河水荡荡,障泥半没,又十余里,碎石确荦,细马胡儿,远来丛莽,即土尔扈特卓帐所矣"。

独山子区位于奎屯河东岸冲洪积平原上部,是我国石油工业的发祥地之一,其石油开采始于1897年,1909年打出第一口工业化油井。1936年,新疆维吾尔自治区与苏联联合成立独山子炼油厂,现行政归属克拉玛依市的一个区。截至2008年,这里已成为一座加工原油446万吨,生产乙烯26万吨的现代化、国际化的石化基地。

奎屯市地处新疆天山北坡经济带"金三角"区域的中心位置,是伊犁哈萨克自治州直属县级市。户政管辖人口29.4万,市区总人口14.2万,其中汉族人口占全市总人口的92.87%。经过建市30多年的发展,奎屯市已由一个昔日丝绸之路上的古驿站、茫茫戈壁中的军垦小镇,一跃成为一座人口集中、交通发达、信息畅通、基础设施齐全、文化先进、经济充满活力的新兴工商业城市,初步形成了以卷烟、纺织、电力、化工、建材、食品、制糖、酿酒、番茄制品为主体的工业体系。奎屯市城市绿化覆盖率36.79%,空气质量良好。交通优势明显,312国道与217国道在这里交汇,高速公路、铁路横贯辖区。奎屯市已成为"金三角"区域的商务中心及新型的工业城市。

10.5.1.1　乌兰萨德克河
（Wulansadeke River）

位于新疆维吾尔自治区乌苏市境内,为**奎屯河**上游左岸支流,乌兰萨德克河蒙古语意为"红色的弓箭河",因牧民在此练弓、射箭,弓箭多涂红色而得名,河长44千米,流域面积824平方千米,多年平均年径流量3.6亿立方米。

河流发源于博罗科努山和依连哈比尔尕山北坡克廷达坂附近的冰川区域,发育有冰川81条,冰川面积57.85平方千米。流域海拔最高4 156米。上游由吉尔格勒达萨拉河、阿尔次塔萨拉河和拉帕廷萨拉河汇集而成,其中吉尔格勒达萨拉河是主源。三支流汇合后下行4千米注入一高山小湖泊,称乌兰萨德克诺尔,湖面高程约2 300米左右,面积约0.35平方千米,呈东西长条形。其后河流右岸接纳的较大支流有拉帕特河和阿勒腾萨依河,其中阿勒腾萨依河源头为一较大的山谷冰川。河流由西南向东北赛力克提牧场汇入奎屯河。

流域内气候湿润,河流两侧山体陡峻,河谷内森林、植被密布,是优良的夏牧场。乌兰萨德克诺尔湖居于峭峰峻岭之间,湖水落差大,飞流而下,景色奇特。独(山子)—库(车)公路从独山子出发,沿乌兰萨德克河支流拉帕特河谷溯流而上,翻越乌苏市与尼勒克县之间的哈希勒根达坂,穿过乔尔玛风景区、那拉提草原和巴音布鲁克草原,到达南疆重镇库车县,是连接新疆南、北疆的重要通道之一。

10.5.1.2　奎屯水库
（Kuitun Reservoir）

位于天山北麓,准噶尔盆地南缘,古尔班通古特沙漠西侧,地理坐标为东经84°36′、北纬44°46′,是新疆维吾尔自治区乌苏市境内,**奎屯河**上的一座以灌溉为主兼顾防洪的中型平原水库。

水库建成于1958年,设计库容3 500万立方米,1984年扩建后,总库容达到5 000万立方米,正常蓄水位316.9米,相应水面面积4平方千米,大坝为均质土坝,坝长11 600米,坝顶高程319米,最大坝高16米。奎屯水库有东、西两座泄水闸,最大泄水流量分别为25立方米每秒和26立方米每秒。

水库主要通过奎屯河西干渠引蓄奎屯河洪水,偶有少量区间洪水汇入。柳—奎调节渠建成后,可从**柳沟水库**调**古尔图河**水注入奎屯水库。奎屯水库由兵团农七师管理调度,年调节供水量3亿立方米,主要供给下游车排子灌区兵团农七师一二三团、一二六团、一二七团、一二八团四个团场和乌苏市车排子、石桥等乡镇农业用水,灌区是新疆棉花重点产区之一。

10.5.1.3　四棵树河
（Sikeshu River）

位于新疆维吾尔自治区乌苏县境内,为**奎屯河**左岸支流,因河谷中曾有四棵较大的榆树而得名,河长219千米,吉勒德水文站以上集水面积921平方千米,多年平均年径流量3.05亿立方米。

河流发源于博罗科努山冰川区,发育有冰川364条,冰川总面积336.25平方千米。源流哈夏廷果勒河延伸至冰川冰舌尾端,干流两侧水系发育不对称,右岸溪流多于左岸,较大支流有同源同向的冬都果勒河和木呼尔吉尔嘎特勒沟。河流先由西向东流,支流木呼尔吉尔嘎特勒沟汇入后转向东北流,之后穿行于峡谷之中,过山口电站后转向北流,经石门电站、四棵树一级电站、二级电站、三级电站,又经吉勒德水文站流出山口。出山口以下,位于左侧10千米处的太比勒黑特果勒河(又称塔布勒河)是四棵树河一大支流,源头有6条小型山谷冰川,山区河长约24千米,塔布勒合特蒙古族乡位于太比勒黑特果勒河山口附近。流域左邻在山区呈独立水系的莫托沙拉河和**古尔图河**均系四棵树河下游支流,近代由于水资源的开发利用,出山口后水量大部分被引入灌区,只有丰水年汛期，才有水汇入干流。

河流出山口后，经四棵树河引水枢纽和七一大渠，将水引入灌区，灌溉面积5.3万公顷。下游建有引洪渠首，输水至**柳沟水库**。余水顺河道穿越312国道、北疆铁路，经百泉镇、农七师一二四团折向西北流，在甘家湖附近入**奎屯河**。山区5级电站总装机容量3.33万千瓦。

流域海拔3 800米以上为冰川及永久积雪带，3 800～2 700米山地为冰缘地貌，海拔2 700～1 500米为侵蚀剥蚀地貌，1 500米以下是古老的冲洪积倾斜平原。植被从高山草甸、云杉森林过渡到荒漠半荒漠植被，低洼地带积水成苇湖或沼泽。《西域水道记》中描述"沙阜涌泉，流如畎浍，势甚湍急"。四棵树河受地质构造作用，河谷狭长并多次弯折，河流比降变化十分突出，形成九曲十八弯的河势特征，加上中山带逆温层比天山北坡其他河流厚，易引发冬季突发性洪水。1972年、1984年、1985年都曾发生大冰洪，尤其1984年12月，冰洪流量达467立方米每秒，是实测夏季洪峰最大值的一倍，灾害严重。2001年7月3日，太比勒黑特果勒河流域内遭遇50年一遇的特大冰雹和洪水侵袭，直径约为1厘米的冰雹持续了15分钟后，暴雨一直持续了60余分钟，太比勒黑特果勒河水暴涨，冲毁塔布勒合特干渠、哈拉加干渠多处，冲断乡政府到312国道柏油路0.5千米及桥、涵各一座，造成直接和间接经济损失达百万元以上。

四棵树河灌区始于清朝中期，主要作物有棉花、粮食、油料、番茄等。河谷上游地层蕴藏有砂金、花岗岩、煤等，清代曾在此设厂采金，名"济尔噶朗厂"。

山口左侧白杨沟镇现存夏尔苏木喇嘛庙遗址，又称普庆寺，由东归土尔扈特部落黄教信奉者建于清光绪五年（1879年），整个建筑依山势而建，高低错落有致，气势恢弘，被誉为"新疆的布达拉宫"。独特而罕见的白杨沟泥火山群地处四棵树三级电站右侧的浅山地带，圆形的喷发口多达40余个，喷发出成千上万吨漂着彩色油花的泥浆，逐渐形成"红河谷""烟云山""燃烧石"等形象奇特的地貌，无不给人一种空灵飘渺、物化超然的遐想。

10.5.1.3.1 柳沟水库
(Liugou Reservoir)

位于新疆维吾尔自治区乌苏市境内**四棵树河**下游的小柳沟泉水洼地，系大型平原水库，地理位置为东经84°21′、北纬44°34′。

柳沟水库一期工程建成于1957年，库容6 000万立方米，二期扩建工程建成于1970年，总库容10 152万立方米，水库水域面积约15平方千米。大坝均质土坝，主坝长1 600米，最大坝高17.3米，坝顶宽5.5米；副坝长6 000米，最大坝高8米。水库为灌注式水库，主要引蓄四棵树河、**古尔图河**来水以及截蓄附近的泉水，灌溉兵团农七师一二五团农场和乌苏市车排子镇农田，并通过柳沟—奎屯水库调节渠向**奎屯水库**调水，灌溉车排子灌区。1957年秋至1958年春，兵团农七师在乌伊公路古尔图大桥以北3千米处修建了半永久性渠首（即古尔图河老龙口），将古尔图河水跨四棵树河引入干沟，经双河引洪渠进入柳沟水库。

10.5.1.3.2 古尔图河
(Guertu River)

四棵树河左岸支流，又称艾普特郭勒河，位于新疆维吾尔自治区乌苏市境内，"古尔图"蒙古语意为"有桥之地"，因古道经此设桥而得名，河流全长108千米，山口以上集水面积1 006平方千米，多年平均年径流量3.614亿立方米。

古尔图河发源于天山山脉的博罗科努山莫松达坂附近，流域海拔最高4 691米。强劲的西来水汽沿伊犁河谷上行，为河源带来了丰富的降水。流域高山区广布冰川，发育有冰川164条，冰川面积176.8平方千米，冰储量达12立方千米。冰川融水量占到河川径流量的四分之一。流域地形南高北低，自南向北依次为冰缘地貌、侵蚀剥蚀地貌、冲积洪积倾斜平原。植被从高山草甸、云杉森林过渡到荒漠半荒漠植被。气候从山区的寒冷湿润过渡到平原区的炎热干燥。河流水网发育，由阿秀果勒河和东都果勒河两大支流交汇构成扇形水系。

阿秀果勒河由支流百墩阿拉恰特河、克其克阿拉恰特河和阿苏巴西河汇集而成，三支流源头均位于山谷冰川的末端。阿秀果勒河自西向东流，沿途右岸先后接纳了北流的莫松达坂郭勒河和西白提河两条支流，这两支流的源头均位于博罗科努山脊附近的冰川区，融水补给河流的山谷冰川达10余条。西白提河汇合口以下，阿秀果勒河转向东北流，约10千米与古尔图河另一大支流东都果勒河汇合转向北流，约8千米流出山口。两河汇合后河流始称艾普特郭勒河，即古尔图河。东都果勒河由主源流东都果勒河、西支流西克查岗郭勒河和东支流夏哈特河汇集而成。其中西支流西克查岗郭勒河源头位于两支大型山谷冰川的尾端；主源东都果勒河和东支夏哈特河源头也分别发育有4支中小型山谷冰川。

古尔图河在喀拉吉拉出山口后，下游4千米处建有古尔图电站，由此自南向北穿行于砾质平原区，经古尔图牧场，在一二四团十七连汇入四棵树河。

河流由兵团农七师开发利用，于山口处兴建了引水渠首，1960—1970年建成防渗混凝土渠道50千米，下游建有**柳沟水库**，河水供古尔图牧场及上双河、下双河一带的农田灌溉。现河水已大部分被引用，唯部分洪水及灌溉回归水可入四棵树河。

《西域水道记》作者徐松曾实地考察该河，并记载："余庚辰（嘉庆二十五年，即1820年）正月二十日，路出斯程。憩马水侧，晨旭熹微，冰澌初泮，雉飞鸟浴，琴筑琮琤。水经军台，遏沙而伏。其正流经军台东二十五里，河流散漫，荡石成滩，宽二里许。"生动形象地描述了冬季河水潜行地下，以及平原区河床宽阔，漂砾堆积的壮观场面，足见古代的古尔图河下泄平原区的水量之大。

位于古尔图镇南30千米处，阿勒腾阔布（哈萨克语意为"金桥"）以南约1 000米的古河道岸坡黑褐色的花岗岩上遍布着古代游牧部落的岩画，范围约1.5平方千米，各种画面达上百幅。岩画中有北山羊、盘羊、狍、狼等动物，构图精细且古朴传神，形象逼真。

天鹅湖位于古尔图镇东北约10千米处，又称克孜加尔湖，原为一天然洼地，1965年依自然地势堵截附近泉水建成水库。水库大坝为均质土坝，最大坝高10米，湖周湿地面积约1 333公顷，内有许多个互相连通的小湖。春、秋两季，其间众多的小岛成了大天鹅、野鸭等各种水鸟栖息的天堂。夏季的天鹅湖芦苇连成的深绿色海洋无边无际。最美的还是秋天，湖滨金色的胡杨，浓绿的芦苇，与火红的红柳交相辉映，倒映在平静的湖水中，像是一幅浓墨重彩的油画。

10.5.2 柳树沟河
(Liushugou River)

发源于加依尔山东南坡，位于新疆维吾尔自治区托里县和乌苏市境内，属**艾比湖**水系。

流域北、西南分别与**达尔布特河**和恰勒盖河流域接壤，西以加依尔山脊为界与西北坡的加玛特河流域为邻，东南临克拉玛依市和乌苏市的车排子镇；山口以上河长111千米，集水面积1 435平方千米，多年平均年径流量3 700万立方米。

柳树沟河流域最高峰海拔1 881米。流域内由泉水溢出形成的溪流密布。柳树沟河发源于加依尔山东南坡，自源头向东、南流25千米和41千米，右岸分别接纳了支流恰克巴克特博格特河（河长26千米）和加朗阿什们（河长38千米），之后河流进入丘陵区，过柳树沟村，穿越221省道，此段发源于丘陵区的两条季节性支流胡家台沟（河长50千米）和邮电局沟（河长44千米）河水在柳树沟村下游全部渗入地下，以地下水补给柳树沟河。邮电局沟汇合口以下16千米，河流在原牧业小学处流出山口，山口以下30千米，河流进入乌苏市境内，约10千米后甘家湖牧场河水渐渐散失于荒漠中。

流域气候干燥，海拔1 400米以上山区植被稀疏，河流两岸有灌木生长。丘陵区多为剥蚀山地，干旱少雨。省道221线途经的柳树沟村曾是额敏、托里、裕民和塔城四县、市牧民冬季集聚的地方。

10.5.3 精河
(Jinghe River)

唐代称"石漆河"，元代称"精河"，清代称"晶河"，清光绪时起统称精河，位于新疆维吾尔自治区精河县境内，发源于天山山脉博罗科努山北坡，尾闾为**艾比湖**，精河山口水文站以上集水面积1 419平方千米，河长75千米，多年平均年径流量4.748亿立方米。

精河发源于天山博罗科努山海拔4 000米以上的冰川群，冰川总条数129条，冰川总面积96.2平方千米。源流分东支乌图精河和西支冬都精河两支，以冬都精河为主源，两源流自东南向西北流，在山口以上5.5千米处汇合，下游始称精河。

乌图精河河谷

乌图精河流域海拔最高4 267米，源头为乌图精山谷冰川，沿途还有与冰川相连的多条小溪汇入。其主要支流妖门精河（埃姆精河）源头也发育有两条较大的山谷冰川，还有众多源于冰川的小溪。两岸接纳的溪流达数十条。河流自东向西流经23千米，在乌图精村下游妖门精河入乌图精河干流，河流由此流向西北，经24千米与冬都精河汇合。

冬都精河流域海拔最高4 169米，河流自源头由东南向西北流，沿途两岸溪流密集，达数十条之多，呈典型羽状水系。河流自源头流经54千米，左岸接纳了发源于博罗科努山山脊可克库尔达坂和奈楞格勒达坂附近的基普克河后转向北流，又流经16千米，与乌图精河汇合。

两源流汇合口以下，河流自南向北流经山前丘陵区，注入下**天吉水库**，水库下游建有精河引水枢纽，余水沿河床流经精河县城西，穿312国道和北疆铁路，流程约31千米，于八十二团养殖连注入艾比湖。

巴音阿门萨依沟和祖木墩沟（又称一百棵树沟）是精河右岸的两条山区支流。巴音阿门萨依沟由乌杜娥勒沟、乌兰努尔沟等多条支流在山口附近的巴音阿门村汇集而成，河流出山口处建有小型水电站。与之右邻的祖木墩沟在山区由九号沟、八号沟和娥勒根萨依河等支流在下游克孜勒达坂附近汇集而成。祖木墩沟和巴音阿门萨依沟出山口后，河流在山前冲积平原区渐呈散流状，分别在精河县城以南汇入精河干流。

精河水资源开发始于清乾隆二十七年（1762年），开办兵屯，种地270公顷，并修建了一些引水灌溉设施。清光绪十二年（1886年），驻军副将许明耀率兵修建了精河东岸的兵户渠、老户渠和精河西岸大渠、河西渠、小河渠。清光绪十四年（1888年），设精河抚民直隶厅，辖今博州所辖范围。民国2年（1913年）4月，精河厅改设精河县。精河县现辖3乡2镇3个国营农牧场，境内还驻有兵团农五师八十二团、八十三团和九十一团，总人口13万，今为乌鲁木齐经伊犁通往西亚的交通要道。

精河引水枢纽建于1965年9月，为底栏栅式引水枢纽，设2孔进水闸，设计引水流量36立方米每秒，控制灌溉面积2万公顷。从精河渠首始，修建了长50千米的西干渠，将精河水引入**大河沿子河**和**阿恰勒河**灌区，缓解了大河沿子河和阿恰勒河灌区夏季缺水问题。精河已建的4座水电站，总装机容量11 450千瓦。

精河上游河谷

流域自上而下呈现多样化地貌景观，河流源区为永久积雪和冰川区，冰舌以下地表裸露，砾石堆积；高山草甸带无霜期短，盛夏密集的小草伏地而生，翠绿娇嫩；高山林草带山高谷深，云雾缭绕，草青林绿，溪流湍急，是主要的夏牧场；中山草原区处于逆温层带，冬季相对温暖，阳坡植被稀少，阴坡林密草盛，是牧民选择冬牧场的理想之所。流域内山高谷深，仅有牧道在河谷间蜿蜒，生活在这里的蒙古族牧民多为东归土尔扈特部的后裔。冬都精河与土尔扈特人有着深远的联系。1775年，清王朝便将归国的土尔扈特部分为东、西、南、北四部，并设立盟长，颁发官印。赴精河地区的为土尔扈特属第四部，隶属伊犁将军管辖。他们举家来到距精河县城80余千米、隐于山林之中的冬都精河河畔，生育繁衍，过着安宁、祥和的生活。

精河县城是古"丝绸之路"新北道（又称"皮毛道"）的必经之地，《西域水道记》称精河为"晶河"，并注释："准语晶为蒸笼也，河滨沙土湿暖如蒸，故名"。又述："河发源于安阜城（清乾隆四十八年即1783年修建的精河县城）南山，山有峡口，曰登努勒台"。可见当时精河是登努勒古道的重要必经之地。对这一段路的描述为："路行丛苇中，草高于人，又西北，皆沙阜难行"。

精河支流巴音阿门萨依沟山区风景优美，现已辟为巴音阿门风景区，这里海拔1 600～2 000米，山峦叠翠，秀木成林，河水叮咚，花草繁茂，危岩险峰，秃兀峥嵘，如铁门雄关。由巴音阿门风景区沿盘山道南行1 500米即到都拉洪草原，草原地势平坦，视野豁然开朗，杉木奇峰、怪石清流和近似咫尺的雪山融为一体，构成一幅壮美的自然画面。其右邻祖木墩沟上游山区内有著名的大、小海子景区，小海子位于娥勒根萨依河左岸山区，海拔2 000米左右，站在山顶上看海子，犹如一颗翡翠镶嵌在山腰，南坡松林茂密，西面悬崖陡峭。大海子位于八号沟和九号沟之间的河源区，这里经多年封山育林，各类野生动、植物资源丰富多样，具有典型的天山山地风光。

精河枸杞色泽红润，颗粒饱满，肉厚皮薄，甘甜味美，而且产量高、品质好、药性强，赢得了"精河枸杞甲天下"的美誉。

10.5.3.1 下天吉水库
（Xiatianji Reservoir）

位于新疆维吾尔自治区精河县境内**精河**出山口上游500米处，下距精河县城27千米，地理位置为东经82°55′、北纬44°25′，是一座以灌溉为主，兼顾防洪、环保和养殖等综合利用的中型水库。

下天吉水库属中型工程，枢纽由大坝、导流洞、溢洪洞组成。大坝为混凝土面板堆石坝，坝顶高程683.5米，防浪墙顶高程为684.7米，最大坝高71.5米，坝顶长度217米。水库总库容3 300万立方米，一期工程库容1 438万立方米，最大坝高71.5米，坝长207米。一期工程于1997年11月开工建设，2006年11月完工。2007年3月中旬蓄水。二期工程主要在一期工程大坝上加高22.5米，最大坝高达94米，坝长290米。

下天吉水库

下天吉水库坝址区岸坡陡峻。坝址以上集水面积14 319平方千米，多年平均年径流量4.748亿立方米。水库为精河上唯一的一座调节水库，二期工程建成后，大大缓解了精河灌区春旱缺水的问题，保证灌区2.8万公顷耕地的灌溉用水。

10.5.4 博尔塔拉河
（Boertala River）

古称博罗塔拉郭勒，尾闾为**艾比湖**，位于新疆维吾尔自治区博尔塔拉蒙古自治州境内，"博尔塔拉"蒙古语意为"银灰色的草原"。

博尔塔拉河上游河谷

概　述

博尔塔拉河谷南侧为横亘东西的别珍套山和东南—西北向的天山支脉科古琴山，北侧为西南—东北向的阿拉套山，西端空郭勒鄂博山位于阿拉套山和别珍套山之间的结合部。流域海拔最高4 421米，地势西高东低。流域高山区发育有冰川255条，冰川面积181.04平方千米。发源于西端空郭勒鄂博山洪别林达坂和萨尔坎达坂的捷麦克河、发源于科克苏达坂的阔克乌苏河及发源于别珍套山的卡赞河汇合后始称博尔塔拉河。汇合口以下，河流自西向东流，在卡昝边防站上游4千米左右有铁买克沟汇入。此后沿途接纳了两岸山谷间的众多小溪，较大的有左岸的**哈拉吐鲁克河**、**保尔德河**，右岸较大支流有发源于别珍套山的**沃托格赛尔河**及源于科古琴山的**大河沿子河**。干流流经温泉县、博乐市，最后注入艾比湖。温泉水文站以上集水面积16 500平方千米，河长97千米。博尔塔拉河全长252千米。

河流上游段两岸坡缓，河道蜿蜒，下切不明显。博尔塔拉河谷西部狭窄，东部宽阔，呈喇叭口状向东扩散。河谷地质构造自西向东有两个隆起带（温泉隆起和博乐隆起），其两侧为三个断陷盆地（沙尕提山前断陷盆地、昆德仑断陷盆地、精河山前断陷盆地），盆地中堆积了厚达400～800米的第四纪松散沉积物。河流出山口后，北面为阿拉套山山前巨大的洪积扇，其上部为黄土质，下部为砾石层，北岸河谷呈四级阶地，南部别珍套山北坡有东西向的断层支谷，存在隆起较高的冲积扇。博尔塔拉河具有显著的泉水河特点，河流流经三个断陷盆地时河水大量渗入地下，除洪水期外，河道几近断流；遇隆起时又以泉水形式出露，河水多次转化，加之南北两岸山区的潜流补给，径流年内变化较平稳。上游温泉水文站、中游博乐水文站多年平均年径流量分别为3.235亿立方米、4.894亿立方米。

流域为典型大陆性气候，干燥少雨多风，北部阿拉套山山区哈拉吐鲁克年降水量340毫米，西南部别珍套山哈夏林场为341毫米，二台林场为450毫米，东南部天山北坡三台林场为273毫米。气候冬夏漫长，春秋短暂，多年平均气温5.6摄氏度。

流域内建有鄂托克赛尔水库、**五一水库**、七一水库、八一水库、塔斯尔海水库、巩哈泉一库、巩哈泉二库等7座中、小型拦河水库，及温泉渠首、昆屯仑渠首、二干渠渠首、新布哈渠首等20余座渠首，输配水干渠160千米，各类防洪堤484千米。博尔塔拉河灌区主要种植小麦、玉米、棉花、油料等作物，实施节水灌溉面积约4.7万余公顷，其中兵团系统约有3万余公顷。

北一支渠首位于博尔塔拉河上游左岸，下距温泉县城13

千米，是一座具有引水灌溉、发电、泄洪等功能的拦河式渠首，设计流量 10 立方米每秒，由兵团八十八团于 1983 年修建，1992 年进行了改建。七一水库建于 1960 年，位于博乐市南 500 米处，是博尔塔拉河下游的一座拦河式小（1）型水库，大坝为均质土坝，全长 1 170 米，总库容 450 万立方米，最大坝高 10.5 米。八一水库位于七一水库下游，由兵团农五师于 1963 年 10 月建成，总库容 286 万立方米，坝长 321 米，最大坝高为 12.9 米，黏土斜墙坝，为下游的八十五团、八十六团和八十九团灌区供水。

纪　实

河流源头阿拉套山山前有大量古冰川活动的冰碛石遗迹。上游区（海拔 1 700～2 800 米）天然植被主要为温性草原；中游海拔 2 250 米以下区域，主要分布有河柳、胡杨等河谷林；下游低山区及东部平原为草原化荒漠景观。

河流右岸支流乌苏都别格争河上游，别珍套山海拔 2 100～3 200 米的阳坡山间小溪及高山湖泊浅水区为鲁别真北鲵自然保护区，这里生存有世界罕见的距今 3.2 亿年、与恐龙同时代的活化石——新疆北鲵，为国家重点保护的古珍稀野生动物。石栅古墓群及阿敦乔鲁岩画群均位于河流上游区。阿敦乔鲁岩画群是目前新疆发现的面积最大的岩画群之一，画面中多为大角羊、鹿、野猪等野兽，也有狩猎图及原始符号，从不同侧面反映了新疆古代游牧民族的社会生活风貌和古代草原文化的艺术水平。至今保存着 60 余座阿敦乔鲁石围栏古墓，各具特色，保存完整，为春秋战国时期的文化遗存。

冬日的博尔塔拉河

流域内各支流山区森林密布，植被茂盛。左岸山区有迷人的米里其格草原风光、阿日夏提风景区及"仙泉"、哈拉吐鲁克森林公园、夏尔希里自然保护区、蒙玛拉森林公园和怪石峪风景区，右岸别珍套山有著名的哈夏草原风景区。

阿日夏提风景区位于温泉县哈日布呼镇西北，由阿日夏提 V 形河谷的中游部分河段组成，主要林木为云杉、胡杨、河柳等。景致极富层次感，冰峰、裸岩、青松、草原，"四季风光一眼览"。这里一年四季云雾缭绕，恰似人间仙境。区内有地热温泉 7 眼，其中仙泉坐落于群泉之首，海拔 3 695 米，泉水从一块石板裂缝中喷涌而出，景象壮观，水温 38～42 摄氏度。草原上还遗存有很多战国时期的乌孙土墩墓和隋唐时期的石围阵古墓群。

哈布图哈怪石沟位于博尔塔拉河下游左岸、阿拉套山南坡的低山丘陵地带，位于博乐市区北 48 千米处。沟内褐红色的花岗岩石千姿百态、鬼斧神工，令人目不暇接，是亚洲规模最大的怪石群，并蕴藏着丰富的优质红色花岗岩石，享有"最大的花岗岩自然造型博物馆"之美誉。

河流上游河畔的温泉县因温泉多而得名，在温泉县境内发现的文物古迹达 61 处之多，其中古墓群 31 处、岩石群 9 处、石围栏 4 处、名刹遗址 2 处、古城遗址 4 处，著名的文物古迹有罕见的石头城、草原石人、母亲石、鹰嘴石等。

怪石沟一景

温泉县城是个神奇美丽的西部边城，布格达尔温泉位于温泉县城北，海拔 1 290 米，博尔塔拉河在泉畔蜿蜒流过，河谷中花草树木浓绿可人。布格达尔温泉由相距极近的许多眼温泉组成，水温多在 40～50 摄氏度之间，最高水温可达 83 摄氏度，富含碳酸盐、硫黄以及碘、磷、硼、溴等微量元素。县辖 2 镇、4 乡、2 个国有农牧场，驻有兵团农五师八十七团、八十八团两个团场，县境内河流两岸多为可耕地，土地资源丰富，经济以农牧业为主，种植业以小麦、油料、甜菜为主，畜牧业以牛、羊为主。

驻扎在县城边的农五师八十八团，现有可耕地 3 430 公顷，其繁育改良的种子远销北疆各地，被国家批准为种子产业基地。位于温泉县与博乐市交界处博尔塔拉河畔的农五师八十七团拥有耕地 3 970 公顷，曾为国家十大优质细毛羊生产基地之一。

博尔塔拉河畔的博乐市历史悠久，最早的记载为 12 世纪耶律大石建西辽后所建的"勃罗城"，古亦称"双河"，素有"西来之异境，世外之灵壤"之美誉，是丝绸之路新北道的必经之地。《西域水道记》中写道："博罗塔拉河自鄂拓克赛里卡伦以东，长二百余里，夹河葱翠，短草长林，襟带衍沃，牛羊散布"。流域内广泛分布的古墓群、岩画群和古城遗址，反映古代众多民族曾在这里游牧射猎，繁衍生息，也尽现了东西方文明在这座古丝绸之路重镇交融的余晖。博乐市是博州首府、兵团农五师师部驻地，是中国西部的重要沿边开放城市，被称为新亚欧大陆桥的西桥头堡和第一门户，辖区内有国家一类开放口岸阿拉山口口岸。市辖 3 镇、2 乡、2 个国营牧场，有蒙古、汉、维吾尔、哈萨克等众多民族，总人口 25.77 万（含兵团），全市耕地面积 2.84 万公顷，草场面积 56.7 万公顷，林地面积 10.13 万公顷，森林覆盖率 7.8%。

312 国道横贯博州全境，是连接我国和中亚及欧洲各国的"丝绸之路"新北道的枢纽地段，是我国向西开放的国际贸易大通道前沿。博州辖博乐市、温泉县、精河县，境内还有兵团农五师及所属 11 个团场。全州总人口 46.45 万人（含兵团农五师），是以蒙古族为主、多民族聚居的地区，其蒙古族文化积淀深厚，民俗风情浓郁。集文体活动、民族风情于一体的"那达慕"草原节盛会，每年吸引众多游客前来观光游览。

10.5.4.1　沃托格赛尔河
（Wotuogesaier River）

博尔塔拉河最大支流，位于温泉县境内，又名乌尔达克赛河、奥尔塔克赛尔苏河、乌尔塔克萨雷河。

沃托格赛尔河发源于别珍套山南侧没吾斯冰川，源头发育有 71 条冰川，冰川面积 60.34 平方千米。流域最高海拔 4 035 米，河流自西南向东北流，沿途有多条支流汇入，右岸支流大都源于察汗乌逊山北坡的冰川地带。在塔勒登大桥下游左岸接纳了较大支流布尔尕斯特河后,河流向东北流28千米至出山口阿合奇水文站,又下行3.5千米,右岸有发源于察汗乌逊山东部末端山区的支流哈夏苏吉萨依河(由哈夏沟、苏吉萨依沟、查干哈尔尕沟和达巴特沟等溪流汇集而成,集水面积246平方千米)汇入,此后河流下行4千米注入鄂托克赛尔水库。集水面积1 201平方千米,河长112千米。阿合奇水文站是该河的水量控制站,多年平均年径流量1.436亿立方米。

鄂托克赛尔水库是以灌溉为主,兼顾发电、防洪的山区拦河中型水库,库容3 000万立方米,大坝为黏土心墙坝,坝高52.5米,电站装机容量3×800千瓦。下游鄂托克赛尔干渠由兵团农五师八十七团建于1975年,总长9千米,设计流量1.8立方米每秒,主要灌溉87团沿河灌区。

流域海拔1 500米以上山区,为温性草原,气候凉爽,河水清澈。河流出山口后,为生长着荒漠草地植被的额姆斯台山前冲洪积扇平原,河床开阔,河水经灌区引用后余水大部分渗入地下,汛期有少量洪水汇入博尔塔拉河。

一条县级公路伴河溯流而上,沿途北侧有海洋生物化石硅化木景观,南侧有西依提萨依木乃伊出土地,终点为位于塔勒登大桥上游8千米处,被当地人尊为"天泉"的鄂托克赛尔(蒙古语意为"高山泉")温泉,又称小温泉,水温高达60摄氏度,泉水富含矿物质。哈夏草原风景区位于支流哈夏苏吉萨依河流域察汗乌逊山的中山带,海拔2 500米左右,阴坡有片状云杉林,山丘平缓,草丛茂盛,每年6月初,五颜六色的花卉竞相开放,蓝天碧草,加上星星点点的白色蒙古包和成群的牛羊,恰似一幅浓郁的牧场风情画,给人以返璞归真之感。

哈夏苏吉萨依河支流达巴特沟右岸山区有北达巴特铜钼矿,已建成投产。

10.5.4.2 哈拉吐鲁克河
(Halatuluke River)

博尔塔拉河左岸最大的支流,又名内勒基河、哈日图热格河,"哈拉吐鲁克"系蒙古语"哈日图热格"音转,意为"黑雕出没的地方",位于新疆维吾尔自治区博乐市境内,流域北以阿拉套山山脊为界,与哈萨克斯坦毗邻,山口以上河长29千米,集水面积260平方千米,多年平均年径流量1.39亿立方米。

河流发源于阿拉套山南坡,源流科克哈马仁乌苏河源头分布有冰川17条,冰川面积10.42平方千米。径流以冰雪消融和降水补给为主,主要集中在春夏汛期,属典型的山溪性河流。河流出山口处建有哈拉吐鲁克底栏栅式引水渠首,通过哈拉吐鲁克干渠将河水引入灌区。余水在冲积洪积扇中上部即渗入地下,形成潜流,唯有洪水期间河水才可注入博尔塔拉河。2012年,在原渠首上游2.5千米处新建一渠首,主要为东侧国家级阿拉山口口岸生态建设工程供水,输水干渠长63千米。

哈拉吐鲁克干渠初建于1961年,后被冲毁,由兵团农五师1965年重建,1997年经改造后总长17.5千米,过水流量8立方米每秒,用水单位主要有八十七团和小营盘镇灌区。

哈拉吐鲁克河山区为中亚植物区系与蒙古植物区系的交汇处,森林资源丰富,森林覆盖率达27%左右,2004年11月已升级为国家级森林公园,公园分七段分布于哈拉吐鲁克河谷两岸。沿河谷向北,蜿蜒曲折纵深15千米,溯四季湍流不息的哈拉吐鲁克河而上,奇峰秀丽,曲径通幽,云杉碧绿,白桦葱郁,绿茵如织,满目苍翠,飞瀑流泉,鸟语花香,有湖色奇异的七彩湖,还有雪豹、北白肩雕、金雕、北山羊等野生动物的踪迹。园内有多处旅游景点,步移景换,各有特色,堪称人与自然和谐相处的圣地。

10.5.4.3 保尔德河
(Baoerde River)

博尔塔拉河左岸的第二大支流,又名夏尔希里河,发源于阿拉套山南坡,位于新疆维吾尔自治区博乐市境内,山区集水面积342平方千米,河长42千米,多年平均年径流量0.8亿立方米。

河流由那伦哈木尔沟、达兰哈特沟、均哈布逊沟、卡拉干苏河、阿勒坦特布什河和加曼怡特沟在乌朗库吐勒处汇集而成,呈典型扇状水系,汇合口以下始称保尔德河。此后河流由西北向东南流约7千米,左岸接纳了源头位于哈萨克斯坦境内的兰翠河(哈萨克斯坦称茨努斯克得也勒河)后,转向正南,流经8.6千米出山口。山口的保尔德渠首将河水引入灌区,灌溉面积约0.4万公顷。余水渗入地下,洪水期间有少量地表水汇入博尔塔拉河。渠首下游建有保尔德一级电站、二级电站、三级电站,总装机容量1 500千瓦。保尔德干渠由兵团农五师八十四团建于1963年,干渠总长18千米,设计流量8立方米每秒,主要灌溉八十四团和乌图布拉克乡耕地。

夏尔希里自然保护区

保尔德河上游地形高差悬殊,森林植被垂直带谱格外明显,植物类型多样。高山带的高山草甸植被发育良好,高度在1~1.5米。中低山带阴坡植被以天山云杉林和温性草原为主,生长有丛生禾本科草类及灌木。海拔较低的谷地有桦林分布,植被覆盖率达97%。2000年在源流区批准设立了自治区级夏尔希里自然保护区,保护区面积314平方千米(含右邻**哈拉吐鲁克河**流域部分区域)。保护区长期处于中苏、中哈边界争议区,历史上均实行严格的军事管制,基本无人类活动,

哈拉吐鲁克干渠渠首

故生态系统保持着原始的自然平衡状态,是新疆乃至全国极为罕见的原始山地生态系统。保护区富集了大量生物物种和许多珍稀生物物种,有蒙古黄芪、雪莲、新疆紫草和国家二级重点保护动物 10 余种,有赛加羚羊等国家重点保护野生动物 40 余种,有陆栖类动物和鸟类约 300 余种。保护区内古老的地层构造在漫长的地质演变与第四纪冰川侵蚀作用下,形成了独特的地形地貌特征,使夏尔希里成为中国保持着最佳原生状态的自然保护区之一,堪称山地生态系统的天然博物馆,其物种之丰富实属罕见。该保护区也是博州重要的水源涵养林区。

10.5.4.4 五一水库
(Wuyi Reservoir)

位于**博尔塔拉河**中游、新疆维吾尔自治区博乐市城南约 4 千米,又名他什库努克水库,地理位置为东经 82°00′～82°03′,北纬 44°52′～44°53′,是一座以灌溉为主,兼顾防洪、发电、水产养殖等综合利用的中型拦河平原水库。

五一水库

水库 1976 年建成,2007 年完成主体工程除险加固,大坝为黏土心墙砂砾石坝,最大坝高为 22 米,坝长 2 700 米。正常蓄水位为 528.5 米,总库容 1 960 万立方米,坝址以上集水面积 7 394 平方千米,坝顶防浪墙长 1 800 米,高 1.2 米。泄洪涵洞 2 孔,最大泄量 62 立方米每秒。溢洪道 3 孔,泄洪能力 300 立方米每秒。坝后引水渠长 1 340 米。坝后电站装机容量 3×800 千瓦。五一水库向下游 8 个农牧乡镇团场供水,灌溉面积为 5.88 万公顷。

10.5.4.5 大河沿子河
(Daheyanzi River)

博尔塔拉河右岸支流,流经新疆维吾尔自治区博乐市和精河县,清乾隆年间称"大河",上游又称库松木切克河,大河沿子水文站以上集水面积为 1 697 平方千米,河长 90 千米,多年平均年径流量 1.404 亿立方米。

河流大部分河段穿流于南为天山山脉科古琴山、北为库松木且克山(上游)和喀拉他乌山(下游)之间的东西向长达 78 千米的峡谷中。源头位于南北两山交汇处,翻越源头海拔 2 290 米的隘口,西距**赛里木湖**仅 15 千米。河流自西潺潺东流,沿途两岸接纳了众多小溪,呈典型的树枝状水系。较大的支流有铁里门萨依、喀克萨依、阿合峡河、托逊能苏、库鲁铁列克和苏勒铁列克等河沟,其后河流转 90°北流出山口,过沙尔托海水文站,经 15 千米至大河沿子镇,再延 28 千米入博尔塔拉河。

河流源头发育有 34 条冰川,冰川面积 4.17 平方千米。径流主要以季节性融雪及降雨和地下水补给为主。河流出山口处(水文站下游 2 千米)建有拦河引水枢纽及大河沿子干渠,引水流量 8 立方米每秒,控制灌溉面积约 1 万公顷。主要种植棉花、玉米、小麦、枸杞、油料等作物。沿渠建有 2 座梯级电站,总装机容量 4×630 千瓦。

山区气候凉爽,降水丰富,生长有大片天然的雪岭云杉林等,低山禾草繁茂。《西域水道记》作者徐松途经此河,留有"西山衔日,林莽阻深,促骑丛薄,涧流幽咽"的记叙,是对秋日里夕阳西下,谷中林草茂密,沟峡谷深,道路难行情景的真实写照。山区峡谷查汗托哈以下段(阿合峡河汇合口以下),河流右岸前山带(海拔 2 000 米以下)及左岸喀拉他乌山(海拔最高 2 437 米)为荒漠区,黄土沉积厚,致使河流携带大量泥沙。流域内分布有磷、铜等矿藏,其中磷矿已开采利用。

精河县大河沿子镇因河流经此地得名,是博州最大的镇,辖 15 个村,总人口 3.25 万人,主要由维吾尔、汉、蒙古等民族组成,少数民族占总人口的 45%,已被列为全国 500 家小城镇建设示范镇之一。达勒特故城位于大河沿子河和博尔塔拉河交汇处的黄土台地上,俗称"破城子",一条宽约 200 米的西北—东南向的古河床将故城分为东、西两部分,故城考古发掘成果甚丰,有学者认为西城是唐代双河都督府治所,东城可能为西辽所建,故城年代下限可沿袭到明代初期。

10.5.4.6 阿恰勒河
(Aqiale River)

博尔塔拉河右岸支流,又名阿沙勒阿乌孜、阿卡尔河,先后流经新疆维吾尔自治区伊犁哈萨克自治州尼勒克县和博州精河县,位于**大河沿子河**东侧,山口以上河长 55 千米,集水面积 628 平方千米,多年平均年径流量 1.108 亿立方米。

阿恰勒河发源于伊犁哈萨克自治州尼勒克县境内的科古琴山南坡,河流自源头向东流经 32 千米,在尼勒克能公尕尼处于右岸接纳发源于博罗科努山北坡的尼勒克河后入精河县并转向东北流,又穿越精河县境内科古琴山和博罗科努山之间约 9 千米长的峡谷后流出山口。山口建有阿卡尔渠首,沿河兴建了 6 座水电站,总装机容量 1.52 万千瓦。河流进入平原区后,下行约 24 千米,进入兵团农五师八十三团和托里乡沙山子灌区后渗入地下,又在博尔塔拉河谷南岸冲洪积扇下缘溢出,入博尔塔拉河。

阿卡尔渠首由兵团八十三团建于 1981 年,是一座集灌溉、发电、泄洪、排砂于一体的引水枢纽,设计流量 10 立方米每秒。阿卡尔干渠初建于 1959 年,总长 47.9 千米,建成排洪、沉沙、渡槽、桥梁等配套设施 59 座。设计流量 8 立方米每秒,灌溉面积达 8 000 公顷。

流域海拔 1 800 米以上山区天然植被为温性草原,两大支流的山区阴坡分布大量云杉,渠首以下为前山丘陵带及博尔塔拉东部平原,丘陵区为荒漠草地植被,以旱生和超旱生小乔木灌木、灌木和半灌木为主,平原区则主要为盐化草甸。

兵团农五师八十三团位于河流下游河畔,全团下辖 15 个农业连队、24 个工业、和企事业单位,人口 1.57 万人,耕地 6 600 余公顷,林地 4 000 公顷。阿恰勒河流域充足的电力、丰富的日照和特殊的小气候为工农业的发展提供了必要的条件,已成为全国有名的"枸杞之乡",新建的万亩高科技示范园生产的红提葡萄畅销沿海各大城市及东南亚各国。团场交通便利,312 国道和省道沙塔公路贯穿团场,建设中的国家重点项目精(河)—伊(宁)铁路经过八十三团辖区。

阿恰勒河谷是由天山北麓进入伊犁河谷的登努勒古道的一

部分。古道南起伊宁县，溯吉尔格郎河而上，经天山牧区吐拉苏草原，顺阿恰勒河而下，穿博罗科努山和科古琴山间的山口，达精河县，全长 180 千米。果子沟通途之前，是唐朝丝绸之路新北道上的重要古道，商旅、牧民皆沿此道迤逦而行，入西突厥的政治、商贸重镇——弓月城（今伊宁县吐鲁番圩孜附近），是天山北道抵达弓月城的最短路线。现仍为伊宁县、尼勒克县、精河县的主要牧道，通常称"伊精牧道"。

10.5.5 赛里木湖

（Sailimu Lake, Sarim Lake）

古名"天池""西方净海""乳海"，蒙古语称"赛里木淖尔"，意为"山脊梁上的湖"，又称三台海子，现名系哈萨克语音译名，为"祝愿"之意，以祈求古丝绸之路行人路途平安得名。湖泊位于新疆维吾尔自治区博乐市境内天山西段的高山盆地中，地理位置为东经 81°00′～81°22′，北纬 44°30′～44°43′。

赛里木湖南侧和西侧均为博罗科努山北坡，北侧为察汗乌逊山和汗孜格山南坡，东侧为库松木切克山。312 国道从东北汗孜格山和库松木切克山之间的隘口穿行而来，顺湖泊东南岸向南延伸到伊犁。湖滨公路环绕湖周，四周为巨厚石灰岩及砾岩组成的山地，周边山麓不大的洪积扇泻落到湖岸。湖周少阶地，多为缓坦的低湖岸，唯西北岸由于风浪袭击，坡岸后退，形成陡壁，其上冲沟发育，深达 6～7 米以上。入湖水源主要为湖周坡地雨雪集水、湖面降水及地下水补给。湖泊西北、东北岸有源于察汗乌逊山的阿克巴依塔勒、克希阿克巴依塔勒、京依什克苏、查干郭勒和科克萨依沟以及源于汗孜格山南坡的奥依札依劳、京依什克苏等近 10 条溪沟汇入。湖东南有多个小岛，靠近南岸的一座最大。湖面海拔约 2 074 米，水域面积 458 平方千米，最大水深 92 米，储水量约 210 亿立方米。赛里木湖为冷水湖，湖水洁净，湖水透明度为 7～10 米，矿化度为 3 克每升左右，属微咸湖。

湖区气候属温带干旱气候，多年平均气温 0.5 摄氏度，多年平均年降水量 550 毫米，蒸发量小。赛里木湖环湖植被以草原和森林广布为特征。湖西博罗科努山南麓以云杉林为主，层层叠叠，织成塔林，林下浅草平铺，野菇丛生，林中栖息有珍稀动物。湖泊南、东南、东北植被覆盖率较低，主要为草地。湖面常有天鹅、斑头雁、白眉鸭等水禽畅游嬉戏。湖中现有高白鲑、凹目白鲑等冷水鱼。每年 5—6 月，赛里木湖西岸草地野花盛开，蔚蓝的湖水，翠绿的草地，怒放的鲜花，皑皑的白雪构筑了一幅美轮美奂的山水画。

赛里木湖自古以来就是塞种人、月氏、乌孙、突厥等古代民族游牧射猎、繁衍生息之地，也是古文化交汇之处。从元代开始，赛里木湖又成为远征将士和骆驼商队由天山北路出入伊犁河谷，东去长安、洛阳，西往波斯、罗马的必经之地。湖区民俗文化独特，人文古迹色彩浓郁。环湖有多处乌孙土墩墓、石圈墓，还存有成吉思汗西征时的点将台，清代乾隆年间在湖心岛建造的靖海寺、龙王庙等古迹。历代文人墨客对赛里木湖多加赞誉，唐太宗李世民留有"乳海池京邑，双河沼帝乡"的诗句。1221 年邱处机在《长春真人西游记》中写道："大池方圆二百里，雪峰环之，倒影池中，真人名之曰天池"。禁烟英雄林则徐当年被谪戍伊犁，途经赛里木湖记述其"波浪涌激，似洪泽湖"。清嘉庆四年（1799 年）大学士洪亮吉戍伊犁，途经此地，称赛里木湖为"净海"，作《净海赞》，赞美赛里木湖为"诚西来之异境，世外之灵壤矣"。清末文人宋伯鲁以"四山吞浩淼，一碧拭空明"的诗句，描绘了赛里木湖雄旷清澈的自然景观。清政府 1763 年将赛里木湖列入需每年都要举行祭典的名山大川之一。2004 年 1 月，赛里木湖风景名胜区经国务院批准，被列入第五批国家级风景名胜区。

赛里木湖的冬景

山花烂漫时节的赛里木湖

每年 7 月底、8 月初，当地的蒙古族和哈萨克族牧民都要在这里举行赛里木湖那达慕大会。届时草原百里方圆的蒙古族、哈萨克族牧民相约而来，载歌载舞，举行传统的体育比赛及集市贸易活动。

四、准噶尔盆地河湖

Rivers and Lakes in Zhungaer Basin

10.6 准噶尔盆地河湖

(Rivers and Lakes in Zhungaer Basin)

准噶尔盆地坐落于新疆维吾尔自治区北部，区域面积约38万平方千米，地理位置为东经84°30′～90°30′，北纬43°00′～46°00′，盆地内陆河湖主要包括中天山山麓的玛纳斯湖水系、博格达山北麓诸河及北塔山诸河。

整个区域四面环山，呈不规则三角形，北部为阿尔泰山脉，南部为天山山脉的博罗科努山、依连哈比尔尕山、博格达山，西部为准噶尔西部齐吾尔喀叶尔山、加依尔山，东部为北塔山，中部为古尔班通古特沙漠。

准噶尔盆地河湖区域内河流较多，主要水系包括玛纳斯湖水系、博格达山北麓诸河、北塔山诸河三部分水系。其中：玛纳斯湖水系包括以**玛纳斯湖**及其邻近的**艾里克湖、小艾里克湖**等低洼带为尾闾的**乌鲁木齐河、头屯河、三屯河、呼图壁河、雀尔沟、塔西河、玛纳斯河、白杨河**（克拉玛依市）、**木胡尔塔依河、达巴松诺尔湖、小盐池、和布克河**等河湖；博格达山北麓诸河包括**水磨河、芦草沟、天山天池、三工河、四工河、甘河子河、白杨河**（阜康市）、**西大龙口河、东大龙口河、白杨河**（奇台县）、**碧流河、中葛根河、开垦河、菝菝湖、木垒河**等河湖；北塔山诸河包括中国境内北塔山山麓的**北塔山湖**、乌尔塔布拉克河、库普河、查千布尔嘎河、大乌拉斯台河、小乌拉斯台河及恰达沟、阿浩尔沟、昂嘎沟、金西克苏河、乌里亚斯台河、胡居尔特河、小松树沟、大松树沟及锡别特河等河湖。

准噶尔盆地河湖区域地处内陆腹地，属中温带大陆性干旱气候，气候炎热，干燥少雨，多年平均气温5摄氏度左右，年日照时数约3 000小时。盆地主要自然灾害有冻害和大风，每年有8级以上的大风天数70天以上。

准噶尔盆地河湖地域辽阔，地跨新疆维吾尔自治区克拉玛依市、托里县、布克赛尔蒙古自治县、乌苏市、奎屯市、沙湾县、玛纳斯县、呼图壁县、石河子市、昌吉市、米泉市、五家渠市、吉木萨尔县、奇台县、木垒县、青河县、乌鲁木齐市等诸多地州县市。

准噶尔盆地是中国第二大内陆盆地，盆地中部的古尔班通古特沙漠是中国第二大沙漠，面积4.88万平方千米，海拔300～600米，沙漠内部绝大部分为固定和半固定沙丘，固定沙丘上植被覆盖率为40％～50％，半固定沙丘上植被覆盖率15％～25％，为优良的冬季牧场。再加上埋藏的古冲积平原和古河湖平原，沉积有巨厚的第四系松散沉积，赋存有承压水，因此古尔班通古特虽有沙漠之名，但依然草绿花鲜，生机盎然，植物种类多达300种以上。在这里生命与死亡竞争，绿浪与黄沙交织，现代与原始并存，是观光考察自然生态与人工生态的理想之地。

准噶尔盆地的南部区域是新疆经济最发达的天山北坡经济带，是新疆现代工业、农业、交通、信息、教育、科技等最为发达的核心区域，集中了新疆83％的重工业和62％的轻工业，历年国内生产总值占新疆40％以上，城镇、交通、能源等基础条件好，对新疆经济起着重要的带动、辐射和示范作用。

整个区域内不仅有古尔班通古特沙漠风光，还有克拉玛依百里油田、奇台将军戈壁、乌尔禾魔鬼城、奇台硅化木—恐龙国家地质公园、火烧山、五彩城及国家AAAA级旅游景区——江布拉克。

10.6.1 北塔山诸小河

(Rivers in Beita Mountain Area)

指发源于阿尔泰山余脉北塔山四周的河流，位于新疆维吾尔自治区昌吉回族自治州奇台县境内，东北以北塔山山脊与蒙古国为界，西北与阿勒泰地区青河县相连。

概 述

地质、地貌、气候 北塔山为阿尔泰山东南余脉，山顶平坦，海拔一般为2 700～3 100米。北塔山是上古生界喷发岩（火成岩或岩浆岩）岩层在新构造运动影响下隆起的背斜山地，山体长90千米，宽25千米。最高峰为阿同敖包峰（海拔3 290米），其两翼呈倾伏状倾没在山前平原地层之下。由于隆起时的微小差异，在山麓山前带断续分布着相对高度10～20米的垄岗状、桌状、残峰状高地，并在高地的倾斜面上形成2～3级的台阶，成为北塔山山前特有的地貌景观。

北塔山是准噶尔盆地东部唯一比较高大的山体，山区气候较盆地中心和边缘相对湿润，多年平均年降水量250毫米以上。在海拔2 100～2 600米的阳坡上呈片状分布着西伯利亚落叶松，在低山区生长着耐寒耐旱的植被，为良好的牧场，草质较好，覆盖率达50％～70％。山前为苏吉丘陵区，牧草覆盖率达40％～50％，是阿勒泰地区富蕴和青河两县重要的冬牧场之一。丘陵区继续向西南延伸为准噶尔盆地的将军戈壁，地势平坦，牧草覆盖率达20％～30％，是主要的春秋草场。山前平原区夏季酷热，冬季严寒，多年平均气温5.6摄氏度，多年平均年降水量182毫米，年均无霜期125天。

水系 流域内河流主要发源于北塔山南北麓，其分布特征为：发源于北塔山山顶平台的乌尔塔布拉克河，沿北塔山山脊由东南流向西北；发源于北塔山西南坡的库普沟、查千布尔嘎河、大乌拉斯台河、小乌拉斯台河及恰达沟、阿浩尔沟和昂嘎沟等河沟则流向西南戈壁；发源于北塔山北坡和东北坡的河流主要有金西克苏河、乌里亚斯台河、胡居尔特河、小松树沟、大松树沟和锡别特河，分别向东北流入蒙古国。诸河源头及河流（沟）沿途泉水发育，境内山泉共60多处，河流流程短且水量小，天然状态下，大多河流（沟）水量在出山口附近即渗入地下。

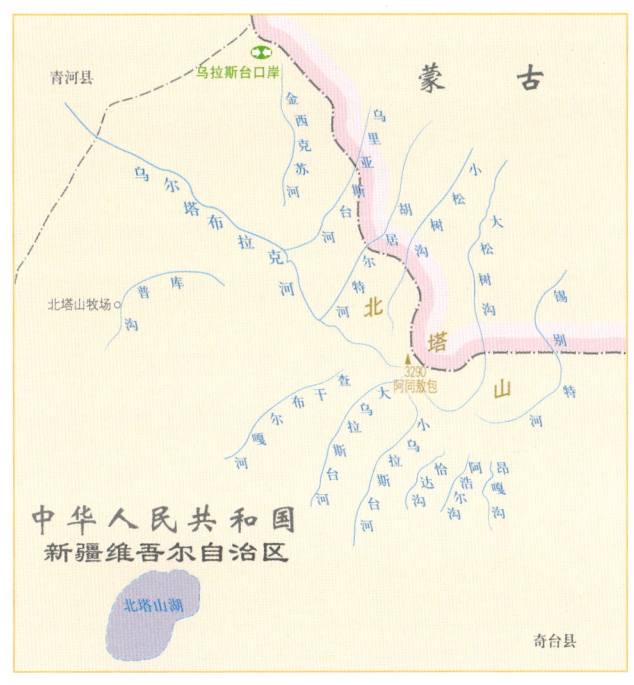

北塔山诸小河水系示意图

库普沟由源头及沿途山泉汇集而成,至山口处的库甫镇长约12千米。库甫蒙古语意为"木柄",因河沟走向形似勺状得名。查干布尔嘎河出山口后即渗入地下,2千米后又以泉水出露并分为三支,分别称为查干布尔嘎河、额勒森沟和克泽勒萨依沟。大乌拉斯台河、小乌拉斯台河源头均位于北塔山山脊附近,出山口以上河长均约17千米,山口处有乌拉斯台村。乌拉斯台蒙古语意为"白杨树"。

锡别特河由大锡别特河、小锡别特河汇集而成,中国境内部分河长15千米,集水面积100平方千米。大松树沟、小松树沟和胡居尔特河三河流域中国境内集水面积总计92平方千米。乌里亚斯台河自河源由南向北流经11千米进入蒙古国。

金西沟河发源于北塔山北坡,流域内泉水众多,河流在我国境内即流出山口渗入地下,集水面积85平方千米,相应河长18千米。

乌尔塔布拉克河蒙古语意为"河水有水沫的河",是北塔山区域内最长的一条河流,其源头位于阿同敖包峰,上游段称沙海特河。河流自源头沿北塔山顶平台向西北流16.5千米,左岸接纳大拍安萨依河、小拍安萨依河后始称乌尔塔布拉克河,12千米后流出山口。山口以上河长29千米,集水面积75平方千米。

纪　　实

流域内主要分布有库甫镇(驻有新疆生产建设兵团农六师北塔山牧场场部及昌吉自治州武警大队库甫工作站、南乌拉斯台工作站口岸派出所、新疆武警总队乌拉斯台口岸边防检查站、边防二团边境会晤站等)和6个自然村(分别驻有北塔山牧场所辖的5个牧业连队)。

位于金西沟河流域的北塔山牧场牧业3队附近设有乌拉斯台口岸,内有两眼山泉沿沟流向蒙古国。乌拉斯台口岸是昌吉回族自治州境内唯一的国家一类季节性陆运口岸;早在清乾隆年间,民间就开始了奇台至科布多(今蒙古国吉尔格朗图)间的易货贸易驼运,且经久不衰,乌拉斯台就是从奇台至科布多途经的重要驿站。

位于乌尔塔布拉克河出山口处的乌日本布拉格村为牧场草原建设队驻地,这里还设有北塔山气象站,驻有昌吉军分区边防连队等。

位于奇台县北塔山牧场西北的乌伦布拉克铜矿,为全国少见的典型铜钼多金属大型矿床,铜品位最高达4.34%。北塔山西南方的将军戈壁堪称世间亘古荒原,这里的恐龙沟素有"恐龙之乡"之称,已查明有恐龙化石120余具。1986年发掘出的马门溪龙化石全长32.9米,是世界第二大恐龙化石。将军戈壁的"诺敏风城"俗称"魔鬼城",景色奇异。在北塔山西南脚下戈壁中的石树沟有号称亚洲第一的硅化木群,保存之完好,规模之大,令世人赞叹,石钱滩还有众多海相古生物化石。

10.6.1.1　北塔山湖
(Beitashan Lake)

盐沼泽,也称东盐池、北塔山盐池,位于新疆维吾尔自治区奇台县东北部北塔山脚下,地理位置为东经90°41′、北纬44°52′。

北塔山湖处于准噶尔—东天山褶皱系中、新生代山间断陷盆地内。北塔山西南坡多年平均年降水量170～250毫米,气候温凉,草场发育,是北塔山牧场所在地。山区发育了10多条季节性小河沟,季节性融雪和降雨补给形成的泉流是湖区地下水的主要补给来源。湖泊于20世纪50年代基本变为沼泽,现已大部分干涸成为盐漠,仅存东部盐池,面积约30平方千米。

从现有盐漠面积及分布情况来看,古时湖泊面积约500平方千米,由古乌伦古河和北塔山西南坡众多河流补给。随着气候变化及地质构造运动影响,**乌伦古河**发生改道,北塔山山区降水量减少,多数河流变为季节性河流,湖泊面积逐渐缩小,分成多个小湖泊。

时过境迁,如今西北部和中部的湖泊已荡然无存,留下的只有沉淀于湖盆表面的碱块残遗。东南部的湖地势较低,地下水水位依然较高,盐池东北方向约6千米有原始胡杨林分布,面积约30平方千米。这里是新疆工业用盐的重要产地。向南30多千米则是闻名遐迩的木垒鸣沙山,它的北侧是横卧中蒙边界的北塔山。

10.6.2　博格达山北麓水系
(Rivers in Northern Piedmonts of Bogeda Mountain)

发源于天山支脉博格达山北麓的诸多河流及湖泊,流经新疆维吾尔自治区昌吉回族自治州的阜康市、吉木萨尔县、木垒县及哈密地区的巴里坤哈萨克自治县,流域面积约3.3万平方千米,地理位置为东经87°55′～91°43′、北纬43°30′～44°35′。

整个流域地势南高北低,最高点为海拔5445米的博格达峰,峰顶长年积雪,冰川总数213条,冰川面积91.5平方千米。流域内自西向东依次有**水磨河**、**三工河**、**天山天池**、**四工河**、**甘河子河**、**白杨河**、黄山河、二工河、**西大龙口河**、新地河、小龙口河、**东大龙口河**、**白杨河**、根葛河、达坂河、吉布库河、**碧流河**、宽沟河、**中葛根河**、新户河、**开垦河**、英格堡河、小唐沟河、东城河、**木垒河**、白杨河、博斯坦河、七城子河、大石头沟、卧龙迹河、大红柳峡河等诸多河流,且绝大多数河流水量小、流程短,消失在北部的古尔班通古特沙漠南缘。

博格达山为古生界地层所组成的背斜构造,海拔3500米雪线以上为永久积雪带,现代冰川的终碛、侧碛保存较好,

10.6.2 博格达山北麓水系

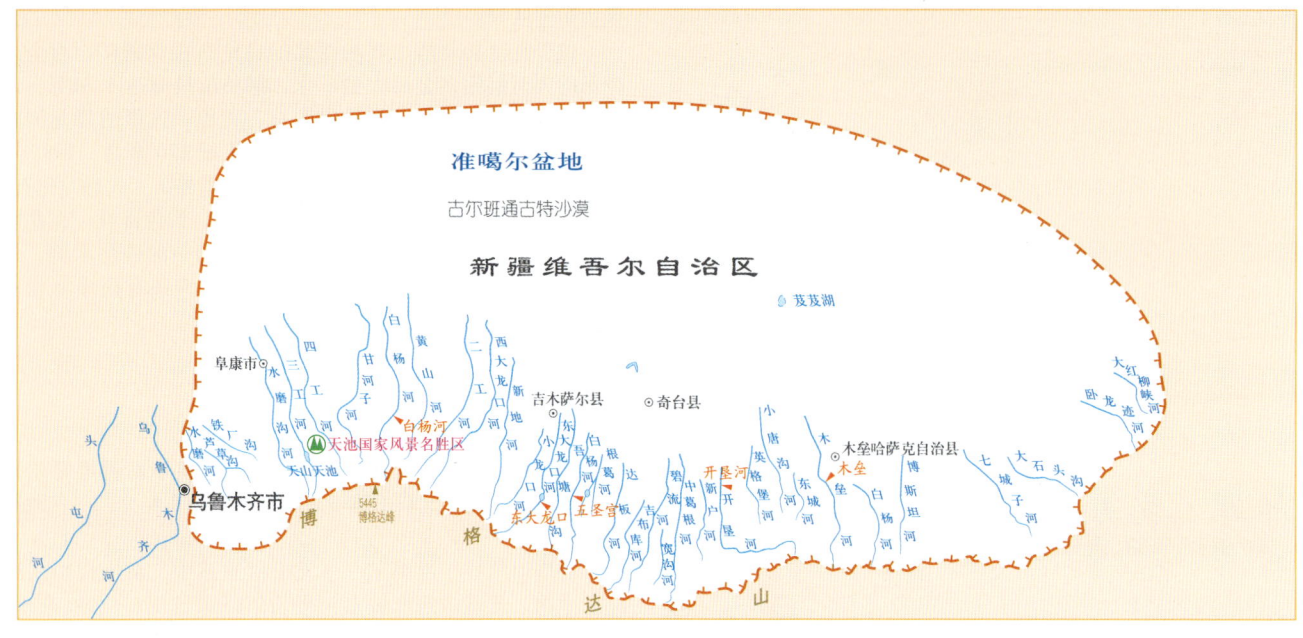

博格达山北麓水系示意图

冰川刻蚀地貌广泛分布，角峰、刀脊随处可见，寒冻风化作用造成的岩屑坡众多；海拔 2 600～3 500 米的高山带，河谷中普遍堆积着第四系冰积物，冰川侵蚀而成的古冰斗、悬谷、U 形谷非常典型，尤以阜康市的三工河、四工河一带举目可见，冰缘地貌普遍发育，河岸生长有稀疏低矮的耐寒植物；海拔 1 500～2 600 米的中山带，气候温凉，降水丰富，分布有大片原始云杉林；海拔 1 200～1 500 米的低山带，河谷开阔，侧向侵蚀显著，形成多级阶地，如奇台县新户河、吉木萨尔县新地河、木垒县东城河等；海拔 1 200 米以下为绿洲、荒漠区。

流域属中温带大陆性干旱气候，从南至北呈山区、平原、荒漠过渡，气候区域性差异十分显著，山区降水丰富，气候湿润温凉，仅有冷季、暖季之分，多年平均年降水量 250～600 毫米，多年平均年蒸发量 1 500～1 800 毫米；平原区和荒漠区干旱少雨，夏季炎热短暂，冬季寒冷漫长，昼夜温差大，多年平均年降水量 160～220 毫米，多年平均年蒸发量 2 000～2 100 毫米。

博格达山北麓的山前平原，主要是由众多河水带来的冰水沉积、冲积物质组成。第四纪以来，地面不断隆起，河水在上游峡谷中，形成多级阶地，于出山口形成现代冲积扇。山前河道位置时常迁移，冲积扇的中下部河道物质组成较细，大部分为亚砂土和亚黏土的交互层，地形具有一定坡度，地下水埋深 3～5 米，排水条件良好，土壤无盐渍化现象，成为新疆重要的灌溉农业基地。

截至 2007 年，流域内有中型水库 4 座（东塘水库、西大龙口水库、东大龙口水库、龙王庙水库），小型水库 43 座（阜康市 7 座，吉木萨尔县 15 座，奇台县 15 座，木垒县 6 座）；引水枢纽 8 座（三工河、白杨河、达坂河、吉布库河、碧流河、开垦河、中葛根河、西大龙口河）。

博格达山属北天山东段，为准噶尔盆地和吐鲁番盆地的界山，山体呈东西走向。据考古资料显示，博格达山北麓古绿洲多分布在冲积洪积扇扇缘或河流下游三角洲上，如吉木萨尔县东大龙口河三角洲上的北庭古城、阜康市白杨河和三工河扇缘带的北庄子古城和六运古城等。新绿洲多分布在旧绿洲的外围与边缘区域，即生态环境相对脆弱的绿洲—荒漠交错带，如奇台县的开垦河、木垒县的木垒河平原等。博格达山北麓绿洲是"八五"与"九五"期间中国国土综合开发的 19 个重点片之一，也是国家开发大西北的重点区域，流域内的奇台县更是全国粮食大县。

流域的屯垦始于东汉永平十七年（公元 74 年），戊己校尉耿恭率军到金满（今吉木萨尔县城北 12 千米）屯田。唐长安二年（702 年），北庭都护府驻军 1.2 万人大规模屯垦，屯田发展到 600 余公顷，后于五代和两宋时期由于战争屯垦中断。元至元十七年（1280 年）于庭州（今吉木萨尔县城北 12 千米处的护城子村）设别失八里，在吉木萨尔县、奇台县、木垒县一带开垦荒地，耕种农田 3 万公顷，后因战乱屯田结束。到了清代，清政府在流域内进行大面积屯田，绿洲经济初具规模。民国时期，奇台县、阜康市一带再次兴修水利，重垦旧荒。

流域内终年皑皑的冰川雪岭是天然的"固体水库"，纵横密布的河流小溪是哺育万物的甘泉乳汁，郁郁葱葱的云杉松柏是野生动物理想的家园，杨柳成行、沙枣飘香的林带是阻挡风沙的天然屏障，水草肥美、绿茵如毯的草场是优良的畜牧业基地，土壤肥沃、阡陌交通的片片绿洲是天山儿女赖以生存的粮仓。其中，生长在博格达山海拔 4 000 米左右的悬崖陡壁之上、冰碛岩缝之中的天山雪莲（又名雪荷花），更是名扬中外，被誉为"百草之王""药中极品"。

博格达山北麓悠久的历史文化、秀美的自然风光蕴藏着

博格达山三峰并立

丰富的旅游资源，有七城子细石器遗址、北庭古城、六运古城、北庄子古城等文化古迹，有恐龙沟、石钱滩、火烧山、鸣沙山、魔鬼城、五彩城等奇特景观，有天池国家风景名胜区、奇台南山国家森林公园、青松森林公园、大龙王森林公园等旅游景区，还有卡拉麦里山有蹄类自然保护区、奇台硅化木—恐龙国家地质公园、荒漠类草地自然保护区。

博格达山三峰并立，拔地而起，陡峭、雄伟，终年冰雪皑皑，世称"雪海"，有"天山明珠"之称。自古以来，这里就是很多文人墨客驻足吟诗的上佳之地。宋代著名道士丘处机的《长春真人西游记》云："三峰并起插云寒，四壁横陈绕涧盘。雪岭界天人不到，冰池耀日俗难观。岩深可避刀兵害，水众能滋稼穑干。名镇北方为第一，无人写向画图看。"现代著名文学家茅盾在《新疆风土杂忆》中写道："博格达山高接天，云封雪锁自年年。冰川寂寞群仙去，瘦骨黄冠灶断烟。"

10.6.2.1 木垒河
(Mulei River)

属**博格达山北麓水系**，新疆维吾尔自治区木垒哈萨克自治县境内水量最大的一条河流，又称大河坝河，位于东城河流域以东、白杨河流域（木垒县）以西。出山口以上河长34千米，集水面积467平方千米，多年平均年径流量约0.451亿立方米。"木垒"蒙古语意为"马头"或"大草原"；又一说为匈奴语"蒲类"转音。木垒县古为蒲类后国，唐代为蒲类县属地，清代定名为"穆垒"，河流由此得名。

木垒河发源于天山山脉博格达山博依勒克达坂，流域最高海拔3 474米，上游支流东支冬公河、中支塔牙孜苏河、台然河和西支查干布特河汇合后始称木垒河。东支冬公河发源于阿克吉勒达坂北侧，沿途接纳的支流有羌巴苏等10余条支流，河流自东南向西北汇入干流。西支查干布特河由西向东汇入干流，较大支流均分布于河流右岸，主要支流有苏巴什河、塔勒迪克河和喀沙依特河等6条溪流。汇入中支塔牙孜苏河的较大支流称艾买勒河；台然河的主要支流称唐斯克河。四大支流与木垒河干流构成典型的扇状水系。此后，河流又先后于右岸和左岸接纳了支流艾尔阿依特河和南沟河。艾尔阿依特河主要支流有巴杨阔马尔河和库腊萨依河；南沟河自源头由西向东汇入干流，自西向东从右岸接纳了西水脑沟、东水脑沟、板房子沟、路圈沟、火烧沟、沃吐拉达坂沟、希力特沟、马依特沟和呼拉沟。南沟河汇入口下游干流上建有南沟电站渠首，通过4千米伴河而下的渠道引水入南沟水电站，电站尾水渠继续沿河转向西北，又4千米到二级电站——甘沟水电站。电站渠首以下，木垒河于左岸接纳了由加皮泉和徐家沟泉等众多泉水汇集而成的下宰子沟后，过木垒河水文站，注入龙王庙水库。出库后，河流折向正北，穿照壁山，流经木垒县城进入下游灌区，剩余水量渗失于冲洪积平原中下部。沙漠南缘为坎儿井开发区。

龙王庙水库始建于1958年，又称跃进水库，1972年9月建成，1996年改建，2000年完成除险加固，是以灌溉、防洪为主的中型水库。水库大坝为均质土坝，最大坝高42米，坝长608米，总库容1 400万立方米，控制灌溉面积1万公顷。流域水电站总装机容量570千瓦。

木垒县，全称木垒哈萨克自治县，历史悠久，文化璀璨，是古丝绸之路新北道和草原丝绸之路的交会处。现木垒县城南郊、木垒河东岸及木垒县城北约38千米处，仍分别保存着木垒河遗址和伊尔卡巴克遗址，20世纪60年代和80年代，考古专家依据挖掘出的文物，判断其年代可能为新石器时代中期。木垒县现辖13个乡镇场、60个行政村、8个社区。境内地势南高北低，自东南向西北倾斜。南部山地

木垒河中游河道

群峰挺拔，原始森林、牧草郁郁葱葱；浅山丘陵地带，缓坡浅丘连绵，河水自南向北而下，灌溉万顷良田；中部地区为荒漠砾质平原，与北部的沙漠地带相接，绵延至北塔山及大、小哈甫提克山一带，是传统的牧业区。

大龙王森林公园位于木垒河上游，石人子沟（即上游西支查干布特河）为其主要景区之一。石人子沟因沟口有一块高约2米、状如人形的石头而得名。河流呈东西向，长13千米，河谷宽350米，南岸有众多支流汇入其中。地处天山北坡山地寒温带针叶林带，右岸坡度相对较缓，森林、草原茂密，春季柳絮飞舞，当地人称夏干布特，"夏干"蒙古语意为"白色"，"布特"蒙古语意为"一丛"。沟内林海松涛，山地植被错落有致，河水喧嚣，越涧迂回，跌宕起伏。常见野生动物出没，以鸟类、马鹿、狍子、野猪为主，偶见棕熊、雪豹踪迹。造型各异的奇山怪石，以及一线天、美女峰、卧龙潭、瀑布等原始古朴的风景扑朔迷离。一线天宽不过两米，高却数十丈。站在峡谷内抬头仰望，天空只剩下一条窄窄的蓝色彩带。洞洞沟（苏巴什河）是石人子沟内最大的一条支沟，也是木垒河水的主要源头之一，源头由众多泉眼汇集而成、深不见底、水面面积约百八十平方米的坑潭，这就是著名的"龙王坑"。龙王坑西侧即为木垒县和西邻奇台县**开垦河**与南邻鄯善县的坎尔其河源头的分水岭。登上岭顶极目远眺，万古青山尽收眼底，西眺博格达峰在蓝天辉映下似在咫尺之间，北瞰百里群山，座座牧民毡房如同白云点缀，炊烟袅袅。传说中唐朝樊梨花在分水岭怒锁天山龙王大嘴，龙王只好将水吸进肚里，从尾部喷出流入奇台的开垦河。

龙王庙水库因原地曾建有龙王庙而得名。龙王庙是为纪念唐代樊梨花养子薛应龙领兵西征天山，九胜突厥，在木垒河不幸战死而建。龙王庙水库内生长着一种"土著"草鱼，名称"金片"，无鳞，味极鲜美。水库景区山峡陡峭，青山绿水，身临其境，让人心旷神怡。

10.6.2.2 芨芨湖
(Jiji Lake)

位于新疆维吾尔自治区奇台县阿克塔木自然村西北25千米处，地理位置为东经90°07′、北纬44°25′。228省道将其分为东西两个湖盆，东部湖盆称骆驼井子，西北部湖盆称黄草湖，中部228省道路经花儿井牧业点。

芨芨湖古时为奇台、木垒交界处天山北坡众多中小河流的尾闾湖。湖区呈西北—东南走向，长约10千米，宽2～5千米，面积约35平方千米。湖水补给主要来自**开垦河**、英格堡河、水磨沟河、东城河和**木垒河**。近代河流补给芨芨湖的水量逐渐减少，加之自清代军屯使河流水资源得以开发，湖泊的补给逐渐由地表转为地下，20世纪50年代芨芨湖已成为沼泽湿地。20世纪80年代以后因耕地面积不断扩大，地表水资

源被大力开发,至 90 年代后期地下水资源严重超采,芨芨湖也基本失去了水源补给,已成为干湖。

湖区属暖温带大陆性干旱气候,多年平均气温 0 摄氏度,多年平均年降水量 100~150 毫米。受降雨补给,湖区地下水水位较高,地下水埋深约 1~1.5 米。湖周植被主要为红柳、芨芨草和芦苇。湖盆中心区域为白色碱块和芒硝,植被稀疏矮小,主要为芦苇、野燕麦。

10.6.2.3 开垦河
(Kaiken River)

属**博格达山北麓水系**,位于新疆维吾尔自治区奇台县,因清光绪年间引水开垦奇台城东灌区而得名。山口开垦河水文站以上河长 32 千米,集水面积 371 平方千米,多年平均年径流量 1.61 亿立方米。

开垦河发源于天山山脉中段博格达山北坡,源头延伸至开恩恰勒克以南 5 千米的博格达山山脊。河流东自开恩恰勒克始,西至杨洼滩南 2 千米处,一直流淌在东西长约 21 千米的峡谷中,沿途北岸仅有两条干沟汇入,而南岸沿途接纳了源自博格达山山脊的 10 余条小溪,河流呈典型的梳状水系。从杨洼滩起,继续西流 5.3 千米后转 90°向北流出山口,其间又接纳了 4 条较大支流,分别为奇台河、小南沟、大南沟、大西沟。4 条支流源头均位于博格达山山脊冰雪区,区内有 6 条现代冰川,冰川面积 1.1 平方千米,海拔最高 3 982 米。

开垦河中游河道

出山口处建有开垦河渠首,设计引水流量 30 立方米每秒。渠首以下河道上建有首尾相连的 3 个梯级电站,分称开垦河电站、阳洼边电站和柳树梁三级电站,总装机容量 6 240 千瓦。过柳树梁三级电站后,河水大部分被引用。东岸引水入东塘水库,灌溉老奇台镇及五马场农田,水库下游建有红旗水电站,装机容量 192 千瓦。西岸引水入汪家口水库,进入生产建设兵团农六师一〇九团、一一〇团灌区。河流余水沿河道而下,散失于西地镇以北荒漠之中。

东塘水库是一座以灌溉为主的中型注入式水库,大坝为均质土坝,最大坝高 22 米,坝长 2 401 米,总库容 1 050 万立方米,2000 年完成除险加固,控制灌溉面积 1 万公顷。汪家口水库归兵团农六师管理,分大、小两库,库容分别为 400 万立方米和 80 万立方米。

流域内水利开发历史悠久,现老奇台镇为原奇台县治旧址。清乾隆四十一年(1776 年)在此始建奇台县,县城名曰靖宁城,历经乾隆、嘉庆、道光、咸丰、同治、光绪六代皇帝,曾为连接中原至西域的交通枢纽和商品贸易集散中心,曾有"四乡田野,村庄相望,田亩轮歇,岁有余粮,最为富庶

东塘水库

之区"的记述。后在清同治三年(1864 年),奇台县城毁于兵变,加之"山原高亢,周回数里内掘井垣,深至百余仞,莫能及泉",故而将县移至古城,即今奇台县城。清朝建靖宁城期间,兴修水利,农业发展很快,因此奇台县一直是新疆的农业大县之一。"北道桥城址"位于现西地镇桥子村南 1 千米处,为唐代蒲类县郝遮镇所在,现城郭古风依旧。

位于开垦河上游的杨洼滩景区,海拔 1 700 米,四面环山,青山如黛,碧水泻珠,云雾缭绕,奇峰迭出;河谷中的杨树林挺拔高大,河床中的卵石五颜六色;两岸是碧毯般的草甸,各种鲜花争相开放,尽现自然美景,令人神往。

杨洼滩

10.6.2.4 中葛根河
(Zhonggegen River)

属**博格达山北麓水系**,蒙古语意为"宽阔的河"。位于新疆维吾尔自治区奇台县境内,山口以上河长 25 千米,集水面积 203 平方千米,多年平均年径流量 0.84 亿立方米。

流域海拔 2 800 米以上为高山带,气候寒冷,植被主要为高山和亚高山草甸,以蒿草和苔草为主。中山带海拔为 2 000~2 800 米,山坡陡峻,降水较丰富,河谷深切,土类为黑钙土,植被覆盖度高。2 000 米以下依次为低山带、浅山丘陵带、中部平原以及北部沙漠戈壁。山区段是奇台南山国家森林公园中的一景,景色优美。

河流发源于博格达山山脊的冰峰雪岭处,源流有两支,分别称裁缝沟和东沟。源头有少量冰川,溪流众多,冰川最高点海拔 3 969 米。两支流汇合后,下行 2.8 千米,于左岸接纳同源同向的支流洞洞沟,此后河流由南向北流,经 11 千米出山口。山口处建有中葛根渠首,设计引水流量 21 立方米每秒,灌溉面积 0.73 万公顷。渠首以下河流余水逐渐散失于冲洪积平原中下部绿洲区中。渠首下接东干渠和总干

渠，东干渠自渠首向下 3 000 米处建有水电站，装机容量 2×160 千瓦。元山子水库位于河流东岸半截沟镇老葛根村境内，北距渠首 10 千米，水库库容 105 万立方米，为小型引水式平原水库。

2008 年 8 月开工建设的中葛根水库位于中葛根河渠首上游 500 米处，是一座以灌溉为主、兼顾防洪的中型水库，主要由大坝、溢洪道、导流兼泄洪洞、放水洞等组成，水库总库容 1 365 万立方米，最大坝高 81.86 米，控制灌溉面积 1.1 万余公顷。

10.6.2.5 碧流河
(Biliu River)

属**博格达山北麓水系**，位于新疆维吾尔自治区奇台县境内，山口以上河长 23 千米，集水面积 172 平方千米，多年平均年径流量 0.65 亿立方米。"碧流河"系蒙古语"毕鲁贡"的转音，意为"产磨刀石的河沟"，又名洞子沟。

河流发源于天山山脉博格达山北坡，源流由东直沟、直沟、二道沟和西沟汇聚而成。除东直沟发源于中山带（海拔最高 3 217 米）外，其余三支流均发源于博格达山主山脊的小冰川区。其中，西沟源头由 4 条小型山谷冰川汇集而成，冰川最高点海拔 4 144 米。4 支流汇合后始称碧流河，汇合口海拔 2 100 米。汇合口以下河流向北流，经 11 千米出山口。山口以下，河床渐宽，下游最宽处达 300～400 米。在前山平原区河流呈散流状，主河道转向东北流。在出山口渠首下游约 10 千米处河流分为三支，东支为主河道，在下游约 10 千米渐渐消失在灌区中。

碧流河渠首引水枢纽位于河流出山口处，为底栏栅式引水枢纽，由 2 个引水廊道和 1 孔泄洪闸组成，设计引水能力 15 立方米每秒，泄洪能力 380 立方米每秒，控制灌溉面积 7 800 公顷。河水大部分被引入灌区。余水沿河道向东北流，散耗于冲洪积平原中上部。大洪水时，河流呈散流状分成数股水流散失于灌区中。

江布拉克风景区

碧流河流域地形独特，南部山区崇山峻岭，逶迤连绵，雪峰冰川高耸入云，林海草原苍茫无际，翠谷溪流清幽隽秀。江布拉克风景区位于碧流河上游，是奇台南山国家森林公园景区之一。"江布拉克"哈萨克语意为"圣水之源"。这里远山近水相映，林海雪峰交融，绿波花海如潮，一派圣洁的自然风光。中部平原田野广袤，阡陌纵横，一派北国田园风光，位于距山口 6 千米的碧流河乡所辖的洞子沟村、皇宫村、永丰渠村、西戈壁村和东戈壁村等 5 个行政村，自山口以下分布在碧流河两岸。

10.6.2.6 白杨河（奇台县）
(Baiyang River in Qitai County)

属**博格达山北麓水系**，位于新疆维吾尔自治区吉木萨尔县与奇台县交界处，五圣宫水文站以上河长 32 千米，集水面积 162 平方千米，多年平均年径流量 6 727 万立方米。

白杨河下游河谷

河流发源于天山山脉博格达山托库孜达拉附近的高山区，源头有零星冰川分布，冰川最高峰海拔 4 025 米。源流称托库孜达拉沟，流经 5 千米后称科克赛因沟，左岸接纳乔拉克达沟河后始称白杨河，沿途两岸有大小 20 余条小支流汇入，呈树枝状水系。在白杨河村附近有一较大支流小河子（河长约 11 千米）汇入，又流 2.5 千米为五圣宫水文站。其后经白杨河渠首，沿两县县界北流 3.5 千米建有白杨河水电站，在下白杨河村向奇台县东湾镇引水。在苏家庄，相邻河流吾塘沟（又称吾唐沟）经水库调节后的下泄弃水汇入白杨河后，下游河床呈散流状，主要分为 4 支，穿 303 省道，进吉木萨尔县南部灌区，下游在北庭镇附近建有青疙瘩水库、夹滩地水库、东二畦水库和黄水槽水库，均为以灌溉为主的小型水库。其中东二畦水库建于 1975 年，最大坝高 12 米，坝长 950 米，总库容 140 万立方米，控制灌溉面积 633 公顷。黄水槽水库于 1984 年建成，最大坝高 8 米，坝长 1 350 米，控制灌溉面积 733 公顷。白杨河余水进东荒漠滩后，成时令河而耗失于沙漠中。白杨河渠首位于奇台县东湾镇白杨河村境内，建成于 1964 年，为底栏栅式引水枢纽，设计引水流量 14 立方米每秒，灌溉面积 5 300 余公顷。

10.6.2.7 东大龙口河
(Dongdalongkou River)

属**博格达山北麓水系**，位于新疆维吾尔自治区吉木萨尔县境内，又称大龙沟，古称济木萨河，上游段称松树沟。东大龙口水文站以上河长 27 千米（以松树沟为源），集水面积 163 平方千米，多年平均年径流量 0.57 亿立方米。

概 述

东大龙口河上游两大源流分别发源于天山山脉博格达山山脊的喀依尕日达坂和石窑子达坂（古城达坂），源头两侧有少量冰川和永久性积雪，主源松树沟由较大的支流小溪沟和主源大南沟等汇集而成。东大龙口河自源头（喀依尕日达板）向东北流 22 千米出山口，流经东大龙口水文站，进入泉子街山间盆地。山口处建有头道桥渠首，引水灌溉泉子街镇周边耕地。水文站以下汇入泉子街盆地的支流还有在山区呈独立水系的牛圈子沟（全长 12 千米，集水面积 35 平方千米）、吾塘沟（上游分为东西两支，分别长约 11 千米和 8 千米，集水面积 45 平方千米）和东沟。其中吾塘沟出山口后分为东西两支，东支与东沟经泉子街镇灌区引用后，余水进入吾塘沟水库，水库下泄水量向东北汇入**白杨河**下游；西支与牛圈子沟进入泉子街镇灌区引用后，余水汇入下游东大龙口河。

水文站以下干流经大、小韭菜园子，穿过盆地北侧丘陵区河谷，下游建有大龙口一级、二级电站，并通过东大龙口二级渠首将水引入东大龙口水库。水库下游又建有骆驼脖子渠首，引部分水量入灌区。余水顺河而下，流经东台子、303国道，穿过吉木萨尔县城东的二工乡，经北庭故城附近的西场湖渠首，与苇湖沟（又称谓户沟）余水一起注入下游下新湖水库，灌溉红旗农场灌区。灌溉余水散失于准噶尔盆地南缘的大海子沙漠区。

东大龙口水库是以灌溉为主、兼顾防洪的中型水库，坝高35.97米，坝长698.5米，总库容1 150万立方米。吾塘沟水库又称贡拜沟水库，建成于1978年，是以灌溉为主、兼顾防洪的小型水库，最大坝高30米，坝长450米，总库容305万立方米，设计放水流量6立方米每秒，控制灌溉面积867公顷。下新湖水库引蓄东大龙口河冬闲水，最大坝高11.2米，总库容2 500万立方米，灌溉面积7 330余公顷。

纪　实

流域内有多个风景河段，分为大龙口沟河、吾塘沟和牛圈子沟风景河段。其中，吾塘沟源头海拔最高4 032米，源区发育有少量冰川。各风景区中高山区阴坡长有茂密的云杉林，地表植被以草甸为主，覆盖度大于60%，为优良夏季牧场。在河谷两岸阶地上，乔木、灌木及蒲公英、三叶草、车前子、蒿类和禾科等各种草类生长茂盛。还有马鹿、狍子、赤狐等野生动物以及各种鸟类。

泉子街镇辖15个村委会，总人口11 800余人，少数民族人口占总人口的41.3%。有天然草场2.9万公顷，耕地面积4 100余公顷。该镇所产大蒜、草莓、胡萝卜、黑加仑等特色农产品及其制品，以其纯正的品质深受消费者的青睐。

车师古道

东大龙口河流域开发较早，东汉的金满水利屯田、唐代的庭州水利屯田、元代的"别失八里"水利屯田以及清代的济木萨水利屯田均在此流域内。溯东大龙口河干流而上，翻越源头博格达山的古城达坂，可达天山南麓地区，古称车师古道。早在公元前1世纪这条线路就已是西域三十六国中车师前王庭（今吐鲁番一带）与后王庭（今吉木萨尔）来往的重要交通要道。车师古道狭窄处不足两米，曲径通幽，沿途有山涧激流瀑布，还有古代堡垒遗址和一尊身躯高大、形象逼真的草原石人。

小西沟遗址位于泉子街镇山间盆地内，西临东大龙口河，东距泉子街镇政府所在地约4千米。遗址据丘陵高地之上，呈南北向分布，为汉代车师后王国的都城遗址。

吉木萨尔县曾为丝路古道重要的政治、军事、经济和文化中心。吉木萨尔，意为"金满城"，是西域三大"丝都"之一。汉时为车师后国，盛唐时设北庭大都护府，辖天山以北、**巴尔喀什湖**以东及以南广大西域地区。清光绪二十年（1894年）建恺安城，后改名孚远城。清光绪二十八年（1902年）升格为县，冠名孚远县。1954年，孚远县更名为吉木萨尔县。现辖5乡4镇，境内有兵团农六师红旗农场及一○七团，总人口13.2万人。

北庭故城位于吉木萨尔县城以北约10千米处的北庭镇，是唐代设立的北庭大都护府所在地，1988年2月被列为全国重点文物保护单位。北庭西大寺坐落在北庭故城西70米，建于10世纪高昌回鹘时期，毁于明初战火。现北庭镇辖区内有5个村委会，总人口10 418人，耕地面积3 119公顷。

北庭故城

流域下游的红旗农场，距古尔班通古特沙漠边缘仅约5千米，辖1个自然镇4个分场29个生产连队，总人口1.33万人，拥有耕地面积1万公顷。农产品除小麦、玉米、棉花外，红花是其主要经济作物，其中，红花及系列产品远销日本、法国及港澳地区。1985年生产出的红花黄色素，填补了自治区空白。据《新疆志稿》记载，在清光绪十四年（1888年），屯田军曾在现农场场部驻地四厂湖镇设第四军马厂，又因此地水草茂盛，故名四厂湖。现镇内驻有企事业单位数十个。

10.6.2.8　西大龙口河
(Xidalongkou River)

属**博格达山北麓水系**，位于新疆维吾尔自治区吉木萨尔县境内，清乾隆年间称那拉特水。西大龙口水库以上河长39千米，集水面积371平方千米，多年平均年径流量0.7亿立方米。

西大龙口河发源于天山山脉博格达山北坡，源流称大三台子沟，与同源同向的右侧支流五守沟源头均位于博格达山山脊附近的小型冰川尾部，两支流汇合后，由西向东流，途中接纳孔家沟、青驹律沟（"驹律"哈萨克语意为"小马驹"），并和同源同向的小三台子沟汇合后出峡谷进入浅山谷地，转向东北流至潘家台子，途中于右岸又接纳了东台子沟。东台子沟上游段称琼库尔沟，同样由两条发源于博格达山山脊附近小型冰川尾部的源流汇集而成，下游有称野驹律沟的支流汇入后，河流始称东台子沟。

潘家台子附近设有西大龙口河水文站，以下河流进入一个相对宽阔的河谷地带，蜿蜒向东北流约7.4千米，与南来的支流大东沟西支相汇。大东沟源头延伸至博格达山山脊冰雪区，河流自源头向北流经16.5千米，进入一山前丘陵盆地后河流分为东西两支。东支上建有东大沟渠首,分三支干渠灌溉李家庄、马家庄和冯家庄等村农田,余水与右邻新地河灌溉余水共同流向东北汇入水西沟。大东沟西支沿河道继续向北汇入西大龙口河。汇合口下游4千米河水注入西大龙口水库。水库下游建有西大龙口引水枢纽,通过灌溉渠系将河水引入三台镇、兵团一〇七团、庆阳湖乡等灌区。河流余水沿河道向北流,在沙漠南缘耗尽。

西大龙口水库建于1986年,是以灌溉为主、兼顾防洪的山区拦河水库,坝型为土石坝,坝高40米,坝长374米,总库容1 000万立方米,控制灌溉面积1.2万公顷。在潘家台子建有1座小型水电站。西大龙口引水枢纽由3孔进水闸及泄洪闸、侧堰组成,设计引水能力16立方米每秒,控制灌溉面积6 600多公顷。

兵团一〇七团场辖下兴湖、三道槽子、十三份子、大泉湖、大三台沟、野马梁等11个建制单位,6个连队,约4 000人,2004年年末拥有耕地面积768.7公顷。

10.6.2.9　白杨河(阜康市)
(Baiyang River in Fukang City)

属**博格达山北麓水系**,是新疆维吾尔自治区阜康市境内的最大河流,白杨河水文站以上河长35千米,集水面积252平方千米,多年平均年径流量0.64亿立方米。

白杨河(阜康市)

河流发源于天山山脉东段博格达峰冰川东北侧,有两支源流均延伸自冰川末端,雪线高度为3 930米。两源流汇合后,左右两岸均有小溪汇入,较大的支流为可可萨依河。干流自南向北流,行9千米,右岸接纳一较大支流东支流后转向东北。下行7千米后至三岔口处,左岸有白杨沟汇入。其后河流转向北流,下行4千米为白杨河二级水电站,再行4.6千米后出山口。河流出山口后大部分被引入滋泥泉子镇灌区。河流出山口处的白杨河水电站建于1978年9月,装机容量为1 920千瓦。灌区下游建有南泉、中新和东湖3座平原水库。

东湖水库建成于1973年,是以灌溉为主的注入式小(1)型平原水库,坝高8米,兴利库容330万立方米,控制灌溉面积1 600多公顷。

白杨河6—9月来水占年径流量的80.9%,是典型的冰雪消融补给型河流,在当地有"天晴天热大水流,天阴天冷守干沟"的说法。丰水期(夏至一处暑)水色发白,有轻微浑浊现象,系东支流河水流经石灰岩地层造成侵蚀所致。

滋泥泉子镇南依天山,北邻古尔班通古特沙漠,地势由东南向西北倾斜,平均海拔585米,土地肥沃而广阔,历来为阜康的重要产粮区。清乾隆二十年(1755年),清廷派军讨伐准噶尔贵族叛乱,该地为从哈密经巴里坤到乌鲁木齐所设的19处驿站之一,称白杨驿,平叛结束后成为地方管理的驿站。过往的行人旅客因此地渗出的泉水有一种滋泥味,久而久之以"滋泥泉子"替代了"白杨驿"。如今的滋泥泉子镇辖28个村10个站所,总人口1.8万人,是阜康市最大的农业镇和主要粮、油及畜牧业生产基地,耕地约1.3万公顷,宜牧草场4万公顷。主要农产品有小麦、玉米、棉花、打瓜子、番茄、蟠桃等。昔日的驿站已变成一个规模不断扩大、公共设施逐步健全的新兴小城镇。流域内煤炭资源丰富,山区内有兵团农六师大黄山矿和白杨河矿区。

10.6.2.10　甘河子河
(Ganhezi River)

属**博格达山北麓水系**,因河流常出现季节性干涸,故称干河子,后雅称甘河子,因河流经土墩子(唐代烽火台),古亦称土墩河。位于新疆维吾尔自治区阜康市境内,出山口以上河长32千米,集水面积209平方千米,多年平均年径流量0.26亿立方米。

河流发源于天山山脉东段最高峰博格达峰冰川脚下,源流大沟溯源于博格达峰正北方一山谷冰川冰舌端,自东南向西北顺流而下,沿途有却拉塔拉克、可可塔斯、哈熊沟、哈阴沟和阿克萨依等支流汇入。其后,在左岸支流五工沟汇合口附近(俗称左大弯)转向东北。汇合口下游5千米处,河流上建有引水渠首,天龙干渠自此沿左岸伴河而下,流经约7千米出山口,经甘河子镇,过216国道,将河水引入下游山前冲洪积平原区的兵团农六师土墩子农场和阜康市上户沟哈萨克乡灌区。余水沿河道流出山口后,先转向东北绕甘河子镇东侧,后又转向北穿越冲积平原及下游灌区,散失在灌区下游荒漠中。

河流补给以冰雪融水为主,其次为地下水和降水,水量调配由兵团农六师土墩子农场甘河子水管站管理,除上户沟乡引22%的水量用于灌溉外,78%的水量由土墩子农场灌溉利用,是昌吉回族自治州境内唯一由兵团系统管辖的河流。

流域内农业生产有一定历史,至今仍有唐朝路、土庙和引水渠埂等遗迹。上户沟哈萨克乡辖6个村,人口11 500人。2006年,耕地3 800公顷,草场面积29.3万公顷。上户沟乡黑沙梁村南5千米处建有黑沙梁平原注入式水库,是以灌溉为主的小(1)型水库。水库坝高8.2米,坝长800米,总库容190万立方米,控制灌溉面积233公顷,水源主要来自上游泉水溢出和甘河子河余水。

土墩子农场建于1955年,现辖一个自然镇和10个农业连队,总人口4 204人,耕地2 000余公顷,农作物以小麦为主,其次为玉米、棉花、甜菜和打瓜子等。黑瓜子是农场的重要经济作物,瓜子片大、皮薄、肉厚、黑白分明、光泽鲜亮。土墩子镇因其东1.5千米有一梯形土堆——唐代烽火台遗址得名。镇内有清真寺,系清光绪十年(1884年)所建,寺院占地3 132平方米,已列为新疆维吾尔自治区文物保护单位。

甘河子镇是重要交通咽喉,吐(吐鲁番)—乌(乌鲁木齐)—大(大黄山)高等级公路距镇区3.7千米,303省道横穿全境,乌甘(乌鲁木齐—甘河子)铁路横卧镇南,交通十分便利。全镇总人口1.2万。1955年,经自治区地质大队勘测,发现这里除煤矿外还有石灰石矿、菱铁矿,1959年建成并投产天龙钢铁厂。2004年,甘河子镇地区生产总值达5亿元,是阜康市重要的工业城镇之一。

10.6.2.11 四工河
(Sigong River)

属**博格达山北麓水系**，位于新疆维吾尔自治区阜康市境内，山口以上河长 35 千米，集水面积 131 平方千米，多年平均年径流量 0.25 亿立方米。

河流发源于天山山脉东段最高峰——海拔 5 445 米的博格达峰脚下，其源头延伸自博格达冰川西北侧冰舌尾端。河流从源头自东南向西北流经 35 千米出山口，经四工村，通过四工河渠首及干渠以及十运水库、黄土梁水库和大泉草原水库分别向城关镇、九运街镇、六运湖农场、大泉牧场、市种羊场、小泉牧场等灌区供水，余水散失于北草滩以北荒漠。

河流上游段山谷为裸露山体，谷宽 100～150 米，河谷坡地发育有高山草甸；海拔 1 200～3 000 米中游段，植被茂盛，谷宽 200～250 米，为国家级风景名胜区**天山天池**；下游段流域为干旱荒漠景观，河床逐渐开阔。河流主要以冰雪融水、降水及地下水补给为主。流域内煤炭资源十分丰富。

黄土梁水库建成于 1970 年，是以灌溉为主的注入式小 (1) 型水库，水库坝高 5.5 米，坝长 2.73 千米，设计库容 400 万立方米，控制灌溉面积 2 000 公顷。

流域下游的九运街镇辖 34 个村，有汉、回、维吾尔等 13 个民族，人口 2.1 万，耕地面积 4 700 余公顷。全镇以大力发展优质高效种植业为主，高效订单作物已占总播种面积的 95%。境内已建成发电厂、番茄酱厂等大型企业。

10.6.2.12 三工河
(Sangong River)

属**博格达山北麓水系**，古称德论河（蒙古语"都兰郭勒"的音译，意为"温暖的河流"），位于新疆维吾尔自治区阜康市境内，为独立水系，驰名中外的**天山天池**位于河流上游。出山口以上河长 36 千米，集水面积 295 平方千米，多年平均年径流量 0.5 亿立方米。

源流哈拉木萨克沟发源于天山博格达峰西北侧的以肯起达坂。流域海拔最高 4 613 米，源头终年积雪，发育有冰川 19 条，冰川面积 9.8 平方千米。水系发育呈扇形分布。同源同向的支流有大东沟、东南沟、马雅山沟、小东沟、冰沟等，汇合后注入天池。经天池调节后流向西北，经阜康林场、三工河乡转向北流 26 千米出山口。出山口附近河道建有拦河式上游水库和引入式红星水库，余水沿河床流向九运街镇灌区，下游建有拦河水库——冰湖水库，水库以下河流最终消失于古尔班通古特沙漠南缘。

流域地形南高北低，受地形及气候影响，流域内植被呈明显带状分布，高山区为高山寒漠，1 800～2 800 米的中山带森林茂密，气候温凉，天池国家风景名胜区就坐落于此，景区群山环抱，绿草如茵，有"天山明珠"盛誉。从中山带到山前冲洪积平原，植被逐渐由森林草原过渡到荒漠植被。

上游水库建成于 1972 年，是以灌溉为主兼顾防洪的小 (1) 型拦河水库，坝高 12 米，坝长 1.1 千米，库容 200 万立方米，灌溉面积 1 600 多公顷。红星水库主要以灌溉为主，坝高 10.5 米，坝长 1.1 千米，库容 100 万立方米，灌溉面积 1 500 多公顷。冰湖水库位于三工河末端，为平原中型水库，建于 1961 年，总库容 1 500 万立方米。为保障灌区用水，在该水库上游建了地下水水源地，冰湖水库的水源主要是抽蓄地下水为主，以拦蓄上游沟春水、夏洪和三工河春洪及冬闲水为辅。自 1996 年**水磨河**红山水库垮坝以后，防洪部门将冰湖水库列为阜康市防洪系统中的纳洪、排洪枢纽工程，承担地域性防洪任务。依托冰湖水库 530 余公顷水面，建成占地 1 200 余公顷的绿色农业示范区、名优葡萄种植区、金沙滩水上休闲度假区等 8 个功能区，以发展旅游业和生产绿色无公害农产品为主。并通过认证，成为国家三星级旅游景区。在流域下游位于阜康市东北 30 千米的三工乡境内，还建有小型平原注入式水库，库容为 421 万立方米。

三工河水能资源丰富，沿河已建有梯级水电站 2 座。流域内蕴藏煤炭资源颇丰，已建有城关煤矿、六运煤矿等。流域地处天山北坡经济带，地理位置优越，216 国道、303 省道、小黄山支线铁路等穿河而过。这里汉唐时期就是古丝绸之路上的重要驿站，早在元代就有大批回族民众在三工河流域的滕竭儿地区进行水利屯田。

三工河乡辖 5 个行政村，是一个以哈萨克族为主的多民族乡。全乡总人口 4 092 人，少数民族占 72%，除从事农牧业生产外，还围绕天池景点开展旅游业，收入不菲。三工河岩画位于三工河哈萨克民族乡南 2 千米处，岩画凿刻在大小不一的扁圆形黑色砾石上，沿沟东岸约 3～4 千米内都有遗存，内容有山羊、盘羊、北山羊、马等动物及人物图案，其凿刻线条粗犷，形象特征准确，尤其是人物舞蹈图，姿态舒展活泼，富有动感。

10.6.2.12.1 天山天池
(Tianshan Tianchi Lake)

其名源自清乾隆四十八年（1783 年）乌鲁木齐都统明亮的《灵山天池疏凿水渠碑记》，为淡水吞吐湖，位于新疆维吾尔自治区阜康市**三工河**上游，地理位置为东经 88°08′、北纬 43°53′。

天池美景

天池地处天山山脉博格达山北侧，是 200 多万年前第四纪大冰川活动时期形成的高山冰川终碛湖。湖泊集水面积 168 平方千米，水源主要来自湖滨南侧的 5 条沟：大东沟、东南沟、马雅山沟、小东沟、冰沟，其中最大的主流为大东沟。天池四周群山环抱，东南面为海拔 5 445 米的博格达峰（蒙古语意为"灵山、圣山"），终年积雪不化，主峰与其两侧海拔分别为 5 287 米和 5 213 米的山峰构成了著名的"雪海三峰"。抬头远眺，三峰并起，突兀插云；近处苍翠的云杉漫山遍岭，林下绿草如茵，野花似锦。湖区气候属温带半湿润气候，天池气象站多年平均气温 4 摄氏度，多年平均降水量 545 毫米。

天池古称瑶池，是古神话传说中西王母沐浴和宴请周穆王的地方。湖泊呈半月形，南北长 3 千米，东西宽 0.9 千米，水面海拔 1 900 米左右，水面面积约 2.52 平方千米，最大水深 90 米。湖水清澈，晶莹如玉，有浮游藻类及裸黄瓜鱼、黑斑条鳅等鱼类。湖东北角有一豁口（现人为控制水位），天池之水由此下泄时遇到断崖，形成了一条壮观的瀑布。这条瀑布冲蚀而成的跌水潭，称东小天池。东小天池掩映在茂密的森林中，池边灌木丛生，巨石罗列，池水墨绿幽暗，意境不俗。东小天池泄水时又形成了一条高大的瀑布。龙潭位于天池下方约2千米、盘山公路西侧，又称西小天池，传说是西王母当年用的"洗脚盆"，是天池湖水透过地下湖坝粗大的冰碛物渗漏下来的泉水，在山嘴交会的低洼处形成的一个积水深潭。池周塔松竞秀，每当夜幕降临，皓月当空，山峰、树影和碧月倒映潭中，有诗赞曰："一泓碧流成龙潭，青松白雪镶翠盘，金秋桂月沉壁底，疑是嫦娥出广寒。"

天池漏水和泄水流出约1 000多米，汇合后出峡谷为三工河。清乾隆四十八年（1783年），时任乌鲁木齐都统的明亮雇工凿石，疏浚水口，并作《灵山天池疏凿水渠碑记》，后年久失修。1973年重建放水涵洞，由闸门控制泄水，每年可泄水量2 400万～4 100万立方米。

1982年，天池被列为第一批国家重点保护的风景名胜区，有"石门一线""龙潭碧月""顶天三石""定海神针""南山望雪""西山观松""海峰晨曦""悬泉飞瀑"八大景观，每年都吸引着大批中外游客。冬天的天池，白雪皑皑，银装素裹，湖上坚冰如玉，是全国少有的高山滑冰场，1979年3月，中国第四届冰上运动会速滑赛就在此举行。

天山天池"西山观松"

古往今来，文人墨客多在此吟诗赋文，对天池备极赞誉。清代诗人纪晓岚有诗曰："乱山倒影碧沉沉，十里龙湫万丈深。一自沉牛答云雨，飞流不断到如今。"20世纪70年代初，郭沫若陪同柬埔寨国王西哈努克亲王到此一游，临湖吟出"一池浓墨沉砚底，万木长毫挺笔端"的佳章。

清代天池周围曾修建过铁瓦寺、娘娘庙等"八大庙"，现仅存娘娘庙，经募捐修复，时有香客供奉。

10.6.2.13　芦草沟
（Lucaogou River）

属**博格达山北麓水系**，位于新疆维吾尔自治区乌鲁木齐市境内，西南邻**水磨河**（乌鲁木齐市），东邻铁厂沟，古为乌鲁木齐河下游老龙沟支流，现为独立水系。河流出山口（水沟子汇合口）以上河长15千米，集水面积127平方千米，多年平均年径流量965万立方米。

河流发源于天山山脉博格达山西部末梢北麓中低山带，流域海拔最高2 770米。河流主要由石人子沟和水沟子汇集而成，石人子沟沟头由什那尔萨依沟和东沟汇集而成。汇合口下游约2千米处建有石人子沟水库（库容193万立方米，最大坝高41.6米，坝长117米）。坝址以下汇入该河的还有大石头沟（河长约10千米），沟内又有白杨沟和天井坑沟。河流自水库坝址以下向东北流约10千米与右邻水沟子汇合后即为芦草沟。水沟子上游由两条无名支流及涝坝沟汇集而成。芦草沟出山口后水量大多渗入地下或被引用。沟两岸分布着农田与村庄，出山口下游约15千米即达原米泉市区。米泉市区北7千米建有平原灌注式塔桥湾水库。水库建于1956年8月，主要引蓄芦草沟和左邻碱沟洪水及灌溉余水，坝高13米，最大蓄水量1 050万立方米，控制下游长山子和羊毛工两镇灌溉面积4 660余公顷。下游还建有小型水库吉三泉水库。

米泉市现已改归乌鲁木齐市米东新区。米泉因地面多泉、盛产水稻而得名。米泉历史悠久，西汉之前为匈奴部落游牧地，西汉时为郁立师国、劫国所据。城内现存的万骨塔为清光绪二年（1876年）所建，系清军与中亚浩罕国阿古柏侵略者在此激战时穆斯林无主尸体墓地。东大寺、西大寺分别建于清道光二十年（1840年）和乾隆四十六年（1781年），两寺造型优美，色彩鲜艳，雕刻精湛，极富民族特色。

流域海拔1 400米以上山区多为山地草原带，多年平均年降水量300～350毫米，各河沟内有少量的榆树和小片密集的棘刺灌木林分布。石人子沟下游左岸山体多为青灰色的凝灰岩石壁，远看蔚为壮观。一条县乡公路从米泉沿芦草沟而上可达石人子沟石人村，村庄因有一对石人横躺山间得名。芦草沟旅游区主要有石人怪像群、古榆树林、石人水库、蝴蝶谷、骆驼脖子、天井沟、跌水泉等景点，与农家田园交错互补一起勾画出芦草沟特有的风情。石人沟水库像一弯月牙镶嵌在沟内，湖水清澈荡漾，谷内有各色蝴蝶成群飞舞，恰如一幅巧夺天工的山水油画，美轮美奂，成为游人骑马、爬山、垂钓和休闲的好去处。

10.6.2.14　水磨河
（Shuimo River）

属**博格达山北麓水系**，相传200多年前，因清代驻军在此修建水磨加工面粉而得名，下游段民间称古牧地河。河流位于新疆维吾尔自治区乌鲁木齐市东郊，河长27.2千米，流域面积281.4平方千米，多年平均年径流量3 640万立方米。

水磨河

流域属中温带大陆性干旱气候，春秋季短，冬夏季长，昼夜温差大。河流以喀尔沟、宋家沟、榆树沟等河流为主要补给来源。在山前丘陵区河流形成众多汊流，主要有碱泉沟、硫磺沟等，呈东南一西北流向。流域内基岩裂隙泉水较为丰富，在乌鲁木齐市中心东侧水塔山和温泉山脚下形成众多泉眼，泉水汇入水磨河。

水磨河径流年内分配均匀，无明显枯水期，是沿河工农业生产、生活饮用及绿化的重要水源，被列为乌鲁木齐重要饮用水水源保护区之一。支流榆树沟和葛家沟在出山口均建有小型水库。水磨河风景旅游区为国家AAAA级风景区，也是乌鲁木齐市"新十景"之一，水磨河从中穿行而过。

水磨河流域风景优美，在狭长的地震断裂层峡谷之中，清泉山、水塔山、虹桥山、温泉山四山对峙，古树参天。谷底水磨河百泉喷涌，长流不竭。两岸花草灌木遍布，"香妃出浴""水磨欢歌"、翰文岭、清泉寺等文化古迹、人文景观掩映于绿荫间。每到盛夏，游人如织，是乌鲁木齐市内著名的游览避暑胜地。流放乌鲁木齐的清代大学士纪晓岚曾留下"界破山光一片青，温暾流水碧冷冷，游人倘有风沂兴，只向将军借幔亭"这一描写水磨河风景的著名诗句。清乾隆年间，当地居民就已开始利用水磨河的水能资源修建水磨。纪晓岚在《乌鲁木齐杂诗》中写道，"七里城东云确转，城西三里水轮转。自道今朝面食好，那愁明日雪霏霏"。诗中就提到了水磨加工面粉的事情。至今水磨河依然保留着两座仿古木轮水磨，透过层层绿荫，远眺水磨随流水轻快飞转，仿佛置身于古代农家。

10.6.3 玛纳斯湖
(Manasi Lake, Manas Lake)

位于新疆维吾尔自治区准噶尔盆地西北部和布克赛尔蒙古族自治县境内，地理位置为北纬45°40′～45°57′，东经85°40′～86°15′，曾是玛纳斯河等多条河流的尾闾。现湖盆形似鞋底，呈东北—西南向，长50千米，宽10～15千米，面积约550平方千米，湖面海拔约257米。清乾隆四十七年（1782年）出版的《西域图志》称额彬格逊淖尔，清嘉庆年间《西域水道记》还将其称为阿雅尔淖尔，此名沿用至1951年。直至1962年出版的《中华人民共和国分省地图集》才改称玛纳斯湖。

玛纳斯湖在第四纪曾是一个规模巨大的湖群。根据湖盆附近沉积物及阶地分布分析，第四纪初期其水源并不只是来自天山北麓的玛纳斯河等河流，**乌伦古河**在北塔山北端，向西南方向进入准噶尔盆地汇入玛纳斯湖盆地东北角，**额尔齐斯河**的上游也曾从北部汇入玛纳斯湖。到了第四纪中期，乌伦古河沿着现在的河道在现富蕴县杜热乡附近仍转向准噶尔盆地西南部，最后进入玛纳斯湖盆。第四纪中期以后，乌伦古河、额尔齐斯河形成独立水系，不再进入玛纳斯湖盆。第四纪晚期以来，湖盆逐渐缩小，在沙丘间遗存有许多盐湖。第四纪后期，湖水分散在几个洼地里，形成了**艾里克湖**（现名）、艾兰诺尔湖（又称阿雅尔诺尔，今**小艾里克湖**为其一部分）和伊赫哈克湖（今玛纳斯湖）等湖泊。

玛纳斯湖在历史上因位置不同，又有老湖和新湖之别。老湖是指1916年以前、位于今克拉玛依市以东的白碱滩一带的艾兰诺尔湖（北纬45°30′～46°00′，东经85°30′～86°00′）。据《西域水道记》所载，清嘉庆年间，老湖有三源：东源为罗克伦河（今**三屯河**）和**呼图壁河**汇合后（又称马桥河）自湖东南汇入；西源为**玛纳斯河**及乌兰乌苏河（今**金沟河**）汇合后自湖西汇入；北源为木丹莫霍尔岱河（今**木胡尔塔依河—达尔布特河**水系）自西北入湖，形成相对广大的湖泊水面，历史上丰水期的老湖面积超过1 000平方千米。19世纪末，三屯河与呼图壁河分流，河流下游断流，不再汇入老湖；季节性河流木胡塔依河—达尔布特河水系也几无水流汇入老湖；直至1916年以前，玛纳斯河在现大拐处仍然向西北流注入老湖。1916年夏季，玛纳斯河水量较大，6月、7月两月间在大拐处发生两次决口事件，致使大拐附近"数里之遥皆成泽国""汪洋无际"，导致玛纳斯河在大拐处改道向东流，流入伊赫哈克湖，形成了新的玛纳斯湖。老湖艾兰诺尔湖由于水源断绝，逐渐萎缩干涸。

20世纪50年代以来，由于玛纳斯河流域大规模开垦，河水引入灌区，仅在丰水年份会有洪水入湖。湖泊在干涸与被

玛纳斯湖水系示意图

水充满之间反复。由于湖水很浅，即使水量变化不大，也会使湖泊面积发生很大变化。在每次充水期之前，湖区绝大部分已结晶成盐，充水后，湖水很快变咸。20世纪50年代末至1999年，玛纳斯河下游断流，玛纳斯湖也在1962年彻底干涸。1999年以后，玛纳斯河只有在丰水年汛期才有少量水可以流到玛纳斯湖。

进入21世纪以来，由于河流来水量偏丰及兵团石河子垦区开展节水，玛纳斯湖逐步重现生机。2002年，玛纳斯湖湿地面积曾超过100平方千米。此后，湖面又几经萎缩。2007年8月，玛纳斯河向下游排洪注水约2.8亿立方米，使玛纳斯湖周边又形成了大约30平方千米的湿地。湿地四周有茂密的芦苇、红柳、毛腊等野生植物。每到春秋之季，有黑鹳、丹顶鹤、白鹭、野鸭等许多国家一级、二级保护动物来这里栖息。湖边多年不见的黄羊、野兔、狼等时常出没其间。

湖区地处古尔班通古特沙漠西北边缘，高程260米左右，周边多为沙漠戈壁，降水稀少，蒸发强烈，气候干燥，除北岸沙丘有梭梭、柽柳等荒漠植被外，多呈荒凉景色。湖床沉积有大量盐类物质，湖泊之东还有达巴松诺尔湖，为早已干涸的盐湖，是和布克赛尔蒙古族自治县盐化工的原料地之一，是新疆较大的食盐生产基地。1964年地质工作者曾在湖盆北部乌尔禾一带采集到白垩纪早期的准噶尔翼龙（大型能飞行的爬行动物，生活于湖面，采食鱼虾）、克拉玛依恐龙、乌尔禾剑龙、鱼鳖等生物化石。

10.6.3.1　乌鲁木齐河
（Wulumuqi River，Urumqi River）

发源于依连哈比尔尕山天格尔峰胜利达坂的一号冰川。"乌鲁木齐"蒙古语意为"优美的牧场"。英雄桥水文站为河流水量控制站，测站以上河长53千米，集水面积924平方千米，多年平均年径流量2.450亿立方米。

流域冰川区分布在海拔3 800～4 486米的区域，发育有大小76条现代冰川，面积1.76平方千米。山区水系发育，支流众多，呈树枝状。河流自源头至白杨沟口为上游，称大西沟，白杨沟口至猛进水库为中游段，称乌鲁木齐河，猛进水库以北为下游，称老龙河。河流自源头由西向东流经20千米后转向东北流，沿途接纳的主要支流有波尔钦沟、喀拉尕依沟、哈熊沟、沙尔达坂沟、夏干沙特沟和莫斯克沟等河沟。过后峡、英雄桥水文站，下行约42千米，左、右两岸分别接纳了西白杨沟和东白杨沟。过大西沟渠首、青年渠首，下行38千米至**乌拉泊水库**。此后河水引入和平渠，流经乌鲁木齐市区输送至下游灌区。下游灌区建有**猛进水库**、八一水库等。猛进水库下游河段已干涸，称老龙河，尾闾为约50千米外的东道海子（又称白家海子）湿地。

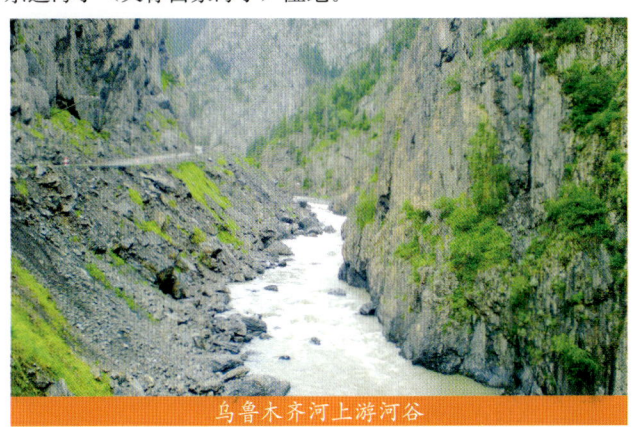
乌鲁木齐河上游河谷

流域南高北低，源区冰川地貌发育。一号冰川是世界上离大都市最近的一条冰川。古冰川遗迹保存完整清晰，有"冰川活化石"之誉，成为我国观测研究现代冰川和古冰川遗迹的最佳地点。冰川区以下为高山—亚高山草甸带，植被主要为蒿草群系和合头草群系。海拔1 800～2 800米为山地森林草原，植被覆盖度60%～70%，土质为灰褐色森林土。海拔1 500～1 800米为山地草原。源于冰川的河流水流湍急，轰鸣之声不绝。河谷两岸悬崖对峙，山谷中森林密布，绿草如茵，风景如画，景色宜人。流域内有闻名遐迩的南山白杨沟风景名胜区，以其幽深的沟谷、神秘的瀑布、独具特色的森林植被景观，以及时有出没的马鹿、盘羊、狐狸等珍稀动物，成为充满野趣的生态旅游区。

乌鲁木齐市是中国连接中亚地区乃至欧洲的陆路交通枢纽，也是古"丝绸之路"新北道的必经之路。流域内戍边屯田始于唐朝，到清朝时屯垦水利已有了一定规模，是清朝在新疆的第二大屯田基地。目前除河流上游段（大西沟）仍保持天然形态外，其余河段已经渠化，乌拉泊水库以下原河床已成为纵贯乌鲁木齐市区南北的交通要道——河滩公路。公路两侧的千亩绿色长廊、古林苍翠的燕儿窝景区、红山公园的古塔斜阳、人民公园里的鉴湖泛舟、沿河滨人工建造的园林戏水乐园等，已成为市区的著名景点，为这个距海洋最远的城市增添了许多绚丽的风采。清代学者纪晓岚流放新疆，在所作《乌鲁木齐杂诗》中写出"到处歌楼到处花，塞垣此地擅繁华，军邮岁岁飞官牒，只为游人不忆家"的诗句，生动刻画了天涯游子被乌鲁木齐这座西域古城特有的魅力深深吸引，而"乐不思蜀"的心境。今天的乌鲁木齐市高楼林立、道路纵横、贸易兴旺，是新疆维吾尔自治区的政治、经济、交通和文化中心。

博格达峰映衬下的乌鲁木齐市

东道海子湿地自然保护区位于乌鲁木齐市米东区和昌吉市交界处，地处准噶尔盆地凹陷带。乌鲁木齐河、**头屯河**等河流下泄余水以及渗入沙漠后在此溢出的潜水，形成了长约5.5千米，平均宽约0.4千米的长条状的"海子"，水面面积约2平方千米，湿地总面积约40余公顷。根据《湿地公约》关于湿地标准和类型划分标准，东道海子属于干旱荒漠—湖泊湿地，为新疆特有类型的湿地和特有濒危物种保护湿地。东道海子湿地动植物资源丰富，主要动物有北山羊、鹅喉羚、野猪、草兔、石貂、兔狲、金雕、猎隼等58种，昆虫有100余种。湖泊内有鲤、黑鲫、白鲢等，湖泊湿地区植物资源达100余种。恢复与保护好东道海子湿地生态环境，维持湿地的完整性、稳定性和连续性，充分发挥湿地的生态功能，有效保护区域内鸟类及珍稀动、植物资源，对维护整个准噶尔盆地南缘的生态平衡和实现新疆天山北部绿洲生态安全都具有显著的意义。东道海子沙漠风光旅游区是乌鲁木齐市最近的沙漠旅游区，区域内金色沙丘绵延起伏，蓝色的湖水、芦苇、红柳、梭梭、胡杨与黄色的沙漠相互映衬，给人类以生命繁盛、蓬勃茁壮的感觉。

10.6.3.1.1 乌拉泊水库
(Wulapo Reservoir)

乌鲁木齐河中游的中型拦河水库，位于新疆维吾尔自治区乌鲁木齐市区南郊，距城区约10千米，地理坐标为东经87°35′、北纬43°39′。"乌拉泊"蒙古语意为"红色靶场"。传说早期蒙古族厄鲁特部落牧民常在此射猎比武，优胜者要披红色绢带，在草原上跃马扬鞭，示其英武，此地由此得名。

乌拉泊水库

乌拉泊水库始建于1959年，1961年建成蓄水，主要功能为防洪、灌溉和城市供水，是乌鲁木齐市重要的水源地之一。总库容5 620万立方米，为黏土斜墙砂石坝，坝长1 050米，坝高26米，水域面积7平方千米，坝址以上集水面积2 593平方千米，控制灌溉面积4.27万公顷。库区海拔1 068～1 088米，较乌鲁木齐市区高200多米，犹如架在乌鲁木齐市头顶上的一个水盆，直接威胁着200多万人民的生命财产安全，被国家列为重点除险加固水库。1978年以来先后进行了4次除险加固。水库按千年一遇洪水设计，万年一遇洪水加20%校核。主要建筑有水库大坝、闸井室、泄水涵洞、溢洪道、渠系建筑物等。

乌拉泊古城

乌拉泊水库湖水清澈碧蓝，湖周多为人工林草。每至春季，有天鹅、野鸭等多种水鸟飞抵库区，临水嬉戏，吸引众多鸟类爱好者前往观赏。水库东侧有乌拉泊古城，有学者认为它就是唐代轮台城，是"丝绸之路"上的重镇。古城颇具规模，气势不凡，南倚天山，东扼通吐鲁番和南疆的必经要道，位居要冲。古城略呈方形，周长逾2 000米。城内曾发现辽、元时期的灰陶器、莲纹方砖、古钱币和玉器等文化遗物，城内散布着大量的马、羊骨及陶片。唐代边塞诗人岑参在《轮台即事》中记道："轮台风物异，地是古单于。三月无青草，行家尽白榆"，描绘了轮台古城的风貌。

10.6.3.1.2 红雁池水库
(Hongyanchi Reservoir)

乌鲁木齐河上的中型水库，位于新疆维吾尔自治区乌鲁木齐市天山区境内。原名红盐池，因其周围山上土、石均呈红褐色得名；后因常有长途迁徙的鸿雁短暂栖息于此，遂改名为红雁池。

红雁池原本是一个天然洼地，东南有几股泉水，加之周围山坡雨雪水汇集，成为深达10余米，水面约0.6平方千米的湖泊。20世纪40年代，利用这一天然洼地，引蓄乌鲁木齐河水，建成库容为800万立方米的水库。后又进行扩建，续建工程于1953年4月完成，是新疆最早建成的水库之一。水库总库容为5 300万立方米。大坝为均质土坝，坝高23米，坝长700米，最大水面面积约4平方千米。1998—2000年又进行了除险加固。现水源主要来自**乌拉泊水库**，是一座集防洪、灌溉、工业供水、水产养殖和旅游等多种功能为一体的水库，对乌鲁木齐地区经济社会发展发挥了重要作用。

利用红雁池水库水作为循环冷却水的红雁池火电厂，建成于1970年，是乌鲁木齐市的主要电源之一。在库区东侧，利用电厂高温循环水和宽阔水面发展了多种水产养殖，其中罗非鱼、鳜鱼等深受市民喜爱。

10.6.3.1.3 猛进水库
(Mengjin Reservoir)

乌鲁木齐河上的中型水库，又名青格达湖，位于新疆维吾尔自治区兵团农六师师部所在地——五家渠市区南缘，距乌鲁木齐市35千米，地理位置为东经87°33′、北纬44°07′，是以灌溉为主兼顾防洪的平原水库。

猛进水库

水库建成于1956年，大坝为均质土坝，坝基内设黏土截水墙，水库库周坝长8 650米，最大坝高10米，总库容6 500万立方米。正常水位时水面面积14.80平方千米，最大水深10.5米。入库水量主要来自乌鲁木齐河和**头屯河**引水注入，年入库水量约1.45亿立方米。水库通过猛进干渠向五家渠灌区供水，并通过八一引水渠与下游八一水库相连。经50年的运行，水库淤积严重，蓄水量减少，水库生态环境日益恶化，水质下降到劣Ⅴ类。自2006年起，通过库外截污、机井补水等措施，水质逐渐改善。

猛进水库湿地面积 36 平方千米，对拦截来自古尔班通古特沙漠的风沙起着非常重要的作用，因此被誉为"乌鲁木齐之肾"。这里是候鸟迁徙驿站和水鸟栖息繁衍地，已建立了青格达湖湿地自然保护区，是国家水利风景区和 AAA 级旅游风景区。区内建有莲花池、牡丹园和郁金香花圃，每年 4—5 月，大片郁金香姹紫嫣红，吸引周边城市游客前来踏青春游。猛进干渠穿五家渠市而过，以干渠为纽带，两侧筑桥、建亭、种草，建成了由游憩观赏区、沙滩嬉水区、桃园垂钓区、划船游水区组成的滨河生态景观广场，营造出城市中独特的田园水韵风光，是居民休闲的好去处。

10.6.3.2　头屯河
（Toutun River）

又名昌吉河，因清乾隆四十二年（1777 年）始昌吉县大规模驻民立庄，开荒屯田，建立兵屯"头屯所堡"（今昌吉市头屯街一带），故而得名。制材厂水文站以上河长 48 千米，集水面积 840 平方千米，多年平均年径流量 2.25 亿立方米。

头屯河发源于天山山脉天格尔峰北坡，源头位于海拔 4 562 米的天格尔峰脚下，源区发育有 80 条冰川，冰川面积 20.46 平方千米。源流孜牙勒德河和乔能格尔河汇合后流 6.5 千米转向东北，又流经 68 千米至头屯河水库，水库下游 8 千米流出山口。途中有支流东南大沟和谢家沟、小渠子沟、黑家沟、浅水河等小支流以及 10 余条无名干沟汇入。这些小支流和干沟的特征为流程短、坡陡、植被覆盖度差，一遇暴雨，水流携带大量泥沙而下，是头屯河流域的主要产沙区。谢家沟汇合口下游设有制材厂水文站。

头屯河

头屯河自东南大沟上游 5 千米起至出山口，是新疆维吾尔自治区乌鲁木齐市和昌吉市间的一条界河。右岸为乌鲁木齐市辖区，左岸属昌吉市。位于硫黄沟镇境内的头屯河中型拦河水库总库容 2 030 万立方米，担负着向乌鲁木齐市、兵团农十二师、昌吉市、兵团农六师五家渠灌区农业用水以及新疆八一钢铁有限公司工业用水的供水任务。灌区内建有发达的农田渠系网络，昌吉市以北建有六工水库、十三户水库、实验农场水库、下泉子水库。原河流注入由头屯河、**乌鲁木齐河**及**水磨河**下游汇合处形成的低洼沼泽湿地，1955 年在此建成**猛进水库**。

头屯河流域有 200 多年的水土资源开发史。清代由于农业用水较少，"余水潴为苇泽而止"。据《西域水道记》记载，清乾隆二十七年（1762 年），办事大臣旌额理奏朝廷昌吉河源产铁，可见头屯河流域炼铁历史悠久。出山口处的"八一钢铁厂"始建于 1951 年 9 月，由王震将军率领驻疆中国人民解放军和新疆各族群众共同创建，经半个多世纪的开发建设，产品结构不断优化，综合实力不断提高，目前产钢能力已达 500 万吨。另外，流域内还蕴藏着丰富的煤炭资源，左岸分布着多家中小型煤矿。

庙尔沟森林公园

庙尔沟森林公园位于制材厂水文站上游 8 千米、河流右岸的一条深长峡谷内，两侧山势陡峭，峰峦叠嶂。谷中河水潺潺，两岸有众多泉溪，长满白杨树和繁茂花草。夏季气候湿润凉爽，乃避暑佳地。1946 年，著名书法家于佑任先生诗句"流传故事天山下，马奶为醇进野餐""四海一家歌且舞，夕阳红映庙尔沟"即为印证。

10.6.3.3　三屯河
（Santun River）

古称昏木苹河、罗克伦河、洛克伦河，为独立水系，位于新疆维吾尔自治区昌吉市境内中部，纵贯山地与绿洲，发源于天格尔峰，散失于古尔班通古特沙漠南缘。山口以上河长 132 千米，集水面积 2 221 平方千米。

河流主源吾鲁特萨依河和支流努尔加河源头共发育有冰川 141 条，冰川面积 40.76 平方千米。河流由冰雪融水、降雨和地下水混合补给。碾盘庄水文站以上河长 103 千米，集水面积 1 636 平方千米，多年平均年径流量 3.661 亿立方米。

流域海拔 3 000 米以上的高山区为寒冻分化带，以古生代泥盆石炭系灰色、黑色砂砾质岩为主，由于侵蚀构造作用，形成古老的山顶、陡峭的山脊和深切的峡谷，山体裂隙发育，植被为高山草甸。1 000～3 000 米的中低山区地层以中生代的砂岩，红色砂砾岩以及第三系灰色砂砾岩为主，中山带分布有大面积的天然云杉林，低山丘陵带为山地干草原和半荒漠区，植被稀疏，为主要产沙区。1 000 米以下为平原及沙漠区，平原属乌鲁木齐凹陷带的中段，主要为深厚的第四纪沉积物，地势平坦，是地下水主要开采区。

三屯河拦河渠首

三屯河主源流吾鲁特萨依河发源于北天山海拔 4 562 米的天格尔峰北坡,与同源支流科克加尔河汇合后称三屯河。河流自西南向东北流,沿途接纳努尔加河(又称小昌吉河)、孔萨拉河、庙尔沟、板房沟、二道水、头道水等支流后,经碾盘庄水文站,下行约 7 千米入三屯河水库。三屯河水库建成于 1983 年,总库容 3 500 万立方米,大坝为浆砌石重力坝,坝长 274 米,最大坝高 52 米,是以灌溉为主,兼顾防洪、发电等综合效益的中型拦河水库。三屯河东干渠输水能力 15 立方米每秒;西干渠输水能力 35 立方米每秒,主要向昌吉市区和下游农田供水。经水库调蓄后,部分水量引入东、西干渠以进入下游灌区,与邻近的**呼图壁河**、**头屯河**灌区连为一体,向北延伸至古尔班通古特沙漠南缘。东、西干渠余水、灌溉回归水以及水库泄水沿河而下,穿行于山前冲洪积平原区,沿途被下游多座平原水库引蓄。其中,东干渠下游有二十四户水库、三十户水库、筻筻赛水库、沙山子水库;西干渠下游有西河水库、东河水库和西沙子水库。

三屯河水库

历史上,三屯河与呼图壁河有着密切的水力联系,史书对此多有描述。《西域图志》(1782 年)记载:"罗克伦郭勒(今三屯河),在昌吉郭勒西一百里,源出孟克图达巴北麓,有两源,又西为格特尔格罗克伦郭勒,北流折而西,入于呼图克拜郭勒(今呼图壁河)";《西域水道记》(1821 年)记载:罗克伦河(今三屯河)"河流迳雅玛拉克山西而会,出山口,谚曰天河……天河又北流,西引渠一。又北流,分为二支,东支曰三屯河,西支曰御塘河,各北流,迳罗克伦军台东、昌吉县治西……河又北流,与御塘河会,是为罗克伦河,又西北流百余里,与胡图克拜河(今呼图壁河)会"。《昌吉县乡土志》(19 世纪末)记载:"三屯河北流三百余里折西北至呼图壁之芳草湖,绥来之北沙山一带,浸入沙中矣"。19 世纪末 20 世纪初,三屯河与呼图壁河分流,成为两条各自独立的水系,河水大部分由原来的向西北流改为向东北流,注入头屯河,最后汇入白家海子(即现东道海子)。

据《西域水道记》,河流源流处产金,清乾隆四十七年(1782 年),于其地置金厂。自清代以来开始水利屯田,其军屯、民屯和"犯屯"都很发达,是乌鲁木齐地区重要的水利屯田基地之一。

昌吉市毗邻新疆首府乌鲁木齐市,历代为北"丝绸之路"重镇。昌吉城修建于清乾隆二十六年(1761 年);清乾隆三十八年(1773 年)设立昌吉县,农历九月,乾隆皇帝亲自为其定名为"宁边城"。昌吉市现为昌吉回族自治州首府所在地,辖 4 乡 6 镇。境内有一〇五团、军户农场、共青团农场和中央、自治区、自治州驻昌吉市单位等 150 多个,为天山北麓经济名埠。依托良好的区位、丰富的资源等优势,昌吉市已形成了农副产品、机电制造、石油化工、新型建材、矿产资源深加工、高新技术六大工业支柱产业和粮食、棉花、番茄等农业产业化基地。现正加快推进"乌昌"经济一体化进程。区内回族风情十分浓郁。

昌吉回族自治州成立于 1954 年,有回、汉、维吾尔、哈萨克等多个民族,总人口接近 170 万人,其中回族 19 万人,占 11.8%。州辖 2 市 5 县 1 区(昌吉国家农业科技园区),24 个兵团农牧团场以及中央、自治区的一批企事业单位。

10.6.3.4　呼图壁河
（Hutubi River）

位于新疆维吾尔自治区呼图壁县境内,为独立水系,发源于天山支脉依连哈比尔尕山北坡,石门水文站以上河长 96 千米,集水面积 1 840 平方千米,多年平均年径流量 4.662 亿立方米。呼图壁哈萨克语意为"精灵出没的地方",蒙古语意为"吉祥、喜庆",《西域水道记》称其为胡图克拜郭勒,《西域图志》称呼图克拜郭勒。

流域海拔最高 4 422 米,源区共发育有冰川 239 条,冰川面积 72 平方千米。源流哈普其克河发源于乌拉茂能冰川区,由南向北流,沿途接纳的较大支流有努尔吐赫吐普河和派艾留尔河,右岸支流买孙夏尔河汇入后始称呼图壁河。下游流转向东北,沿途接纳的较大支流有兰特尔乌增河和台普希克乌增河,其中,台普希克乌增河源头有冰川发育,冰川最高峰 5 290 米。此后两岸又有多条支流汇入,水系呈树枝状分布。河流经呼图壁林场,下行 34 千米,左岸接纳支流白杨沟。白杨沟汇入口下游设有石门水文站。水文站以下,右岸接纳的较大支流有喀默斯特沟和铁热克铁沟。铁热克铁沟也称白杨河,发源于中山带,由东沟、西沟汇集而成,流经石梯子乡政府后,右岸接纳了同源同向、流经兵团一〇六团团部的支流干沟,后又流 6.5 千米汇入呼图壁河。此后,呼图壁河继续向东北流 16 千米出山口。河水经山口处的青年渠首引入青年渠等多支干渠。渠首以下河流出山口后分为多支,主河道过呼图壁县城,注入小海子水库、大海子水库、6 号水库、7 号水库和 8 号水库等水库群,灌溉芳草湖总场、莫索湾灌区,河流余水最终散失于古尔班通古特沙漠中。

河流洪水多发生于春夏之交。1996 年 7 月 18 日,呼图壁河发生大洪水,石门水文站洪峰流量达 371 立方米每秒,洪水冲毁房屋、农田、公路及水工建筑物多处,造成经济损失上亿元。呼图壁河流域平原区建有多座中、小型水库,其中大多为平原灌注式水库。其中,大海子水库是专供兵团农六师芳草湖农场用水的中型拦河水库,建于 1962 年,总库容 4 000 万立方米,大坝为均质土坝,坝长 11 千米,最大坝高 8.6 米。

流域地势由南向北倾斜,从最高峰海拔 5 290 米,到北部平原区沙漠边缘海拔 360 米,南北高差近 5 000 米。地貌、植被随地形变化呈明显带状分布。高山区终年积雪,雪线以下分布有高山耐寒植被。中山带有大片森林分布,河谷两侧高山耸立,地势险要,峡谷长 40 余千米。每到夏季,河水顺陡峭狭窄的峡谷咆哮而下,震耳欲聋。南山森林公园坐落其中,苇子沟瀑布、日出岭和呼图壁河大峡谷为公园的主要景点,这里森林蜿蜒无尽,葱郁伟岸,飞瀑流泉,空气清新,意境无穷。下游为冲洪积平原,属典型的大陆性干旱气候,河床由切割转为堆积,水流散乱、多变,造成河岸冲刷、淤积严重。河流两岸渠系纵横,平原区荒漠戈壁已变成人工绿洲,沿着水流的方向一直延伸至浩瀚的沙漠边缘。

《西域图志》(1782 年)记载:"呼图克拜郭勒,在罗克伦郭勒（今三屯河）西一百里，地当孔道，有五源，出天山北麓，北流二百里。东会格特尔格罗克伦郭勒，西北流入于额彬格逊淖尔（即老玛纳斯湖）。"《西域水道记》（1821年）记载胡图克拜河："河迳景化城北流百余里，与罗克伦河会""罗克伦、胡图克拜二河既会，西北流二百余里，迳清水峡南，入自淖尔之东南"。《昌吉县乡土志》1917年档案记载："据查报，呼图壁河发源于南山，直趋于西北，至芳草湖则潴漫无所归宿，其湖上之地广漠无垠，纵横数百里，土脉悉属膏腴，皆宜种植，只因有用之水溢于无用之沙窝，而可垦之地抛弃于无水之灌溉"。根据史料分析，19世纪中期以前，三屯河与呼图壁河在今呼图壁县的桑家渠至下湖一带（兵团一〇六团三连附近）汇合成马桥河，然后沿莫索湾走廊北缘向西北流，在大拐以东汇入**玛纳斯湖**（即额彬格逊淖尔，又称阿雅尔淖尔）的东南部；19世纪末20世纪初，三屯河与呼图壁河分流，成为两条各自独立的水系，呼图壁河以芳草湖为其终点湖，马桥河在莫索湾以西的河道全部断流。

呼图壁县素有"西出隘口，东进咽喉"之称，是古"丝绸之路"新北道上的重要驿站。呼图壁远在汉代即为汉安远侯辖地，历经各朝，清光绪二十九年（1903年），置昌吉县呼图壁分县。民国7年（1918年）从昌吉县分出。民国36年（1947年），改称景化县。1954年改称呼图壁县。呼图壁县现（2007年）辖6镇1乡，农作物总播种面积4.67万公顷。境内还有兵团农六师芳草湖农场、一一一团场、一〇六团场及呼图壁种牛场，总人口（含驻县单位）212 176人。

毗邻呼图壁河的阿魏滩古城，民间称"元城子"，占地18 500平方米。据考证，古城建于宋元时期。呼图壁河流域清代屯田已具相当规模，河流出山后，疏东流渠六、西流渠五，由城户屯及乌鲁木齐兵屯耕种。呼图壁河产金，清代曾置金厂。河源最高峰俗称"狼塔"，哈萨克语意为"有群狼守护的塔山"，途经这里的线路是穿越北天山最为漫长、艰辛和危险的徒步线路。

10.6.3.5 雀尔沟河
(Queergou River)

又名军塘湖河，古称土古里克河，位于新疆维吾尔自治区昌吉回族自治州呼图壁县境内，发源于依连哈比尔尕山北坡特力斯喀达坂，散失于平原灌区。东、西分别与**呼图壁河**和**塔西河**毗邻，山口以上河长57千米，集水面积约780平方千米。

流域高山区山体陡峻，森林密布，中低山区地势平缓，受前山阻隔，大量物质堆积于前、后山之间丘陵河谷中，这里富含地下水。径流主要由季节性融雪水、降雨、地下水组成，多年平均年径流量0.3245亿立方米，年内分配较均匀。河流水系呈长条树枝状，流程短，坡降大，极易形成洪水。2000年8月29日发生的暴雨洪水，最大洪峰流量781立方米每秒，来势凶猛，给下游造成严重灾害。

流域海拔最高3 456米，源流小东沟自西南流向东北，流经20千米出山口后，河流称东沟，进入丘陵区转向北流，流经雀尔沟镇、南山牧场等村庄，流程约20千米，在纳札尔附近左岸纳入支流大西沟，以下河段始称雀尔沟河。大西沟流域海拔最高3 348米，主要支流有库尔德萨依河和铁列克萨依河，河流流经呼图壁煤矿、雀尔沟村和西沟村后，由西南向东北汇入雀尔沟河。下游9千米处，雀尔沟河进入长约7千米的低山宽谷中，宽谷中建有中型拦河水库——红山水库。经水库调节后下行约4千米，流出前山山口。红山水库建于1972年，总库容1 487万立方米，大坝为砂壳黏土心墙坝，坝长580米，最大坝高41.5米，灌溉面积约3 667公顷。山口处建有渠首，水量大部分被引至灌区，余水沿河道北流，渐散失于平原灌区。

康家石门子岩画

康家石门子岩画位于流域上游雀尔沟村以西5千米的克孜勒塔西（红石山）的断层岩壁上，是距今2 000～3 000年前塞种人遗留的大型原始生殖崇拜岩雕刻画，男性浓眉大眼、阔嘴高鼻，凸显男性剽悍粗犷；女性身材苗条、婀娜多姿，尽露女性妩媚。天山塞种人于公元前3世纪末进入该流域并建立政权，最高统治者称"塞王"。

位于南部山区河畔的雀尔沟镇辖5村1场，约1.25万人（哈萨克族占93.2%），耕地面积1 800公顷，可利用草场5万余公顷。大丰镇位于前山冲洪积平原区，日照充沛，水、土资源丰富，可耕地面积8 600余公顷。大丰镇交通便利，北疆铁路、312国道、201省道、乌奎高速公路、呼雀公路纵横交错，横贯全境。全镇辖1个社区15个村委会和干河子林场，人口1.3万人。

10.6.3.6 塔西河
(Taxi River)

位于新疆维吾尔自治区玛纳斯县境内，发源于依连哈比尔尕山北坡，历史上为**玛纳斯河**支流，现水量消耗于灌区，出山口石门子水文站以上河长45千米，集水面积664平方千米，多年平均年径流量2.35亿立方米。

流域海拔最高5 290米，河源区降水丰沛，冰川发育，冰川总条数达107条，冰川面积48平方千米。河流主要以冰川融水和降雨补给为主。上游两大支流均源于巨大的山谷冰川，汇合后自南向北流经5.7千米，左岸接纳另一同源同向的支流捷克台依达那河后，河流始称塔西河。右岸接纳较大支流三道马场河后转向东北流，经17千米注入**石门子水库**。三道马场河源头位于海拔4 450米的冰川地带，支流众多，河流全长16千米。

石门子水库下游建有塔西河渠首和塔西河二级电站（装机容量1 500千瓦），部分水量经塔西河干渠引入灌区，余水经河道流入塔西河哈萨克族乡。下游经红沙湾渠首后分为两支：一支向东至乐土驿；另一支西流至包家店灌区（包家店建有石建房渠首），穿北疆铁路、乌奎高速公路及312国道，余水入新湖农场灌区。

塔西河水库建成于1960年，大坝为均质土坝，最大坝高9.5米，坝长420米，总库容520万立方米，控制灌溉面积1万公顷。新户坪水库是以灌溉为主的中型水库，大坝为均质土坝，最大坝高 10.3 米，坝长 9 100 米，总库容 3 000 万立方米，控制灌溉面积 3.07 万公顷。白土坑水库是以灌溉为主的中型水库，大坝为均质土坝，最大坝高 7 米，坝长 7 000 米，总库容 1 250 万立方米。

鸡冠山

塔西河出山口红沙湾处，高大的青山上有一座宝塔遗址。青山下，还有一架红似火焰的山梁，当地人称之为鸡冠山，在阳光的照映下，如同红色的火焰腾腾而起，熠熠生辉。站在红沙湾坡头驻足西望，河流两岸呈雅丹地貌的座座山峦像是赤、白、蓝、绿、青、紫的五彩画廊，有的悬崖陡峭，层层叠叠似摩天大厦；有的壁垒森严，状如古堡；有的玲珑剔透，形似宝塔，好似鬼斧神工造就而成。

沿着平坦的河谷继续北行，一座巨大的石门扑入了眼帘。这里就是有"西天池"之称的石门子水库所在地。石门子水库两侧的山体，分布有众多奇特的象形山石，如母子峰、仙人石、三剑石、望夫石、狼牙峰等。石门由塔西河切割而成，平均宽 250 米，主要由紫色和红褐色侏罗系泥岩和砂岩组成。石门两侧山体陡立，形状奇特。河段上游有一瀑布，落差七八米，周围云杉生长茂密，景色优美。

从水库西侧盘山而上，有金驼山五道垭景区。穿过五道垭，就到了海拔 1 600 米的火烧山。火烧洼热气泉温度可达 80～90 摄氏度，矿气中含有多种对人体有益的微量元素。

流域下游乐土驿镇，位于山前冲洪积扇及扇缘带，海拔约在 450～1 000 米。乐土驿因光热资源丰富，水源充足，土地肥沃，耕地面积 8 000 公顷，是玛纳斯县的"东粮仓"。乐土驿镇历史悠久，是古"草原丝绸之路"的十二驿站之一。自 1761 年起，清政府在此修渠开荒种田。1841 年，民族英雄林则徐被发配到新疆伊犁戍边，途中曾在乐土驿镇驿站停留。清道光二十四年（1844 年），林则徐由伊犁赴新疆勘查垦地，途经绥来县（现玛纳斯县）住宿，当晚一梦，草木繁盛牛羊肥，人民生活祥和恬安，梦醒后由感而发，称此地为"乐土"。

塔西河山区河谷

乐土驿由此流传于世。如今，这座现代化的小镇正伴随着玛纳斯这颗璀璨明珠而闪闪发光。

10.6.3.6.1 石门子水库
(Shimenzi Reservoir)

塔西河上的中型山区拦河水库，位于新疆维吾尔自治区玛纳斯县境内塔西河中游山区，地理位置为东经 86°21′、北纬 44°07′。

石门子水库

水库工程地处西北高寒、强震（地震烈度Ⅷ度）、软岩、深覆盖层、高边坡带，是我国第一座位于高寒地区的碾压混凝土拱坝工程。1998 年 6 月 18 正式开工，2000 年 10 月下闸蓄水，2001 年 10 月主体完工，2007 年 9 月竣工验收。坝址以上集水面积 664 平方千米。水库最大坝高 109 米，坝长 169.3 米，正常蓄水位 1 390 米，总库容 5 010 万立方米，电站装机容量 6.4 兆瓦。水库是以灌溉为主，兼顾防洪、发电、旅游和水产养殖的综合利用水利枢纽工程，担负着下游玛纳斯县、新湖农场的灌溉任务，灌溉面积 3 100 余公顷。

站在雄伟的大坝上，塔西河上游依连哈比尔尕山雪峰顿时扑入眼帘，下游河谷风光也可尽收眼底，眼前湖水碧波荡漾，与库区周围绵延的群山、森林、草原刚柔并举、阴阳相济，风景靓丽，享有"西天池"之美誉。

10.6.3.7 玛纳斯河
(Manasi River，Manas River)

位于准噶尔盆地南缘，干流为新疆维吾尔自治区石河子市、塔城地区与昌吉回族自治州的分界线，因地理位置特殊，多次被作为各种行政区划的分界线，元代蒙古族人称之为"玛纳斯"，蒙古语意为"巡逻者"，后沿袭至今。

概 述

红山嘴水文站是该河出山口的水量控制站，以上河长 190 千米，集水面积约 5 156 平方千米，多年平均年径流量为 13.47 亿立方米。

流域高山区山峰密集，成为高大的山结地带，最高处高程 4 733 米，冰川资源丰富，是天山北麓中段冰川数量最多、水量最大的河流。高山草甸分布于森林线以上山地。中山带分布有森林、草原等植被。中、高山区沟壑纵横，V 形河谷谷深 400～700 米，绵延数十公里。荒漠草地分布于低山丘陵区，人工植被主要分布于出山口以下广阔的平原区。沼生及水生植物多见于河流附近。下游莫索湾气象站实测多年平均降水量仅 124.3 毫米。

玛纳斯河径流年内分配极不均匀，夏季水量约占年来水

玛纳斯河

量的70%左右，洪水大多集中于夏季。清代徐松称该河"冬则尽涸，入夏盛涨，急流汹涌，每闻旅人有灭顶之虞"。1999年8月2日，玛纳斯河发生暴雨融雪混合型特大洪水，肯斯瓦特水文站实测最大洪峰达1 100立方米每秒。2002年8月6日，玛纳斯河再次发生流量为530立方米每秒的洪峰，造成玛纳斯河夹河子段东岸防洪堤决口，淹没农田70余公顷。

20世纪50年代，在红山嘴修建了引水枢纽及东岸大渠，后又在下游修建了**大泉沟水库、蘑菇湖水库、跃进水库、夹河子水库**等4座大型、中型平原水库，以及连接水库与灌区的西岸大渠（头孚渠）、新湖总干渠、莫索湾总干渠等，形成了引、蓄、输、配完整的灌溉网络。同时改进灌水方法，推广节水措施，大搞渠道防渗，实行井渠结合灌溉，地表水与地下水统一调度，提高了灌溉水利用率。现今的玛纳斯河灌区是新疆第二大灌区，灌区耕地面积从新中国成立初期的1.56万公顷增加到现在的46.8万公顷，粮食产量从不足1.5万吨增加到39.17万吨。

纪　　实

玛纳斯河发源于和静县境内天山中段依连哈比尔尕山北坡的大冰川区，流域内有冰川800条，冰川面积608平方千米。玛纳斯河主源流为古仁郭勒河，流经4千米左纳支流夏格孜郭勒河后始称玛纳斯河，又经约27千米流程，于左岸接纳较大支流**呼斯台郭勒河**。河流向东北流，经煤窑水文站，又流50千米，右岸接纳支流芦草沟后转向东流，随后右岸接纳南来的大白杨沟、小白杨沟、**清水河子**后转向北流，经肯斯瓦特水文站后又转向东北流。流经25千米，过红山嘴水文站，流出山口入玛纳斯河灌区。此后河流沿石河子市、塔城地区与昌吉回族自治州的分界线蜿蜒向北，进入浩瀚的古尔班通古特沙漠，最后入尾间玛纳斯湖。

玛纳斯河自古有名，古人对之不乏记载。约在清道光年间，玛纳斯河上有一种渡河工具，谪戍新疆的林则徐曾在《荷戈纪程》中称其为瓠，并对该河水势作有如下记述："十里玛纳斯河，今冬令水弱，河流隔为三道，深且及马腹，夏令不知若何浩瀚矣。"19世纪末的历史文献，如《新疆图志》《绥来县乡土志（水篇）》《大清会典图》等都记载了玛纳斯河。其中《大清会典图》的记载较为详细："玛纳斯河北流入绥来境，名曰龙骨河……又西折北，潴为鄂林各土小泊，自泊溢出北流，汇于阿雅尔淖尔（即老玛纳斯湖）。"民国初年整理出版的《新疆水利会第二期报告书》中多处提到1916年夏季玛纳斯河河水猛涨，玛纳斯河河道在小拐、大拐附近多次决口的情况。其中沙湾县知事杨修政的一条呈文记述："详细详报大拐河水陡涨于本年新压坝口南岸另冲决口事……不料

七月十四日夜间一更时，河水陡涨，波浪汹溢，至天明时，水竟涨过两岸二尺有余，数里之遥皆成泽国，人不能到……奈决口处地形甚低，又系沙岸、沙底，水势过猛，堵救无及，刻下再未冲宽，现在汪洋无际，容候河水稍落，即为修补……" 1916年以前，玛纳斯河在大拐处向西北流，注入阿雅尔诺尔；1916年，玛纳斯河下游在大拐附近改道，转向东北流，在大拐东北形成面积广大的新湖，即现今的玛纳斯湖。

1962—1999年间，玛纳斯河在小拐以下断流。1999年夏季，由于玛纳斯河水量猛增，河水流过小拐，在中拐一带形成大片的苇湖，并且继续向东北流到干涸已久的玛纳斯湖区，充盈了1962年以前的湖区。2001年夏季，玛纳斯河水再次流入玛纳斯湖。此后，逢丰水年份汛期，上游灌区余水可流入玛纳斯湖。

玛纳斯河流域农业和水利开发历史悠久。1957年新疆生产建设兵团战士开发莫索湾时，在田野里发现了东古城、西营堡、马拱城等遗迹。在西汉时就有引玛纳斯河水浇地种田之记述，"开屯之要，首在水利"。唐代在大拐附近，凿"唐朝渠"。自清乾隆中期平定准噶尔部后，清政府在玛纳斯实行大规模"军屯""民屯"。至今流域内诸乡镇域名都很有特点，有兰州湾、广东地、凉州户等，多是以内地城市地名命名。《西域水道记》写道"玛纳斯河迄泉沟西七里，北流至县北，沿河左右，悉为民田"。到清光绪十一年（1885年），共修引水干渠51条，灌溉面积达2 440公顷。后来又修了"新顺渠"和"新盛渠"。据《西域图志》载，清中期县境农作物有青稞、小麦、粟、谷、水稻等。玛纳斯县的水稻颇有名气。清代诗人萧雄在他的游记中记道："绥来有水田，能种水稻，虽次于温宿，而长腰香软，更胜长沙，北路稻田，仅此一处"。《绥来县志略》载："民国37年（1948年），本县农作物以稻、麦为大宗，糜谷、玉米、胡麻等次之。"玛纳斯县以盛产小麦、水稻而驰名全疆，赢得了"金绥来"之称。1949年以前，玛纳斯河流域已有耕地1.4万余公顷。玛纳斯河流域还盛产黄金，在清朝乾隆年间就有开采。

清乾隆二十八年（1763年）在现玛纳斯县建"绥来堡"。《玛纳斯县志》记载，乾隆四十三年（1778年）建绥来县，1954年2月1日改绥来县为玛纳斯县。现辖7镇5乡11个社区，1991年已有耕地4万公顷。境内驻有兵团农六师新湖农场及兵团农八师一四七、一四八、一四九、一五〇等农牧团场。截至2004年玛纳斯县总人口（含兵团）167 012人，少数民族占18.22%。2002年，玛纳斯县农牧民人均纯收入达到5 318元，比新疆平均水平高出185%，比全国平均水平高出115%。被农业部授予"中国优质棉花之乡""中国优质酿酒葡萄之乡""中国优质加工番茄之乡"。

玛纳斯河畔的石河子市，以她传奇的历史和"戈壁明珠"的美誉著称于世。1950年以前这里还是一片芦苇、芨芨草丛生的荒滩。1950年2月，王震将军率中国人民解放军挺进石河子，拉动了"军垦第一犁"，经过60多年的建设发展，如今，这里已变成农场毗连、田园相望的新绿洲。石河子市也以她优美的环境荣膺全国"园林绿化先进城市"，以"军城"特色荣获"全国双拥模范城"，又以"诗城"闻名海内外。石河子市还是联合国"人居环境改善良好城市"之一。占地约450公顷的红柳森林公园位于玛纳斯河下游，园内森林覆盖率达60%～70%，五六月间，红柳花层层叠叠次第开放，成千上万棵红柳树足以让你享受到花海绿浪"森林浴"般的神奇美妙。

玛纳斯河灌区创造了"人进沙退，荒漠变粮仓"的传奇，也培育出许多全国名产："花园蟠桃""下野地西瓜"闻

红柳森林公园

清水河子河上游湍急的水流

名遐迩，甜瓜、葡萄、苹果香脆甜美；天然彩棉、小麦、玉米优质高产；石河子番茄酱远销世界各国；玛纳斯葡萄酒誉满全疆。

10.6.3.7.1　呼斯台郭勒河
(Husitaiguole River)

玛纳斯河左岸的最大支流，位于新疆维吾尔自治区巴音郭楞蒙古自治州和静县境内，发源于依连哈比尔尕山北坡，河长89千米，流域面积1 629平方千米，多年平均年径流量6.8亿立方米。

流域位于2 000米以上高山区，气候寒冷，有大面积冰川积雪分布，有冰川57条，冰川面积34.4平方千米。河流以高山冰雪融水补给为主，流域内主要为冰川作用所形成的各类冰川地貌，仅在河谷两岸古冰槽和谷冰碛很厚的地区有高山草场分布，河谷切割深，相对高差大。

河流由发源于东接克勒接达坂和哈贴克勒接达坂的小玛纳斯河、发源于敦德艾肯肖吾尔冰川的诺尔肯尼河和乌代肯尼河汇集而成，其中乌代肯尼河的3条支流均发源于巨大的山谷冰川末端。此后河流由西南向东北流，经约64千米流程后汇入玛纳斯河。其间两岸有多条发源于高山区冰川的支流汇入，较大的支流有：比奇肯夏格孜郭勒河、艾尔肯河、阿斯克吐河、哈拉依特河（由乌勒肯哈拉哈依特河和克协哈拉哈依特河汇集而成）、大花牛沟、小花牛沟。

10.6.3.7.2　清水河子
(Qingshuihezi River)

玛纳斯河右岸支流，位于新疆维吾尔自治区昌吉回族自治州玛纳斯县境内，发源于依连哈比尔尕山北坡也盖孜达坂附近，河长102千米，流域面积478平方千米，多年平均年径流量1.3亿立方米。

流域最高海拔4 672米。源流称为登巴斯也盖阿苏，由两条源于山谷冰川的支流汇集而成，河流由南向北流经10千米，在萨尔达腊转向东北，流经30千米后到玛纳斯县煤矿。之后出山口进入低山丘陵区，后转向北流，在清水河乡政府所在地月牙台子附近又折向西流，流经南山牧场附近的清水河子水文站，又流13千米后在哈萨克族乡红坑村附近汇入玛纳斯河。

清水河子河源处广布冰川积雪，发育有冰川51条，冰川面积33.81平方千米。清水河子水文站多年平均年降水量达434毫米。河流两岸溪流密布，呈羽状水系。山区是玛纳斯县重要的夏牧场。流域内山体雄伟险峻，潺潺流水和茂密的森林草地以及凉爽宜人的气候，成为人们旅游休闲的避暑胜地。

清水河子历来以盛产碧玉而闻名。据《新疆图志》记载："玛瑙斯河源水清产玉，故名清水河""河玉色黝碧，有文采，璞大者重数十觔"。历史上曾作为敬献朝廷的贡品。1986年用1.5吨玛纳斯碧玉雕成的"聚珍图"已被定为国宝。

10.6.3.7.3　跃进水库
(Yuejin Reservoir)

玛纳斯河上以灌溉为主的大型平原水库，位于新疆维吾尔自治区昌吉回族自治州玛纳斯县城北20千米处，地理坐标为东经86°13′、北纬44°26′。

1952年，兵团农八师利用洼地筑坝，拦蓄泉水，起名大海子水库。1958—1959年改扩建后，改为跃进水库。水库总库容1.033亿立方米，大坝为均质土坝，坝长10 450米，最大坝高13.99米，正常蓄水位时水面面积22.6平方千米。

随着上游水资源的开发利用，泉水入库水量逐渐减少，现由玛纳斯河东岸大渠引水入库，年调节水量2.5亿~2.8亿立方米，控制灌溉面积7.33万公顷。水库担负着莫索湾灌区的兵团农八师4个团场以及兵团农六师新湖七场和玛纳斯六户地乡的农业灌溉用水任务。1961年、1980年、2008年先后三次对该水库进行了除险加固。

10.6.3.7.4　大泉沟水库
(Daquangou Reservoir)

玛纳斯河上的中型水库，位于新疆维吾尔自治区石河子市区北13千米处沙湾县境内，地理位置为东经86°00′、北纬44°26′，是以灌溉为主的平原水库，建成于1955年。

水库坝型为均质土坝，坝长6 600米，最大坝高14.65米，总库容4 000万立方米，正常水位水面面积约11平方千

大泉沟水库

米,最大水深约6米。水体清澈透明,且水面宽阔,有"戈壁明镜"之美誉,水库中养殖鲤鱼、鲢鱼、草鱼等鱼种,是北疆的渔业基地之一。

库盆原为一片洼地沼泽,入库水量主要来自玛纳斯河和大泉沟。大泉沟因沟内有泉眼群得名,《西域水道记》写道:"涌泉潴为池,谚曰泉沟,好事者往垂纶焉……水草所交,莫测远近,群雁止宿,恒亿万计"。库区上游是美丽的牧场,碧草摇曳,各色野花点缀其间。辽阔的水面还是鸟类的王国,有国家级和自治区级保护的一级、二级水鸟28种,时常有数万只白鹳、白额雁、大天鹅和蓑羽鹤等集聚于库区,或岸边栖息,或水中嬉戏,呈现一幅湖水浩渺映天山,群鹤翱翔戏云端的自然美景。石河子市在此建立北湖公园,周围榆柳成荫,亭屋错落,建有"苏州堤""望江亭"等景点,为国家级水利风景区。

10.6.3.7.5 夹河子水库
(Jiahezi Reservoir)

玛纳斯河上的拦河水库,位于新疆维吾尔自治区玛纳斯县境内,与石河子市仅一河之隔,西南距石河子市区直线距离16千米,地理位置为东经86°08′、北纬44°26′,是以灌溉为主、兼顾防洪的大型平原水库。

水库1967年建成,坝型为均质土坝,坝长6391米,最大坝高16.7米,库容8000万立方米。1995年加固扩建,库容为10140万立方米。水库水体曾呈富营养状态,后上游加强环保措施,现水质已逐步改善。

水库在玛纳斯河山口以上33千米,玛河纳斯河水由南而来注入库盆,与位于该水库东3千米的**跃进水库**、西7千米和14千米的**大泉沟水库**、**蘑菇湖水库**呈东西"一"字形排列。4库均隶属兵团农八师玛纳斯河管理处管理,总库容为4.25亿立方米,年调节水量15亿立方米。引水、输水干渠34条,总长400千米。有各类水工建筑物412座,配水点57个,共同拦截调度玛纳斯河汛期洪水,浇灌石河子垦区及沙湾、玛纳斯县18个农场、8个乡镇的近37万公顷农田。

10.6.3.7.6 蘑菇湖水库
(Moguhu Reservoir)

玛纳斯河上的大型水库,因库区原生长野蘑菇而得名,位于新疆维吾尔自治区准噶尔盆地南缘、石河子市区西北18千米处,地理位置为东经85°56′、北纬44°28′,是以灌溉为主的平原水库。

水库主要引蓄天山北坡冲洪积扇缘溢出泉水和玛纳斯河、**宁家河**部分洪水。1959年底建成;2001年经除险加固后,正常蓄水位为392米,水面面积31.6平方千米,总库容1.8亿立方米。大坝为均质土坝,最大坝高16.15米,坝顶高程395米,坝长13.6千米。年供水量2.59亿立方米,可灌溉新疆生产建设兵团农八师5个团场和沙湾县、克拉玛依市5个乡镇共8万余公顷耕地。

水库曾受石河子市污水排放影响而污染严重,呈富营养化。后经采取修建污水处理厂、关闭主要工业污染源等措施,水质明显好转。

蘑菇湖水库是由王震将军和当时水利部部长傅作义决定修建的兵团第一座大型水库。水库建成后,灌区灌溉面积快速增加,成为新疆主要粮食、棉花生产基地之一,陶峙岳将军曾有"昔日皆漠野,今日变田园。看看成乐土,景物更鲜妍"的赞美诗句。

10.6.3.7.7 宁家河
(Ningjia River)

位于新疆维吾尔自治区塔城地区沙湾县境内,相传河流首先由宁家人开发而得名。发源于依连哈比尔尕山北坡吉勒萨依登巴斯冰川区东侧,散失于盆地灌区。流域南以依连哈比尔尕山脊为界,与**开都河**流域毗邻,东、西分别与**玛纳斯河**流域和**金沟河**流域接壤。河流卡子湾水库以上河长74千米,集水面积964平方千米,多年平均年径流量0.7亿立方米。

河流上源源流称桥勒沟,流域内最高海拔4544米。河流自源头向北流经16千米后,右岸纳发源于吉勒萨依登巴斯冰川主峰北侧的吉腊萨依河,其后又经16千米在宁家河龙口处,进入前山丘陵地带,途中汇入的溪流有冬冈萨依河、马纳斯萨依河、阔大尔萨依河、哈熊沟等。河流自宁家河子渠首以下,部分水量被引入左岸沿山干渠,向西北穿越左邻丘陵(途中部分水量向北引入庄郎庙、乡配种站),经乔勒萨依(牛圈子牧场)、西戈壁镇灌溉引用后,余水退入左邻金沟河下游水系。渠首以下主河道向西北流经5.9千米,右岸接纳发源于丘陵区的万条子和小水梁沟后,向北流经6千米进入宁家河山间盆地。此后河流沿盆地西缘、流经21千米至盆地北侧垭口,下游改称清水河;又经9千米注入卡子湾水库。其中,宁家河盆地东南山口有在山区呈独立水系的较大支流——水沟进入盆地内灌区,灌溉余水汇入宁家河盆地内下游河道。水沟发源于前山带,流域高程最高3763米,河流自源头由南向北流经14千米至傣什窑村(原称石场村)后转向东北流,过一五一团场场部驻地,又经12千米进入宁家河盆地灌区。

流域海拔2600米以上土层极薄,生长蒿草、苔草等;高程2000~2600米为优质的天然云杉林基地和夏牧场。山间盆地地下水丰富,土地宜农宜牧。

东大塘风景区位于宁家河子渠首东南约5千米的水沟流域低山区,奇特的天山草原风光,壮观的石山大佛是这里的主要特色。宁家河谷长满了原始松杉,支流水沟上游有一瀑布,当地称东沟瀑布,其源头可见一壁月白色的积雪斜挂山巅,一年四季都是白雪皑皑,雪山脚下有一小湖,是著名的"雪涝坝"。宁家河风景区位于宁家河子渠首西北的牛圈子牧场,一条涓涓溪流从北部山区蜿蜒飘来,水质清冽,谷底牧草长势茂盛,野草莓、野玫瑰点缀其中,夏季气候凉爽宜人。号称"军垦第一园"的桃源生态旅游区,是由千亩蟠桃园及卡子湾水库组成,春季千亩桃花竞相开放,八月蟠桃千里飘香。水库有湖心岛、千米浮桥,库区有野生红柳林和天然的芦苇荡等。取道荷花池北小径,可进入天然芦苇荡和野生红柳林,野趣盎然。

蘑菇湖水库

东大塘大佛

宁家河流域开发历史较早,清末时灌区就已初成规模,建有西地渠和东湾渠等。现流域内驻扎的兵团一五一团(原兵团农八师紫泥泉种羊场),拥有耕地1 600余公顷,其培育的"军垦型细毛羊"已推广到全国23个省(自治区),被国家正式定名为"中国美利奴羊",荣获国家科技进步奖。宁家沟山间盆地中有沙湾县东湾镇及所辖15个村,有耕地4 100余公顷,经济呈半农半牧型,传统畜牧业仍占很大的比重,种植业以玉米、番茄、甜菜为主。

10.6.3.7.8 金沟河
(Jingou River)

又名霍尔果斯达里亚河,古称乌兰乌苏河,位于新疆维吾尔自治区沙湾县境内,原为**玛纳斯河**支流,因所流经的山沟淘金遗洞较多,故名金沟河。山口以上河长111千米,集水面积1 867平方千米,八家户水文站多年平均年径流量3.197亿立方米。

河流发源于依连哈比尔尕山北侧的冰川区,流域海拔最高5 250米,共有冰川210条,冰川面积207.1平方千米。源流由阿尔恰特河、女恰河和大牛河汇集而成,3条河流源头发育有10余条山谷冰川。汇合口下游5千米,左岸接纳金沟河最大支流霍尔果斯河。霍尔果斯河由阿克达斯河、包尔格腊河和博尔诺洛贡河汇集而成,其中,阿克达斯河和包尔格腊河源头均为长约12千米、最宽为1.5千米的大型山谷冰川。霍尔果斯河汇合口以下,两岸接纳的较大支流还有吾勒昆塔勒德萨依河、萨依达拉河、喀英德萨依、铁热克德萨依、塔勒德萨依和大白杨沟、小白杨沟。大白杨沟、小白杨沟汇合口以下是河流出山口,河流进入金沟河山间盆地,101省道路经山口,横穿东西。河流穿行于山前盆地西部,至杰勒达坂

金沟河

山口与大南沟河灌溉余水汇合后,经盆地北侧的玛依托别(红山头)豁口流向平原。大南沟河发源于依连哈比尔尕山北麓中山带的库木克嘴姆达坂,海拔最高4 259米,源头发育有少量冰川,干流由大南沟和小南沟在出山口处汇集而成。山口处建有引水渠首,渠首下游4千米为博尔通古乡政府驻地。余水沿河床在渠首东北方8千米处汇入金沟河。

金沟河流向平原后,在开阔的河床内漫流至沙湾县南五宫,分五股散流,即头道河子、二道河子、三道河子、四道河子、五道河子,最后消失在冲积扇缘以下地区。直至清代嘉庆年间都曾有水汇入玛纳斯河。《西域图志》(1782年)记载:"乌兰乌苏在玛纳斯郭勒西六十里,源出古尔班多博克鄂拉北麓,东北流一百里,入玛纳斯郭勒,汇流入于额彬格逊淖尔"。玛纳斯郭勒即今玛纳斯河。《西域水道记》(1821年)记载:"玛纳斯河……又西北流百五十里与乌兰乌苏河会……玛纳斯、乌兰乌苏二河既会,西北流百里,入自淖尔之南"。但随着下游灌溉面积的增加,现金沟河已与玛纳斯河脱离地表水力联系。金沟河是一条洪水灾害较为突出的河流,1999年8月,金沟河洪水漫槽,洪峰流量达374立方米每秒,下游两座水库溃坝,致下游农田、村庄受灾,损失达数亿元。

金沟河水利开发始于清朝,据史料记载,清乾隆三十年(1765年)平定准噶尔叛乱之后,推行"屯军垦殖",在沙湾等地开渠引水。20世纪50年代以来,先后兴建了洪沟水库、海子湾水库、柳树沟水库等一批水利工程。洪沟水库1979年建成,大坝为均质土坝,最大坝高9米,总库容1 000万立方米。海子湾水库1985年建成,大坝为均质土坝,主坝最大坝高12米,坝长5 400米,总库容1 825万立方米。柳树沟水库1999年建成,大坝为均质土坝,最大坝高12.35米,坝长755米,总库容1 325万立方米。沿河已建三级水电站,总装机容量1.6万千瓦。

位于上游的国家AAA级温泉旅游风景区,面积近10平方千米,景区四面层峦叠嶂,云杉郁郁葱葱。热水泉子位于金沟河中游西岸,泉水由周围的山崖石壁中溢出,无色透明,具有浓重的硫黄味,为重磷酸盐钠型高热泉。温泉疗养院内有清朝同治年间遗留下来的古迹——灵泉寺,寺庙造型工艺奇特,雕梁画栋,渗透着浓郁的清代建筑风格。下游的蒙古庙森林公园,是明代蒙古卫拉特部落的领地。据《缕来县志图》介绍,蒙古庙始建于明代后期,俗称达孜庙,由于这里云杉繁茂,水草肥美,是上乘的天然牧场,被牧民看作天赐"福地",成为蒙古牧民聚会、拜天求神祈福的地方。

三道河子林场森林公园位于金沟河下游、沙湾县城西郊1千米的312国道和乌奎高速公路交叉处,占地面积66公顷,是自治区级森林公园。园内树木参天,绿荫簇拥,清流环绕,花草繁茂。3千米长的葡萄长廊浓荫遮日,披绿叠翠,园外250多公顷的葡萄、蟠桃、草莓、李子、枸杞等水果基地环绕景区。

位于金沟河山间盆地东侧的西戈壁镇,辖19个行政村1.13万人,拥有耕地6 500余公顷。位于盆地西侧的博尔通古乡,辖17个行政村9 400余人,拥有耕地3 000余公顷。两乡(镇)均位于山前冲积扇区,属温带干旱气候,多年平均气温4.3摄氏度,无霜期157~161天,主要种植小麦、玉米、番茄、马铃薯、甜菜,是沙湾县优质粮油生产基地。牛圈子牧场(原天山牧场)位于盆地南侧,是一个农牧业并举、以牧业为主、自负盈亏的国有农牧企业,有农牧民3 200余人。

位于流域下游的沙湾县,辖9镇3乡5个农牧场,县境内还有兵团农八师11个农牧团场。行政区内总人口46万人,其中汉族人口占70%。沙湾县先后荣获全国科技进步先进县、

全国文明村镇工作先进县、全国生态农业建设先进县、全国民族团结进步模范县、西部大开发新疆投资环境最佳城市、全国城市环境综合整治先进县城和自治区园林县城、自治区科普示范县等先进称号，成为天山北坡经济带上一颗璀璨的明珠。

流域山前地带蕴藏着丰富的黄金、铜、高岭土等矿产资源。

10.6.3.7.9 巴音沟河
(Bayingou River)

又名安集海河，"巴音"蒙古语意为"富饶"，发源于依连哈比尔尕山北坡，古为**玛纳斯河**支流。现上游干流段及其一条支流为新疆维吾尔自治区乌苏市与沙湾县界河。山口以上河长74千米，集水面积1 729平方千米，多年平均年径流量3.45亿立方米。

巴音沟河源区海拔最高5 035米，发育有冰川225条，冰川面积12.75平方千米。巴音沟河主源为哈尔阿特沟，由南向北流经27千米后，接纳右岸支流辛德郭勒河。后折向西北而流，约4千米后与左岸支流阿冬萨拉沟汇合。汇合后，河流自南向北行，两岸接纳的较大支流有：阿勒腾萨拉沟、才克仁包尔沟、比奇根乌斯吐沟和依克乌斯吐沟，流程22千米，于巴音沟牧场附近流出山口折向东北流，进入丘陵地带。沿途右岸又接纳了乌拉斯台沟（又称二道沟）、比其肯安集海沟（又称头道沟）等支流。在黑山头建有巴音沟河渠首和水管站。河水主要通过安集海总干渠（总长36.5千米）引向灌区，余水沿河床在巴音沟河大桥转向北流，出丘陵区后转向西北流，水流散失于准噶尔盆地南缘。

巴音沟河源头至中高山区河段河床下切形成百米深谷，出山口河段河床宽阔，河漫滩上裸露的卵石硕大如斗，水量渗漏严重。据《西域水道记》记载，在清嘉庆年间，已越山口后北流入苇泽而止，巴音沟河已成为独立水系。

巴音沟河有着悠久的水利开发史。流域屯垦史可上溯至唐代，唐长安二年（702年）派军队到清海镇（今沙湾县乌兰乌苏、安集海附近）驻守和屯田，有耕地万余亩，至唐贞元六年（790年）五月吐蕃攻占北庭，屯田荒芜。1950年，中国人民解放军二十六师七十六团（今兵团农八师一四二团）进驻，修引水渠首、引水干渠及安集海水库等，开发巴音沟灌区。灌区内主要作物有玉米、棉花、油料、蔬菜等，其中安集海镇的红辣椒颇为有名。

安集海水库位于乌奎（乌鲁木齐—奎屯）高速公路北侧，为平原水库，建于1957年，坝型为黏土心墙坝，最大坝高14.4米，总库容4 500万立方米。安集海二库位于安集海水库下游，建于1988年，坝型为黏土心墙坝，最大坝高13米，总库容3 200万立方米。

建于清光绪十八年（1892年）的承化寺位于河流出山口处的巴音沟牧场月牙台村。该寺院原建有菩萨庙、曼巴庙、萨克斯庙和都拉庙等，占地约3万平方米。寺庙创建人察罕格为新疆3位活佛之一，在新疆喇嘛教中具有特殊地位，蒙古语称"察罕格根库热"，意为"白活佛庙"。寺庙现已筹资重建。乌拉斯台风景区位于支流乌拉斯台沟天山北坡山地草原带，地势平坦，夏秋降水充沛，气候凉爽，冬季积雪深厚。风景区北部是无垠的草原，南部山区是无际的原始云杉林，沟谷地带还有少量杨树分布。草场分布于山地云杉林带之下，处于草甸和森林交界地带，以大针茅为主、羊茅为辅，杂草类主要是蓬子菜、冷蒿、黄花、棘豆等，覆盖率达95%以上，

是良好的山地牧场。乌拉斯台沟山口右岸附近的鹿角湾松树沟，曾是天山马鹿繁衍生息之地，因山间水边遗留有大量的鹿角壳而得名。沟内地表起伏和缓，水草丰美，山坡云杉茂密苍翠，在远处洁白如玉的雪峰衬托下，景色显得错落有致。巴音沟出山口黑山头渠渠首建有国家水利风景区——巴音山庄。流域内煤炭资源丰富，建有多座煤矿。

10.6.3.8 艾里克湖
(Ailike Lake)

清末方志和舆图称艾拉克淖尔或艾林淖尔，民国时期称乌鲁木湖，20世纪50年代后称艾里克湖，蒙古语意为"酸奶"。位于新疆维吾尔自治区克拉玛依市乌尔禾区境内，地理位置为东经85°43′～85°51′，北纬45°52′～45°59′，为咸水湖。古属玛纳斯湖群的一部分，现为**白杨河**、**木胡尔塔依河**等河的尾闾湖。

艾里克湖南距**玛纳斯湖**约12千米，西南距**小艾里克湖**20千米。在第四纪以前，曾和玛纳斯湖连为一体。第四纪初期及中期，玛纳斯湖区在伊赫湖（现玛纳斯湖）与艾里克湖—艾兰诺尔湖之间形成了相对高度为55～60米的隔梁。从地形与构造看，现与玛纳斯湖已无联系。

夕阳下的艾里克湖

艾里克湖地处古尔班通古特沙漠边缘、乌尔禾谷地与戈壁荒漠的结合部。湖区气候干燥，风多雨少，冬季严寒。湖泊西北为第四纪冲积砾石和沙土沼泽地；北、东北、东南面为白垩系地层组成的峭壁及台地；东北岸与峭壁之间有2平方千米的盐池，西南面有狭长水道，生长有茂密的芦苇及杂草，遇丰水年份，湖水由此下泄，在下游约20千米处形成小艾里克湖。

湖泊近似椭圆形，长轴为北东—南西向，湖面海拔在278米左右。湖水受河流来水量变化的影响，1962年湖长12千米，宽4.5千米，水面面积约56平方千米，最大湖深7米。1972年白杨河水库建成蓄水，入湖水量大为减少，湖面日渐萎缩，至20世纪80年代中期，水面面积约15平方千米，水深1米。1991年白杨河水库配套工程黄羊泉水库建成蓄水后，水面继续缩小，1999年，已成为季节湖，近于干涸，湖周大片野生植被枯萎。2000年，"635"工程通水后，上游调剂出白杨河水入艾里克湖，水量大增，湖面日渐扩大，2007年已近50平方千米，水天一色，苇波摇曳，鱼跃鸟飞，狐兔出没，生机盎然。湖内现主要生长有草鱼、鲢鱼、鲤鱼、鲫鱼和小白鱼。湖滨芦苇茂盛，郁郁葱葱，周边生长有红柳、梭梭、芨芨草等荒漠植物。

克拉玛依油田紧邻艾里克湖，南、西、西北有百口泉、乌尔禾、风城等油田，伫立湖滨的石油钻井和抽油机（俗称"磕

头机")与白杨河下游军垦农场的良田沃野以及北侧闻名中外的雅丹地貌——乌尔禾魔鬼城融为一体，辉映成趣。20世纪50年代发现的魏氏准噶尔翼龙化石的地点就在湖岸边。

10.6.3.8.1 白杨河（克拉玛依市）
(Baiyang River in Karamay City)

又名纳木郭勒河，发源于齐吾尔喀叶尔山东南坡，流域东、西分别与**和布克河**和**额敏河**流域接壤；上游为新疆维吾尔自治区额敏县、托里县与和布克赛尔蒙古自治县的界河，下游流经克拉玛依市，尾闾为**艾里克湖**。河流全长170千米，山口以上河长69千米，集水面积2 008平方千米，多年平均年径流量2.45亿立方米。

流域海拔最高2 345米。源流旦木河自源头由北向南流，沿途两岸泉流密布，支流众多。较大的支流有丘瓦亚尕西河、阿干恰尕勒河、伊克当斯河、其色卡因达河、阿得楞苏河、冲卡因达河、赛米斯台河、奎尔都仑赛尔河、托布加嘎萨依河、我拉尔德克河和阿合苏河。其中，奎尔都仑赛尔河（主要支流为特克喀英河）和我拉尔德克河（源流称布腊特河）均发源于齐吾尔喀叶尔山东麓，流域面积分别为288平方千米和466平方千米，河长分别为36千米和46千米，是白杨河流域山区最大的两条支流。干流在阿合苏河汇合口（称乌图乌散）以下始称白杨河，流经10千米出山口到达白杨镇。此后河流穿越白杨镇南侧约10千米长的峡谷和长达32千米的冲洪积扇区（以上河流干流为额敏县与和布克赛尔县界河），进入平原散流区，再向东南流22千米（为和布克赛尔县与托里县界河），注入位于托里县、克拉玛依市和布克赛尔县交界处的白杨河水库。坝址以上河长122千米。

白杨河水库以下500米为克拉玛依市境内的白杨河渠首，渠首将水量分为三支：一支通过白克水渠（全长73千米）转90°向西南延伸，途经白碱滩镇（部分水量引入白碱滩水库），进入克拉玛依市，供市政用水，余水入下游阿依库勒水库；二支通过白黄水渠（全长14千米）向东南流注入黄羊泉水库；三支为河道余水，经原河道到乌尔禾，部分水量通过南干渠引入灌区，部分水量经乌尔禾镇洼地，汇入艾里克湖。

白杨河水库为拦河式水库，建于1970年，坝型为混凝土重力坝，坝长1 480米，坝高30.4米，总库容3 700万立方米。2000年前白杨河是克拉玛依市的主要水源，水重复利用率高，为石油工业发展提供用水保障。白碱滩水库建于1979年，总库容1 950万立方米。阿依库勒水库建于2006年，坝高29.5米，总库容3 800万立方米。黄羊泉水库建于1989年7月，坝高25.5米，总库容5 800万立方米。

白杨河流域虽处背风坡，但降水相对丰沛，由于山体较低，土层厚，植被类型主要为亚高山草甸和山地温性草原，以针弧茅为主，阴坡局部生长有云杉。山区河谷林茂密，河水蜿蜒，景色优美，夏季气温明显低于戈壁荒漠区，是休闲、避暑度假的好去处。低山、平原和沙漠区由于受到准噶尔盆地干热气候的影响，降水锐减，炎热干燥，地表多为砂砾覆盖，呈荒漠景观。

白杨河水库至乌尔禾区白杨河下游河段，现河道近似西东走向，长24千米，一般宽400米左右，最窄处约200米，最宽处约600米，河谷两侧岸壁为白垩系浅褐红色泥岩和砂岩，河岸陡峭，高约20～30米。河流水面宽约5～10米，深约50厘米，河水多曲流，沿河谷蜿蜒而下。河谷中生长有茂密的胡杨林以及银灰杨、毛柳、尖果沙枣等，灌木有铃铛刺、蔷薇、白刺等，草类多为芨芨草、苦豆子、甘草等禾本科和豆科属种，植被覆盖度可达60%左右。白杨河谷地中的胡杨、乔木类树种占90%以上，树高6～10米，胸径20～30厘米，最大可达40厘米。白杨河下游段入艾里克湖前，河段曾改道，原河床曾向南推移数百米，现仍能看到古河道痕迹。

流域下游的克拉玛依市成立于1958年5月29日，辖克拉玛依、乌尔禾、白碱滩、独山子（位于**奎屯河**流域）4个区，2007年全市总人口（不含辖区内兵团人口）为355 381人，有

已退化的白杨河故河道

汉族、维吾尔族、哈萨克族等多个民族。为解决生产和生活用水，20世纪50—60年代，克拉玛依市通过长65千米的地下管道将百口泉地区的地下水输送到克拉玛依市区。1970年，在白杨河上修建了白杨河水库，同时还修建了与其配套的全长72.8千米的混凝土防渗明渠。为充分利用白杨河水资源，1979年和1989年又分别修建了库容为1 950万立方米的白碱滩水库和库容为5 800万立方米的黄羊泉水库。白杨河曾是克拉玛依石油工人的"母亲河"，1997年，克拉玛依市实施"635"工程，历经3年，一条长217.2千米的输水干渠出现在戈壁荒原上。

1955年10月29日，克拉玛依一号井油流的喷涌声宣告了新中国第一个大油田的诞生，驱散了"中国贫油论"的阴影，如今作为共和国石油工业的长子，克拉玛依油田又以西部第一个千万吨油田的雄姿加入到祖国经济建设、维护能源安全的新长征途中。

魔鬼城景区

乌尔禾区北侧、217国道东侧，有著名的雅丹地貌风景名胜区，远眺风城，宛若中世纪一座座古城堡林立其中，大小相间，高矮参差，错落重叠，给人以凄森苍凉恐怖之感，故有"魔鬼城"之称。彩石滩经亿万年的风刮沙磨和雨水冲刷而成，广泛分布于魔鬼城景区内，是七彩砾石和风棱石的世界，彩石色彩斑斓，被誉为"魔女的项链"。流域下游还蕴藏有全国仅有的天然沥青矿脉，地下埋藏着丰富的石油，"魔鬼城"周边地区也一改凄凉的往景，井架林立，钻机轰鸣，一座崭新的乌尔禾石油新城正在这里诞生。

10.6.3.8.2　木胡尔塔依河
(Muhuertayi River)

《西域水道记》称为木丹莫霍尔岱河，由发源于加依尔山北麓（托里县）及齐吾尔喀叶尔山南麓和东南麓，在山区呈独立水系的诸河流出山口后转向东流，渗入地下，其后又在两山之间东侧的冲帕孜湿地逐渐形成木胡尔塔依河干流，其北、南两侧分别与**白杨河**和**达尔布特河**下游河床毗邻。河流流经新疆维吾尔自治区托里县、克拉玛依市，尾闾为**艾里克湖**，属季节性河流，河长137千米，流域面积3 697平方千米，多年平均径流量0.125亿立方米。

河流自源头由西向东流约39千米，在白杨河水库南侧附近，穿越东北为依克阿拉德山、南为成吉思汗山之间的宽约10千米的隘口段后转向东南流，27千米后，在217国道东南约4千米处转大弯向东北流，又经约7千米汇入艾里克湖。

河流在依克阿拉德山和成吉思汗山之间的隘口附近河段，其河床与左、右邻白杨河和达尔布特河的河床相距约3千米左右。由于河床宽浅，大水期间，其上游还有部分汊流汇入左邻白杨河，右邻达尔布特河也有部分水量可向北溢入木胡尔塔依河。枯水期间，木胡尔塔依河和达尔布特河各自分别向东南和南部延伸。

《西域水道记》（1821年）中记载，木丹莫霍尔岱河为额彬格逊淖尔（原玛纳斯湖老湖盆）的北源，并写道"河在塔尔巴哈台南境，当苏海图之南，达尔达木图河（现达尔布特河）之东……木丹莫霍尔岱河流百余里，入自淖尔之西北，是为额彬格逊淖尔，今又曰阿雅尔淖尔。"19世纪末（清光绪年间）的历史文献《塔城直隶厅乡土志》"水"中，详细记载了木丹莫霍尔岱河作为季节性河流的典型特征，"河身底岸皆系坚石，秋冬水小，在上游数十里即已渗入河底，此处枯竭如陆。夏日上段众山冰雪消化，或聚雨滂沱，乱流附注，奔腾彭湃而来。该处河浅岸低，溢水分数道北注于白杨河（一名纳木河）。正干河身东巨流折而东南三十里经柳树泉……过此以南两岸皆平，又南流百二十里直入阿雅尔淖尔"。由此可见，秋、冬季节，木丹莫霍尔岱河水量极小，河床"枯竭如陆"，夏季6—8月，由于冰雪融化或上游山区遭遇暴雨，河流水量猛增，"乱流附注，奔腾彭湃"，是一条典型的山区季节性河流。在19世纪末的《新疆全省舆图》附玛纳斯湖图中，大多没有标绘出木丹莫霍尔岱河，由此可以推断，到19世纪末以后，河流在大部分时间内都已处于断流状态，没有多少水可以汇入阿雅尔淖尔。但如今，自上游成吉思汗山以下，河流延伸至艾里克湖的河床痕迹依然清晰可见。

10.6.3.8.2.1　达尔布特河
(Daerbute River)

木胡尔塔依河右岸支流，位于新疆维吾尔自治区托里县、克拉玛依市境内。流域南与**柳树沟河**流域接壤；西以加依尔山山脊为界与**乌尔雪勒特河**毗邻；东临加依尔山东坡冲洪积平原。河流全长157千米，山口以上集水面积727平方千米，多年平均年径流量0.17亿立方米。

河流发源于加依尔山东南麓，源流由马尔叶奥河、科克布拉克河、阿尔萨朗河、库斯塔依河和科迭巴依河5条支流汇集而成，汇合后始称达尔布特河。河流由此自西向东流11千米到达尔布特村，村庄附近左岸接纳较大支流喀拉阿吾孜苏河。此后河流蜿蜒于广阔干燥的丘陵地带，下行32千米后转向东北流，又流48千米后出山区转向东流，再行10千米后穿越白（杨河）克（拉玛依）干渠。在干渠东南约6千米处，河流分为两支汊流：右支为人为改道后的主河道，转向南流，经18千米流程至百口泉镇，仅洪水期少量余水可注入下游季节性无名小湖（此地历史上为玛纳斯湖老湖盆——艾兰诺尔湖）；左支为老河道，仅在洪水期有部分水量向东南与木胡尔塔依河下游汇合后流入**艾里克湖**。

流域夏季炎热，冬季寒冷，山区草场为半干旱荒漠草原，丘陵带几乎无植被，沙土疏松，河道水量渗漏严重，多以地下水补给湖泊。

10.6.3.9　小艾里克湖
(Xiaoailike Lake)

湖水来自**艾里克湖**，为咸水湖，其形状、特性与艾里克湖很相似。位于新疆维吾尔自治区克拉玛依市境内，东北距艾里克湖20千米，东距**玛纳斯湖**约9千米，因处艾里克湖下游、面积小而得名。地理位置为东经85°34′、北纬45°46′，古属玛纳斯湖群之艾兰诺尔湖的一部分。艾兰诺尔湖位于玛纳斯湖西南，在第四纪以前，曾和玛纳斯湖连为一体。第四纪初期及中期，玛纳斯湖区在伊赫克湖（现玛纳斯）与艾克湖—艾兰诺尔湖之间形成了相对高度为55～60米的隔梁。湖水主要由**玛纳斯河**和发源于准噶尔西部山地的达尔布特河及一些间歇性溪流注入。19世纪末外国考察者记载，当时艾兰诺尔湖经常为水充满，是一个大淡水湖。在湖泊东岸曾有一条长约7千米的霍尔河（"霍尔"蒙古语意为"咽喉"）将艾兰诺尔湖与伊赫克湖连通，后因玛纳斯河改道直入伊赫克湖，两湖的地表水力联系渐断。艾兰诺尔湖在1928年以前已干涸，地表有盐结晶。小艾里克湖位于其东部与伊赫克湖隔梁的西侧洼地内。

1960年调查，湖长7千米，宽0.6～1.6千米，枯水期湖面7.36平方千米，蓄水量0.284亿立方米。洪水期水面面积10.12平方千米，蓄水量0.54亿立方米。自**白杨河**上游修建水库和百口泉水源地开发以来，进入小艾里克湖的水量日益减少，湖面日渐缩小，1986年已完全干涸。2001年以后，随着艾里克湖湖水位的逐渐抬升，近10年，小艾里克湖湖面已恢复到1.51平方千米，溢水道和入湖口处的芦苇、杂草也日渐葱郁，湖周有稀疏旱芦苇及灌木，湖内有鱼。

10.6.3.10　达巴松诺尔湖
(Dabasongnuoer Lake)

又称大盐池、夏子盖盐池，位于新疆维吾尔自治区准噶尔盆地和布克赛尔蒙古自治县境内，地理位置为东经86°08′～86°23′，北纬45°43′～45°46′。

湖泊原为新玛纳斯湖的一部分，底部高于现在的**玛纳斯湖**底约6米。由于近代气候偏暖，玛纳斯湖水位下降，20世纪50年代已从玛纳斯湖分离出来，成为沼泽湖，湖面海拔263米，面积约150平方千米。60多年来，玛纳斯河流域水资源被大量开发，湖区水量补给明显减少。湖泊主要靠地下水补给，而农田回归的地下水中挟带着土壤中的大量盐碱，使其演变为盐湖。

达巴松诺尔湖是一个由石盐、无水芒硝、白钠镁矾组成的、以固相为主、固液共存的复合型化学沉积矿床，固相石盐储量9 422万吨，液体矿中氯化钠净储量835.17万吨，为大型芒硝、中型镁盐、小型钠盐矿床。

10.6.3.11 小盐池
(Xiaoyanchi Salt Lake)

盐沼泽，位于新疆维吾尔自治区准噶尔盆地布克赛尔县与玛纳斯县交界处，**玛纳斯湖**东南部，地理位置为东经86°10′，北纬45°20′。

小盐池地处准噶尔—北天山褶皱系中央拗陷内，海拔312米。远古时与玛纳斯湖连为一体，受地质构造运动和气候影响，从玛纳斯湖分离出来。20世纪50年代已演变为沼泽湖，面积约50平方千米，呈东西走向长条状。湖北侧为玛纳斯湖地下水补给，有大片的盐生灌木植被；南部为古尔班通古特沙漠。随着玛纳斯湖的日益萎缩，该湖已失去玛纳斯湖的水源补给，仅靠沙漠区暴雨形成的地下水补给，盐沼面积大为减少，现面积约20平方千米。湖盆内被现代冲积、风积和湖积粉砂黏土及含沙石盐所覆盖。

10.6.3.12 和布克河
(Hebuke River)

又名和布克赛尔河、和布根果勒。"和布克"为蒙古语，意为"有斑点的花鹿"。流域位于新疆维吾尔自治区塔城地区和布克赛尔蒙古自治县境内，北部与哈萨克斯坦及阿勒泰地区吉木乃县交界，西及西南部与塔城地区额敏县、托里县及克拉玛依市为邻，东南部为准噶尔盆地。加音塔拉水库坝址以上集水面积4 378平方千米，河长106千米，多年平均年径流量0.4亿立方米。

和布克河水系示意图

流域内分布有不同的地貌单元。北部为萨吾尔山，西北部为铁布克山，西部是齐吾尔喀叶尔山，南部为谢米斯赛山和阿尔格勒特山，和布克谷地横贯流域中部，分布于周边山麓并以和布克河干流为轴线的广阔区域内，由不对称的冲洪积平原组成。整个谷地西窄东宽，向东南开敞。

流域分两个气候区，一个为北部山地寒冷、凉爽气候区，包括和布克谷地在内，多年平均气温3.4摄氏度，历年最高34.7摄氏度，最低－33.4摄氏度，多年平均年降水量200毫米。另一个为平原荒漠性干旱气候区，包括和布克河下游的和什托洛盖、夏孜盖地区，多年平均气温6.3摄氏度，历年最高41.9摄氏度，最低－37.2摄氏度，多年平均年降水量95.0毫米。

和布克河是以季节性融雪水和地下水补给为主的河流，春汛特征明显，春季水量约占年径流量的45%，径流年际、年内变化相对平缓。支流洪水主要分融雪水洪水（春汛）、暴雨洪水；春汛（3—5月）洪水具有峰小、时长和量大的特点；7月、8月发生暴雨洪水频次最高；干流中下游为暴雨多发区，常常酿成洪水灾害。上游山区各支流水质良好；干流水化学成分单一，矿化度低；低山丘陵及荒漠平原区，河水矿化度有所增大。

流域内分布有众多水库，除干流上的加音塔拉水库外，其中支流有白仙萨拉的多兰莫登水库，布林河的布伦水库。此外，在萨吾尔山和干流之间的泉水溢出带，建有7座蓄泉水库，分别为乌图布拉格水库、巴嘎布拉格水库、马尔尕孜水库、黑杆子水库、大寨田水库、赛尔镇水库和巴音傲瓦水库。

加音塔拉水库是干流上一座以灌溉为主，兼顾防洪、城镇供水的中型水库，2005年10月建成，大坝为沥青混凝土心墙堆石坝，最大坝高28.6米，坝长260米，总库容1 850万立方米，灌溉面积约0.3万公顷。和布克河下游的和夏大渠总长34.3千米，设计引水流量3.6立方米每秒，灌溉面积0.37万公顷，灌区主要作物有棉花、玉米等。

流域内自然资源丰富，有煤、石灰石、膨润土等矿藏，乌兰英格—明雷矿区是中国第二大膨润土矿床。217国道经和什托洛盖镇，穿和布克河而过，使这里成为一处重要的交通枢纽。

和布克河上游称格尔本郭勒河，发源于齐吾尔喀叶尔山东坡，主要由在山区呈独立水系的柯克浩达河、苦木尔斯汗沟和巴音郭勒河（河长19千米）出山口以后汇集而成，汇集后始称格尔本郭勒河。格尔本郭勒河自西向东流经4千米，左岸汇入发源于铁布克山东南坡的塔克力千河后，干流又改称哈拉滚河。河流继续东流18千米，左岸又接纳了山区呈独立水系、出山口后呈散流状的克丁郭勒河，之后河流始称和布克河。续下行11千米，左岸又有乌图阔力河下游汊流铁布克苏河汇入干流。

克丁郭勒河又称淡木郭勒河，发源于萨吾尔山南坡和铁布克山东北坡，主源马群沟源头位于中哈边界萨吾尔山山脊处。河流自东北向西南流经10千米，在马群沟自然村流出山口。山口以下河流分为两支，东支汇入左邻的乌图阔力河下游河床。西支为主干流，向西、南流经4.8千米和6.7千米，在达尔汗加村（又称松树林村）附近，右岸分别接纳在山区呈独立水系的河流柯列津河（河长11千米）和巴嘎赛得尔沟后转向南流；下游右岸相继接纳在山区呈独立水系、发源于铁布克山东北坡的伊和赛得尔沟、大尔礼沟、莫托沟，并在阿吾孜希村（兵团一八四团农十四连驻地）附近转向东南流；之后，河流右岸又相继接纳了在山区呈独立水系、出山口后以潜流形式补给干流的季节性河流赛德别克沟、乔尔沟和玉苏干沟，经约18千米流程汇入和布克河哈拉滚段，河流全长43千米。

乌图阔力河由发源于萨吾尔山南坡的浩尔爱河和马群沟河东支在山口以下的铁布克乌散乡钦登村下游汇集而成。汇合口以下河流自西北向东南流，下行6.8千米，左岸接纳了在山区呈独立水系、出山口后即渗入地下、又在出山口以下约9

千米处出露成多个泉水汇集而成的姜布尔威河；又流约14千米，在铁布克乌散乡下游注入和布克河北岸湿地，分别以潜水形式补给和布克河。

和布克河继续东流，下游左岸为大片湿地，补给源主要为发源于北部萨吾尔山南麓、在山区呈独立水系的众多小支流。从西向东，分布大小河（沟）20多条，其中，较大的河流依次为波伦河（又称布茹勒河）、哈尔哈马尔沟、浩日格德克沟、阿尔恰特沟、吉木格尔沟、乌图乌拉生沟、布合图沟、特木尔土沟、乌力吉图沟、哈克苏乌兰萨拉沟、乌苏图乌兰萨拉、松树沟、库热萨拉沟、古尔翁沟、塞肯沟、东得哈尔盖吐沟、莫盖吐萨拉沟、礼合哈尔盖吐沟、乌斯特沟、喀尔勒克沟、曲尔默特沟和比勒特沟。

和布克河水系分布的主要特征是：地表水系时断时续，河（沟）数量多，但流程短、水量小。自然状态下，较大河（沟）河水可直接汇入和布克河干流，其余诸河（沟）多在山前倾斜平原地带渗入地下，于谷地中下部出露，形成东西长约100多千米的潜水溢出带或沼泽。出露的泉水汇成较大的溪流注入和布克河干流，其中左岸较大支流有：铁布克苏（铁布肯乌散）、纳伦和布克郭勒河、哈拉萨拉、白仙萨拉河和下游的布林河（又称布伦努尔河）等。其中，布林河在谢木那仁库勒乡附近出露并汇集的泉水河，先向东南流13千米，在阿尔克布拉克村附近始称布林河，并转西南流，下行22千米，在谢米斯赛山和阿尔格勒特山之间的山谷北侧，和布克河下游干流水库——加音塔拉水库（友谊水库）下游6千米处汇入和布克河。

白仙萨拉河汇入口以下的和布克河干流在谢米斯赛山和阿尔格勒特山之间北坡峡谷口汇入加音塔拉水库，下泄水量与布林河汇合后，转向南流，穿越两山之间宽谷流出和布克谷地。水库以下建有渠首，部分水量经和夏大渠引向夏孜盖灌区，余水经和什托洛盖镇转向东南，流向古尔班通古特沙漠，历史上曾注入**玛纳斯湖**。

北部的萨吾尔山山体高大，山势陡峭，主峰木斯岛山峰海拔为3 806米，雪线以上区域分布有各类冰川8条，冰川面积3.55平方千米。山区海拔2 500～3 800米的区域，气候温凉，高山草甸发育良好，在萨吾尔山有冷杉林与落叶松分布。山前洪、冲积平原为松散的第四纪沉积物，结构松散，颗粒较大，透水性强。沿和布克河的狭长地带，为黄土状物质组成的扇前细土平原和河流阶地，有三级阶地，但高差均不大。谷地中部区域水草丰美，为一望无际的天然草场。谢米斯赛山和阿尔格勒特山以南区域，为广阔的荒漠平原，沿河两岸土地肥沃，可垦面积大，为和什托洛盖、夏孜盖灌区。北起谢米斯台山口，南至玛纳斯湖盆，以和什托洛盖为顶端，向东南方向展开的为和布克河三角洲，紧邻古尔班通古特荒漠区。流域内的和布克赛尔蒙古自治县历史悠久，先秦时期是塞种人的游牧地，宋朝时属西辽汗国，元末属亦剌四部之一的土尔扈特部的游牧地，称霍博克萨里。1757年清政府平定准噶尔叛乱，属塔尔巴哈台大臣管辖，后又为清朝政府所赐东归土尔扈特部落定居地，是我国三大英雄史诗之一《江格尔》的故乡。1915年在和什托洛盖设县佐，1944年升格为和丰县，并从和什托洛盖迁往和布克赛尔。1955年改为和布克赛尔蒙古自治县。现辖2镇5乡，人口约6万人。

县城周边有多处历史古迹：光其根乌必勒砾石岩画群位于铁布肯乌散乡境内谢米斯台山北坡，长约10千米的各个山口前大小不等的裸石上，绘刻了众多家畜、野兽形象及反映游牧民族古代生活的场景，据考证年代为2 500年前。另外，流域内还有达吾尔萨拉山顶岩画、艾尔肯阿门岩画等。加林塔拉石室石棺古墓群位于县城东南22.5千米，共有6处300余座古墓，是研究草原古文化的重要依据。道尔本厄鲁特森木古城遗址位于县城东南5千米处，兴建于明崇祯十二至十六年（1639—1643年），曾一度为准噶尔汗国的政治活动中心。王爷府位于县城内，是一座高大壮观的俄式建筑，系民国16年（1927年）旧土尔扈特北部部落第七世亲王渥龙木加甫建造。风光奇特的松树沟（又称哈尔尕图）景区位于县城东北28千米处萨吾尔山内，这里夏季气候凉爽，植被茂盛，松林茂密苍翠，蓝天白云、流水草滩、百花争艳，构成了松树沟优美的自然风光。

五、乌伦古湖水系

Water System in Wulungu Lake Area

10.7 乌伦古湖
（Wulungu Lake）

又名布伦托海（"布伦托"突厥语意为"灌木丛生"），俗称大海子，《西域水道记》中称"噶勒扎尔巴什淖尔"，为**乌伦古河**尾闾。位于准噶尔盆地北部、福海县西北，地理位置为东经87°01′～87°34′，北纬47°01′～47°25′。

概　述

乌伦古湖是第四纪晚期形成的凹陷湖，形似直角三角形，直角两边为陡岸，斜边湖岸稍缓。湖面高程478.6米时，湖面面积753平方千米，实测最大水深12米，平均水深8米，湖水储量约60亿立方米。湖泊北端为一小湖，俗称小海子，小海子北端与**额尔齐斯河**间有一宽约2.2千米的地峡。湖泊东北角有一向东突出的连接小湖，连接段称骆驼脖子，当地人亦称小湖为骆驼脖子水域。骆驼脖子水域东北又有一独立小湖称死海。湖泊南端向南突出连接一个小湖，叫中海子，中海子经9千米的库依尔尕河与**吉力湖**连接。

乌伦古湖赖于多条河流及湖周地下水补给，以河水补给为主。地表水水源主要有：乌伦古河注入吉力湖的水量经中海子东侧的库依尔尕河入湖；额尔齐斯河水经小海子北端2.2千米的地峡入湖；湖泊西部，发源于萨吾尔山北麓（塔

乌伦古湖

斯特河流域以东）及东麓的诸河流水量入湖，自西向东较大的河流依次有喀尔交河、布尔克斯台河和乌特布拉克河等。

湖水位及湖面面积随进湖水量的大小而变化。1957年以前（近似天然状态），湖面高程484米（低于额尔齐斯河水面15米），水面面积864平方千米，福海水文站测得的乌伦古河平均年入湖水量为8.03亿立方米。1959年以后，乌伦古河中游大面积开垦，河水被大量引入灌区和蓄于水库，入湖水量

乌伦古湖水系示意图

大减。1968年入湖水量仅2亿立方米。1970年湖水位降至481.8米,相应湖面面积为838平方千米。1970年始在北端地峡处开挖渠道,引额尔齐斯河水入湖,但引水量很小,每年约0.4亿立方米。1980年湖水位为478.26米,湖面面积740平方千米,容积约58亿立方米。1993年,恰逢乌伦古河和额尔齐斯河都是丰水年,湖水位曾回升至1957年以前的水平。据分析,1959—1986年,乌伦古湖水位下降了5.4米,湖面面积缩小了110.5平方千米,湖水储水量减少了45.8亿立方米,使湖水矿化度从2.72克每升上升到3.51克每升。1987年后,平均矿化度有所下降。湖水一般于10月下旬开始结冰,11月中旬全面封冻,冰厚1米左右。翌年3月下旬开始解冻,冰冻期约130天。

纪　　实

乌伦古湖素以"戈壁大海"和鲜美的"福海鱼"而著称。湖中盛产五道黑、草鱼、鲤鱼、贝加尔雅罗鱼、河鲈、斜齿鳊、东方真鳊等鱼类。刘郁《西使记》云:"龙骨河(今乌伦古河)西注,潴为海,约千余里,曰乞则里八寺。多鱼,可食。有碾硙,亦以水激之。"在与额尔齐斯河连通之后,额尔齐斯河水系的鱼类如东方欧鳊、鲤、湖拟鲤、梭鲈、黏鲈、白斑狗鱼、江鳕等20余种天然野生冷水鱼类得以进入湖中。该湖平均年产鱼量约3 000吨,最多达年产4 500吨,占新疆鱼类总产量的1/3以上。全年最寒冷的"四九"天时段,是乌伦古湖冬捕最热闹的时候。20世纪70年代,在乌伦古湖一网曾打出83吨鱼。

国家AAA级景区福海黄金海岸位于乌伦古湖大海子(乌伦古湖的一部分)东北岸,距福海县城22千米。银色沙滩绵延十几千米,湖水清澈,空气中负离子浓度大,夏季湖中水温保持在20摄氏度左右。夏日,烟波浩渺、碧波荡漾的乌伦古湖一望无际,水天一色,令人神清气爽,沿岸近100米的天然浅水滩,成为理想的天然浴场。湖周生长有茂密的芦苇丛,宽30～100米。岸边多铃铛刺,6月开花时节,酷似铃铛的紫色花成片怒放,与宽阔湖面相衬,显得格外娇媚。

10.7.1　乌伦古河
（Wulungu River）

国际跨界河流,发源于阿尔泰山东段南坡,流经蒙古和中国境内新疆维吾尔自治区阿勒泰地区的青河县、富蕴县和福海县,归宿地为**乌伦古湖**。以青格里河为源头,河流自河源至湖口全长821千米,总流域面积37 882平方千米,其中我国境内部分27 572平方千米。乌伦古河元代称"兀泷古河","兀泷古",突厥语意为"明亮"。元代刘郁在其《西使记》中又称"龙骨河"。

概　　述

乌伦古河自第四纪以来,河流流向发生了显著变迁。第四纪初期,乌伦古河上游流经北塔山以北地区,在卡拉麦里山北麓流向西南,进入准噶尔盆地南部玛纳斯古湖盆,在卡拉麦里山西坡形成了一个广阔的古老三角洲。三角洲前缘有两个古老的谷地遗迹,最大的一个河谷为三个泉子谷地,谷地流水痕迹遍布,东西走向,上源指向东南方三角洲。第四纪中后期,由于新构造运动导致乌伦古湖区的下陷和准噶尔盆地东南部的掀斜作用,河流自河源南流188千米后改向西北流,注入乌伦古湖。

乌伦古河是一条冰雪融水补给型河流,径流年际变化较大,且年内分配不均匀,5—8月4个月的径流量占全年总径流量的77%。二台水文站位于河流出山口以下约16千米处,是河流水量控制站。测站以上为主产流区,集水面积18 375平方千米,多年平均年径流量10.55亿立方米。二台水文站以下区域降水稀少,河流水量蒸发、渗漏十分强烈。据二台水文站资料,多年平均气温0摄氏度,极端最高气温34.3摄氏度,极端最低气温-49.7摄氏度,多年平均年降水量157.6毫米,风大、无霜期短。

萨尔托海水库(位于乌伦古河干流上)建成于2002年,是以灌溉为主的小型水库,为混凝土溢流坝,坝高14.3米,总库容720万立方米。乌伦古河干流哈拉恰海水利枢纽的一期工程——峡口水库建成于2007年1月,是一座以灌溉为主,兼有发电、养殖和改善生态环境等综合利用的中型牧区水利工程。水库总库容4 700万立方米,主坝最大坝高36.3米,坝长111米。副坝最大坝高23.6米,坝长90米,水库建成后,可大规模开发乌伦古河南岸台地约6 670公顷荒地,建立牧区稳定的饲草料基地。目前已建成优质高产饲草料地1 330余公顷,实现扶贫搬迁和定居100户。黄泥滩水库是哈拉恰海水利枢纽的二期工程,库容为685万立方米。

1976年在乌伦古河北岸福海县境内顶山段建成的**福海水库**,是一座集引洪、灌溉、发电和水产养殖为一体的大型注入式平原水库,总库容达2.2亿立方米,控制灌溉面积1.87万余公顷。1990年在福海县喀拉玛盖乡萨尔塔勒村附近建成的哈拉霍英水库,位于乌伦古河东岸,是一座集引洪、灌溉和水产养殖为一体的中型平原注入式水库,2003年进行了除险加固,水库大坝长1 600米,最大坝高10.8米,总库容0.59亿立方米,控制灌溉面积5 330余公顷。位于干流下游的顶山水库和东方红水库均属兵团农十师一八二团。顶山水库大坝为均质土坝,坝长2 008米,最大坝高8.60米,库容6 000万立方米。1960年在乌伦古河上修建了顶山干渠和乌包大渠,设计引水流量分别为16立方米每秒和18立方米每秒,灌溉面积达4 700公顷。

纪　　实

乌伦古河由发源于青河县境内的主源青格里河和发源于蒙古国的**布尔根河**汇集而成,纵贯青河县,全长168千米。

大青河下游河道

青格里河俗称青河,发源于阿尔泰山脉东部西南坡中蒙边界海拔3 659米的达拉达坂。青格里河上游段又名大青格里河(俗称大青河),源区支流众多,泉水密布。河流自源头由东北向西南流30千米,右岸接纳了北来的阿尔沙特河后转向南流。又流72千米至位于青河县城西4千米的大青格里河水文站,其间两岸先后接纳了阿克布拉河、昆格依特河、他乌查干高勒河、也克卓勒河、库吉尔特河、必鲁吾特河、川带依河和卡夏河等较大支流,流经喀英德布拉克电站、拜兴水库及拜城村。再流11千米，与**小青格里河**汇合后始称青格里河。青格里河在下游21千米和35千米处，先后接纳了位于阿热勒托别乡境内、于右岸汇入的强罕河和位于阿尕什敖包乡境内、于左岸汇入的**查干郭勒河**。又流20千米，与来自东侧的布尔根河汇合为乌伦古河。

青格里河夏日的白桦林

乌伦古河地处浅山丘陵区，因左岸阿尔曼特山的隆起而折向西北流，穿过萨尔托海水库，流经44千米后到达青河县萨尔托海乡（俗称二台）。二台以下河流先向西北蜿蜒24千米进入富蕴县境内，又流50千米后到达富蕴县恰库尔图镇，在恰库尔图镇下游25千米的温都尔喀拉转向西南流，55千米后到达乌伦古河上的梯级拦河水库——峡口水库。水库以下河流又渐转向西北流，过富蕴县喀拉布勒根乡和杜热乡政府驻地，经47千米流程进入福海县境内。在富蕴与福海两县县界以西约50千米的顶山段，左右两岸分别建有干渠引水到顶山水库、东方红水库和福海水库。此后河流流经一八二团驻地，在喀拉玛盖乡附近转向北流，在下游约36千米处的东岸建有渠道引水至哈拉霍英水库。河流流经福海县齐干吉迭乡，又流35千米后在科克阿尕什乡政府驻地西侧又转向西北流，再流20千米后在福海县城南大转弯向南流去，约再流15千米注入**吉力湖**，此后经9千米长的库依尔尕河注入乌伦古湖。

乌伦古河中游河道

清代为了军事需要在新疆设置了许多军台，乌伦古河流域北塔山附近的鄂伦布拉克是清军由新疆进入科布多地区（现属蒙古国）的首站，称为"头台"，萨尔托海的台站则依次称为二台。二台曾是当年乌鲁木齐地区由东路进入阿勒泰地区所属各县的交通要道，自古以来为兵家必争的军事要地。1950年下半年，在王震将军的批示下，中国人民解放军在此修建了横跨乌伦古河的二台木质大桥，1969年改建成4孔钢筋混凝土大桥。二台附近乌伦古河两岸的杨柳格外繁茂，秋季树叶变黄，远望好似一片黄色的林海，"萨尔托海"哈萨克语意为"黄色林海"。现二台已成为青河县萨尔托海乡政府驻地。

1931年8月11日，流域内的青河县境内发生了8.1级地震，震中位于阿尔泰山前山带的喀拉森格尔山南坡冲积平原带（东距上游支流强坎河干流直线距离不足15千米），震中区破裂现象世所罕见，断裂发生的最大错位达14米，并形成一条沿阿尔泰山前缘向东南方延伸至二台、长达176千米的地震断裂带，其宏伟奇险之景观，令人叹为观止。

在乌伦古河两岸发现有以金、铁、铜、蛇纹岩、锡、锂、铬、宝石为主的十几种矿产，其中蛇纹岩储量达1.2亿吨，是加工石板材的天然优质原料。矿产资源的开发，成为流域上游青河县经济发展的重要支柱。

乌伦古河河畔的灌木丛

乌伦古河自二台峡谷出口以下至喀拉布勒根之间约150千米的河段，河流流经丘陵地带，两岸有沙丘分布。河谷大多宽阔，谷坡平缓，河床比较稳定，水面宽20～40米，河道平均比降为0.15‰。沿河宽广的河漫滩上，灌木草类丛生。其间也经过几段峡谷，尤以喀拉布勒根处最为显著，河谷束窄，两岸坡陡，河岸为变质岩陡坎。自喀拉布勒根以下至入湖口，河流流经的是地势平坦、一望无际的剥蚀平原，谷地开阔，河漫滩和阶地相当发育，有明显的三级阶地和宽约200～300米的河漫滩。河道曲折，河床宽阔，汊流、沙洲较多，沙洲上树木和草丛生长茂盛。吉力湖湖口处芦苇丛生，河面很宽，水流流速小，与湖水融成一片。

恰库尔图镇地处乌伦古河谷地带，南北两岸为丘陵戈壁台地，北岸陡峭，第四系覆盖层较薄；南岸较缓，第四系覆盖层较厚。216国道横穿河流而过。恰库尔图镇于2002年3月12日经自治区人民政府批准建镇，下辖两个行政村、两个社区，总人口2 054人。所辖中国最大的有蹄类野生动物保护区——卡拉麦里山自然保护区，总面积约1.7万平方千米，区内活动的鹅喉羚约1.6万只，盘羊约200只，蒙古野驴约6 000头。

鸣沙山位于乌伦古河北岸，东距恰库尔图镇约60千米，共由6座山组成，其中最大的一座长约500～600米，相对高度20～30米。当人们从鸣沙山顶部向下滑动时，随着黄沙的滚动，鸣沙山发出雄浑低沉的轰鸣。

福海县城至恰库尔图镇的乡村公路，将福海县、富蕴县在乌伦古河北岸沿线的乡镇、村庄连成一线。由于哈拉恰海水利一期工程——峡口南干渠等沿岸规划的水利工程的实施，加快了大规模开发建设乌伦古河两岸饲草饲料基地的步伐，使乌伦古河下游南北两岸牧民定居户数量大大增加，新建的一排排牧民新居、校舍、医院和文化室等鳞次栉比，当地人们正按照新农村建设要求，描绘着乌伦古河流域美好的明天。

《新唐书》记载："西域出大尾羊，尾房广，重十斤""新疆羊大如牛，尾大如盆"。这种羊1976年被自治区人民政府命名为"阿勒泰大尾羊"。其原产地和种羊繁育基地都在福海县种羊场（齐干吉迭乡）。阿勒泰大尾羊以其体格高大健壮、生长速度快、长膘能力强、肉质鲜嫩味美、无膻味而著称。

位于乌伦古河尾端的福海县素有"准噶尔明珠"的美称。清朝初期直属准噶尔汗国统治，清同治六年（1867年），属布伦托海办事大臣管辖。清光绪二十九年（1903年），清廷置布伦托海屯局。民国10年（1921年）升格为县。民国31年（1942年），布伦托海县改称福海县。现全县直辖五乡一镇。流域内有兵团农十师一八二团、一八三团、一八七团、一八八团、一九〇团等5个团场和自治区司法厅福海监狱、福海一农场、兵团云母二矿等单位。

10.7.1.1 小青格里河
(Xiaoqinggeli River)

乌伦古河主要支流之一，俗称小青河，又称基什克奈青格里河，位于新疆维吾尔自治区青河县境内。流域西与大青格里河流域接壤，东以阿尔泰山东南端山脊为界与蒙古国毗邻。河流全长108千米，流域面积1 297平方千米，多年平均年径流量2.4亿立方米。

概　　述

小青格里河流域最高峰位于流域最北侧的灭日特克达坂右侧中蒙边界线上的一座无名峰，海拔3 560米。自该峰起向东南，直到**查干郭勒河**的源头为止，在长达70千米、以阿尔泰山东南部山脊划界的中蒙边界线上，分布着数十座海拔3 000米以上的达坂和山峰。其中著名的有土尔根达坂、库母达苏达坂、穆勒斯廷达坂、苏乃克、开尔根敖包、阿斯嘎特哈尔乌拉、土来特达坂及纽楚古尼乌拉等山峰。边界线西南侧由东南向西北、在长约25千米又相对独立的三条山谷里，依次分布着三个高山湖泊，分别称为什巴尔库勒湖、沃尔塔库勒湖和协特克库勒湖，哈萨克语意分别为"花海子""中海子"和"边海子"，合称玉什库勒湖。"玉什"哈萨克语意为"三"，"库勒"哈萨克语意为"湖泊"，因此汉语俗称"三道海子"。三道海子海拔分别为2 650米、2 360米和2 200米，为现今保存较为完好的三个古冰碛湖，其主要特征为湖周湿地面积大，各湖泊周边尚有数十个大小不等的小湖泊呈花环状排列，多泉水溢出。湖泊水质为淡水，每年9月底至次年4月为冰封期。其中什巴尔库勒湖面积最大，由两个相对独立的湖泊呈"8"字形分布，水面面积分别约2.5平方千米和1.7平方千米，湿地面积达24平方千米以上，水深0.5～2.0米。沃尔塔库勒湖水面面积0.64平方千米，最深处2米。协特克库勒湖水面面积最小，仅0.05平方千米，周围湿地面积8平方千米以上，水深0.5～1.0米。

纪　　实

河流的源流都尔根河自什巴尔库勒湖流出，自东南向西北约8千米后，与自沃尔塔库勒湖流出的上游支流沃尔塔库勒奎干汇合，河流自此始称小青格里河。此后河流转向西流，在下游5.2千米处，右岸接纳支流协特克库勒河后转向西偏北流，途中接纳的较大支流为科克布拉克河和最奎特河，又流经14.5千米，于右岸接纳由北而来的小青格里河最大支流灭日特克河后转向西南流。支流灭日特克河发源于流域最北端的灭日特克达坂，河流自源头由北向南，沿途两岸泉水、溪流密布，为典型树枝状水系，较大的支流有占德勒克河和希勒布拉克河，河流全长33千米。

灭日特克河汇入口以下，河流流经杜尔根村和乔夏村，途中接纳的较大支流有克尔什河、诺艾特河、珠斯令河、巴勒哲河和伊拉斯特河，流程40千米后，穿越青河县城东侧，下游左岸汇入塔拉提河后，在距县城7千米处与右邻大青格里河汇合成青格里河。其中伊拉斯特河、塔拉提河均发源于中山带，上游泉水、溪流密布，流域面积分别为155平方千米和226平方千米。1979年在塔拉提河出山口处建成的塔拉提水库，大坝为均质土坝，坝高8米，总库容50万立方米，控制灌溉下游两岸830余公顷农田。

小青格里河源流区的三道海子周围为高寒草原，植被主要为耐寒的草本植物。每逢夏季，哈萨克族牧民赶着成千上万只牲畜涌入这山水相映、水草丰美、风光迷人的夏牧场。站在山顶极

三道海子

目望去，九曲十八弯的中海子像一条蜿蜒的巨龙，头顶边海子，尾连花海子，蓝天下澄清碧蓝的湖泊好似蓝宝石般晶莹剔透，成群的牛羊散布于河湖周围平缓宽阔的草原上，顶顶毡房似蘑菇般点缀其间，炊烟袅袅。三道海子周边现已发现大小石堆60多座，其中最大的一座巨石堆位于花海子，其周长约290米，高15米，呈锥体形，周围护陵河呈S形环绕，长达1.5千米。有专家认为，该石堆是蒙古第三代大汗贵由汗的墓。据元史记载，位于三道海子东北3.5千米处的卡曾达坂是元朝时的古栈道，一代天骄成吉思汗之孙贵由汗率兵经过此处时，死于三道海子附近并葬于此地。另一种说法认为巨石堆是3 000年前塞人首领"独目人"大王的陵墓，孰是孰非仍是未解之谜。巨石堆于2001年7月被国务院批准为全国重点文物保护单位。三道海子周边还发现了几十处刻着鹿及其他动物形状的碑状石刻，反映了古代牧人崇拜"神鹿"的宗教文化。这里曾是草原丝绸之路的重要枢纽。

距青河县城10千米的乔夏岩画，集中分布在一块大岩石上，岩画内容多为北山羊、鹿等动物交配图，表现了先民对生命和生殖的崇拜。乔夏岩画被阿勒泰行署命名为地区级文物保护单位。

10.7.1.2 查干郭勒河
(Chaganguole River)

乌伦古河左岸支流，也称查干河，"查干郭勒"蒙古语意为"白色的河"。位于新疆维吾尔自治区青河县东南部查干郭勒乡境内，河长98千米，流域面积1 954平方千米，多年平均年径流量约0.8亿立方米。

流域最高海拔3 517米。源流拉巴勒其克河（又称喀尔巴勒其格河）发源于阿尔泰山东部喀拉巴勒其克山西南坡、卡曾达坂附近，自北向南流，沿途两岸接纳了卓勒萨依沟、巴腊朔克萨依沟和门沙萨依沟等多条小支流。经22千米流程后左岸纳入冬布特河后折向西北流，在接纳较大支流库热克特河、布尔克特河和克协河后又折向南流，在右岸支流塔腊特

河汇入口下游1千米处注入查干郭勒水库。水库下游5千米河流流经查干郭勒乡政府驻地后，转向西南流入丘陵区，此段河流呈宽谷形。在查干郭勒水库以下20千米处的河上又建有拦河水库——克孜勒萨依水库。水库下游右岸汇入的泉水沟称库尔美勒特沟，此后河流又向西南流经约26千米，在阿尕什敖包乡政府驻地下游汇入乌伦古河。

查干郭勒水库（又名东风水库）建成于1981年，为拦河式小型水库，大坝均质土坝，坝高23米，总库容854万立方米，控制灌溉查干郭勒乡2 467公顷土地。克孜勒萨依水库建成于1985年，大坝为均质土坝，坝高17.5米，总库容1 189万立方米，灌溉下游农田2 000余公顷。

流域山区降水量较丰沛，植被良好，牧草生长茂盛，河流汛期（5—8月）径流量约占年径流量的80%。春汛明显，2006年4月底发生的洪水使水库蓄水超过历史最高水位，并造成查干郭勒河上2座桥、500余米公路、4座龙口和100余米渠道被毁。流域内夏季局地暴雨亦较频繁。山前丘陵区平均高程低，光热资源较丰富，降水量少，沿河两岸为草场或农田。

查干郭勒河谷自古以来就是亚洲草原通往欧洲草原的重要通道。著名的三道海子古墓群就位于查干郭勒河源头上游。河流源头卡曾达坂附近现存有宽约7～10米、用石头筑起的大道，据说是成吉思汗西征时开凿山体修筑。据元史载，成吉思汗曾沿此石道六次翻越阿尔泰山，从三道海子一路向西远征。遗留在查干郭勒乡水库周边、凿刻于基岩突出平面上的岩画，内容多为与游牧民族有关的盘羊、马等动物和狩猎等图案，雕刻形神兼备，风格独特，充分反映了这一地区的多元化文化遗产。

10.7.1.3　布尔根河
(Buergen River)

乌伦古河左岸支流，为国际河流，也称布尔根郭勒，元代刘郁在其《西使记》中称"昏木辇"。河流总长266千米，流域面积10 315平方千米。多年平均年径流量6亿立方米。

河流发源于蒙古国境内阿尔泰山脉的都新乌拉山和蒙赫海尔汗山，源流自北向南流，水系发育不对称，源流段各支流多来自右岸都新乌拉山东坡，河流多而短小，左岸仅有乌拉格琴果勒与呼吉尔特河汇合后汇入，其余也多为小支流。河流流经约160千米后折向西流，在蒙古国境内穿越面积约为500平方千米的布尔根洼地后，流经布尔根河谷进入我国新疆维吾尔自治区青河县境内。距边境12千米处，右岸有季节性支流萨尔布拉克河汇入，此后向西流经50余千米汇入乌伦古河。

流域主要产流区位于蒙古国境内第24号居民区以上的山区。径流散失在布尔根洼地，洪水期河流流量变化过程平缓，枯水期流量很小。河流泥沙多在布尔根洼地内沉积，加之下游段河道比降平缓，故进入我国境内的河段河流含沙量较小。布尔根河流域我国境内部分属寒温带大陆性气候区，光能资源丰富，热量少，无霜期短，冬季严寒漫长。河流两岸为丘陵地带，植被以灌木草地为主，河谷多生长杨、柳等树。

布尔根水库位于布尔根水文站上游13.5千米处，建成于1998年，大坝为均质土坝，坝高11.2米，库容204万立方米。塔克什肯口岸位于布尔根河畔，距边界线15千米，对面为蒙古国科布多省，为中蒙两国双边季节性开放口岸，口岸开放时间为每年4—12月。现已开通青河县至蒙古国布尔干县的国际旅客联运班车。

"布尔根"蒙古语意为"河狸"，布尔根河意为"河狸之河"。中国唯一的河狸自然保护区就位于布尔根河中国境内约60千米长的水域。河狸是世界上现存最古老、濒临灭绝的珍稀水陆两栖哺乳动物之一，有古脊椎动物"活化石"之称。目前世界上只在中国和蒙古、俄罗斯、巴基斯坦、加拿大等少数几个国家能找到它的踪迹，全世界的河狸总数仅1 200多只，而在乌伦古河流域就有500～700只。布尔根河流域内矿产资源十分丰富，我国境内已发现有金、铁、花岗岩等17种矿产，开发潜力巨大。

河狸自然保护区

10.7.1.4　福海水库
(Fuhai Reservoir)

乌伦古河下游一座以灌溉为主，兼有发电、水产养殖和城乡供水任务的综合性大（2）型注入式平原水库。位于新疆维吾尔自治区福海县喀拉玛盖乡境内，距福海县城67千米，地理位置为东经87°58′～88°01′，北纬46°41′～46°47′。

水库引水渠渠首位于喀拉玛盖乡境内，顶山脚下的乌伦古河北岸，渠道全长22千米，引水流量25立方米每秒。库盘为一天然封闭洼地，库底高程562米，封口鞍部高程574米，封口宽500米。东北部为陡崖环绕，西南部为台地包围。库内有1～2米的黏土层，是良好的天然防渗覆盖物。库岸主要由第三系砂岩组成，表层为第四系沙砾质沙土覆盖。水库主要建筑物有水库大坝和坝内放水涵洞，黏土心墙坝坝顶高程579米，最大坝高13.5米，坝长1 266米，总库容2.2亿立方米。水库放水渠渠首位于水库西北岸水管处附近，干渠全长68千米，最大放水流量25立方米每秒。

福海水库地处古尔班通古特沙漠北缘，处于中纬度西风带控制下的大陆性干旱气候区，多年平均气温3.4摄氏度，多年平均年降水量114毫米，年平均日照时数2 873小时。水库周围地区植被覆盖率约为25%。

福海水库戏水的游客

由于干旱少雨，建库前每到春秋两季枯水期，灌区用水十分紧张。水库于1974年10月开工建设，1979年建成。先后于1984年、1994年和2002年历经三次扩建和除险加固，水库蓄水成为全县生活和农牧业生产的救命水，改变了福海县农牧业靠天吃饭的历史，并新增灌溉面积 1.2 万公顷。除险加固后，水库灌溉总面积达 1.87 万公顷。

10.7.1.5　吉力湖
（Jili Lake）

又称考勒湖、巴嘎、小海子，北距新疆维吾尔自治区福海县城 14 千米，西北距**乌伦古湖** 9 千米，地理位置为东经 87°20′～87°32′，北纬 46°50′～46°59′。

吉力湖湖盆中部存在一个狭长的隆脊，将湖盆分为东西两个洼地。湖面高程 482.8 米时，湖长约 16.8 千米，平均宽 10.4 千米，湖面面积约 174 平方千米，实测最大水深 14.7 米，平均水深 9.9 米，湖水容量约 17.2 亿立方米，湖水矿化度 0.41 克每升，为淡水湖。

《西域水道记》将乌伦古湖和吉力湖描写为"大小相联，正如葫芦……乌伦古河入自巴嘎淖尔之东南，復似其蔓"。这说明清代乌伦古河入吉力湖的位置与现在不同。吉力湖水量主要来自**乌伦古河**，又从湖区的西北角通过长约 9 千米的库依尔尕河向西北流入乌伦古湖。

在距福海县城南 3 千米的乌伦古河上设有入湖水量控制站——福海水文站。1957 年以前，天然状态下平均年入湖水量 8.03 亿立方米，湖水位保持在 486 米上下，湖面面积约 198.7 平方千米。至 20 世纪 60 年代、70 年代，年入湖水量已分别下降为 4.77 亿立方米、2.72 亿立方米。1970 年，湖水水位为 483.77 米，湖面面积降至 179.6 平方千米。20 世纪 80 年代以来，湖水水位始终在低位徘徊。1996 年以后平均年入湖水量仅 2.2 亿立方米。随着乌伦古河上游地区灌溉面积及蓄水工程的增加，大量引水导致偏枯年份（1990 年）乌伦古河下游断流。2008 年乌伦古河断流天数长达 162 天，吉力湖及乌伦古湖水位明显下降。目前，当地政府已积极申报乌伦古湖生态恢复项目，不断加大湖区的环境保护力度，致力于保护湖区的原始生态功能。

吉力湖是新疆水产养殖业发展基地之一。湖内生长有浮游植物 75 种、浮游动物 10 多种、水生植物 6 种，底栖生物亦多，属于营养型湖泊。主要经济水产品有贝加尔雅罗鱼、河鲈、斜齿鳊、东方真鳊、圆腹雅罗鱼、银鲫、螯蟹等。年平均产量约 1 200 吨。冬季冰上捕鱼为当地一道古朴而新奇的风景。河湖口湿地有万亩芦苇荡，形成一道蜿蜒曲折的绿色长廊。乘船穿行其间，两侧美景尽收眼底，令人心旷神怡。千鸟岛是吉力湖中部的一个小岛，可谓鸟类天堂。海鸥、野鸭、白鹭群起群飞，场面壮观，珍贵的白天鹅、亭亭玉立的仙鹤更是这里的常客。位于福海县城西南 14 千米、吉力湖与乌伦古湖之间的地方渔场以及以野鱼特色风味为主的渔家美食，吸引了疆内外众多游客前来品尝。

吉力湖边茂盛的芦苇

吉力湖东北岸石英砂矿产丰富，二氧化硅含量在 93% 以上。矿脉为东西走向，长约 12 千米，宽 200 米，厚 13 米，探明储量约有 1 200 万立方米。石英砂晶体分布均匀，光泽度好，是玻璃、陶瓷制品的优质原料。湖北岸乌伦古河入湖口遗存着一片十分罕见、呈南北走向的雅丹地貌，绵延 10 余里，坡体呈斗圆形，环绕着小海子，依次排列着各具特色的九大峡谷。坡体垂直高度平均达 20 多米，由于长年的风蚀雨淋，形成了许多造型奇特的地貌景观，远远望去，就像一座漂浮在水面上的城堡，因此被当地人形象地称为"海上魔鬼城"，已成为我国重要的影视外景基地。

六、吐哈—巴伊盆地河湖

Rivers and Lakes in Tuha-Bayi Basin

10.8 吐哈—巴伊盆地河湖
(Rivers and Lakes in Tuha-Bayi Basin)

坐落于新疆维吾尔自治区东部的山间盆地，主要包括东天山山麓的吐鲁番地区及哈密地区的河湖水系，区域面积约22万平方千米，东北与蒙古国接壤，东南与甘肃省毗邻，地理位置为东经86°45′~96°22′，北纬41°30′~45°05′。

概 述

整个区域地处内陆腹地，属典型的大陆性干旱气候，地势中间高四周低，东天山支脉博格达山、巴里坤山、喀尔力克山自西向东横亘其中，形成山南、山北气候迥异的两部分。

天山以南由**艾丁湖**水系、**沙尔湖**水系组成，气候炎热，干燥少雨，多年平均气温10摄氏度，年降水量20毫米，年水面蒸发量3 000毫米，年无霜期240天左右，昼夜温差大，春夏两季干热风危害严重；天山以北为巴伊盆地水系区，夏季凉爽宜人，冬季冰优雪丰，多年平均气温2摄氏度，年降水量约140毫米，年水面蒸发量2 000毫米，年无霜期104天左右。流域中部山区发育有冰川531条，冰川面积319.87平方千米，冰川数量少，规模小，冰舌末端海拔较低。

艾丁湖水系 艾丁湖水系位于吐鲁番地区境内，北倚东天山支脉天格尔山、博格达山、西邻南天山支脉木孜鲁克山、哈尔乌拉山、哈毕尕恩乌拉山，南为库鲁克塔格山、帕尔冈塔格山，东接哈密盆地、南湖戈壁。流域最高点为博格达峰，海拔5 445米；最低点位于艾丁湖，海拔-155米。流域水资源匮乏，主要河湖有**阿拉沟**、**柴窝堡湖**、**盐湖**、**大河沿河**、**塔尔郎河**、**煤窑沟**、**黑沟**、**二塘沟**、**柯柯亚尔河**、艾丁湖、**乌尊布拉克湖**、**沙尔得兰布拉克湖**等。其中，河流均分布在区域西北部透水性极强的山前洪积扇平原，出山口后迅速潜入地下，成为地下水资源；柴窝堡湖、盐湖坐落于天山山间谷地，艾丁湖、乌尊布拉克湖、沙尔得兰布拉克湖位于吐鲁番盆地南部、库姆塔格沙漠西北缘。

沙尔湖水系 沙尔湖水系位于哈密市境内，北部为巴里坤山、喀尔力克山，南部为南湖戈壁，西邻艾丁湖水系，东与蒙古国、中国甘肃省接壤。区域地势由东北向西南倾斜，源自北部山区的河流挟带而来的物质组成宽广的山前洪积扇平原，地形平缓，地下水埋深一般在6米左右。区域内现有主要河湖有源自巴里坤山南麓的白杨沟（榆树沟）、柳树沟、头道沟、二道沟、三道沟、四道沟、五道沟、六道沟、七道沟、八道沟、大白杨沟、乃人沟、葫芦沟、小白杨沟、南山口河及源自喀尔力克山南麓的**石城子河**、**榆树沟**、庙尔沟河、**八木墩河**、安拉沟、科托沟、乌拉台沟、大天生圈河、小天生圈河、苏里苏河等。流域最低点为沙尔湖（疏勒诺尔），海拔81米，历史上这里曾是区域内诸多河流的归宿点，如今最大入湖河流石城子河下游已消失于地表，湖泊干涸。

巴伊盆地河湖水系 巴伊盆地河湖位于哈密地区巴里坤哈萨克自治县、伊吾县境内，东北以阿尔泰山支脉小哈甫提克山、大哈甫提克山、呼洪得雷山、苏海图山、呼乃山与蒙古国为界，南部为巴里坤山、喀尔力克山，西邻昌吉回族自治州将军戈壁。

区域内较大河湖有**巴里坤湖**、**柳条河**、**托勒库勒湖**、**伊吾河**、**淖毛湖**等。除此以外还有诸多小河，按河源可分为：发源于巴里坤山北麓的西黑沟、大黑沟、小黑沟、西沟、石人子沟、八墙沟、红山口河、炭窑沟、李家沟、奎苏沟、乌沟（又称五沟）、大马圈沟、小马圈沟、大葫芦沟、红沟和黑沟等诸河；发源于莫钦乌拉山南麓的炭窑沟、小红旗沟、大红旗沟、小熊沟、兰旗沟、大熊沟、楼房沟、板房沟、庙尔沟、小柳沟、大柳沟、八墙沟、大石门沟和小石门沟等诸河；发源于莫钦乌拉山北麓的头道沟、二道沟、三道沟、四道沟、头道白杨沟、二道白杨沟、三道白杨沟、四道白杨沟等诸河。

纪 实

吐哈—巴伊盆地河湖区地域广阔，物产丰饶，屯田史悠久。自东汉时期，就曾先后在伊吾卢（现哈密市）、车师前部的柳中（现鄯善县鲁克沁镇）和高昌壁（现吐鲁番市高昌故城）一些地区进行了屯田。清代，民族英雄林则徐于1845年赴天山南路勘田，经过吐鲁番地区，将4万公顷新垦土地交维吾尔族农民耕种，至哈密又将哈密郡王私垦地数千亩拨给当地农民耕种。

著名的**新疆坎儿井**绝大多数都分布在该区域内，养育着这片美丽的绿洲。坎儿井与万里长城、京杭大运河齐名并称为"中国古代三大工程"，是干旱区一种古老的地下工程，具有2 000多年的历史和相当高的人文价值，是宝贵的文化遗产。但是，近些年坎儿井数量和水量呈现出严重衰减的趋势，甚至有些坎儿井已垮塌、干涸。

吐哈—巴伊盆地河湖区矿产资源极为丰富，尤以石油、煤炭、天然气、铜、铁资源为主。20世纪90年代以来，流域内石油、煤炭大规模开采全面展开，建成了宝山铁矿，勘探开发了桑德乌兰铜矿和淖毛湖金矿。2007年，吐哈油田生产原油208万吨，天然气17.3亿立方米、液化气17万吨。

流域的旅游资源也极具优势，遍布的地貌景观有喀尔力克冰川、火焰山、哈密鸣沙山、巴里坤草原、库姆塔格沙漠、巴里坤湖、艾丁湖等。名胜古迹更是数不胜数，如高昌故城、交河故城、拉甫去克古城、苏公塔、哈密回王陵、盖斯墓、柏孜克里克千佛洞、胜金口千佛洞、垂吉尔塔格山岩画、阿斯塔纳古墓群、焉不拉克古墓群、天山庙等。

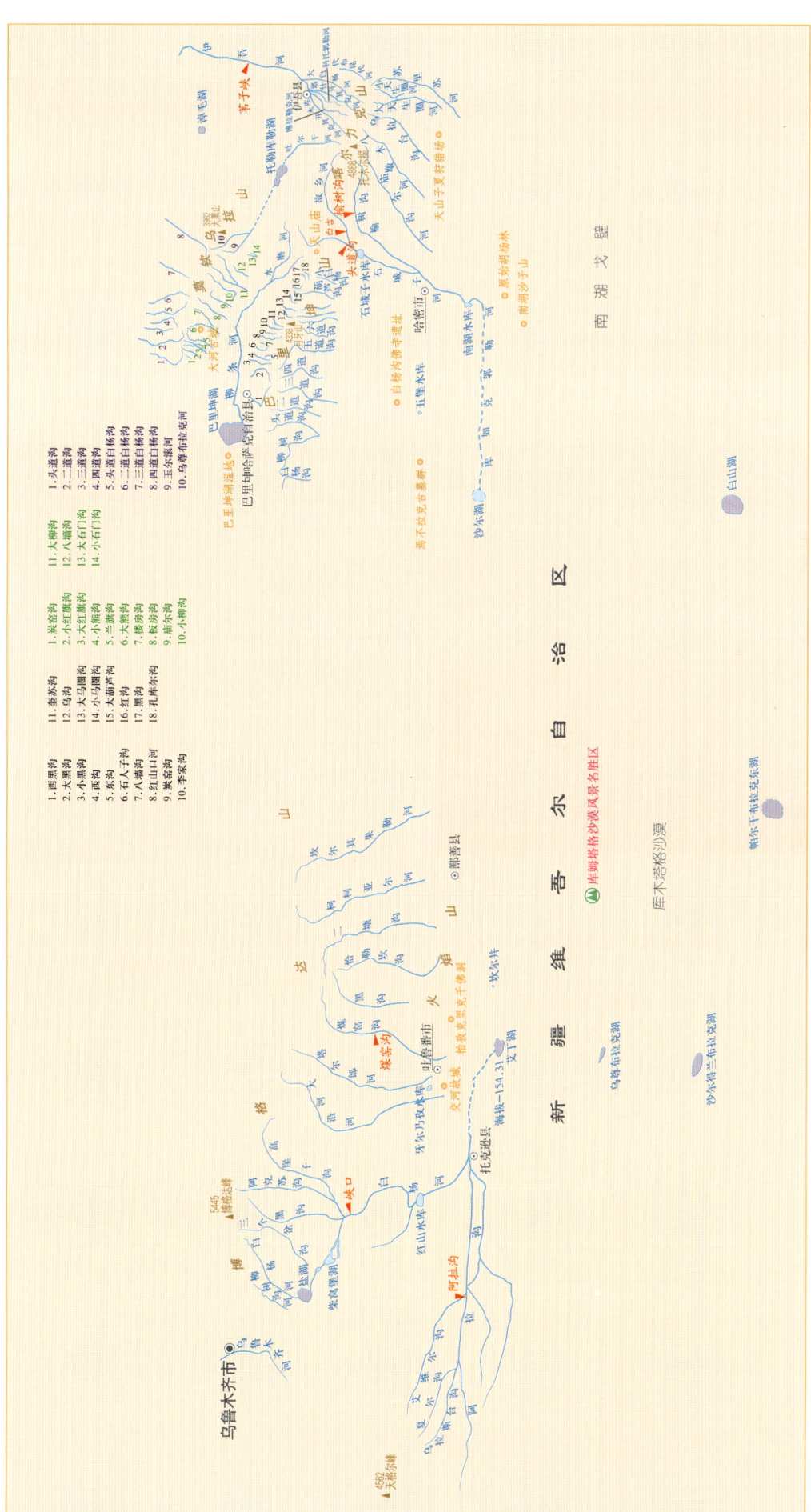

吐哈—巴伊盆地河湖水系图

10.8.1 艾丁湖

(Aiding Lake, Aydingkol Lake)

位于吐鲁番盆地最低处（海拔 -155 米），为仅次于约旦死海（-392 米）的世界大陆第二低地，湖区面积约 18 000 公顷。"艾丁"维吾尔语意为"月光"，因湖中结晶盐晶莹洁白得名，又因位于觉洛塔格山北麓，亦名觉洛浣。

概　述

艾丁湖由吐鲁番盆地中央一个大型盐湖及邻近的微咸到咸水沼泽组成，水源补给主要来自吐鲁番盆地北部、东北部博格达山南坡众多河流，较大的河流有**阿拉沟**、**白杨河**（乌鲁木齐市）、**大河沿河**、**塔尔郎河**、**煤窑沟**、**黑沟**、**二塘沟**、**柯柯亚尔河**等，河川径流总量约 9 亿立方米。多数河流出山口后，在冲洪积扇平原上部部分水量被引用，部分水量转化为地下水，又在下游出露，以平原泉水补给艾丁湖，或以地下水形式向盆地中心流动。湖泊获取的地表水量主要来自发源于天格尔山东南麓的阿拉沟（多年平均年径流量 1.275 亿立方米）及其支流白杨河经托克逊灌区引用后的灌溉余水。

艾丁湖

艾丁湖流域内海拔 1 500 米以上山区气候温凉，多年平均年降水量 100～400 毫米，流域坡陡，水流湍急，森林草场稀疏。盆地周边海拔 1 500 米以下低山、丘陵降水稀少，岩石经剥蚀成为松散沙丘，土壤风化严重。吐鲁番盆地中心地区光热资源十分丰富，年降水量不到 20 毫米，蒸发量大，多年平均气温 14 摄氏度，极端高温达 48 摄氏度，地表温度甚至可超过 80 摄氏度，为世界最酷热干燥的地区之一。

纪　实

艾丁湖是 2.49 亿年前喜马拉雅期造山运动的产物，面积曾经很大。据清代宣统元年（1909 年）绘制的吐番厅图，艾丁湖水面面积为 230 平方千米；1949 年，艾丁湖东西长约 40 千米，南北最宽约 8 千米，湖周极为广阔的盐光板地和盐沼泽连成一片，总面积约 152 平方千米；20 世纪 50 年代初，湖面面积约为 124 平方千米，湖深 0.4～0.9 米，湖水位年内变化较大；20 世纪 60 年代以后，各河流上相继修建了水库和渠道，地表水引用量已达到流域河川径流总量的 80%～90%，通常补给湖泊的只有经灌溉引用后的灌溉回归水；据 20 世纪 70 年代资料量算，水域面积仅 23 平方千米；1993 年新疆地理研究所估算已不足 10 平方千米；用 1999 年美国探空卫星拍摄到的艾丁湖照片解译，湖面又恢复到了 75 平方千米。湖泊水面的恢复变化与入湖河流径流的丰枯变化有着密切关系。20 世纪 90 年代中期以来，该区域普遍处于丰水期，使入湖水量大大增加。特别是 1996 年湖周的阿拉沟、大河沿河等 4 条河流发生特大洪水，大量洪水直泄艾丁湖，加之 1997—1999 年又连年丰水，多有余水继续补给湖泊，同时地下水补给量也有所增加；2003 年博格达山南坡的夏季暴雨也使艾丁湖水域面积有较大的恢复和增加。

艾丁湖由三部分组成，湖滨为湖积平原，宽 500～1 000 米，这一圈内含有大量盐类，由于蒸发强烈，形成坚硬的地表盐地；中间大部分是盐沼泽，下面是淤泥，有零星的红柳和芦苇生存；湖心是晶莹洁白的盐晶。湖周地下水带来的土壤盐分经过湖泊的强烈蒸发和浓缩，使湖水矿化度高达 210 克每升，阳离子以钠、钾为主，阴离子以氯为主，湖水总硬度 3 828 毫克每升，氯化物 21 324 毫克每升，含盐量 117 550 毫克每升（环保部门 2001 年实测）。

艾丁湖的盐资源包括卤水资源和固体盐类沉积资源，以固体盐类资源为主。卤水资源以晶间卤水为主，湖表卤水、淤泥卤水次之。盐湖水化学类型为硫酸盐型。湖表卤水一般分布在湖区西部河口附近。晶间卤水分别赋存在石盐层和芒硝层中，pH 值为 7.33，矿化度为 327.59 克每升。固体盐类沉积资源有石盐、芒硝和无水芒硝，以石盐为主。石盐分为表层盐和底层盐，表层盐是湖表水新结晶出来的新盐。在春夏多风季节，受强大的西北风影响，使湖表卤水沿着平坦的湖滩由西向东蔓延，甚至造成部分地段晶间卤水水位上升到湖面，待风停水退，冬季湖面上又形成一层白色的石盐壳，从而成为艾丁湖年复一年的新生石盐薄层。底层石盐分布在盐湖区的北部和西部，沿着湖岸延伸，矿体长 10～14 千米，石盐储量约 71 亿吨。芒硝分布在湖区的北岸，圈定面积 37 平方千米，储量约 1 141 万吨。1959 年建立的七泉湖化工厂，利用艾丁湖石盐、芒硝和无水芒硝资源，生产出大量精制盐、工业用盐、粉精

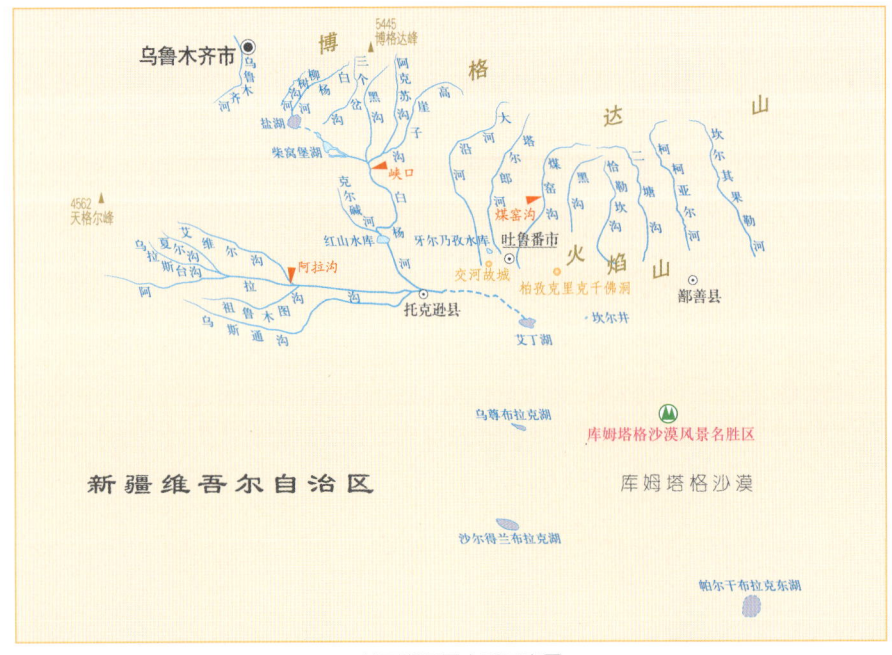

艾丁湖河区水系示意图

盐、加碘盐、原硝、元明粉、硫化碱等化工产品，源源不断销往国内外。

10.8.1.1 阿拉沟
(Alagou River)

干流下游称托克逊艾肯，河流流经新疆维吾尔自治区巴音郭楞蒙古自治州和静县、乌鲁木齐市和吐鲁番地区的托克逊县，尾闾为吐鲁番市境内的艾丁湖。阿拉山口以上河长108千米，河流全长约为229千米，集水面积约5 620平方千米。

阿拉沟中游南疆铁路大桥

阿拉沟引水枢纽建成于1998年，为钢筋混凝土结构，引水流量11立方米每秒，由阿拉沟干渠输水供给下游托克逊县伊拉湖乡、博斯坦乡灌区。县城以东的大草湖干渠年引水量达3 000万立方米，干渠下游建有大墩水库，设计库容550万立方米。

流域高山区共发育有69条冰川，冰川面积17.1平方千米。源流区有大量的冰雪融水补给河流。阿拉沟山口处多年平均年径流量1.794亿立方米。低山带植被稀少，夏季遭遇大暴雨时，易产生泥石流洪水。1996年，阿拉沟发生特大洪水（洪峰流量550立方米每秒），并与白杨河洪水遭遇涌入托克逊县城，通往南疆的314国道公路桥垮塌，交通中断，损失严重。

河流发源于天格尔山东南麓，河源直达天格尔山山脊处的冰川区。河流先由北向南流，流经右岸的奎先达坂、奎先气象站，下游21千米处右岸接纳东得萨拉河后转向东流，沿途接纳代代河、戈末河等支流后，流经52千米后，在左岸支流夏尔沟汇合口以下的阿克铁门（地名）进入托克逊县境内，又向东32.5千米，左岸汇入发源于乌鲁木齐市境内的大支流艾维尔沟后流出吐鲁番西缘的阿拉山口。山口处建有阿拉沟引水枢纽。下游河床宽阔呈漫滩状，右岸又有发源于中天山支脉阿勒古尔乌拉山东南麓的祖鲁木图沟（祖鲁木台恩郭勒河）、乌斯通沟（乌苏图恩郭勒河）相继汇入（现因出山口有灌区引水，仅汛期有水汇入阿拉沟），至托克逊县城西侧，左纳发源于乌鲁木齐市境内的**白杨河**。此后河流穿越托克逊县城，尾闾为托克逊县城东南约50千米处、位于吐鲁番市境内的**艾丁湖**。

阿拉沟上游支流夏尔沟发源于天格尔山山脊处的可克达坂南侧，与达坂城北侧的乌鲁木齐河毗邻，上游由遐尔沟和乌拉斯台沟两大支流汇集而成，河长44千米。艾维尔沟源头位于天格尔山山脊处的波尔莽罗达坂，河流由西北向东南流，河长70千米。

阿拉沟干流沿岸为重要交通要道，301省道及南疆铁路均沿干流溯流而上，至源区翻越奎先达坂。考古学者曾在天山深处的阿拉沟内挖掘出一批春秋战国时期墓葬。在一座公元前3世纪、战国晚期的大型墓冢内，发现了来自中原的菱纹罗、凤鸟纹刺绣、漆器，证明了古时新疆与中原的文化交流已经盛行。

河流出山口下游东38千米的托克逊县的伊拉湖乡，突厥语为"伊拉里克"，系"地平田阔"之意。清道光二十五年（1845年），年逾花甲的林则徐，冒风沙、顶烈日到此督办垦务，兴修水利，不到半年，垦地7 400公顷。在"伊拉里克"的满卡，林则徐对新开荒地以"人寿年丰"四字分号，汉、维垦区分段，各设正副户长一人，让移民承领耕种。如今，这里是托克逊县最富饶的农业区之一。当年林则徐兴办农田水利的遗迹迄今仍依稀可见。

河流流经的托克逊县城是全国唯一的海拔零点城。据《突厥语词典》，"托克逊"系突厥语，意为"九乘十"，即九十之意。据史料，托克逊县为西汉时期西域三十六国之一的车师前国地；南北朝时期为高昌国西镇城，是丝绸之路高昌到焉耆的必经之地；唐归西州天山县；清乾隆二十四年（1759年）为吐鲁番六城之一；1936年置托克逊县。托克逊县现辖三镇四乡，总人口102 150人，耕地22 660余公顷，平原绿化覆盖率为22.5％。这里农牧产品丰盛且颇具特色，盛产葡萄、红枣、哈密瓜、蔬菜、孜然、花生、白高粱等，并以其特有的小黑羊羊羔肉闻名。

阿拉沟

托克逊县位于吐鲁番盆地西部边缘，为极干旱的大陆性荒漠气候，年均气温13.8摄氏度，极端最高气温曾达48摄氏度，是我国降水最少的地方之一。1968年全年降水仅0.5毫米，多年平均年降水量8.0毫米，多年平均年降水日数8.3天，连续无降水日数最长达350天（1979年9月28日至1980年9月11日），为我国的"旱极"。干热的气候造就了这里独特的雅丹地貌。景区位于托克逊县城东南28千米处，其主体

雅丹地貌景区

是由土状沉积物在风力侵蚀搬运和流水作用下，由沉积于宽阔河谷内特殊的黄土丘造型组成的绵延伸展的众多"建筑群"，千姿百态，被誉为一座神奇的风蚀地貌自然博物馆。

10.8.1.1.1　白杨河（乌鲁木齐市）
（Baiyang River in Urumqi City）

阿拉沟左岸支流，古称白水河。白杨河村以上流域在新疆维吾尔自治区乌鲁木齐市达坂城区内，以下干流流经吐鲁番地区托克逊县，最终汇入阿拉沟，部分散流直接汇入**艾丁湖**，属艾丁湖水系。河长150千米，流域面积2994平方千米。

白杨河

白杨河发源于北侧东天山山脉博格达山南麓，源区著名的博格达峰海拔5 445米，山体高大，多奇峰峻岭。高山区降水丰富，据中科院兰州冰川冻土研究所实测资料推算，博格达峰区南坡4 100米以上的高山区年降水量为700~750毫米，冰川总储量43.26亿立方米。各支流径流主要以冰雪融水与降雨混合补给为主。山区产流量约2亿立方米。流域东南面为天格尔山余脉木孜鲁克山，山脊海拔在3 000米左右。中间为中新生代断陷盆地，即达坂城区柴窝堡—达坂城盆地，西面开阔呈半封闭状态。

河流上游支流较发育，自西向东依次排列的有柳树沟河、白杨沟河、三个岔沟、黑沟、阿克苏沟和**高崖子沟**。受达坂城盆地内水文地质条件影响，出山口后渗漏严重，在穿越达坂城盆地期间，又以泉水形式出露汇入**柴窝堡湖**及其东南约24千米处的小盐湖、**盐湖**和周边大片湿地。湿地溢出带水量与由北而来的黑沟、阿克苏沟和高崖子沟汇聚在达坂城区豁口——白杨河峡谷入口处，自此河流始称白杨河。峡口水文站以上集水面积2 423平方千米，多年平均年径流量1.335亿立方米。

白杨河干流自峡口起，向东南穿越在西侧为喀拉塔格山和恰克马克山、东侧为也台达坂塔格山、长约30千米的白杨河峡谷段（俗称后沟、白水涧），出峡谷后折向西流，改称达坂城苏，部分水量通过巴依柁海渠首和下游达坂城苏干渠引入红山水库，余水沿河道向西南流15千米，于右岸接纳了发源于恰克马克山南麓的克尔碱河后折向东南流，穿越红山沟，又流约38千米在托克逊县城西侧汇入阿拉沟。历史上白杨河流出白杨河峡谷后是向东南流，穿过恰克马克山东部豁口汇入艾丁湖。古河床两岸有三级阶地，沿古河床依然有大量河水渗漏，形成多股泉水，入大草湖和小草湖，其中最大的泉流为帕恰特布拉克。

白杨河峡谷段最宽处不过几百米，最窄处不足百米。窄窄的峡谷为南、北疆重要交通咽喉，兰新铁路、吐乌大高速公路、312国道均由此通过。追溯历史2 000年，这里还是古丝绸之路中线的必经之地。进入白杨河峡谷，白杨河河滩上间或生长着一片片灌木丛，越往南行绿色越少，峡谷西南岸的恰克玛克塔格山绝壁上，不时垂下一条条沙瀑，在炽热的太阳烘烤下，明晃晃地悬挂在半空；峡谷两岸更多的是绵亘不绝的危峰峭壁，怪石嶙峋，由此人们把峡谷西南侧的群山称为恰克玛克塔格山（柯尔克孜语，意为"电闪雷鸣"）。

白杨河峡谷又是南疆和北疆的天然分界线，攀谷北上即为水草丰美、绿意盎然的北疆；顺谷南下则为气候干旱、呈现荒山秃岭景观的南疆。南北两侧温度相差极限值可达30摄氏度以上。气温相差之大，致使白杨河峡谷成为"风口""风谷"，造就了上游的达坂城"百里风区"。唐代岑参的"一川碎石大如斗，随风满地石乱走"的名句就是对白杨河峡谷大风情景的生动描写。当地亦有"达坂城，老风口，大风小风天天有，小风刮歪树，大风飞石头""姑娘眼睛一线开，老汉肩膀一个矮，树都朝向一边歪"等谚语。

克尔碱河

白杨河下游支流克尔碱河出山口东岸的砂岩上，现存有雕刻岩画100多幅，其中有一岩画面积达28.05平方米，主要内容为人、鹿、狗、骆驼、羊以及狩猎、放牧等场面，还有猛虎追逐鹿于前，狩猎者搭弓射箭驰于后的图案。另一遗存即著名的克尔碱水系图：在一块面积42平方米的巨石崖上，以阴刻的手法，绘出了近38条河流、泉眼和水渠等，并且利用石头的自然角度，立体生动地再现了当地自然水系的分布情况。经专家考证，这些岩画均为公元前6—7世纪车师人的遗存。让人惊奇的是，这幅远古的水系图，居然与托克逊县的水流走向吻合，因此被誉为世界上最古老的水系图之一。

红山水库库盘为一天然洼地，无坝，南北长3.2千米，东西宽1.3千米，水面面积4.16平方千米，引白杨河冬闲水。总库容5 350万立方米。水库调节后，水量供下游托克逊县用水，控制灌溉农田8万公顷。

10.8.1.1.1.1　高崖子沟
（Gaoyazigou River）

白杨河（乌鲁木齐市）主要支流，位于新疆维吾尔自治区乌鲁木齐市达坂城区内，又名高崖子河。河流全长71千米，集水面积331平方千米，多年平均年径流量0.718亿立方米。

河流源头位于博格达山支脉恰克马克塔格山喀日尕依达坂和恰克马克达坂，河流自源头由东南向西北流，后又转向西流，左岸接纳的支流依次有大台子沟、三道沟、二道沟、头道沟等，右岸接纳的支流依次有大花儿沟、小花儿沟、东小水河、中小水河、西小水河、西叉沟等。其中，左岸各支流均发源于恰克马克塔格山北坡，右岸支流发源于博格达山南麓，西叉沟相对最大。

在西叉沟汇合口以下,河流折为西南流,约9千米流出山口,山口处有达坂城区高崖子牧场,河水通过高崖子引水枢纽被引用,余水进入山前戈壁,下游东岸支流小乾沟、小平槽沟仅在洪水期才有水汇入干流。河流出山口以下流经约25千米,穿过高崖子村、月牙湾村后与西邻的阿克苏沟汇合,又流至达坂城区八家户村下游白水镇附近,汇入白杨河干流。

高崖子引水枢纽位于河流出山口处,建于1977年,为底拦栅式引水渠首,进水闸设计引水流量8立方米每秒,最大泄洪能力360立方米每秒,控制灌溉面积1 700公顷。

10.8.1.2　柴窝堡湖
(Chaiwopu Lake)

内陆微咸水湖,位于新疆维吾尔自治区乌鲁木齐市达坂城区内,距乌鲁木齐市约45千米,地处柴窝堡—达坂城盆地内,湖心地理位置为东经87°54′05″、北纬43°30′12″。

湖泊形成于中新生代,水量主要由天格尔山北坡中低山带小河、博格达山南坡部分小河的地表径流、潜水补给,集水面积约1 700平方千米。入湖河流主要有发源于博格达山南麓的柳树沟、白杨沟河和三个岔沟。

白杨沟河又名白杨河、白杨树河,干流呈东北至西南流向,上游支流繁多,呈梳状水系,最大的支流苏拉夏河于达坂城区白杨沟村汇入干流。

三个岔沟又名三个山沟、三个山坝,源头位于三个岔达坂,河水由北向南流至达坂城区天山牧场牧业一队附近折为西南流向,沿程右岸支流庙尔沟、铜沟、杏树沟等汇入后流出山口。

柳树沟、白杨沟河和三个岔沟流出山口后,河流呈散流状,河水渗入山前砾质平原区,复以潜水形式补给柴窝堡湖,逢洪水季节有河水可直接注入柴窝堡湖。

柴窝堡湖

柴窝堡湖近似圆形,长6.7千米,最大宽5.6千米,水面面积约30平方千米,平均水深4.2米,最深处7米,储水量约1.26亿立方米。湖水pH值在8.8左右,矿化度为5 008毫克每升。平均年冰封期110天,冰层厚度可达55~60厘米,属冷水湖泊类。正常湖面高程1 094米,湖水位年变幅0.47~0.70米。湖区气候干燥,降水稀少。湖泊周边区域地下水水质优良,是乌鲁木齐市的重要饮用水水源地之一,年供水量4 000万立方米左右。湖内水产资源丰富,现有鲫鱼、鲤鱼、草鱼、鲢鱼、池沼公鱼、条鳅、日本红鲫、东方真鳊、小白条、餐条、虹鳟鱼、高白鲑等原产中、美、日、俄四国的13种鱼类,是西北五省首家引进号称"天山雪蟹"的中华绒螯蟹,并实现规模化生产的水域。

柴窝堡湖地处乌鲁木齐通往吐鲁番的天山宽谷之中,四面雪峰高耸,环境清幽,具有悠久的人文历史。在湖东岸和西南岸现存有距今6 000~10 000年的细石器遗址;在三个岔河西岸台地上,有战国、秦、汉时期塞人的石堆墓、石圈墓、石列232处;白沟河上游北侧山坳中,发现了战国至宋元时代的那比依岩画36处;还有山前平原近代开凿的坎儿井。考古专家们认为,柴窝堡湖畔是新疆最早有人类居住的地区和绿洲文明的发祥地之一,也是古丝绸之路上的重要驿站。湖区绿树成荫,湖边草原、田园、荒漠、湿地、沼泽与湛蓝的湖水构成一幅美丽图画。唐代诗人李白脍炙人口的诗句"明月出天山,苍茫云海间",所描述的就是当年在柴窝堡赏月时的壮丽景观。唐代诗人岑参也曾在此留下"北风卷地白草折,胡天八月即飞雪。忽如一夜春风来,千树万树梨花开。"的千古绝句。柴窝堡湖以其独特的魅力成为乌鲁木齐市旅游"新十景"之一。

湖区全年风天超过200天,其中6级以上大风100天,最大风速超过26米每秒。依托这种可再生又洁净的能源建成的达坂城风力发电厂,装机容量已达12.5万千瓦,年发电量1.82亿千瓦时,居全国首位。数百架银白色风机耸立在湖旁广袤的戈壁旷野上,或成列队,或成方阵,擎天而立,迎风飞旋,与蓝天白云相衬,在博格达峰清奇峻秀的背景下,形成了一个蔚为壮观的风车大世界。

10.8.1.3　盐湖
(Yanhu Salt Lake)

以湖水富含盐而得名,亦称达坂城东盐湖,古称"斯里克库里",维吾尔语意为"神秘之湖";为内陆咸水湖,距东南柴窝堡湖24千米,位于新疆维吾尔自治区乌鲁木齐市达坂城区境内,湖心地理位置为东经88°06′27″、北纬43°23′28″。

盐湖形成于1万年前,入湖水量主要来自湖周小河地表水、地下水补给,湖泊面积约37平方千米,水面高程1 070米。

盐湖毗邻兰新铁路线、312国道和吐乌大高等级公路,地理位置优越,自古以来就是古丝绸之路上的重要驿站。早在17世纪,就有附近居民在此采挖食盐,官方管理及开采至今已有100余年的历史。盐湖富含芒硝、石盐以及20多种微量矿物元素,已探明芒硝储量1.2亿吨,石盐1 200万吨。现每年开采原盐20万吨。由于盐湖水与约旦死海在矿物质种类、浓度、湖水密度等方面相比,都在同一级别上,因而被誉为"中国死海"。

走进盐湖,精美的盐花千姿百态,无际的盐海波光粼粼,水天相接,构成了盐湖独特的生态景观。利用湖水神奇的浮力,可尽享奇妙浪漫的盐浴漂浮。盐水所含的多种矿物元素对人体有明显的强身健体功效,湖底黑泥也是景区一大特色

盐湖

资源。盐湖以其神秘有趣的盐文化成为乌鲁木齐市"新十景"之一,为国家AAA级旅游区。

10.8.1.4 大河沿河
(Daheyan River)

属**艾丁湖**水系,位于新疆维吾尔自治区乌鲁木齐市与吐鲁番市交界处,上游部分河段为吐鲁番市与乌鲁木齐市界河。流域东、西分别与**塔尔郎河**和**高崖子沟**流域接壤,北以博格达山山脊为界与吉木萨尔县境内的**东大龙口河**和吾塘沟流域毗邻。河流山口以上河长68千米,集水面积787平方千米,多年平均年径流量1.035亿立方米。

河流发源于博格达山南麓,源区有零星冰川分布,最高点海拔4133米。河流由东、中、西三大支流汇集而成,呈扇形水系。东支喀勒克艾肯沟由喀康铁热克河和库如克铁热克河汇合后,自东北流向西南11千米,在三叉口附近与发源于山脊处恰克马克达坂和古城达坂的中支石窑子艾肯沟汇合,在汇合口下约7千米处,又与西支大千沟在大河沿村(属乌鲁木齐市达坂城区阿克苏乡)附近汇合,河流始称大河沿河。此后河流自北向南流约15千米出山口,山口以下17千米,河流从大河沿镇东侧穿兰新铁路大桥,流向东南戈壁。下游河流呈散流状,宽处达1~2千米,河水在山前冲洪积扇地带大量散失;余水沿古河床穿越位于大河沿镇南19千米的肯德克低山峡谷后,散失于荒漠中,尾闾为艾丁湖。

大河沿河是一个洪水频发的河流,1987年7月27日发生暴雨山洪,最大洪峰流量达470立方米每秒,下游受灾严重。在大河沿镇上游河道建有渠首和多处防洪堤坝。大河沿干渠(红星三渠)由兵团农十二师二二一团建于1958年,渠长47.4千米,设计引水量12立方米每秒,年引水5057万立方米,沿途为红柳园艺场及二二一团六连、预制场等单位提供水源后,途经二二一团团部驻地,穿越交河故城西侧的大旱沟峡谷,供艾丁湖乡及下游连队用水,灌溉面积1500公顷。

大河沿河渠首

大河沿镇是南北疆的重要交通枢纽,铁路在大河沿火车站分为南北两条铁路干线,西距乌鲁木齐西站163千米,南距喀什站1446千米(南疆线)。大河沿站与西侧白杨河峡谷之间的戈壁平原地带,是著名的"三十里风区",2007年因13级大风造成南疆铁路线上11节列车车厢脱轨、3人死亡的灾难,令人谈风色变。如今,当地政府决定把这一"魔鬼"风区变害为利,利用其巨大的风能资源进行风力发电,为"火洲"吐鲁番的旅游增添了一道"风车森林"景观。

流域内的兵团农十二师二二一团建于1956年,现有职工3400多人,勤劳的军垦战士几十年如一日,在素有"火洲""风库"之称的环境中艰苦创业,变戈壁荒原为良田,种植葡萄、棉花近千公顷,已发展成为一个拥有12个农业连队及果酒厂、煤矿、瓜果公司等多种经营的国有企业。

10.8.1.5 塔尔郎河
(Taerlang River)

位于新疆维吾尔自治区吐鲁番市境内,属**艾丁湖**水系,发源于博格达山南坡。流域东、西分别与**煤窑沟**和**大河沿河**流域接壤,北以博格达山山脊为界,与奇台县境内的达坂河和吉布库河流域毗邻。山口以上河长50千米,集水面积473平方千米,多年平均年径流量7728万立方米。

河流源头位于博格达山山脊附近的冰川地带,流域最高海拔4293米,源区有现代冰川15条,冰川面积5.68平方千米。河流自源头由东北向西南流28千米,途中右岸接纳较大支流阿勒吞鲁克河和琼喀拉郭勒河后转向南流,再流17千米出山口进入低山丘陵区。山口以下建有塔尔郎引水枢纽及塔尔郎干渠,干渠沿河岸向南延伸,11千米后与河流一起穿越兰新铁路。河流进入干旱的砾质平原区后,分散为多条支岔,水流渗入地下,潜行14千米后在312国道以南逐渐出露,汇集于距国道6千米处的牙尔乃孜沟(又名羊奶子沟)内,经牙尔乃孜水库,水量多被引用,水库泄放少量的弃水呈散流状散失于下游绿洲区。

塔尔郎河中游河道

塔尔郎引水枢纽始建于1965年,为底栏栅式引水枢纽,设有引水廊道、泄洪闸等,设计引水流量15立方米每秒,控制灌溉面积5800公顷。塔尔郎干渠向南延伸,沿途有红柳河园艺场支渠、桃儿沟渠等渠道分水,干渠总长24.9千米,水量多为亚尔乡和吐鲁番市区所用。

牙尔乃孜水库是一座小型拦河水库,西北距交河故城2千米,东距吐鲁番市区9千米。水库建于1983年,主要由大坝、溢洪道、放水涵洞、泄洪冲砂涵洞等建筑物组成,拦蓄牙尔乃孜沟来水,库容463万立方米,为下游艾丁湖乡、恰特喀勒乡供水,控制灌溉面积2000公顷。

历史上塔尔郎河下泄水量很大,洪水将牙尔乃孜沟冲成深30多米、宽约100米的河谷,留存下一个两端窄、中间宽(最宽处约300米)、长1650米的柳叶形大河心洲。汉朝时西域的车师前国国都——交河故城,就坐落在河心洲的土崖上,因"河水分流绕城下,故号交河"。唐代诗人李欣曾有"白日登山望烽火,黄昏饮马傍交河"的诗句。据《史记》记载,这里早期曾是土著居民"姑师人"聚居地。至今故城遗址内院落、街道清晰,佛塔、寺院规模宏大、壮观,是目前世界上保护很好的生土建筑城市之一,为全国重点文物保护单位。位于牙尔乃孜水库以南、地处下游的恰特喀勒乡,有傍古河床

车师前国国都——交河故城

而建的沙漠植物园,面积约20公顷,有旱生、沙生、盐生和少数湿生的植物103种,是吐鲁番著名的旅游景点之一。

10.8.1.6 煤窑沟
(Meiyaogou River)

又名喀尔于孜郭勒河,发源于博格达山南坡,位于新疆维吾尔自治区吐鲁番市境内,属**艾丁湖**水系,山口以上河长47千米,集水面积482平方千米,多年平均年径流量0.808亿立方米。

流域海拔最高4 379米,河流源头位于博格达山山脊附近的冰川区,发育有冰川28条,冰川面积10.69平方千米。河流主要由冰雪融水和夏季降雨补给,6—9月径流量占年来水量的80.4%。河流流经低山丘陵区时,河水渗漏严重,部分水量迅速转化为地下水。

河流源流称英亚依拉克郭勒河,自东向西流,沿程左岸接纳了8条源头位于阴坡山谷冰川的溪流,呈梳状水系。18千米后至希瓦克达坂附近,右岸先后接纳了提霍腊河和英牙依拉克河后折向南流,河流始称煤窑沟。以下两岸接纳的支流还有发源于喀拉塔格山(海拔3 938米)北侧的克里希苏河(左岸)和土鲁克苏河(右岸),流程16千米出山口。

山口处的煤窑沟拦河渠首建于1957年,为底拦栅式引水枢纽。通过位于河道右侧的总干渠,为沿途山口处的新城村、红山村、红星煤矿电厂等提供水源。穿越兰新铁路后,分成第一人民渠和第二人民渠两支:第二人民渠通过总长247米的第二人民渠渡槽跨越200米宽的煤窑沟河床,向东南延伸约22千米,沿途为胜金乡灌区供水后,余水汇入火焰山北麓脚下的木头沟;第一人民渠向南流经15千米的冲洪积平原区,进入火焰山西侧一条南北长约7千米、东西宽约2千米的峡谷——葡萄沟。葡萄沟下游,干渠又分为两支:一支将部分水量引入山口以东3千米处的葡萄沟水库;另一支引水入吐鲁番市。现下游河道基本干涸。历史上煤窑沟曾是艾丁湖水源之一。

葡萄沟水库建成于1976年,是一座注入式中型水库,距吐鲁番市区约7千米。水库总库容1 100万立方米,有效库容875万立方米。坝长960米,主坝最大坝高38米,控制葡萄沟街道、恰特卡勒乡、原种场灌溉面积5 900公顷。

下游伴河而坐的吐鲁番市是中国最干、最热、最低的地方,素有"火洲"之称,多年平均气温14摄氏度,多年平均年降水量仅15毫米,年均水面蒸发量达2 500毫米,夏季日最高气温高于40摄氏度的酷热日达30~40天。"吐鲁番"维吾尔语意为"富庶丰饶的地方",汉代称"姑师",姑师国分裂后为车师前王庭,后来又称高昌,唐设西州,历史悠久,是古丝绸之路上的重镇,也是东西方文化和宗教交织、融合之

地。葡萄沟是火洲的"桃花源",葡萄种植面积达220余公顷,沟内溪流环绕,葡萄遍布,藤蔓交织,曲径通幽。串串葡萄,举手可及。每逢9月葡萄节之际,沟里凉风习习,中外宾客络绎不绝,来此一品美味的葡萄,欣赏淳朴的维吾尔族歌舞。苏公塔又称额敏塔,位于吐鲁番市区东郊2千米的木纳村,是为了纪念维吾尔族领袖、清朝名将、吐鲁番郡王额敏和卓一

苏公塔

生所建功勋业绩,由其次子苏来曼于1777年为其父所建,至今已有200多年的历史。其造型新颖别致,是新疆境内现存最大的伊斯兰教古塔,为全国重点文物保护单位。

10.8.1.7 黑沟
(Heigou River)

又名阔什瓦克库勒河、汗霍腊塔尔河,位于新疆维吾尔自治区吐鲁番市境内,西侧与**煤窑沟**相邻,属**艾丁湖**水系。山口以上河长34千米,集水面积225平方千米,多年平均年径流量0.33亿立方米。

河流发源于博格达山南坡坚霍腊达坂,河源高程4 299米,源区冰川面积0.71平方千米。河流自源头由东北向西南流,右岸有多条溪流由北向南流汇入干流,构成典型的梳状水系,流经约18千米至黑沟村,途中右岸先后汇入发源于北部汗尼霍腊达坂(海拔4 114米)南侧的汗尼霍河、琼夏达比什河、琼夏达河后转向南流,又16千米流出山口。

黑沟出山口后,在山前倾斜平原呈散流状,流经七泉湖镇后渗入地下。河水主要通过始于山口、长约24千米的黑沟干渠引至下游吐鲁番市胜金乡灌区,年引水量2 260万立方米。灌溉余水汇入火焰山北麓脚下的木头沟。

黑沟河道

河流下游火焰山胜金口一带是著名的丝绸之路古道所经之地,山脚下的木头沟两岸山坡寸草不生,热气滚滚,其中火焰山更因《西游记》增添了一分神秘的色彩,闻名天下。古

代有不少诗文咏写火焰山,唐朝边塞诗人岑参有诗云:"火山突兀赤亭口,火山五月火云厚。火云满山凝未开,飞鸟千里不敢来。"明代陈诚笔下的火焰山云:"一片青烟一片红,炎炎气焰欲烧空,春光未半浑如夏,难道西方有祝融。"但木头沟河谷中却绿荫蔽日、溪涧潺潺。西岸悬崖上的柏孜克里克千佛洞,始凿于南北朝后期,经历了漫长岁月,已遭严重破坏,为全国重点文物保护单位。木头沟河下游穿越火焰山的胜金口峡谷,在峡谷东岸山坡上存有胜金口千佛洞。

柏孜克里克千佛洞

阿斯塔那古墓群

教后,逐渐被毁。2001 年 6 月被国务院公布为第五批全国重点文物保护单位。阿斯塔那古墓群南距高昌故城约 2 千米,古墓从西晋至十六国时期(约公元 3—5 世纪)始,延续至麴氏高昌国(500—640 年)和唐西州时期(640 年至 8 世纪),曾出土大量文物,因而被称为吐鲁番地区的地下博物馆,亦属全国重点文物保护单位。

10.8.1.8 二塘沟
(Ertanggou River)

发源于天山东段博格达山南坡,属新疆维吾尔自治区**艾丁湖**水系,上游为鄯善县与吐鲁番市界河。流域东、西分别与**黑沟**、**柯柯亚尔河**流域接壤,北以博格达山山脊为界,与奇台县境内的**开垦河**流域毗邻。山口以上河长 47 千米,集水面积 498 平方千米,多年平均年径流量 0.79 亿立方米。

二塘沟河源海拔最高 4 224 米,源头位于博格达山南坡冰川尾端,源区冰川面积 4.25 平方千米。干流自源头由西向东流 18 千米,沿途两岸先后接纳库乌克河、加干苏河及喀日阿依提河后转向南流,下游左岸接纳的较大支流有肯克萨依河、希克吉勒嘎河和科斯托郭勒河,流经琼塔什、托万买来自然村,在二塘煤矿村流出山口。

托万买来村以上山区(海拔 1 500 米以上)集水面积 344 平方千米,气候温凉,降水丰富,暴雨较频繁。流域坡度大,水流湍急,河床不稳定,洪水冲下的巨石随处可见。河谷内植被较好,两岸有零星的杨树和柳树生长。海拔 1 500 米以下,流域坡度明显减小,汇入的支流多为季节性干沟,河床第四系覆盖层渐厚,夏季有季节性洪沟水量汇入,边汇流边渗漏,是坎儿井分布区。

高昌故城

河流南出胜金口峡谷,末端为高昌故城遗址。高昌故城因曾为高昌回鹘王国的都城故名。故城奠基于公元前 1 世纪。《北史·西域传》记载:"昔汉武遣兵西讨,师旅顿敝,其中尤困者住焉。地势高敞,人庶昌盛,因名高昌"。13 世纪末(元初)因兵乱被毁。1961 年 3 月,被国务院首批公布为全国重点文物保护单位。台藏塔遗址位于三堡乡尤喀买里村,东南距高昌故城遗址 1.2 千米,为公元 6—7 世纪(麴氏高昌时期)著名的佛教遗址。14 世纪末,察合台汗国统治者改奉伊斯兰

河流出山口后干流上建有二塘引水枢纽,主要建筑物有双排引水廊道、进水闸、排沙闸,设计引水流量 12 立方米每秒。枢纽以下通过 23 千米的二塘干渠,穿越兰新铁路引至连木沁镇灌区,控制灌溉面积 6 010 公顷。连木沁灌区以下渠道分为两支,西支通过火焰山吐峪沟大峡谷,为吐峪沟乡供水;东支穿过火焰山峡谷——连木沁沟,途经鲁克沁一级、二级小型水电站后,经下游火焰山山口处的分水闸,供给鲁克沁镇灌区用水。灌溉余水及下渗的地下水汇集于鲁克沁镇南的塔什肯艾列克沟,流向西南的艾丁湖东侧湿地。

二塘沟下游河道流经连木沁沟,沟谷两岸山峰奇立,狰狞怪异,看似光秃,寸草不生,但其岩石纹理清晰,给人一种宁静、安然的感觉。沟底葡萄园、白杨树掩映着黄土泥墙的农家院落,绿色植物、黄色房舍与赤色的火焰山形成鲜明的对照。沟谷中有巨大的"飞来佛石"、斯尔克甫古墓葬和远古突厥人留下的石刻等。在沟内距沟口不远的斯尔克甫村北侧,火焰山光秃秃的山岩上立着七个酷似仙女的石柱,有立有坐,

台藏塔遗址

有喜有怒，形态各异，被人称为"七女峰"。

二塘沟河道

吐峪沟大峡谷北起鄯善县苏巴什村（苏贝希买里村），"苏贝希"维吾尔语意为"水源头"，"买里"意为"村庄"。山南吐峪沟、鲁克沁一带的水源基本来自这里。苏贝希买里虽是一小小村落，但却是丝绸之路的要塞，史书上记载这里为"地有小堡，为北境大道驿口，迤去北山口，沿谷涧南行十余里可达吐峪沟"。苏贝希买里地理位置十分重要，南部隔火焰山与茫茫的库姆塔格沙漠相连，北部是横亘的天山，仅中间狭窄一带有良土可耕，历史上这里是必控之地。此村向南至吐峪沟麻扎（阿迪）村，全长 8 千米，纵穿火焰山，峡谷两侧奇峰如屏，色彩斑斓，脚下山道弯弯，流水潺潺。火焰山的最高峰金峰虽然海拔只有 851 米，但行于吐峪沟峡谷之中，仰望几百米的高崖峭壁，依然壮观无比。峡谷左侧黄土台地上有座形成于战国之后不久的古墓葬，出土有石器、骨器、木器、陶器、毛织品等，大都是战国时期延续到汉唐时代的用品。吐峪沟千佛洞是新疆三大佛教石窟之一，始自两晋，盛于唐代，古称"丁谷寺"，是吐鲁番地区建窟较早、保存早期壁画较多的石窟。洞窟最早开凿于 5 世纪的南北朝时期，距今已有 1 500 多年的历史。部分洞窟内残留着佛教壁画，最有代表性的是小禅室和比丘禅观图的壁画，具有较高的历史、艺术和科研价值。2006 年 5 月，吐峪沟千佛洞被列为第六批全国重点文物保护单位，2007 年又被国家列入丝绸之路申遗名录。位于吐峪沟南侧的麻扎阿勒迪村的七圣人墓是中国境内屈指可数的伊斯兰教圣地之一，俗称中国的"小麦加"。2005 年，吐峪沟乡麻扎阿勒迪村（后合并为吐峪沟村）因其佛教和伊斯兰教的著名遗迹成为佛教、伊斯兰教两大文化的交汇中心，加之火焰山下的绿洲风光，被评为中国历史文化名村，村内仅 70 多户人家。村南侧便是海拔处在海平面上下的鲁克沁绿洲。

10.8.1.9　柯柯亚尔河
（Kekeyaer River）

新疆维吾尔自治区鄯善县境内水量最大的河流，发源于鄯善县城北、天山支脉博格达山南坡，属**艾丁湖**水系。山口以上河长 56 千米，集水面积 707 平方千米。山口断面多年平均年径流量 1.15 亿立方米。

流域山区海拔为 1 000～4 110 米，河源仅分布有 0.27 平方千米的冰川，高山区降水量较丰，可达 450～700 毫米，草场繁茂。受艾丁湖盆地干热气候影响，中低山带年降水量锐减，森林稀疏，多为低草。岩层除主要为侏罗、白垩纪时期形成的紫红色砂岩、灰绿砂岩、红色泥岩、绿色页岩外还有煤层分布，建有柯柯亚尔煤矿。

柯柯亚尔河主源为发源于博格达山北坡的卡尔乌尔河，河流呈西北自东南流向，沿途接纳左岸支流许鲁呼塔河后流经 13 千米，与大支流琼克什拉克河汇合后始称柯柯亚尔河。汇合口以下，经约 6 千米设有柯柯亚尔水文站，又下行 2.5 千米即入柯柯亚尔水库。在此，河流水量大多被引入下游灌区，有少量水库下泄洪水沿下游河道续南偏东流，经鄯善县城后转西南流，穿越火焰山东部余脉峡谷后又转向西流，与右邻的**二塘沟**下游河道汇合。历史上河水可入艾丁湖，现则散失于库姆塔格沙漠区，河流末端即为库姆塔格沙漠国家风景名胜区。

柯柯亚尔水库建成于 1985 年 7 月，是以灌溉和防洪为目的的拦河式中型水库。大坝为重力坝，坝高 41.5 米，坝长 135 米，总库容为 1 052 万立方米，控制灌溉面积 1 万公顷。水库下接柯柯亚尔引水渠，部分水量通过连木沁支渠供给鄯善县连木沁镇；部分水量经联合渠向坎尔其水渠调水，供给鄯善县城市用水和辟展乡、东巴扎回族乡灌溉用水，余水经下游河道入老东湖。

著名的柯柯亚古城东临柯柯亚河谷，北靠天山雪峰，西、南两侧为开阔的砾质平原荒漠区。城堡大约建于清同治十二年（1873 年）。古城所处位置地势险要，是当年阿古柏武装侵占鄯善后，用以控制柯柯亚东北山口，抵抗清军西进的重要关隘城堡，鄯善影视城就位于此。

鄯善县城南侧不远处的库姆塔格沙漠（沙山）国家风景名胜区，起伏的沙潮与紧邻的村落绿荫交映，向世人展示出干旱地区独特的自然景观和人文景观。

库姆塔格沙漠国家风景名胜区

今鄯善县境在汉初为姑师国地。唐设"蒲昌"县即今鄯善县。现维吾尔族人仍称鄯善县为"辟展""皮禅"，即"蒲昌"的音转。鄯善县属典型的温带大陆干旱气候，夏季炎热，冬季寒冷，昼夜温差大，日照充足，无霜期长，独特的气候条件使这里成为闻名世界的哈密瓜、无核白葡萄生产之乡。哈密瓜维吾尔语称"库洪"，已有 2 000 多年的栽培历史，自 17 世纪开始，哈密瓜被列为贡品。1228 年成书之《长春真人西游记》第一次提到此瓜，称赞"甘瓜如枕许，其香味盖中国未有也"。全县哈密瓜种植面积达 3 500 余公顷，其产量占全疆早中熟哈密瓜总产量的 80% 以上。

10.8.1.10　坎尔其果勒河
（Kanerqiguole River）

又名克尔其河、坎尔其河，位于新疆维吾尔自治区鄯善县境内。流域位于吐鲁番盆地的最东端，鄯善县城东北。发源于天山东部的博格达山南坡，以公木艾格孜为源计算，山口以上河长 63 千米，集水面积 542 平方千米。河川年径流量 2 892 万立方米。

流域海拔最高为 3 624 米，河流上游段由东西两大支流汇集而成，源区分别位于博格达山山脊处的厄协克达坂、阿克古勒达坂和博依勒克达坂附近。其中，西支台木哈达河沿途接纳了琼塔什河、布嘎阿格孜河、色斯克河和克其克他力克河等支流；东支公木艾格孜由阿克古力河、阿日胡力河和因其可苏河汇集而成。两河河长分别为西支21.5千米和东支26千米。自汇合口以下，河流向南流21千米，注入山口处的坎儿其水库。建库以前，河流除由铁路引水渠和坎儿其引水渠分别引部分水量至鄯善火车站和七克台镇外，余水排入南湖戈壁滩，河流在出山口不远处即呈散流状，大部分水量下渗补给地下水，成为广泛分布于下游七克台镇周边地区坎儿井的水源。2001年8月坎儿其水库竣工，水量大部分经水库调节引入灌区，河道下泄水量甚少。

坎儿其水库是以灌溉和防洪为主的拦河式中型水库，大坝为沥青混凝土心墙坝，最大坝高51.3米，坝长326米，总库容1 180万立方米，控制灌溉面积1 633公顷，保护下游人口3.2万人。

流域海拔2 500米以上的中高山区为草场牧区，零星分布着疏林；2 500米以下中低山区有时令性小支流汇入；河流至山前带，大量河水转为潜流补给地下水。流域内坎儿井历史可追溯到很早以前。1845—1877年，在林则徐的推动下，吐鲁番、鄯善、托克逊新挖坎儿井300多道。《鄯善乡土志》记载，"用坎水溉田创之者林则徐，兰坡黄氏继之，迄今坎井鳞次，利赖无穷焉"。流域下游七克台镇现有60多道坎儿井，据考证多数是林则徐来新疆后新开挖的。为了纪念林则徐推广坎儿井的功劳，当地群众把坎儿井称为林公井。受地表水资源开发等影响，目前流域内坎儿井涌水量锐减，部分坎儿井已干涸。

10.8.2　帕尔干布拉克东湖
(Paerganbulakedong Lake)

内陆咸水湖，位于新疆维吾尔自治区鄯善县境内库姆塔格荒漠区帕尔冈乔喀山东南部，地理位置东经90°40′、北纬41°24′。

第四纪末，罗布泊北部库鲁克塔格和克孜勒塔格隆起，形成多个独立小湖，帕尔干布拉克东湖为其中较大湖泊，湖泊长6千米，宽1.5～2.0千米，主要依赖于湖面降水及湖周地下水补给。湖区属大陆性干旱荒漠气候，蒸发量远大于降水量，多年平均年降水量约50毫米，年水面蒸发约1 700毫米。滨湖散布沼泽，湖周低山丘陵区呈荒漠景观。

10.8.3　沙尔得兰布拉克湖
(Shaerdelanbulake Lake)

位于新疆维吾尔自治区鄯善县西南部库鲁塔格沙漠南缘与帕尔冈塔格北缘间洼地内，地理坐标为东经90°05′、北纬41°58′，古时为湖泊，现为碱滩。

湖泊海拔约750米。周边干旱少雨，但断块山地裂隙水发育，夏季短历时暴雨补给了当地地下水，在湖盆区形成泉水补给。因古时气候湿润时期周边时令河带来大量水、盐入湖，湖泊面积曾达约70平方千米。在气候变暖期湖水大量蒸发，逐渐变为咸水湖。而今水源补给不断减少，又由咸水湖变为盐沼，再由盐沼演变为碱滩。湖区面积萎缩，留下的是一片盐漠。

10.8.4　乌尊布拉克湖
(Wuzunbulake Lake)

维吾尔语意为"泉湖"，又称乌尔喀什布拉克、西盐湖等，古为湖泊，现为盐沼湿地。位于新疆维吾尔自治区托克逊县和吐鲁番市境内南部低山丘陵区，地理坐标为东经88°35′～89°31′，北纬41°45′～42°05′。

湖泊由乌尔喀什布拉克（阿尔皮什布拉克）和乌尊布拉克湖两部分组成，湖盆北邻觉罗塔格山丘陵荒漠，南靠库鲁克塔格低山丘陵，东南部为帕尔冈塔格山。处于库米什山间凹地中西部，周围荒漠广布，是一个大型干盐湖。盐湖面积276平方千米（东段乌尊布拉克湖196平方千米，西段乌尔喀什布拉克80平方千米），湖盆海拔为700～750米。

湖区属暖温带大陆性荒漠干旱气候，多年平均气温8～9摄氏度，最高气温47摄氏度，最低气温−25.5摄氏度，年降水量仅20毫米，5—8月干热风盛行，最大风速可达30米每秒，日照时数3 300小时左右。湖周为剥蚀山地，海拔在1 000～1 500米，分布着野牛沟等20多条季节性洪沟。最大的时令河为西部的包尔图河（发源于和硕县境内），河流流经库米什镇，洪水期有部分余水泄入洼地，湖区低洼处有多处泉水形成。原湖岸已部分沙化，南岸有片状灌木分布。

湖泊属新生代构造断陷形成的硫酸钠亚型盐湖。以卤水资源和固体盐类沉积资源最为丰富，湖东部卤水中有硝酸钾盐沉积出现。固体盐类沉积资源有石盐、芒硝和硝酸钾盐，已探明石盐储量7.99亿吨，芒硝储量3 800万吨，硝酸钾盐储量4.99万吨。目前在湖区已建有多个盐场，主要开采上部粒状石岩层，年产约10万吨。其产品有原盐、精制盐、加碘盐、再生盐、洗涤盐等系列产品和硝酸钾等其他化工产品。

10.8.5　沙尔湖
(Shaer Lake)

又名疏纳诺尔湖，位于新疆维吾尔自治区哈密市西南、南湖戈壁腹地，北距兰新铁路了墩站55千米，西距鄯善县界65千米，东距哈密市南湖乡100千米，东北距五堡乡65千米。湖心地理坐标为东经92°10′、北纬42°40′，现为一干涸湖盆。

沙尔湖为哈密盆地的最低点，海拔最低53米，为新疆第二低地。因为地势低，历史上发源于北部巴里坤山、喀尔力克山南坡的所有大河最终都可流入沙尔湖。发源于巴里坤山南麓的主要河流自西向东排列有白杨沟（榆树沟乡）、柳树沟、头道沟、二道沟、三道沟、四道沟、五道沟、六道沟、七道沟、八道沟、大白杨沟、乃人沟、葫芦沟、小白杨沟和南山口河。发源于喀尔力克山南麓的河流有**石城子河**、庙尔沟河、**八木墩河**等。随着哈密盆地水资源的开发利用，大多数河流出山口后水量即被引用，或渗漏、蒸发、渗入地下。渗入地下的地下水向沙尔湖洼地运移，并时而在下游出露成泉水河。至近代，沙尔湖的地表径流主要来源于石城子河下游的库如克果勒河和三堡白杨沟河。库如克果勒河曾汇集石城子河、榆树沟河、庙尔沟河、八木墩河及南麓诸小河，在现南湖附近转向西，流入湖泊；三堡白杨沟河则流经三堡、四堡、五堡和"艾斯克夏尔"（维吾尔语意为"破旧的古城"），再向西流入沙尔湖。在20世纪50年代的1∶10万地形图上，清楚地标明了当时的湖面范围，经测算约2～3平方千米，并还向东南方向延伸出了一条宽约1千米、长约16千米的湿地廊道。那时的库如克果勒河和三堡白杨沟河也只是一条季节性河流。后来，由于修建了五堡水库和南湖水库，截断了湖泊赖以补给的汛期洪水，沙尔湖便彻底成了一个消亡的湖泊。至今湖东侧还有一个大深沟，此沟呈东西走向，深近10米，

西北诸河卷　　　　10.8.5　沙尔湖

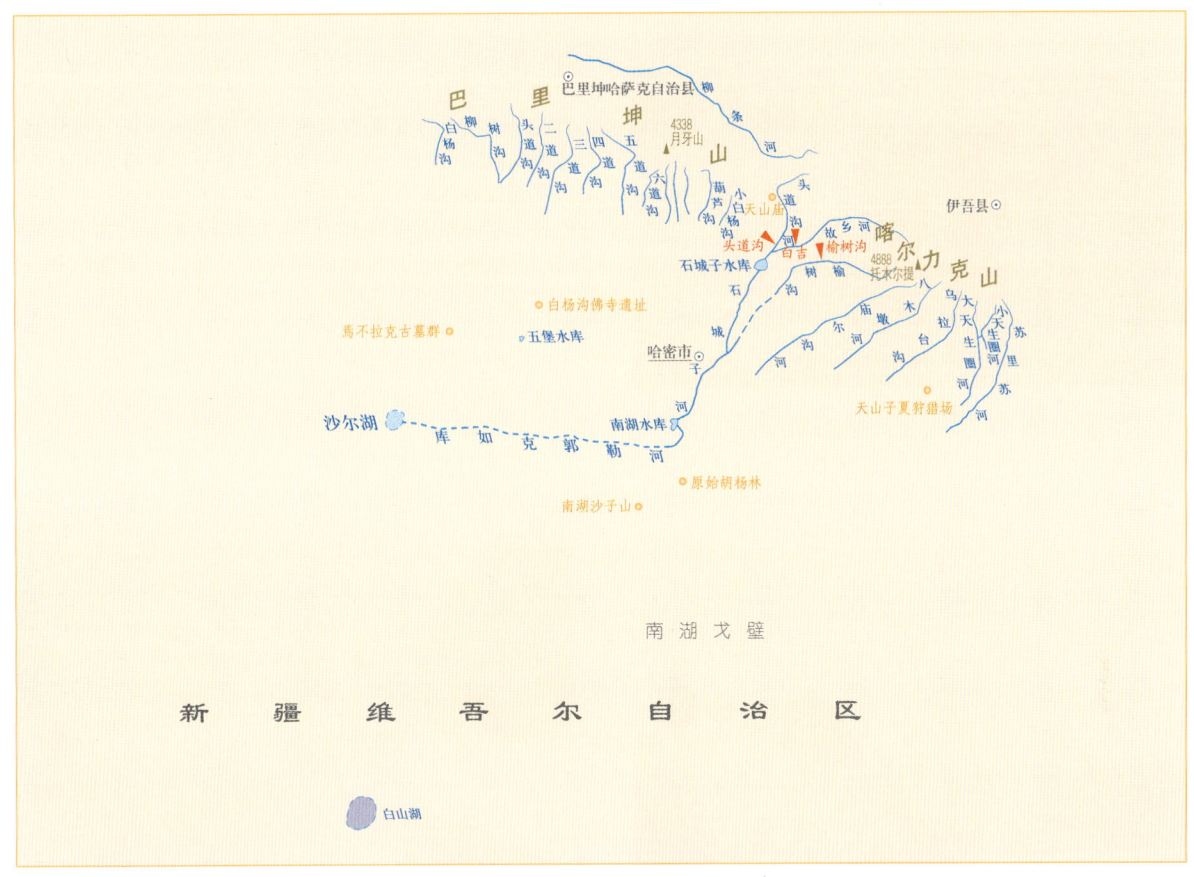

沙尔湖河区水系示意图

宽3～4米，为库如克果勒河末端遗迹。进入沟底，两边河水冲刷出的峭壁上，可清楚地看到各个时期的湖底演变情况，恰似一本书，记载了沙尔湖沧海桑田的历史演变过程。

大量的考古资料证明，流入沙尔湖的白杨沟曾经孕育了哈密的古代文明。西周的昆吾、西汉时的伊吾卢、东汉时的伊吾、唐代的纳职县都曾坐落在这条河流上的三堡地区。这里不仅牧业、农业发达，还是丝绸之路上的一颗璀璨明珠，往来的商贾、使者不断。据记载，当时的沙尔湖湖水荡漾，植物茂盛。考古工作者在五堡乡以西27千米的魔鬼城、被称之为"艾斯克霞尔"的地方发现了一处春秋至汉代和一处清代人类活动的遗址，说明到清代时白杨沟还从这里流过。

艾斯克霞尔古城堡

自西汉张骞出使西域，开通丝绸之路后，哈密是丝绸之路北新道的交通要冲，连通阳关和高昌，史称"五船道"。历史上称该地为"中华拱卫、西域襟喉"。当时哈密以东的丝绸之路路线与现在的兰新公路星（星峡）哈（密）段大致相同；

哈密以西的路线则有较大变化，它从三堡分道，一路向南经四堡、五堡、沙尔湖、鲁克沁至高昌；另一路向西北经今了墩站、十三间房站、鄯善至高昌。唐三藏法师西天取经，就是从五堡经沙尔湖至高昌的。而宋代的王延德、白勋出使高昌，已改走经十三间房至高昌的路，这与此时沙尔湖四周的环境可能已经恶化不无关系，以后这条路就被人遗忘了。据考证，古楼兰国衰败后，一部分人曾经越过库姆塔格大沙漠，沿白杨沟来到枣乡五堡生息。从五堡沿白杨沟古河床西行30千米，就进入了举世闻名的哈密雅丹地貌区。

哈密盆地从古生代至今，其地质构造经历了海盆—湖盆—陆盆的演变发展过程。几亿年前，这里曾是一片汪洋大海，在距今约2.85亿年前，海水开始退出吐哈盆地，约2.6亿～1.95亿年前，沙尔湖一带成为吐哈盆地中面积最大的深水湖。当时，由于喜马拉雅山尚未形成，受南部特提斯古海风的影响，这里的气候温暖而湿润，生物茂盛。在侏罗纪时期，随着湖水的缩小，哈密盆地西部和南部长满了茂密的森林。大约在距今1.5亿年前，由于地壳运动，高大的树木被泥沙河水淹没，一些树木变成了煤，而只有少数树木由于含矿物质的水渗入树干，久而久之就形成了质地坚硬的硅化木。

如今人们称这里为南湖戈壁，又名噶顺戈壁汉代称莫贺延碛，唐代称八百里瀚海。"噶顺戈壁"，蒙古语意为"艰难困苦的地方"。这里环境恶劣，风沙不止，没有绿色。经过亿万年的地质运动和风沙的吹拂，将松散的水平岩层剥蚀成千奇百怪、形状奇特的雅丹地貌景观，面积极为广阔，位居中国四大魔鬼城景区之首，为国家AAA级景区。区内地貌有的像城堡、殿堂、塔林，有的像蘑菇、金字塔、蒙古包，千奇百怪。现留存下来的艾斯克霞尔古城堡处在一片雅丹地貌的陡壁岩丘中，背依雅丹而建，远远望去，城堡和雅丹地貌融

177

南湖戈壁雅丹地貌景区

为一体无法区分。据推测，其城堡自青铜时代始至汉唐明清都在使用，至今仍是个谜。古堡内已清理出来的古墓群有113座之多，出土多具干尸等著名文物。夜幕降临时，如遇狂风，飞沙走石，在古堡里会听到古怪的嘶叫声，令人毛骨悚然、不寒而栗。

哈密魔鬼城

沙尔湖周边戈壁还是质地优良、形态各异的新疆大漠奇石的主要产地，石种有硅化木、风凌石、碧玉、火山岩泥石、玛瑙、海底石等，附近的沙尔湖红山以出产七彩、五彩的玛瑙质硅化木而著名，沙尔湖则被称为各种奇石的聚宝盆。

湖盆周边石油、天然气、煤炭资源和天然碱土资源十分丰富。沙尔湖西南约60千米、在与鄯善县交界之处附近的沙尔湖煤矿，煤田面积大，煤层厚，具有低硫、低磷、低灰粉等特征，可采总厚度达169米，极具开发价值。自20世纪90年代以来，这里已对石油、天然气和煤炭资源进行了大规模开采。

10.8.5.1 石城子河
(Shichengzi River)

发源于天山东段的喀尔力克山南坡，尾闾为**沙尔湖**，位于新疆维吾尔自治区哈密市境内，下游称库如克郭勒河，出山口以上集水面积822平方千米，河长51千米，多年平均年径流量8264万立方米。

流域北依天山东段的喀尔力克山，南接南湖戈壁，地势北高南低。海拔2000米以上的高山区，降水量200～400毫米，森林和山地草原发育；海拔2000～1000米的低山区降水量明显减少，山坡呈现荒漠草地景观；1000米以下区域主要为气候干燥、蒸发强烈的盆地或戈壁荒滩，下游哈密市多年平均气温10.0摄氏度，多年平均年降水量39.2毫米。

河流主要由头道沟河和故乡河汇集而成。头道沟河的源流为寒气沟，其上游由克其克奥恰克力河、潘哈达沟等支流汇集而成，之后由向南转为向西流，至寒气沟口，于右岸接纳了乃羌克尔沟、羌克尔沟和唐宫沟后再转向南流，4千米后在塔水村与音其克郭勒河汇合成头道沟河（也称塔水河）。河流又流20千米，经头道沟水文站至哈密市天山乡头道沟村，与左邻故乡河汇合。两河汇合口以下河段始称石城子河，河流自东北向西南流约10千米出山口。故乡河由发源于喀尔力克山南坡中山带的阔腊依郭勒河（又名二道沟）和发源于喀尔力克山主峰冰川区的板房沟河在天山乡驻地三道沟村汇合而成。其中，板房沟河源头发育有6条山谷冰川，河流自源头先由东南向西北流，流经拜其尔村，右岸接纳杨托河后转向西流，在板房沟村附近又转向西南流，后又流约17千米，在三道沟村与二道沟汇合成故乡河，又7千米后与头道沟河汇成石城子河。

石城子水库

石城子河

在石城子河峡谷段建有哈密地区最主要的控制性水利工程——石城子水库。石城子村依山傍水坐落于石城子河出山口处。河水主要通过山口附近的红星干渠被引向下游灌区。河流自出山口向南流20余千米，呈散流状进入哈密市区。在市区河流分岔为两支，即当地俗称的"东河坝"和"西河坝"。东河坝全长4.65千米；西河坝向南流7.5千米入花园水库。在花园水库下游约1千米处，东河坝、西河坝两汊流汇合。在汇合口下游10千米处，部分水量通过7千米的西干渠被引入南湖水库。河流续向南流13千米，途经多个小型塘坝，过南湖乡政府驻地后转向西流，改称库如克郭勒河。"库如克郭勒"维吾尔语意为"干河"，它穿行于南湖戈壁之中，河流呈散流状，河床宽阔平坦。历史上库如克郭勒河水量很大，流程约60千米，缓缓注入沙尔湖，现基本处于干涸状态。

流域历史悠久，自东汉时期便是屯垦戍边的重要军事要塞。东汉的伊吾屯田、隋朝的伊吾屯田、唐朝的伊州屯田、元朝的哈密力屯田均在此流域。流域内修建的水利工程较多，如石城子水库、花园水库、南湖水库、南湖一队水库及红星一渠、天山电站、哈密市城市防洪堤等。哈密市城市防洪堤担负着下游石城子灌区1.6万公顷农田及哈密市的防洪安全任务。

红星一渠由兵团农十三师修建，竣工于1952年8月。渠长32千米，输水能力7立方米每秒，灌溉面积6 700公顷。南湖水库于1961年竣工，属中型水库，均质土坝坝长3 636米，总库容2 200万立方米，控制灌溉面积1 600公顷。

寒气沟

头道沟河上游源流寒气沟流域为国家AAA级景区，古树参天，植物繁茂，山泉喷涌，有三条发源于冰川的河流从北而来，汹涌澎湃。即使盛夏炎热的季节，其河水依然寒气逼人，寒气沟故而得名。寒气沟河谷自西向东长约20千米，沟口以上海拔2 200～3 000米，山不高而峻峭，森林苍翠而恬静，人们在这里可饱览林海松涛、高山草甸风光，以及冰缘、冰川地貌等垂直景观。距塔水村6千米的河流左岸有一块独立的巨石，即焕彩沟汉碑，碑身呈四方体，三面刻有碑文，远视很像一口棺木，故民间又称棺材沟。清雍正七年（1729年），驻军巴里坤的宁远大将军岳钟琪翻越天山时，视其为不祥之兆，故以谐音改为"焕彩沟"。熊懋奖《西行记略》云："焕彩沟，旧名棺材沟，岳威信公（钟琪）改今名"。故乡河源流板房沟河上游山峦起伏，峰绕岭裹，沟谷开阔，美丽的杏花谷便坐落在这片河谷之中。因地处天山东段"逆温带"，这里生长的林果不易遭受虫害，数十万株杏树生机盎然，春季来临杏花一片粉红，秋末之际杏叶鲜红，层林尽染。

哈密市古称"昆莫"，曾为乌孙王昆莫游牧地，后演变为昆吾。汉时称伊吾或伊吾卢，为匈奴呼衍王南部牧地。唐代称哈密为"伊州"，辖伊吾（今哈密）、纳职（今四堡）、柔远（今沁城）三城。曾在哈密地区广为流传的古老的"伊州"乐曲，在千年的传唱中，不断汲取新的民间音乐成分而发展成为今日的哈密十二木卡姆。市区内的东河坝、西河坝曾是山洪暴发冲出的两道深沟，沟里涌出无数泉眼汇集成小河，周边农民为防洪水灾害在两岸填土筑坝，久而久之成今日之两条河道，形状如两片肺叶，对调节市内小气候作用明显，当地居民亲切地称之为"哈密的两肺"。东河坝、西河坝水量稳定，四季长流。历史上，西河坝水曾可南流至南湖戈壁西南的万亩沙尔湖胡杨林区。市内两岸遮天蔽日的"左公柳"等林木，覆盖率占市区面积的20%，形成了一个极为独特的城市森林公园。市内依赖东河坝、西河坝水源生存的"左公柳"是清代著名将领左宗棠命兵士所栽。

哈密回王府

哈密回王政权自1697年归顺清朝以来，前后9代回王统治天山东部大片土地共233年。市区南郊回城乡原为明清哈密王住地，与后建的老城、新城合称哈密三城。回城城墙及建于1905年的新麦德尔斯经文学堂，均为自治区级重点文物保护单位。坐落于回城乡的哈密回王府始建于1705年，是新疆当时规模宏伟、风格独特的宫廷建筑群。附近的回王陵是哈密九代回王的墓葬建筑群，上圆下方具有典型的伊斯兰风格。位于市区西郊的盖斯墓又称"圣人墓""绿拱拜"，墓内保存着唐代来华传播伊斯兰教的三贤之一盖斯的遗骨，1945年从星星峡迁葬于此，成为伊斯兰教信徒的重要圣地之一。在市区南20千米的花园乡境内一座土丘上残存着唐代佛塔，其主体部分仍保存得非常完整。据说，玄奘西天取经，在此讲经三天。佛塔左侧有一股泉水，历经千年而长流，被称为"圣泉"，由于佛塔与圣泉的神奇，佛塔也被称为福塔。

回王陵

如今的哈密，交通通信网络健全便利，国道312线、兰新铁路、亚欧通信光缆横贯东西，并以其丰富的石油、煤炭、铜等自然资源以及深厚的历史文化底蕴，成为新疆向内地开放的"东大门"。兵团农十三师师部驻地在哈密市，其前身是中国人民解放军六军十六师，现辖12个农牧团场、10个工交建商企业，总人口7.8万人，耕地面积25.5万余公顷，分布在哈密境内及与之相邻的吐鲁番盆地，是新疆东疆重要的粮、棉、油和肉、蛋、奶、鱼、果品、蔬菜生产基地。哈密瓜因瓜质甜美而闻名于世，畅销国内外。

库如克郭勒河南岸分布有几百公顷的野生红柳林和胡杨林，还有古代储藏哈密瓜设施的遗址。在南湖戈壁纵深处，有一段长30千米、宽约6千米、最深处达数百米的南湖大峡谷，自上而下呈阶梯状，峡谷两岸有序地排列着很多类似于城堡的建筑，墙面石块有纹路，相互错缝砌成，吻合严密，极像人工所为，给这里蒙上了一层神秘的面纱。

10.8.5.1.1 榆树沟
(Yushugou River)

位于新疆维吾尔自治区哈密市境内，曾为**石城子河**支流，现为独立水系，发源于喀尔力克山南坡，河流全长 96 千米，流域面积 646 平方千米，多年平均年径流量 5 016 万立方米。

流域内最高峰托木尔提峰海拔 4 888 米，冰川面积 21.8 平方千米。高山带高山草甸和云杉林相间分布。上游河段水流湍急，河道平均比降 38.2‰。河流主要源流艾力什拜希河及下游右岸支流查干诺尔河、艾格孜乌勒河与喀尔力克冰川区的山谷冰川相连。艾力什拜希河和查干诺尔河流程中还分别串有 2 个高山湖泊，其中，查干诺尔湖最大，面积约 0.3 平方千米。三条源流自源头均由东北向西南汇入干流，与下游同向，且均从右岸汇入干流的康吉勒格沟、克其克水亭沟、黑沟及阿腊达坂河，构成典型的梳状水系。河流自源头流程 28 千米，在天山乡榆树沟村汇合后，河流始称榆树沟。汇合口下游 13.5 千米流出山口，山口处建有榆树沟水库。水库水通过榆树沟渠被引入哈密灌区。水库下游河流呈散流状，灌溉余水沿河道下泄，在距山口约 30 千米的 312 国道以下散失殆尽。

榆树沟水库建于 2000 年，是一座灌溉与防洪相结合的中型水库。混凝土面板坝，坝长 310 米，最大坝高 67.5 米，总库容 1 170 万立方米，控制灌溉面积 1 万公顷，每年向哈密市工业供水 2 000 万立方米。

榆树沟渠始建于清雍正十二年（1734 年），清同治十三年（1874 年）左宗棠令张曜率嵩武军驻哈密屯垦，重疏榆树沟渠，为哈密农业发展奠定了基础。榆树沟渠现长 20.5 千米，输水能力 4.5 立方米每秒。

10.8.5.1.2 石城子水库
(Shichengzi Reservoir)

位于新疆维吾尔自治区哈密市境内、头道沟和故乡河汇合口下游，为**石城子河**上的山区拦河水库，距哈密市区东北 38 千米。

水库建于 1975 年 12 月，1978 年 12 月 16 日下闸蓄水，总库容 2 060 万立方米，水面面积 5.7 平方千米，坝型为浆砌石双曲重力拱坝，坝长 71.9 米，坝高 78 米，坝址以上集水面积为 857 平方千米，是哈密地区工程规模较大的一项水利工程，水库具有灌溉、防洪、水产养殖、发电等综合功能。库区周边为石质山地，气候偏干，多年平均年降水量约 80 毫米。

水库承担石城子灌区（哈密市 5 个农业乡，兵团农十三师 3 个国有农场）的供水任务，灌区总灌溉面积约 1.6 万公顷。石城子水库建成投入运行后，拦蓄了季节性洪水及冬闲水，有效缓解了石城子灌区春、秋和冬灌的用水矛盾。

由于水库的蓄洪削峰作用，大大减轻了洪水对兰新铁路、312 国道和下游居民的生命财产威胁。

10.8.5.2 八木墩河
(Bamudun River)

因河流下游有个八木墩乡而得名，又称克尔其马克沟；古为库如克郭勒河支流，现为独立水系，位于新疆维吾尔自治区哈密市境内、天山东段喀尔力克山东端南坡，山口以上河长 35 千米，集水面积 232 平方千米，多年平均年径流量 2 570 万立方米。

流域呈狭长状，源流托库孜阿腊勒河源头位于喀尔力克山山脊处的冰川区域，海拔最高 4 662 米。河流自东北向西南流 23 千米后，右岸接纳较大支流提宰克古勒河后，又流 12 千米出山口。山口以下河水大部分经长约 30 千米的红星四渠被引入下游兵团农十三师红星四场及大泉湾乡灌区。河道向西南延伸约 5 千米，余水呈散流状散失于山前平原区。20 世纪 50 年代以前，在丰水年份汛期，河流水量可汇入位于红星四场西南 40 多千米的库如克郭勒河。

流域 4 000 米以上为冰川区，2 900 米以上阴坡发育着高山草甸，与森林形成复合分布，阳坡山地则为高寒草原。海拔 2 900 米以下为山地草原；流域年降水量分布在 120～350 毫米。河流主要以冰雪融水和降雨混合补给为主。

流域内的兵团农十三师红星四场建于 1959 年，辖 16 个建制单位，总人口 3 800 多人。八木墩干渠系兵团农十三师于 1959 年修建，渠道总长 28 千米，设计引水流量 4 立方米每秒，灌溉红星四场良田 2 000 公顷。

10.8.5.3 白山湖
(Baishan Lake)

位于新疆维吾尔自治区哈密市西南角，塔里木地台塔东坳陷内，19 世纪 50 年代为沼泽，现已成为干盐湖。地理位置为东经 92°09′、北纬 41°23′。

湖泊气候极端干旱，风沙掩埋了昔日的灌丛，已看不到流水痕迹。滨湖为第三系砂质黏土和石膏盐粉细砂层，湖盆内为第四系冲积、风积、湖积细粉砂、粉砂黏土及含泥砂石盐。湖区长 5.5 千米，宽 1.5～2.0 千米，面积约 10 平方千米，属现代风蚀丘间洼地形成的干盐湖。盐类矿床主要为石盐。

10.8.6 巴里坤湖
(Balikun Lake)

古称蒲类泽、蒲类海、婆悉海，元代称巴尔库勒淖尔，清代后期始称巴里坤湖，民间俗称西海子，位于新疆维吾尔自治区巴里坤哈萨克自治县西北 18 千米处，地理位置为东经 92°43′～92°51′，北纬 43°36′～43°43′，属巴里坤山间盆地内陆闭口咸水湖。

巴里坤湖

湖泊位于巴里坤山和莫钦乌拉山之间的地堑构造带洼地，是发源于巴里坤山北坡及莫钦乌拉山南坡诸多河流的尾闾。湖泊东部水源丰富，其中最大入湖源流为**柳条河**，西部的洪积扇平原则呈荒漠草地景观。湖泊东西宽 10 千米，南北长 14 千米，湖面海拔 1 585 米。据史料记载，古代巴里坤湖东部湖面延伸至现在的石人子乡高家湖村附近，现已西移 30 余千米，东部露出大面积的盐生草甸。由此推算，古代巴里坤湖水面面积近 1 000 平方千米。清代徐松所著《西域水道记》记述的巴里坤湖有 4 条源流流入，东南源为招摩多河，东源为三道

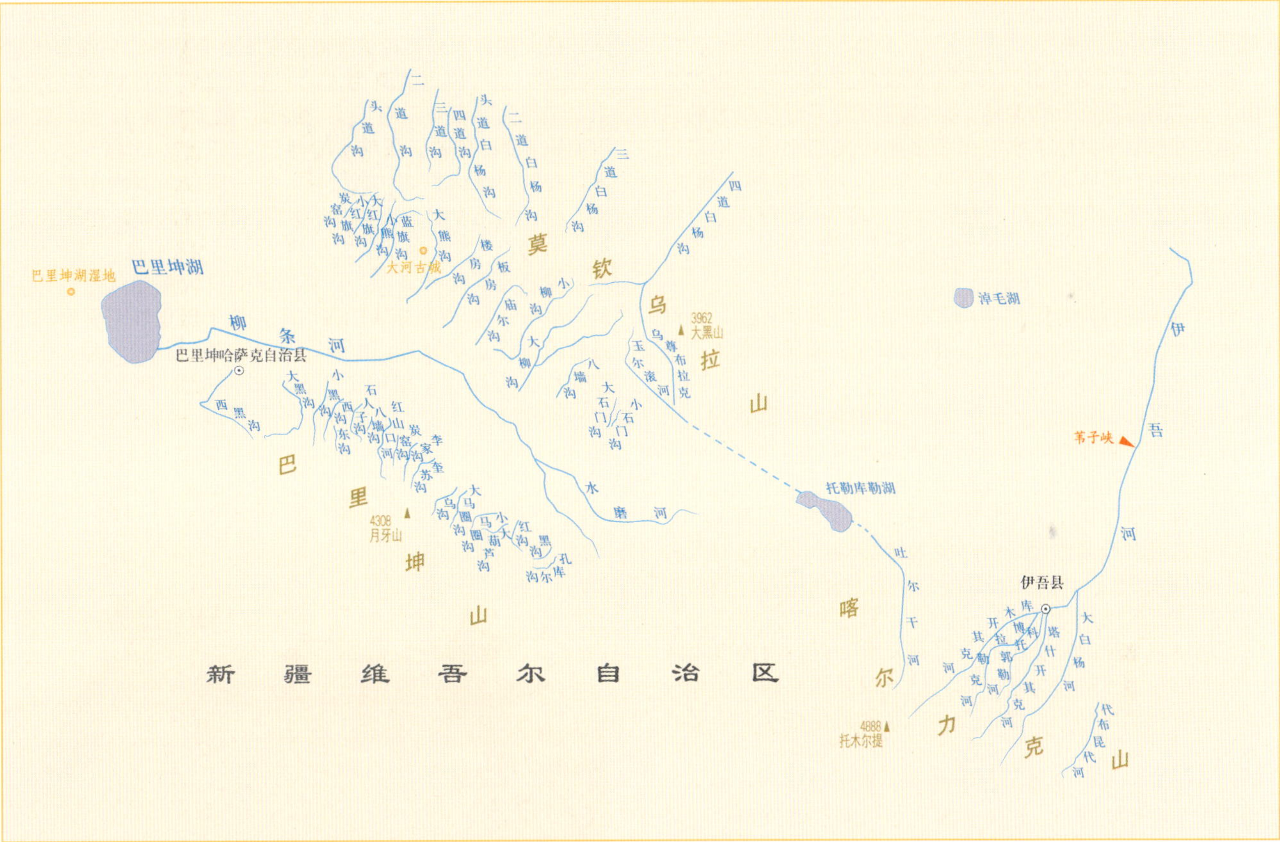

巴伊盆地河区水系示意图

河，南源为奎苏水，西南源为西黑沟水。将此与现代地图对照，也可发现湖泊面积和位置均有较大变化。20世纪40年代末水面面积为140平方千米；20世纪60年代减少至112平方千米；20世纪80年代以来更是减少到不足60平方千米；近10年，水面面积约为100平方千米。

巴里坤湖四周山峦起伏，水草丰美，湖中碧波荡漾，独具"迷离蜃市罩山峦"的奇观。清代诗人黄濬有诗赞曰："恰似江南二月时，山南山北雨如丝。松阴湿翠牛方卧，草陇沾青蝶未知，"诗中充分描述了湖之艳美。

巴里坤马

巴里坤湖周边地区为汉代蒲类国地，《后书》云："庐帐而居，逐水草，颇知田作，有牛、马、骆驼、羊畜。能作弓、矢、国出好马。"至唐代，古丝绸之路又新增了北新道（汉代时的丝绸之路北道，唐代称中道），是从伊吾（今哈密）北行，经蒲类海，沿天山北麓经伊犁西北达于西海（咸海）。那时巴里坤湖周边地区是丝绸之路北新道的重要驿站。清雍正七年（1729年）岳威信公（钟琪）在湖东筑镇西府城。由此，巴里坤县成为历史上有名的"八大名城"之一。

明月出天山——巴里坤湖夜景

河流每年挟带土壤盐分入湖，使其矿化度高达323.24克每升，以湖表卤水为主，晶间卤水、淤泥卤水次之，湖水化学类型为硫酸盐型硫酸镁亚型。湖水无色透明，有咸苦味，湖表卤水层厚度为0.5~0.7米，pH值为7.50，矿化度为246克每升；晶间卤水赋存在芒硝层中，pH值为7.64，矿化度为205克每升。固体盐类沉积资源有石盐、芒硝和镁盐，以芒硝为主。芒硝分布面积约100平方千米，纯度高，质量好，资源丰富，估算储量约数亿吨，是巴里坤湖的优势资源。目前已利用巴里坤湖芒硝资源生产风化硝、元明粉、硫化碱等系列产品。

10.8.6.1　柳条河
(Liutiao River)

位于新疆维吾尔自治区哈密市巴里坤哈萨克自治县境内，为**巴里坤湖**的主要入湖河流，全长约108千米，总集水面积约3 000平方千米。现状情况下,团结水库坝址处多年平均来水量约1 040万立方米。

柳条河流域三面环山,东北为莫钦乌拉山,东南为巴里坤山,呈东高西低长条状盆地,盆地内河流不论是较大的河流,还是冲积扇平原地下水溢出带泉水汇集的小溪,均以巴里坤湖为归宿。流域属温带半干旱气候区,四季界线不明显,只有冷暖季之分,光照充足,热量不足,多年平均气温1.0摄氏度,年降水量203毫米,年水面蒸发量1 620毫米,年无霜期102天左右。

柳条河主源流发源于巴里坤山的白石头风景名胜区,最高点海拔3 089米,河流上游支流极为发育。发源于莫钦乌拉山南麓的支流有八墙沟、大柳沟、小柳沟、庙尔沟、板房沟、楼房沟、大熊沟、蓝旗沟、小熊沟、大红旗沟、小红旗沟、炭窑沟等;发源于巴里坤山北麓的支流有黑沟、红沟、大葫芦沟、小马圈沟、大马圈沟、乌沟(又称五沟)、奎苏沟、李家沟、炭窑沟、红山口河、八墙沟、石人子沟、东沟、西沟、小黑沟、大黑沟、西黑沟等。由于受地势影响,流域内较大的河流都是向西流,与传统的"大河东流,百川归海"截然相反,成了"巴里坤五奇"之一。

流域内除南岸部分支流源头有冰川分布外,河流多以降雨和季节性融雪水补给为主。较大的支流有西黑沟(年径流量约0.258 3亿立方米)、红山口河(年径流量约0.225亿立方米)。

河流源区位于巴里坤山高山湿地,泉水众多。河流自源头由南向北流经哈密市、巴里坤县和伊吾县三县(市)交界处的松树塘,流程20千米处右纳柳条河支源流水磨河。水磨河(塔什河)发源于喀尔力克山西端北坡,流域海拔最高点为3 005米,上游河段由乌尊萨依、乔喀力克萨依、喀腊布拉克萨依、依朗力克萨依、和其格力克萨依等支流汇集而成,由东向西流入巴里坤县境内,后环绕鸣沙山东北侧、北侧向西,在鸣沙山西北角与柳条河干流汇合。在水磨河右岸小支流西窑泉河上建有红山口水库。水磨河长35千米,集水面积137平方千米。

水磨河汇入口以下5千米处建有柳条河水库。河流上还建有两座渠首,分别下接引洪渠和30里户渠。柳条河下游支流乌沟源头位于巴里坤山主峰月牙山(海拔4 308米)的冰川地带,出山口处建有乌沟水库,水库以上河长7千米左右。乌沟汇入口以下,柳条河又向西流12千米,经奎苏镇,又下行23千米至团结水库,再流18千米至二渠水库,之后蜿蜒于平坦的巴里坤草原及湿地之中,缓缓注入巴里坤湖。

柳条河

截至2006年,柳条河流域已建中小型水库14座,较大引水渠首17座,控制灌溉面积5 500公顷。

柳条河水库为一座以灌溉为主的中型拦河水库,建于1976年,库容为1 000万立方米,坝型为土坝,坝长1 600米,最大坝高8米,控制灌溉面积600余公顷。乌沟水库建于2002年,是一座以灌溉为主的小型水库,总库容252万立方米,坝型为沙石坝,坝长1 050米,最大坝高19米,控制灌溉面积1 000公顷。团结水库建于1959年,库容600万立方米,控制灌溉面积600余公顷,是一座以灌溉为主的小型水库。位于大河乡的二渠水库为拦河式中型水库,建成于1981年,主坝长3 800米,最大坝高14米,总库容1 724万立方米,控制灌溉面积2 330公顷。红山口水库建成于1971年,是一座小(1)型山丘区拦沟水库,位于巴里坤与伊吾两县交界处的山谷丘陵地带,由伊吾马场八连运行、管理,水库大坝为黏土心墙坝,坝长1千米,最大坝高13.8米,总库容500万立方米。

天山关帝庙

白石头风景区

流域内山区矿产资源丰富,野生动植物种类繁多,其中雪莲、蘑菇、催生草被称为这里的"三宝"。源流地处古代著名的松树塘,因山口"库舍图岭"地势较低,隋唐以来就是扼丝绸之路北新道的咽喉要冲。历代被流放至伊犁、乌鲁木齐的一些名人和诗人途经此地有感而发,留下不少佳作。位于柳条河源头天山之巅的天山庙,全称"天山关帝庙",建于清乾隆五十一年(1786年)。登庙俯瞰,林海莽莽,雪光莹莹,九曲十八弯的盘山道向西北蜿蜒而去,清代诗人肖雄曾在《天山碑》诗作中写道:"丰功久见大唐年,贝履高攀峻岭巅,却怪登临刚剔藓,读来风雪忽满天",为天山庙增添了几许传奇色彩。与此毗邻的白石头风景区,因源头松林草地间独卧一块如牛大小的白色巨石得名,这里青松挺拔,草场如茵,山花灿烂,牧民的木屋点缀其间。现303省道(通往木垒、奇台等地)路经此地。松树塘附近的古代驿站和烽火台遗址,曾是汉朝司马任尚、唐朝大臣姜行本在此立下赫赫战功之地。20世纪五六十年代,这里曾为伊吾军马场所在地,现已改为饲养黄臀赤鹿,这里生产的鹿血药酒十分珍贵。

柳条河上游右岸的鸣沙山居中国四大鸣沙山响声之首，沙山腹地的沙棘林中有一汪小月牙泉，相传唐代樊梨花在此安营扎寨，一夜之间被风沙埋没。这里曾发掘出古代兵器、盔甲残片等文物。清代诗人肖雄到此游览，怀古幽思作诗云："雾里辕门似有痕，浪传四十八营屯，可怜一夜风沙恶，埋没英雄在覆盆"。坐落在柳条河水库下游河流南岸的南湾古墓群，距今已有3 000年的历史。东距团结水库8千米、位于大河乡东头渠村的大河古城，是目前哈密地区规模最大、保存较好的一处唐代城址。系唐景龙年间驻屯于此的伊吾军所筑，属全国重点文物保护单位。

鸣沙山

位于巴里坤大草原南部的巴里坤县历史悠久，早在六七千年前就有人类活动的踪迹。古称蒲类国，是历史上有名的"八大名城"之一，也是丝绸之路北新道的重镇。全县下辖4个镇、8个乡、1个农场、2个开发区46个村，县政府驻巴里坤镇。如今的巴里坤县城大部分仍被包围在清代汉、满两城的城墙中，两城首尾衔接，登高俯视，苍茫草地一碧如海，两城卧于其中，此景触动文人诗情，使获"瀚海鼍城"之美称。汉城因居民是汉族得名，由岳飞第二十一代孙、陕甘总督宁远大将军岳钟琪督军建于清朝雍正九年（1731年），城南山包上的"岳公台"因有为八景之一的"岳台留胜"闻名。满城（又称会宁城）建于清朝乾隆三十七年（1772年），因驻扎满洲旗兵得名。县城两侧还有东、西破城子。清军曾"驻扎左右、以为犄角"。东破城子1957年1月被列为自治区文物保护单位。兰州湾子遗址位于县城北郊花园乡兰州湾子村南部，为青铜器时代文化遗存，距今约3 000年历史，1990年被列为自治区文物保护单位。

巴里坤县兰州湾子遗址

河流尾闾巴里坤湖东侧河流两岸分布有大片湿地、草原。巴里坤草原植被优良、牧草丰美。宽阔的河谷中生长着鸡锦儿等灌木丛。巴里坤湖附近分布着大片芨芨草等盐漠植物。由于近代大规模的水资源开发利用、土地开垦、草场超载过度等，造成流域内地下水水位降低、湿地退缩，草场退化，

农耕地土壤次生盐渍化，环境问题已正引起人们的关注。

10.8.7 托勒库勒湖
(Tuolekule Lake)

位于新疆维吾尔自治区境内，维吾尔语意为"静谧的湖"，又名吐尔库里、吐尔干湖、伊吾盐池，为咸水湖。位于天山东段喀尔力克山西北部与莫钦乌拉山东南余脉之间的山间洼地中，东南距伊吾县盐池乡2千米，哈密至伊吾公路从湖区经过。地理坐标为东经94°09′~94°16′，北纬43°21′~43°25′。

托勒库勒湖

湖泊系喀尔力克山在古生代石炭纪晚期"华里西构造运动"时期（约3亿年前）形成，湖盆中第四系广泛分布，据湖相地层判断，古时该湖的最大面积达数百平方千米。现湖泊为发源于莫钦乌拉山东坡的玉尔滚河、乌尊布拉克河和发源于喀尔力克山北坡的吐尔干河、喀勒恰、希勒维力克、伊兰勒克、代热合力、琼彦托、磨石沟和柳树沟等小河的尾闾湖。湖泊因东南有高大的天山山脉阻挡，西北有莫钦乌拉山东段大黑山阻隔，故湖区气候干燥。玉尔滚河和乌尊布拉克河山区集水面积不足30平方千米，径流量小，非汛期均处于干涸状态。喀尔力克山北坡诸河源头均位于山脊附近，但山区河流短，集水面积小，出山口以上河长均在10千米左右。水量最大的河流为位于喀尔力克山北坡最东侧的吐尔干河，山区集水面积为53平方千米，流域最高峰海拔达4 888米，源流区的亚喀萨拉和阿腊萨拉河由三条较大的山谷冰川河汇集而成，出山口以上河长约11千米，山口建有吐尔干干渠，下游又分南北干渠。由于各小河出山口后河水多被开发利用，河水难以直接进入湖泊，湖水来源主要为农田回归水及周边季节性河流出山口后渗漏地下，形成地下水补给。

湖泊水面面积随入湖水量的大小而变化。1943年面积为35平方千米；20世纪50年代至70年代末，湖面面积在28.9平方千米左右；20世纪80年代初的连续枯水时期，水面面积不足10平方千米；1989年实测又恢复至25平方千米；近10年来，水面面积约为29.1平方千米。总体来说，湖泊有逐渐萎缩，自西向东迁移之势。湖面海拔1 896米。湖泊呈东西长葫芦状，长10.3千米，平均宽2.82千米，水深0.21~0.41米。湖周积满白色盐壳。由于入湖水量减少，湖水矿化度也在逐年升高，湖表卤水密度为1.19千克每升，矿化度270克每升，湖水化学类型为硫酸镁亚型。湖泊盐矿资源丰富，石盐储量为58万吨，储有芒硝矿2 000万吨。

托勒库勒湖又因时常变幻色彩而被称为幻彩湖。晴天，湖面像大海一样碧蓝，天水一色与青草竞翠；日落时分，晚霞映照，湖水又绿中透红与霞光斗艳；起风下雨时，湖水又

由粉变紫，变幻莫测，神秘诡异。故当地牧民幽默地称它为"天气预报"湖。每到春、夏、秋三季，湖周草原上牧草郁郁葱葱，草高60～70厘米。远观湖景，蓝天白云下，微风掠过，清波涟漪，绿红交映，靓丽鲜妍。盐池乡位于湖泊东南2千米，乡因湖而得名，是伊吾县主要牧区之一，草场面积17万公顷，农业耕地1 200公顷，以种植饲草料为主。

新石器时代的盐池古城和盐池古墓葬群，就位于盐池东侧。

10.8.8 淖毛湖
（Naomao Lake）

又名英库勒湖，蒙古语称"诺木淖尔"，为咸水湖，位于新疆维吾尔自治区伊吾县淖毛湖镇境内，地理位置为东经94°49′、北纬43°54′。

淖毛湖湖区北为淖毛湖戈壁，戈壁北侧为苏海图山和巴勒干延哈尔山，东部与蒙古国接壤，西南为莫钦乌拉山。湖盆区内气候极端干旱，冬季寒冷，夏季炎热，多年平均气温9.8摄氏度，历年极端最高气温43.5摄氏度，历年极端最低气温−31.0摄氏度，多年平均年降水量仅16.3毫米。

淖毛湖是**伊吾河**的尾闾湖，还是发源于北部、东北部蒙古境内的细长干河、长干河、横干河、琼坝等季节性河流和发源于西南部莫钦乌拉山北坡的部分小河的尾闾湖。主要水源伊吾河下游未大规模开发之前，河水可直接入湖。20世纪60年代后因伊吾河灌溉引水增大，湖泊逐渐变为湿地，湖盆内多有泉水溢出。现今仅夏季大洪水泛滥时，有一定水面，冬季基本干涸。湖底平坦，中部有残余沙丘。

湖盆内矿产资源极为丰富，周边有金矿、铁矿、毛矾石矿和煤矿等采矿点。淖毛湖镇东22千米处，分布着面积约2.66万公顷的原始胡杨林，因长年有地下水补给，在周边的大漠中显得苍劲挺拔，生机盎然，诠释着生命的顽强。胡杨林以北约10千米处，现存有著名的卡尔桑文化遗址，是一处新石器时代末、青铜器时代初期的文化遗存，距今至少已有3 500多年的历史。出土的各种石器以及磨石、陶器、彩陶等，诠释着河谷草原地带半农半牧的生活气息。由于具有较强的代表性，出土文物较多，1962年被列为自治区文物保护单位。

淖毛湖戈壁夕照

淖毛湖镇西20千米外的戈壁滩上分布着大片硅化木群，盘羊、鹅喉羚、野驴、野骆驼等野生动物也常出没于此。

10.8.8.1 伊吾河
（Yiwu River）

位于新疆维吾尔自治区伊吾县境内，发源于天山东段喀尔力克山北坡，尾闾为**淖毛湖**。山口以上集水面积827平方千米，苇子峡以上河长42千米，多年平均年径流量7 341万立方米。"伊吾"是隋唐以前哈密的古地名，维吾尔语名称为"阿热吐鲁克"，意为"中间的吐葫芦"。河流因流经县城而得名。

伊吾河伊吾县城河段

概　述

流域南高北低，伊吾河主源源头为海拔4 886米的喀尔力克山最高峰——托木尔提峰，山体陡峭，峰高入云，至今仍是一座人类尚未攀顶的处女峰。源区分布有大小63条冰川，其中喀尔力克山的平顶冰川面积约0.7平方千米，在平顶冰川中位居世界第二位。平顶山之侧有多处高山湖泊，与冰川、雪峰、森林、草甸、雪莲、鲜花相互辉映。平顶冰山下是一个天然瀑布，倾泻而下，气势磅礴，水底怪石嶙峋。中山带发育着高寒草甸和小片高寒草原，山脚下是一碧万顷的天然草场，与冰川对映成画。伊吾河出山口以下谷地，冬寒夏炎，春夏多风。位于淖毛湖戈壁的淖毛湖镇海拔不足500米，盆地内堆积了巨厚的第四系沉积物，地表水易渗入地下。因降水稀少，农田多依靠引水灌溉。

在河流的各大支流出山口处及峡沟北出口均建有引水工程。兵团农十三师于1959年在苇子峡北侧山口建成淖毛湖干渠，长31千米，设计引水流量4立方米每秒，担负着下游淖毛湖镇及兵团农十三师淖毛湖农场的大片农田的灌溉任务。2007年在建的峡沟水库位于峡沟出山口以上约2千米处，总库容954.37万立方米，坝高37米。水库以工业供水、灌溉为主，兼顾防洪。

位于伊吾河尾端的淖毛湖镇，下辖10个村7个站所，驻有兵团农十三师淖毛湖农场及驻军边防派出所等派出单位，人口约1万人。2007年淖毛湖镇被列入全疆14个社会主义新农村建设示范镇之一。该镇有宜农可耕土地1.2万公顷，现有耕地面积2 660余公顷。这里是典型的水积盆地平原，四周的地下水都朝这里汇集，使其成为戈壁瀚海中的绿洲。多年平均年无霜期175天，其得天独厚的水土光热资源，适宜种植多种经济作物。出产的晚熟哈密瓜以耐储运、含糖量高、口感适宜、外形美观等特点名扬国内外。当地人均以种瓜为主业，收入不菲。但此地长年刮五六级以上大风，村中的杨树、柳树都被吹歪。

纪　实

伊吾河主源流又称库木开其克河，河流自东南向西北流经34千米后，相继与大支流博拉勒克河、科托郭勒河、塔什开其克河（下游俗称小白杨沟）汇合流出山口。库木开其克河出山口后，水流即渗入地下，其后以地下水形式与其余3条穿越冲洪积平原的河流分别先后汇入位于伊吾县城西南侧约2千米处的沼泽湿地，经吐葫芦乡，汇集于北山脚下的伊吾县城东侧，河流始称伊吾河。此后河流从县城东北侧缓缓进入北山峡后（当地人俗称"峡沟"），流经约6千米，与大白杨沟汇合后，下行12千米流出峡沟。再沿爱勒盆地蜿蜒北流14千米，沿途经过苇子峡乡、苇子峡水文站，穿越4千米长的苇子峡流出山口，进入淖毛湖戈壁。又流约32千米经淖毛湖镇，最终流入位于镇西北20余千米处的淖毛湖。

伊吾县清代和民国为哈密回王封地，今之伊吾，乃是1929年废哈密王设哈密、宜禾、伊吾三县后转借命名。1935年7月建伊吾设治局，代行县政府职能，1943年1月升格为三等县。2007年有5个乡2个镇32个村，总人口21 079人。号称中国最袖珍的县城——伊吾县城，城内人口不过4 000人。县城虽小，却曾是天山以北经蒙古草原到达京津等地的主要通道之一，同时也是中国商人去蒙古的中转站，历来驻有重兵防守。伊吾北山海拔2 111米的最高峰名为胜利峰，顶峰有一座碉堡，1950年中国人民解放军某部二连指战员在这里与叛匪浴血奋战40个昼夜，终于赢得了胜利。位于县城城

军功马雕塑

西圆盘山上的军功马公园，有一座按真马大小雕塑的功臣马，驮双桶，昂首嘶鸣，威武地挺立于公园的最高处。军功马场现为国家重点烈士建筑物保护基地。从军功马公园眺望喀尔力克山主峰，似近在咫尺，冰河横溢、平顶冰川、山谷冰川、冰斗谷冰川历历在目。

县城北约3千米的伊吾河畔，现存有拜其尔古城遗址，位于伊吾河干流及其下游支流大白杨沟河汇合处。此地可以同时观察到两条河的河谷景观，当地人把它视为人的盆骨（维吾尔语称"拜其尔"），两条河川被视为两条腿，古城遗址由此得名。这里有3 000年前古人居住的石屋，3 000年来从未被动过，并曾在此发现青铜器等文物。2003年该遗址被列为自治区文物保护单位。

河流下游苇子峡乡系汉语名称，因位于山峡涧旁，且遍生芦苇故名。又名"阿达克"，蒙古语意为"尽头"，伊吾河水流至此即潜入地下。伊吾河流入苇子峡乡东北部3千米的蝴蝶谷，该谷长约1.5千米，东西宽约300～1 200米。谷内泉水淙淙，水美花艳，每年四五月间，杏花绽放，千万只数十个品种的蝴蝶聚会谷里，千姿百态，风情万种。苇子峡野杏林面积约100公顷，现存老杏树317棵，野山杏营养价值很高，具有解暑祛病等疗效。据统计，苇子峡乡85岁以上的老人占当地老人总数的20%以上，迄今苇子峡乡无一例癌症患者，令人称奇。此外，苇子峡乡附近还存有新石器时代的古墓葬群。

10.8.9 新疆坎儿井
(Kariz in Xinjiang)

"坎儿井"是维吾尔语"kariz"的音译，维吾尔语中"kariz"意指"有水的坑或塌陷之地"。坎儿井是我国新疆勤劳智慧的各族人民根据本地独特的气候、水文地质特点创造出来的通过自流引取地下水的一项古老的地下取水水利工程。主要分布在新疆维吾尔自治区东部博格达山脉南麓的吐鲁番和哈密两个地区，在新疆北部奇台、木垒和新疆南部皮山、库车、阿图什等地也有少量分布。

概　　述

坎儿井由竖井、暗渠、明渠、蓄水池四个部分组成，其中暗渠是坎儿井引水的主体部分。暗渠深藏地下，由集水段和输水段组成。坎儿井首部竖井所在部位，最深可达100米。集水段位于当地地下水水位以下，起着截引地下水的作用，延续部分为输水段，在当地地下水水位以上。新疆境内的暗渠总长曾达5 272千米，这就是人们形象地喻之为"地下长城"的缘故。由于坎儿井暗渠坡度小于地面坡度，因此水体可顺着暗渠自流流出地面。由于坎儿井暗渠的断面较小，顶部呈尖拱形，因此一般不做衬砌，但需长年掏捞维修。坎儿井的竖井是为通风、采光和开挖维修暗渠人员上下及运送土方、生产生活用品之用，竖井深度1～100米不等，一条坎儿井一般有一两眼到几百眼竖井。新疆坎儿井最多时竖井总数达到172 367眼。坎儿井明渠是暗渠出口到蓄水池的输水渠道，其作用是将流出地面的水输送到蓄水池或农田。蓄水池起调节流量、调温的作用，大部分坎儿井都建有蓄水池。

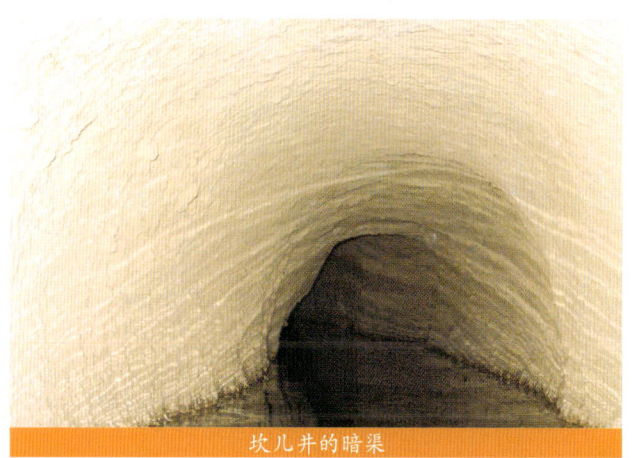

坎儿井的暗渠

新疆坎儿井主要分布于吐鲁番盆地、哈密盆地等干旱平原区。这种分布状况与当地独特的自然条件密不可分。吐鲁番、哈密盆地等坎儿井分布区，均为气候极端干热、降水稀少、水面蒸发强烈、水资源十分紧缺的区域。但山前冲洪积倾斜平原区的巨厚第四系地层，为地下水赋存运移创造了理想的水文地质条件，也为坎儿井工程的发展提供了条件。

坎儿井水除用于灌溉外，在维护生态环境方面也发挥了积极作用。坎儿井每年的部分冬闲水和部分渗漏水量用于浇灌下游植被，成为绿洲植被获得水源的途径之一。坎儿井水在盆地内汇流聚集，一部分渗入地下，被各种植物吸收，保证植物生长，同时又补充了下游一带地下水。一片片的绿洲植被抵御了风沙，为人类提供了生存环境。许多坎儿井从出水开始，就与当地人民群众的生活和周围环境休戚相关。坎儿井涌水量直接反映有关区域地下水补给状况，如果坎儿井得不到保护任其干涸消失，势必会引发环境问题，危及人类的生存。

吐鲁番地区坎儿井　吐鲁番地区位于新疆东部，总面积约7万平方千米，辖吐鲁番市、鄯善县、托克逊县，共有26个乡（镇），其中20个乡镇有坎儿井。

吐鲁番地区四周高山环绕，总地势北高南低，多年平均

年降水量16.5毫米、年水面蒸发量达1558毫米。盆地内绿洲用水主要依靠北部天山南坡河流来水。河流水量除了在夏季能以地表水的形式流入绿洲外，大部分河流出山口后潜入地下，形成地下潜流。

截止到1949年年底，吐鲁番地区有水坎儿井就已达1084条，多年平均年径流量4.871亿立方米，灌溉面积3万公顷。新中国成立后随着人口的急剧增多和社会生产力的极大提高，到1957年坎儿井数量发展到最高峰1237条，年径流量最高曾达到6.61亿立方米，灌溉面积扩大到4.3万公顷。这一时期是吐鲁番坎儿井发展的鼎盛时期。此后随着人口的增长，工农业生产不断发展，泉水、坎儿井水、河水也不能满足国民经济和社会发展的需要，吐鲁番地区开始大力发展现代水利。从1957年开始至今为满足发展需要开发地表水和地下水，在天山深处的大小河沟上修建了12座永久性引水渠首，并修建干渠340千米，支渠850千米，年引地表水量2.6亿立方米；建成中小型水库10座，总库容0.62亿立方米，灌溉面积增加到6.646万公顷；共打机电井约6000眼，机电井年抽水量6.416亿立方米。这些水利工程使得吐鲁番地区地表水、地下水资源进行了重组配置，因此吐鲁番地区有水坎儿井数量逐年急剧减少，根据2003年新疆坎儿井研究会普查资料显示，吐鲁番地区2003年有水坎儿井404条，年径流量为2.68亿立方米，坎儿井灌溉面积逐渐减少到不足1万公顷。目前坎儿井数量每年平均因地下水位下降等原因干涸23条，水量也在减少，保护坎儿井迫在眉睫。

虽然目前吐鲁番地区的坎儿井较鼎盛时期有较大的衰减，但至今仍是吐鲁番地区重要水源之一，控制着吐鲁番地区11%的灌溉面积，很多地方的农村人畜饮水仍然依赖坎儿井，坎儿井在维系吐鲁番绿洲脆弱生态方面仍发挥着重要作用。

哈密地区的坎儿井 哈密地区位于新疆东部，总面积15.3万平方千米，辖哈密市、巴里坤哈萨克自治县和伊吾县，设有38个乡（镇），其中9个乡镇有坎儿井。

哈密地区属典型的大陆性干旱气候，天山山脉横亘全境，形成山南、山北气候迥异的两大自然环境区。哈密市气候干燥少雨，戈壁与绿洲相映，昼夜温差大，光照时间长，多年平均年降水量33毫米左右，年水面蒸发量1552毫米左右，是闻名国内外的哈密瓜故乡。山北巴里坤和伊吾谷地，夏季凉爽，冬季寒冷，多年平均年降水量89～200毫米，是地区重要的畜牧业基地和旅游胜地。

哈密地区的坎儿井主要分布在哈密市，巴里坤县和伊吾县也有少量的坎儿井。哈密地区利用坎儿井实施农业灌溉起步较早，新中国成立初期，坎儿井是农业灌溉及农村饮水的主要水源之一。据资料记载，1943年哈密地区共有坎儿井495条，多年平均年径流量约2亿立方米。随着土地开发、机电井的不断开凿，地下水开采量加大，坎儿井这种古老的灌溉工程出水量呈逐年减少的趋势。2003年新疆坎儿井研究会普查结果表明，哈密地区共有水坎儿井196条，年出水量0.613亿立方米，总控灌面积2000公顷，其中哈密市有水坎儿井127条，年出水量0.43亿立方米。

新疆其他地区的坎儿井 除新疆东部的吐鲁番、哈密地区有大量的坎儿井外，新疆天山北麓的乌鲁木齐市、昌吉回族自治州奇台县和木垒哈萨克自治县、天山南麓和田地区的皮山县、克孜勒苏柯尔克孜自治州阿图什市和阿克苏地区库车县等地也曾分布有82条坎儿井。据调查，这些地区的坎儿井开挖年代较晚，多开挖于20世纪30—50年代，都是由吐鲁番、哈密等地传入。目前这些地区的坎儿井除乌鲁木齐的两条坎儿井、木垒县的13条坎儿井仍有水外，其他地州坎儿井由于地下水水位下降、缺乏维修养护等原因已全部干涸。

纪　实

新疆的坎儿井发源于吐鲁番盆地，后由此流传于其他地区。据有关资料显示吐鲁番地区开挖坎儿井的历史相当悠久，距今大约已有2000年。目前出土的大量文物也多见有关于坎儿井的记载。《清史列传·全庆传》中的《经久章程》就有"卡井应准酌开也。查吐鲁番境内地方多系掘井取水，以资浇灌，名曰卡井，每隔丈余掏挖一口，连环导引，水由井内通流，其利甚溥，其法颇奇，洵为关内外所仅见……"的描述。全庆是喀拉沙尔办事大臣，他在新疆开垦开渠正值林则徐谪戍新疆之时。林则徐在他的日记中也写道："……见沿途多土坑，询其名曰'卡井'，能引水横流者，由南而北，逐引见高。水从土中穿穴而行，成不可思议之事。"同时林则徐大力倡导推广、开挖坎儿井，官方筹资开挖了40余条坎儿井，为吐鲁番坎儿井发展作出了巨大贡献。

坎儿井甘泉边的维吾尔族姑娘

坎儿井在吐鲁番2000多年的发展进程中，对当地人民的衣食住行各方面都有重大的影响，形成了独特的社会文化。村落、乡镇以坎儿井名字命名的比比皆是，同样，坎儿井由人的名字、性格特征和动物的名字命名的也不鲜见。古时，由于生产力不发达，无法引取山区地表水，吐鲁番地区农业和人民生产生活用水主要依赖坎儿井水和部分河水，形成"河水居其三，坎水居其七"的局面。可见坎儿井是当时吐鲁番地区主要水源。坎儿井对吐哈盆地绿洲的形成和发展，绿洲文明的孕育，特别是吐鲁番文明的形成起到了重要作用，可以说没有坎儿井就没有吐鲁番绿洲和绿洲文明。古时开凿和维护坎儿井十分艰难和危险，人们代代曾为此付出了沉重的代价，至今仍有许多关于坎儿井的原生态歌谣在当地广为流传，有以下两首歌词为证：

坎儿井之歌

吐鲁番的流水清啊，
黑洞洞的坎儿井里。
姑娘的眉毛用欧丝曼描，
看着我心儿怦怦跳。
我死去活来想念你，
你若无其事不理我。
爱情火焰折磨我在坎儿井下，
还是一厢情愿没办法。
你从哪里来我的美人，
你的眼神穿透了坎儿井。
当我挖通这一段，
我要给你挂图玛儿。

10.8.9 新疆坎儿井

麦 场 之 歌

麦草麦粒扬起来，
风儿把它分离开。
坎儿井把怒发起来，
情人啊！
男儿生死恕无奈。
花园里的花儿开，
坎儿井水呀流得快。
我俩海誓山盟时，
没说活着就离开。
当我还是蓓蕾时，
离开阳光进暗渠。
如今正要重逢时，
情人和爹娘都不在。
啊！死不瞑目！

在吐鲁番从空中鸟瞰可看到一条条坎儿井竖井口的堆土所形成的坎儿井群景观，及坎儿井水造就的一片片绿洲。哪里有坎儿井，哪里就有生机盎然的情景。坎儿井群是由一条条独立的坎儿井组成的，少则几条，多则几十条或上百条。一条坎儿井一般长约几十米到十几千米不等。坎儿井四季水流不断，水量相对稳定。在古代科学技术不发达的条件下，这种结构简单、无需耗用动力自流引取地下水的方法充分显示了古代劳动人民的勤劳和智慧。因此，中外不少学者把新疆的坎儿井与横亘东西的万里长城、纵贯南北的京杭运河并列称为中国古代的三项杰出工程，并成为中华民族宝贵的文化遗产。

鸟瞰吐鲁番坎儿井

坎儿井象征着吐鲁番各族人民顽强的生存意志和与大自然和谐相处的胸怀，拥有独特的施工工艺及深厚的历史文化背景，备受世人关注，并成为吐鲁番地区著名的旅游项目，慕名参观者络绎不绝。

七、柴达木盆地河湖

Rivers and Lakes in Chaidamu Basin

10.9 柴达木盆地河湖
(Rivers and Lakes in Chaidamu Basin)

柴达木，蒙古语"盐泽"之意。柴达木盆地因盐泽广布而得名，矿产资源丰富，素有"聚宝盆"之称。境内内陆河流众多，大小湖泊星罗棋布，以咸水湖和盐湖居多。

概 述

柴达木盆地位于青藏高原东北部，东西长约1 000千米，南北最宽处约400千米，地理位置为东经87°45′～99°18′，北纬34°45′～39°20′。四周被阿尔金山、祁连山和昆仑山及其支脉所环抱，是盆地的产流山地；中部是海拔在2 760～3 240米之间的盆底平原、洼地。盆地总面积28.6万平方千米，地跨青海省、甘肃省和新疆维吾尔自治区。其中，青海省境内面积25.7万平方千米，甘肃省和新疆维吾尔自治区境内面积分别为1.4万平方千米和1.5万平方千米。

柴达木盆地是青藏高原上陷落最深的巨大的构造盆地。周边山地海拔多在4 000米以上。南部边缘昆仑山脉的雅拉达泽峰海拔5 214米，位于西南边缘的昆仑山主峰布喀达坂峰海拔6 860米，北部阿尔金山主峰海拔5 798米。盆地总体呈西高东低之势，地貌复杂多样，自四周边缘到中心依次为高山、戈壁、沙丘、平原草滩（局部有风蚀丘陵）、绿洲和盐湖沼泽等类型。西北部有较大面积（约3.5万平方千米）的砾面荒漠，在风力作用下，形成许多形态奇特的风蚀残丘（即雅丹地貌），这一带植被极少；戈壁大多分布在山麓洪积扇的中上部，总面积约4.5万平方千米；高山上部（一般海拔在4 800米以上）终年冰雪覆盖，冰川总面积1 358.46平方千米，总储量约1 135亿立方米，年融水量约9亿立方米。

盆地内气候干燥，降水稀少而蒸发强烈，降水量由东南部向西北部递减，大部分地区多年平均年降水量仅25～50毫米，多年平均年水面蒸发量900～2 000毫米，由东部、南部向西部、北部递增，是中国最干旱地区之一。气温较低，昼夜温差大，冬寒夏凉，最低月平均气温-10摄氏度，最高月平均气温不超过20摄氏度，盆底平原区全年有3～5个月的月平均气温在10～20摄氏度，年无霜期120～150天。光热条件优越，太阳年辐射总量普遍高于680千焦耳每平方厘米，北部冷湖可达742.8千焦耳每平方厘米。年日照时间长，多在3 000小时以上，冷湖高达3 600小时。全年多风，以西风为多，平均风速4米每秒以上，西部可达5米每秒，全年8级以上大风日数50天左右，西部茫崖达110天，曾出现过风速40米每秒的偏西特大风。

柴达木盆地是由多个次一级盆地组成的，它们分别形成了各自的辐合向心水系，主要有**察尔汗盐湖水系**、**东台吉乃尔湖水系**、**西台吉乃尔湖水系**、**尕斯库勒湖水系**、**苏干湖水系**、**托素湖**水系、**希里沟湖**水系、**伊克柴达木湖**水系、**巴嘎柴达木湖**水系等。各水系由独立出山的河流和其所注入的湖泊组成。

集水面积在500平方千米以上的河流有**那棱格勒河**、**格尔木河**、**柴达木河**、**巴音河**、**大哈尔腾河**、**小哈尔腾河**、**察汗乌苏河**、**诺木洪河**、**塔塔棱河**、**铁木里克河**、**鱼卡河**等53条，其中多年平均年径流量大于1亿立方米的有15条，水力资源理论蕴藏量大于1万千瓦的有13条。柴达木盆地的河流都发源于四周山区，总体呈辐合状分布，径流主要靠冰雪融水、雨水和泉水补给，流经戈壁滩渗漏严重，有的完全变成潜流，进入草原地带后又以泉水形式出露，河道多呈扇状或辫状分流，归宿于湖泊。盆地的浅层地下水多来源于地表径流的下渗。多年平均地表年总径流量为44.4亿立方米，地下水总量为37.2亿立方米，其中地表径流与地下水的重复计算量为28.8亿立方米，水资源总量为52.8亿立方米，水力资源总理论蕴藏量为83.1万千瓦。

柴达木盆地诸河的水质特征与其所在地区的自然环境条件密切相关。盆地东部河流的矿化度一般在400～600毫克每升之间，西部河流的矿化度一般在600毫克每升以上，个别河流（**乌图美仁河**）的矿化度超过1 000毫克每升，这是流程短、流量小而蒸发强烈所致。盆地诸河的含沙量均在3千克每立方米以下，pH值在8.0左右，基本符合各种用水要求。随着柴达木盆地矿产资源的开发和城镇建设，排污量明显增加。据《青海省水资源及其开发利用调查评价》，省内柴达木地区2000年的废污水排放量近6 500万吨，占全省的20.4%。经对柴达木盆地河流水质的监测评价（以2000年为基准年），在共计2 610千米的评价河长中，水质为Ⅰ～Ⅲ类的河长占78.5%，劣于Ⅲ类的占21.5%。水质超标的河流均在盆地西部。

柴达木盆地环带状分布的地貌，形成其独特的资源分布特点和各具优势的经济区域。边缘山地多草原植被，适宜发展畜牧业；山前冲积平原海拔较低的部分地区，水土资源和气候条件相对较好，适于发展绿洲农业；中部和各次一级盆地中心地带的盐湖资源极其丰富，西部和北部地区广泛分布有石油、天然气资源，还有有色金属、非金属等多种矿产资源。已探明储量的矿藏有57种，矿产资源潜在经济价值约占全国的13%。柴达木盆地被称为聚宝盆，名不虚传。在众多的矿产资源中，以盐类资源最为突出，总储量在3 000亿吨以上，在全国占有十分重要的地位。

据《青海省水资源及其开发利用调查评价》，2004年柴达木盆地地区生产总值为106.21亿元，占全省的22.8%，人均达2.7万元，为全省人均值的3.13倍。盆地人口达39.22万（城镇与乡村人口分别占总人口的66%与34%），为1953年第一次人口普查数的24.5倍。现有耕地5.2万公顷，农田灌溉面积4.05万公顷，占总耕地面积的78%，其中万亩以上的灌区8处，有效灌溉面积为3.6万公顷；有可利用草原686万公顷，草原灌溉面积4.64万公顷，牲畜存栏数207.13万头（只）；有林地1.8万公顷。

在柴达木盆地先后兴建了一批水利水电工程，它们在抗御水旱灾害、促进绿洲农业的稳步发展、开发矿产资源、建设城镇、灌溉草原及林木及解决人畜饮水困难等方面发挥了很大作用。已建成的蓄水工程共39座，其中：大型水库1座，中型水库3座，小型水库15座，涝池20座，设计总库容3.5亿立方米；引水工程188处，提水工程13处，机电井289眼，干支渠1000余千米，实施节水防渗衬砌的约占49%；小型水电站20多座，其中装机容量在1000千瓦以上的5座，其装机容量共达6.65万千瓦；所建水电站大多在青海省格尔木市、德令哈市和都兰县境内，以上二市一县分别被确定为全国第二、第三批农村水电初级电气化县（市）建设之列，并分别于1996年和2000年如期完成建设任务。柴达木盆地各类水工程的年供水能力达11亿立方米（其中地下水为1.2亿立方米），约占青海省工程供水总量的31%。此外，自20世纪70年代以来，对约1万公顷的盐碱地（主要是次生盐碱地）实施了治理和改良；自20世纪80年代后期以来，对格尔木市、德令哈市、都兰县、乌兰县境内的重要河段进行治理，修筑堤防共84千米，起到了防洪和淤地造田等作用。

纪　　实

柴达木盆地是面积仅次于塔里木盆地（面积53万平方千米）和准噶尔盆地（面积38万平方千米）的中国第三大盆地，是海拔最高、面积最大的内陆盆地。按现行行政区划，柴达木盆地地跨青海省海西蒙古族藏族自治州（简称海西州）、玉树藏族自治州（简称玉树州）、果洛藏族自治州（简称果洛州）和新疆维吾尔自治区巴音郭楞蒙古自治州（简称巴州）及甘肃省酒泉市5个州（市），涉及海西州都兰县和大柴旦、冷湖、茫崖3个行政委员会辖地的全部及格尔木市、德令哈市、乌兰县的大部，玉树州治多县西北部和曲麻莱县北部的一小部分，果洛州玛多县东北部的一小部分，新疆巴州若羌县东部和甘肃省酒泉市阿克塞哈萨克族自治县南部地区。其中约90%的面积在青海省境内，是青海省海西州的主体。

柴达木盆地河流纵横，全部为内陆河，以发源于昆仑山脉的为多。盆地中有众多湖泊，均为内陆湖，且多为咸水湖和盐湖。较大的淡水湖为**冬给措纳湖**和**克鲁克湖**。前者地处盆地东南角的果洛州玛多县内，为盆地内的第一大淡水湖，湖中有鸟岛，水中有游鱼（裸鲤），湖周山色秀美；后者位于海西州德令哈市区西偏南约40千米处，为海西州的水产基地。遍布的湖泊和与之相连的条条河流，共同在干旱宽广的盆地里形成处处湿地，点缀着盆地的生态环境，给当地平添了几许秀美风光。被列入中国重要湿地名录的有冬给措纳湖湿地、托素湖和克鲁克湖湿地、柴达木盆地中的湿地、苏干湖和**小苏干湖**湿地、尕斯库勒湖湿地，它们大多为鸟禽的天然栖息地和繁殖区。

柴达木盆地有令人惊叹的地貌景观不胜枚举，有雪峰冰川，有戈壁沙海，有连绵的草原，有神奇的"雅丹"地貌，有浩瀚的盐湖，有飘香的绿洲。位于盆地中部的察尔汗盐湖是由湖中套湖、上分下连的群湖所构成，这里有无数色彩斑斓、形状奇特的结晶盐体，自然天成，玲珑剔透，令人惊叹。以格尔木市为中心的昆仑旅游区于2001年被评为国家AAAA级旅游景区，区内有昆仑山口、万丈盐桥、赤台喷泉、盐湖玉波、海市蜃楼、沙漠绿洲、贝壳山梁等独特的景观。格尔木昆仑山和察尔汗矿山于2005年被确定为国家地质公园。

柴达木盆地野生动植物种类繁多。被列为国家一、二级保护的野生动物有野骆驼、野牦牛、野驴、藏羚羊、雪豹、白唇鹿、胡兀鹫、黑颈鹤、盘羊、岩羊、马鹿、棕熊、猞猁、天鹅、雪鸡等数十种，在盆地东南部都兰县境内的昆仑山支脉布尔汗布达山区辟有巴隆国际狩猎场。野生植物广有分布，独具特色，主要有柽（chēng）柳、雪莲、沙棘、枸杞、大黄、麻黄、黄芪、沙参、锁阳、秦艽等，药用植物资源丰富；在格尔木、德令哈、乌兰、都兰等市（县）境内分别有胡杨林、古柏林、云杉林和原始梭梭林，在荒漠绿洲中有以杨树为主的防护林。

柴达木地区的人类活动至少可以追溯到距今两三万年前的旧石器时代，考古发现那时已有先民在今巴嘎柴达木湖一带从事采集狩猎活动。西周以来，柴达木地区先后为西羌、吐谷浑、吐蕃及蒙古等部族所占据，并与东西方的民族和国家发生经济、文化交流及政治、军事方面的接触，留下了他们生息繁衍、征战迁徙、同化融合的历史和文化。已发现历史遗迹多处，被列为全国重点文物保护单位的有两处：一是位于都兰县巴隆境内的青铜时代塔温塔里哈遗址（诺木洪古羌文化遗址）；二是位于都兰县热水境内的大型热水墓群（吐蕃统治下的吐谷浑邦国的遗存）。这些古迹遗存告诉我们，在这块神奇的土地上，先民们曾创造过闪亮的古代文明，演绎出由原始狩猎到畜牧业，继而到半牧半农及掌握毛织、制革、冶铜等技术的发展历程。但是，在20世纪50年代之前，这里长期处于时兴时衰、战乱和封闭落后的状态。到1949年，人口从1942年的5万多人锐减至不足1.2万人，绝大多数居民过着逐水草而居的游牧生活。中华人民共和国成立后，随着经济社会发展形势的变化，盆地人口变化经历了猛增、骤减、较快回升和稳步增长的几个阶段，2004年人口为39.22万。在中华人民共和国成立以来的半个多世纪里，柴达木盆地的开发建设在艰难曲折中前进，乘改革开放和西部大开发的东风，逐步形成了健康稳步发展的态势。一批批开拓者、建设者从祖国四面八方踊跃而来，同这里世代居住的各族人民一道艰苦奋斗，开创了柴达木经济社会发展的新纪元，一个以盐湖、油气、有色金属、煤炭、建材等工业为主的资源开发体系已初步形成。特别是2005年被列入国家第一批13个循环经济试点产业园区后，柴达木地区发展循环经济、走新型工业化道路成效显著，2006年完成工业增加值118亿元，占当年青海全省工业增加值的48%。

柴达木盆地工农牧业的发展与水资源的开发利用密切相关。盆地内片片绿洲的形成和农作物的高产都分别得益于察汗乌苏河、柴达木河、诺木洪河、**都兰河**、巴音河、格尔木河等河水的润泽，在这些河流上修建了较多的水利水电工程，发挥了灌溉、防洪、发电、城乡供水等综合效益。对盆地中的主要河流大多进行过勘测规划工作，在巴音河、格尔木河等6条重要河流上设有8处水文站，积累了较系统的水文资料。随着柴达木盆地经济社会的发展，水资源供求关系与生态环境保护的研究、城市防洪工程的可行性研究、节水灌溉技术的研究和重要河流流域的水利综合规划越来越受到重视，一批成果业已完成。当前柴达木盆地水利工作的重点是：把节水放在突出位置，加快格尔木河和巴音河流域的开发与治理，大力推进绿洲灌区续建配套与节水改造，发展牧区水利，加强水资源管理。

柴达木盆地的城镇建设日新月异，充满生机。海西州州府德令哈市位于盆地东部，东距省会西宁市514千米，有巴音河纵贯市区，青藏铁路、青新公路和涩西兰（涩北—西宁—兰州）输气管道穿过其境，工业以纯碱、水泥、煤炭、电力生产为主，境内有盆地重要的农业区，以种植小麦、青稞、油菜为主，在市区西南部建有生态观光农业区。青海省第二大城市格尔木市位于盆地偏西部，东距西宁市 800 千米，有格尔木河自南向北从市区流过，青藏公路、青新公路、青藏铁路交会穿过其境，市郊建有飞机场，已开通至西宁、拉萨等地的航线，青藏铁路全线通车和柴达木循环经济试验区的确立，使该市成为青藏高原和柴达木盆地极具发展潜力的新型工业城市，中国柴达木循环经济研究院、西部大开发特色产业基地在该市挂牌成立。格尔木市有"东方盐城"之称，是全国钾肥的主产区，产量占全国的 95％。跨格尔木市和都兰县的察尔汗盐湖总面积 5 856 平方千米，是我国最大的钾镁盐矿床，钾、镁、钠盐等总储量达 600 多亿吨。格尔木市辖区北部的涩北天然气田探明储量 3 000 多亿立方米，是我国四大气田之一，涩北至西宁、兰州的输气管道工程已建成使用。

除以上两市外，先后设立了冷湖、大柴旦、察汗乌苏、希里沟、花土沟、茫崖、香日德、柯柯、夏日哈、尕海、怀头他拉、锡铁山、宗加、铜普、柯鲁柯、郭勒木德等镇，这些小城镇各具特色，大多是随着石油、盐湖、有色金属等工业和绿洲农业的发展而崛起的。

10.9.1　苏干湖
(Sugan Lake)

也叫大苏干湖，位于阿尔金山、党河南山与赛什腾山之间的花海子—苏干湖盆地的色勒屯（海子）草原西北端，为哈尔腾盆地最低处，北距甘肃省阿克塞哈萨克族自治县城 80 千米。湖中心地理坐标为东经 93°52′、北纬 38°52′。

苏干湖地跨甘肃省和青海省，湖泊水源主要来源于**大哈尔腾河**、**小哈尔腾河**潜流。水域面积 108 平方千米。平均水深 2.84 米，蓄水量 1.72 亿立方米，湖水矿化度 20～25 克每升，属咸水湖。水质类型为Ⅴ类（东端）和劣Ⅴ类（西端），不能饮用灌溉。

苏干湖湖盆为山间断陷盆地，海拔 2 795～2 808 米。该地区气候属内陆高寒半干旱气候。多年平均气温零摄氏度，多年平均年降雨量 18.8 毫米，多年平均年水面蒸发量 1 400 毫米。

苏干湖盆地 1982 年被批准为甘肃省候鸟自然保护区。湖水清澈，候鸟成群；岸上牧草丰美，主要保护对象为鸟类及其生态环境。保护区内已知鸟类有 61 种：夏候鸟 28 种，其中遗鸥、猎隼、白尾鹞为国家重点保护野生动物；冬候鸟 3 种，其中白尾海雕、玉带海雕为国家重点保护野生动物；旅鸟 13 种，其中大天鹅、鹤、草原雕、灰背隼为国家重点保护野生动物；留鸟 17 种，其中鸢、胡兀鹫、兀鹫、秃鹫、红隼为国家重点保护野生动物。兽类有 16 种，属国家二级保护野生动物的有藏原羚、黄羊、鹅喉羚。

苏干湖

10.9.1.1　大哈尔腾河
(Dahaerteng River)

苏干湖水系主要河流，位于甘肃省阿克塞哈萨克族自治县境内。发源于甘肃、青海两省交界处野牛脊山（最高峰海拔 4 904 米）及夭果吐乌兰山（最高峰海拔 4 724 米），由东向西流，全长 144 千米，流域面积 5 967 平方千米。

河水主要由冰雪融水和泉水汇流而成，多年平均年径流量 2.98 亿立方米。河源头有冰川 158 条，冰川面积 266.83 平方千米，冰储量 165.59 亿立方米，雪线海拔 4 820～5 100 米。

大哈尔腾河上源由两条源流汇合而成。西源野马沟，南源阿里马特郭勒。二源汇合后向西流动，左岸先后纳入青马沟、三道沟、头道沟、克希塔斯乌增等支流，右岸依次纳入玉勒昆且尔干德、红庙沟等支流，前行且行且渗入戈壁，部分水量又于塔咯尔巴斯陶、当中泉一带以泉水露出地面，继续

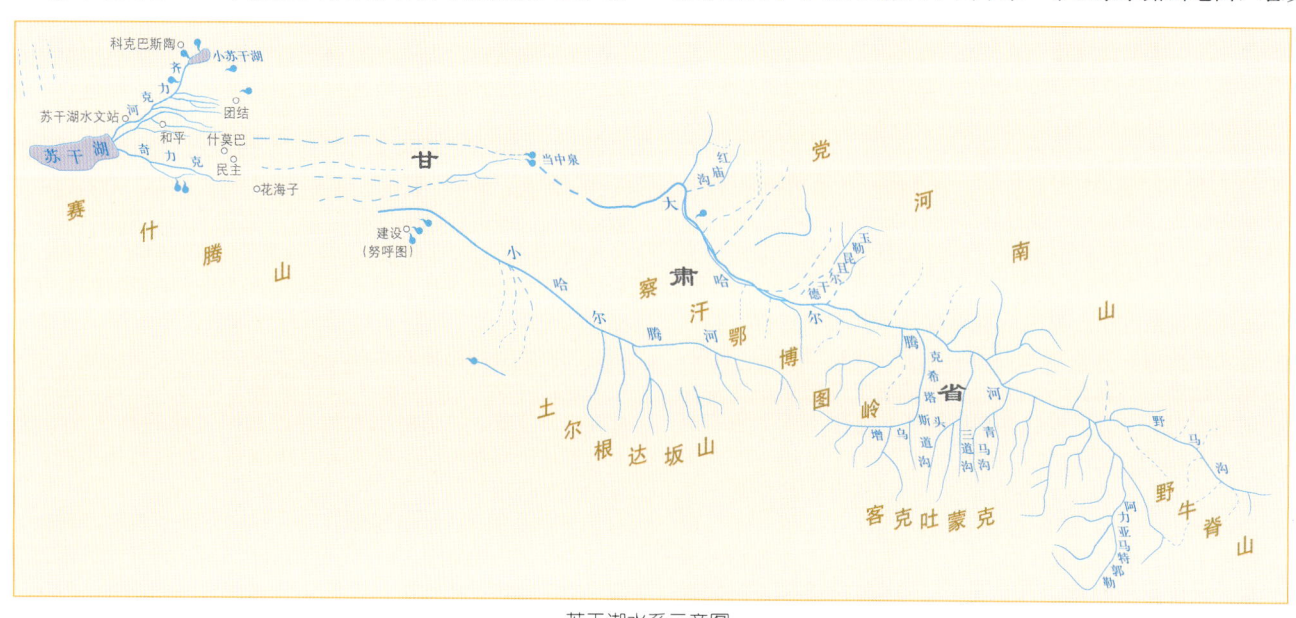
苏干湖水系示意图

大哈尔腾河上游河道

西流15千米后再次渗入戈壁，而于苏干湖西侧的湿地出露。地表水与地下水两次转化，最终汇入苏干湖和**小苏干湖**。

流域属于高山草原—草甸地带，由山地、海子沼泽、荒漠、戈壁等组成。流域属高寒气候带，干旱少雨。多年平均气温−0.9～3摄氏度，多年平均年降水量121.3毫米，多年平均年水面蒸发量1000毫米，年无霜期80～90天。水质类型（中上游）Ⅱ类，矿化度0.23克每升。

河流末端湿地是甘肃省候鸟自然保护区之一。植被有紫花针茅、驼绒藜、羊茅、二裂委陵菜、蒙古葱等。野生动物众多，其中有国家一级保护野生动物野牦牛、藏野驴、雪豹等11种；国家二级保护野生动物有盘羊、岩羊、鹅喉羚、藏原羚等17种。

流域内草场类型是以荒漠为主的天然牧场。河流水力资源理论蕴藏量4.307万千瓦。

10.9.1.2　小哈尔腾河
（Xiaohaerteng River）

属**苏干湖**水系，位于甘肃省阿克塞哈萨克族自治县境内，发源于土尔根达坂山。由东向西流，与**大哈尔腾河**平行流动，全长60千米，流域面积1320平方千米。

河水主要由冰雪融水和泉水汇流而成，于哈尔腾口子渗入戈壁，潜流40千米后，由于努呼图一带受基底为南北向隐伏断裂的影响以泉水露出地面，再流经10千米后又渗入地下。潜流40千米后又于阿克塞哈萨克族自治县民主乡一带第二次露出地面。地表水与地下水经两次转化，最终汇入苏干湖和**小苏干湖**。多年平均年径流量0.662亿立方米。

小哈尔腾河源头有冰川76条，面积40.7平方千米，冰储量13.512亿立方米，雪线海拔4830～4990米。

流域属于高山草原—草甸地带，由山地、海子沼泽、荒漠、戈壁等组成。流域属高寒气候带，干旱少雨。多年平均气温−0.9～3摄氏度，多年平均年降水量121.3毫米，多年平均年水面蒸发量1000毫米，年无霜期80～90天。水质类型为Ⅱ类（中上游），矿化度0.28克每升。草场类型是以荒漠为主的天然牧场。

河流水力资源理论蕴藏量7080千瓦。植被有紫花针茅、驼绒藜、羊茅、二裂委陵菜、蒙古葱等。野生动物众多，其中有国家一级保护野生动物野牦牛、藏野驴、雪豹等11种；国家二级保护野生动物有盘羊、岩羊、鹅喉羚、藏原羚等17种。

10.9.1.3　小苏干湖
（Xiaosugan Lake）

位于**苏干湖**的北部，甘肃省阿克塞哈萨克自治县境内，湖中心地理坐标为东经94°13′、北纬39°04′。两湖之间相距20千米，水道相通，湖水通过齐力克河流向苏干湖。入湖水源是盆地东部**大哈尔腾河**和**小哈尔腾河**潜流。

小苏干湖

水域面积11.6平方千米，平均水深0.6米，蓄水量0.24亿立方米，矿化度1.0～1.2克每升，属微咸水湖。水质类型为Ⅳ类。

湖盆为山间断陷盆地，海拔2795～2808米。该地区气候属内陆高寒半干旱气候。多年平均气温零摄氏度，多年平均年降雨量18.8毫米，多年平均年水面蒸发量1400毫米。

10.9.2　昆特依干盐湖
（Kunteyi Playa）

位于柴达木盆地北缘次级构造盆地内，由广阔的干盐滩和残存的昆特依湖、钾湖、冷湖等卤水湖泊组成，地处青海省海西蒙古族藏族自治州冷湖行政委员会辖区北部，是一个以钾镁盐为主，固液相并存、共生石盐和芒硝矿的特大型综合性矿田。地理坐标为东经92°45′～93°25′，北纬38°24′～39°08′。

昆特依干盐湖北靠阿尔金山南麓，东邻赛什腾山西麓的冷湖长垣，西南接鄂博梁及葫芦山，南部为大盐滩。总面积2765平方千米，海拔2728～2760米。昆特依湖水面积约1.4平方千米，湖水位2728米，水深0.06米；钾湖由12个0.01～0.80平方千米的小湖组成，总面积约1.9平方千米，湖水位2728米，水深约0.05米；冷湖水面面积1.5平方千米，湖水位2744米，湖水由南部外泄，消失在盐碱滩中，部分补给昆特依湖和钾湖。

据冷湖镇气象资料，湖区属柴达木荒漠干旱、极干旱气候，多年平均气温2.6摄氏度，多年平均年降水量15.7毫米，多年平均年水面蒸发量3095毫米，风多且大，平均风速4.2米每秒。湖区及周边地表水系极不发育，土壤大量盐渍化，植被稀少。

青海省地质局1985—1988年组织对该区进行了以钾为主的盐类矿产普查工作,共探明储量:氯化钾1.02亿吨,氯化镁和硫酸镁3.89亿吨,氯化钠814.4亿吨,硫酸钠3.68亿吨,合计823亿吨。除钾湖矿床外,其余均未开采。

湖区内人口稀少,居民大多居住在冷湖镇。冷湖镇位于冷湖东南约10千米处,原属都兰县辖地,1960年曾设冷湖市,1964年撤市设冷湖镇,为冷湖行政委员会驻地,居民有汉、蒙、回等12个民族,人口2万多。冷湖镇是一个伴随石油开采而兴起的城镇,也是青海省西部重要的盐化工基地之一。

10.9.3 德宗马海湖
(Dezongmahai Lake)

也称宗马海湖,位于青海省海西蒙古族藏族自治州西北部、柴达木盆地中北部的马海盆地内,是马海干盐湖内残存的最大卤水湖,东距德令哈市300千米,南距格尔木市280千米。湖中心地理坐标为东经94°18′、北纬38°14′。

德宗马海湖水面长5.0千米,最大宽3.1千米,平均宽1.8千米,水面面积9.0平方千米,湖面高程2 740.0米,水深0.15～0.20米,湖水密度1.236,pH值7.4,矿化度55.16克每升,属硫酸镁亚型盐湖。

湖区属柴达木荒漠干旱、极干旱气候,多年平均气温1.5摄氏度,年降水量25～50毫米,多年平均年水面蒸发量2 700多毫米。湖水主要依赖**鱼卡河**补给。

德宗马海湖位于马海干盐湖的东北缘。干盐滩面积约1 000平方千米,其南部有一较小的卤水湖,称作巴仑马海湖,面积约为德宗马海湖的1/3。两湖相距约22千米。干盐滩系盐类沉积和气候变化所形成,主要盐类矿床有石盐、光卤石、方硼石、钠硼解石、芒硝、石膏、方解石等。干盐滩上部赋存的晶间卤水构成硼、锂、钾等液体矿床,埋深浅,水层厚6～7米,分布面积约80平方千米。南缘为硼酸盐矿区,东北缘为钾镁盐矿区。以钾盐、石盐和光卤石为主,氯化钾储量约800万吨,石盐储量10亿吨以上。

德宗马海湖处于冷湖行政委员会辖区和大柴旦行政委员会辖区的交界地带,其东南部湖滨因鱼卡河分股入湖而成沼泽,湖北与湖南有盐沼泽分布,湖西和西南部则是大面积的干盐滩,干盐滩之南为有名的"南八仙"雅丹地貌区,有315国道(青新公路)穿过。

10.9.3.1 鱼卡河
(Yuka River)

"鱼卡"系蒙古语音译,意为"冬眠",因其结冰期长而得名。位于柴达木盆地北部,青海省海西蒙古族藏族自治州大柴旦行政委员会辖区境内。河长124.6千米,流域面积2 382平方千米。

鱼卡河源头海拔5 000米,河口海拔2 741米,河道平均比降18.1‰。中下游河宽30米左右,河床砂砾石质。流域多年平均年降水量仅100毫米左右,下游的马海地区只有54.6毫米。干流多年平均流量2.86立方米每秒,多年平均年径流量0.9亿立方米,多年平均年输沙量12.1万吨。水力资源理论蕴藏量1.63万千瓦。

流域内交通方便,215国道、315国道经过流域中西部。流域内金、镁、煤储量丰富,已建矿数家进行开采。1998年大柴旦镇的黄金产量348千克。流域下游的马海渠灌区,灌溉面积1 000公顷,干支渠长38千米,已全部加以防渗

鱼卡河

衬砌。

鱼卡河发源于大柴旦北部的吐尔根达坂山的喀克图蒙克冰川,干流流向由东向西再转向西南,源头区分布有83条冰川,冰川面积64.74平方千米,冰川储量22.80亿立方米。冰川消融,水量较丰,支流发育,呈树枝状。主要支流有巴格奇策尔根、依克奇策尔根、巴格拜勒且尔、哈尔昆德、脑儿河和嗷唠河等。干流下游河水大部分渗入地下,形成潜流。干流河源至依克奇策尔根汇口名吉哈布奇勒,以下至马海渠进水口名鱼卡河,进水口至德宗马海湖入口名马海河。

10.9.4 伊克柴达木湖
(Yikechaidamu Lake)

又名大柴旦湖、大柴达木湖,均系蒙古语和汉语的混合称谓,位于青海省海西蒙古族藏族自治州中北部,因附近的地名而得名(湖东数千米即大柴旦)。按其湖水的盐化学成分及含量,属硫酸镁亚型盐湖。地理坐标为东经95°10′～95°17′,北纬37°47′～37°54′。

伊克柴达木湖的面积、水深、浓度等均随季节而变化。湖面呈"弓"字形,湖水位3 148.0米,湖长15.4千米,最大宽3.9千米,平均宽2.23千米,水面面积34.3平方千米。1975年测算时,湖水位3 148.04米,水面面积35.0平方千米,平均水深2.00米,蓄水量0.7亿立方米;2000年调查水位3 148.10米,平均水深2.06米,水面面积36平方千米,蓄水量0.72亿立方米。湖滨为第四系洪积冲积平原和沼泽、盐碱地,面积约200平方千米。湖区属柴达木荒漠干旱、极干旱气候,多年平均气温1.6摄氏度,多年平均年降水量80.8毫米,多年平均年水面蒸发量2 031.8毫米。

伊克柴达木湖的北部和东北部为柴达木山(其主峰海拔5 701米,位于湖正北约15千米处),东南部为库尔雷克山,西部为绿梁山,集水面积1 614.0平方千米。湖以周围的泉水补给为主,地表径流和降水补给为辅。入湖河流中以发源于柴达木山的八里沟河为最大。该河长35千米,在湖东北约7千米处渗入地下,潜流于湖东约5千米处的大柴旦镇区,而后以泉水出露汇集成2条小溪入湖。其他均为短小的泉水河,集水区内有80多个泉眼。据1980年4月调查,湖水密度1.174,pH值7.95,矿化度337.58克每升。湖水中硼、锂含量较高,是我国有名的富硼盐湖之一。湖滨化学沉积硼矿以固体为主,亦有液体,伴生矿为石盐和芒硝。

据1964年底柴达木地质队提交的大柴旦湖硼矿区最终地质勘探报告,该湖及滨湖区的硼、锂、镁、钠、钾矿的储量及品位已基本探明,潜在经济价值近500亿元,是一个大型硼矿区,矿区面积约240平方千米。自1958年以来,大柴旦化工

伊克柴达木湖

厂对湖滨固体富矿进行小规模开采，年生产硼砂数千至一万多吨，卤水硼、锂矿尚未开发利用。随着柴达木循环经济试验区——大柴旦工业园区的建立，伊克柴达木湖资源的综合开发利用将进入一个新阶段。

伊克柴达木湖东至大柴旦镇仅5千米，东南至锡铁山镇80千米，有315国道和215国道在大柴旦镇交会而从湖边穿过，交通甚为便利。大柴旦镇是柴达木盆地的重镇，曾为青海省柴达木行政委员会和青海省海西蒙古族藏族哈萨克族自治州政府的驻地，1960年曾设大柴旦市，后改为大柴旦镇、柴旦镇，为大柴旦行政委员会（州政府派出机构）驻地。2005年建立大柴旦工业园区，是柴达木循环经济试验区的组成部分。园区以利用当地煤炭、盐湖等资源发展煤化工、盐化工产业为重点，构建优势产业链。

10.9.5 巴嘎柴达木湖
（Bagachaidamu Lake）

又名小柴旦湖，小柴达木湖，均系蒙古语和汉语的混合称谓。位于青海省海西蒙古族藏族自治州中北部，因其附近的地名有小柴旦而得名。按其湖水的盐化学成分及含量，属硫酸钠亚型盐湖。地理坐标为东经95°26′～95°35′，北纬37°27′～37°32′。

巴嘎柴达木湖

巴嘎柴达木湖原与伊克柴达木湖属同一大湖，后因湖水退缩而分离成两个独立湖泊。该湖的面积、水深、水的矿化度等均随季节而有所变化。据1984年4月实测资料，湖面高程3 172米，湖长13.2千米，最大宽8.2千米，平均宽5.42千米，水面面积71.5平方千米，最大水深0.69米，平均水深0.26米，蓄水量1 859万立方米。湖滨为第四系洪积冲积砂砾层，古湖岸砂堤随处可见。湖区属柴达木荒漠干旱、极干旱气候，多年平均气温1.1摄氏度，多年平均年降水量82.8毫米。

巴嘎柴达木湖之东北为库尔雷克山，西北为绿梁山，南为锡铁山，集水面积6 154平方千米。湖水主要依赖**塔塔棱河**的补给，集水区内的泉水和地下水较丰富，也是湖水的补给源。据1980年4月调查，湖水密度1.227，pH值7.80，矿化度339.07克每升。湖水中硼、锂含量较高，富硼矿层面积近10平方千米，厚约4米，三氧化二硼储量数十万吨。共生矿物有石盐、芒硝。

据1964年底柴达木地质队提交的小柴旦湖硼矿产地质勘探报告，该湖及滨湖区的硼、锂、钾、镁、钠等矿产资源储量及品位已基本探明，是一个中型硼矿床，矿区面积152平方千米。自1960年以来，小柴旦化工厂露天开采湖南缘的富矿生产硼砂，至1990年前，富矿已采完。湖北侧的贫矿和湖中卤水资源及共生的石盐、芒硝等矿的综合开发正在研究之中。

据考古发现，早在距今两万年前就有先民在巴嘎柴达木湖一带从事采集和狩猎活动，当时的气候景观与现在大不相同。

巴嘎柴达木湖西北距大柴旦镇区约40千米，南距锡铁山镇约20千米，有215国道从湖西岸穿过，交通便利。

10.9.5.1 塔塔棱河
（Tataleng River）

属**巴嘎柴达木湖**水系的内陆河。位于柴达木盆地偏北部，青海省海西蒙古族藏族自治州德令哈市和大柴旦行政委员会辖区境内。

该河河长214.8千米，流域面积4 771平方千米，河源海拔4 550米，河口海拔3 172米，河道落差1 378米，河道平均比降6.4‰。河宽变化幅度大，一般为30米左右，最宽可达500米，砂砾石河床。多年平均流量3.68立方米每秒，多年平均年径流量1.16亿立方米。多年平均年输沙量14.1万吨。结冰期6个月。水力资源理论蕴藏量1.44万千瓦，尚未开发利用。

塔塔棱河

干流偏于流域左侧，较大支流都分布在干流右侧，多数发源于喀克图蒙克冰川。冰川85条，总面积104.15平方千米，储量61.44亿立方米，年融水量0.52亿立方米。河道径流主要以冰雪融水和地下水补给，流量随气温升高而加大。下游左侧小柴旦多年平均年降水量100.5毫米。

河流发源于德令哈市城区西北直距约80千米的伊克达坂山口东南高地，河源段河名为艾力斯台郭勒，自源头向东南流约20千米到浩尧尔诺尔（小湖），由湖西出流向西流约43千米，纳右岸支流东亚马托郭勒，汇口以下河名为喀克吐郭勒，继续西流 70 多千米，右纳最大支流西亚马托郭勒（又称牙马图河），汇口以下河名塔塔棱河。自西亚马托郭勒汇口处河道进入长约 40 千米的峡谷。峡口以上为时令河，河长 130 多千米。出峡谷后流向转为从东北向西南，地势平坦，青新公路附近河道约 8.4 千米长年有水，过公路桥以后，河水下渗，又成为季节河，长约 13.6 千米。到塔克勒根附近因有泉水补给，河道又常年有水，沿河一带有沼泽分布，河水转向东南流约 16 千米汇入巴嘎柴达木湖。

10.9.6 托素湖
(Tuosu Lake)

蒙古语和汉语的混合称谓，系"油亮湖"之意。位于青海省海西蒙古族藏族自治州德令哈市中南部，北邻**克鲁克湖**，是面积较大的咸水湖。地理坐标为东经 96°50′~97°03′，北纬 37°03′~37°13′。

托素湖

据 2000 年资料，托素湖水面海拔 2 785.5 米，水面面积 135.0 平方千米，最大水深 21.8 米，平均水深 12.7 米，蓄水量 17.2 亿立方米，为有资料以来的最低值。2004 年监测，湖水 pH 值 8.7，水体呈微碱性，湖水矿化度 35.74 克每升，为 1961 年 15.25 克每升的 2.34 倍。湖滨为第四系洪积冲积砂砾层和湖积盐碱地、风积沙丘。湖中有两个小岛。较大者在湖中北部，面积 3.4 平方千米，北距湖岸约 5 千米，岛上最高点海拔 2 842 米，高出湖面 50 多米；较小者在湖西南角，面积约 0.6 平方千米，距最近湖岸约 1 千米。湖区属柴达木荒漠干旱、极干旱气候，多年平均气温 3.7 摄氏度，多年平均年降水量 82.4 毫米左右。湖水主要依赖西北部的连水河接纳克鲁克湖水补给，克鲁克湖主要靠由东北部入湖的**巴音河**和由西南部入湖的巴勒根河水补给。两湖水面高差 28 米左右。

与连水河相连的一咸一淡的托素湖和克鲁克湖，在当地有连湖、褡裢湖之俗称。连水河上建有装机容量 500 千瓦的小水电站。托素湖和克鲁克湖湿地被列入中国重要湿地名录，2000 年被确定为青海省自然保护区，以水禽和湿地生态系统为保护对象。早在 1922 年，中国和瑞典科学家组成的西北科学考察团曾到这里考察，并在托素湖第三系岩层中发现动物化石，被命名为柴达木兽。托素湖中二岛为多种候鸟的栖息繁衍之地，主要有鱼鸥、棕头鸥、黄鸭、

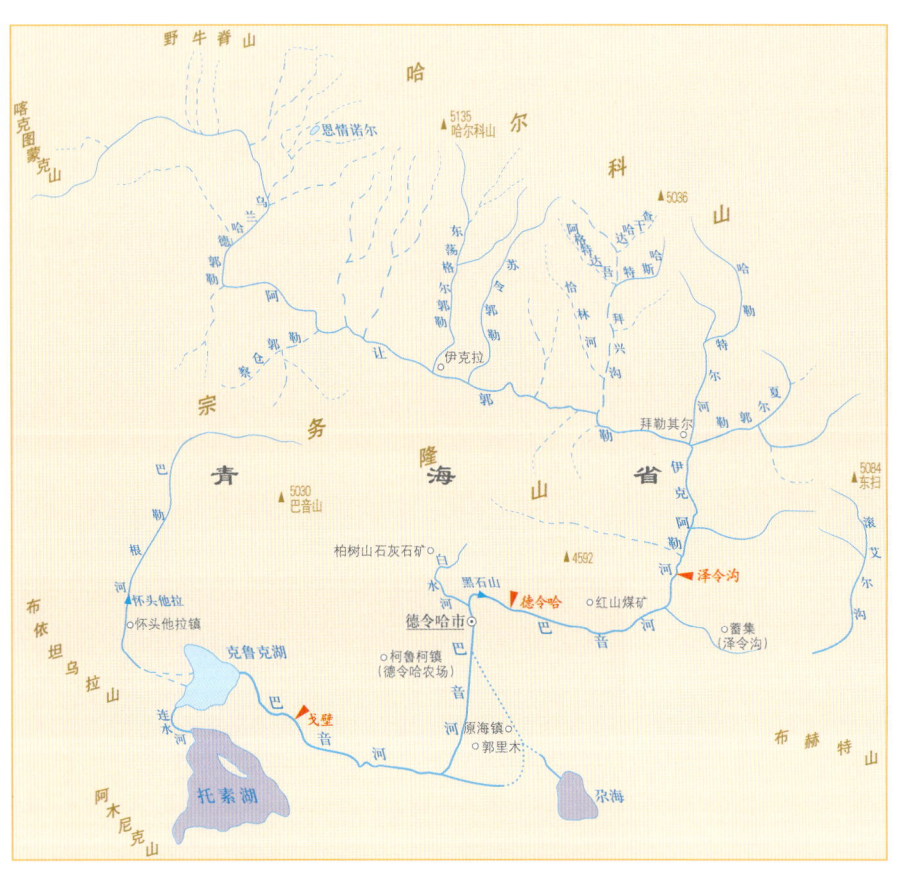
托素湖水系示意图

托素湖全景

托素湖畔

克鲁克湖水鸟

湖被当地合称为连湖、褡裢湖。两湖湿地被列入中国重要湿地名录，2000年被确定为青海省自然保护区，以水禽和湿地生态系统为保护对象。主要水禽有白天鹅、黑颈鹤、斑头雁、灰雁、鱼鸥、棕头鸥等10多种。

赤麻鸭、秋沙鸭等，两湖之间的沙丘是斑头雁、灰雁等鸟类的安居之所。很多数量的水禽多到克鲁克湖觅食。每年4—9月是鸟儿最多的时候，到托素湖和克鲁克湖观赏旅游者很多。该湖东距德令哈市区60多千米，湖北岸紧邻青藏铁路，公路可达湖边，交通较为便利。

10.9.6.1 克鲁克湖
(Keluke Lake)

又称可鲁克湖、库尔雷克湖，均系蒙古语和汉语的混合称谓。位于青海省海西蒙古族藏族自治州德令哈市中南部，是柴达木盆地第二大淡水湖。地理坐标为东经96°51′～96°57′，北纬37°14′～37°20′。

克鲁克湖2000年湖面水位2 813.3米，水面面积59.6平方千米，最大水深9.4米，平均水深3.14米，蓄水量为1.8亿立方米。湖水pH值8.9。湖水矿化度在0.64～0.79克每升之间，属氯化物硫酸盐钠镁型淡水。2004年10月监测水质为Ⅱ类。湖内近岸水域芦苇丛生，湖中水生植物遍布，浮游动植物和底栖动物种类较多、数量较大，生物饵料较丰富，是青藏高原不可多得的适于发展水产养殖的淡水湖泊。湖区属柴达木荒漠干旱、极干旱气候，多年平均气温约3.7摄氏度，极端最低气温－27.2摄氏度，多年平均无霜期96天，年均日照时数3 182小时，多年平均年降水量82.4毫米，多年平均年水面蒸发量2 200多毫米，年均风速3.0米每秒。

克鲁克湖之北为宗务隆山，之西为布依坦乌拉山，西南为阿木尼克山，湖周边多沙地。该湖与其南部相邻的**托素湖**同处在山间形成的德令哈盆地内。湖东部为巴音河谷地，地势低洼，河曲发育，沼泽湿地灌丛密布，湿地面积约150平方千米；湖西部有大片刺灌丛林；南、北湖滨为盐碱地和砂砾地；湖西北部有长13千米、宽约100米的沙堤，距湖岸不足100米，局部已与湖岸相连。湖水主要依赖地表径流补给，集水面积12 360平方千米。入湖河流有**巴音河**和巴勒根河。巴音河多年平均年径流量3.25亿立方米，于克鲁克湖东北角汇入。巴勒根河长约80千米，发源于宗务隆山脉的埃斯肯山北坡。在距河源64千米的出峡口处建有怀头他拉水库，水库坝址以上流域面积1 816平方千米，坝址处多年平均流量1.28立方米每秒，多年平均年径流量0.4亿立方米，河道平均比降20‰。水库以下河水向东南流约16千米，由克鲁克湖西南部入湖，河口海拔2 814米。水库以下河道平均比降5‰。以上两河下游两岸发展绿洲农林地约达1.5万公顷。州府德令哈市和其西约70千米处的怀头他拉镇的城镇建设正在迅速发展，柴达木循环经济试验区德令哈工业园区的建设方兴未艾，两河在解决工农业用水和城镇供水等方面发挥着重要作用。克鲁克湖出流经西部的连水河（长约10千米）注入托素湖。两

克鲁克湖全景

克鲁克湖是海西州的水产养殖基地。水产养殖场建于1976年，放养鲤鱼、鲫鱼、草鱼、鲢鱼等8种，1988年又移植池沼公鱼、虾、蟹，获得成功。现经济鱼类资源量达2 000多吨，水产品年产量200吨左右。315国道从湖北穿过，青藏铁路从湖南穿过，东距德令哈市区约60千米，交通便利。湖周风光旖旎独特，为柴达木盆地中有名的旅游胜地。

10.9.6.2 巴音河
(Bayin River)

托素湖水系的主要河流，又称巴音郭勒、阿让郭勒。巴音郭勒为蒙古语音译，意为"富饶的河"。位于柴达木盆地东北部，青海省海西蒙古族藏族自治州德令哈市境内，流域面积10 200多平方千米。

概　述

流域地势北高南低。横亘于流域中部的宗务隆山将流域分为北部高山区和南部盆地区两大地貌类型，对流域的气候、生态具有很大影响。西北部的高山上有零星分布的11条冰川，总面积2.87平方千米，冰储量6 350万立方米，是巴音河源头区融水补给的重要来源。流域北部的野牛脊山和哈尔科山南坡是巴音河上游段的主要产水区。流域南部是以冲洪积扇为主体的次一级盆地——德令哈盆地和蓄集盆地（亦称泽令沟盆地），盆地中心部位的第四系堆积层厚达1 000米以上。

流域地处中纬度内陆高原，具有典型的高原大陆性气候特征。降水稀少，蒸发强烈。多年平均年降水量北部在200毫

巴音河

巴音河河道治理

米以上，南部在50～150毫米之间；多年平均年水面蒸发量在2 000～2 500毫米之间。气温偏低，昼夜温差大，无霜期短。德令哈市区年平均气温3.6摄氏度，平均日较差16摄氏度；南部农业区平均年无霜期为90天，北部山区没有绝对无霜期。

巴音河干流长326千米，源头海拔4 720米，河口海拔2 814米，河道落差1 906米，平均比降5.85‰。径流来自降水、冰雪融水和地下水补给。上游水系较发育，众多支流来自野牛脊山、哈尔科山南坡，形成梳状水系，右岸支流少且短小。较大的支流有**东荡格尔郭勒**、**拜兴沟**、哈勒特尔河、夏尔郭勒等。干流出宗务隆山后，河宽30～50米，河床为砂砾石。德令哈水文站控制流域面积7 800多平方千米，该站断面多年平均流量10.31立方米每秒，多年平均年径流量3.25亿立方米，年均输沙量26.7万吨。河水年结冰期5～6个月。水力资源理论蕴藏量5.89万千瓦。

自20世纪50年代以来，流域内的水利建设不断发展，建成了德令哈、尕海、泽令沟、戈壁等四处万亩以上灌区，灌溉年引水量1.57亿立方米，有效灌溉面积8 800公顷。干流上建成一座中型水库——**黑石山水库**，库容3 664万立方米。此处还修建了一批机井、蓄水池和输水管道，基本形成了城乡供水系统。在干支流上建成小型水电站10座，总装机容量8 245千瓦，年发电量3 643万千瓦时。

纪　实

巴音河发源于喀克图蒙克山和伊克达坂山口以西约9千米的高地，源流段名乌兰哈德郭勒，自源头先向东北，继而向东南，左岸纳数条支流后转向西南，河道在山谷中曲折迂回约78千米，右岸纳一条小支流后转向东流，河始称阿让郭勒。河东流8千米后转向东南，东南流15千米，纳右岸支流察仓郭勒，继续东南流，左岸先后纳2条长30多千米的支流，于流程约123千米处的伊克拉村附近，左岸纳较大支流东荡格尔郭勒。汇口以上的干支流均为时令河。过伊克拉村东流约7千米，左纳支流苏令郭勒。继续向东南蜿蜒流淌27千米，最大支流拜兴沟从左岸汇入。再东南流约22千米，在拜勒其尔村东南侧左岸接纳较大支流哈勒特尔河和夏尔郭勒。之后转向南流，进入宗务隆山的蓄集峡，峡长21千米，出峡再南流约7千米出山，此段河名伊克阿勒河。出山口后河名为巴音河，河水改为西流，大量渗入地下，在蓄集盆地形成长20余千米的潜流段，于德令哈水文站上游约7千米处大量溢出，形成水流稳定的河道。德令哈水文站以西约7千米的河道上建有黑石山水库，大坝以下河水南流约2千米经过德令哈市城区，在城南的戈壁滩上大量渗漏，形成潜流，除少量向东南汇入**尕海**处，大部分潜流20余千米后在郭里木村附近溢出，汇流成河，向西曲折流淌约52千米注入**克鲁克湖**。在湖东南约10千米范围内，由于河床坡度减缓，河水分股散流，形成了宽阔的沼泽带，其上芦苇丛生，一派风光。河水经克鲁克湖调节后，经连水河排泄入托素湖。

德令哈市坐落在巴音河畔，是海西蒙古族藏族自治州人民政府驻地，是一座随着改革开放发展起来的戈壁新城。城区居住着汉、蒙古、藏、回等各民族人口6万余，青藏铁路、青新公路（315国道）穿境而过，市区楼房鳞次栉比，多姿多彩，市政建设欣欣向荣，工业商业方兴未艾。德令哈工业园区是2005年国务院批准建设的达木循环经济试验区的组成部分，以利用当地石灰石、盐、煤炭资源，发展纯碱、烧碱等盐碱化工产业为重点，产业链业已形成，年产纯碱达100万吨，德令哈因此而有"中国碱都"之誉。

流域北部山区野生动物资源丰富，主要有野牦牛、野驴、岩羊、盘羊、草豹、棕熊、马鹿等。宗务隆山中有大片天然森林，树种以圆柏为主，树龄一概在250～500年之间。在河谷坡地有锁阳、黄芪、羌活、枸杞等药用植物生长。流域内有各类草场40多万公顷，具有发展畜牧业生产的基础，主要畜种有绵羊、山羊、牦牛、黄牛、马等。宗务隆山以南的冲洪积平原广阔，平均海拔2 900米左右，宜农土地资源丰富，经数十年的努力，有近1万公顷的土地被开发成有灌溉保障的农田，主要农作物有小麦、青稞、土豆、油菜、豌豆等，蔬菜种植处在快速发展之中。流域内矿产资源可观，已探明的有石灰石、煤、金、云母、水晶石、铝、钨等43种，巴音河上游区砂金储量丰富。

10.9.6.2.1　东荡格尔郭勒
（Dongdanggeerguole River）

巴音河左岸支流。位于柴达木盆地东北部，青海省海西蒙古族藏族自治州德令哈市境内。河长48.5千米，流域面积400平方千米。

东荡格尔郭勒源头海拔4 670米，汇口海拔3 880米，河道落差790米，平均比降16.29‰。多年平均流量0.41立方米每秒，多年平均年径流量1 290万立方米。流域地势北高南低。河道较顺直，集水面积较小，支流短促，水量小。径流由降水及冰雪融水补给。年结冰期约5个月。上游高寒山区，冰雪覆盖，有许多泉水汇入河道。中下游地区为蓄集草场，有牧民驻牧于此，纯牧业经济，交通闭塞。

河流发源于德令哈市中部哈尔科山南麓。自源头向西南流约12千米左岸纳长约9千米的一条小支流，继续西南流约3.5千米，右岸纳长约14千米的支流，再向西南行约9.5千米，纳东北来的长约17千米的最大支流，然后流向正南，约15千米又折向西南约7千米后至伊克拉村西侧，最后转向东南流约 1.5 千米汇入巴音河干流（阿让郭勒段）。

10.9.6.2.2 拜兴沟
(Baixinggou River)

巴音河左岸支流，位于柴达木盆地东北部，青海省海西蒙古族藏族自治州德令哈市境内。河长 50 千米，流域面积 500 平方千米。

源头海拔 4 750 米，汇口海拔 3 644 米，河道落差 1 106 米，平均比降 22.0‰。多年平均流量 0.79 立方米每秒，多年平均年径流量 0.25 亿立方米，年结冰期约 5 个月。

流域地势北部高、南部低。有大小支流 8 条，水源由降水及冰雪融水补给。上游高寒山区有冰雪覆盖。干支流河谷地带为蓄集草场，有牧民驻牧于此，纯牧业经济。有便道贯穿流域南北，北上 30 余千米可达**哈拉湖**，河口往东沿巴音河约 16 千米即至拜勒其尔村。

河流发源于德令哈市中部哈尔科山东南麓，自源头向东南流约 16 千米，左岸纳长约 10 千米的支流查干哈达，之后转向南流，在流程 21 千米处右岸接纳长约 21 千米的支流阿格特达吾，接着左岸纳长约 20 千米的支流哈斯特，在流程 40 千米处右岸纳长约 29 千米的最大支流恰林河。之后继续南流 6 千米后转向西南流约 4 千米入巴音河（阿让郭勒段）。

10.9.6.2.3 黑石山水库
(Heishishan Reservoir)

又名巴音河水库，**巴音河**中游的中型水库，位于青海省海西蒙古族藏族自治州德令哈市城区以北约 2 千米处，因大坝建在黑石山口而得名。

水库是以灌溉为主，兼有发电和防洪等综合效益的年调节水利枢纽，水库枢纽工程于 1987 年 8 月正式开工，1992 年 10 月竣工。设计正常蓄水位 3 020 米。水库总库容 3 664 万立方米。

水库枢纽工程由主坝、副坝、溢洪道、冲砂洞、输水洞、坝后水电站等部分组成。主坝为黏土心墙砂壳坝，最大坝高 34.5 米，坝顶高程 3 023 米，坝顶长 160 米，顶宽 6 米；副坝为土工膜面板坝，最大坝高 10 米，坝顶高程 3 023 米，坝顶长 380 米；溢洪道位于小孤山北侧，长 201.54 米，最大泄洪流量 530 立方米每秒；冲砂洞埋于主坝下，长 133 米，洞径 2 米，最大下泄流量 48 立方米每秒；输水洞为钢筋混凝土有压洞，长 168.9 米，洞径 2.5 米，最大流量 13.6 立方米每秒；坝后水电站装机容量 3×1 000 千瓦。

水库投入运行以来，效益显著。一是黑石山灌区的 1.13 万公顷农田灌溉得以保证，年提供灌溉用水量 1.65 亿立方米，灌区粮食增产幅度达 15%；二是坝后水电站年发电量 1 500 多万千瓦时，为德令哈地区提供电力，同时提高了下游梯级电站的保证出力；三是为德令哈市区 5 万多人的生命财产和下游水电站、青藏铁路、青新公路、涩西兰（涩北—西宁—兰州）输气管道、兰西拉（兰州—西宁—拉萨）光缆等设施提供了防洪安全保障。

水库回水 5 000 多米，形成约 300 公顷的水面，主坝与副坝之间的小孤山上建有管理房和曲径亭台。登临眺望，黑山碧水，风光旖旎。水库具有发展水产养殖和旅游服务的潜力。

黑石山水库全景

水库投入运行以来，存在坝基渗漏和副坝防渗体破坏渐趋严重、溢洪道及冲砂闸启闭不灵等问题，严重影响水库大坝的安全。鉴于此，2001 年 8 月至 2002 年 7 月实施了除险加固，使水库大坝存在的问题得到有效处理，保障了水库枢纽工程的安全运行。

10.9.7 尕海
(Gahai Lake)

又称巴尕哈日诺尔，蒙古语音译，意为"小黑湖"。位于柴达木盆地东北部，青海省海西蒙古族藏族自治州德令哈市东南部。按湖水中所含物质的化学成分及其含量，属硫酸镁亚型盐湖。湖中心地理坐标为东经 97°33′、北纬 37°08′。

尕海湖

尕海的面积、水深、水的矿化度等均随入湖水量和气候、季节而变化。据实测资料，集水面积 1 925 平方千米，湖面水

黑石山水库

位 2 849.0 米，湖南北长 7.9 千米，东西最宽 5.4 千米，平均宽 4.05 千米，水面面积 32.0 平方千米，最大水深 15.0 米，平均水深 2.7 米，蓄水量为 0.86 亿立方米。湖水 pH 值 8.28，矿化度 90.59 克每升。

湖区属柴达木荒漠干旱、极干旱气候，多年平均气温约 3.0 摄氏度，多年平均年降水量 100 毫米左右，多年平均年水面蒸发量 2 200 毫米左右，年均风速 2.5 米每秒。

尕海地处宗务隆山南德令哈盆地东南部，西距**托素湖**、**克鲁克湖** 43 千米，西北距德令哈市城区 28 千米，距尕海镇城区 12 千米。湖滨为第四系洪积冲积砂砾层，周边有风蚀沙丘，也有灌木草丛分布。湖西北一带水土条件较好，农业开发已有 50 年的历史，曾建有德令哈农场尕海分场，现为**黑石山水库**（建在**巴音河**上）灌区的组成部分，属新置的尕海镇管辖，居民点较为密集。湖西南岸边有放牧点。

湖西南和东北方向有数条干河床。湖水主要依赖巴音河下渗的地下水补给，其中包括灌溉下渗回归水。湖底为中细砂沉积和淤泥。湖中生长的大量菌虫成为鱼虾蟹的饵料。湖东岸紧邻青藏铁路和县级公路，交通较为便利。

10.9.8　柴凯盐湖
（Chaikai Salt Lake）

"柴凯"为蒙古语音译，"淡白色"之意。位于柴达木盆地东部的次级盆地——希里沟盆地的西部，青海省乌兰县境内，是一个固液相并存的盐湖。地属青海省海西蒙古族藏族自治州德令哈市，位居**尕海**之南。湖中心地理坐标为东经 98°00′、北纬 37°01′。

柴凯盐湖总面积约 48 平方千米，其中水域面积在 50 年前约占 40%，随后水域面积呈缩小趋势，干盐滩面积呈扩大趋势。1959 年水域面积约 18 平方千米，水深数厘米；干盐滩地面海拔 2 935～2 945 米，面积 25～30 平方千米。湖内为粉砂、黏土和石盐沉积，石盐、石膏和砂质黏土、黏土分层分布。最上层为厚 0.70～3.17 米的石盐，石盐层面积约 3.8 平方千米，储量约 1 000 万吨。

在第四纪早期，柴凯盐湖与其东部相邻的**柯柯盐湖**、**希里沟湖**同属一个大湖，后因气候变化、湖水位下降而分离成多个独立湖泊。该湖湖滨地带为洪积冲积砂砾地。

湖区属柴达木荒漠干旱、极干旱气候，多年平均气温 3 摄氏度，多年平均年降水量 150 毫米，多年平均年水面蒸发量约 2 100 毫米。湖水主要依赖地下水补给。湖西南约 12 千米处为海拔 4 472 米的牦牛山主峰，湖东北约 10 千米处为海拔 4 067 米的阿木尼克山主峰，湖东距乌兰县城希里沟镇 44 千米，湖北紧邻青藏铁路和县级公路，交通较为便利。湖周边数千米内无居民点。

10.9.9　柯柯盐湖
（Keke Salt Lake）

又名达乌苏诺尔，蒙古语"盐湖"之意。"柯柯"为蒙古语"蔚蓝色"的音译，后演变成地名和湖名皆与清代曾在此设置柯柯贝勒旗有关。柯柯盐湖位于柴达木盆地东部的次级盆地——希里沟盆地中部，青海省乌兰县柯柯镇境内，是一个固液相并存的盐湖。地理坐标为东经 97°58′～98°20′，北纬 36°50′～37°06′。

柯柯盐湖由干盐滩和两个小卤水湖组成，地面海拔 2 932～2 945 米，干盐滩面积 90.0～95.0 平方千米，西东两个小卤水湖的面积分别为 2.4 平方千米和 1.2 平方千米，湖面水位

柯柯盐湖

2 931.0 米。1980 年 4 月调查，湖水 pH 值 6.75，矿化度 326.38 克每升。卤水储量近 2 亿立方米，卤水中富含钾、硼、锂等。盐滩矿床主要是石膏、芒硝、石盐沉积，其中石膏、芒硝层厚 0.24～8.58 米，一般为 4.50 米，石盐层厚 0.30～19.84 米，平均厚度为 9.48 米，面积近 95 平方千米，总储量约 9.6 亿吨，氯化钠含量 78.8%。

柯柯盐湖赛什克河

柯柯盐湖与其东部相邻的**柴凯盐湖**、**希里沟湖**在第四纪早期属同一大湖，后因湖水退缩而分离成独立湖泊。湖滨为第四系洪积、冲积、风积、湖积砂砾层。

柯柯盐厂

湖区属柴达木荒漠干旱、极干旱气候，多年平均气温 3 摄氏度，多年平均年降水量 150 毫米，多年平均年水面蒸发量约 2 000 毫米。湖水主要依赖地下径流补给（大部分来自湖东北部的赛什克河在下游形成的潜流），湖区及周围多有泉眼分布。

柯柯盐湖是一个高品位的中型湖泊沉积盐矿床，在干盐滩上建有柯柯盐厂，年生产精制盐、再生盐和工业盐 50 多万吨，供销国内外。该厂东距乌兰县城希里沟镇 30 千米、柯柯

镇16千米,青藏铁路和公路从湖区穿过,厂区有铁路专用线,交通便利。

10.9.10 希里沟湖
(Xiligou Lake)

又名都兰湖。"希里沟"和"都兰"均系蒙古语音译,分别为"草甸子"和"温暖"之意,原系对当地草地和气温情况的表述,后演变为对地名、河名及湖名的称谓。该湖位于柴达木盆地东北部,处在次级盆地——希里沟盆地的东部。按湖水所含化学成分及含量,属硫酸钠亚型盐湖。湖中心地理坐标为东经98°27′、北纬36°51′。

希里沟湖的面积、水深、水的矿化度等随入湖水量和气候、季节而变化。据1958年青海省水电设计院首次测算,湖面水位2 936.80米,水面面积21.0平方千米,平均水深1.90米,蓄水量0.4亿立方米;1995年水面面积曾降至11.6平方千米,湖水位2 936.00米,蓄水量约0.3亿立方米;2000年调查,湖面积23.0平方千米,平均水深约1.91米,湖水位2 936.98米,蓄水量0.44亿立方米。据1980年4月调查,湖水pH值7.62,矿化度213.32克每升,水中钠、镁含量较高,分别达到79.0克每升和11.1克每升。

希里沟湖与其以西相邻的**柯柯盐湖**、**柴凯盐湖**在第四纪早期属同一大湖,后因气候变化、湖水面下降而分离成几个独立的湖泊。该湖湖滨为第四系洪积冲积风积砂砾层和湖积黏土、砂质黏土,局部地段有少量石盐沉积。湖区属柴达木干旱、极干旱气候,多年平均气温3摄氏度,多年平均年降水量200毫米,多年平均年水面蒸发量约2 000毫米。湖水主要依赖地表径流补给,集水面积2 623.0平方千米,入湖河流2条,其中**都兰河**长83.1千米,发源于与乌兰县相邻的天峻县南部,河源海拔4 520米,河口海拔2 937米,在距河口25千米处水文站测得多年平均流量1.04立方米每秒,多年平均年径流量3 280万立方米。另一条长54千米的赛什克河,河水大部分向西潜流汇入柯柯盐湖,只有少部分由北向南注入希里沟湖。在以上两河上各建有一座水库,总库容342万立方米,为附近的希赛灌区4 000多公顷的农田灌溉供水,年灌溉引水量约2 000万立方米,有部分灌溉回归水入湖。

希里沟湖东北约7千米处为青海省海西蒙古族藏族自治州乌兰县县城希里沟镇,坐落在都兰河畔,镇内有希里沟古城遗址,为青海省文物保护单位,镇北临近青藏铁路和315国道,交通便利。

10.9.10.1 都兰河
(Dulan River)

属柴达木盆地**希里沟湖**水系的内陆河。"都兰"系蒙古语音译,意为"温暖"。位于青海省海西蒙古族藏族自治州乌兰县东北部。河长83.1千米,流域面积1 133平方千米。

河流源头海拔4 350米,河口海拔2 937米,河道落差1 413米,平均比降17.0‰,河宽10~20米,砂砾石河床。河源一带以泉水补给为主,中下游以降水补给为主,多年平均年降水量237毫米,多年平均流量1.04立方米每秒,多年平均年径流量0.33亿立方米,年结冰期5~6个月。

最大支流查汗郭勒,又名察汗河,在上尕巴村附近由北向南汇入干流。建于下游的都兰河水库亦称红山嘴水库,最大坝高18米,设计总库容240万立方米。水库下游的希赛灌区灌溉面积4 000多公顷。

希里沟镇坐落在都兰河下游河畔,是柴达木盆地重镇,

都兰河

都兰河水库

1960年以来为乌兰县政府驻地。乌兰县工业总产值在海西州名列前茅,也是海西州绵羊改良基地。

都兰河发源于与乌兰县相邻的天峻县南部山地,自源头向东南约35千米至与国道315线交会处折向西流,经20千米至乌兰县铜普镇政府所在地中尕巴村附近又转向西南,西南流约25千米注入希里沟湖。

始建于清代乾隆年间的蒙古族藏传佛教格鲁派寺院都兰寺,位于河下游北侧山坡上,寺内藏有丰富的文物、经典,为海西州三大寺之一,青海省文物保护单位。流域下游地区交通方便,有青藏铁路与315国道通过。

10.9.11 苦海
(Kuhai Lake)

又名豆错,为藏语称谓。位于柴达木盆地东南端,是阿尼玛卿山西段山间盆地内的一个咸水湖,地跨青海省果洛藏族自治州玛多县、海南藏族自治州兴海县,属玛多县花石峡镇和兴海县温泉乡。湖中心地理坐标为东经99°10′、北纬35°19′。

苦海近似椭圆形,湖面海拔4 128.0米,湖长10.6千米,最大宽6.6千米,平均宽4.15千米,湖面面积44.0平方千米,平均水深约10米,蓄水量4.4亿立方米。青海省水电设计院1966年首次测算和2000年调查,湖的面积、水深基本稳定。湖中有4个石质小岛,最大的位于湖西南部,面积0.73平方千米,其余面积均为0.01平方千米左右。湖西岸、南岸曲折陡峭,湖东岸、北岸为山麓坡积、洪积平原,岸线平整。湖区属青南高寒草原半干旱气候,多年平均气温1.0摄氏度,年降水量300~400毫米,集水面积560.0平方千米。湖水以泉水和地下水补给为主,泉水汇集而成的长12千米的措尼河从西北向东南注入苦海。

苦海西距**冬给措纳湖**37千米，湖东南侧约4千米处探明有大型汞矿床，湖以东约6千米处有温泉及小型煤矿，214国道从湖北部近岸旁穿过，湖岸最近距离仅2千米，汽车可达湖边。湖周边草甸植被良好，土壤为高山草甸土，植物有西藏嵩草、青藏苔草等，有藏民牧点分布。湖水苦咸，不适宜鱼类生长，但卤虫资源较丰。

10.9.12 察尔汗盐湖水系
(Water System in Chaerhan Salt Lake Area)

也称察尔汗盐池，位于柴达木盆地中部，由达布逊湖、西达布逊湖、北霍鲁逊湖、南霍鲁逊湖、涩聂湖、大别勒湖、小别勒湖、团结湖、协作湖等10个长年或季节性有湖水的盐湖（卤水湖）和大片干盐湖体及盐沼泽组成，是我国最大的固相、液相并存的盐湖，总面积5 856平方千米，跨青海省海西蒙古族藏族自治州（简称海西州）格尔木市和都兰县。地理坐标位于东经94°04′～96°20′，北纬36°40′～37°10′。

察尔汗盐湖

概 述

察尔汗盐湖处于柴达木盆地中部的沉降中心区，是柴达木盆地内海拔最低的次级盆地。地面海拔2 678.0～2 683.0米，东西长约200千米，南北宽20～40千米，是一个巨大的狭长湖盆。

察尔汗盐湖是经历了数万年的漫长演变而形成的，成盐和淡化随着气候的多次冷暖变化而交替进行，湖区盐层分阶段沉积，全湖区普遍沉积了4层，部分湖区沉积了5层，湖水范围逐渐缩小，除河流入湖附近保留有十来个大小不等的卤水湖外，大部湖区变成干盐滩。由于湖水补给入不敷出，水面总的趋势是继续退缩，干盐湖面积不断扩大。各卤水湖受径流补给的变化而变化，其变化幅度甚大。如达布逊湖，面积在184～1 001平方千米之间变化，相应的水深在0.36～1.02米之间变化，湖水平均密度1.253，矿化度371.05克每升，洪水期湖水密度1.190，矿化度285.80克每升。北霍鲁逊湖面积变化在56.8～441.48平方千米之间，相应的水深变化在0.09～0.32米之间，湖水平均密度一般为1.212，矿化度383.10克每升，洪水期湖水密度1.163，矿化度257.65克每升。涩聂湖面积48.4～103.4平方千米，水深0.36～0.45米，湖水密度一般为1.237，矿化度411.98克每升，洪水期湖水密度1.169，矿化度267.95克每升。南霍鲁逊湖面积8.24～74.7平方千米，水深0.08～0.29米。大别勒湖面积7.38～85.45平方千米，水深0.03～0.07米。小别勒湖、协作湖、团结湖等小湖的面积变化幅度很大，湖水很浅而矿化度很高。在入湖河流水量最大时，各卤水湖总面积可达1 700多平方千米，约占盐湖总面积的30％；各卤水湖水面最小时，其总面积仅290多平方千米，约占盐湖总面积的5％。

察尔汗盐湖湖区属柴达木荒漠干旱、极干旱气候。多年平均气温5.2摄氏度，极端最低气温－29.7摄氏度，极端最高气温35.5摄氏度；多年平均年降水量24.7毫米，多年平均年水面蒸发量3 543.1毫米；年均风速4.3米每秒。湖水主要依赖地表径流补给，集水面积13.2万平方千米，其中山区为6.2万平方千米。入湖河流18条，实测16条河流的多年平均流量62.4立方米每秒，多年平均年径流量19.8亿立方米，但由于沿程渗漏蒸发等消耗，净入湖径流量仅8.2亿立方米。其中**格尔木河**、**素棱郭勒河**、**柴达木河**、**诺木洪河**、**乌图美仁河**、**托拉海河**、**大灶火河**等为主要入湖河流。

纪 实

察尔汗盐湖固相、液相并存，湖区表面大部分干涸，形成由石盐、卤水和泥沙胶结而成的盐壳，壳下有厚达几十米的有层理的盐类沉积，盐壳地上无植被，局部有风沙堆积，地势起伏不大，在与入湖河流相连的低洼处为盐卤水域和沼泽。湖区盐壳上有敦格公路和青藏铁路并行跨过，湖区长达32千米的盐公路被誉为"万丈盐桥"。在盐湖上修建公路、铁路是中外交通史上的奇迹。

察尔汗盐湖的入湖河流大多发源于南部、东南部的布尔汗布达山和西南部的沙松乌拉山，少数河流发源于东北部的阿木尼克山和锡铁山，盐湖北部的绿梁山和西北部的东陵丘、南陵丘一带无地表径流入湖。

察尔汗盐湖有好几个奇特的湖中套湖，湖水碧蓝，湖周凝结了一圈盐带，好似银白花边镶嵌在那里。盐结晶体形状奇异，色彩斑斓，被人们分别冠以水晶盐、玻璃盐、珍珠盐、雪花盐、钟乳盐、葡萄盐等美称。

察尔汗盐湖是一个固液相并存的巨型盐矿田，各盐层的分布范围和厚度不一。按晶间卤水成分的差异，将矿田自西

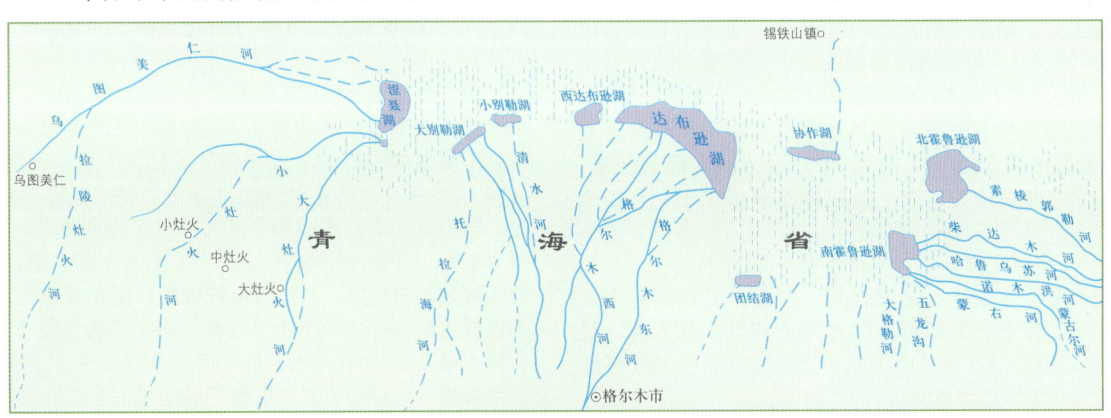

察尔汗盐湖水系示意图

向东依次划分为别勒滩、达布逊、察尔汗、霍鲁逊等四个连续的区段。已探明各类盐矿总储量600多亿吨，其中钾盐储量5.4亿吨，占全国钾盐总储量的97%，镁盐储量40多亿吨，钠盐储量551亿吨。

察尔汗盐湖开发始于1958年，当年生产钾肥950吨，为新中国首批自产钾肥。1972年产量突破万吨，1974年产量达1.5万吨。

察尔汗盐湖矿山以其奇特的自然景观和丰富的地质遗迹、遗存，于2005年被国土资源部批准为察尔汗盐湖矿山国家地质公园，2008年8月已建成开园。

境内格尔木市面积123 460平方千米，人口12万，是青藏、青新公路和青藏铁路的交汇点，有"万丈盐桥""江河冰川""海市蜃楼""一步天险"等景点。

10.9.12.1 素棱郭勒河
(Sulengguole River)

蒙古语与汉语的混合称谓，为"冰草河"之意。为**察尔汗盐湖水系**的一条较长的内陆河，河长约380千米，流域面积13 500平方千米，跨青海省海西蒙古族藏族自治州都兰县北部和乌兰县西南部。地理位置为东经95°58′～99°03′，北纬36°10′～36°58′。

沙柳河

流域东部高，西部低，高差3 000米以上。多年平均年降水量东部在200毫米以上，西部递减至25毫米以下，多年平均年水面蒸发量由东部的约2 000毫米递增为西部的3 000毫米以上。东部山区河谷有乔灌木林分布，植被良好；中部地区多新月形沙丘和平沙地，沿河有沙柳等沙生植物分布，也有开发数十年的农场，有冰草、芦苇等耐盐碱植物生长。

河流源头海拔5 000米，汇口海拔2 675米，河道落差2 325米，平均比降6.12‰。推算多年平均流量5.14立方米每秒，多年平均年径流量1.62亿立方米。

上游段河长81千米，河名沙柳河，发源于鄂拉山西段北坡，蜿蜒流向西北，先后左纳支流10条，在流程约60千米处（阿什扎村附近）与青藏公路交会，至草库伦村附近，右岸纳较大支流吉合申沟，随即进入中游。

中游段河长约54千米，河名查查河。河在野马滩上向西曲流22千米再转西北流约8千米至查查香卡农场，该农场修建干支渠总长33.8千米，引河水灌溉，灌溉面积800多公顷，农田、林网成为戈壁沙漠边缘的一块绿洲。查查河水再向西北流约24千米，消失在新月形沙丘之中，其地海拔约3 100米。在位于查查河中段的查查香卡（1957—1969年）曾设过水文站，为素棱郭勒河流域内的唯一水文站。据此站测验资料，多年平均流量1.88立方米每秒，多年平均年径流量0.593亿立方米。

河水潜流约17千米，于乌兰县阿拉尔滩金子海附近以泉水形式出露，此地海拔约2 995米，为素棱郭勒河进入下游之始。泉水汇流成河，向西南蜿蜒行进约71千米，流经平沙地、沼泽地，先后左纳支流爱利克斯伦河和扎额斯特河后转向西北，西北流约33千米，右纳最大支流**东灶火河**，之后在盐碱沼泽地上曲折西流约62千米，再转向西北流经62千米，注入察尔汗盐湖东北部的北霍鲁逊湖。

流域中部干支流沿岸水草较丰，有苏寒保木、灶河、柯柯嘴等数个村落和牧点散布期间，居民多从事畜牧业。

流域内有109国道和县乡公路经过，各居民点都有路相通，交通尚属方便。

10.9.12.1.1 东灶火河
(Dongzaohuo River)

素棱郭勒河右岸支流，为汉语和蒙古语的混合称谓，可直译为"东土坎河"。位于柴达木盆地东部，青海省海西蒙古族藏族自治州乌兰县西部。河长80千米，流域面积1 175平方千米。

东灶火河发源于牦牛山西南10千米处的泉群，河道比较顺直，自源头向西南流约25千米后转向西流，西流约30千米后折向西南流约25千米，在乌兰县与都兰县交界处汇入素棱郭勒河。

流域东北部高，西南部低。源头海拔3 230米，汇口海拔2 734米，落差496米，河道平均比降6.2‰。自然条件极其严酷，据青海省（1998年）《海西州农牧业综合区划》，多年平均年降水量24毫米，多年平均年水面蒸发量2 928毫米，年大风40.8天，沙暴13.8天。从上游至下游，南岸多新月形沙丘，北岸为砂砾石地，两岸有一些沙漠灌丛。河流在干旱季节常干涸，冬季结冰。多年平均流量约1.0立方米每秒，多

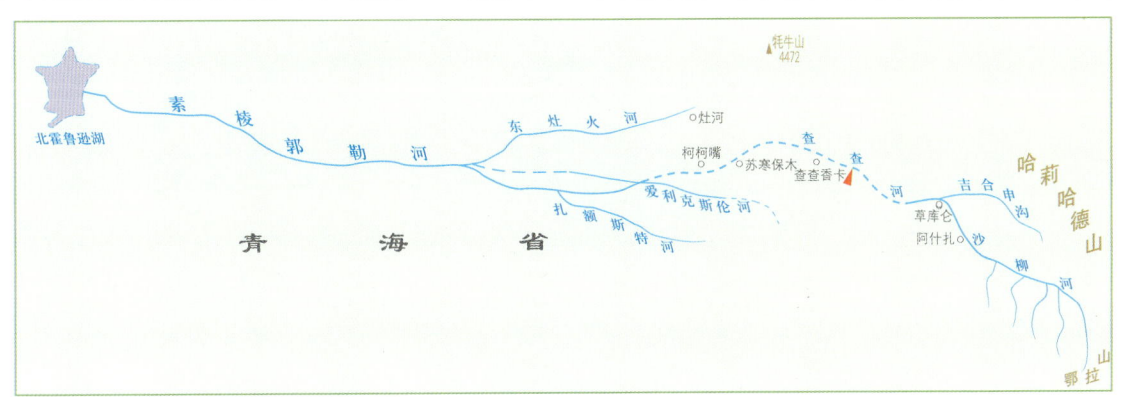
素棱郭勒河水系示意图

年平均年径流量约 0.32 亿立方米。

流域为牧业区。流域内仅有一个属柯柯镇的灶河村，有县、乡公路与 109 国道和 315 国道连通。

10.9.12.2　柴达木河
（Chaidamu River）

又称香日德河、巴彦河，为**察尔汗盐湖水系**的一条较长的内陆河。

静静的香日德河

流域位于柴达木盆地东南部，跨青海省果洛藏族自治州玛多县和海西蒙古族藏族自治州都兰县。流域面积 20 800 多平方千米（香日德水文站以上为 12 339 平方千米），地理位置为东经 95°50′～99°06′，北纬 34°45′～36°48′。

流域地处内陆高原，降水稀少，蒸发强烈，日照充足，昼夜温差大，属典型的高原大陆性气候。流域地势东南高，西北低。东南部为构造剥蚀的中高山区和山前冲洪积倾斜平原，面积广阔；西北部为狭长的盐碱沼泽带。流域地质构造复杂，区域性断裂横贯全区，沿**冬给措纳湖**东西一带地震活动频繁，1937—1971 年间发生 6.8 级以上地震 3 次。流域多年平均气温 2.5 摄氏度，多年平均年降水量由东南部的 350 毫米递减至西北部的 25 毫米以下，多年平均年水面蒸发由东南部的 1 300 多毫米递增至西北部的 3 000 毫米以上。河道径流靠降水、冰雪融水及泉水的混合补给。

干流全长 503 千米，发源于玛多县东北部的阿尼玛卿山西段的长石头山，源头海拔 4 846 米，于都兰县西北部注入察尔汗盐湖东南部的南霍鲁逊湖（时令湖），入湖河口海拔 2 676 米，河道落差 2 170 米，平均比降 4.31‰。中下游河道平缓，河宽水浅，河床砂砾石覆盖深厚。根据香日德水文站实测资料，多年平均流量 14.6 立方米每秒，多年平均年径流量 4.6 亿立方米，年均输沙量 143.1 万吨，年结冰期 5～6 个月。干流水力资源理论蕴藏量 9.46 万千瓦。水系不甚发育，一级支流仅 10 多条，均分布在上中游地区。流域面积大于 500 平方千米的支流有**察汗乌苏河**、**乌兰乌苏河**、歇马昂里河、莫格尔加、**清水河**等。

柴达木河源出柴达木盆地东南边缘的阿尼玛卿山脉长石头山，河水自源头向西北流 83 千米入冬给措纳湖。源流段名东曲。在距源头约 58 千米处与 214 国道交会，在河左岸、公路北的山脚下坐落着草原新城花石峡镇。河水经冬给措纳湖调节后继续向西北流约 43 千米（此段河名托索河），在三盆口

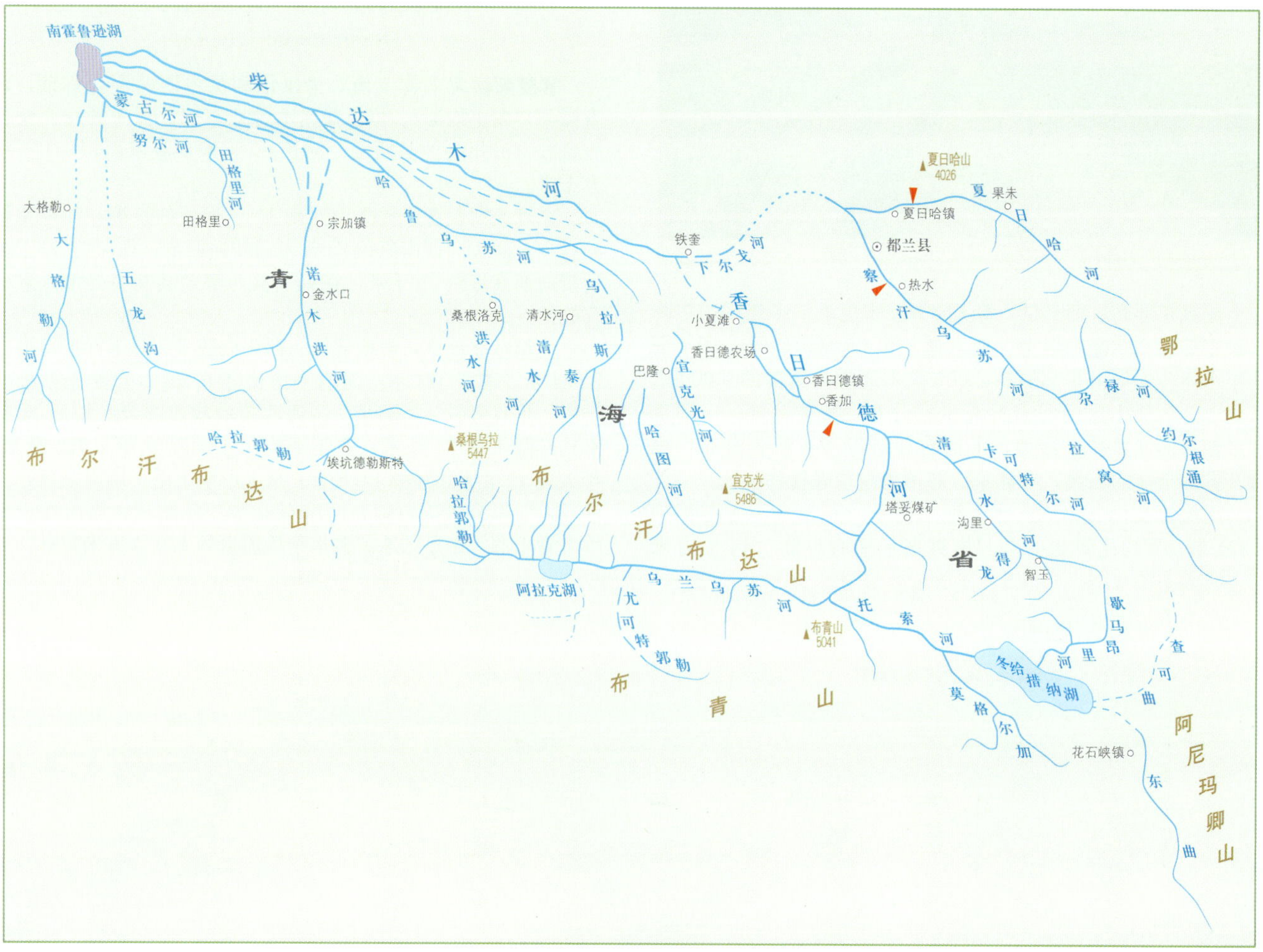

柴达木河水系示意图

香日德河

处左纳西来的左岸最大支流乌兰乌苏河,水量大增,折转东北流,始称香日德河,在峡谷中流54.1千米,右纳较大支流清水河后转向西北流,进入山前冲洪积平原。在流程248千米处与109国道交会并从香日德镇穿过,继续西北流约15千米至香日德农场,因河水惠泽,使之成为戈壁沙漠边缘的一片绿洲,海西州重要的商品粮生产基地之一。再向西北流10多千米,过小夏滩村后河水潜流渗入平沙地,此处海拔约2 781米。潜流10多千米溢出继续流向西北,在一片沼泽地中穿流20多千米至铁奎村附近,最大支流察汗乌苏河从右岸汇入。察汗乌苏河的下游段称下尔戈河(也称铁奎河)。干流纳察汗乌苏河后始称柴达木河,也称巴彦河。河水流经大片沼泽湿地,蜿蜒曲行约180多千米,注入南霍鲁逊湖。"霍鲁逊"为蒙古语芦苇的音译。湖因周边芦苇丛生而得名。

流域内有农田1.8万多公顷,林地0.9万多公顷,可利用草场54万公顷。有汉、蒙、藏等民族人口6万多,多居住在都兰县城、察汗乌苏镇、夏日哈镇、香日德镇辖区和农场,以从事农业为主,上下游地区人口稀少,以从事畜牧业为主。流域内建有万亩以上灌区4处,灌溉面积6 190公顷;建成水电站8座,装机容量3 000千瓦。

流域内野生动植物资源较为丰富,属国家一级、二级保护野生动物有雪豹、岩羊、棕熊、马鹿、猞猁、雪鸡、天鹅、灰鹤等;野生药用植物有雪莲、秦艽、羌活、冬虫夏草等。

10.9.12.2.1 冬给措纳湖
(Dongjicuona Lake)

又名托索湖、黑海,位于柴达木盆地东南部、青海省果洛藏族自治州玛多县东北部,是一个山间断陷盆地内的淡水湖,也是柴达木盆地最大的淡水湖,属**柴达木河**上游的内陆吞吐湖。地理坐标为东经98°20′~98°43′,北纬35°13′~35°23′。

冬给措纳湖南依布青山,北靠布尔汗布达山,东临阿尼玛卿山。据1969年青海省水电设计院勘测资料,湖面水位4 084.55米,湖长33.7千米,平均宽7.5千米,湖面面积253平方千米,湖水最大深达150多米,平均水深29.75米,蓄水量75.28亿立方米。2000年青海省水电设计院调查时湖水位下降了2.83米,水面面积减至230平方千米,蓄水量减至68.44亿立方米。湖面积平均萎缩速率为0.74平方千米每年,蓄水量年均减少0.22亿立方米。湖中有两个石质小岛,面积分别约为0.30平方千米和0.07平方千米。湖区属青南高寒草原半干旱气候,多年平均气温1摄氏度,多年平均年降水量263.7毫米,多年平均年水面蒸发量1 330.8毫米,多年平均年封冰期123天。

冬给措纳湖集水面积3 175平方千米,湖水主要靠地表径流补给,主要入湖河流有3条。最大的是发源于湖东南阿尼玛卿山长石头山的东曲,由东南向西北汇入冬给措纳湖,全长83千米(其间近湖的一段为潜流),是柴达木河的主源流。另一条是发源于湖北部山区的歇马昂里河,由东北向西南蜿蜒流淌,于湖北岸的中部汇入,干流长50余千米,砂质河床,夏秋季节河水深20~40厘米,是湖中鱼类洄游产卵的主要河流,每年6月,鱼群浩荡,穿梭于河中,甚为壮观。三是由湖东部汇入的查可曲,河长50千米,水量较小,为时令河。

湖滨东部为湖水退缩后形成的淤泥带,面积6~7平方千米,地势开阔;湖南岸山体陡峭;湖北岸的东段山体较缓,西段山体大多陡峭,歇马昂里河入湖口处有小型洪积扇,该河穿行于较为宽阔的沟壑中,这里地貌独特,灌木丛生,花草茂盛,夏秋之季牛羊遍地。湖周山坡植被良好,湖中小岛上有大量水禽栖息,湖水中有浮游生物,湖湾河口浅水区有水生植物,湖中花斑裸鲤、黄河裸裂尻(kao)鱼甚多,但鱼腹中多有寄生虫。在湖西北隅出口处已于40多年前设闸控制,湖水下泄入托索河(柴达木河干流上段)。

冬给措纳湖湿地被列入中国重要湿地名录,湖区野生动物较多,其中有雪豹、岩羊、棕熊、马鹿、猞猁、大天鹅、雪鸡、灰鹤等国家一级、二级保护动物,此外,还有旱獭、獾、狐狸、野兔、鱼鸥、斑头雁、赤麻鸭等。野生药用植物有雪莲、秦艽、羌活、冬虫夏草等。

冬给措纳湖东南距214国道旁的花石峡镇24千米,有乡村小路可通,交通不甚方便。

10.9.12.2.2 乌兰乌苏河
(Wulanwusu River)

柴达木河上游左岸支流,亦称红水川。位于柴达木盆地东南部,青海省海西蒙古族藏族自治州都兰县南部。

河流发源于布尔汗布达山,桑根乌拉峰东9.5千米的高山,源头海拔4 835米。源流段名哈拉郭勒,西南流14千米折向南流,再经17千米转向东南流,约18千米进入**阿拉克湖**,湖长约9千米,湖的北部、西部有大量泉水涌入,河水出湖后向东流,两岸都有泉水涌入,并有部分冰雪融水加入,在阿拉克湖东约20千米处,右岸有最大支流尤可特郭勒(时令河)汇入。后又曲折东流约60千米流程到达布青山主峰东北10千米处的三岔口,汇入东南来的柴达木河干流上段托索河,汇口海拔3 783米。

河长140千米,落差1 052米,河道平均比降7.51‰,流域面积4 088平方千米。河流水量主要由降水、泉水和冰雪融水补给,水量较丰富。多年平均流量5.58立方米每秒,多年平均年径流量1.76亿立方米。

流域内气候高寒,无农业生产。野生动植物资源丰富,有针叶林和灌丛草甸植被,阳坡有以圆柏为主的疏林,局部阴坡有云杉林,其余为麻柳、金露梅等,河南岸草滩有牧点分布。野生动物有马鹿、麝、岩羊、藏雪鸡等,著名的巴隆国际狩猎场设在乌兰乌苏河北岸的布尔汗布达山中。

10.9.12.2.2.1 阿拉克湖
(Alake Lake)

"阿拉克"系蒙古语音译,"色彩斑斓"之意。该湖位于柴达木盆地东南部、青海省海西蒙古族藏族自治州都兰县中南部,是布尔汗布达山南麓河谷盆地内的淡水湖,属**察尔汗盐湖**水系**柴达木河**上游左岸最大支流**乌兰乌苏河**上游的内陆吞吐湖。湖中心地理坐标为东经97°07′、北纬35°34′。

阿拉克湖地处高海拔的山间河谷盆地,湖周开阔。据青海省水电设计院1969年首次测算,湖面水位4 094.00米,湖长9.1千米,最大宽6.8千米,平均宽3.85千米,湖面积35.0平方千米,最大水深37米,平均水深约14.0米,蓄水量4.90亿立方米。2000年青海省水电设计院调查表明,湖面水位与1969年相比未有变化。湖区属青南高寒草原半干旱气候,多年平均气温1摄氏度,多年平均年降水量150~200毫米,多年平均年水面蒸发量1 350毫米左右,多年平均年封冰期约120天。

阿拉克湖集水面积1 320平方千米,湖水主要依赖地表径流补给,有大小7条河水注入,以北部山区发源的为多,从湖南山坡北流的河少而小,且多为季节河。最大的是源出西北山地的哈拉郭勒（乌兰乌苏河源流段）,南流纳数条支流后从湖西岸汇入,河长约49千米,水量较丰。出流由湖东出口入乌兰乌苏河,河水东流82千米至三岔口,汇入东南来的柴达木河上游段托索河。

阿拉克湖风光秀丽,湖周视野开阔,湖水中有花斑裸鲤、高原鳅等鱼类生长,还有多种浮游生物和水生植物。近年来,开发利用该湖水域,放养池沼公鱼获得成功,渔业生产发展较快。湖滨山麓到处是灌丛、野草、苔藓,覆盖较密,适宜放养牦牛和羊,有居民点和放牧点分布。湖东北与都兰县城的直线距离约120千米,湖北部的布尔汗布达山植被良好,山中野生动物甚多,著名的巴隆国际狩猎场即位于此山中。

阿拉克湖区的野生动物主要有雪豹、马鹿、岩羊、棕熊、猞猁、獾、狼、狐狸、旱獭、野兔、大天鹅、雪鸡、灰鹤、鱼鸥、斑头雁、赤麻鸭等,其中有些属国家重点保护的一级、二级动物。野生植物种类较多,有药用价值的有雪莲、羌活、秦艽等,还有野葱、野蒜及蘑菇、地皮菜等。

阿拉克湖区交通不甚便利,有简易公路通达。

10.9.12.2.3 清水河
(Qingshui River)

柴达木河右岸较大支流,又名卡可特尔河。位于青海省海西蒙古族藏族自治州都兰县东南部。干流长79千米,流域面积1 949平方千米。

流域处于布尔汗布达山东段的可可阿达尔干山和夏日乌拉山之间,东北与**察汗乌苏河**流域相邻,西南与柴达木河干流分水。流域地势南高北低,南部多冰山雪峰,山间河岸谷地上广有低矮茂密的牧草和灌木丛分布。流域多年平均气温－1.2摄氏度,多年平均年降水量250毫米,多年平均年水面蒸发量1 800毫米,属内陆高原干旱气候。源头海拔4 570米,河口海拔3 317米,河道落差1 253米,平均比降15.9‰。推算多年平均年径流量0.97亿立方米。支流多分布在上游左岸,中下游区水系不甚发育,径流靠降水和冰雪融水补给。

干流源自夏日乌拉山北麓,向西北流约22千米至智玉村,沿程左岸先后接纳5条支流。继续向西北流5.4千米,左岸最大支流得龙汇入,水量大增。再向西北流约12千米至沟里乡政府所在地曲日纳村。继续向西北流16千米,右岸有最大支流卡可特尔河汇入。再向西北曲折流淌23千米,汇入柴达木河的香日德河段。汇口距109国道上的重镇香日德约30千米。

流域内有居民1 000多人,绝大多数为藏族,以从事牧业为主。有县级公路和乡村公路贯穿流域,交通尚属便利。流域西南部在都兰国际狩猎场范围之内,有岩羊、盘羊、马鹿、雪豹、猞猁等野生珍稀动物。

流域内探明黄金储量40多吨,2010年在沟里乡建成日处理矿石1 000吨的选矿厂和我国西部最大的黄金冶炼基地。

10.9.12.2.4 察汗乌苏河
(Chahanwusu River)

柴达木河右岸最大支流。"察汗乌苏"系蒙古语音译,意为"白色的水流",因河床砾石多为石灰岩而得名。位于青海省海西蒙古族藏族自治州都兰县东部。流域面积6 500多平方千米。

干流全长约240千米,源头海拔4 990米,源头至察汗乌苏水文站153千米,水文站以上流域面积4 434平方千米,水文站以下河长87千米（含长约40千米的潜流段）,流域面积约2 100多平方千米,在水文站下游10多千米,干流与青藏公路交会,公路大桥处河道高程3 180米,源头至此天然落差1 810米,河道平均比降10.90‰。干流河宽一般20~50米,砂砾石河床。径流以降水补给为主,流域多年平均年降水量188.8毫米,干流多年平均流量4.39立方米每秒,多年平均年径流量1.38亿立方米。

河流发源于鄂拉山西段南坡,源流段名称为约尔根涌,自源头向东南流,河道较陡,在流程约20千米处转向南流,两岸地势较为平坦。南流约20千米,左岸纳数条支流后折转西北,河名拉窝河。拉窝河在峡谷中穿行约50千米后,右岸纳支流尕禄河,尕禄河长约50千米。干流继续流向西北,始称察汗乌苏河。在流过察汗乌苏水文站后,河道越来越宽,在流程约165千米至都兰县城察汗乌苏镇附近进入平坦滩地,河水分多股散流。向西北散流约20千米,与右岸最大支流**夏日哈河**会合,之后水流潜渗于沙丘之下。河水沿沙丘覆盖的原河床潜流40多千米复出形成下尕戈河（亦称铁奎河）,西流数千米至铁奎村附近汇入柴达木河。汇口附近为大片沼泽湿地。

察汗乌苏河

流域内建成两处万亩以上灌区。察汗乌苏灌区干支渠总长96.2千米,西台水库总库容670万立方米,灌溉面积3 300多公顷。夏日哈渠灌区干支渠总长25.5千米,灌溉面积800多公顷,流域内建成小型水电站4座,总装机容量837千瓦。

坐落在察汗乌苏河畔的都兰县城察汗乌苏镇,是海西州最早的城镇之一,20世纪50年代曾是海西州政治、经济、文化中心,是当时海西地区最繁华的地方。县城面貌自改革开放以来日新月异,建材、毛纺、粮油和畜产品加工业发展较快。县城周围地区人类活动历史悠久。在县城东南约20千米的察汗乌苏河右岸,经1982年以来历时17年考古发掘的热水墓群,被认定为吐蕃统治下的吐谷浑邦国的遗存,被确定为全国重点文物保护单位。

10.9.12.2.4.1　夏日哈河
（Xiariha River）

察汗乌苏河下游右岸支流，"夏日哈"系蒙古语音译，意为"淡黄色"。位于青海省海西蒙古族藏族自治州都兰县东北部。

夏日哈河

河流发源于鄂拉山西段北坡，源头海拔4 500米。自源头向西北流经长约38千米的山峡，沿程左岸有数条小支流汇入（均为较小的时令河）。河源一带河床较窄，为时令河，干流上游河段名柯柯赛。出山以后经南戈滩12千米，在果米村附近河水渗入戈壁沙滩，潜流约18千米，至夏日哈山东南麓的南戈泉，集数泉成河名夏日哈河。河水向西流约16千米至夏日哈镇北，再向西散流10余千米，汇入察汗乌苏河。河全长约95千米。原夏日哈河水文站以上河长80千米，流域面积973平方千米。水文站处河道海拔3 164米，河源至水文站的落差1 336米，河道平均比降16.7‰。河宽10~20米，河床为砂砾石。河水由降水和地下水补给。流域多年平均年降水量近200毫米。多年平均流量约1.23立方米每秒，多年平均年径流量约0.39亿立方米。年结冰期5~6个月。

流域内建有夏日哈渠灌区，干支渠总长25.5千米，灌溉面积800公顷。流域内建有小型水电站两座，总装机容量为450千瓦。

10.9.12.3　哈鲁乌苏河
（Haluwusu River）

察尔汗盐湖水系的内陆河。"哈鲁乌苏"系蒙古语音译，为"热水"之意。因河水温热而得名。流域位于青海省海西蒙古族藏族自治州都兰县境内，地理位置为东经95°50′~97°39′，北纬35°37′~36°46′。干流全长约250千米，流域面积5 200平方千米。

流域东南部为中高山区和山前冲洪积倾斜平原，西北部为狭长的沼泽、盐沼泽湿地。流域东南部、东部和北部与**柴达木河**流域相邻，西南部与**诺木洪河**流域分界。

流域降水稀少，蒸发强烈，属高原大陆性气候。多年平均年降水量东南部在150毫米以上，西北部在50毫米以下；多年平均年水面蒸发量东南部为1 800毫米左右，西北部为3 000毫米左右。河道径流靠降水、冰雪融水和泉水混合补给。

源头海拔4 840米，入湖河口海拔2 676米，河道天然落差2 164米，平均比降8.66‰。推算多年平均年径流量1.27亿立方米，多年平均流量4.02立方米每秒。

干流上游名哈图河，发源于布尔汗布达山宜克光峰西南麓，自源头南流约5千米，再转向西南流约6千米，而后折向西北流约30千米，沿途纳数条左岸支流，最后向北流约15千米，在巴隆乡政府驻地伊克高里村西数千米处渗入沙滩，潜流20多千米后以泉水汇集成河流向西北，称哈鲁乌苏河。在哈图河右侧，发源于宜克光峰西北麓的右岸支流宜克光河（亦称伊克郭勒）向西北流约36千米至巴隆乡政府驻地，再北流约13千米入渗沙滩，潜流约10千米后复出，而后向西北流20多千米汇入哈鲁乌苏河，汇口距干流源头约100千米。其余5条支流皆处于干流左岸，均发源于布尔汗布达山北坡，较大者为乌拉斯泰河（又名乌拉斯泰郭勒、青杨河）、清水河（又名布尔嘎斯台河）、洪水河（又名桑根郭勒），其明流河段长分别为50千米、65千米和42千米，入渗沙滩后向西北潜流20多千米汇入哈鲁乌苏河。干流中下游河道平缓，河宽水浅，在与**柴达木河**、诺木洪河并流中形成辫状水流，有分股水流注入相邻的这两条河。自泉集成河始，哈鲁乌苏河即与柴达木河并流，蜿蜒向西北流淌160多千米注入察尔汗盐湖东南部的南霍鲁逊湖。

流域东南部布尔汗布达山北坡水缓，沟壑发育，为主要产水区。山中野生动物资源丰富，列为国家一级、二级重点保护的动物有白唇鹿、岩羊、雪豹、棕熊、猞猁、马鹿、雪鸡等，都兰国际狩猎场即设在此山中。海拔4 000米以下山地为良好的高山草原，并有圆柏、云杉、黑刺等乔灌木生长。山前冲洪积平原上有宜农土地3万多公顷，经实施农业综合开发，巴隆灌区业已建成，灌溉面积6 000公顷。在上游哈图河上，1973年建成哈图水库，库容142万立方米，灌溉面积1 067公顷。在中下游的戈壁沙滩和盐泽地带有沙柳、白刺灌丛和芦苇等分布。流域内有天然碱资源分布，探明储量30多万吨，建有小型化工厂。

流域内有汉、蒙等民族人口约8 000人，以从事农牧业生产为主。境内有青藏公路通过。

10.9.12.4　诺木洪河
（Nuomuhong River）

又名诺木洪郭勒，**察尔汗盐湖水系**的内陆河。位于柴达木盆地中南部、青海省海西蒙古族藏族自治州都兰县西部。"诺木洪"系蒙古语音译，为"温驯"之意。因水流平缓稳定、从不给当地居民造成洪涝灾害而得名。

诺木洪河

流域南部为中高山区，中部为山前冲洪积平原，西北部为狭长的盐沼泽带。流域东部、北部与**哈鲁乌苏河**流域相邻，南部与**格尔木河**流域分界，西部与**五龙沟**流域接壤。

流域降水稀少，蒸发强烈，属高原大陆性气候。河道径流以地下水和冰雪融水补给为主，降水补给为辅。

干流全长223千米,诺木洪水文站(已撤销)以上河长122千米,流域面积3 728平方千米。源头海拔4 720米,水文站处河道高程3 107米,河道落差1 613米,平均比降13.22‰。多年平均流量4.98立方米每秒,多年平均年径流量1.57亿立方米,年输沙量42.7万吨。年结冰期5~6个月。

河流发源于布尔汗布达山系海德乌拉山西南,源流段为汇集高山冰雪融水而成的时令河,水流清澈,名哈拉郭勒。自源头东流约30千米至八宝山南麓,有稳定的泉水汇入而使河水常流不断,河名随之被称为八宝郭勒。八宝郭勒河水向东南流25千米后转向东北,在自源头流程76千米处(埃坑德勒斯特村东北7.6千米处),与干流源流段同名的最大支流从右岸汇入。汇口以下河道转向北,进入峡谷,河名诺木洪郭勒,即诺木洪河。北流6.6千米纳右岸支流可可晒尔郭勒,之后向西北流约40千米至金水口附近出山口,原水文站即设于此。其间,在流程103千米和113千米处左岸各有一条小支流汇入。出山口后在宽阔的滩地上北流约26千米至诺木洪农场,再北流约15千米转向西北,与哈鲁乌苏河、**柴达木河**及**蒙古尔河**并流约60千米,最终汇入察尔汗盐湖东南部的南霍鲁逊湖,入湖河口海拔2 676米。在数河并流段,水流紊乱,有相互穿插的情况。由于灌溉引水量大,诺木洪河末段水量较小,有灌溉回归水补入。

诺木洪河灌溉渠

流域内有汉、蒙、藏等居民约6 000人,大多分布在青藏公路以北一带,以从事农牧业生产为主。流域内的大规模农业开发始于20世纪50年代,1955年建立诺木洪农场,逐步形成渠道纵横、林带如网的瀚海绿洲,灌溉面积达4 270公顷,年灌溉引水量0.7亿立方米。农场种植小麦、青稞、油料作物和各种蔬菜,有枸杞林140多公顷。诺木洪枸杞以粒大、色红、饱满而著称,畅销省内外。河流水力资源理论蕴藏量2.1万千瓦,已建成水电站1座,装机容量1 050千瓦。

诺木洪农场东南、青藏公路北侧有被命名为"诺木洪文化"的青铜器时代遗存——塔温塔里哈遗址,范围约5万多平方米。该遗址为20世纪60年代所发掘,出土的建筑和器物有房屋、畜圈、农具、陶器、石器、骨器、铜器等,反映了2 900多年前古羌人在这一带的生活和生产情况,具有重要的考古研究价值。

10.9.12.5 蒙古尔河
(Mengguer River)

察尔汗盐湖水系的一条内陆河,位于柴达木盆地中部,青海省海西蒙古族藏族自治州都兰县西北部。

河流发源于都兰县诺木洪西北低洼沼泽地,源头海拔2 780米。源流由数条小泉流汇集成褐且拉河,沿答格里克湿地东边绕到西北。湿地长10千米,宽约3千米,湿地的水既与褐且拉河相通,也和西边的努尔河相通。褐且拉河在湿地西北折向西流,河名蒙古尔河。约15千米,进入察尔汗盐湖区,最终从南霍鲁逊湖东南角汇入。汇口海拔2 678米,河长70千米,河道平均比降1.46‰。流域面积390平方千米,多年平均流量0.47立方米每秒,多年平均年径流量0.15亿立方米。

流域地势东南部高,西北部低,平均海拔2 720米,起伏不大。干流经过低洼沼泽地,水系紊乱,左与努尔河沟通,右临**诺木洪河**。水源主要来自周边渗流补给,水量较小。上中游地区有灌丛分布,牧草覆盖,特别是答格里克湿地水草旺盛,鸟飞蝶舞。下游地区属盐湖地貌,土壤盐渍化,植被稀疏,只有耐盐碱植物,覆盖度10%以下。河道冬季结冰。

10.9.12.6 五龙沟
(Wulonggou River)

又称吾龙沟,**察尔汗盐湖水系**的一条内陆河,位于柴达木盆地中南部,青海省海西蒙古族藏族自治州都兰县西部。

流域平均海拔3 000米以上,东南部山峦起伏,西北部为沙滩沼泽。上中游水源由山地降水及冰雪融水补给,支流较多,砂卵石河床,水量较丰。

河流全长60.7千米,流域面积1 106平方千米。多年平均流量1.10立方米每秒,多年平均年径流量0.347亿立方米。长流水主要由五岔口以上几条大支沟的来水组成,五岔口以下除包包山到出口段河滩内有几股泉水加入以外,各支沟常为干沟,每年夏季在河口附近经常发生断流,但冬季却大股流水不断。上游年结冰期约4个月。中游有黄金资源,建有五龙沟金矿。

五龙沟

五龙沟发源于都兰县境内布尔汗布达山系的海德乌拉山北侧,源头海拔4 750米。源流是由海德乌拉山数条小支流汇成,在海德乌拉山主峰西北约16千米处汇流后,向西北穿行于约30千米长的峡谷,至大格勒村南15千米处,河水分散潜入地下。在青藏公路以北约15千米,部分潜流分散涌出地面,丰水时流入察尔汗盐湖东南的南霍鲁逊湖及湖南沼泽,枯水时消失于沙漠中。

10.9.12.7 大格勒河
(Dagele River)

察尔汗盐湖水系的一条内陆河。流域跨青海省海西蒙古族藏族自治州都兰县和格尔木市。

流域地势南高北低,南部为中高山区,北部为山前冲洪积倾斜平原和沙滩,流域海拔3 000~5 100多米。上游河两

大格勒河

岸多风化的花岗岩露头，山坡和山顶有白砂土覆盖，含碱度大；山口附近山体有片麻岩出露，风化严重；下游河床两岸的滩地上有沙柳、白刺和牧草生长，有垦殖形成的绿洲。山区植被较差。

流域属内陆高原极干旱气候，多年平均年降水量70毫米，多年平均年水面蒸发量3 000毫米，多年平均气温4.3摄氏度。

河流全长54.2千米，流域面积1 009平方千米。源头海拔5 180米，河口海拔3 010米，河道落差2 170米，平均比降40.04‰。多年平均流量0.99立方米每秒，多年平均年径流量3 127.33万立方米。径流靠降水、冰雪融水和地下水混合补给。春汛洪水主要由冰雪融水造成，夏季洪水多为降水、冰雪融水混合补给产生，冬季的长流水全靠地下水补给。调查最大洪峰流量48.7立方米每秒。山口以上河槽较稳定，出山口后河床展宽，河水有时分股散流。砂卵石河床，河水有渗漏现象。

河流发源于昆仑山脉布尔汗布达山北麓，蜿蜒向东北流31.2千米至三岔口，接纳右岸支流东沟，始称大格勒河。东沟年均来水约为西沟年均来水的45%。由三岔口向北偏东流10千米出山口，再向北流约13千米，潜渗消失于沙滩中。河末端北距109国道约8千米，东北距大格勒乡政府所在地约15千米。大格勒乡是在原农建四师垦殖和安置龙羊峡水库库区移民的基础上形成建制的。由于实施了引水灌溉工程，使原先的荒沙滩变成了绿树葱葱、渠水淙淙的绿洲，灌溉农田450多公顷，成为商品粮和蔬菜生产基地。

潜入地下的河水及灌溉下渗水季节性地在109国道以北约15千米处涌出地面，散流进入察尔汗盐湖东南部的盐沼泽，部分注入南霍鲁逊湖。

10.9.12.8 格尔木河
(Geermu River)

察尔汗盐湖水系中最大的内陆河，"格尔木"系蒙古语音译，意为"河流众多的地方"，河因地名而得名。

流域位于柴达木盆地南部，跨青海省海西蒙古族藏族自治州格尔木市东南部、都兰县西南部和玉树藏族自治州曲麻莱县北部，地理位置为东经93°01′～96°54′，北纬35°01′～37°00′。

流域地势南高北低。南部为山脉连绵的中高山区。西南以博卡雷克塔格山与**长江**流域分界，东南以巴颜喀拉山与**黄河**流域分界。布尔汗布达山横亘于干流雪水河段的北侧，隔河相对的是唐格乌拉山。最大支流**昆仑河**（又名奈金河）北侧为沙松乌拉山。河流流出山口后的两侧为山前倾斜平原，再往北即与察尔汗盐湖的南缘相连。

流域气候属高原大陆性干旱气候，降水量少，蒸发量大。降水量从南到北递减，蒸发量由南到北递增。多年平均年降水量南部在250毫米以上，北部在50毫米以下；多年平均年水面蒸发量南部为1 700毫米，北部达3 200毫米以上。流域内多荒漠草原，植被稀疏。在河源区高山有冰川分布，总面积231.52平方千米，冰层平均厚100米左右。

干流长456千米，源头海拔5 150米，河口海拔2 676米，天然落差2 474米，河道平均比降5.4‰。格尔木水文站设在距源头357.2千米处，控制流域面积19 614平方千米。多年平均流量24.8立方米每秒，多年平均年径流量7.82亿立方米，年均输沙量247万吨，河水年结冰期5～7个月。干流水力资源理论蕴藏量12.92万千瓦。

格尔木河

格尔木河上游水系较发育，较大的支流有**格涌曲**、**灭格滩根郭勒**、昆仑河及**南沟**等。干流转向北以后，两岸仅有数条季节性支流。径流来自降水、冰雪融水和地下水的混合补给。洪水与气温、暴雨关系密切，如遇持续升温或暴雨，即有洪水发生。格尔木水文站实测最大洪峰流量455立方米每秒，调查历史最大洪峰流量为837立方米每秒。

流域下游地区建成较大灌区1处，灌溉面积3 660多公顷。上游雪水河段上建成总库容2.55亿立方米的**温泉水库**。相继建成乃吉里、小干沟、大干沟、一线天等4座水电站，总装机容量6.85万千瓦。

格尔木河发源于唐格乌拉山的刚欠查鲁马雪山南麓，河源段称刚欠曲，沿唐格乌拉山南麓东流54千米达**卡巴纽尔多湖**，穿湖继续东流，河名霍兰郭勒，又名多纳东宰曲。东流79.2千米，右纳支流格涌曲，再流16.4千米，右纳由东而来的支流灭格滩根郭勒。之后转向西北流50多千米即转向西流，西流约10千米，右纳支流雪水沟，汇口以上干流河谷宽阔平坦，分布有大面积的沼泽和盐碱滩，温泉水库即坐落于此。雪水沟汇入后，河名雪水河（又名舒尔干河），河水在长约61千米的峡谷中流淌，峡谷最窄处有"一线天"之称。在雪水河末，建有青藏公路和青藏铁路大桥，河向西北流约400米，左纳由西而来的支流昆仑河，水量大增，折向北流始称格尔木河。在北流约50千米的河段，河槽下切甚深，砂卵石河床展宽至200米以上，两岸陡坎高达数十米。河出山后，流经冲洪积倾斜平原，河滩展宽至1～3千米，在格尔木水文站以北13.2千米处分成格尔木东河和格尔木西河两股，穿过格尔木市城区流向东北，经过盐沼泽、盐渍沙丘和湖积平原，蜿蜒流淌80多千米，最终注入察尔汗盐湖中南部的达布逊湖。

格尔木市是青海省第二大城市，是柴达木盆地极具发展潜力的新兴城市和西部大开发特色产业基地，被誉为"戈壁明珠"。格尔木市依托柴达木盆地丰富的盐湖、石油、天然气源而重点发展的盐化工业和石油化工初具规模。青藏公路、敦格公路、青藏铁路贯穿市区，市郊建有飞机场，开通西宁、拉萨等数条航线，又有"瀚海码头"之称。市区平均海拔

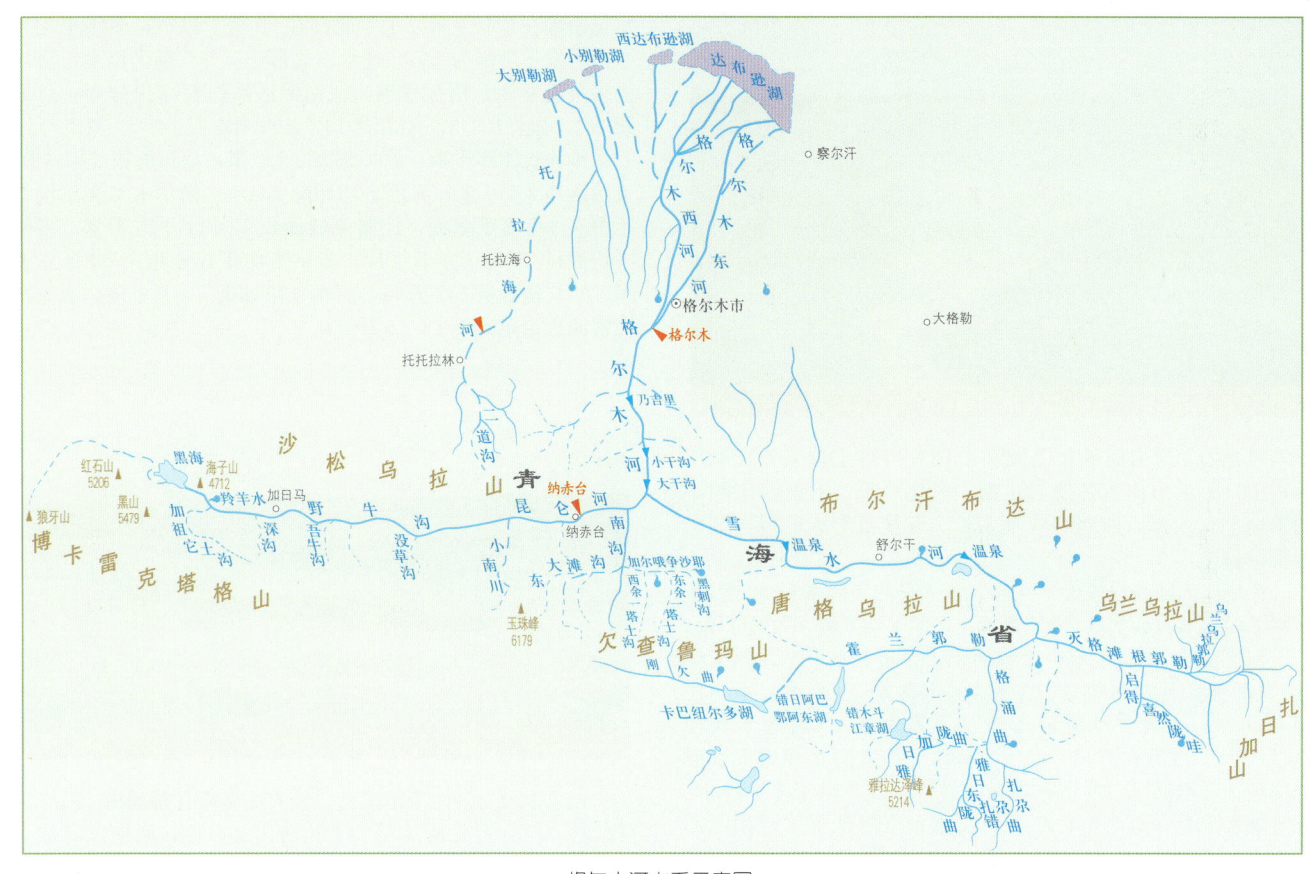

格尔木河水系示意图

2 780 米,多年平均气温 4.2 摄氏度,多年平均年降水量 40.2 毫米。格尔木河水资源是格尔木市建立和发展的命脉。2007 年全市人口 27 万,城市人口占 90%以上。以格尔木市为中心的昆仑旅游区于 2001 年被评为国家 AAAA 级旅游景区,区内有"万丈盐桥""江河冰川""海市蜃楼""一步天险""沙漠绿洲"等著名景点,2003 年被评为"中国优秀旅游城市"。

10.9.12.8.1 卡巴纽尔多湖
(Kabaniuerduo Lake)

格尔木河源流段上的内陆淡水吞吐湖。位于柴达木盆地南缘东昆仑山脉山间河谷盆地内,该湖原属青海省格尔木市,现属玉树藏族自治州曲麻莱县。湖中心地理坐标为东经 95°06′、北纬 35°26′。

卡巴纽尔多湖是一个东西长、南北窄的细长形湖泊。湖水位随季节和丰枯水年份而有所变化。水位 4 575.0 米,湖长约 15.0 千米,最大宽 3.5 千米,平均宽 1.94 千米,湖面面积 29.0 平方千米,平均水深约 6.9 米,蓄水量约 2.0 亿立方米。湖区属青南高寒草原半干旱气候,多年平均气温-2 摄氏度,年降水量 100～150 毫米。

湖区南北两岸山体陡峭,西东顺河方向的地势较为开阔,尤其是西部刚欠曲入湖口处,三角洲发育,滨湖平滩在不断拓展。卡巴纽尔多湖集水面积约 800 平方千米,湖水主要来自格尔木河源流刚欠曲。刚欠曲蜿蜒东流 54 千米,沿途接纳数条支流汇入卡巴纽尔多湖。湖水从东北部出流,经山间峡谷弯转前行,称之为霍兰郭勒。

卡巴纽尔多湖地处青南高海拔地区,气候寒冷干燥,空气稀薄,交通不便,人迹罕至。湖区山地有高寒草甸植被,有珍稀野生动物盘羊、岩羊、雪鸡等。湖及其上下游河中有花斑裸鲤、高原鳅等鱼类生长。

10.9.12.8.2 错日阿巴鄂阿东湖
(Cuoriabaeadong Lake)

格尔木河上游霍兰郭勒右岸一支流的汇入口被砂砾堵塞而形成的内陆淡水湖。位于柴达木盆地南缘东昆仑山脉的山间河谷盆地内。该湖原属青海省格尔木市,现属玉树藏族自治州曲麻莱县,位于该县的北部,西距**卡巴纽尔多湖**20 多千米。湖中心地理坐标为东经 95°25′、北纬 35°26′。

错日阿巴鄂阿东湖是一个南北长、东西窄的细长形湖泊。水位 4 485.0 米,湖长 13.2 千米,最大宽 3.5 千米,平均宽 1.14 千米,湖面面积约 15 平方千米,平均水深约 5.3 米,蓄水量约 0.8 亿立方米。滨湖东、西部有小型洪积扇分布。

湖区属青南高寒草原半干旱气候,多年平均气温-2 摄氏度,年降水量 100～150 毫米。

错日阿巴鄂阿东湖集水面积 280 平方千米,湖水主要依赖南部几条时令河补给。湖水曾经北部长约 0.7 千米的小河注入霍兰郭勒,后由于湖水位下降,加之霍兰郭勒挟带泥沙在右岸淤塞,使湖河之间的水流隔断。

湖区海拔高,空气稀薄,自然风光独特,有小路可达湖东岸。湖边山地有高寒草甸植被,主要植物有藏嵩草和黑褐苔草等。珍稀野生动物有白唇鹿、野牦牛、藏野驴、雪豹等。

10.9.12.8.3 格涌曲
(Geyongqu River)

格尔木河右岸支流。位于青海省玉树藏族自治州曲麻莱县东北部。河长 65 千米,流域面积 1 700 平方千米。东部与格尔木河另一条支流**灭格滩根郭勒**流域相邻,东南与**黄河**源流区分界，西南与**长江**上游支流**色吾曲**流域相连，北为格尔木河干流。

格涌曲发源于巴颜喀拉山雅拉达泽峰西南麓，源头海拔4 750米，源流段称雅日东陇曲，先向东南流10.5千米后折向东北，东北流36.5千米后转向北流，北流约15千米又折向东北，流约3千米汇入格尔木河的霍兰郭勒曲，汇口海拔4 250米，河道落差500米，平均比降7.7‰。径流以降水补给为主。流域多年平均年降水量250毫米，多年平均年水面蒸发量2 000毫米，多年平均流量2.7立方米每秒，多年平均年径流量0.85亿立方米。

流域地势西南高，东北低。西南部上游区水系发育，支流较多，呈树枝状。流域内的**错木斗江章湖**为主要汇水湖泊，淡水湖，季节吞吐，湖水面积21平方千米，丰水期湖水从东出口经左岸雅日加陇曲流入格涌曲。右岸支流扎尕曲流域内还有一个小湖泊名扎尕错，湖水面积约3平方千米。

格涌曲为高山区河流。流域内海拔4 500米以上的高山上常年积雪覆盖并有冰川。由于地势高峻，气候严寒，长期风水侵蚀，岩石裸露，多为不毛之地。在冰川以下的严寒湿润地带，生长有高寒草原植被，以紫花针茅为优势种，伴有早熟禾、冰草、优若藜等。流域交通闭塞，仅有便道与域外相通。流域内的野生动物有雪豹、棕熊、野牦牛、藏野驴、盘羊、黑颈鹤、雪鸡等，野生药用植物有冬虫夏草、蕨麻、黄芪等。

10.9.12.8.3.1 错木斗江章湖
(Cuomudoujiangzhang Lake)

格涌曲左岸支流雅日加陇曲左侧的季节性内陆吞吐淡水湖。位于柴达木盆地南缘巴颜喀拉山一山间盆地内。该湖原属青海省格尔木市，现属玉树藏族自治州曲麻莱县，位于该县的北部，西距**错日阿巴鄂阿东湖**约18千米，东南距雅拉达泽峰约18千米。湖中心地理坐标为东经95°36′、北纬35°20′。

错木斗江章湖水位随季节和丰枯水年份的变化而变化。水位4 396.0米，湖长6.7千米，最大宽6.6千米，平均宽3.13千米，湖面面积21平方千米，平均水深约7.14米，蓄水量约1.5亿立方米。湖区属青南高寒草原干旱气候，多年平均气温约－2摄氏度，年降水量100～150毫米。

此湖集水面积约400平方千米，湖水以泉集小河补给为主，丰水期湖水从东出口向东南流约8千米汇入雅日加隆曲，再东流入11千米格涌曲。

湖区属空气稀薄的高海拔地区，交通不便，人迹罕至，湖以北10余千米处有一居民点。湖区山地有高寒草甸植被，建群植物有藏嵩草和黑褐苔草等。珍稀野生动物有白唇鹿、野牦牛、藏野驴、雪豹等。

10.9.12.8.4 灭格滩根郭勒
(Miegetangenguole River)

格尔木河右岸支流，又名加尕日曲、扎加曲。位于青海省玉树藏族自治州曲麻莱县东北部。

流域地处柴达木盆地南缘的山间盆地，北部、东北部分别与**诺木洪河**流域南部和**乌兰乌苏河**流域西部相连，南部和东南部与**黄河**源流段支流阿棚鄂里曲和扎曲流域分界，西部与格尔木河干流及其另一支流**格涌曲**流域相邻。流域南北皆为山地。北部乌兰乌拉山最高峰海拔5 415米，5 000米以上的山峰近20座，上有冰川积雪分布；南部扎加邹山和扎日加山有数座5 000米以上的山峰，山顶部有破碎的石块地分布。干支流两岸山坡和谷地多有高山草甸和沼泽草甸分布，植被良

好。流域多年平均年降水量225毫米，多年平均年水面蒸发量2 000毫米。

河长95千米，流域面积2 100平方千米。源头海拔4 840米，河口海拔4 194米，河道落差646米，平均比降6.8‰。径流补给以降水为主，以地下水和冰雪融水为辅。多年平均年径流量1.05亿立方米，多年平均流量3.33立方米每秒。河床多为砂质。河水年结冰期约4个月。有大小支流20余条，其中，长年有水直接汇入干流的较大支流有5条，季节性有水直接汇入干流的大小支流有6条，其余为主河道长年有水或季节性有水但不直接汇入干流的支流，大多在干流中下游左侧，河水在距干流数千米处渗漏，以地下水形式补给干流，并在干流沿线形成多块沼泽。

源流河段称扎陇拉考，发源于曲麻莱县麻多乡东北的扎日加山北麓，河道迂回曲折，向东北绕一大弯后在流程16千米以下变成季节性河段。该河段长约12.5千米，一般5～9月有水，此段右岸有夏日何清岗龙郭勒等2条长年有水的支流和2条季节性小支流汇入。自流程28.5千米始，先后接纳东波扎陇、松巴扎陇等左岸较大支流，水量随之增大。以下河段称阿格特尔门得夏日郭勒。向西南流约10千米，折转西北流12千米，右纳最大支流乌兰乌拉郭勒。在乌兰乌拉郭勒汇口上下各2.5千米的左岸，有一块长约5千米、面积约6平方千米的沼泽（能通行），干流从此沼泽北缘通过后称灭格滩根郭勒。过此沼泽后继续西北流约6千米，再转向西曲流约10千米，最后蜿蜒向西北流淌约30千米注入格尔木河。在河口以上约46千米的两侧，又有4块总长18.5千米、总面积约20平方千米的沼泽，它们是左右岸近10条不直接汇入干流的支流河水潜渗出露而形成的。其中较大的支流有左岸的启得喜然陇哇等5条。

在流域内的高山草甸和沼泽草甸区，水草丰美，夏秋之季常有牧民到这些地方放牧，那时牧帐点点，牛羊遍野，使干支流河谷及两岸山坡呈现一派生机。

流域平均海拔4 500米左右，高寒缺氧，无人定居。这里交通闭塞，仅有小路和牧道穿行于山间和沼泽。流域内的野生动物较多，主要有棕熊、野牦牛、野驴、雪豹、盘羊、黑颈鹤、雪鸡等，野生药用植物有冬虫夏草、雪莲、黄芪等。

10.9.12.8.5 温泉水库
(Wenquan Reservoir)

格尔木河上游干流上的大型水库，位于青海省格尔木市东南部，西北距格尔木市城区127千米（公路里程）。坝址地理坐标为东经95°18′、北纬35°45′。库区位于布尔汗布达山和唐格乌拉山之间的河谷盆地内，坝址处于一近东西向断裂谷上，大坝设计抗震设防烈度为Ⅷ度。库区无定居人口，水库无淹没损失。

温泉水库是多年调节的大型水利枢纽，其主要功能是调节径流，使下游各梯级水电站稳定运行，增加发电量，提高供电质量，兼顾防洪。工程于1997年10月通过验收后正式交付运行。

工程由大坝、溢洪道和放水洞三部分组成。大坝为砂砾石均质坝，坝顶长880米，最大坝高17.5米，坝顶高程3 959.8米，坝顶设有高1米的防浪墙。水库最大库容2.55亿立方米，回水长度16千米，水面面积42.2平方千米。溢洪道设在大坝右侧，为侧槽开敞式，最大泄洪流量117.47立方米每秒。放水洞设在水库右侧坝下，为城门洞形，最大放水量27立方米每秒，放水由启闭塔控制，启闭塔高15米，有工作

温泉水库

桥与右坝肩相连。

温泉水库投入运行以来，有效调节径流，使下游河道流量随季节变化的幅度大大减小，基本实现了水量均衡，保证了下游各梯级电站的正常出力，使格尔木市区以往冬春季节拉闸限电的现象不再发生，为当地的工业生产、居民生活提供了可靠的电力，促进了当地经济社会的发展。水库的水面一望无际，"高峡出平湖"，蓝天、白云、绿水绘成一幅美妙的山水画卷。水库的巨大调蓄能力大大减轻了下游的防洪压力，为青藏公路、青藏铁路、兰西拉（兰州—西宁—拉萨）通信光缆、格拉（格尔木—拉萨）输油管道等重要设施和格尔木市城区的防洪安全提供了保障。

2002年根据对水库大坝的鉴定，实施了除险加固，取得了预期效果。

温泉水库风光独特，大坝上游数千米库左岸有温泉水入库，此处水域水温较高，多有花斑裸鲤等鱼群活动，库区有多种候鸟飞临，库周山地常有岩羊、盘羊、雪鸡等珍稀动物出没。

10.9.12.8.6　昆仑河
(Kunlun River)

格尔木河上游右岸支流，是格尔木河最大的支流，又名奈金河，奈齐郭勒。位于青海省海西蒙古族藏族自治州格尔木市南部。

昆仑河发源于昆仑山脉博卡雷克塔格山东北麓，分水岭海拔5 399.9米。源流段先东北流后转东南流，曲折78.5千米，流入**黑海**南部，再从黑海东南部流出后称野牛沟，河水向东在山谷中穿行。在野牛沟河段，有加祖它土沟、深沟、吾牛沟、没草沟等11条支流（均为时令河）汇入（多数在右岸）。继续东流20.2千米至纳赤台水文站，再东流20.5千米，右岸有最大支流**南沟**汇入，之后向东北流8.2千米汇入格尔木河。昆仑河源头海拔4 960米，河口海拔3 327米，河长246.9千米，河道天然落差1 633米，平均比降6.6‰。纳赤台水文站以上流域面积6 124平方千米，河口以上流域面积7 527平方千米。

流域地处高山区，气候寒冷，河道径流补给以冰雪消融和降水为主。据流域内纳赤台水文站资料，多年平均年降水量141毫米，多年平均年水面蒸发量1 174毫米，河道多年平均流量15.3立方米每秒，多年平均年径流量4.83亿立方米，年均输沙量115万吨。年结冰期4～5个月。

流域地势西北部高，东南部低，河道顺直，支流多在右岸。流域地处高山高寒草甸区，植被覆盖度55%～70%，生长小嵩草、西藏嵩草、青藏苔草、珍珠蓼等。青藏铁路和青藏公路经过下游。

流域内的玉虚峰附近山麓是著名的青海昆仑玉产地。青海昆仑玉为北京奥运会金、银、铜牌制造材料，品质优异，享誉国内外。玉虚峰下有玉虚宫，是产生于明朝末年的道教昆仑派（混元派）道场所在地，有不少信徒和游客到此访道观光。

10.9.12.8.6.1　黑海
(Heihai Lake)

昆仑河源流段上的一个清澈黑亮的内陆淡水吞吐湖，蒙古语称巴荣哈日诺尔，是"右边的黑湖"之意。位于柴达木盆地的西南部，青海省格尔木市的中南部，地理坐标为东经93°15′、北纬36°00′。

黑海坐落在东昆仑山脉的山间盆地内，湖水位4 431.0米，湖面长10.2千米，最大宽5.5千米，平均宽3.79千米，湖面面积38.7平方千米，平均水深约7.9米，蓄水量达3.06亿立方米。滨湖为平坦的第四系湖相沉积，其上有多个残留的小湖，大的面积达27公顷，小的面积不足1公顷。湖区属青南高寒草原半干旱气候，多年平均气温1.0摄氏度，年降水量75～100毫米。集水面积约730平方千米。湖水主要靠两个泉水溪流和地下渗流补给。其中一条长78.5千米，为昆仑河之正源。湖水从东南部出流后，沿野牛沟东流。湖周山峦起伏，高峰林立。湖西约9千米的红石山峰顶海拔5 206米，湖南约10千米的黑山峰顶海拔5 479米，湖东约4.5千米的海子山峰顶海拔4 712米。海子山东麓有一股名曰"羚羊水"的清泉。

近20年来，到黑海考察旅游的人数明显增多，从青藏公路的纳赤台和昆仑山口均有路通往黑海。

黑海周边无居民点，湖区海拔较高，水草较茂盛，是藏羚羊、野牦牛等珍稀野生动物的出没之地。

10.9.12.8.6.2　南沟
(Nangou River)

昆仑河下游右岸支流。位于青海省海西蒙古族藏族自治州格尔木市东南部，河源长约4千米河段在玉树藏族自治州曲麻莱县西北部。

河长53.2千米，流域面积1 206平方千米。源头海拔5 000米，河口海拔3 378米，天然落差1 622米，河道平均比降30.49‰。流域地势南高北低，平均海拔约4 500米。南部为雪山冰川带，山麓、河谷为高寒草甸。流域多年平均年降水量200毫米，多年平均年水面蒸发量2 250毫米，河口多年平均年径流量0.6亿立方米，多年平均流量1.91立方米每秒。径流补给以降水为主，以冰雪融水和地下水为辅。上游水系发育，支流众多。

南沟上游段称东余一塔士沟，长约23.4千米，发源于昆仑山脉刚刚欠查鲁玛山东段东北麓，向东北流，右纳支流黑刺沟后转向西流，进入中游；中游段称加尔哦争沙耶，长13.6

千米，河水在宽谷中西流 6 千米，左岸纳支流西余一塔士沟，继续西流 7.6 千米，左岸纳西来的最大支流东大滩沟，之后折转北流，进入下游；下游段称南沟，长 16.2 千米，河水在峡谷中北流汇入昆仑河，青藏公路、青藏铁路从汇口附近穿过，昆仑河上的公路桥、铁路桥建在汇口以下约 800 米处。

流域中下游地区有乡村道路与国道连接，中游河谷草场上有牧民前来放牧。

10.9.12.8.7　小干沟水库
（Xiaogangou Reservoir）

格尔木河上的中型水库，北距青海省格尔木市区 50 千米。

小干沟水库是混合式水电站——小干沟水电站的主要组成部分。小干沟水电站是为解决格尔木炼油厂的电源，满足格尔木地区工农牧业生产发展的需要而建的。

小干沟水库

水库总库容 1 030 万立方米，其中调节库容 490 万立方米。大坝为钢筋混凝土面板砂砾石坝，最大坝高 55 米，坝顶高程 3 260 米。坝顶长 104 米，坝顶宽 8 米。回水长度 4 950 米，库水面积约 50 万平方米。

小干沟水电站

小干沟水电站于 1988 年 3 月开工，1993 年 12 月竣工验收。装机容量 3.2 万千瓦，年均发电量 18 524 万千瓦时。

水库周围属低山地区，多年平均气温 4.2 摄氏度，多年平均年降水量 40 毫米。植被稀疏，群落植物有蒿叶猪毛菜、合头草、驼绒藜等。库中鱼类有花斑裸鲤、高原鳅等。

10.9.12.9　托拉海河
（Tuolahai River）

察尔汗盐湖水系的内陆河。位于柴达木盆地中南部。"托拉海"为蒙古语音译，意为"胡杨"，河因沿岸多有胡杨生长而得名。

流域南部为昆仑山脉沙松乌拉山，北部与察尔汗盐湖西南缘相连，东西分别与*清水河*流域和**大灶火河**流域为邻。流域地势南高北低，流域南北长约 110 千米，平均宽约 16.64 千米。流域地处柴达木盆地干旱气候区，多年平均气温 4 摄氏度，多年平均年降水量 50 毫米，多年平均年水面蒸发量 2 700 毫米。1959 年托拉海水文站（已撤）实测年降水量 176.1 毫米，最大流量 50.8 立方米每秒，年平均流量 1.54 立方米每秒，年径流量 0.49 亿立方米。

河长 128 千米，流域面积 1 830 平方千米，其中季节性河段长 76 千米，长流水河段长 52 千米。河水靠上游山地降水和冰雪融水补给，支流均分布在上游区，少且短小。

源流段称二道沟，发源于沙松乌拉山北坡，源头海拔 4 750 米。河自源头曲折北流约 25 千米出山，初始约 6 千米为季节性河段。河出山口在山前冲洪积倾斜平原上北流约 4 千米至托托拉林村，再北流 9.6 千米至托拉海水文站（1958—1961 年设立）。过水文站后向东北流约 10 千米进入戈壁沙丘带，再向东北流约 14 千米至托拉海村，在这 24 千米流程中约有 17 千米为季节性河段。过托拉海村继续向东北流约 36 千米，而后转向北流 29 千米，经过平坦开阔的沙漠及小块沼泽地，最后注入位于察尔汗盐湖西部南缘的大别勒湖，河口海拔 2 676 米。大别勒湖是一个水面季节性变幅很大的小卤水湖。

流域属格尔木市郭勒木德镇。格茫公路从流域中部通过。在托拉海村附近的河岸边及荒漠地带分布着 3 片发育衰退的胡杨林，总面积 265 公顷，2000 年 5 月，青海省政府批准成立胡杨林自然保护区。

10.9.12.10　大灶火河
（Dazaohuo River）

属**察尔汗盐湖水系**，亦名灶火河。"灶火"为蒙古语音译，意为"土坎"。流域位于青海省海西蒙古族藏族自治州格尔木市中部。

流域地势南高北低。上游区多山，河道径流由降水、冰雪融水和地下水混合补给；中游区为沙漠地带；下游区为盐沼泽，河流水量变少，含盐量增加。中下游河水以地下水补给为主。流域多年平均年降水量 37.5 毫米，多年平均年水面蒸发量 2 750 毫米。

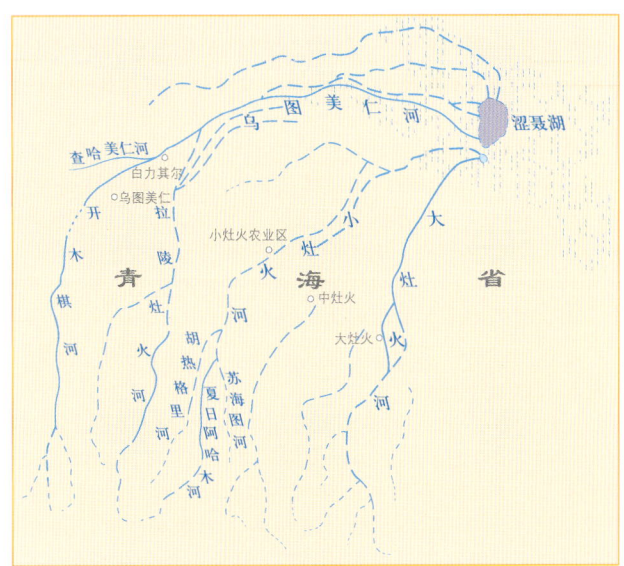
大灶火河、小灶火河水系示意图

河长约 120 千米，流域面积 3 800 多平方千米。源头海拔 4 800 米，河口海拔 2 678 米，河道平均比降 17.68‰。推算多年平均流量约 1.3 立方米每秒，多年平均年径流量 0.41 亿立方米。河水冬季结冰。格尔木至茫崖的公路经过大灶火河流域中部。

大灶火河发源于格尔木市境内的昆仑山脉沙松乌拉山北坡，源流汇数条小沟，向西北流约 23 千米，纳左岸一条较大支流继续向西北流约 15 千米，之后折向东北约 17 千米，在格茫（格尔木至茫崖）公路南约 5 千米处，分东西两股向北流去（东股季节性有水），在大灶火村北 10 多千米处又合为一股，向东北流约 40 千米，注入察尔汗盐湖西部涩聂湖南侧一个小咸水湖。

10.9.12.11 小灶火河
（Xiaozaohuo River）

察尔汗盐湖水系的内陆河。"灶火"为蒙古语音译，意为"土坎"。流域位于青海省海西蒙古族藏族自治州格尔木市中部。

流域西南部高，东北部低，海拔 5 440～2 678 米。河道弯曲，支流较发育，河道径流由山地降水、冰雪融水及地下水混合补给，多年平均流量约 1 立方米每秒，多年平均年径流量约 3 154 万立方米。河水冬季结冰。

河长约 150 千米，流域面积约 3 250 平方千米。源头海拔 5 000 米，河口海拔 2 678 米，河道平均比降 15.48‰。流域多年平均年降水量仅 24 毫米，多年平均年水面蒸发量 2 927.7 毫米，年均气温 2.7 摄氏度，年日照时数 3 225 小时。流域内现有耕地 270 公顷（含弃耕地），已建成小块绿洲农业区。流域中部小灶火农业区有公路（格尔木至茫崖）通过。

该河发源于格尔木市境内的昆仑山脉沙松乌拉山北坡，源流段名夏日阿哈木河，向东北穿过高山地区，先后接纳右岸支流苏海图河和左岸支流胡热希里河，河道水量增大，向北流过新月形沙丘、沙漠地区，改向东北流至中灶火村附近，接着进入小灶火农业区。在格茫公路（格尔木至茫崖）以北变成季节河，丰水期明流，遇旱时潜流，向北再折向东，最终注入察尔汗盐湖西部涩聂湖南侧的小咸水湖。

10.9.12.12 拉陵灶火河
（Lalingzaohuo River）

察尔汗盐湖水系的内陆河。流域位于青海省海西蒙古族藏族自治州格尔木市中部。河长 130 千米，流域面积 1 425 平方千米。

流域地势西南部高，东北部低，海拔在 2 711～5 223 米之间。上游来水以山地降水及冰雪融水为主，流域中部和北部，沙漠连片，河道水量减少。支流稀少，集水面积狭窄，80% 的河段为季节河，丰水时河道中可见流水，旱季河床干涸。按邻近河流可比资料，多年平均流量约 0.7 立方米每秒，多年平均年径流量 0.22 亿立方米。

流域内以畜牧业为主，牲畜有羊、牛、骆驼等。格尔木至茫崖公路通过流域中部。

河流发源于格尔木市境内的昆仑山脉沙松乌拉山北坡，源头海拔 4 800 米，东距**小灶火河**源约 10 千米。与小灶火河源流平行向东北，在格茫公路（格尔木至茫崖）以北，河水分成几股，其中一股向北约 15 千米汇入**乌图美仁河**，另两股继续流向东北，在涩聂湖之西约 50 千米处消失在沙漠之中，其地海拔约 2 711 米。

10.9.12.13 乌图美仁河
（Wutumeiren River）

"乌图美仁河"为蒙古语音译，意为"长河"。为**察尔汗盐湖水系**最西边的内陆河。位于青海省海西蒙古族藏族自治州格尔木市中部。

流域地势西南高、东北低，属柴达木盆地南部荒漠植被区，上游地区山峦起伏，中下游地区有沙漠灌丛和沼泽分布。河中游两岸的原野上有数个居民点及牧场。格茫公路（格尔木至茫崖）经流域中部的乌图美仁乡政府所在地。

河长 214 千米，流域面积约 2 500 平方千米。源头海拔 4 900 米，入湖河口海拔 2 678 米。流域降水量由西南向东北递减，蒸发量则由西南向东北递增。据设在距河源 120 千米处的水文站 1959—1963 年观测资料，年降水量为 15.7～23.0 毫米，年水面蒸发量高达 2 431.8 毫米。多年平均流量 2.67 立方米每秒，多年平均年径流量 0.842 亿立方米。水力资源理论蕴藏量 1.65 万千瓦。

乌图美仁河发源于沙松乌拉山西段黑尖山坡。上游段称开木棋河，长约 86 千米，其源流段为长 20 多千米的季节性河道，汇集数条小支流后形成由南向北的顺直河道，长年有水。河水北流约 50 千米，由南部山区进入乌图美仁盆地，又渐变为季节性有水河道，河水潜渗地下。至距河源约 99 千米的乌图美仁乡政府所在地小桥村附近，群泉涌出，汇流成河，向东北流淌，始称乌图美仁河。东北流约 18 千米，在自力其尔村西约 600 米处左纳西来的支流查哈美仁河。再向东北流约 15 千米，右岸有**拉陵灶火河**汊流汇入，水量增加。继续向东北流约 40 千米后转向东流，河水分成数股，流经东西延展的盐沼泽带，主流蜿蜒约 56 千米，注入察尔汗盐湖西部的涩聂湖，河口在湖的西南端。其余几股为季节性水流，均在主流之北流淌，最终均注入涩聂湖，河口分别在湖的北端和西北部。

10.9.13 西台吉乃尔湖
（Xitaijinaier Lake）

系汉语、蒙古语混合称谓，为"西边的太子湖"之意。位于柴达木盆地和青海省海西蒙古族藏族自治州的中西部，大柴旦行政委员会辖区的西南部。按湖中所含盐化学成分及其含量，属硫酸镁亚型盐湖。地理坐标为东经 93°16′～93°29′，北纬 37°39′～37°45′。

西台吉乃尔湖的面积、水深、水的矿化度等均随季节和年份而有所变化。1956 年青海省水利局勘测设计处首次测算面积 125 平方千米，平均水深 2.96 米，蓄水量 3.70 亿立方米；2000 年调查测算其面积为 129 平方千米，平均水深 2.96 米，蓄水量 3.82 亿立方米。在湖水面海拔 2 679.0 米时，湖东西长 18.6 千米，最大宽 13.0 千米，平均宽 6.77 千米，湖面面积 126.0 平方千米，蓄水量 3.73 亿立方米。湖滨为第四系洪积、冲积、风积、湖相碎屑沉积和盐类化学沉积，其中沙质干盐滩面积约 110 平方千米。

湖区属柴达木荒漠干旱、极干旱气候，多年平均气温约 2.0 摄氏度，年降水量一般少于 25 毫米，年水面蒸发量约 3 050 毫米，多大风。湖的周边都是沙漠，流动的沙丘如"游龙"一般。在**台吉乃尔河**的下游与西台吉乃尔湖、**东台吉乃尔湖**之间构成一个巨大的三角形盐沼地带，长有芦苇、优若藜等耐盐碱植物。

西台吉乃尔湖与其东南的东台吉乃尔湖相距约 35 千米，

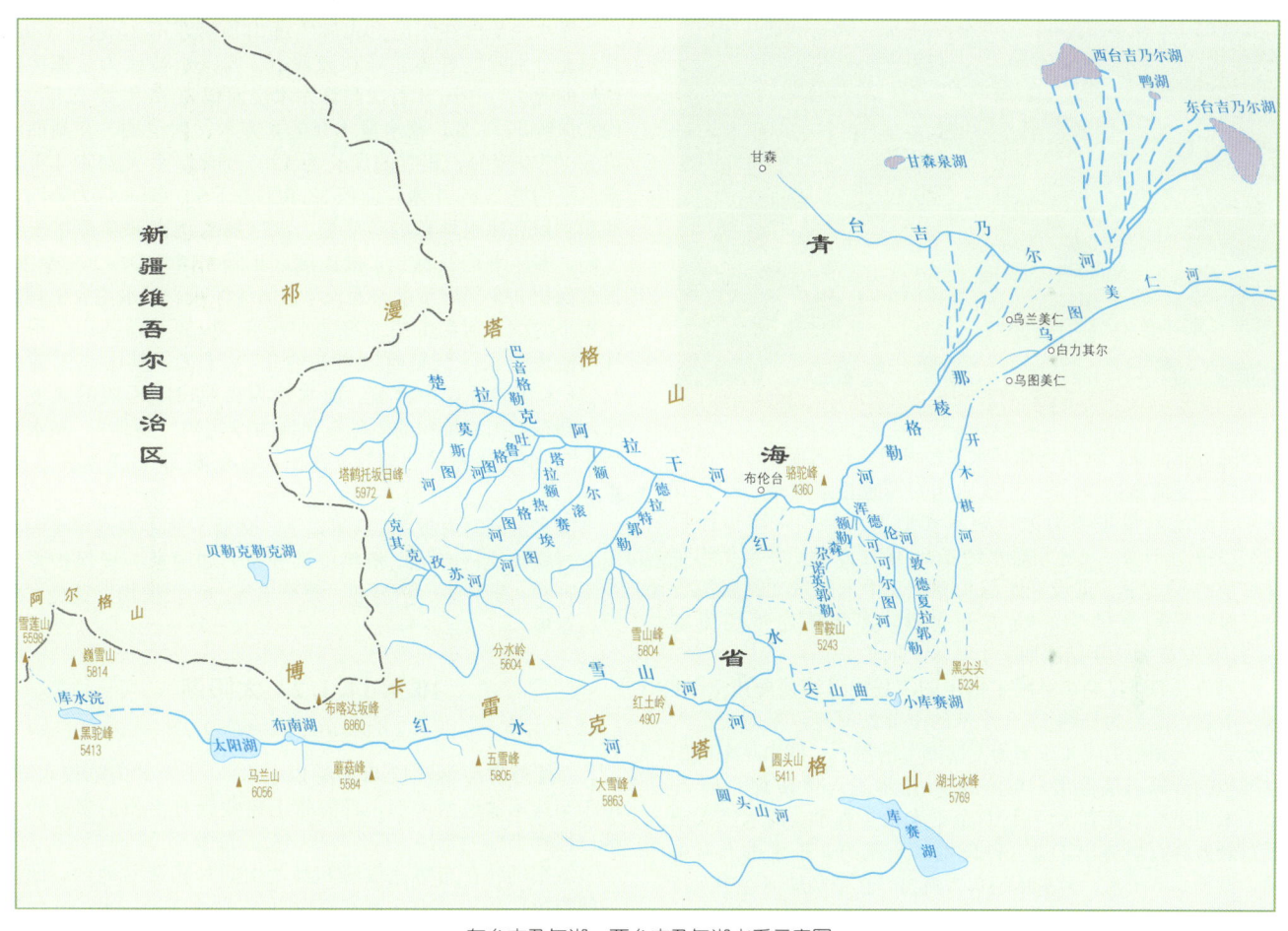

东台吉乃尔湖、西台吉乃尔湖水系示意图

两湖早先同属一湖,后因湖水位下降而分离成东西两湖。该湖北距**一里坪干盐湖**约 20 千米。湖水主要依赖台吉乃尔河在汛期以多股时令小河或潜流形式补给。湖水密度 1.217,pH 值 7.7,矿化度 336.33 克每升。

经勘探确定西台吉乃尔湖是一个大型盐湖锂矿床,钾、硼、镁及石盐的储量也较丰富,潜在经济价值巨大,亟待开发。

10.9.14 东台吉乃尔湖
(Dongtaijinaier Lake)

系汉语、蒙古语混合称谓,意为"东边的太子湖"。位于柴达木盆地和青海省海西蒙古族藏族自治州的中西部。按湖中所含盐化学成分及其含量,属硫酸镁亚型盐湖。地理坐标为东经 93°49′～94°01′,北纬 37°24′～37°36′。

东台吉乃尔湖的面积、水深、水的矿化度等均随季节和丰枯水年份而有所变化。1956 年青海省水利局勘测设计处首次测算面积为 122 平方千米,平均水深约 1.97 米,蓄水量 2.40 亿立方米;1980 年 6 月调查,湖水密度 1.21,pH 值 7.75,矿化度 331.53 克每升。2000 年调查测算其面积为 208 平方千米,平均水深约 1.97 米,蓄水量约 4.09 亿立方米。在湖面海拔 2 681.0 米时,湖长 24.0 千米,最大宽 8.7 千米,平均宽 5.05 千米,湖面面积 121.3 平方千米,蓄水量 2.39 亿立方米。

湖盆外围为第四系洪积、冲积、风积和湖相黏土及化学类型沉积,湖滨大多为湖相化学沉积,盐碱地广布。东部有沙质干盐滩近 50 平方千米,厚度 15～20 米。湖区属柴达木荒漠干旱、极干旱气候,多年平均气温 2.0 摄氏度,年降水量不足 25 毫米,年水面蒸发量约 3 050 毫米,多大风。

东台吉乃尔湖与**西台吉乃尔湖**相距约 35 千米,两湖早先同属一湖,后因气候变化、水位下降而分离成东西两湖。两湖之间有一个面积约 6 平方千米的鸭湖,形成西北—东南带状盐湖沼泽湿地,长有芦苇、优若藜等耐盐碱植物,有以野鸭为主的水鸟聚集于此。

东台吉乃尔湖与西台吉乃尔湖的集水面积约 3.85 万平方千米,补给系数 156。东台吉乃尔湖主要靠**台吉乃尔河**补给,该河是青海省最长的内陆河——**那棱格勒河**下游左岸支流,那棱格勒河下游段习惯也称台吉乃尔河。河水除少部分以多股时令小河或潜流补给西台吉乃尔湖外,大部分流入东台吉乃尔湖。

东台吉乃尔湖地处格尔木市北部,与有名的涩北气田相距仅约 10 千米。已探明该湖是一个大型盐湖锂矿床,钾、镁及石盐储量也甚为丰富,潜在经济价值巨大,现正在开发。

10.9.14.1 那棱格勒河
(Nalenggele River)

属**东台吉乃尔湖**水系,又名那仁郭勒。"那棱格勒"系蒙古语,意为"细长的河",因河床狭窄细长而得名。位于柴达木盆地西南部,流经青海省玉树藏族自治州治多县西北部和海西蒙古族藏族自治州格尔木市西部,是柴达木盆地流域最广、流量最大、流程最长的内陆河。

河全长 574 千米,流域面积 26 000 多平方千米。河源至格茫公路河长 438 千米,流域面积 21 898 平方千米。源头海拔 5 200 米,与公路交会处河床海拔 2 942 米,河道落差 2 258 米,平均比降 5.16‰,河宽 20 米左右,水深 0.4～1.6 米,

那棱格勒河

为砂砾石质河床。河道弯曲，水系较发育，流域面积500平方千米以上支流多达10条。干流水力资源理论蕴藏量21.03万千瓦。河流水量主要由冰川融水和地下水补给，冰川面积572.79平方千米，年冰川融水约4.58亿立方米，多年平均年降水量约80毫米。据设在距源头394.5千米的水文站实测资料，多年平均流量34.6立方米每秒，多年平均年径流量10.91亿立方米，年结冰期7个月。

河流发源于昆仑山脉阿尔格山的雪莲山（峰顶海拔5 598米）南麓，源流为长约11.9千米的季节性河流，东南流汇入**库水浣**，入湖前的4.4千米为戈壁滩下的潜流。湖水从东部山谷堆积的砂砾石层渗出，东流约40千米进入**太阳湖**，前20余千米河道季节性有水，后10余千米长年有水。河水经太阳湖东侧砂砾石层流出，进入砂砾地，东流约9千米进入布南湖，湖长5.7千米，河水从湖东口流出，在宽阔的河谷中东行约138千米，接纳右岸10余条短小支流来水，至右岸圆头山河汇口处河道折转向北，进入峡谷，河名为红水河。北流约25千米处有**雪山河**从左岸汇入，汇口以下河道转向东北，再折向西北转一大弯后，又转向北，蜿蜒曲折92.6千米，最大支流**楚拉克阿拉干河**从左岸汇入，之后转向东流，约23.8千米右纳支流**浑德伦河**，汇口以下干流转向东北，流62.3千米与格茫公路交会，继续向东北流约36千米有左岸支流**台吉乃尔河**汇入。汇口以上长约20千米的干流为季节性河段，在其左侧形成多股季节性分支，辐射状散流汇入台吉乃尔河下游。那棱格勒河下游段也称台吉乃尔河，与支流台吉乃尔河同名。从支流台吉乃尔河汇口向东流约28千米后转向东北流，蜿蜒约72千米注入东台吉乃尔湖，河口海拔268米。从主流流向转折处开始，有多股季节性分支向北散流分别注入**西台吉乃尔湖**和鸭湖。

那棱格勒河流域广阔，地形为西南高、东北低，从西南到东北依次为高山、丘陵、戈壁、沙漠、细土绿洲带和沼泽。山势嵯峨，海拔5 800米以上的冰峰雪岭有布喀达坂峰等8座。流域内降水稀少、光照充足，太阳辐射强烈，为高原大陆性干旱气候。流域内人口稀少，分布在下游地区的几个小村大多数从事牧业生产。流域内野生动植物资源较丰富，珍稀动物有野牦牛、藏羚羊、猞猁、岩羊、雪豹、雪鸡等，野生药用植物有雪莲、甘草、秦艽、枸杞等，此外，还有白刺、怪柳等灌木和芦苇分布。

10.9.14.1.1 库水浣
（Kushuihuan Lake）

那棱格勒河源流段的内陆淡水湖。位于柴达木盆地西南部，青海省玉树藏族自治州治多县西北部。湖中心地理坐标为东经90°07′、北纬35°59′。

库水浣坐落在东昆仑山脉雪莲山顶峰东南15余千米处，其南北分别耸立着黑驼峰和巍雪山。雪莲山被认为是那棱格勒河的源头。1970年首次测算库水浣面积为33平方千米，平均水深约12.1米，蓄水量4.0亿立方米；据记载，在湖面海拔5 007.0米时，相应的湖长为12.6千米，最大湖宽4.1千米，平均宽2.67千米，面积33.6平方千米。湖滨带为第四系冲积洪积和冰水堆积的砂砾层。湖区属青南高寒草原半干旱气候，多年平均气温－3摄氏度，年降水量100～150毫米。集水面积246平方千米，无长年性河流注入。湖水主要依赖条短小的季节河沟汇集冰雪融水补给，以源于雪莲山的季节性河流为最长，至湖西入口长约13.4千米，其中入湖前的4.4千米在砂砾层中潜流。库水浣为高原山间形成的天然水库，湖东部山谷堆积的砂砾石层即为厚实的"坝体"，湖水从湖东20余千米宽的"坝"下渗出，再东流10多千米注入**太阳湖**。

库水浣湖区海拔5 000米以上，交通不便，人迹罕至。湖周有青藏高原特有的动植物资源分布，如国家一级保护野生动物野驴、野牦牛、白唇鹿、藏羚羊等。药用植物有黄芪、藏兰石草等。

10.9.14.1.2 太阳湖
（Taiyang Lake）

那棱格勒河源流段**库水浣**以东约30千米的内陆淡水湖。位于柴达木盆地西南部，青海省玉树藏族自治州治多县西北部。地理坐标为东经90°33′～90°43′，北纬35°53′～35°58′。

太阳湖处在布喀达坂峰和马兰山间一构造盆地内，湖面近似矩形。1970年首次测算面积为99平方千米，平均水深约10米，蓄水量约10.0亿立方米；2000年青海省水电设计院调查测算面积为100平方千米，蓄水量10.1亿立方米。据记载，在湖面海拔4 882.0米时，相应的湖长14.7千米，最大宽8.6千米，平均宽6.86千米，湖面面积100.9平方千米，实测最大水深43.0米。湖水黛绿至浅蓝色，密度1.0，pH值8.1，矿化度610毫克每升，属硫酸钠亚型淡水，水质优良。湖底有青灰色淤泥，有水草生长。滨湖南部和北部为冰川、冰水堆积砂砾层，湖岸陡峭；滨湖西部为第四系冲积洪积砂砾层，地势开阔。

湖区属青南高寒草原半干旱气候，多年平均气温－3摄氏度，年降水量100～150毫米，集水面积890平方千米。湖水主要靠来自西部河流和南部马兰山、北部雪山的冰雪融水补给，西部河水为库水浣渗流出露所形成，其间也汇纳了冰雪融水；南部入湖的10余条小河是汇集马兰山冰雪融水而形成的，在入湖口一带形成沼泽。湖水经东部砂砾层出流，出流处距湖东岸约500米，出流水面比湖水位约低2米。此水东流穿过布南湖，而后东流北转，纳众多支流，蜿蜒曲折，注入**东台吉乃尔湖**、**西台吉乃尔湖**。

湖区景色优美，有青藏高原特有的野驴、野牦牛、白唇鹿、藏羚羊和冬虫夏草、雪莲等珍稀动植物资源分布，交通不便，人迹罕至。

10.9.14.1.3 雪山河
（Xueshan River）

那棱格勒河左岸支流，又名红土岭河。位于柴达木盆地西南部，青海省海西蒙古族藏族自治州格尔木市西南部。

流域东西长约64千米，平均宽20千米，流域面积1 280平方千米。流域南北高山连绵，北山多冰川雪峰，冰川长约

30 千米，面积约 120 平方千米，冰川储量 100 亿立方米以上。河在两大山之间东流，支流 10 余条，皆出自北山，流程较短。干流长 78 千米，源头海拔 5 250 米，河口海拔 4 020 米，天然落差 1 230 米，河道平均比降为 15.8‰。流域多年平均年降水量 200 毫米，多年平均年水面蒸发量 2 500 毫米。推算河口多年平均年径流量 0.86 亿立方米，多年平均流量 2.72 立方米每秒。径流补给以降水为主，冰雪融水为辅。

河流发源于博卡雷克塔格山西段一座名叫分水岭的冰山南麓，由北向南流约 9 千米后转向东北，流约 23 千米后转向东南，蜿蜒流淌 46 千米，从北部的雪山峰和南侧的红土岭之间流过，在红土岭以东 17 千米处汇入那棱格勒河上游段红水河。

流域地处偏僻，交通闭塞，人迹罕至。

10.9.14.1.4　小库赛湖
(Xiaokusai Lake)

系汉语和蒙古语混合称谓，可直译为"小青石湖"，因与库赛湖相邻近（南距库赛湖约 26 千米）且滨湖南部山体石质与颜色相似，只是面积甚小而得名。该湖是**那棱格勒河**上游右岸支流尖山曲源流段上的内陆淡水湖，也是季节性吞吐湖。该湖位于柴达木盆地西南部、青海省格尔木市境内。湖心地理坐标为东经 92°48′、北纬 36°04′。

小库赛湖是东昆仑山脉中一山间盆地内的弯月形小湖，湖面海拔 4 300 米，面积约 9 平方千米。滨湖南部为青灰、黑灰色板岩和砂质板岩山体，东部为冲积洪积砂砾地，西部为较平坦的湖相沉积，其上有一残留的小湖，面积约 0.6 平方千米。湖区属青南高寒草原半干旱气候，多年平均气温 1.0 摄氏度，年降水量 75～100 毫米。集水面积约 180 平方千米，补给系数 20.0。湖水主要依赖湖东北黑尖山西南坡沟道的季节性溪流（尖山曲源流）和地下渗流补给。在丰水期湖水从湖西端出流，向西行约 28 千米，而后转向西北，曲行约 17 千米，汇入那棱格勒河上游红水河，汇入口海拔 3 940 米。

小库赛湖与库赛湖之间横亘着博卡雷克塔格山（亦称野牛岭），东距**黑海**约 35 千米。湖周 20 余千米范围内有海拔 4 800 米以上的山峰 7 座，其中海拔在 5 200 米以上的有 5 座。湖区自然环境具有青南高寒地区特色，交通不便，人迹罕至，有藏羚羊、野牦牛、岩羊等珍稀野生动物出没。

10.9.14.1.5　楚拉克阿拉干河
(Chulakealagan River)

那棱格勒河左岸支流，也是那棱格勒河的最大支流。位于青海省海西蒙古族藏族自治州格尔木市西南部。河道总长 205 千米，流域面积 10 152 平方千米，多年平均流量 12.3 立方米每秒，多年平均年径流量 3.88 亿立方米。

河流发源于格尔木市与新疆维吾尔自治区巴音郭楞蒙古自治州若羌县交界处，沙松乌拉山系的额勒孙蒙克山南侧、塔鹤托坂日峰西坡，源头海拔 5 150 米。这里有大面积的冰川，一片晶莹世界。源流段河水先向西南流，后转西北流，再转东北流，流程约 60 千米处拐了约 100 度的大弯，向东南流去。在此后 100 余千米河段内接纳支流 10 余条，其中流域面积 500 平方千米以上的有莫斯图河、吐鲁格图河、塔拉额热格图河、**额尔滚赛埃图河**、德拉特郭勒等。支流多数在右岸，左岸支流除巴音格勒有长流水外，其余多呈潜流状态。楚拉克阿拉干河东南流至布伦台以东 5 千米处，与那棱格勒河的干流红水河段汇合。汇口海拔 3 440 米，河道落差 1 710 米，平均比降 7.6‰。水力资源理论蕴藏量 7.36 万千瓦，尚未开发。

流域平均海拔 4 700 米，气候寒冷干旱，多年平均气温 -4 摄氏度，多年平均年降水量 100 毫米。植被较好，为高山草甸草场，草群优势种为矮嵩草、青藏苔草、黑褐苔草等。流域内地广人稀，居民多为蒙古族，纯牧业经济，有牧业村乌兰拜兴、库伦套海、查干套海，在布伦台、旦根闹木如，有夏季牧点。野生动物资源有野牦牛、野驴、盘羊、大天鹅、雪鸡等。

10.9.14.1.5.1　额尔滚赛埃图河
(Eergunsaiaitu River)

楚拉克阿拉干河右岸支流，位于青海省海西蒙古族藏族自治州格尔木市西部。

河流发源于昆仑山布喀达坂峰东北约 25 千米的山地，源头海拔 5 200 米。这里"一源连三地"，河源地处海西蒙古族藏族自治州格尔木市、玉树藏族自治州治多县、新疆维吾尔自治区若羌县交界处。自源头向东北流约 6 千米后转向东南流，流 30 千米曲折转向北流 32 千米，左纳最大支流克其克孜苏河，而后东流 3.5 千米转向东北流，流约 70 千米后分作三股，再流 4 千米左右汇入楚拉克阿拉干河。汇口（靠下者）海拔 3 656 米，落差 1 544 米，河长 146 千米，河道平均比降 10.58‰。流域面积 3 600 平方千米，多年平均流量 6.7 立方米每秒，多年平均年径流量 2.1 亿立方米。

流域西南部高，东北部低。上中游支流发育如树枝状，下游几乎无支流汇入。最大支流克其克孜苏河发源于塔鹤托坂日冰峰南麓，这座大冰峰约 1/4 的消融水注入额尔滚赛埃图河。

流域内天然草场面积大，属高寒草甸类草场，适宜放牧牦牛。交通闭塞，只在流域北部有乡村道路与邻近的牧业村相通。

10.9.14.1.6　浑德伦河
(Hundelun River)

那棱格勒河右岸支流。位于柴达木盆地西南部，青海省海西蒙古族藏族自治州格尔木市西部。

河流发源于昆仑山脉博卡雷克塔格山北麓，黑尖山西北，源头海拔 4 948 米。源流段名敦德夏拉郭勒。自源头向北流 33 千米后转向西北，约 5 千米左纳南来汇入的一条支流，河名始称浑德伦河。干流再向西北曲折流淌约 16 千米，左岸先后有支流可尔图河、额勒森尕诺英郭勒汇入，此两条支流均为时令河，河长分别为 50 千米、42 千米。干流继续向西北流约 8 千米汇入那棱格勒河。汇口海拔 3 415 米，落差 1 533 米，河长 63 千米，河道平均比降 24.3‰。多年平均流量 1.80 立方米每秒，多年平均年径流量 0.57 亿立方米。

浑德伦河流域地处柴达木西南高寒干旱荒漠区，流域面积 1 450 平方千米，平均海拔 4 300 米。多年平均气温 -2 摄氏度，多年平均年降水量 75 毫米。流域地势东南部高，西北部低。上游是高山区，河道水量靠冰雪消融和降水补给，支流比较发育。中下游由于气候干旱，降水量少，河道水量欠丰，有 6 条支流为季节性小河。干流年结冰期约 4 个月。

流域内草场面积较大，牧业点稀少，交通不便。

10.9.14.1.7　台吉乃尔河
(Taijinaier River)

属**东台吉乃尔湖**水系的内陆河，是**那棱格勒河**下游一条较大支流（与那棱格勒河下游段同名）。位于青海省海西蒙古族藏族自治州茫崖行政委员会辖区东南部和格尔木市北部。河长约98千米，流域面积约1 500平方千米。

流域地形开阔平坦，西高东低，地势平缓。流域内降水极少，蒸发强烈，气候干燥。多年平均年降水量在10毫米以下，多年平均年水面蒸发量在3 000毫米以上，多年平均气温2摄氏度。流域内沙漠、沼泽、盐碱地多有分布，其上有怪柳、白刺、沙蒿、针茅和芦苇等灌木和耐盐碱植物生长。

台吉乃尔河发源于茫崖行政委员会辖区东南部名叫甘森的咸水泉，源头海拔3 160米。泉水顺地形向东南流入被称为"甘森湖"的沼泽带。河水穿过长约15千米、宽2～7.5千米草木丛生的沼泽带，先向东南后转向东，曲折流淌77千米，汇入那棱格勒河，河口海拔2 790米。天然落差约370米，河道平均比降4.02‰。

台吉乃尔河以地下水和那棱格勒河的季节性多股散流补给为主，降水补给甚微。该河无水文观测资料，推算断面的平均流量19.5立方米每秒，相应的年径流量6.15亿立方米。

10.9.15　甘森泉湖
（Gansenquan Lake）

"甘森"为蒙古语音译，系"咸泉"之意。湖系由咸泉形成的盐湖。位于柴达木盆地西南部、青海省海西蒙古族藏族自治州格尔木市西北部。东南距格尔木市区240千米，东北距**西台吉乃尔湖**50千米。湖心地理坐标为东经92°47′、北纬37°28′。

甘森泉湖长6.4千米，最大宽4.2千米，平均宽2.5千米，湖面面积16.0平方千米，湖面海拔2 737.0米。湖水pH值7.9，矿化度51.44克每升，属硫酸钠亚型盐湖。

湖四周为开阔平坦的第四系湖积盐碱地和风积沙丘，集水面积约1 218平方千米。

湖区属柴达木荒漠干旱、极干旱气候，多年平均气温4.0摄氏度，多年平均年降水量25毫米以下，多年平均年水面蒸发量2 300毫米。湖水主要依赖泉水补给。

10.9.16　一里坪干盐湖
（Yiliping Playa）

位于柴达木盆地中西部一次级构造凹陷盆地内，是一个以锂矿为主的大型综合性矿床，地处青海省海西蒙古族藏族自治州冷湖行政委员会辖区南部和茫崖行政委员会辖区东部的交界地带。地理坐标为东经92°58′～93°20′，北纬37°51′～38°03′。

一里坪干盐湖四周被丘陵地环绕，呈北西西向带状，长约36千米，宽约10千米，面积360平方千米，地面海拔2 683。湖区属柴达木荒漠干旱、极干旱气候，多年平均年降水量20.8毫米，多年平均年水面蒸发量3 063毫米，多年平均气温3摄氏度，年最高气温30摄氏度，最低气温－27摄氏度，日温差大，多大风。湖区无地表水补给，表面被风沙覆盖，其下是第四系以来沉积的总厚14～37米的两个晶间卤水层，再下是深厚的含泥沙杂质的碎屑含盐岩层，未发现淡水及埋藏较深的承压水。含矿卤水层呈水平层状，锂矿赋存于卤水之中，上层晶间卤水矿化度327.24克每升，氯化锂含量1.5～3.0克每升，锂矿品位之高为世界盐湖所罕见。卤水中除锂矿外还伴生有硼、钾、镁等元素，共生矿为石盐。固体石盐矿体东西长32千米，南北宽10千米，层厚3～20米，氯化钠品位为65%左右。

据1960年初青海省地质局柴达木地质队提交的《柴达木一里坪锂矿区初步勘探总结报告》，探明储量：氯化锂178.4万吨，三氧化二硼89万吨，氯化钾1 638万吨，氯化钠29.8亿吨。

一里坪干盐湖卤水埋藏浅，适宜露天抽取。

10.9.17　茫崖盐湖
（Mangya Salt Lake）

又名茫崖干盐湖。"茫崖"为蒙古语音译，意为"额头"，原指湖以东地区，因那里的风蚀土丘前端浑圆突出状似额头而得名，而后即有茫崖盐湖的称谓。位于柴达木盆地西北部、青海省海西蒙古族藏族自治州茫崖行政委员会辖区中南部。湖心地理坐标为东经91°50′、北纬37°46′。

茫崖盐湖由沼泽、盐滩和两个时令湖组成，总面积约128平方千米。其中沼泽面积约92平方千米，盐滩面积33.6平方千米，时令小湖面积分别为1.5平方千米和1.3平方千米，相应水深约0.15米，湖面海拔2 866.0米。茫崖盐湖西北距茫崖行政委员会驻地花土沟镇100千米，北距大浪滩盐湖26千米，东距**西台吉乃尔湖**约120千米。

湖区属柴达木荒漠干旱、极干旱气候，多年平均气温1.6摄氏度，多年平均年降水量5.03毫米，多年平均年水面蒸发量约2 700毫米。湖水主要靠泉水补给，湖水密度1.024，pH值8.68，矿化度41.36克每升，属硫酸钠亚型盐湖。

茫崖盐湖地处昆仑山茫崖凹陷带内，滨湖北侧为第三系茫崖背斜构造带，南侧为昆仑山支脉祁漫塔格山山前冲洪积平原。第四纪早期湖水面积较大，后因气候变干而导致湖水萎缩、盐类沉积，湖水面不断缩小。盐类矿床以石盐、石膏、芒硝为主，石盐出露于地表，石膏芒硝层厚5.22米左右。

10.9.18　大浪滩干盐湖
（Dalangtan Playa）

是一个由第四系内陆盐湖形成的以钾镁盐为主的大型综合性矿田，位于柴达木盆地西北部一次级构造凹陷盆地内，大部分已成干盐滩，局部地段有盐沼泽残留，沉积着光卤石和氯镁石。地处青海省海西蒙古族藏族自治州花土沟镇境内，地理位置为东经91°00′～92°00′，北纬38°00′～38°40′。

大浪滩干盐湖北依阿尔金山系的阿哈提山（亦称安吉尔山）、金鸣山，东邻大通沟南山、黑梁子和大风山，西靠南翌山和砾石斜坡带，南部是黄瓜梁。北西向长约100千米，平均宽约50千米，总面积约5 000平方千米，地面海拔2 690～2 700米。

湖区属柴达木荒漠干旱、极干旱气候，年降水量15.7～66.5毫米，多年平均年水面蒸发量3 100毫米，多年平均气温2.6摄氏度，日温差最大可达31摄氏度，最大冻土深度1.4米，多年平均风速5米每秒，最大可达18米每秒，全年8级以上大风日数可达50天。区内无地表径流补给，土地高度盐化，地表为较坚硬的含砂石盐壳，寸草不生，无居民点和工农业设施。

1982—1986年青海省地质局组织对全矿田进行了详细普查，证实矿田内为第三系和第四系的湖泊碎屑和盐类沉积地层。探明储量：氯化钾6 266万吨，氯化镁6亿吨，硫酸镁11.66亿吨，硫酸钠53.4亿吨，氯化钠1 494亿吨，氯化锂6.87万吨。各类盐的总储量达1 565多亿吨，远景储量还有扩大的可能。硫酸钠（芒硝）、氯化钠（石盐）矿的杂质含量较高，无独立开采价值，可用水采法与液体钾矿一并开采。

大浪滩干盐湖是一个规模巨大、共伴生矿产多的钾镁矿田。矿田南部紧邻国道、省道，各主要矿点间均有汽车便道相通，交通较方便。

10.9.19　尕斯库勒湖
(Gasikule Lake)

位于柴达木盆地西北部，青海省海西蒙古族藏族自治州西北部。按其湖水的盐化学成分及含量，属硫酸镁亚型盐湖。地理坐标为东经90°42′～90°53′，北纬38°03′～38°11′。

湖长17.9千米，最大宽12.5千米，平均宽6.92千米，湖面面积123.8平方千米，最大水深1.3米，平均水深0.65米，水面海拔2 853.0米，蓄水量约0.8亿立方米。

湖区属柴达木荒漠干旱、极干旱气候，多年平均气温1.5摄氏度，多年平均年降水量26.5毫米，多年平均年水面蒸发量1 318.2毫米（折算值），多大风，盛行西北风，年均风速约4米每秒，年均大风日数达110天。

尕斯库勒湖处在阿尔金山和祁漫塔格山间的尕斯库勒凹陷带内，集水面积24 790平方千米，湖水主要依赖地表径流补给，入湖河流数条，其中最大的是**铁木里克河**。铁木里克河发源于新疆维吾尔自治区若羌县境内的库木布彦山古尔嘎冰川北麓，是一条支流众多且明流与潜流段交替出现的河流，全长306.6千米。由潜流复出的下游河段长36千米，分数股分别从西、西北和北部汇尕斯库勒湖。主流河道阿拉尔水文站断面的多年平均流量2.95立方米每秒，多年平均年径流量0.93亿立方米；从南部和东南部入湖的为两条季节河，还有数条沟水潜于地下，以泉水形式入补湖中。据1980年5月青海省水电设计院调查，湖水密度1.221，pH值7.56，矿化度333.28克每升。湖东南部分布着面积达140平方千米的干盐滩，盐层中赋存晶间卤水，镁盐和钠盐平均含量分别为192.70克每升和115.45克每升，为盐类储量丰富的特大型矿床。在干盐滩下勘探发现有目前柴达木盆地最大的油田——尕斯库勒油田；在湖东侧10余千米处有油沙山油田，在湖东北约20千米处为花土沟油田，1985年置花土沟镇，已建成一座新型的石油城，同时带动了盐湖资源的开发。

湖西阿拉尔一带河网较密，泉水汩汩，有灌木沼泽分布，夏季有大量候鸟到此繁衍生息，现已辟为青海省野生动物自然保护区。尕斯库勒湖湿地被列入中国重要湿地名录，是重要的鸟类栖息繁殖区。

10.9.19.1　铁木里克河
(Tiemulike River)

又称呼伦河、阿拉尔河，为**尕斯库勒湖**水系的主要河流，是柴达木盆地最西端的一条内陆河。位于新疆维吾尔自治区巴音郭楞蒙古族自治州东南部和青海省海西蒙古族藏族自治州西北部。

铁木里克河全长306.6千米，流域面积17 365平方千米。源头海拔4 540米，入湖河口海拔2 853.7米，河道平均比降5.5‰。多年平均年径流量为2.80亿立方米。

流域多年平均气温2.0摄氏度，多年平均年降水量80毫米，多年平均年水面蒸发量2 000毫米，属内陆高原干旱、极干旱气候。流域三面环山，高山区多有冰川雪峰，其下有山地草甸分布，山谷地带多有沙丘戈壁，大多植被稀疏，局部地段有少量灌木丛和草地，下游地段有较大面积的沼泽湿地，是被列入中国重要湿地名录的尕斯库勒湖湿地的组成部分，是许多野生动物的活动场所，珍稀动物有野骆驼、野驴、黑颈鹤等。阿拉尔地区被确定为青海省野生动物自然保护区。

铁木里克河发源于新疆维吾尔自治区若羌县中西部的库木布彦山古尔嘎冰川北麓，上游段称做古尔嘎赫德河，呈梳状水系，其主要支流分布于干流右侧。干流自西向东100千米后，河水入渗地下，潜流约40千米，于玉苏普阿勒克村红柳泉处以泉水形式出露，汇集成河，被称为玉苏普阿勒克河，又名托格拉萨伊河，为铁木里克河中游段之称谓。河东流约88千米，右纳最大支流**阿特阿特坎河**，水量大增，向东北流12.6千米穿过巴哈托盖依村附近的茂密灌木丛林，河水渗入戈壁沙滩，潜流约30千米，于铁木里克以群泉形式出露，汇集成铁木里克河，为全河的下游段。下游段长36千米，呈散流状，分数股注入尕斯库勒湖，是维持尕斯库勒湖湿地生态环境的重要水源。该河尚未开发利用，流域内仅有少数牧民从事畜牧业。

10.9.19.1.1　阿特阿特坎河
(Ateatekan River)

铁木里克河的最大支流，又名阿达滩河，"阿特阿特坎"为维吾尔语音译，其意为"打死马的地方"。位于新疆维吾尔自治区巴音郭楞蒙古族自治州若羌县东南部。传说清康熙年间，有父子二人到此打猎无获，恐被人讥笑，便打死坐骑，河因此而得名。

河全长175千米，流域面积4 531平方千米。源头海拔4 810米，河口海拔3 360.3米，河道平均比降8.3‰。多年平均年径流量约1.67亿立方米。

阿特阿特坎河发源于祁漫塔格山脉卡尔塔阿里克山东段，上游河段称为阿拉亚里克萨依河，自东南向西北流，穿行于祁漫塔格山与阿喀祁漫塔格山之间，沿程接纳众多支流，在距源头70多千米处右纳最大支流后始称阿特阿特坎河，再向西北流70多千米出山口，之后折向东北流，在巴哈托盖依村附近汇入铁木里克河的玉苏普阿勒克河段。

阿特阿特坎河流域呈狭长形，河流深切于两山之间，河谷宽阔，两侧群峰耸立，海拔5 000米以上的高峰有5座，右侧的滩北雪峰海拔5 675米，为流域的最高点。流域深处内陆高原山区，交通不便，人迹罕至，河流资源尚未开发。

阿特阿特坎河

八、青海湖水系

Water System in Qinghai Lake Area

10.10 青海湖水系

(Water System in Qinghai Lake Area)

青海湖位于青海省东北部的高原内陆盆地内，是由新构造运动形成的断陷湖，有发源于盆地周围山地40余条大小河流汇入湖中，构成了独特的青海湖水系。

概 述

流域西北至东南长约300千米，平均宽约100千米，总面积21 361平方千米，地理位置位于东经97°51′～101°20′，北纬36°15′～38°20′。流域四周群山环绕，东以日月山与**湟水**流域相邻，南以青海南山与共和县境内的**沙珠玉河**流域相隔，西以天峻山和丘陵带与柴达木盆地和茶卡盆地相接，西北以疏勒南山东段沙官林那穆吉木岭与祁连山水系分水，北部的大通山是与**大通河**流域相隔的分水岭。流域跨青海省海西蒙古族藏族自治州天峻县的大部、海北藏族自治州刚察县的南部和海晏县的西南部、海南藏族自治州共和县的北部。青海湖处于流域的东南部，面积4 200多平方千米，2005年湖面海拔3 193米上下，为流域陆地的最低高程。环湖山岭大多在海拔4 000米以上，位于湖西北部大通山西段的岗格尔肖合力峰为流域的最高点，海拔5 291米。

流域属高原内陆盆地，具有高山、丘陵、湖滨平原等不同地貌。整个流域地势由西北向东南倾斜。陆地最大高差达2 000余米。在海拔4 000米以上的高山区，有古冰川作用下形成的冰蚀地貌，由于地势高、气温低，部分山岭终年积雪，流域西北部边缘的高山上，分布着20余条总面积约13平方千米、储量近6亿立方米的现代冰川。在海拔3 800～4 000米的地带，广泛发育着高山冻土沼泽地貌，湖南岸地域较窄，湖西北分布宽阔。在海拔3 250～3 800米的地带，分布着中低山丘陵和侵蚀阶地等多种地貌，以湖西北最具代表性，受溪流切割，地表破碎。在湖滨及入湖河流出山口以下，分布着大大小小的洪积冲积倾斜平原和湖积平原。在湖东北岸分布有大面积的风成沙地，约460平方千米，大小沙丘成群，有的高达百米以上。2000年风沙区范围明显扩大，特别是湖西部鸟岛附近土地沙漠化强烈，出现了大片新沙地，这是湖水位下降湖底暴露后所形成的。据2004年卫星遥感图测算，流域内沙漠化土地面积约1 343平方千米，约为50年前的3倍。

流域处于我国东南部暖湿季风区和西北部寒流区的交会地带，同时受西南部高寒区和青海湖自身的水体效应的影响，形成寒冷期长、温暖期短、四季不分明、干旱少雨、太阳辐射强烈、气温日差大等气候特征。青海湖水面蒸发的调节器作用对气候的影响较为明显。流域内靠该湖面的中低山区属冷温半湿润区，此区外延的中高山区属寒冷半湿润区。前者的多年平均气温为-1.1～4.0摄氏度，后者的多年平均气温为-4.6～1.5摄氏度，湖区多年平均气温为-0.5～1.5摄氏度。流域内极端最高气温33.7摄氏度，极端最低气温-35.8摄氏度。从总体上看，流域内无霜期很短，由于湖泊效应，湖滨地区气温和无霜期都高于周边山区。据青海省气象资料，自20世纪50年代后期到90年代初期30多年间，流域内多年平均气温上升了0.5摄氏度。

流域深处内陆高原，地形复杂，降水量不甚丰沛且分布不均。但是由于巨大的青海湖水体对水汽形成的影响，流域的降水量较其毗邻的内陆流域为多，且年际变化较小。流域北部大通山一带的年降水量达550毫米以上，是全流域降水最多的地区。降水随地势的垂直分布较明显，由流域四周向湖中心递减，湖中海心山的年降水量约270毫米。降水主要集中在夏、秋两季，每年5—9月降水量约占全年降水量的90%。

青海湖流域长年多风，蒸发量较大。年水面蒸发量在1 300～2 000毫米，水面蒸发量的区域分布与降水量相反，即青海湖水面、湖滨平原蒸发量较大，而四周山地蒸发量较小。流域海拔较高，且处于高空西风带和东南季风的影响范围内，夏秋以东南风为主，冬春季以西风为主，风力强劲，平均风速在2～4米每秒，年大风日数23～73天。大风常引起沙尘暴，并伴随降温，不但给当地牧业、农业生产造成损失，而且加剧了流域内土地的风蚀和沙化。

降水形成地表径流和地下径流，向青海湖汇集，形成一个环青海湖的不对称的辐合状水系。

流域西北部面积广阔，河网较为密集，较大的河流多分布于此，其入湖水量占总量的80%以上；流域东南部陆地较狭窄，河流短小，多为时令河，水量贫乏。湖周直接入湖的流域面积大于5平方千米的河流有48条，其中较大的有**布哈河**、**泉吉河**、**伊克乌兰河**、**哈尔盖河**、**黑马河**。不直接入青海湖的较大河流有**甘子河**、**倒淌河**，它们在历史上曾与青海湖相通，至今仍有部分水量通过沼泽和地下汇入青海湖，故将其纳入青海湖水系。在二级支流中较大的有**峻河**、**吉尔孟河**、**希格尔曲**等。诸河中，以布哈河为最大，其流域面积约占青海湖流域面积的一半。多年平均年径流量约占全流域地表总径流量的53.6%。流域内径流以降水补给为主，冰雪融水补给为辅，入湖的多年平均年径流量为21.25亿立方米，其中地表径流15.26亿立方米，地下径流6.03亿立方米。

青海湖流域还有为数不少的湖泊和沼泽湿地。面积大于3公顷的湖泊有70多个，其中面积大于30公顷的湖泊有20多个，大于100公顷的有12个。多数分布在青海湖西北地势较高的河流源头区，皆为淡水湖；少数分布在青海湖东部的湖滨地带，是从青海湖逐步分离出来的子湖，大多为咸水湖。地处海晏县西南部的**尕海**、沙岛湖、海晏湖的面积较大，是1980年前后才从青海湖东岸分离出来的。流域内的沼泽主要有高山河源沼泽和湖滨沼泽两种类型，是由于地下水水位较高、下渗受阻而溢出地表所形成，沼泽地总面积约2 766平方

青海湖水系图

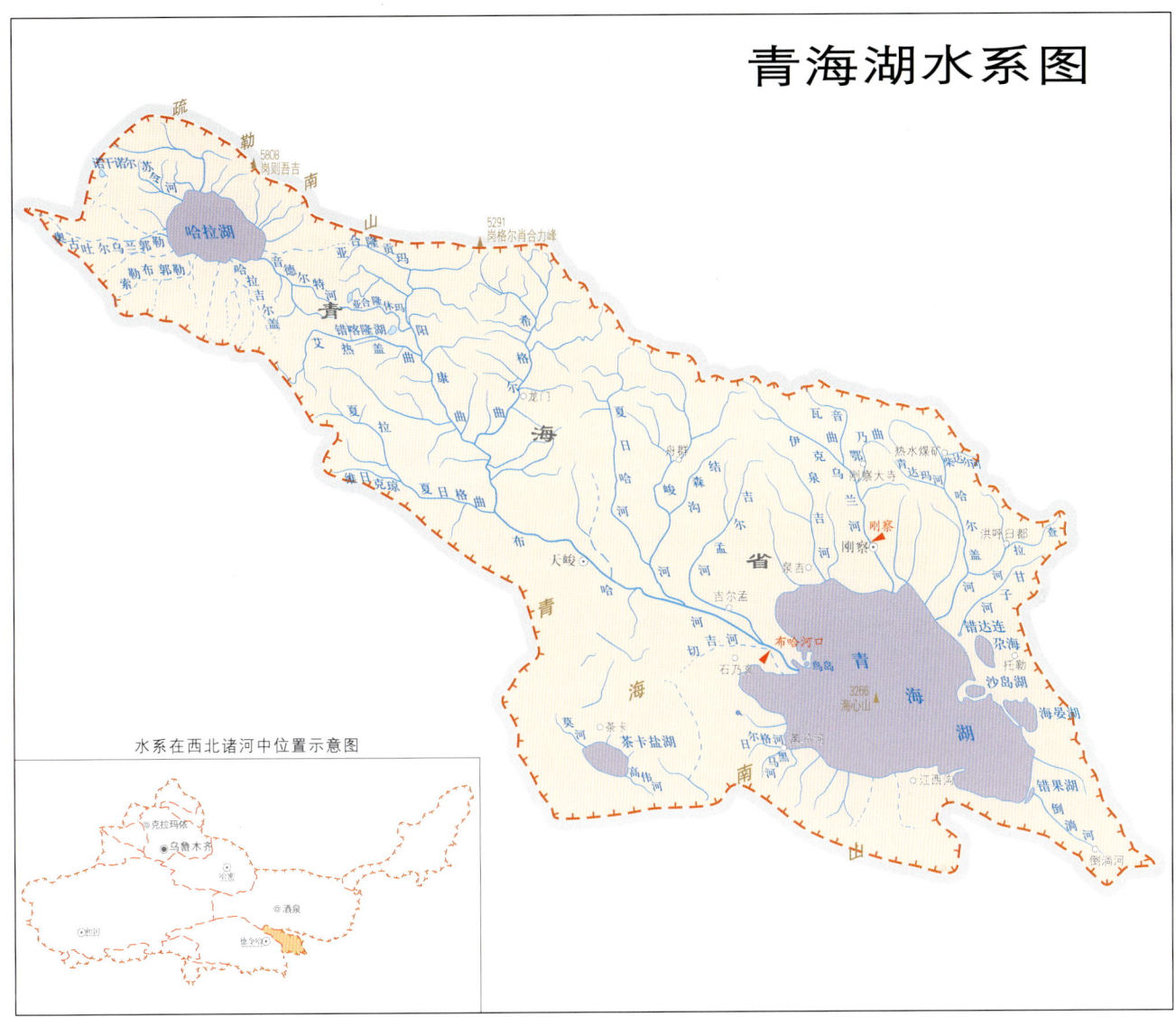

水系在西北诸河中位置示意图

千米,其中湖滨地带约 217 平方千米。

据 2003 年全国水力资源复查成果,青海湖流域水力资源理论蕴藏量 20.3 万千瓦,其中布哈河干流约占 50%,其他理论蕴藏量 1 万千瓦以上的河流有伊克乌兰河、哈尔盖河及布哈河的支流希格尔曲、**夏日格曲**、峻河和**夏日哈河**。水力资源尚未开发。

青海湖流域自古以来畜牧业就较为发达,是一个"其人逐薮草以牧放,射猎为生,多不粒食"(《青康录》)的地方。随着朝代的更替、历史的变迁,环湖区的畜牧业时盛时衰,到 1949 年,青海湖流域仅有大小牲畜 90 万余头(只)。中华人民共和国成立后,青海湖地区的畜牧业得到迅速发展,在草原建设、畜种改良等方面取得很大进展。到 1985 年,牲畜发展到 226 万多头(只),为 1949 年的 2.5 倍,使畜牧业成为该流域的主体经济。20 世纪 50 年代初,流域内人口不到 2 万,到 2004 年常住人口达 8.56 万(藏、蒙古等少数民族占 75.4%),工农牧业总产值 3.08 亿元,其中牧业占 74%,农业占 8%。

青海湖流域的农业开发始于 20 世纪 50 年代后期,省州县一些军队和地方单位在共和县江西沟和刚察县哈尔盖、泉吉一带开垦草原、滩地,种植粮油作物。到 1960 年前后,在湖滨地区开垦的土地达 13 万多公顷,致使大片草场遭到破坏。1962 年开始对盲目开荒的失误进行纠正,对稳定该地区的牧业和农业生产起到一定作用,但严重的生态环境破坏一时难以恢复。到 1999 年年底,湖滨地区仍有部队农场和地方农牧场 20 多个,加上各县乡的农耕地,总面积还有 4.2 万多公顷。从 2000 年开始实施退耕还林草工程,到 2005 年年底,累计退耕 2.4 万公顷,实有农耕地近 1.8 万公顷。

中华人民共和国成立前,青海湖流域内没有水利工程,居住在环湖地区的各族牧民过着逐水草而牧的游牧生活。自 1952 年起,流域内各族群众在人民政府领导下开始兴建各类草原水利工程,以此解决牧场干旱缺水和人畜饮水困难的问题,改变靠天养畜的落后面貌。经数十年的努力,建成水库、渠道、管道、机井等各类水利工程 200 多项,使 3 万公顷天然草场、0.6 万多公顷饲料地及人工草场得以灌溉,解决了近 2 万人和 80 多万头(只)牲畜的饮水问题,改善和扩大草原利用面积约 7 万公顷。

纪 实

据《青海省志·青海湖志》记述,在距今约 13 万年前,青海湖还是一个与**黄河**相通的外流湖,而布哈河早在青海湖形成之前曾是黄河的一条支流,它穿过今青海湖和倒淌河的河谷流入黄河。后来由于地壳的新构造运动,青海湖演变成一个封闭的构造断陷湖,布哈河成为一条内流河,湖东南原为顺流入黄的河道也因日月山的隆起而改变了流向,形成了倒淌河。新构造运动以来，由于流域内地层几次出现新断裂，致使一些河流的形态、流向发生不同寻常的变化，除倒淌河最明显外，还有哈尔盖河、布哈河及其支流。

丰富的古代文化遗存证明，青海湖流域曾是古羌人活动的中心地区之一。早在 2 700 多年前，这一地区已处于原始社会的末期，古代羌人以辛勤劳动和智慧创造了卡约文化（卡约文化是中国青铜时代青海河湟地区、环青海湖地区的代表性文化遗存，因 1923 年首先发现于湟中县卡约村而得名。卡约文化的年代约在公元前 1600—前 600 年之间），将野生动物驯化为家畜，现在的牦牛、藏系羊和藏獒便是古羌人驯化出来的。汉武帝时期"北却匈奴，西逐诸羌"，迫使湟水流域的许多羌人迁到青海湖地区，湖区羌人骤增，畜牧业得到较大发展。西汉末年，王莽于公元 4 年在今海晏县筑城设立西海郡，随后有汉人迁徙到湖区一带。西海郡遗址为国家重点文物保护单位。到公元 5 世纪初，吐谷浑统一了羌人部落，6 世纪中叶，吐谷浑国在青海湖西岸建都，都城名伏俟城，遗址在今共和县石乃亥乡铁卜加村。到了唐代，青海湖一带为吐蕃占据，唐与吐蕃在青海湖以南地区（今海南藏族自治州恰卜恰镇一带）曾有过战争，唐贞观十五年（641 年），文成公主与吐蕃赞普松赞干布联姻，曾路经日月山口和倒淌河上游。北宋对吐蕃部落采取笼络手段，使控制河湟和青海湖大部分地区的吐蕃唃厮啰地方政权臣服于宋朝。元、明、清时期，朝廷对环湖地区实行盟旗制度和千百户制度。

青海湖流域是青藏高原东北部的特殊生态功能区，对区域气候有着重要影响。青海湖是镶嵌在青藏高原上的一颗巨大的蓝宝石，但它在不断变小，"质地"也在不断变差，保护青海湖已越来越引起人们的关注。青海湖鸟岛保护区于 1992 年被列入国际重要湿地名录，1997 年晋升为国家级自然保护区，青海湖湿地被列入中国重要湿地名录。青海省政府成立了"青海湖生态环境保护委员会"及专门的管理机构，开展多学科考察研究，采取封湖育鱼、退耕还草、治沙封沙、保护草原等措施，开展综合性的青海湖流域生态环境保护与治理的规划，《青海湖流域生态环境保护条例》于 2003 年 8 月 1 日起颁布施行。

10.10.1　青海湖
(Qinghai Lake)

中国最大的内陆咸水湖。西汉时称西海、仙海、鲜水海和卑禾羌海，北魏时称青海，唐代沿用西海和青海的称谓，清代后期称青海湖。蒙古语音译称"库库诺尔"，藏语音译称"措温波"。位于青藏高原东北部，青海省东部，地理位置为东经 99°36′～100°46′，北纬 36°32′～37°15′。青海省因青海湖而得名。

青海湖

概　　述

青海湖位于祁连山东南部一山间盆地的最低洼处，东邻日月山，南靠青海南山，西为天峻山和丘陵带，北依大通山。青海湖跨青海省海南藏族自治州的共和县、海北藏族自治州的海晏县和刚察县，湖面形似一片硕大的白杨树叶。1981 年实测湖面海拔 3 193.92 米，湖东西长 109 千米，最大宽 67 千米，平均宽 39.8 千米，湖面面积 4 340 平方千米，最大水深 27 米，平均水深 17.9 米，蓄水量 778 亿立方米。2004 年实测湖水位 3 192.77 米，湖面积为 4 186 平方千米，蓄水量为 697.77 亿立方米。湖水的 pH 值 9.1～9.4。矿化度随湖水的减少而增高，据测定，1961 年为 12.49 克每升，1978 年为 13.13 克每升，1986 年为 13.84 克每升，2001 年达到 16 克每升。湖水咸化程度总体呈上升趋势。湖水清澈，微咸带苦。

集水面积 29 661 平方千米，湖水主要依赖地表径流和湖面降水补给。入湖的河流 40 余条，源远流长、水量较大者多来自西部和北部，东部和南部河流少而短，且多为季节性河流。主要河流有**布哈河**、**伊克乌兰河**、**泉吉河**、**哈尔盖河**、**甘子河**、**黑马河**和**倒淌河**。其中布哈河最大，多年平均年径流量约占青海湖流域总径流量的 53.6%。

流域地势由西北向东南倾斜，湖周山峦起伏，大部分山岭海拔在 4 000 米以上。北部大通山东段的岗格尔肖合力峰海拔 5 291 米，是流域的最高点；2005 年以来湖面海拔在 3 193 米上下，为流域内陆地的最低高程。在山岭至湖面之间，有多种类型的剥蚀构造地貌、堆积地貌和风积地貌，呈环带状分布。

青海湖区属内陆高寒半干旱气候，夏秋温凉，冬春寒冷。湖区多年平均气温零摄氏度左右，极端最高气温 28 摄氏度，极端最低气温 -30 摄氏度，湖泊效应明显，湖滨地区的气温和无霜期大于周边山区。多年平均年降水量 336.6 毫米，5—9 月降水量占全年降水量的 85% 以上，湖周降水量大于湖心，夏季多夜雨，冬季有雪灾。多年平均年水面蒸发量约 950 毫米，6—9 月约占全年水面蒸发量的 60% 以上。据 2008 年计算资料，多年平均入湖地表水量 15.26 亿立方米，湖面平均降水量 15.61 亿立方米，地下水年补给量 6.03 亿立方米，合计总补给量为 34.93 亿立方米，多年平均年湖面蒸发量 40.5 亿立方米，年均亏损水量 3.6 亿立方米。由于水量入不敷出，青海湖总体上呈水位下降、面积缩小的趋势。据实测资料，湖水位自 1959—2004 年的 45 年间下降 3.78 米，年均下降 8.4 厘米，湖水面积减少了 362.3 平方千米，年均减少 8.05 平方千米，蓄水量减少 171.6 亿立方米，年均减少 3.81 亿立方米，2005 年湖水面积 4 264 平方千米，比 2004 年增大了 78 平方千米，2008 年达 4 317.69 平方千米，2005—2008 年间湖水面积年均增大 32.9 平方千米，湖水位上升近 50 厘米，湖水位由 2004 年的 3 192.77 米上升至 2008 年的 3 199.26 米。

青海湖水体巨大，且为咸水，初冰、封冰日期比湖周河流稍迟，结冰期也较短，湖面多年平均封冻天数为 112 天，冰厚一般为 0.5 米，最大冰厚 0.7 米。湖区盛行西北风，9 月至次年 4 月为大风期，最大风速达 22 米每秒，年均风速 3.7 米每秒。湖水面大多平静，时而泛起涟漪，只是在大风的较长时间作用下掀起波浪，浪高可达 2 米左右。在湖周较大河流（主要是布哈河）入湖水流冲击和风力作用下，湖水在海心山周围的开敞区和河口及湖湾区产生水平循环流动的湖流。

青海湖的底质随部位而有差异，近岸区为粗砂及砾石，敞水区为细砂及粉砂，湖心区以淤泥为主，局部有鲕状砂沉积。

纪　实

青海湖是构造断陷湖，形成于200万年以前的第四纪初。根据湖相沉积分布，推测当时的湖面积要比现在广阔得多，且是一个与黄河水系相通的外流淡水湖。在距今73万年左右，湖周山地强烈隆起，使湖体缩小并有逐渐隔断与黄河沟通的趋势。在距今13万年前，湖周围山体再次快速隆升，湖盆再次下沉，湖水的外流通道被完全阻隔，使青海湖由外流湖变为内陆湖，倒淌河也随之形成。近1万年以来，由于湖盆周围继续上升和气候渐趋干燥，湖水入不敷出，造成水位不断下降，湖面缩小，水质咸化。经对历史湖水位痕迹的勘察研究，现今的青海湖与1万年前的古青海湖相比，水位下降了100米左右，面积约减少了1/3。现在的湖中岛屿、东西湖畔的小孤山以及**尕海湖**、**错果湖**等子湖与倒淌河沿岸一带有水草生长的洼地，都是青海湖水位下降、湖面退缩的产物。20世纪80年代以来又分离出沙岛湖、海晏湖两个子湖。沙岛湖因沙岛两端与湖岸相连而形成，原海晏湾被海晏湖所取代。

青海湖湖中有海心山、鸟岛（包括海西山及蛋岛）、沙岛和三块石等五个岛屿。海心山古称龙驹岛，位于湖心略偏南处，长约2.5千米，最宽约0.9千米，面积约1.2平方千米，岛上最高点海拔为3266米，高出水面70多米。鸟岛位于湖西岸布哈河三角洲前，由海西山和蛋岛组成，因每年夏秋季节有众多水鸟栖息其上而得名。海西山又名海西皮、小西山和才日哇瑞（藏语称谓），面积约2.2平方千米，岛顶平坦，其上覆盖风积砂土，岛上最高点海拔3228米，高出湖面30多米；蛋岛形似蝌蚪，面积约0.24平方千米，顶部高于湖面7米多。上述二岛以水下浅滩相连，每当初夏时节，鸟巢密布，鸟蛋遍地，继而幼鸟成群，鸟儿鸣叫之声数里外可闻，鸟岛及周围水域沼泽成为鸟的王国。由于湖水位下降及布哈河三角洲向湖中延伸等原因，自1978年后鸟岛与湖岸陆地相连而成为半岛。沙岛位于湖东北部，是湖中最大的岛屿，是近期湖岸水下砂垄在波浪和风的作用下逐步突出水面而堆积形成的，是一个不断增高扩展的新月形大沙丘，面积近20平方千米，最高点海拔3252米，高出湖面约59米。三块石又名孤插山，位于湖西南部，距湖南岸、西岸7～9千米，面积约6万平方米，由数块石灰岩礁石组成，其上遍积鸟粪，也是众多候鸟的栖息之地，有"小鸟岛"之称。

青海湖地区历史悠久，有着丰富的古代文化遗存。在青海湖西南的黑马河发现距今1.7万年的古人类遗址；在环湖的刚察、海晏、共和县境内多处发掘出距今3000年左右的古代先民所创造的代表卡约文化的器物，还发现了多座汉、唐时期和年代尚待确定的古城和古城堡。反映了该地区的岁月沧桑，有曾经的辉煌，有一度的凋敝和动荡。

环青海湖地区最早曾是我国羌人活动的中心地区之一。《西宁府新志》记载："青海湖周七百里，水草丰美，宜畜牧，素号羌人乐土"。汉武帝时期，北却匈奴，西逐诸羌，河湟一带许多羌人被迫迁到青海湖地区，湖区羌人骤增，畜牧业得以较大发展。到公元5世纪初，吐谷浑统一了羌人部落，使该地区实现了由氏族社会向封建社会的过渡，畜牧业得到了进一步发展，吐谷浑国的都城伏俟城即建在距今青海湖西岸7.5千米处，该遗址被列为省级文物保护单位。唐代，吐蕃占据青海湖一带，东以日月山与唐王朝分界。到了宋代，环青海湖大部分地区属吐蕃唃厮啰政权管辖，唃厮啰为宋时河湟地区吐蕃首领，建地分政权于宋哥城（今年安驿），政权延续约百年。元、明、清时期，朝廷对环湖地区实行盟旗制度和千百户制度，清王朝为笼络蒙古族、藏族上层，创立了祭海制度，祭海活动延续了200余年。

青海湖地区历史上曾长期处于民族纷争和地方政权割据的状态，是历代王朝的西部边地及中西交通要冲，战略地位十分重要，历来为兵家必争之地，时而成为中国西部的古战场。随着历代政权的更替和民族的变迁融合，湖区的畜牧业时盛时衰。

自古以来，环青海湖地区是一个传统的牧业区，畜牧业是流域的主导产业。唐史上虽有西平郡王哥舒翰遣兵于今日月山以西开荒屯田的记载，但未见成效。湖区的农业开发始于20世纪50年代后期，1960年前后，湖滨地区垦荒13万多公顷（约200万亩），致使大片草场遭到毁坏，自然生态环境受到前所未有的威胁。后来逐步采取了退耕还牧、恢复草原、加强生态保护等措施，特别是自2000年实行退耕还林草工程以来，取得了显著成效，到2005年，实有农耕地减少至1.8万公顷以下，湖区的生态环境得以改善，农牧业生产趋于稳定发展。环湖地区的农作物主要是油菜和青稞。每到夏季，湖畔百里花黄，处处飘香，蜂箱排排，群蜂穿梭，采花酿蜜，景象万千。环湖地区年产蜂蜜37万千克左右，年产油菜子约1500万千克，是青海省油料作物的生产基地之一。

青海湖属高寒贫营养型湖泊，湖中盛产裸鲤（俗称湟鱼）和几种高原鳅。裸鲤是国家的稀有名贵鱼种。据《青海简史》（1992年出版，王昱、聪喆主编，青海人民出版社）记述，距今3000年左右的卡约文化时期，"环湖地区的人们以食鱼为主"。东汉时期有"西海渔盐之利"的记述。但历代捕捞量很小，经长期的繁育，使青海湖积累了丰富的渔业资源，到20世纪50年代，青海湖裸鲤资源蕴藏量近20万吨。每当产卵季节，大批亲鱼从湖中游向湖周的河流，逆流而上，择地产卵，在河口以上数十千米河道上，群鱼竞游，形成了半河清水半河鱼的奇观。为开发青海湖的渔业资源，1959年建成国有青海湖渔场，集体捕鱼组织和个体捕鱼者也随之增多，捕鱼量大增，1960年多达2.85万吨，1959—1962年的年均捕捞量达2万吨以上。据1959—1985年的不完全资料统计，年均捕捞量7400吨。大量捕捞湟鱼取得了一定的经济和社会效益，但也造成了青海湖渔业资源的锐减。鉴于此，青海省从1982年以来先后4次实施封湖育鱼，1985年专门设立了青海湖区渔政机构，保护湟鱼、保护青海湖生态环境的力度不断加大。

为了改变流域内的农牧业生产条件和解决工矿企业及城乡居民的用水问题，从1952年起兴建了一批小型水利水电工程，主要有农田草原灌溉渠道、人畜饮水管道、机井、小水电站等。

青海湖及其周边是一个生物多样性极其丰富的地区。湖中有浮游动植物、底生植物、底栖动物多种，但作为水生饵料生物资源来看，甚为贫乏。湖中鱼类生长缓慢，一条重约500克的湟鱼，大约需要生长10年。由于湖水位的下降及湖周风沙区的扩展，湿地功能弱化，生物多样性受到威胁。青海湖鸟禽种类和数量一度呈减少趋势。1975年青海省建立了青海湖鸟岛自然保护区，其范围包括鸟岛、三块石、海心山及鸟岛附近的大片水域和草地。该保护区于1992年被列入国际和中国重要湿地名录。由于重视和加强了对保护区的建设和管理，使鸟禽数量逐渐回升。青海湖区有禽鸟163种，分属14目35科，总数在10万只以上，主要有斑头雁、棕头鸥、鱼鸥、灰鹤、黑颈鹤、赤麻鸭、鸬鹚、大天鹅等。流域内野生动物繁多，分布广阔，主要有野牦牛、野驴、藏羚羊、岩羊、猞猁、旱獭、棕熊、普氏羚（黄羊）、马鹿、麝、狼、狐狸等近200种。其中列为国家一、二级保护的珍稀动物30多种。流域草原辽阔，面积达212万公顷，约占全流域的74%。植被平均覆盖率为70%左右，以草甸、草原植被为主，灌丛、沼泽及荒漠植被次之，森林植被稀少。流域内已鉴定确认的野生种子植物有500多种。1997年青海湖国家级自然保护区建立，青海省政府成立了青海湖生态环境保护委员会，开展多学科考察研究，采取封湖育鱼、封沙治沙、退耕还草等综合性治理保护措施，取得了较好的成效。

哈尔盖河

青海湖美景

中华人民共和国成立初期，青海湖流域人口约2万，牲畜约90万头（只）；2004年常住人口达8.5万多，藏、蒙古等少数民族人口约占75%，牲畜达220多万头（只）。这里民族特色鲜明，民风民俗淳朴，自然风光优美。青海湖烟波浩渺，水色青碧，水中游鱼欢跃，湖上飞鸟翱翔，湖滨水草丰美，野花争妍，牛羊成群，帐篷点点，白云蓝天，群峰环绕，雪山倒影，诗情画意，美不胜收。青海湖宛若镶嵌在青藏高原上的一颗蓝宝石，闻名中外。在2005年由《中国国家地理》杂志社发起的"中国最美的地方"评选活动中，青海湖以其博大壮观荣膺中国最美的五大湖之首；青海湖景区被评定为AAAA级旅游景区，是有名的高原湖泊自然生态旅游胜地，是中国重点风景名胜区之一。

青海湖南有109国道，北有315国道和青藏铁路，东、西有环青海湖公路连接，交通便利。自2002年起，环青海湖国际公路自行车赛于每年7~8月举行，有来自世界五大洲的20多支运动队参加这一世界海拔最高、亚洲规模最大且级别最高的国际公路自行车赛事。自2005年以来，青海湖国际诗歌节、青海湖国际沙雕艺术节和青海湖观鱼放生节年年举办。

10.10.1.1　哈尔盖河
(Haergai River)

青海湖水系的内陆河，又名哈尔盖曲。"哈尔盖曲"为蒙古语、藏语混合称谓，"哈尔盖"系曾驻牧于该河流域的蒙古族部落名，"曲"为藏语"河"的音译。位于青海省海北藏族自治州刚察县东部、海晏县西部。流域面积1613平方千米。

河长110千米，河源海拔3980米，河道平均比降7.14‰。多年平均流量4.38立方米每秒，多年平均年径流量1.38亿立方米，实测最大流量200立方米每秒（1960年）。

哈尔盖河较大的支流有3条，以查拉河为最大，位于干流左岸，发源于达坂山，河长43千米，多年平均流量3.11立方米每秒，其次是右岸长约25千米的青达玛河和左岸长约15千米的柴达尔河。

哈尔盖河发源于刚察县赞宝化久山和青达坂山之间的台布希山东北麓，河源区为大片沼泽地。河源至青达玛河汇口为上游，名哇力麻河，长50余千米，支沟较多，近似羽状分布。干流大部分河道较顺直，由西北向东南流，汛期河床宽

约15米，两岸有高约1米、宽约700米的阶地，个别地段的阶地宽达2000米左右。河源一带两岸山势较缓，至青达坂山两岸山势渐陡。在距河源32千米的温泉沟汇入处，干流两岸有温泉群出露。

中游（青达玛河汇口至查拉河汇口）长30余千米，河道走向从北向南，两岸山势各异。右岸那仁山，山势平缓，呈丘陵地貌，左岸达坂山，山势陡峻。河槽偏于山谷右侧，左岸滩阶地坡度平缓，宽3~6千米，形成长30余千米地势较为平坦开阔的宗日盖滩牧场。中游河槽较多弯曲，水流较分散，河床有渗漏现象。

从查拉河汇口至青海湖东北岸边为下游，长约24千米，河道转向西南。查拉河口以下约5千米处，河流即出山口。山口以下至湖边为洪积扇地带，洪积扇长约18千米，形成哈尔盖草原。河水在洪积扇上分股散流，大量潜渗，形成丰富的地下水，至洪积扇前缘，地下水因排泄受阻而涌出地面，形成湖滨沼泽带，再以地表水形式注入青海湖。

流域内建成的水利工程主要有塘曲农灌工程和红河渠草原灌溉与人畜饮水综合工程。前者于1958年建成，从干流引水，灌溉面积2500公顷；后者于1974年建成，从查拉河及其支流洪呼日河引水，灌溉草原面积5000多公顷，解决2000多人和12万头（只）牲畜的饮水困难。

流域上游地区煤炭资源丰富，1970年建成年产60万吨的热水煤矿，1977年建成连通矿区的铁路支线，支线长51千米。

10.10.1.2　甘子河
(Ganzi River)

属**青海湖**水系。"甘子"系蒙古语音译，意为"马鞍梢绳"，因河流细长，形似马鞍梢绳而得名。位于青海省海北藏族自治州海晏县西部。

河流发源于肯特达坂山支脉阿尼窝若，源头海拔4200米。河长47.4千米，流域面积296平方千米，河口海拔3210米，河道落差990米，平均比降20.9‰。多年平均流量约0.6立方米每秒，多年平均年径流量0.19亿立方米。河宽小于6米，砂砾石河床。6~9月为汛期，年结冰期约150天。河源区多年平均年降水量400余毫米，河口区约300毫米。

流域交通较为方便，湟冰公路通过流域中部，315国道通过甘子河乡，青藏铁路通过流域下游。甘子河中游地区为查那塘滩东部，是红河渠灌区和现代化畜牧业草原建设试点区的组成部分；在下游地区曾打机井10眼、土井20眼，利用地下水灌溉草原和解决冬春人畜用水。20世纪80年代初，草原灌溉面积达到4000公顷。

河流从东北流向西南，流经查那塘、雪柔沙丘和甘子河滩，后分股散流进入距青海湖东北岸约 5 千米的沼泽地，汇入称作错达连的潟湖里。

从河源至查拉塘东北缘为上游，河名折合玛日曲，地处山区，阳坡多覆盖牧草，阴坡多灌丛，径流靠降水补给。中游称哈登曲，两岸为冬春牧场，左岸盖得尔山麓有 10 余处温泉出露，总水量 23.6 升每秒，水质良好，为一处旅游景点。自雪柔沙丘至错达连潟湖为下游，两岸为母幼畜冬春牧地。下游河水分多股，主流称为甘子河，分流称为雪柔曲。

甘子河

甘子河水不直接汇入青海湖，河中所产的裸鲤与青海湖的裸鲤有所不同，这是由于甘子河和青海湖在地域上受到阻隔，引起裸鲤分化的结果。但是，考虑到甘子河历史上曾与青海湖相通，现今河水汇入错达连后，仍有部分水量以潜流形式汇入青海湖，所以把它划入青海湖水系。

10.10.1.3 尕海
(Gahai Lake)

又名措倾我立布，咸水湖，系**青海湖**退缩过程中残留的子湖。位于青海省海北藏族自治州海晏县西南部，西南距青海湖 3.5 千米，以波状沙丘相隔。湖心地理坐标为东经 100°34′、北纬 37°00′。

湖呈长椭圆形，湖长 11.9 千米，最大宽 5.8 千米，平均宽 3.96 千米，湖面面积 47.2 平方千米。湖水位 3 196.8 米。水深 8.0～9.5 米。集水面积 393.0 平方千米，补给系数 8.3，无地表径流汇入。

水质咸化，pH 值 9.25，矿化度 31.73 克每升，高出青海湖 1 倍多。

湖区属青海东部山地草原半干旱气候，多年平均气温 2.0 摄氏度，年降水量 300～400 毫米。湖边有藏民放牧。青藏铁路、公路从湖东岸穿过，距托勒车站 3 千米，交通尚属方便。

尕海水质原与青海湖水相同，但青海湖退缩后，尕海因周围环境恶化，无地表淡水补入，矿化度不断上升，无水生植物分布，成为无鱼之湖。

10.10.1.4 倒淌河
(Daotang River)

因由东南流向西北而得名。藏语音译称"柔莫曲"，意为"难舍的水"。蒙古语音译称"阿劳郭勒"，"阿劳"意为"斑驳"，"郭勒"意为"河流"，因流经植被稀疏、地表成片裸露的宽谷而得名。倒淌河在**青海湖**东南隅，位于青海省海南藏族自治州共和县东北部的倒淌河镇境内。

河长约 60 千米，流域面积 727 平方千米。河谷宽 10 余千

倒淌河

米，河源海拔 4 680 米，河口海拔 3 199 米，河道平均比降 24.7‰。多年平均流量 0.54 立方米每秒，多年平均年径流量 0.17 亿立方米。

倒淌河水不直接注入青海湖，而是流入**错果湖**（耳海），错果湖是青海湖退缩过程中形成的一个子湖。历史上曾与青海湖相通，至今仍有部分水量以潜流的形式汇入青海湖，故仍划入青海湖水系。据《青海湖志》，倒淌河原为古**布哈河**通往**黄河**的河道，在中晚更新世，湖东地壳强烈抬升，截断古布哈河出口，此后才成为东南流向西北的倒淌河。被称为"天下江河皆东去，唯有此水向西流"的奇观。

流域南侧有青藏公路通过。附近有察汗城、海神庙等名胜古迹。

倒淌河发源于湟源与贵德两县交界处的野牛山西北麓，源流水量极小，平均流量在 0.1 立方米每秒以下，中游因河床渗漏，常常断流，两岸地表呈半干旱草原景象。进入下游，由于两侧山前地下径流补给，水量增多，河谷牧草茂密，为良好冬季草场。至河口附近，地表显现盐渍化。

10.10.1.4.1 错果湖
(Cuoguo Lake)

俗称耳海，**青海湖**东南侧的一个子湖，位于青海省海南藏族自治州共和县东北部，**倒淌河**末端。湖心地理坐标为东经 100°44′、北纬 36°34′。

湖呈细长形，长 7 千米，最大宽 1.5 千米，平均宽 0.9 千米，湖面面积 6.29 平方千米。湖水位 3 198.0 米。集水面积 774 平方千米，补给系数 123。

水质微咸。因有倒淌河补给，水质淡化，矿化度 1.15 克每升。湖中有水生植物分布，少量裂腹鱼亚科和鳅科鱼类在湖中栖息繁衍。

错果湖与青海湖紧邻，最短距离不足 1 千米。错果湖西邻青海湖渔场，东北邻湖东种羊场。湖的东岸为开阔的牧场，牧帐遍布。214 国道与环青海湖县乡公路距错果湖较近，交通方便。

10.10.1.5 黑马河
(Heima River)

原名大喇嘛河，1959 年改名黑马河。为**青海湖**水系的内陆河，位于青海省海南藏族自治州共和县境内。

河长 20 千米，流域面积 112 平方千米。源头海拔 4 250 米，河口海拔 3 195 米，河道平均比降 53‰。多年平均流量 0.35 立方米每秒，多年平均年径流量 0.11 亿立方米。在 6—9 月的汛期，河水主要靠降水补给，多年平均年降水量 400 余毫

黑马河

米；在平水期及冰冻期（约 6 个月）主要靠泉水补给。上游坡降陡，洪峰涨落快。山口以上河床渗漏较少，河道长年有水，山口以下及湖滨地带，河床渗漏加大，冬季常断流。

河流发源于橡皮山主峰东南的亚勒岗，从西南向东北流入青海湖。发源于橡皮山北麓的最大支流日尔格河，从下游左岸汇入。上游段河宽约 4 米，水深约 0.2 米，砂卵石河床。河滩及山坡上灌木丛生，地势越高，湿度越大，植被也越茂密。近河源一带呈冰缘地貌。山口以下至河口段，河宽约 8 米，水深约 0.2 米，河道曲折，水流平缓。山麓地带水草丰美，为黑马河乡的主要牧场。109 国道和环湖公路的湖西路段穿过黑马河下游地区，交通较便利。

10.10.1.6 布哈河
(Buha River)

古称合河，是**青海湖**水系最大的河流。"布哈"系蒙古语音译，意为"野牛"，指往昔流域常有野牛出没。位于青海省海西蒙古族藏族自治州天峻县，河口地区，左右岸分属刚察、共和两县。

布哈河

河长 286 千米，流域面积 14 384 平方千米。河源海拔 4 513 米，河口海拔 3 195 米，河道落差 1 318 米，平均比降 4.6‰。上中游河宽 14～68 米，水深 0.5～1.6 米，下游主河道宽 41～160 米，水深 0.4～1.6 米，河床多为砂卵石组成，年入湖沙量约 36 万吨。河口多年平均流量 24.6 立方米每秒，多年平均年径流量 7.76 亿立方米。干流水力资源理论蕴藏量 9.74 万千瓦，尚未开发。下游引水灌溉草原面积 500 公顷。

夏秋季节主要靠降水补给，夏季高山也常降雪，因此也有融雪水补给。河源地区冰川面积 13.29 平方千米，冰储量 5.9 亿立方米，冰川年融水量 0.1 亿立方米。冬春季节主要靠地下水补给。多年平均年降水量地域分布不均，西北部年降水量 500 余毫米，东南部仅 200 余毫米。每年 6—9 月为汛期，年结冰期 5～6 个月。

布哈河发育在三级古夷平面上，从西北向东南缓缓倾斜，经上百万年水流切割，地表破碎，山陡谷深，从高处眺望，仍可清晰看出其二、三两级古夷平面形成的方山和丹霞地貌。早在青海湖形成之前，布哈河原是**黄河**的一条支流，河道通过今青海湖和**倒淌河**的河谷流入黄河。直到湖东一带隆起成日月山、野牛山后，河水受阻，遂潴留形成青海湖并使布哈河成为一条内流河。

天峻县全县面积 2 万平方千米，人口 2 万，蒙古族占总人口的 80％。人口和畜牧业生产多集中在布哈河流域，县城位于下游右岸。沿布哈河河谷西北行，是古代的"合河道"，又称"伊吾道"，也即古羌胡通道中的鲜水酒泉道，是古丝绸之路的一支。当年吐谷浑国曾在布哈河下游右岸距青海湖西岸 7.5 千米处建都城伏俟城，遗址犹在，还有鲁芒沟岩画皆为青海省文物保护单位。青藏铁路、315 国道都通过流域南部。布哈河是青海湖裸鲤洄游产卵的主要河流。青海省于 2003 年出台并实施《青海湖流域生态环境保护与综合治理规划》，对布哈河等 6 条注入青海湖的河流进行整治，确保湖内湟鱼（裸鲤）洄游产卵畅通无阻。

河流发源于疏勒南山沙果林那穆吉木岭南坡，从西北向东南流入青海湖，河源段名亚合隆贡玛，上中游称阳康曲。水系呈树枝状，左右岸不对称。右岸支流相对短小，较大的有艾热盖曲、**夏日格曲**，水量均较小；左岸河网稠密，支流繁多，水量较丰，较大的有**希格尔曲**、峻河、吉尔孟河。流域植被覆盖度 60％～80％，水土保持状况良好。布哈河三角洲半岛面积约 260 平方千米，著名的鸟岛紧靠半岛前缘，随着三角洲向前延展，鸟岛已与之相连。

10.10.1.6.1 错喀隆湖
(Cuokalong Lake)

又作措隆卡，均系藏语音译，意为"胃形湖"。**布哈河**上游右侧的淡水湖，位于青海省海西蒙古族藏族自治州天峻县中部偏西，布哈河上游段阳康曲与支流艾热盖曲汇合处西北，沙日那玛珠山峰西北 2 千米处，东南距县城约 100 千米，湖心地理坐标为东经 98°17′、北纬 37°59′。

湖长 4 千米，最大宽 3 千米，平均宽 2 千米，湖水面积 8 平方千米。湖水位 3 845 米。集水面积 44 平方千米，补给系数 5.5。

湖水除由降水补给一部分外，主要靠布哈河上游段阳康曲的支流调节。阳康曲右岸支流亚合隆休玛发源于措纳日阿玛（湖）以南山地，河长 30 千米，流域面积 142 平方千米，多年平均流量 0.26 立方米每秒，下游右岸与西邻的错隆喀湖相通，东去 4 千米汇入阳康曲。错隆喀湖如同亚合隆休玛的调节水库。湖水水质与布哈河相同，属氯化物类钙组Ⅲ型。湖水适宜鱼类生长，但因远离青海湖 210 千米，洄游产卵的鱼到不了这里。

湖滨地势平坦，牧草茂盛，有部分阳康乡牧民来此放牧。阳康至苏里乡级公路从湖东经过。

10.10.1.6.2 希格尔曲
(Xigeerqu River)

布哈河左岸支流。位于青海省海西蒙古族藏族自治州天峻县东北部。

流域平均海拔在 4 000～5 000 米之间，地势高峻，分布

希格尔曲

有现代冰川和高寒荒漠植被,草矮,覆盖度小,植被的代表类型以优若藜、东方针茅、早熟禾为主。河道径流主要由降水和冰雪消融补给,流域年降水量400～500毫米。河口多年平均流量约3.69立方米每秒,多年平均年径流量约1.16亿立方米。水力资源理论蕴藏量2.15万千瓦,尚未开发。

河长84千米,流域面积2 047平方千米。源头海拔5 000米,河口海拔3 627米,河道落差1 573米,平均比降16‰。流域形状如同一片桑叶,中间是干流,两侧支流排列比较均衡。自上而下的主要支流有达芒曲、多素曲、多隆恰如、阿隆芒措、隆莫尔曲、肯迪隆阿、拉木隆公玛、果当隆阿等。

从木里山口起,干流与阳木(阳康—木里)公路基本平行,直至汇口。

河流发源于天峻县境内北部托莱南山的岗格尔肖合力峰以东10千米的山地。河源区高山终年积雪,冰川面积约10平方千米。希格尔曲源区以东是**大通河**源,以北山阴为**疏勒河**源区。源流段水系呈树枝状,由干流和4条小支流组成。干流先向东南行20千米转向西南,再流10千米到达木里山口,继续向东南经龙门、阳康两个乡政府驻地后,汇入布哈河上游段阳康曲。

10.10.1.6.3 夏日格曲
(Xiarigequ River)

布哈河右岸支流。位于青海省海西蒙古族藏族自治州天峻县西南部。

夏日格曲

河长88.6千米,流域面积1 358平方千米。源头海拔4 500米,汇口海拔3 536米,河道落差964米,平均比降10.88‰。流域形状像一只长茄子,长度与宽度之比为4∶1,流域地处高山地区,由西北倾向东南,高程相差约1 000米。径流由降水补给。多年平均年降水量381.3毫米(按邻近布哈河上唤仓水文站观测值),多年平均流量3.44立方米每秒,多年平均年径流量1.08亿立方米。水力资源理论蕴藏量1.51万千瓦,尚未开发。

流域内海拔4 200米以上地区,分布有高寒荒漠植被,植被的代表类型以优若藜、东方针茅、早熟禾为主;在海拔4 200～4 000米的山区,以高寒草甸植被、高山沼泽植被为主,植被类型多为莎草科的蒿草和苔草;河谷局部地区也有沼泽植被分布,植被类型有藏蒿草、粗喙苔草等;在中下游河谷地区有以高山柳为主的灌木林分布,一些山沟坡地还长有成片的圆柏,总面积约2 500公顷。流域南部有铅矿、石灰岩矿。矿点至天峻县城、快尔玛乡政府所在地有公路相通。

河流发源于天峻县西部和德令哈市东部交界处的疏勒南山南部高地,源流段称夏拉,由6股细流汇集后向东南流去,到中游又汇入支流维日克琼,河名始称夏日格曲。干流继续向东南行进,并纳支流维日克且、隆木什、纳赫买热、嘎尔哲,在快尔玛乡上唤仓汇入布哈河。

10.10.1.6.4 峻河
(Junhe River)

布哈河左岸支流,也是最大支流,又名江河,也称峻格曲、郡子河。位于青海省海西蒙古族藏族自治州天峻县东南部。

峻河

河长124.3千米,流域面积3 163平方千米。源头海拔4 400米,汇口海拔3 273米,河道落差1 127米,平均比降9‰。流域形似倒置的葫芦,上宽下窄。上游区多年平均年降水量500毫米,为主要来水区。多年平均流量7.02立方米每秒,多年平均年径流量2.21亿立方米。水力资源理论蕴藏量2.2万千瓦。

峻河发源于大通山系的草芒东山和日尼黑山之间,源区多沼泽,上游多支沟,呈树枝状,河谷宽阔处有沼泽分布。中游流经石灰岩地区,河道曲折,多峡谷,谷底与两岸山顶高差200～400米,谷坡陡峻,山顶则平坦如桌面,有桌子山之称。中游最大支流结森沟从左岸汇入。结森沟汇口以下为下游,下游河谷渐宽,最宽处3～4千米,河道透迤其间,河宽20多米,水深约0.6米。干流从江河镇政府所在地西侧向西南流约7.5千米,右纳最大支流**夏日哈河**,之后转向东南流约20千米汇入布哈河。

全流域植被良好,牧草遍布,在阴坡地段灌木丛生。河谷滩地较平坦宽阔,为优良牧场。

河水清澈,水质优良,6、7月,青海湖裸鲤进入河中产卵繁殖,此时河中鱼翔浅底,竞游上下,头尾相接,蔚为壮观。

10.10.1.6.4.1 夏日哈河
(Xiariha River)

峻河右岸支流。位于青海省海西蒙古族藏族自治州天峻县东南部。河长95.6千米，流域面积1 189平方千米。

夏日哈河

河流发源于天峻县木里煤矿以南约16千米的草芒东山南麓，源头海拔约4 400米，汇口海拔3 345米，河道落差1 055米，平均比降11.04‰。多年平均流量3.31立方米每秒，多年平均年径流量1.04亿立方米。水力资源理论蕴藏量1.32万千瓦，尚未开发。

流域南北狭长，干流偏于东侧，支沟多分布于上游右侧。中段河道顺直，从北向南，峡谷盆地相间出现。下段河道转向东南，河谷展宽，河床不稳定，渗漏量大。河道径流以降水补给为主，主要来自上中游地区。流域多年平均年降水量338毫米，多年平均年水面蒸发量1 700毫米。

流域内居民以藏族为主，从事畜牧业生产，主要养殖藏系羊、牦牛、马等。流域上游地区交通闭塞，中下游地区较为方便。位于中游右岸的织合玛乡政府所在地与天峻县城有公路相通。

10.10.1.6.5 吉尔孟河
(Jiermeng River)

布哈河下游左岸支流，蒙古语称"马肚带"为"吉尔孟"，因河流形态恰似马肚带而得名。位于青海省海北藏族自治州刚察县西南部。

吉尔孟河

河长112千米，流域面积1 092平方千米。源头海拔4 308米，河口海拔3 201米，河道落差1 107米，平均比降10‰。多年平均流量1.52立方米每秒，多年平均年径流量0.48亿立方米。

流域南部交通便利，315国道和青藏铁路从这里经过。1987年，建成一条从吉尔孟河下游引水的草原灌溉渠道，灌溉人工草场130公顷。

河流发源于刚察县扎尕日登东北4千米处的山地沼泽中，河道走向为东北向西南，上游两岸山势陡峻，河网稠密，降水充沛，年均值500毫米左右，是径流主要补给区，河谷平均宽约200米，河宽约4米，水深约0.2米。中游河谷展宽，较顺直，两岸山势减缓，相对高度100~200米，山顶平坦，为古夷平面的一部分，河宽11米，水深0.4米。近下游河谷开阔，两岸形成2~3千米宽的走廊草地，在出山口附近，河道转向东南，转了一个近90度的大弯。下游河道坡降变缓，曲流于草滩、沼泽间，河宽3~22米，水深0.2~0.7米。河道与布哈河基本平行，两河相距2~4千米，至海西山西南侧汇入布哈河。每年6—7月，青海湖的裸鲤洄游到吉尔孟河产卵，成群结队，争先恐后，甚为壮观。

10.10.1.7 泉吉河
(Quanji River)

又名巴哈乌兰河，蒙古语"巴哈"意为"小"，"乌兰"意为"红色"，即"小红河"之意，又因流经泉吉滩，故名泉吉河。为青海省海北藏族自治州刚察县南部的一条汇入**青海湖**的内陆河。流域面积567平方千米。

泉吉河

河长65千米，源头海拔4 308米，河口海拔3 195米，河道落差1 113米，平均比降17‰。河口多年平均流量0.75立方米每秒，多年平均年径流量0.24亿立方米。

下游有315国道和青藏铁路通过。流域内修建了4条农灌渠道、2条人畜饮水管道、2眼机井、36眼土井、1座蓄水池。

河流发源于刚察县西部边境的尔德公贡，河水从北向南流。河源地区地势较平坦，分布有大面积沼泽地，上中游除海拔较高的山岭及河谷地带多岩石露头外，大部分地区植被良好，山上、坡地及河滩遍生牧草，一些支沟的阴坡有灌丛分布。上中游河道顺直，两岸山势较陡，多峡谷。上游下段河宽约15米，水深约0.3米。中游河床由砂卵石组成，水流较集中，河渐展宽至25米，水深约0.8米。下游流经广阔的湖滨滩地，河床渗漏严重，河水分两股入青海湖。每年6—7月，青海湖裸鲤洄游到泉吉河产卵，遇到障碍便产生"鲤鱼跳龙门"的动人场景。

10.10.1.8 伊克乌兰河
(Yikewulan River)

因河谷西岸长满沙柳而又名沙柳河。"伊克乌兰"为蒙古语音译，"伊克"意为"大"，"乌兰"意为"红色"，即大红河。位于青海省海北藏族自治州刚察县中南部的一条汇入**青海湖**的内陆河。刚察县政府就设在河道出山处的沙柳河镇。

伊克乌兰河

河长106千米，流域面积1 500平方千米。源头海拔4 308米，河口海拔3 195米，河道落差1 505米，平均比降为10.5‰。多年平均流量7.37立方米每秒，多年平均年径流量2.33亿立方米。有大小支流40多条，干流偏于流域右侧。每年6—9月为汛期，年结冰期约6个月。水力资源理论蕴藏量2.36万千瓦，已建成水电站1座，装机容量3 780千瓦。

流域内交通方便，315国道和青藏铁路经过流域南部，沙柳河镇至江仓煤矿公路贯通流域中部。水利事业起步较早，20世纪50年代起修建了永丰渠、河东渠、刚北干渠，1980年修建了直核麻渠。尕曲灌区农田灌溉面积达到4 000公顷。

河流发源于大通山的克克赛尼哈，上游河道走向从西北向东南，山陡谷深，流域形状为长条形，支沟短促，切割较深。河床由砂卵石组成，下段河宽13米左右，水深约0.6米。在一些地势平坦排水不畅的河滩，多形成沼泽地。中游河道走向从北向南，两岸山势仍较陡峻，瓦音曲等几条较大支流从左岸汇入，使干流水量倍增，主河道展宽至30～35米，水深0.6～1.0米。山口以下为下游，河两岸为宽阔的冲积扇，形成了广袤肥沃的草原，部分垦为农田，青海湖农场和三角城羊场即建在这里。下游河道比较平缓，河水分多股流入青海湖。每年6—7月青海湖裸鲤溯河而上，择地产卵，孵化的鱼苗再游归青海湖。

流域内刚察县，1954年由刚察正改置。面积12 500平方千米，人口为4万，藏族约占70%以上。境内草原辽阔，是青海省重要牧区之一。县城以北25千米干流左岸、支流鄂乃曲（又名乌尼河）右岸，有一座藏传佛教格鲁派寺院，名刚察大寺，1915年建寺，是刚察县境内规模最大的寺院。在县城沙柳河公路桥东西两侧曾发现有青铜时代的齐家文化和卡约文化遗址。仙女湾湿地位于河流入湖口一带，是青海湖周边最大的湿地，也是黑颈鹤、白天鹅的重要栖息地。

10.10.2 茶卡盐湖
(Chaka Salt Lake)

又名达乌苏诺尔，位于青海省柴达木盆地以东，海西蒙古族藏族自治州乌兰县东南部，北距茶卡镇7千米。地理坐标为东经99°01′～99°11′、北纬36°39′～36°45′。

该湖位于祁连山支脉青海南山与鄂拉山之间的新生代断陷盆地内。晚更新世早期，茶卡盐湖盆地与东部共和盆地同处在一个盆地内，那时湖泊尚未形成。现在流入茶卡盐湖的莫河、高伟河原是共和盆地**沙珠玉河**的上游，由西向东流入**黄河**。之后由于盆地基底的不均衡构造变动以及气候逐渐变干，河流无力切穿隆起的构造，到晚更新世晚期，沙珠玉河演变分成两个独立的水系，其中高伟河向西倒流，注入茶卡盆地，形成封闭的内陆湖，并逐渐演变成现在的状况。

湖面近似椭圆形，长17.2千米，最大宽9.6千米，平均宽6.75千米，面积116.1平方千米。湖水位3 060.00米。集水面积2 550平方千米，补给系数21.9。湖水主要依赖泉水补给，集水区内有泉眼80余个，多数涌出咸水。入湖河流短小，较长的泉集河有高伟河、莫河。在莫河驼场、莫河二队分别建有库容15万立方米、18万立方米的小水库，分别灌溉农田400公顷和200公顷。

湖水密度1.218，pH值6.8，矿化度322.49克每升，属硫酸镁亚型盐湖。盐类矿床系以石盐为主的固液相并存的综合性矿床，石盐矿体出露地表，长15.8千米，宽9.2千米，面积145.0平方千米，平均厚4米，储量逾5亿吨。此外，还有芒硝、石膏等矿，液体矿床储量2.4亿吨。

茶卡盐湖

盐湖开采历史悠久，盐业成为乌兰县的支柱产业。盐湖白天阳光照耀，璀璨夺耀；晚上月光朦胧，如水晶宫一般迷人。盐湖风光奇特，是青海省著名的旅游景点。茶卡盐湖湿地被列入中国重要湿地名录。青藏公路和青新公路在茶卡镇交会，有铁路专线和简易公路通往湖边盐场。

10.10.3 哈拉湖
(Hala Lake)

又名措纳合、黑海。位于青海省海西蒙古族藏族自治州德令哈市东北与天峻县交界处。地理坐标为东经97°24′～97°47′、北纬38°12′～38°25′。为青海省第二大咸水湖，仅次于**青海湖**。

哈拉湖湖面近似椭圆形，长34.6千米，最大宽23.0千米，平均宽17.39千米，水面面积601.7平方千米。湖水位4 077.00米，最大水深65.0米，平均水深27.4米。集水面积4 107平方千米，补给系数6.8。

2005年以来，青海省气象科研所用遥感卫星资料对哈拉湖的水体面积进行监测。2008年7月下旬，哈拉湖水体面积达到609.6平方千米，相比2005年同期增加20平方千米。据专家分析，湖体增大系青海高原气候出现暖湿化特征、降水量逐年增加、柴达木盆地实施退耕还林还草、"三北防护林"建设和在周边地区实施人工增雨等综合因素所致。

哈拉湖在祁连山西南部晚第三纪形成的断陷盆地内，盆地外围北部为疏勒南山，南部为哈拉湖南山，东西部为低矮丘陵。滨湖为第四系洪积、冰水冲积物，由五级砂堤和堤间砂滩低地相间组成，第一级砂堤高出湖面0.5～1.0米，第五级砂堤高出湖面10～15米，河流入湖口为洪积扇。

湖水主要依赖降水和冰川融水补给。湖区属青东山地草原半干旱气候，多年平均气温－4摄氏度，多年平均年降水量300毫米。入湖河流20余条，总径流量3.2亿立方米。其中苏令河河长28千米，流域面积280平方千米，源于湖西北海拔4 400米的山地，水系呈树枝状，中游有23眼泉水汇入，河口洪积扇面积近8平方千米；音德尔特河河长36千米，流域面积410平方千米，源于湖东南海拔4 400米的山地，中游有泉水汇入，河口地带沼泽发育。北部祁连山冰川面积89.27平方千米，年冰川融水径流量3 500万立方米。

湖滨为半荒漠草原，有草地21.13万公顷，主要为芨芨草、猪毛蒿、阿尔泰针茅、冰草等高原草甸植被，大黄、红景天、雪莲等野生药用植物广有分布。因地处偏远，每年5—10月间仅有数百名牧民来此游牧。湖周地区野生动物资源丰富，有野牦牛、野驴、棕熊、中华对角羚等珍稀动物，鸟类中属国家一级保护野生动物的有黑颈鹤等7种，是雁类、鸥类飞禽的重要繁殖地。湖中鱼类有53种，主要是大种群裸鲤。

哈拉湖湿地被认为是我国北方保留最完整、最原始的一块湿地，被列入中国重要湿地名录，是一个集自然性、稀有性、多样性于一体的生态系统。

哈拉湖

九、河西走廊—阿拉善内流区河湖

Endorheic Rivers and Lakes in Hexi Corridor-Alashan Region

10.11 河西走廊—阿拉善内流区河湖

(Endorheic Rivers and Lakes in Hexi Corridor-Alashan Region)

河西走廊—阿拉善内流区是我国五大内陆河区之一（水资源二级区），其范围东起贺兰山、乌鞘岭，西至甘肃、新疆交界，南至祁连山，北达中蒙边界，跨越青海省的海西蒙古族藏族自治州、海北藏族自治州和甘肃省的酒泉、张掖、武威、嘉峪关、金昌等市以及内蒙古自治区阿拉善盟，共30个市县、旗，土地总面积48.87万平方千米。

河西走廊

河西走廊是著名的古"丝绸之路"的一段重要通道，位于祁连山与走廊北山（马鬃山、合黎山、龙首山）之间，为一东西向狭长的高平原，长约1 200千米，南北宽20～50千米，海拔1 000～2 200千米。地势平缓，大部分为戈壁、荒漠、低山丘陵和少量沙漠，土地资源较丰富。

河西走廊在大地构造上属边缘凹陷地带，其第四系沉积物厚达数百米至数千米，是良好的天然储水盆地。**黑河**水系有酒泉盆地、金塔盆地、张掖盆地；**石羊河**水系有武威盆地、民勤盆地；**疏勒河**水系有阿克塞盆地、玉门的踏实盆地、安西敦煌盆地等。各水系流经的盆地都形成了绿洲，成为经济社会较发达的地区。

阿拉善内流区位于内蒙古自治区阿拉善盟境内，东与乌海市、巴彦淖尔盟接壤，南与宁夏回族自治区毗连，西和西南与甘肃省为邻，北与蒙古人民共和国接壤，总面积26.9万平方千米。区内由沙漠、戈壁、湖盆、山地、丘陵等多种地貌组成。阿拉善沙漠（系巴丹吉林、腾格里、乌兰布和三大沙漠的总称）从东到西横亘全境，面积7万多平方千米。区内广布石砾戈壁，面积9万多平方千米。东南有贺兰山，南有龙首山、合黎山，西有马鬃山环绕，境内还有雅布赖山。整个地势南高北低，海拔一般在800～1 600米之间，东部贺兰山主峰海拔3 556米，为境内最高点。在广布的沙漠中还分布有水草丰美的大小湖盆400多个，总面积6 700平方千米。

阿拉善内流区在大地构造上属天山—阴山东西向构造带中段，合黎山—北大山—狼心山弧形构造的内侧，是一个新生代断陷盆地——额济纳盆地，夹于东部巴丹吉林沙漠和西部马鬃山剥蚀低山丘陵之间。盆地基底由第三纪碎屑岩、碳酸岩组成，上覆第四系沉积和湖积物，厚达100～250米。

河西走廊—阿拉善内流区属中温带大陆性干旱荒漠气候，其特点是降水稀少，蒸发强烈，冬季干冷，夏季酷热，风大沙多，日照充足，日温差大。年降水量在30～200毫米之间，年水面蒸发量在1 200～2 200毫米之间，阿拉善盟额济纳旗可达3 700毫米。多年平均气温8摄氏度左右，年平均日照时间长达3 000～4 000小时，年无霜期150天左右，年平均风速4.3米每秒左右，最大风力达12级。

河西走廊三大水系（石羊河、黑河、疏勒河）都发源于祁连山区，分别由干流及其左右若干支流组成。除少数支流与干流有地表水力联系外，大多数支流源近流短，水量小，流出山口之后就被用于灌溉或渗入地下，往往自成体系，与干流基本上无地表水力联系，但它们同处于一个水文地质盆地，其渗入地下的地表水有一部分最终以地下径流形式汇入干流。

黑河水系是河西走廊三大内陆河水系最大的一支，位于河西走廊中部。黑河干流发源于海拔4 145米祁连山主峰东坡，流经青海省、甘肃省、内蒙古自治区，在内蒙古阿拉善盟额济纳旗境内流入东居延海和西居延海，全长928千米，流域面积14.29万平方千米，多年平均年径流量36.7亿立方米。

石羊河水系位于河西走廊东部，由发源于祁连山冷龙岭的诸多支流组成。这些河流出山口后进入中游走廊平原，向北汇集，至武威城北三岔堡以下始称石羊河，又经红崖山口流入民勤盆地没于**青土湖**或沙漠中。河长300千米，流域面积4.16万平方千米，多年平均年径流量15.7亿立方米。

疏勒河水系位于河西走廊西部，由**白杨河**、**石油河**、昌马河、**踏实河**、**党河**等组成。干流发源于祁连山岗格尔肖合力峰，流经安西县城北和西湖，至土窑墩接纳党河后西流注入尾闾湖**哈拉湖**，全长665千米，流域面积4.125万平方千米，全水系多年平均年径流量16亿立方米。

河西走廊湖泊很少，主要有三大水系的尾闾湖，即东居延海、西居延海、青土湖、哈拉湖。这些尾闾湖大部分时间干涸，成为盐碱滩。此外，河西走廊敦煌的**月牙泉**是闻名中外的沙漠之湖。阿拉善内流区除**居延海**外，还有**吉兰泰盐湖**、**拜兴湖**、**果红呆不隆诺尔**、**和屯盐池**、**巴音诺尔**、**爱麦克湖**、**白碱诺尔**、**大海子**、**雅布赖盐湖**、**吉尔乃湖**等小湖泊。

河西走廊内流区修建有一些大中型水库和许多小型水库。大型水库有疏勒河流域的**昌马水库**、**双塔堡水库**，黑河流域的**鸳鸯池水库**，中型水库有**党河水库**、**金川峡水库**等，还有著名的沙漠水库——**红崖山水库**和酒泉卫星发射中心的东风水库。

河西走廊—阿拉善内流区域地处西北干旱荒漠气候区，降水稀少，蒸发强烈，水资源短缺，水资源在区域内是最重要、最宝贵的自然资源。河西走廊—阿拉善内流区 1956—2000 年年均水资源量为 71.36 亿立方米。水资源开发利用率极高。其中石羊河流域水资源利用率达到 158%，净利用率达 89%，地下水超采严重，民勒盆地生态环境恶化。近年来，为解决石羊河流域干旱缺水问题，实施了跨流域调水措施，从甘肃省景泰电力抽黄总干渠分水闸引水，经过人工修建的 101 千米的输水渠道，跨越腾格里沙漠，将**黄河**水引入民勤红崖山水库，年调引黄河水 6 100 万立方米。

黑河自 2000 年实施调水措施以来，向下游居延海调水 88.1 亿立方米，为黑河下游生态修复发挥了重要作用，使居延海恢复了碧波荡漾的自然面貌。

河西走廊经济以畜牧业和灌溉农业为主，灌溉农业主要分布在绿洲盆地区。工业主要有石油、冶金（有色金属、钢铁）、食品加工等。区域内矿产资源主要有煤、铁、金、银、锡、镍、石油等，主要农作物有小麦、玉米、油菜子、胡麻、甜菜、啤酒花、棉花、蔬菜、瓜果等。阿拉善内流区经济以畜牧业为主，主要品种有牛、马、羊、驴、骡、骆驼等，素有"骆驼之乡"之称。矿产资源有煤、铁、金、铜、钨、铂、萤石、芒硝、池盐等。工业以精盐加工制造为主，吉兰泰、雅布赖的池盐驰名中外。此外，阿拉善的土特产品种繁多，有发菜、苁蓉、麻黄、黄芪、甘草、鹿茸、麝香、锁阳等名贵中药材。

莫高窟

嘉峪关清晨

河西走廊的敦煌市有闻名中外的石窟——莫高窟，是中国四大古代石窟之一（余为洛阳龙门石窟，天水麦积山石窟，大同云冈石窟），已列入世界文化遗产名录，是珍贵的东方文化艺术宝库。位于嘉峪关市有古长城最西端的大漠雄关——嘉峪关，建筑别致，气势雄伟。敦煌市还有月牙泉、鸣沙山和敦煌影视城等风景名胜。阿拉善内流区巴彦浩特有 240 多年历史的延福寺，额济纳旗境内有黑城古迹遗址等名胜。

10.11.1　果红呆不隆诺尔
(Guohongdaibulongnuoer Lake)

位于内蒙古自治区阿拉善左旗吉兰泰镇北约 15 千米，地理坐标为东经 105°41′～105°45′，北纬 39°52′～39°56′。

该湖是新生代河谷侵蚀洼地形成，湖盆内为风积、湖积层和盐类化学沉积物覆盖。湖面高程 1 030 米，湖泊面积 14.0 平方千米。

流域属温带干旱大陆性季风气候，为典型的内陆干旱区。气候特点是干旱少雨，日照充足，蒸发量大，四季分明，温差大。多年平均气温 8.5 摄氏度，全年无霜期 148 天。多年平均年降水量 100 毫米，多年平均年水面蒸发量 1 750 毫米。

盐类矿床主要是芒硝，尚未开采利用。

10.11.2　吉兰泰盐湖
(Jilantai Salt Lake)

位于内蒙古自治区阿拉善盟阿拉善左旗吉兰泰镇西，位于东经 105°35′～105°45′，北纬 39°36′～39°42′。湖岸海拔 1 116 米。湖水 pH 值 6.7，总硬度 286.5 克每升。

地处乌兰布和沙漠西段，是中生代和新生代形成的断陷盆地，盆地内为第四系近代风积、湖积砂砾石、粉砂黏土、含盐类黏土和盐类所覆盖。20 世纪 60 年代水位为 1 203 米，水深 0.2～0.4 米，面积 120 平方千米。现大部湖面为流沙覆盖，卤水湖面移至湖的东北部，呈椭圆形，南北长 9.7 千米，平均宽 3.8 千米，面积 39.17 平方千米。周围为荒漠沙丘地貌，无明显河流汇入，水源来自周边地下水补给。为氯化物型盐湖，盐层厚达 5 米，称"吉盐"，储量 1 亿多吨，已建成机械化盐场，所产"大青盐"销往 6 省，有专用铁路线通往宁夏等地。

流域属温带干旱大陆性季风气候，为典型的内陆干旱区。气候特点是干旱少雨，日照充足，蒸发量大，四季分明，无霜期较短，温差大。多年平均气温 8.8 摄氏度，无霜期 148 天。多年平均年降水量 110 毫米，多年平均年水面蒸发量 1 617 毫米。大风是阿拉善左旗常见的天气现象，年平均大风日 70 天左右，大风常与沙尘暴相伴，年平均沙尘暴日数多达 48 天。

周围主要牧业嘎查有希勃图、查干额格、沙日呼鲁斯及巴彦吉兰泰苏木及吉兰泰镇等。吉兰泰镇，1970 年建镇，是阿拉善左旗北部经济、文化、交通中心和阿盟的工业重镇，素有"大漠盐城"之美称。辖 25 个农牧业嘎查、5 个社区居委会，总面积 12 441.5 平方千米，总人口 3 万，其中镇区 1.6 万人。境内拥有多家盐业、碱业企业，年产原盐、精制盐 120 万吨，纯碱 25 万吨，石膏粉、石材、铁、黄金、白云岩矿产的开发加工生产初具规模。农畜产品丰富，拥有 3.33 万公顷天然梭梭林，盛产肉苁蓉等名贵中药材。优质的阿拉善白山羊绒、驼绒和察哈尔西瓜名扬周边地区。

湖东南乌兰古图一带有恐龙化石自然保护区。

10.11.3　鸡龙同古干盐湖
(Jilongtonggu Playa)

位于内蒙古自治区阿拉善左旗中部，吉兰泰镇西南 65 千米，地理坐标为东经 104°51′～104°54′，北纬 39°25′～39°29′。

该湖属吉兰太构造断陷盆地西南的丘间洼地湖。湖面高程 1 150 米，长 13.2 千米，平均宽 3.4 千米，面积 47.5 平方千米。

流域属温带干旱大陆性季风气候，为典型的内陆干旱区。气候特点是干旱少雨，日照充足，蒸发量大，四季分明，无霜期较短，温差大。多年平均气温 8.0 摄氏度，全年无霜期 145 天。多年平均年降水量 100 毫米，多年平均年水面蒸发量 1 750 毫米。

盐类矿床主要是芒硝和石盐，尚未开发利用。

10.11.4 巴音诺尔
(Bayinnuoer Lake)

又名巴音芒硝湖。位于内蒙古自治区阿拉善左旗西南部，贺兰山西南麓腾格里沙漠东缘，阿拉善左旗政府所在地巴彦浩特西南约40千米。地理坐标为东经105°21′～105°25′，北纬38°30′～38°33′。

该湖系新生代风蚀丘间洼地形成。湖滨为风蚀沙丘或半固定新月形沙丘环绕。湖面高程1 334米，水面面积19.2平方千米。

流域属温带大陆性季风气候，干旱少雨，蒸发量大，日照充足，温差大，冬季漫长寒冷，春季干旱多风沙。多年平均气温8.3摄氏度，全年无霜期150天，多年平均年降水量150毫米，多年平均年水面蒸发量1 600毫米。

盐类矿床主要是芒硝，已建有阿拉善左旗硝化厂。

10.11.5 爱麦克湖
(Aimaike Lake)

位于内蒙古自治区阿拉善左旗西南部，地理坐标为东经104°18′～104°22′，北纬38°38′～38°42′。

该湖系腾格里沙漠北部的风蚀洼地形成，湖盆内为风积、湖积砂质黏土和盐类化学沉积物覆盖。湖面高程1 314米，湖面面积18.0平方千米。

流域属温带干旱大陆性季风气候，为典型的内陆干旱区。气候特点是干旱少雨，日照充足，蒸发量大，四季分明，温差大。多年平均气温7.0摄氏度，全年无霜期140天。多年平均年降水量100毫米，多年平均年水面蒸发量1 800毫米。

盐类矿床主要是芒硝和石盐。

南有沙日呼鲁斯嘎查，北有图兰太嘎查。

10.11.6 干盐池
(Ganyanchi Playa)

位于内蒙古自治区阿拉善左旗西部，地理坐标为东经104°09′～104°12′，北纬38°44′～38°48′。

该湖系腾格里沙漠环绕的近代风蚀洼地形成，湖盆内为风积、湖积砂质土和盐类化学沉积物。湖面高程1 319米，水面面积16.5平方千米。

流域属温带干旱大陆性季风气候，为典型的内陆干旱区。气候特点是干旱少雨，日照充足，蒸发量大，四季分明，温差大。多年平均气温7.0摄氏度，全年无霜期140天。多年平均年降水量100毫米，多年平均年水面蒸发量1 800毫米。

盐类矿床主要是石盐。

湖畔有阿给图阿木、扎敏木牧业点。

10.11.7 长湖
(Changhu Lake)

位于内蒙古自治区阿拉善左旗西部，地理坐标为东经104°05′～104°08′，北纬38°49′～38°52′。

该湖系腾格里沙漠北部的风蚀洼地形成，湖盆内为风积、湖积层和盐类化学沉积物覆盖。湖面高程1 318米，水面面积12.3平方千米，主要由降水和地下水补给。

流域属温带干旱大陆性季风气候，为典型的内陆干旱区。气候特点是干旱少雨，日照充足，蒸发量大，四季分明，温差大。多年平均气温7.0摄氏度，多年平均年降水量100毫米，多年平均年水面蒸发量1 800毫米。

盐类矿床主要是芒硝和石盐。

湖的南部有查干诺日嘎查。

10.11.8 白碱诺尔
(Baijiannuoer Lake)

位于内蒙古自治区阿拉善左旗西部，与甘肃省接壤，地理坐标为东经104°05′～104°11′，北纬39°03′～39°09′。

该湖系腾格里沙漠北部的风蚀洼地干湖，湖盆内为风积、湖积砂质黏土和盐类化学沉积物覆盖。湖面高程1 280米，水面面积42.0平方千米，主要由降水和地下水补给。

流域属温带干旱大陆性季风气候，为典型的内陆干旱区。气候特点是干旱少雨，日照充足，蒸发量大，四季分明，温差大。多年平均气温7.0摄氏度，多年平均年降水量100毫米，多年平均年水面蒸发量1 800毫米。

盐类矿床主要是石盐。

东有枯水井嘎查、冰草井牧业点。

10.11.9 和屯盐池
(Hetunyanchi Salt Lake)

位于内蒙古自治区阿拉善左旗吉兰太镇西南约75千米，东南距旗政府所在地巴彦浩特亦大约75千米。地理坐标为东经105°00′～105°03′，北纬39°21′～39°23′。

该湖系中生代、新生代构造断陷形成，湖盆内为大面积风沙沉积和湖相石盐沉积。湖面高程为1 162米，水面面积10.0平方千米。

流域属温带干旱大陆性季风气候，为典型的内陆干旱区。气候特点是干旱少雨，日照充足，蒸发量大，四季分明，无霜期较短，温差大。多年平均气温8.0摄氏度，全年无霜期145天。多年平均年降水量100毫米，多年平均年水面蒸发量1 750毫米，主要由降水和地下水补给。

盐类矿床主要是石盐、芒硝，建有和屯盐场。

10.11.10 大海子
(Dahaizi Lake)

位于内蒙古自治区阿拉善右旗东部，地理坐标为东经104°02′～104°05′，北纬39°35′～39°39′。

该湖系新生代风蚀洼地形成，为巴丹吉林沙漠和腾格里沙漠交汇处，湖盆内为风积、湖积砂质黏土和盐类化学沉积物覆盖。湖面高程1 247米，水面面积16.0平方千米，主要由降水和地下水补给。

流域属温带干旱大陆性季风气候，为典型的内陆干旱区。气候特点是干旱少雨，日照充足，蒸发量大，四季分明，温差大。多年平均气温7.0摄氏度，多年平均年降水量80毫米，多年平均年水面蒸发量2 000毫米。

盐类矿床主要是芒硝和石盐，尚未开采利用。

南有曼德拉苏木，北有夏拉木嘎查。

10.11.11 雅布赖盐湖
(Yabulai Salt Lake)

位于内蒙古自治区阿拉善右旗雅布赖镇，距旗政府所在地额肯呼都格镇东北120千米，海拔1 230米，地理位置为东经102°49′～102°51′，北纬39°22′～39°24′。湖泊面积22.6平方千米，现已干涸，无明显水面。

地处阿拉善盟西南缘巴丹吉林和腾格里两大沙漠交汇处

的半封闭沙漠盆地，雅布赖山南麓。湖滨为冲积湖积平原和风积沙丘。系新生代构造断陷形成，第四纪早期为一大型盆地，后受新构造运动影响基底隆起并向北倾斜，形成南部中泉子盆地和北部雅布赖盆地，随着湖盆中心北移，盐类沉积亦产生分异作用，由南部芒硝沉积逐渐向北部石盐沉积演化。

流域属温带干旱大陆性季风气候，为典型的内陆干旱区。气候特点是干旱少雨，日照充足，蒸发量大，四季分明，无霜期较短，温差大。多年平均气温8.0摄氏度，全年无霜期145天。多年平均年降水量83.2毫米，多年平均年水面蒸发量1 835毫米。

补给水源主要来自南、北山区的洪水及基岩裂隙水补给。

雅布赖盐湖含盐地层为第四系全新统砂层、粉砂层、砂质黏土、盐渍化淤泥。岩盐矿体分布3.76平方千米，厚0.4米。芒硝呈层状，厚1.2米，最厚17米，为岩盐及含水芒硝。所产食盐晶形完整，质地纯白，俗称"雅盐"，素负盛名，已有600余年的开采历史。1942年设雅布赖盐池盐务所，即雅布赖盐场成立。主要产品有原生盐、加碘食用盐等盐系列、硫化黑等染料中间体系列、元明粉、硫化碱等芒硝系列10余种。

巴丹吉林沙漠地跨甘肃、宁夏、内蒙古三省（自治区），面积4.7万平方千米，一般海拔在1 200~1 500米之间，沙山相对高度200~500米，是中国乃至世界最高沙丘所在地，也是世界唯一高大沙山群分布密集的沙漠，其西北部还有1万多平方千米的地域至今尚无人类的足迹。

巴丹吉林沙漠占阿拉善右旗总面积的39%，受风力作用，沙丘呈现沧海巨浪、巍巍古塔之奇观。宝日陶勒盖的鸣沙山，高达200多米，峰峦陡峭，沙脊如刃，高低错落，沙子下滑的轰鸣声响彻数千米，有"世界鸣沙王国"之美称。沙漠东部和西南边沿，茫茫戈壁一望无际，形状怪异的风化石林、风蚀蘑菇石、蜂窝石、风蚀石柱、大峡谷等地貌令人叹为观止。沙漠边沿的岩石山上生动地记录着狩猎和畜牧生活的曼德拉山岩画，被称为"美术世界的活化石"。

10.11.12 中泉子芒硝湖
(Zhongquanzimangxiao Lake)

位于内蒙古自治区阿拉善右旗政府驻地额肯呼都格镇东约94千米，雅布赖盐湖西南约20千米，地处阿拉善盟西南缘巴丹吉林和腾格里两大沙漠交汇处的半封闭沙漠盆地、雅布赖山南麓。地理坐标为东经102°40′~102°44′，北纬39°13′~39°18′。

该湖系新生代断陷形成，湖盆内为第四系近代风积湖积砂砾石、砂质黏土覆盖。湖泊面积约24.5平方千米，现已干涸，无明显水面。

流域属温带干旱大陆性季风气候，为典型的内陆干旱区。气候特点是干旱少雨，日照充足，蒸发量大，四季分明，无霜期较短，温差大。多年平均气温8.0摄氏度，全年无霜期145天。多年平均年降水量83.2毫米，多年平均年水面蒸发量1 835毫米。

湖泊补给水源主要来自山区的洪水及基岩裂隙水补给，近年由于气候干旱，补给水源不足。

湖水晶间卤水密度1.25，pH值8.1，矿化度175.89克每升。

矿产资源有芒硝和石盐，以芒硝为主。

中泉子芒硝湖含矿地层为第四系全新统砂层、粉砂层、砂质黏土、盐渍化淤泥。

10.11.13 吉尔乃湖
(Jiernai Lake)

位于内蒙古自治区阿拉善右旗吉尔乃苏木，地理坐标为东经100°50′~101°21′，北纬40°32′~40°47′。

该湖系中新世在河迹洼地基础上，被沙丘覆盖经风蚀形成的丘间洼地湖。湖滨东南部被巴丹吉林沙漠包围，西北部为哈拉穆林戈壁荒漠。湖面高程1 170米，水面面积42.0平方千米。

流域属温带干旱大陆性季风气候，为典型的内陆干旱区。气候特点是干旱少雨，日照充足，蒸发量大，四季分明，无霜期较短，温差大。多年平均气温8.0摄氏度，全年无霜期150天。多年平均年降水量不足50毫米，多年平均年水面蒸发量2 200毫米。

该湖属碳酸盐型盐湖，盐矿储量以天然碱为主，石盐、芒硝次之，尚未开发利用。

湖东有乌珠日嘎顺、都稀牧业点，北有苦井、新井牧业点，东有额很白兴牧业点。

10.11.14 哈登贺少干盐湖
(Hadengheshao Playa)

又名哈达贺休湖。位于内蒙古自治区额济纳旗旗政府所在地东约40千米，地理坐标为东经101°35′~101°42′，北纬41°49′~41°55′。

该湖系中生代、新生代构造断陷形成，湖滨为巴丹吉林沙漠，湖盆内为风积、湖积沙漠和盐类化学沉积所覆盖。湖面高程为900米，水面面积80千平方米。

流域属温带干旱大陆性季风气候，为典型的内陆干旱区。气候特点是干旱少雨，日照充足，蒸发量大，四季分明，温差大。多年平均气温8.0摄氏度，全年无霜期150天。多年平均年降水量不足50毫米，多年平均年水面蒸发量2 300毫米。

盐类矿床主要是芒硝、钾石膏和白钠镁矾沉积，以白矾沉积为主，在边缘和湖底存在着大规模的芒硝矿层。

10.11.15 青土湖
(Qingtu Lake)

石羊河历史上最后的尾闾湖，位于甘肃省武威市民勤县境内。

石羊河的尾闾湖从史前时期直到现代，其范围大小、位置和名称经历了缩小、位移和变化的过程。史料记载的名称先后为猪野泽、都野泽（休屠泽）、白亭海和青土湖。

《尚书·禹贡》把猪野泽列为"九州"九大泽之一，并这样记述："原隰底绩，至于猪野"，后人注释即是猪野泽。《汉书·地理志》注释曰："武威县东北有休屠泽，古文以为猪野泽"，汉代武威县在现在民勤县城北。《水经》曰："都野泽在武威县东北。"《水经注》注曰："（武威）县在姑臧城（今凉州城区）北三百里东，地即休屠泽也，古文以为猪野也。其上承姑臧武始泽。""谷水（石羊河）出姑臧南山，北至武威（民勤县城北）入海。届此水流两分：一水北入休屠泽，俗谓之西海；一水又东经一百五十里入猪野，世谓之东海，通谓之都野矣。"现代辞书对之也有注释，《辞海》〔休屠泽〕条："在今甘肃省民勤东北白马岗、白疙瘩一带，西汉时为故休屠王地，因名"。《中国古今地名大词典》〔白亭海〕条："又名休屠泽，今曰鱼海子，在甘肃省镇蕃县（今民勤县）东北"。

据专家研究，石羊河尾闾湖（终端湖）的变化有5个

石羊河尾闾湖猪野泽期示意图

石羊河尾闾湖都野泽期示意图

时期。

古终端湖期：从史前社会到奴隶社会末期，即50万年前到公元前475年（战国期始）之间，现在的民勤盆地是那时候石羊河与金川河（*西大河*下游段）的终端湖，范围很广，面积很大，东西长达120千米，湖泊面积约1万平方千米，湖面高程在1 350米左右。

猪野泽期：为本区开始有文字记载时期，起于战国，止于西汉在此设置武威、宣威（现今民勤县）二县（公元前111

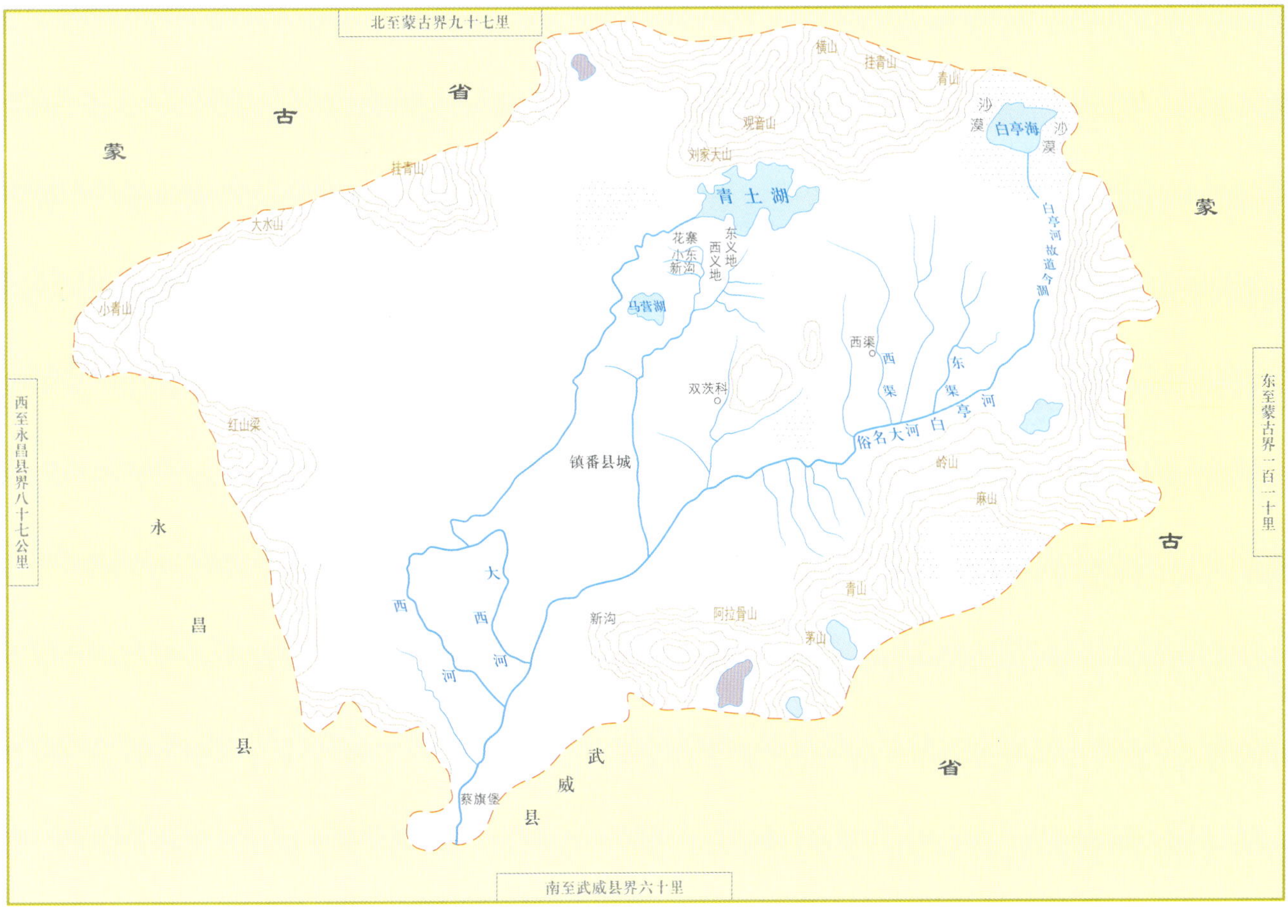

民勤绿洲青土湖中期水系图（改自甘肃通志镇番县地图）

年），猪野泽记录于《尚书·禹贡》。湖泊范围较前期大为缩小，且在其上游红崖山以南、姑臧以北还有"武始泽"存在。猪野泽仍是石羊河与金川河共同的尾闾湖。

石羊河尾闾湖白亭海期示意图

都野泽期：代表着猪野泽分为两个湖泊（东海、西海）的阶段，起于公元前111年，止于6世纪末，包括两汉、三国、两晋和南北朝各代，约700年历史，《水经注》已有记述。专家称"可以明显知道，自战国以来作为古石羊河和古金川河共同尾闾的猪野泽，由于从武始泽北流的石羊河所挟带泥沙使冲积三角洲不断向北扩展，渐和早期猪野泽北岸半岛的来伏山麓洪积扇接近，至汉代及其以后数百年间，完整的猪野泽逐渐分为互不相连的西海（休屠泽）和东海（小猪野泽）两个湖泊（分别接纳金川河与石羊河）。"这时期的西海就是近代的昌宁盆地。

白亭海期：起于隋代，历经唐、五代、宋、元、明、清，止于1840年，长约1260年。东海和西海逐渐分割成许多小湖，原东海范围的诸多小湖中以白亭海最大，位于半个山以北，亦名鱼海子。西海及其源流金川河完全成了独立水系，终端湖在明、清两代叫做"昌宁湖"，后来也逐渐干涸。

青土湖期：起于1840年，止于20世纪50年代末，东海范围内的诸多湖泊缩小、干涸，地势最低处的青土湖成为代表性的湖泊。据民勤县水利局资料记述，清朝后期，青土湖面积有120平方千米，到了民国时期则成芦草丛生的一滩浅水沼泽，20世纪50年代，湖面积还有660多公顷。进入60年代，控制了石羊河下游的**红崖山水库**建成，天然河道完全断流，通过跃进渠有计划的向下游输水，青土湖便彻底干涸，目前湖盆高程1020米。

石羊河尾闾湖泊的消失过程，代表了内陆河水系由原始天然状态，逐渐为人们所利用后而引起环境演化的普遍现象。

10.11.16 石羊河
(Shiyang River)

河西走廊—阿拉善内流区河湖水系中最东边的一支水系。西汉时匈奴称狐奴河，东汉称芦水，北朝和隋唐时称谷水、马城河，元朝称五涧谷，明清时称三岔河，另称六谷水、白亭水、郭河、石羊大河、沙河、清涧水等。

概　述

流域位于甘肃省河西走廊东部，介于乌鞘岭以西、大黄山以东、祁连山冷龙岭以北、巴丹吉林沙漠以南的区域，地理位置为东经101°4′~104°16′，北纬36°29′~39°27′，总面积4.16万平方千米，范围包括武威市的古浪县、凉州区、民勤县的全部及天祝藏族自治县的部分，金昌市的永昌县及金川区全部，张掖市的肃南裕固族自治县和山丹县的部分地区，以及白银市景泰县的少部分，共4市9县（区）。

石羊河

石羊河水系现状略图

河流水系　石羊河水系自西向东由发源于祁连山的**西大河、东大河、西营河、金塔河、杂木河、黄羊河、古浪河**与**大靖河**8条主要支流及区间多条小沟小河组成，径流补给来源为山区降水和高山冰雪融水，产流面积1.11万平方千米，多年平均年径流量15.7亿立方米，其中冰川融水占3.7%，地下水资源量为0.6亿立方米。

中游有一条特殊的支流**红水河**，与发源于祁连山的支流

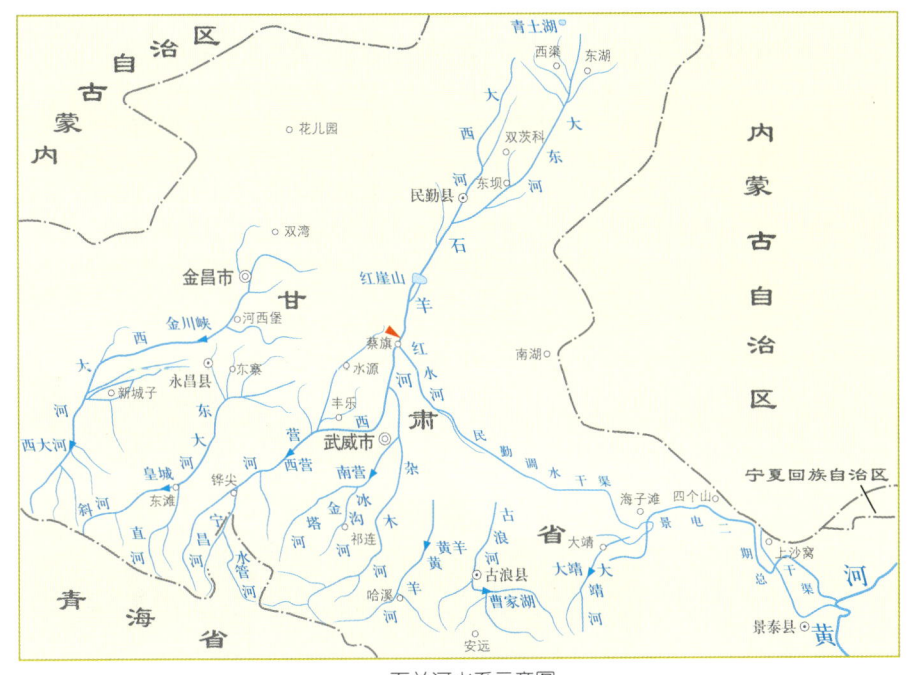

石羊河水系示意图

不同，是一条以古浪河地下潜流为补给水源的沙漠泉水河流。

流域按水文地质单元又可分为三个独立的子水系：西大河水系、六河水系、大靖河水系。西大河水系由西大河及附近小支流组成，出山后流经永昌盆地，水量在该盆地内被利用和转化后汇入**金川峡水库**，继续北流进入金川—昌宁盆地，全部被利用和消耗。六河水系由东大河至古浪河之间6条主要支流和区间小河组成，出山后进入武威盆地，水量在该盆地内被利用和转化，在盆地北部边缘汇集成石羊河（干流），通过**红崖山水库**流入民勤盆地，而被全部利用和消耗，历史上曾没于尾闾湖**青土湖**。大靖河水系由发源于毛毛山的大靖河及周边小支流组成，经大靖峡出山后流入大靖盆地，被利用和转化后消失于腾格里沙漠南缘的直滩、海子滩、黄花滩一带。

地貌地质 流域地貌介于青藏高原与蒙古高原边缘，地势南西高而北东低。南部祁连山地，海拔2 000～5 000米，山脉走向呈南东—北西，主要山峰有东大河上游岗什卡大坂（海拔5 254.5米）、冷龙岭主峰（海拔4 874米）、毛藏的牛头山（海拔4 374米）、磨脐山（海拔4 146米）、雷公山（海拔4 326米）、尖山（海拔3 262米）、乌鞘岭（海拔3 582米），有高山湖泊、冰川、峡谷和终年积雪。中部为走廊平原区，平原中部由走廊北山东段的龙首山东延的余脉韩母山（海拔2 793米）、东大山（海拔2 175米）、犬家大山（海拔2 827米）、馒头山（海拔1 754米）、红崖山（海拔1 754米）、鸡冠山（海拔1 571米）、黑山（海拔1 433米）、阿拉古山（海拔1 682米）等，将走廊平原分隔为南北盆地。南盆地是大靖、武威、永昌3个盆地，海拔1 400～1 800米；北盆地是民勤盆地、金昌—昌宁盆地，海拔1 300～1 400米。最低点是民勤北部的青土湖（海拔1 020米，已干涸）。其间有沙漠、戈壁、湿地、荒漠断续分布。洪积扇发育在祁连山北麓山前，其中老洪积扇经构造运动的断裂、抬升、侵蚀、切割形成山前丘陵和山麓长廊，新洪积扇发育为戈壁与山前倾斜平原。湖泊、沼泽、湿地分布在盆地中下游地带（已干涸）。南盆地湖泊曾有永昌县北海子、武威雷台湖、熊爪湖、史家大湖等12大湖及民勤的苇湖、蔡湖等，这些湖泊20世纪60年代才干涸。北盆地湖泊有青土湖、柳林湖、暖泉湖及东硝池、西硝池等。

流域南部祁连山地由寒武系、奥陶系及志留系变质砂岩、板岩、碎屑岩、碳酸盐岩、中基性—中酸性火山岩及岩浆岩构成骨干，上古生界、中生界碎屑岩及煤系地层也有广泛分布；中部的龙首山、大黄山、韩母山及红崖山主要为震旦系、前震旦系、寒武系片岩、片麻岩、千枚岩、板岩、变质砂岩、碳酸盐岩、中基性火山碎屑岩和花岗岩组成，白垩系、第三系泥岩、砂质泥岩、砂岩及砂砾岩也有广泛分布；流域北部的北山主要由古生代岩浆岩构成，前震旦系片岩、片麻岩零星分布。武威盆地、民勤盆地、昌宁盆地上新世以来，处于大幅度沉降过程，沉积了巨厚的上新统及第四系物质，厚度逾千米。上新统及下更新统是半固结—松散的河湖相砂、砂砾与泥岩互层。中上更新统、全新统以洪积或洪积—冲积相为主，岩性多为砂砾、砂砾石及卵砾石。由南向北岩性颗粒由粗变细。

气候 流域深居大陆腹地，属大陆性温带干旱气候，特点是太阳辐射强、日照充足，昼夜温差大、降水少、蒸发强烈、空气干燥。自南向北分为3个气候带：南部祁连山区为高寒半干旱半阴湿区，海拔2 000～5 000米，平均气温零摄氏度以下，年降水量300～600毫米，年水面蒸发量700～1 200毫米，干旱指数1～4，冻土深1.8米；中部走廊平原是温凉干旱区，海拔1 500～2 000米，冬春季风多，夏季炎热，昼夜温差较大，年降水量150～300毫米，年水面蒸发量1 300～2 000毫米，干旱指数4～15；北部温暖干旱区，接近腾格里沙漠边缘地带，夏季短而炎热，冬季长而寒冷，春秋不明显，年降水量50～185毫米，年水面蒸发量2 000～3 030毫米，干旱指数15～25，冻土深1.2米。

自然资源 流域水资源多年平均年径流量为15.7亿立方米。高山区有冰川64.82平方千米，冰储量21.43亿立方米。盆地地下水资源量2.01亿立方米。全水系理论水力蕴藏量35.8万千瓦，其中技术可开发装机容量为25.8万千瓦。风能资源已开始开发利用，光照资源开始被农业和建筑行业开发利用。水源涵养区有天然森林18.5万公顷，草场面积107万公顷。流域内矿产资源中，有色金属矿产有镍、金、铜、铁等，非金属矿产有硫、磷、盐、芒硝、水泥灰岩和煤炭资源等各类矿产125处，矿种22个。野生动物属种现有32种，属国家二级保护野生动物的有雪豹、兰马鸡、雪鸡3种，野生保护动物还有猞猁、石貂、马鹿、黄羊、白鹅喉羚、水獭等。鸟类有169种，主要有斑尾榛、鸡雄鹑、银喉长尾山雀、藏雪鸡、雪鸡、锦鸡等。有药用植物169种，其中野生药用植物24种，41属、48种，主要有核桃、冬虫夏草、肉苁蓉、锁阳等。花卉有60种、122属、181种。

自然灾害 流域内的自然灾害有干旱、干热风、大风、低温、板结雪、冰雹、霜冻、山区的滑坡和泥石流、地震等，其中以干旱最多。有记载的大干旱从东汉永初三年（109年）到2007年的大旱70多次。从公元元年至1653年，每150年发生1次旱灾，从1653—1949年，平均15.5年发生1次。其中民国初年到1947年的36年里，平均4.5年发生1次；1952—1978年的27年里，大旱6次，中旱4次，出现了三年两头旱的状况；1978—2007年，出现了十年九旱的严重旱情。

雹灾有记载的17次，沿山和山区经常发生雹灾，多在6—9月，最早记载的冰雹是东汉建光二年（122年）夏四月，河西各县大雨雹如斗。

有记载的水灾从公元300—2007年有40多次，主要有1895年西营河洪水暴涨，冲掉清咸丰年间修建的四沟嘴桥等；1897年6月黄羊河上沙台崖头大雨，洪水调查资料洪峰流量为817立方米每秒；1949年8月南部山区连降暴雨3天，山洪暴发，洪峰流量达912立方米每秒，民房倒塌无数，武威城区东部受淹；1976年8月2日，上游祁连山区连降大雨，**西营水库**最高入库洪峰流量达867立方米每秒，是1949年以来发生的第二大洪水，武威城区受淹，29个机关企事业单位受灾。

泥石流在山区时有发生，1977年8月1日下午，古浪北部山区突降暴雨，16条沟道同时暴发泥石流，向海子滩方向集中，民权及沿途村庄普遍受灾，近百人死亡，牲畜死亡2590多头，毁坏公路20多千米，电信中断，直接经济损失超过300多万元。

虫灾主要有山区的鼠害、土蝗、麦穗夜蛾等。

流域地处南东—北西走向的大断裂之间，从公元前186—2007年的近2200年间，发生过破坏性地震34次，最早的是公元前186年，震倒房屋、城镇、寺庙无数；1927年5月23日凌晨5时20分的古浪大地震，震级为8级，毁坏房屋45.84万间，压死居民3.54万人，牲畜22万多头，名胜古迹大部分被毁。

经济社会 流域主要行政区划分属武威、金昌两市。武威市是以灌溉农业为主要经济的农业经济区，而金昌市是我国著名的有色金属生产基地。

全流域2003年总人口有226.89万，其中农业人口174.57万，占76.94%；有耕地37.12万公顷，农林灌溉面积31.76万公顷；有大小牲畜332.36万头（只）。粮食总产量113.23万吨，人均产粮499千克。

有兰新、包兰、甘武铁路通过流域，有兰新、武民、武水、双景石天等公路干线，连接县乡、镇公路几十条，形成方便的交通运输网络。

治理开发 石羊河水资源的大规模开发利用是在中华人民共和国成立之后，经过60多年的建设，石羊河流域已成为甘肃经济较为发达的区域，净利用率89%，但地下水严重超采，引起民勤盆地环境严重恶化是流域的主要问题。21世纪以来，国家大力扶持，全流域实行社会性多种节水措施和跨流域调水工程，遏制水资源不足带来的恶果。实施了"民调工程"，从景电二期总干分水闸引水，通过101千米地下涵管输水，穿越腾格里沙漠输入石羊河水系的红水河，继而流入民勤红崖山水库，年调引**黄河**水6100万立方米，以改善石羊河下游水资源缺乏的状况。引硫济金工程从青海境内大通河支流硫磺沟开凿8866米隧洞一条，穿越冷龙岭，年调水量4000万立方米，入**西大河水库**，再输入金川公司，解决工业用水问题。

纪　　实

石羊河发源于祁连山东端，源头有毛毛山、乌鞘岭和冷龙岭，水系形似有8个分叉的一棵大树，河流流程短小，每条长40～60千米，水质优良。山岭高大雄伟，群峰错落，水流曲折蜿蜒绕行在高山峡谷和森林草甸地带。山区海拔4000米以上有终年积雪和少量冰川，有原始森林水源涵养区，分布有皇城滩，毛藏滩，祁连和东大滩、西大滩草原地带及山间盆地。山区有裕固族、藏族、蒙古族、满族、土家族等少数民族聚居区，有军马养殖场，是流域的水源涵养地和牧业重要养殖基地。沿山有天梯山石窟，汉代墓群和世界白牦牛唯一养殖产地。出山口和山区建有**东大河水库**、西大河水库、西营水库、**南营水库**、**黄羊水库**、曹家湖水库和**大靖河水库**等水库和水电站工程。流域中游山前平原绿洲区是经济文化发达区和人口居住密集区，武威城市人口约40万，金昌市25万多人。

流域位于古丝绸之路上河西走廊东端，长廊古道、戈壁荒漠、水系绿洲、森林草原、高山冰川是流域色彩斑斓的自然画面。历史上这里是兵家必争之地，曾以"通一线于广漠，

武威文庙

控五郡之咽喉"而闻名于世。有号称陇右学宫之冠的武威文庙，西藏纳入祖国版图的见证地白塔寺，马踏飞燕出土地雷台观，还有西夏碑、天梯山石窟等。世界镍都和白牦牛唯一生产地都在本流域内。

马踏飞燕

流域内人类活动历史悠久，远在5000年前的新石器时代，就有人类频繁活动。早在2100多年前大禹疏导九川就有"原隰底绩，至于猪野"的记述。4000多年前的居民，已有房屋、石锄、石镰等农具，说明那时已经有了原始农业。春秋战

白塔寺

国前为羌族祖先西戎游牧地区，秦时为月氏所占，公元前174年匈奴冒顿单于击败月氏占领河西，武威为休屠王所据。秦以前社会经济以畜牧业为主，农耕则兴于汉，盛于唐，种植业与畜牧业，久盛不衰。西汉汉武帝统一河西后，加强边防，开始移民实地，鼓励开荒，兴修水利开渠灌溉，发展生产。《史记·河渠书》载："自是之后，用事者争言水利，朔方、西河、河西、酒泉皆引河及川谷以灌田。"西晋后期凉州刺史张轨设立武兴郡，安置流民浚河开渠，引水灌田，发展农业。唐时，郭元振为凉州都督时，在凉州拓疆土、置屯田、兴水利，发展农牧生产。还推广耦犁（双铧犁）提高耕作效率。此后经各朝开发，使流域水资源利用范围更趋扩大和深入。除建有一定工程措施外，还建立了一定的水资源管理制度，以协调上下游之间用水矛盾。在明正德二年（1507年）北沙河下游的三岔、蔡旗等堡告准，每年五月初一起，由上游向下游放水七昼夜，这是石羊河文字记载最早的一起由官府调解的用水事件。

石羊河水系的主干流（六河水系），是东起古浪河西至东大河之间山区河流及其下游泉水河流汇合后的河段。山区河流为古浪河、黄羊河、杂木河、金塔河、西营河、东大河等6条河流及其间浅山区细小支流。山区河流进入武威盆地被引灌或沿河床渗漏，进行地表水和地下水两水转换，于盆地北缘细土平原一带以泉水形式出露，形成的泉水河依次有红水河、白塔河、杨家坝河、清水河、南沙河、北沙河等，再汇集后形成石羊河。

杨家坝河和清水河两条泉水河在20世纪70年代以前，分别绕过武威城的东、西两面向东北流，在城北的孟家柳湾以下汇合，形成红柳湾河。继续东北流，在于家湾一带东岸汇入白塔河后，开始称为石羊河。继续东北流，在凉州区四坝乡三岔一带先后从西岸纳入南沙河、北沙河（干河）后进入民勤县界，在民勤蔡旗堡南花寨子处，右岸又纳入了红水河，称为石羊大河，向北东流至红崖山山口。

据史料记载：石羊河在红崖山南部注入武始泽，过红崖山在民勤境内分为东西二支，东支为大东河，也称内河，是在南河口向西的分支，北流注入白亭海，是近代民勤县的人工河。修建红崖山水库后将其改建成跃进总干渠，长约100千米。西支为大西河，也称外河，最后注入青土湖。

10.11.16.1 大靖河

(Dajing River)

石羊河水系最东的一条支流，发源于甘肃省武威市天祝藏族自治县境内，祁连山支脉乌鞘岭毛毛山北麓、白虎岭以东、二朗山一带，自东向西有庄浪沟、条子沟、酸茨沟、小直沟、马莲沟、西沟等主要支流，汇集于大靖峡后称大靖河。

主河道长45千米，出山口以上流域面积460平方千米，多年平均流量0.401立方米每秒，多年平均年径流量1 270万立方米。山区河道比降20‰，河道落差900米。河流经天祝的东大滩、西大滩，古浪的横梁、民权、大靖、海子滩等乡，最后消失于腾格里沙漠南缘。

流域上游山区山高沟深，海拔3 921～1 836米。有1～3级小沟526条，沟壑密度1.2千米每平方千米，植被覆盖密度15％。20世纪80年代调查有泉源77处、溪流19条。理论水力蕴藏量3 250千瓦。

上游山区为高寒半干旱气候，植被较好，下游平原区属温带半干旱气候，降水稀少，土壤裸露。最高气温37摄氏度，最低气温-31摄氏度，平均气温3摄氏度。多年平均年降水

大靖河

量280毫米，多年平均年水面蒸发量1 810毫米。

流域主要粮食作物有小麦、大麦、豆类，经济作物有油菜、胡麻、甜菜等，山林中有黄羊、野鸡、野兔等。流域有林地1.8万公顷，草地2.1万公顷。

大靖河沿途有天祝的东大滩乡和西大滩乡，古浪的民权、大靖、海子滩乡。2003年共有耕地面积5 170公顷，人口9.66万。

大靖河上已建中型水库**大靖河水库**，总库容1 226万立方米，是一座灌溉兼防洪的水库。

10.11.16.1.1 大靖河水库

(Dajinghe Reservoir)

大靖河上的中型水库，位于出山口处的小山子峡谷，又名大靖峡水库。西距甘肃省古浪县城75千米，北距大靖镇15千米。

水库控制流域面积389平方千米，多年平均年径流量1 290万立方米，是以灌溉为主兼有防洪功能的中型水库，按100年一遇洪水设计，洪峰流量549立方米每秒，按1 000年一遇洪水校核，洪峰流量900立方米每秒，地震设防烈度为Ⅸ度。水库总库容1 226万立方米，兴利库容450万立方米，调洪库容734万立方米，淤积库容335万立方米，水库蓄水面积2.65平方千米。

大靖河水库

水库由大坝、输水洞和溢洪道组成。大坝为黏土心墙砂壳坝，坝长146米，坝高33.6米，坝顶宽6米，底宽67米。坝顶建高1.2米、厚0.4米的防浪墙。上游面设2米宽马道，坝轴线上游1米处建厚0.9米的混凝土防渗墙，迎水坝坡1：3，背水坝坡1：2，前后坝坡均为干砌块石护面。输水洞位于大坝右肩山体中，洞长236.5米，直径2.2米，圆形钢筋混凝土衬砌，衬砌厚0.4米，进口建有内径5.6米、高16米的竖井闸室一座。装2扇平板钢闸门，用2台25吨手、电两用卷扬式启闭机控制，最大泄流量35立方米每秒。溢洪道在大坝右肩台地上，与坝体相连并靠近山体，为开敞式。堰顶比坝顶低7.3米，全长143米，进口宽13米，进口高程977.5米，进口设高1.5米、顶宽2米的黏土墙，陡坡和泄洪渠用混

凝土和浆砌石衬砌，最大泄洪流量 324.7 立方米每秒。

水库于 1951 年 1 月开工，1960 年 7 月竣工，经十多年运行后发生诸多问题，1971 年库内泥沙淤高达 16.7 米，高出输水洞口 8.9 米，1972 年大坝出现 3 米×2 米×1 米的塌坑，坝后渗水达 25.8 升每秒，1975 年针对上述问题进行处理，1998 年对大坝安全类别评定为三类坝，经上报有关部门，工程于 2001 年动工加固，建成现在规模。

10.11.16.2　古浪河
(Gulang River)

石羊河水系"上六河"东侧支流，位于甘肃省古浪县境内。古浪河由发源于祁连山东端海拔 3 949 米的毛毛山的黄羊川、龙沟河以及柳条河等汇合而成，自南向北流经十八里铺，在古浪县城出山，继续西北向流入古浪县西部的泗水、土门滩地，用于灌溉和渗入地下，经永丰堡汇成**红水河**的源流。全长 137 千米，出山口以上河长 60 千米，集水面积 877 平方千米，多年平均年径流量 7 280 万立方米。

古浪河

流域上游山川相间，峰峦起伏，沟谷深切，河道狭窄，属高寒半干旱气候，植被较好。下游平原区属温带半干旱气候，降水稀少，植被稀疏，土地资源丰富。最高气温 35 摄氏度，最低气温－29 摄氏度，多年平均年降水量 364 毫米。主要作物以小麦、大麦、玉米、洋芋、豆类，经济作物有油菜、胡麻、甜菜等，山林中有黄羊、野鸡、野兔等野生动物。

古浪河流经天祝县的西大滩、朵什、安远、哈溪，古浪县的黑松驿、十八里堡等 10 乡镇。2002 年总人口 17.57 万，耕地 1.06 万公顷。

古浪河上已建有十八里堡、曹家湖、柳条河 3 座小型水库，总库容 1 656 万立方米，是灌溉兼防洪的水库。

古浪河上游支流之一黄羊川自毛毛山北坡汇集小支流向西流，经曹家湖水库至十八里堡水库，左纳龙沟河入十八里堡水库，始称古浪河，随即进入号称"五凉咽喉"的 8 千米长的古浪峡峡谷，至古浪县城出山，左纳柳条河，向北流入古浪河灌区，分散在泗水、土门滩，地表径流全部消失，地下径流汇集穿越长城，沿腾格里沙漠南缘向西北流，于凉州区的红水出露，与武威盆地的渗流汇合而成红水河的源流。

10.11.16.3　黄羊河
(Huangyang River)

石羊河水系支流之一，位于甘肃省武威市天祝藏族自治县和凉州区境内，介于东部**古浪河**与西部**杂木河**之间，发源于祁连山东端冷龙岭一线，上源由黄花滩河（亦称峡门河）与哈溪河两条主要支流汇集而成。

黄花滩河源于冷龙岭北坡红崾岘，与杂木河上源红沟东西背向分流，东流汇诸多小沟，再东北流至天祝县哈溪镇（古城）与右侧哈溪河相汇，是黄羊河主流，河长 58 千米，比降 2‰。哈溪河发源于冷龙岭北侧得泉山和雷公山，与**黄河**水系**庄浪河**上源金强河背向分流，西北向流至哈溪镇和黄花滩河汇流，河长 39 千米，比降 3‰。两支流汇合后始称黄羊河，北流 21 千米，依次经过张义堡和**黄羊水库**，流出祁连山进入河西走廊东部的武威盆地，为黄羊河灌区引灌农田，消失于盆地北缘。出山口以上河长 79 千米，集水面积 828 平方千米，多年平均年径流量 1.43 亿立方米。

黄羊河

黄羊河渠首

黄羊河东侧不远处沙沟河，与黄羊河同向北流，总长 33 千米，集水面积 135 平方千米，多年平均年径流量 839 万立方米，为季节性河流，通常纳入黄羊河流域。

黄羊河流域上游山区和下游走廊平原区气候条件迥异。上游山区地势高耸，海拔在 4 300～2 000 米之间，气候高寒阴湿，多年平均气温接近零摄氏度，多年平均年降水量 436 毫米，多年平均年水面蒸发量 753 毫米；而平原区温凉干旱，多年平均气温 6.9 摄氏度，多年平均年降水量 180 毫米，多年平均年水面蒸发量 2 189 毫米。

2002 年黄羊河流域有耕地 5.3 万公顷，水库灌区有效灌溉面积 1.23 万公顷，总人口 9.95 万，农作物有小麦、玉米、洋芋、油菜、甜菜、瓜果、蔬菜等。

10.11.16.3.1　黄羊水库
(Huangyang Reservoir)

黄羊河上的中型水库，位于甘肃省武威市东南 40 千米的凉州区中路乡天梯山石窟北翼黄羊河的峡口处。坝址以上流域面积 828 平方千米，是以灌溉为主，兼防洪、发电的中型水库。

黄羊水库

总库容 5 644 万立方米，兴利库容 3 377 万立方米，防洪库容 2 588 万立方米，死库容 600 万立方米。1991 年实测淤积量 800 万立方米，水库水域面积 4 平方千米。

水库枢纽主体工程由大坝、输水洞、泄洪洞、水电站组成。大坝为黏土心墙砂砾壳坝，最大坝高 52 米，坝顶长 126 米。输水洞在大坝右岸山体中，圆形压力隧洞，长 168.7 米，洞径 2 米，洞底坡度 1/250，进口设 1 米×2 米重力式平板钢闸门 2 扇，出口设 2 米×1.4 米平板钢闸门 1 扇，最大过水流量 32 立方米每秒。在隧洞 135.25 米处右侧以 45 度夹角开建发电支洞，洞长 120 米，洞径 1.8 米，过水流量 6.36 立方米每秒。泄洪洞位于大坝左岸，与输水洞轴线平行，斜洞长 154.47 米，城门洞形，洞径 5 米×5.5 米，分平洞和斜洞两段，进口开敞式，安装 10 米×4.25 米弧形闸 1 扇，出口以挑流消能后与河床贯通，最大泄流量 348 立方米每秒。水电站为坝后式地面厂房，1982 年建成发电，安装 1×1 000 千瓦＋2×1 600 千瓦水轮发电机组 3 台，年发电量 851 万千瓦时。

水库于 1958 年 4 月动工，1960 年 11 月竣工蓄水，蓄水运行后，先后在坝体出现塌坑，坝基渗漏达 150 升每秒，经 1973—1975 年采用防渗墙和帷幕灌浆处理，1977—1980 年续建加固处理，1999 年进行了水库安全鉴定，达到现在安全程度。

10.11.16.4 杂木河
(Zamu River)

石羊河水系上游支流之一，又名毛藏河，位于甘肃省武威市天祝藏族自治县和凉州区境内，夹于东侧**黄羊河**与西侧**金塔河**之间。

杂木河

该河发源于冷龙岭北侧的牛头山、卡洼掌、红崾岘一带，东流经毛藏寺到杂木寺出山流入武威盆地。出山口以上河长 60 千米，集水面积 851 平方千米，多年平均年径流量 2.38 亿立方米，实测最大年径流量 4.95 亿立方米（1958 年），最小年径流量 1.40 亿立方米（1965 年）。杂木河出山后分流引灌，潜入地下，洪水直达下游，经阎庄子、苏家东庄、范家寨、刘家沿盛家西庄出露汇入白塔河。

其上游山区为天祝藏族自治县境地，是良好的大草原，毛藏滩是一山谷盆地，草场丰茂，灌林密集，杂木河从中穿过，海拔在 4 881～2 000 米之间。下游则是走廊平原的灌区，地势在 2 000 米以下。

杂木河渠首

杂木河水源主要靠山区降水和冰雪融化补给，多年平均年降水量为山区 504 毫米，平原区 180 毫米；多年平均年水面蒸发量为山区 748 毫米，平原区 2 020 毫米。年日照时数 2 968 小时，多年平均气温 7.1 摄氏度，全年无霜期 160 天。上游高山河源区有现代冰川 15 条，冰川面积 3.86 平方千米，冰储量约 1 亿立方米，每年冰融量只有 300 多万立方米，占河川径流量的 1.3%。

2002 年流域内有耕地 4.4 万公顷，草地 5.23 万公顷，地跨天祝藏族自治县和凉州区的 17 个乡镇，人口 19.89 万，农作物有小麦、玉米等。

10.11.16.5 金塔河
(Jinta River)

石羊河水系上游支流之一，位于甘肃省武威市天祝藏族自治县与凉州区境内，东侧**杂木河**与西侧**西营河**之间。

金塔河发源于冷龙岭北侧海拔 4 847 米的"大雪山"一线，自东向西依次由南岔河、冰沟河、细水河、大水河和白水河汇集于**南营水库**。南营水库以下出山，经南营乡、金塔寺进入武威盆地始称金塔河，分流引灌，潜入地下，至武威城东出露流入石羊河，全长约 102 千米。出山口以上河长 50 千米，集水面积 841 平方千米，多年平均年径流量 1.37 亿立方米。

大水河源于流域西南的牛心山一带，与西营河东西背向分流，自西南向东北流经日玛牧场、上寺、夹树达板滩、下寺等地，再经南营乡的白水口、大湖滩、青嘴喇嘛湾到团庄，沿途在下寺附近右岸纳细水河，左岸纳白水河，源头至团庄全

金塔河

长 46 千米，集水面积 502 平方千米。

冰沟河源于流域东南臧南山的柴尔龙海子一线，与杂木河东西背向分流，东北流经马场、四沟寨子、青大板等地，出峡门子经南营乡东湾、西湾等地到团庄，沿途在青大板右岸纳南岔河，从源头至团庄全程长 45 千米，集水面积 350 平方千米。

金塔河出山后流经 5 千米，在原建渠首处分为东西两岔，右岔（东）称杨家坝河，左岔（西）称西沙河。杨家坝河向东北流经武威城东门外，汇城东北泉水而折向西北，于松涛寺附近入注红柳湾河，全程长 36 千米，平均比降为 1‰ 左右。西沙河因其从金塔寺流过又称金塔寺河，流经武威城西 2.5 千米纳北清水河，东北流到松涛寺纳杨家坝河后称红柳湾河。由于杨家坝河和西沙河从武威城南的金塔寺分流，分别流绕武威城东西，又汇流于城北，因此，又俗称为包城河。目前原杨家坝河道为金塔河排洪河道，平常干涸无流，西沙河为干河滩。

金塔河的水源以山区降水和冰雪融水为主，山区多年平均年降水量 462 毫米，川区多年平均年降水量 161 毫米，多年平均年水面蒸发量山区 985 毫米，川区 2 020 毫米，多年平均日照时数 2 968 小时，多年年均气温 7.7 摄氏度，全年无霜期 158 天左右。

河源高山区有大小冰川 22 条，面积 6.73 平方千米，总储水量约 1.5 亿立方米，年融水量约 580 万立方米，主要是悬冰川和冰斗冰川。由于冰川的活动作用，在河源地带形成了若干冰碛湖泊。柴尔龙海为最大的冰碛湖泊，它三面环山呈狭长带状，总面积约 0.4 平方千米，湖中最大水深 36 米，总储水量约为 430 万立方米。河源年径流量中，冰雪融水占 3.5%。

金塔河水系沿山还有马蹄沟河，发源于天祝县祁连乡直沟，呈南向东北流，经高坡滩、石关出山口，进入洪积扇平原，纳入小畦坝河，全程长 13 千米，集水面积 91.5 平方千米，多年平均年径流量 180.63 万立方米，为季节性河流。

金塔河上游河源地带由于过牧超载，草原退化，同时还有垦荒种植，灌丛、林、草地都有不同程度的毁坏，造成水土流失，成为荒漠化的草原植被。据 2002 年统计，山区有耕地 1.9 万公顷，草地 3.5 万公顷，川区有耕地 1.6 万公顷，人口 11.095 万，农作物以小麦、玉米为主。

金塔河上建有南营水库，总库容 2 000 万立方米，兴利库容 1 080 万立方米，水库电站装机容量 2 000 千瓦。在水库总干渠道上建有八级水电站，总装机容量 2 560 千瓦。

10.11.16.5.1　南营水库

(Nanying Reservoir)

金塔河上的中型水库，位于甘肃省武威市城南 18 千米的金塔河出山口，是一座以灌溉为主兼防洪、发电的中型水库。

水库总库容 2 000 万立方米，兴利库容 1 080 万立方米，防洪库容 1 205 万立方米，死库容 652 万立方米，设计灌溉面积 9 200 公顷，蓄水位 1 938 米时，水库水域面积近 3 平方千米。水库于 1969 年 8 月 18 日动工兴建，1971 年基本完工。

南营水库

水库枢纽主要建筑物由大坝、输水洞、泄洪洞、水电站组成。大坝由主、副坝组成，总长 702.31 米，均为黄土心墙砂壳坝。主坝最大坝高 46 米，坝长 314.31 米，底宽 237.1 米，顶宽 7 米，坝顶高程 1 943 米；副坝高 37 米，长 388 米，顶宽 4 米，在坝轴线上游 13.6 米的坝体内设长 246 米的混凝土防渗墙。输水洞在主坝左岸，经泄洪洞底穿过，洞径 4.5 米，洞长 202 米，进口闸底高程 1 910 米，在输水洞进深 159 米处左侧，设直径 3 米长 103 米的输水发电支洞，最大引水流量 15 立方米每秒。泄洪洞位于左岸输水洞之上，与输水洞交叉而过，洞长 164.15 米，宽 4.8 米，高 7 米，城门形无压洞，进口闸底高程 1 927.25 米，最大泄流量 243 立方米每秒。排沙泄洪洞位于输水洞进口上游，全长 248 米，宽 4 米，高 5.5 米，进口闸底高程 1 910 米，最大泄流量 248 立方米每秒。原输水洞位于主坝右侧，主副坝结合部，洞长 192 米，直径 1.5 米，底宽 1.7 米，于 1970 年封堵，封堵段位于防渗齿墙下游 40 米处，堵长 7 米，洞内设有直径 500 毫米钢管一条，长 70 米，作为南营乡输水灌田之用。水库电站位于输水发电支洞末端。为坝后隧洞引水发电站，设计水头 34 米，安装 1 000 千瓦卧式水轮发电机组 2 台，总装机容量 2 000 千瓦。

水库经三次除险加固处理达到现有规模。

10.11.16.6　西营河

(Xiying River)

石羊河上游支流之一，夹于西侧**东大河**与东侧**杂木河**之间。

西营河发源于祁连山东端冷龙岭北麓，河源高程 4 854 米，由宁昌河与水管河两条主要源流组成，宁昌河为主源流。

宁昌河发源于青海省海北藏族自治州门源回族自治县境内的假墙槽处，沿青海、甘肃两省边界向东北流经上店沟、上夹石、青羊三岔至大草滩进入甘肃省肃南裕固族自治县境内，流经黑河沟滩、小柳花沟到水管口与水管河汇合。以上河道全长 42.4 千米，集水面积 714 平方千米。宁昌河右岸主要支流青羊河，发源于青海省门源县境内的响拉瓦尔玛，由南向西北流经扎合尔休玛、倒仰三岔、黄草山至青羊三岔汇入宁昌河，全程长 25.4 千米，河流全程均在青海省境内。宁昌河的第二支流托洛河，在宁昌河右岸青羊河以下，发源于甘肃省天祝县大直沟，由东南向西北流经邵家窑沟、大草滩

西营河

汇入宁昌河,全程长23.6千米。其下流经13千米汇入的还有发源于高山冰湖龙潭的龙潭河等小沟小岔。

另一支流水管河,又称老虎沟,源于青海省门源县乱石窝垴子处,由西南向东北流经水管滩、寺院滩到水管口与宁昌河汇流。以上全程长47.6千米,集水面积297平方千米,沿途还汇入几条沟河。

西营河渠首

宁昌河与水管河在甘肃省张掖市肃南县铧尖汇流后始称西营河,东北流经龙潭墩、九条岭、南大板,右纳发源于冰湖响水池的响水河,再向下到柳湾又汇入土塔河,在四沟嘴入注**西营水库**。水库以上主河道全长80千米,集水面积1 455平方千米。西营河出水库向下流到石嘴子出祁连山进入河西走廊平原的武威盆地,通过渠首枢纽工程流入密如蛛网的农业灌溉渠系。主河道在灌区形成两条自然河槽下泄洪水:一条叫清水河,自石嘴子东北向下流经武威城西与**金塔河**下游汇流后又汇入海藏河;另一条朵浪河,沿鲁家河沿庄东北流经柳湾庄、毛家庄,折向周家河湾,经支寨到洪祥刘家沟一带与泉水河沟系汇合形成南沙河,东流至民勤蔡旗堡附近汇入石羊河。至此西营河全长124千米。由于在灌区盆地,流域界限难以界定,通常以出山口(西营水库)以上产流区集水面积为其流域面积,即1 455平方千米。西营河水系在前山地带还有大洪沟、白石头沟等12条小沟小河,其流程一般只有10～20千米,最长30千米,集水面积只有10～40平方千米,最大的有172.5平方千米。暴雨时山洪暴涨,皆为间歇性河沟。

西营河流域气候和水文条件,在山区(上游产流区)和川区(灌区盆地)截然不同。山区多年平均气温6摄氏度,多年平均年降水量450毫米,多年平均年水面蒸发量1 050毫米,全年无霜期176天;川区多年平均气温7.5摄氏度,多年平均年降水量179毫米,多年平均年水面蒸发量2 000毫米,全年无霜期210天。

西营河多年平均年径流量3.7亿立方米(2006年分析资料),最大年径流量5.01亿立方米(1967年),最小年径流量2.84亿立方米(1962年)。河流多年平均含沙量0.34千克每立方米。主河道理论水力蕴藏量8.7万千瓦。

西营河主河流源头植被较好,中高山区有乔、灌林和草原覆盖,有林地4 500公顷,草地8 100公顷。中、下游山区多被垦殖,水土流失状况堪忧;再加上开矿,对水资源涵养能力都有很大影响。

西营河灌区设计灌溉面积2.75万公顷,有效灌溉面积2.52万公顷,养育着天祝县、古浪县、凉州区的15.61万人口。

西营河上有以灌溉为主、结合防洪发电的西营水库,总库容2 350万立方米,总干电站和三沟三级梯级电站,装机12台,总装机容量14 350千瓦,设计年发电量2 997万千瓦时。

10.11.16.6.1 西营水库
(Xiying Reservoir)

西营河上的中型水库,位于甘肃省武威市西南35千米的西营河上四沟嘴。控制流域面积1 455平方千米,是一座以灌溉为主结合防洪和发电的中型水库。

水库按100年一遇洪水设计,洪峰流量759立方米每秒,1 000年一遇洪水校核,洪峰流量1 180立方米每秒,地震设防烈度Ⅷ度。水库蓄水位2 023米时,水域面积1.75平方千米。总库容2 350万立方米,调洪库容1 900万立方米,兴利库容1 110万立方米。

水库由大坝,输水洞,新、旧两个泄洪洞,发电支洞和三级梯级电站组成。大坝坝体为黏土心墙砂壳坝,坝高41.7米,坝顶高程2 034.7米,心墙顶宽2.5米,高程2 033.4米,主坝顶长230米,顶宽8米,坝底最大宽260米,干砌块石护面,副坝长320米,顶宽8米,主、副坝基用壤土截水槽处理,并以混凝土齿墙与基岩连接,截水槽底宽8米、深2米。输水洞在右岸主副坝结合部,圆形断面压力隧洞,洞径4.4米,全长393.5米,洞身长243.5米,洞坡1:20,最大泄流量180立方米每秒,进口闸底高程2 005米,距进口60米处设2米×4.4米事故检修闸门2扇,由2台50吨卷扬式手、电两用启闭机启动。出口高程1 998.05米,出口设4米×3.8米弧形钢闸门一扇,由1台45吨压杆式手、电两用启闭机操纵。旧泄洪洞位于大坝左岸,为圆拱直墙无压隧洞,高6.2米,宽4.4米,全长339.37米,其中洞身长267米,最大泄洪流量250立方米每秒,进口高程2 014.5米,进口设2.8米×4米的平板钢闸门2扇,由2台63吨卷扬式电动启闭机控制。新泄洪洞在原泄洪洞外侧,两洞最小距离30米,洞径4米,全长533.6米,洞身长499米,进口为竖井式,高程2 015米,

西营水库全景

比旧泄洪洞底板高 0.5 米。水库电站装机容量 6 450 千瓦,年发电量 2 330 万千瓦时。

水库于 1970 年 10 月动工兴建,1973 年 12 月开始蓄水,1976 年竣工。水库经 1983 年和 2000 年按设防要求加固。

10.11.16.7　红水河
（Hongshui River）

石羊河右岸支流,又名洪水河,古名长泉水。位于**古浪河**冲积平原以下,甘肃省武威市凉州区东部 40 千米大沙漠西缘,其上游河段东岸为沙漠,西岸为凉州区长城乡,中下游河段穿越沙漠滩地。红水河与发源于祁连山的石羊河支流不同,是一条以古浪河地下潜流为补给水源的沙漠泉水河流。

红水河发源于凉州区长城乡境内的红水上营东南处,河源接古浪河老河槽,主河道流向由东南向西北,沿途无支流汇入。河床为第四系冲洪积沙土层,土质松软。河流经长城乡五墩村(又名红水下营)以下,穿越古长城,进入边墙(长城)内侧,开始穿行于沙漠荒滩之中,到民勤蔡旗堡南花寨子汇入石羊河。全长 60 千米,流域面积 3 361 平方千米。

红水河九墩段

历史上红水河的水源主要是古浪河洪水和渗入的地下潜水,其河道实质上是古浪河的尾水河道,后因为古浪河上游大量开荒,用水量不断增加,地表无径流下泄,常年处于干涸状态,只有靠上游渗入地下水的潜流,在红水河上营一带出露,而形成泉水河流,沿途往下不断有泉水加入。上游水量虽小,但越往下游水量越多。水量在冬春季较旺,夏季偏小,秋季居中。据 1962 年 12 月在民武公路桥下实测流量估算,平水年泉水平均流量 1.92 立方米每秒,多年平均年径流量 0.61 亿立方米,多年平均年输沙量 33.4 万立米。由于沿途引灌,上游开荒打井,泉水溢出点逐年下移,河床干涸断流。

历史上红水河沿岸无人开荒耕种。自清康熙六十一年（1722 年）武威高沟堡和唐家营讨垦开垦。1922 年两沟民众进一步在长城处红水河沿岸的官荒地开垦引种,逐渐形成红水河上游至红水上营,下至五墩(红水下营)的狭长开垦区,成为沙漠中的一片绿洲,世代沿袭至今,并在红水河红水上营往下,开挖引水渠道 7 条,筑坝 8 道,共浇灌今长城乡耕地 1.2 万公顷（1962 年资料）。红水河涉及凉州区、民勤的用水,自康熙六十一年引灌红水河水以来,两县群众对引灌该河水发生了矛盾,经官府多次判案,矛盾并未彻底解决。1963 年,武威、永昌、民勤三县用水工作组调查处理,矛盾基本得到解决。目前红水河水量很微小,部分河段已干涸断流。

10.11.16.8　红崖山水库
（Hongyashan Reservoir）

石羊河上的中型水库,位于甘肃省民勤县境内、石羊河中游和下游分界处、河西走廊武威盆地和民勤盆地之间的低山丘陵区红崖山山口,拦截来自南端武威盆地的地表水和地下水,为北端民勤盆地水资源的咽喉之道,是著名的沙漠水库。

水库南距武威市 60 千米,北距民勤县 30 千米,东靠民勤县重新乡黑山村,距腾格里沙漠西缘 3 千米,西依红崖山黑山头,距巴丹吉林沙漠东缘 5 千米,水域开阔宽浅,是以灌溉为主,兼防洪、养鱼的中型洼地型沙漠水库。

红崖山水库

红崖山水库始建于 1958 年,采用总体规划、分期施工的建设方案。一期工程于 1958 年 10 月开工,1966 年竣工；二期工程于 1973 年 6 月开工,1980 年底竣工；三期扩建加固工程 1989 年开工,1997 年底竣工。2001 年经鉴定为病险工程,并于 2003 年进行除险加固,2007 年竣工。

水库控制流域面积 13 400 平方千米,水域面积 25 平方千米。水库总库容 9 993 万立方米,兴利库容 6 402 万立方米,防洪库容 5 703.37 万立方米；正常蓄水位 1 481.87 米,设计洪水位 1 481.5 米,汛限水位 1 480.7 米,死水位 1 474 米。由于工程位于腾格里沙漠和巴丹吉林沙漠两大沙漠包围之中,多年受风沙、风浪及冰冻侵害严重,经过 47 年的运行,至 2004 年库内淤积量达 3 100 万立方米。

水库枢纽由大坝、输水涵洞、泄洪闸和非常溢洪道组成。大坝为砂壤土均质坝,主坝长 6 700 米,副坝长 1 360 米,最大坝高 16.5 米,最大坝顶宽 5.35 米；输水洞为带竖井的半圆拱形短涵洞,最大泄流量 50 立方米每秒；泄洪闸为 7 孔矩形开敞式闸,最大泄流量 160 立方米每秒；非常溢洪道为宽顶堰下接梯形开敞式明渠,最大泄流量 495 立方米每秒。

水库控制着下游民勤盆地的全部水资源,除依靠地下水生存的"湖区"外,水库直接灌溉面积 5.5 万公顷,辖 13 个乡镇、2 个国有农林场,总人口 27.75 万。

10.11.16.9　东大河
（Dongda River）

石羊河水系支流,介于**西大河**与**西营河**之间,位于甘肃省肃南裕固族自治县和永昌县境内。发源于祁连山东段海拔 5 254 米的冷龙岭主峰北坡,上游由东岔"直河"与西岔"斜河"在皇城滩汇流后称东大河。

直河源于黑鹰沟、金洞河与千树湾,向东北流经皇城滩之东滩至北滩汇斜河；斜河源于一棵树沟等沟溪,东流至北滩汇直河成东大河。两岔源头终年积雪,分布有现代冰川 62 条,冰川面积 34.43 平方千米,冰川储量 11.83 亿立方米,年消融量 0.32 亿立方米,是石羊河流域冰川的主要分布区。两岔流经高山峡谷和草甸地带,还分布有小片的高山沼泽和湖泊。

东大河自汇合口下游 6.5 千米的皇城滩盆地下缘骆驼脖子处建有**皇城水库**。水库以下河流进入 23 千米长的峡谷,至头坝出山流入河西走廊平原的武威盆地西端和永昌盆地东端,被分流引灌,并潜入地下,大部分向东汇入石羊河,小部分向北与西大河潜流共同构成金川河。洪水时有多余地表径流

东大河

经杨家楼庄、冯家堡子、何家直沟、李家庄注入南河，于邓家村入石羊河。东大河全长133千米，出山口以上流域面积1 614平方千米，多年平均年径流量3.01亿立方米。

流域上游属高寒山区，海拔在2 500～4 000米，气候属寒冷半湿润气候区，多年平均气温0.2～1.2摄氏度，最热月7月平均气温13.1～14.3摄氏度，最冷月1月平均气温－13.1～－14.3摄氏度，年降水量300～600毫米，年日照时数2 200小时；浅山区海拔2 000～2 500米，属寒冷半干旱气候区，年平均气温1.2～4.6摄氏度，最热月平均气温13.1～17.4摄氏度，最冷月－13.1～－10.1摄氏度，年降水量150～300毫米，年水面蒸发量1 050～1 260毫米，年日照时数2 200～2 880小时，全年无霜期103～136天；河西走廊平原区海拔在2 000米以下，属寒温带干旱气候，以永昌县气象站资料代表，多年平均气温4.8摄氏度，7月平均气温17.5摄氏度，1月平均气温－10摄氏度，绝对最高气温32.5摄氏度，绝对最低气温－26.7摄氏度，多年平均年降水量185.1毫米，多年平均年水面蒸发量2 000.6毫米，年日照时数2 884.2小时。

东大河理论水力蕴藏量11.6万千瓦，技术可开发装机容量8.9万千瓦。

10.11.16.9.1　皇城水库
（Huangcheng Reservoir）

位于**东大河**上游骆驼脖子处的中型水库，地处甘肃省肃南固裕族自治县境内，控制集水面积1 030平方千米，是以工农业供水为主，兼有防洪、发电和养殖效益的中型水库。

皇城水库

水库总库容8 000万立方米，校核洪水位2 543.7米；兴利库容6 400万立方米，正常蓄水位2 540.0米。水库枢纽由大坝、输水发电洞、泄洪洞和水电站组成。大坝为斜墙坝，最大坝高45米，坝顶长度501米；输水发电洞为直径4米圆

形压力洞，最大流量202立方米每秒；泄洪洞也是直径4米压力洞；电站装机容量3 750千瓦，年发电量1 720万千瓦时。

水库始建于1974年，1980年停建，1982年复建，1985年8月建成。2005年列入国家重点病险水库除险加固计划，于2009年完成建设。

皇城水库承担着东大河灌区2万公顷农田灌溉和金昌市、永昌电厂、金化集团等的工业生产和生活用水，并通过专用渠道每年向**金川峡水库**为镍都金昌供水8 800万立方米，水库保护下游5乡2镇和5个国营农场8万多人、2.7万公顷耕地的防洪安全。

10.11.16.10　西大河
（Xida River）

石羊河水系最西端的支流，西临**黑河**水系**大马营河**，东接**东大河**。流域地跨甘肃省山丹县、肃南裕固族自治县、永昌县。

西大河发源于祁连山脉中段的锦羊岭，源头高程4 350米。**西大河水库**大坝以上支流发育，主要由古松林沟、脑儿墩沟、平羌沟、鸾鸟沟、大乌龙沟和小乌龙沟6条汇流而成。大河坝处建有西大河水库。水库至出山口插剑门河段，基本没有较大支流加入。出山后经山丹马场一、四分场引灌，成潜流汇入永昌盆地东北流，在赵家庄、刘克庄、刘新庄、胡家庄、高家庄等地出露。发洪水时有地表径流纵穿永昌盆地至北山折向东流，绕永昌县城北，穿金川峡至河西堡、宁远镇、双湾镇，没于昌宁盆地。全长124千米，插剑门以上山区集水面积811平方千米，年径流量1.84亿立方米。西大河在金川峡建有**金川峡水库**。

西大河在上游山区地势高亢，气候严寒。多年平均气温0.5摄氏度，多年平均年降水量343毫米，多年平均年水面蒸发量1 761毫米。

西大河理论水力蕴藏量4.5万千瓦，技术可开发装机容量1.9万千瓦。

10.11.16.10.1　西大河水库
（Xidahe Reservoir）

西大河上游山区的水库，位于甘肃省肃南裕固族自治县境内，建在西大河源头支流汇合口大河坝，下距永昌县城77千米，集水面积788平方千米，是以灌溉为主、兼有防洪、发电等综合效益的中型水库。

水库正常蓄水位2 870.5米，兴利库容5 430万立方米；校核洪水位2 872.43米，总库容6 800万立方米；50年一遇设计洪峰流量297立方米每秒，1 000年一遇校核洪峰流量612立方米每秒。水库枢纽由主坝、副坝、泄洪输水洞、溢洪道、水电站组成。主坝坝型为壤土心墙坝，最大坝高37米，坝顶长度294米；副坝高2米，长115米；溢洪道为带闸门控制的开敞式侧堰加陡坡泄流槽，最大泄流量338立方米每秒；泄洪输水洞为无压圆形隧洞，长235米，最大泄流量109立方米每秒；水电站装机容量为2台630千瓦机组，年发电量745万千瓦小时。

水库于1969年6月始建，1974年建成，1981、1984年进行过加固处理，2001年列入国家重点病险库进行了除险加固。

西大河水库还是引硫济金工程的反调节水库。该工程自青海省境内**大通河**支流硫磺沟筑坝引水，穿过长8.8千米的冷龙岭隧道，从西大河上源之一的平羌沟出来，进入西大河水库。

西大河水库与引硫济金工程和**金川峡水库**联合调度，承担着西大河灌区2.3公顷农田灌溉供水和4 000万立方米的

西大河水库

工业供水，并保护永昌县城和4个乡镇8.6万人、2.8万公顷耕地、312国道等的防洪安全任务。

10.11.16.10.2 金川峡水库
(Jinchuanxia Reservoir)

西大河与**东大河**下游泉水和灌溉回归水汇集而成的金川河上的中型水库，南距甘肃省永昌县城12千米。金川河通向金昌和昌宁盆地。

金川峡水库控制集水面积3 270平方千米，是以工业和城市供水为主，兼有灌溉、防洪、发电综合效益的中型水库。总库容6 500万立方米，校核洪水位1 875.52米；正常蓄水位1 874.4米，兴利库容6 050万立方米。

水库枢纽由大坝、输水洞、泄洪洞、溢洪道和电站组成。大坝为壤土心墙碎石壳坝，最大坝高29米，坝顶长度260米；溢洪道为开敞式正堰加泄流槽，最大泄流量330立方米每秒；输水洞为直径2米的圆形有压隧洞，最大泄流量40.5立方米每秒；泄洪洞是直径4米圆形有压隧洞，最大泄流量127.5立方米每秒；电站装机容量1 600千瓦，年发电量710万千瓦时。

金川峡水库

水库始建于1958年3月，次年6月建成蓄水。1965年改建加固，1968年10月完工。2004年列入国家重点病险水库除险加固计划，2007年完成建设。

金川峡水库与**西大河水库**、**皇城水库**和引硫济金工程联合调度，承担金昌市工业用水、城市生活用水及金川灌区1.2万公顷农田灌溉用水，并保护下游兰新铁路、金昌市区、金川矿区25万人的防洪安全。

10.11.17 居延海
(Juyanhai Lake)

内陆盐湖，为**黑河**的尾闾湖。汉称居延泽，魏晋称西海，唐以后称居延海。位于内蒙古自治区阿拉善盟额济纳旗境内，汉居延城东北，形如弯月。由于黑河下游额济河的不断改道，故居延海随之移动，清代以后分为两湖：即东居延海（又名索果淖尔，蒙古语意为"母鹿湖"），中心坐标为东经101°15′、北纬42°18′，西居延海（又名嘎顺淖尔，蒙古语意为"苦湖"），地理坐标为东经100°30′～101°18′，北纬42°16′～42°29′。两湖相距30千米，一东一西成为姊妹湖。

据1930—1933年瑞典地理学家、考古学家斯文·赫定考察居延海绘制的地图量测，湖面面积达1 200平方千米，且东西居延海湖岸线相连。

居延海

1958年调查东居延海水域面积为267平方千米，西居延海水域面积为35.5平方千米。1960年内蒙古自治区地质队调查量算西湖水域面积为213平方千米，矿化度高达88克每升。

黑河下游进入内蒙古自治区额济纳旗后分为东、西两支，分别汇入东、西居延海，东支为纳林河，西支为穆林河。

随着黑河中游农业的发展，用水量不断增加，黑河进入下游的水量锐减，造成河道断流，湖泊干涸，西居延海于1961年干涸，东居延海于1992年干涸。居延海周边生态系统严重恶化，成为我国北方沙尘暴的源头之一。对此，党中央、国务院高度重视，制定了《黑河干流水量分配方案》，要求从黑河增加向下游的下泄水量。2000年实施黑河调水措施以来，累计向下游泄水88.1亿立方米，使黑河水输送到居延海，从而使居延海又恢复了"碧波荡漾"的自然面貌。

唐代诗人王维曾对居延海绿洲这样描述："单车欲问边，属国过居延。征蓬出汉塞，归雁入胡天。大漠孤烟直，长河落日圆。萧关逢候骑，都护在燕然。""居延城外猎天骄，白草连天野火烧。暮云空碛时驱马，秋日平原好射雕。"

1944年初，农林专家董正钧自甘肃酒泉沿弱水北下，往返8个月，考察了黑河下游自然状况后，著有《居延海》，书中描述：东海，水色碧绿鲜明，味咸，水中满鱼族，以鲫鱼最多。鸟类也多，天鹅、雁、鹳、水鸡、水鸭等栖息海滨或水面，千百成群，飞鸣戏水，堪称奇观。滨海密生芦苇，马牛驼群，随处可遇。西海，地势较低，河水可终年注入。考察归途中，适逢中秋涨水之际，西河水深没牛，不易渡过。

东居延海1959年产鱼15.5万千克，产芦苇200万千克。

10.11.18 黑河
（Heihe River）

为**居延海**水系，河西走廊三大内陆河水系中最大的一支。古称黑水、张掖河、溺水、删丹河，亦有羌谷水、合黎水、鲜水、"覆袁水"之称谓。黑河下游现称额济纳河，古时候也称坤都伦水。《尚书·禹贡》说"导弱水至于合黎，余波入于流沙"即指黑河，"流沙"指弱水尾闾居延海附近。

概　述

流域范围　黑河流经青海省北部祁连山区、甘肃省河西走廊和内蒙古自治区西部阿拉善台地，流域范围介于东经98°～102°、北纬37°50′～42°40′之间，南隔祁连山脊与**大通河**流域分界，北接蒙古国边境，东以大黄山与**石羊河**流域相连，西达黑山和**疏勒河**流域毗邻。流域面积为14.244万平方千米（水资源评价数值）。

河流水系　黑河由发源于祁连山的36条大小河流组成，按其地表水和地下水的水力联系及其归宿，分为东、中、西三个子水系。其中西部子水系为**洪水坝河**、**讨赖河**，归宿于金塔盆地，曾经有余水从鼎新营盘汇入黑河；中部子水系为**马营河**、**丰乐河**诸小河，归宿于明花、高台盐池；东部子水系包括黑河干流、**梨园河**及东起山丹瓷窑口、西至高台黑大板河的20多条小河流，除梨园河上游余水汇入黑河干流外，其余小河均源近流短水量小，出山后消失于各绿洲灌区。黑河干流流经莺落峡，穿过河西走廊经正义峡流入阿拉善台地，终止于居延海。

黑河

黑河干流以莺落峡和正义峡为界，划分为上、中、下游。上游源于青海省祁连县的**八宝河**与野牛沟。野牛沟为黑河主源，发源于讨赖山和祁连山主峰南麓，河源海拔4 145米，向东南方向流动，行223千米到黄藏寺，右纳八宝河后折向北流始称黑河。黑河北行穿越高山峡谷，流程90千米至莺落峡出祁连山，是为上游。河长313千米，流域面积（莺落峡）10 009平方千米。上游河道陡峻，水流湍急，河道平均比降10‰，天然落差3 000余米，富含水力资源。

出莺落峡以后进入中游河西走廊平原区，河床渐宽，比降变缓，经张掖市、临泽县、高台县，流入合黎山山口正义峡，河道长度185千米，平均比降2‰。黑河经甘州区乌江堡北侧山丹桥，右岸有**大马营河**汇入，近几十年来因为其上游段兴修水库和灌溉渠道，充分利用了河水资源，大马营河就没有地表水注入黑河，每年只约有1 000万立方米的地下径流汇入张掖盆地。在临泽县城北侧野沟湾，左岸有梨园河汇入，梨园河是黑河中游唯一有地表水汇入的支流。黑河中游所处张掖盆地是河西走廊平原中段最大的水文地质盆地，是黑河东部子水系各河流汇集并参与地表水和地下水"两水转换"的地域，黑河干流与其他支流的流域界限难以区分，均受控于正义峡断面。正义峡以上为中游，河道长204千米。正义峡控制流域面积35 634平方千米，排除其他支流后，黑河干流中游流域面积为14 441平方千米。

黑河自大墩门北流约100千米到达内蒙古自治区额济纳旗地界后称额济纳河。继续北流穿过酒泉卫星发射中心到达狼心山下的巴音保古都总分水闸，额济纳河分为东西两河，东河称纳林河，也称达西敖包河，西河称穆林河。两河向下分别注入东、西居延海，形成滨湖干三角洲，是广袤的阿拉善戈壁沙漠中极其宝贵和美丽的绿洲。黑河下游河段长414千米，流域面积37 697平方千米。黑河从野牛沟发源地到尾闾居延海全长928千米，流域面积62 147平方千米（不含子水系）。

地质地貌　黑河流域自上而下包含三个大的地貌单元：祁连山区、河西走廊平原（含南北盆地）、阿拉善台地（高平原）。

1. 上游祁连山区。本区在大地构造上属北祁连加里东褶皱带，地壳的强烈上升，构成了一系列平行山岭和山间盆地。河流与冰川的切割和剥蚀，使得山势十分陡峻，起伏很大。区内广泛分布着巨厚的下古生界海相沉积碎屑岩、碳酸岩和火山岩，经历了浅变质作用，厚达4 000米以上。古生界变质碎屑岩，断裂发育，岩石破碎，沿其断裂破碎带及其影响带蕴藏着基岩裂隙水；上古生界至新生界的层状岩层有层间水，形成一个互有水力联系的含水层，裂隙水直接受融水补给。地下水埋深随地形起伏而变化巨大，深达几十米至几百米，以10％～30％的比降排泄至河道，水质良好，矿化度为0.5～1克每升的重碳酸盐类水。

2. 中游河西走廊和下游走廊北盆地。河西走廊属于山前凹陷带，第四系沉积物厚达数百米至数千米，是良好的地下储水场所。走廊内部被基底的隆起和断裂分割成一系列构造盆地。这些盆地以马鬃山—合黎山—龙首山等北山山系为界，呈南北两排展布，在黑河干流流域，南部为张掖盆地，北部为金塔—鼎新盆地。南盆地由连绵不断的洪积扇构成山前倾斜平原，其岩性自南向北由粗变细，南部为扇形砾石平原，往北渐变为低平的细土平原。南盆地地面宽广，沉积物颗粒较粗，地面坡度较大，地下径流通畅。地下水有砾石平原潜水和细土平原承压水两大类型。地下水补给来源是河道和渠道的渗漏、田间灌溉入渗、少量有效降雨入渗和周边地下径流侧流。地下水埋深在冲积扇顶部达数百米，至扇缘变浅，甚至呈泉水出露。水质为0.5～1克每升的重碳酸盐类水。过渡到细土平原，呈表层潜水和深层承压水共存状态，潜水矿化度1～2克每升，承压水矿化度小于1克每升。北部金塔—鼎新盆地为黑河冲积平原，地下水补给来源是南盆地边缘溢

黑河水系示意图

出的泉水再次入渗和黑河径流的入渗。北盆地扇形砾石平原是一些独立的洪积扇，其岩性蓄水性远较南盆地微弱，细土平原的含水层常出现沙和砂砾石层，水质较差，矿化度1～2克每升，部分达到2～3克每升。

3. 下游阿拉善台地（高平原）。大地构造上这里是天山—阴山东西向构造带中段、合黎山—北大山—狼心山弧形构造的内侧，是个新生代断陷盆地——额济纳旗盆地，夹于东部巴丹吉林沙漠和西部马鬃山剥蚀低山丘陵之间。盆地基底由第三系碎屑岩、碳酸岩组成，上覆第四系沉积物和湖积物，厚达100～250米。本区地貌是一巨大的扇形冲积、湖积平原，向北方向倾斜。额济纳河两岸不连续的分布着一级、二级阶地，由粉砂、亚砂土、细砂、中粗砂组成。沿河两岸是林木草地覆盖的绿洲。绿洲两侧以外则是戈壁沙漠，地形宽阔平坦。因地质历史上交替沉积，造成了粗细相间、相互叠置的地层结构，从而形成多层孔隙含水层的水文地质条件。第四

系和第三系地层中广泛分布着承压水和自流水。平原四周为剥蚀山丘，地下水极为贫乏。地下水含水层的厚度，四周薄，中间厚。沿河冲积平原和古河道附近，地下水埋深1～3米，戈壁平原3～5米，在东西居延海之间低地，地下水出露，形成自流水区。

气候水文　黑河流域位于欧亚大陆中部，远离海洋，周围高山环绕，气候主要受中高纬度的西风带环流控制和极地冷气团影响，空气干燥，降水稀少而集中，多大风，日照充足，太阳辐射强烈，昼夜温差大。

流域气候具有明显的东西差异和南北差异。南部祁连山区，降水量由东向西递减，雪线高度由东向西逐渐升高。海拔2 600～3 200米地区年平均气温1.5～2.0摄氏度，年降水量在350～400毫米之间，最高达700毫米，相对湿度约60%，多年平均年水面蒸发量约700毫米；海拔1 600～2 300米的地区，气候冷凉，是农业向牧业过渡地带。中下游的走廊平原及阿拉善高原属中温带气候区，进一步分为中游河西走廊温带干旱亚区及下游阿拉善荒漠干旱亚区和额济纳荒漠极端干旱亚区。中部走廊平原区年平均气温2.8～7.6摄氏度，年日照时间长达3 000～4 000小时，多年平均年降水量由东部的200毫米向西部递减为100毫米，多年平均年水面蒸发量则由东部的2 000毫米向西递增至3 000毫米。下游额济纳平原深居内陆腹地，是典型的大陆性极端干旱气候，降水少、蒸发强烈、温差大、风沙多、日照时间长。据额济纳旗气象站1957—1995年资料统计，额济纳平原多年平均年降水量仅为42毫米，多年平均年水面蒸发量3 755毫米，多年平均气温为8.0摄氏度，最高气温41.8摄氏度，最低气温−35.3摄氏度，年日照时数3 325.6～3 432.4小时，相对湿度32%～35%，年平均风速4.2米每秒，最大风速15.0米每秒，8级以上大风日数平均54天，沙暴日数平均29天。

流域水文具有典型的内陆河水文特征：河川径流形成、利用、消失分区明显。上游祁连山区是径流形成区，中游走廊平原是径流利用区，下游阿拉善台地及额济纳平原是径流利用和消失区。

河川径流以降水补给为主，冰川融水补给只占9.5%；出山口莺落峡多年平均年径流量15.8亿立方米；河川径流年际变化不大，年径流变差系数为0.15左右；径流年内分配不均匀，6—9月径流量占年径流量的67.8%；中游地表水与地下水频繁转化。

自然资源

1. 水资源。黑河干流流域水资源总量包括黑河干流以及在张掖盆地参与"两水转换"的其他支流出山口的河川径流量、中下游与地表水不重复的地下水资源量。黑河干流出山

口河川径流量15.8亿立方米,有地表水可以汇入的支流梨园河出山口河川径流量2.37亿立方米,其他虽无地表水汇入但参与"两水转换"的支流出山口河川径流量6.58亿立方米,三项合计出山口河川径流量24.75亿立方米。中下游与地表水不重复的地下水资源量(从山丹桥和营盘汇入的山丹河与北大河地下潜流)3.33亿立方米。合计水资源量28.08亿立方米。中下游交接点正义峡径流量10.1亿立方米(其中大部分为地表水与地下水的重复计算量)。

2. 水能资源。水力资源理论蕴藏量106.88万千瓦,技术可开发量为52.8万千瓦。

3. 矿产资源。黑河流域具有丰富的矿产资源,已探明的矿藏主要有金、银、铜、铁、锌、钨、铅、铬、镍、锰、钛和煤、芒硝、石灰石、重晶石、萤石、滑石、石英岩、大理岩、石棉、黏土、白云岩、石膏、硅石等。

4. 土地与农业资源。黑河流域中、下游区地势平坦,土壤肥沃,土地资源丰富,有耕地27.53公顷,其中灌溉面积20.44万公顷,占耕地面积的74%,人工林草面积5.70万公顷。中游张掖盆地为全国重点建设的12个商品粮基地之一,盛产小麦、玉米、水稻、油菜、胡麻等农作物,以乌江大米最负盛名。流域所产瓜果、蔬菜种类多,品质好,洋葱、辣椒、茄子、西瓜及新引进的精细瓜菜畅销全国20多个省、市、自治区,是著名的西菜东运基地。红枣、苹果、苹果梨、桃子、葡萄及其他优质杂果驰名远近。

5. 其他资源。流域上游祁连山区和中游部分地区有天然森林青海云杉以及松、柏、杨、柳、桦、槐等110多种;野生动物有285种,其中有雪豹、野驴、白唇鹿、野牛、黑鹳、白雕等9种国家二级保护野生动物。祁连山区还产有多种名贵中药材。

经济社会 黑河流域上游包括青海省祁连县大部分和甘肃省张掖市肃南裕固族自治县的部分乡镇。祁连县是回、藏、汉族聚居区,2000年总人口约3万,总土地面积1.4万平方千米,经济以牧业为主,共有牲畜66万头(只),多为藏系羊。沿黑河两岸地势较低的山间盆地有少量农田,有效灌溉面积700公顷。肃南裕固族自治县有三个区位于黑河上游,2004年人口1.5万,耕地面积约2 867公顷,灌溉面积1 213公顷,经济以牧业为主,有大小牲畜约33万头。

中游地区为流域主要的绿洲农业区,行政上隶属于甘肃省的张掖市和酒泉市的民乐、山丹、临泽、高台、金塔等县,农作物以小麦、玉米、油菜、甜菜等为主,2000年人口121.2万,地区生产总值55.98亿元。

下游地区是以蒙古族为主体的荒漠牧业区,行政上隶属于甘肃省金塔县和内蒙古自治区额济纳旗及东风场区(酒泉卫星发射中心)。除东风场区外,2000年下游人口6.63万,地区生产总值3.63亿元。

自然灾害 干旱是该区经济社会发展的主要障碍,也是造成生态环境极度脆弱的主要原因。河西走廊位于青藏高原北侧,在大地形边缘下沉气流和亚洲东岸西北气流控制之下,是世界上同纬度最干旱的地区之一。

霜冻是大面积危害流域农作物及天然林草生长的主要农业气象灾害之一,常造成农业大面积歉收,天然林草衰亡。

干热风在黑河流域也是常见的一种气象灾害,其特点是风速不大,但气温很高,异常干燥,能迅速蒸散农作物和土壤水分,导致农作物大量失水而减产。

沙尘暴是风沙危害的主要形式,轻则侵蚀土壤表土,埋没农田,重则驱动沙丘,摧毁农庄,埋田毁林,常造成渠道、村舍、铁路被毁坏,甚至造成人畜伤亡,是干旱区特有的毁灭性自然灾害。

治理开发

1. 水资源开发利用。1958年以来,黑河流域修建了大量水利工程,为工农业供水创造了良好条件。据统计,截至2002年,全流域已兴修大小水库98座,多为中小型平原水库,其中大型水库1座,中型水库9座,小型水库88座,总库容4.567亿立方米,兴利库容3.942亿立方米。中游张掖市、酒泉市和嘉峪关市的走廊部分,共有干渠192条,总长度2 545千米,平均衬砌率57.5%;支渠731条,总长度2 927千米,平均衬砌率65.5%;斗农渠11 772条,总长度8 406千米,平均衬砌率36.4%。张掖盆地内各计算单元引河水和泉水的渠系利用率可以达到0.49~0.57,平均为0.55,西部子水系各单元均为0.6。

据不完全统计,流域内现有机电井6 484眼,年开采能力达5.115亿立方米。

黑河流域2003年引用地表水和地下水总量30.53亿立方米,水资源利用率达109%,其中引用地表水量24.49亿立方米,开采地下水量6.04亿立方米。

黑河干流自黄藏寺到莺落峡出山口长95千米,河床比降9.1‰,根据《黑河干流水能资源梯级开发方案优化报告》,共规划了黄藏寺等八座梯级水电站,2010年已建成龙首一级、龙首二级(西流水)、小孤山、大孤山、二龙山、三道弯等6座。

2. 流域主要生态环境问题。在黑河流域,由于中上游水土资源的大规模开发利用和缺乏有效的水资源统筹规划与管理措施,现阶段以土地沙漠化、植被退化为代表的生态环境恶化在全流域范围内迅速发展,尤以流域下游情势更为严峻,不仅严重影响到下游荒漠绿洲的生存,而且对整个流域的生态安全构成威胁。

上游地区的主要生态环境问题是以草原秃斑地和草地沙化、杂毒草蔓延、草地生产能力下降、珍稀生物物种数量减少为主要标志的草地退化、冰川退缩面积减少。目前山区水资源涵养林草与生物多样性保护的专门性研究工作十分薄弱,极需加强。

中游地区主要的生态环境问题是土地沙漠化与盐碱化、水环境污染等。部分地区如金塔、高台等地在1990年以来沙漠化仍呈扩展趋势;盐碱化土地面积有所增加;水污染严重且呈发展态势。由于缺乏监测与防治措施,河道和地下水水污染趋势加剧;由于大量垦荒造成草地面积大幅减少,尚存草地由于高强度过牧而退化严重,不合理的产业结构不仅限制了区域经济的稳定发展,而且加剧了水资源供需矛盾,导致其他诸如土地沙漠化、盐碱化等一系列生态环境连锁反应。

下游地区是黑河流域生态环境恶化最为严重的区域,集中表现在终端湖泊消失、众多天然河道废弃并形成绿洲内部沙源、天然绿洲萎缩、土地沙漠化迅速发展,已威胁到整个流域的经济社会发展、生态安全和国防建设的环境保障。

甘肃黑河胡杨

3. 黑河流域综合治理及张掖市节水型社会建设。在黑河水哺育中游张掖盆地的同时，下游地区的额济纳绿洲在过去的40多年内从6 940平方千米急剧萎缩为3 328平方千米。黑河尾闾湖泊西、东居延海也先后于1961年和1992年完全干涸，周围的胡杨林大片枯死，并由此产生了一个笼罩我国北方200平方千米的新沙尘源地，直接影响着西北乃至华北地区的生态安全。针对这些问题，2000年国家决定开展黑河流域综合治理，并保证向下游内蒙古自治区的额济纳旗定量分水：2001年2月，国务院将黑河治理列入西部大开发重点建设工程。根据国家确定的黑河分水方案，张掖要在现状用水量中每年拿出5.8亿立方米，才能保证完成向下游的分水任务。这意味着张掖要削减23％的用水总量，相当于4万公顷耕地的用水量。既要节水、又要可持续发展——张掖建设节水型社会迫在眉睫。2002年3月，水利部确定张掖为全国第一个节水型社会建设试点，张掖市的节水型社会建设工作正式拉开序幕。

经过几年的建设实践，水利建设规模不断壮大，使灌区设施条件持续改善，节水型社会建设取得了显著成效。2006年底水利部授予张掖市"全国节水型社会建设示范市"荣誉称号。

4. 黑河调水。20世纪后期，黑河流域出现水资源紧缺和生态失衡的危机，引起了党中央、国务院的高度重视。1992年水利部提出了《黑河干流（含梨园河）水利规划报告》，并报国家计委审批通过；1995年国务院又审批了由水利部上报的《黑河干流水量分配方案》；2001年2月，国务院第94次总理办公会议决定实施黑河近期治理，实现当黑河莺落峡来水15.8亿立方米时，向下游增泄水量2.55亿立方米，达到正义峡下泄水量9.5亿立方米的水目标。

自2000年实施黑河调水以来，连续九年完成了水量调度任务，多次将黑河水送达东居延海，一次将黑河水送达西居延海，实现了国务院提出的居延海"碧波荡漾"的目标。黑河中游累计向下游泄水量88.1亿立方米，占九年来水总量的57.4％，为下游生态修复起到了积极作用。

纪　实

上游　黑河上游正源为野牛沟，从发源地走廊南山和讨赖山之间4 145米的分水岭，一直向东南流淌在两山挟持的海拔3 500～4 000米的高山草甸地带，两岸有众多短小支流汇入。行至野牛台右纳较大支流柯柯里河，随即进入峡谷，经二珠龙、油葫芦和扎马什克水文站到地盘子流出峡谷，进入黄藏寺山间盆地。二珠龙和油葫芦分别是黑河上游规划的两个大型水库坝址，坝址高程均在3 000米上下。扎马什克水文站是黑河上游第一个水文站，建于1956年。过地盘子约5千米到青海省祁连县黄藏寺村，右纳自东南相向流来的八宝河而折向北流，始称黑河。野牛沟河长175千米。八宝河也称俄博河，全长104千米，自发源泉地锦羊岭向西北流淌在3 500米左右的高山草甸地带，经俄堡、草大板、拉东峡进入峡谷，穿过祁连县城到黄藏寺与野牛沟汇合。俄堡以上自古是河西走廊到西宁湟水流域的交通要道。拉东峡也是黑河上游规划的大型水库坝址。

八宝河下游的祁连县属青海省海北藏族自治州，古为羌地，有青海北大门之称。该县是一个多民族聚居地，主要有汉、藏、蒙古、回等民族，总人口约5万，县城所在地叫八宝镇，八宝河由此得名。

野牛沟和八宝河交汇处是祁连山最大的山间盆地，黑河从此北流进入90千米的峡谷，此段是黑河水力资源集中地段，自上而下规划有8座梯级水电站，现已建成6座。

中游　黑河出莺落峡，流入河西走廊的张掖盆地，经草滩庄总分水闸，大部分被密如蛛网的渠系引入灌区，河道余水和渠道、田间水量有一部分下渗补给地下水，地下水被提取引用或者在盆地北缘细土平原一带出露成泉，泉水又被再次引用，这就是地表水和地下水之间的"两水转换"现象。黑河干流东西两侧的梨园河及其他小河沟也流入张掖盆地参与两水转换。黑河从张掖城区西侧流过，向北到山丹桥，右纳大马营河。此后黑河折向西北流，横穿临泽县，到野沟湾左纳梨园河，梨园河是唯一在洪水期有地表径流汇入黑河的支流。黑河继续向下经高台县城、黑泉乡、罗城乡到正义峡。从山丹桥到正义峡黑河穿行在张掖盆地细土平原北端，是盆地地下水补给河道地带，河道比降平缓，河床宽阔。

黑河中游的张掖市是座古老的城市，《汉书·地理志》说"张掖郡地处张国臂掖，故云张掖"。隋置张掖县。1958年改为张掖市。2002年3月1日，国务院批准撤销张掖地区和县级张掖市，设立地级张掖市和甘州区，以原县级张掖市的行政区域为甘州区的行政区域。甘州区西侧10千米处有"黑水国"新石器时期的古文化遗址，为国家重点文物保护单位。相传西汉

黑水国古城遗址

以前匈奴移居这里，划疆为小月氏国国都。正义峡规划有正义峡水库，是继黑河上游黄藏寺水库后，中游的控制性水库。正义峡入口前有古堡"正义堡"（原名"镇夷堡"），古代中原政权在此驻军。清朝雍正四年（1726年），为调节黑河中游和下游之间的用水矛盾，驻甘巡抚年羹尧主持制定了黑河"均水"制度，规定每年芒种前封闭上段各渠口十天，给下游高台及鼎新灌区放水，并借强大军事力量实施，轮值县官临时升官一级，驻守镇夷堡监督执行。这一水权管理制度，是河

黑河中游河道

西走廊较早且行之有效的制度,一直沿用至20世纪末,才被新的"黑河调水"制度所替代。

下游 黑河经正义峡进入19千米长的合黎山峡谷段,过赵家峡经大墩门出山直向北流入下游。下游上段是沿河70千米长的甘肃省酒泉市金塔县鼎新灌区。为解决鼎新灌区和下游额济纳齐灌溉问题,大墩门已修建了分水闸。鼎新,古称毛目县,现为金塔县的一个镇,从鼎新灌区起黑河北偏东流动,在灌区内河床开阔,地势平坦,耕地和村庄密布。在灌区中部的营盘,左纳北大河(讨赖河下游名称)。北大河上游是黑河水系西侧支流讨赖河与洪水坝河,经酒泉灌区和金塔灌区的两水转换,至此汇入黑河干流。灌区北端沙门子以下黑河行进在东侧巴丹吉林沙漠和西侧马鬃山戈壁之间,河道束窄,直达狼心山。

狼心山上下黑河两岸广大地区是酒泉卫星发射中心管理范围,黑河供应该中心绿化和农副业生产用水。狼心山上游20千米处建有旁注

黑河下游段额济纳河分水闸

式水库——东风水库,曾名为五一水库河西新湖。狼心山是马鬃山东部一系列残丘低山东延的一个山包,既是酒泉卫星发射中心核心地区的标志,也是黑河下游上下段分界点。从狼心山下建设的"巴音保古都水闸"以下,便是黑河下游下段额济纳河。额济纳河自水闸起分为东西两河,东河称达西敖包河,又称纳林河,西河叫穆林河。两河向下通过一系列分水闸继续分为19条支汊,分别注入东、西居延海,形成滨湖干三角州。东河下游达兰库布镇是内蒙古自治区额济纳旗行政中心。额济纳河平原有"破城子""黑城子""古居延城"等遗址。

额济纳旗,是内蒙古自治区最西边的一个旗,隶属于阿拉善盟。1689年,远居于西伯利亚平原的蒙古族土尔扈特部落东迁回归故土,其中一部分定居于黑河下游额济纳平原,即是现在的额济纳旗牧民的前身。在震惊世界的东归事件中,土尔扈特人付出了惨痛代价,离开伏尔加河时,有17万人之众,而抵达故土时已不足半数。当时的乾隆皇帝颁布封爵谕令,对归来的土尔扈特大小首领均予封爵,并在普陀宗承之庙内建立了《土尔扈特全部归顺记》和《优恤土尔扈特部众记》两块石碑。

黑河下游额济纳平原历史上就是水草丰美的天然绿洲,公元13世纪,意大利人马可·波罗东来中国的时候,曾经路过额济纳平原,在《马可波罗游记》第四十五章中记载:"我们离开了甘州市,北行十二天,到达一座名城名叫伊齐纳的城市。它位于戈壁沙漠的入口处,在唐古忒省境内。居民都

黑城遗迹

信仰佛教。他们拥有包括骆驼在内的各种家畜。这地方有一种兰列隼和许多优良的萨克儿隼。果实和肉类自给自足,人民不经营商业。商旅到达这个城市以后,必须准备四十天的食物,因为再向北行进时,需要穿过一片大沙漠,沙漠里除了在夏季,山里和河流两岸有少数居民外,其他季节没有人到这种地方来。这里水源充足,树林茂密,野驴和各种野兽出没其间。过了这片沙漠之后,抵达它的北部一座城市,名叫喀拉科兰(和林)。"

10.11.18.1 八宝河
(Babao River)

黑河右岸支流,亦名俄博河,位于青海省祁连县境内。

八宝河发源于祁连山中段海拔4 260米的锦羊岭,向西流淌在3 500米左右的高山草甸地带,经俄堡(红土城)、草大板(加隆)、拉东峡进入峡谷,穿过祁连县城(八宝镇)到黄藏寺附近的狼舌头汇入野牛沟(黑河上游)。全长104千米,流域面积2 511平方千米,河道落差1 200米,平均比降11‰。多年平均年径流量4.51亿立方米。水能理论蕴藏量5.1万千瓦。

八宝河上游有冰川15条,冰川面积约10平方千米,冰储量2.2亿立方米。有大小支流50余条,主要支流有天蓬河、小八宝河、青羊河、拉洞河、黑沟、黑泉河、东草河等。径流补给来源主要是降水和冰川融水。

八宝河在祁连县城附近建有小水电站2座,装机容量4 000余千瓦。

八宝河在俄堡镇以上自古就是河西走廊到西宁湟水流域的交通要道。位于拉洞河出口上游的拉东峡也是黑河上游规划的大型水库地址。

地处八宝河末端的祁连县属青海省海北藏族自治州,古为羌地,有青海北大门之称。该县是一个多民族聚居地,主要有汉、藏、蒙古、回等民族,总人口约5万,县城所在地叫八宝镇,八宝河由此得名。祁连县主要有石棉、煤炭、黄金和有色金属以及非金属矿产,每年向国家上交黄金110千克,其

八宝河

八宝（鹿茸、麝香、蘑菇、大黄、金、银、铜、铁）闻名遐迩。丰富的自然资源与奇特神秘的高原地貌、自然景观是世界上原始生态环境保存最为完整的地区之一。

10.11.18.2 大马营河
(Damaying River)

黑河水系最东侧右岸的支流，与**石羊河**水系西侧**西大河**毗邻，位于甘肃省山丹县境内，因流经大马营滩而得名，也区别于黑河西侧支流**马营河**。大马营河上游称白石崖河，中游称大马营河，下游称山丹河。

大马营河全长154千米，流域面积4 400平方千米，多年平均年径流量6 496万立方米。

祁家店水库

大马营河

流域地势东南高、西北低，包括上游高山深谷区、中游山前盆地大马营滩和山丹盆地以及下游河西走廊平原区几个不同的地貌单元，水资源经过地表水和地下水多次转换，具有典型的内陆河流域特征。

2002年流域内有人口12万，耕地18 000公顷，主要种植小麦、油菜、豆类等。流域内交通以连霍高速公路、312省道、兰新铁路复线为骨架，县乡公路构成了公路网络，交通方便。

1924—1997年，大马营河发生洪水灾害10多次，最严重的是1952年7月18日，连续降雨数天，山洪暴发，河水猛涨，水深丈余，下游山丹县城东南山丹河水头约2丈，冲毁渠坝107条、树木3 000多棵、公路20多千米、死亡5人，沿河70%的水磨被冲。1997年8月15日，发生洪峰流量277立方米每秒的洪水，冲毁公路2千米、渠道工程2处、农田13公顷、房屋50间，直接经济损失75万元。

大马营河上建有两座中型水库：**李桥水库**和祁家店水库，另有多座小型水库。已建成水电站4座，装机容量934千瓦，年发电量237万千瓦时：李桥1号水电站于1976年10月建成，装机容量250千瓦，年发电量70万千瓦时；李桥2号水电站于1980年5月建成，装机容量84千瓦，年发电量27万千瓦时；李桥3号水电站于2005年5月建成，装机容量100千瓦，年发电量25万千瓦时；李桥水库坝后电站于2005年5月建成，装机容量500千瓦，年发电量115万千瓦时。

上游白石崖河发源于祁连山中段海拔4 378米的冷龙岭北坡，由南向北流动，至白舌口出山进入大马营滩盆地，始为中游大马营河。大马营滩夹于南部青羊岭和北部大黄山之间，是河西走廊张掖盆地之子盆地山丹盆地的南端，曾经是中国人民解放军的军马场。冷龙岭北坡的其他小河沟后梢沟、大香沟、小香沟等亦流入大马营滩与大马营河发生水力联系。大马营河由南向北纵贯大马营滩，经大马营（原军马局所在地），沿大黄山西麓继续北流，至李桥水库左纳主要支流霍城河，过水库北穿山丹盆地直达盆地北缘的山丹县城。大黄山南侧的众多支流寺沟河、大口子河等亦流入山丹盆地，和大马营河发生水力联系。大马营河过山丹县城，沿河西走廊折向西北流，称山丹河，经过祁家店水库、甘州区的二坝水库，纳**童子坝河**、**洪水河**、**苏油口河**、南草湖、西草湖、九龙江等泉水河流，至山丹桥汇入黑河干流。

10.11.18.2.1 李桥水库
(Liqiao Reservoir)

大马营河上的中型水库，位于甘肃省山丹县城南霍城河汇入大马营河入口处以北，属山谷水库。

多年平均来水量、来沙量分别为6 364万立方米、15万吨。库周属低山堆积地带，气候干燥，多年平均气温4摄氏度，极端最高、最低气温分别为30.8摄氏度、−27.4摄氏度，多年平均年降水量、多年平均年水面蒸发量分别为290毫米、1 100毫米。

水库枢纽由大坝、输水洞、溢洪道组成。大坝为壤土心墙土石混合坝，坝长1 480米，高25.4米，坝顶宽5.4米，底宽137米。输水洞布置在大坝中段坝下，为有压洞，前坝坡设检修闸门，后设钢筋混凝土城门洞型断面，洞身内设钢管，

李桥水库

末端设有锥形阀门控制,最大输水流量 13.7 立方米每秒。溢洪道位于大坝东岸,为岸边开敞式,设 5 孔 9 米×4.2 米的弧形闸门控制,最大泄洪流量 660 立方米每秒(水库坝后电站于 2005 年 5 月建成,装机容量 500 千瓦,年发电量 115 万千瓦时。)

1958—1960 年完成一期工程;1967—1973 年完成坝体工程,库容为 820 万立方米;1976—1980 年完成扩建工程,总库容达到 1 540 万立方米;2001 年 5 月至 2003 年 10 月对输水洞、溢洪道、观测设施进行了加固。水库设计洪水位 2 177.1 米;校核洪水位 2 179.13 米,相应水面面积 191 公顷正常蓄水位 2 178.6 米,相应库容 1 109 万立方米;死水位 2 169.96 米,死库容 70.16 万立方米;防洪库容 609.3 万立方米;汛前限制水位 2 174.65 米。

水库受益区有 1.7 万公顷宜农耕地,20 世纪 50 年代,仅有水地 2 666 公顷,不能适时灌溉。水库建成后受益区包括李桥、位奇、陈户、清泉、东乐 5 个乡(镇)和 2 个国有农场。近、远期规划有效灌溉面积分别为 6 800 公顷、9 650 公顷。水库经 33 年运行,泥沙淤积严重,截至 2006 年年底,水库库容淤积 400 万立方米。

10.11.18.2.2 童子坝河
(Tongziba River)

大马营河支流,汉时称祁连河,魏晋称羌水河。

童子坝河发源于祁连山中段俄博岭北坡,流经青海省祁连、甘肃省民乐、山丹 3 县。自发源地由南向北流至民乐县扁都口出山,在民乐马营墩河道略转向西北,至山丹县东乐汇入山丹河(大马营河下段)。河流全长 95 千米,出山口以上流域面积 334 平方千米,多年平均流量 2.31 立方米每秒,多年平均年径流量 0.73 亿立方米。主要支流有东沟、羊胸子、小石壁、大石壁、大羊尕、小羊尕、木虎沟、二道沟等。

童子坝河

流域地势东南高、西北低,在出山口以上河流流经山势平缓的草原地带,出山后河床窄陡,至马营墩地势平缓开阔。

流域内气候差异较大,从祁连山高寒冷凉半湿润气候区逐渐过渡到河西走廊平原大陆性半干旱气候区。祁连山区气温-3.5~4 摄氏度,沿山地带 2~4 摄氏度;年平均降水量祁连山区 388.7~487 毫米,沿山地带 253~346 毫米;年平均水面蒸发量祁连山区 1 100 毫米,沿山地带 1 638~2 500 毫米。

2002 年流域内有人口 3.9 万、牲畜 3.8 万头、耕地 1.25 万公顷,主要种植小麦、大麦、青稞、洋芋、油菜、豆类等。流域内交通以 227 省道为骨架,县乡公路构成了公路网络,交通方便。河流出山口扁都口是河西走廊通向青海省的主要通道之一。

童子坝河上建有翟寨子水库。

翟寨子水库

10.11.18.2.3 洪水河
(Hongshui River)

大马营河支流,汉名氏水,魏晋称元川,唐为金山河,元时为西水关,明时甘州巡抚唐译因其山谷土石皆赤,色如渥丹,而称其为洪水河。在甘肃省民乐县境内。

洪水河

洪水河发源于祁连山龙孔岭北坡,源头东起卡登山,西至青羊大板。两岸支流有刺疙瘩、石灰窑、西道流、大长湖等。河水自西南向东北流至双树寺出山转向西北,纳玉带河、山城河经民乐县城西直至石岗墩滩的干柴墩,与大堵麻、小堵麻、海潮坝等河汇流后,在太平堡汇入山丹河(大马营河下段)。流域面积 1 064 平方千米,出山口以上为 680 平方千米。河流全长 87 千米,多年平均年径流量 1.39 亿立方米(含玉带河 0.08 亿立方米、山城河 0.11 亿立方米),多年平均含沙量 0.53 千克每立方米。流域多年平均年降水量 349.9 毫米,多年平均年水面蒸发量 2 270 毫米,平均气温 6.2 摄氏度,年日照时数 2 709~3 084 小时。出山口以上气候湿润冷凉,是产流区,民乐县城以下段地势平坦,土壤肥沃,日照充足,灌溉农业发达。

洪水河发源自祁连山龙孔岭北坡,以祁连山冰雪融水作为主要水源。河源山势峻峭、沟深坡陡,有少量植被,前山有稀疏灌木分布,山缘多为赤色山岩,易受侵蚀,遇大雨则泥沙俱下,产生赤色洪流。出山后 10 余千米,河道深切,形成峡谷。

洪水河自民乐县城以下,古代即有六大坝引水灌溉,东侧之玉带河与西侧之山城河均单独引入渠道灌田,清代灌溉面积 5 300 多公顷,至新中国成立前不足 2 600 公顷。20 世纪 50 年代合并洪水六大坝,改建为益民干渠。支流玉带河兴修义得渠，山城河兴建鹿沟渠。70 年代初在民乐县永固乡上湾村洪水河出山口距县城 9 千米处修建**双树寺水库**，主要担负洪水、三堡、六坝、北滩 4 个乡（镇）的灌溉任务。

通过修建水库、改建渠道、加强田间工程配套、修整田地等措施，洪水河流域灌溉农业得到很大发展，逐渐形成灌水区域集中、灌排水工程设施布局科学合理、用水效率高的大型自流灌区。灌区现已建成中型水库 1 座，无坝引水渠首 3 座，干渠 6 条 98.19 千米，支渠 44 条 141.73 千米，田间渠系 284 条 460.79 千米，各类渠系建筑物 5 000 多座、机井 50 眼、小型提灌站 1 座、防洪堤坝 16.5 千米。灌区设计灌溉面积 2.15 万公顷，现今有效灌溉面积 1.75 万公顷。

10.11.18.2.3.1 双树寺水库
（Shuangshusi Reservoir）

洪水河上的中型水库，位于甘肃省民乐县永固乡上湾村南的洪水河峡谷处，属山谷水库。

水库多年平均年来水量、年来沙量分别为 11 870 万立方米、2.55 万立方米。库周属低山地带，气候干燥，多年平均气温 3.1 摄氏度，极端最高、最低气温分别为 24 摄氏度、-21 摄氏度，多年平均年降水量、多年平均年水面蒸发量分别为 338 毫米、1 447.9 毫米。库区校核洪水位线包围面积 1.2 平方千米。

双树寺水库

水库受益区有 2.3 万公顷宜农耕地。洪水河水源主要是天然降水、冰雪融化水，天然降雨集中在每年 7—9 月，冰雪在 4 月融化，而水库受益区农田灌溉用水主要集中在 5—6 月，来水无法调节。工程于 1971 年 1 月动工兴建，1975 年 1 月建成；1978 年、1982—1986 年对溢洪道进行了扩建、维修；2002—2004 年对水库上游坝坡、溢洪道进行了加固。水库总库容为 2 580 万立方米；水库设计洪水位 2 479.61 米；校核洪水位 2 481.73 米；正常蓄水位 2 480 米，相应库容 2 380 万立方米；死水位 2 442 米，死库容 108 万立方米；防洪库容 424 万立方米；汛前限制水位 2 478.5 米。

水库枢纽由大坝、输水洞、溢洪道组成。大坝为壤土心墙砂砾石坝，坝长 351.5 米，最大坝高 58.5 米，坝顶宽 6 米，底宽 295.25 米。输水洞位于大坝左岸山岩中，为有压洞，洞口设检修闸门竖井，后设钢筋混凝土城门洞型断面，发电支洞分岔段，末端设有锥形阀门控制，最大输水流量 36 立方米每秒。溢洪道位于大坝左岸台地上，分正常溢洪道和非常溢洪道，均为岸边开敞式；正常溢洪道设 2 孔，每孔净宽 6 米，最大泄洪流量 273.3 立方米每秒；非常溢洪道设 6 孔，每孔净宽 3 米，最大泄洪流量 260 立方米每秒；正常溢洪道和非常溢洪道合计最大泄洪流量 533.3 立方米每秒。

水库坝后有 2 座电站，1 号电站于 1975 年 6 月建成，装机容量 1 500 千瓦，年发电量 550 万千瓦时；2 号电站于 1997 年 11 月建成，装机容量 1 260 千瓦，年发电量 350 万千瓦时。

水库受益区包括洪水、三堡、六坝、北滩 4 个乡（镇），43 个单位及农、林场。有效灌溉面积分别为 1.2 万公顷，最终增加至 2.15 万公顷。水库经 31 年运行，泥沙淤积严重，截至 2006 年年底，已经淤积 110 万立方米。

10.11.18.2.4 苏油口河
（Suyoukou River）

大马营河支流，又称酥油口河，位于甘肃省张掖市民乐县和甘州区交界处，发源于祁连山雪大板，由大西岔、南岔、东岔、小西岔、法马沟、皮家沟、窄路沟、香沟等支流汇流而成。

苏油口河出山口以上流域面积 147 平方千米，源头至出山口长 33 千米，多年平均年径流量 0.108 亿立方米，多年平均含沙量 0.53 千克每立方米。流域多年平均年降水量 358 毫米，多年平均年水面蒸发量 2 270 毫米，多年平均气温 6.2 摄氏度，年日照时数 2 709～3 084 小时。

苏油口河源头海拔 4 880 米，有冰川面积 2.52 平方千米，常年冰川雪山盘踞，地势陡峻，山高谷深，河流弯曲穿行于峡谷之中，由南向偏东方向下泄，比降 73‰。源头中山林木较为茂密，低山草场广布，植被良好。河水出山后水经苗家堡东流入石岗墩滩，平、枯水期在苗家堡以北就已全部渗入河滩，只在洪水期才有部分洪水流入山丹河（大马营河下游段）。

苏油口水库

苏油口河明清时即有宣政东、西二渠，灌田 1 460 多公顷，东渠由民乐县南古乡部分村引灌，西渠由甘州区安阳乡引灌。新中国成立后，于 20 世纪 50 年代后期在大石灰关建堆石坝水库未成，1972 年在甘州区南 56 千米处重新建成苏油口水库，总库容 385 万立方米，兴利库容 300 万立方米，设计灌溉面积 3 440 公顷，实际灌溉面积 3 666 公顷，受益人口约 2.6 万。

10.11.18.3 梨园河
（Liyuan River）

黑河水系主要支流之一，位于黑河干流西侧左岸，流经甘肃省张掖市肃南裕固族自治县和临泽县境内。上游称隆畅河，发源于祁连山中段北麓红双岔子横梁，由西北向东南流，至白泉门右纳白泉河折向东北流，始称梨园河，沿途有东柳沟、西柳沟、青沟、海牙沟、白杨沟等支流汇入，经**鹦鸽嘴水库**至梨园堡出祁连山，流入河西走廊的张掖盆地，出山后转向北流，经临泽县城北侧，至野沟湾汇入黑河干流。全长 143 千米，梨园堡以上流域面积 2 240 平方千米。多年平均流

梨园河河口

量7.17立方米每秒，多年平均年径流量2.26亿立方米，理论水力蕴藏量5.9万千瓦。

流域地势西南高，东北低，在肃南县境内和临泽县梨园堡出山口以上为高山深谷、光山秃岭的火山岩体地带，梨园堡出山口以下流经开阔的绿洲平原区。

流域内气候条件差异较大，从祁连山高寒冷凉半湿润气候区逐渐过渡到河西走廊平原大陆性干旱气候区。祁连山区气温-3.5~4摄氏度，平原区5~8摄氏度；年平均降水量祁连山区400~600毫米，平原区60~200毫米；年平均水面蒸发量祁连山区1 100~2 000毫米，平原区2 200毫米；年日照时数为2 683~3 088小时。

2006年，流域内有人口8.24万，耕地2.16万公顷，主要种植小麦、玉米、蔬菜、豆类等。流域内交通以连霍高速公路、312省道、兰新铁路复线为骨架，县乡公路构成了公路网络，交通方便。

梨园河多洪水灾害。1290—1909年，中游梨园河发生洪水灾害23次。1955—2006年，上游隆畅河发生洪水灾害10多次，最严重的是1975年6月25日，连续降雨6天，洪峰流量180立方米每秒，山洪突发，河水猛涨，冲毁桥涵4处、居民住宅28户、机关单位3家、人口1 000多人、牲畜500头、电站1座、农田133公顷，直接经济损失460万元。1998年发生洪峰流量250立方米每秒的洪水，冲毁兰新铁路、部分防洪堤，直接经济损失1 861万元。

流域内已建水库电站1座，已建成梯级电站10座，装机容量1.5万千瓦，年发电量4 945万千瓦时；在建电站15座，装机容量4.8万千瓦，年发电量15 000万千瓦时。

梨园河出山口梨园堡一带是红军西路军战斗过的地方，现存有红军西路军指挥部、烈士纪念碑、血战梨园口等遗迹。

10.11.18.3.1 鹦鸽嘴水库
(Yinggezui Reservoir)

梨园河中游骆驼脖子处的中型水库，位于甘肃省张掖市肃南裕固族自治县白银乡境内。

水库始建于1971年，1975年完成第一期工程，库容为1 350万立方米；1982—1988年完成第二期加固加高工程；1988—1991年进行了库区滑坡处理。现总库容2 500万立方米，相应水位（校核洪水位）1 937.51米，设计洪水位1 935.56米，正常蓄水位1 936.9米，相应库容2 417万立方米，死水位1 914.00米，死库容400万立方米，调节库容2 017万立方米，调洪库容1 350万立方米，汛前限制水位1 930.75米。

水库枢纽由大坝、输水洞、溢洪道、泄洪洞和电站厂房组成。大坝为壤土心墙（加高段为斜墙）砂砾坝，坝顶高程1 938.2米，主坝坝长180米，最大坝高46.2米，坝顶宽7.9

鹦鸽嘴水库

米，底宽242.85米。输水洞2座，分别位于大坝中段和右岸，大坝中段输水洞断面为矩形，洞长116.15米、宽1.5米、高1.6米，最大输水量35立方米每秒；大坝右岸泄洪洞断面为方形，洞长343米，宽和高均为3.5米，最大输水量115立方米每秒。溢洪道设在大坝右侧，为岸边开敞式，由闸室、泄水槽、挑流鼻坎组成，总长345米，设2孔、净宽10米，安装10米×7米的弧形钢闸门控制，设计泄洪流量384立方米每秒，校核泄洪流量656立方米每秒。坝后于1995年建成水电站1座，装有3台1 600千瓦水轮发电机组，总装机容量4 900千瓦，年发电量1 520万千瓦时。

鹦鸽嘴水库承担梨园河灌区的灌溉任务，受益区为临泽县新华、倪家营两乡（镇）和沙河、小屯、甘浚3乡（镇）的部分村社及两个农场。设计灌溉面积2.14万公顷。水库经31年运行，泥沙淤积严重，截至2006年年底，水库淤积455万立方米，超过死库容55万立方米。

10.11.18.4 摆浪河
(Bailang River)

黑河水系西侧左岸支流，位于甘肃省高台县南部山区，发源于祁连山北麓天涝池一带。主要支流有花石头河、鹿角沟、西岔河、西马莲沟、东马莲沟、漫淌河等。源头冰川雪水流至新坝出山，经元山子、骆驼城，集水关河、石灰关河，一并消失于张掖盆地参与地表水与地下水两水转换，最后出露成泉注入黑河。

摆浪河上游集水面积211平方千米，河长120千米。多年平均年径流量0.41亿立方米，多年平均年含沙量0.60千克每立方米。流域多年平均年降水量220毫米，多年平均年水面蒸发量2 000多毫米，多年平均气温4.0摄氏度，年日照时数2 800小时。

摆浪河源头有冰川面积15.13平方千米。上游草场广阔，易于放牧。前山地带山高谷深，系玉门砾岩山体，河道穿行于峡谷之中。出山口以下地势平坦，多为戈壁滩和农业灌溉区，水流消失其中，早已无下泄地表水。

摆浪河

摆浪河水库

摆浪河水源比较稳定,但河道至三湾以北渗流严重,砂砾覆盖甚厚,加之地形复杂,渠道易冲易淤,难以引水,清代虽有暖泉、新沟、顺德、新坝等引水渠,但灌田甚少,常易受旱。新中国成立前后,灌溉面积只有1000公顷左右。20世纪60年代初步改建干渠,1975年于五湾建成摆浪河水库,总库容715万立方米,兴利库容669万立方米,有效灌溉面积3400公顷,1980年进行水库扩建加高,并相继改建衬砌摆浪河干支渠道,灌溉面积已达4000公顷。

10.11.18.5　马营河
(Maying River)

黑河水系中部子水系的支流,发源于祁连山香台子西岔的大湖塘,从南至北依次流经甘肃省张掖市肃南裕固族自治县、高台县和酒泉市的肃州区,汇聚大沙龙河、小沙龙河、上穆龙河、下穆龙河、东塔龙河、西塔龙河、富龙河、开龙河、金龙河9条支流的水而成,有"一马驮九龙"的美妙传说。

马营河出山口红沙河站集水面积619平方千米,张掖市肃南县境内长41千米。多年平均年径流量0.89亿立方米,其中6—9月为0.77亿立方米,占年径流量的86.2%。最大洪峰流量127立方米每秒,最小流量0.11立方米每秒。流域内气候条件差异较大,从高寒冷凉半湿润气候区逐渐过渡到大陆性干旱气候区。多年平均年降水量祁连山区400毫米、平原区100毫米,多年平均年水面蒸发量祁连山区1700毫米、平原区2200毫米,多年平均气温祁连山区-3.5摄氏度、平原区5摄氏度,年日照时数2200~2844小时。

马营河流域西南高,东北低,肃南县境内出山口以上为火山岩体地带,山高谷深、光山秃岭;酒泉肃州区夹山子出山口以下为开阔的绿洲平原区。流域内交通方便,主要有连霍高速公路、312省道、兰新铁路复线、县乡公路等。灌溉条件优越,农业发达,以小麦、玉米、蔬菜、豆类为主。小型水利工程主要有建在上游区的夹山子水库,属酒泉市肃州区管辖。

10.11.18.6　丰乐河
(Fengle River)

黑河水系中部子水系的一条支流,介于西侧**洪水坝河**与东侧**马营河**之间,发源于甘肃省张掖市肃南裕固族自治县境内、主峰海拔5564米的祁连山东麓马氏河,汇小克斯湾、破洞子沟、香子沟以及浪头河诸小河流而成,东北流至酒泉市肃州区丰乐乡郭家村出祁连山,穿越河西走廊平原,再流至肃南裕固族自治县明花区消失于盐池盆地。

丰乐河全长65千米,出山口集水面积568平方千米,出山口多年平均流量为3.03立方米每秒,多年平均年径流量0.96亿立方米。

流域包括上游祁连山区和中下游河西走廊平原区,地势自西南向东北倾斜,海拔在2100~1400米之间。其气候特点属于典型的内陆干旱地区,干旱少雨,蒸发强烈,温差大,日照长,冬冷夏热,秋凉春旱多风沙。多年平均气温6.4摄氏度,多年平均无霜期130天。降水变率大,季节分配不均,夏季雨量集中,冬季雨雪稀少,多年平均年降水量85.3毫米,多年平均年水面蒸发量2148.8毫米。

丰乐河水量主要用于山前冲积扇的丰乐河灌区和下游的下河清灌区,区内主要粮食作物有小麦、玉米,经济作物主要有瓜菜、洋葱、制种和花卉等。

丰乐河自发源地北流至郭家出祁连山,即进入丰乐河灌区,河水被引灌,其西干渠向东北穿过山前冲积扇下缘的戈壁地带而流入下河清白疙瘩滩和农场灌区,以致消耗殆尽,洪水期地表余水和地下径流经肃南裕固族自治县明花区,流至高台县盐池而消失于蒸发。

10.11.18.7　讨赖河
(Taolai River)

黑河水系西侧最大支流,发源于青海省海北藏族自治州祁连县境内托勒山与托勒南山之间海拔3937米的纳尕尔当高山草甸,汇集两山冰川融水溪流由东南向西北流,经甘肃省酒泉市冰沟出祁连山流入河西走廊酒泉盆地,再经嘉峪关市称北大河,流经金塔县**鸳鸯池水库**,至营盘汇入黑河干流。

讨赖河全长373千米,出山口以上河长195千米,集水面积6883平方千米。多年平均年径流量6.24亿立方米,多年平均年输沙量66.5万吨,平均含沙量1千克每立方米。

讨赖河水系的支流包括其东侧同发源于祁连山的**洪水坝河**、红山河、观山河、**丰乐河**与**马营河**,以及涌泉坝、黄草坝、榆林坝、瓷窑口、屈家泉、文殊沙河、断山口河等小河。出山口地表水资源量11.62亿立方米,河西走廊平原区与地表

讨赖河

水不重复的地下水资源量 0.51 亿立方米。这些支流并不直接汇入讨赖河，除观山河、丰乐河、马营河流入明花滩和盐池盆地消失外，其余均进入酒泉盆地参与两水转换，以泉水形式流出成为临水河与清水河，汇入北大河流向鸳鸯池水库。所以鸳鸯池水库汇集了讨赖河水系大部分水资源。讨赖河干流在上游山区较大支流还有朱龙关河与柳沟泉河。

流域上游祁连山区是海拔 3 000～5 000 米的高山群，气温低，降水较多，冰川发育，降水量随高程由南向北递减，在 300～100 毫米，属典型高寒半干旱气候；中下游是河西走廊平原区，分别为酒泉盆地和金塔盆地，地势平坦，在发育广阔的绿洲边缘地带有戈壁、沙漠分布，属温带及暖温带干旱气候，其特点是气候干燥，降雨稀少，蒸发强烈，日照时间长，冬季寒冷，夏季炎热，昼夜温差大，秋凉春旱多风沙。流域多年平均气温 7.3 摄氏度，极端最高气温 38.4 摄氏度，极端最低气温-31.6 摄氏度。多年平均年降水量 85.9 毫米，最大冻土深度 132 厘米，多年平均年水面蒸发量 2 112.3 毫米，年日照时数 3 012.2 小时。

2002 年流域总人口 60 余万，有效灌溉面积 11.44 万公顷。流域水利开发历史悠久，从西汉起就有了灌溉农业。20 世纪中叶以来，水利工程建设得到空前加强，鸳鸯池水库、讨赖河渠首、**大草滩水库**、解放村水库等一批大中型骨干工程和 4 000 余千米渠道、1 000 余眼机井等渠系配套工程相继建成，并不断得到改造完善，为促进流域内工农业生产和经济发展起到了重要作用。

讨赖河干流自发源地夹于两山之间向西北流动，行 100 千米到甘肃省界时，续行 45 千米至朱龙关，右纳朱龙关河折向北流，北行 15 千米至三岔口左纳柳沟泉河，其西北侧是海拔 5 197 米的镜铁山。再北行 35 千米到达冰沟出祁连山。冰沟自 20 世纪中期就建有水文站，至今有 50 多年的观测资料。出冰沟讨赖河流入河西走廊酒泉盆地的山前冲积扇，北偏东流 30 千米到兰新铁路交叉处通过讨赖河灌区引水渠首，河水被渠系引灌殆尽，其间河流左岸有专用引水工程给大草滩水库供水。此后讨赖河称作北大河。讨赖河与洪水坝河连同其众多支流在山前冲积扇地带，通过河床渗漏和灌区渗漏，形成酒泉盆地的地下水资源，到兰新铁路北侧盆地细土平原一带，地下水出露成泉，逐渐汇流形成清水河与临水河两条河流。讨赖河干流过嘉峪关和酒泉市肃州区，沿途又接纳清水河与临水余水，穿过夹山峡流入鸳鸯池水库。1947 年建成的鸳鸯池水库是我国第一座大型土坝水库，控制流域面积 12 439 平方千米，连同其下游的解放村水库和板庙水库调节北大河水量，满足金塔灌区的用水。北大河自讨赖引水渠首到解放村水库大坝河道长度 67.5 千米，再东北向流 80 千米至金塔县鼎新的营盘，最后汇入黑河干流。实际上自建成鸳鸯池等水库后，北大河再没有地表径流进入黑河干流，只有少量地下潜流入，金塔县在此建有小水库，拦截北大河潜流。

10.11.18.7.1　大草滩水库
（Dacaotan Reservoir）

大草滩水库位于**讨赖河**西侧古河道（断山口河）的天然盆地黑山湖洼地，也叫黑山湖水库，是以讨赖河为水源的旁注式水库。东距甘肃省嘉峪关市 13 千米，主要承担向酒泉钢铁公司供水任务。

水库南侧讨赖河上建有大草滩水库引水枢纽，通过隧洞和渠道引水到水库。水库由主坝、副坝、垭口坝和防水系统组成。主坝坝型为壤土心墙砂砾石坝，最大坝高 41.3 米，坝顶高程 1 751.5 米。水库正常蓄水位 1 749.0 米，总库容 6 400 万立方米，水库面积 4.8 平方千米，南北方向长 3.5 千米，东西方向宽 1.3 千米。

大草滩水库

水库工程 1958 年开工建设，1960 年完成一期工程，1968—1972 年陆续完建。由于地形条件有利，水库在汛期可以引洪入库。运行多年，没有发生过险情。

水库设计供水量 1.0 亿立方米，其中工业供水 0.9 亿立方米，280 公顷农业用水 0.1 亿立方米。

10.11.18.7.2　洪水坝河
（Hongshuiba River）

讨赖河支流，西临讨赖河干流，东临**丰乐河**。位于甘肃省张掖市肃南裕固族自治县和酒泉市肃州区境内。

洪水坝河发源于走廊南山与托勒山之间 4 145 米的分水岭，和**黑河**干流西岔野牛沟相背西流。上游集大陇沟、小陇沟、大洪沟、臭水沟等，西流至鼓浪峡折向北流，先后纳较大支流羊露河与黑水河，北流至新地坝佛洞庙出祁连山流入河西走廊的酒泉盆地之山前冲积扇，部分河水被渠系引灌，余水沿河道北行 35 千米至兰新铁路附近，全部流入密如蛛网的洪水河灌区的灌溉渠系。河水在山前冲积扇地带强烈下渗形成地下潜流，到达甘新公路一带复以泉水露头。诸多泉水在西下坝地区汇成临水河，经总寨、铧尖、临水等地，与讨赖河下游的泉水河流清水河汇合一起流向**鸳鸯池水库**。铧尖以上河道总长 140 千米，新地水文站以上集水面积 1 574 平方千米，多年平均年径流量 2.28 亿立方米。

洪水坝河上游地处祁连山区，高寒阴湿，有冰川 216 条，储冰量 53 亿立方米，年消融量 0.83 亿立方米，占年径流量的 34%。中下游为山前冲积扇的戈壁和酒泉盆地的细土平原，地势由陡渐变平缓，海拔在 2 200～1 340 米之间，气候干燥，降雨少，蒸发强烈，温差大，冬冷夏热日照长，秋凉春旱多风沙。流域年平均气温 7.3 摄氏度，多年平均年降水量 85.3 毫米，多年平均年水面蒸发量 2 148.8 毫米，多年平均无霜期 130 天。

洪水坝河灌区和临水河泉水灌区是酒泉盆地的主要农业经济区之一，主要粮食作物有小麦、玉米，经济作物主要有瓜菜、洋葱、制种和花卉等。

10.11.18.7.3　鸳鸯池水库
（Yuanyangchi Reservoir）

讨赖河上的大型水库，位于甘肃省酒泉市金塔县西南约 12 千米处、讨赖河的夹山峡内。坝址以上流域面积 12 439 平方千米，水库主要拦蓄讨赖河干流及其支流、**洪水坝河**、清水河与临水河冬春余水和夏季洪水，多年平均年径流量 3.15 亿立方米。

　　鸳鸯池水库是我国第一座大型土坝水库，1943 年动工兴建，1947 年建成投入运行。水库建成后，先后经 5 次加固扩建，现总库容达 1.278 亿立方米，水库以灌溉为主，兼有防洪、发电、养鱼等综合效益。防洪标准按 100 年一遇洪水设计，2 000 年一遇洪水校核。

鸳鸯池水库全景

鸳鸯池水库溢洪道

　　水库主体工程由大坝、溢洪道、输水洞和电站组成。大坝筑坝料为砂砾石，坝体内设黏土心墙，最大坝高 37.8 米，坝长 230 米，坝顶宽度 6 米，坝顶高程为 1 323.80 米，坝基高程为 1 286.0 米，坝顶部设有 1.2 米高的防浪墙，坝后设排水棱体。溢洪道为堰、闸结合式，堰型为实用堰，堰顶高程 1 318.0 米，堰上共设 11 孔闸，堰体总长度 78 米，闸孔平板钢闸门挡水，上设 8.5 米面宽钢筋混凝土工作桥，采用双向门机启闭。输水洞位于溢洪道东侧，为钢筋混凝土圆形无压洞，洞径 2.5 米，长 128 米，进口底板高程 1 297.94 米，最大过水流量 50 立方米每秒，洞进口采用双扇平板定轮钢闸门控制，启闭设备为 2 台 BLQ 型螺杆式手、电两用启闭机，洞出口设有锥形阀门控制。发电洞位于溢洪道右岸，为钢筋混凝土圆形承压洞，洞径 2.5 米，全长 254.9 米，进口底板高程 1 303.5 米，电站最大过水流量 14.3 立方米每秒，电站总装机容量 2 860 千瓦。

　　水库坝址下游约 5 千米，有解放村中型水库（总库容 3 905 万立方米）和板滩小型水库（总库容 500 万立方米），三座水库联合调节河道径流，保证下游鸳鸯灌区 2.5 万公顷稳产高产农田的灌溉。

10.11.19　哈拉湖
(Hala Lake)

　　哈拉湖又名哈拉诺尔，曾经是**疏勒河**的终端湖，地理坐标为东经 94°20′、北纬 40°30′。

　　疏勒河干流发源于讨赖南山和疏勒南山之间的沙果林那穆吉木岭，流经疏勒峡、纳柳峡、柳沟峡，进入昌马盆地，出昌马峡流入河西走廊。又经昌马灌区折向西流，过双塔水库进入安西—敦煌盆地，在土窑墩左纳**党河**，西流入哈拉湖（现已完全干涸，成为大片盐碱地），全长 665 千米。

　　疏勒河历史上曾流入哈拉湖西侧 131 千米处的哈拉齐，哈拉齐早已成为盐碱地。哈拉齐向西是库姆塔格沙漠，再向西流程 210 千米便是 1946 年还存在的罗布泊东边缘。哈拉齐—罗布泊流程 234 千米。

　　哈拉湖东西长 36 千米，南岸是牧草地，北面接戈壁。湖水已于 1960 年干涸。

10.11.20　疏勒河
(Shule River)

　　河西走廊三大内陆河水系最西边的一支，上游昌马盆地段称昌马河，中下游又称卜吉尔川、布隆吉尔河。"疏勒"系蒙古语"多水草"之意，汉时称"南籍端水"，又称"冥水"。

概　　述

　　疏勒河流域位于甘肃省河西走廊最西部，东起嘉峪关—讨赖南山与**讨赖河**分界，西达新疆维吾尔自治区边界，南依祁连山与青海相隔，北与蒙古人民共和国和我国内蒙古自治区接壤。

　　疏勒河水系包括**白杨河**、**石油河**、**踏实河**、**党河**、敦煌南湖 4 泉水沟（大泉、红山口、山水沟、西头沟）、崖木土沟、多坝沟、八龙沟、安南坝河等。

　　疏勒河干流发源于祁连山中的岗格尔肖合力峰，与青海省的大通河、**布哈河**源头相邻。上游汇讨赖南山南坡和疏勒山北坡的诸冰川支流，西北向流经疏勒峡、纳柳峡、柳沟峡，在花儿地、硫磺矿一带折向北流，入昌马盆地称昌马河，汇小昌马河，出昌马峡进入河西走廊平原。河道纵穿山前冲积扇北流至细土平原，至黄闸湾折向西流，两侧除泉水和地下回归水补给外，没有支流汇入。经**双塔堡水库**流入安西—敦煌盆地，在土窑子墩左纳党河后西流至**哈拉湖**而全部消失。疏勒河干流从源头到尾闾哈拉湖全长 665 千米，流域面积 4.125

弯腰墩湿地

万平方千米。

疏勒河上游昌马河河段

疏勒河流域可分为南部祁连山地褶皱带、中部河西走廊凹陷带、北部马鬃山断块带三个地貌单元。南部祁连山主要山峰海拔都在4 000米以上，雪线以上终年积雪，有现代冰川分布，降水较多，植被良好，是水资源产流区；中部河西走廊平原区分为中游洪积冲积扇和下游冲积湖积平原，以及北山南麓戈壁平原；北部马鬃山由数列低山残丘组成，海拔多在1 400～2 400米之间，地势北高南低，气候干燥，风力剥蚀严重，山麓岩石裸露，植被稀少。

流域位于欧亚大陆腹地，远离海洋，空气干燥，是我国极度干旱地区之一。南部祁连山区，地势高寒，属高寒半干旱气候区，多年平均年降水量200毫米左右，年平均气温低于2摄氏度；中部河西走廊平原区和北部马鬃山残丘低山区属温带或暖温带干旱区，年平均气温7～9摄氏度，年平均降水量36～63.4毫米，年平均水面蒸发量1 500～2 500毫米，年日照时数3 000～3 300小时，昼夜温差13～17摄氏度，年积温高达2 900～3 600摄氏度，是"无灌溉就无农业"的地区。中部河西走廊平原区在具备水利和土壤的灌溉条件下，适宜于种植小麦、玉米、甜菜、胡麻、瓜类、啤酒花、棉花等作物；而北部马鬃山区则是寸草不生的戈壁荒漠。本地区灾害性天气主要有干旱、干热风、大风、沙尘暴、低温、霜冻等。

疏勒河干流分别以昌马峡（**昌马水库**）和双塔堡水库为界点区分为上、中、下游。上游段全部在山区，长度346千米，是水资源产流区；中游段在山前冲积扇和细土平原，长度129千米，地表径流在此段被灌区引灌和强烈下渗，补给了地下水，只有洪水季节多余径流可沿河沟下泄，到细土平原地下水出露补给河流，直达双塔堡水库，水库水源来自地下水和灌溉回归水，此段是径流利用区；下游自双塔堡水库以下到尾闾湖哈拉湖，长度190千米，水量全部被灌区利用和消耗于湿地的蒸发，是径流利用和消失区。

大气降水是流域水资源的总补给源，冰川融水也是冬春凝结、夏秋消融的可恢复的那部分，也是大气降水补给。疏勒河流域多年平均年降水总量136.38亿立方米，其中70%在上游山区。疏勒河干流地表水资源以昌马峡为代表，多年平均年径流量10.09亿立方米，是全河段的最大值。上游源头区有冰川582条，冰川面积568.31平方千米，冰川储水量327.23亿立方米，年消融量3.30亿立方米，占全川径流量的32.5%。疏勒河中下游是良好的地下水储水盆地，有比较丰富的地下水资源量，但90%以上是地表水的重复量。

流域地域辽阔，土地资源丰富，但绝大部分为山地、戈壁和沙漠，宜垦荒地8.7万公顷，可以开垦利用。但荒地中大部分是盐碱地，占可垦面积的70%以上，必须经过排水洗盐改良土壤后，才可以农用。

疏勒河流域植被分布的垂直和水平分带性十分明显。祁连山区主要分布半灌木高寒荒漠草原植被；河西走廊平原区主要分布有由胡杨为主的乔木和以红柳、毛柳为主的灌木组成的森林植被；耕地中的防护林和农作物及田间杂草组成的农业绿洲植被、泉眼周围小面积分布的沼泽植被、广泛分布于绿洲荒地中的草甸植被以及分布于绿洲周围和沙漠戈壁上的荒漠植被。其中，农业绿洲植被已成为走廊区的重要植被生态系统。

本流域行政划属甘肃省酒泉市的玉门、瓜洲、敦煌、肃北、阿克塞5县（市）以及张掖市肃南裕固族自治县的一部分。2000年人口41.99万，其中农业人口24.55万，非农业人口17.44万。

纪　实

疏勒河干流出昌马峡后形成的洪积冲积扇，是河西走廊最大、最完整的冲积扇，东起巩昌河西至锁阳城，东西长80

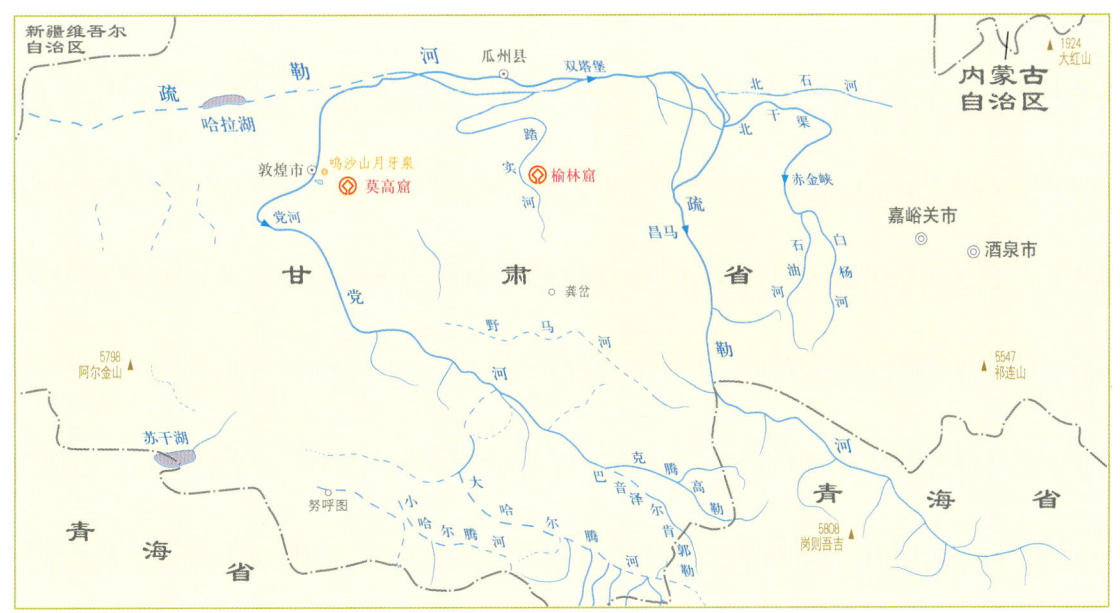
疏勒河水系示意图

玉门关湿地

千米。扇形地没有固定河道，河水东西任意摆动。自汉朝到西夏期间，河流主要摆动在兔葫芦到锁阳城之间，汉时的冥安县、晋以后的晋昌郡、唐时的瓜州、西夏时的平西军司都设在这一带，古代耕地和渠道尚有遗迹可寻，现已变成风蚀地和流沙滩。元朝初（1291年），嘉峪关外汉民移入关内，一直到清朝初年的400多年间，关外主要是蒙古、维吾尔游牧民族，农业荒废，河流摆动不受人为影响，逐渐向东摆流，三、四、五、六、七、八、九道沟等，可能在这时形成。清初关外的维吾尔族全部迁回新疆，汉民复移入关外，开始农业生产。当时安西（沙洲）城附近因为灌溉用水不足，安西兵备道王全臣，在黄闸湾至蘑菇滩之间，开渠截引饮

疏勒河冲积扇卫星图

马场一带泉水，同时在玉门镇、三道沟一带进行垦殖。为解决玉门、安西两县灌溉用水问题，在昌马大坝筑坝分水，自此以后，河水东摆到城河（头道沟）、巩昌河。向三道沟流淌的叫安西河，向玉门镇流淌的叫玉门河。1958年昌马总干渠建成后，河水漫流在三道沟至十道沟之间，城河、巩昌河断流。

疏勒河在昌马扇形地上漫流有三个出口：一是向东经干峡、盐池峡（在四墩山南）、红山峡（在四墩山北）而入黄花盆地，现在的饮马农场、黄花农场一带的泉水和排水，顺石河东流

锁阳城

入干海子；清朝饮马农场未开垦时，三道沟以东的泉水都流向花海盆地，水量大，所以青山一带有青山湖和布鲁湖，花海也是较大湖泊。二是向北流再折向西流，经乱山子而入安西—敦煌盆地，再西流纳党河，入哈拉湖，再西流经玉门关入哈拉齐，没于库木塔格沙漠。三是向西经截山子南麓西流，纳踏实河，经芦草沟峡，入安西—敦煌盆地，再西北流，纳党河，更西流经哈拉湖到哈拉齐。现在城河以东、疏勒河以北（饮马场段）的泉水和灌溉退水，都汇流于石河向

东流入花海盆地的干海子，1988年入干海子水量达3400万立方米；城河以西、兔葫芦以东、疏勒河以南的山、泉水经乱山子（双塔堡水库）入下游，经西湖而没于敦煌北湖一带，很少有水流入哈拉湖；兔葫芦以西、锁阳城以北的南北桥子泉水，顺截山子南麓黄水沟出芦草沟峡，入白旗堡滩。

昌马冲积扇南部是广阔的砾石平原，北缘为宽10～20千米的细土平原。当疏勒河主流经南北桥子向芦草沟峡出流时期，兔葫芦以东是水草沼泽平原，即是汉冥泽、唐大

玉门关

泽的地区。沼泽地上有宽浅的古河槽，汇集泉水，东流出红山峡，西流出乱山子。疏勒河主流东摆以后，蘑菇台以西，顺北戈壁南缘形成疏勒河主河槽，并冲深乱山子峡口，向上游侵蚀。东西向河槽冲深后，给南北向沟道的冲刷创造了有利条件，经过多次洪水冲刷，很快形成了三道沟到十道沟之间的南北向沟道，把一个完整、丰美的水草平原切割成南北条块，沟道深4～10米，宽度10米到数百米。沟道有利排水，两岸一定范围内地下水位下降，植被死亡，土地风蚀，形成了小片沙丘。

10.11.20.1 昌马水库
(Changma Reservoir)

疏勒河上的大型水库，位于昌马峡进口1.36千米处，北距甘肃省酒泉市玉门镇50千米，控制流域面积14250平方千米。

昌马水库是不完全年调节水库，是以农业灌溉为主，兼顾工业供水、发电、防洪等综合利用的大型水库。主要建筑物有大坝、溢洪道、排沙泄洪隧洞、引水发电隧洞、坝后式发电厂房等。水库总库容1.934亿立方米，校核洪水位2002.18米，设计洪水位、汛前限制水位、正常蓄水位均是2000.8米，兴利库容1.0亿立方米，死水位1988.4米，死库容8000万立方米。大坝为壤土心墙砂砾石坝，坝顶高程2004.8米，最大坝高54.8米，坝顶长度365.5米，坝顶宽度9米。电站装机容量1.425万千瓦。

水库于1993年7月筹建，1997年9月动工，2003年11月竣工。

昌马水库是甘肃省河西走廊疏勒河灌溉工程的龙头工程，

昌马水库

与疏勒河下游**双塔堡水库**、**石油河**赤金峡水库联合运用，承担着昌马灌区、双塔灌区、花海灌区共 7 万公顷的农田灌溉和国营四零四厂的供水任务，保护下游玉门市、瓜州县 10 个乡镇 4 个国营农场、12 万多人口、6.7 万公顷耕地的防洪安全。

10.11.20.2　白杨河
(Baiyang River)

疏勒河水系最东侧支流，西邻**石油河** 15～30 千米，出山后流经甘肃省玉门市清泉乡白杨河村、马扇马城等地，渗入戈壁。史籍所云的石漆、石脂水通指白杨河与石油河。东汉延寿县即位于此河与石油河一带。《明一统志》中"石油出肃州南山"、《肃镇志》中"嘉峪关西有石漆"等皆指此河与石油河。

白杨河

白杨河发源于祁连山吊大坂沟天宝窗子冰川，有石墩子河、红石拉排沟、吊大坂沟、西水峡沟等支流汇入。全长 50 千米，流域面积 2 259 平方千米，多年平均年径流量 0.48 亿立方米，落差 400 米，水力理论蕴藏量 0.59 万千瓦。

流域内多河谷山丘和戈壁滩，植被稀少，气候干燥，是甘肃省典型的干旱区域。多年平均气温 6.5 摄氏度，多年平均年降水量 74.1 毫米。清雍正十三年（1735 年），惠回堡、火烧沟一带始开垦耕地，始有灌溉农业，粮食作物以大麦、小麦、玉米为主，并有胡麻、洋葱、甜菜、孜然、蔬菜等经济作物。树种有白杨、榆树、胡杨、沙枣等，并伴有红柳、山刺梅等较耐旱灌木。

河流下游的清泉乡有著名的火烧沟古文化遗址，伊斯兰教朝拜圣地吾艾斯拱北、玫瑰沟度假村等 10 余处名胜古迹。

10.11.20.3　石油河
(Shiyou River)

疏勒河水系东侧支流之一，西临昌马河，东临**白杨河**。史籍所云的石漆、石脂水也指白杨河和此河。东汉延寿县位于此河与白杨河一带。《明一统志》中"石油出肃州南山"、《肃镇志》中"嘉峪关西有石漆"等皆指此河与白杨河。清同治元年（1862 年）赤金人在鸦儿河畔，掘坑取石油，用于点灯、膏车，并称此为石油河。石油河上游一带是我国最早的石油产地玉门油矿所在地。

石油河发源于祁连山区甘肃酒泉市肃北蒙古族自治县分水梁山及海拔 5 040 米的石油河脑和海拔 4 491 米的刃岗沟脑，原玉门市区（老君庙）以上干流长 80 千米，在上赤金分成小石河子、东河、西河、清水河等数条河流；在下赤金堡又称赤金河。石油河全长 190 千米，流域面积 656 平方千米，多年平均流量 0.85 立方米每秒，多年平均年径流量 0.27 亿立方米，落差 795 米，水力理论蕴藏量 0.90 万千瓦。石油河是老君庙区和石油矿区的工业和生活用水水源地。

流域内南北部为祁连山和宽台山，两山之间为中部走廊绿洲区，山前为戈壁滩，植被稀少，气候干燥，多年平均年降雨量 74.1 毫米，年均气温 6.5 摄氏度。灌区粮食作物以玉米、大麦、小麦为主，树种有白杨、榆树、沙枣、红柳等，适宜胡麻、洋葱、甜菜、孜然、蔬菜等经济作物生长。

石油河下游称赤金河，坐落在层峦叠嶂的赤金峡和水足草丰的赤金湖之间，兰新铁路和 312 国道横穿而过，为玉门市下赤金片和花海片灌溉用水来源。西汉武帝太初元年（公元前 104 年），赤金堡即为酒泉郡玉门县地，清康熙五十七年（1718 年），康熙西征噶尔丹后返回此地建城并御赐"赤金"，由军屯改为民屯。境内有建于隋唐年间的红山寺，曾是河西走廊著名的佛教圣地之一，是玉门唯一的佛教活动场所。红柳湾硅化木群，形成于一亿两千五百万年前，硅化木千姿百态，现评为甘肃地质公园。

赤金河自赤花大闸起由南向北经赤金堡至赤金桥以下进入峡谷及**赤金峡水库**，通过天津卫出谷，流经花海灌区至北石河入干海子。

赤金峡水库

10.11.20.4　双塔堡水库
(Shuangtabao Reservoir)

疏勒河中游的大型水库，位于甘肃省酒泉市瓜州县城以东 48 千米处。水库控制流域面积 34 440 平方千米，总库容 2.0 亿立方米，是以灌溉为主，兼有防洪、发电、养殖等综合效益的大型水库。

水库主要建筑物有大坝、副坝、围堤、输水洞、溢洪道、非常溢洪道和水电站。坝体为混凝土心墙结合黏土心墙砂砾壳坝，主坝长 1 332.8 米，最大坝高 26.8 米；副坝长 199 米，高 17.3 米；输水洞为 3 米×3 米的压力隧洞；溢洪道是宽顶

双塔堡水库

榆林河水库

堰溢流；水电站装机容量 3 750 千瓦。

水库始建于 1958 年 6 月，1960 年 4 月建成蓄水，当时总库容 2.4 亿立方米。1972 年，由于原输水洞进口启闭塔遭受冰压力位移断裂，洞身大面积漏水，危及副坝安全，随即封堵原输水洞，开建新输水洞。1978 年 6 月至 1984 年 4 月，对主坝进行防渗和加固等补建工程，核定总库容为 2.0 亿立方米。2002—2004 年分别加固了副坝、更新改建溢洪道以及其他附属建筑物。

双塔堡水库是"甘肃省河西走廊（疏勒河）项目"的骨干工程之一，与疏勒河上游**昌马水库**、支流**石油河**赤金峡水库联合调度运用，承担昌马、双塔、花海三大灌区 7 万公顷土地的灌溉任务，保护下游瓜州县城乡约万人和万公顷耕地的安全。

10.11.20.5　踏实河
（Tashi River）

因流经踏实城而得名，又名榆林河，因蘑菇台以上河谷中多榆树而名之。位于甘肃省酒泉市瓜州县境内。

踏实河下水峡口建有榆林河水库，以上流域面积 2 800 平方千米。河道全长 180 千米。

踏实河水源主要为石包城附近的泉水补给，多年平均年径流量 0.54 亿立方米。

踏实河上源有发源于野马山东端的公岔河、大黑沟、虎洞沟等，主流称为公岔河。各沟

踏实河

道出山后流入石包城盆地，流经各自山口冲积扇时全部渗入地下，到石包城附近复以泉水形式出露地表，形成泉水河道，继续北流出上水峡口，纳东横八郎沟和西横八郎沟，再北流穿行于砾石峡谷中，至蘑菇台入南截山峡谷，出下水峡口，而入玉门—踏实盆地，再北流经踏实城西，至截子山南边，与东来的南、北桥子泉水汇流成黄水沟，沿截山子南麓西流出芦草沟峡，入白旗堡滩。踏实河出下水峡口后，形成东到槽子沿，西至老师图的洪积冲积扇，踏实城就建在这冲积扇上。汉广至县、唐长乐县均在这扇形地域上（今破城子）。疏勒河西流出芦草沟峡时，踏实河为**疏勒河**一条支流，疏勒河改流乱山子后，两河互不联系，踏实河成为独立河流。

榆林窟

踏实河中段有全国重点文物保护单位榆林窟。榆林窟又叫万佛峡，是敦煌石窟的组成部分，精美壁画十分丰富。

10.11.20.6　党河
（Danghe River）

疏勒河水系最西端支流，古名氐置水，《汉书·地理志》称："龙勒县有氐置水，出南羌中，北流入泽，灌农田。"

党河发源于祁连山西端，上源由两条支流汇成：南源巴音泽尔肯郭勒，发源于党河南山的巴音泽尔肯乌勒，河源高程 4 657 米；北源克腾高勒，发源于疏勒南山的宰力木克，河源高程 4 657 米。两支流西流至盐池湾以上汇合后称党河。党河继续西北流，经肃北蒙古族自治县、**党河水库**、敦煌市城区，于土窑墩汇入疏勒河。全长 390 千米，流域面积 4.2 万平方千米。

党河流域地貌分为上游祁连山区，中游沙漠戈壁区和下游走廊平原区。从河源至水峡口是上游，主河道长 220 千米，地形高亢，山顶终年积雪，有冰川分布，是流域产流区。此区域河床由砂砾石组成，部分河段径流潜入地下，下行一程后又成泉水出露，成水草丰美的高山草原，如月牙湖一带。党河上游水系发育，支流较多，除**野马河**较大外，其余皆为细小溪流。党河出水峡口北流 90 千米出龙勒山至党河口，为中游，河道穿行于沙漠戈壁区，水量损失较大，党河口建有党河水库。党河口至土窑墩为下游，河道流程 80 千米。由于党河水库的拦蓄作用，平时河道无水，汛期水库弃水才经甘肃省敦煌市城区、黄墩城、土窑墩而汇入疏勒河故道。

党河径流由降水和冰川融水组成，多年平均年径流量 3.16 亿立方米。上游源头区有冰川 308 条，面积 323.66 平方千米，冰川储量 111.236 亿立方米，年消融量 1.23 亿立方米，占年径流量的 38.9%。

党河流域上、中、下游气候条件差异很大。上游高寒阴湿，以处于上中游边缘地的肃北县城党城湾为代表，年均气温 6.3 摄氏度，极端最高气温 34.6 摄氏度，极端最低气温 －25.1 摄氏度，多年平均年降水量 145.3 毫米，多年平均年水面蒸发量 1 227.9 毫米，年均日照时数 3 128 小时。处于下游的敦煌市城区，年均气温 9.3 摄氏度，极端最高气温 44.1 摄氏度，多年平均年降水量 39.9 毫米，多年平均年水面蒸发量 2 495.2 毫米，年均日照时数 3 246.7 小时。

党河流域涵盖甘肃省酒泉市肃北蒙古族自治县和敦煌市。肃北县是牧业县，在本流域有 1 镇 4 乡 1 牧场，2002 年有人口 9 222 人，灌溉农田 1 867 公顷。敦煌市是农业经济和旅游业发达县级市，流域内有人口 9.24 万，灌溉农田 2.6 万公顷。

党河上源克腾高勒和巴音泽尔肯郭勒自发源地分别向西北流动，均为砂砾石河床，河水强烈下渗，至乌兰瑶洞复以泉水出露，行 108 千米至盐池湾上端汇合，并接纳许多小沟溪。汇合后即流淌在野马南山和党河南山之间的海拔在 3 500 米左右的高山草甸地带，行 92 千米到大别盖，野马河自右侧穿出野马南山汇入，是党河唯一较大支流。大小别盖之间又有大量泉水出露，形成沼泽湿地。再东北行 25 千米至水峡口则流出山区进入戈壁准平原，此上为上游。出水峡口改向北流 10 千米到肃北蒙古族自治县所在地党城湾，继续西北流 80 千米到党河口，1971 年在此地建设了党河水库。水峡口至党河水库为中游，河长 90 千米。党河过水库折向东北流，即进入河西走廊平原的敦煌盆地，沿鸣沙山北侧绕过敦煌市城区即散流于灌区，古河道则向正北穿过戈壁滩上的黄墩城，于土窑墩注入疏勒河故道，实际上自 20 世纪 50 年代末已无地表水汇入疏勒河，此段为下游。党河东岸的敦煌市是河西走廊重要的旅游城市，敦煌莫高窟是举世闻名的文化宝库，月牙泉和鸣沙山也是享誉国内外的风景名胜区。

10.11.20.6.1 野马河
(Yema River)

*党河*支流，位于党河干流北侧、夹于野马山和野马南山之间，古称渥洼水，《史记·乐书》称："常得神马，渥洼水中。"源出野马南山脉、海拔 4 469 米音德尔达坂，西北流消没于甘肃省肃北蒙古族自治县中部地带。上游为间歇性河道，中、下游两侧为沙洲。支流短小，水源贫乏。

野马河自发源地以间歇性河流或地下潜流自东南向西北流动，行进在野马山和野马南山之间的高山草甸地带。行 75 千米成明流折向西流，续行 50 千米至大红泉、小红泉附近又成潜流，行 30 千米绕出野马南山到大别盖以下汇入党河。野马河全长 155 千米，流域面积 5 687 平方千米。

10.11.20.6.2 党河水库
(Danghe Reservoir)

*党河*上的中型水库，位于甘肃省敦煌市区西南 34 千米处的党河口上，是以灌溉为主，兼顾发电和防洪的中型水库。控制流域面积 16 800 平方千米，入库多年平均流量 10.04 立方米每秒，多年平均年径流量 2.98 亿立方米。

水库设计正常蓄水位为 1 431.1 米，党河水库防洪标准按 100 年一遇洪水设计，2 000 年一遇洪水校核。设计洪水位为 1 429.22 米，校核洪水位为 1 431.85 米，防洪限制水位为 1 426 米，死水位为 1 415 米。水库总库容 4 640 万立方米，兴利库容 3 373 万立方米，调洪库容 1 870 万立方米，死库容 1 103 万立方米。控制灌溉面积 2.6 万公顷。

党河水库

党河水库始建于 1971 年，1975 年建成。水库主要枢纽建筑物有主坝、1 号副坝、2 号副坝、输水发电洞、排砂泄洪洞、非常溢洪道、水电站等 7 部分。最大坝高 56.8 米，主副坝长 837 米，主坝顶宽 7 米。输水发电洞最大下泄流量 25 立方米每秒，排砂泄洪洞最大下泄流量 181 立方米每秒，非常溢洪道最大下泄流量 234 立方米每秒。电站发电机组有 3 台，总装机容量 3 750 千瓦，年发电量 1 600 万千瓦时。

党河水库于 1979 年在当时县委少数领导的错误指挥下，汛期超限蓄水，致使 7 月 27 日发生副坝溃坝事故，造成下游敦煌县城受淹。副坝水毁修复工程于 1979 年 9 月开工，1980 年 4 月竣工。1983 年对主坝进行了灌浆处理。水库二期扩建工程于 1987 年 9 月开工，1992 年 7 月全部竣工，完成主副坝加高 10.8 米，库容由 1 560 万立方米增加到 4 640 万立方米。1994 年 9 月至 1997 年 9 月对副坝进行了帷幕灌浆处理。2001 年 10 月经鉴定，水库大坝为三类坝。2003 年 8 月开始对水库主坝左右坝肩、排砂泄洪洞进口、副坝进行了加固和灌浆防渗处理。党河水库建成后，对发生汛情时滞洪削峰，确保旅游名城敦煌和党河灌区的 2.6 万公顷粮田、十几万人民的安全发挥了重大作用，为敦煌经济发展作出了重大贡献。

10.11.20.7 月牙泉
(Yueyaquan Lake)

位于甘肃省河西走廊西端的敦煌市西南 5 千米处，地理位置为东经 94°40′10.18″，北纬 40°05′13.98″，是一处茫茫沙漠中的水景奇观。鸣沙山下，泉水形成一湖，形似一弯新月，在沙丘环抱之中，涟漪萦回。泉内生长有眼子草和轮藻植物，南岸有茂密的芦苇，四周被流沙环抱，虽遇强风而泉不为沙所掩盖。因"泉映月而无尘""亘古沙不填泉，泉不涸竭"，自汉朝起即为"敦煌八景"之一，得名"月泉晓彻"。1994 年 1 月 10 日，甘肃省鸣沙山—月牙泉风景名胜区经国务院批准列为第三批国家级风景名胜区。

月牙泉

自 20 世纪 70 年代开始，由于垦荒造田、抽水灌溉以及

*党河*等河川径流的大量利用,导致敦煌盆地地下水位下降,月牙泉水位、水深和水域面积也大幅度下降和缩减。据1957年航测图片测得,月牙泉水位高程1 941.5米,1977年7月实测已经下降到1 933.92米,水位总下降幅度7.58米,水域面积大幅缩减。据实测资料,自1960年到2004年,月牙泉水深由7.5米下降到1.3米,水域面积由1.5公顷缩减为0.52公顷。

为拯救月牙泉这一神奇的大漠景观,总投资4 100万元的月牙泉水位下降应急治理工程,于2007年年初正式启动运行。应急治理工程在月牙泉周围修建四个渗水场向地下渗水,通过提高月牙泉周围的地下水位,保持并提高月牙泉的水位。这一工程完工后,月牙泉水位有望得到稳定并逐步提升。

月牙泉历年水文实测结果表

测量时间	1960年	1980年	1982年	1997年	2004年
北弧长（m）	360.0	330.0	270.0	240	
南弧长（m）	350.0	320.0	260.0	223	
最大宽度（m）	50.0	41.0	40.0	33.3	
最大水深（m）	7.5	2.5	2.3	2.0	1.3
水面面积（m²）	14 880	6 540	5 830	5 379.50	

十、内蒙古高原内流区河湖

Endorheic Rivers and Lakes in Inner Mongolia Plateau

10.12 内蒙古高原内流区河湖
(Endorheic Rivers and Lakes in Inner Mongolia Plateau)

内蒙古高原内流区河湖位于内蒙古高原的广大区域,南起阴山山脉,北至中蒙边界,西连阿拉善高原,东抵大兴安岭。从西南向东北延展,长约1 300千米。高原地域辽阔,地势坦荡,由南向北缓缓倾斜,海拔一般为900~1 300米,部分地区至中蒙边界又抬升。大部地势无明显的山脉与沟壑,只有高差不大的漫坡,地形波状起伏,坡间洼地呈袋形,平坦广阔,蒙古语称"塔拉"。行政区划包括内蒙古自治区锡林郭勒盟大部、乌兰察布市北部、巴彦淖尔市乌拉山以北地区。

地区属温带干旱大陆性季风气候,具有寒冷、风大、雨少干燥的特征。春季多风,易干旱;夏季温凉,雨水分布不均;秋季凉爽雪早;冬季寒冷,冰雪茫茫。年降水量由西向东在100~450毫米之间。由于气候干旱,降水量少,地表水系极不发育,多属内陆水系,河道短小,有的下游河床不明显,成为盲尾散流;季节性径流至下游渗入地下或泄入湖泊洼地,消耗于蒸发,因此湖泊、湿地较多。

地区土壤主要以栗钙土、棕钙土、风沙土为主,森林土、黑钙土、草甸土较少。境内森林少,植被景观以草地为主,西部多为荒漠半荒漠草原,东部草场较丰。

西部及锡林郭勒草原区域,多为牧业地区,经济以畜牧业为主,家畜有牛、羊、马、骆驼等。南部部分地区为农业或农牧业并重,主要作物有小麦、玉米、莜麦、马铃薯、胡麻等。主要矿产有石油、煤炭、碱、盐、铜、锡等。

内蒙古高原内流区河湖又可分为四大片。

锡林郭勒盟北部片:该片东抵大兴安岭中部浅山丘陵与**嫩江**水系相隔;南至大兴安岭南部丘陵,与**辽河**水系相隔;北连蒙古人民共和国,西部以锡林浩特市为界。该区以乌拉盖诺尔和必其格特陶勒盖等几个洼地为中心,河流由四周向中心汇集,形成了由东南向西北并行流淌的季节性河流,如**布尔嘎斯台郭勒**、**彦吉嘎郭勒**、**高日罕郭勒**、**巴拉格尔郭勒**、**伊和吉林郭勒**、**锡林河**等;由东北向西南流淌的河流有**乌拉盖河**等。其间有37个较独立的湖泊和洼地,较大的有**伊和沙巴尔诺尔**、**乌拉盖戈壁**、必其格特陶勒盖洼地等,其中最低的必其格特陶勒盖洼地海拔790米。

锡林郭勒盟西部、乌兰察布市北部片:包括230个独立的湖泊及洼地,较大的有巴润达来诺尔、**腾格尔诺尔**、哈尔诺尔、**呼尔查干淖尔**、**呼吉尔诺尔**、翁滚诺尔洼地、**达布散诺尔**、乌兰推饶木洼地、**呼和诺尔**等,其中,达布散诺尔高程最低,为897米。从地形条件及各诺尔的相互关系看,水流趋势大部集中在巴润达来诺尔、呼吉尔诺尔、翁滚诺尔、达布散诺尔,这几块洼地紧紧相连,形成一片地下水库;较大河流有**高格斯台郭勒**、**努格斯郭勒**等。该区大部为荒漠半荒漠草原,辉善达克沙漠横贯本区中部。

狼山北部片:有查干陶勒盖诺尔、保楞苏亥洼地、阿拉戈壁等。中蒙边界有阿尔呼尔特洼地,与蒙古国境内的布特呼尼戈壁及腾格尔诺尔属相同地貌。是我国北部边界河流外流的一个区域。为荒漠半荒漠草原。

察汗淖片:位于商都盆地,包括14个独立的诺尔。其中察汗淖海拔最低,为1 273米。这一片水流趋向于察汗淖。大部为农业区。

该区域虽然地域广阔,河湖众多,但由于干旱少雨,地表水不丰,工农牧业用水主要依赖开采地下水。

10.12.1 伊和沙巴尔诺尔
(Yiheshabaernuoer Lake)

位于内蒙古自治区东乌珠穆沁旗额仁戈比嘎查(村)西北部。湖泊中心坐标东经117°47′、北纬46°27′,为内蒙古高原北端的内陆咸水湖,北邻蒙古国。水面高程800米,水面面积5.33平方千米,水深7~10米。

湖泊地处锡林郭勒草原最北端,地域辽阔,水草丰美,畜牧业发达。

流域属中温带干旱半干旱大陆性季风气候,春季风多干旱,夏季温热雨量不均,秋季凉爽而短暂,冬季寒冷而漫长。多年平均气温−0.2摄氏度,年无霜期100天左右;多年平均年降水量320毫米,多年平均年水面蒸发量800毫米;光照充足,年日照时数为2 930~3 100小时。

湖泊周围为一洼地,高程810米以下为沼泽地,面积258.46平方千米,并包围着伊和诺尔、伊和布达尔干诺尔、额尔根诺尔、乌兰诺尔、巴润沙巴尔诺尔等湖泊,东为**准沙巴尔诺尔**湖泊群,高程略高,特大水时均溢流入伊和沙巴尔诺尔。这些湖泊多为咸水湖,主要补给水源有**乌兰乌苏浑迪**、**敦德呼舒冈干**、**呼贲冈干**、**乌兰道希浑迪**等地表沟沟。

10.12.1.1 准沙巴尔诺尔
(Zhunshabaernuoer Lake)

位于内蒙古自治区东乌珠穆沁旗满都呼宝力格牧场。湖泊中心位于东经118°33′、北纬46°38′,为内蒙古高原最北端的内陆盐湖,北邻蒙古国。水面高程825米,水面面积6.25平方千米。

湖泊地处锡林郭勒草原最北端,为低山丘陵区。地域辽阔,水草丰美,畜牧业发达。

流域属中温带干旱半干旱大陆性季风气候,春季风多干旱,夏季温热雨量不均,秋季凉爽而短暂,冬季寒冷而漫长。多年平均气温−0.2摄氏度,年无霜期100天左右;多年平均年降水量320毫米,多年平均年水面蒸发量800毫米;光照充足,年日照时数2 930~3 100小时。

伊和沙巴尔诺尔水系示意图

丰水期周边洪沟地表水汇集于该湖，形成一个湖泊群，除准沙巴尔诺尔外，布尔德诺尔为较大湖泊，南有绍荣根诺尔，较小洼地湖泊众多。湖泊群周边多湿地沼泽。特大水时，部分水流溢出，经过绍荣根诺尔流入**伊和沙巴尔诺尔**。

10.12.1.2　乌兰乌苏浑迪
（Wulanwusuhundi River）

内陆河，位于内蒙古自治区东乌珠穆沁旗北部。上游称沙巴尔台高勒，发源于东乌珠穆沁旗满都呼宝拉格镇乌兰哈达嘎查东北乌兰哈达山，东经 119°31′、北纬 46°26′，于东乌珠穆沁旗额仁戈比嘎查罕那额尔根召西南汇入**伊和沙巴尔诺尔**（海拔 810 米包围线），海拔 1 296～810 米。

流域地处内蒙古高原东部，地势东高西低，为低山丘陵地区，山体圆浑，沿河多沼泽湿地。

流域属中温带半干旱大陆性季风气候，处于高海拔和中、高纬度带的内陆地区，自然条件较为恶劣。气候特征为冬季寒冷风大，夏季温热。多年平均气温 −0.2 摄氏度，年无霜期 95 天；多年平均年降水量 322 毫米左右，降水主要集中在 6—8 月，占年降水量的 70%；多年平均年水面蒸发量 776 毫米。

河道弯曲，总体流向为自东向西流，河谷开阔，河槽浅宽，水流平缓，中下游两岸多湖泊及沼泽地，为典型的草原性河流。至伊和沙巴尔诺尔河长 169.3 千米，集水面积 5 402.12 平方千米，河道平均比降 1.01‰。较大支流有德勒布尔根郭勒、**敦德呼舒冈干**和巴彦乌兰阿尔冈干等。

河道悠长，蜿蜒曲折，由河源向西流至沙巴尔台布尔德北转向西北，至德勒布尔根郭勒入口处，折向西南，至乌兰珠力和流入绍荣根诺尔。绍荣根诺尔水面高程 833.6 米，水面面积 4.05 平方千米，水深 4～9 米，是一个咸水湖。至绍荣根诺尔河长为 121 千米，比降 1.52‰，集水面积 3 876.61 平方千米。

绍荣根诺尔为一过水湖泊，水满后向北补给**准沙巴尔诺尔**，向西穿过巴彦诺尔、舒特诺尔、巴润沙巴尔诺尔等小湖泊及沼泽地，注入伊和沙巴尔诺尔。全河在河源以下约有 3 千米干河，以下至绍荣根诺尔有清水，出绍荣根诺尔有 10 千米长干河，以下无明显河床，大部为沼泽和连续的小湖泊。

10.12.1.2.1　敦德呼舒冈干
（Dundehushuganggan River）

乌兰乌苏浑迪支流，发源于内蒙古自治区东乌珠穆沁旗乌拉盖苏木托格若格希勒，东经 118°30′、北纬 45°57′，于东乌珠穆沁旗额仁戈比嘎查威廷查干东汇入乌兰乌苏浑迪，海拔 968～835 米。

流域位于东乌珠穆沁旗北部，地处内蒙古高原东部，地势南高北低，沿河多沼泽湿地。

流域属中温带半干旱大陆性季风气候，处于高海拔和中、高纬度带的内陆地区，自然条件较为恶劣。气候特征为冬季寒冷风大，夏季温热；多年平均气温 −0.2 摄氏度，年无霜期 100 天左右；多年平均年降水量 322 毫米左右，多年平均年水面蒸发量 800 毫米。

河流流向为自南向北流，河谷开阔，河槽浅宽，水流平缓，两岸多湖泊及沼泽地，为典型的草原性河流。河长 72.4 千米，流域面积 1 174.54 平方千米，河道平均比降 1.36‰。较大支流有巴彦乌兰阿尔冈干。

由河源向北流至满都呼宝力格牧场必鲁特西，流入阿尔善特诺尔（水面高程868米，水面面积4.35平方千米），至此河长43.2千米，比降1.73‰，流域面积540.83平方千米。河流西侧有支流巴彦乌兰阿尔冈干（流域面积359.8平方千米，河长为35.8千米）注入阿尔善特诺尔。当水面高程超过870米时，由该湖溢出，向东北流入乌兰乌苏浑迪。全河在呼和哈丹以上为干河，以下至阿尔善特诺尔均有清水，出阿尔善特诺尔后为干沟或河床不明显，多沼泽。

10.12.1.3 呼赉冈干
(Hulaiganggan River)

属**伊和沙巴尔诺尔**水系，上游称花努廷浑迪。发源于内蒙古自治区锡林郭勒盟东乌珠穆沁旗额仁戈比嘎查努仁查干敖包南山，东经118°19′、北纬46°00′，于阿门扎希嘎查注入伊和沙巴尔诺尔，海拔1 230～810米。流经东乌珠穆沁旗。

流域地形属大兴安岭西麓，南高北低，由南向北倾斜，多低山丘陵。

流域属半干旱半湿润大陆性气候，多年平均气温零摄氏度，多年平均年降水量350毫米，年日照时数2 979小时，年无霜期120天左右。

河流流向由南向北。河长79千米，集水面积1 019.66平方千米，河道平均比降2.27‰。流域内植被良好，全河在安钦呼舒以上为干河，以下有间歇水，无大支流汇入。

河流自河源由南向北流，中上游河段基本顺直，下游段折而向西，又由西折而向东，又向北，形成一个Ω形，流入伊和沙巴尔诺尔。

流域内为纯牧业区域。

10.12.1.4 乌兰道希浑迪
(Wulandaoxihundi River)

属**伊和沙尔诺尔**水系。发源于内蒙古自治区锡林郭勒盟东乌珠穆沁旗宝力格苏木混敖包特山，东经117°38′、北纬45°52′，于东乌珠穆沁旗额仁戈比嘎查巴润额仁西汇入伊和沙巴尔诺尔，海拔1 110～800米。流经东乌珠穆沁旗。

流域地形属大兴安岭西麓余脉，南高北低，由南向北倾斜，多低山、丘陵。

流域属半干旱半湿润气候，多年平均气温零摄氏度，多年平均年降水量350毫米，年日照时数2 979小时，年无霜期120天左右。

河流流向由南向北。河长92.1千米，集水面积2 622.27平方千米，河道平均比降2.77‰。全河均为干河，下游河床不明显，有部分沼泽地。平时无水，只在汛期发生洪水，有水流汇入伊和沙巴尔诺尔。

自河源由东北向西南流，于宝力格嘎查北折而向北流，河道顺直，无大的弯曲，在中游左岸有部分湖泊，洪水时有水汇入河道。

流域为牧业区域，水草丰美，为旗内牧业基地。

10.12.2 乌拉盖戈壁
(Wulagaigebi Lake)

内陆湖，又名索林诺尔，是内蒙古高原较大的一个湖泊，位于内蒙古自治区东乌珠穆沁旗乌尼特牧场哈达北，地理坐标为东经117°20′～117°41′、北纬45°27′～45°38′。湖呈椭圆形，东北至西南长约29千米，西北至东南宽约11千米。湖面面积215.92平方千米，水面高程824米，水深7～8米，pH值9.5，矿化度5.5克每升。湖泊周围有2～7千米宽的沼泽地，特别是湖泊的东北面70多千米长的范围内，有连续的沼泽地和小湖泊，这些沼泽地及湖泊，有的是淡水，有的是碱水，均起调节水量的作用。

主要补给水源来自湖泊以东的**乌拉盖河**，以及西南部的**巴拉格尔郭勒**两大河流。乌拉盖河与巴拉格尔郭勒之间有几个独立的湖泊，这些湖泊周边海拔较高，湖泊水位较低，湖水不外流，形成相对独立的闭流区，但仍属乌拉盖戈壁水系。这些独立的闭流区有：**额仁诺尔**（东经118°00′、北纬45°15′），主要汇入河流为**新郭勒**；伊和诺尔（东经118°02′、北纬45°05′），主要汇入河流为图力嘎浑迪（河长55.9千米，流域面积423.24平方千米）。

巴拉格尔郭勒西侧**柴达木诺尔**，位于西乌珠穆沁旗柴达木公社境内，东经117°21′、北纬44°39′。水面面积为1.10平方千米，水面高程980米，是一个不外流的碱水湖，为巴拉格尔郭勒之闭流区。

乌拉盖戈壁东高西低，堆积了很厚的中生代、新生代砂岩，砂砾岩及泥岩互层，上面广泛覆盖着第四纪洪积、冲积、湖积层和风积沙层。

流域属中温带干旱半干旱大陆性季风气候，多年平均气温-1摄氏度，年无霜期90～100天，年平均降水量300～400毫米。

乌拉盖河水系汇集于盆地，并潜入地下，地下水埋藏浅，一般不到7米，有众多的湖泊、大片沼泽和湿地，芦苇生长茂密。低湿洼地为草甸土、盐化草甸土、草甸栗钙土和沼泽土，还有风沙土。植物为草甸草原和典型草原型，主要有贝加尔针茅、羊草、冰草、线叶菊等，草群高度多在40～60厘米，为大面积的天然草场，地表水和地下水资源丰富，水质良好，有灌溉条件，有利于农牧业的发展。坡地宜林，以阔叶林杨、榆、桦等为主，还有松、柏等针叶林。牧业以肉用细毛羊为主。

"乌珠穆沁"系蒙古语，意为"葡萄乡之人"。据传，乌珠穆沁人祖先生活在新疆以北蒙古国境内的乌珠穆查干乌拉，16世纪初期，随巴图蒙赫大延汗长子图鲁博罗特迁到了瀚海以南一带游牧，隶属察哈尔汗管辖地。

乌拉盖湿地自然保护区

乌拉盖戈壁及其周边地区已开辟为乌拉盖湿地自然保护区，保护区面积13万公顷。

10.12.2.1 乌拉盖河
(Wulagai River)

属**乌拉盖戈壁**水系，亦称乌拉盖郭勒。发源于内蒙古自治区东乌珠穆沁旗大兴安岭宝格达山林场西北山，东经119°41′、北纬46°41′。沿程海拔1 420～824米，流经东乌珠穆沁旗、西乌珠穆沁旗，最后注入乌拉盖戈壁。

流域位于大兴安岭西北坡，内蒙古高原东段，为大兴安岭山地森林向内蒙古高原草地过渡地带。地势东北高，西南低，

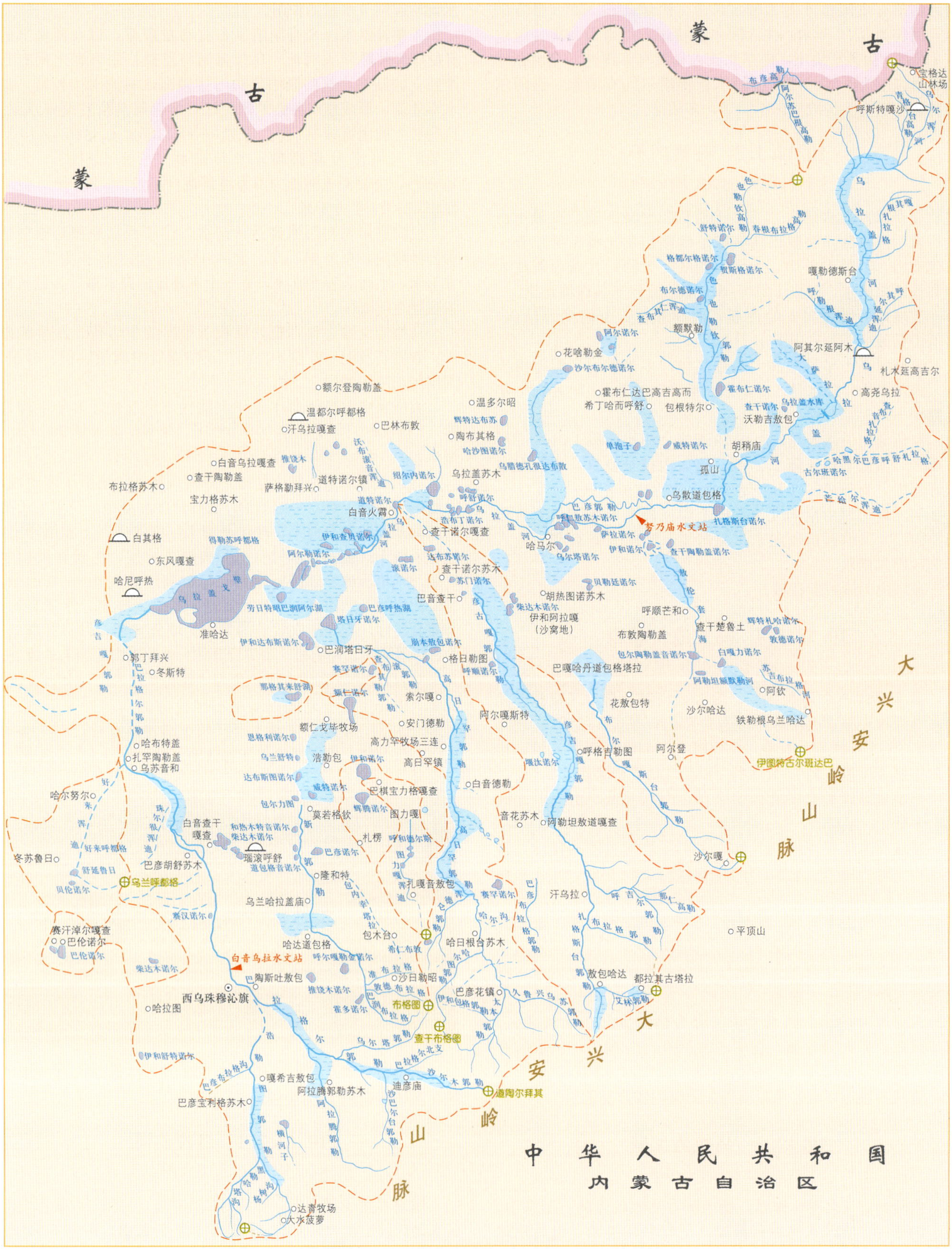

蒙
古
蒙
古
宝格达山林场
呼斯特嘎沙
乌拉盖河
嘎勒德斯台
阿其尔延阿木
扎木延高吉尔
高尧乌拉
沃勒吉敖包
胡稍庙
孤山
乌散道包格
努乃庙水文站
扎格斯台诺尔
花啥勒金
霍布仁达巴高吉高而
希丁哈而呼舒
包根特尔
额默勒
温多尔昭
额尔登陶勒盖
温都尔呼都格
汗乌拉嘎查
巴林布敦
陶布其格
乌拉盖苏木
白音乌拉嘎查
查干陶勒盖
布拉格苏木
宝力格苏木
道特诺尔镇
萨格勒拜兴
白音火雷
查干诺尔嘎查
哈马尔
白其格
东风嘎查
哈尼呼热
乌拉盖戈壁
准哈达
查干诺尔苏木
巴音查干
胡热图诺苏木
伊和阿拉嘎
(沙窝地)
呼顺芒和
查干楚鲁土
布敦陶勒盖
巴润塔日牙
郭丁拜兴
冬斯特
格日勒图
巴嘎哈丹道包格塔拉
花敖包特
阿钦
沙尔哈达
铁勒根乌兰哈达
索尔嘎
额仁戈毕牧场
安门德勒
高力罕牧场三连
高日罕镇
浩勒包
阿尔嘎斯特
呼格吉勒图
阿尔登
伊图特古尔班达巴
白音德勒
巴棋宝力格嘎查
哈布特盖
扎罕陶勒盖
乌苏音和
哈尔努尔
白音查干嘎查
莫若格钦
图力嘎
音花苏木
阿勒坦敖道嘎查
沙尔嘎
冬苏鲁日
乌兰呼都格
巴彦胡舒苏木
瑙滚呼舒
札楞
隆和特
孔嘎音敖包
汗乌拉
乌兰哈拉盖庙
赛汗淖尔嘎查
巴伦诺尔
哈达道包格
包木台
哈日根台苏木
平顶山
白音乌拉水文站
巴陶斯吐敖包
西乌珠穆沁旗
沙日勒昭
布格图
巴彦花镇
敖包哈达
都拉其古塔拉
哈拉图
查干布格图
嘎希吉敖包
阿拉腾郭勒苏木
迪彦庙
道陶尔拜其
巴彦宝利格苏木
达青牧场
大水菠萝
大兴安岭山脉
大兴安岭山脉
中华人民共和国
内蒙古自治区

乌拉盖戈壁水系示意图

东北部为低山丘陵地貌，山体圆浑，丘间洼地及沿河多湿地沼泽；西南部为乌珠穆沁盆地。土壤水平地带性分布非常明显，由东向西依次有灰色森林土、黑钙土、栗钙土，非地带性土壤有沼泽土、草甸土、风沙土。

流域属中温带干旱半干旱大陆性季风气候，春季风多干旱，夏季温热雨量不均，秋季凉爽霜雪早，冬季寒冷而漫长。多年平均气温－0.1摄氏度，年无霜期105天左右。多年平均年降水量322毫米，年水面蒸发量800毫米，光照充足，年日照时数2 930～3 100小时。

河流弯曲，总体流向自东北向西南，河长529.7千米，流域面积2.3万平方千米，多年平均年径流量1.13亿立方米。河谷开阔，河槽浅宽，水流平缓，河道平均比降0.36‰，沿岸多湿地湖泊。较大支流有**色也勒钦郭勒**、**敖伦套海**、**布尔嘎斯台郭勒**、**彦吉嘎郭勒**和**高日罕郭勒**等。水能资源可开发装机容量0.20万千瓦。

流域内经济以畜牧业为主，牧草丰美，为优良天然牧场。沿河两岸有宜耕土地2万多公顷，土质肥沃，集中连片，已大部开发为粮食和饲草料基地。流域内盛产野生白蘑、黄花和韭菜花等，药用植物有麻黄、柴胡、大黄、黄芩、沙参、知母、白芍等。主要矿产以煤炭、石油资源最为丰富，煤种以优质褐煤为主，现已建成大型煤田和油田。流域内还建有坑口电站。

自河源向南偏西流经呼斯特嘎沙东、南牧场、西牧场，河槽狭窄，以下逐渐宽阔，于哈拉盖图农牧场巴音陶海东建有**乌拉盖水库**。以上为上游，河谷宽2～3千米，河宽2～5米，为山地丘陵区。至胡梢庙南有色也勒钦郭勒汇入，至札格斯台诺尔转向西，至嘎海庙（原乌拉盖嘎查所在地）。以上为中游，河谷宽2～4千米，河宽3～10米，为低缓丘陵地区。过道特诺尔，又向西南经过伊和嘎劳塔诺尔、阿尔勒诺尔、阿尔勒诺尔西南有高日罕郭勒汇入，过恰本阿尔诺尔等注入乌兰盖戈壁。支流色也勒钦郭勒上游设有贺斯格淖尔自治区级湿地保护区。

嘎海庙以下为下游，河床不明显，水流散乱，基本上是连续不断的小湖泊和沼泽地，为起伏不大的冲洪积波状平原。河段长约70千米，对调节水量起着很大的作用。两岸芦苇丛生，芦苇面积98平方千米，已开辟为乌拉盖湿地自然保护区，保护区面积13万公顷。

10.12.2.1.1　乌拉盖水库
（Wulagai Reservoir）

乌拉盖河上的大（2）型水库。位于乌拉盖河中游内蒙古自治区锡林郭勒盟东乌珠穆沁旗乌拉盖经济开发区境内，距开发区政府所在地65千米，哈拉盖图农牧场巴音陶海东3千米。水库始建于1977年，完建于1980年。

乌拉盖水库为多年调节水库，控制流域面积2 597平方千米。设计洪水位914.40米时，相应库容2.22亿立方米；校核洪水位915.70米，总库容2.82亿立方米，其中兴利库容1.46亿立方米，死库容0.04亿立方米。

水库工程由土坝、输水道、非常溢洪道组成，设计洪水标准为500年一遇。

大坝为碾压式砂壤土均质坝，坝顶高程916.50米，坝长730米，最大坝高24米，坝顶宽度6米，坝顶上游设浆砌防浪墙，坝上游坡为1∶3，下游坡为1∶2.5，均为干砌石护坡，坝基采用水平铺盖防渗，坝体采用棱体排水。输水道工程为坝下涵洞式，设在土坝右端坝肩的基础上，负担着灌溉引水、

乌拉盖水库

水库泄洪、施工导流等综合任务，全长164米，进水口为喇叭式，进水塔塔身断面6.0米×6.4米，高18.55米，内设两道平板钢闸门，输水涵洞断面3米×3米，最大泄流量80立方米每秒。非常溢洪道设在南山洼处，为开敞正堰式，由进水渠、溢流堰泄槽（末端段连续式的挑流坎）、出口防冲槽组成。

水库经20多年的运行，老化损坏严重，1998年8月，遇超设计标准特大洪水，非常溢洪道决口。

2005年，除险加固工程竣工。水库功能由以防洪、灌溉为主改为以防洪、供水为主，兼顾灌溉、水产养殖、生态用水、旅游等综合利用。正常高水位加高2米后，总库容为3.12亿立方米，兴利库容1.54亿立方米，死库容0.14亿立方米，调洪库容1.48亿立方米，正常蓄水位913.1米，溢洪道最大泄量280立方米每秒。

库区狭长，为河道式水库，两岸多沼泽，库区31平方千米水面可开发水产养殖业和旅游业等。水库除险加固后，养鱼水面面积3 060公顷，平均每年产鲜鱼10万千克。乌拉盖水库现已成为牧区休闲度假旅游区。

10.12.2.1.2　色也勒钦郭勒
（Seyeleqinguole River）

乌拉盖河右岸支流，发源于内蒙古自治区锡林郭勒盟东乌珠穆沁旗宝格达山林场分场西北12千米，东经119°30′、北纬46°25′。沿程海拔1 260～882米，全部位于东乌珠穆沁旗东部。

色也勒钦郭勒地处内蒙古高原东部，地势北高南低，为低山丘陵地区，山体圆浑，沿河多沼泽湿地。

流域属中温带半干旱大陆性季风气候，处于高海拔和中高纬度带的内陆地区，自然条件较为恶劣。气候特征为冬季寒冷风大，夏季温热。多年平均气温－0.2摄氏度，全年无霜期95天左右；多年平均年降水量322毫米左右，年内降水主要集中在6—8月，占年降水量的70%；多年平均年水面蒸发量776毫米。

河长140.2千米，流域面积1 980.87平方千米，河道平均比降0.92‰。河道弯曲，总体流向为自北向南流，河谷开阔，河槽浅宽，水流平缓，中下游两岸多沼泽地及牛轭湖，为典型的草原型河流。

色也勒钦郭勒全河除河源段有约7千米长干河外，其余河段均有清水。河两岸有宽窄不一的沼泽地，贺斯格诺尔以下连续有2～6千米宽的沼泽地，该地区已开辟为贺斯格诺尔自然保护区。河两侧支流较多，有春根布拉格高勒、舍布尔廷浑迪、木盖廷浑迪、查布其仁浑迪、其呼尔廷浑迪等。沿河湖沼亦多，右岸有舒特诺尔、格都尔格诺尔、布尔德诺尔；左岸

有贺斯格诺尔等,在小水时独立存在,大水时与河连通,互为补给。至胡梢庙南汇入乌拉盖河。

流域内经济以畜牧业为主,牧草丰美,为优良天然牧场,盛产乌珠穆羊、牛及马,还盛产野生白蘑、黄花菜和韭菜花等。域内煤炭资源丰富,建有大型煤田。流域内还建有坑口电站。

传统的祭敖包盛会

该区草原旅游资源丰富,为蒙古族聚居区,民族风情浓郁,历史文化悠久。传统的祭敖包和草原那达慕盛会,诠释和演绎着游牧文化的深刻内涵。另外,还可以看到骑马射猎、套马、赶勒勒车等蒙古民族生产生活场景。

10.12.2.1.3　敖伦套海
（Aoluntaohai River）

属**乌拉盖河**水系。发源于内蒙古自治区赤峰市阿鲁科尔沁旗罕山林场伊图特古尔班达巴山,东经119°27′、北纬45°07′。流域海拔1 260~861米,于东乌珠穆沁旗乌拉盖农牧场努乃庙水文站西南汇入乌拉盖河,流经阿鲁科尔沁旗、西乌珠穆沁旗、东乌珠穆沁旗。

河长97千米,流域面积1 987.04平方千米,河道平均比降1.47‰。

流域地势东南高、西北低,属中温带大陆性气候,多年平均气温1摄氏度,多年平均年降水量345毫米,年均无霜期106天。矿产资源有煤、铅、锌、铬、萤石等,野生动物有青羊、马鹿、河狐、狍子、天鹅等,有省道204、307线通过。

全河在包尔陶勒盖音诺尔以上为干河,河床不明显,多沼泽地,包尔陶勒盖音诺尔以下有清水。下游汇入口段,河床不明显,多沼泽地,形成大小不等的多个小型湖泊,有包尔陶勒盖音诺尔、布尔丁诺尔、伊和诺尔、德格诺尔等,一般小水均汇集于这些诺尔,大洪水时汇入乌拉盖河。支流多集中在中上游,有台日黑乌兰哈达河、苏吉布拉格河、阿勒坦额默勒河等。

流域为牧区,牧草资源丰富,盛产乌珠穆沁肥尾羊、草原红牛等。

10.12.2.1.4　布尔嘎斯台郭勒
（Buergasitaiguole River）

乌拉盖河左岸支流,发源于内蒙古自治区赤峰市阿鲁科尔沁旗沙尔嘎东山,东经119°15′、北纬44°52′。河流自源头向西北流至西乌珠穆沁旗巴嘎哈丹道包格塔拉,以下无明显河床,多湿地湖泊,于西乌珠穆沁旗宝日嘎苏台牧场巴嘎哈丹道格塔拉一带汇入乌拉盖河。沿程海拔1 400~846米,流经阿鲁科尔沁旗、西乌珠穆沁旗、东乌珠穆沁旗。

流域属中温带半干旱大陆性气候,春季风多干旱,夏季温热,秋季凉爽霜雪早,冬季寒冷。多年平均气温1.1摄氏度,无霜期105天左右;多年平均年降水量347毫米,多年平均年水面蒸发量900毫米;光照充足,年日照时数2 930~3 100小时。

流域地处大兴安岭西北坡,为低山丘陵地貌,山体浑圆,丘间多低洼湿地。

河流流向为东南至西北,全河在巴嘎哈丹道包格塔拉以上有清水,沿河间断地有1千米左右宽的沼泽地,并在巴嘎哈丹道包格塔拉形成一片沼泽地。以上河长86.7千米,流域面积1 167.61平方千米,河道平均比降2.39‰。

巴嘎哈丹道包格塔拉以下无明显河床,为沙丘地貌,多湿地湖泊。上游来水消失在沙丘地带,大水时经过下游的沼泽地和小湖泊调节。

河两侧无大支流,上游有海拉斯台浑迪、阿尔陶高其浑迪、查拉木高勒等小支流汇入。

流域位于西乌珠穆沁旗东北,河流在低山草原区穿行,两岸为畜牧业区,经济以草原畜牧业为主,为蒙古族聚居区。历史上一直是牧民游牧地,畜牧业是当地的支柱产业。民族风情浓郁,有祭火节、敖包会等。每年敖包会时牧民不远百里,云集敖包山下,开展摔跤、赛马、唱歌、跳舞等活动。

10.12.2.1.5　彦吉嘎郭勒
（Yanjigaguole River）

乌拉盖河左岸支流,发源于内蒙古自治区西乌珠穆沁旗罕乌拉苏木都拉其古塔拉东山,东经118°59′、北纬44°35′。河流在彦吉嘎庙以上称艾林郭勒、扎格斯台郭勒,于白音火霄东汇入乌拉盖河。沿程海拔1 560~833米,流经西乌珠穆沁旗、东乌珠穆沁旗。

流域位于大兴安岭西北坡,为低山丘陵地貌,山体浑圆,东南高,西北低,呈长条形。上游为山区,中下游两岸多为沼泽地,多湿地湖泊。

流域属中温带半干旱大陆性季风气候,春季风多干旱,夏季温热,秋季凉爽,冬季寒冷。多年平均气温1.2摄氏度,年均无霜期105天;多年平均年降水量347毫米,多年平均年水面蒸发量900毫米;光照充足,年日照时数2 930~3 100小时。

流域呈狭长条状,河流弯曲,总体流向自东南向西北,河长254.7千米,流域面积3 284.12平方千米。河谷开阔,河槽浅宽,水流平缓。河道平均比降1.00‰。较大支流有布拉格郭勒、呼吉尔郭勒、巴彦布拉格郭勒、音扎格郭勒等。

自河源向西流至敖包哈达转向西北,有布拉格郭勒汇入,至巴彦花镇汗乌拉嘎查有呼吉尔郭勒汇入,以上为上游。河流行进在大兴安岭北坡低山丘陵地区,支流发育,以下无较大支流汇入。阿勒坦敖道嘎查以下至额吉格浩来、巴音查干附近,有1.5~4千米宽的沼泽地及堰汰诺尔、呼顺诺尔、达布苏诺尔等湖沼。巴音查干以上有清水或间歇水,以下河床不明显。至白音火霄东汇入乌拉盖河。

流域经济以畜牧业为主,牧草丰美,为优良天然牧场。域内盛产野生白蘑、黄花菜和韭菜花等。上游林区主要树种有白桦、蒙古栎、山杨、落叶松等。矿产资源主要有煤、铁等,当地风俗节日有除夕祭祀佛像、春节祭"圣天敖包"、那达慕大会等。

10.12.2.1.6　高日罕郭勒
（Gaorihanguole River）

乌拉盖河左岸支流,发源于内蒙古自治区西乌珠穆沁旗巴彦花镇查干布格图山，东经118°17′、北纬44°30′，于东乌珠穆沁旗查干诺尔苏木呼其希那北汇入乌拉盖河。沿程海拔1 720～826米，流经西乌珠穆沁旗、东乌珠穆沁旗。

流域位于大兴安岭西北坡，蒙古高原东段，为低山丘陵地貌，山体浑圆，丘间洼地多湿地湖泊。

流域属中温带干旱半干旱大陆性季风气候，春季风多干旱，夏季温热，秋季凉爽霜雪早，冬季寒冷多冰雪。多年平均气温1.2摄氏度，无霜期105天左右；多年平均年降水量347毫米，多年平均年水面蒸发量900毫米；光照充足，年日照时数2 930～3 100小时。

流域呈狭长条状，河流弯曲，总体流向自东南向西北，河长288.7千米，流域面积3 377.16平方千米。河谷开阔，河槽浅宽，水流平缓。河道平均比降1.18‰。较大支流有塔拉索勃郭勒、伊和包勒格郭勒、久鲁兴乌苏郭勒、哈尔图郭勒、浑德仓郭勒、勃勒浑迪、滚郭勒、查布其勒郭勒等，流域内还有赛罕诺尔、塔日牙诺尔等湖泊。

流域以牧业经济为主，盛产野生白蘑、黄花菜和韭菜花等，药用植物有麻黄、柴胡、大黄、黄芩、沙参、知母、白芍等；主要矿产以煤炭资源最为丰富，煤种以优质褐煤为主，现已建成大型煤田。

上游发源于大兴安岭北麓，山高林密，水源丰沛，支流密布，河道在狭谷中穿行，过哈日根台苏木后，两岸为锡林郭勒草原，水草丰美，牛羊成群，为锡林郭勒盟主要的畜产品基地，盛产乌珠穆沁牛、羊、马等高产品种。至巴润塔日牙以东注入塔日牙诺尔，该湖为调节湖泊，经调节溢出后，流至**阿尔勒诺尔**南角汇入乌拉盖河。全河除河源有2千米长干河外，在塔日牙诺尔以上均有清水或间歇水，塔日牙诺尔以下河床不明显。由哈日根台至入乌拉盖河口，间断有0.5～2千米宽的沼泽地。

高日罕郭勒上建有高勒罕水库，工程于2004年开工建设，2007年竣工。最大坝高19.79米，坝长1 047.4米，库容3 785万立方米。坝址距西乌珠穆沁旗政府所在地巴彦乌拉镇80千米，坝址以上控制流域面积1 422平方千米。水库工程主要为白音华煤田坑口电站生产供水，设计洪水标准为100年一遇，校核洪水标准为1 000年一遇。

10.12.2.1.7　阿尔勒诺尔
(Aerlenuoer Lake)

属**乌拉盖河**水系，位于内蒙古自治区东乌珠穆沁旗道特淖子镇，湖心坐标东经117°50′、北纬45°32′。水面高程826米，水面面积8.65平方千米，为咸水湖。

阿尔勒诺尔位于内蒙古高原最大的内陆湖**乌拉盖戈壁**以东，是连接乌拉盖河的过水湖泊，也是乌拉盖河的组成部分。乌拉盖河是乌拉盖戈壁的主要补给水源，河由东向西，至白音火青后折向西南，流经伊和查贝诺尔又西流进入阿尔勒诺尔。阿尔勒诺尔顺河道流向，形成一个东北—西南向的狭长湖泊，乌拉盖河流出阿尔勒诺尔，折而西流，从东侧注入乌拉盖戈壁。

阿尔勒诺尔是一个连接湖泊与河流的过水通道，由于地势低洼，河流迂回，形成一个潟湖。湖周边沼泽众多，多水草及小湖泊，形成一个水网地带。

湖区属中温带大陆性气候，多年平均年降水量350毫米。

10.12.2.1.8　伊和达布斯诺尔
(Yihedabusinuoer Lake)

属**乌拉盖河**水系，位于内蒙古自治区东乌珠穆沁旗道特淖子镇，即东经117°51′、北纬45°23′。水面高程830米，水质咸，水面面积6.68平方千米，为咸水湖。该湖地处内蒙古高原最大的内陆湖——**乌拉盖戈壁**东南，湖区为小盆地。

湖区属中温带大陆性气候，多年平均年降水350毫米。为内蒙古锡林郭勒盟草原牧区，水草丰美。湖区经济以畜牧业为主。

伊和达布斯诺尔周边有塔日牙诺尔、巴彦呼热湖、赛罕诺尔、那格其来舒湖、劳日特昭巴润阿尔湖等湖泊，众多的湖泊均为乌拉盖戈壁的"姊妹湖"。

该湖水源主要来自湖泊以东的塔日牙诺尔，两湖连通，丰水期塔日牙诺尔的湖水自东北注入伊和达布斯诺尔。而塔日牙诺尔的水源补给主要来自**高日罕郭勒**，该河为锡林郭勒盟北部较大水系，发源于大兴安岭南段北麓，高日罕郭勒自南向北流，过格日勒图嘎查后折而西流，于巴润塔日牙以东注入塔日牙诺尔。在大洪水年份，高日罕郭勒注入乌拉盖戈壁。

10.12.2.1.9　额仁诺尔
(Erennuoer Lake)

属**乌拉盖河**水系，位于内蒙古自治区西乌珠穆沁旗高日罕镇额仁戈毕牧场境内，湖心地理坐标东经118°00′、北纬45°14′，水面高程851米，水面面积5.78平方千米，水深7～9米，集水面积2 863.14平方千米。湖泊西南有约30平方千米湿地，有**新郭勒**注入，新郭勒注入湿地后，河道消失，形成无尾河，大水年份，水流汇入达布斯图诺尔，经该湖调节后，流经阿日呼舒，注入额仁诺尔。

湖泊位于锡林郭勒草原，水草丰美，畜牧业经济发达。

流域属中温带干旱半干旱大陆性气候，冬春寒冷漫长，多年平均气温1.2摄氏度，多年平均年降水量345毫米。

额仁诺尔湖泊呈蝌蚪形，大头朝北，向南拖一条狭长水域。湖泊以西为那格其来舒诺尔，以北为**伊和达布斯诺尔**，以东为**乌拉盖河**支流**高日罕郭勒**水系。湖泊地处乌拉盖戈壁东南，属乌拉盖戈壁湖泊群之一。湖区以东为高日罕镇，湖周边有额仁戈比牧场、哈日楚鲁特音呼都格牧区供水井、萨音呼都格、额仁查干陶布格、蒙古钦额仁嘎查和道力其嘎查等。

湖泊周边高程较高，水位较低，高差40多米，湖水不外流，形成相对独立的闭流区，但仍属乌拉盖戈壁水系，是一个咸水湖（盐地）。

10.12.2.1.9.1　新郭勒
(Xinguole River)

属**乌拉盖河**水系，**额仁诺尔**主要水源。发源于内蒙古自治区西乌珠穆沁旗巴拉格牧场布格图山，东经118°12′、北纬44°32′，于额仁诺尔南角注入。沿程海拔1 520～851米，流经新郭勒、沙如拉图雅、额日和图敖包、额仁诺尔等苏木。

流域地势东南高，西北低，地处内蒙古高原中部，大兴安岭山脉西北麓，上游为低山丘陵，中下游为沙丘、沙地组成的波状高原地貌。

流域属中温带干旱半干旱大陆性气候，多年平均气温1.2摄氏度，多年平均年降水量350毫米。

流域呈长条状，河长126.3千米，流域面积2 811.81平方千米。流向自东南向西北，全河在达布喜勒图农业队（莫若格钦）以上有清水或间歇水；以下基本是干河，河床不明显，流向折向东北，沿岸有宽约1千米的沼泽地。至巴彦诺尔，河道消失，形成无尾河，大水年份，水流汇入达布斯图诺尔，经该湖调节后，流经阿日呼舒，注入额仁诺尔。两岸湖泊较多，多为咸、碱水，为牧区牲畜饮水水源地。

该流域历史上一直是游牧民族的游牧地，畜牧业是当地的支柱产业。域内主要树种有白桦、蒙古栎、山杨、落叶松等。

10.12.2.2 巴拉格尔郭勒
(Balageerguole River)

属**乌拉盖戈壁**水系，上游称沙尔木郭勒。发源于内蒙古自治区西乌珠穆沁旗哈拉根台乡哲尔德毛日图山脊东南约6千米处（与赤峰市道陶尔拜其交界），东经118°26′、北纬44°20′，于东乌珠穆沁旗哈尼呼热东南注入乌拉盖戈壁。沿程海拔1560～824米，流经西乌珠穆沁旗、东乌珠穆沁旗。

流域地势东南高，西北低。上游为大兴安岭北麓中低山区，山间多林木，河道两岸形成狭长的河谷平原，为该河的主要水源区。以下由低山丘陵进入波状平原区，河道迂回曲折，两岸广为沼泽及草地，多湖泊。

流域属中温带半干旱大陆性季风气候，多年平均气温1.0摄氏度，年无霜期105天左右；多年平均年降水量310毫米，多年平均年水面蒸发量900毫米。

巴拉格尔郭勒河道弯曲，总体流向自东南向西北，河长244.4千米，流域面积8268.49平方千米，河道平均比降为1.29‰。多年平均年径流量0.432亿立方米，平均含沙量0.83千克每立方米。较大的支流有巴拉格尔北支、沙巴尔台郭勒、乌尔塔郭勒、阿拉腾郭勒、**浩勒图郭勒**、好来浑迪（河长50.7千米，流域面积796.43平方千米）等。

巴拉格尔郭勒西侧**柴达木诺尔**为相对独立的闭流区，位于柴达木苏木境内，是一个不外流的碱水湖泊，小水时独立存在，大水时与巴拉格尔郭勒河水互通，互起调节作用。

自河源向西北，至巴拉嘎尔高勒镇（西乌珠穆沁旗政府所在地）东南有浩勒图郭勒汇入，以上为上游，为中低山区，在河道两岸形成狭长的河谷平原。山间多林木，为该河的主要水源补给区，主要林场有林业总场和迪彦庙林场。以下过王盖庙后，河道落差较大，激流险滩较多，流速加快，被开发为巴勒嘎尔郭勒探险漂流旅游点。又北流，进入锡林郭勒平原区，河道迂回曲折，两岸广为沼泽及草地，多湖泊，较大的有柴达木诺尔、巴彦柴达木诺尔。经巴彦胡舒木，进入东乌珠穆沁旗乌拉盖湿地自然保护区，以下河道不明显，只有大水年份有洪水汇入乌拉盖戈壁。

西乌珠穆沁旗地处锡林郭勒大草原腹地，以畜牧业经济为主，是内蒙古自治区的重要畜产品生产基地，优良畜种有黑白花奶牛、夏洛来黄牛、草原红牛、蒙古马、乌珠穆沁肥尾羊、乌珠穆沁白绒山羊等，优质畜产品皮毛、绒、肉类、鲜奶远销全国各地。当地还有一处自治区级森林草原生态自然保护区。

10.12.2.2.1 浩勒图郭勒
(Haoletuguole River)

属**巴拉格尔郭勒**水系，发源于内蒙古自治区赤峰市林西县北大山，东经117°39′、北纬44°33′。流域海拔1880～1004米。流经赤峰市林西县、锡林郭勒盟西乌珠穆沁旗。

河长98.5千米，流域面积1295.36平方千米，河道平均比降2.34‰。

流域地势北高南低，气候属中温带大陆性气候，多年平均气温1摄氏度，多年平均年降水量345毫米。年均日照时数2979小时，无霜期120天。年平均风速3.5米每秒，多年平均年水面蒸发量2100毫米。

流域主要自然灾害有干旱、雪灾、寒潮等。流域为牧区，盛产乌珠穆沁肥尾羊、草原红牛等，矿产有煤、铅、锌、铁等，野生动物有青羊、马鹿、河狐、狍子、天鹅等。

该河自发源地自南向北流，河道基本顺直，产流区集中在上游山区，中游河道两侧多沼泽。上游称道沟，于西乌珠穆沁旗巴彦乌拉镇东南陶斯吐敖包从左侧汇入巴拉格尔郭勒。全河均有清水或间歇水，主要支流有窟窿山沟、杨树沟、黑勒哈塔沟、横河子、巴彦布拉格沟。

10.12.2.3 柴达木诺尔
(Chaidamunuoer Lake)

属**乌拉盖戈壁**水系，位于内蒙古自治区西乌珠穆沁旗巴彦胡舒苏木境内，湖心坐标东经117°21′、北纬44°39′。水面高程980米，水面面积1.10平方千米，集水面积为333.7平方千米，是一个平常不外流的咸水湖泊，在大洪水时汇入**巴拉格尔郭勒**。

该湖泊地处西乌珠穆沁旗旗政府所在地巴拉嘎尔高勒镇西北，湖呈椭圆形。湖泊以南为戈壁沙漠区，湖泊以北为锡林郭勒草原。

湖区为中纬度内陆地区，属中温带干旱半干旱大陆性气候。气候特征为春季风多干旱，夏季温热雨不均，秋季凉爽，冬季寒冷。多年平均气温1.2摄氏度，年日照时数2894小时，年无霜期106天左右，多年平均年降水量350毫米。

柴达木诺尔以南有哈拉图苏木，以东为西乌珠穆沁旗所在地巴拉嘎尔高勒，以北有巴彦胡舒苏木。

湖泊位于巴拉格尔郭勒和**伊和吉林郭勒**之间，地势南高北低。湖泊水源来自戈壁沙漠区，沙漠区接纳天然降水，通过地下水渗补给湖区。水质优良，无污染，为牲畜饮水的重要水源地。湖泊以南沙漠漫漫，以北绿草如茵，形成独特的自然景观。

10.12.3 伊和吉林郭勒
(Yihejilinguole River)

属必其格特陶勒盖洼地水系，又称吉林郭勒。发源于内蒙古自治区赤峰市克什克腾旗浩腾图沟东北平顶林子山，东经117°21′、北纬43°43′，于西乌珠穆沁旗必其格特郭勒盖汇入必其格特陶勒盖洼地。沿程海拔1798～790米，流经克什克腾旗、西乌珠穆沁旗和东乌珠穆沁旗。

流域地势东南高、西北低，上游位于大兴安岭西南段中低山区，山间多林木，为该河的主要水源区。中游以下由低山丘陵进入波状平原区，河道迂回曲折，两岸广为沼泽湿地，多湖泊。

流域属中温带干旱半干旱大陆性季风气候。多年平均气温1.2摄氏度，年无霜期100天左右；多年平均年降水量260毫米，多年平均年水面蒸发量900毫米。

河流弯曲，总体流向自东南向西北，河长490.3千米，流域面积23005.30平方千米，平均比降为0.97‰。较大支流有沃布拉格郭勒（河长57.7千米，流域面积425.19平方千米）、**巴格吉仁郭勒**、**敖优廷郭勒**。

自河源往西北流，经高腾图至吉力村，折向北流，左岸多山，有成吉思汗边墙遗址；流经沙巴尔诺尔，至巴彦查干，右岸有沃布拉格郭勒汇入；北流至都西尔图，右岸有海勒斯图布拉格和巴彦布拉格汇入；向北流，两岸多低山，至呼和锡勒嘎查，两岸为锡林郭勒草原，河道迂回曲折，流速减缓，两岸多草原，为典型的草原性河流。

经雅日盖图、巴彦查干、乌日格嘎查至吉仁高勒镇。该镇为西乌珠穆沁旗主要城镇之一，右岸有307公路通往巴拉嘎尔高勒镇，该镇附近有浩济特王爷庙，是典型的草原风景区。浩济特王属于大察哈尔部落，清顺治七年（1650年），晋升为浩济特左翼旗，后改为西乌珠穆沁旗，该地曾为旗政府所在地。过吉仁高勒镇折而西流，经阿拉塔图至巴彦乌拉嘎查，与巴格吉仁郭勒汇流，汇流后以下称吉林郭勒。

至哈丹呼舒有支流敖优廷郭勒汇入，下行至河北农场二队，以上均有清水，以下河道间断，河床不明显，多沼泽湿地；至柴达木戈壁有沼泽120多平方千米，格布钦戈壁有沼泽130多平方千米；续流，于必其格特陶勒盖汇入必其格特陶勒盖洼地。该洼地位于东乌珠穆沁旗嘎达布其镇巴音吉日嘎拉以北，洼地中心最低处海拔970米，为内蒙古高原内陆河湖锡林郭勒盟北部片最低点。

西乌珠穆沁旗草原

该河流经锡林郭勒草原腹地，以畜牧业为主，牧草资源丰富，流域所处的西乌珠穆沁旗，草原风光秀丽。

10.12.3.1 巴格吉仁郭勒
（Bagejirenguole River）

属必其格特陶勒盖洼地水系，**伊和吉林郭勒**支流。发源于内蒙古自治区赤峰市克什克腾旗萨勒毛敦索格东北山地，东经117°31′、北纬43°55′，于吉仁高勒镇巴彦高勒村巴彦乌拉嘎查汇入伊和吉林郭勒。沿程海拔1695～949米，流经克什克腾旗和西乌珠穆沁旗。

流域东南高、西北低，上游位于大兴安岭西南段中低山区，山间多林木，该区为本河的主要水源区。中游以下由低山丘陵进入波状高平原区，河道迂回曲折，两岸多湖沼、湿地。

流域属中温带干旱半干旱大陆性季风气候，多年平均气温1.2摄氏度，年无霜期100天左右；多年平均年降水量260毫米，多年平均年水面蒸发量900毫米。

河流弯曲，流向自东南向西北，折而向西，呈L形。河长196.9千米，流域面积2 215.28平方千米，平均比降1.44‰。支流有大淘海沟、助力可河、大其沟、宝洛格斯吐沟等。

巴格吉仁郭勒流经锡林郭勒大草原腹地，以畜牧业为主，是内蒙古主要畜产品基地。域内优良畜种有黑白花奶牛、夏洛来黄牛、草原红牛、蒙古马、乌珠穆沁白绒山羊等。

上游源自克什克腾世界地质公园。克什克腾国家地质公园保护区面积1 750平方千米，由北大山阿斯哈图花岗岩石

克什克腾世界地质公园

林、青山岩白群及花岗岩峰林、达里诺尔火山地貌、黄岗梁第四纪冰川遗迹、热水塘温泉、平顶山第四纪冰斗群、西拉沐伦大峡谷、浑善达克沙地等8个园区组成。2005年被联合国教科文组织批准为第二批世界地质公园。

自河源往西北流，经巴彦乌拉、朱日和、查干敖包，又北流至斯特日黑敖勒木嘎查，以上流经山区，支流众多，主要有大淘海沟、助力可河、大其沟、宝洛格斯吐沟等，为水源主产区，两岸林木众多，河谷较窄，河槽宽2～5米，河道比降大。

北流进入平原区，两岸支流较少，只在那木西勒以下有麦根陶勒importantsDTO浑迪从左侧汇入。北流经巴彦查干、吉林郭勒，注入好勒海特音诺尔。该诺尔水面广阔，呈椭圆形，有众多小湖相连，主要靠巴格吉仁郭勒补给湖泊水源，一般年份水不外泄，只在大水年份湖泊水面扩大，水位升高，外泄的湖水顺湖泊往西流，经吉如干茂都、巴彦高勒村汇入伊和吉林郭勒。

全河在沙日道贯村西南至吉如干茂都西为干河，是一段沙丘地带，并有几个小湖泊，其他均有清水。在该河下游右侧有巴伦诺尔，其中心位置东经117°03′、北纬44°40′，集水面积152.21平方千米，水面面积2.94平方千米，水面高程995米，是一个碱水湖，湖水不往外流，属巴格吉仁郭勒之闭流区。

10.12.3.2 敖优廷郭勒
（Aoyoutingguole River）

属必其格特陶勒盖洼地水系，**伊和吉林郭勒**左岸支流，又称乌优特音高勒。发源于内蒙古自治区阿巴嘎旗伊和高勒苏木毛敦呼勒图西山，东经114°34′、北纬45°02′，于哈丹呼舒西南汇入伊和吉林郭勒。沿程海拔1 500～877米，流经阿巴嘎旗和锡林浩特市。

流域为内蒙古高原低山丘陵区，地势西北高，东南低，河谷开阔，河槽浅窄，水量小，河道迂回曲折，两岸广为沼泽湿地，多湖泊。

流域属中温带干旱半干旱大陆性季风气候，多大风和寒潮，冷暖多变。多年平均气温1.2摄氏度，年无霜期100天左右；多年平均年降水量249.5毫米；光照充足，年日照时数2 930～3 350小时。流域为牧业区。

河流弯曲，流向由西北向东南，折向东北，呈半弧型。河长232.3千米，流域面积7 147.33平方千米，平均比降1.60‰。较大支流有**宝楞高勒**、**哈沙图高勒**、**巴彦郭勒**。

自河源向东南至浩勒包，折向东北，至和默勒图南有宝楞高勒汇入，至好勒门德呼都格右岸有哈布其勒高勒汇入，左岸有巴彦郭勒汇入，沿岸多沼泽、湖泊。以下左岸有沙巴

润查布其尔洼地,多湖泊、湿地。右岸有连通查干诺尔洼地的小沟,查干诺尔一般不外流,特大水时,水位超过908米时可溢出,于乌优特二队流入敖优廷郭勒。敖优廷郭勒于哈丹呼舒西南汇入伊和吉林郭勒。

10.12.3.2.1　巴彦郭勒
（Bayanguole River）

属必其格特陶勒盖洼地水系,**敖优廷郭勒**左岸支流。发源于内蒙古自治区阿巴嘎旗吉尔嘎朗图苏木昂格勒图山区,东经115°06′、北纬45°09′,于阿巴嘎旗约特呼都格汇入敖优廷郭勒。沿程海拔1 455～948米,流经阿巴嘎旗境内。

流域为蒙古高原低山丘陵区,由西北向东南倾斜,河谷开阔,河槽浅窄,水量小,下游河口处多沼泽及草地。

流域属中温带干旱半干旱大陆性季风气候,多大风和寒潮,冷暖多变。多年平均气温1.3摄氏度,光照充足,年日照时数2 930～3 350小时,全年无霜期100天左右,多年平均年降水量249.5毫米。

河流流向自西北向东南,河长94千米,流域面积1 204.6平方千米,河道平均比降3.38‰。全河在吉尔嘎朗图、巴彦布拉格哈沙特处各有约4千米长的间歇河,其余均为干河。主要支流有塔日浑迪从右侧汇入。

流域内为牧业经济,盛产野生白蘑、黄花菜和韭菜花等;药用植物有麻黄、柴胡、大黄、黄芩、沙参、知母、白芍等。野生动物有猞猁、天鹅、黄羊、旱獭、狐狸、沙狐、獾子、狼、野兔等。

10.12.3.2.2　锡林河
（Xilin River）

属必其格特陶勒盖洼地水系,又称锡林郭勒。发源于内蒙古自治区赤峰市克什克腾旗宝尔图西南山区,东经117°15′、北纬43°38′,至伊和尔呼都格注入查干诺尔。沿程海拔1 460～902.2米,特大水时可溢出,于乌优特西北流入**敖优廷郭勒**(海拔898米)。流经克什克腾旗、阿巴嘎旗、锡林浩特市区。

锡林河

流域地势东南高、西北低,域内多丘陵沙岗,河道迂回曲折,沿河及丘间多湖沼、湿地。

流域属中温带半干旱大陆性季风气候。多年平均气温2.1摄氏度,年无霜期105天左右,多年平均年降水量290毫米,多年平均年水面蒸发量930毫米。

河道弯曲,流向由东南向西北,折向东北,呈半弧型。河长268.1千米,流域面积1.054万平方千米,平均比降为1.25‰,多年平均年径流量0.203亿立方米。流域内较大的支流有4条,即好来吐郭勒(河长79.3千米,流域面积843.22平方千米)、**浩来郭勒**、那仁塔拉淇迪(河长49.0千米,流域面积898.31平方千米)和**塔日彦浑迪**。在锡林浩特市设有锡林郭勒水文站。

锡林河上游称敖化诺尔郭勒自源头向西流至公乃庙折向西北,以上为上游,河道弯曲,河谷宽约1千米,河槽宽2～5米。至三棵树西北有浩来郭勒汇入,此河亦称昌图河。至锡林浩特市以南,在干流上建有锡林河水库。锡林河水库最大坝高13.5米,坝长280米。总库容1 867万立方米,灌溉面积1 500公顷。锡林河水库分别自1995年、2003年开始养殖大银鱼和冷水性鱼类高白鲑。

过锡林浩特北有50多平方千米沼泽地,至乌兰吉吐浑迪汇入口,折向西北。以下多湖沼、湿地,河道不明显,原巴彦宝力格苏木查干宝日东约4千米处有2个碱水湖,共存于一个洼地中,集水面积共有307.03平方千米。其中布拉格诺尔,水面面积2.85平方千米;呼吉尔诺尔,水面面积0.90平方千米,水面高程均为940米。特大水时,水面高程超过945米时流入锡林河。沙尔塔拉有30多平方千米沼泽地带,巴彦宝拉格村以下,有70多千米长、2～20千米宽的沼泽地带。至巴勒特盖都格有塔日彦浑迪汇入,至伊和尔呼都格注入查干诺尔。

锡林河水库

查干诺尔位于阿巴嘎旗朝克乌拉牧场境内,东经116°13′、北纬44°33′,水面面积5.55平方千米,水深7～8米,水面高程902.5米,为碱水湖,一般不外流,特大水时,水位超过908米时可溢出,于乌优特二队流入敖优廷郭勒。

锡林河供水工程位于锡林郭勒盟锡林浩特市,取水水源地距锡林浩特市城南9千米的锡林河水库,工程主要由取水工程、输水管线、净水厂三部分组成。

锡林河是锡林郭勒草原的母亲河,风光秀丽。锡林河流域1985年被列为国家级锡林郭勒草原保护区,面积107.86万公顷,主要保护对象为草甸草原沙地疏林。

10.12.3.2.2.1　塔日彦浑迪
（Tariyanhundi River）

属**锡林河**水系。发源于内蒙古自治区锡林浩特市宝力根苏木锡林郭勒种畜场沙尼根布拉格东北山麓,东经116°45′、北纬44°09′,流域海拔1 345～921米,于锡林浩特市宝力根苏木巴勒特盖呼都格汇入锡林河,流经锡林浩特市。

河长81.2千米,流域面积1 549.28平方千米,河道平均比降3.6‰。

流域地势东南高、西北低,属中温带半干旱大陆性气候。多年平均气温2.8摄氏度,多年平均年降水量294.9毫米,年均日照时数2 877小时,平均风速3.5米每秒,多年平均年水面蒸发量2 100毫米。

流域矿产资源有铬、铜、锡、煤、石油等，主要自然灾害有雪灾、旱灾、水灾等，域内有国道207、303线及省道101线通过。

河流自河源西北流，河道弯曲，支流多集中于右岸，有宝登图拜兴（浑迪）、哈尔陶勒盖浑迪等。中游左侧有斯楞苏图诺尔，湖泊集水面积263.84平方千米，水面面积1.0平方千米，水面高程1 145米，一般洪水时不外流，属该河的闭流区域。全河除沙尼根布拉格至毛登牧场间有清水外，其余均为干河，汛斯暴雨时有洪水流过。

流域有优良牧场及天然野生动植物资源，为锡林浩特大草原的组成部分，是自治区畜牧业生产基地之一。

10.12.3.2.2.2 浩来郭勒
（Haolaiguole River）

属**锡林河**水系。发源于内蒙古自治区锡林浩特市巴彦锡勒街道查干敖包东大约6千米处，东经116°52′、北纬43°58′，流域海拔1 385～1 038米。于锡林浩特市巴彦锡勒街道昌图敖包东汇入锡林河，流经锡林浩特市。

河长77.6千米，流域面积1 127.53平方千米，河道平均比降2.59‰。

流域地势东北高、西南低，属中温带半干旱大陆性气候。多年平均气温2.8摄氏度，多年平均年降水量294.9毫米，年平均日照时数2 877小时，平均风速3.5米每秒，多年平均年水面蒸发量2 100毫米。

流域矿产资源有煤、石油、铜、锡等，主要自然灾害有旱灾、洪水等，域内有国道207、303线穿过。

河流自河源西流，至达林图儒戈壁（沼泽地）后折而西南流，河道弯曲。主要支流多集中在左岸，有准乌德（河）、敦德乌德（河）、巴润乌德（河）、大西沟、保牧太布勒嘎（河）、哈尔沟等。全河在达林图儒戈壁以上为干河，以下有清水或间歇水。上游右侧有洪浩尔舒特诺尔，一般湖水不外流，属该河的闭流区。

流域有丰富的天然动植物资源，为自治区重要的畜产品生产基地之一。

10.12.3.2.3 宝楞高勒
（Baolenggaole River）

属**敖优廷郭勒**水系。发源于内蒙古自治区阿巴嘎旗吉尔嘎郎图苏木乌德干德勒东山顶，东经114°53′、北纬45°16′，流域海拔1 500～996米。于伊和高勒苏木默勒图南汇入敖优廷郭勒。流经阿巴嘎旗。

河长99.3千米，流域面积1 524.93平方千米，河道平均比降3.95‰。

流域地势西北高、东南低，为蒙古高原低山丘陵区。属中温带干旱半干旱气候，多年平均气温0.6摄氏度，多年平均年降水量243毫米。年均无霜期105天，多年平均日照时数3 140小时。

流域矿产资源有煤、石灰石、钨矿等，土特产有白蘑、发菜、韭菜花、黄花菜等，野生动物有黄羊、猞猁、狐狸、天鹅等。

流域内有成吉思汗边墙遗址，有省道101线穿过；主要自然灾害有干旱、暴风雪、洪水、鼠害等。

流域自河源东南流，河道基本顺直，流域呈长条形，主要支流均集中在上游山区，中下游无大支流汇入。主要支流有布格丁郭勒、乌尔塔其浑迪、巴嘎高勒等。全河在霍温阿很呼都格以上为干河，其余均有清水或间歇水。河流两侧有崩肯提诺尔、阿拉塔拉河诺尔、查干诺尔等小型湖泊，为牲畜主要饮水水源地。

该河为季节性河流，洪水期有洪水流过。

流域经济以牧业为主，为阿巴嘎羊主要产区，大牲畜有牛、马、骆驼等，为自治区商品牲畜生产基地之一。

10.12.3.2.4 哈沙图高勒
（Hashatugaole River）

属**敖优廷郭勒**水系，亦称哈布其勒高勒。发源于内蒙古自治区阿巴嘎旗伊和高勒苏木哈勒盖特山，东经115°03′、北纬44°29′，流域海拔1 205～950米。于阿巴嘎旗好勒门德呼都格汇入敖优廷郭勒。流经阿巴嘎旗。

河长76.2千米，流域面积1 211.87平方千米，河道平均比降2.01‰。

流域地势西南高、东北低，属蒙古高原低山丘陵区。属中温带干旱半干旱气候，多年平均气温0.6摄氏度，多年平均年降水量243毫米。

流域矿产资源有煤、石灰石、钨矿等，土地特产有：白蘑、发菜、韭菜花、黄花等，野生动物有黄羊、猞猁、狐狸、天鹅等。

流域有成吉思汗边墙遗址，有省道101线穿过。主要自然灾害有干旱、暴风雪、洪水、鼠害等。

河流自西南向东北流，河道基本顺直，流域呈长条形，支流较少，主要有乌花郭勒盖沟从右侧汇入。全河在阿德格音查干特热格诺尔有间歇水，其余均为干河。中游右侧有乌兰诺尔。

流域经济以牧业为主，产阿巴嘎羊，是自治区商品牲畜生产基地之一。流域上游以南有别力古台度假村。

10.12.3.3 额吉诺尔
（Ejinuoer Lake）

属必其格特陶勒盖洼地水系。位于内蒙古自治区东乌珠穆沁旗额吉诺尔镇东北部，东经116°30′、北纬45°14′。

水面高程831米，水深7～9米，水面面积20.65平方千米，流域面积1 081.65平方千米。为咸水湖，pH值7.5，矿化度333克每升。一般水不易流出，若高程超过838米时，其趋向流入西侧的**伊和吉林郭勒**之柴达木戈壁湖。湖的东南部有约20平方千米沼泽地，并有一串南北向的湖泊群，依次为包尔呼吉尔呼都格、舒特诺尔、巴嘎额吉诺尔、帅仁诺尔等7～8个小湖泊。

流域属中温带干旱半干旱大陆性气候，冬春寒冷漫长，多年平均气温1.2摄氏度，多年平均年降水量340毫米。

湖区地势东南高、西北低，湖泊主要补给水源均来自东南山洪沟。夏季水丰，山洪水顺沟而下，湖水上涨。湖泊位于牧区，为周边牲畜饮水主要水源地。

巴嘎额吉诺尔位于湖泊群中间，东经116°36′、北纬45°09′，水面高程839米，水深7～9米，水面面积2.88平方千米。因湖中含硝，又称硝泡子。

额吉诺尔地处锡林郭勒草原，水草丰美，畜牧业经济发达。以南为哈日阿图巴嘎，以北为额吉诺尔盐湖村。湖东山区有铜矿，盐类矿床有芒硝、石盐。石盐开采历史悠久，20世纪初就以盛产品莹透彻、色美味厚的大青盐而闻名，现建有锡林郭勒盐矿，生产原盐、再生盐、精制盐、加碘盐等。

10.12.3.4 阿尔塔高勒
(Aertagaole River)

属**伊和吉林郭勒**水系。发源于内蒙古自治区东乌珠穆沁旗额吉淖尔镇塔班杭盖乌拉山,东经115°22′、北纬45°18′。流域海拔1 470～825米,于东乌珠穆沁旗阿乐好来农场汇入伊和吉林郭勒。

河长84.8千米,流域面积1 444.17平方千米,河道平均比降5.61‰。

流域地势西高东低,气候属北温带半干旱大陆性气候。多年平均气温1.65摄氏度,多年平均年降水量350毫米。

流域矿产资源有石油、煤、铅、铜、锌、石灰石等,植物有黄芪、白蘑、发菜等。域内有省道101线通过。

河流自河源东北流,至绥和查干边防检查站折而东流,支流多集中在右岸,河道顺直,流域呈长条形。主要支流有乌吉高勒、汗贝苏木高勒、其格勒浩勒、亥鲁特浑迪等。全河从乌兰哈布其勒至呼勒嘎金陶勒盖有间歇水,其余均为干河,下游河床不明显。

流域为牧区,是内蒙古自治区重要商品牲畜基地之一,盛产乌珠穆沁肥尾羊、草原红牛等。流域内有宝力格油田。

10.12.3.5 吉拉嘎浑迪
(Jilagahundi River)

属**伊和吉林郭勒**水系。发源于内蒙古自治区东乌珠穆沁旗萨麦苏木敖来浩来格尔吉西北山区,东经116°37′、北纬45°51′,流域海拔1 180～800米,于东乌珠穆沁旗嘎布达其镇尔格布钦戈壁哈尔道希北汇入伊和吉林郭勒。

河长51.5千米,流域面积1 197.31平方千米,河道平均比降4.47‰。

流域地势北高南低,气候属北温带半干旱大陆性气候。多年平均气温1.65摄氏度,多年平均年降水量350毫米。

流域矿产资源有石油、煤、铅、铜、锌、石灰石等,植物有黄芪、白蘑、发菜等。域内有省道101线通过。

河流自北向南流,河流由两大支流组成,一为吉拉嘎浑迪,一为乌德勒好来河。两河在沙尔哈达西北汇合,由于乌德好来河大部分河床不明显,故将吉拉嘎浑迪作为主干。流域呈扇形分布,平时无水,河道干涸。汛期两河水流均汇积于道图诺尔湖,湖水通过一连串小湖泊汇入格布钦戈壁沼泽地带,后流入伊和吉林郭勒。

流域为草原牧区,其中,乌里雅斯台地区已开发为旅游度假村,远近闻名。

10.12.4 达里诺尔
(Dalinuoer Lake)

又名达来诺尔,蒙古语意为"肩胛骨形的湖",元代称鱼儿泊、达儿泊。湖泊中心坐标东经116°25′、北纬43°15′,在内蒙古自治区赤峰市克什克腾旗西北部,大兴安岭余脉经棚山区之顶的构造盆地之中,湖区属新华夏第一沉降带中浑善达克凹陷东段一部分。盆地中除达里诺尔外,东南和西北还有达更诺尔、岗更诺尔与社乐尔等3个较小的湖泊,组成一个湖泊群。

达里诺尔是内蒙古第二大内陆湖。流域面积4 193.63平方千米,湖面面积240平方千米,平均水深7.5米,最深处达10米,蓄水量14.9亿立方米,湖底除有淤泥和砂砾外,多为石质基底。湖水来源主要由**公格尔河**、石岭河、羊腾河、毫伦河等河流长年补给。

流域属中温带干旱半干旱大陆性气候,多年平均气温1.5摄氏度,全年无霜期90天左右,多年平均年降水量340毫米,多年平均年水面蒸发量950毫米。

达里诺尔水质为氯化物重碳酸钙镁型水,盐分以碳酸盐为主,pH值9.5,矿化度5.5克每升。由于连年干旱等原因,蒸发量大于补给量,湖面有所收缩。湖水水质滑腻,独特的水质使湖内只产两种鱼,即鲤鱼、华子鱼(瓦氏雅罗鱼),年产鲜鱼60万千克。

达里诺尔位于内蒙古高原,地势高,光照条件好,水面广阔,人烟稀少,湖域岛屿多,不仅是当地鸟类栖息繁衍的良好场所,亦是西伯利亚到中国东南沿海候鸟的重要繁殖地与休歇地。达里诺尔有鸟类134种,其中国家一级保护动物有丹顶鹤、白鹳、黑鹳、大鸨和玉带海雕等5种;国家二级保护动物有大天鹅、小天鹅、灰鹤、白鹤等18种;被列为中国生物多样性保护行动计划中鸟类物种多样性保护优先序列的有21种。

达里诺尔1997年列为国家级自然保护区。保护区由北向南形成了玄武岩台地—湖积平原—湖盆低地—风成沙地依次排列的景观生态格局,特殊的地形地貌,造就了这里奇特的自然景观。域内是优良的天然草牧场,周边自然、人文遗迹荟萃,有规模很大的火山群遗迹,有距今五六千年的砧子山岩画,还有金长城——金边堡和元朝末代皇帝宫殿的遗址。乘船在湖中漫游,站在达尔山上远眺,躺在草地上畅想,蓝天白云,阵阵花香,众多的水鸟,数不尽的繁星,可充分领略大自然无穷的魅力。在这里还可以感受到蒙古族牧民的风土人情和民族文化。

10.12.4.1 公格尔河
(Gonggeer River)

属**达里诺尔**水系,为达里诺尔主要汇入河流,蒙古语为"公格尔音郭勒"。发源于内蒙古自治区克什克腾旗同兴镇以西,大兴安岭西麓马鞍桥子山,东经117°26′、北纬43°44′,海拔1 999米,流经同兴镇、白音珠日和苏木和达来诺日镇。

流域地势东北高、西南低,自然落差610米,黄芹场以上为山区,以下至入湖口为低山、平原区。

流域属中温带干旱半干旱大陆性气候,多年平均气温1.5摄氏度,年无霜期90天左右,多年平均年降水量340毫米,多年平均年水面蒸发量950毫米。

河道弯曲,呈S形,总体流向由东北向西南。河长126千米,流域面积1 886平方千米,平均比降2.2‰,多年平均年径流量0.66亿立方米,平均含沙量1千克每立方米。河道蜿蜒曲折,上游河谷较窄,下游两岸多沙洲,平均河宽5～10米;主要支流有阿流比流河等。

1969年在干流河道上建成五道石门中型水库,最大坝高29米,坝长119米。总库容1 470万立方米,灌溉面积2 333公顷。

上游山区多林木,森林覆盖率为16.51%。流域内矿产资源丰富,有黄岗梁铁锡矿、锡金矿等。

自河源向西南,黄芹场以上河道单一顺直,支流较少,黄芹场以下河道弯曲,汊河交织,与湖泊相连,形成河湖串联的水网地带。较大的湖泊有脚马登塔拉诺尔、白音珠日诺尔、宝音图诺尔、岗更诺尔、浩雅日敖包和都热诺尔。至格根敖勒木一分为二,东支注入岗更诺尔,西支注入达里诺尔。达里诺尔、岗更诺尔有水道相通,大水时湖面水位上涨,两湖相连。水小时两湖相隔,形成姊妹湖。

公格尔河流域历史悠久,元至元七年(1270年),弘吉剌氏万户斡罗陈于达里诺尔湖西多若诺日筑城，称应昌府，至元二十二年（1285年）升为应昌路。流域右岸自东北向西南断续分布着三段成吉思汗边墙，为蒙元时期留存至今的战争遗址。流域自上而下分布着多处国家级、省级自然保护区：有黄岗梁国家森林公园及黄岗梁省级自然保护区、白音敖包国家级自然保护区、达里诺尔国家级自然保护区，主要保护珍稀鸟类、野生动物及其赖以生存的湖泊、湿地、沙地、草原及天然次生林等多样性生态系统，累计保护面积23万公顷。

公格尔河集森林、草原、湖泊及蒙元文化于一身，成为内蒙古自治区自然保护区最多的生态河流。

10.12.5 巴彦诺尔
（Bayannuoer Lake）

位于内蒙古自治区锡林浩特市宝力根苏木，湖泊中心坐标东经115°37′、北纬43°56′。水面高程1 046米，水深6~9米，水质咸。水面面积8.53平方千米。

湖泊周边地势东北高、西南低，属中温带干旱半干旱大陆性气候，多年平均温度1.0摄氏度，多年平均年降水量245毫米。巴彦诺尔东北与**锡林河**流域为界，西南部为锡林郭勒草原。

湖泊呈椭圆形，南北长，东西窄，主要水源补给为湖泊周边汛期山洪水，湖泊为周围牲畜饮水主要水源地。阿巴嘎旗与锡林浩特市之间，湖泊西北有舒特诺尔、西南有德力格音布拉格诺尔、包尔呼吉尔诺尔。湖区以畜牧业为主，主要牧业点有扎呼郎特乌拉、白音塔拉牧场等。

10.12.6 呼尔查干淖尔
（Huerchagannaoer Lake）

位于内蒙古自治区锡林郭勒盟阿巴嘎旗南部查干淖尔镇境内，又名哈尔查干诺尔。湖泊中心坐标东经114°55′、北纬43°25′。东北至西南长约24千米，西北至东南宽3~5千米。在东北角查干诺尔渔场东南形成东西两个湖泊，中间相隔有200米，但两湖相通，统称呼尔查干淖尔。水面高程1 013米，水面面积109.93平方千米，为一较大的咸水湖。汇入河流东有**高格斯台郭勒**，南有**努格斯郭勒**。为一盆地区，盆地包括高程1 030米以上地区，周围湖泊较多。

地处阿巴嘎旗南部浑善达克沙地，为波状高平原地貌，多固定半固定沙丘。湖东北多草地，湖西南多沙丘，丘间低地积水成湖，因此多湖泊。丘间洼地及湖泊周围有较大面积的草滩。

流域属温带干旱半干旱大陆性季风气候，多年平均气温1.2摄氏度，年无霜期105天左右；多年平均年降水量250毫米，多年平均年水面蒸发量1 050毫米；光照充足，年日照时数2 930~3 350小时。

湖区为牧业地区，湖南部有特格奇苏木，湖东部有查干淖尔牧场，北部有查干淖尔镇、巴彦宝拉格等居民点，湖畔有查干诺尔渔场。

湖泊及湖西为恩格尔湿地自然保护区。湿地面积437.76平方千米，其中河流湿地1.26平方千米，湖泊湿地130.65平方千米，沼泽湿地112.72平方千米，滩地湿地193.13平方千米。

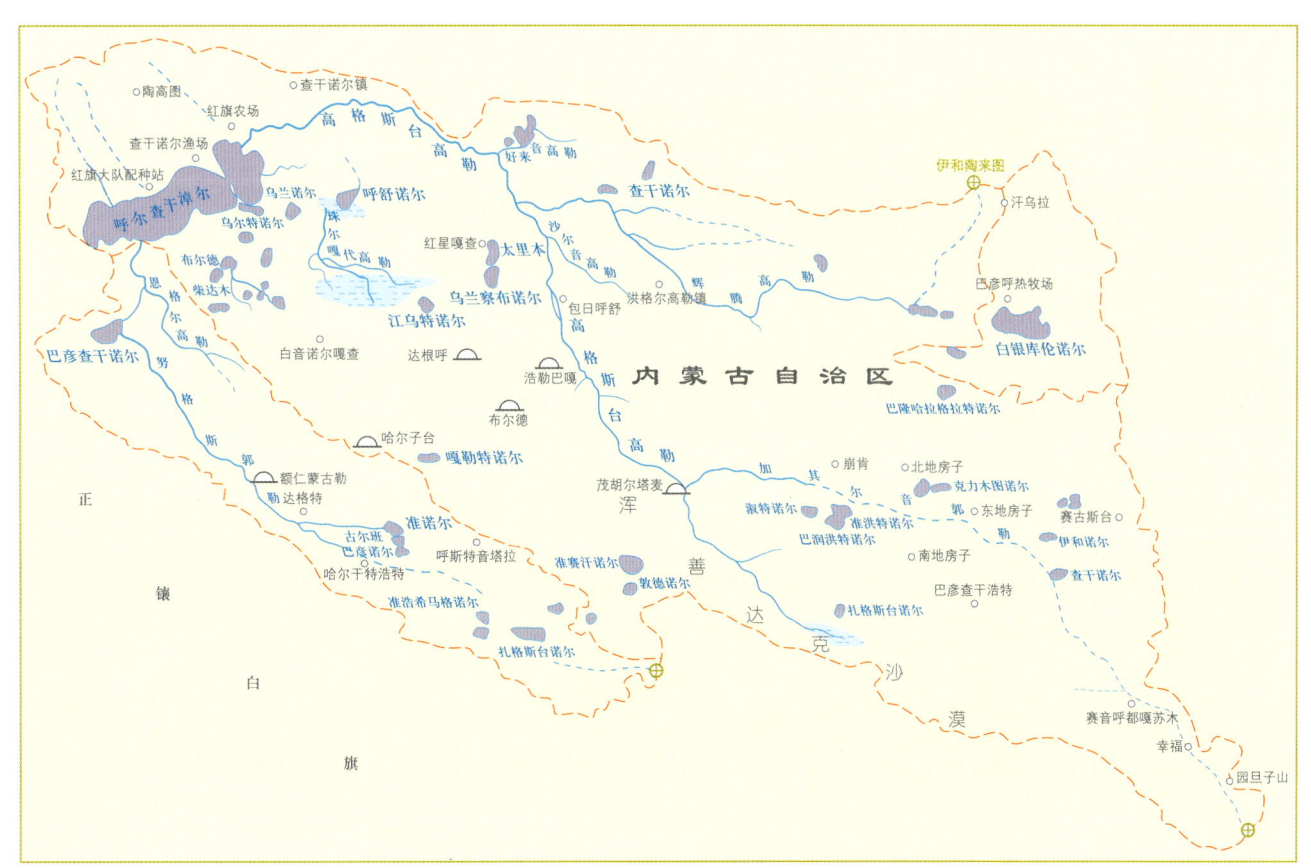

呼尔查干淖尔水系示意图

10.12.6.1　高格斯台郭勒
(Gaogesitaiguole River)

属**呼尔查干淖尔**水系，又名巴音河。发源于内蒙古自治区锡林郭勒盟正蓝旗赛音呼都嘎苏木园旦子山东南，东经116°33′、北纬42°42′。沿程海拔1 448～1 018米，流经正蓝旗、阿巴嘎旗。

流域属阴山北坡内陆河，位于阿巴嘎旗南部浑善达克沙地，为波状高平原地貌，属荒漠草原，多固定半固定沙丘，丘间低地往往积水成湖，因此多湖泊，丘间洼地及湖泊周围有较大面积的草滩。

流域属温带干旱半干旱大陆性季风气候，多年平均气温1.3摄氏度，无霜期105天左右；多年平均年降水量260毫米，多年平均年水面蒸发量1 050毫米；光照充足，年日照时数在2 930～3 350小时。

河道弯曲，总体流向自东南向西北。河长223.7千米，流域面积5 145.4平方千米，多年平均年径流量0.408亿立方米；河谷开阔，河槽浅宽，水流平缓，河道平均比降1.57‰；多年平均含沙量0.08千克每立方米。主要支流有**辉腾高勒**等。

流域内以牧业经济为主，盛产野生白蘑、黄花菜和韭菜花等，药用植物有麻黄、柴胡、大黄、黄芩、沙参、知母、白芍等。野生动物有猞猁、天鹅、黄羊、旱獭、狐狸、沙狐、獾子、狼、野兔等。

自河源向东北流，两岸均为沙丘地带，全河在崩肯以上河床不明显，无明显支流，并有淑特诺尔（咸水）、准洪特诺尔（咸水）、巴润洪特诺尔（咸水）、伊和诺尔（咸水）、查干诺尔（咸水）、克力木图诺尔等小湖泊多处。一般的水就地消失在沙丘低洼处及这些小湖泊中。崩肯以下，均有清水。左侧多沙丘，无明显支流，仅在下游有珠尔嘎代高勒，穿过呼舒诺尔在郭勒德尔斯汇入；右侧有沙尔音高勒、辉腾高勒、好来音郭勒汇入，于阿巴嘎旗查干淖尔镇红旗农场注入呼尔查干诺尔。

洪格尔草原休闲生态旅游区位于支流辉腾高勒域内的洪格尔高勒镇，区内有百年古刹杨都庙，北国江南乌里雅斯台，沙地珍珠哈日乌素、响泉、连心桥、知青林等多处景点。成吉思宝格达山已开发为民俗文化旅游区，当地牧民尊称为成吉思宝格达山，意为"成吉思汗圣山"，每逢农历五月中旬均举办盛大的祭祀活动。区内有萨满洞、浩日格岩画、成吉思汗围猎场等多处景点。洪格尔、萨如拉一带为浑善达克沙地栢自然保护区。

10.12.6.1.1　辉腾高勒
(Huitenggaole River)

属**呼尔查干淖尔**水系，**高格斯台郭勒**右岸支流。发源于内蒙古自治区锡林郭勒盟阿巴嘎旗洪格尔高勒镇伊和陶来图山，东经116°09′、北纬43°27′。沿程海拔1 610～1 082米，流经阿巴嘎旗境内，于阿尔善塔格汇入高格斯台高勒。

流域位于浑善达克沙地与灰腾锡勒玄武岩台地结合部，南岸大部为浑善达克沙地，北岸大部为玄武岩台地。

流域属温带干旱半干旱大陆性季风气候，多年平均气温1.3摄氏度，年无霜期100天左右；多年平均年降水量280毫米，多年平均年水面蒸发量980毫米；光照充足，年日照时数2 930～3 350小时。

流向自东南向西北，河长92.4千米，流域面积932.3平方千米，河道平均比降3.48‰。河谷开阔，河槽宽浅，水流平缓。无大支流汇入，河谷内多沼泽湖泊。

自河源向西南流，至罕乌拉建设二队，以上为干河，辉腾高勒南支自东汇入，以下均有清水。辉腾高勒南支河谷宽1～2千米，为沼泽地，有几个不连续的小湖泊补给水源。小湖泊东为**白银库伦诺尔**，湖泊水面低于周围地面，湖水无出口，是与辉腾高勒相对独立的闭流区域。

域内洪格尔高勒镇，现已建为洪格尔草原休闲生态旅游区。区内有百年古刹杨都庙，北国江南乌里雅斯台，沙地珍珠哈日乌素、响泉、连心桥、知青林等多处景点，洪格尔一带亦为浑善达克沙地柏自然保护区。

杨都庙位于阿巴嘎旗洪格尔高勒镇境内，始建于清同治三年（1864年），清廷赐名施善寺，至今仍保持着宗教活动。镇东1千米处有一泉眼，当地人称其为响泉，这个泉眼的奇妙之处是能够闻声喷涌，泉水含有丰富的矿物质，数百年来，周边牧民皆饮此泉水。

10.12.6.1.2　白银库伦诺尔
(Baiyinkulunnuoer Lake)

属**高格斯台郭勒**水系，也称白音库伦诺尔，又名巴彦呼热淖尔。位于内蒙古自治区锡林浩特市巴彦呼热牧场以南，湖泊中心坐标东经116°13′、北纬43°16′。水面高程1 277米，水质咸，水面面积14.1平方千米，集水面积425.39平方千米。该水系地处锡林郭勒大草原，自然资源丰富，草原丰美。

湖区属中温带干旱半干旱大陆性气候，多大风和寒潮，多年平均气温1.0摄氏度，多年平均年降水量245毫米。

白银库伦诺尔东西长，南北窄，流域为不规则的三角形，南部宽，北部狭窄，周边山洪沟水流向白银库伦洼地，形成湖泊的主要水源。汛期水涨，水质咸，为周边牲畜饮水主要水源地。湖泊以北有巴彦呼热牧场，以西有罕乌拉建设队及辉腾梁牧业点。

10.12.6.2　努格斯郭勒
(Nugesiguole River)

属**呼尔查干淖尔**水系，也称呼日查干淖。发源于内蒙古自治区锡林郭勒盟正蓝旗扎格斯台苏木塔日彦拉格塔拉西北，东经115°38′、北纬42°54′，于阿巴嘎旗萨拉东南注入呼尔查干淖尔。沿程海拔1 300～1 018米，流经正蓝旗、苏尼特左旗、阿巴嘎旗。

流域地处苏尼特左旗以南浑善达克沙地，为波状高平原地貌，多固定半固定沙丘，丘间低地往往积水成湖，河道两侧多湖泊，为荒漠草原，丘间洼地及湖泊周围有较大面积的草滩。

流域属温带干旱半干旱大陆性季风气候，多年平均气温1.5摄氏度，年无霜期115天左右；多年平均年降水量270毫米，多年平均年水面蒸发量1 050毫米；光照充足，年日照时数2 930～3 350小时。

河流流向由东南向西北，河长103.3千米，流域面积1 239.48平方千米，河道平均比降2.73‰。流域地势平缓，河道较顺直，河谷开阔，水流平缓。河谷内多沼泽湖泊，主要支流有恩格尔高勒，干流建有恩格尔河灌区等水利工程。

河源出自塔日彦拉格塔拉附近内陆湖中，哈尔干特浩特以上河床不明显，有许多小湖泊，如希热图诺尔（咸水）、舒诺尔（苦水）、准浩希马格诺尔，较大的为**扎格斯台诺尔**。这些湖泊均起蓄水作用。一般水很少流入河中，大部分就地消

失在沙丘低洼处以及这些小湖泊中，因此，在哈尔干特浩特以上河水很难下流，为相对独立的闭流区。在哈尔干特浩特以下均有清水，主要靠右岸的古尔班巴彦诺尔及准诺尔等湖泊供给。至苏尼特左旗巴彦淖尔镇思格尔附近注入巴彦查干淖尔。于巴彦查干淖尔东北角向北出流，接纳恩格尔高勒后，于阿巴嘎旗萨拉东南注入呼尔查干淖尔。

10.12.6.2.1　扎格斯台诺尔
（Zhagesitainuoer Lake）

属**努格斯郭勒**水系，位于内蒙古自治区正蓝旗那日图苏木，湖泊中心坐标东经115°27′、北纬42°56′，水面高程1 253米，水面面积5.10平方千米，为咸水湖。湖泊地处锡林郭勒草原南端，地域辽阔。

流域属温带干旱大陆性季风气候，多年平均气温1.5摄氏度，多年平均年降水量360毫米。

扎格斯台诺尔呈椭圆形，东西长，南北窄，主要补给水源来自湖泊东南的山洪沟。周边湖泊有希热图诺尔和准浩希马格诺尔等，构成湖泊群，为努格斯郭勒上源，湖水不外溢。湖泊西北为扎格斯台苏木，湖泊以东为额尔登塔拉草原。该湖为季节性湖泊，每逢雨水，周边山洪入湖，湖泊水面上涨。该湖地处牧区，为周边牲畜饮水的主要水源。

10.12.7　浩勒图音诺尔
（Haoletuyinnuoer Lake）

又称浩勒图音淖日、好拉吐诺尔，均系蒙古语名。"浩勒图"意为"狭谷"，淖尔为"湖"，清时称霍落图尔。位于内蒙古自治区正蓝旗那日图苏木，其中心位置为东经115°42′、北纬43°17′。该湖为咸水湖，水面面积为10.03平方千米，水面高程为1 267米，水深7～10米，沉积物为石盐、芒硝。

湖区地势由西南向东北倾斜。属中温带半干旱大陆性季风气候，多年平均气温1.5摄氏度，年无霜期107天左右。正蓝旗境内的元上都遗址曾经是元世祖忽必烈登基即位之地。

湖周围均为沙丘地带，无明显河流。

10.12.8　宝沙岱诺尔
（Baoshadainuoer Lake）

又名宝绍代诺尔，系蒙古语名，由"布树达来"转名而来。位于内蒙古自治区正蓝旗宝绍代苏木境内，距宝绍代苏木正南约1.5千米。湖中心坐标东经115°27′、北纬42°33′。水面面积15.65平方千米，水面高程1 217米，为咸水湖。

地势由西南向东北倾斜，属中温带半干旱大陆性季风气候，多年平均气温1.5摄氏度，多年平均年降水量365毫米，年无霜期107天左右。畜牧业为该区的主体经济，是国家商品牛和优良畜种基地。旅游资源有金莲川森林草原自然保护区等。

湖北面、东面系沙丘地带，有独立存在的中小诺尔5个，分别为查干诺尔（东经115°30′、北纬42°44′，水质碱，水面面积为9.50平方千米，水面高程1 279米）、浩勒包淖尔（东经115°26′、北纬42°40′，水质碱，水面面积为1.0平方千米，水面高程1 245米）、合洛巴诺尔（东经115°25′、北纬42°39′，水质咸，水面面积为2.01平方千米，水面高程1 242米）、下里诺尔（东经115°29′、北纬42°37′，水质咸，水面面积为3.23平方千米，水面高程1 225米）、努得格诺尔（东经115°38′、北纬42°38′，水质咸，水面面积为1.50平方千米，水面高程1 290米）。

宝沙岱诺尔南面为丘陵地带，有**哈拉巴郭勒**注入。

10.12.8.1　哈拉巴郭勒
（Halabaguole River）

宝沙岱诺尔支流，发源于内蒙古自治区锡林郭勒盟太仆寺旗千斤沟镇中河村火人梁东山顶，东经115°32′、北纬42°00′。于正镶白旗阿日善得尔苏木东汇入宝沙岱诺尔。沿程海拔1 710～1 217米，流经太仆寺旗、正蓝旗、正镶白旗。

流域南高北低，上游地处阴山山脉东端北麓，低山、丘陵、河谷交错，中游以下地处浑善达克沙地南缘，以沙丘、低山、丘陵为主。

流域气候属中温带干旱大陆性气候，多年平均气温1.9摄氏度，多年平均年降水量363毫米，年平均风速每秒4米，年日照2 888小时，年均水面蒸发量1 932毫米，全年无霜期111天左右。

河流流向由南向北流，河长93.1千米，集水面积1 971.23平方千米，河道平均比降2.0‰。流域内植被稀疏。河流为季节性河流，有间歇水，洪水时水流汇入宝沙岱诺尔，主要支流有小无山郭勒、查干敖包郭勒、陶来格勒河等。

哈拉巴郭勒流域呈扇形，两岸支流发育，为畜牧业区域，河道弯曲，至上都河种马场左岸有阿达尔嘎淖泊，查干敖包以下，流域缩窄，无支流汇入。左岸有哲耳根图林场，上游太仆寺旗境内有成吉思汗边墙遗址。

10.12.9　沙拉格诺尔
（Shalagenuoer Lake）

又称沙腊格诺尔，位于内蒙古自治区正镶白旗伊和淖尔苏木，湖中心坐标东经114°53′、北纬42°48′。水面高程1 188米，水质咸，水面面积7.55平方千米。该湖地处锡林郭勒大草原，水草丰美，畜牧业发达。

湖区属温带干旱半干旱大陆性季风气候，寒冷干旱风沙大，多年平均气温1.5摄氏度，多年平均年降水量350毫米。

沙拉格诺尔呈不规则方形，湖泊东北多沼泽地，周边较大的湖泊有沙尔布尔德湖、阿拉腾嘎达斯诺尔、乌兰诺尔、苏木音郭勒湖等，主要牧业点有丹巴营子、特格辛塔拉、乌日雅图嘎查等。

该湖地处牧业区域，湖泊水量来自周边降水产生的地表径流补给，干旱年湖水干涸。

10.12.10　布尔嘎斯特高勒
（Buergasitegaole River）

属阿拉腾嘎达斯诺尔水系，中游称哈布日图音高勒，下游始称布尔嘎斯特高勒。发源于内蒙古自治区乌兰察布市化德县德色图乡长流水沟东南山顶，东经114°23′、北纬41°59′。于锡林郭勒盟正镶白旗塔萨尔亥汇入阿拉腾嘎达斯诺尔，特大洪水时亦汇入乌兰淖尔。沿程海拔1 610～1 130米，流经化德县、镶黄旗、正镶白旗。

流域地势南高北低，地处浑善达克沙地南缘，以沙丘半固定沙丘和低山丘陵为主。

流域属中温带干旱大陆性气候，多年平均气温1.9摄氏度，年平均风速4米每秒，多年平均年降水量363毫米，多年平均年水面蒸发量1 932毫米，年均日照时数2 888小时，全年无霜期111天左右。

河流流向由南向北流，河长134.3千米，集水面积3 497.01平方千米，河道平均比降1.9‰。流域植被稀疏。为季节性河流，常无水，汛期有洪水汇入阿拉腾达斯诺尔。主要支流有怡安村沟、泥匠营子沟、北沙城沟、照阳河、崩红脑包河、义和村河（上游有星跃水库）等。

流域呈扇形，上游支流发育，为农业区域，下游进入浑善达克沙地为牧业区域。自河源北流，至德色图乡有裕民水库，河塔以上多支流，以下流域缩窄无大支流汇入。中下游分布有多个湖泊，有大淖、巴龙查布淖尔、巴彦诺尔等。

阿拉腾嘎达斯诺尔位于正镶白旗乌兰察布苏木境内，湖心坐标东经114°47′、北纬42°41′。湖泊周边多绍泽，主要补给源布尔嘎斯特高勒由湖西北汇入。

10.12.11　哈沙土诺尔
(Hashatunuoer Lake)

也称哈夏图淖日，位于内蒙古自治区太仆寺旗贡宝拉格苏木境内，湖心坐标东经115°14′、北纬41°39′。水面高程1 372.8米，水质咸，水面面积22.83平方千米，为内蒙古高原内陆湖泊中最南端的较大湖泊之一。

湖区属阴山山脉东延部分，为低山丘陵地形，坡缓谷宽，起伏不平，为内蒙古高原地势较高的湖泊之一。湖区为半农业半牧业地区。

流域属温带干旱半干旱大陆性季风气候，多年平均气温1.8摄氏度，多年平均年降水量390毫米。

湖泊呈葫芦形，东北至西南狭长。补给河流有东北注入的水井子河和乌克河。水井子河发源于湖泊东北山区，自河源由北向南流，五脑包以上有两条支沟，分别建有星火水库和永丰水库，向南流至河北省沽源县韩家营子以南与乌克河汇合，折向西，过韩家营子后，由东向西注入哈沙土诺尔。

该湖以西有达仆寺淖尔和九连城淖尔，九连城淖尔部分属河北省沽源县境内（九连城镇），丰水年份可与哈沙土诺尔连通，成为姊妹湖。

10.12.12　伊和高勒
(Yihegaole River)

属哈日戈壁水系。发源于内蒙古自治区锡林郭勒盟阿巴嘎旗白音吐嘎苏木阿布嘎汗乌拉山，东经114°26′、北纬45°03′。沿程海拔1 650~1 100米，流经阿巴嘎旗，于阿巴嘎旗哈日戈壁西北流入。

流域地势西北高、东南低，上游多低山丘陵，下游为浑善达克沙地，多固定半固定沙丘。

流域属中温带干旱半干旱大陆性气候，多年平均气温0.7摄氏度，多年平均年降水量245毫米，全年无霜期110天左右，年均日照时数3 140小时。

河流流向由西北向东南，河长88.5千米，集水面积1 145.38平方千米，河道平均比降3.81‰。流域属草原植被，下游属浑善达克沙地柏自然保护区。河流为季节河流，平时无水，汛期有洪水汇入哈日戈壁。无大支流汇入。

哈日戈壁亦称哈日戈壁洼地，平时无水，主要补给水源为伊和高勒。伊和高勒由北向南汇入哈日戈壁。僧僧戈壁以下为干河，无明显河道。

流域为长条形，中游右侧有僧僧戈壁（位于伊高高勒苏木境内）等湖泊。河流自河源东南流，河道顺直，下游河床不明显。流域为牧业区域。

10.12.13　哈沙图郭勒
(Hashatuguole River)

属蒙古勒诺尔水系。发源于内蒙古自治区锡林郭勒盟阿巴嘎旗那仁宝拉格苏木沙尔哈达西山东南侧，东经113°53′、北纬44°47′。沿程海拔1 205~950米，流经阿巴嘎旗、苏尼特左旗，于苏尼特左旗好勒门德呼都格东汇入蒙古勒诺尔。哈沙图郭勒平时为干河，只在大洪水时有水注入蒙古勒诺尔。

流域地势北高南低，丘陵山相间，略有起伏，下游为浑善达克沙地。

流域属内陆干燥气候，多年平均气温1.75摄氏度，多年平均年降水量204.7毫米，年均水面蒸发量2 000毫米，全年无霜期109天左右。

河流流向由北向南流，河长110.2千米，集水面积2 128.30平方千米，河道平均比降2.28‰。流域内植被稀疏，全河均为干河，洪水时有水汇入蒙古勒诺尔。主要支流有古尔古勒台郭勒、德勃斯亥音沟。

哈沙图郭勒自河源由北往南流，河道弯曲，右岸有扎拉庙遗址，流经那仁宝拉格苏木后折而西南行，右岸有巴嘎花呼舒、乌尔塔诺尔等湖泊；至白音希勒嘎查以南有古尔古勒台郭勒汇入，后折而西行，汇入蒙古勒诺尔。蒙古勒诺尔位于苏尼特左旗巴彦乌拉苏木，湖心坐标东经113°55′、北纬44°05′。湖泊呈圆形，主要补给水源为哈沙图郭勒。

流域为牧业区域。

10.12.14　朝勒更郭勒
(Chaolegengguole River)

属准达来诺尔水系，上游称朝勒更郭勒，山口以下称善钦赛思呼都格郭勒。发源于内蒙古自治区苏尼特左旗巴彦乌拉苏木哈努尔查干敖包，东经113°06′、北纬44°41′。沿程海拔1 372~915米，流经苏尼特左旗，于苏尼特左旗准达来沃布孙棚南汇入准达来诺尔。

流域地势北高南低，丘陵山地相间，略有起伏。

流域属内陆干燥气候，多年平均气温1.75摄氏度，多年平均年降水量204.7毫米，年水面蒸发量2 000毫米，年无霜期190天左右。

河流流向由北向南流，流域狭长，河道弯曲，如"弓"字形。河长133.2千米，集水面积3 688.29平方千米，河道平均比降2.31‰。全河在朝勒更爱力附近有5千米长的清水，其余均为干河。下游河床不明显。流域内植被稀疏，为牧业区。由于降水少，蒸发大，河流常无水。主要支流有比利克高勒、萨音高勒、哈马尔音浑迪、乌力德音高勒等。

朝勒更高勒自河源东南流至阿登勒嘎查处，右岸有呼吉尔图诺尔，在额尔登格吉格嘎查以下，分别有支流汇入，至苏日布格音棚折而西南流，流经阿吉音推饶木等多个湖泊，大水时汇入准达来诺尔。苏日布格音棚以上为上游，以下为下游。

准达来诺尔位于苏尼特左旗巴彦乌拉苏木境内，湖心坐标东经113°14′、北纬43°58′。湖泊呈圆形，主要补给水源为阿木乌苏浑迪、色力德音高勒等。

10.12.15　阿尔善戈壁诺尔
(Aershangebinuoer Lake)

亦称阿日善高壁，位于内蒙古自治区苏尼特左旗巴彦淖尔镇境内，诺尔中心坐标东经114°03′、北纬43°17′。是一个碱水诺尔，控制在高程1 020米以内的洼地中。诺尔水面面积有14.86平方千米，水面高程为983.8米，水深8~9米。

其地貌形态为高平原，气候属中温带大陆性季风气候，多年平均气温1~2.5摄氏度，多年平均年降水量150毫米，

阿尔善戈壁诺尔水系示意图

年无霜期109天左右。湖区是纯牧业区。

诺尔西南、正南、东南部面积较大，为沙丘地带；西北、正北、东北部面积较小，为丘陵地带。该诺尔水系整体地形为一封闭的洼地，面积约1.1万平方千米。所包括之诺尔及洼地亦多，其中比较大的有准嘎勒其嘎亥戈壁、布朗戈壁、乌兰推饶木（诺尔）、厅格姆音戈壁、布朗查干诺尔等10个。这些诺尔及洼地内还有许多很小的水泡子，分别贮存了当地地表水。

10.12.16 阿木乌苏浑迪
（Amuwusuhundi River）

属准达来诺尔水系，上游又称嘎顺音郭勒。发源于内蒙古自治区苏尼特左旗赛罕高毕苏木巴彦敖包东山顶，东经113°34′、北纬43°29′。沿程海拔1 195～915米，流经苏尼特左旗，于苏尼特左旗准达来沃布孙棚南汇入准达来诺尔。

流域地势南高北低，为沙地、草地、丘陵山地相间，地形起伏。属内陆干燥气候，多年平均气温1.75摄氏度，多年平均年降水量204.7毫米，多年平均年水面蒸发量2 000毫米，年无霜期190天左右。

河流流向由南向北流，河长88.2千米，集水面积2 572.67平方千米，河道平均比降1.72‰。流域内植被稀疏，为荒漠草原，畜牧业区域。全河均为干河，平时无水，汛期山洪时，有水汇入下游较小湖泊。全河无大支流汇入。

自河源北流，上游区域狭长，至萨如塔拉嘎查，两岸地势展宽，为畜牧业区域，干旱缺水；中游河道弯曲，至白哈润归沃博勒卓嘎查，折而西北流，汇入准达来诺尔。呼兰音都格以上为上游，以下为下游。

10.12.17 呼吉尔诺尔
（Hujiernuoer Lake）

又称呼吉日音淖，位于内蒙古自治区苏尼特右旗乌日根塔拉镇，湖泊中心坐标为东经113°08′、北纬43°21′，为一咸水湖。水面高程936米，水深7～9米，水面面积7.88平方千米。湖北面紧连乌兰沙勒诺尔，两湖湖水相通。乌兰沙勒诺尔也是咸水湖，水面高程937米，水面面积3.53平方千米，水深7～9米。湖周有20多平方千米沼泽，湖泊较多，其中较大的有哈尔查布诺尔。哈尔查布诺尔位于东经113°03′、北纬43°22′，水深7～9米，水面面积5.80平方千米，水面高程946米。湖泊南部系沙丘地带，北部系丘陵地带，无较大河流，只有些小沟分别流入各个湖泊中。

呼吉尔诺尔水系，为一盆地区，海拔在950米以下，多为小湖泊，为荒漠草原，属中温带干旱半干旱大陆性季风气候，有干旱荒漠草原气候特点。冬季寒冷漫长，风雪少，春季干燥少雨风沙多，夏季干热降雨少，秋季天高气爽霜来早。湖区多年平均气温2.8摄氏度，年无霜期120天左右，多年平均年降水量193毫米；为牧业区。

湖泊主要补给水源有乌兰沟、脑滚沃尔滚霍布河、额如音霍布河等，均从湖泊东北汇入。湖泊南部有碱矿，西侧有101省道连通苏尼特左旗。

10.12.18 德尔嘎郭勒
(Deergaguole River)

属戈壁淖尔水系，亦称辉腾郭勒。发源于内蒙古自治区乌兰察布市化德县德包图乡开地房东南山顶，东经114°07′、北纬41°58′。沿程海拔1 510～1 030米，流经化德县、镶黄旗、苏尼特右旗，于苏尼特右旗布塔格音戈壁西汇入戈壁淖尔。

流域地势南高北低，上中游多低山丘陵，下游为沙地；气候属中温带半干旱大陆性气候，多年平均气温2.5摄氏度，年均日照时数3 042小时，多年平均年降水量260毫米，年均无霜期126天。流域内植被稀疏。

河流流向由南向北，河长126.6千米，集水面积3 559.57平方千米，河道平均比降2.6‰。季节性河流，平时大部为干河，汛期洪水时，有水汇入戈壁淖尔。主要支流有黄花村河、朝尔登郭勒等。

流域呈狭长条形，苏尼特右旗赛罕乌力吉苏木德德苏古特以上分为两个分支，其西支为主流，东支为**上胡尔登郭勒**。以下河道不明显，由东南向西北流入戈壁淖尔。戈壁淖尔，南北长、东西窄，湖泊南部有沼泽地，德尔嘎郭勒是其唯一的补给河流。

流域为牧业区域。

10.12.18.1 上胡尔登郭勒
(Shanghuerdengguole River)

属**德尔嘎郭勒**水系。发源于内蒙古自治区镶黄旗大黑山南阿拉乌素东山，东经114°19′、北纬42°11′。流域海拔1 570～1 099米，于镶黄旗翁滚乌拉苏木德德苏古特南从右侧汇入德尔嘎郭勒，流经镶黄旗。

河长79.6千米，流域面积1 513.9平方千米，河道平均比降2.89‰。

流域地势东南高、西北低，属中温带干旱大陆性气候，多年平均气温3摄氏度，多年平均年降水量260毫米，全年无霜期126天。主要自然灾害有干旱、雪灾等。

流域矿产资源有黄金、钨、铜、水晶、萤石、石灰石等，特产有羊肉、发菜。域内有省道208、308线通过。

河流自河源西北流，河道弯曲，流域呈狭长条状。全河均为干河，平时无水，汛期有洪水通过。支流有乌兰陶勒盖苏木河，在伯申特以西，有翁滚诺尔，大洪水时河流往翁滚诺尔泄水。伯申特以下河床不明显，少有水流汇入德尔嘎郭勒。在红都鲁保洛附近有两个洼地，大洪水时有水流汇入。

流域为草原牧区，历史上曾有"皇室牧场"之称。牧草资源丰富，盛产牛、马、羊、骆驼等，为内蒙古自治区牧业生产基地之一。

10.12.19 巴彦布拉格郭勒
(Bayanbulageguole River)

属乌兰淖尔水系。发源于内蒙古自治区乌兰察布市商都县卯都乡二贵村南山顶，东经113°40′、北纬42°00′。沿程海拔1 630～1 110米，流经商都县、镶黄旗、苏尼特右旗。于苏尼特右旗赛罕乌力吉苏木汇入乌兰诺尔。

流域地势南高北低，为浅山丘陵区，中温带半干旱大陆性气候，多年平均气温3.1摄氏度，多年平均年降水量300毫米，年均日照时数2 981小时，年均无霜期95天。

河流流向由南向北流，河长87.1千米，集水面积1 616.1平方千米，河道平均比降3.69‰。为季节性河流，平时无水，汛期洪水时，有水汇入乌兰淖尔。流域呈狭长条形，河道顺直，两岸支流短促。无大支流汇入。

乌兰淖尔位于苏尼特右旗赛罕乌力吉苏木白音宝力格嘎查境内，东经113°31′、北纬42°20′。水面面积0.4平方千米，水深1米，常年有水。

流域内植被稀疏，上游在商都县，为农业区域，下游为牧业区。流域内有成吉思汗边墙遗址。

10.12.20 赛音呼都格郭勒
(Saiyinhuduguole River)

属布朗诺尔水系，上游称铜轱辘河。发源于内蒙古自治区乌兰察布市商都县西井子镇李四村北山顶，东经113°16′、北纬41°53′。沿程海拔1 769～950米，流经商都县、苏尼特右旗，于苏尼特右旗翁滚乌拉苏木查干德尔斯注入布朗诺尔。

流域地势东南高、西北低，上游多低山，下游多戈壁滩及沙丘。

流域属中温带大陆性气候，多年平均年降水量180毫米，年水面蒸发量2 703毫米，多年平均气温4.3摄氏度。流域植被稀疏。

河流由西南向东北流，河长176千米，集水面积4 240.45平方千米，河道平均比降3.51‰。属季节性河流，常年无水，汛期大水时，有水汇入布朗诺尔。主要支流有二道渠河、包尔罕挺郭勒、九股地河等。

流域呈狭长条形，河道弯曲。自河源由西向东流，两岸为农业区域。至压地房子村，右岸有九股地河汇入，该河上游修有2座小型水库，一为九股地水库，一为头道渠水库。以下流向由南向北，至八股地村，修有八股地水库。再以下流入牧区，流向由东南向西北，两岸为牧业区域。

布朗诺尔位于苏尼特右旗翁滚诺尔苏木境内，中心位于东经113°09′、北纬42°46′，水面面积0.5平方千米，水面高程944米，水深6～9米，集水面积3 191平方千米，水源补给主要依靠赛音呼都格郭勒。

10.12.21 横格勒浑迪
(Henggelehundi River)

属翁滚诺尔水系。发源于内蒙古自治区乌兰察布市察哈尔右翼中旗黄羊城镇白彦脑包村西北山顶，东经112°07′、北纬41°27′。沿程海拔2 010～930米，流经察哈尔右翼中旗、察哈尔右翼后旗、苏尼特右旗，于锡林郭勒盟苏尼特右旗翁滚乌拉苏木查黑乌尔图布拉格东南汇入翁滚诺尔。

流域地势南高北低，上游地处阴山北麓，多低山丘陵；下游为高平原，多丘陵、戈壁滩。

流域属中温带大陆性气候，多年平均气温1.3摄氏度，年均日照时数3 087小时，多年平均年降水量348.8毫米，年平均风速5米每秒，全年无霜期95天左右。流域内植被稀疏。

河流流向由南向北流，河长298.7千米，集水面积8 602.98平方千米，河道平均比降2.40‰。全河由白彦脑包至黄羊沟有间歇水，其余均为干河，下游河床不明显。一般洪水流入中下游的威尔图诺尔、伊和额勒特诺尔及苏鲁诺尔，只有大洪水时可汇入翁滚诺尔。主要支流有点力宿太河、哈不泉河、长胜湾河、丁计河、西土城河、巴仁下布图河等。

流域为狭长条形，上游为农区，下游为牧区。

自河源至察右后旗上色拉营，由西往东流，该处左岸有丁计河汇入，上游修有楞什拉水库；以下折而北流，至太吉

脑包，右岸有西土城河汇入，上游修有黑石崖水库。至察汗脑包以下多洼地湖泊，有巴彦诺尔、威尔图诺尔等；又北流至赛汉塔拉镇，该镇为苏尼特右旗旗府所在地；北流至伊和额勒特诺尔，折而东南流，汇入翁滚诺尔。

翁滚诺尔位于翁滚乌拉苏木境内，湖中心位于东经113°03′、北纬42°52′，水面面积0.5平方千米，水面高程925米，集水面积2 451平方千米，主要补给河流为横格勒浑迪。

10.12.21.1 长胜湾河
(Changshengwan River)

属**横格勒浑迪**水系。发源于内蒙古自治区乌兰察布市察右翼后旗红格尔图镇陈家地东南山顶，东经113°13′、北纬41°44′。流域海拔1 680～1 356米，于察右后旗当郎忽洞苏木上色拉营从右侧汇入横格勒浑迪，流经察右后旗。

河长46.4千米，流域面积1 023.14平方千米，河道平均比降3.55‰。

流域地势东高西低，属中温带半干旱大陆性季风气候，多年平均气温3.4摄氏度，多年平均年降水量292毫米，年均日照时数2 986小时，年均无霜期102天。

流域矿产资源有石灰石、大理石、石棉、石英等，野生动物有狐、艾虎、百灵、石鸡等，农副产品有荞麦、马铃薯等。风能资源丰富，已形成区域风力发电网。域内有国道208线、省道105线穿过。

河流自河源西流，流域呈弧形，无大支流汇入。全河除陈家地至长胜湾有清水或间歇水外，其余均为干河。长胜湾以下，河床不明显。该河右岸在格化司台、土牧尔台、薛家村一带有黄羊城洼地，期间形成狗头山、呆尔坝营、海青花、杨铁房等小型湖泊。河水流至头道湾蓄积于洼地中，一般小洪水不外泄，大洪水时有水流入横格勒浑迪。上游出口处建有旧局子水库。

流域属半农半牧区，风能资源已形成规模，大型风电场在起伏的波状高原上比比皆是，蓝天、绿草、高高耸立的白色风车，形成一道靓丽的风景线。

10.12.21.2 丁计河
(Dingji River)

属**横格勒浑迪**水系。发源于内蒙古自治区乌兰察布市察哈尔右翼中旗广益隆镇乌尔兔不浪南山顶，东经112°07′、北纬41°27′。于察哈尔右翼后旗当郎忽洞苏木上色拉营汇入横格勒浑迪，流域海拔2 010～1 356米，流经乌兰察布市察哈尔右翼中旗、察哈尔右翼后旗。

河长87.5千米，流域面积1 409.96平方千米，河道平均比降3.51‰。

流域地势西南高、东北低，属典型的大陆性气候，多年平均气温1.3摄氏度，多年平均年降水量348.3毫米，年均日照时数3 087小时，多年平均风速5米每秒。

流域矿产资源有黄金、银、铁、石棉等，其中黄金产量居全国5个黄金万两县之首；野生食用植物有蘑菇、地皮菜、野葱等，野生动物有野鸡、鸿雁、百灵鸟等。域内有省道105线、310线穿过。

自河源东北流，流域呈狭长条状，河道顺直，无大的弯曲。支流均集中在范家房子村以上的上游山区，主要有脑包兔河、东房子河等。全河有清水或间歇水，胡少村至苏计村段河床不明显。上游出山口处建有卜楞什拉水库。供济堂河从下游左岸汇入，该河中游有高夭海（湖泊），平时水小时，河水均汇积于湖泊中，大洪水时外泄，汇入丁计河。

流域属半农业半牧业区，沿河两岸多为农业种植区，主要种植马铃薯、荞麦等；低山丘陵区多为牧区，牧民放养牛、羊等。

10.12.22 乌日古布力格
(Wurigubulige River)

属查干诺尔水系。发源于内蒙古自治区乌兰察布市四子王旗江岸苏木巴音朝克图大脑包，东经112°13′、北纬41°54′。沿程海拔1 790～1 125米，流经四子王旗，于四子王旗江岸苏木柴达木北，汇入查干诺尔。

流域地处内蒙古高原中部，阴山北麓，地势由北向南倾斜，上游多低山、丘陵，下游为层状高原。

流域属大陆性干旱气候，多年平均温度2.9摄氏度，多年平均年降水量310.2毫米，全年无霜期88天左右。流域内植被稀疏。

河流流向由西南向东北流，河长95.3千米，集水面积1 708.99平方千米，河道平均比降3.80‰。全河除沙尔得尔寺至查干山德有间歇水外，其余均为干河，只有汛期大洪水时，有水汇入查干诺尔。主要支流有努青郭勒、四拉河等。

流域呈长条形，两岸支流短促。自河源北流，至哈达格少，右岸有哈尔淖、纳理诺尔等湖泊，北流至乌兰额力格右岸有阿拉布拉格淖，流至沙尔得尔寺折而东北流，经哈尔诺尔湖后，北流汇入查干诺尔。查干诺尔中心位于东经112°37′、北纬42°52′。湖泊呈圆形，主要补给水源为乌日古布力格。

流域为牧业区域。

10.12.23 好来浑迪
(Haolaihundi River)

属沙尔推饶木洼地水系。发源于内蒙古自治区乌兰察布市四子王旗查干脑包乡冲格热南山顶，东经111°53′、北纬42°29′。沿程海拔1 271～1 052米，流经四子王旗、苏尼特右旗，于锡林郭勒盟二连浩特市格日勒图敖都苏木卓仑嘎查东汇入沙尔推饶木洼地。

流域地势南高北低，地处阴山北麓，低山、丘陵、平原相间，地势起伏。

流域属大陆性干旱气候，多年平均气温2.9摄氏度，多年平均年降水量310.2毫米，全年无霜期88天左右。流域内植被稀疏。

河流流向由南向北，河长71.7千米，集水面积1 031.95平方千米，河道平均比降2.20‰。为季节性河道，平时均为干河，河道不明显，支流短小，有超饶格图好来浑迪从中游左侧汇入。

好来浑迪自河源北流，沿途穿过冲格热格洼地、呼和诺尔、艾格音诺尔、伊和德勒格音诺尔、布朗呼都格洼地等。沿途洼地分段截流，只有下游一段的河水汇入沙尔推饶木洼地。沙尔推饶木洼地中心位于东经110°57′、北纬43°04′，洼地常年基本无水，大洪水时有好来浑迪河水汇入。

流域为牧业区域。

10.12.24 章古音高勒
(Zhangguyingaole River)

属乌兰推饶木洼地水系，上游称苏吉准诺迪。发源于内蒙古自治区乌兰察布市四子王旗脑木更苏木布日格特，东经

111°45′、北纬42°55′。沿程海拔1 135～915米，流经四子王旗、苏尼特右旗，于锡林郭勒盟苏尼特右旗额仁诺尔苏木杭盖敖包汇入乌兰推饶木洼地。

流域地势南高北低，多低山、丘陵及戈壁滩；属大陆性气候，多年平均年降水量180毫米，年水面蒸发量2 703毫米，多年平均气温4.3摄氏度。流域内植被稀疏。

河流流向由南向北流。河长73.6千米，集水面积1 360.39平方千米，河道平均比降2.17‰。为季节性河流，平时均为干河。主要支流有沙尔毛敦高勒、查干沟、道尔苏吉音高勒等。

上游位于阴山北麓，先由南至北，后折而西流汇入乌兰诺尔。以下河道顺直，两岸为牧区。至沙巴尔台音乌苏嘎查，河道断续，右岸多干沟，短小而无水。

乌兰推饶木洼地中心位于东经110°42′、北纬43°28′，呈椭圆形，平时基本无水，大洪水时有水汇入。主要补给水源除章古音高勒外，还有查干沟、道尔苏吉音高勒、乌兰陶勒盖高勒、阿其查干陶勒盖浑迪等。

10.12.25　查干推饶木诺尔
（Chagantuiraomunuoer Lake）

位于内蒙古自治区苏尼特右旗乌日根塔拉镇，湖中心坐标东经112°54′、北纬43°16′。水面高程935米，水深8～9米，水质咸，水面面积3.43平方千米，全水系面积488.5平方千米。

湖泊地处乌兰察布市高平原东侧，阴山山脉以北，流域海拔900～1 400米，地势由南向北倾斜，山丘起伏。该地区风沙大，属典型大陆性干旱气候，多年平均温度4.0摄氏度，多年平均年降水量180毫米，蒸发强烈，多年平均年水面蒸发量2 716.4毫米。

由于深居内陆，地处高原，地表水缺乏，查干推饶木诺尔雨季暂时存水，其他季节均处于干涸状态。湖泊周围均为牧业区域，属干旱荒漠草原，大旱之年寸草不生。湖泊成为周边牲畜饮水的主要水源地。

查干推饶木诺尔主要水源补给来自东南侧的几条山洪沟，西北侧也有山洪沟水汇入。该湖位于湖泊群的中央，属较大的湖泊之一。其周边较小湖泊有乌兰诺尔、瑙滚推饶木、沙腊勒吉、嘎顺诺尔等。湖泊西北为乌日根塔拉镇，湖泊以南有巴彦石膏矿及巴润哈尔、额尔根乌苏等牧业嘎查。

10.12.26　达布散诺尔
（Dabusannuoer Lake）

位于内蒙古自治区二连浩特市东北10千米，湖中心坐标为东经112°03′、北纬43°43′，为一盆地区，高程在950米以内。水面高程897米，水深5～10米，水面面积9.10平方千米，为一盐湖，全水系面积990.52平方千米。水系内南面有几个小洼地，集水面积均很小。大部地面水均注入达布散诺尔，诺尔北面有呼和额热格山注入，河长约20千米。

湖区地处内蒙古高原中部，地势较为平坦，由西南向东北缓缓倾斜。

湖区属中温带干旱半干旱季风气候，有干旱荒漠草原气候特点。冬季寒冷漫长风雪少，春季干燥少雨风沙多，夏季干热降雨少，秋季天高气爽霜来早。多年平均气温3.0摄氏度，年均日照时数3 251小时，年无霜期121天左右，多年平均年降水量142毫米。

湖泊呈椭圆形，东西较长，南北狭窄，湖东部多为沼泽湿地。湖泊主要水源来自东北角的呼和额热格山洪沟。每至夏季，降雨丰沛，山洪水顺沟补入湖泊。该湖以西达中蒙边界，湖泊东南为我国陆路口岸城市二连浩特市。

达布散诺尔有丰富的原盐储量，在湖泊西南建有盐厂。

二连浩特市是中国北方旅蒙经商的重要通道，有国门界碑、边关哨卡、岩画石林、驿站古寺、荒漠戈壁、海市蜃楼、大漠孤烟，风光独特。二连浩特周边有200平方千米的恐龙化石埋藏区，化石丰富，这里恐龙蛋化石的发现创我国最早记录，市内建有恐龙博物馆；1984年又发现巨犀骨骼标本，为国内罕见。二连浩特市北邻俄罗斯与蒙古，原始特色突出，民族风情浓郁，开辟了跨国游、边境游、草原风情游、恐龙文化游等国内外十几条旅游线路，形成了独具口岸特色的旅游业。

10.12.27　察汗淖
（Chahannao Lake）

位于内蒙古自治区乌兰察布市商都县十八顷镇、小海子镇与河北省康保县交界处，湖中心坐标为东经113°55′、北纬41°28′。湖泊水面高程1 273.4米，水面面积为40.47平方千米，为咸水湖。

湖泊周围有**不冻河**、十八顷河、公鸡河、**特布乌拉河**、大清沟、五台河、六台河等7条河汇入。主要河流来自湖泊西南。

湖区川滩与平原交错，气候属中温带半干旱大陆性气候。多年平均气温3.1摄氏度，多年平均年降水量300毫米，年均日照时数2 981小时，年均无霜期95天左右。

湖泊东北角有一个1.3平方千米的小淖，大水时流入察汗淖，公鸡河河水先注入该小淖，然后汇入察汗淖。

湖泊西北有部分坡耕地，经济以农业为主。湖泊周围有大面积的沼泽地，约140平方千米。

湖泊主要水源补给为不冻河，其上游修有不冻河水库。

10.12.27.1　不冻河
（Budong River）

察汗淖支流。发源于内蒙古自治区商都县西井子镇韩元沟西山顶，东经113°14′、北纬41°46′。向东北流至马坊子南转向东南从张四田村东注入察汗淖。流域海拔1 720～1 273米，位于商都县境内。

流域地势由西北向东南倾斜，属浅山丘陵、缓坡丘陵地貌。

流域属中温带半干旱大陆性季风气候，多年平均气温3.1摄氏度，年均日照时数2 981小时，年均无霜期120天左右，多年平均年降水量300毫米。该区以农牧业为主导产业，形成年产紫花苜蓿、沙打旺、草木樨等优质牧草3亿千克的生产能力。

河流流向由西北向东南，河长82.5千米，集水面积1 190.87平方千米，河道平均比降3.49‰。主要支流有张玉珠村河、泉子沟、米家村河、玻璃忽镜河、二忽赛村河等。

全河在韩元沟以上及姜家村至屯垦队镇为干河，其余河段均有清水或间歇水，其中由王家坊至屯垦队镇河床不明显；中游建有不冻河水库，设有水文站。

10.12.27.2　特布乌拉河
（Tebuwula River）

属**察汗淖**水系，发源于内蒙古自治区乌兰察布市化德县

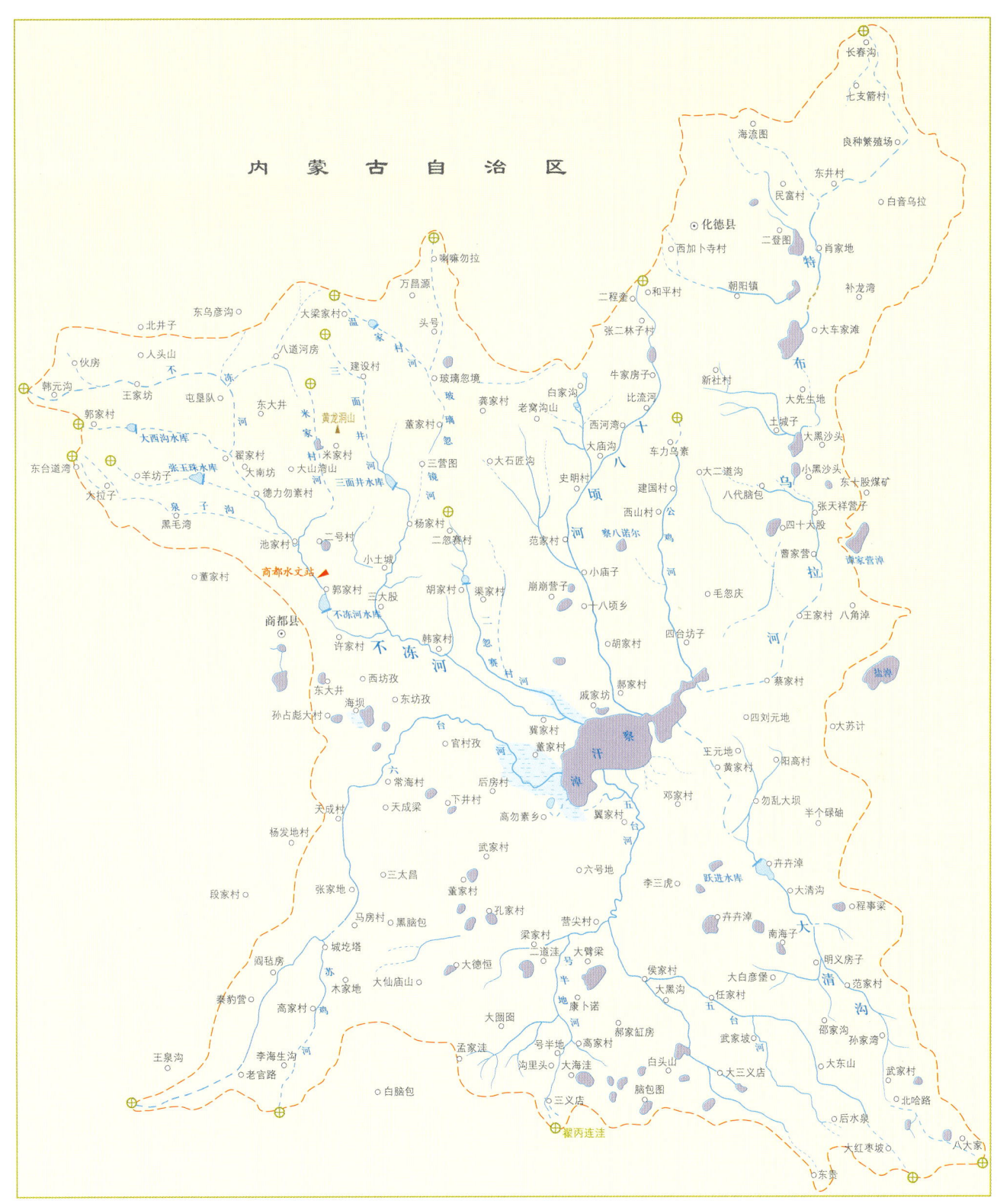

察汗淖水系示意图

德包图乡长春沟村西北山区，东经114°11′、北纬42°03′。流域海拔1 705～1 273米，于商都县二工地村西约3.5千米处汇入察汗淖，流经化德县、商都县。

河长84.6千米，流域面积1 173.59平方千米，河道平均比降2.54‰。

流域地势北高南低，属中温带半干旱大陆性气候，多年平均气温1.6摄氏度，多年平均年降水量301.2毫米。

流域矿产资源有萤石、石英石等，野生动物有野兔、百灵鸟等。

全河在肖家地附近有3千米长的清水，其余均为干河，下游由王家村至入察汗淖口河床不明显。该河在大先生地村以上，河道两侧闭流区较多，水流多汇集到大车家滩海子、大先生地海子中，以下仍有大黑沙头、小黑沙头两个小型湖泊汇集河水，大洪水时河水汇入察汗淖。

流域为农业区，主要农作物有小麦、荞麦、马铃薯等。

10.12.28 碱海子
(Jianhaizi Lake)

位于内蒙古自治区乌兰察布市察哈尔右翼后旗哈彦忽洞乡境内，中心坐标为东经113°29′、北纬41°30′。水面面积11.75平方千米，水面高程1 340.7米，集水面积1 236.77平方千米，为咸水湖。

湖泊地处内蒙古高原，为波状高平原地貌，在碱海子东、南、西约有30平方千米沼泽地，并有田四沟海子、牛亡牛旦海子、广瑞奎村北海子、四号地海子、后红海、前红海等湖泊。这些湖泊除牛亡牛旦海子及四号地海子在大水时有可能流入碱海子外，其余湖泊的水均流不到碱海子。

湖区属温带干旱半干旱大陆性季风气候，春季干旱多风，夏季短雨量集中，秋季早寒易冻，冬季漫长寒冷，多年平均气温3.5摄氏度，全年无霜期105天左右，多年平均年降水量338毫米，多年平均年水面蒸发量1 032毫米，年平均日照时数2 986小时。

碱海子主要补给水源为南面的虾酱河及北面的大东沟；另外有段家村河（流域面积198.23平方千米）先流入广瑞奎村北海子，特大水时再流入牛亡牛旦海子，然后才能注入碱海子。

虾酱河发源于察右后旗石窑沟公社锡勒脑包，河源坐标为东经112°59′、北纬41°21′。向东南流，至前生根营子村北注入碱海子。河长66.5千米，流域面积597.68平方千米，河道平均比降4.5‰。

湖泊周边为半农业半牧业区域，以农业为主；村落较多，主要有小宋家村、索家村、五昌村等。湖泊东北为商都县县城七台镇所在地。

湖泊周边盐类矿床有天然碱、芒硝，其中以天然碱为主，湖泊故名碱海子。

10.12.29 东岸湖
(Dongan Lake)

也称乌兰呼沙海子。位于内蒙古自治区察哈尔右翼后旗乌兰哈达苏木，湖中心坐标为东经113°16′、北纬41°31′。水面高程1 340.7米，水面面积8.08平方千米，全水系面积1 236.77平方千米。为季节性湖泊，咸水湖。

湖区地处内蒙古高原，高山与平原相间，丘陵沟壑交错，地势北高南低；属温带干旱半干旱大陆性季风气候，多年平均气温3.2摄氏度，多年平均年降水量320毫米。流域内以旱作农业为主。

东岸湖呈不规则圆形，主要补给水源来自湖泊以北的二板登沟。该沟发源于二板登沟以上山区，向东南倾，流经板板石和二老牛洼后折而西南流，从北侧注入东岸湖。湖东南有几条较小山洪沟汇入。

东岸湖以东有**碱海子**、西南有小海子和白音洴海子，组成一个湖泊群，东岸湖居中，为较大的湖泊之一。湖周边有后红海、前红海、吉布桥、兰家村等自然村落。

10.12.30 黄旗海
(Huangqihai Lake)

位于内蒙古自治区乌兰察布市察哈尔右翼前旗境内，乌兰察布市集宁区东南约50千米，略呈三角形，地理坐标为东经113°11′~113°24′、北纬40°48′~40°54′。集水面积4 625.22平方千米，水面面积113.90平方千米，水面高程1 269.7米，平均水深4.0米，最大水深6.2米，蓄水量4.6亿立方米。水面面积历史上最大为270平方千米，20世纪80年代后期缩减为110平方千米，到2003年，仅有80平方千米。

黄旗海

流域位于大青山余脉东南延伸部分，系构造断陷形成，总体上四周高、中间低，并由北向南倾斜，四周为低山丘陵和熔岩台地环绕，中部为冲洪积山前倾斜平原。北部西段为地形陡峭的灰腾梁，北部磨子山主峰为全流域最高控制点，海拔1 828.8米，中部偏南低洼地形成黄旗海内陆湖泊及其沼泽地带，黄旗海水面为最低点。黄旗海为一内陆咸水湖，pH值9.4，矿化度1972年为7.8克每升，1979年为13.7克每升。

湖区基本位于察右前旗及集宁区，地处中纬度内陆高原，干旱半干旱大陆性季风气候，寒暑变化剧烈，昼夜温差大，冬春季寒冷干旱少雨；夏秋季短促温凉。年内降水主要集中在6—9月，约占全年总降水量的79%。具有日照时间长、蒸发强度大、无霜期短等特点。多年平均气温3.8摄氏度，全年无霜期平均为112天，多年平均年降水量369毫米，多年平均年水面蒸发量989毫米，年平均日照时数2 955小时。

流域内共有中小河流11条，在海子周围还有很短的毛沟注入其中。较大的河流有霸王河、**泉玉林河**，次大的有磨子山河、乌拉哈乌拉河及清水河等。除霸王河、泉玉林河常年有水外，其余均为季节性河流，仅在汛期有洪水汇入黄旗海。

霸王河发源于察哈尔右翼中旗草垛山北山，河源位于东经112°36′、北纬41°11′，在公沟滩以上称小公沟，以下称霸王河；向东南流至沙茂营子转向东，至集宁区李长庆村，折向东南于板伸梁村南注入黄旗海。霸王河在草垛山以上为干河，草垛山至禄坝有间歇水，以下均有清水；由发源地至东房子间两岸小海子较多。河长93.1千米，流域面积899.32平方千米，河道平均比降5.17‰。下游地势平缓，两岸为广阔耕地，农业经济发达。

黄旗海地区曾是辽代的古商道，也是契丹文化的发源地之一。境内人文景观众多，有著名的元代"集宁路"古城遗址和庙子沟古人类活动遗址及辽代契丹女尸墓。

黄旗海自然保护区、霸王河自然保护区是县级内陆湿地和水域生态系统自然保护区。

10.12.30.1 泉玉林河
(Quanyulin River)

属**黄旗海**水系。发源于内蒙古自治区察哈尔右翼前旗白

黄旗海水系示意图

家村西山顶，河源坐标为东经114°03′、北纬43°17′。源流向东南流，折而向西南，折而向东南，至南家村东南入黄旗海。海拔1 945～1 269.7米，位于察哈尔右翼前旗境内。

流域地形北高南低，属山区、丘陵地貌；中温带大陆性季风气候，多年平均气温4.49摄氏度，多年平均年降水量372毫米，年平均日照时数3 051小时，年均无霜期112天左右。

河长135.5千米，集水面积2 001.92平方千米，河道平均比降4.01‰。

从河源至前米粮局段为干河，前米粮局至宿麻湾段为洼地，河床不明显，其余区段均为清水、间歇水。其间有壕赖沟、庙沟沟汇入，并修建有泉玉林水库、宿麻湾水库、六道沟水库、喇嘛沟水库及小罗家村水文站等。

10.12.31 岱海

(Daihai Lake)

位于内蒙古自治区乌兰察布市凉城县县城东3千米，汉称"诸闻泽"，魏称"葫芦海"，宋称"鸳鸯泊"，清谓"岱根塔拉"。地堑型内陆湖，地理坐标为东经112°33′～112°47′、北纬40°28′～40°37′，东北至西南约20千米，西北至东南约10千米。水面面积164.68平方千米，水面高程1 225.9米；集水面积2 312.75平方千米；平均水深7.9米，最大水深18.4米，蓄水量13.0亿立方米。水质咸，含盐量较高，矿化度4.31克每升，pH值8.8，近数十年来，湖面逐渐扩大，湖水趋于淡化。

湖区地形总体特征为四面环山，北部为蛮汉山山系，山体狭而陡峭；南部为马头山山系，山体宽而平缓；中部为内陆断陷盆地——岱海盆地，岱海镶嵌其中。

湖区属温带半干旱大陆性季风气候，冬季较冷，夏季高温期短暂，多年平均气温5.1摄氏度，无霜期平均126天；多年平均年降水量419.6毫米，年内降水集中在6—8月，占年降水量的67%；多年平均水面蒸发量945毫米，年均日照时数3 022小时。

岱海呈椭圆形，补给水源从湖泊四周均有汇入。其中湖

岱海

西南地势高峻，补给河流流域面积较大，为主要补给区；北东方向沟短，汇流面积小，水源补给少。主要有索代沟等8条河沟注入。

索代沟发源于卓资县拐把沟山（与凉城县交界），河源坐标为东经112°37′、北纬40°41′，向东北流至阳坡子转向南至凉城县麦胡图镇三道河村南注入岱海。河长24.0千米，集水面积117.62平方千米，河道平均比降17.1‰。

水草沟发源于凉城县麦胡图镇鸵盘北山（与卓资县交界），河源坐标为东经112°44′、北纬40°46′，由北向南流至三济庙村东南注入岱海。河长17.4千米，集水面积45.1平方千米，河道平均比降13.8‰。

大河沿河发源于丰镇市红沙坝镇后房子西北山，河源地理位置为东经112°54′、北纬40°48′，由东北向西南流至大河沿村西南注入岱海。河长33.9千米，集水面积331.23平方千米，河道平均比降11.0‰。

天成河发源于凉城县曹碾乡红石崖山，河源坐标为东经112°46′、北纬40°15′，向北流至天成乡天成村后，转向西北至石门子注入岱海。河长49.9千米，集水面积267.08平方千米，河道平均比降9.11‰；在下游入海口以上0.7千米处建有石门子水库。

步量河发源于凉城县曹碾乡红石崖山西侧山区，河源坐标为东经112°45′、北纬40°14′，由南向北流至六苏木乡东卜子北注入岱海，河长23.0千米，集水面积192.65平方千米，河道平均比降17.7‰。

土城子河发源于凉城县刘家窑乡三道嘴南山，河源地理位置为东经112°37′、北纬40°23′，向北流至铁铺夭，转向东北流至胶泥沟，又向西北至六苏木乡城围子西注入岱海。河长18.5千米，集水面积53.58平方千米，河道平均比降13.3‰，中游建有土城子水库。

五号河发源于凉城县北水泉乡平顶山，河源坐标为东经112°44′、北纬40°13′，向西北流至六苏木乡柳树沟转向东北至联合庄北注入岱海。河长63.3千米，集水面积272.01平方千米，河道平均比降6.86‰。

弓坝河发源于凉城县北水泉乡平顶山老爷庙旧址山，河源坐标为东经112°43′、北纬40°12′，向西北至双古城乡红旗马场转向东北至厢黄地乡西营子村北注入岱海。河长77.4千米，集水面积206.49平方千米，河道平均比降4.44‰。

域内经济以农业为主，土特产品有野生沙棘，以色泽好、品质纯而闻名；小杂粮品种全、产量大、品位高，具有多年的出口历史；精制粉丝以豌豆为主要原料，采用传统工艺和现代科学生产相结合精制而成，具有色白味纯、纤细柔韧等特点。2000年，岱海大银鱼产量曾达到540吨，鲫鱼是岱海产量最高的鱼类，占岱海渔业产量的40%以上。

以岱海为中心错落分布着四大旅游景观区：草原岱海水域景观区，湖北温泉疗养、旅游景区，蛮汉山、马头山景观区，以及猴山、平顶山、九龙山、小山生态公园景观区。

10.12.32 呼和诺尔
（Huhenuoer Lake）

位于内蒙古自治区乌兰察布市四子王旗江岸苏木境内，湖中心坐标东经111°51′、北纬42°48′。水面高程946米，水深7～8米，水质苦咸，水面面积21.13平方千米，主要有**塔布河**汇入。

湖泊地处内蒙古高原中部，阴山北麓。湖区地势由南向北倾斜，大陆性干旱气候，多年平均气温2.9摄氏度，多年平均年降水量310.2毫米，年无霜期88天左右。

塔布河

湖泊形状为椭圆形，东北至西南长，西北至东南窄；塔布河由湖东南角汇入，为该湖泊唯一的补给水源。湖东北角有一封闭洼地称珠和钦洼地。湖东南为查干诺尔，两湖之间有水道连通，洪水时由查干诺尔汇入呼和诺尔。湖泊以南地形开阔，为江岸苏木的牧场，以畜牧业为主。

10.12.32.1 塔布河
（Tabu River）

属**呼和诺尔**水系。发源于内蒙古自治区包头市固阳县大庙乡大南沟西南山顶，东经110°36′、北纬41°06′。沿程海拔2 000～946米，流经固阳县、武川县、四子王旗，于乌兰察布市四子王旗脑木更苏木沙尔浑迪汇入呼和淖尔。

流域属阴山北坡内陆河水系，为丘陵和波状高平原地貌，下游多灌木和草滩。

流域为温带干旱半干旱大陆性季风气候，多年平均气温3.1摄氏度，年无霜期105天；多年平均年降水量312毫米，多年平均年水面蒸发量1 108毫米；光照充足，年日照时数3 102小时。

河流弯曲，流向由西南向东北，折向北再向西北，呈半月形。河长314千米，流域面积10 482.74平方千米，河谷开阔，河槽浅宽，水量不丰，全河有间断干河段，河道平均比降2.58‰。主要支流有中后河（河长61.9千米，流域面积468.39平方千米）、韭菜沟（河长79.7千米，流域面积869.49平方千米）、乌兰花河（河长53.1千米，流域面积538.69平方千米）、黑沙图沟（河长48.2千米，流域面积243.54平方千米）、席边河（河长46.3千米，流域面积675.26平方千米）、**乌日图沟**、红格尔沟（河长47.8千米，流域面积517.72平方千米）、乌古图高勒（河长49.8千米，流域面积656.91平方千米）等。

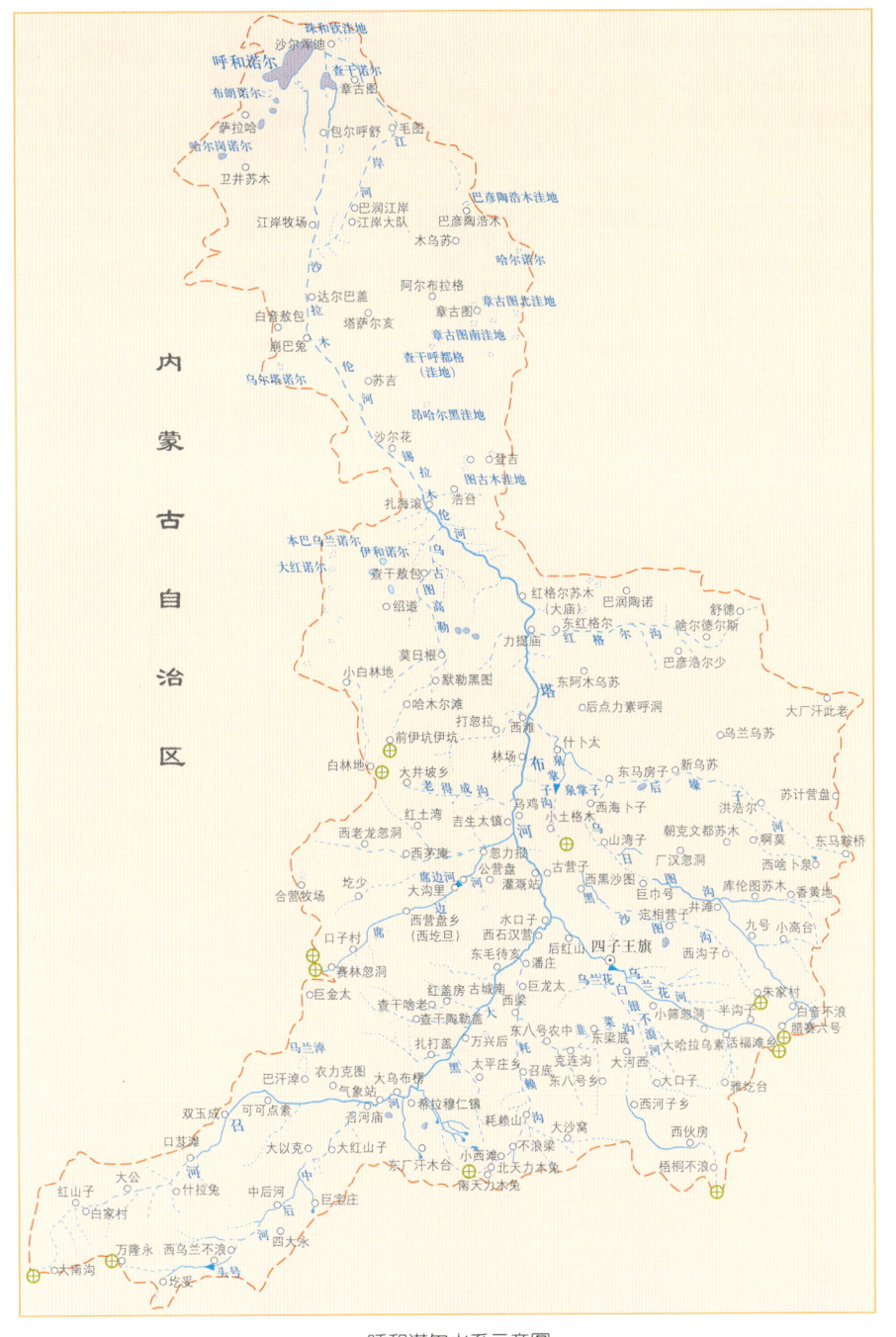

呼和诺尔水系示意图

由河源向东北流至达尔罕茂明安联合旗希拉穆仁镇,有清代喇嘛庙——席力图召屹立于河畔,故上游段又称召河,建有召河草原旅游区,700 余平方千米的天然草原可供踏青观光,1978 年自治区列为重点旅游点;支流中后河于此汇入。至水口子有乌兰花河汇入,乌兰花河流经乌兰花镇,为四子王旗旗政府所在地,镇北 24 千米有王爷府。北流至希拉木仁庙,是乌兰察布市最大的喇嘛庙,始建于清乾隆二十三年(1758 年),是享有盛名的草原古刹。过希拉木仁折向西北,至崩巴兔向北流,于江岸苏木以下分为左右两汊:左汊至毛图入呼和诺尔,右汊恩和宝勒格向北流入查干诺尔,经该湖泊调节后,再流入呼和诺尔。江岸苏木至脑木更苏木间有天然胡杨林自然保护区。

域内以农牧业为主,土特产品有马铃薯、莜麦、荞麦、蚕豆、豌豆、发菜、苁蓉、锁阳、麻黄、羊绒、驼绒、羊肉、驼肉等。

10.12.32.1.1 乌日图沟
(Wuritugou River)

塔布河支流,发源于内蒙古自治区乌兰察布市四子王旗东八号乡腊赛六号南山,东经 112°02′、北纬 41°25′。于四子王旗吉生太镇西滩汇入塔布河,流经四子王旗。

河长 90.5 千米,流域面积 1 457.55 平方千米,河道平均比降 4.05‰。

流域地势东南高,西北低,属典型的大陆性气候;多年平均气温 4.5 摄氏度,多年平均年降水量 321.6 毫米,年水面蒸发量 2 700 毫米,年均无霜期 90 天。

流域矿产资源有黄金、铜、铅、萤石等,土特产有发菜、黄芪、麻黄等。域内有省道 101 线穿过。

流域呈狭长条形,河道基本顺直,支流多集中于右岸,主要支流有库伦图河、后壕子河、泉掌子沟汇入;全河有清水或间歇水,支流泉掌子沟沟口处建有泉掌子水库。

流域经济以畜牧业为主,兼有农业,牲畜有马、牛、羊、骆驼等,农业种植以小麦、莜麦、马铃薯为主。

流域内绿草如茵,牛羊肥壮,气候凉爽,幽静宜人,夏秋季节是游人草原观光游览的好去处。

10.12.33 乌兰陶勒盖高勒
(Wulantaolegaigaole River)

属图古木诺尔水系,又名乌兰陶勒河。发源于内蒙古自治区达尔罕茂明安联合旗达尔汗苏木母花以力更南山顶,东经 111°08′、北纬 41°32′。全河大的拐弯较多,源流由发源地向西北流至朝格齐转向东南至合同庙,又转向西北至德日存呼都格又转向东北入哈吨德布斯格诺尔,经该诺尔(一般情况下水不外流)再注入图古木诺尔。上游无名,中游称点鸡河,再往下游称哈登宝力格、他图人高勒,下游称乌兰陶勒盖高勒。河源海拔 1 752 米,流经达茂旗、四子王旗。

流域属阴山北坡内陆河水系,地形为东南高、西北低,略呈长条形,丘陵起伏,平原相间。

流域属中温带干旱半干旱大陆性季风气候,多年平均气温 2.9 摄氏度,全年无霜期 88～120 天,多年平均年降水量 310 毫米,光照充足,年均日照时数 3 082 小时。

河流流向为东南—西西北,集水面积 2 429.15 平方千米,河长 130.3 千米,河道平均比降 3.52‰。

该河在芒和以下至乌兰额日格有间歇水,其余均为干河,其中大花圪那至好依尔忽洞、乌兰额日格至德日存呼都格河床不明显。中游有扎达盖高勒,于四子王旗查干鄂日格从左侧汇入;下游在流入哈吨德布斯格诺尔之附近,有苏钦尔苏木高勒从右侧汇入。

图古木诺尔中心位于东经 110°01′、北纬 42°20′，乌兰淘勒盖高勒由南向北汇入，平时无水。

河流流经地区均为牧业区，其中四子王旗是我国神舟飞船返回地面的主要降落区之一。域内旅游资源丰富，是人们观赏草原风情的好去处。四子王旗铜、金、萤石、芒硝、天青石、玛瑙、刚玉等矿藏丰富。

10.12.34　查干淖尔
（Chagannaoer Lake）

位于内蒙古自治区四子王旗江岸苏木境内，湖中心坐标为东经 110°51′、北纬 42°48′。水面高程 945 米，水深 7～8 米，水面面积 1.76 平方千米，集水面积 3 637.17 平方千米，水质咸。流域地跨达尔罕茂明安联合旗和四子王旗。

流域地势西南高、东北低，湖泊主要补给水源为**乌苏特郭勒**，来自湖泊西南。乌苏特郭勒全河多数时间为干河，它是联结查干淖尔和**腾格尔诺尔**的一条通道。腾格尔诺尔溢出之水经乌苏特郭勒，汇入查干淖尔。该流域地处内蒙古高原，平均海拔 1 400 米，境内丘陵起伏，平原相间。地势高寒，风沙大，属典型大陆性干旱气候，多年平均温度 2.9 摄氏度，多年平均年降水量 310.2 毫米，蒸发强烈。

查干诺尔以北有七八个小湖泊，其中比较大的有乌兰呼都格诺尔、公乌苏北诺尔等湖泊群落，均为季节性湖泊，每年汛期，周边河流有水补入湖泊，形成水面。湖周边有硝尔、得尔敖包等牧业嘎查。

流域内以畜牧业为主，兼有旱作农业。该湖泊为周边畜牧业、农业主要水源地。人畜用水主要利用汛期蓄水和部分湖泊水。

10.12.34.1　腾格尔诺尔
（Tenggeernuoer Lake）

属**查干淖尔**水系，位于内蒙古自治区达尔罕茂明安联合旗查干哈达苏木境内，湖泊中心坐标为东经 110°41′、北纬

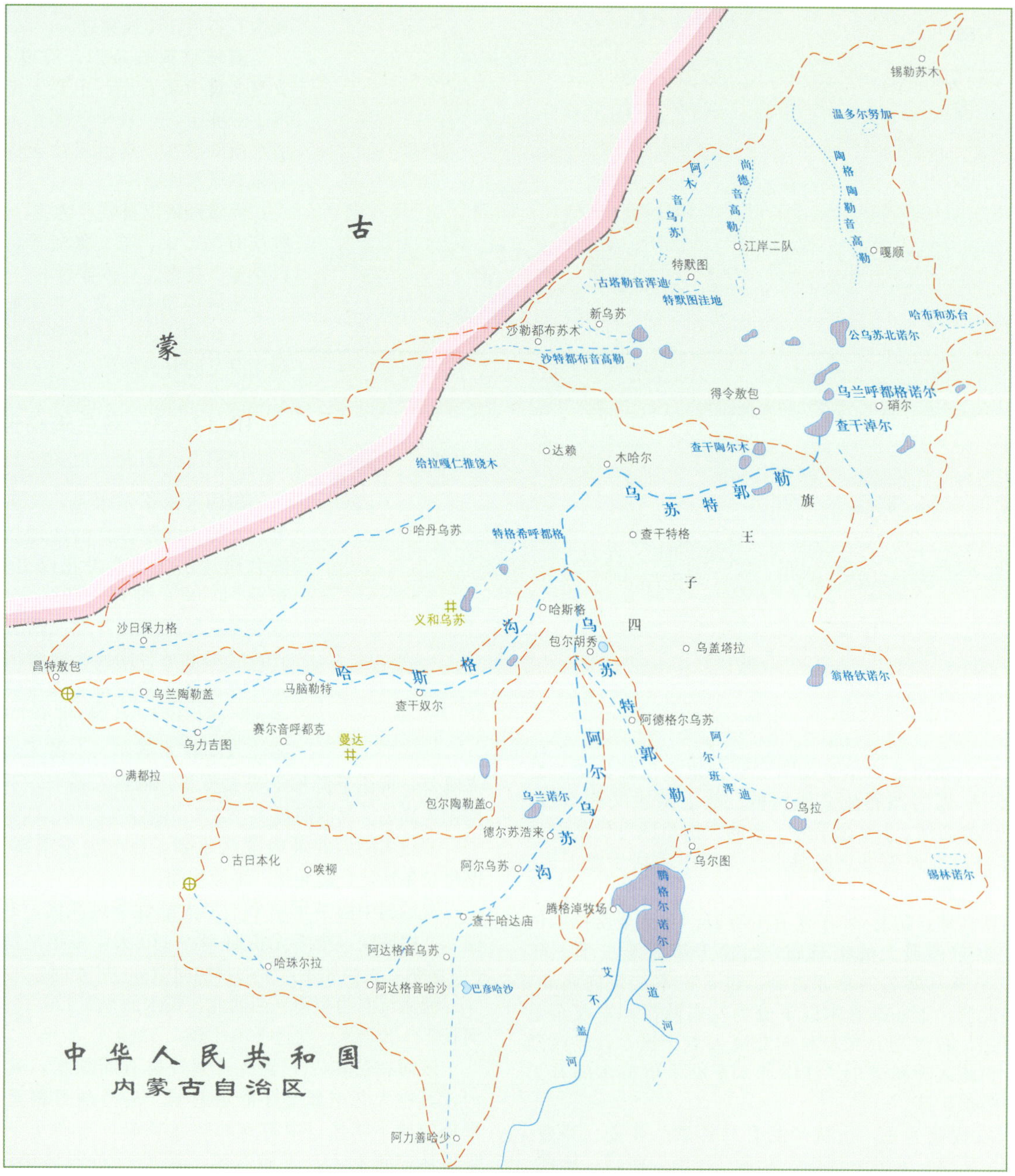

查干淖尔水系示意图

42°26′。水面面积 28.77 平方千米，水面高程 1 054 米，水深 7～9 米，集水面积 8 701.73 平方千米。当水面高程超出 1 055 米时，湖水可由东北方向四子王旗的乌尔图流出，经**乌苏特郭勒**，流入查干淖尔；但在一般情况下，腾格尔诺尔之水不易流出。

湖区地势低洼，四周为广宽沙丘。水质咸苦，含多种盐类，为咸水湖。该湖呈椭圆形，南北长，东西窄，北部湖面宽阔，南部狭小。湖泊补给水源来自湖泊南部，有**艾不盖河**、二道河汇入。

流域属温带干旱半干旱大陆性季风气候，冬季漫长寒冷，春季干旱风沙多，夏季短促凉爽；多年平均气温 4.2 摄氏度，全年无霜期 106 天左右，多年平均年降水量 256.2 毫米。

腾格尔诺尔地处畜牧业区域，水源供周边牲畜饮水。周边主要牧业嘎查有阿达格乌苏、伊和日、白兴图、乌布日乌苏、塔拉呼都格等。野生药材有益母草、麻黄、甘草、黄芪、板蓝根、大黄、马蔺、枸杞、柴胡、萤石等；食用菌有发菜、蘑菇等；野生珍稀动物有蒙古野驴、鹅喉羚、盘羊、青羊、黄羊、狐狸、狼等；禽类有大鸨、沙鸡、戴胜、百灵鸟等。

10.12.34.1.1　艾不盖河
（Aibugai River）

属**腾格尔诺尔**水系，发源于内蒙古自治区达尔罕茂明安联合旗新宝力格苏木张毛胡同西山，东经 109°41′、北纬 41°33′。沿程海拔 1 645～1 045 米，流经达茂联合旗境内，于腾格尔诺尔牧场西注入腾格尔诺尔。

流域地处大青山西北内蒙古高原，南高北低，缓缓向北倾斜；南部属丘陵区，北部属高平原台地，间有开阔原野。

流域属温带干旱半干旱大陆性季风气候，冬季漫长寒冷，少雨雪；春季干旱风沙多；夏季炎热多雨；秋季凉爽。多年平均气温 3.7 摄氏度，年均无霜期 109 天，多年平均年降水量 259 毫米，多年平均年水面蒸发量 1 440 毫米，光照充足，年均日照时数 3 124 小时。

河流弯曲，总体流向由西南向东北，河长 192 千米，流域面积 7 185.46 平方千米，平均比降 2.74‰，多年平均年径流量 0.166 亿立方米。河谷开阔，河槽浅宽，水量不丰，全河有间断干河段。上游河床束放相间；中游河谷宽 300～600 米，谷深 20～40 米；下游河谷宽 5 千米以上。

艾不盖河主要支流有阿木斯尔河（河长 61.9 千米，流域面积 408.35 平方千米），乌尔兔河（河长 79.7 千米，集水面积 350.94 平方千米），高腰海沟（河长 48.2 千米，集水面积 184.39 平方千米），渠口河（河长 48.2 千米，集水面积 977.69 平方千米），**塔尔洪河**等。

自河源向东至营路菜园有阿木斯尔河汇入，以上为干河；至小东河先后有乌尔兔河和高腰海沟汇入。折向东北至大东河有渠口河汇入，至百灵庙有塔尔洪河汇入；折向北，经敖伦苏木古城遗址，折向东北至腾格尔诺尔牧场西注入腾格尔诺尔。百灵庙以上支流发育，水系呈扇形；以下无较大支流汇入。

全河流经草原牧区，经济以畜牧业为主。

百灵庙镇为达尔罕茂明安联合旗旗政府所在地。百灵庙又名"巴图哈拉嘎"，意为"坚固的关隘"，镇西巴图哈拉山巅，有清康熙帝 1696 年亲征噶尔丹汗时的遗址，四周峰峦叠嶂，镇南有女儿山，形成天然屏障。1936 年 2 月 21 日，乌兰夫领导百灵庙抗日武装暴动，纪念碑就建于山巅。镇内有康熙帝敕建的广福寺，已有 280 多年的历史。

敖伦苏木古城也称越王城（原名黑水城），元朝是商旅过往的繁华之地，遗址内地表遗物有石碑、墓石及石柱、石板等石制建筑构件，保留有亚洲最早的古罗马教堂遗址，是内蒙古自治区文物保护单位。

10.12.34.1.1.1　塔尔洪河
（Taerhong River）

属**艾不盖河**水系，发源于内蒙古自治区包头市达尔罕茂明安联合旗石宝镇幸福村西南山顶，东经 110°57′、北纬 41°24′。沿程海拔 1 761～1 361 米，于达尔罕茂明安联合旗百灵庙城庙东南从右侧汇入艾不盖河。

河长 48.2 千米，流域面积 2 472.49 平方千米，河道平均比降 2.81‰。

流域地势东南高，西北低；属温带大陆性季风气候，多年平均气温 3.4 摄氏度，多年平均年降水量 256.6 毫米，全年无霜期 106 天。

流域呈长条形，河道弯曲，支流多集中于上游，主要支流有大河、太和城河、扎达盖河等。全河大部均为干河，只在汛期有洪水。下游建有黄花滩水库。

流域以牧业经济为主，畜种有牛、马、驴、骆驼、羊等，是国家及自治区商品羊生产基地。流域矿产资源有稀土、金、铂等，有省道 104、211 线贯穿全境。

流域内的希拉穆仁草原已被开发为旅游区，草原地势宽敞平坦，牧草茂盛，主要休闲旅游项目有赛马、摔跤、民族歌舞表演等。

10.12.34.2　乌苏特郭勒
（Wusuteguole River）

属**查干淖尔**水系，发源于**艾不盖河**入**腾格尔诺尔**汇入口处，即东经 110°42′、北纬 42°31′。于内蒙古自治区达尔罕茂明安联合旗得令敖包东汇入查干诺尔。流域海拔 1 054～945 米，流经达尔罕茂明安联合旗。

乌苏特郭勒系艾不盖河下游段，河水先由艾不盖河汇入腾格尔诺尔，大洪水时外溢流入乌苏特郭勒，再汇入查干淖尔，故河源为腾格尔诺尔。查干淖尔与腾格尔诺尔为相互连通的姊妹湖，但平时两湖并不连通，查干淖尔湖水主要靠乌苏特郭勒支流补给水源。

乌苏特郭勒自源头向西北流至包尔胡秀，有阿尔乌苏沟（河长 57.5 千米，集水面积 638.19 平方千米）汇入；往北，有哈斯格沟（河长 26.8 千米，集水面积 459.24 平方千米）等汇入；至木哈尔，折向东北，经查干特格注入查干诺尔。

河长 54.4 千米，流域面积 2 790.10 平方千米，河道平均比降 2.15‰。

流域地势西南高、东北低，呈扇形，属典型的大陆性气候，多年平均气温 4.5 摄氏度，多年平均年降水量 321.6 毫米，年水面蒸发量 2 700 毫米，全年无霜期 90 天。

流域矿产资源有黄金、铜、铅、萤石等，土特产有发菜、黄芪、麻黄等。域内有省道 101 线通过。流域为牧区，主要牲畜有羊、牛、马、骆驼等。

10.12.35　开令河
（Kailing River）

属哈尔诺尔水系，又名哈日津日。发源于内蒙古自治区达尔罕茂明安联合旗巴音乌兰苏木敦德呼都格西山顶（与乌拉特中后联合旗新忽新公社交界），东经 109°23′、北纬 41°46′，向东北流至巴彦花镇哈尔淖子村西注入哈尔诺尔。上游称哈吉图郭勒，中游称哈林河，下游称开令河。流域海拔1 820～1 103米，流经达茂旗。

流域地形由西南向东北倾斜，属山区、丘陵地貌。

该区属中温带大陆性季风气候，多年平均气温3.4摄氏度，多年平均年降水量257毫米，年均日照时数3 100小时，年平均风速3.5米每秒，年平均无霜期106天。

河流流向由东北向西南，河长99.1千米，集水面积1 892.43平方千米，河道平均比降4.57‰。

全河在布吐好绕以上、色呼勒以下有清水或间歇水，其余均为干河，在开令河村附近一段河床不明显。该河上游系山区，中下游均为丘陵地带，两侧支流主要有布尔罕廷高勒、多贡耐郭勒、巴音呼舒郭勒、木哈尔额尔格郭勒等。

哈尔诺尔呈不规则形，湖泊中心位于东经109°52′、北纬42°21′。水面面积6.88平方千米，水深8～9米；主要补给水源来自东南部汇入的河流。

流域内为美丽辽阔的大草原，每年都有大量的中外游客来这里旅游、观光。

10.12.36　扎尔格楞图河
（Zhaergelengtu River）

属桑根达来诺尔水系。发源于内蒙古自治区乌拉特中旗新忽热苏木文都敖包，东经109°11′、北纬41°48′，向东北流至巴彦吉尔嘎拉南注入桑根达来诺尔。上游称海勒斯高勒、哈布其勒高勒。流域海拔1 720～1 150米，位于乌拉特中旗境内。

流域地形由西南向东北倾斜，属山区、丘陵地貌。

流域属中温带半干旱大陆性季风气候，年平均气温3～6.8摄氏度，年日照时数3 098～3 250小时，无霜期99～129天，多年平均年降水量约250毫米。

河流流向由西南向东北，河长84.8千米，集水面积1 570.76平方千米，河道平均比降4.42‰。流域内风能资源丰富，为自治区风能最佳区。旅游资源有梭梭林蒙古野驴自然保护区、阿尔其山自然保护区等。

全河除扎尔格图楞水库上下及小饲料基地附近各有10多千米长清水河道外，其余均为干河。上游为山区，中下游均属丘陵地带。主要支流有勃列嘿郭勒、阿尔呼都格庙郭勒、塔拉郭勒等，均从右侧汇入。在中游右侧有阿木乌尔特格淖尔（水面面积为0.5平方千米，水面高程1 213米，水深6～9米）注入；左侧有哈日诺尔（干诺尔）和查干岗千音高勒注入（系一条间断性的河流）。下游左侧有嘎顺淖尔、乌和尔陶勒盖淖尔等小淖尔，集水面积均不大。

桑根达来诺尔位于乌拉特中旗巴音乌兰苏木境内，湖泊中心为东经109°24′、北纬42°23′，水面面积2.05平方千米，水深7～12米；主要有扎尔格楞图河汇入。

10.12.37　那林河
（Nalin River）

发源于内蒙古自治区乌拉特中旗新忽热苏木哈热图东南山顶，海拔1 760米，东经109°02′、北纬41°48′，向西北流出国界注入蒙古国东戈壁省腾格尔诺尔。上游称乌尔塔音高勒，中游称那林河，下游称台郭勒、勃尔和郭勒，系狼山北部河流之一。境内部分位于乌拉特中旗境内。

流域地势北高南低，属山前平原地貌。

流域属中温带半干旱大陆性季风气候，多年平均气温5摄氏度，年降水量115～250毫米，无霜期99～129天。境内矿产资源及野生植物资源丰富。

中国境内河流流向由东南至西北，河长94.0千米，集水面积3 217.28平方千米，河道平均比降4.78‰。那林河地处狼山北部山区，流域呈扇形分布，集中在哈冬屋以上，支流均由南向北汇入，平时无水，汛期大洪水时才有水汇入。

全河在贺西格套洛盖北约有7千米及好布德勒西北约6千米长的清水或间歇水，其余均为干河，有的地方河床不明显。该河主要支流有腰带高勒、哈尔恩格尔音高勒、额黑岗岗河、**乌兰额热格**等，从两侧分别汇入，其中比较大的是乌兰额热格。

10.12.37.1　乌兰额热格
（Wulan'erege River）

属**那林河**水系。发源于内蒙古自治区巴彦淖尔市乌拉特中旗巴音乌兰苏木曼达山，东经108°49′、北纬41°50′。流域海拔1 760～1 128米，于乌拉特中旗巴音乌兰苏木哈沙冬屋汇入那林河，流经乌拉特中旗。

河长107.3千米，流域面积2 035.51平方千米，河道平均比降3.98‰。

流域地势南高北低，气候属温带大陆性气候，多年平均气温4.9摄氏度，多年平均年降水量230毫米，年平均日照时数3 174小时，全年无霜期114天，多年平均水面蒸发量2 495毫米。

河流自河源西北流，河道呈弧形，河道弯曲。支流主要集中于上游山区，有浑楚鲁高勒、乌兰岗干、乌珠尔呼舒等。全河均为干河，下游河床不明显。

流域矿产资源有沙金、煤、珍珠岩、云母等，草场资源及野生动植物资源丰富。域内有省道211线、311线通过。流域为牧区，是狼山白山羊产地之一，以羊肉、羔羊肉闻名全国。

10.12.38　阿尔沙土沟
（Aershatugou River）

发源于内蒙古自治区乌拉特中旗川井苏木呼很乌兰，海拔1 750米，东经107°47′、北纬41°42′，向东北流出国界，注入蒙古国东戈壁省腾格尔诺尔，上游称布尔罕托高勒。在我国位于乌拉特中旗境内。

流域地势南高北低，属山区、丘陵高原地貌。

流域属中温带半干旱大陆性季风气候，多年平均气温5摄氏度，年降水量115～250毫米，年日照时数3 098～3 250小时。全区多西北风，风能资源丰富，为自治区最佳风能区。旅游资源有梭梭林蒙古野驴自然保护区、阿尔其山自然保护区等。

中国境内河流流向由西南向东北，河长106.6千米，集水面积4 320.56平方千米，河道平均比降3.66‰。

全河均为干河，上游河床明显，毛沟较多，下游河床不明显。该河比较大的支流有**古尔班乌兰好来**、**昌吉高勒**、扎明淖尔浑迪等。

10.12.38.1　古尔班乌兰好来
（Guerbanwulanhaolai River）

属**阿尔沙土沟**水系。发源于内蒙古自治区乌拉特中旗川井苏木乌林霍勒托山，东经107°46′、北纬41°44′。流域海拔1 740～1 184米，于巴音乌兰苏木查干淖尔西北汇入阿尔沙土沟；流经乌拉特中旗。

河长89.8千米，流域面积1 525.69平方千米，河道平均比降3.73‰。

流域地势南高北低，属温带大陆性气候，多年平均气温4.9摄氏度，多年平均年降水量230毫米，年平均日照时数3 174小时，全年无霜期114天，多年平均年水面蒸发量2 495毫米。

河流自河源北流，至霍恩格勒其格东，转为东北流，经查干诺尔西，从左侧汇入阿尔沙土沟。河道呈弧形，全河均为干河，支流有沙布根高勒；下游河床不明显。流域内有成吉思汗边墙遗址。

流域矿产资源有沙金、煤、珍珠岩、云母等，草场资源及野生动植物资源丰富，有省道211、311线通过。流域为草原牧区，在甘其毛道口岸附近有乌拉特中旗梭梭林蒙古野驴保护区。

10.12.38.2　昌吉高勒
（Changjigaole River）

属**阿尔沙土沟**水系。发源于内蒙古自治区乌拉特中旗巴音乌兰苏木巴特尔敖包东山，东经108°31′、北纬41°46′。流域海拔1 660～1 155米，于巴音乌兰苏木扎嘎乌苏从右侧汇入阿尔沙土沟，流经乌拉特中旗。

河长89.4千米，流域面积1 192.59平方千米，河道平均比降3.51‰。

流域地势南高北低，属温带大陆性气候，多年平均气温4.9摄氏度，多年平均年降水量230毫米，年平均日照时数3 174小时，全年无霜期114天，多年平均年水面蒸发量2 495毫米。

河流自河源西北流，至乌兰呼都格折而北流。流域呈狭长条形，主要支流有沙巴格霍托勒河、哈拉哈高勒、查干特更沟、札根好来、沃搏尔孙都勒沟、前德门沟等。全河均为干河，只有汛期大洪水时，有水流通过；下游因长期无水，河床不明显。

流域矿产资源有沙金、煤、珍珠岩、云母等，草场资源及野生动植物资源丰富，有省道212、311线通过。流域为牧区，牲畜有羊、马、骆驼等。

10.12.39　包尔呼顺高勒
（Baoerhushungaole River）

发源于内蒙古自治区乌拉特中旗川井苏木莫若格钦辉斯陶勒盖，东经107°40′、北纬41°43′，海拔1 670米，向西北流出国界，经蒙古国南戈壁省，以下其趋向注入中蒙边界之阿尔呼吉尔特洼地。中国部分位于乌拉特中旗境内。

流域地形南高北低，为山区、丘陵高原地貌。

流域属中温带半干旱大陆性季风气候，多年平均气温5摄氏度，年降水量115～250毫米，年日照时数3 098～3 250小时。流域内的乌拉特中旗是以牧业为主兼有农业的牧业旗，是白绒山羊和肉食产品的重要生产基地。

中国境内河流流向由东南流向西北，河长95.7千米，集水面积1 048.23平方千米，河道平均比降6.31‰。

全河均为干河，河床明显。流域呈长条形，各支流亦多为长条形，有乌尔塔查干敖包乃高勒、浩尧尔沃尔腾高勒、乌尔特浑迪，均从右侧汇入。

10.12.40　巴音呼热音高勒
（Bayinhureyingaole River）

属阿尔呼吉尔特洼地水系。发源于内蒙古自治区乌拉特后旗巴音前达门苏木萨音呼都格南山顶，东经107°15′、北纬41°50′，海拔1 570米，向西北流至敖伦呼都格注入阿尔呼吉尔特洼地，上游称海勒森高勒，位于乌拉特后旗境内。

流域地势南高北东低，属浅山地、低山丘陵地貌。

河流流向为东南向西北，河长78.5千米，集水面积1 190.33平方千米，河道平均比降7.26‰。

全河均为干河，下游一段河床不明显。该河的上中游支流较多，随着主河的方向流动，主要有呼吉热图高勒、乌兰额尔格音赛尔、公尚德音高勒、毛敦呼都格高勒等，分别从两侧汇入。

河流属中温带半干旱大陆性季风气候，多年平均气温3.8摄氏度，年均无霜期130天，年降水量96～106毫米，年均日照时数3 810小时。该区经济以畜牧业为主，境内有地质遗迹恐龙化石及恐龙蛋化石等，野生植物主要有苁蓉、锁阳、五灵脂、黄芪等。境内大坝口西坡有著名的阴山岩画——大坝沟岩画群，是全国重点文物保护单位。

阿尔呼吉尔特洼地地处中蒙边境地区，与相邻的和布特呼仍尼戈壁（洼地）相连，洼地最低处海拔830米。

10.12.41　阿布日和音高勒
（Aburiheyingaole River）

属和布特呼仍尼戈壁水系。发源于内蒙古自治区乌拉特后旗潮格温都尔镇达巴呼都格北山顶，海拔1 570米，东经107°22′、北纬41°35′。向北流至乌兰陶勒盖西北约4千米处注入和布特呼仍尼戈壁。上游称阿尔潮海音高勒、潮海音高勒，中游称乌兰额热高勒、舒吉音高勒、哈尔乌素高勒、额勒森呼都格音高勒，下游称阿布日和音高勒。位于乌拉特后旗境内。

流域地势南高、北东低，属浅山地、低山丘陵地貌。

河流流向由东南向西北，河长117.2千米，集水面积2 742.43平方千米，河道平均比降6.10‰。流域属中温带半干旱大陆性季风气候，冬季寒冷干燥，风沙多；夏季干旱降雨少，日照强烈，蒸发量大。

全河除查干都盖至哈布其勒音阿木有清水外，其余均为干河。该河上中游两侧支流较多，有查干额热格音高勒、舍尔本音高勒、达来音高勒、苏亥音扎德盖浑迪、呼尔德乃高勒、宝音图高勒、塔班阿拉德音高勒、新乌苏高勒、敖仓毛德高勒等。其中最大的是敖仓毛德高勒，河源位于东经106°46′、北纬41°21′，全河为干河。

河流所在地乌拉特后旗地域广袤，草质优良，是理想的放牧场所，畜种有国内外珍稀畜种白绒山羊和戈壁红驼。

在达г盖山口内东侧台地上有一处新石器时代遗址，总面积1 000多平方米。遗址不远处有一片排列有序的石棺墓群，是新石器时代狩猎民族的遗址和墓群。

10.12.42　巴格毛德庙高勒
（Bagemaodemiaogaole River）

属和布特呼仍尼戈壁水系。发源于内蒙古自治区乌拉特后旗巴音宝力格镇额热格山顶，海拔1 570米，东经106°44′、北纬41°19′，向西北流至巴格毛德转向东北，至巴彦哈尔西北约5千米处注入和布特呼仍尼戈壁（洼地）。上游称查干呼舒高勒，中游称查干包乃高勒、苏亥高勒、乌兰善达高勒，下游称巴格拉毛德庙高勒。位于乌拉特后旗境内。

流域地势南高北东低，属浅山地、低山丘陵地貌。

河流流向由西北向东南,河长114.7千米,集水面积1 928.28平方千米,河道平均比降1.5‰。河流属中温带半干旱大陆性季风气候,年均日照时数3 810小时,年均无霜期130天左右。

阴山山脉西段之狼山,横贯乌拉特后旗南部100多千米,山峰耸立,南陡北缓,南坡海拔1 030～2 365米,相对高差平均600多米,最大高差达1 300米;北坡海拔1 600～2 365米,相对高差100～400米。主峰巴什喀海拔2 365米,是乌拉特后旗的最高峰,在旗境内形成了众多峡谷。

全河除沃勒吉哈尔敖包东至查干呼舒庙北有清水外,其余均为干河。该河支流,上游有乌嘎拉金高勒、沙尔楚仑高勒,中游有查干敖包乃浩布特、勃勒音高勒、和热木音呼都格高勒、格尔台刹拉高勒,下游有哈毛特高勒、呼勒盖高勒、冈干巴拉尔等,分别从两侧汇入。

10.12.43　迈马乌苏郭勒
（Maimawusuguole River）

属保楞苏亥（洼地）水系。发源于内蒙古自治区乌拉特后旗潮格温都尔镇巴仁沙巴尔呼热山顶,海拔1 930米,东经106°42′、北纬41°20′,向西北流至滚格勒北注入保楞苏亥洼地。上游称沙尔敖包高勒、阿达根夏巴根高勒,中游称毛敦善达高勒,下游称苏记郭勒、迈马乌苏郭勒。位于乌拉特后旗境内。

流域地势南高北东低,属浅山地、低山丘陵地貌。

河流流向由东南向西北,河长109.9千米,集水面积1 090.18平方千米,河道平均比降6.92‰。流域属中温带半干旱大陆性季风气候,多年平均气温3.8摄氏度,年降水量96～106毫米。境内有巴音满都呼恐龙化石保护区、阴山岩画、善岱古庙、马奴庄园、梭梭林蒙古野驴保护区等。

全河为干河,中游河床不明显。流域水系呈长条形,无大支流,只在下游有海勒森哈拉郭勒、古尔本善德郭勒、套来郭勒、乌日吞郭勒等汇入。

10.12.44　莫林河
（Molin River）

属阿拉善戈壁水系。发源于内蒙古自治区乌拉特后旗那仁宝力格苏木岗嘎山顶,海拔2 150米,东经106°36′、北纬41°08′,向西南经莫林河牧场,于乌拉特后旗巴音戈壁苏木西注入阿拉善戈壁。上游称哈步其盖高勒、萨拉高勒,中下游均称莫林河。位于乌拉特后旗境内。

流域地势西南高东北低,中上游属山区、低山丘陵地貌,下游入戈壁滩。

河道流向由东南向西北,集水面积为5 800平方千米,河长约135千米,河道平均比降约6‰。流域属中温带半干旱大陆性季风气候,多年平均气温3.8摄氏度,年降水量96～106毫米。境内有巴音满都呼恐龙化石保护区、阴山岩画、善岱古庙、马奴庄园、梭梭林蒙古野驴保护区等。

大坝沟口西畔石头上的正方形岩画,面积约400平方米,被列为自治区文物保护单位。2006年,阴山岩画作为新石器至青铜器时代石刻,被列入第六批全国重点文物保护单位名单。

全河除叶毛德至保力格有清水外,其余均为干河,下游有些地方河床不明显。该河总的流域面积比较大,支流亦多,上游比较明显的有楚鲁高勒、霍布高勒,中游有居力格台高勒,其他各支流大部是上游河床明显,下游无正式河床,或者消失在沙丘之中,无明显的入口处。尤其是斯呼勒高勒（左岸支流,发源于乌拉特后旗西南端）,集水面积比主河还大,但下游无正式河床,其趋向在莫林河的下游川井附近汇入。另有哈木格台洼地,属该河之闭流区。

十一、中哈跨界内陆河

Inland Rivers Crossing China-Kazakhstan Border

10.13 中哈跨界内陆河
（Inland Rivers Crossing China-Kazakhstan Border）

中哈跨界内陆河指从中国境内流入哈萨克斯坦阿拉湖群和巴尔喀什湖的河流，包括**伊犁河**、**额敏河**以及发源于巴尔鲁克山西部的**塔斯提河**、**铁列克提河**等。这些河流均位于新疆维吾尔自治区伊犁哈萨克自治州境内，地理坐标东经 80°09′~84°57′、北纬 42°14′~47°01′。

概 述

河流水系 中哈跨界内陆河中，出境河流额敏河、塔斯提河、铁列克提河等属阿拉湖水系；而伊犁河属巴尔喀什湖水系。阿拉湖群包括阿拉湖、萨瑟克湖和托拉纳什库里湖，入湖河流有坚捷克河、额敏河（中国）、哈腾苏河、乌尔扎尔河、卡拉库里河、日曼河、日格依特河、塔斯提河等。巴尔喀什湖是世界上最大的内陆湖之一，有伊犁河、卡拉塔尔河、阿克苏河（哈萨克斯坦）、列普萨河和阿亚古兹河等汇入。从中亚入境的河流主要有特克斯河源流、**洪海沟**支流及额敏河一级支流阿克乔克河、卡拉奇塔特河。

额敏河由主源沙拉依灭勒河与支流**哈拉依灭勒河**汇合而成，流域面积 2.18 万平方千米（中国境内 2.09 万平方千米），河长 256 千米（中国境内 157 千米）。河流由东北向西南流，沿途接纳了发源于周围山系的多条支流，经阿克其水文站，向西流出国境后，又有发源于我国境内的支流**察汗托海河**汇入，最后注入哈萨克斯坦国境内的阿拉湖。发源于额敏盆地南部巴尔鲁克山直接出境的河流有：塔斯提河、丘尔丘特河、苏云河、加曼铁热克特河、铁列克提河等。除塔斯提河常年有水汇入阿拉湖外，其余河流均为季节性入湖河流。

伊犁河由主源特克斯河和两大支流**巩乃斯河**、**喀什河**汇聚而成。主源特克斯河发源于汗腾格里峰北侧，其上游从哈萨克斯坦流入中国境内，由西向东穿过昭苏—特克斯盆地，折向北流，与巩乃斯河汇合后称伊犁河。此后河流由东向西流，途中右岸喀什河汇入后，流经雅马渡水文站，下游在接纳了南北坡的数十条小支流后，流入哈萨克斯坦境内。此后蜿蜒西行，沿程两岸有乌谢克河、查林河、契利克河、塔尔干河、伊塞克河、塔尔加尔河汇入，后又折向西北流，在卡斯连克河、库尔特河等大支流汇入后，再流经 265 千米入巴尔喀什湖。雅马渡站以上为伊犁河上游，雅马渡至哈萨克斯坦境内伊犁村（卡普恰盖水库）为中游，伊犁村至巴尔喀什湖为下游。流域面积 15.12 万平方千米，河流全长约 1 236 千米，其中中国境内集水面积为 5.67 万平方千米，占流域面积的 37.5%，河长约 442 千米。

地貌 中哈跨界内陆河属封闭性的内陆区河流，流域的北边和西边为塔尔巴哈台山和丘陵山地，南边和东边是天山山脉和准噶尔西部山地，地势由东南向西北倾斜。

额敏河穿行于额敏盆地内，北、东、南三面环山。北部的塔尔巴哈台山是阿拉湖盆地北部的一条东西向山脉，山脊线海拔一般为 2 000~2 500 米，山地平缓，山前多为低山丘陵所占据。东部和南部的准噶尔西部山地包括东北—西南走向的齐吾尔喀叶尔山、加依尔山、玛依勒山、巴尔鲁克山等山脉，山地环绕额敏盆地。山势不高，多为中、低山，山脊线海拔一般在 2 000 米左右。

环绕伊犁河流域的山脉主要为北天山、中天山和南天山山脉，地形由东南向西倾斜。北天山脉指依连哈比尔尕山、博罗科努山、科古琴山，这里的山脊线一般都在海拔 3 500 米以上，最高峰在依连哈比尕山，海拔 5 500 米以上。中天山山脉指流域南侧的那拉提山和横贯伊犁河流域中央的乌孙山，海拔一般在 3 500 米左右，其中那拉提山个别峰在海拔 4 000 米以上。南天山山脉指哈尔克他乌山，其最高峰是西端与哈萨克斯坦、吉尔吉斯斯坦交界处海拔 6 995 米的汗腾格里峰，也是整个天山山系冰川的主要集结地，分布有天山山区面积最大的冰川，这里山势雄伟，冰雪覆盖面积大，是伊犁河的重要补给水源。在三列近东西走向的山系中间，形成了昭苏盆地、特克斯河谷、巩乃斯河谷、喀什河谷和伊犁河谷。向西敞开的有利地势，使其易于接纳西来水汽，丰富的降水刻蚀出众多的流水地貌。泉流、溪流向山谷聚集、扩大，形成伊犁河的三大支流——特克斯河、巩乃斯河和喀什河。沿谷地两岸，植被郁郁葱葱。中山带天山雪岭云杉林茂密挺拔，层层叠叠；低山区草原美丽，如诗如画。额敏河流域最为壮观的是巴尔鲁克山西北坡的大草原及塔尔巴哈台山南坡的大草原，高草纵深，植物种类繁多。

气候 流域地处亚欧大陆腹地，三面环山，唯向西开敞，西风环流带来了较多水汽，因此该地区较新疆其他地区气候湿润得多。然而，由于地域广阔，区域内地形多变，导致气候上的区域性差异，区内平原丘陵区气温的日变化与年变化均较大，冬天多风，寒冷而漫长；夏季山区凉爽，而平原谷地较为干燥，无霜期短，日照充足，中山带降水丰沛，气温宜人。在山区，气候要素有明显的垂直地带性规律，其盆地气候比较典型。昭苏盆地为海拔较高的盆地（海拔 1 200 米以上），冬季积雪期长，夏季十分凉爽，牧业发达。额敏盆地为低盆地，冬季干冷，而夏季炎热，春季多风，适宜农业，但降水不足，草场和农田仍需灌溉。

从盆地中心向山区，辐射量、气温、日照等气象要素指标逐渐降低，降水量地区差异较大。额敏河流域所处的塔尔巴哈台山、齐吾尔喀叶尔山、巴尔鲁克山因山体较低，迎风坡年降水量 500~800 毫米，其背风坡及额敏盆地内年降水量 250 毫米左右，气候干燥，山坡仍呈荒漠景观。伊犁河流域较额敏河流域气候更为温暖湿润，多年平均气温 0.7~9.7 摄氏度，低温日数 50~80 天，寒冷日仅 15~30 天，不小于 10 摄氏度的年积温约 3 000 摄氏度；无霜期河谷西部为 140~180 天，

10.13 中哈跨界内陆河　　西北诸河卷

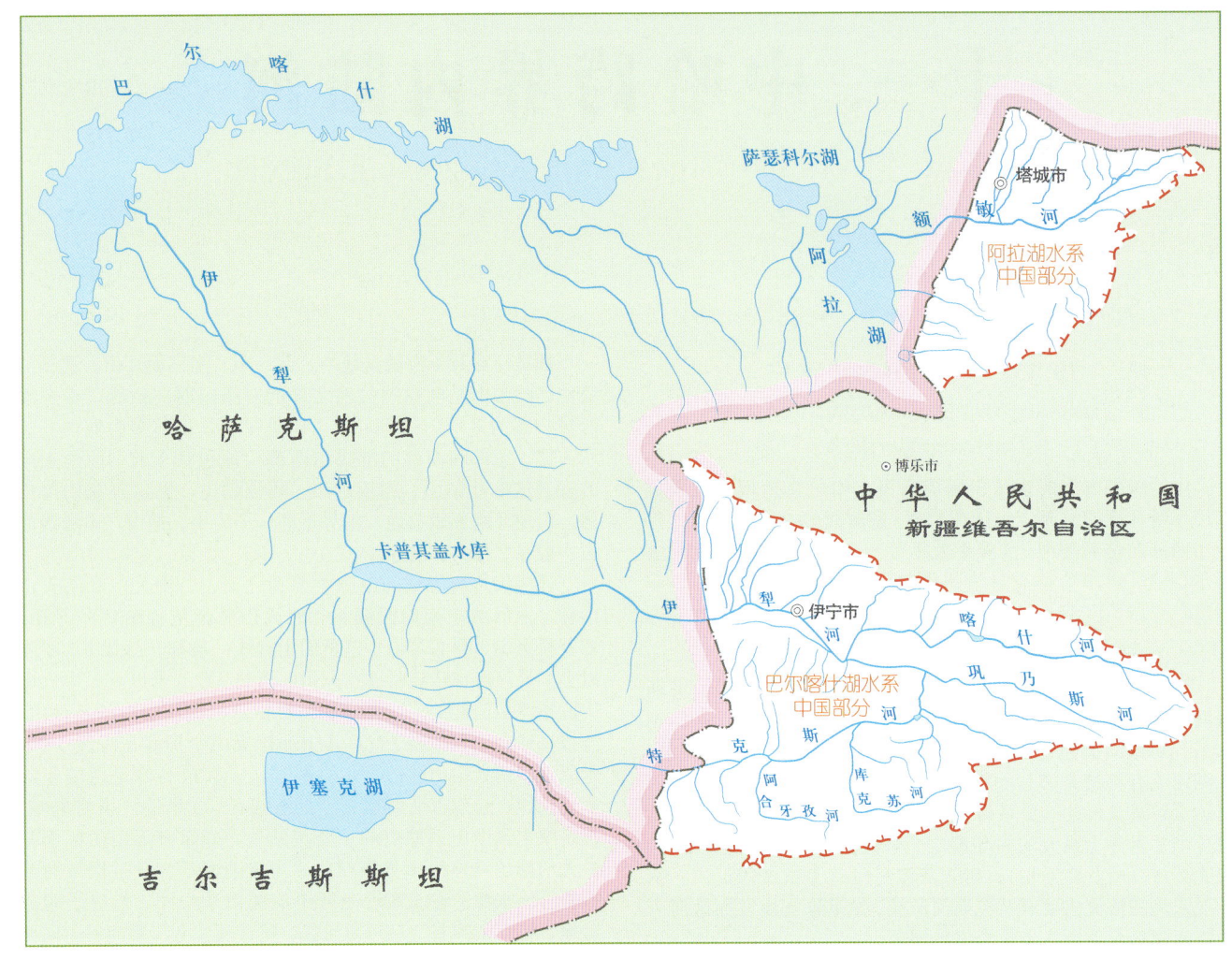

中哈跨界内陆河水系图

河谷东部为140～160天，山区低于120天。伊犁河流域是我国冬季积雪最深厚的地区之一，各地平均雪深分别为15～50厘米，最大积雪深20～80厘米，个别年份达40～150厘米。

自然资源　流域矿产资源丰富，已发现的有煤炭、铁、锰、铜、镍、金等，尤其是伊犁河流域。煤炭已探明保有储量210亿吨左右，主要矿区在霍城县南台子、伊宁县干沟、诺改土、皮里其，察布查尔锡伯自治县塔勒迪，尼勒克县可尔克、昭苏煤矿等。铁矿保有储量约2 500万吨，主要矿区在新源县阿布热勒山。锰矿保有储量约380万吨，以昭苏县阿克苏锰矿较为富集。铜、镍、金储量也很大，其中伊宁县的阿希金矿是新疆规模最大、质量最好的金矿床。

流域水能资源蕴藏量大，尤其是伊犁河水系，其水能理论蕴藏量为705.25万千瓦，可开发建设的0.6万千瓦以上梯级电站坝址达59处。额敏河水能理论蕴藏量为26.92万千瓦。

发展现状　中哈跨界内陆河地表水资源丰富，占新疆地表水资源量的25%左右，尤其伊犁河，是新疆水量最大的河流。伊犁河流域内共有冰川2 373条，冰川面积2 022.66平方千米，冰川资源丰富。冰川融水和降水的相互配合，使伊犁河径流量年内分配比较均匀。流域内有广袤的草原、茂密的森林和奔腾不息的河水，造就了蓝天、白云、雪山、森林、冰川、草地和溪水这样一种不是江南胜似江南的优美自然景观。这里是天马的故乡、细毛羊的摇篮、新疆褐牛发源地，畜牧业发达，2007年畜牧业总产值34.25亿元，占大农业总产值的45%左右。

额敏河流域在塔尔巴哈台山西部和巴尔鲁克山西部分布有大面积的优良草场，土地资源丰富，畜牧业也很发达，以塔城牛、裕民巴什拜羊而闻名，2007年畜牧业总产值12.44亿元，占塔城全地区畜牧业总产值的50%左右。民以食为天，塔城享有"新疆粮仓"的美誉，这里土地肥沃，日照充足，发展灌溉农业已是当地必不可少的举措之一。近年来，因气候变化，额敏盆地的库鲁斯台草原有所退化。

纪　实

古代的中哈跨界内陆河流域是游牧民族的放牧之地。隋唐时期，占据伊犁河流域的西突厥修筑了丝路重镇"弓月城"。西辽时期，中原大批居民迁入，与回鹘人民共同兴修了水利灌溉工程，发展农业生产，兴建了阿里麻里（今霍城县西北）、益离（今伊宁市）等城镇。1218年，成吉思汗西征中亚时修拓了纵贯北天山的通道果子沟，促进了这一地区的繁荣，并在亦里黑进行水利屯田。清朝开始在此大兴水利工程，完成了三棵树、红柳泉的垦地工程，修建了阿齐乌苏大渠龙口（引水口）工程，清朝前期伊犁是新疆最大的屯田基地。额敏河流域在清朝时期已实行塔尔巴哈台水利屯田。

目前，伊犁河在我国境内的水资源开发利用程度仍很低，中国境内较大的灌区是伊犁河北岸的喀什河灌区；哈萨克斯坦在下游修建了卡普恰盖水库，以及恰伦、契利克、卡斯克连等伊犁河支流的梯级水电站、引水渠，并大面积种植水稻。相比之下，额敏河流域中国境内开发利用程度较高，这里有丰富的土地资源，光热条件也较好，但仍显水资源短缺。

中哈跨界内陆河流域独特的地形条件为流域带来了丰富的降水,这里土壤肥沃,森林茂密,景色优美。唐布拉、巩乃斯、那拉提、科桑溶洞、巩留恰西5个国家级森林公园点缀在伊犁山间河谷,喀浪古尔国家水利风景区镶嵌在塔尔巴哈台山的山地丘陵之中,区域内建立了伊犁小叶白蜡、巩留野核桃、霍城县四爪陆龟、新源县山地草甸类草地、伊犁黑蜂、裕民野巴旦杏林六个自治区级自然保护区;伊犁将军府、特克斯八卦城、吐虎鲁克帖木尔汗麻扎、昭苏圣佑庙、格登山记功碑、喀拉也木勒石岩画、巴尔达库尔岩画等历史文化遗迹,则见证和诉说着这里悠久的历史。

昭苏圣佑庙

这里是多民族聚居区,生活着维吾尔、哈萨克、汉、回、锡伯、俄罗斯、蒙古、柯尔克孜、乌孜别克等民族。其中,哈萨克族人口较多,且源远流长。西汉时,天山北部的乌孙被认为即是哈萨克族的先民。"哈萨克"这一名称最初见于15世纪中叶,是从金帐汗国分裂出来的操突厥语的一些游牧部落的集合体。这些东迁的牧民得名"哈萨克",意即"避难者"或"脱离者"。哈萨克民族有自己的语言,属阿尔泰语系突厥语族;原有以阿拉伯字母为基础的文字,1959年设计了以拉丁字母为基础的文字。哈萨克族民间流传着许多古老的诗歌、故事、谚语、格言,著名的史诗《萨里海与萨曼》《阿尔卡勒克英雄》等流传于世。哈萨克族人民大部分从事畜牧业,除了少数经营农业的已经定居之外,绝大多数牧民都按季节转移牧场,过着逐水草而居的游牧生活。哈萨克族过去信仰萨满教,公元11世纪前后,改信伊斯兰教,主要节日有古尔邦节、肉孜节和那吾热孜节。

10.13.1　额敏河

(Emin River)

古称也米里河,又名依灭勒河,位于新疆维吾尔自治区西北部边缘的塔城地区,为中哈跨界河流,下游流入哈萨克斯坦境内的阿拉湖。"依灭勒"系蒙古语,意为"马鞍"。

额敏河河长256千米(中国境内157千米),流域面积2.18万平方千米(中国境内2.09万平方千米)。

流域北面为塔尔巴哈台山,东北面为齐吾尔喀叶尔山,东南面为加依尔山、玛依勒山,南面为巴尔鲁克山,西面则沿国界分布着一系列蚀余山丘,山体海拔大多为1 000~2 500米。巴尔鲁克山与齐吾尔喀叶尔山之间有一豁口即老风口,巴尔鲁克山与加依尔山和玛依勒山之间为库普谷地。

额敏河主要由源流沙拉依灭勒河和**哈拉依灭勒河**在额敏县城东北28千米处汇集而成,沙拉依灭勒河为主源。此后河流流经额敏县城,下游左岸接纳发源于齐吾尔喀叶尔山西侧的支流阿克苏河和**马拉苏河**后转向西流,进入塔城市境内后,沿途右岸接纳了发源于塔尔巴哈台山南麓的支流有:麦海因河、卡布阿他禄苏河、确拉尔坦苏河,**锡伯图河**、**阿不都拉河**、**喀浪古尔河**及**乌拉斯台河**;左岸则接纳了发源于齐吾尔喀叶尔山西侧的支流库鲁木苏河和**乌尔雪勒特河**,以及发源于加依尔山与玛依勒山北麓、巴尔鲁克山东南麓,并通过老风口向西注入额敏河左岸库鲁斯台草原及南湖湿地的众多河流(如库普河等)。下游左岸接纳的发源于巴尔鲁克山北麓的较大支流有**哈拉布拉河**和切格尔河。出国境后,有发源于我国境内的**察汗托海河**汇入,河流总体呈东北—西南流向注入阿拉湖。

流域内山体较低,海拔最高的巴尔鲁克山,其最高峰海拔3 252米。流域内河流源头无冰川发育,属季节性融雪和降雨混合补给型河流,汛期来得较早,且持续时间较短,一般在3—5月,是新疆唯一的春季水量大于夏季水量的地区。由于额敏河各支流水汽来源基本一致,故各河径流过程具有明显的同步性,易引发区域性大洪水。因汛期短、径流年内分配不均导致的季节性干旱亦时有发生,在1955年、1962年和1974年等均发生过较大旱灾。

据《塔尔巴哈台事宜》一书,清政府开发额敏河流域、兴修水利屯田始于乾隆年间。《西域水道记》记载,乾隆三十一年(1766年),参赞阿桂奏言:"悉心查勘,得塔尔巴哈台山阳鄂毕特之旧游牧地楚呼楚,田土膏腴,水亦充足,地方形势,亦颇佳胜。请将雅尔城移於楚呼楚。"楚呼楚即今乌拉斯台河,所建绥靖城即今塔城市。乾隆四十六年(1781年),参赞惠龄奏於锡伯图卡伦南处立屯田,引锡伯图河水溉之。以后随着屯垦驻军和眷属的增加,灌溉面积不断扩大。

1949年以后,塔城地区和兵团农九师对额敏河流域进行了开发。截至2004年底,流域内共修建中型水库5座,总库容13 750万立方米;小型水库17座,总库容4 907万立方米;灌溉面积由1949年的约4.2万公顷增加到22万公顷左右。

额敏河流域位于大西洋的西风气流输移通道途中,但由于山地一般低,整个流域降水量较**伊犁河**流域要少。流域由一系列海拔不高、具有阶梯状剥蚀面的断块高原、山地及断落谷地组成,分布着基岩风化后的岩石碎屑层;在宽广的谷地内,主要以洪积碎石为主;细土则沉积于塔额盆地中。由于国境外为卡拉库姆沙漠,西风带来了大量的尘埃,在流域内沉积下来而成为黄土,其中以巴尔鲁克山西坡黄土厚度为最大。

独特的地形条件和降水造就了额敏河流域独特的植被景观。北部山区纬度高,降水丰沛,气候温凉,草丛较厚,以山地草甸为主。河流左岸东段中山地带阴坡和河谷分布有云杉、白桦、天山桦、柳树林;低山带地表植被以蒿属和旱生灌木类为主,山间沟谷生长有少量苦杨、柳树等乔木类;平原区夏季凉爽多雨,适宜农耕;山地草原生长较繁茂,是优良的夏牧场。托里县西北部老风口区地表多为砂砾覆盖,呈荒漠景观。

额敏县辖1镇、10乡、6个农牧场,另兵团农九师有6个团场驻扎在县境内。全县总人口14.47万(不含兵团农九师及驻县单位),主要由哈萨克族、汉族、维吾尔族、蒙古族等民族组成。现有耕地6.5万余公顷,其特色农产品红花油和黑加仑酱远近闻名。距县城约7千米的也木勒牧场格生村北,现存有也米里古城遗址,据《元史》记载,该遗址为成吉思汗西征后,分封给三子窝阔台的领地,后城池毁于权力之争的战乱中。

兵团农九师所辖9个团场分布于塔城地区额敏县、裕民

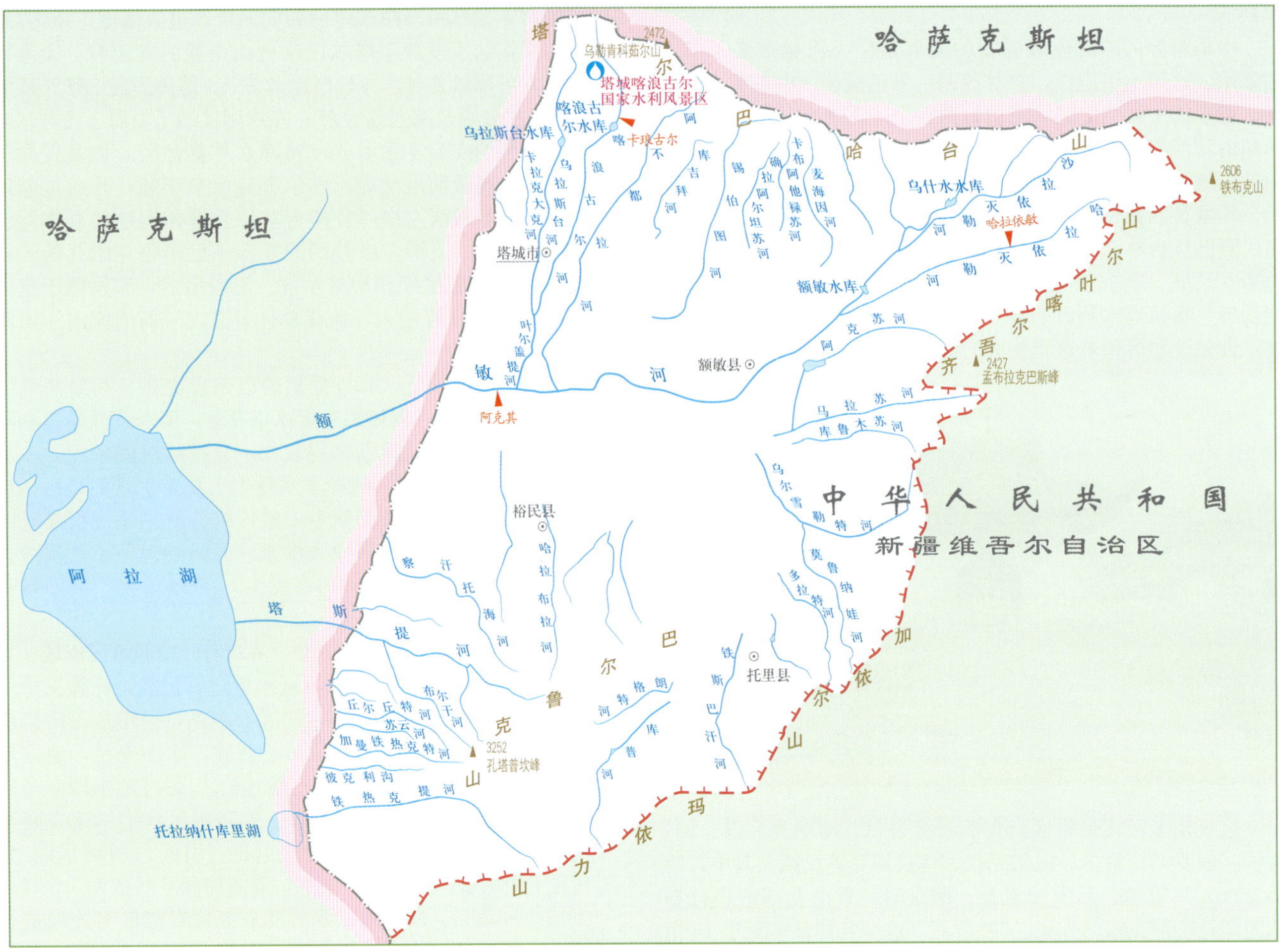

10.13.1 额敏河

额敏河水系示意图

县和塔城市境内，垦区总人口7.09万，耕地面积6.6万公顷。垦区草原上培育的"海福特""安格斯""荷斯坦""西门塔尔"等优质肉牛，以及"德国肉用美利奴""陶赛特""萨福克"等优质肉羊和新疆军垦细毛羊、天山马鹿、塔城飞鹅、珍珠鸡、土种鸡、火鸡等特色养殖业蜚声中外，同时还盛产小麦、大麦、油菜、甜菜、啤酒花、红花、葵花子、打瓜子、黑加仑、野生菜、薄荷油、玫瑰以及名贵中草药。兵团农九师已成为塔额盆地重要的肉、糖、粮、油、蛋、禽等生产基地。

国优质天然草原，由于地势低洼平坦，额敏河经过此地流速减缓，下游形成了大片湿地——南湖湿地。草原与湿地连成一体，区内芦苇丛生，有茇茇草、铃铛刺及上百种野生牧草，还有万亩野柳林。繁茂的水生植物和牧草引来成群飞禽走兽，其中有展翅翱翔的塔城飞鹅和国家级保护动物大鸨等珍稀鸟类。塔城飞鹅是塔城地区的一种土著鹅，以青草为食，故又称草鹅，能飞翔。每年汛期（4—6月），南湖湿地更是水草丰饶，一派水美、草绿、莺飞、鱼肥的醉人风光。自阿拉湖逆水而上，来上游南湖湿地产卵的鲤鱼、黄鱼、东方真鳊、鲫鱼等激流勇进，形成蔚为壮观的鱼汛。近年来，由于过度开采地下水，大面积垦荒，造成南湖湿地迅速缩小干涸。库鲁斯台大草原上的芦苇、茇茇草等植物大面积枯死，草原生态呈荒漠化发展趋势，部分区域呈现严重沙漠化景观。额敏河流域

库鲁斯台草原的落日美景

额敏河出源由东北向西南流，沿途接纳了发源于周围山系的多条支流；流经额敏县城后约10千米，即转向西流，穿行于库鲁斯台草原及下游的南湖湿地中。库鲁斯台草原为我

巴什拜大桥

综合治理工作于2009年开始，2011年底完成。工程主要包括额敏河两岸堤防与护岸建设及景观绿化工程。额敏河流域规划也已全面开展。

自额敏河转向西流约40千米处至河流出国境之间的河段，为塔城市、裕民县两县市的界河。此后河流穿过连接塔城市和裕民县之间的222省道大桥——巴什拜大桥，流程约10千米后，进入哈萨克斯坦境内，最终汇入阿拉湖。

10.13.1.1　乌什水水库
（Wushishui Reservoir）

因所在地名而得名，位于新疆维吾尔自治区额敏县境内乌什水村旁，坐落在**额敏河**支流乌塔拉克河和莫葫芦河交汇处，地理位置为东经84°12′、北纬46°51′，是一座以灌溉为主兼顾防洪的中型拦河水库。乌什水，哈萨克语意为"三个泉子"，喻指三条泉水河沟汇集之处。

乌什水水库

乌什水水库上游遍布农田。乌塔拉克河和莫葫芦河出山口处还分别建有小型的扶露水库和马特拉水库，水量大部分被引入上游灌区。建库前，库盆为山前冲洪积扇的泉水、灌溉回归水溢出带和沼泽区。水库水源除了拦截两个小水库下泄水量外，主要水源来自额敏河主源——沙拉依灭勒河渠首引水注入，西邻的屯垦河也有部分水量被引入。

水库建于1983年，总库容3 850万立方米，水面面积4平方千米。大坝为均质土坝，坝长503米，最大坝高39.29米；坝后输水渠长16千米，引水能力15立方米每秒。水库由兵团农九师管理调度，主要灌溉兵团农九师一六七团、一六八团灌区，总灌溉面积1万公顷，灌区主要作物有小麦、油料、甜菜等。

库区内设有垂钓园等娱乐设施，是当地有名的旅游景区。

10.13.1.2　哈拉依灭勒河
（Halayimiele River）

又称哈拉也门河、喀拉也木勒河，位于新疆维吾尔自治区额敏县境内，为**额敏河**源流之一。"哈拉"为哈萨克语，意为"黑色"；"也木勒"为蒙古语，意为"马鞍"。

流域最高海拔2 503米，地势东高西低，山区海拔1 500米以上地区年降水量可达600毫米以上，植被茂盛；低山丘陵区主要为深厚的沉积黄土，土壤肥沃，蒿草丛生。

哈拉依灭勒河发源于齐吾尔喀叶尔山西北坡，源流称温思乐河，河流从源头自东北向西南流，两岸多小溪汇入。流程20千米后，左岸汇入较大支流丘巴尔博哈河（河长14.2千米）；继续向西南流4千米，在哈拉也木勒林场北1千米处流出山口。河流出山口后转向西流，沿途又有众多小河从两岸

哈拉依灭勒河

蜿蜒而来汇入干流。其中，从右岸汇入的有沙德哈力马苏沟、卡斯卡乔勒沟、阔依布拉克沟等支流；从左岸汇入的有科木尔其苏沟、喀拉下苏沟、穷库勒萨依沟、铁热克萨依沟等支流。河流出山口下游4千米处设有哈拉依敏水文站，哈拉依敏水文站以上河长28千米，集水面积252平方千米。又4千米至喀拉也木勒河引水枢纽。引水枢纽以下，河流沿齐吾尔喀叶尔山西北麓冲洪积扇边缘向西南流去，在额敏县城东北约28千米处与沙拉依灭勒河汇合。

水文站至汇合口区间，左岸有发源于齐吾尔喀叶尔山西北坡中低山带的诸多小河，出山口后大部分水量被引用，余水及汛期洪水由东南向西北穿越灌区，汇入哈拉依灭勒河。其中，结勒也苏河在山区由玉勒肯（哈萨克语"大"之意）杰里的也们勒河和克什克（哈萨克语"小"之意）杰里的也们勒河汇集而成，山区集水面积90平方千米，河长16千米。于勒昆铁列克德河在山区由玉吕昆铁列克德沟和阿克巴斯塔依拉克沟汇集而成，流域海拔最高2 402米，山区集水面积约100平方千米，山区河长16千米。

哈拉依灭勒河引水枢纽建于1991年，由2孔进水闸，3孔泄洪闸组成，设计引水流量18立方米每秒，最大泄洪流量135立方米每秒。河流出山口处北山河畔一块光亮的黑色岩石上存有古岩画，画上鹿、牦牛、山羊、骆驼等动物造型清晰可见，据专家推测，为公元六七世纪突厥族文化遗迹。

10.13.1.3　马拉苏河
（Malasu River）

额敏河支流，位于新疆维吾尔自治区额敏县境内。"马拉苏"为哈萨克语，意为"鹿多的地方"。山口附近的马拉苏水文站以上河长32千米，集水面积262平方千米，多年平均年径流量约1.15亿立方米。

马拉苏河河源位于齐吾尔喀叶尔山西北侧的别拉卡拉山，流域海拔最高2 132米。河流自源头由东向西流，在马拉苏水文站下游附近流出山口，山区河段沿途接纳了两岸的多条溪流，其中较大的支流左岸有旦布拉克河和克西克阿勒玛勒河；右岸有卡斯卡苏河、克英苏河、却卡巴依河、乌勒昆阿勒玛勒河和克孜勒布拉克河等。

水文站以下2.5千米处建有马拉苏水电站，电站装机容量1 500千瓦。电站以下河水被引入玛热勒苏乡灌区，余水渗入地下，在出山口西15千米处形成约20多平方千米的沼泽，以地下水形式补给额敏河。马拉苏河出山口后的北支灌溉余水可从东南方汇入阿克苏水库。

马拉苏河流域地处水汽迎风坡，流域内降水较充沛，马拉苏水文站1987年实测年降水量达841.8毫米。河流汛期4—5月水量占年降水量的60%～70%。

位于马拉苏河下游右岸的玛热勒苏乡辖 17 个村，人口约 1 万，灌溉面积 6 000 余公顷，主要作物有小麦、油菜、甜菜、打瓜等。

10.13.1.4　乌尔雪勒特河
（Wuerxuelete River）

额敏河支流，位于新疆维吾尔自治区托里县和额敏县境内。河流全长 62 千米，流域面积 906 平方千米，多年平均年径流量约 0.5 亿立方米。

乌尔雪勒特河流域内地形复杂，北为齐吾尔喀叶尔山西南端南坡，南为托里县东南部的加依尔山西北麓。流域内海拔最高 1 616 米，植被以低草草甸为主。乌尔雪勒特河源流阿友沙特河和科克莫依纳克河位于加依尔山东北端北坡，分别自源头向西北流经约 14 千米出山口，在托里县乌雪特乡附近汇合后，下游始称乌尔雪勒特河。下游两岸分别接纳了玛依哈巴克河、井溪克苏河和别斯铁列克苏河等支流；又继续向西北流 13 千米接纳莫鲁纳娃河后，继续向西北流，最后在额敏县古尔图乡萨拉尔巴斯村流入额敏河左岸的阿克苏湿地。

别斯铁列克苏河由发源于流域北部齐吾尔喀叶尔山西南端南坡的喀腊吾孜苏河、铁热克苏河、克音格阿热克河等 6 条支流和发源于流域南部的加依尔山东北端北麓的别斯铁热克苏河、阿克铁热克河汇集而成。

莫鲁纳娃河亦发源于加依尔山东北端北麓，流域海拔最高 1 848 米，由两条在山区呈独立水系的阿忞什莫德纳河和卓勒莫德纳河在出山口后汇集而成。卓勒莫德纳河在山口以上建有莫德纳巴水库。莫德纳巴水库是以灌溉、防洪为主的小型水库，为混凝土心墙堆石坝，最大坝高 30.57 米，坝长 126 米，总库容 380 万立方米，控制灌溉面积 1 000 余公顷。水库下游余水沿河床先向西北，后转向北，流程 26 千米汇入乌尔雪勒特河干流。

乌尔雪勒特河流域地处老风口通道处，冬春季风大、寒冷，是额敏河流域蒸发量较大的区域。径流主要来自春季融雪，河流汛期时间短，多在 4—6 月，汛期径流量要占年径流量的 70% 以上，汛后河道水量迅速减少，秋冬多以山区地下水补给。

玛依塔斯，位于乌尔雪勒特河河源东 10 千米处的喇嘛昭乡玛依塔斯村。"玛依塔斯"哈萨克语意为"油石"，是一块油渍斑驳、与人等高的石头，曾被视为路标，立于流域北部齐吾尔喀叶尔山西南端南坡脚下的 201 省道和 318 国道交叉处，玛依塔斯村由此得名。玛依塔斯村附近奇形怪状、千姿百态的巨石星罗棋布，有如奔马，有似伏虎，景象十分壮观。由玛依塔斯往北 10 余千米，有一当地人称为乌尔嘎萨尔的山沟，夏季沟内各种野花盛开，杨、柳和白桦等树密布，秋季野苹果林果实累累，香气四溢，野猪、鹿、大头羊等野生动物或隐或现，与沟外的玛依塔斯石滩形成鲜明对比，相映成趣。

10.13.1.5　锡伯图河
（Xibotu River）

额敏河支流，河流流经新疆维吾尔自治区塔城市额敏县，下游汇入塔城市境内的额敏河干流。因清乾隆二十九年（1764 年）清政府从盛京（沈阳）等地征调锡伯族官兵及其家属 3 000 余人西迁新疆伊犁屯垦戍边，途经并暂住锡伯图河流域而得名。

锡伯图河由大、小锡伯图河汇集而成。大锡伯图河，又称大斯别提苏河，发源于塔尔巴哈台山脉中部我鲁匡斯别特

锡伯图河冬景

他乌山区，源头众多溪流均延伸至塔尔巴哈台山麓，流域海拔最高 2 714 米。众溪流（最大支流河长 11 千米）汇合后，河流自北向南流，途中接纳的较大支流有阿克巴斯套河和卡巴塔斯河，经 17 千米，在山口区左岸接纳小锡伯图河。出山口后右岸又接纳了两条小溪流。小锡伯图河，又名斯别提苏河，是塔城市与额敏县界河，源自额敏县西北角塔尔巴哈台山区，河流自东北向西南流经 19 千米出山口与大锡伯图河汇合成锡伯图河干流。

大、小锡伯图河汇合口以上河长 28 千米，集水面积 231 平方千米，多年平均年径流量约 0.85 亿立方米。

大锡伯图河山口附近建有两座渠首，分别位于大、小锡伯图河汇合口上、下游，分别通过右、左岸两条沿河干渠将水引向山前塔城市恰夏乡两岸灌区。小锡伯图山口以上也建有渠首，主要将水引向左岸一六六团灌区，灌溉面积 1.39 万公顷，主要作物有小麦、玉米、甜菜、打瓜等，尾水入恰夏水库。

恰夏水库位于塔城市恰夏乡，水源为锡伯图河上游灌区灌溉余水及地下水在山前冲洪积平原溢出并汇集形成的溪流，因水库上游有两条自然泉水沟，当地人称双泉河。水库于 1972 年动工修建，2005 年完成除险加固，是以灌溉为主的小型水库，均质土坝，最大坝高 21 米，坝长 1 315 米，总库容 362 万立方米。

据《西域水道记》，清乾隆四十六年（1781 年），"参赞惠公龄奏於其处立屯田，以兵三十一人屯耕田三百六十亩，引锡伯图河水溉之。"可见，该流域是北疆兵屯较早的区域之一。

10.13.1.6　阿不都拉河
（Abudula River）

额敏河支流，位于新疆维吾尔自治区塔城市境内，发源于塔尔巴哈台山脉南坡。流域北以塔尔巴哈台山脊为界，与哈

阿不都拉河上游河道

萨克斯坦毗邻，东、西分别与*锡伯图河*和*喀浪古尔河*流域接壤。山口以上河长31千米，集水面积271平方千米，多年平均年径流量约1亿立方米。

河流源头位于恰希特库勒湿地，源区高山泉溪密布，沿途汇入的大小溪流有十余条。干流自源头由东北向西南流，经31千米流程出山口。河流经山口渠首引水后，继续向西南延伸，河床渐宽，最宽处达2.8千米。流经约20千米，在喀拉哈巴克乡西北克孜尔加鲁高地附近转向南流，此后穿越221省道，又流经15千米到达也门勒乡。河流在也门勒乡以下改称加乐素河（又称加尔苏河），加乐素河流经约20千米汇入额敏河右岸的南湖湿地（又称苇湖），大水时流入额敏河。

阿不都拉引水枢纽位于干流出山口处，建成于1984年，为底栏栅式引水枢纽，由溢流堰、进水廊道、排沙泄洪闸组成，控制灌溉面积2.21万公顷。左岸的阿不都拉干渠全长26.9千米，与左邻在山区呈独立水系的库吉拜河灌溉渠系联合灌溉阿不都拉乡、喀拉哈巴克乡和博孜达克牧场的耕地。下游建有拦蓄泉水的喀拉哈巴克水库。阿不都拉引水枢纽右岸干渠的渠系与西邻卡浪古尔河阿西尔乡灌区的渠系交织在一起。灌溉余水渗入地下，在221省道以南博孜达克农场附近出露为泉水，部分水量经加尔苏渠首引入下游灌区，余水散耗于额敏河右岸，形成大片沼地，洪水期有水注入额敏河。

阿不都拉引水枢纽

喀拉哈巴克水库位于喀拉哈巴克乡东南约2千米处，水源主要为流域上游灌区的灌溉余水和溢出的地下水。水库建成于1979年，均质土坝，最大坝高20.5米，坝长1 425米，兴利库容710万立方米，控制灌溉面积2 166公顷。

喀拉哈巴克水库

清乾隆三十一年（1766年）在额敏河流域开设屯工五处，阿不都拉河流域为五工，逐年扩田，灌溉面积1.58万公顷，主要作物有小麦、油菜、甜菜等。

流域内阿不都拉乡位于出山口下游，辖21个行政村，人口约1万，有耕地9 333余公顷。下游喀拉哈巴克乡共有21个村1个牧场，有耕地1.17万公顷，林地840公顷，人口约1万有余。

10.13.1.7 哈拉布拉河
(Halabula River)

*额敏河*左岸支流，位于新疆维吾尔自治区裕民县境内。"哈拉布拉"系哈萨克语，历史上当地人采用芦苇、芨芨草、石块等材料在河中压坝引水，称此举为"哈拉布拉"。哈拉布拉水文站以上河长25千米，集水面积356平方千米，多年平均年径流量约0.5亿立方米。

哈拉布拉水库

流域由南及北可分为巴尔鲁克山区、山前丘陵沟壑区、山前倾斜平原区和北部冲积平原区四个地貌单元，南北海拔相差2 300米（北部冲积平原海拔在400米左右）。巴尔鲁克山北坡山峦起伏明显，降水丰富，灌木、草原型植被生长茂盛，是优良的夏牧场；低山带坡度平缓，宽谷和丘状山连绵起伏，土质松软肥沃，草木繁茂，呈山地草原景观；北部冲积平原上游部分土地肥沃，为农业开发区；冲积平原下游部分为库鲁斯台湿地。

河流发源于巴尔鲁克山北坡，流域海拔最高2 680米，河流自源头先向西北流7千米，左岸接纳支流别斯萨拉河后转向正北流，其后两岸接纳的较大支流有科克萨依河和阿舒达斯河。阿舒达斯河为哈拉布拉河最大支流，其集水面积约占全河流山区集水面积的30%。整个流域内溪流十分发育，源头多为泉水出露形成径流。哈拉布拉水文站位于阿舒达斯河汇合口下游附近，测站下游河流穿越10千米的狭长峡谷，注入位于峡谷出口处的哈拉布拉水库。水库下游约7.5千米处建有哈拉布拉渠首，分东、西干渠，西干渠经裕民县城，灌溉哈拉布拉乡、一六一团灌区；东干渠供新地乡用水。河流从2000年起已无水注入额敏河。

哈拉布拉拦河水库2007年建成运行，混凝土面板堆石坝，坝长183米，最大坝高63.85米，正常蓄水位相应水域面积0.7平方千米，总库容1 436万立方米。哈拉布拉渠首处建有水电站，装机容量480千瓦。

哈拉布拉河流经的裕民县城，系1959年县人民政府由察汗托海迁址于此。裕民县是草原文化的重要发祥地之一，是以牧为主、农牧结合的边境县，现辖1镇5乡，人口约5万，是著名的"中国巴什拜羊之乡""中国红花之乡""中国打瓜子之乡"。

10.13.1.8 喀浪古尔河
(Kalangguer River)

*额敏河*右岸支流，又名喀浪赛尔河，蒙古语意为"黑洞之河"，因河流穿洞而出得名。位于新疆维吾尔自治区塔城市

10.13.1.8.1 喀浪古尔水库

境内，流域北以塔尔巴哈台山脊为界与哈萨克斯坦毗邻，东、西分别与**阿不都拉河**和**乌拉斯台河**接壤。卡琅古尔水文站以上河长29千米，集水面积349平方千米，多年平均年径流量1.19亿立方米。

喀浪古尔河上游有西、中和东三支源流，分别发源于塔尔巴哈台山脉海拔2 096米的卡拉克珍山口、恰言伯库勒登巴士山口和海拔2 472米的乌勒肯科茹尔山南坡。三源流汇合后，河流自北向南流8.2千米，经卡琅古尔水文站后进入山间丘陵区；又下行3.5千米，在喀浪古尔水电站下游，河流转向西南流，经2.5千米流程注入**喀浪古尔水库**。之后，河流又穿越长约8千米的狭窄丘陵山谷，向南流出山区，途中接纳的较大支流为铁热克特河。河流出山口后，在别尔喀木处建有喀浪古尔引水枢纽，经枢纽河流水量被大量引入灌区。枢纽下游河流分为东、中、西三支，西支与右邻河流乌拉斯台河在塔城市西北6千米处汇合后称叶尔盖提河，流经市区西缘，向南流经33千米，在团结村东汇入额敏河；中支流经塔城市区，在市南与叶尔盖提河汇合；东支进入喀浪古尔灌区，余水在塔城市东8千米处与左邻阿不都拉河汇合，灌溉下游阿不都拉灌区，余水南流汇入额敏河。

喀浪古尔河流域开发较早，据《塔尔巴哈台事宜》记载，清乾隆三十一年（1766年）开设屯工五处，每处兵丁八十，种地一千六百亩。其中的二工、三工、四工均在喀浪古尔河流域。喀浪古尔引水枢纽建成于1967年，为拦河式引水工程，由进水闸、泄洪闸、冲沙闸组成，设计流量12.6立方米每秒，控制灌溉面积2.07万公顷。

阿西尔达斡尔族乡位于塔城市北喀浪古尔灌区，环境清幽，民族风情浓郁。阿西尔，又称为"彩云之乡"，这里居住的4 000余名达斡尔族居民，是清乾隆二十九年（1764年）从黑龙江被征到新疆伊犁屯垦戍边的达斡尔官兵后裔，后于1868年由霍尔果斯迁至此地驻防。

10.13.1.8.1 喀浪古尔水库
（Kalangguer Reservoir）

喀浪古尔河上的中型水库，位于新疆维吾尔自治区塔城市境内，地理位置为东经83°11′、北纬46°59′，是以灌溉为主，兼顾防洪、供水、发电的山区拦河水库。

喀浪古尔水库

水库三面环塔尔巴哈台山，西南部为山前洪积扇，拦喀浪古尔河干流，坝址以上河长31千米，集水面积349平方千米。水库建成于2004年，坝长565.4米，其中主坝长465.4米，为混凝土面板堆石坝；副坝长100米，为黏土心墙坝；最大坝高61.5米。水库总库容3 900万立方米，正常蓄水位相应水面面积2.14平方千米。年调节供水量0.89亿立方米，主要灌溉塔城市喀浪古尔河灌区，保证灌溉面积1.47万公顷，灌区主要作物有小麦、油料、甜菜等。坝后电站总装机容量5 800千瓦。

喀浪古尔河上游河谷

水库远处群山连绵，周边低山丘陵，坡度平缓，有大面积的草甸分布，春夏季节绿草如茵，野花开放，景色宜人，库区现为国家水利风景区，建有欧式建筑的度假村和仿古长城等景点。

10.13.1.9 乌拉斯台河
（Wulasitai River）

额敏河支流，位于新疆维吾尔自治区塔城市境内，流域北、西均与哈萨克斯坦毗邻，东与**喀浪古尔河**流域接壤。山口以上河长37千米，集水面积189平方千米，多年平均年径流量约0.45亿立方米。乌拉斯台，蒙古语意为"杨树"。

乌拉斯台河由两条发源于塔尔巴哈台山脉海拔2 336米的哈巴尔苏山口附近、名称均为马依勒沙特的支流汇集而成，两河汇合后始称乌拉斯台河，流向基本呈北—南向，河流下行约20千米经**乌拉斯台水库**流出山口，下游过一六四团龙口（灌溉引水口），接纳皮尔卡斯坎河后，南下穿塔城市区，在一六二团6连下游5千米处与喀浪古尔河西支汇合后改称叶尔盖提河。叶尔盖提河向南流33千米后，在兵团一六二团三连汇入额敏河。乌拉斯台河出山口处建有乌拉斯台水库、一六四团龙口。已建防渗干渠27.6千米，主要承担向兵团农九师一六三团、一六四团农业供水任务，灌溉面积0.65万公顷。

穿行于蜿蜒深谷中的乌拉斯台河

塔城系"塔尔巴哈台城"简称，因塔尔巴哈台山而得名，素有"准噶尔门户"之称。唐为北庭都护府所属阴山都督府，清乾隆二十九年（1764年）置塔尔巴哈台，乾隆三十一年（1766年）在今塔城市区，颁赐城名绥靖城，现遗址尚存。文学巨匠茅盾曾到此一游，并著有《西北行》流传于世。位于现塔城市区东1千米处的满城遗址，系清光绪十五年（1889年）重建的塔尔巴哈台绥靖城。出塔城市区，沿着笔直宽阔的口岸公路西行12千米，就到了我国与哈萨克斯坦的重要通商口岸之一——巴克图国家一类口岸。巴克图口岸作为陆路通商口岸已有200多年历史，早在18世纪末，双方边民就在此开始贸易往来，后来成为我国与沙俄和欧洲各国进行贸易的一个较大口岸。

乌拉斯台河下游流经的塔城市区北部，河滩地林木茂密，林中河水穿越，树下绿草茵茵，空气清新湿润，环境幽静宜人，已成为塔城市居民郊游的胜地之一。

10.13.1.9.1　乌拉斯台水库
（Wulasitai Reservoir）

乌拉斯台河上的中型水库，位于乌拉斯台河山口处兵团一六四团辖区内，南距新疆维吾尔自治区塔城市区约30千米，西距中国、哈萨克斯坦国界线约5千米。坝址位置为东经83°02′、北纬46°58′，是一座以灌溉为主、兼顾防洪的拦河水库。

水库于1984年开工建设，1988年竣工。大坝为双曲拱坝，坝长223米，最大坝高62.4米，总库容2 000万立方米，正常水位时水面面积0.96平方千米。水库由兵团农九师管理调度，受益单位为兵团农九师一六三团、一六四团，灌溉面积0.65万公顷，灌区主要作物有小麦、玉米、甜菜等。水库建成后大大减轻了汛期洪水对塔城市区的威胁。

乌拉斯台水库

10.13.1.10　察汗托海河
（Chahantuohai River）

额敏河支流，位于新疆维吾尔自治区裕民县境内，为中国与哈萨克斯坦跨界河流。中国境内集水面积约578平方千米，河长57千米，多年平均年径流量约0.6亿立方米。

河流发源于裕民县巴尔鲁克山北坡，主要源流为沙尕托格依河（源流段和中游段分别称为沙勒哈拉玛河和沙得克塔斯河），流域海拔最高2 209米。河流自源头由南向北流经21千米（途中接纳同源、同向的较大支流玛依勒卡特河），右岸接纳小溪阿勒玛萨依河后转向西流，此后又接纳南来的较大支流科孜萨喀勒河以及由君居热克和布列孜克两沟汇集而成的支流，后转90度向正北流；经3.7千米流程后在察汗托海牧场（老裕民县城）处又转90度折向西流，沿途北岸接纳曼密萨依河，南岸先后接纳也根布拉克沟、敦能巴依萨依沟、阔彦布拉克沟、克孜布拉克沟、阿西勒布拉克沟等小溪，流经17千米后，又转向北略偏西流，下行9千米流出国界。在

察汗托海河

哈萨克斯坦境内有源于中国境内的支流斯板库勒河汇入，出境后再行约20千米汇入额敏河。

流域属中温带大陆性干旱气候，冬季积雪较厚，春洪频发。河源区高程较低，但分布着亚高山草甸植被，是优良的夏牧场。巴尔鲁克山前缘广布沟壑，与河流同向，下切深度一般在40～50米，土丘高50～100米，宽谷低洼处土层厚。察汗托海河主要河段流经巴尔鲁克山低山丘陵地带，河谷中杨树连片成荫，两岸青山环抱。春、夏季节，连绵起伏的丘陵草原上，牧草茂盛，其间点缀着片片农田，青黄起伏、错落有致。察汗托海河河水湍急，沿岸留下了许多神奇的河谷地貌，一群群巨石突兀耸立，形态各异，其中一块"牛郎织女石"更是演绎出一段美丽的传说，使此段河谷又有了"情人谷"美誉。

察汗托海河中游原老裕民县城附近，河谷两岸白杨树郁郁葱葱，冬暖夏凉，气候怡人，在此定居牧民日渐增多，久之形成小集镇，称察汗托海。民国31年（1942年），省政府主席盛世才发布政府训令曰："以适应现代情势，况察汗托海字句多，呼之不便，应以'富有'意二字为宜，政务委员会第四十一次例会决议，察汗托海设治局拟改为裕民设治局……"。中国国民党新疆省执委会将裕民设治局升格为五等县，名裕民县。1959年县人民政府迁至哈拉布拉河流域内现址。

10.13.2　塔斯提河
（Tasiti River）

中哈跨界河流，位于新疆维吾尔自治区裕民县境内。发源于中国境内的巴尔鲁克山区，尾闾为哈萨克斯坦境内的阿拉湖。"塔斯特"，哈萨克语，意为"多卵石之河"。河流在中国境内全长67千米，集水面积994平方千米。

河流源头位于巴尔鲁克山脉塔斯特山附近的塔斯特山隘，流域海拔最高2 640米，河流先自东北向西南流。流经12千米于右岸接纳小溪克孜勒萨依河后转向西北流，中国境内沿途接纳的较大支流有：左岸的恰尔巴克特河、哈拉尕依苏河、曲勒齐特河和齐力克苏河；右岸的哈巴依萨依河和托略萨依河。又流经约10千米，河流于左岸接纳了溪流萨江巴依萨依河、塔尔沙特河后转向西流，再流10千米后出山口。在山口至国境线13千米河段中，左岸有两条较大支流塔勒支勒克河和**布尔干河**汇入。河流在境外有发源于我国境内的喀英得河汇入干流，最终入阿拉湖。

塔斯提河谷上下游落差达260米之多，水能资源开发潜力大。在山区曲勒齐特河汇合口下游附近，建有拦河渠首一座，通过引水干渠向下游6千米处的一级电站供水发电（装机容量3 000千瓦），下游二级电站装机容量4 700千瓦。

塔斯提河全程大部分都在巴尔鲁克山山间穿行，两岸山势陡峭，河床深，纵坡大，河谷形态奇美无比。两岸松杉葱

郁,山桦如林,忍冬、爬地柏、绣线菊等原始灌木林丛生,覆盖率达80%以上。清乾隆时曾为巴尔鲁克山祭祀,祭文曰:"惟神列方兑位,合镇坤维。叠苍翠于层峦,荫郁葱之嘉木,虬枝吐秀,灵踪标太华而遥;云叶交阴,胜迹纪流沙之外。莫新疆而永固,保障民存;护边塞以垂麻,馨香特荐。尚希来格,永享明禋。"塔斯特风景区就位于支流托略萨依河汇合口附近,景色十分迷人。

站在塔斯提河拦河闸上东望,东南方齐力克苏河和曲勒齐特河一黄一青,翻涌波浪奔至闸前,宛如两条青、黄巨龙蜿蜒而来,故人们称闸前水面为双龙潭。塔斯提河右岸支流托略萨依河西北的丘陵地带是闻名遐迩的吐尔加辽草原,草原上分布着多处古墓群。考古学家经初步考证,认为是汉代西域乌孙部落遗迹。吐尔加辽草原(哈萨克语,"贵族牧场"之意)每年都举办哈萨克族风情的赛马、摔跤、姑娘追、阿肯弹唱等盛会。

位于塔斯提河出山口附近的小白杨边防哨所(原名塔斯提哨所),随着歌曲《小白杨》优美的旋律传遍了祖国大江南北。站在塔斯特旅游区的观景台上翘首西望,境外阿拉湖秀美的风光一览无余。

10.13.2.1 布尔干河
(Buergan River)

塔斯提河左岸支流,位于新疆维吾尔自治区裕民县境内,河长34.2千米,流域面积165平方千米,多年平均年径流量约0.5亿立方米。"布尔干"为哈萨克语,意为"曾改道的河",布尔干河因古时下游曾开挖水渠而得名。

河流发源于巴尔鲁克山海拔3 252米的巴尔鲁克山孔塔普坎峰,自东南向西北流,沿途有玉勒肯科克哲腊沟、库勒萨依沟和库勒杰依沟汇入,流程36千米后,于哈拉布拉乡布尔干村汇入塔斯提河。

布尔干河谷高山环抱,人迹罕至。当地人素有"敢进山谷的人都是英雄"之说,故而布尔干河谷又被人们称之为"英雄谷"。流域左岸海拔800～1 200米丘陵地带,生长着世界上现存面积最大的野生巴旦杏林,约6千余公顷,被自治区列为重点自然保护区。野生巴旦杏属第三纪新生代孑遗物种,被称为世界植物"活化石",因其较高的药用价值,被誉为"宝果"。裕民县的兰花贝母,药用价值显著,其花呈淡蓝色,味幽雅馥郁。春来,野生巴旦杏花和兰花贝母竞相开放,花香沁人心脾;秋至,巴旦杏叶红果黄,令人陶醉其中。人们把野生巴旦杏和裕民兰花贝母称之为"裕民双奇"。

10.13.3 铁列克提河
(Tieliekti River)

中哈跨界河流,上游段位于新疆维吾尔自治区塔城地区裕民县南部,尾闾为哈萨克斯坦境内的托拉纳什库里湖。中国境内流域面积1 109平方千米,中国境内河长66千米。"铁列克提"系哈萨克语,意为"杨树多的河"。

铁列克提河谷北侧为巴尔鲁克山南坡,南侧为玛依勒山北坡丘陵地带。河流发育在两山交界的断陷河谷内。上游由发源于巴尔鲁克山南坡、由北而来的铁热克特乌增河和发源于玛依勒山西北坡、由东南而来的乌宗布拉克河汇集而成。两河之间为一高原盆地,盆地中心有一湖泊,面积约1.24平方千米,湖面高程约1 880米。湖泊形状似一葫芦,葫芦尾端朝西,与湖西侧约10平方千米的沼泽湿地相连。盆地南、北两侧的山区均有多条溪流在盆地边缘渗入地下,以地下水形式补给盆中湿地。盆地南部玛依勒山北坡发育的较大溪流有布热勒巴依塔勒河、康苏河、库龙布拉克河和拜依格布拉克河;北部巴尔鲁克山南坡汇入的较大溪流有窝勒塔格勒萨依沟和协特克喀拉依沟。

源流铁热克特乌增河和乌宗布拉克河在裕民县牧场配种站附近汇合后始称铁列克提河,河流自东向西流,沿途两侧山区均有短小溪流汇入,如克因布拉克河、塔尔布拉克沟和卡因特布拉克沟。自上游两河汇合口起,流经44千米出国境。

铁列克提河河谷深险险,水流湍急,河水蜿蜒回旋,姿态万千,多形成姿态优美的风景河段。河谷内以杨树、柳树居多,两岸原始灌木林和大片葱郁的牧草相间而生,其间牧民毡包点点,牛羊成群,当地牧民散居其中,悠闲自乐。

巴尔鲁克山西端是中国重要的边防线,1969年8月13日,苏联曾出动武装军人进犯铁列克提河流域,袭击中国边防巡逻人员,我边防人员被迫自卫反击,多名官兵壮烈牺牲。

10.13.4 伊犁河
(Yili River, Ili River)

中国与哈萨克斯坦之间的跨界河流,属巴尔喀什湖水系。远在汉朝,伊犁河流域就以"伊列"之名载入《汉书》;至唐宋时期,《新唐书》中又称伊丽河或帝帝河;元、明时期则称亦列、亦力、益离等;在《突厥语大词典》等中外文献中又称伊拉河;清代正式定名为伊犁河。

冬日里的伊犁河

概　　述

流域范围　流域地处天山山脉腹地,北、东北分别以北天山山脉的博罗科努山和依连哈比尔尕山山脊为分水岭,与**艾比湖**流域和**玛纳斯河**流域毗邻;东南、南分别以中天山山脉的那拉提山脊以及与之西连的南天山山脉的科克铁克山和哈尔克他乌山山脊为界,分别与**开都河**流域和**阿克苏河**流域相连;西面与哈萨克斯坦接壤。中国境内部分地理坐标为东经80°31′～84°57′,北纬42°02′～44°30′,中国境内河流自源头依次流经新疆维吾尔自治区昭苏县、特克斯县、巩留县、新源县、尼勒克县、察布查尔锡伯自治县、伊宁县、伊宁市、霍城县及兵团农四师的19个团场。

伊犁河汇集了境内南、中、东、北四条山脉的径流,成为新疆境内水量最大的河流。河流从源头至巴尔喀什湖入湖口全长1 236千米,流域面积15.12万平方千米;我国境内河长442千米,相应集水面积5.6万平方千米。伊犁河干流自特克斯河与巩乃斯河会合口至入巴尔喀什湖河口全长889千米,其中,中国境内段河长224千米。在中哈边界附近设有三道河子水文站,为伊犁河干流出国水量控制站。

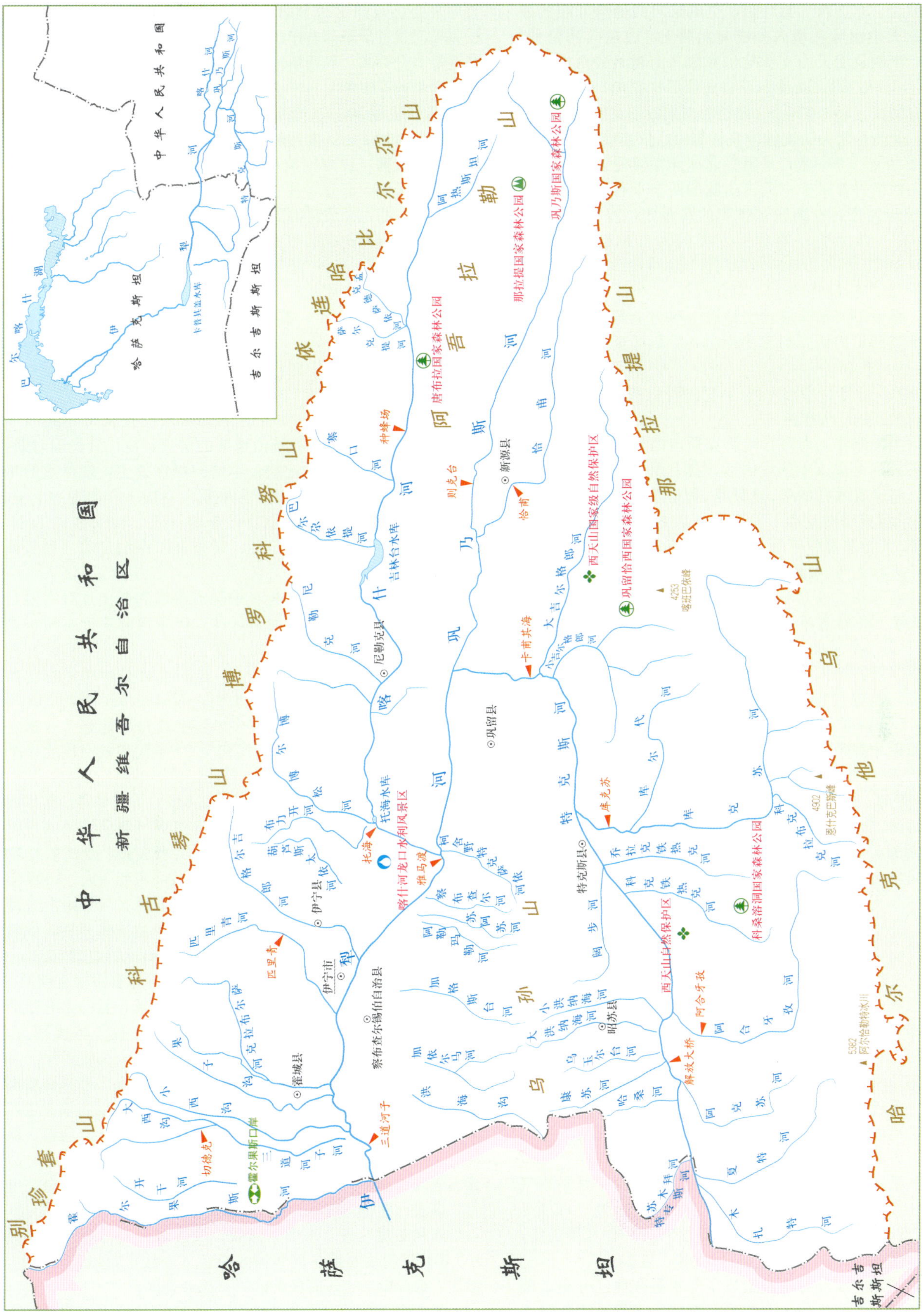

西北诸河卷

10.13.4 伊犁河

伊犁河中国境内水系示意图

10.13.4 伊犁河

地质地貌 伊犁河流域地势东南高、西北低，由东向西倾斜，东部最窄处仅20余千米，西部展宽，南北纵跨达280千米。流域北、东、南三面环山，呈由东向西逐渐开敞的喇叭状地形。天山山脉在境内分成南北两支，由东向西延伸，巍峨对峙。南侧是南天山支脉哈尔克他乌山和其最西端的汗腾格里峰（6 995米），以及中天山支脉那拉提山，山体雄伟险峻，山脊海拔4 000米以上，阻挡南来的塔克拉玛干沙漠干热气流。北侧是北天山支脉博罗科努山、依连哈比尔尕山，山脊海拔2 700～5 000米，是阻拦北冰洋寒流侵袭的天然屏障。中部东西横贯着属于中天山山脉的两条平行支脉：一条为位于伊犁河左岸、自西向东排列的乌孙山，海拔2 000～3 800米；另一条为位于喀什河左岸的阿吾拉勒山，海拔2 000～4 000米。两条山脉将伊犁河流域由南向北分割成特克斯河谷、巩乃斯河谷和伊犁、喀什河谷。

通常，将伊犁河雅马渡水文站以上称为上游，雅马渡水文站至哈萨克斯坦的伊犁村称为中游，伊犁村至巴尔喀什湖为下游。

河流水系 位于伊犁河上游的特克斯河、**巩乃斯河**、**喀什河**并称为伊犁河的三大源流。

伊犁河主源流特克斯河自哈萨克斯坦内的支流纳林果勒河汇合口下游附近进入中国境内后，自上而下沿程两岸接纳众多支流，右岸有**木扎特河**、**夏特河**、**阿克苏河**、**阿合牙孜河**、大莫音台河、**科克铁热克河**、乔拉克铁热克河、**库克苏河**、**小吉尔格朗河**、**大吉尔格朗河**等支流；左岸有**苏木拜河**、喀拉苏河、吐尔干布拉克河、**哈桑河**、康苏河、乌玉尔台河、小卡拉干河、大卡拉干沟、吐尔根布拉克河、大洪纳海河、小洪纳海河、**阔步河**、齐勒乌泽克河、巴哈勒克河、喀拉萨依河等支流。

源流巩乃斯河汇入口以下，伊犁河干流中国境内河段两岸支流发育，沿程共有数十条支流汇入，其中，大部分小河水量在冲、洪积平原区就已经被引用耗尽或散失，仅在洪水期和非灌溉期才有余水汇入伊犁河干流。伊犁河右岸较大的支流有**喀什河**、布力开河、葫芦斯太依河、曲鲁海河、**吉尔格郎河**、**匹里青河**、苏阿尔勒马特河、**萨尔布拉克河**、**果子沟**、**小西沟**、大西沟、切德克河、**开干河**、**霍尔果斯河**等；左岸较大的支流有**洪海沟**、加依尔马河、**加格斯台河**、切吉沟、乌尔坦沟、阿勒玛勒河、苏阿苏河、察布查尔河以及伊什格里山北麓的科克布拉克河、柯舍野特克萨依河、萨尔不顺河及其他诸小河。

伊犁河流域为天山北坡冰川最为发育的地区，冰川面积达2 023平方千米，占天山山系冰川面积的22%，冰川覆盖面积占山区面积的4.22%。冰川似高山水库，对河川径流量起着多年调节作用。干暖年份，降水少，气温高，冰川消融量增加，对河川径流量补给比重增大；冷湿年份正好相反，因而，伊犁河径流年际变化相对平缓。

气候 流域独特的地形条件，使大西洋、里海及巴尔喀什湖的水汽得以顺利地沿伊犁河谷进入本区，形成较为湿润的大陆性温带气候。流域内雨量充沛，年平均气温0.7～9.7摄氏度，气温年较差26.1～34.5摄氏度，最暖月7月平均气温为15.5～24.3摄氏度，最冷月1月平均气温为−19.4～−5.8摄氏度，极端最高气温从东到西为33.4～41.0摄氏度，极端最低气温从东到西为−27～−42.8摄氏度。

流域内不同的地形特征也造成了降水量在地区分布上的差异。地处迎风坡的喀什河谷和巩乃斯河谷多年平均年降水量可达700毫米以上；特克斯河谷多年平均年降水量为500毫米左右，南部山区达600毫米以上；伊犁河谷位于西来水汽的通道处，平均年降水量近400毫米。尼勒克与新源县东部、昭苏县南部、霍城县西北部为降水量的三个高值区。降水量垂直地带变化规律十分显著。根据对巩乃斯河谷、喀什河谷、特克斯河谷、伊犁河右岸山地、左岸山地五个垂直带的分析：高程每上升百米，巩乃斯河谷、喀什河谷、特克斯河谷、伊犁河左岸山地、伊犁河右岸山地的降水量分别平均递增80毫米、56毫米、25毫米、20毫米和66毫米。充足的水源和不同的热量条件造就了山区发达的牧业和河谷平原悠久的农耕史。

洪旱灾害 伊犁河流域气候湿润，冬季积雪深，春夏降雨频繁，居民大部分居住在河谷地带，易遭受春夏洪水和冬季雪灾，一些山高坡陡的支流易发生泥石流灾害。

伊犁州有史记载的雪灾为西汉本始二年（公元前72年），《汉书·西域传》载："是年冬，匈奴兵攻乌孙，遇大雪，人畜返者不及十一"。民国25年（1936年），伊犁早春雪灾牲畜倒毙30%以上。1959年，霍城县牧民转场途中遇大雪，冻死2人，冻死羊4 000余只。1969年，自1月15日起，伊犁地区连续9天普降大雪，山区积雪厚达2～3米，果子沟交通中断及区内交通阻塞，造成130余万头牲畜死亡。

伊犁有史记载最早发生的旱灾是东汉光武帝建武二年（公元26年）发生在匈奴统治地区的旱灾。清代到民国时期，伊犁亦多有发生旱灾的记载。旱情间隔性发生，较严重的年份，对农业生产和畜牧业生产影响重大。1974年出现的干旱，使当年各县（市）只完成储草任务的30%。1982年的干旱，在旱情严重的霍城县、伊宁县、察布查尔锡伯自治县和巩留等县，打草不及往年的50%。

伊犁河洪水灾害主要为春季融雪洪水和暴雨加融雪混合型洪水，大洪水甚至导致河道迁移。伊犁河畔惠远古城护城堤坝多次修建，又多次被冲毁。据记载，惠远古城建于1763年，位于伊犁河北岸Ⅱ级阶地上，但目前已被伊犁河吞噬殆尽，古城址现已在河中心。据史料，1763—1981年的218年中，此段河岸向北迁移1 600多米，平均每年北移7.3米左右。另据统计，20世纪80年代初至90年代初该河段北岸平均每年冲毁农田10公顷。

1960年7月，伊犁河最大洪峰1 820立方米每秒，南岸察布查尔渠发生多次决堤事故。1963年6月3日伊犁河暴发洪水，洪峰流量达2 200立方米每秒，洪水成灾，受淹农作物467公顷，其中有133公顷农田颗粒无收，淹死5人。1999年7月18—19日，流域普降暴雨，形成冰雪融水与暴雨混合型洪水，雅马渡站21日19时洪峰流量2 550立方米每秒，致使伊犁河两岸农田被冲毁、防护决堤，造成很大经济损失。

经济社会 流域（中国境内，下同）分布有伊犁直辖的8县1市以及生产建设兵团农四师的19个团场，是一个有哈萨克、维吾尔、汉、回、蒙古、锡伯、柯尔克孜、乌孜别克、满、俄罗斯、塔塔尔、达斡尔及塔吉克等13个民族居住的多民族聚居区。截至2005年底，流域总人口255.7万，耕地面积45万公顷，工农业总产值92.7亿元。流域内以农牧业生产为主，养蜂业、渔业也较发达，是新疆粮食、油料、肉食、糖料的主要产地之一，主要种植作物有小麦、油菜、玉米、甜菜、亚麻、油葵、烟草及瓜果蔬菜等；工业主要有冶金、电力、煤炭、建材、皮革、食品加工等。

水利工程 据《汉书》记载，汉武帝元封六年（公元前105年）汉朝政府就在伊犁河谷眩雷（今绥定镇以西）回屯，参加人数500余人，面积1 000～1 300公顷。

1767年，阿克苏办事大臣阿桂调任伊犁将军，带去阿克苏的维吾尔农民300户安置在伊犁河左岸的曲里海（今伊宁县境内），开渠屯田。1768年，伊犁地区屯垦的维吾尔农民达

6 383户（民间传说8 000户），主要分布在伊宁县境内。每户200～300亩，到1783年，伊犁地区的军粮库存达54万担。

清嘉庆年间，定居在伊犁河右岸巴特蒙柯（蒙古语，今名佛盖孟，为察布查尔种羊场农四队驻地）一带的锡伯营，其总管图伯特于清嘉庆七年（1802年）创议，从察布查尔渠渠口，自崖上凿渠，历时六载，至1808年修成了一条长84千米的察布查尔大渠，渠首在县城东南40千米的伊犁河边，是个无坝龙口，灌溉面积约5 333余公顷。伊车布哈渠（察南渠）从察布查尔大渠的总分水闸起，自东向西至兵团农四师六十七团，全长85千米，年平均引水流量5.49立方米每秒，灌溉面积约2 667公顷。

伊犁河右岸有一条载着滚滚喀什河水的大渠，犹如银色巨龙，灌溉着千顷良田，这就是著名的大皇渠，又称林公渠。此先，伊犁将军布彦泰为弥补粮饷不足计划引水开荒，扩大屯田。1842年12月林则徐被流放到伊犁，于1844年，和伊犁将军布彦泰商议决定改建皇渠，增加引水量，开垦霍城县东南阿齐乌苏的荒地。为此他自己投资，承建大渠最艰巨的龙口工程，历时4个月建成一条6里多长，又深又宽的引水渠。1949年以后改称人民渠。清朝时期屯田规模曾达4.6万公顷，参加人数7万多人。

民国时期参加屯田人数达47.5万余人，耕地面积达18.29万公顷。中华人民共和国成立后，进驻伊犁的人民解放军贯彻党中央、国务院"屯垦戍边"的战略方针，垦荒造田，经过几十年的努力，耕地面积较1949年增加了146%。1975年5月新建察布查尔大渠引水枢纽，枢纽由5孔进水闸组成，设计引水流量70立方米每秒，灌溉下游5.38万公顷农田。进入21世纪以来，流域水利工程建设进一步完善，卡甫其海水利枢纽、南岸大渠、伊犁河拦河枢纽等一大批水利工程先后开建，部分工程已投入运行。

截至2005年底，伊犁河流域已建成各类渠首152座，其中，大中型渠首8座：喀什河下游渠首、团结渠首、卡浪河渠首、跃进渠首、察布查尔渠首、稻地渠首、南岸大渠渠首、大西沟渠首；水库15座，其中，大中型水库2座；堤防378千米，其中永久性防洪堤143千米；干、支、斗、农渠总长度2.53万千米，防渗渠道0.72万千米，各级渠系建筑物5.5万座；配套机井631眼，扬水站54处，年提水量2.1亿立方米。

历史变迁 古代的伊犁，泛指伊犁河流域以及巴尔喀什湖以东、以南的广大地区。最早见于我国史册的伊犁居民是塞人，西汉时伊犁为乌孙国地。唐显庆二年（657年），任命苏定方为伊丽道大总管，进军伊犁，统一了西域，隶属北庭都护府。元末明初建别失八里汗国，王都在今伊宁县境，伊犁自此成为西域的政治中心。清代统治伊犁始于乾隆年间对准噶尔贵族叛乱的平定，乾隆二十七年（1762年），清政府在惠远城（今霍城县惠远乡）设立"总统伊犁等处将军府"，统辖天山南北和巴尔喀什湖东南广大地区的军政大权，自此以伊丽水（今伊犁河）而命名"伊犁"。1764年，清政府从黑龙江调索伦虎尔（达斡尔）营到伊犁河右岸霍尔果斯驻防（1868年由霍尔果斯迁至塔城地区驻防）；1764年4月至1765年7月，先后从盛京调锡伯营8 000余人到伊犁河左岸察布查尔驻防。1888年在绥定城（今霍城县）设伊犁府。民国元年（1912年）1月8日，革命党人在惠远起义成功，成立中华民国军政府新伊大都督府，伊犁将军改为镇边使、镇守使、屯垦使。中华人民共和国成立后，1954年11月29日设立伊犁哈萨克族自治州，现辖塔城、阿勒泰两个地区和10个直属县市，是全国唯一的既辖地区、又辖县市的自治州。

1871年5月，俄国侵略军沿伊犁河南北两岸同时进攻中国领土，遭到当地各族军民的奋勇抵抗。后因伊犁"苏丹"政权指挥官临阵退却，致清水河子、绥定等城相继陷落。但伊犁各族军民保家卫国的英勇事迹，为中华民族的光辉历史留下了浓墨重彩的一笔。

纪　实

伊犁河主源特克斯河自哈萨克斯坦进入中国境内后，河流自西向东沿中哈国界线行30千米后，进入昭苏盆地；又向东流经96千米，在昭苏盆地东侧与特克斯县交界处附近的特克斯大桥下游，河流转向东北流，进入特克斯盆地；又行45千米后，绕特克斯县城缓缓而过；向东流约54千米后，左转90度向北流入巩留县境内。此后河流进入伊什格里山和沙里克提山之间长约16千米的峡谷，出山口再向北流21千米，在巩留县、新源县、尼勒克县交界处，与巩乃斯河汇合，又左转90度向西而流，始称伊犁河。

昭苏盆地——中国天马之乡

伊犁河由东向西蜿蜒淌约58千米，在巩留县雅玛图村于右岸接纳喀什河后，伊犁河干流成为位于右岸的伊宁县、伊宁市、霍城县和位于左岸的察布查尔锡伯自治县之间的界河，又流经约130余千米，流入哈萨克斯坦，最后归宿于巴尔喀什湖。

伊犁河主源特克斯河上游昭苏盆地属高原盆地，盆地内草原辽阔壮观，为伊犁五大草原之一，因养育"伊犁马"而被誉为"中国天马之乡"。河流两岸支流木扎特河、夏特河、阿克苏河、苏木拜河、哈桑河、康苏河等河流下游有兵团农四师七十四团、七十五团、七十六团、七十七团的大片灌区农田。

特克斯河流域历史悠久，公元前2世纪前，乌孙人由祁连山西迁伊犁河流域，占据了伊犁河流域中最富饶的特克斯河流域天然大草原，生息繁衍长达500余年，盛时拥有人口63万，骑兵18万余人，成为当时西域举足轻重的一个大国。乌孙人建立了"冬都""夏都"两城，"冬都"即赤谷城，在今吉尔吉斯斯坦共和国的伊塞湖东南；"夏都"在今特克斯河流域的"汗草原"，即今特克斯河以南的广大草原，史称"乌孙国"。特克斯在西汉时是乌孙国政治、军事、经济文化中心。从现存的众多乌孙古墓的分布和出土文物看，当时乌孙国是一个十分繁荣昌盛的西域游牧大国。乌孙人是今天哈萨克族的主要族源，"乌孙"在哈萨克语中意为"聚合、聚集"，哈萨克族民间的"六十二阔恩尔"是西汉以来中原文化与西域草原文化的融合、发展、传承，集民间诗歌、舞蹈、弹唱为一体的民族民间文化艺术形式，是哈萨克民族集体艺术的瑰宝。

特克斯县城原设于科博，即今阔布河入特克斯河汇合口处的阔布村。现特克斯城为1936年冬由伊犁屯垦使邱宗浚亲自选址，依中国古代《周易》八卦图设计建造，取"天地交而万物通，上下交而志同"之意。八卦城以市中心八卦文化广场为太极"阴阳"两极，按八卦方位，以等距离、同角度如射线状向外伸出八条主街，路路相通，街街相连。每条大街根据八卦方位（乾、坤、震、坎、艮、巽、离、兑）分别命名。八卦城以其神奇、古老的易经文化和建筑正规、布局完整、规模宏大的"八卦"布局，2004年被自治区人民政府命名为自治区历史文化名城。特克斯县现辖1个镇6个乡81个行政村，有人口15.5万。

特克斯县城

特克斯河进入巩留县界后，向北入伊什克里山与沙里克提山之间峡谷，在峡谷出口转弯处，建有集灌溉、发电、防洪等综合效益一体的大型综合水利工程——恰甫其海水利枢纽。河流出山口处的特克斯河引水枢纽建于1998年，西距巩留县25千米，是伊犁河南岸灌区的引水工程。

伊犁河上游段右岸为尼勒克县、伊宁县，左岸为巩留县，218国道伴河而行。河流在巩留县雅玛图村与喀什河的汇合口，古时为渡口，河上横跨的雅玛图大桥，是连接315省道的重要通道。大桥北岸1千米处有雅玛图旅游度假村，河谷次生林一望无际，生长着青冈、白桦、沙棘、甜杏、苹果等60余种天然林木，林中绿草如茵，泉水叮咚，野鸭、山鸡、野兔等栖息于林中。度假村西北的"奎逊托别"是成吉思汗西征蒙古大军集结伊犁的"点将台"。

雅玛图大桥以下河流转为西北流，距其16千米处的喀拉塔木吊桥，为巩留县、伊宁县与察布查尔锡伯自治县三县界点。吊桥下游4千米处的河流南岸，即为著名的察布查尔大渠龙口。又下游20千米，河流分出一分支，称绰霍尔河（又称乔库尔河），是伊犁河在察布查尔锡伯自治县境内的最大分支河流，流经特门布占次生林，由东向西至自治县北部河漫滩区，西至堆齐牛录乡佛盖孟村，又汇入伊犁河，河流全长约40余千米。

察布查尔锡伯自治县城位于乔库尔河和察布查尔大渠之间，察布查尔大渠的开凿，使这里"万古荒原，顿成粮仓"。在锡伯语里，"察布查尔"为"粮仓"之意。清乾隆29年（1764年），清朝政府自东北调遣锡伯军民共约3 000余人西迁伊犁，进驻察布查尔屯垦戍边。1808年，西迁至此的锡伯人为纪念带领他们创业的伟人——图伯特，在察布查尔大渠渠首修建了图公祠，后迁至县城东侧纳达齐牛录乡的关帝庙内。1986年重修，建筑面积150平方米，图公祠大殿居后院中央，前面左右各修建有关帝庙和娘娘庙，图公祠大殿正中放置图公半身铜像，墙面上绘有图公带领锡伯官兵历经六年开挖察布查尔大渠的情形。民国27年（1938年），撤销伊犁锡伯营，成立河南设治局（因处伊犁河南岸而命名）；民国29年（1940年）成立河南县，后又改名宁西县。1954年3月17日经国务院批准，成立了察布查尔锡伯自治县，县名就是以察布查尔大渠名命名的。察布查尔锡伯自治县辖2个镇、11个乡，境内有良种繁育场、察布查尔奶牛场、平原林场、山区林场，兵团六十七团、六十八团、六十九团，总人口约16万余人，有锡伯、维吾尔、哈萨克、汉、回、蒙古等多个民族。

继续沿河下行，距喀拉塔木吊桥20千米处的伊犁河北岸是美丽的伊犁河连心岛次生林公园，占地约40公顷，河谷灌木丛生，芳草萋萋，水鸭、野兔成群，野花争奇斗艳，河水碧波荡漾，如一块翡翠镶嵌在伊犁河中。又经21千米，河流依次穿过伊犁河大桥、伊犁河二桥，向西奔腾而去。

伊犁河大桥建于1975年，为钢筋混凝土双曲拱桥，共9孔，全长301米，连通314国道；伊犁河二桥与大桥相距3.2千米，建于2004年，为特大钢构式桥梁，全长1 580米。两桥之间河段已被开发建设为河滨公园，两岸丛林茂密，景色优美，北岸便是素有"塞外江南""西域明珠"等美誉的伊宁市。小城北倚天山雪峰，南临悠然西去的伊犁河，市内既有宽敞大道和现代建筑群，又有小巷深处绿荫流水的少数民族人家，还有汉家公主纪念馆、民族英雄林则徐纪念馆、伊犁河大桥、拜图拉清真寺、三区革命烈士陵园、中国古典式伊斯兰建筑——伊宁回族大寺，以及建于18世纪初的金顶寺遗址等。

河流穿越河滨公园，沿河而下，两岸风格迥异，各具风情。流过这一处处迷人的景区，河流出伊宁市境，成为察布查尔锡伯自治县与霍城县的界河。流经约16千米，至伊犁河右岸支流萨尔布拉克河汇合处有一处奇特的景点——图开沙漠。每逢盛夏之际，大漠中金涛耀眼，热浪翻滚，身旁的伊犁河悠悠流淌，河畔林木青翠，风光甚是独特。继续向西40千米，伊犁河接纳中哈界河霍尔果斯河后，进入哈萨克斯坦阿拉木图州境内。

在哈萨克斯坦，伊犁河复西行，此河段季节性通航，经190千米流程后流入拦河而建卡普恰盖水库。该水库是一座兼顾灌溉与发电的大型多年调节水库，建于1970年，装机容量为44万千瓦，库容281.4亿立方米，水域面积约1 847平方千米，长约180千米，最大宽度22千米，最大水深为45米，控制灌溉面积约267万公顷。

伊犁河下游湿地

伊犁河出卡普恰盖水库后折向西北流，穿过萨雷伊希科特劳沙漠，经308千米流程，注入尾闾巴尔喀什湖。巴尔喀什湖，中国古称"夷播海"，位于哈萨克斯坦东南部，湖面海拔338米，水域面积1.83万平方千米，蓄水量约1 120亿立方米。湖形呈狭长状，东西长约600千米，宽9～70千米，最大水深约26米。萨雷姆瑟克半岛从南岸中部向北岸延伸，将湖水分为东西两半：西半湖入湖河流为伊犁河；东半湖入湖河流有卡拉塔尔河、阿克苏河、列普萨河等。

伊犁河流域是古丝绸之路北线和新亚欧大陆桥的要道，是东西方文化交流荟萃之地，是中亚草原文化发祥地之一，历史文化悠久，名胜古迹众多。

在特克斯河流域出土的平衡石锤、铜武士像、铜鼎、人面兽足铜盘，均属春秋战国时代；约重 3 公斤的西汉铁犁铧、茧形陶壶、金箔、嵌宝戒指、石磨、高圈足铜镫、西辽铜印、青瓷器、基督教徒墓碑石等记录了古丝绸之路北新道西域与内地文化交流的繁华和交融；西突厥重镇——弓月城遗址，古都阿里马城及赤木儿城，清代的伊犁九城（惠远城、塔勒奇城、惠宁城、熙春城、绥定城、宁远城、广仁城、瞻德城、拱宸城），伊犁古城堡遗址（索伦古城、索伦大城、夏特古城、海努克城、喀什回子城、怀顺城、新源古城遗址、塔斯托别城堡遗址），伊犁草原上的三大文物奇观（草原土墩墓、草原石人、伊犁岩画），尼勒克古铜矿，秃黑鲁帖木儿汗麻扎、速檀歪思汗麻扎、洪那海麻扎、察布查尔麻扎、固勒扎和海努克庙遗址，昭苏圣祐庙，拜吐拉清真寺，伊宁回族大寺，察布查尔靖远寺，曲尔登卡木德坎布灵塔，大西沟庙遗址等均留下了维吾尔、哈萨克、汉、蒙古、回、锡伯等各民族不同历史文化背景下独特的生活写照。伊犁碑石（汉张骞碑、格登山碑、双烈诗和双烈碑、平定准噶尔勒铭伊犁之碑、土尔扈特碑、果子沟路碑、斯木塔斯古石、协也特莫依纳克墓碑），伊犁将军府，惠远中鼓楼，三区革命烈士陵园，林则徐纪念馆，汉家公主墓纪念馆真实记录了自汉朝以来为了维护祖国统一和稳定边疆、繁荣边疆经济，历代皇朝和民族英雄们所做的努力。

由于伊犁河流域内自然环境的差异，造就了原始古朴、种类繁多、千姿百态的自然物种群落和地貌，它的美丽和完好形成了独特的自然风景区，也是全国自然保护区种类最多的流域之一。这里有位于哈尔克他乌山特克斯河流域的西天山国家自然保护区、科桑溶洞国家森林公园、黑蜂自然保护区；位于那拉提山的那孜—确鹿特草甸类草地自然保护区、库尔德宁自然保护区，支流库克苏河大峡谷及包扎墩天然石林；位于依连哈比尔尕山和阿吾拉勒山之间喀什河上游的唐布拉国家森林公园、下游的小叶白蜡自然保护区，巩乃斯河上游的巩乃斯国家森林公园，支流恰甫河草地自然保护区、巩乃斯河谷的野果林、喀什河河谷的黑蜂自然保护区、雪岭云杉自然保护区；位于伊犁河右岸博罗科努山南坡果子沟的野生苹果林、萨尔布拉河流域的四爪陆龟自然保护区；位于伊犁河左岸的乌孙山野核桃自然保护区等，是各种野生动植物最原始的基因库，极具研究价值。

流域内重点保护的鱼类有短尾鲌、伊犁裂腹鱼、斑重唇鱼、新疆裸重唇鱼、穗唇须鳅、新疆高原鳅、斯氏高原鳅、黑背高原鳅、伊犁鲈、赤梢鱼、欧鲇、东方欧鳊、裸腹鲟和西鲤等 14 种。2004 年 12 月，新疆维吾尔自治区人民政府首次发布的重点保护水生野生动物名录中，裸腹鲟、短头鲃和新疆裸重唇鱼被列为一级保护鱼种，斑重唇鱼被列为二级保护鱼种。另外，裸腹鲟还被《濒危野生动植物种国际贸易公约》收录为重点保护水生野生动物，我国也已将其列为国家二级保护水生野生动物。

10.13.4.1 木扎特河
（Muzhate River）

伊犁河上源特克斯河上游右岸支流，位于新疆维吾尔自治区昭苏县胡松图喀尔逊蒙古族乡境内，又名喀因德木扎特河。河流全长 75 千米，流域面积 1 275 平方千米。

流域地势南高北低，年降水量 450～1 000 毫米。南部源区海拔 3 000 米以上发育有冰川 152 条，冰川面积 224.79 平方千米，最大冰川长达 14 千米，面积 44.32 平方千米。其中，支流萨依亨布拉克河上游雪线在海拔 3 200 米左右；支流艾勒曼特河上游雪线则在海拔 3 800 米以上。海拔 2 000～3 000 米的中山带，生长有云杉及杨树、桦树、柳树等树种，森林茂密，景色壮观。山口以下的平原区，地势平坦，河曲蜿蜒，滨河平原为春秋草场，左、右两岸分别为胡松图喀尔逊蒙古族乡和兵团农四师七十四团场的草场和耕地。流域内共有农田 4 000 公顷，草场 1.3 万公顷，是伊犁州畜牧业发展的重要基地之一。

河流发源于南天山支脉汗腾格里山北坡，流域海拔最高 5 357 米，源流称萨依亨河，其两小支流源头均位于哈尔克他乌山山脊北侧冰川脚下。河流由南向北流，沿途两岸接纳的较大支流有乌图夏尔河、吐姆河、萨依亨布拉克河、阿拉阿依格河、皮特图木河以及数条小溪流；流程 29 千米后，在七十四团场 8 连上游，右岸又接纳了呈东南流向、发源于爱里卖提冰达坂北侧的较大支流艾勒曼特河（河长 32 千米）；续流下游 5 千米，河流出山口，兵团农四师七十四团团部驻地坐落于山口西侧；山口以下 8.5 千米，河流经七十四团四连折向东北流，经过 25 千米的蜿蜒曲折，于七十四团二连缓缓汇入特克斯河。

蒙古城

木扎特河出山口左岸的波马古城，又名蒙古城，是一座规模较大、保存较完整的古城遗址，城周围分布有一些战国到西汉时期的古墓群。距古城西约 8 千米的一号古界碑位于波马边防站附近，其西南方向有 3 块清代所立界碑，分别为波马一号、波马二号、波马三号。河流下游右岸的木扎尔特口岸是中国与哈萨克斯坦的商贸口岸，距昭苏县城约 109 千米。

10.13.4.2 夏特河
（Xiate River）

伊犁河上源特克斯河右岸支流，因流经古代伊犁至阿克苏的交通驿站夏特古城而得名。夏特是蒙古语"沙图阿满"的音转，为"阶梯"之意。夏特河位于新疆维吾尔自治区昭苏县境内，河长 75 千米，流域面积 1 228 平方千米。

河流发源于南天山支脉汗腾格里山北坡，流域最高点海拔 5 382 米（阿尔恰勒特冰川源头）。河源区冰雪资源十分丰富，冰川总面积达 207 平方千米。图拉苏山谷冰川是流域内最大的山谷冰川，粒雪盆区宽达 2 400 米，部分山谷冰川宽达 600 米，冰面表碛深厚，发育有冰面湖、冰井、冰洞、冰下河等景观。流域内中、高山区降水丰沛，山区植物种类呈明显地带性规律，发育有高山、亚高山草甸和森林。

夏特河由克其克木扎特河和敦都郭勒河（又称东都果尔河）两大源流在出山口处汇集而成。克其克木扎特河有两源流，分别与木扎尔特达坂（海拔 3 582 米）两侧的图拉苏冰河和阿尔恰勒特尔冰河末端相接，两冰河汇合后，河流由东南向西北流 36 千米，在山口处与敦都郭勒河汇合后始称夏特河。山口以上，克其克木扎特河呈树枝状水系，两岸汇入的较大支流有：阿登布拉克河、科塔尼布拉克河、哈木尔达坂水等。敦都郭勒河源头位于哈尔克他乌山山脊北侧冰川地带，河源山头高程 5 668 米，河长 38.1 千米，流域面积 330 平方千米；河流左岸阴坡分布着巨大的山谷冰川，冰舌前沿直达河流中游区，两岸溪流众多。夏特河出山口后，先向西北流，在距山口 12 千米处大体分为三支汊流向北流经 20 余千米，于七十四团二连分别汇入特克斯河。

夏特古道是一条沿克其克木扎特河溯流而上，穿越木扎尔特达坂的古代石筑阶梯之路，为古丝绸之路通往中亚的必经要道。翻过冰达坂就进入南疆温宿县境内，汉朝时中亚各国经此路与位于昭苏、特克斯一带的乌孙国交往。有专家学者认为，《大唐西域记》中所载玄奘翻越的"凌山"，即夏特古道上的木扎尔特达坂。1946 年新疆北部三区革命时亦把木扎尔特达坂作为进军南疆的军事路线。走进夏特古道，脚下为古冰川作用形成的 U 形谷地，状如甬道，极少弯环，两岸山岭壁立叠嶂，仿如斧直。河流两岸林木繁茂，野生动植物资源丰富，水草丰美。由崇山峻岭中一泻而出的夏特河划开一片平坦的草原，草原上芳草萋萋，阡陌纵横，田园错落。

西汉元狩四年（公元前 119 年），汉武帝派张骞出使西域，实现了与乌孙国结盟，共同抗击匈奴。西汉元封六年（公元前 105 年），汉武帝以江都王刘建（扬州）之女细君为公主，下嫁乌孙昆莫（国王）猎骄靡为右夫人。细君公主写道："吾家嫁我兮天一方，远托异国兮归乌孙王"。被誉为"汉室和亲第一人"的细君公主，以柔弱之身担此重任，为促进中原与西域文化交流，后来西域正式纳入祖国版图，形成多民族融合作出了重要贡献。细君公主之墓位于河流出山口左岸，建有细君公主雕像和碑文。

细君公主墓

位于两大源流汇合口下游的夏特村为夏特柯尔克孜族乡政府驻地，该乡以牧为主，兼营农业，辖 13 个行政村，2004 年全乡总人口达 12 100 人。附近的夏特大桥为通往波马边防站公路的主要建筑物，周边建有大桥防洪堤 600 米。夏特引水枢纽建于 1986 年 9 月，位于敦都郭勒河汇入口下游约 7 千米处，灌溉面积 2.7 万公顷。渠首下游建有兵团农四师七十五团水电站一座，年发电量 181 万千瓦时。

距夏特柯尔克孜民族乡政府以西约 10 千米处有夏特古墓群，纵横排列着 200 余座乌孙土墩墓，状貌奇特，类型多样，据考证为 2 000 余年前游牧民族塞人和乌孙人的墓葬，曾出土过木棺、宝石、铜刀、彩陶器具等。在距夏特河出山口约 20 千米处夏特河畔的夏特古城，是一座唐代的古城遗址，海拔 1 750 米。古城下游为特克斯河与**木扎特河**的交汇处，周围是宽阔的夏特牧场。整个古城由城池和城外建筑物组成，总面

夏特古墓群

积 1.26 万平方米，外城周长 1 420 米，城池略显方形。从古城出土的部分文物看，古城应延续到了元代，现已被列入自治区文物保护单位。古城边建有长 780 米的防洪堤。

位于夏特河支流敦都郭勒沟内、现已开采的云母矿，为国家甲级质量品级，储量 4.68 万吨，属大型非金属富矿。

10.13.4.3　苏木拜河
(Sumubai River)

伊犁河上源特克斯河左岸一级支流，位于新疆维吾尔自治区昭苏县西部边界区，部分河段为中哈界河，河长 51 千米，流域面积 442 平方千米。苏木拜系蒙古语，意为"繁荣的村庄"。

河流发源于中国境内的沙尔套山与哈萨克斯坦境内的喀尔套山之间，流域海拔最高 3 712 米。源流自东北向西南流，两岸溪流密集，呈羽状水系。发源于我国境内沙尔套山山麓的较大支流有哈拉布拉克河、阿克布拉克河、阿希勒沟和格登沟。干流在距哈拉布拉克河汇入口约 2.5 千米处的中哈边界附近转 90 度弯折向东南流，汇合口以下至入特克斯河汇合口之间的干流河段为中哈国界。

兵团农四师七十六团地处苏木拜河左岸，与哈萨克斯坦隔河相望。河流水量基本由七十六团引用。灌区土地肥沃，多为红色砂壤土。我国境内河流岸坡极易受河水冲刷，水土流失严重，经过多年的岸坡整治，现已有所改观。

平定准噶尔勒铭格登山之碑

河流支流格登河（格登，蒙古语"凸起的后脑骨"之意）出山口处现为兵团七十六团十一连驻地，西距河约 5 千米。山口以上海拔 1 960 米处，现存有极具纪念意义的"平定准噶尔勒铭格登山之碑"，2001 年 6 月被列为国家重点文物保护单位。1760 年清乾隆帝亲自撰写了碑文，记载清军平定准噶尔部叛乱的战绩。

10.13.4.4 哈桑河
(Hasang River)

伊犁河上源特克斯河左岸支流，中哈跨界河流，发源于中天山哈萨克斯坦境内的克缅套山南麓，流经中国新疆维吾尔自治区昭苏县，中国境内河长60千米，流域面积514平方千米。哈桑河，《西域水道记》称为"哈升水"。

河流源头位于克特缅套山海拔3 363米的乌什哈桑达坂附近，上游由发源于哈萨克斯坦境内的布都堤哈桑河、沙堤雷哈桑河和丘布尔哈桑河三大支流汇集而成。河流自源头由西北向东南流经22.5千米进入中国境内。

河流进入中国境内约2.5千米后即流出山口，进入南北宽约7千米的洪积扇平原区。山口以下3千米处建有渠首，部分水量通过右岸干渠引向兵团七十六团灌区，余水沿河床穿越前山丘陵区后，进入七十七团农业灌区。其余河水在下游渗入河床，与前山带大片农田灌溉回归水以地下水形式补给特克斯河。河流主要以夏季降水补给为主，融雪补给为辅，4—9月径流量占全年的87.0%（其中5—8月占74.0%），12月至次年2月径流量仅占全年的4.6%。

河流出山口地带，北、西、南群山环绕，河流两岸是一望无垠的大草原，牧民的毡房星星点点，冉冉炊烟与夕阳晖映，洁白的羊群似朵朵白云，与蓝天、草地浑然一体，美丽如画。下游河流两岸为连片条田，勤劳的军垦战士在这里屯垦戍边、生存繁衍。

10.13.4.5 阿克苏河
(Akesu River)

伊犁河上源特克斯河右岸支流，古称察罕乌苏，位于新疆维吾尔自治区昭苏县境内。河流全长72千米，流域面积563平方千米。

河流发源于哈尔克他乌山北坡的高山带冰川区，流域最高海拔4 368米。河流自源头由南向北流11千米，右岸接纳阿尔夏勒河后转向西流，沿途接纳南来的同源支流阿都去能萨依河、哈拉萨依河及松努克萨依河后转向北流，下行6.3千米后流出山口。山区河流呈扇形水系分布。河流出山口流经阿克苏东村（察汗乌苏蒙古乡驻地）后，向北分为东、西两支：东支主要为河床潜流及灌溉回归水在喀拉苏乡附近溢出形成的河流，改称乔拉克喀拉苏河，下游接纳发源于南部前山带多条小河在喀拉苏乡南侧汇集成的喀拉苏河后，向东北流7千米与西支汇合；西支为干渠，先向北再转向东北流，下行约40千米与东支乔拉克喀拉苏河会合后，于昭苏林场汇入特克斯河。支流喀拉苏河上游两大支流分别流经巴斯喀拉苏村及阿克牙牧场所在地——阿尔帕克尔曼村。

源头发育有冰川19条，面积约11.38平方千米。山区多年平均年降水量在500毫米左右，海拔2 100~2 500米的中山带，云杉林密布，水草丰美，河流出山口处高程约为1 900米。出山口处建有渠首及东、西干渠，灌溉山口附近的察汗乌苏蒙古乡、兵团七十五团和喀拉苏乡所辖大片农田，喀拉苏乡以北、特克斯河干流以南为灌溉回归水及泉水溢出带，为大片草原牧场。

阿克苏东干渠始建于1880年，由纳子尔（维吾尔族人）开挖，故亦称纳子尔托干。20世纪50年代以后，逐年清淤扩建，并建有2×160千瓦水力发电站一座，后改称萨尔托干（黄渠）。1980年后正式定名阿克苏东干渠，为察汗乌苏乡和喀拉苏乡主要引水干渠之一，灌溉农田、草场2 500公顷。阿克苏西干渠始建于1965年，灌溉河流左岸七十五团灌区农田、草场2 300公顷。

察汗乌苏蒙古族乡辖5个村委会，人口0.9万。喀拉苏乡辖3个村委会，人口0.5万。两乡均以牧业为主。前身为兵团农四师红旗一场的七十五团建于1958年，所在地称"和土浩尔"，蒙古语意为"低洼"之意。截至2007年，全团场人口3 928人，耕地7 100公顷，林地200公顷，拥有机械化农业连队、畜牧队，以及水电站、锰矿粉冶炼、油毡面粉企业等基层单位20个，已成为以种植业为主，林、牧、工交、建筑、文教卫生综合发展的中型国有企业。

西天山国家级自然保护区位于阿克苏河上游左岸，属森林生态系统类型自然保护区。保护区的前身是1983年成立的巩留雪岭云杉自然保护区，2000年4月晋升为西天山国家级自然保护区。整个保护区南北长28千米，东西宽14千米，总面积312平方千米，保护区是天山山地森林生态系统的典型代表，主要保护对象是云杉林。保护区内物种种类繁多，已被列入《国家重点保护植物名录》的植物有新疆野苹果、野杏、阿魏、紫草、雪莲、黄芪、牡丹等10余种，同时这里野生动物资源也很丰富，环境优美，气候宜人，风景秀丽，为旅游和避暑的胜地。

10.13.4.6 阿合牙孜河
(Aheyazi River)

伊犁河上源特克斯河右岸主要支流之一，《西域水道记》中称"阿主雅斯水"，发源于中天山支脉哈尔克他乌山北坡，位于新疆维吾尔自治区昭苏县境内。流域面积2 813平方千米，河长117千米。"阿合牙孜"系哈萨克语，为"白色的山口"之意。

流域山区海拔在1 800~6 332米，海拔3 500米以上的区域为冰雪覆盖的世界，发育有大量的现代冰川群，冰川总条数达440条，冰川总面积548.81平方千米。其中，阿合牙孜河主源流、支流哈布腾苏河和科普尔特依河源头冰川面积分别为165.87平方千米、170.50平方千米和155.59平方千米。《西域水道记》形象地描述了河源区：石峰林立，冰雪堆积，马乏难行。河流上游源流布特敖萨依河和克额阿沙萨依河均发源于大型山谷冰川，两河汇合后自南向北流，下游右岸接纳了发源于布古达坂的布古萨依河后转向西流；沿途两岸溪流密布，呈羽状水系；较大的支流主要有左岸汇入的哈布腾苏河、科普尔特依河，空古拉布拉克河等；流程约55千米后转向北流，下游左右两岸分别接纳了萨喀勒斯肯河、大白代河、小白代河等支流后流出山口；其后，河流向东北穿过草原，流经14千米，于喀夏加尔乡喀拉托别村汇入特克斯河。

流域地处湿润、半湿润气候区，冬季漫长寒冷，夏季短促温暖，降水量丰富，蒸发量小。土壤类型的垂直地带性分布由高到低依次为高山草甸土、亚高山草甸土、灰褐色森林土、黑钙土、粟钙土或耕作粟钙土等。海拔2 500~2 000米中山带沿河谷左岸阴坡分布着天山云杉林；在海拔2 000~1 500米，为草原植被带和干草原植被带，以禾草、蒿草为主，伴生一些长芒、针茅、蒿类等，草高20~90厘米，覆盖度70%~80%，是昭苏县5个乡场的优良天然草场。径流以融冰雪补给为主，受冰川调节作用影响，径流年际变化稳定。

位于山口处的喀夏加尔乡，辖5个村委会8 956人（截至2003年）。支流大白代河口下游1千米处建有渠首，将部分水量引入下游喀夏加尔乡西岸灌区；在乡政府驻地小镇东郊的干流上，建有一桥闸联合枢纽工程，灌溉喀夏加尔4 000公顷农田。

阿合牙孜沟风景区位于海拔 1 900～2 100 米处的中游河段，谷地由第四纪冰期冰川作用形成，造就了宽阔平坦的谷底和陡峭的谷地，为典型的 U 形冰川槽谷。谷地平坦，谷宽约 0.6～1.2 千米，长约 16 千米；河床位于谷地中部，水面宽 20 米左右，而西侧谷坡基岩出露，由下古生界志留系大理岩、石英片岩、角闪片岩、云母石岩片及花岗岩构成。河谷中桦、杨、柳等乔木成林，灌木有忍冬、小檗、蔷薇等；河谷阶地上草深花艳，如织似锦，有早熟禾木、玄参、柴胡、柳兰、鹿蹄草、车轴草、龙牙草、金莲草等；不同时节花色相异，清香四溢，绚丽多彩，形成了优美的风景河段。支流科普尔特依河汇合口处有著名的阔甫尔特岩画（也称科布尔特岩画），高大的岩壁上刻有释迦牟尼左手托钵、右手持花坐像，右侧有藏、蒙、维、锡伯 4 种文字，四周刻有大头羊、山羊、龟、蛙、花草等。据考证，佛像及文字出自元代，动植物图案为早期游牧民族之作。1962 年该处岩画被列为自治区文物保护单位。

10.13.4.7 科克铁热克河
(Keketiereke River)

伊犁河上源特克斯河中游右岸支流，位于新疆维吾尔自治区特克斯县西部。"科克铁热克"系柯尔克孜语，意为"青绿色的杨树林"。科克铁热克河，又称库克铁列克河，全长 55.6 千米，流域面积 638 平方千米。

河流发源于中天山支脉哈尔克他乌山北麓，流域海拔最高 4 306 米。主源流科克窝赞河由西克萨依河、穷科国吾赞河和克奇科国吾赞河三条支流汇集而成。汇合后河流由南向北流经 10 千米，左岸接纳支流卡拉恰特河后折向东北流，下游右岸先后接纳阿克窝赞河和布鲁鲁窝赞河后又折向北流，又流 7 千米经出山口处的阔克铁热克柯尔克孜族乡政府驻地及下游伴河而居的阔克托海村、霍斯托别村和玛热勒塔斯村，再下行约 17 千米后，于齐勒乌泽克乡阔步村汇入特克斯河。

河流在出山口处建有拦河引水渠首，引水枢纽设计防洪标准 50 年一遇，进水闸设计引水流量 15.4 立方米每秒，最大泄洪流量 149 立方米每秒。分别由西干渠和东干渠向灌区输水，东、西干渠设计引水流量分别为 10 立方米每秒和 5.4 立方米每秒，灌溉约 2.53 万余公顷的农田和草场。

流域内山区中低山带为优美的草场，气候宜人。流域西侧的小莫因台河和卡汗赛河流域山区草原，被列为新疆维吾尔自治区黑蜂自然保护区。区内现有 5 000 余群黑蜂，拥有世界公认的优质蜂种之一"新疆黑蜂"，年产黑蜂蜂蜜 300 余吨、蜂王浆 1.3 吨、花粉 1.2 吨。这里生产的黑蜂蜜、花粉、蜂王浆等系列产品以其色泽好、品质优而著称。

10.13.4.8 阔步河
(Kuobu River)

伊犁河上源特克斯河左岸支流，又名霍布苏河，流经新疆维吾尔自治区昭苏县、特克斯县。流域东、西分别与齐勒乌泽克河和小洪那海河接壤，北以乌孙山脊为界与察布查尔锡伯自治县毗邻。"阔步"系哈萨克语，意为"很多"，"霍布"系"阔步"的音谐转，"霍布苏"意为"很多水"，河流因支流多而得名。阔步河河长 44 千米，流域面积 890 平方千米。

流域属温凉半湿润区，山区年降水量约 400 毫米。干流两岸山坡覆第四系黄土，多为低草草甸，冲沟发育。河床多为红土泥岩，水流不断侧蚀下切，形成河宽约 20 米、两岸高达 5～8 米的陡坎。流域内苏阿苏河至吾尔塔米斯河之间的中低山陵区，为泥石流多发区。1993 年在距河口上游约 9 千米的

阿腾套村修建了一座拦河枢纽，引水渠道总长 36 千米，引水流量 4 立方米每秒。引水渠向东北穿越伊昭公路，灌溉沿河左岸齐勒乌泽克乡农田 4 000 余公顷。

流域内矿产资源丰富，矿藏包括金、银、铅、煤等矿。其中有阔克苏河 1 号、2 号、3 号砂金矿，阔步砂金矿，苏阿苏金矿，菁布拉克铜镍矿，吾尔塔米斯铅锌矿等。米斯煤矿含煤 3 层，总厚度 16 米，为长焰煤。南侧阿腾他乌山有银铅矿，含量品位高，极易开采。

阔步河干流由西向东流，其北侧为乌孙山南坡余脉，南为阿腾他乌山，河流主要由多条发源于乌孙山南坡、由北向南流的支流从左岸汇集而成，整个水系呈典型的梳状分布。从左岸自西向东依次接纳的支流有：乌尊布拉克河、哈拉哈德河、奎力布拉克河、切特米斯河、吾尔塔米斯河和苏阿苏河。其中，吾尔塔米斯河为昭苏县和特克斯县界河。

支流乌尊布拉克河、哈拉哈德河、奎力布拉克河均发源于中山带，河长分别为 14.5 千米、15.2 千米和 11 千米。切特米斯河源头位于乌孙山山脊处海拔 3 391 米的白什沙拉山隘，源流段称科克萨依河，途中右岸加乌仑巴依拉河汇入后始称切特米斯河。吾尔塔米斯河为昭苏县与特克斯县界河，其源头位于山脊处的叶儿铁达坂附近，流域海拔最高 3 699 米，源流由哈朴切克萨依河和科克正河在米斯煤矿附近汇集而成，途中流经托马斯牧场，河流全长 35 千米。苏阿苏河源头位于山脊处的察布查尔达坂，与达坂北侧察布查尔锡伯自治县境内的苏阿苏萨依河源头毗邻。河流自源头由北向南流经 32 千米，右岸同源同向的大支流乔拉克米斯河汇入后，转向东南流，约 3 千米后汇入阔步河。汇合口以下，阔步河干流又向西流经 12 千米，在齐勒乌泽克乡阔布村汇入特克斯河。特克斯县城原设于阔布村，1939 年冬迁往东北约 9 千米的现特克斯县城城址。220 省道自入河口溯流而上，一直向西伴河而行。

10.13.4.9 库克苏河
(Kukesu River)

伊犁河上源特克斯河右岸主要支流之一，是一条横跨新疆维吾尔自治区巴音郭楞蒙古自治州和伊犁州的大河。库克苏河又称科克苏河，柯尔克孜语意为"青色的河"，《西域水道记》中称其为库克乌苏。

河流穿行于中天山支脉哈尔克他乌山、科克铁热克山北坡及比依克山、那拉提山南坡。流域东、西分别与**小吉尔格朗河**和乔拉克铁热克河流域接壤，南以哈尔克他乌山山脊为界，分别与阿克苏地区拜城县境内的**克孜勒苏河**和**库车河**流域毗邻。河长 208 千米，流域面积 5 666 平方千米。

概　述

河流源头位于巴州和静县境内的科克铁热克山山脊北坡的冰川区，源头海拔最高 4 525 米，源流浪肯玄河自源头向北流经 12.5 千米后转向西北流，下游河流改称快奎乌松河。

河流穿行于科克铁热克山北坡与那拉提山南坡之间，先向西继而转向西南流，两岸接纳的较大支流有阿尔得落威君河、莫河尔阿拉斯坦郭勒河、下午持根郭勒、叶力岗郭勒河、合同沙拉河、达乌落公河、齐特河、艾尔则特沟、察汗沙拉河、呼苏木脱河和哈希克塔尔河，流程约 48 千米后进入伊犁州特克斯县境内，河流始称库克苏河。

此后河流穿行在哈尔克他乌山坡与比依克山南坡之间的峡谷中，呈羽状水系，两岸沿途接纳众多支流。其中，右岸发源于比依克山南坡的支流有 10 余条，较大的有科克布拉克

河、恰尔巴克特萨依河、墩拜萨依河、库诺萨依河、哈拉萨依河、库那尔汗萨依河、哈拉其阿拉萨依河、塔尔萨依河、塔列特萨依河、阿斯刀恰萨依河，河长大多在10千米以内；左岸发源于哈尔克他乌山北坡冰川区的支流有阿克萨依河、卡帽萨依河、喀腊尕依萨依河、科克阿拉皮也萨依河、阿克布拉克河、阿勒佩斯乌侠克河、其布特尔河、康卡尔河、皮恰克萨尔地河，该段流程约56千米。

在皮恰克萨尔地河汇入后，河流转向北流，沿途两岸又有阿尔本沙拉河、恰干萨依河、科克萨依河、买提格尔萨依河、**库尔代河**和哈比斯朗沟（又称恰普郎苏河）等河流相继汇入，出喀腊吐门塞克山口后转向东北，流约10千米后，于特克斯县军马场汇入特克斯河。

库克苏河的九曲十八弯

流域中较大的支流有阿勒佩斯乌侠克河、其布特尔河、康卡尔河以及发源于比依克山北坡中低山带的库尔代河。康卡尔河发源于天山中段哈尔克他乌山布尔库特达坂，最高点海拔4 899米；自源头由南向北流经10千米后转向东北流，下游右岸分别接纳支流阿夏河和沙尔区拉河，流程12千米从左岸汇入库克苏河；河流全长36.5千米，集水面积403平方千米。其布特尔河和阿勒佩斯乌侠克河均发源于哈尔克他乌山北坡冰川，河长分别为28和19千米，集水面积分别为339平方千米和202平方千米。

流域内降水充沛，冰川发育，有冰川625条，冰川总面积421.58平方千米，冰川融水是河流重要的补给源，径流年际变化较稳定。

库克苏河流域蕴藏的水能资源极为丰富，理论蕴藏量约为180万千瓦，适合进行水电站梯级开发建设。现已完建的库克苏水电站一期工程，装机容量2×1 600千瓦。在哈比斯朗沟汇合口下游，沿途建有多处渠首，一是引水至特克斯河南、库克苏河以东的团结灌区，灌溉面积约4 500公顷；二是引至库克苏河左岸科克苏乡和喀达拉克乡灌区。

纪　　实

库克苏河流域有着优美壮观的自然风貌和古老的文化遗存。在和静县那拉提山南麓的快奎乌苏达坂之下的奎克乌苏石林，是200万年前天山造山运动形成的一组造型奇特的高山石林，石林区海拔3 500米，长9千米，宽5千米，千姿百态，光怪陆离。

河流进入特克斯县境内后，下游最大支流库尔代河流域南缘，当地人称之为"博孜阿德尔"，又名"包扎墩"，哈萨克语意为"未开发利用之地"，蒙古语意为"冬窝子"。博孜阿德尔四周雪山环抱，群峰耸立，形成封闭型的高山峡谷盆地。在封闭屏障的作用下，形成了独特的小气候区，有着丰富的逆温层气候资源，厚度达600米以上。冬季气温比别处高6～10摄氏度；积雪薄，能见度好，有利于牲畜的安全越冬，是特克斯县最好的天然冬牧场。莽莽的原始森林带状环绕在博孜阿德尔四周的高山上，林线以上的阳坡、半阳坡生长有禾本科、豆科、沙草科牧草，植被覆盖率达70%左右，草深40厘米左右。阴坡、半阴坡属高寒草甸，以多年耐寒草本植物为主，植株低矮，草丛茂密，覆盖率达70%～90%。林线以下是山地草原，生长着多年生禾本牧草，植被覆盖率极高。据调查统计，博孜阿德尔草原植被有4个类17个型，主要牧草110多种。

下游支流墩拜萨依河有新疆天山深处最大的高山瀑布——通呼萨拉瀑布，发育在断裂带上，怪石嶙峋，犬牙交错。瀑布上宽7米，落差30米左右，气势壮观。瀑布四周松柏并茂，松涛阵阵，景色诱人。支流库诺萨依河汇入口南岸现存有包扎墩乌孙古城。左岸支流阿克布拉克河源头冰川附近有一高山湖泊——阿克库勒湖，距南天山山脊线上阿克布拉克达坂（海拔4 075米）仅2.5千米，是南天山北坡冰川故道上的冰碛堰塞湖。湖水清澈透明，外观蓝绿色，水温极低，冬季结冰，平滑如镜。夏季湖周气候凉爽，空气清新，湖周有许多珍稀野生动物。

位于康卡尔河与其布特尔河之间的库克苏河干流段为著名的库克苏河大峡谷，峡谷内峭壁悬崖，极为壮观。中游恰干萨依河和科克萨依河汇合口上游有一处阿热善药浴温泉，水源丰富，水质好，有大量的微量元素，温泉周边环境优美。支流买提格尔河右岸崖壁上刻有古岩画。

位于特克斯县城东库克苏河东侧的科克苏乡，因库克苏河名称谐音而命名，现辖5个行政村，1个牧业队，有耕地约500公顷，多民族聚居。下游右岸的喀拉达拉乡现辖13个行政村，是一个以牧为主，农、林果结合的乡；全乡山区天然草场约3万公顷，平原耕地2 500余公顷，主要种植小麦、玉米等农作物，还种植有油料、果品、亚麻等经济作物和板蓝根、甘草等中药材。

10.13.4.9.1　库尔代河
（Kuerdai River）

库克苏河下游右岸支流，又称库尔达依河，位于新疆维吾尔自治区特克斯县北部。河流全长65.7千米，集水面积1 125平方千米。

河流源头在比依克山脊处的库尔代达坂附近，流域海拔最高4 183米，源头发育有少量冰川。河流自源头由东南向西北流经20千米转向西流，下游沿途接纳了较大支流青布拉克河，约流8千米转90度弯向南流，3.2千米后再右转90度又向西流。下游较大支流主要有库尔布拉克河、穹库什太河（发源于包孜墩达坂，河长28千米）和于肯海因德布拉克河等，又流程约24千米，左岸接纳大支流克希库什太河（河长31.6千米）后转向西北流，下行9.5千米后，于科克苏乡喀拉峻村汇入库克苏河。

整个流域均位于著名的喀拉峻草原范围内。"喀拉峻"，哈萨克语意为"黑色莽原"。比依克山（当地俗称喀拉峻山）横亘其间，呈东西向，绵绵延延，长42千米，北为喀甫萨朗沟，南临包扎墩达坂，宽25千米，海拔高度在2 000～2 800米。该区域有草场面积1.5万余公顷，属山地草甸草场，可载畜15万头。主山两侧梳状沟谷密布，山峦起伏跌宕，生长着茂密的雪岭云杉，苍苍莽莽。山顶是浑然一体向南倾斜的高台地貌，犹如一悬空草场，芳草萋萋，繁花似锦，坡麓平缓，无垠无际，恰似一幅美妙的碧色地毯，一直铺到冰雪皑皑的高山脚下，令人心旷神怡。这里土层深厚肥沃，温度适宜，年降水量为350～750毫米，多年平均气温3摄氏度，夏季气候温凉，生长有各种优质牧草105种，大多数是产量高、草质优的禾本科、豆科和菊科植物，夏季草高65～100厘米，覆盖率达90%以上，并混生有大量的旱生植物，长势密实而低矮。每年5月中旬，牧草开始返青；夏季牧草茂旺，花卉艳丽；9月草黄，是典型的"五花草甸"草原。每年6～9月是这里的黄金季节，特克斯、巩留等县的约20万头牲畜都转场到这里避暑长膘。联合国粮农组织的专家们来此考察，赞叹这里是世界上少有的一流天然草场。喀拉峻大草原的琼库什太、克希库什太和库尔代峡谷还是著名的风景区，这里纯朴的民俗风情和草原风光浑然一体，使人流连忘返。

喀拉峻草原

流域主要为特克斯县喀拉达拉乡属地，支流穹库什太河中游河谷为乡养鹿场；克希库什太依河下游右岸坐落着小库什台乌孙古城，这里汉代曾是西域乌孙国地。

10.13.4.10　小吉尔格郎河
（Xiaojiergelang River）

伊犁河上源特克斯河右岸一级支流，也称阿扎吉尔格郎，"阿扎"系哈萨克语，意为"小"；《西域水道记》中谓之莫霍尔济尔噶朗水。除部分支流位于特克斯县外，主要水系均在新疆维吾尔自治区巩留县境内。河流全长59千米，集水面积1 024平方千米。

小吉尔格郎河

上游河段称塔勒木吉尔格朗河，其源流塔勒木朔尔马河上游两支流源头分别位于那拉提山北麓排吾力克达坂及沙雷吐尔达坂附近，流域海拔最高为4 150米，源区发育有少量冰川。河流自源头由东南向西北流经24千米，途中左岸先后接纳了库尔代阿斤河、库克乌枕河、阿克乌增河。阿克乌增河汇入口以下，河流转向北流，沿途两岸又先后接纳了大支流

达鲁巴依朔尔马河和哈尔千德河，经约10千米流程转东北流；在右岸接纳了喀拉尕依布拉克河和恰西河后，下游河段始称小吉尔格郎河。此后河流流经吉尔格郎乡的山间盆地，向西北约20千米，于吉尔格朗乡喀普其海村汇入特克斯河。河流出山口处建有小吉尔格郎渠首，控制灌溉面积800公顷。

流域海拔3 500米以上的高山区发育小型石冰川，多刃脊角峰，遍布雪崩痕迹；海拔2 500～3 500米区域分布有高寒草甸，牧草适口性差；海拔2 000～2 500米处分布有亚高山草甸，牧草茂密，品质好，是较好的夏季牧场；中、低山区光热条件较好，降雨充沛，坡面覆盖着数十米厚的第四系中上更新统风积黄土，加之东部山区山势较高，暴雨频繁，次降雨量大，故各沟谷上游和小河、支流发源地带易产生滑坡，为新疆地质灾害多发区域之一。2002年4月7日，吉尔格朗乡沙尕牧业村东南方向恰西沟内发生山体滑坡，泥石流摧毁供水水源地一处、供水管道1 100米以及引水渠首和多条渠道。

塔勒木吉尔格朗河和支流恰西河流域属巩留恰西国家森林公园保护范围，为国家著名林区。塔力木森林公园距恰西谷口17千米，由天然原始林开辟而成，园内乔、灌木丛生，针阔叶林交混，富集了天山北坡大多数树种。黑加仑、马林和野草莓等野果、各种野菜、蘑菇等山鲜遍布沟谷山坡，置身其中，如同来到了植物园，这里还生长有著名的食用菌——羊肚菌。园内依山傍水，绿树成荫，建有聆涛阁，可品晨暮松涛、月夜溪流，有大、小天鹅湖，情人树等景观。公园东南3千米的山坡上，有一株树龄达365年的云杉树桩，直径达2.24米，树桩上可站立20人，享有"云杉王"美誉。此外还有一株巨杉，高达50米，直径1.85米，当地人戏称其为"二大王"。河中还产名贵黄鱼。黄鱼，又称银色臀鳞鱼、银色弓鱼，是伊犁河独有的鱼类，属国家二类保护动物。

吉尔格郎乡属山区以畜牧业为主的乡，乡辖6个行政村，有人口8 200人，其中，哈萨克族占全乡人口的68%。全乡耕地面积约1 000公顷，耕地土质肥沃，以黑钙土为主，有少量栗钙土，非常适宜中草药种植。阔克加孜古墓群位于吉尔格朗乡政府西南2.5千米处的河畔高台地上，共有200余座乌孙时期古墓，墓群呈南北向排列或零散分布，墓地选点独特，多在可观吉尔格郎谷地全景之处。许多墓堆四周有卵石并列排成的石圈，十分神秘。

10.13.4.11　大吉尔格郎河
（Dajiergelang River）

伊犁河上源特克斯河下游右岸支流，《西域水道记》中谓之伊克济尔噶朗河（"伊克"为蒙古语"大"之意），哈萨克语中则称作乌勒肯吉尔尕朗河（"乌勒肯"为哈萨克语"大"之意）。大吉尔格郎河为新疆维吾尔自治区新源县西南部和巩留县东北部界河。流域东南以那拉提山脊为界，与巴音郭楞蒙古自治州和静县**开都河**流域毗邻。河流全长117千米，流域面积2 191平方千米。

河流发源于那拉提山北麓，河流源流吉尔尕朗河分南、北两支，两支流分别又有多条溪流汇入。南支为主源，发源于确鲁特（乔鲁特）达坂，自东向西流，沿途两岸溪流呈羽状水系，较大的支流有阿尤萨依河、科克萨依河、库拉克拜依河、阿尔沙萨依河、巴音塔勒河和冬恩巴萨依河等，流经约55千米与北支汇合。下游两岸接纳的较大支流有博图河、喀拉恰特河、尔博图河、协天德河、沙特布拉克河、库尔德宁河、斯察尔河，经32千米流程流出山口，进入南侧为那拉山、北侧为沙里克提山（又称加乌尔山）之间狭长的山间盆

地——莫乎尔盆地。盆地内河流两岸汇入的较大支流，南有莫乎尔河，北有阿克布拉克河；西北流约30千米，于吉尔格朗乡喀普其海村汇入特克斯河。

大吉尔格郎河

流域地势南高北低，流域最高海拔4 153米，由东南向西北倾斜。南部的那拉提山大致呈东西走向，海拔高程1 400～4 120米，山体雄伟险峻，河流深切在峡谷之中，山脉与纵谷并列，向西敞开，形成独特的地形地貌，有利于接纳和拦截西来水汽，产生充沛降水，构成十分发达的河流水网，大小支流多达50余条。山区森林草甸十分发育。那孜—确鹿特草甸类草地自然保护区位于河流源流区，保护区面积1.64万公顷，囊括了高寒草甸、山地草甸、草甸草原、低湿地草甸等多种类型的草场，分布有世界著名的优良牧草的野生种或近缘种，是少有的草原种类宝库。这里还是野生动物的天然栖息地，有四爪陆龟、高山雪鸡、雪豹、旱獭、北山羊、金雕、草原蝰蛇等。

河流出山口以下的莫乎尔盆地，驻有巩留县莫乎尔乡政府及所辖7个行政村以及巩留县林场和新源县马场等单位。山口以下，河谷宽浅、开阔，北岸植被稀疏，南岸河谷林则很茂密。在距出山口16千米的莫乎尔乡附近的干流上，建有莫乎尔电站、五一渠首、大吉尔格郎渠首等水利工程。

10.13.4.12 巩乃斯河

（Gongnaisi River，Kunes River）

伊犁河三大源流之一，古称空格斯河，发源于中天山支脉阿吾拉勒山南麓和那拉提山北麓，流经新疆维吾尔自治区巴州的和静县及伊犁州的新源县、尼勒克县，河流全长280千米，流域面积7 707平方千米。

概　　述

流域北、东、南三面环山，地势东高西低，境内山脉呈东西走向，绵延起伏。那拉提山居南，海拔3 000～4 000米，最高峰桥鲁特峰海拔4 248米。塔斯巴山居中，阿吾拉勒山居北，海拔2 000～4 200米，最高安弟乌拉尔山峰海拔4 380米。巩乃斯谷地是一个陷落谷地，地质构造上属伊犁山间坳陷东延的南支。谷地两侧山地由泥盆系中酸性喷发岩、大理岩、石炭系安山玢岩、灰岩，海西期花岗岩组成，山地四级剥夷面发育，上覆较厚的第四纪沉积物。巩乃斯河及其支流**恰甫河**自东向西横贯塔斯巴山和阿吾拉勒山之间，整个流域构成三山夹两川的独特地形。巩乃斯河谷由东呈喇叭状向西延伸，东窄西宽，东部河流出山口处（那拉提镇上游10千米处）最窄不足千米，西部入特克斯河汇合口处两山间宽达20千米。流域地处伊犁河谷的迎风坡，年降水量随着海拔的升高从400毫米升至1 000毫米左右，天山积雪站实测多年平均年降水量869.6毫米。

流域内水系发育，沟壑纵横。河流主源头位于巴州和静县境内海拔3 026米的艾肯达坂，自东向西流，下游10千米和25千米处右岸分别接纳了察罕乌苏河和阿拉善沟，两河源头均位于阿吾拉勒山南麓的冰川地带。巩乃斯河流经和静县巩乃斯乡、巩乃斯林场，沿程接纳了巴日特能干赞乃河和塔勒德夏溪后流出和静县。此后河流贯穿新源县全境，沿途两岸支流密集，其中，从右岸汇入的较大支流有拉斯台沟、坎苏沟、吐尔根沟、则克台沟、铁木尔里克等；左岸汇入的有恰甫河，塔勒德沟、肖尔布拉克沟、塔斯勒勒河等十余条常年流水支流。至尼勒克县木斯乡后，成为尼勒克县与新源县界河。其后，西流至巩留县阿尔尔森乡阿尔尔森牧业队，与特克斯河汇合入伊犁河干流。河流自上源起，218国道一直伴河而行，向西通往伊宁。

巩乃斯河中游河道

巩乃斯河是一条以冰雪融水、降雨和地下水混合补给的河流，在河流中游的则克台镇设有则克台水文站，恰甫河在则克台镇以下汇入干流。下游还有则克台河等多个泉流源源不断汇入巩乃斯河。河流汛期一般在4—8月，其水量占年水量的60%左右。

流域水资源丰富，水质优良，河流中游的新源县是自治区重点牧业县和农牧业生产基地之一。流域盛产小麦、玉米、马铃薯、大豆、甜菜和亚麻。至2005年，灌区总人口26.9万，牲畜224.22万头，灌溉面积5.2万公顷，各业总用水量5.32亿立方米，占水资源总量的23.15%。干流上建有巩乃斯河南岸干渠渠首，巩乃斯河北岸干渠渠首，在那拉提灌区有3座临时无坝引水渠首等。

纪　　实

巩乃斯河上游属和静县，河谷狭窄，水流湍急，两岸植被以森林、高山草甸和山地草原为主，右岸阴坡分布有大片云杉林，南岸有许多怪石屹立。上游河谷以山清水秀而闻名天下，古人途经巩乃斯河谷后记叙道："两岸松林稠密，中间流水潺缓，瘴气渐清，山水秀丽如画……顺空格斯河，岫顶松林，泽湄柳树，时闻莺声"，生动形象地刻画了巩乃斯河流域气势恢宏、景致优雅的场景。沿218国道翻越艾肯达坂后西行约29千米，即为巩乃斯国家森林公园。公园海拔1 600～2 400米，景色非常秀丽，春天满目新绿，夏天百花齐放，秋天霜打红叶，冬天银装素裹。除此以外，这里还是一座巨大的动植物宝库，不仅有雪鸡、猎隼、马鹿、棕熊等野生动物在此栖息，还有中世纪遗留下来的、亚欧面积最大最密集的野生苹果林、野杏、沙棘等次生树种，以及雪莲、贝母等名贵药材。右岸支流阿拉善沟入巩乃斯河汇合处还有著名的阿拉善温泉。

巩乃斯河上游河畔的巴州和静县巩乃斯沟乡地处高寒山

巩乃斯国家森林公园

区,平均海拔约 2 000 米,多年平均气温 6.2 摄氏度,夏季短促多雨,冬季积雪厚,多年平均年降水量达 800 毫米,最高年达 956 毫米。乡辖阿尔先村、浩伊特开勒德村和巩乃斯郭楞村均分布于河流两岸。全乡现有牧业户约 340 户,其中蒙古族人口占全乡总人口的 99%,大多从事畜牧业生产。

出巩乃斯沟乡入新源县,沿巩乃斯河西行不足 10 千米,河畔便是扬名四方的那拉提风景名胜区。区内的那拉提草原是世界四大高山河谷草原之一,风景区总面积达 800 平方千米,是国家 AAAAA 级旅游风景区。自古以来,那拉提草原就有"哈萨克族的摇篮"之称。从西汉时期始,哈萨克族人

那拉提风景名胜区

就在这里游牧,繁衍生息。草原东南倚那拉提山,势如屏障,西北沿巩乃斯河谷地势大面积倾斜,降水充沛,溪流纵横,森林茂密,牧草丰美。草场系亚高山草甸植物繁盛区,主要生长着杂草与禾草,植株高 50~60 厘米,覆盖度可达 75%~90%,牧草非常优良,载畜量很高。仲春时节,草高花旺,碧茵绿毯,配以雪峰白云,极为美丽壮观。《新疆图志》还记载此地:"有兽状如小儿,善啼笑,名曰人猿"。野生植物中还分布有多种药草,其中如贝母、山蒜、山葱以及高山地的雪莲、岩蒿等。那拉提镇一带的河谷地区,遍布胡杨和各类杂草灌木。这里位于 217 国道、218 国道交汇处,交通便利。河流出景区 15 千米至那拉提镇,左岸山区即为那拉提国家森林公园。

巩乃斯河自那拉提镇以下中游河段河谷渐宽,河曲发育,河岸山坡上生长着云杉林。干流河谷向西延伸,沿河依次经过新源县坎苏乡、阿热勒托别镇、阿勒马乡、吐尔根乡、新源县、塔勒德镇、七十二团场、肖尔布拉克镇、则克台镇、木斯乡等。下游段河谷地势平缓,有大量泉水出露,形成大片的漫滩沼泽。

那拉提镇附近建有那拉提渠首、南岸大渠渠首、团结渠首等水利工程。那拉提渠首为巩乃斯河上游拦河水利枢纽,控制灌溉面积 5 000 余公顷。阿热勒托别镇境内的巩乃斯河南岸大渠渠首是一座拦河渠首,建于 1978 年,承担着阿热勒托别乡与别斯托别乡的分水任务,控制灌溉面积 1.5 万公顷。则克台镇境内的巩乃斯河北岸大渠引水枢纽建于 1968 年,控制灌溉面积 2.5 万公顷。

10.13.4.12.1 恰甫河
(Qiafu River)

巩乃斯河左岸水量最大的支流,又称恰合普河,古称昌曼河。河流全长 130 千米,流域面积 1 305 平方千米。

恰甫河自源头起,一直穿行于中天山支脉那拉提山和塔斯巴山之间的盆地和峡谷之中,源头为那拉特达坂(又称古纳喇特达坂)。河流先自东南向西北流约 16 千米,然后流入长约 26 千米、近封闭式的盆地;后转向西流,此后河流穿行于长约 58 千米的峡谷,在左岸汇入由西而来的包删可勒萨依河后转 90 度弯向正北进入 11 千米长的峡谷。峡谷内建有恰甫河二级水利枢纽工程,恰甫三级、四级电站,设有恰甫水文站。山口以下,河流在新源县城西南转向西北流,进入巩乃斯河宽谷,流约 26 千米,于新源县塔勒德镇恰合普村汇入巩乃斯河。

河流自源头始,两岸支流密布,发源于那拉提山北麓的支流较发源于塔斯巴山南麓的支流水量大,汇入的支流有喀拉库勒昂尕尔河、拉汗阿克乌增河、阿克乌增河等,右岸支流多而短小,达 20 余条。整个水系呈树枝状。

恰甫河二级水利枢纽工程建成于 1983 年 8 月,由两孔进水闸和泄洪闸组成,设计泄洪流量 50 立方米每秒,设计引水流量 15 立方米每秒,控制灌溉面积 1.2 万公顷。恰甫河三级电站、四级电站装机容量均在 1 兆瓦以上。

古纳喇特达坂位于那拉提草原东南的高岭之上,是恰甫河的发源地,河流自源头向西 10 余千米,流经海拔 1 700~2 200 米的陷落型山间盆地,盆地底部较为平整,起伏不大,恰甫河沿盆地长轴流过。此处为新源县主要夏牧场之一,夏季草层最高达 1 米左右,遍地绿浪翻滚,被誉为"空中牧场",为恰甫河草地自然保护区。历史上的恰甫河源区就有"鹿苑"之称,《西域水道记》描述其为"数泉喷涌,聚而成川。其地多鹿,谚名鹿圈。"

新源,哈萨克语称"巩乃斯",意为"向阳"。因地处巩乃斯河上游,另取"新源",为新开垦的草原之意。新源县自两汉迤晋皆为乌孙国地,至 1939 年 4 月经新疆省政府批准设立恰克满设治局(新源设治局),1946 年设新源县。现新源县辖 5 镇 5 乡以及公安农场、前进牧场、高潮牧场、野果改良场、巩乃斯种羊场、新源马场、兵团农四师七十一团、七十二团等。全县总人口 26.9 万余人。新源县城布局为棋盘状,九路九街,绿化有致,素有"城在绿中,绿在城中"的美誉。新源县肖尔布拉克镇所产"伊力特"白酒,被誉为"新疆第一酒"。

从美丽的草原新城新源县城南端进山,沿恰甫河逆流而上,就是长约 12 千米的白沟景区,"白沟"以恰甫河两岸蕴藏丰富的石灰石矿而得名。沟内各类乔木、灌木混杂丛生其间,野杏、野苹果、山楂、沙棘等果树遍布山坡。两岸时而夹壁对峙、河水湍急;时而河面宽阔、水流平缓。沿河两岸坐落着秀丽的山村。自恰甫河出山口处溯流而上,行约 3 千米,可见一条 30 多米宽的山洞大瀑布,奔腾汹涌的河水坠入六七米深的谷底,掀起滔滔白浪,迸发出巨雷般的轰鸣,在峡谷中回荡。继续南行 1 千米,举目东眺,只见山腰间一条玉带从天而降,水声若雷,这便是恰甫河三级电站泄水渠人工瀑布,落差达 37.6 米,场面十分壮观。

10.13.4.13 喀什河

(Kashi River, Kax River)

伊犁河三大支流之一,流经新疆维吾尔自治区尼勒克县、伊宁县,地理范围为东经 81°47′～84°56′,北纬 43°37′～44°13′。河流全长 317 千米,流域面积 9 541 平方千米,是尼勒克县境内的主要水系。

概　述

喀什河流域位于伊犁河谷东北部,北为天山山脉的博罗科努山和依连哈比尔尕山;南为天山支脉阿吾拉勒山。河谷地质构造属天山褶皱带,是北天山复向斜褶皱带的重要组成部分,统称喀什河断陷盆地。流域地势东高西低,海拔高程 800～4 600 米,河谷两岸大致平行的山脉向西敞开,使西来的水汽能长驱直入,并在中、高山区滞留,山区年降水量在 700 毫米以上。河流源头位于天山西部依连哈比尔尕山冰川区,源区最高点海拔 4 437 米。3 500 米以上为冰雪覆盖,冰川面积达 421.6 平方千米。海拔 3 500～2 800 米区域植被主要为亚高山草甸,海拔 2 800 米以下区域内为森林、草原。河流下游的尼勒克县山前倾斜平原,光热资源较丰富,为流域主要灌区和农牧业生产基地,河谷两岸有肥沃宜耕的深层黄土。

喀什河水能资源十分丰富,已建有吉林台一级电站、托海水电站等电站,总装机容量 541.2 兆瓦,占水能理论蕴藏量的 38.52%。另外,干流上还建有喀什河引水枢纽、战备渠无坝引水渠首等多项水利工程。

喀什河上游源流又名喀拉果拉河,呈东南至西北流向,沿程接纳喀拉阿尔千布拉克河、阿克布拉克河、英盖亚依洛河等支流,在距河源约 25 千米的阿拉散村折向西流,下游河流始称喀什河。此后河流由东向西穿行于依连哈比尔尕山、博罗科努山和阿吾拉勒山之间,两岸支流十分密集,多达 60 余条。尤其右岸发源于依连哈比尔尕山南麓的支流众多,较大的支流有**孟克德萨依河**、**萨尔克提河**、阿尔桑萨依河、吐鲁更恰干河、阿勒沙朗河、**寨口河**、喀布其格河、乌拉斯台河、巴彦郭勒河、**巴尔尕依提河**、阿克布早河、胡吉尔河、恰奇河、水磨沟河、尼勒克河、塔斯达旺溪河、库朱尔塔依溪河、乌拉斯塔依溪、喀拉苏河、苏布台河、**博尔博松河**等支流。左岸发源于阿吾拉勒山北麓的河流有**阿热斯坦河**、也特森布格河、塔斯布拉克河、铁米尔勒克沟、胡吉尔台萨依河、群吉萨依河等。

出山口后的喀什河

喀什河干流从尼勒克县东端的阿拉散村向西约 60 千米,横穿 217 国道至乌拉斯台乡乔尔玛村,进入唐布拉国家森林公园。下游与 315 省道相伴而行,途经兵团七十二团焦化厂电站、七十九团场场部、乌拉斯台乡政府驻地,流程约 100 千米,在水磨沟河汇入口附近,进入**吉林台水库**。水库以下,河流转向西南流,流经胡吉尔台乡、喀什河电站、喀拉托别乡,转 90 度弯流向西北,从尼勒克县城西南部穿城而过,在下游右岸塔斯达旺溪河汇入口以下又转向西流,流经 50 千米,右岸汇入博尔博松河后出山口转向南流,经位于伊宁县墩麻扎镇的托海电站拦河水库、218 国道喀什大桥、喀什河引水枢纽,流程 25 千米,在雅马渡汇入伊犁河。

喀什河下游河道

河流受冰川融水的调节作用,径流年际变化平稳,含沙量较小,水质良好。喀什河泥石流和洪水灾害十分频繁。1967 年 1 月 1 日晚,喀什河突发洪水,冰洪流量 580 立方米每秒,下游人民渠渠首第二期工程正在施工,冲毁冲沙闸的施工围堰及抽水设备,并造成人员伤亡。1988 年 6 月 28 日托海水文站洪峰流量 1 020 立方米每秒,淹没下游农田 800 公顷,冲毁房屋 279 间,淹死 5 人。1998 年 5 月 17 日,喀什河乌拉斯台站洪峰流量 696 立方米每秒,冲毁大片农田,冲断喀拉苏大桥,致使尼伊公路交通中断 72 小时;6 月 20 日第三次洪峰达 900 立方米每秒,科克库特库尔蒙古乡、呼吉尔台蒙古乡大面积农田、草场被淹,洪灾损失严重,导致大量水土流失。

纪　实

河流源区终年积雪,山谷冰川、冰斗冰川、悬冰川等较为发育,冰川末梢的山谷中,可见山峡、飞流、森林、草原、温泉、古道等多层次神奇景观。享誉"百里旅游区"之称的唐布拉国家森林公园分四个区域,分布于东起 217 国道、西至吉林台水库之间、长达 110 多千米的喀什河两岸的博罗科努山和阿吾拉勒山区。"唐布拉",哈萨克语意为"印章",是尼勒克县境内喀什河峡谷草原景观的统称,因县城东南 105 千米处的唐布拉沟东侧有几处突兀的岩石,外形酷似玉玺、印章而得名。公园内云杉苍翠挺拔,层峦叠翠。两山之间的喀什河谷次生林为西北五省面积最大、亚洲保护最好的河谷次生林,树种多以密叶杨和多种浆果灌木林为主,丛林郁密,面积达 1.4 万公顷。喀什河从郁郁葱葱的次生林中穿过,两岸雪岭云杉辉映,蓝天白云相伴。

在左岸支流阿热斯坦河汇合口上游附近的乔尔玛独库公路旁,1984 年,新疆维吾尔自治区人民政府、乌鲁木齐军区为纪念修建独库公路而英勇献身的中国人民解放军(武警交通二总队前身)筑路官兵,建起了一座烈士纪念碑,纪念碑背面基座上镌刻着修建独库公路时壮烈牺牲的 128 名烈士的姓名。后又在其附近修建了独库公路烈士陵园。陵园和纪念碑现已成为爱国主义教育基地和红色旅游景观。

素有"小华山"之称的阿克塔斯山位于纪念碑西 30 千米处,海拔 2 345 米,上山道路共 1 988 个台阶、12 个弯道,坡度陡峭,建有盘山索道。登上山顶举目远眺,雪峰松林、草原河流等美景尽收眼底。

吉林台水库以下，河水蜿蜒流向西南，进入地势平缓、河谷宽阔、土地肥沃的喀什河中游河谷区，这里是尼勒克县的主要灌区，许多乡镇、村落坐落于河滨。位于距喀什河左岸尼勒克县城西南约3千米的阿吾拉勒山北坡奴拉赛铜矿遗址，是新疆最早发现的矿冶遗址，据考证，年代为距今约2 500多年的春秋战国时期，为研究新疆早期冶炼技术的起源和发展提供了重要的实物资料。

喀什河是新疆水利开发较早的河流之一，进入伊宁县后下游相继建有许多水利工程。早在1815年伊犁将军为了在伊犁河北部扩大耕地，于惠远和惠宁两城之间修建了阿齐乌苏大渠，后来称为皇渠，1966年改扩建后改称人民渠。两广总督林则徐于1842年革职戍伊犁时，与伊犁将军集资扩修阿齐乌苏大渠，并捐资承修喀什河龙口工程，引水灌溉千顷良田。现喀什河引水枢纽建于1967年，由进水闸、泄洪闸组成，引水流量100立方米每秒，最大泄洪流量1 300立方米每秒，其配套输水工程为喀什河北干渠、人民渠、青年渠，主要承担伊宁县、伊宁市、霍城县及兵团农四师六十六团、七十团等用水单位的引水任务，控制灌溉面积10万公顷。

距喀什河与伊犁河汇合口处5千米的喀什河左岸，是著名的小叶白蜡自然保护区。小叶白蜡是地球上冰后期幸存的少数阔叶树古老树种之一，素有"阔叶树化石"之美誉，叶面如同涂了一层蜡质，光泽闪亮，树形高大，树冠优美，具有很高的观赏和科研价值。

10.13.4.13.1 阿热斯坦河
(Aresitan River)

喀什河上游左岸最大支流，又称阿拉斯坦河，位于新疆维吾尔自治区尼勒克县东端乌拉斯台乡境内。阿热斯坦，哈萨克语意为"小鸟聚居之地"。河流全长37千米，流域面积396平方千米。

河流发源于阿吾拉勒山北麓，流域海拔最高4 165米。干、支流源区共发育有65条冰川，面积合计31.96平方千米，冰川储量1.4立方千米。源区有4条较大的山谷冰川河汇入，河流自源头由东南向西北流，沿途左岸有发源于阿吾拉勒山脊冰川带的额力盖巴依萨依河等3条支流汇入，干流河谷狭窄，在下游乔尔玛村下游谷地汇入喀什河。

流域地势东南高、西北低，入喀什河口海拔约2 300米，高山区植被稀少，唯河谷内有部分森林和灌木林。河流临近出山处的喀什河谷及其北侧为唐布拉国家森林公园东段。217国道（又称独库公路）南起龟兹古城库车，途经巴音布鲁克草原及巩乃斯河谷，翻越阿吾拉勒山玉希莫勒盖达坂（蒙古语，意为"此路不通""不可逾越"），沿阿热斯坦河而下，横穿喀什河谷，翻越依连哈比尔尕山哈希勒根达坂（蒙古语，意为"鸟儿也飞不过"），进入天山北坡的**奎屯河**流域，到达石油城独山子，全长563千米。沿线自然条件极为恶劣，公路于1974年8月开工，数万基建工程官兵，克服了常人难以想象的困难，终于使公路于1983年9月正式通车。它使南北疆公路距离缩短一半，如今已成为带动新疆天山自然景观旅游的黄金通道，所经之处，可尽览阿热斯坦河及高山峡谷迷人风光。

10.13.4.13.2 孟克德萨依河
(Mengkedesayi River)

喀什河右岸支流，又名木古河，位于新疆维吾尔自治区尼勒克县境内，河流全长22千米，流域面积482平方千米。

河流发源于依连哈比尔尕山的门克廷达坂（又称孟克特达坂）南坡，最高点海拔3 879米，与达坂北坡的**奎屯河**支流**乌兰萨德克河**流域毗邻。源区河流右岸冰川发育，冰川面积17.31平方千米。附近分布有好几处融雪形成的高山小湖泊，其中最大的一个水域面积约0.31平方千米，湖面海拔2 793米，长1.1千米，最宽处约300米。河流自河源先由东向西流8千米后折向西南流，在下游15千米处，左、右两岸分别接纳了较大支流民达德萨依河、卡依拉克德萨依河后转向西流，又流经3.8千米，接纳北来的较大支流**萨尔克提河**后又转向南流，下游流经800米，于乌拉斯台乡孟克特村汇入喀什河。

流域冬季较长，气候温凉，年降水量可达800毫米以上。河流中下游为宽谷，两岸有少量森林和灌木林。草场绵延纵横，景色宜人，是尼勒克县最好的高原夏牧场。《西域水道记》作者对喀什河段右岸众多支流的描写是："诸水皆发自北山，山无林木，唯水道所行，乔柯荫交。登高遥瞩，若仓龙十余，蜿蜒南走，奔赴巨壑。每岁官兵行围以习驰逐。己卯之秋（清嘉庆二十四年，1819年）余随将军晋公昌校猎之此。"可见，清代这里飞禽走兽繁多，是官兵经常打猎习武场所。

孟克特峡谷是一条非常古老的通道，由此越岭翻过孟克特达坂往北可通乌苏县。多数学者认为，远在西汉时期，乌孙西迁，就是由此通道进入伊犁河谷的。孟克特山岭终年积雪，有着独特的冰川景观。冰川之下还隐藏着天然的热水泉群。泉眼分为热泉、温泉、喷泉、沸泉。温泉和热泉像一对孪生兄弟，紧相靠近，泉水洁白如练，清澈甘醇，水温分别为20摄氏度和30摄氏度。喷泉距冰山不远，一泓泉水从石罐中飞喷而出，至两三丈高处溅落，犹如喷珠吐玉般缭人双目。几眼沸泉分布在临近的山崖边，泉池像几锅沸腾的开水，翻腾着细浪，飞溅着水花，水面还不断鼓出气泡。孟克特泉水被誉为泉中之灵，它上有冰山，下有飞瀑，称得上天下一奇。

10.13.4.13.2.1 萨尔克提河
(Saerketi River)

孟克德萨依河支流，又名特注萨依河，位于新疆维吾尔自治区尼勒克县境内。河流全长26.2千米，流域面积289平方千米。

河流发源于天山山脉依连哈比尔尕山南坡西部冰川区，流域海拔最高4 253米，主源流源头位于一条长约8.5千米、面积约为19平方千米的山谷冰川末端。河流自源头由北向南流10千米，两岸先后接纳支流巴克特萨依河和赛尔卡铁萨依河，又南流8千米与孟克德萨依河汇合后，下游约800米处汇入喀什河。赛尔卡铁萨依河为萨尔克提河最大支流，河长19千米。

流域地势北高南低，北倚依连哈比尔尕山莽莽雪原，发育有46条冰川，冰川面积49.56平方千米，位居喀什河右岸各支流流域冰川覆盖度之首。河流上游河谷狭窄，河床坡降达54.6‰，河流湍急。两岸山巅山峦清秀，冰峰高耸入云，雄姿勃勃；阴雨时朦朦胧胧，云雾缭绕，虚幻神秘。中下游有部分云杉林带分布，河谷渐宽，水流清澈，两岸台地上为美丽富饶的大草原。

10.13.4.13.3 寨口河
(Zhaikou River)

喀什河右岸支流，位于新疆维吾尔自治区尼勒克县境内，又名则库河、寨口阔拉河，发源于北天山山脉博罗科努山南坡，河长36.0千米，流域面积145平方千米。寨口河系蒙古语"则库河"音转，意为"气候温暖的河"。

河流上游段又称寨口阔拉河，源头位于乌苏县、精河县与尼勒克县三县交界处的冰川地带，最高点海拔4 184米。源流分为两支，由东北向西南流，沿程两岸接纳了诸多溪流，水系呈树枝状分布，于阿克吐别克村汇入喀什河。

河流源区发育有冰川，冰川面积约11平方千米；中游部分两岸为石质山体，岸坡覆盖有少量垫状植被和菊科类、蒿属类植被，河谷生长着茂密的森林和灌木林；下游河谷开阔，广布草原，植被类型以多年微温旱生双子叶杂类草和根茎性禾本科植物为主。

流域为泥石流多发区域，春季融雪和夏季暴雨洪水冲蚀着湿润松散的山沟，易造成山沟堆积物滑坡。1994年、2001年下游乌拉斯台乡曾发生过较大的泥石流灾害。2008年4月12日，气温回升迅速，加速冰雪融化，河流发生洪水灾害，致使春耕春播无法正常进行，造成直接经济损失约200万元。同年6月3日19时30分左右，流域遭受暴雨袭击，强降雨持续一个半小时，降雨量达到50毫米，暴雨引发山洪，造成兵团七十九团等单位多处耕地、房屋被淹，道路、水渠受损。

寨口水库电站

与阿克吐别克村相邻的兵团农四师七十九团团部地处海拔1 500～1 600米的河谷地带，北温带大陆性气候，无霜期短。七十九团主要种植小麦、油菜、甜菜、大豆、马铃薯等作物及养蜂等产业。出山口处河流上修建有花园式的寨口水库电站，又称石门电站，库水清澈见底。四周草深林密，水库泄水如瀑布在两巨石之间飞流而下，气势壮观。东侧有一巨石宛如静卧的双峰骆驼，人称驼石。绕库西行，沿山缘排列着一条长达两千米的怪石带，巨者如屋如峰，有如天马奋蹄、龙盘虎踞，小者如磨盘，形如狮、羊、犬、兔、飞禽腾翔等，姿态各异，令人目不暇接。

10.13.4.13.4　巴尔尕依提河
（Baergayiti River）

喀什河右岸支流河，又名巴尔盖提河，蒙古语意为"变质岩的河"，位于新疆维吾尔自治区尼勒克县境内。河流发源于博罗科努山脉南坡，流域东、西分别与巴彦郭勒河和阿克部早河接壤，北以博罗科努山脊为界与**精河**流域毗邻。河流全长31.8千米，流域面积232平方千米。

河流源头位于博罗科努山脊南侧西南果勒冰川，源流段称西南果勒河，河源海拔最高3 931米，冰川面积约9.28平方千米。河流自源头由东向西18千米，沿程接纳支流科克莎拉河、哈勒嘎提莎拉河、巴尔特河、大瓦布拉河后折向南流，改称西南库尔河。此后河流流经12.5千米，左岸接纳克尔克勒布拉克河后，始为巴尔尕依提河。又流经12.5米，在**吉林台水库**回水末端，乌拉斯台乡巴彦郭勒村汇入喀什河。

流域上游为唐布拉国家森林公园区域，河流两岸山坡崖壁高耸，怪石林立，水流奔腾而下；中下游河谷渐宽，两岸森林密布，伴有少量灌木林。清代徐松在《西域水道记》中记叙了来这里的经历："余与领队大臣彦泰策马峡中，溯流十里，屠颜积黛，蒙笼拨云，幽讨造深，赏心斯契，垂纶投饵，白小盈筐。峡长里许，怪石狰狞，累累塞路，激湍环曲，琴筑齐鸣，层嶂衔日，晚照薄林。"支流克尔克勒布拉克河汇入口下游附近左岸的巴尔盖提温泉，产生于石炭纪末期花岗岩的断层交叉处，涌水量0.4～0.5升每秒，水温43摄氏度，温热清爽。温泉地处高山雨林，自然风景优美，地理独特，5月、6月是天然野菜丰富的季节，7月、8月又是采摘马林（又称树莓）、黑加仑、草莓的好时节。

10.13.4.13.5　吉林台水库
（Jilintai Reservoir）

喀什河中游的水库，位于新疆维吾尔自治区尼勒克县境内，西距尼勒克县城32千米，地理坐标为东经82°53′～83°00′，北纬43°47′～43°51′，是一座以发电为主，兼顾灌溉、防洪等综合效益的大型水库。

水库坐落于喀什河谷中游吉林台峡谷地段，坝址以上集水面积5 992平方千米。水库北侧直接入库的河流有胡吉尔河和阿克布罕河，两河均发源于博罗科努山奈楞格勒达坂附近，均为由北向南流向，流域海拔最高3 611米。其中，阿克布罕河的主要支流有玉奇布拉克河，河长28千米；胡吉尔河的主要支流有喀拉布拉克河和卡布且克布拉克河，河长25千米。水库北侧直接入库的河流还有萨尔布拉克河。

水库大坝为混凝土面板砂砾石坝，最大坝高157米，正常蓄水位1 420米，相应水面面积52平方千米，水库大坝设计防洪标准500年一遇，电站总装机容量460（4×115）兆瓦，多年平均年发电量9.38亿千瓦时，工程于2006年6月30日竣工投入运行。

从水库坝址处到水库回水末端的**巴尔尕依提河**入汇口，水库水面覆盖了约15千米长的喀什河宽谷。萨尔布拉克河下游汇入口处的其林托海牧场，地势开阔，为风光秀丽的尼勒克大草原。

吉林台峡谷的北侧，至今留有3处古岩画，镌刻着各种神态的马、牛、羊、骆驼、野生动物和人物的图像，为古代游牧民族的历史写照。2000—2005年，为配合吉林台水库建设，新疆文物考古研究所与西北大学考古系等合作，先后对吉林台库区穷科克一号、二号墓地、穷科克遗址、乌图兰和呼吉尔沟墓地、吉仁托海墓地、加勒克斯喀茵特墓地、别特巴斯陶墓地、铁木里克沟墓地、彩桥门墓地等进行了考古发掘。在水库库区共发掘墓葬780多座，考古资料从史前到汉晋大致连续，内在联系较紧密，整体性强，对于喀什河流域乃至整个伊犁河流域的考古文化研究，以及跨区域考古学文化或文化因素的对比研究具有重要价值。峡谷内已查明埋藏有丰富的煤炭、金、银、锌、耐火黏土、陶瓷原料、建筑石料等矿产资源。

顺河而下7千米，便进入平缓开阔的尼勒克灌区。这座人造高山平湖，因其优美迷人的地貌景观、夏凉冬暖的宜人气候，成为伊犁地区又一个靓丽的景区。

10.13.4.13.6　博尔博松河
（Boerbosong River）

喀什河右岸最末一条支流，又名麻扎沟、包尔包斯河，发源于博罗科努山南麓，流经新疆维吾尔自治区尼勒克县和伊宁县，河长67千米，流域面积938平方千米。"博尔博松"系蒙古语，为"青色的柳树"之意。

河源称蒙马拉尔河，发源于尼勒克县境内的博罗科努山脊附近，海拔最高3 301米。源流由东向西流，流经加斯尔库勒湖后，河流穿行于北侧的沙勒普罗打克山和南侧的乔巴拉尔沙山之间，两岸支流密集。又流经29千米，在与伊宁县交界处的玉什达坂南侧附近，右岸支流阿克乌依俊河汇入后折向西南流，下游沿途接纳的大支流有科尔德能苏河、契尔格河、塔勒得河、剥提塔勒德沟等。河流从伊宁县博尔博松村开始，于伊宁县境内向南流淌17千米后，左岸接纳了发源于尼勒克县境内的苏布台河，在**托海水库**以上右岸接纳了布力开河，其后在托海水库下游2千米处汇入喀什河。

自20世纪80年代以来，随着中下游灌溉引水增大，博尔博松河仅洪水期才有水汇入喀什河。博尔博松灌区建有渠道11条，较大的有麻扎西干渠和托海渠，灌溉面积约3 500公顷。

流域中、高山带主要植物有云杉、柳、榆、桦、山杨、灌木、丛生禾草、乌头、大蓟、飞燕草、针茅、蒿类等，是天山西部林业局蒙玛拉勒林场的主要林区和优良草场。低山带植被稍差，土壤为易冲刷的红色泥质沙土。流域内各支流多为泥石流易发区。

支流苏布台河流域最早名为"苏吐"（蒙古语），为"两面高山的水向中间凹地汇集"之意。苏布台地区在清顺治元年（1644年）前还是一片荒漠，历史上蒙古族厄鲁特部落一部在此游牧；清乾隆二十年（1755年），维吾尔人巴黑伊克木、黍孜初等率众从南疆来此种植大麦、小麦。蒙古人称此地为塔然其，近代一些史料称此为"回屯"。1870—1880年，蒙古人卜瓦尔因苏布台草场被陆续开垦，而东迁至尼勒克县东部草场定居。清同治十二年（1873年）以后，哈萨克族牧民又来此游牧。民国29年（1940年）以后，有少数汉、回、柯尔克孜族人来此定居。经过300多年的演变，各族人民通称苏吐为苏布台。位于阿布热勒山麓博尔博松河东岸的麻扎村内，有成吉思汗第十八代孙——亦里把里汗国苏丹歪思汗的陵寝（麻扎），1990年被定为自治区文物保护单位。

博尔博松河谷还是穿行于天山之间的精（河）伊（宁）霍（城）铁路的必经之地。精伊霍铁路沿线共穿过39座隧道，累计长度超过56千米，其中精河县南部阿卡尔山沟和伊宁县博尔博松沟之间的北天山特长隧道长13 610米，是新疆最长隧道。

10.13.4.13.7　托海水库
（Tuohai Reservoir）

喀什河下游水库，位于新疆维吾尔自治区伊宁县麻扎乡托海村，西距伊宁市51千米，是一座以发电为主，兼顾灌溉和防洪的拦河式日调节水库，承担着下游伊宁县、伊宁市、霍城县及兵团农四师七十团、六十六团近10万公顷农田的灌溉任务。

水库建于1988年，枢纽工程由混凝土双曲重力坝、心墙土石副坝、导流兼排沙隧洞、发电引水隧洞、地面式厂房、110千伏户内式开关站等建筑物组成。水库坝长179.2米，最大坝高54.2米，经过多年运行，泥沙淤积严重。水库正常运用防洪标准重现期为100年，非常运用防洪标准重现期为1 000年。电站设计总装机容量为4×12.5兆瓦。

托海水库库区属大陆性北温带半干旱气候。据临近的托海水文站观测资料，多年平均气温9.1摄氏度，多年平均年降水量347.8毫米。这里夏季湿润、温凉，降雨丰沛，冬季寒冷，积雪较深。

10.13.4.14　吉尔格郎河
（Jiergelang River）

伊犁河右岸支流，发源于天山支脉科古琴山南坡，流经新疆维吾尔自治区伊宁县和伊宁市，山口以上集水面积500平方千米，河长74千米。"吉尔格郎"，系蒙古语"幸福"之意。

流域内海拔最高3 634米。源流分为北支吐拉苏河和东支萨尔卡尔达河，两源流汇合后转向西南，河流始称吉尔格郎河，沿途接纳的较大支流有铁木尔里克河、铅子里克河和科克萨依河，流经约35千米后，在伊宁县城北侧3千米处流出山口。山口以下河流转向南流，经伊宁县城、穿越218国道后转向西南，进入伊宁市境内，流13千米后，于托格拉克乡入伊犁河。

吉尔格郎河径流主要为季节性积雪和降雨补给，汛期一般在3—5月中旬，洪枯水量悬殊。前山带夏季暴雨产流迅猛，极易造成水土流失。1982年以后，在河流两岸先后修建了永久性防洪堤1.1千米。流域内农田面积约2 900公顷。受上游水利开发影响，多数年份已基本无水入伊犁河。

流域中、高山区植被良好，为优良草场。阿克乌增森林公园位于南距伊宁县城20多千米的山区，总面积约180平方千米，为伊宁林场森林资源的主要分布地。山中有云杉、山杨、榆、柳、白桦等20多个树种及党参、贝母、甘草、覆盆子等10余种中药材，也是天山马鹿、雪鸡、旱獭、野山羊、野兔等野生动物的乐园。森林公园景区主要集中在科克萨依河中游的伊宁林场老场部四周，场部以北的阿克塔什（哈萨克语，意为"白石头"）瀑布，从洁白如玉的山体跌落，主瀑幕宽4米、高6米，总高26米，似玉帘腾空而下，颇为壮观。下游河段坡度趋缓。海拔600~700米之间平原区覆盖着易冲红土，仅生长着片状低矮短草。

位于河流出山口南侧约2千米的伊宁县，为古伊犁九城之一的宁远城，自西汉神爵二年（公元前60年）纳入中国版图后，无论隋、唐、元、明、清等各个历史时期，都留存着十分重要的历史痕迹。清乾隆年间平定准噶尔部叛乱后，宁远城便成了开发建设伊犁的"回屯"大本营，6 000多户维吾尔族农民陆续从南疆、东疆奉调来此屯田。如今县境内农区留存的大量带有"于孜"（维吾尔语，"百"之意）、"温"（维吾尔语，"十"之意）的屯垦地名。伊宁县现辖2个镇16个乡，境内还有青年农场、多浪农场、兵团农四师七十团、兵团农四师拜什墩农场等，全县总人口38.6万，县人民政府驻吉里于孜镇。伊宁县现存重要古迹有位于县城西郊吐鲁番于孜的唐代"西突厥汗国"的小牙（相当于陪都）遗址弓月城，古城遗址由两部分组成，俗称大、小金城；县境西南伊犁河右岸有成吉思汗西征点将台。

10.13.4.15　加格斯台河
（Jiagesitai River）

伊犁河干流左岸支流，位于新疆维吾尔自治区察布查尔锡伯自治县加尕斯台乡境内，发源于乌孙山北坡，山口以上河长21千米，集水面积231平方千米。"加尕斯台"系蒙古语，意为"多鱼"。

流域海拔最高3 699米。河流源头位于乌孙山海拔3 391米的白什沙拉山隘，河流自源头由东南向西北流，沿途两岸接纳了科库萨依河、乌宗布拉克河、肖墩阿吉萨依河等支流。流程约 17 千米后，左岸汇入了琼萨依河，再转向北流；下游左岸汇入恰帕克河、努拉洪布拉克河等支流，又流 6.5 千米出山口。山口以下河流转向东北流，经距山口 8 千米的加尕斯台乡进入冲洪积平原。通过加格斯台渠首及引水工程，部分河水被引入下游加尕斯台乡灌区，余水沿河床在海努克乡政府驻地下游渗入地下。

进入平原区的加格斯台河

琼萨依河自河源由西南向东北流经 14 千米后汇入加格斯台河，其间两岸依次接纳的支流有恰特尔塔斯河、杰尔德萨依河、阿尔喀勒克萨依河和加拉斯台萨依河。

加格斯台渠首建于 1988 年，加格斯台干渠呈南北走向，全长 12.5 千米，输水能力 7 立方米每秒，灌溉面积 4 000 公顷；支渠阿尔斯兰渠，东西走向，全长 3 千米，输水能力 2 立方米每秒；支渠阿热吾斯塘渠，东西走向，全长 3 千米，输水能力 2 立方米每秒。灌区地跨加尕斯台、海努克两乡，控制灌溉面积 2 万公顷。

琼萨依河源头乌孙山山脊上的三座高峰，呈东西向排列，峰区地势险要，四侧皆为陡壁。高山区河谷狭窄，深不见底，河床多卵石，河槽窄小，坡陡流急，两岸悬崖峭壁，间有小瀑布，河中水流翻滚呼啸，轰鸣声传十余里，故有"曾旦小（地狱）"之称。两岸山坡森林茂密，谷内有灌木林。至低山区及前山带，地势逐渐开阔，水流平缓，河水清澈。据传，从前此处鱼类较多，故有"加尕斯台"之称。河漫滩有柳树、榆树，灌木主要有椒蒿、芨芨草、骆驼刺等。

位于加格斯台河下游的海努克乡辖 5 个行政村，其中维吾尔族人口占 90% 以上，耕地面积 5 000 余公顷。其特色种植业为中药材红花，种植面积在 1 300 公顷以上。其西北 4 千米处有海努克古城，又名银顶寺，寺中有棵硕大的榆树，苍劲挺拔，枝繁叶茂，树干围约 9 米，锡伯族群众称其"文本热哈林"，意为"祈年树"。据《西域水道记》记载，清伊犁办事大臣阿桂疏言："伊犁名胜之地，河北无过固勒札（宁远城），河南无过海努克"，足见其风景之美。

伊（宁）昭（苏）公路由北向南，经加尕斯台乡，沿加格斯台河流域西侧，翻越乌孙山安格列特达坂进入乌孙山南坡的大洪那海河流域，到达昭苏县。

10.13.4.16　匹里青河
(Piliqing River)

伊犁河右岸支流，也称皮里其河、彼利克契河，发源于新疆维吾尔自治区伊宁县科古琴山南坡，北以科古琴山脊为界与博乐县境内的库色木契克河毗邻。河流流经伊宁县、伊宁市，河长 85 千米，流域面积 1 187 平方千米。"匹里青"为蒙古语，意为"分叉多"，喻指河流多支流。

河流源区最高点海拔 3 201 米。主源流上游段又称伊不拉音库尔萨依河，自西北向东南流，沿途左岸接纳叶尔苏河、阿苦晋溪河、克孜勒库拉河、阿希河后，始称匹里青河，河流转向南流。阿希河是匹里青河的最大支流，由克峡希河、琼阿希河和恰特尔塔尔河三大支流汇集而成，其源头均延伸至科古琴山脊处，河流自源头由东北至西南汇入匹里青河，全长 33 千米。阿希河汇入口以下 12 千米，河流在左岸接纳潘津布拉克河后转向西南流，途中穿越喀拉亚嘎奇乡流出山口，进入伊宁市境内冲积平原，山口距西南方的伊宁市区仅 10 余千米。匹里青河出山口后转向西流，依次接纳发源于低山丘陵带的苏勒萨依河（又名库鲁尔提溪）、脑盖头溪河、苏阿尔勒马特河等支流，流经潘津乡、达达木图乡境，在巴彦岱镇下游约 7 千米处汇入伊犁河。

流域属温带大陆性半湿润半干旱气候，多年平均气温 8.4 摄氏度，年均无霜期 154 天，年降水量 250~500 毫米，多年平均年水面蒸发量约 1 000 毫米。海拔 2 000 米以上的中高山区除有小片云杉林分布外，其余多为茂密的乔本科植被，覆盖率达 95%。沟内是冬牧场，沟坡是夏牧场。低山丘陵区多为细沙壤土，植物以菌陈蒿、针茅、丛生杂草居多，覆盖率达 50%~60%。前山带及出山口后为黄土丘陵及第四纪冲洪积扇，堆积物发育，地面冲蚀严重，为夏季暴雨频发地带。流域内有金矿、煤矿等多种矿藏，已经开发。

匹里青河是伊宁市工农业生产用水的重要水源，同时洪水也对下游伊宁市造成极大威胁。历史上曾发生过两次大洪水，冲毁了伊宁市区的大片房屋。为减少洪水危害，1938 年，将原匹里青河从煤矿桥改道向西与脑盖图沟汇合，形成了现在的匹里青河道。1998 年 5 月 24 日暴雨洪水，洪峰流量达 240 立方米每秒，冲毁防洪堤 3.8 千米，受灾农田 88 公顷。为防止匹里青河在洪水期又改向原河道给伊宁市区造成洪水危害，伊宁市在 37.4 千米河道上修建了永久性防洪堤 19.52 千米，防洪堤外侧及两岸种植防护林带长达 20 千米，建成永久性跨河建筑物 8 座。

10.13.4.17　萨尔布拉克河
(Saerbulake River)

伊犁河右岸支流，古称石门沟、乌哈尔里克河，位于新疆维吾尔自治区霍城县境内。河流发源于天山支脉科古琴山西段南麓，河长 90 千米，流域面积 1 184 平方千米。"萨尔布拉克"系哈萨克语，"黄色的泉"之意，与哈萨克人东迁至此的最早聚居地同名。

萨尔布拉克河流域北依科古琴山，南临伊犁河，地势北高南低，由东北向西南倾斜。中上游区表层多为第四纪堆积物，其下为沙层和第三纪红色页岩，山体多为古生代岩层，岩石裸露，风化侵蚀强烈；而下游地区多为深厚的湿陷性黄土堆积物，极易遭受洪水冲刷，植被稀少。

河源海拔最高 3 354 米。上游又称库尔特冷苏河，由支流阔古晋河、阿克卡特河与阿克萨依河汇集而成，呈扇状水系分布，后蜿蜒南约 19 千米，至卡斯林赛村流出山口后改向西南流，途中于右岸先后接纳了发源于中山带的支流阿库晋溪河、克连科尔溪河、克别涅克溪河和茹萨姆贝赛溪河；途经萨尔布拉克镇后，在接纳了右岸支流切特沙尔布拉克河后转向南流，流经霍城县城及水定镇、兰干乡、惠远镇，至老西村左岸有肖尔布拉克沟汇入，再流 21 千米，于惠远镇惠远老城汇入伊犁河。

流域内水利工程设施较多,大多建于20世纪七八十年代,如白依地响渠、克然木库勒渠、切特萨尔布拉克渠。1980年建成下游引水枢纽、干渠、水电站;1984年建成上游引水枢纽、总干渠、西干渠;1993年建成上游东干渠;1995年建成两镇(水定、惠远)一乡(兰干)给水工程,由截潜流水源工程、蓄水池、干支管等组成,管线总长51.2千米,受益人口4.8万、牲畜5万头(只),是霍城县最大的人畜饮水工程。

流域上游区植被较好,为天然草场,山区有云杉、野杏、野李等生长,除各类牧草、针阔叶树种外,还分布有雪莲、贝母、柴胡、麻黄草、甘草等具有极高药用价值的植物。切特沙尔布拉克河汇入口以上河流中游段,沿程依次有呈自北向南流向的阿库晋溪河、克连科尔溪河、克别涅克溪河、茹萨姆贝赛溪河和切特萨尔布拉克沟五大支流于山间谷地汇入,故古有"五泉并发,同南流"之说。萨尔布拉克镇东7千米处的怪榆沟内遗存着一片300多公顷的原始榆树林,有3000年的历史,被誉为"地球上的活化石"。区内怪石林立,古榆遍布,造型千姿百态,冬季常有呱啦鸡、野兔、雉鸡出没于此。

萨尔布拉克河下游灌区是霍城县重要的农业生产基地,水利开发历史悠久。《西域水道记》有如下记载:"石门沟(今萨尔布拉克河)水又南流,至绥定城东北,右分为渠,渠西南流,分为二支,一支经其城北,绕城西南,溉营屯田。一支经城东,分水入城,复南流,经演武场而止。城东乃左分为渠,渠东南流十余里,至红山嘴炮厂沟,分为二支,一支东南流,溉旗屯田,余水汇通惠渠;一支溉庄世福四十八户田,分余水,达惠远城"。又曰:"自惠远城至绥定城甬道30里,榆柳交荫。甬道之东,红山之西,即四十八户田,一望平畴,隐藏村落,熙熙嗥嗥,太古成风。渠近城北,十里清流,千章古木,芳园桃杏,丙舍松楸。黄叶寻诗,苍庚送酒,春秋佳日,聊以写忧。"上述文字记载,展示了清代该流域农业及水利工程状况,勾绘出了一幅清代农村的水墨山水画。

20世纪60年代前,河流中下游两岸榆、柳、沙枣林成荫,上下几十里,人行百米不见其人,茫茫一片绿色,水在其中穿流,清澈见底;洪水期伊犁河鲤鱼等鱼种逆流而上,夏日凉爽,为理想的避暑之所。1968年冬因发雪灾,农牧民为救牛羊,砍榆、柳树枝喂养,伐木取火去寒,致使两岸树林消失殆尽。从此河水游荡肆虐,水土流失使河床宽达150米之多,当年景色一去不返。

萨尔布拉克河下游的霍城县,是"霍尔果斯"的简称,为古伊犁九城之一的绥定城,曾是古丝绸之路北道重镇,312国道与218国道在此交汇。南距霍城县城8千米的惠远镇,是个历史悠久、人文荟萃的古镇,镇内现存的惠远古城,曾为清代中央政府派驻新疆的最高军政机构——伊犁将军驻地,居伊犁九城之首,是清朝时期新疆的军事与政治中心。旧城建于清乾隆二十八年(1763年),濒伊犁河北岸,后为河水侵袭。清同治十年(1871年)沙俄侵占伊犁后遭拆毁。清光绪八年(1882年)伊犁收复后,于旧城北7.5千米处另筑新城,是新疆仅存的传统高层木结构古建筑精品,现为自治区文物保护单位。

下游支流硝尔布拉克沟右岸坎土曼墩丘陵区是世界上仅存的3种陆龟之一、国家一级保护动物四爪陆龟(俗称旱龟)的栖息地。1983年自治区批准设立四爪陆龟自然保护区,占地1.5万公顷。保护区东南2千米处还有成吉思汗的第七代世孙吐虎鲁克·铁木尔汗麻扎(陵墓),是新疆现存唯一的元代伊斯兰风格古建筑,也是见证阿力麻里古城的唯一遗址。

流域内矿产资源丰富,山区东部有娜瓦萨依金矿。硝尔布拉克沟左岸丘陵地带煤炭储量可观,分布着霍城县、南台子村、兵团农四师六十六团等多家煤矿企业。

10.13.4.18 洪海沟
(Honghaigou River)

伊犁河干流左岸支流,又称霍若海萨依河,位于新疆维吾尔自治区察布查尔锡伯自治县西南部中哈边界附近地区,为中哈跨界河流。山口渠首以上河长37千米,流域面积395平方千米。"洪海"为蒙古语"霍诺海"的谐音,意为"褐色狗"。

河流发源于帖木里克他乌山北段,流域海拔最高点沙力王尔峰3614米。源头位于帖木里克他乌山东端与阿拉喀尔他乌山西端交界处的安格列特达坂,河流自东南向西北流,沿途接纳穷铁开尔列克河、毕斯巴干河、库克萨依河等10余条大小溪流后,流经兵团六十七团林管站;在左岸汇入发源于沙力王尔峰北侧的较大支流沙尔诺海萨依河后转向北流,下流6千米穿越霍诺海麻扎村,左岸又接纳发源于哈萨克斯坦境内天山余脉克特绵山北麓的支流别德图沟后,流经5千米峡谷出山口。山口处建有渠首,由位于河流两岸的霍诺海西、东干渠分别引水至兵团农四师六十七团灌区和墩买里村下游灌区,余水流经约25千米后渗入地下。大洪水发生时,才有部分水量可沿河道穿越爱新色里镇和堆齐牛录乡后注入伊犁河。

洪海沟灌区为伊犁河谷南部山区的大灌区之一,控制灌溉面积3.3万公顷,为爱新舍里镇、种羊场和兵团农四师六十七团场灌区的主要水源。

山区海拔1600~2700米间为察布查尔锡伯自治县最大的林区,林地面积达5000公顷,主要以新疆云杉为主,间或生长有山杨、山柳、山楂、花楸、忍冬、野苹果等树种,林下牧草生长茂盛。上游河谷狭窄、深切,纵坡陡峭,两岸汇入的山泉溪流众多。山口以下河床渐宽,下游河流呈散流状。

1994年3月经国务院批准,设立于霍诺海麻扎村的都拉塔口岸,成为常年开放的国家一级陆路口岸,与哈萨克斯坦阿拉木图州的琼扎区接壤。该口岸历史上就是西部民间贸易通道,占地面积11.9万平方米,口岸设施一应俱全。村里的霍诺海麻扎(陵墓)建于清道光末年,是伊犁地区四大著名麻扎(陵墓)之一,总面积约1000平方米。陵墓群风格独特,造型别致。别德图河汇入口处有洪海矿泉。

10.13.4.19 果子沟
(Guozigou River)

伊犁河干流右岸支流,位于新疆维吾尔自治区霍城县境内。因沟内广布大片野果林而得名,又名黑水河,清代亦称磨河,又称塔勒奇河。河流发源于博罗科努山东段南麓,河长86千米,流域面积657平方千米。

概 述

果子沟源头海拔最高3092米,河流呈东北至西南流向,两岸水系发育,有给娜阿拉萨依河、柯伊拉克地河、桑得克萨依河、阿里比萨依河、大水沟、桦木沟、猪场沟等支流依次汇入,呈羽状水系。河流自源头流经36千米在下游果子沟牧场流出山口。山口处建有果子沟引水枢纽,灌溉果子沟牧场、芦草沟镇、三宫乡、萨尔布拉克镇二大队、兵团农四师六十五团八连农田,灌溉面积10867公顷。

渠首以下,河水分散为三股岔流。东支向南5千米注入麻杆沟水库;中支向西南15千米注入倒须沟水库;西支向西南13千米穿过古"伊犁九城"之一的广仁城(现芦草沟镇),然后分为两支,左支注入卡桑布拉克水库,出库后与右支汇合,折向南流,再次分为左右两只,左支流经14千米注入部分水量向东引入塔尔其水库,右支注入凉三宫水库,出库后两支继续向南，在三道河子乡汇合，在图开沙漠南入伊犁河。

麻杆沟水库建成于1981年11月，水力冲填坝，最大坝高28米，坝长200米，总库容120万立方米，控制灌溉面积667余公顷。倒须沟水库是一座小型水库，建于1978年，均质土坝，最大坝高33米，坝长390米，库容600万立方米，控制灌溉面积2 000公顷。塔尔其水库建成于1966年，为平原注入式水库，均质土坝，总库容280万立方米，控制灌溉面积1 860余公顷。凉三宫水库建于1966年，均质土坝，最大坝高10.5米，坝长795米，总库容154万立方米，控制灌溉面积660余公顷。

河流属融雪和降雨补给的山溪性河流，水量主要集中于4—7月，占年水量的55.7%，河水含沙量小，水流清澈，水质良好。

流域内山体多为古生代岩层，植被、土壤垂直分带明显，上部为云杉林，下部为云杉—山杨混交林，在逆温带上生长着塞氏苹果、山杏等。自国家实施封山育林、保护生态林工程后，野生果林正渐渐恢复。山区牧草茂盛，是优良的夏草场和春秋草场。

山区河谷险峻而狭窄，切割较深，阳坡及山坡岩石裸露区风化剥蚀严重，极易形成倒石堆、岩屑坡。流域内洪水灾害较为频繁，常造成人畜伤亡。1973年6月27日，洪峰流量114立方米每秒，造成8人死亡，300余头牲畜淹死，乌伊公路中断7天；1989年7月19日暴雨洪水引发乌伊公路苍蝇沟泥石流，造成1人死亡，4辆汽车被埋，公路中断7天；2005年6月13日18时发生洪水，洪水历时50分钟，洪峰流量约为215立方米每秒，造成直接经济损失达1 570万元；2008年3月13日10时20分，西气东输工程果子沟隧道出口发生雪崩，造成正在加固雪墙的20余人被埋。

纪 实

果子沟曾是古丝绸之路新北道。河源"松树头"，北上可达**赛里木湖**畔，南下直入果子沟峡谷。河源处的二台林场为果子沟险峻之处，山路盘旋崎岖，一进幽谷，谷旁的高山瀑布凌空奔泻而下，恰如白练悬空，壮观异常。顺河源下行约8千米至二台，这里原为清代军台、驿站，如今已是美丽的草原，零星点缀着一些纯朴的木屋，成了过往游客小憩佳选之

冬日里的果子沟牧场

地。果子沟流经二台后，山势渐低，谷口渐开，河岸两侧生长有很多云杉、山杨、柽柳和野果林。果子沟气候凉爽，景色优美，素有伊犁"第一景"之美称，不乏古人赋辞赞誉。清代将领方士淦称其"石壁山缠崖，青绿相间，人在画中行，山景之佳，甲于关外"；全真派真人邱处机经此有感而发："银山铁壁千马重，争头竞角夸清雄。日出下观沧海近，月明上与天河通"；谪戍伊犁的林则徐到此，感叹"如入万花谷中""沿山松树重叠，不可计数，雪后岩白松苍，天然图画，古径曲折，泉溜清冷……"并将其比作"绍兴胜景山阴道"。这些盛赞沟中景致的佳作绝笔，生动形象地描绘了果子沟的秀丽风景和奇异景观。果子沟1996年11月被自治区命名为霍城县果子沟森林公园，内有果子沟瀑布、观景台等多处景点。

盛夏的果子沟

果子沟山区段长约32千米，312国道贯穿山谷，是连接天山南北、出入伊犁、远达中亚的咽喉要冲，峡谷地势险要，自古道路艰险难行。清朝诗人洪亮吉的诗中描述曰："看山不厌马蹄遥，笠影都从云外飘，一道惊流直如箭，东西二十七飞桥"。南宋末年，1219年，成吉思汗二太子"扈从西征，凿石理道，始得通行"，架桥48座，可见之险峻。清乾隆时改建为42座。20世纪50年代以来，312国道果子沟段虽几经修复，然山高谷深，道路崎岖，仍灾害频发。

10.13.4.20 小西沟
(Xiaoxigou River)

伊犁河右岸支流，俗称二道河，位于新疆维吾尔自治区霍城县境内。河流发源于天山支脉别珍套山东段余脉南麓，全长76千米，流域面积270平方千米。

河流源头位于科台克提达坂附近，流域最高海拔2 685米。河流自源头由东北向西南流，两岸溪流众多，流程约18千米后，右岸接纳大支流阿乌斯那很萨依河后折向南流，下游约14千米流出山口。进入冲洪积平原后，河水大量被引入两岸灌区，水流分散，呈渠系化。河床在大西沟乡下游约5千米处接纳左岸大东沟河部分水量后，穿越清代"伊犁九城"之一的瞻德城后，继续向南进入位于二道河村河道洼地的二道河拦河水库。水库下游河流流经阿克图拜沙漠西部边缘，在兰干乡五一牧场西南汇入伊犁河。

小西沟兴和县河段

二道河水库建于 1976 年，均质土坝，最大坝高 6.6 米，坝长 1 750 米，库容 120 万立方米，控制灌溉面积 600 公顷，由于淤积，现库容仅 90 万立方米。

流域海拔低，上游植被良好，多樱桃李、沙棘等野生果树；下游地区盛产熏衣草、薄荷等名贵香料。熏衣草花盛开一般在晚春，蓝紫色的花海，散发着迷人的清香，令人如痴如醉。

10.13.4.21　三道河子河
（Sandaohezi River）

伊犁河 中游左岸支流，位于新疆维吾尔自治区霍城县境内。河流发源于天山支脉别珍套山南麓，河流全长 109 千米。流域面积 1 237 平方千米。

河流由源流大西沟和切德克河汇集而成，汇合口以下向西南流 8 千米至霍城县伊车嘎善锡伯族乡，后折向南流，穿 312 国道，流经兵团农四师六十四团场场部，在下游六十四团十九连处汇入伊犁河。

流域水利开发史悠久，清乾隆二十九年（1764 年）锡伯族官兵 1 000 余名，连同家眷 3 000 余人奉命从沈阳出发，经长途跋涉，历经千辛万苦迁至伊犁河畔驻防屯垦。伊犁将军给锡伯族官兵划分了耕地、草场，让其自食其力。1882 年，锡伯族官兵在水磨沟（现称加尔苏溪）与紫泥河（312 国道以南三道河子河古河道旧称）之间（今六十四团 2 连西一带），择地筑城，名曰索伦营大城。并大兴水利，引首蓿沟（今木桧沟）水至大营城南，开凿了"安巴约霍伦渠"（锡伯语），在城西北分出大庄子渠，城南分出东支东台渠，中支大树渠，西支嘎善渠，总长 30 余千米。1905 年开凿"早稻约霍伦渠"（锡伯语），长约 20 余千米。两条渠道一直沿用至 20 世纪 50 年代，迄今尚可见遗迹。

位于三道河子河流域的伊车嘎善锡伯民族乡是新疆境内唯一一个锡伯民族乡，乡辖 5 个自然村，1.3 万余人。"伊车嘎善"是锡伯语，意为"新的村庄"。该乡以种植冬小麦、玉米、亚麻、油葵、甜菜为主，是霍城县人均产粮最多的乡。乡辖山区逆温带盛产优质苹果，还有樱桃李、桃等，林果面积达 1 200 公顷，果品个儿大、质优、味美，畅销天山南北。

河流下游右岸的可克达拉镇，是兵团农四师六十四团所在地，也是脍炙人口的"东方小夜曲"——《草原之夜》的诞生地。团场始建于 1954 年，由维吾尔、哈萨克、汉、回、蒙古、柯尔克孜等多个民族组成，总人口 2 万余人。各民族兄弟团结一心，辛勤耕耘，在近 60 年的发展历程中，可克达拉正如歌中所唱到的那样，早已改变了旧模样，宽广的柏油路四处延伸，高楼矗立，邮政、网络、电话……各种设施应有尽有，往日荒芜之地已成为生机盎然、兴旺发达的绿洲。

10.13.4.22　开干河
（Kaigan River）

伊犁河 右岸支流，位于新疆维吾尔自治区霍城县境内，发源于天山支脉别珍套山南坡，山区河长 35 千米，集水面积 200 平方千米。"开干"系蒙古语，为"清澈的河水"之意。

流域海拔最高 4 277 米，冰川面积 10.4 平方千米。整个水系呈狭长羽状分布，由北向南沿程接纳克热根河、阔托尔汗布拉克河、萨特阔依坎河、乌依扎依拉克河、扎朗阿什河等支流后流出山口。其中支流扎朗阿什河水量最大，流程最长。河流出山口以下河道豁然变宽，分为东、西两支叉流：东支过兵团农四师六十一团引水枢纽及电站后，由东部山前的玉希布拉克河（又名三道泉河）等三条泉流相继汇入，之

后部分水量引入东岸莫乎尔牧场格干管理区、兵团农四师六十一团牧场和灌区，尾水入 **三道河子河**；西支游荡于宽浅的古河床中，时有潜水溢出，下游入塔克尔穆库沙漠，以地下水方式补给伊犁河。

开干河流域早期的水利开发始于 17 世纪后期，锡伯族群众在甲朗阿西处开凿了伊太土渠（锡伯族人名命渠名，现称依太吐汗渠），长 5.3 千米，是当时较大的水利工程。同一时期，在现在的开干河引水枢纽上游 200 米处，有名曰"开斯根"（哈萨克语，意为"开凿出的沟"）的引水工程，将开干河水引入三道河子河，以灌溉回屯、旗屯农田。后又修建了阿里玛图渠、乃格尔其渠，灌溉左翼索伦土地。

兵团农四师六十一团场于 1964 年在河流上修建了拦河引水枢纽及配套渠系工程，受益农田 1.24 万公顷，并在西干渠上建设一座装机容量 1 300 千瓦的水电站。

开干河下游右岸、六十一团部南侧，现存有古代著名的古城——阿力麻里城遗址。阿力麻里城，突厥语意为"苹果城"，曾为宋元交替时期统治伊犁河流域的"葛逻禄"部王城，后相继为察合台汗国、东察合台汗国（蒙兀儿斯坦）王都。元至正二十三年（1363 年），阿力麻里城逐渐衰败而成废墟，前后历时 100 多年。据史料记载，"阿力麻里城极盛时整个城池周长约 50 华里""……附庸城邑八九。多葡萄、梨、果，播种五谷，一如中原；城中"回纥与汉民同居，其俗染，颇似中原"。由此可见，开干河流域早已成为汉族和新疆少数民族和睦相处，共同开发的宝地。1957 年 11 月，遗址被列为自治区首批文物保护单位。吐虎鲁克·铁木尔汗麻扎（陵墓）位于六十一团场部西约 1.5 千米，是成吉思汗次子察合台汗的后裔吐虎鲁克·铁木尔汗的陵墓，是新疆现存唯一一座元代伊斯兰风格的古建筑，主体仍保存完好，对研究考证元代以后新疆宗教变迁、民族关系、建筑艺术具有较高的价值。

昔日的阿力麻里城周边区域现已成为农四师六十一团场所在地，经过几代军垦人的艰苦奋斗，这里已发生了翻天覆地的变化，团部楼房店铺鳞次栉比，柏油路面宽阔整洁，街道两旁绿树成荫。每年都有近千吨果品出口中亚各国，国民生产总值已连续多年步入兵团亿元团场行列。

10.13.4.23　霍尔果斯河
（Huoerguosi River）

伊犁河 中游右岸支流，大部分河段为中国与哈萨克斯坦界河，东西两岸分别隶属于中华人民共和国新疆维吾尔自治区伊犁州霍城县与哈萨克斯坦阿拉木图州潘菲洛夫市。河流全长 148 千米，流域面积 1 660 平方千米。"霍尔果斯"系蒙古语，意为"地多干驼粪"，亦可作"畜牧地"解。

概　述

霍尔果斯河发源于哈萨克斯坦境内天山支脉别珍套山南麓的卡赞达坂，河源最高点海拔 4 125 米，流域冰川多达 107 条，冰川面积约 91.87 平方千米。河流有治雷代勒克河（也称乌勒肯卡赞河，境外河流）、大卡赞河（界河）、库朱木拜赛河三条源流，三源流汇合后，河流始称霍尔果斯河。此后河流沿两国边界线，自西北向东南急流而下，约 9 千米后注入卡赞库勒湖。在湖泊下游 13 千米处，河流折为南流，沿着两岸依次接纳了海仁赛尔河、乌勒肯卡赞河、喀斯喀布拉克河、克恰克喀斯喀布拉克河、萨尔特基彼河、玉肯苏尔塔斯河、卡斯基布拉克河、卡拉盖雷布拉克河、塔勒登河、丘库尔布拉克河、阿勒马勒苏河等诸多支流，又流 37 千米，于哈萨克斯

坦潘菲洛夫市巴斯昆齐农场下游附近流出山口。山口下游约 4 千米，流经中国境内的红卡子边防站、霍尔果斯河水管站、霍尔果斯口岸、绕卡拉库木沙漠东侧缓缓流至兵团农四师六十三团八连，自出山口流程约 65 千米后，汇入伊犁河。出山口附近设有会晤桥水文站。

流域地势呈北高南低，北部是别珍套山，南部是伊犁河冲积平原，植被、土壤垂直分布及降水的垂直变化都十分显著，从沙漠区至高山区年降水量分布在 200～600 毫米。河流属典型的山溪融雪性河流，受较多冰川补给影响，径流的年际变化趋于稳定，年内分配极不均匀。流域属温带半干旱气候，多年平均气温 9.4 摄氏度，多年平均年降水量 235 毫米，多年平均年蒸发量 1 473 毫米，年平均无霜期 163 天。

流域内我国境内的水利工程有幸福干渠、红卡子干渠、可克达拉干渠，主要承担下游霍城县莫乎尔牧场、伊车嘎善乡加尔苏村及兵团农四师六十一团、六十二团、六十三团、六十四团灌区 3.84 万公顷农田的灌溉任务。1963 年 8 月霍城县水管处将幸福干渠、红卡子干渠移交给兵团霍尔果斯河灌溉管理处，1965 年更名为东风干渠。后又兴建红卡子引水枢纽和浆砌石总干渠，利用纵坡建设水电站三座，总装机容量 3 520 千瓦，兵团农四师六十二团在东风干渠上修建 3 座小水电站，总装机容量 225 千瓦。

纪　实

霍尔果斯河源区散布有十余座高山湖泊，最大的博斯库勒湖水域面积为 0.12 平方千米，最小的无名湖泊水面面积仅 0.03 平方千米。卡赞库勒湖呈东西向狭长的带状，长 1 940 米，最宽处 220 米，水域面积 0.26 平方千米，湖面海拔 2 230 米。卡赞库勒湖北岸有霍尔果斯河最大的支流库朱木拜赛河汇入，上游距汇合口 230 米处的河谷里还有一狭长的无名湖泊，长 1 170 米，最宽处 150 米，水域面积 0.13 平方千米，湖面海拔 2 250 米。两湖如母子般相拥在崇山峻岭之中，守护着祖国西疆的土地。

霍尔果斯河中游河道

河流上游段河谷狭窄，纵坡陡峭，两岸高山耸立，海拔 2 500 米以上地区，河岸大部分为冻土地带，仅河谷中生长有稀稀落落的灌木丛林；海拔 1 500～2 000 米地区，植被覆盖较好，河谷林发育，河岸山坡上生长有云杉、白榆林、胡杨林等树种；海拔 1 500 米以下的低山带，仅河谷林茂密，两岸山地植被稀落。

霍尔果斯河出山口后，下游河谷逐渐变得十分开阔，河水缓缓流经兵团农四师六十一团场（中国）及哈萨克斯坦的巴斯昆齐农场；又向南流 17 千米，河上建有著名的连通中哈两国的会晤桥。会晤桥又名阿拉马力桥，是一座长约 30 米、宽 3 米的吊桥，因两国边防军人常在此就防务进行会晤而得名。会晤桥附近建有会晤桥水文站。会晤桥东仅 1 千米处，便是著名的中国西部对外开放最大的国家陆路一类口岸——霍尔果斯口岸，也是 312 国道终点。霍尔果斯口岸远在隋唐时期就是丝绸之路北新道的重要驿站；清咸丰元年（1851 年）被清政府正式指定为通商口岸，边贸往来已历经 150 多年；抗日战争时期，曾是苏联援华物资的重要中转站；1983 年重新开放以来得到迅速发展，现已成为功能齐全、集商贸、实业、观光旅游于一体的繁华边城。

清乾隆二十八年（1763 年），清政府分两批于春秋两季从东北调遣 1 000 余名达斡尔族官兵及其眷属进入新疆，安置于伊犁河北的霍尔果斯驻防（1868 年由霍尔果斯迁至塔城地区驻防）。在清朝光绪七年（1881 年）签订《中俄伊犁条约》后，伊犁将军为巩固边防，便在霍尔果斯河下游沿岸设立了卡伦（哨所）六处，即河源卡、登元卡、察罕额博卡、尼堪卡（霍尔果斯口岸）、红山嘴卡、哈尔素胡尔卡，成为戍边要塞，现六处遗址均在。距河流东岸约 4 千米的兵团农四师六十二团团部驻地就是以前的老霍城县城，即伊犁将军府下属的九城之一——拱宸城，亦称和尔郭斯城。清乾隆四十五年（1780 年），由将军伊勒图所建，"高一丈七尺，周三里七分"。位于老霍城镇南郊的拱北寺建于 1917 年，又称南麻扎尔，据记载，哲赫仁耶穆斯林于清乾隆四十六年（1781 年）在甘、宁、青爆发的一场反清农民起义失败后，首领马明心的二女儿被发配到霍城，后哲赫仁耶穆斯林为纪念她而修此墓。

兵团六十二团场是在 1962 年 4 月 22 日"伊塔事件"以后，为稳定边疆而组建的团场之一，前身为中国人民解放军新疆军区生产建设兵团运输处东风农场，至 2009 年 12 月团属基层单位 35 个，总人口 17 021 人。六十三团始建于 1960 年 7 月，至 2009 年 12 月，下设基层单位 33 个，有土地 3.1 万公顷。团部驻地榆树庄子镇位于霍城县境内的"塔克尔穆库尔"，哈萨克语意为"不毛之地"，海拔 534～635 米，西距霍尔果斯河仅 5 千米，南距伊犁河约 15 千米，曾是伊犁地区沙漠化最严重、风沙危害最大的地区。为屯垦戍边，抵御风沙危害，两代军垦儿女在这片荒漠上，艰苦奋斗半个多世纪，已建成了一个农、林、牧、副、渔全面发展，基础设施齐全，环境优美，花园式的小城镇。现团场拥有人工林面积 6 800 公顷，覆盖率达 26%；实现条田林网化达 98.8%；林木储集量 15 万立方米。该团特有的"沙林红沙王"西瓜以其甜美爽口而享誉区内外，西瓜最大重达 35 千克。

独流入海水系

Rivers Flowing Directly into the Sea

7.20 额尔齐斯河
(Eerqisi River, Ertix River)

古称多逻斯川、曳河、都罗河、也尔的石河、额尔的失河,《水道提纲》中称额勒济思河,《旧唐书》中称安习水。河流发源于中国境内的阿尔泰山南坡,流经新疆维吾尔自治区阿勒泰地区,出国境后注入哈萨克斯坦境内的斋桑泊湖;此后穿过阿尔泰山西部支脉流入西西伯利亚平原,在俄罗斯联邦的汉特—曼西斯克附近汇入鄂毕河,最后注入北冰洋的喀拉海,是我国唯一流入北冰洋水系的河流。

库依尔特斯河上游河道

额尔齐斯河流冰封河情景

额尔齐斯河从河源到斋桑河口(与鄂毕河汇合口)全长742千米,流域面积6.3万平方千米;国内河长600千米,流域面积5.04万平方千米(其中支流在国外部分产流面积6 120平方千米)。额尔齐斯河流域中国境内部分位于新疆最北部,地理位置为东经85°31′~90°32′,北纬46°49′~49°12′,流经富蕴、福海、阿勒泰、布尔津、哈巴河五县(市),在额尔齐斯河南湾水文站控制断面以下13千米流入哈萨克斯坦。

概 述

河流水系 额尔齐斯河主源库依尔特斯河,发源于阿尔泰山海拔3 335米的协格尔塔依阿苏达坂和海拔3 419米的阿尔善土达坂,河流自北向南流约40千米,左岸接纳较大支流加勒格孜阿嘎希河。加勒格孜阿嘎希河发源于阿尔泰山山脊处的加勒格孜阿嘎希达坂,自北向南流25千米和32千米,左岸依次接纳较大支流赛依里肯河(上游由大、中、小赛依里肯河汇集而成)和小土尔根河;又下游6千米于左岸接纳由东而来的乌里吐尔根河后转向西流,约10千米后汇入库依尔特斯河。乌里吐尔根河源头位于阿尔泰山脊处的都新乌拉冰峰西侧附近,河流自源头由东向西流,左岸有5条较大支流汇入,呈梳状水系,河长26千米。

库依尔特斯河干流在加勒格孜阿嘎希河汇合口以下转向西南流,约35千米进入可可托海盆地,穿可可托海镇中心而过,与西北奔腾而来的**喀依尔特斯河**一同汇入镇西南方7千米处的**可可托海水库**。

在水库西南角进入峡谷段,流经40千米左岸有吐尔洪河汇入,5千米后河流出山口。山口以下左岸接纳乌恰沟、哈拉通克河后,从富蕴县城南侧,沿阿尔泰山冲积扇南缘向西北流去。沿途自东向西依次接纳了发源于阿尔泰山南坡的较大河流苏普特河、库尔特河、**喀拉额尔齐斯河**、**克兰河**、**布尔津河**、**哈巴河**、**别列则克河**、**阿拉克别克河**等支流。这些河流均由北向南呈平行状从右岸汇入,为典型的梳状水系。

河流自富蕴县城起,流经118千米到达"锡伯渡",在下游45千米处穿过北屯镇北侧;又流31千米,紧贴**乌伦古湖**北侧流过,距湖最近处仅2.5千米;再经104千米的蜿蜒曲折,从布尔津县城南穿过,又80千米后流经哈巴河县城南20千米处,下行75千米流向境外。

地貌 额尔齐斯河流域地势北高南低,平原地区东高西低。阿尔泰山脉呈西北—东南走向,横亘在流域的北部。山体西北部高峻宽阔,向东南逐渐降低逐渐变窄。流域西部(中国境内部分)阿尔泰山与萨吾山之间为向西开敞的额尔齐斯河谷地。阿尔泰山山前断裂是山区和平原的自然分界线,平原区海拔自东南向西北由800米降至450米。平原区广泛分布着第三纪泥岩,其上覆盖着质粗且透水性强的第四纪松散堆积物,土层较薄。

自河源至可可托海,河流流经富蕴县境内的高山区,海拔2 000~3 500米,相对高度1 000~1 200米。冰川地貌发育齐全,岩石裸露崩塌破碎,风化作用强烈。河谷两侧、谷底多有冰碛巨石堆积,通行阻隔。植被多以丛生禾草、苔草、寒令羊茅、高山木茅牧草和野燕麦为主,覆盖率为30%~60%。

河流自可可托海至富蕴县城为峡谷段,长45千米,河谷狭窄,两岸崖壁高耸,河流落差350米,蕴藏有丰富水能。除上游峡谷入山处和下游峡谷出山口处分别建有可可托海水电站和富蕴县水电站外,2008年建成的哈德布特水电站(装机

额尔齐斯河境内水系图

容量 20 万千瓦）是额尔齐斯河上的第四个梯级，水库库容约 0.163 亿立方米，电站设计水头 220 米，是目前额尔齐斯河干流装机容量最大的电站。

富蕴县城至引额济海（布伦托海，即乌伦古湖）渠首段，河流穿行于低山丘陵区，切割变质岩丘陵，北侧河岸深切，地形峻峭；南侧地形低缓，山顶浑圆，沟谷浅宽，树木较少，植被稀疏。该河段河流南岸为多级阶地，阶地以上为著名的额尔齐斯河与**乌伦古河**之间的两河平原；北岸为阿尔泰山山前冲积平原，地形平坦、土壤肥沃、水草茂盛，是流域内的农牧业生产基地和春秋牧场。

布尔津河汇口至哈巴河口区间，河流两岸为灌木丛生的半荒漠戈壁；河道宽浅，纵坡极缓，水流平稳，河曲发育，河漫滩宽时窄，最宽处达 4 千米，汊流、岛屿、沙洲众多，河流沉积物越往下游越细。

在接纳布尔津河和哈巴河后，额尔齐斯河水量较上游明显增加。由于河床摆动和风力作用的结果，下游河段沿河两岸堆积有成片的沙丘。在克兰河、哈巴河等河流河口处有大片沼泽苇荡，宽阔的河漫滩上多河汊，主槽不明显。

气候 流域位于北半球中纬度，盛行西风环流地区，由大西洋来的气流，容易通过额尔齐斯河谷地进入本区，并受山地抬升，在山区形成较丰富的降水。海拔 3 100 米雪线以上广泛分布着冰川和永久性积雪，有冰川 390 条，面积 276 平方千米，主要分布区域在支流布尔津河和哈巴河源头。流域内降水分布垂直地带性规律明显，山区丰富，平原迅速衰减；西部多，东部少。平原区年降水量在 120～200 毫米之间，中、低山区为 200～600 毫米，高山带可达 600～1 000 毫米。流域内受春季大风的影响，蒸发量大，蒸发量自山区到平原随高程降低而递增。

流域地处欧亚大陆腹地，远离海洋，具有典型的大陆性寒温带气候特征，冬季漫长而严寒，夏季短暂而凉爽。1 月气温为 −16～−24 摄氏度，7 月气温为 18～24 摄氏度；平原区多年平均气温 4 摄氏度，山区为 −2～−4 摄氏度，极端最高气温 40.8 摄氏度，极端最低气温为 −51.5 摄氏度。年无霜期 128～168 天。

水文 额尔齐斯河一般 11 月封冻，翌年 4 月中旬开河，冰厚 0.8～1.2 米。该河水质优良，各支流平均矿化度在 0.1 克每升以下，干流在 0.2 克每升左右，总硬度 77 毫克每升，属 Ⅰ、Ⅱ 类水。

额尔齐斯河洪水主要由山区积雪融化和暴雨形成，洪水一般发生在 5—6 月，干流因汇集了多条支流洪水，峰高、量大，洪水历时一般 3～5 天。记录历史最大洪水发生在 1966 年，洪峰流量 1 818 立方米每秒（锡伯渡）。造成锡伯渡以下兵团农十师一八七团、一八八团灌区渠首冲毁，沿河草场被淹，牧民毡房被冲。年径流丰枯变化大，1974 年，额尔齐斯河布尔津水文站多年平均年径流量较正常年份少 62.15%；1982 年流域遭遇特大旱灾，由于上游引水灌溉增加，致使布尔津水文站当年径流量仅为 7.68 亿立方米，比正常年份减少 72.3%。

水利工程 早在 1725 年，清政府"命工部侍郎巴泰、内阁侍郎学士双系办理阿尔台粮饷屯田事"（清《世宗实录》），即在额尔齐斯河流域挖渠开荒、屯垦守边。嘉庆二十五年至道光十年（1820—1830 年），哈萨克族水利工程巧匠肯沁·克

冬日的额尔齐斯河

亚克拜就在哈巴河、布尔津县组织和指导哈萨克族群众开挖阿德勒托别渠、特列开渠、库勒拜渠等。史志记载，1912年首批约300余户俄罗斯族东正教农民被集体迁至布尔津县的冲呼尔乡一带垦荒定居，打破了当时那里单一的畜牧业经济结构，开创了布尔津县的农耕历史。此后，各主要支流上先后修建了众多引水渠，截至1947年，除青河县以外，属额尔齐斯河流域的其他6县（市），共建有渠道747千米。1949年以后，特别是1978年改革开放以来，各级人民政府非常重视水利工作，现干流上已修建的水利工程有：可可托海水库电站、哈德布特水电站、富蕴电站、双红山水电站、喀腊塑克水库、福海县阿克达拉南水库、团结水库、兵团农十师北屯灌区一干渠渠首、二干渠渠首、三干渠渠首、一八七团七连水库、阿勒泰市角沙特灌区渠首、引额济南渠渠首、布尔津县阿克吐别克牧区水利渠首等，灌溉农田18万公顷，草场约10万公顷，为农牧业发展起到了积极作用。

河流变迁　额尔齐斯河在第三纪至第四纪地质时期，河流流向发生了较大的变迁。从富蕴县以南，阿勒泰山山前地区保存着的几道向南的谷地遗迹和古河道及古老三角洲的沉积物沉积特点分析，第三纪以前，额尔齐斯河源流及支流克兰河出山口后均由北向南流，入准噶尔盆地古玛纳斯湖，为内陆河；受第四纪新构造运动影响，山前构造受东南向西北倾斜的掀斜作用和一系列东南—西北断裂活动影响，尤其是巴里巴盖以西克兰河下游发生断陷，使河道明显沿断层线发育，造成现代水系折向西流。

自然资源　额尔齐斯河流域森林资源丰富，仅次于天山西部林区。其中，山地森林区一般在海拔1 300～2 300米的中山带，主要树种为西伯利亚落叶松、西伯利亚冷杉、西伯利亚红松，还有欧洲山杨、疣枝桦等。平原森林区一般在海拔414～584米之间的平原河谷两岸，主要树种有白杨、胡杨、黑杨和青杨4个派组。此外还有白柳、疣枝桦、小叶桦、盐生桦和多种柳树和灌木。

流域内有多种野生动物和珍稀兽类。鸟类可分为18目、41科、97属、186种、11亚种，珍稀鸟类有白鹳、黑鹳鸩、大䴙、金鹏、白肩雕等。额尔齐斯河中生长有哲罗鲑、鲟鱼、白斑狗鱼等20多种原生优质冷水鱼。20世纪90年代以来，由于捕捞过度及生态环境恶化，河内的哲罗鲑、细鳞鲑、北极茴等珍稀鱼种锐减。1999—2000年，有关专家对中国境内额尔齐斯河水系的渔业资源进行了调查，发现有鱼类35（亚）种，其中，额尔齐斯河土著鱼类有23（亚）种，小体鲟、西伯利亚鲟和北鲑已濒危。2005年起，当地渔政部门将每年4月1日至6月30日定为禁渔期，并逐年向额尔齐斯河投放了100多万尾白斑狗鱼、丁鲑、贝加尔雅罗鱼等珍贵冷水鱼苗，使得额尔齐斯河的鱼类种群数量逐年恢复。2002年，经农业部批准，依托兵团农十师额尔齐斯河特种鱼类繁育场，成立了"额尔齐斯河流域特种鱼类救护中心"，成为我国唯一一家集北冰洋水系特种鱼类资源研究与开发为一体的国有水产企业。

额尔齐斯河流域是黑色金属矿、有色金属矿、稀有金属矿、贵金属矿、宝石矿丰富的区域。位于可可托海镇的可可托海铍、锂矿，矿体伟晶岩南北长2.5千米，东西宽3千米；7.5平方千米内有伟晶岩脉25条，垂直埋深千米以上，地质特点之典型，稀有元素之多，岩体规模及储量之大，为世界之罕见。流域内除铜、镍矿藏外，还伴生有钴、金、银、铁、铂、钯、硒、碲、硫等多种元素，总品位极丰；铜、镍储量为特大型，金、钴、银为中型、大型。沙金矿、岩金矿在额尔齐斯河上游山区有广泛分布，因此该河古有"金山银水"的美誉。

纪　　实

流域上游的库依尔特斯河河谷，当地人俗称"大东沟"，其源头区为富蕴县吐尔洪乡的夏牧场，阿尔善土达坂附近设有边防检查站。上游河段山势陡峻，两岸支流密布，水系呈树枝状，支流库马苏河源头还发育有少量永久性冰川，许多支流源头都发育有小型湖泊。中游河段，特殊的地质构造形成许多深切峡谷，巨石山体造型奇异，阴坡松林密布，阳坡桦林分布于奇峰怪石之间，此段降水丰富，沟底花草繁茂，植被覆盖率达80%～90%，岩石地貌和植被的良好组合，形成壮丽秀美的山区自然景观。

神钟山

山间分布有多处温泉。其中在加勒格孜阿嘎希河汇合口下游附近的季兰德温泉和另外三个神泉的泉眼颇为有名，季兰德温泉含多种矿物质。其下游8千米即为著名的钟山风景区，河谷渐窄，两岸突出的花岗岩地貌雄伟壮观，形成巨大的岩海、岩流。这里可见独石成山的自然奇观：一块巨大的灰白色花岗岩体拔地而起，就像一口雄奇的巨钟倒扣在库依尔特斯河的南岸，高300米，倾角89度，其雄奇令人叹为观止；"钟"下松林翠绿，泉流涓涓。下游的桦林公园坐落在河流一个很大的凸岸河湾上，桦树妩媚婆娑，落叶松挺拔端庄，针阔混交，郁郁葱葱，遮天蔽日。左岸花岗岩山峰奇石突兀，状如企鹅出水，群鹰筑巢，当地人戏称为"麻子山"。库依尔特斯河谷现已被列为可可托海国家地质公园景区之一。

可可托海，哈萨克语意为"绿色的丛林"，蒙古语意为"蓝色的河湾"。可可托海镇为额尔齐斯河上游第一镇，它曾以矿藏丰富而蜚名在外。尤其是被称为世界级超大型稀有金属矿的三号矿脉，被誉为"天然地质矿产博物馆"。该矿脉从1943年试采至今，已经历半个多世纪，因其规模之大、稀有金属矿物种类之多（主要有铍、锂、钽、铌、铯、铷等20余种）和储量之丰、质量之好而享誉海内外。

位于额尔齐斯河上游的富蕴县，其原县城位于上游可可托海镇，1941年改可可托海设治局为富蕴县，1959年县政府迁至库额尔齐斯镇，县辖6乡3镇73个行政村，居住着汉族、哈萨克族、维吾尔族等多个民族，8.8万余人口，其中哈萨克族占总人口的65%以上。富蕴县以"物华天宝，资源富集"享誉八方，境内山川秀美，水草丰茂，矿藏丰富，尤以黄金、宝石闻名遐迩。

18世纪中叶，清朝从东北抽调"锡伯族营"及其家属分两批去伊犁戍边，1765年的春天，第一批队伍经过乌尔莫盖提达坂进入阿尔泰地区。时正值盛夏，额尔齐斯河洪水暴涨，难以逾越，他们决定在此地休整。河岸和河里有许多野兽和鱼类，正合锡伯族人善于打猎和捕鱼的特长，锡伯渡由此得名。

位于额尔齐斯河中游河畔的北屯镇，地处阿勒泰地区6县1市交通要道，216国道和318、319省道在此交汇，是阿勒泰地区最大的物流集散中心，也是兵团农十师师部驻地。兵团农十师的前身是中国人民解放军骑兵七师十九团，1953年进驻阿勒泰后整编为独立二十八团。1959年1月组建成立兵团农十师，50余年来，已建起了以师部北屯为中心，向四周辐射和沿边境一线驻扎的8个农牧团场，18个国有企业，总人口7.8万，成为开发建设边疆、维护地区稳定的一支重要力量。如今的北屯，在兵地结合、共同开发的基础上，以得天独厚的地理优势，成为额尔齐斯河畔的一颗璀璨明珠。站在小城南面小山丘上的"成吉思汗点将台"俯瞰北屯，在额尔齐斯河谷连片绿荫掩映中的军垦新城一览无余。成吉思汗点将台俗称平顶山，又名德仁山，山顶地平如毡，早先在此游牧的蒙古人称此地为"多尔布津"，蒙古语意为"像毡子一样的平地"。相传元太祖成吉思汗6次西征，此地均是军队休整之处，"成吉思汗点将台"由此得名。今天的北屯已经成为一座城区约15平方千米，拥有近4万常住人口的新兴城镇。

额尔齐斯河水量丰富，依托河流水路相通的先天便利，下游布尔津县与俄罗斯间商贸流通和民事交往源远流长。据《阿勒泰地区志》载，中国在布尔津设立码头并与俄方进行定期通航的历史，至少可追溯到清朝光绪二十七年（1901年）。1919年，布尔津正式设县。具有俄式风格的前苏联领事馆驻布尔津办事处与原中苏有色金属公司布尔津县转运站于1952年前后落成，迄今依然临河耸立；嵌在码头上的十几只V形铁钩，仿佛述说着额尔齐斯河悠久的航运史。当时口岸转运站拥有170辆卡车，航运办事处拥有35艘船只，从苏联进口日用生活资料，可可托海的矿石也都源源不断地从这里运出。20世纪60年代初因中苏关系变化，布尔津口岸航运中断，至今尚未开通。

在额尔齐斯河流域的源流和多个支流上游都设有国家级自然保护区。干流中游的科克苏湿地自然保护区位于克兰河及**阿拉哈克河**末端三角洲，设有鸟类、鱼类，有蹄类野生动物，天然杨树、桦树等四个保护区。自然保护区的建立，对维护好整个额尔齐斯河流域的生态平衡和保护新疆北部绿洲生态安全发挥着巨大的作用。流域内具有丰富的旅游资源，优美的高山湖泊**阿克库勒湖**、**喀纳斯湖**、可可托海，蓝天白云下的雪山冰川和潺潺流水，河谷两岸层层叠叠的白桦林、云杉林，一望无际的绿色草原演绎着"风吹草低见牛羊"的自然美景。人们可以在柯姆河畔了解最早的游牧民族图瓦人的生活习俗；也可以在石山崖壁上欣赏到游牧民族古老的岩画文化；还可以在其二级支流克木齐河周边研究切木尔切克古老的墓葬群。

流域内主要产业以牧业为主、农牧结合，如今仍有部分牧民过着半定居的游牧生活。沿河是农牧民的主要聚居地，富蕴县的可可托海镇、富蕴县城、兵团农十师师部（北屯

晚霞中的额尔齐斯河

镇）、布尔津县城、哈巴河县城均坐落在额尔齐斯河畔。流域内以哈萨克民族为主体，汉、回、蒙古等众多民族和谐相处，文化交流十分频繁。每年夏季，当地牧民择日择地举行"阿肯弹唱会"，是哈萨克族民间诗人用诗歌以弹唱形式传播知识、启迪思想、较量才智的大型活动，由各地推选的身着鲜艳服装的阿肯们登台演唱，并穿插着叼羊、姑娘追等丰富多彩、具有浓郁民族特色的活动，哈萨克族阿肯弹唱被评为中国首批非物质文化遗产。

7.20.1 喀依尔特斯河

（Kayiertesi River）

额尔齐斯河源流喀依尔特斯河右岸支流，发源于阿尔泰山东部西南坡，位于新疆维吾尔自治区富蕴县境内，流域西与**喀拉额尔齐斯河**流域接壤，北以阿尔泰山山脊为界与蒙古国毗邻。河流由北向南流，尾闾为可可托海镇西南4千米的**可可托海水库**，全长100千米，流域面积2 706平方千米。

喀依尔特斯河上游风光

喀依尔特斯河源流由发源于阿尔泰山脊忙代恰达坂的忙代恰河和发源于海尔特达坂的海尔特河汇集而成，流域海拔最高3 870米。两支流汇合后，河流先向西南流，途中右岸接纳北来的较大支流为发源于吐尔根达坂的保赛吐尔根河、塔斯拜克吐尔根河和卡拉吐尔根河。自两支流汇合口以下流经23千米右岸又接纳了发源于阿尔泰山脊处的沙乌晋索拉达坂的扎依都尔根河，之后转向南流，下游接纳的较大支流有喀拉都尔根河、喀拉卓勒河、正格河、阿拉阿依格尔河、乌勒肯昆克依特河、阿拉散河、科克萨依河、喀什克尔特河、库卫河和喀德热特河；自扎依都尔根河汇合口起流程48千米到达库卫村。河流向北流经29千米，于铁买克乡海子口村注入可可托海水库；途中流经铁买克乡，两岸先后接纳了玉勒肯库斯吐河、科希库斯吐河和嘎亥勒克河等支流。

库威水文站位于库卫村，测站以上集水面积2 343平方千米，多年平均年径流量为8.1亿立方米。河流补给主要来自融雪和夏季降雨，径流年际变化大，丰水年水量为枯水年的3.65倍，汛期洪水集中于5—8月，最大4个月径流量占年径流量的80%以上。库威水文站实测多年平均含沙量仅为0.054千克每立方米，年悬移质输沙量5.24万吨，矿化度为0.136克每升，河水清澈。水质化学类型为重碳酸钙型，是人畜饮水、农牧业灌溉和工业用水的天然优质水，沿河两岸居民可直接饮用，灌溉农田367公顷。

流域内主要矿产资源有铜、石英、云母、海蓝宝石、金和铁等。库卫村原为兵团农十师四矿矿部驻地。20世纪90年代，山中丰富的矿产资源和优质的木材曾使这里云集万人以上，前来采矿、拉运木材和交易宝石的客商络绎不绝，公安、工商、税务和林业检查站等机构一应俱全，成为山间繁华喧闹的小镇，后因四矿场部撤离及国家关于山林休养生息政策的实施而日渐冷清，现只有公安、木材检查站和水文站等单位。近年来，随着旅游业的发展，小镇正渐渐重现往日生机。

喀依尔特斯河库卫村以上河谷又称"可可托海西沟"。流域源头阴坡发育有零星冰川和永久性积雪，其中，忙代恰河、保赛吐尔根河、扎依都尔根河、正格河及其支流纳彦特河、喀什克尔特河源头均发育有小型湖泊。各支流两岸溪流密集，森林繁茂，主要有新疆落叶松、云杉等针叶林，植被以高山草甸为主。河谷狭窄，河谷林十分发育。库卫附近的库卫沟（又称哈熊沟，因曾有黑熊出没而得名）和其支流四沟（因20世纪兵团农十师云母四矿在沟内布有矿点得名）内景色优美，每当秋季，黄色的西伯利亚落叶松和白桦林、红色的欧洲山杨和山间小溪与绿色的云杉、草甸交织，景色如诗如画，这里还是优质的夏草场，阿勒泰地区常在这里举行一年一度的阿肯弹唱会。

河流下游的铁买克乡是以农为主、农牧结合，辖6个农业村、1个牧业村，约5 500余人，乡域地处寒冷的海子口水库上游，土地肥沃，以盛产优质小麦而著称。

7.20.2 可可托海水库
（Keketuohai Reservoir）

又称伊雷木湖，哈萨克语为"漩涡"之意，当地俗称海子口水库；原为由**额尔齐斯河**上游源流库依尔特斯河与其支流**喀依尔特斯河**交汇于断陷地储水而成的山区小湖泊，后修建可可托海水电站，筑坝形成现在的水库。水库位于新疆维吾尔自治区富蕴县可可托海镇以西4千米，地理位置为东经89°44′、北纬47°11′。

1958年，为满足新疆有色金属公司可可托海矿区电力需要，由水电部西北设计院设计，兵团工一师五团和可可托海工程团先后用9年时间建成了一座混合式水电站，水头由大坝及引水隧洞共同形成，大坝由非溢流坝段和五孔溢流坝组成，坝长164米，高20.8米，总库容1.13亿立方米，主要用于发电，电站装机容量1.9万千瓦。

可可托海水库所在的富蕴县素有"中国第二寒极"之称，同时也是新疆气温年较差最大的地方。1961年1月曾测出极端最低气温−51.5摄氏度。库中有鱼类21种，为冷水性鱼类，耐寒力和耐水中缺氧力较强，鱼体含脂肪高，经济价值也高。峡口处东西两座大山屹立两旁，湛蓝的湖水将青山、白云、彩霞倒映在湖面上，犹如一幅气势雄伟、浓墨泼洒的中国画。可可托海水库下游南湖滨是一片开阔的大草原，绿

可可托海水库

草如茵，菜花金黄，毡房星点，牛羊成群。

7.20.3 喀拉额尔齐斯河
（Kalaeerqisi River）

额尔齐斯河右岸一级支流，河流全长192.5千米，流域面积6 522平方千米。流域东与**喀依尔特斯河**流域毗邻、西与**克兰河**流域接壤，北面为蒙古。干流流经中国境内的富蕴、福海两县。喀拉额尔齐斯河的大支流**卓路特河**发源于蒙古境内，中国境外集水面积975平方千米。

河流主源发源于中蒙边界中国一侧的辉腾阿尔善山南坡，海拔最高3 332米，高原区发育有大片湿地和沼泽，河流上游段水系呈扇形，由辉腾阿尔善河、科克萨依和乌图布拉克等5条上游支流汇集而成，各支流流域内都发育有小型湖泊。中、下游水系发育不对称，右岸为背风坡，支流短小，径流量较小，左岸为西南水汽迎风坡，降水量丰富，水网密度大，水系比较发育。

河流在接纳了5条支流后下行94千米，卓路特河于左岸汇入；又流29千米接纳了来自左岸的**巴拉额尔齐斯河**，两河流域面积分别为3 334平方千米和915平方千米，分别占流域总面积的51%和14%。巴拉额尔齐斯河汇入口以下15千米左纳什根特河；河流转向南流15千米后，于左岸接纳布珠尔特河；再向西南流24千米，于富蕴县库尔特乡喀拉乔克村汇入额尔齐斯河。

流域属大陆性寒温带气候，春夏秋季短促，冬季漫长。海拔3 000米以上地区年降水量700毫米以上。中山带森林繁茂，植被良好，品种多样，主要植物有中生旱生禾、羊茅、苔草、蔷薇、忍冬、落叶松、云杉、冷杉、欧洲杨等，年降水量在300~600毫米之间。支流昆古依特河上游为福海县二牧场的夏牧场。河流在304大桥以下河谷渐开阔，巴拉额尔齐斯河汇入后，河流穿越在低山区，降水量减少，植被为山地针茅、狐茅等。

流域内矿产资源丰富，其支流卓路特河、巴拉额尔齐斯河等流域内蕴藏着丰富的金、锂、铍、钽、铌、铁和云母等矿藏。流域内有红山嘴国家三级口岸及边防哨所，从阿勒泰市通往红山嘴口岸修筑有230省道。

春季融雪与夏季暴雨，将亿万年造化的山体硅质花岗岩巨石风化、冲落于河中，打磨成一块块质地坚硬、造型生动、线条流畅和色彩艳丽的天然奇石——额河石。大桥林场一带为当地著名的"蝴蝶沟"，沟长约60千米，沟内泉水淙淙，芳草如茵。这里每年6—9月景色最为迷人，品种繁多的蝴蝶时而满山遍野随风飞舞，时而层层叠叠落在色彩缤纷的花团上，身临其境，宛如置身于一个绚丽多姿的蝴蝶之海。

7.20.3.1 卓路特河
(Zhuolute River)

喀拉额尔齐斯河左岸支流，又名居勒特河、交勒提河。卓路特河为中蒙跨界河流，河长103千米，流域面积3 334平方千米，其中境外集水面积约975平方千米。

卓路特河上游河谷

概　述

卓路特河发源于阿尔泰山南坡，流域海拔最高3 575米。源流尧尔特河由窝尔乐河和扎姆别努高勒河等河流汇集而成，源头位于蒙古境内的奥特库尔乌拉山、切尔提乌拉山和奥夫琴乌拉山南坡，沿途在蒙古境内汇入的支流有托依托什高勒河、松根宁高勒河和巴嘎土尔根高勒河。

河流在中蒙19号界标处由东北向西南流进我国境内，成为新疆维吾尔自治区福海县与富蕴县的界河。在接纳较大支流新金沟、小土尔根河和托依托果西河（西岔河）后转向南流，河流始称卓路特河。下行4.2千米，左岸接纳了最大支流库尔木图河；此后在下游21千米的河段内，两岸接纳了较大支流阿拉善沟、铁里斯盖沟、阿阔依喀沟、夏什克沟和库木阿斯散沟；后又转向西南流，沿途接纳支流科克萨依、达热沟、喀洛吾伯群库沟和哈拉也根河；续流36千米，于福海县科克阿尕什乡萨尔布拉克村汇入喀拉额尔齐斯河。

松根宁高勒河的一级大支流牙马特河中游部分河段为中蒙两国界河，中蒙13号、14号界碑位于此段。牙马特河支流吾土布拉格河发源于我国境内吾土布拉格山北侧吾土布拉格达坂，源头有两个串联的小湖泊，河流由西南流向东北，经10余千米汇入界河牙马特河。

库尔木图河（又称东岔河）上游段由发源于蒙古国的克斯塔额萨依河和生塔斯河汇集而成，汇合口下游始称库尔木图河；西南流9千米后转向西流，沿途两岸有多条支流汇入，呈树枝状分布，又经30千米自左岸汇入卓路特河。

阿拉善河，源流又称哈龙沟，自北向南流经12千米，右岸接纳由西南而来的乔拉克萨依河后转向东流，8.5千米后汇入卓路特河。

流域内气候温凉，海拔3 000米以上的源头区年降水量可达700毫米以上，常年积雪覆盖；中山带降水量在300～700毫米之间，森林、草原繁茂，是富蕴、福海两县最好的夏牧场。河流弯曲发育，河道宽窄多变，最窄处仅25米；汛期河面最宽处达300米以上。

纪　实

在吾土布拉格河流入界河牙马特河的汇合口附近，坐落有全国闻名的"雪山孤岛"红山嘴边防哨所、中蒙会晤站和红山嘴国家三级口岸。这里气候寒冷，历史最低气温达－50摄氏度；每年10月至翌年5月为大雪封山季节，阴坡存有永久性积雪，对外交通中断；夏季在中国境内制高点，可俯瞰中蒙边境及边民互市贸易市场和边防站全景，还可观赏到吾土布拉格山东北侧两个大小不一、自上向下依次排列的叠湖，上、下湖之间由袖珍小瀑布相连，景观奇特。红山嘴口岸为双边季节性开放口岸，同蒙古巴彦乌列盖省毗邻。

"阿尔泰山七十二条沟，沟沟有黄金"，说的就是曾以金矿、宝石矿众多而闻名遐迩的卓路特河谷。大约2 300年前，此地就有守护金山的部落。清朝年间，这里就开始了大规模的黄金开采。据《新疆图志》载："阿勒泰向以产金著称，阿勒泰者，蒙语金山之谓也……山之阳分东山、西山，绵亘三数百里，山沟矿砂中到处产金，惟矿脉之广狭厚薄及产额丰歉不同"。20世纪二三十年代，东岔河、西岔河（老金沟）、新金沟就已成为有名的金矿沟。采金最盛时期（1925—1947年）曾有几万人在这里常年淘金。20世纪40年代，又发现西岔河中一条称为小西沟的支流产金丰富，"所采（砂金）多系圆形，且产量颇巨，面积宽广，深约丈许即得金砂"。至今沿各采金河谷而行，仍可看到从原始手工淘金到大型采金船当年开采时遗留的痕迹。

支流库尔木图河流域内的柯鲁木特矿区，是新疆第二个稀有金属生产基地，铌精选矿始终在全国同类矿山中居第一位，并以生产绿柱石、锂辉石矿等稀有金属矿产品而著名，河谷内沿途散布着多处矿点。库尔木图河谷还有"蔷薇谷"的美称，每年6月初，大片的赤芍、野蔷薇等花迎风怒放，热烈火红。

阿拉善，系蒙古语"温泉"之意。阿拉善河流域处于海拔1 500米以上，河谷内森林茂密，阴坡主要以红松、云杉为主，阳坡则是白杨、青杨交错，怪石林立，相间分布，恰似一幅天然彩色壁画。谷内泉眼星罗棋布，各具特色，水温在30～60摄氏度之间。其中"热泉""血泉"等是含有氡气的氡泉。源流哈龙沟是福海县夏牧场，为山地森林湿性草原，空气湿润，土质肥沃，盛产苔草、茅草、羽衣草、燕麦草等优良牧草。

7.20.3.2　巴拉额尔齐斯河
(Balaeerqisi River)

喀拉额尔齐斯河支流，又名巴利尔斯河，位于新疆维吾尔自治区富蕴县境内。流域东与**喀依尔特斯河**流域接壤，西、北与**卓路特河**流域毗邻，河长64千米，流域面积915平方千米。

巴拉额尔齐斯河中游河道

河流发源于阿尔泰山支脉巴拉额尔齐斯山西南坡，源流托格尔托拜萨依发源于海拔3 065米的若尔特阿苏峰，与左侧源流科喀依达腊斯汇合后向西南流，沿途两岸大、小支流以及次级支流密布,达数十条,水系分别呈典型树枝状分布;流约 55 千米,在距与喀拉额尔齐斯河汇合口 6 千米处,于左岸接纳了最大支流结别特河(又称哲别特河)。结别特河发源于低山带,源流纳生恰勒河的源头海拔 2 301 米,河流由东向西流,两岸溪流密集,呈树枝状,河长 28 千米。

由于流域大部分区域处在阿尔泰山中山带,山区河谷狭窄,河水湍急,气候较湿润。整个流域内森林、植被茂盛,为富蕴县哈拉他勒根乡夏牧场。流域内矿产资源丰富,主要有云母、铁、金、铅、锌。

7.20.4 克兰河

(Kelan River)

额尔齐斯河右岸一级支流,古称奇喇河,位于新疆维吾尔自治区阿勒泰市境内,发源于阿尔泰山南坡。流域东、西分别与**喀拉额尔齐斯河**和**布尔津河**接壤,东北部以阿尔泰山脊为界与蒙古毗邻。河长 200 千米,流域面积 6 792 平方千米,其中阿勒泰水文站以上集水面积 1 655 平方千米。

概　　述

克兰河上游段由大东沟(又称大克兰河)和小东沟(又称小克兰河)组成。

大东沟上游源流称乌鲁木盖提河,源头位于阿尔泰山脊附近的曼达勒海尔汗山南坡与艾提阿尔恰山西北坡之间的高原小盆地区;盆地东北侧山脊有乌尔莫盖提达坂、默木廷达坂,流域最高点海拔 3 226 米,盆地中央有大片湿地。源流由东北而来的乌尔莫盖提河、由东而来的卡拉克巴依达拉河和东南而来的铁留白萨依河汇集而成,其中,乌尔莫盖提河源头还发育有 5 个大小不等的湖泊。乌鲁木盖提河自东向西流,左、右岸先后接纳了乌尔墩赛依河、阿克布拉河和阿克萨拉赛依河后,下游始称玉昆克兰河,即大东沟。其中,乌尔墩赛依源头也发育有 5 个大小不等的湖泊,最大的一个面积为 0.35 平方千米。阿克萨拉赛依河源头位于阿克萨拉山北麓脚下一湖泊西侧,面积 0.41 平方千米,湖面海拔约 2 650 米。大东沟向西流经 23 千米,右岸接纳阿祖巴依河(发源于阿祖巴依山,主要支流有苏客拉卡依河,河长 16 千米,流域面积 110 平方千米)后折向南流,途中左岸有乌里库杜尔贡河汇入,流程 20 千米后与小东沟相汇。

克兰河中游河道

小东沟源头位于乌乌齐里克山,源流由京西格克拉克河和别克萨依河等溪流汇集而成,河流全长 34 千米,流域面积 350 平方千米。

大、小东沟汇合后,下游又汇入了较大支流乌拉斯沟;之后克兰河流经若改特村、拉斯特乡;再流约 10 千米,由北向南穿过阿勒泰市区,在阿勒泰市区南 30 千米处,于左岸接纳了**汗德尕特河**,后于下游红墩镇克孜加尔大拐弯折向西流,流经巴里巴盖、科克苏湿地,其间途中先后于右岸接纳了切木尔切克河和**阿拉哈克河**,最后在萨尔胡松乡阿克铁热克村汇入额尔齐斯河。

克兰河流域地势北高南低。山区海拔在 1 400 米以上,地层以奥陶纪和加里东期花岗岩为主,河谷下切很深,气候温凉,降水较丰沛。海拔 1 900 米的森塔斯气象站,多年平均年降水量达 650 毫米,实测最大年降水量达 705 毫米。1960 年 3 月 5 日出现深达 149 厘米的积雪。出山口一带夏季暴雨发生频率较高。河流出山口以后地势平缓,河床较浅。

20 世纪 50 年代以来,流域内兴建了一批水利工程,其中,主要水库有**唐巴湖水库**、**阿苇滩水库**等;主要水电站有克兰河大电站、二级电站、三级电站等;渠道工程有克兰河跃进渠、园艺场渠、红墩一道渠、红墩二道渠、红星渠、阿苇滩渠、萨尔喀木斯渠、唐巴湖水库进水渠、克孜加尔渠、小巴渠、解特夏衣提渠、科克苏渠和巴里巴盖牧业引水渠、阿克大渠、克兰河北干渠、科克苏干渠等。这些水利工程的建成,为阿苇滩水库灌区和唐巴湖水库灌区,以及兵团农十师一八一团场灌区经济社会发展提供了强有力的支撑。

纪　　实

"阿勒泰",蒙古语意为"金子"。阿尔泰山曾称金微山和金山,阿勒泰市因山得名,从汉代起,先后为塞种人、匈奴、鲜卑、柔然、突厥等民族的游牧地。唐代归安西都护府管辖,后改隶属于北庭都护府;清乾隆二十八年(1763 年)为科布多参赞大臣辖地;同治十三年(1874 年),清政府在克兰河畔修建喇嘛庙"承化寺";1921 年设承化县,1953 年改为阿勒泰县,是阿勒泰地区行署所在地,1984 年设阿勒泰市;2005 年被评为"中国优秀旅游城市",并享有"金山银水""哈萨克民俗文化集中表现地"等美誉。阿勒泰市交通发达,有 216、217 国道和民航机场。

克兰河水利开发历史悠久。据《阿勒泰地区志》记载,清道光十年(1830 年)哈萨克族水利工程巧匠肯沁·克亚克拜就组织哈萨克群众修建了阿苇滩渠;同治十年(1871 年),棍噶扎拉曾率僧俗民众在克兰河畔先后开挖若海特(若改特)渠、拉斯特渠、红敦一道渠和汗德尕特渠;光绪三十四年(1908 年),建克兰河渠、罕达盖图渠、红敦渠、克木齐渠和沙尔胡松渠;至 1947 年,原承化县共修渠道 31 条,长 179 千米。

克兰河流经之处风景优美,别具特色。小东沟现已开发为小东沟森林公园,沟内群峰挺拔,悬石断崖,怪石林立,山重水复,青山临绿水,人称"小漓江"。沟内一山坡上有一块竖石,上面有一行用回鹘文拼写的石刻,语意为"阿弥陀佛",据考证,至今约有 600 年历史。

克兰河阿勒泰市区段

阿勒泰市区北侧克兰河左岸支流乌拉斯沟是一处景观十分独特、尚处原始状态的河谷，沟谷狭窄，溪边生长着桦树，两岸岩石陡峭，山岩上生长着云杉、松树。从沟口向上约 16～17 千米，有乌拉斯沟瀑布，瀑布从十多米高处的岩石上直泻而下，撞击沟底水潭和岩石，发出巨声响。

在阿勒泰市区西北角克兰河河心洲之上坐落有桦林公园，园内白桦树生长茂盛。冬季的桦林公园还是新疆最大的雪雕游乐园。

骆驼峰位于阿勒泰市区附近，遥望驼峰，只见一只张开嘴巴、高耸头颅、挺起双峰的骆驼正在努力执着地向上攀顶，模样十分逼真。驼峰山雄伟挺拔、陡峭险峻，登上峰顶，阿勒泰市尽收眼底。

红墩镇地处克兰河中游，镇政府驻地距阿勒泰市区 12 千米，现有耕地 3 500 余公顷，草场 4.6 万余公顷，辖 19 个行政村，总人口 1.4 万，其中汉族占 41%，哈萨克族占 48%，是阿勒泰市农、牧业大乡之一。

兵团农十师一八一团驻地巴里巴盖（蒙古语意为"浩瀚无比的戈壁"）镇始建于 20 世纪 50 年代初，当年这里还是荒无人烟、野狼出没的地方，经过一批批军垦人艰苦创业，如今这里已变成一片生机盎然的绿洲和一座充满现代气息的军垦小镇。一八一团现辖多个农牧业连队和工交建企业等。

科克苏湿地位于克兰河下游、阿拉哈克下游及克兰河入额尔齐斯河汇合口以上区域，总面积达 3 万余公顷。湿地内生长有密生芦苇群系和香蒲群系等水生植物，边缘为草甸土，多生长冰草、拂子茅、短芦苇、甘草、苦豆子等，是天然的优良打草场和冬季放牧场。湿地区是野猪、麝鼠、野兔、狐狸和野鸭等多种飞禽走兽以及各种鱼类的栖息地，有高等植物 450 多种、陆生哺乳动物 35 种、两栖爬行类动物 11 种，还有 103 种鸟类和 10 多种鱼类。夏秋两季，成群的野鸟在湿地内自由自在地飞翔。科克苏湿地是阿勒泰草原上最大的一块湿地，在维护当地草原生态平衡及调节气候等方面起着重要作用。湿地内芦苇生长茂密，茎粗秆长，纤维含量高，是优良的造纸原料。近年来，当地不断加大对湿地的开发与保护，使芦苇产量稳中有升，成为当地农牧民的聚宝盆。

7.20.4.1　汗德尕特河
（Handegate River）

克兰河支流，位于新疆维吾尔自治区阿勒泰市境内，发源于阿尔泰山南坡，河长 35.4 千米，流域面积 300 平方千米。"汗德尕特"为蒙古语，意为"麋鹿出没的地方"。

河流源头位于中山带，流域海拔最高 2 804 米。源流亦称喀英沟，由北向南流经 11.1 千米，左岸接纳较大支流萨日达格河，下游两岸汇入溪流喀腊苏、左尔布图河、哈布特盖沟和托莫尔特沟后；又约流 9 千米，进入喇嘛昭盆地。此后河流流经阿勒泰市汗德尕特蒙古民族乡，向南穿越前山丘陵峡谷区，途中汇入的较大山沟称敦德尔布拉克；流 14.5 千米，接纳左岸支流契别特河后，又向西流 8.5 千米，于萨尔胡松乡阿克铁热克村汇入克兰河。

流域山区属于中山带针叶林水源涵养及用材林区，主要矿藏有黄金、铁、宝石和白云母，以盛产铁矿和宝石而闻名。汗德尕特乡是阿勒泰市唯一的蒙古族乡，河流两岸居住 1 000 名多蒙古族牧民是乌梁海蒙古族后裔。乌梁海，元明时期称兀良哈，是卫拉特蒙古族的一支。乌梁海人是一个狩猎部族，至今他们还保留着过去乌梁海部落的一些传统习俗。乌梁海人独有的、濒临失传的"楚吾尔""托布秀尔"古乐悠扬动听、民间舞蹈舞姿优美。位于汗德尕特蒙古民族乡的喇嘛庙是新疆北疆唯一的藏传佛教绿度母庙，曾以"高刹摩霄，金幡耀日"而闻名，乡政府所在地因此也被称为"喇嘛召"。当地人有在正月初三到正月初七进行射箭比赛的传统习俗。

在距乡政府所在地 2 000 米的地方，可以看到遗留在草原上的古墓群。在方圆几十千米的草原上，分布着 40 多座用石块垒成的呈圆环形状、中间有十字，类似太阳墓的墓葬群。据考证，古墓年代距今至少已有 2 000 余年，是北方草原上匈奴、突厥等游牧民族及成吉思汗时期贵族部落的遗迹。在下游支流墩德尔布拉克山谷中，现存有墩德尔布拉克岩棚画。岩棚画所反映的内容被认为是旧石器时代晚期人类滑雪狩猎活动的场景。

汗德尕特河上游河岸边有一块高约 10 米的花岗岩，巨石上印着一只巨大的左手掌，掌心纹路清晰可见，手指形状、比例恰当，故名五指石。巨石之下的基岩隙中有一股泉水终年流淌，人们称之为"五指泉"。在五指泉附近，有一条"怪石沟"，沟中遍地是形状不同、形态各异的奇形巨石。

7.20.4.2　唐巴湖水库
（Tangbahu Reservoir）

克兰河右岸的大（2）型注入式平原水库，是一座集防洪、发电、灌溉、养殖和旅游功能为一体的水库。坐落在新疆维吾尔自治区阿勒泰市红墩镇政府驻地以南 20 千米处一个四面环山的盆地中，距阿勒泰市区 32 千米，地理位置为东经 88°09′～88°15′，北纬 47°36′～47°38′。湖中有一块巨石酷似一枚印章，哈萨克族人称之为"塘巴塔什"，意为"印章石"，水库因此得名。

水库于 1976 年动工兴建，库盘为一天然湖泊洼地，面积 16 平方千米，容积 1.7 亿立方米。1980 年完成第一期工程后，库容为 1.8 亿立方米，控制灌溉面积 5 333 公顷。2002 年 7 月进行除险加固后，总库容达 2.2 亿立方米，控制灌溉面积为 8 667 公顷。水库坝型为面板堆石坝，最大坝高 10.74 米，坝后建有电站 1 座，装机容量 960 千瓦。水库引蓄克兰河水，拦河引水枢纽由 2 孔进水闸、1 孔泄洪闸、溢流坝等组成，引水渠长 5.2 千米。

水库最大水深 35 米，水质优良，主要养殖鲤鱼、鲫鱼、拟鲤、雅罗、河鲈、东方真鳊等鱼种，年产量约 80～100 吨。正常水位水域面积为 14.5 平方千米，多种候鸟在湖周岸边草丛中繁衍生息。湖畔的石英砂在阳光照耀下金光闪闪，湖水与蓝天辉映，景色宜人。

7.20.4.3　阿苇滩水库
（Aweitan Reservoir）

克兰河右岸的一座注入式平原水库，因坐落在阿苇滩镇附近得名。位于新疆维吾尔自治区阿勒泰市阿苇滩乡政府南 6 千米处、国道 216 线东侧，地理位置为东经 88°00′～88°04′，北纬 47°38′～47°39′。

阿苇滩水库库盘为一天然湖泊。清朝末年，为发展柯克布乎（阿勒泰市红墩镇可可布哈村一带）屯垦，曾修建过一条大渠。数年后，此地的地方毕官（公爵、直接归吉木乃的艾林郡王管辖）曼米率人将渠道又延伸了数千米，尾水泄入阿苇滩洼地，逐渐形成小湖泊。1976 年 10 月由兵团农十师据地势建成现水库。大坝为黏土心墙坝，主坝长 500 米，高 10 米，坝顶宽 3 米；水域面积 6.5 平方千米，最大水深 15 米，总库容 4 500 万立方米，兴利库容 3 700 万立方米。

阿苇滩水库以灌溉为主，兼顾养殖，经阿苇滩大渠引蓄克兰河汛期洪水，灌溉兵团农十师一八一团及阿苇滩乡的草场、农田近 2 000 公顷。水库是阿勒泰市渔业的重要水产基地，年产鱼 40～60 吨，库内有白斑狗鱼、哲罗鲑、花丁、北极茴、贝加尔雅罗、黑鲫、圆腹雅罗、斜齿鳊、河鲈、粘鲈、阿尔泰杜父鱼等，野生鱼类达 28 种，其中土著鱼类 22 种，多为冷水性鱼类，生长期长，食味良佳。

7.20.4.4　阿拉哈克河
（Alahake River）

克兰河右岸支流，又名哈克苏河，上游段称塔尔郎河，下游俗称盐池河，发源于阿尔泰山南坡中山带，位于新疆维吾尔自治区阿勒泰市境内，河长 88.6 千米，流域面积 1 455 平方千米。

河流源头位于库尔特林场东北约 5 千米处，流域海拔最高 2 246 米。河流自源头先由东北向西南流 17 千米，右岸接纳交尔喀拉苏河后转向南流；下行 7 千米，右岸接纳马依帕萨尔乔克河，河流转向东南流，并改称齐背岭乌兹河。续流，河流左岸接纳阿拉尕特河和昂沙提河后注入齐背岭水库。水库以下，河流复改称塔尔郎河。此后河流穿越约 9 千米的峡谷地带，左岸接纳库尔图河后进入塔尔郎盆地。库尔图河发源于海拔 2 283 米的欲贡沙尔雀克山，河流先由北向南、继而转向西南流，途经库尔图山间盆地和库尔图村，流程 40 千米汇入塔尔郎河。

塔尔郎河穿越塔尔郎盆地后进入约 10 千米的前山峡谷，右岸接纳小溪阿克铁克河后，河流始称阿拉哈克河，在出山口附近接纳溪流迭斯特河后流出山口。在山口以下 8 千米的阿拉哈克乡，河流分为两支分别被引入阿拉哈克乡和一八一团三营灌区，余水一部分转化为地下水补给**阿拉哈克湖**，一部分沿河道进入科克苏湿地，于汗德尕特蒙古乡多拉特村漫流至克兰河。

齐背岭水库

齐背岭水库建成于 2002 年，为拦河式中型水库，浆砌石重力坝，最大坝高 34 米，库容 2 600 万立方米，控制下游 2 000 公顷耕地和草场的灌溉，也是阿拉哈克乡东戈壁 3 300 公顷待开发土地的主要灌溉水源。根据区域气候条件，库内还养殖了俄罗斯高白鲑等冷水鱼种。

流域上游海拔 1 500 米以上区域降水较丰富；海拔 1 500 米以下河流蜿蜒在塔尔郎盆地，气候温凉偏干，多年平均年降水量在 200～300 毫米之间。流域内矿产资源丰富，塔尔郎稀有金属、白云母成矿区（带）是阿勒泰中型矿床之一。塔尔郎盆地原是兵团农十师云母一矿矿部所在地，现此地为一个哈萨克族自然村落。位于平原区的阿拉哈克乡是一个多民族聚居的大乡，全乡总人口 9 200 余人，少数民族占 92.2%。全乡共有耕地面积 1 190 公顷、草场 4 553 公顷。

阿拉哈克乡是亚洲唯一的连片野生罗布红麻原生地，现存面积约 1 000 公顷。罗布红麻被誉为"麻中之皇"，其纤维质量在已知植物中名列第一。从 2005 年开始，新疆畜牧科学院草业研究所等四家科研单位对 1 000 公顷的野生罗布红麻实行了人工封育，共同成立了"罗布红麻科研基地"。

7.20.4.4.1　阿拉哈克湖
（Alahake Lake）

又称吐孜库勒（"吐孜"系哈萨克语，意为"盐"），也称科克苏盐湖，系咸水湖，位于新疆维吾尔自治区阿勒泰市西南部的阿拉哈克乡以东 5 千米处，湖心位置为东经 87°34′、北纬 47°41′。

湖水靠夏秋两季降雨和沙依尔山的季节性洪水以及**阿拉哈克河**地表水转化形成的地下水补给，夏、秋季积水深 1 米左右，春季只有一层薄薄的盐水。湖区呈西北至东南斜长形，水域面积 5.4 平方千米，海拔 488 米。

湖区气候干燥，年平均降水量在 150～200 毫米，加之蒸发量大，湖水矿化度很高，储有大量的池盐和芒硝混生矿，是阿勒泰盐场、科克苏盐场所在地。湖滨为草甸土，多生长冰草、拂子茅、短芦苇、甘草、苦豆子等，是天然的优良打草场和冬季牧场。1997 年，阿勒泰地区林科所与新疆农业大学调查发现，湖泊南、北两岸约有 400 株桦树，经中国科学院专家评估，认定为国家二级珍稀濒危植物盐桦，1984 年被载入中国濒危植物红皮书。

7.20.4.4.2　克孜治拉湖
（Kezizhila Lake）

又名克孜勒哲勒，为苦咸湖。克孜治拉湖位于新疆维吾尔自治区阿勒泰市阿拉哈克乡境内，地理位置介于东经 87°30′～87°33′，北纬 47°38′～47°39′之间。

湖泊原为**阿拉哈克湖**的一部分，古地质构造运动将两湖之间的沙梁台地升高，使原来的一个湖泊被分隔成两个湖区。湖区呈西北至东南斜长形，原水域总面积约 20 平方千米；20 世纪 70 年代总面积约 4 平方千米，湖面高程 483 米。现主要依赖地下水补给，周围为湿地沼泽，属盐沼。

7.20.4.5　黑刺滩湖
（Heicitan Lake）

为微咸水湖，位于新疆维吾尔自治区阿勒泰市境内，**克兰河**南约 7 千米、国道 216 线东侧 100 米处，湖心坐标为东经 87°52′、北纬 47°29′。

黑刺滩湖原为克兰河南岸低洼地自然形成的小池塘，水面很小。20 世纪 80 年代以后，由于大量开发克兰河南岸土地，灌溉余水及地下水补给水量增加，形成湖面。90 年代初

黑刺滩湖畔

期，国道 216 线曾穿湖而过，将湖一分为二。后因湖水逐年增多，迫使国道改道绕行。现湖面高程 514 米，面积约 1.5 平方千米，湖盆较浅。湖周芦苇、野苜蓿、灰灰草（学名灰菜）丛生，水鸟啼鸣。湖水湛蓝清澈，与远山和蓝天相互映衬，景色美丽动人。

7.20.5 布尔津河

(Buerjin River)

额尔齐斯河右岸一级支流，古称"博喇济河"（《西域水道记》），蒙古语意为"放公驼的人"。流域北部以阿尔泰山脊为界与哈萨克斯坦、俄罗斯联邦接壤；河流上游流域东部则以阿尔泰山脊为界与蒙古为邻，西部、下游东部分别与**哈巴河**、**阿拉哈克河**流域相连。河流大体由北向南流，纵贯新疆维吾尔自治区布尔津县，最后在县城西汇入额尔齐斯河。全长 296 千米，流域面积 9 836 平方千米。

布尔津河

布尔津河主要由喀纳斯河、**禾木河**和大支流**苏木达依日克河**汇集而成，其中喀纳斯河为主源。喀纳斯河及其支流布的乌哈拉斯河均发源于阿尔泰山主峰——友谊峰（海拔 4 374 米）下的冰川区。两河分别自源头从东北和东南两个方向相继汇入呈 Y 形的**阿克库勒湖**；河流出湖后向西南流，途中两岸有多条支流汇入，各支流源头多发育有高山冰碛湖。

河流自阿克库勒湖向下流约 30 千米，纳左、右两岸奔腾而来的阿库里滚河和土尔滚河后，注入长达 24 千米的**喀纳斯湖**。湖泊以下河流转向东南流，又流 43 千米，接纳发源于阿尔泰山脊冰川脚下的禾木河，下游始称布尔津河。

布尔津河转向南流，下游两岸溪流密布，较大的支流有下游 20 千米处从左岸汇入的则库乌河，又 11 千米左岸接纳苏木达依日克河后河流转向西南流，经 44 千米进入冲乎尔盆地。盆地西北侧有海流滩河汇入。盆地内冲乎尔乡驻地设有布尔津河干流控制站——群库勒水文站。河流从盆地中部穿流而过，约 18 千米后在盆地南侧进入长约 25 千米的前山峡谷；出山口后向西南流约 48 千米，流经杜来提乡，在布尔津县城西约 1.5 千米处汇入额尔齐斯河。

布尔津河流域属于大陆性北温带寒冷气候区，北部山区多年平均气温 −3.6 摄氏度，喀纳斯湖景区（海拔 1 370 米）多年平均气温 −1 摄氏度。由于流域地势自东北向西南倾斜，山体相对较高，拦截了通过额尔齐斯河谷、来自大西洋和北冰洋的湿润气流，使得流域降水量相对丰富。山区不同区域年平均降水量 250~1 000 毫米，并有随地势增高而增大的规律；5—8 月降水量占年降水量的一半。冬季寒冷降雪频繁，喀纳斯湖景区积雪深度一般可达 1~2 米。平原区布尔津县多年平均气温 4.1 摄氏度，年降水量仅 135 毫米。

布尔津河是一条以冰雪融水补给为主的河流，出山口处的群库勒水文站基本控制了河流的径流量，春、夏、秋、冬四季来水量分别占全年水量的 21%、61%、13% 和 5%，河流来水量主要集中在 5—8 月，占年径流量的 77.4% 以上。

河流上已建水利工程有：库须根渠首、哈拉塔斯渠首、东岸渠首、西岸渠首、致富渠首、杜来提渠首等干渠渠首和托洪台电站水利工程，现状年引水总量约占河流天然年径流量的 10%。布尔津河蕴藏有较丰富的水能资源，至 2008 年，建有冲乎尔电站、山口电站等水利工程。

托洪台水库位于布尔津县城西北 13 千米处，建成于 1993 年 5 月，为注入式中型平原水库，黏土心墙坝，最大坝高 19.6 米，坝长 2 600 米，总库容 8 063 万立方米。放水闸通过 700 米长的引水渠与托洪台电站相连。水库建成后，已新开垦土地和改良农田 1 600 余公顷，新增和改良草场 2 600 余公顷，灌溉河谷林 1.33 万余公顷，成为以发电为主，兼顾灌溉、养殖、生态等综合效益的水库。

托洪台水库

布尔津河流域地势由东北向西南倾斜，地势起伏悬殊，依据海拔高度和地貌特征，可分为高山带、亚高山带、中山带、低山丘陵带和山前平原区。

流域内海拔 3 500 米以上高山带，高山群集，有海拔 4 000 米以上的高峰数座，山势高峻巍峨，雪峰绵亘。阿尔泰山主峰——友谊峰（海拔 4 374 米）是流域内的最高峰，峰北侧约 3 千米的奎屯峰成为中国、俄罗斯和蒙古三国交界处的天然界碑。区内冰川地貌发育齐全，冰斗、冰槽谷、刀脊、角峰、U 形谷和冰碛地貌随处可见。海拔 2 000 米以上至友谊峰，分布着大小 200 余条现代冰川，冰川总面积达 247 平方千米，冰储量 148 亿立方米，是阿尔泰山最大的冰川中心区，分别占中国境内阿尔泰山区冰川面积的 71.46% 和冰储量的 70.08%。其中，最大的山谷冰川——哈拉斯冰川长达 10.8 千米，面积 30.13 平方千米，平均厚度约 130 米，冰储量约 39 亿立方米，冰川末端海拔 2 416 米，是我国海拔最低的山谷冰川。

亚高山带海拔在 2 800~3 500 米，山势陡峭，山体被河溪切割，岸高谷深，谷底多有冰川冰碛巨石堆积。坡面土层贫瘠，主要发育有苔藓、地衣等垫状植被，部分岩石裸露，古冰川地貌发育，U 形谷和冰碛湖泊众多，刀脊、冰斗、羊背石美丽壮观。

中山带位于海拔 2 000~2 800 米之间，发源于高山带雪峰冰川的大小河流在深切谷地中奔流而下，著名的喀纳斯湖、阿克库勒湖镶嵌其间。阿克库勒湖以南，喀纳斯河和禾木河汇合口以北的地区称千湖地区，这里大大小小的湖泊有上百个，且多为冰碛湖。阴坡原始森林密布，多为新疆五针松、落叶松和云杉；阳坡草甸植被发育好，主要为杂草类和走茎禾草,覆盖率达70%～95%。

海拔800～2 000米的低山丘陵带,河流切割减弱,山体浑圆,森林多分布在山体阴坡、半阴坡及河谷地带,以针叶林为主。此处河谷渐宽,沿河阶地草原植被发育,沟谷底部水草茂盛,灌木丛生。南部地势陡然下降,山间有断陷盆地分布。

山前平原区多为戈壁,河流出山口以后,河道纵坡逐渐趋缓,河谷展宽,河曲蜿蜒,河流主槽摆动频繁,水面宽阔,河谷林草茂密。

布尔津河岸边的五彩湾地貌

布尔津县因布尔津河而得名。当地哈萨克语还称此地为"奎干"(为汇合处之意),因布尔津河在这里汇入额尔齐斯河。西汉时期这里是西匈奴的游牧地,隋唐时期属突厥,清光绪三十一年(1905年)是阿尔泰办事大臣的管辖地。1919年布尔津正式设县,现辖1个镇、5个乡及1个民族乡。布尔津县以其境内的喀纳斯国家自然保护区、喀纳斯AAAA级风景名胜区、布尔津喀纳斯湖国家地质公园、贾登峪国家森林公园、禾木河谷原始民居以及布尔津县城各显特色的建筑而享誉海内外。喀纳斯湖的旅游开发,带动了布尔津县经济的发展,2007年在流域上游海流滩建成了喀纳斯机场。

7.20.5.1　阿克库勒湖
(Akekule Lake)

又名白湖,位于新疆维吾尔自治区布尔津县境内**喀纳斯湖**东北约38千米处,距东北部的阿尔泰山主峰友谊峰15千米,地理位置为东经87°32′～87°37′,北纬49°01′～49°04′。阿克库勒湖为高山河谷吞吐淡水湖泊。"阿克库勒",蒙古语意为"白湖",因湖水泛白而得名。

阿克库勒湖位于阿尔泰山脉南坡的果戈习盖达坂、别迪尔套山和霍洛右克山之间的高山槽谷中,由**布尔津河**源流喀纳斯河与左岸支流布的乌哈拉斯河汇集而成,形状如Y形。其中,布的乌哈拉斯河发源于霍勒右克和霍鲁米因鲁努冰川地带。

阿克库勒湖在冰川槽谷中发育,由冰碛终碛垄堵塞积水而成。湖长6 600米,宽度不等,最宽处1 900米,面积8.5平方千米,湖面高程1 954米,最大水深约200米。西岸(出口)为高约50米的终碛垄,由大小混杂的岩块、砂和黏土组成,岩块为火成岩和变质岩,出口处被流水切割成深达90米左右的峡谷。湖水主要来源于友谊峰南坡的喀纳斯冰川,冰川内夹带有众多的浅色花岗岩岩块,冰川运动时,岩块相互挤压,研磨成白色细粉末混合于冰层内。夏季冰川融化,大量呈乳白色的融水随喀纳斯河水流入阿克库勒湖,使湖水颜色变白。阿克库勒湖是下游喀纳斯湖水的主要补给源之一,

因此也直接影响着喀纳斯湖水的颜色变化。

阿克库勒湖为喀纳斯国家自然保护区的主要组成部分,有独特而奇异的景观。湖周被层峦叠嶂的群峰包围,周边谷地中保存着最为完整茂密的西伯利亚泰加林,生长有珍稀的新疆五针松。湖区天气一日四季,气象万千。湖面宽阔平静,色泽淡雅,湖水深浅不一,湖中倒映着周围白雪皑皑的山峰。五彩缤纷的山峦,别具风韵,如人间仙境。阿克库勒湖湖口有一巨石横卧,阻挡着奔泻咆哮的湖水,场面极为壮观。这里还是各种冷水鱼类繁衍生息的天堂,每逢秋季,冷水鱼在此聚集排卵。湖水每年12月封冻,次年5月解冻。

7.20.5.2　喀纳斯湖
(Kanasi Lake)

古称"方池"。"喀纳斯"是蒙古语,原为"深水"之意,后引申为"美丽而神秘的地方";突厥语"喀纳"为"黑色","斯"为"苏"的转音,意为"水",突厥语民族以黑色为尊,故又可译为"神圣的湖"。喀纳斯湖位于新疆维吾尔自治区布尔津县境内的**布尔津河**源流喀纳斯河上,为吞吐淡水湖泊;东北距阿尔泰山主峰友谊峰约56千米,地理位置为东经86°59′～87°09′,北纬48°42′～48°53′。

喀纳斯湖系强烈的构造断陷和第四纪冰期时代经冰川刨蚀而成的终碛垄堰塞湖。其形成时间距今已有15 000年。两岸山坡陡峻,山峰海拔均在2 000米以上,许多地段岩石裸露,岩壁近于直立。湖区多见冰川地貌,主要有古冰斗、冰川角峰和山脊、U形谷和悬谷、终碛垄等。湖下地形特征主要有:两岸边坡极陡;横断面形态多呈近于箱形的对称倒梯形;湖盆中心底部坦平,局部段有对称天堑形的凹槽。

湖面高程1 370米,南北长24.5千米,宽1～2.2千米,平均宽1.87千米,平均水深120.1米,最深处达188.4米,容积53.78亿立方米,面积45.73平方千米,为我国深水湖之一。喀纳斯湖水质优良,矿化度在67毫克每升左右,属弱矿化淡水湖;总硬度为27～73毫克每升,pH值7.2～7.4,属中性极软水。

喀纳斯湖中生长有多种珍贵鱼类,主要有哲罗鲑、细鳞鱼、北极茴鱼、拟鲤、真鱥、尖鳍鮈、北方条鳅、江鳕。哲罗鲑,当地人俗称大红鱼,体形硕大,性情凶猛,出没无常,被人们传为"湖怪"。

喀纳斯湖周边的河谷之中天然生态林保存完好,堪称我国西部的自然博物馆和天然生态园,1986年,国务院批准喀纳斯为国家级自然保护区。区内特别适宜寒温带植物生长,野生植物多达798种,20世纪80年代还发现了多枝婆婆纳、石松、火焰草等8种新植物。区内复杂的植物群落、呈原始状态的茂密森林,是野生动物栖息繁衍的天堂。湖区周围野生动物达168种,其中被列为国际濒危珍稀野生动物的有8种;被列为国家一、二类保护动物的有27种。特有的动物有哲罗鲑、阿尔泰林鲑、极北鲑、岩雷鸟等10多种。保护区还是我国唯一的大陆性苔原分布区。

喀纳斯湖有"亚洲瑞士风光"之称。湖泊上游喀纳斯河支流之一的阿库里滚河,其两支流欧勒滚河和卡拉迪尔河的源头分别位于阿尔泰山脊处海拔3 086米的欧勒滚乞格拉他乌山和海拔3 544米的木孜他乌山冰川。卡拉迪尔河河谷是典型的古冰川作用的U形谷,谷长约13千米,谷地宽150～250米,两岸岩壁高出谷底300～400米,可谓壁立千仞。河谷两侧岩壁上形成有十多处景象各异的瀑布,有的气势磅礴如银河倒泻,有的温情含蓄如白练飞舞。

喀纳斯湖东岸茂密的森林是西伯利亚泰加林的精华浓缩。其中一棵号称"泰加林之王"的西伯利亚落叶松,胸径达120厘米,高30米,树龄500年以上,可谓饱经沧桑。双湖由两个狭长的小湖相互串通而得名,位于距喀纳斯湖出湖口上游约16千米处西岸的一条小支流中游,环湖群山松林密布,景色宜人。

湖泊西岸海拔2 030米的哈拉开特(蒙古语意为"骆驼峰")山顶上的观鱼亭,与湖面的高差达600多米。登上观鱼亭,喀纳斯湖的整体美景尽收眼底。远处友谊峰雄伟壮丽,耸立于群峰之巅。鸟瞰喀纳斯湖,四周翠峰怀抱,山体雄、奇、险、秀,周边密林环绕,一泓碧水形如弯月巧嵌其中。东岸为弯月的内侧,沿岸有6道向湖心凸出的基岩平台,使湖岸形成井然有序的6道湾。水体深、幽、静、隐,随季节、天气和观察角度不同而变幻莫测,或湛蓝,或碧绿,或乳白,素有"变色湖"之誉。加之"湖怪"之谜,吸引着中外游人纷至沓来。每年6月中下旬,湖泊周边林草相间分布的山坡上,绿草如茵,遍地野花,主要有红、黄罂粟,麦勺,野火球,金雀花和刺蔷薇等,观鱼亭山下的百花坡就是其中的一处。元代成吉思汗的军师耶律楚才到此吟诗:"谁知西域逢佳境,始信东君不世情,园沼(编者注:指周边的冰斗湖)方池三百所,澄澄春水一池平。"湖泊下游喀纳斯河迂回曲折,流程中形成多处风景秀丽、形状奇异的河湾。其中最著名的有神仙湾、月亮湾和卧龙湾,每道湾都流传着美丽动人的传说。

喀纳斯湖月亮湾

喀纳斯湖卧龙湾

喀纳斯湖下游景观由于不同海拔高度的自然地理条件而各呈异彩。花揪谷位于湖泊下游的喀纳斯河沿河畔,"花揪"属蔷薇科,系落叶乔木,其树形优美,体态端直,羽状复叶,春季花朵雪白、秋季果实鲜红欲滴。花揪谷长1.2千米,谷中花揪树穿插于茂密的疣枝桦、西伯利亚云杉等各类树种之间,如诗如画。

喀纳斯湖南端的古夷平面上坐落着一个环境优美、风格别致的小村庄——喀纳斯村,奔流不息的喀纳斯河从村庄右边穿过,前方是开阔的喀纳斯湖谷。以木屋为显著标志的小村庄和周围的森林草原和谐地融为一体。这里是世代以狩猎、游牧为业的蒙古族图瓦人的聚居地,在相对封闭的自然环境中形成并保留了纯朴、浓郁、独特而完整的民俗风情,恬静幽雅的人居环境独具特色,透露着图瓦人对大自然的热爱和纯真的审美情趣,使之成为喀纳斯湖畔一道特有的文化景观。

喀纳斯村

喀纳斯湖以其纯净美丽而享誉多项桂冠,以其众多的地质遗迹和鲜明的地质景观被命名为国家地质公园。喀纳斯河下游贾登峪林区以林木茂盛、品种繁多著称,被命名为国家森林公园。

7.20.5.3 禾木河
(Hemu River)

为**布尔津河**源流之一,又名柯姆河,也称库木河,《西域水道记》称霍木河。禾木河位于新疆维吾尔自治区布尔津县境内,河流全长69千米,流域面积2 160平方千米。

概 述

禾木河发源于阿尔泰山脊、中蒙交界处的霍米因达坂附近,由北、南两条小源流汇集而成。北侧源流乔木河发源于众多的高山冰碛湖地带;南侧源流沿途穿越了两个小型山谷过水性湖泊,面积分别为0.20平方千米和0.33平方千米。

河流自东向西流,较大的支流称塔里克列克河(发源于塔黑拉根达坂,流域内分布有10多个高山冰碛湖泊,河长12千米);下游河谷渐宽,达千米以上,两岸溪流密布,各溪流源头均有数量不等的小型冰碛湖分布。流经45千米,北岸接纳了最大支流苏木河后转向西南流;下游河谷宽达1.5~3千米,又流约15千米进入禾木盆地,从盆地西南侧流出,入前山峡谷,再流12千米后,在禾木喀纳斯蒙古乡禾木村与西来的喀纳斯河汇合成布尔津河。其间两岸汇入的较大支流有奥得那克阿拉珊阿仁河、沙木森布拉克河和吉克普林河。

苏木河上游源流雅刁朵霍河的源头位于霍勒右克和霍鲁米因鲁努冰川南坡,河流自西北向东南流约16千米,左岸汇入同源同向的较大无名支流后转向南流,下游两岸接纳扎努里克河等支流后,流程约20千米汇入禾木河;河流全长36千米,流域面积581平方千米。

奥得那克阿拉珊阿仁河源头位于喀纳斯湖东侧海拔2 802米的屯得沙拉山东麓,源头溪流密布,著名的黑湖(属喀纳斯景区)位于该河源流之一的库尔能阿牙格河源头附近,西北距**喀纳斯湖**约10千米。黑湖因湖水呈灰黑色而得名。湖区处于一片开阔地中,水域面积约1.2平方千米,是众多高山冰

秋日的禾木河

禾木河畔的小木屋

碛湖中较大的一个。湖周分布有大面积的沼泽湿地。库尔能阿牙格河的另外两条支流源头也均有面积约为 0.15 平方千米的高山湖泊。奥得那克阿拉珊阿仁河上游支流主要有奥得纳克河、阿拉珊阿仁河、土尔滚阿仁河，下游支流主要有喀拉给牙艾肯河和加乐斯巴衣乌兹河，河流全长约 35 千米。

沙木森布拉克河源头由三条由西南向东北流的支流汇入干流，三支流上游都串联着大小不等的多个山谷过水性小型湖泊。河流自西北流向东南，河长 21 千米。

吉克普林河又名哲普河，河流自源头由东向西流 22.6 千米，右岸接纳塔落布拉克溪流后转向南流，4 千米后左岸接纳哈拉给木河后转向东流；此后河流进入吉克普林山间盆地大草原，流经吉克普林自然小村，从盆地西南端穿越约 6 千米的峡谷后，在禾木盆地西南端左岸汇入禾木河。吉克普林河河流全长 40 千米，流域面积 404 平方千米，多年平均年径流量约 2 亿立方米。

禾木河流域地处大陆性北温带寒冷气候区，降水充沛，春秋温凉，夏季短促，冬季漫长而寒冷；降雪频繁，一次最大降雪厚度可达 1 米，最大积雪深度 3 米。禾木河上已建有禾木河水电站及一些小型水利工程。

纪　　实

禾木盆地为一山间断陷盆地，海拔在 1 000～2 300 米。盆地周围山体宽厚，顶部呈浑圆状，禾木河自东北向西南贯穿其间，将盆地草原分割为两半，东侧与吉克普林山间盆地大草原连成一片。盆地周围山地阴坡森林茂密，夏季阳坡绿草如茵，牛羊成群，一派迷人的广袤草原景色。

位于禾木盆地西侧的禾木村为禾木喀纳斯蒙古族乡驻地，是蒙古族图瓦人的主要聚居地之一。目前中国境内仅有图瓦人 2 900 余人，而禾木村就有 800 余人，是目前发现的全国保留最完整、历史最悠久的图瓦人部落。历史上图瓦人有"图巴""乌梁海人"，或"德瓦""库库门恰克"等称谓，早在古代文献中就有记录，隋唐时称"都播"。有学者认为，他们是成吉思汗西征时遗留士兵的后裔。图瓦人世代以放牧、狩猎为生，垒木为室，服饰古雅，能歌善舞，勇敢强悍，善马术、滑雪，居深山老林用原木垒成的尖顶式木屋，习蒙古族文字，讲图瓦语言，信仰藏传佛教而又多"萨满"遗风，历史上不与外族人通婚。他们认为天地万物皆有神，每年都举行祭山、祭水、祭天、祭鱼、祭火、祭敖包等仪式。除了蒙古族传统的那达慕节和敖包节外，图瓦人还有邹鲁节（入冬节），也过传统的春节和元宵节，其沿袭的生活方式、民族风情和人文历史具有浓厚的民族传统。

来到禾木村，仿佛走进了一个原始居住的群落。清晨，登上村庄西侧的"大平台"登高眺望，朝晖映照着山坡上金色的白桦林，林中扑朔迷离；坐落在狭长山谷中的尖顶木屋，错落有致；炊烟在晨光中冉冉升起，如梦如幻；小桥流水、牧马人在丛林间扬尘而过，更显平静和谐。自然色彩的丰盈与山村景致的完美结合，令人如痴如醉。秋季的禾木，更是满山流丹溢彩，浑然天成，一草一木皆可入画。

7.20.5.4　苏木达依日克河
(Sumudayirike River)

布尔津河左岸最大支流，发源于新疆维吾尔自治区阿勒泰市境内的阿尔泰山中部西南坡，先后流经阿勒泰市和布尔津县，河流全长 122 千米，流域面积 2 459 平方千米。

河流上游源流称苏木代尔格河，源头位于阿尔泰山脊中蒙边界线处的温多尔海尔汗山，河源区海拔最高 3 914 米，源头发育有少量冰川和众多小型冰碛湖，最大一个山谷过水性湖泊面积为 0.22 平方千米。

河流自源头沿阿尔泰山脊西南侧、由东南向西北流 40 千米，右岸接纳发源于中蒙边界伊和土尔根尼达坂的土尔根河后折向西南流；下游两岸接纳的支流有塔拉克泰依、卡拉克达依、铁美尔巴坎他乌河及该河的最大支流卡拉依里克河（也称依日克河），汇合口以下河流始称苏木达依日克河；流 40 千米后，左岸又接纳欲贡喀拉扎特河后转向西流，下游两岸接纳拉斯多特河、塔斯特布拉克河、克秀布拉克河等；流经 15 千米，在克秀布拉克河汇合口以下进入布尔津县境内，此后转向西北流约 27 千米，禾木喀纳斯蒙古乡苏木达依尔克村汇入布尔津河。

苏木达依日克河上游河谷

卡拉依里克河发源于中蒙边界阿尔泰山南坡，流域海拔最高 3 382 米，河源附近发育有 4 个小湖泊。河流自源头由北向南流 12 千米，左岸接纳发源于中蒙边界处的扎嘎苏亭达坂的支流后转向西南流；又流 18 千米后，右岸接纳加阿什他依河后折向东南流；再流 17 千米汇入苏木达依日克河。河流全长46千米,流域面积513平方千米,多年平均年径流量约2.6亿立方米。

河流源流及上游支流卡拉依里克河流域地势平缓,河谷宽阔,沿河床两岸广布沼泽;各分支流源头也多分布有小型湖泊和大面积沼泽。流域年平均降水量500~800毫米。中山带森林茂盛,草场发育,有很多的野生动物,其中有马鹿、猞猁、旱獭、艾虎、榛鸡、雪鸡等几十种珍稀动物。支流拉斯多特河上游有一高原平台,这里被当地人称为"宰桑"。"宰桑"为明朝蒙古准噶尔部落首领的官名。相传阿尔泰一带的准噶尔乌梁海英雄马木特是著名的"宰桑",清乾隆二十一年(1756年)被当地的叛乱分子阿睦尔撒纳杀害,人们为了纪念他,就将他的游牧地命名为"宰桑"。这里是当地牧民理想的夏牧场,也是现今阿勒泰市阿拉哈克乡牧业办公室所在地。

在苏木达依日克河支流拉斯多特河上游的"托勒海特"景色甚为优美。"托勒海特",哈萨克语意为"有天鹅的地方"。这里水草丰茂,山清水秀,北面是一大片高原湿地,面积约8~9平方千米。附近群山阴坡上生长着墨绿的原始针叶林,阳坡和谷地大部分被葱茏的绿草覆盖。

7.20.6 哈巴河
(Haba River)

额尔齐斯河右岸一级支流,《西域水道记》中称之为哈布河,是一条中哈跨界河流,在新疆维吾尔自治区哈巴河县境内汇入额尔齐斯河,河长214千米,集水面积6 228平方千米。"哈巴",系蒙古语"河床坡度大,多跌水"之意,河流因河床坡陡、落差大得名;一说意为"鳊鲅"(即五道黑)鱼,因河产此鱼故名;哈萨克语亦可解释为"森林茂密";《西域图文志》称:"准语哈巴为小鱼名,河出此小鱼故名"。

哈巴河流域大致可分为北部山地、中部丘陵、南部平原。山区属大陆性北温带寒冷气候区,年平均降水量700~1 000毫米,夏季短暂,冬季严寒漫长;中部丘陵区年平均降水量400~700毫米;南部平原降水明显减少,山口克拉他什水文站多年平均年降水量190毫米。

哈巴河主要由支流卡拉哈巴河和源流阿克哈巴河汇集而成。阿克哈巴河与卡拉哈巴河汇合口以上一直到源头100千米的河段均为中国与哈萨克斯坦界河,河源高程3 352米。阿克哈巴河先由东向西流约16千米,其后转向西南流,沿程接纳多条国内外支流,其中,从我国境内汇入的较大支流有克江唔松河、希外特河、托洛姆托河、比得科尔河、那仁河(又称那伦河)、科当卡拉尕依河和哈图河,最后与卡拉哈巴河在中哈国境线上汇合。卡拉哈巴河发源地和整个流程均在哈萨克斯坦境内,河流由西北向东南流,在中哈边界线上与阿克哈巴河汇合后流入我国境内。汇合口以下始称哈巴河。

哈巴河向东南流经15千米,途中右岸接纳阿克喀英恰河、克其克萨依,左岸接纳**铁列克德河**和莫依勒特河后转向西南流,33千米后右岸接纳了北来的加曼哈巴河后又转向南流,约15千米注入喀拉塔斯山口电站水库。山口电站以下,河流向西南流约43千米,于库勒拜乡阔斯阿热勒村汇入额尔齐斯河。

哈巴河洪水多发生在5—7月,尤以暴雨、融雪混合性洪水发生概率较高,历史上最大洪峰流量发生在1969年5月,为944立方米每秒。非汛期河水含沙量小,水质清澈。河流天然落差达2 500米,水能资源丰富,理论蕴藏量达45万千瓦。

山口电站建成于1997年8月,为中型的拦蓄式水库,坝型为混凝土面板堆石坝,坝高39米,坝长545米,总库容4 600万立方米,装机容量2.52万千瓦。红旗渠渠首位于山口电站坝址下游,渠长18千米,设计引水流量5立方米每秒,灌溉面积2 000公顷。坝下游建有"一坝两渠"中型引水枢纽,其中,两渠之一东风大渠于1938年开工,1958年完成扩建,干渠总长38.45千米,支渠长52千米,实际引水能力12立方米每秒,灌溉面积3 700公顷;另一渠为萨尔布拉克渠,于1983年扩建,以灌溉萨尔布拉克农牧业区得名,渠道总长43.55千米。下游还建有引水式小型水电站1座。吐鲁库勒渠位于山口电站下游8千米的哈巴河西岸,建于1965年,渠道总长32千米,引水流量28立方米每秒,灌溉面积17 300余公顷。流域内其他水利工程还有齐尔尔渠、开木尔渠、二道渠、芨叶渠、友谊渠、塔斯喀拉渠和职工渠等,河流两岸总灌溉面积达2.8万公顷。哈巴河内有哲罗鲑、细鳞鱼、北极茴、东方欧鳊等冷水系珍贵鱼种。

哈萨克语"阿克"意为"白","卡拉"意为"黑",因此卡拉哈巴河和阿克哈巴河又俗称黑哈巴河和白哈巴河。两河汇合口以下河谷较宽,河谷中林草密集,多为云杉、杨树和白桦树。下游支流莫依勒特河汇入后进入峡谷区,河床变窄,蜿蜒曲折,形成S形走势,水流湍急。山口电站以下河床宽阔平缓,散乱多支,两岸多湿地和沼泽。

秋日的阿克哈巴河

阿克哈巴河源流及其支流克江唔松河、希外特河源头阴坡均有冰川分布,其中克江唔松河源头分布有两条较大的山谷冰川,面积约8平方千米,冰川末端海拔约2 600米;克江唔松河汇合口以下,河谷两岸阴坡有森林分布。托洛姆托河汇合口以下的比得科尔河、那仁河、科当卡拉尕依河和哈图河流域为白哈巴国家森林公园,面积483.76平方千米,森林覆盖率70%,树种有新疆针叶松、落叶松、云杉、冷杉、山杨、白桦等,草类植被有灌丛草甸、高山植被、石山植被,其特有的原始生态环境,为野生动物提供了良好的栖息繁衍场所;有兽类39种,两栖爬行类4种,鸟类177种,其中紫貂、貂熊、雪豹、北山羊、黑鹳等27种为国家一类保护动物。

支流那仁河流域内山区相对平缓,发育有多个山间盆地和高原沼泽湿地。那仁夏牧场是诸多盆地之一,这里夏季水草丰美,各种野花争奇斗艳,绚丽多姿,那仁河缓缓流过,牛羊成群,白色的毡房星星点点,点缀着美丽的草原。远处山坡上是一望无际的西伯利亚泰加林,莽莽苍苍,雄伟壮观。极目北眺是阿尔泰山终年不化的冰川,在夏日阳光的照耀下,熠熠生辉。

位于阿克哈巴河北部山区的白哈巴村被誉为"西北第一村"。村里居住着蒙古族图瓦人和哈萨克族牧民,是图瓦人的主要聚居地之一,具有浓郁的图瓦人和哈萨克族风情。入村的小路两边坐落着人字形尖顶、用原木砌筑的木屋,院落由木栏杆围起,随着时间的流逝,原木逐渐变黑,散发着隔世

那仁河畔的那仁草原

的古老气息。山村西北遥对中哈界河——阿克哈巴河。位于中国最西北角的白哈巴边防站坐落在村庄南侧的山坡上,每年从11月至翌年5月,大雪封山,与世隔绝,素有"雪海孤岛"之称。

阿舍勒铜矿位于距山口电站上游10千米处的河流右岸小支流别斯铁热克沟上游。该矿属大型黄铁矿型铜、锌多金属矿床,其中铜金属储量达92万吨,锌金属储量达41万吨,伴生金18吨、银1174吨,2004年9月建成并投产,采选规模及铜产量居全国同类矿山第五位。

哈巴河下游段河湾及岸边的湿地

哈巴河县城西7千米处的河流两岸及数支流汇入口处宽浅的河漫滩上建有白桦林公园,形成白桦林区长约28千米,宽1.5千米,是我国西北最大的天然白桦林带,林中树高20~40米,多连根成双而生,故人称"夫妻树"。亭亭玉立的白色树干远看高洁脱俗,近观质朴高贵。春、夏两季,林中绿草如茵,野花点缀,蜂飞蝶舞;秋季里,秋风送爽,林中铺满了赤黄色的落叶,俨然一幅风格雅致的油画;冬季为一片银装世界,引来众多的摄影师、画家在此捕捉美的瞬间。

哈巴河县唐朝时期属北庭都护府管辖,元朝归别失八里行尚书省,清朝由乌里雅苏台定边左副将军统领。1930年设县,现辖1镇6个乡,境内有兵团一八五团,总人口约8万,主要有哈萨克、汉、回等民族。

7.20.6.1　铁列克德河
(Tieliekede River)

哈巴河左岸支流,又称铁热克提河,位于新疆维吾尔自治区哈巴河县境内,河流全长38千米,集水面积579平方千米。

铁列克德河是哈巴河中游、发源于我国境内的最大一条支流。河流源头位于阿尔泰山中山带萨勒哈木尔山西麓的喀拉格则峰,河源海拔3083米。上游源区广泛发育有山间小盆地及高原湿地,河流自东北向西南流,沿途接纳的溪流有铁列斯布塔克河、马太乌兹河、喀拉乌兹河、塔勒恰特河、井画格拉斯河、卡因德布拉克河和吉别特河。河流在铁热克提乡政府驻地下游约7千米处汇入哈巴河。

流域位于白哈巴国家森林公园南端。"铁热克提"哈萨克语意为"白杨沟",沟内长满白杨树、白桦树以及野生河谷灌木林,低山丘陵区草原广阔。铁热克提乡是哈巴河县北部山区的一个少数民族乡,总人口6400余人,当地居民主要为哈萨克族牧民,以牧业为主,有少量的农田,灌溉面积约180余公顷。铁列克德河上建有小型电站1座。

7.20.7　别列则克河
(Bieliezeke River)

额尔齐斯河右岸支流,中哈跨界河流。"别列则克"蒙古语意为"手镯",因河流流程随地形弯曲流淌,形如手镯而得名。河流全长155千米,流域面积1600平方千米。

河流发源于哈萨克斯坦境内的阿祖套山东南坡,源流称沙克拉马河,河流流经阿克哲衣利亚乌盆地湿地后始称别列则克河,由西北向东南流,途中左岸接纳7条较大支流,呈典型梳状水系。河流在哈萨克斯坦境内流程约40余千米至中哈边界线,左岸接纳了发源于鄂什库喇蒙奇尔山西南坡的最大支流阔破尔他斯河(全长22千米)后进入中国境内,途中左岸由我国境内汇入较大支流科勒迭能萨依河。

别列则克河上游河道

别列则克河进入我国境内后流约8千米,于左岸接纳较大支流黑亚克萨依河和布滚勒河后,在哈龙沟村(喀拉翁格尔村)以下,河流呈倒S形转折,沿途右岸接纳了喀腊沙特河、阿克萨依河、喀英德河和萨热乌增河;又流经30千米,分别在喀拉塔斯和加纳尕什村附近接纳了北来的喀腊沙特河(编者注:同名的另一条河流)和较大支流库木阿依热克河后,流入山前丘陵平原区,经64千米,在萨尔布拉克乡阔克托海村附近汇入额尔齐斯河。

布滚勒河源头位于中哈边界"大萨孜"南端,上游称巴斯布滚勒河,河流先由北向南流18千米转向西流,4千米后流经齐叶村,向西北约8千米,在哈龙沟村汇入别列则克河。库木阿依热克河发源于哈萨克斯坦境内的卡拉摩拉山,我国境内河长19千米。

别列则克河流域河源分布有大面积沼泽,哈萨克语称山间盆地内水草丰茂的沼泽湿地为"萨孜"。萨尔布拉克乡夏牧场就位于"大萨孜"及以南的中低山带河流左岸,区内植被繁茂。河流下游建有跃进大渠,将河水引向西邻的**阿拉克别**

克河灌区，灌溉面积2 300公顷。河流上还建有一座小型水力发电站。

齐叶村附近的山脚下，有一眼清澈见底如明镜般的泉水，当地牧民称之为"镜泉"。泉水含多种有益于人体健康的微量元素，用于哈巴河县生产矿泉水、白酒等系列产品。

别列则克河中游的哈龙沟，其花岗岩地层经流水和风力剥蚀，脱落成各种栩栩如生的山石造型，如鬼斧神工打造一般。山沟两边数丈高的山石上，刻满了与古代游牧民族生活息息相关的牛、马和骆驼等动物图案以及男女舞蹈造型的岩画，画面古朴生动，自然奔放，显示出古人不凡的文化情结和神秘的远古气息。

哈龙沟的怪石

7.20.8 阿拉克别克河
(Alakebieke River)

额尔齐斯河右岸支流，大部分河段为中国与哈萨克斯坦界河，河长95千米，流域面积998平方千米。

河流发源于哈萨克斯坦境内阿祖套山南坡，流域海拔最高2 017米。产流区位于哈萨克斯坦境内，自上而下，从哈萨克斯坦境内右岸汇入的支流有阿克塔斯河、奥尔他铁列克提河、契特铁列克河和阿沙勒河。河流先由东北向西南流，在下游兵团一八五团场三连以下逐渐转向南流，在哈巴河县一八五团六连汇入额尔齐斯河，河口海拔415米。国界段河长约66千米。

阿拉克别克河

河流来水量主要由山区季节性积雪融化补给，汛期4—5月水量较大，6—7月水量显著减小。兵团农十师一八五团于1965年建成庄汉渠，长11千米。灌田面积约200公顷。

在干流左岸河畔与支流奥尔他铁列克提河汇合口处，设立有阿克吐别克口岸。阿克吐别克口岸与哈萨克斯坦的哈库里县及阿连谢夫卡口岸隔河相望，在产业、产品结构方面，双方经济具有互补性。1992年8月，两国政府签署协定，同意开放，允许中哈两国人员、交通工具和货物通行。口岸区驻有一八五团一营、边防站、银行和邮电所等。

河流左岸我国境内为低山丘陵地带，呈半干旱砾沙质荒漠草地景观，主要分布着白梭梭、梭梭柴等荒漠植被。沿河河谷林木茂密，主要有欧洲小叶白杨、柳树和白桦等。阿克吐别克口岸北侧、沿河左岸河畔，有一片美丽的天然白桦林，林间杂生着野蔷薇、锦鸡儿、绣线菊、黑醋栗、野刺玫等十多种灌木；林下及空地上生长有委陵菜、野薄荷、白三叶草、红三叶草、草木樨、黄花苜蓿、黄蒿、白蒿等各种草本植物；在低洼沼泽处生长有菖蒲、芦苇、莎草、苔藓等。

白沙湖

阿克吐别克口岸附近有著名的风景区——鸣沙山和白沙湖。白沙湖西距中哈边境约2.5千米，海拔约650米，水域面积0.5平方千米；湖区四周被沙山环抱，其湖心沙洲、湖岸生长着白桦林和阿尔泰山杨等林木；湖水碧波如镜，景致十分独特。每年6月，因湖中有莲花盛开，野鸭畅游其间而有"塞北小江南"之美誉。鸣沙山与白沙湖相邻，相对高度约25米，长约2千米，宽约100~200米，沙粒较粗，洁净无尘；在山顶静卧，可举目向西欣赏哈萨克斯坦东哈州阿连谢夫嘎县农场风光。顺沙丘向下滑行，似感整座沙丘在身下颤动，并伴有巨大的轰鸣声，若三五人联袂下滑，轰鸣之声震耳，颇有节奏，由近及远，经久不息。

阿克吐别克口岸南侧左岸河畔的沙丘上，生长着一片红叶树林，为欧洲小叶白杨，每到秋季初霜后，白杨叶子变成一片通红，十分绚烂耀眼。

兵团农十师一八五团团部驻地克孜乌雍克镇距哈巴河县城78千米，被誉为"西北边境第一团"。"克孜乌雍克"，哈萨克语意为"红柳树"，因当地柳树多呈红色故名。团场下辖的11个农业连队呈"一"字形自北向南沿阿拉克别克河左岸分布，守卫着祖国的西北边防。一连是该团最北端的一个连队，又被称为"西北第一连"。2009年，一八五团总人口3 941人，耕地面积3 667公顷，草场面积12 270公顷，林地面积34 467公顷。建团几十年来，军垦战士用心血和汗水将这块边境荒漠砾质平原建成了土壤肥沃、亦农亦牧、条田整齐、林带纵横、水利设施配套、道路宽畅、机械完善的现代化农牧团场。如今的克孜乌雍克镇，已是日新月异，道路宽阔，幢幢新房鳞次栉比，绿树草坪红花映日，夕阳西下华灯闪烁，成为祖国西北边陲的一道亮丽风景线。

7.20.9 塔斯特河
(Tasite River)

属**额尔齐斯河**流域内的无尾河，主要位于新疆维吾尔自治区吉木乃县境内，在额尔齐斯河左岸，东、西分别与喀尔交河和**拉斯特河**流域接壤，南以萨吾尔山脊为界，与塔城地区**和布克河**流域毗邻；山口塔斯特水库以上河长36.8千米，集水面积450平方千米。

塔斯特河径流主要由季节性积雪融水、降雨和泉水补给。发源于萨吾尔山东部山脊附近，源头海拔2 515米。河流自源头由东南向西北流 37 千米，途中依次接纳了阔麻依萨依河（河长 21 千米，左岸汇入 5 条支流，呈梳状水系）、陕谢克萨依河、也尔克德克河（河长 20 千米）和大支流色仍喀腊尕依河后，注入塔斯特水库（水库坝址以上水系呈扇状分布）。色仍喀腊尕依河河长 28 千米，源头位于山脊北坡，源头最高点海拔 3 271 米，源流由西南向东北流 14 千米，左岸接纳库尔阿依热克乌增河后，又流经约 14 千米在塔斯特水库回水区内汇入塔斯特河干流。

塔斯特河出塔斯特水库后，河流下行约 1.1 千米流出山口，先向东北继而转向北流，经 24 千米流程，在吐满德自然村（又称玉勒肯吐满德村）附近，沿居万喀腊山南坡脚下转向西北流，与左邻发源于萨吾尔山前山带的巴扎尔胡勒河一同注入北部闹海山和居万喀腊山南侧的玉勒肯吐满德湿地，汇入坝址位于两山之间山口处的达令海其水库。坝址以下，河流穿越两山之间约 4 千米的峡谷流向东北，从西南侧进入恰勒什海盆地（恰其海盆地），汛期有部分洪水可从西北侧沿河床流出恰勒什海盆地。

塔斯特水库坝址以下，通过干渠将水引向距河流东岸 6 千米的托斯特乡政府驻地，灌溉山前千顷良田。灌溉余水与右邻前山小溪呈散流状渗入地下，又在距托斯特乡政府驻地北侧约 15 千米的吐满德湿地出露，下游 3 千米汇入坝址位于居万喀腊山和马斯阔孜山（又称扎勒帕克塔斯山）之间山口的克孜勒喀英水库。克孜勒喀英水库坝址以下，河流穿越两山之间约 4 千米的峡谷后，出山口进入恰勒什海盆地，河水大部分通过长约 4 千米的干渠进入恰勒什海乡灌区。汛期洪水沿河床转向西北流经 13 千米，在盆地西北侧汇入塔斯特河下游干流。

塔斯特水库建成于 1996 年，是以灌溉为主兼顾防洪的拦河式中型水库，为混凝土面板堆石坝，坝高 43.11 米，库容 1 260 万立方米，控制灌溉面积 3 333 公顷，保护人口 1.2 万。

恰勒什海盆地内有恰勒什海乡驻地和所辖三个村。达令海其水库和克孜勒喀英水库主要满足恰勒什海灌区所需。达令海其水库建成于 1978 年，是以灌溉为主的拦河式小型水库，为黏土心墙坝，坝高 17 米，总库容 700 万立方米，控制灌溉面积 1 333 公顷。克孜勒喀英水库建成于 1960 年，是以灌溉为主的拦河式中型水库，为黏土斜墙坝，坝高 15.5 米，总库容 1 100 万立方米，控制灌溉面积 1 667 公顷。

塔斯特河流出恰勒什海盆地后改称克依恩苏河，先向西北流、继而转向北流，流经 27 千米，水量散失于距额尔齐斯河南岸约 9 千米处的沙丘地带。塔斯特河水量现虽不足以下泄额尔齐斯河，但它依然是纵贯吉木乃县南北最长的河流。

塔斯特河流域地势南高北低，西高东低。流域山区基本为亚高山草甸的一级平台，是天然的优良牧场。各支流源头区均分布有大片沼泽湿地，并分布有萨都库勒湖和喀孜汗库勒湖，湖周植被为山地草甸。位于萨吾尔山前与中部横山带（闹海山、居万喀腊山、马斯阔孜山）之间的东西横向谷地，宽约 20 千米，为萨吾尔山前冲洪积扇区。其间有托斯特乡千顷喷灌农田，夏季一望无际，绿浪滚滚。在冲积扇边缘与居万喀拉山、马斯阔孜山衔接处，形成了一道东西向的低洼地带。冲积扇下丰富的地下水在这里溢出，形成大片沼泽。由于这里潮湿多雾，当地人将这一地带分别称玉勒肯（哈萨克语意为"大"）吐满德（哈萨克语意为"多雾之地"）和吐满德。与其他地区沼泽带长有芦苇等水草不同，吐满德沼泽带多有树林分布。达令海其水库东南侧沼泽中有上百亩的柳树和杨树。克孜勒喀英水库附近沼泽中有面积达 330 多公顷的红桦林（又称沼桦）。土壤为草甸沼泽土，生长有藓类、苔草、紫羊芳、狒子茅、黄花、野豌豆、珠芽蓼等植物。林内有野兔、野猪、黄羊、狼、狐狸等野生动物出没，还是珍贵鸟类——雷鸟的栖息场所。沼桦多为灌木状，呈团状密集分布，树高 3~5 米，叶小，秋季呈红色，树干呈泛红的白色。红桦林是世界罕见的物种之一，加之夏季水库水域宽广，碧波荡漾，引众多游人前来观光。

塔斯特河流域历史悠久，著名的哈萨克族艾林郡王便出生于此，1917 年 9 月 5 日，民国政府蒙藏院授封艾林为阿尔泰哈萨克郡王，并授予冠带、印信和军衔。这位哈萨克族郡王为祖国统一、民族发展作出了重要贡献。托斯特乡南侧山谷冬牧场内有著名的"神石城"，石城的奇石地貌因溶蚀和风蚀作用形成，由形态各异、大小不一的庞大奇石林组成，规模宏大、险峻奇特。一块长 10 米、高 4 米、宽 3 米的象形石外形酷似恐龙，神石城草原特色浓郁，夏季花草丰茂，景色迷人。

7.20.10　拉斯特河

(Lasite River)

额尔齐斯河左岸秃尾支流，仅大洪水时才有水汇入额尔齐斯河。全河位于新疆维吾尔自治区吉木乃县托普铁热克乡境内，发源于萨吾尔山脉北坡；山口以上河长 74 千米，集水面积 837.5 平方千米。

流域地势南高北低，最高峰木斯岛山峰海拔 3 835 米。河流自源头由西南向东北流，在出山口附近曾设有科克克也木也尔水文站。水文站（海拔约 1 500 米）以上水系呈扇状分布，两岸接纳的较大支流有布尔干苏河、科克萨依河、萨喀萨依河（由

拉斯特河河源

痛海沟和阿克萨依河汇集而成）和比也色依马斯河。水文站下游河流穿越南北长约 8 千米的拉斯特盆地和乌拉勒姜克斯套山与加曼阿德尔山之间约 3 千米的宽阔河谷，在吉木乃县城上游 3 千米的克孜勒塔斯山（哈萨克语意为"红山"）西侧，接纳来自支流巴特巴克布拉克河上游红旗水库、红山水库下泄的余水后，流经吉木乃县城西城区。县城以北河道分为两条汊河：东支流约 10 千米，经托普铁热克乡喀拉苏村灌区后转向西北流；西支向北流 12 千米后也转向西北流，又流约 3 千米与东支汇合。两汊流汇合后，河流流经吐尕力阿尕什村和下游的阔舍木村灌区东北边缘，向西北流去，约 10 千米流程后散失于戈壁沙漠中。特大洪水年份，少量洪水方可穿越沙漠流入额尔齐斯河，一般年份县城以北河段均处于干涸状态。

2002 年 7 月 23 日，拉斯特河流域突降暴雨，洪水挟带大量推移质，冲毁了拉斯特河上游引水渠首等一批水利设施和 6.7 千米公路，冲毁农田 1 682 公顷。县城西河坝一带一片汪洋，冲毁房屋 3 526 间，受灾人数 8 490 人。

在科克克也木也尔水文站下游 1 千米处建有拉斯特河引水渠首，通过 7 千米的干渠及下游约 4 千米的天然河沟，将水引向位于东侧支流巴特巴克布拉克河中游的红旗水库（又称巴

拉斯特河上游河道

特巴克布拉克水库）。巴特巴克布拉克河发源于中低山丘陵区，源头海拔约 2 200 米，主要源流称别斯铁热克河，河长 16 千米；河流出山口后进入低山丘陵盆地区，河水渗入地下；受加曼阿德尔低山隆起带的阻隔，在该盆地北缘，又再次出露为众多泉水，并汇集于下游加曼阿德尔山口的红旗水库。水库北面的加曼阿德尔山，是一座东西长约 9 千米，南北宽约 2 千米的横向孤山，巴特巴克布拉克河把加曼阿德尔山分割成东西两段。河流穿越峡谷向西北流 7 千米，注入位于北部克孜勒塔斯山口处的红山水库。

红旗水库建成于 1966 年，是以灌溉为主、兼顾防洪的中型水库，黏土心墙坝，坝高 27 米，总库容 1 500 万立方米。红山水库建成于 1989 年，黏土心墙坝，坝高 19.5 米，总库容 500 万立方米。两水库联合调度，可灌溉 3 700 余公顷农田，保护下游吉木乃县城 0.96 万人口。

位于吉木乃县城东北侧约 9 千米闹海山口处的闹海水库，水源主要来自乌拉斯特河灌区余水，以及县城东侧加尔勒喀普山前冲积扇的地下水在闹海山前溢出形成的泉水；水库下游为一条蜿蜒向北部戈壁沙漠延伸的约 20 千米长的小溪，当地人称铁仍吉拉沟（又称铁仍哲腊沟）。闹海山前溢出形成的泉水，部分水量汇入闹海水库；其余水量沿闹海山南麓向西北流去，下游段称喀拉苏河，河流流经喀拉苏村灌区后，消失于北部沙漠中。

闹海水库建成于 1986 年，为拦河式小型水库，黏土心墙坝，坝高 12.6 米，总库容 150 万立方米。控制灌溉面积 100 公顷。

吉木乃县城于 1962 年由**乌勒昆乌拉斯图河**流域东迁至拉斯特河流域的托普铁热克乡，县辖 5 乡 2 镇，人口 3.6 万，其中哈萨克族占 61.35%。托普铁热克乡长期以来都是阿勒泰地区最重要的产粮大乡之一，其小麦和油料产量曾位居全地区各乡镇榜首。

拉斯特河流域海拔 3 200 米以上高山区终年为冰雪覆盖，冰川面积达 13 平方千米，木斯岛山峰犹如一个巨大的冰雪白蘑菇，在阳光的照耀下光芒四射。冰川区自然形成的冰雕、冰峰、冰洞、冰河和冰凌，形状奇妙无比。冰川下游几十米处的盆状山坳里有一天然湖泊，面积约 2.8 平方千米，人称"卧龙湖"；因湖面紧紧镶嵌在冰川半坡上，又称"冰湖"。冰川下游的天然垄坝、平台、道道 U 形河谷、冲沟等第四纪冰川冲积地貌和风化地貌，颇为壮观。

海拔 2 500～3 200 米的亚高山区，山势较缓，断层发育。支流布尔干苏河、科克萨依河、阿克萨依河和比也色依马斯河上游源头多有沼泽分布，同时还零星分布着玉什库勒湖等天然小湖泊。融雪水渗入地下后，在下游中山带以众多泉流溢出。此带虽然气温较低，但仍有爬地松等不少植被，尤以

常年生长的甘草、贝母、大芸等具有较高药用价值，被列为国家二类中草药材。这里还栖息着羚羊、盘羊、马鹿、雪豹、飞狐（又称果蝠，是最大的蝙蝠）、雪鸡、松鸡等野生动物。

海拔 2 500～1 500 米的中山带，森林密布，牧草茂盛。河谷中分布着约 300 余公顷落叶天然林，其间还生长有赤芍、黄精、麻黄、车前子、拳参、柴胡、红花等野生药用植物。河谷内气候凉爽，空气湿润，风光秀丽。海拔 1 500 米以下是广阔的山前洪冲积平原，为拉斯特乡和托普铁热克乡等的农业区。

位于吉木乃县城城北的北沙漠又名库木托拜沙漠，海拔在 600～470 米，可分为 2 个带。南带靠近农区，生长有荒漠植被，为荒漠草地放牧场。北带直抵额尔齐斯河畔，为风沙滚滚的荒漠区；区内多为固定式或半流动式沙丘，有的沙丘高度达 30～40 米；但在低洼处因地下水位较高，长有桦树、银白杨、胡杨以及铃铛刺、沙拐枣、梭梭和芦苇等，沙漠景观十分独特。

7.20.11　乌勒昆乌拉斯图河
（Wulekunwulasitu River）

额尔齐斯河左岸闭流区的内陆河，位于新疆维吾尔自治区吉木乃县西部边境，为国境界河，河长 63 千米，流域面积 356 平方千米。河名源于哈萨克族与蒙古族的混合语，意为"大白杨河"，因沿河两岸多杨树而得名。

河流发源于萨吾尔山脉的木斯岛山峰北坡，河源海拔最高 3 751 米，河流径流补给来源主要为冰雪融水和夏季降雨。"木斯岛"哈萨克语意为"冰山"。河流自源头由南向北流，经右岸的萨吾尔楞村、吉木乃镇，最终流入北部库木托拜沙漠。

乌勒昆乌拉斯图河远眺

在距源头约 24.5 千米的河流右岸建有引水龙口，通过 5.5 千米长的引水渠将部分河水引向下游位于萨吾尔楞村的注入式水库——沙尔梁水库。水库库容 600 万立方米，控制灌溉面积 2 000 公顷。沙尔梁水库是吉木乃县与兵团一八六团"兵地共建"的纽带，主要供兵团一八六团及吉木乃镇所辖村农牧业生产及下游口岸用水。一八六团水情自动测报系统布设在沙尔梁水库以及乌勒昆乌拉斯图河沿岸一带。由 11 个水位监测站、2 个超声波监测站、1 个中心站组成，对及时掌握水情和融雪情况、河流水量和各支、斗渠的用水量发挥着重要作用。

河流源头为一较大的山谷冰川，冰山阶地下游为高山草甸，海拔 2 000 米以下山区阴坡有大片森林，河谷自上而下渐宽，河谷林也愈加茂密，生长有云杉、白杨、柳树等，像一条绿色的长龙向北延伸。

自 19 世纪末期中俄签订《迈喀普奇盖条约》起，乌勒昆

乌拉斯图河开始成为一条边界河流。1916年，在乌勒昆乌拉斯图河东岸河畔设立了吉木乃县佐；1930年升格为吉木乃县（1962年县城东迁20多千米至乌拉斯特河流域）。原县址现为县辖吉木乃镇，也是国家一类口岸——吉木乃口岸和兵团农十师一八六团团部驻地。该口岸始建于1917年，距哈萨克斯坦斋桑县仅68千米，曾是我国与苏联通邮、通商，相互贸易交往的主要通道之一；1991年10月10日重新开放，2002年3月1日实现向第三国开放。

一八六团1962年奉命进驻该流域，历经40多年的沧桑风雨，为履行屯垦戍边、稳定边疆、建设边疆的伟大使命，作出了巨大贡献。全团15个基层单位全部沿界河东岸而设，团机关办公楼离边境线不足200米，是一个典型的边境农牧团场。

附 录
Appendix

附表一　　　　　　　　　　　西北诸河卷列条河流一览表

序号	条目编号	河名	水系	发源地、起始地	入湖（河）口	河长 (km)	流域面积 (km²)	多年平均年径流量 (亿 m³)	行经地区	备注
1	10.3.191.1	海丁河	羌塘高原内流区河湖·海丁诺尔	青海省玉树藏族自治州治多县可可西里山脉高岭山	海丁诺尔西岸	66.0	568.0		青海省玉树藏族自治州治多县	
2	10.3.192.1	库赛河	羌塘高原内流区河湖·库赛湖	青海省玉树藏族自治州治多县昆仑山脉雪月山	库赛湖西南岸	140.0	2 864.0		青海省玉树藏族自治州治多县	
3	10.3.193.1	卓乃河	羌塘高原内流区河湖·卓乃湖	青海省玉树藏族自治州治多县昆仑山脉五雪峰	卓乃湖西岸	65.0	684.0		青海省玉树藏族自治州治多县	
4	10.3.201.1	洪水河	羌塘高原内流区河湖·西金乌兰湖	青海省玉树藏族自治州治多县可可西里山脉天台山南侧	西金乌兰湖东北岸	53.0	828.0		青海省玉树藏族自治州治多县	
5	10.3.201.2	倒流沟河	羌塘高原内流区河湖·西金乌兰湖	青海省玉树藏族自治州治多县乌兰乌拉山	西金乌兰湖东南岸	64.0	892.0		青海省玉树藏族自治州治多县	
6	10.3.201.3	陷车河	羌塘高原内流区河湖·西金乌兰湖	青海省玉树藏族自治州治多县冬布勒山东北侧	西金乌兰湖西南岸	73.0	2 160.0		青海省玉树藏族自治州治多县	
7	10.3.201.4	还东河	羌塘高原内流区河湖·西金乌兰湖	青海省玉树藏族自治州治多县可可西里山脉岗扎日山东南侧	西金乌兰湖西北岸	71.0	520.0		青海省玉树藏族自治州治多县	
8	10.3.202.1	盼来沟河	羌塘高原内流区河湖·明镜湖	乌兰乌拉山	明镜湖东南岸	70.0	800.0		青海省玉树藏族自治州治多县	
9	10.3.202.2	明镜西河	羌塘高原内流区河湖·明镜湖	青海省玉树藏族自治州治多县冬布勒山	明镜湖西岸	71.0	627.0		青海省玉树藏族自治州治多县	
10	10.3.204.1	等马河	羌塘高原内流区河湖·乌兰乌拉湖	青海省格尔木市祖尔肯乌拉山	乌兰乌拉湖南岸	84.0	1 360.0		青海省格尔木市	
11	10.3.204.2	跑牛河	羌塘高原内流区河湖·乌兰乌拉湖	青海省格尔木市玉带山	乌兰乌拉湖西南岸	80.0	940.0		青海省格尔木市	
12	10.3.204.3	小沙河	羌塘高原内流区河湖·乌兰乌拉湖	青海省格尔木市玉带山	乌兰乌拉湖西南岸	68.0	1 160.0		青海省格尔木市	
13	10.3.205.1	依协克帕提河	羌塘高原内流区河湖·阿牙克库木湖	新疆维吾尔自治区若羌县祁曼塔格乡	新疆维吾尔自治区若羌县祁曼塔格乡	72	15 000	6.5	新疆维吾尔自治区若羌县	
14	10.3.205.1.2	库木开日河	依协克帕提河左岸支流	新疆维吾尔自治区若羌县祁曼塔格乡	新疆维吾尔自治区若羌县祁曼塔格乡	165	4 709	0.75	新疆维吾尔自治区若羌县祁曼塔格乡	
15	10.3.205.1.3	皮提勒克河	依协克帕提河左岸支流	新疆维吾尔自治区若羌县祁曼塔格乡昆仑山主脉北坡	新疆维吾尔自治区若羌县祁曼塔格乡	280	8 869	2.47	新疆维吾尔自治区若羌县	
16	10.3.205.2	色斯克亚河	羌塘高原内流区河湖·阿牙克库木湖	新疆维吾尔自治区若羌县祁曼塔格乡昆仑山支脉阿尔喀山北坡	新疆维吾尔自治区若羌县祁曼塔格乡	120	4 660	0.85	新疆维吾尔自治区若羌县	
17	10.3.206.1	玉浪河	羌塘高原内流区河湖·鲸鱼湖	青海省治多县索加乡莫曲村	新疆维吾尔自治区若羌县祁曼塔格乡无人区	55	376	0.4	青海省治多县、新疆维吾尔自治区若羌县	

续表

序号	条目编号	河　名	水　系	发源地、起始地	入湖（河）口	河长(km)	流域面积(km²)	多年平均年径流量(亿 m³)	行　经　地　区	备注
18	10.3.207.1	哈夏克力克河	羌塘高原内流区河湖·阿其格库勒湖	新疆维吾尔自治区若羌县祁曼塔格乡昆仑山主山脊附近埃里在列克柳山东坡	新疆维吾尔自治区若羌县祁曼塔格乡无人区	142	3 233	1.687	新疆维吾尔自治区若羌县	
19	10.3.207.2	艾梗乌塔木各河	羌塘高原内流区河湖·阿其格库勒湖	新疆维吾尔自治区若羌县祁曼塔格乡昆仑山主山脊黄山口峰附近的埃里在列克柳山西南坡	新疆维吾尔自治区若羌县祁曼塔格乡无人区	96	2 007	0.662	新疆维吾尔自治区若羌县	
20	10.3.207.3	阿其格库勒河	羌塘高原内流区河湖·阿其格库勒湖	新疆维吾尔自治区若羌县	新疆维吾尔自治区若羌县祁曼塔格乡无人区南部与西藏自治区尼玛县交界处	65	4 691	1.4	新疆维吾尔自治区若羌县	
21	10.3.207.3.1	月牙河	阿其格库勒河支流	新疆维吾尔自治区若羌县东昆仑山木孜塔格峰	新疆维吾尔自治区若羌县无人区	124	2 741	0.91	新疆维吾尔自治区若羌县	
22	10.4.1.1	孔雀河	罗布泊	新疆维吾尔自治区博湖县博斯腾湖乡博斯腾湖	新疆维吾尔自治区尉犁县	942		13.3		
23	10.4.1.1.1.2	乌什塔拉河	博斯腾湖	新疆维吾尔自治区和硕县中天山东端一小支脉南坡	新疆维吾尔自治区和硕县乌什塔拉回族乡	50	783	0.5	新疆维吾尔自治区和硕县	山口以上数据
24	10.4.1.1.1.3	曲惠沟	博斯腾湖	新疆维吾尔自治区和硕县中天山东端一小支脉南坡	新疆维吾尔自治区和硕县曲惠乡	46	392	0.16	新疆维吾尔自治区和硕县	山口以上数据
25	10.4.1.1.1.4	清水河	博斯腾湖	新疆维吾尔自治区和静县中天山东端一小支脉南坡	新疆维吾尔自治区和硕县新塔热乡	99	1 016	1.0	新疆维吾尔自治区和静县、和硕县	山口以上数据
26	10.4.1.1.1.5	黄水沟河	博斯腾湖	新疆维吾尔自治区和静县天山山脉中段依连哈比尔尕山东部冰川区	新疆维吾尔自治区焉耆回族自治县北大渠乡	110	4 311	2.83	新疆维吾尔自治区和静县、和硕县、焉耆回族自治县	山口以上数据
27	10.4.1.1.1.6	开都河	博斯腾湖	新疆维吾尔自治区和静县天山山脉中段依连哈比尔尕山南坡	新疆维吾尔自治区博湖县乌兰再格森乡	560	47 878	35.09（大山口水文站）	新疆维吾尔自治区和静县、焉耆回族自治县、博湖县	
28	10.4.1.1.1.6.1	扎格斯台河	开都河右岸支流	新疆维吾尔自治区和静县天山山脉扎格斯台达坂	新疆维吾尔自治区和静县额勒再特乌鲁乡哈仍盖村	81	1 025	1.65	新疆维吾尔自治区和静县	
29	10.4.1.1.1.6.2	依克赛河	开都河右岸支流	新疆维吾尔自治区和静县天山山脉那拉提山南坡江布达坂	新疆维吾尔自治区和静县巴音郭楞乡	108	4 101	10.2	新疆维吾尔自治区和静县	
30	10.4.1.1.1.6.3	赛日木河	开都河左岸支流	新疆维吾尔自治区和静县天山山脉额尔宾山和萨尔明山之间的赛日木隘口	新疆维吾尔自治区和静县巴音乌鲁乡	61	511	0.9	新疆维吾尔自治区和静县境内大尤路都斯盆地东部	
31	10.4.1.1.1.6.4	萨恨图海河	开都河左岸支流	新疆维吾尔自治区和静县天山山脉额尔宾山	新疆维吾尔自治区和静县巴音乌鲁乡	50	597	1.75	新疆维吾尔自治区和静县	
32	10.4.1.1.1.6.5	阿仁萨恨图海河	开都河右岸支流	新疆维吾尔自治区和静县天山中段乌兰格林达坂	新疆维吾尔自治区和静县巴音乌鲁乡萨恨图海村	48	488	1.17	新疆维吾尔自治区和静县	
33	10.4.1.1.1.6.6	哈尔嘎特郭勒河	开都河左岸支流	新疆维吾尔自治区和静县天山支脉额尔宾山南坡	新疆维吾尔自治区和静县巴音乌鲁乡萨恨图海村	51	463	1.25	新疆维吾尔自治区和静县	
34	10.4.1.1.1.6.8	察汗乌苏河	开都河左岸支流	新疆维吾尔自治区和静县天山山脉萨尔明山最大的冰川	新疆维吾尔自治区和静县哈尔莫墩镇查干乌散村	61	669	1.2	新疆维吾尔自治区和静县	
35	10.4.1.1.1.6.10	乌拉斯台河	开都河左岸支流	新疆维吾尔自治区和静县天山山脉额尔宾山南麓东段东豆达坂	新疆维吾尔自治区和静县哈尔莫墩镇	71	2 260	1.3	新疆维吾尔自治区和静县	
36	10.4.1.1.4	库塔干渠	孔雀河	新疆维吾尔自治区库尔勒市孔雀河分水枢纽渠首	新疆维吾尔自治区尉犁县恰拉水库	17.8				总干渠长度
37	10.4.2.1	塔里木河	台特马湖		新疆维吾尔自治区若羌县铁干里克乡罗布庄村	2 727	365 900		新疆维吾尔自治区阿拉尔市、沙雅县、库车县、轮台县、库尔勒市、尉犁县、若羌县	

续表

序号	条目编号	河名	水系	发源地、起始地	入湖（河）口	河长(km)	流域面积(km²)	多年平均年径流量(亿 m³)	行经地区	备注
38	10.4.2.1.1	叶尔羌河	塔里木河主源	新疆维吾尔自治区皮山县喀喇昆仑山昆仑冰川	新疆阿拉尔市托喀依乡肖夹克村	1 269	85 700	66	新疆维吾尔自治区皮山县、叶城县、塔什库尔干塔吉克自治县、阿克陶县、莎车县、泽普县、麦盖提县、岳普湖县、巴楚县、阿瓦提县	
39	10.4.2.1.1.1	纳赫什河	叶尔羌河左岸支流	新疆维吾尔自治区叶城县西合休乡	新疆维吾尔自治区叶城县西合休乡	58	1 168	2.1	新疆维吾尔自治区叶城县	
40	10.4.2.1.1.2	阿克塔河	叶尔羌河右岸支流	新疆维吾尔自治区皮山县康克尔柯尔克孜民族乡	新疆维吾尔自治区叶城县西合休乡	73	3 453	2.6	新疆维吾尔自治区皮山县	
41	10.4.2.1.1.3	麻扎达拉沟	叶尔羌河右岸支流	新疆维吾尔自治区叶城县西合休乡昆仑山脉塔什库祖克山苦克浪达坂	新疆维吾尔自治区叶城县西合休乡麻扎达拉村	34	687	1.5	新疆维吾尔自治区叶城县	
42	10.4.2.1.1.4	苏勒库瓦提河	叶尔羌河左岸支流	新疆维吾尔自治区塔什库尔干塔吉克自治县喀喇昆仑山沙斯木巴塔格山冰川区	新疆维吾尔自治区塔什库尔干塔吉克自治县达不达尔乡苏里库哇提村	115	2 122	5.9	新疆维吾尔自治区塔什库尔干塔吉克自治县	
43	10.4.2.1.1.5	克勒青河	叶尔羌河左岸支流	新疆维吾尔自治区叶城县喀喇昆仑山北坡胜利达坂	新疆维吾尔自治区塔什库尔干塔吉克自治县达不达尔乡岔河口村	236	7 802	19.5	新疆维吾尔自治区叶城县、塔什库尔干塔吉克自治县	
44	10.4.2.1.1.5.1	音苏盖提河	克勒青河左岸支流	新疆维吾尔自治区塔什库尔干塔吉克自治县达布达尔乡喀喇昆仑山东北麓冰川	新疆维吾尔自治区塔什库尔干塔吉克自治县达布达尔乡		1 035	0.95	新疆维吾尔自治区塔什库尔干塔吉克自治县	
45	10.4.2.1.1.5.2	克里满河	克勒青河左岸支流	新疆维吾尔自治区塔什库尔干塔吉克自治县喀喇昆仑山吾甫浪达坂及塔木太开山	新疆维吾尔自治区塔什库尔干塔吉克自治县达不达尔乡吾甫浪村	42	352	0.67	新疆维吾尔自治区塔什库尔干塔吉克自治县	
46	10.4.2.1.1.6	马尔洋河	叶尔羌河左岸支流	新疆维吾尔自治区塔什库尔干塔吉克自治县皮得其力尕山	新疆维吾尔自治区塔什库尔干塔吉克自治县马尔洋乡努力墩村	32	462	0.57	新疆维吾尔自治区塔什库尔干塔吉克自治县	
47	10.4.2.1.1.7	皮勒河	叶尔羌河左岸支流	新疆维吾尔自治区塔什库尔干塔吉克自治县昆仑山脉塔西土鲁克山莫莫克里其达坂冰川	新疆维吾尔自治区塔什库尔干塔吉克自治县马尔洋乡皮勒村	33	272	0.21	新疆维吾尔自治区塔什库尔干塔吉克自治县	
48	10.4.2.1.1.8	巴什却甫河	叶尔羌河右岸支流	新疆维吾尔自治区叶城县阿尕孜山北坡冰川区	新疆维吾尔自治区叶城县西合休乡阿亚格却勒村	71	2 181	2.5	新疆维吾尔自治区叶城县	
49	10.4.2.1.1.8.1	库浪那古河	巴什却甫河左岸支流	新疆维吾尔自治区叶城县昆仑山脉塔什库祖克山东北坡冰川区	新疆维吾尔自治区叶城县西合休乡亚尔阿格孜村	83	1 401	2.1	新疆维吾尔自治区叶城县	
50	10.4.2.1.1.9	大同河	叶尔羌河左岸支流	新疆维吾尔自治区塔什库尔干塔吉克自治县喀热巴得热克山东北坡	新疆维吾尔自治区塔什库尔干塔吉克自治县大同乡	49	635	0.29	新疆维吾尔自治区塔什库尔干塔吉克自治县	
51	10.4.2.1.1.10	塔什库尔干河	叶尔羌河左岸支流	新疆维吾尔自治区塔什库尔干县喀喇昆仑山及萨雷阔勒岭北坡	新疆维吾尔自治区塔什库尔干塔吉克自治县大塔尔塔吉克族乡库祖村	276	11 707	11.5	新疆维吾尔自治区塔什库尔干塔吉克自治县	
52	10.4.2.1.1.10.1	塔克敦巴什河	塔什库尔干河右岸支流	新疆维吾尔自治区塔什库尔干塔吉克自治县喀喇昆仑山红其拉甫达坂红拉甫冰川	新疆维吾尔自治区塔什库尔干塔吉克自治县达不达尔乡阿特加依里村	71	1 623	2.7	新疆维吾尔自治区塔什库尔干塔吉克自治县	
53	10.4.2.1.1.10.2	塔合曼河	塔什库尔干河左岸	新疆维吾尔自治区塔什库尔干塔吉克自治县科克亚尔柯尔克孜族乡萨雷阔勒岭东坡苏巴什达坂	新疆维吾尔自治区塔什库尔干塔吉克自治县提孜那甫乡曲什曼村	35	1 553	3.17	新疆维吾尔自治区塔什库尔干塔吉克自治县	
54	10.4.2.1.1.10.3	瓦恰河	塔什库尔干河右岸支流	新疆维吾尔自治区塔什库尔干塔吉克自治县皮的其力尕山白尔力克达坂	新疆维吾尔自治区塔什库尔干塔吉克自治县班迪尔乡波斯特班迪尔村	61	951	0.73	新疆维吾尔自治区塔什库尔干塔吉克自治县	

续表

序号	条目编号	河 名	水 系	发源地、起始地	入湖（河）口	河长 (km)	流域面积 (km²)	多年平均年径流量 (亿 m³)	行 经 地 区	备注
55	10.4.2.1.1.10.4	帕斯热瓦提河	塔什库尔干河左岸支流	新疆维吾尔自治区阿克陶县慕士塔格山冰川东端	新疆维吾尔自治区塔什库尔干塔吉克自治县库科西鲁格乡乌鲁本克村	58	930	0.5	新疆维吾尔自治区阿克陶县、塔升库尔干塔吉克自治县	
56	10.4.2.1.1.11	恰尔隆萨依河	叶尔羌河左岸支流	新疆维吾尔自治区阿克陶县慕士塔格山喀什喀苏达坂	新疆维吾尔自治区阿克陶县库布斯拉甫乡西侧	59	1 227	0.47	新疆维吾尔自治区阿克陶县	
57	10.4.2.1.1.12	霍什拉甫河	叶尔羌河右岸支流	新疆维吾尔自治区莎车县、塔什库尔干县、叶城县交界处的克拉达坂山东坡	新疆维吾尔自治区莎车县霍什拉甫乡古勒巴格村	64	1 028	0.21	新疆维吾尔自治区莎车县	
58	10.4.2.1.1.13	棋盘河	叶尔羌河右岸支流	新疆维吾尔自治区叶城县昆仑山西段库拉木特达坂	新疆维吾尔自治区莎车县喀群乡坎其木都村	94	2 104	0.21	新疆维吾尔自治区叶城县、莎车县	
59	10.4.2.1.1.18	提孜那甫河	叶尔羌河右岸支流	新疆维吾尔自治区叶城县西昆仑山主脉冰川	新疆维吾尔自治区麦盖提县前进水库下游50千米	320	7 226	8.535	新疆维吾尔自治区叶城县、泽普县、莎车县、麦盖提县	
60	10.4.2.1.1.18.1	柯克亚河	提孜那甫河右岸支流	新疆维吾尔自治区叶城县西昆仑山北坡	新疆维吾尔自治区叶城县江格勒斯乡	38	377	0.78	新疆维吾尔自治区叶城县	山口以上数据
61	10.4.2.1.1.18.2	乌鲁克河	提孜那甫河右岸支流	新疆维吾尔自治区叶城县昆仑山北坡太坎冰川	新疆维吾尔自治区叶城县江格勒斯乡	103	1 121	1.56	新疆维吾尔自治区叶城县	山口以上数据
62	10.4.2.1.2	喀什噶尔河	塔里木河左岸支流	新疆维吾尔自治区伽师县	新疆维吾尔自治区阿拉尔市托喀依乡肖夹克村	1 019	66 760	45.92	新疆维吾尔自治区伽师县、巴楚县、图木舒克市、阿瓦提县	
63	10.4.2.1.2.1	喀拉铁热克河	喀什噶尔河左岸支流	新疆维吾尔自治区乌恰县天山南脉且克拉岭南坡	新疆维吾尔自治区乌恰县吉根乡萨喀勒恰提村	40	780	1.78	新疆维吾尔自治区乌恰县	
64	10.4.2.1.2.2	卓尤勒干苏河	喀什噶尔河左岸支流	新疆维吾尔自治区乌恰县天山南脉且克拉岭东南坡	新疆维吾尔自治区乌恰县苏鲁克恰提乡库尔干村	90	2 006	3.6	新疆维吾尔自治区乌恰县	
65	10.4.2.1.2.3	玛尔坎苏河	喀什噶尔河右岸支流	塔吉克斯坦	新疆维吾尔自治区乌恰县吾合沙鲁乡马尔坎恰特村	150	3 724		塔吉克斯坦及中国新疆维吾尔自治区阿克陶县、乌恰县	
66	10.4.2.1.2.4	康苏河	喀什噶尔河右岸支流	新疆维吾尔自治区乌恰县天山南脉其勒坦套山冰川区南坡	新疆维吾尔自治区乌恰县黑孜苇乡库勒阿日克村	60	668	0.5	新疆维吾尔自治区乌恰县	
67	10.4.2.1.2.5	阿依嘎尔特河	喀什噶尔河右岸支流	新疆维吾尔自治区乌恰县昆盖山北坡	新疆维吾尔自治区乌恰县黑孜苇乡库勒阿日克村	79	1 376	1.7	新疆维吾尔自治区乌恰县	
68	10.4.2.1.2.6	卡浪沟吕克河	喀什噶尔河左岸支流	新疆维吾尔自治区乌恰县天山南脉阿赖山阿克巴什阿尤山东侧	新疆维吾尔自治区疏附县木什乡喀帕喀村	116	1 954	1.12（卡浪沟吕克水文站）	新疆维吾尔自治区乌恰县、疏附县	集水面积为卡浪沟吕克水文站以上数据
69	10.4.2.1.2.6.1	库玫滚河	卡浪沟吕克河河源右岸支流	新疆维吾尔自治区乌恰县天山南脉且克拉岭东南坡其勒坦套山东侧	新疆维吾尔自治区乌恰县黑孜苇乡康什维尔村	80	667	0.361	新疆维吾尔自治区乌恰县	
70	10.4.2.1.2.7	吐曼河	喀什噶尔河左岸支流	新疆维吾尔自治区疏附县兰干乡苏鲁克村山前泉水出露带	新疆维吾尔自治区疏附县阿克喀什乡林场	83	869	1.3	新疆维吾尔自治区喀什市、疏附县	
71	10.4.2.1.2.8	盖孜河	喀什噶尔河右岸支流	新疆维吾尔自治区阿克陶县萨雷阔勒岭主山脊冰川区	新疆维吾尔自治区岳普湖县	257	17 460	9.547	新疆维吾尔自治区阿克陶县、疏附县、疏勒县、岳普湖县	
72	10.4.2.1.2.8.1	开牙克巴什河	盖孜河左岸支流	新疆维吾尔自治区阿克陶县萨雷阔勒岭东北坡	新疆维吾尔自治区阿克陶县木吉乡	39	422	0.8	新疆维吾尔自治区阿克陶县	
73	10.4.2.1.2.8.2	阿拉木特河	盖孜河右岸支流	新疆维吾尔自治区阿克陶县萨雷阔勒岭北麓	新疆维吾尔自治区阿克陶县木吉乡	56	702	0.263	新疆维吾尔自治区阿克陶县	

续表

序号	条目编号	河名	水系	发源地、起始地	入湖（河）口	河长（km）	流域面积（km²）	多年平均年径流量（亿 m³）	行经地区	备注
74	10.4.2.1.2.8.4	康西瓦河	盖孜河右岸支流	新疆维吾尔自治区阿克陶县昆仑山脉西部慕士塔格山冰川区东北坡	新疆维吾尔自治区阿克陶县布伦口乡别勒库木村	71	2 561	3.488	新疆维吾尔自治区阿克陶县	
75	10.4.2.1.2.8.6	维他克河	盖孜河左岸支流	新疆维吾尔自治区阿克陶县昆盖山东北坡奥依塔克冰川	新疆维吾尔自治区阿克陶县奥依塔克镇	43	497	1.758	新疆维吾尔自治区阿克陶县	
76	10.4.2.1.2.8.7	乌鲁阿特河	盖孜河左岸支流	新疆维吾尔自治区乌恰县昆盖山东北麓	新疆维吾尔自治区疏附县塔什米克尔乡	42	584	1	新疆维吾尔自治区乌恰县、阿克陶县、疏附县	山口以上数据
77	10.4.2.1.2.8.8	且木干河	盖孜河左岸支流	新疆维吾尔自治区乌恰县昆盖山东北坡	新疆维吾尔自治区乌恰县膘尔托阔依乡	37	396	0.8	新疆维吾尔自治区乌恰县、疏附县	山口以上数据
78	10.4.2.1.2.9	恰克马克河	喀什噶尔河左岸支流	新疆维吾尔自治区乌恰县天山南脉南坡	新疆维吾尔自治区喀什市	226	4 820	1.979	新疆维吾尔自治区乌恰县、阿图什市、喀什市、疏附县、伽师县	
79	10.4.2.1.2.9.1	苏约克河	恰克马克河右岸	新疆维吾尔自治区乌恰县琼喀拉乔阔山与阿克套山之间的苏约克山口	新疆维吾尔自治区乌恰县托云乡恰克马克牧场附近恰克马克大桥处	74	963	1.07	新疆维吾尔自治区乌恰县	
80	10.4.2.1.2.9.1.1	托云萨依河	苏约克河左岸支流	新疆维吾尔自治区乌恰县吐尔尕特山与乔拉克盖灭山之间的吐尔尕特山口	新疆维吾尔自治区乌恰县托云乡	50	482	0.342	新疆维吾尔自治区乌恰县	
81	10.4.2.1.2.10	布古孜河	喀什噶尔河左岸支流	新疆维吾尔自治区阿图什市天山南脉南坡	新疆维吾尔自治区疏勒县亚曼牙乡协开尔巴格村（疏附县、疏勒县、伽师县交界处）	182	6 610	0.98	新疆维吾尔自治区阿图什市	山口以上数据
82	10.4.2.1.2.11	库山河	喀什噶尔河右岸支流	新疆维吾尔自治区阿克陶县公格尔山东坡	新疆维吾尔自治区英吉沙县萨罕乡	117	2 169	6.457	新疆维吾尔自治区阿克陶县、英吉沙县	山口以上数据
83	10.4.2.1.2.12	依格孜亚河	喀什噶尔河右岸支流	新疆维吾尔自治区阿克陶县公格尔山布拉达坂	新疆维吾尔自治区英吉沙县萨罕乡	70	1 340	1.04（克孜勒塔克水文站）	新疆维吾尔自治区阿克陶县、英吉沙县	故孜勒塔克水文站以上数据
84	10.4.2.1.2.15	柯坪河	喀什噶尔河左岸支流	新疆维吾尔自治区柯坪县天山南脉支脉黑尔塔格山南坡	新疆维吾尔自治区柯坪县阿恰勒乡	90	4 470	0.52	新疆维吾尔自治区柯坪县	山口以上数据
85	10.4.2.1.3	阿克苏河	塔里木河左岸支流	吉尔吉斯斯坦	新疆维吾尔自治区阿拉尔市托喀依乡肖夹克村	468	46 787		吉尔吉斯斯坦及中国新疆维吾尔自治区阿合奇县、乌什县、温宿县、阿克苏市、阿瓦提县、阿拉尔市	
86	10.4.2.1.3.1	托木尔苏河	阿克苏河右岸支流	新疆维吾尔自治区温宿县天山山脉托木尔峰南坡冰川区	新疆维吾尔自治区温宿县吐木秀克镇阿克塔什村	64	1 018	6.17	新疆维吾尔自治区温宿县	
87	10.4.2.1.3.2	托什干河	阿克苏河右岸支流	吉尔吉斯斯坦	新疆维吾尔自治区阿克苏市依干其乡	592	24 108		吉尔吉斯斯坦及中国新疆维吾尔自治区阿合奇县、乌什县、温宿县	中国境内河长358千米
88	10.4.2.1.3.2.1	阿依克特克河	托什干河右岸支流	新疆维吾尔自治区阿图什市	新疆维吾尔自治区阿合奇县哈拉布拉克乡牧场	89	1 283	2.05	新疆维吾尔自治区阿图什市、阿合奇县	
89	10.4.2.1.3.2.2	玉山古西河	托什干河左岸支流	吉尔吉斯斯坦	新疆维吾尔自治区阿合奇县阿合奇镇牙狼奇村	150	3 464		吉尔吉斯斯坦、中国新疆维吾尔自治区阿合奇县	
90	10.4.2.1.3.2.3	别达里河	托什干河左岸支流	新疆维吾尔自治区阿合奇县天山南脉别迭里山口	新疆维吾尔自治区阿合奇县库兰萨日克乡别迭里村	32	408	0.785	新疆维吾尔自治区阿合奇县、乌什县	
91	10.4.2.1.3.9	柯柯亚尔河	阿克苏河左岸	新疆维吾尔自治区温宿县天山山脉南坡冰川带	新疆维吾尔自治区阿克苏市依干其乡尤勒滚鲁克村	34	488	0.98	新疆维吾尔自治区温宿县、阿克苏市	山口以上数据

续表

序号	条目编号	河名	水系	发源地、起始地	入湖（河）口	河长(km)	流域面积(km²)	多年平均年径流量(亿 m³)	行经地区	备注
92	10.4.2.1.4	和田河	塔里木河支流	新疆维吾尔自治区和田县	新疆维吾尔自治区阿拉尔市托喀依乡肖夹克村	1 138	26 600	22	新疆维吾尔自治区和田县、皮山县、墨玉县、洛甫县、坷凡提县、阿拉尔市	主源流喀拉喀什河流域面积
93	10.4.2.1.4.2	滚石河	和田河右岸支流	新疆维吾尔自治区和田县	新疆维吾尔自治区和田县喀拉塔什乡大红柳滩村	39	672	0.51	新疆维吾尔自治区和田县	
94	10.4.2.1.4.3	吐日苏河	和田河左岸支流	新疆维吾尔自治区皮山县西昆仑山西段北坡	新疆维吾尔自治区皮山县桑珠乡吐日苏村	59	812	2.26	新疆维吾尔自治区皮山县	
95	10.4.2.1.4.4	阿机拉河	和田河右岸支流	新疆维吾尔自治区和田县	新疆维吾尔自治区皮山县桑珠乡铁日克村	36	426	0.714	新疆维吾尔自治区和田县	
96	10.4.2.1.4.5	普守达里亚河	和田河右岸支流	新疆维吾尔自治区和田县昆仑山脉的印地他什冰川达坂	新疆维吾尔自治区和田县喀拉塔什乡塔木其村	38.4	688	1.13	新疆维吾尔自治区和田县	
97	10.4.2.1.4.6	庞纳子达里亚河	和田河右岸支流	新疆维吾尔自治区和田县昆仑山脉	新疆维吾尔自治区和田县喀拉塔什乡塔木其村	51.2	1 003	2.177	新疆维吾尔自治区和田县	
98	10.4.2.1.4.7	鲁直干直代牙河	和田河右岸支流	新疆维吾尔自治区和田县昆仑山脉的托日艾峨孜塔格山	新疆维吾尔自治区和田县喀拉塔什乡吐鲁干直村	53.6	563	0.473	新疆维吾尔自治区和田县	
99	10.4.2.1.4.10	玉龙喀什河	和田河右岸支流	新疆维吾尔自治区于田县昆仑山西段主峰昆仑峰区北坡山区	新疆维吾尔自治区墨玉县喀瓦克乡麻雪特村	505	19 803	22.5	新疆维吾尔自治区于田县、策勒县、和田县、和田市、洛浦县、墨玉县	
100	10.4.2.1.7	台兰河	塔里木河水质	新疆维吾尔自治区温宿县天山托木尔峰南坡	新疆维吾尔自治区阿克苏市	217	1 338	7.1（台兰水文站）	新疆维吾尔自治区温宿县、阿克苏市	集水面积为山口处台兰水文站以上数据
101	10.4.2.1.8	喀拉玉尔滚河	塔里木河水系	新疆维吾尔自治区温宿县天山支脉哈尔克他乌山南坡	新疆维吾尔自治区阿克苏市	66	520	2.4	新疆维吾尔自治区温宿县、阿克苏市	山口以上数据
102	10.4.2.1.13	渭干河	塔里木河水系	新疆维吾尔自治区阿克苏地区拜城县	新疆维吾尔自治区沙雅县塔里木乡	185	16 784	21.8	新疆维吾尔自治区拜城县、新和县、库车县、沙雅县	
103	10.4.2.1.13.1	卡木斯浪河	渭干河左岸支流	新疆维吾尔自治区拜城县南天山支脉哈尔克他乌山南坡	新疆维吾尔自治区拜城县米吉克乡	118	2 620	6.676（卡木鲁克水文站）	新疆维吾尔自治区拜城县	集水面积为出山口处的卡木鲁克水文站以上数据
104	10.4.2.1.13.1.1	台勒维丘克河	卡木斯浪河左岸支流	新疆维吾尔自治区拜城县南天山支脉哈尔克他乌山南坡	新疆维吾尔自治区拜城县	86	870	0.79（特尔维其克水文站）	新疆维吾尔自治区拜城县	河长、集水面积为出山口处的特尔维其克水文站以上数据
105	10.4.2.1.13.2	卡拉苏河	渭干河左岸支流	新疆维吾尔自治区拜城县南天山支脉哈尔克他乌山南坡	新疆维吾尔自治区拜城县托克逊乡	89	1 604	2.33（卡拉苏水文站）	新疆维吾尔自治区拜城县	河长、集水面积为山口处的卡拉苏水文站以上数据
106	10.4.2.1.13.3	黑孜河	渭干河左岸支流	新疆维吾尔自治区拜城县南天山支脉科克铁克山南坡	新疆维吾尔自治区拜城县黑孜尔乡克孜尔水文站	130	4 956	4.39	新疆维吾尔自治区拜城县	
107	10.4.2.1.14	库车河	塔里木河水系	新疆维吾尔自治区库车县南天山支脉科克铁克山南坡	新疆维吾尔自治区库车县墩阔坦镇	126	3 118	3.8（兰干水文站）	新疆维吾尔自治区库车县	河长、集水面积为出山口处的兰干水文站以上数据

续表

序号	条目编号	河 名	水 系	发源地、起始地	入湖（河）口	河长(km)	流域面积(km²)	多年平均年径流量(亿 m³)	行 经 地 区	备注
108	10.4.2.1.14.1	盐水沟	库车河右岸支流	新疆维吾尔自治区拜城县天山南坡	新疆维吾尔自治区库车县	63	470	0.23	新疆维吾尔自治区拜城县、库车县	集水面积为盐水沟峡谷口以上数据
109	10.4.2.1.15	迪那河	塔里木河支流	新疆维吾尔自治区库车县天山南脉中段霍拉山南坡	新疆维吾尔自治区轮台县草湖乡	81	2 300	3.5	新疆维吾尔自治区库车县、轮台县	河长、集水面积为迪那河水文站以上数据
110	10.4.2.1.16	阳霞河	塔里木河支流	新疆维吾尔自治区轮台县天山支脉索都尔别力山南坡	新疆维吾尔自治区轮台县塔拉布克乡提尔干村	60	510	1.07	新疆维吾尔自治区轮台县	出山口以上数据
111	10.4.2.1.17	野云沟	塔里木河支流	新疆维吾尔自治区轮台县天山支脉霍拉山西端南坡	新疆维吾尔自治区轮台县野云沟乡	37	369	0.254	新疆维吾尔自治区轮台县	山口以上数据
112	10.4.2.3	米兰河	塔里木内流区河湖·台特马湖	新疆维吾尔自治区若羌县阿尔金山支脉玉素甫阿雷克雪山北坡	新疆维吾尔自治区若羌县三十六团场	142	4 108	1.4	新疆维吾尔自治区若羌县	山口以上数据
113	10.4.2.4	若羌河	塔里木内流区河湖·台特马湖	新疆维吾尔自治区若羌县阿尔金山北坡	新疆维吾尔自治区若羌县铁干里克乡	176	2 775	1	新疆维吾尔自治区若羌县	山口以上数据
114	10.4.2.5	瓦石峡河	塔里木内流区河湖·台特马湖	新疆维吾尔自治区若羌县阿尔金山脉的苏拉木塔格雪山北坡	新疆维吾尔自治区若羌县瓦石峡乡	87	1 750	0.7	新疆维吾尔自治区若羌县	山口以上数据
115	10.4.2.6	塔什萨依河	塔里木内流区河湖·台特马湖	新疆维吾尔自治区且末县阿尔金山脉苏拉木塔格雪山	新疆维吾尔自治区若羌县瓦石峡乡乃木力克村	77	1 433	1.4	新疆维吾尔自治区且末县、若羌县	山口以上数据
116	10.4.2.7	车尔臣河	塔里木内流区河湖·台特马湖	新疆维吾尔自治区且末县昆仑山主脊木孜塔格峰北麓	新疆维吾尔自治区若羌县铁干里克乡罗布庄村	813	24 692	8.1	新疆维吾尔自治区且末县、若羌县	集水面积为山区数据
117	10.4.2.7.1	金水河	车尔臣河左岸支流	新疆维吾尔自治区且末县昆仑山北坡的羌塘高原内流区	无人区	184	7 377		新疆维吾尔自治区且末县	
118	10.4.2.7.2	阿里雅力克河	车尔臣河右岸支流	新疆维吾尔自治区且末县	新疆维吾尔自治区且末县库拉米勒克乡库木劳拉克牧场	92	2 249		新疆维吾尔自治区且末县	
119	10.4.3	喀拉米兰河	塔里木内流区河湖	新疆维吾尔自治区且末县昆仑山北坡	新疆维吾尔自治区若羌县奥依依拉克乡喀拉米兰道班	78	2 923	1.69	新疆维吾尔自治区且末县、若羌县	山口以上数据
120	10.4.4	莫勒切河	塔里木内流区河湖	新疆维吾尔自治区且末县昆仑山脉托帕孜达坂山的阿孜塔格冰川地带	新疆维吾尔自治区若羌县奥依亚依拉克乡硝尔堂村	150	2 478	2.41	新疆维吾尔自治区且末县、若羌县	山口以上数据
121	10.4.5	安迪尔河	塔里木内流区河湖	新疆维吾尔自治区民丰县昆仑山北坡	新疆维吾尔自治区民丰县安迪尔乡开希木库勒村	81.5	3 944	1.46	新疆维吾尔自治区民丰县、且末县	山口以上数据
122	10.4.8	牙通古孜河	塔里木内流区河湖	新疆维吾尔自治区民丰县	新疆维吾尔自治区民丰县安迪尔乡	94	2 000	2.4	新疆维吾尔自治区民丰县	山口以上数据
123	10.4.9	尼雅河	塔里木内流区河湖	新疆维吾尔自治区民丰县昆仑山北坡的吕什塔格山冰川区	新疆维吾尔自治区民丰县尼雅乡喀帕克阿斯干村	66	1 661	1.69（尼雅水文站）	新疆维吾尔自治区民丰县	河长、集水面积为尼雅水文站以上数据
124	10.4.9.1	叶亦克河	尼雅河支流	新疆维吾尔自治区民丰县昆仑山脉北侧的召什塔格山	新疆维吾尔自治区民丰县萨勒吾则乡	32	299	0.59	新疆维吾尔自治区民丰县	山口以上数据
125	10.4.11	吐米亚河	塔里木内流区河湖	新疆维吾尔自治区于田县昆仑山北坡	新疆维吾尔自治区于田县奥依托格拉克乡也斯尤勒滚村	40	637	0.564	新疆维吾尔自治区于田县	山口以上数据
126	10.4.12	克里雅河	塔里木内流区河湖	新疆维吾尔自治区于田县昆仑山脉支脉乌斯腾塔格山北坡	新疆维吾尔自治区于田县达里雅布依乡	438	8 382	7.02（克里雅水文站）	新疆维吾尔自治区于田县	山口以上数据

349

续表

序号	条目编号	河 名	水 系	发源地、起始地	入湖（河）口	河长(km)	流域面积(km²)	多年平均年径流量(亿 m³)	行 经 地 区	备注
127	10.4.12.1	皮什盖河	克里雅河支流	新疆维吾尔自治区于田县吕什塔格山北侧冰川带	新疆维吾尔自治区于田县奥依托格拉克乡	132	606	0.569	新疆维吾尔自治区于田县	山口以上数据
128	10.4.15	奴尔河	塔里木内流区河湖	新疆维吾尔自治区策勒县昆仑山支脉喀什塔什山北坡冰川区	新疆维吾尔自治区策勒县奴尔乡英阿瓦提村	37	736	1.7	新疆维吾尔自治区策勒县	山口以上数据
129	10.4.16	乌鲁克萨依河	塔里木内流区河湖	新疆维吾尔自治区策勒县昆仑山北坡冰川地带	新疆维吾尔自治区策勒县乌鲁克萨依乡台买恰喀村	76	895	1.272	新疆维吾尔自治区策勒县	山口以上数据
130	10.4.17	恰哈河	塔里木内流区河湖	新疆维吾尔自治区策勒县昆仑山北坡慕士冰川东侧的喀依拿能吐日山	新疆维吾尔自治区策勒县恰哈乡却如什村	97.5	552	0.9	新疆维吾尔自治区策勒县	山口以上数据
131	10.4.18	策勒河	塔里木内流区河湖	新疆维吾尔自治区策勒县	新疆维吾尔自治区策勒县	134	2 032	1.28（策勒水文站）	新疆维吾尔自治区策勒县	河长、集水面积为策勒水文站以上数据
132	10.4.19	杜瓦河	塔里木内流区河湖	新疆维吾尔自治区皮山县昆仑山北坡	新疆维吾尔自治区皮山县皮亚勒玛乡	58	1 034	0.476	新疆维吾尔自治区皮山县	山口以上数据
133	10.4.20	波斯隆河	塔里木内流区河湖	新疆维吾尔自治区皮山县中昆仑山支脉桑株塔格山冰帽冰山区	新疆维吾尔自治区皮山县库勒艾日克乡	46	659	0.23	新疆维吾尔自治区皮山县	波斯喀水库以上数据
134	10.4.21	桑株河	塔里木内流区河湖	新疆维吾尔自治区皮山县中昆仑山西段桑珠塔格山	新疆维吾尔自治区皮山县木吉乡	56	1 070	2.56	新疆维吾尔自治区皮山县	山口以上数据
135	10.4.22	皮山河	塔里木内流区河湖	新疆维吾尔自治区皮山县中昆仑山西段北坡	新疆维吾尔自治区皮山县桔乡	107	3 215		新疆维吾尔自治区皮山县	雅普泉水库以上数据
136	10.5.1	奎屯河	艾比湖水系	新疆维吾尔自治区乌苏市天山支脉依连哈比尔原山北坡	新疆维吾尔自治区精河县茫丁乡	71	1 910	6.57	新疆维吾尔自治区乌苏市、精河县	出山口以上数据
137	10.5.1.1	乌兰萨德克河	奎屯河左岸支流	新疆维吾尔自治区乌苏市博罗科努山和依连哈比尔尕山北坡克廷达坂	新疆维吾尔自治区乌苏赛力克提牧场	44	824	3.6	新疆维吾尔自治区乌苏市	
138	10.5.1.3	四棵树河	艾比湖水系	新疆维吾尔自治区乌苏市博罗科努山冰川	新疆维吾尔自治区乌苏市甘家湖林场	219	921	3.05（吉勒德水文站）	新疆维吾尔自治区乌苏市	河长、流域面积为吉勒德水文站以上数据
139	10.5.1.3.2	古尔图河	四颗树河左岸支流	新疆维吾尔自治区乌苏市博罗科努山莫松达坂	新疆维吾尔自治区乌苏市一二四团十七连	108	1 006	3.614	新疆维吾尔自治区乌苏市	山口以上数据
140	10.5.2	柳树沟河	艾比湖水系	新疆维吾尔自治区乌苏市托里县加依尔山东南坡	新疆维吾尔自治区乌苏市甘家湖牧场	111	1 435	0.37	新疆维吾尔自治区乌苏市、托里县	山口以上数据
141	10.5.3	精河	艾比湖水系	新疆维吾尔自治区精河县博罗科努山北坡	新疆维吾尔自治区精河县八十二团养殖连	75	1 419	4.748（山口水文站）	新疆维吾尔自治区精河县	河长、流域面积为山口水文站以上数据
142	10.5.4	博尔塔拉河	艾比湖水系	新疆维吾尔自治区温泉县	新疆维吾尔自治区博乐市	252（全长）	16 500（温泉水文站以上）	4.894（博乐水文站）	新疆维吾尔自治区温泉县、博乐市	
143	10.5.4.1	沃托格赛尔河	博尔塔拉河	新疆维吾尔自治区温泉县别套山南侧没吾斯冰川	新疆维吾尔自治区温泉县哈日布呼镇	112	1 201	1.436	新疆维吾尔自治区温泉县	
144	10.5.4.2	哈拉吐鲁克河	博尔塔拉河左岸支流	新疆维吾尔自治区博乐市阿拉山南坡	新疆维吾尔自治区博乐市小营盘镇	29	260	1.39	新疆维吾尔自治区博乐市	山口以上数据
145	10.5.4.3	保尔德河	博尔塔拉河左岸支流	新疆维吾尔自治区博乐市阿拉山南坡	新疆维吾尔自治区博乐市八十四团十一连	42	342	0.8	新疆维吾尔自治区博乐市	山口以上数据

续表

序号	条目编号	河名	水系	发源地、起始地	入湖（河）口	河长(km)	流域面积(km²)	多年平均年径流量(亿 m³)	行经地区	备注
146	10.5.4.5	大河沿子河	博尔塔拉河右岸支流	新疆维吾尔自治区博乐市南北两山交界处	新疆维吾尔自治区博乐市大河沿子镇	90	1 697	1.404（大河沿子水文站）	新疆维吾尔自治区博乐市、精河县	河长、流域面积为大河沿子水文站以上数据
147	10.5.4.6	阿恰勒河	博尔塔拉河右岸支流	新疆维吾尔自治区尼勒克县科古琴山南坡	新疆维吾尔自治区精河县托里乡乌拉斯塔村	55	628	1.108	新疆维吾尔自治区尼勒克县、精河县	山口以上数据
148	10.6.2.1	木垒河	博格达山北麓水系	新疆维吾尔自治区木垒哈萨克自治县天山山脉博格达山博依勒克达坂	新疆维吾尔自治区木垒哈萨克自治县雀仁乡	34	467	0.451	新疆维吾尔自治区木垒哈萨克自治县	山口以上数据
149	10.6.2.3	开垦河	博格达山北麓水系	新疆维吾尔自治区奇台县天山山脉中段博格达山北坡	新疆维吾尔自治区奇台县三个庄子乡	32	371	1.61	新疆维吾尔自治区奇台县	山口以上数据
150	10.6.2.4	中葛根河	博格达山北麓水系	新疆维吾尔自治区奇台县博格达山山脊冰峰	新疆维吾尔自治区奇台县半截沟镇大庄子村	25	203	0.84	新疆维吾尔自治区奇台县	山口以上数据
151	10.6.2.5	碧流河	博格达山北麓水系	新疆维吾尔自治区奇台县天山山脉博格达山北坡	新疆维吾尔自治区奇台县一〇八团五连	23	172	0.65	新疆维吾尔自治区奇台县	山口以上数据
152	10.6.2.6	白杨河（奇台县）	博格达山北麓水系	新疆维吾尔自治区吉木萨尔县天山山脉博格达山托库孜达拉	新疆维吾尔自治区吉木萨尔县红旗农场三分场	32	162	0.6727（五圣宫水文站）	新疆维吾尔自治区吉木萨尔县、奇台县	五圣宫水文站以上数据
153	10.6.2.7	东大龙口河	博格达山北麓水系	新疆维吾尔自治区吉木萨尔县天山山脉博格达山喀依尕日达坂	新疆维吾尔自治区吉木萨尔县红旗农场二分场九队	27	163	0.57（东大龙口水文站）	新疆维吾尔自治区吉木萨尔县	东大龙口水文站以上
154	10.6.2.8	西大龙口河	博格达山北麓水系	新疆维吾尔自治区吉木萨尔县天山	新疆维吾尔自治区吉木萨尔县老台乡红柳村	39	371	0.7	新疆维吾尔自治区吉木萨尔县	西大龙口水库以上数据
155	10.6.2.9	白杨河（阜康市）	博格达山北麓水系	新疆维吾尔自治区阜康市天山山脉东段博格达峰冰川东北侧	新疆维吾尔自治区阜康市滋泥泉子镇东湖村	35	252	0.64（白杨河水文站）	新疆维吾尔自治区阜康市	白杨河水文站以上数据
156	10.6.2.10	甘河子河	博格达山北麓水系	新疆维吾尔自治区阜康市天山山脉东段博格达峰冰川脚下	新疆维吾尔自治区阜康市甘河子镇土墩子农场	32	209	0.26	新疆维吾尔自治区阜康市	出山口以上数据
157	10.6.2.11	四工河	博格达山北麓水系	新疆维吾尔自治区阜康市天山山脉博格达峰	新疆维吾尔自治区阜康市九运街镇大泉村	35	131	0.25	新疆维吾尔自治区阜康市	山口以上数据
158	10.6.2.12	三工河	博格达山北麓水系	新疆维吾尔自治区阜康市天山博格达峰西北侧以肯达坂	新疆维吾尔自治区阜康市六运湖农场	36	295	0.5	新疆维吾尔自治区阜康市	出山口以上数据
159	10.6.2.13	芦草沟	博格达山北麓水系	新疆维吾尔自治区乌鲁木齐市天山山脉薄格达山西部末梢北麓	新疆维吾尔自治区乌鲁木齐市米东区芦草沟乡	15	127	0.0965	新疆维吾尔自治区乌鲁木齐市	出山口以上数据
160	10.6.2.14	水磨河	博格达山北麓水系	新疆维吾尔自治区乌鲁木齐市达坂城区	新疆维吾尔自治区乌鲁木齐市米东区羊毛工镇	27.2	281.4	0.364	新疆维吾尔自治区乌鲁木齐市	
161	10.6.3.1	乌鲁木齐河	玛纳斯湖水系	新疆维吾尔自治区乌鲁木齐市萨尔达坂乡依连哈比尔尕山天格尔峰胜利达坂	新疆维吾尔自治区米泉市东道海子	53	924	2.45（英雄桥水文站）	新疆维吾尔自治区乌鲁木齐市	河长、流域面积为英雄桥水文站以上数据
162	10.6.3.2	头屯河	玛纳斯湖水系	新疆维吾尔自治区昌吉市阿什里哈萨克族民族乡	新疆维吾尔自治区米泉市东道海子	48	840	2.25（制材厂水文站）	新疆维吾尔自治区乌鲁木齐市、昌吉市	河长、流域面积为制材厂水文站以上数据
163	10.6.3.3	三屯河	玛纳斯湖水系	新疆维吾尔自治区昌吉市天格尔峰	新疆维吾尔自治区昌吉市一〇五团园艺连	132	2 221	3.661（碾盘庄水文站）	新疆维吾尔自治区昌吉市	河长、流域面积为山口以上数据

续表

序号	条目编号	河名	水系	发源地、起始地	入湖（河）口	河长(km)	流域面积(km²)	多年平均年径流量(亿 m³)	行经地区	备注
164	10.6.3.4	呼图壁河	玛纳斯湖水系	新疆维吾尔自治区呼图壁县天山支脉依连哈比尔尕尔山北坡	新疆维吾尔自治区呼图壁县一〇六团场	96	1 840	4.662（石门水文站）	新疆维吾尔自治区呼图壁县	河长、流域面积为石门水文站以上数据
165	10.6.3.5	雀尔沟河	玛纳斯湖水系	新疆维吾尔自治区呼图壁县依连哈比尔尕尔山北坡特力斯喀达坂	新疆维吾尔自治区呼图壁县大丰镇十八户村	57	780	0.3245	新疆维吾尔自治区呼图壁县	山口以上数据
166	10.6.3.6	塔西河	玛纳斯湖水系	新疆维吾尔自治区玛纳斯县依连哈比尔山北坡	新疆维吾尔自治区玛纳斯县新湖六场二连	45	664	2.35	新疆维吾尔自治区玛纳斯县	出山口以上数据
167	10.6.3.7	玛纳斯河	玛纳斯湖水系	新疆维吾尔自治区和静县依连哈尔尕尔山北坡	新疆维吾尔自治区和布克赛尔蒙古自治县和丰盐场	190	5 156	13.47	新疆维吾尔自治区沙湾县、玛纳斯县、石河子市	山口以上数据
168	10.6.3.7.1	呼斯台郭勒河	玛纳斯河左岸支流	新疆维吾尔自治区和静县依连哈尔尕尔山北坡	新疆维吾尔自治区和静县巴仑台镇	89	1 629	6.8	新疆维吾尔自治区和静县	
169	10.6.3.7.2	清水河子	玛纳斯河右岸支流	新疆维吾尔自治区玛纳斯县依连哈比尔尕尔山北坡也盖孜达坂	新疆维吾尔自治区玛纳斯县清水河哈萨克族乡红坑村	102	478	1.3	新疆维吾尔自治区玛纳斯县	
170	10.6.3.7.7	宁家河	玛纳斯河	新疆维吾尔自治区沙湾县依连哈尔比尕尔山北坡吉勒萨登巴斯冰川区东侧	新疆维吾尔自治区沙湾县乌兰乌苏镇	74	964	0.7（卡子湾水库）	新疆维吾尔自治区沙湾县	河长、流域面积为卡子湾水库以上数据
171	10.6.3.7.8	金沟河	玛纳斯河	新疆维吾尔自治区沙湾县依连哈比尔尕尔山北侧	新疆维吾尔自治区沙湾县一四三团五连	111	1 867	3.197（八家户水文站）	新疆维吾尔自治区沙湾县	河长、流域面积为山口以上数据
172	10.6.3.7.9	巴音沟河	玛纳斯河	新疆维吾尔自治区沙湾县依连哈尔尕尔山北坡	新疆维吾尔自治区沙湾县一三五团	74	1 729	3.45	新疆维吾尔自治区乌苏市、沙湾县	山口以上数据
173	10.6.3.8.1	白杨河（克拉玛依市）	艾里克湖水系	新疆维吾尔自治区额敏县齐吾尔喀叶尔山东南坡	新疆维吾尔自治区克拉玛依市乌尔禾区	170（全长）	2 008（山口）	2.45（山口）	新疆维吾尔自治区托里县及克拉玛依市	
174	10.6.3.8.2	木胡尔塔依河	艾里克湖水系	新疆维吾尔自治区托里县加依尔山北麓	新疆维吾尔自治区克拉玛依市乌尔禾区	137	3 697	0.125	新疆维吾尔自治区托里县、克拉玛依市	季节性河流
175	10.6.3.8.2.1	达尔布特河	木胡尔塔依河右岸支流	新疆维吾尔自治区托里县加依尔山东南麓	新疆维吾尔自治区克拉玛依市乌尔禾区	157（全长）	727（山口）	0.17（山口）	新疆维吾尔自治区托里县、克拉玛依市	
176	10.6.3.12	和布克河	玛纳斯湖水系	新疆维吾尔自治区和布克赛尔蒙古自治县齐吾尔喀叶尔山东坡	新疆维吾尔自治区和布克赛尔蒙古自治县夏孜盖乡	106	4 378（塔拉水库坝址）	0.4	新疆维吾尔自治区塔城地区和布克赛尔蒙古自治县	季节性河流，河长、流域面积数据为加音塔拉水库坝址以上
177	10.7.1	乌伦古河	乌伦古湖水系	新疆维吾尔自治区青河县阿热勒托别乡	新疆维吾尔自治区福海县解特阿热勒乡	821	37 882	10.55（二台水文站）	蒙古和中国新疆维吾尔自治区青河县、富蕴县、福海县	流域面积国内部分27 572平方千米
178	10.7.1.1	小青格里河	乌伦古河左岸支流	新疆维吾尔自治区青河县什巴尔库勒湖	新疆维吾尔自治区青河县阿热勒乡	108	1 297	2.4	新疆维吾尔自治区青河县	
179	10.7.1.2	查干郭勒河	乌伦古河左岸支流	新疆维吾尔自治区青河县阿尔泰山东部咯拉巴勒其尕山西南坡	新疆维吾尔自治区青河县阿尕什敖包乡	98	1 954	0.8	新疆维吾尔自治区青河县	
180	10.7.1.3	布尔根河	乌伦古河左岸支流	蒙古国境内阿尔泰山脉的都新乌拉山和蒙赫海尔汗山	新疆维吾尔自治区青河县阿热勒乡阿尕什敖包村	266	10 315	6	蒙古和中国新疆维吾尔自治区青河县	

352

续表

序号	条目编号	河 名	水 系	发源地、起始地	入湖（河）口	河长 (km)	流域 面积 (km²)	多年平均 年径流量 (亿 m³)	行经地区	备注
181	10.8.1.1	阿拉沟	艾丁湖水系	新疆维吾尔自治区和静县天格尔山东南麓	新疆维吾尔自治区吐鲁番市艾丁湖	229	5 620	1.794	新疆维吾尔自治区和静县、乌鲁木齐市、托克逊县、吐鲁番市	阿拉山口以上数据
182	10.8.1.1.1	白杨河 （乌鲁木齐市）	阿拉沟左岸支流	新疆维吾尔自治区乌鲁木齐市天山山脉博格达山南麓	新疆维吾尔自治区托克逊县	150	2 994	1.335	新疆维吾尔自治区乌鲁木齐市、托克逊县	
183	10.8.1.1.1.1	高崖子沟	白杨河（乌鲁木齐市）左岸支流	新疆维吾尔自治区乌鲁木齐市博格达山支脉恰克马克塔格山喀日尕依达坂	新疆维吾尔自治区乌鲁木齐市达坂城区八家户村白水镇	71	331	0.718	新疆维吾尔自治区乌鲁木齐市	
184	10.8.1.4	大河沿河	艾丁湖水系	新疆维吾尔自治区乌鲁木齐市博格达山南麓	新疆维吾尔自治区吐鲁番市艾丁湖	68	787	1.035	新疆维吾尔自治区乌鲁木齐市、吐鲁番市	山口以上数据
185	10.8.1.5	塔尔朗河	艾丁湖水系	新疆维吾尔自治区吐鲁番市博格达山山脊附近的冰川地带	新疆维吾尔自治区吐鲁番市亚尔乡	50	473	0.7728	新疆维吾尔自治区吐鲁番市	山口以上数据
186	10.8.1.6	煤窑沟	艾丁湖水系	新疆维吾尔自治区吐鲁番市博格达山山脊附近的冰川	新疆维吾尔自治区吐鲁番市二二一团五连	47	482	0.808	新疆维吾尔自治区吐鲁番市	山口以上数据
187	10.8.1.7	黑沟	艾丁湖水系	新疆维吾尔自治区吐鲁番市博格达山南坡坚霍腊达坂	新疆维吾尔自治区吐鲁番市三堡乡	34	225	0.33	新疆维吾尔自治区吐鲁番市	山口以上数据
188	10.8.1.8	二塘沟	艾丁湖水系	新疆维吾尔自治区吐鲁番市博格达山南坡冰川尾端	新疆维吾尔自治区鄯善县达朗坎乡	47	498	0.79	新疆维吾尔自治区吐鲁番市、鄯善县	山口以上数据
189	10.8.1.9	柯柯亚尔河	艾丁湖水系	新疆维吾尔自治区鄯善县城北天山支脉博格达山南坡	新疆维吾尔自治区鄯善县辟展乡	56	707	1.15	新疆维吾尔自治区鄯善县	山口以上数据
190	10.8.1.10	坎尔其果勒河	艾丁湖水系	新疆维吾尔自治区鄯善县天山东部博格达山南坡	新疆维吾尔自治区鄯善县七克台镇	63	542	0.2892	新疆维吾尔自治区鄯善县	山口以上数据
191	10.8.5.1	石城子河	沙尔湖水系	新疆维吾尔自治区哈密市天山东段喀尔力克山南坡	新疆维吾尔自治区哈密市南湖乡沙尔湖村	51	822	0.8264	新疆维吾尔自治区哈密市	出山口以上数据
192	10.8.5.1.1	榆树沟	沙尔湖水系	新疆维吾尔自治区哈密市喀尔力克山南坡	新疆维吾尔自治区哈密市西河区街道	96	646	0.5016	新疆维吾尔自治区哈密市	
193	10.8.5.2	八木墩河	沙尔湖水系	新疆维吾尔自治区哈密市喀尔力克山山脊处的冰川	新疆维吾尔自治区哈密市红星四场	35	232	0.257	新疆维吾尔自治区哈密市	山口以上数据
194	10.8.6.1	柳条河	巴里坤湖水系	新疆维吾尔自治区巴里坤县巴里坤山白石头风景区	新疆维吾尔自治区巴里坤县巴里坤湖	108	3 000	0.104	新疆维吾尔自治区巴里坤县	
195	10.8.8.1	伊吾河	淖毛湖水系	新疆维吾尔自治区伊吾县天山东段喀尔力克山北坡	新疆维吾尔自治区伊吾县淖毛湖镇淖毛湖	42	827	0.7341	新疆维吾尔自治区伊吾县	流域面积为山口以上数据，河长、径流量为苇子峡以上数据
196	10.9.1.1	大哈尔腾河	苏干湖水系	甘肃省、青海省交界处野牛脊山及禾果吐乌兰山	甘肃省阿克塞哈萨克族自治县苏干湖	144	5 967	2.98	甘肃省阿克塞哈萨克族自治县	
197	10.9.1.2	小哈尔腾河	苏干湖水系	甘肃省阿克塞哈萨克族自治县冰川	甘肃省阿克塞哈萨克族自治县苏干湖	60	1 320	0.66	甘肃省阿克塞哈萨克族自治县	
198	10.9.3.1	鱼卡河	德宗马海湖支流	青海省海西蒙古族藏族自治州大柴旦北部吐尔根达坂山和喀克图蒙克山冰川	马海盆地	124.6	2 382	0.90	青海省海西蒙古族藏族自治州大柴旦行政区	
199	10.9.5.1	塔塔棱河	巴嘎柴达木湖支流	青海省德令哈市西北部的伊克达坂山	青海省德令哈市柴旦镇区	214.8	4 771	1.16	青海省德令哈市、大柴旦行政区	
200	10.9.6.2	巴音河	托素湖支流	青海省德令哈市北部	青海省德令哈市唐河附近	326	10 200	3.25	青海省德令哈市	
201	10.9.6.2.1	东荡格尔郭勒	巴音河左岸支流	青海省德令哈市中部哈尔科山南麓	青海省德令哈市巴旺呼歹坑德北侧	48.5	400	0.13	青海省德令哈市	

续表

序号	条目编号	河名	水系	发源地、起始地	入湖（河）口	河长(km)	流域面积(km²)	多年平均年径流量(亿 m³)	行经地区	备注
202	10.9.6.2.2	拜兴沟	巴音河左岸支流	青海省德令哈市中部哈尔科山东麓	青海省德令哈市哈尔斯特	50	500	0.25	青海省德令哈市	
203	10.9.10.1	都兰河	希里沟湖水系	青海省天峻县南部	青海省乌兰县城附近	83.1	1 133	0.33	青海省天峻县、乌兰县	
204	10.9.12.1	素棱郭勒河	察尔汗盐湖	青海省都兰县东北部	都兰县诺木洪乡	380	13 500	1.62	青海省乌兰县、都兰县	
205	10.9.12.1.1	东灶火河	素棱郭勒河右岸支流	青海省乌兰县西部牦牛山	青海省乌兰县和都兰县交界处	80	1 175	0.32	青海省乌兰县	
206	10.9.12.2	柴达木河	察尔汗盐湖	青海省玛多县东北部的阿尼玛卿山	青海省柴达木盆地中部	503	20 800	4.60	青海省玛多县、都兰县	
207	10.9.12.2.2	乌兰乌苏河	柴达木河左岸支流	青海省都兰县南部布尔汗布达山	青海省乌兰县柴达木河上段托索河	140	4 088	1.76	青海省都兰县	
208	10.9.12.2.3	清水河	柴达木河右岸支流	青海省都兰县东南部	青海都兰县柴达木河上游香日德河	79	1 949	0.97	青海省都兰县	干流长
209	10.9.12.2.4	察汗乌苏河	柴达木河右岸支流	青海省都兰县东南部鄂拉山西段南坡	青海省都兰县附近滩地	240	6 500	1.38	青海省都兰县	
210	10.9.12.2.4.1	夏日哈河	察汗乌苏河右岸支流	青海省都兰县东部鄂拉山西段北坡	青海省都兰县附近滩地	95	973	0.39	青海省都兰县	流域面积为原夏日哈河水文站以上数据
211	10.9.12.3	哈鲁乌苏河	察尔汗盐湖水系	青海省都兰县中部布尔汗布达山宜克光峰西南麓	诺木洪东北	250	5 200	1.27	青海省都兰县	
212	10.9.12.4	诺木洪河	察尔汗盐湖水系	青海省都兰县西南部布尔布达山系海德乌拉山西南	青海省都兰县埃坑德勒斯特村以北	223	3 728	1.57	青海省都兰县	流域面积为原诺木洪水文站以上数据
213	10.9.12.5	蒙古尔河	察尔汗盐湖水系	青海省都兰县西南部	青海省都兰县南霍鲁逊湖东南角	70	390	0.15	青海省都兰县	
214	10.9.12.6	五龙沟	察尔汗盐湖水系	青海省都兰县西南部布尔汗布达山系的海德乌拉山北侧	青海省都兰县西部	60.7	1 106	0.347	青海省都兰县	
215	10.9.12.7	大格勒河	察尔汗盐湖水系	青海省都兰县西南部昆仑山脉布尔汗布达山北麓	青海省格尔木市大格勒乡政府以北	54.2	1 009	0.31	青海省都兰县、格尔木市	
216	10.9.12.8	格尔木河	察尔汗盐湖水系	青海省曲麻莱县西北部唐格乌拉山的刚欠查鲁马雪山南麓	柴达木盆地中南部的达布逊湖	456	19 614	7.82（格尔木水文站）	青海省曲麻莱县、都兰县、格尔木市	流域面积为格尔木水文站以上数据
217	10.9.12.8.3	格涌曲	格尔木河右岸支流	青海省曲麻莱县东北部巴颜喀拉山雅达泽峰西南麓	青海省哈日乌拉附近	65	1 700	0.85	青海省曲麻莱县	
218	10.9.12.8.4	灭格滩根郭勒	格尔木河右岸支流	青海省曲麻莱县麻多乡东北部的扎日加山北麓	青海省曲麻莱县格涌格白起尔	95	2 100	1.05	青海省曲麻莱县	
219	10.9.12.8.6	昆仑河	格尔木河右岸支流	青海省格尔木市南部昆仑山脉博尔卡雷克塔格山东北麓	青海省格尔木市雪水桥附近	246.9	7 527	4.83	青海省格尔木市	流域面积为河口以上数据
220	10.9.12.8.6.2	南沟	昆仑河右岸支流	青海省格尔木市东南部昆仑山脉刚欠查鲁玛山东段东北麓	青海省格尔木市昆仑河	53.2	1 206	0.60	青海省格尔木市	
221	10.9.12.9	托拉海河	察尔汗盐湖水系	青海省格尔木市南部沙松乌拉山北坡	青海省格尔木市察尔汗盐湖的大别勒湖	128	1 830	0.49	青海省格尔木市	
222	10.9.12.10	大灶火河	察尔汗盐湖水系	青海省格尔木市南部昆仑山脉沙松乌拉山北坡	青海省格尔本市涩聂湖	120	3 800	0.41	青海省格尔木市	

续表

序号	条目编号	河 名	水 系	发源地、起始地	入湖（河）口	河长(km)	流域面积(km²)	多年平均年径流量(亿 m³)	行经地区	备注
223	10.9.12.11	小灶火河	察尔汗盐湖水系	青海省格尔木市南部昆仑山脉沙松乌拉山坡	青海省格尔木市涩聂湖	150	3 250	0.32	青海省格尔木市	
224	10.9.12.12	拉棱灶火河	察尔汗盐湖水系	青海省格尔木市南部沙松乌拉山北坡	涩聂湖之西 50 千米	130	1 425	0.22	青海省格尔木市	
225	10.9.12.13	乌图美仁河	察尔汗盐湖水系	青海省格尔木市南部沙松乌拉山西段黑尖山坡	青海省格尔木市涩聂湖	214	2 500	0.84	青海省格尔木市	
226	10.9.14.1	那棱格勒河	东台吉乃尔湖水系	青海省治多县西北部昆仑山脉阿尔格山的雪莲山	格茫公路	574	26 000	10.91	青海省治多县、格尔木市	
227	10.9.14.1.3	雪山河	那棱格勒河左岸支流	青海省治多县与格尔木市交界处博卡雷克塔格山西段叫分水岭的冰山南麓	黄土梁西北处	78	1 280	0.86	青海省治多县、格尔木市	
228	10.9.14.1.5	楚拉克阿拉干河	那棱格勒河左岸支流	青海省格尔木市与新疆维吾尔自治区巴音郭楞蒙古自治州交界处	青海省格尔木市布伦台以东	205	10 152	3.88	青海省格尔木市	
229	10.9.14.1.5.1	额尔滚赛埃图河	楚拉克阿拉干河右岸支流	青海省格尔木市西南部昆仑山喀达坂峰	青海省格尔木市旦根闸木如以西	146	3 600	2.10	青海省格尔木市	河长与流域面积指江口以上数据
230	10.9.14.1.6	浑德伦河	那棱格勒河右岸支流	青海省格尔木市南部昆仑山脉博卡雷克塔格山	青海省格尔木市骆驼峰南	63	1 450	0.57	青海省格尔木市	河长指江口以上数据
231	10.9.14.1.7	台吉乃尔河	那棱格勒河左岸支流	青海省茫崖镇东南部	草木丛生的沼泽带	98	1 500	6.15	青海省茫崖行政区、格尔木市	
232	10.9.19.1	铁木里克河	尕斯库勒湖水系	新疆维吾尔自治区若羌县中西部	阿拉尔	306.6	17 365	2.80	新疆维吾尔自治区若羌县、青海省茫崖行政区	
233	10.9.19.1.1	阿特阿特坎河	铁木里克河右岸支流	新疆维吾尔自治区若羌县东南部祁漫塔格山脉卡尔塔马里克山东段	新疆维吾尔自治区巴哈托盖依村附近	175	4 531	1.67	新疆维吾尔自治区若羌县	
234	10.10.1.1	哈尔盖河	青海湖水系	青海省刚察县东北部	哈尔盖草原沼泽区	110	1 613	1.38	青海省刚察县、海晏县	
235	10.10.1.2	甘子河	青海湖水系	青海省海晏县西部肯特达坂山支脉阿尼窝若	青海省海晏县甘子河乡沼泽区	47.4	296	0.19	青海省海晏县	
236	10.10.1.4	倒淌河	青海湖水系	青海省共和县东部	青海省共和县倒淌河镇草场	60	727	0.17	青海省共和县	
237	10.10.1.5	黑马河	青海湖水系	青海省共和县北部	青海省共和县黑马河乡牧场	20	112	0.11	青海省共和县	
238	10.10.1.6	布哈河	青海湖水系	青海省天峻县北部	鸟岛西南地区	286	14 384	7.76	青海省天峻县	
239	10.10.1.6.2	希格尔曲	布哈河左岸支流	青海省天峻县北部	青海省龙门、康阳乡驻地	84	2 047	1.16	青海省天峻县	
240	10.10.1.6.3	夏日格曲	布哈河右岸支流	青海省天峻县、德令哈市交界处	青海省快尔玛乡上唤仓	88.6	1 358	1.08	青海省天峻县	
241	10.10.1.6.4	峻河	布哈河左岸支流	青海省天峻县东部大通山系的草芝东山和日尼黑山之间	青海省三河乡天棚村	124.3	3 163	2.21	青海省天峻县	
242	10.10.1.6.4.1	夏日哈河	峻河右岸支流	青海省天峻县木里煤矿以南约16千米的草芝东山南麓	青海省天峻县拉陇村北	95.6	1 189	1.04	青海省天峻县	
243	10.10.1.6.5	吉尔孟河	布哈河左岸支流	青海省刚察县扎尔日登东北4千米处的山地沼泽中	青海省海西山南侧	112	1 092	0.48	青海省刚察县	
244	10.10.1.7	泉吉河	青海湖水系	青海省刚察县西部的尔德公贡	湖滨滩地	65	567	0.24	青海省刚察县	
245	10.10.1.8	伊克乌兰河	青海湖水系	青海省刚察县西北部大通山的克克赛尼哈	青海湖农场附近	106	1 500	2.33	青海省刚察县	

续表

序号	条目编号	河 名	水 系	发源地、起始地	入湖（河）口	河长(km)	流域面积(km²)	多年平均年径流量(亿 m³)	行 经 地 区	备 注
246	10.11.16	石羊河	河西走廊—阿拉善内流区河湖	祁连山区	甘肃省武威市民勤县青土湖		41 600	15.7	甘肃省金昌市、武威市	
247	10.11.16.1	大靖河	石羊河支流	甘肃省武威市天祝县乌鞘岭毛毛山北麓	腾格里沙漠南缘	45	460	0.127	甘肃省天祝县、古浪县	河长和流域面积指出山口以上数据
248	10.11.16.2	古浪河	石羊河支流	甘肃省古浪县毛毛山	甘肃省武威市古浪县土门滩	137	877	0.728	甘肃省古浪县	流域面积指出山口以上数据
249	10.11.16.3	黄羊河	石羊河支流	甘肃省武威市天祝县冷龙岭	甘肃省武威市武威盆地	79	828	1.43	甘肃省武威市天祝县、凉州区	河长和流域面积指出山口以上数据
250	10.11.16.4	杂木河	石羊河右岸支流	甘肃省武威市天祝县冷龙岭	甘肃省武威市武威盆地	60	851	2.38	甘肃省武威市天祝县、凉州区	河长和流域面积指出山口以上数据
251	10.11.16.5	金塔河	石羊河右岸支流	甘肃省武威市天祝县冷龙岭	甘肃省武威市武威盆地	102	841	1.37	甘肃省武威市凉州区	流域面积指出山口以上数据
252	10.11.16.6	西营河	石羊河支流	甘肃省武威市天祝县冷龙岭	甘肃省武威市武威盆地	124	1 455	3.7	甘肃省武威市天祝县、凉州区	流域面积指出山口以上数据
253	10.11.16.7	红水河	石羊河右岸支流	甘肃省武威市凉州区古浪河地下潜流	甘肃省武威市民勤县红崖山水库	60	3 361	0.61	甘肃省武威市凉州区、民勤县	
254	10.11.16.9	东大河	石羊河支流	甘肃省武威市冷龙岭	甘肃省武威市武威盆地	133	1 614	3.01	甘肃省永昌县肃南县	流域面积指出山口以上数据
255	10.11.16.10	西大河	石羊河支流	甘肃省金昌市锦羊岭	甘肃省金昌市昌宁盆地	124	811	1.84	甘肃省山丹县、肃南县、永昌县	流域面积指插剑门以上数据
256	10.11.18	黑河	居延海水系	祁连山主峰南麓	内蒙古自治区额济纳旗居延海	928	142 440	15.8	青海省祁连县、甘肃省张掖市、酒泉市、内蒙古自治区阿拉善盟	
257	10.11.18.1	八宝河	黑河右岸支流	青海省祁连县锦羊岭	青海省祁连县黄藏寺	104	2 511	4.51	青海省祁连县	
258	10.11.18.2	大马营河	居延黑河右岸支流	甘肃省山丹县冷龙岭	甘肃省张掖市甘州区山丹桥	154	4 400	0.65	甘肃省山丹县	
259	10.11.18.2.2	童子坝河	大马营河支流	俄博岭北坡	甘肃省山丹县东乐	95	334	0.73	青海省祁连县、甘肃省民乐县、山丹县	流域面积为出山口以上流域面积
260	10.11.18.2.3	洪水河	大马营河支流	龙孔岭北坡	甘肃省民乐县太平堡	87	1 064	1.39	甘肃省民乐县	
261	10.11.18.2.4	苏油口河	大马营河支流	祁连山雪大板	甘肃省张掖市甘州区石岗墩滩	33	147	0.108	甘肃省张掖市民乐县、甘州区	河长和流域面积指出山口以上数据
262	10.11.18.3	梨园河	居延·黑河支流	红双岔子横梁	甘肃省张掖市野沟湾	143	2 240	2.26	甘肃省肃南裕固族自治县、临泽县	流域面积指梨园堡以上数据
263	10.11.18.4	摆浪河	黑河左岸支流	祁连山天涝池	甘肃省张掖市张掖盆地	120	211	0.41	甘肃省高台县	河长和流域面积指上游数据

续表

序号	条目编号	河 名	水 系	发源地、起始地	入湖（河）口	河长(km)	流域面积(km²)	多年平均年径流量(亿 m³)	行 经 地 区	备注
264	10.11.18.5	马营河	黑河支流	祁连山大湖塘	甘肃省张掖市张掖盆地	41	619	0.89	甘肃省张掖市肃南县、高台县、酒泉市肃州区	流域面积指出山口以上数据，河长为肃南县境内河长
265	10.11.18.6	丰乐河	黑河支流	祁连山主峰东麓	甘肃省肃南县明花区盐池盆地	65	568	0.96	甘肃省肃南裕固族自治县、酒泉市肃州区	流域面积为出山口以上数据
266	10.11.18.7	讨赖河	黑河支流	青海省海北藏族自治州祁连县纳尔当	甘肃省酒泉市金塔县营盘	373	6 883	6.24	青海省祁连县、甘肃省肃南裕固族自治县、酒泉市、嘉峪关市	流域面积为出山口以上数据
267	10.11.18.7.2	洪水坝河	讨赖河支流	讨赖山西麓	甘肃省酒泉市酒泉盆地	140	1 574	2.28	甘肃省肃南裕固族自治县、酒泉市肃州区	河长指铧尖以上河长，流域面积指新地水文站以上数据
268	10.11.20	疏勒河	河西走廊—阿拉善内流区河湖	祁连山的刚尔肖合力岭	甘肃省敦煌市哈拉湖	665	41 250	10.09	甘肃省酒泉市	
269	10.11.20.2	白杨河	疏勒河支流	祁连山的天宝窗子冰川	甘肃省酒泉市酒泉盆地	50	2 259	0.48	甘肃省玉门市	
270	10.11.20.3	石油河	疏勒河支流	祁连山的石油河脑	甘肃省玉门市花海盆地	190	656	0.27	甘肃省玉门市	
271	10.11.20.5	踏实河	疏勒河支流	野山东麓	甘肃省玉门—踏实盆地	180	2 800	0.54	甘肃省酒泉市瓜州县	流域面积指榆林河水库以上面积
272	10.11.20.6	党河	疏勒河支流	祁连山西端	甘肃省敦煌市土窑墩	390	42 000	3.16	甘肃省肃北蒙古族自治县、敦煌市	
273	10.11.20.6.1	野马河	党河支流	野马南山	甘肃省酒泉市肃北蒙古自治县大别盖	155	5 687		甘肃省肃北蒙古族自治县	
274	10.12.1.2	乌兰乌苏浑迪	内蒙古高原内流区河·伊河沙巴尔诺尔	内蒙古自治区锡林郭勒盟东乌珠穆沁旗满都呼宝拉格镇乌兰哈达山	内蒙古自治区锡林郭勒盟东乌珠穆沁旗额仁戈比嘎查罕那额尔根召西南	169.3	5 402.12		内蒙古锡林郭勒盟东乌珠穆沁旗	
275	10.12.1.2.1	敦德呼舒冈干	内蒙古高原内流区河·伊河沙巴尔诺尔·乌兰乌苏浑迪	内蒙古自治区锡林郭勒盟东乌珠穆沁旗乌拉盖苏木托格若格希勒	内蒙古自治区锡林郭勒盟东乌珠穆沁旗额仁戈比嘎查威廷查干东	72.4	1 174.54		内蒙古锡林郭勒盟东乌珠穆沁旗	
276	10.12.1.3	呼赉冈干	内蒙古高原内流区河·伊河沙巴尔诺尔	内蒙古自治区锡林郭勒盟东乌珠穆沁旗额仁戈比嘎查努仁查干敖包南山	内蒙古自治区锡林郭勒盟东乌珠穆沁旗额仁戈比嘎查阿门扎希	79	1 019.66		内蒙古锡林郭勒盟东乌珠穆沁旗	
277	10.12.1.4	乌兰道希浑迪	内蒙古高原内流区河·伊河沙巴尔诺尔	内蒙古自治区锡林郭勒东乌珠穆沁旗宝力格苏木混敖包特山	内蒙古自治区锡林郭勒盟东乌珠穆沁旗额仁戈比嘎查巴润额仁西	92.1	2 622.27		内蒙古锡林郭勒盟东乌珠穆沁旗	
278	10.12.2.1	乌拉盖河	内蒙古高原内流区河湖·乌拉盖戈壁	内蒙古自治区锡林郭勒盟东乌珠穆沁旗大兴安岭宝格达山林场西北山	内蒙古自治区锡林郭勒盟东乌珠穆沁旗道德诺尔苏木恰本阿尔诺尔	529.7	23 354.24	1.13	内蒙古锡林郭勒盟东乌珠穆沁旗、西乌珠穆沁旗	
279	10.12.2.1.2	色也勒钦郭勒	内蒙古高原内流区河湖·乌拉盖戈壁·乌拉盖河右岸	内蒙古自治区锡林郭勒盟东乌珠穆沁旗宝格达山林场分场西北12千米	内蒙古自治区锡林郭勒盟东乌珠穆沁旗乌拉盖农牧场胡稍庙	140.2	1 980.87		内蒙古自治区锡林郭勒盟东乌珠穆沁旗	
280	10.12.2.1.3	敖伦套海	内蒙古高原内流区河湖·乌拉盖戈壁·乌拉盖河右岸	内蒙古自治区赤峰市阿鲁科尔沁旗罕山林场伊图特古尔班达巴山	内蒙古自治区锡林郭勒盟东乌珠穆沁旗乌拉盖农牧场努乃庙水文站西南	97	1 987.04		内蒙古自治区阿鲁科尔沁旗、西乌珠穆沁旗、东乌珠穆沁旗	

续表

序号	条目编号	河 名	水 系	发源地、起始地	入湖（河）口	河长 (km)	流域 面积 (km²)	多年平均 年径流量 (亿 m³)	行 经 地 区	备注
281	10.12.2.1.4	布尔嘎斯台郭勒	内蒙古高原内流区河湖·乌拉盖戈壁·乌拉盖河左岸	内蒙古自治区赤峰市阿鲁科尔沁旗沙尔嘎东山	内蒙古自治区锡林郭勒盟西乌珠穆沁旗宝日嘎苏台牧场巴嘎哈丹道格塔拉	86.7	1 167.61		内蒙古自治区赤峰市阿鲁科尔沁旗，锡林郭勒盟西乌珠穆沁旗、东乌珠穆沁旗	
282	10.12.2.1.5	彦吉嘎郭勒	内蒙古高原内流区河湖·乌拉盖戈壁·乌拉盖河左岸	内蒙古自治区锡林郭勒盟西乌珠穆沁旗罕乌拉苏木都拉其古塔拉东山	内蒙古自治区锡林郭勒盟东乌珠穆沁旗道诺尔苏木白音火霄东	254.7	3 284.12		内蒙古自治区锡林郭勒盟西乌珠穆沁旗、东乌珠穆沁旗	
283	10.12.2.1.6	高日罕郭勒	内蒙古高原内流区河湖·乌拉盖戈壁·乌拉盖河左岸	内蒙古自治区锡林郭勒盟西乌珠穆沁旗巴彦花镇查干布格图山	内蒙古自治区锡林郭勒盟东乌珠穆沁旗查干诺尔苏木呼其那北	288.7	3 377.16		内蒙古自治区锡林郭勒盟西乌珠穆沁旗、东乌珠穆沁旗	
284	10.12.2.1.9.1	新郭勒	内蒙古高原内流区河湖·乌拉盖戈壁·乌拉盖河	内蒙古自治区锡林郭勒盟西乌珠穆沁旗巴拉格牧场巴格布格图山	内蒙古自治区锡林郭勒盟西乌珠穆沁旗额仁诺尔南角	126.3	2 811.81		内蒙古自治区锡林郭勒盟西乌珠穆沁旗	
285	10.12.2.2	巴拉格尔郭勒	内蒙古高原内流区河湖·乌拉盖戈壁	内蒙古自治区锡林郭勒盟西乌珠穆沁旗哈拉根台乡哲尔德毛日图山脊东南	内蒙古自治区锡林郭勒盟东乌珠穆沁旗哈尼呼热东南	244.4	8 268.49	0.432	内蒙古自治区锡林郭勒盟西乌珠穆沁旗、东乌珠穆沁旗	
286	10.12.2.2.1	浩勒图郭勒	内蒙古高原内流区河湖·乌拉盖戈壁·巴拉格尔郭勒	内蒙古自治区赤峰市林西县北大山	内蒙古自治区锡林郭勒盟西乌珠穆沁旗巴彦乌拉镇东南陶斯吐敖包	98.5	1 295.36		内蒙古自治区赤峰市林西县、锡林郭勒盟西乌珠穆沁旗	
287	10.12.3	伊和吉林郭勒	内蒙古高原内流区河湖·必其格特陶勒盖注地	内蒙古自治区赤峰市克什腾旗平顶林子西山	内蒙古自治区锡林郭勒盟西乌珠穆沁旗必格特陶勒盖	490.3	23 005.3		内蒙古自治区赤峰市克什腾旗，锡林郭勒盟西乌珠穆沁旗、东乌珠穆沁旗	
288	10.12.3.1	巴格吉仁郭勒	内蒙古高原内流区河湖·必其格特陶勒盖注地·伊和吉林郭勒	内蒙古自治区赤峰市克什腾旗萨勒毛敦索格东北山地	内蒙古自治区锡林郭勒盟西乌珠穆沁旗吉仁高勒镇巴彦乌拉嘎查	196.9	2 215.28		内蒙古自治区赤峰市克什腾镇，锡林郭勒盟西乌珠穆沁旗	
289	10.12.3.2	敖优廷郭勒	内蒙古高原内流区河湖·必其格特陶勒盖注地·伊和吉林郭勒	内蒙古自治区锡林郭勒盟阿巴嘎旗伊和高勒苏木毛敦呼勒图西山	内蒙古自治区锡林浩特市哈丹呼舒西南	232.3	7 147.33		内蒙古自治区锡林郭勒盟锡林浩特市、阿巴嘎旗	
290	10.12.3.2.1	巴彦郭勒	内蒙古高原内流区河湖·必其格特陶勒盖注地·伊和吉林郭勒·敖优廷郭勒	内蒙古自治区锡林郭勒盟阿巴嘎旗吉尔嘎朗图苏木昂格勒图山	内蒙古自治区锡林郭勒盟阿巴嘎旗约特呼都格	94	1 204.6		内蒙古自治区锡林郭勒盟阿巴嘎旗	
291	10.12.3.2.2	锡林河	内蒙古高原内流区河湖·必其格特陶勒盖注地·伊和吉林郭勒·敖优廷郭勒	内蒙古自治区赤峰市克什腾旗宝尔图西南山区	内蒙古自治区锡林浩特市乌优特二队	268.1	10 541.91	0.203	内蒙古自治区赤峰市克什腾旗，锡林郭勒盟阿巴嘎旗、锡林浩特市	
292	10.12.3.2.2.1	塔日彦浑迪	内蒙古高原内流区河湖·必其格特陶勒盖注地·伊和吉林郭勒·敖优廷郭勒·锡林河	内蒙古自治区锡林浩特市宝根苏木锡林郭勒种畜场沙尼根布拉格东北山麓	内蒙古自治区锡林浩特市宝力根苏木巴勒特盖呼都格	81.2	1 549.28		内蒙古自治区锡林浩特市	
293	10.12.3.2.2.2	浩来郭勒	内蒙古高原内流区河湖·必其格特陶勒盖注地·伊和吉林郭勒·敖优廷郭勒·锡林河	内蒙古自治区锡林浩特市巴彦锡勒街道查干敖包东北	内蒙古自治区锡林浩特市巴彦锡勒街道昌图敖包东	77.6	1 127.53		内蒙古自治区锡林浩特市	
294	10.12.3.2.3	宝楞高勒	内蒙古高原内流区河湖·必其格特陶勒盖注地·伊和吉林郭勒·敖优廷郭勒	内蒙古自治区阿巴嘎旗吉嘎郎图苏木乌德干德勒东山	内蒙古自治区伊和高勒苏木默勒图南	99.3	1 524.93		内蒙古自治区阿巴嘎旗	

续表

序号	条目编号	河　名	水　系	发源地、起始地	入湖（河）口	河长(km)	流域面积(km²)	多年平均年径流量(亿 m³)	行 经 地 区	备注
295	10.12.3.2.4	哈沙图高勒	内蒙古高原内流区河湖·必其格特陶勒盖洼地·伊和吉林郭勒·敖优廷郭勒	内蒙古自治区阿巴嘎旗伊和高勒苏木哈勒盖特山	内蒙古自治区阿巴嘎旗好勒门勒德呼都格	76.2	1 211.87		内蒙古自治区阿巴嘎旗	
296	10.12.3.4	阿尔塔高勒	内蒙古高原内流区河湖·必其格特陶勒盖洼地·伊和吉林郭勒	内蒙古自治区东乌珠穆沁旗额吉淖尔镇塔班杭盖乌拉山	内蒙古自治区东乌珠穆沁旗阿乐好来农场	84.8	1 444.17		内蒙古自治区东乌珠穆沁旗	
297	10.12.3.5	吉拉嘎浑迪	内蒙古高原内流区河湖·必其格特陶勒盖洼地·伊和吉林郭勒	内蒙古自治区东乌珠穆沁旗萨麦苏木敖来浩来格尔吉西北山区	内蒙古自治区东乌珠穆沁旗嘎布达旗镇布钦戈壁哈尔道希北	51.5	1 197.31		内蒙古自治区东乌珠穆沁旗	
298	10.12.4.1	公格尔河	内蒙古高原内流区河湖·达里诺尔	内蒙古自治区赤峰市克什克腾旗同兴镇马鞍桥子山	内蒙古自治区赤峰市克什克腾旗达来诺日镇格根敖勒木	126	1 886	0.66	内蒙古自治区赤峰市克什克腾旗	
299	10.12.6.1	高格斯台郭勒	内蒙古高原内流区河湖·呼尔查干淖尔	内蒙古自治区锡林郭勒盟正蓝旗赛音呼都嘎苏木园旦子山东南	内蒙古自治区锡林郭勒盟阿巴嘎旗查干淖尔镇红旗农场	223.7	5 145.4	0.408	内蒙古自治区锡林郭勒盟正蓝旗、阿巴嘎旗	
300	10.12.6.1.1	辉腾高勒	内蒙古高原内流区河湖·呼尔查干淖尔·高格斯台郭勒	内蒙古自治区锡林郭勒盟阿巴嘎旗洪格尔高勒镇伊和陶来图山	内蒙古自治区锡林郭勒盟阿巴嘎旗阿尔善塔格	92.4	932.3		内蒙古自治区锡林郭勒盟阿巴嘎旗	
301	10.12.6.2	努格斯郭勒	内蒙古高原内流区河湖·呼尔查干淖尔	内蒙古自治区锡林郭勒盟正蓝旗扎格斯台苏木塔日拉塔拉西北	内蒙古自治区锡林郭勒盟阿巴嘎旗萨拉东南	103.3	1 239.48		内蒙古自治区锡林郭勒盟正兰旗、苏尼特左旗、阿巴嘎旗	
302	10.12.8.1	哈拉巴郭勒	内蒙古高原内流区河湖·宝沙岱诺尔	内蒙古自治区锡林郭勒盟太仆寺旗骆驼千斤沟镇中河村火人梁东山顶	内蒙古自治区锡林郭勒盟正镶白旗阿日善得尔苏木东	93.1	1 971.23		内蒙古自治区锡林郭勒盟太仆寺旗、正蓝旗、正镶白旗	
303	10.12.10	布尔嘎斯特高勒	内蒙古高原内流区河湖·阿拉腾嘎斯诺尔	内蒙古自治区乌兰察布市化德县德色图乡长流水沟东南山顶	内蒙古自治区锡林郭勒盟正镶白旗塔萨尔亥	134.3	3 497.01		内蒙古自治区乌兰察布市化德县、锡林郭勒盟镶黄旗、正镶白旗	
304	10.12.12	伊和高勒	内蒙古高原内流区河湖·哈日戈壁	内蒙古自治区锡林郭勒盟阿巴嘎旗白音吐嘎苏木阿布嘎汗乌拉山	内蒙古自治区锡林郭勒盟阿巴嘎旗日戈壁西北	88.5	1 145.38		内蒙古自治区锡林郭勒盟阿巴嘎旗	
305	10.12.13	哈沙图郭勒	内蒙古高原内流区河湖·蒙勒诺尔	内蒙古自治区锡林郭勒盟阿巴嘎旗那仁宝力格苏木沙尔哈达西山东南侧	内蒙古自治区锡林郭勒盟苏尼特左旗好勒门德呼都格东	110.2	2 128.3		内蒙古自治区锡林郭勒盟阿巴嘎旗苏尼特左旗	
306	10.12.14	朝勒更郭勒	内蒙古高原内流区河湖·淮达来诺尔	内蒙古自治区锡林郭勒盟苏尼特左旗白音宝力格苏木哈努尔查干敖包	内蒙古自治区锡林郭勒盟苏尼特左旗淮达来沃布孙棚南	133.2	3 688.29		内蒙古自治区锡林郭勒盟苏尼特左旗	
307	10.12.16	阿木乌苏浑迪	内蒙古高原内流区河湖·淮达来诺尔	内蒙古自治区锡林郭勒盟苏尼特左旗赛罕高毕苏木巴彦敖包东山顶	内蒙古自治区锡林郭勒盟苏尼特左旗淮达来沃布孙棚南	88.2	2 572.67		内蒙古自治区锡林郭勒盟苏尼特左旗	
308	10.12.18	德尔嘎郭勒	内蒙古高原内流区河湖·戈壁淖尔	内蒙古自治区乌兰察布市化德县德包图乡开地房东南山顶	内蒙古自治区锡林郭勒盟苏尼特右旗布塔格音戈壁西	126.6	3 559.57		内蒙古自治区乌兰察布市化德县、锡林郭勒盟镶黄旗、苏尼特右旗	
309	10.12.18.1	上胡尔登郭勒	内蒙古高原内流区河湖·戈壁淖尔·德尔嘎郭勒	内蒙古自治区镶黄旗大黑山南阿拉乌素东山	内蒙古自治区镶黄旗翁滚乌拉苏木德德苏古特南	79.6	1 513.9		内蒙古自治区镶黄旗	
310	10.12.19	巴彦布拉格郭勒	内蒙古高原内流区河湖·乌兰淖尔	内蒙古自治区乌兰察布市商都县卯都乡二贵村南山顶	内蒙古自治区锡林郭勒盟苏尼特右旗赛罕乌力吉苏木	87.1	1 616.1		内蒙古自治区乌兰察布市商都县、锡林郭勒盟镶黄旗、苏尼特右旗	

续表

序号	条目编号	河名	水系	发源地、起始地	入湖（河）口	河长 (km)	流域面积 (km²)	多年平均年径流量 (亿 m³)	行经地区	备注
311	10.12.20	赛音呼都格郭勒	内蒙古高原内流区河湖·布朗诺尔	内蒙古自治区乌兰察布市商都县西井子镇李四村北山顶	内蒙古自治区锡林郭勒盟苏尼特右旗翁滚乌拉苏木查干德尔斯	176	4 240.45		内蒙古自治区乌兰察布市商都县，锡林郭勒盟苏尼特右旗	
312	10.12.21	横格勒浑迪	内蒙古高原内流区河湖·翁滚诺尔	内蒙古自治区乌兰察布市察哈尔右翼中旗黄羊城镇白彦脑包村西北山顶	内蒙古自治区锡林郭勒盟苏尼特右旗翁滚乌拉苏木查黑乌尔图布拉格东南	298.7	8 602.98		内蒙古自治区乌兰察布市察哈尔右翼中旗、察哈尔右翼后旗，锡林郭勒盟苏尼特右旗	
313	10.12.21.1	长胜湾河	内蒙古高原内流区河湖·翁滚诺尔·横格勒浑迪	内蒙古自治区乌兰察布市察哈尔右翼后旗红格尔图镇陈家地东南山顶	内蒙古自治区乌兰察布市察哈尔右翼后旗当郎忽洞苏木上色拉营	46.4	1 023.14		内蒙古自治区乌兰察布市察哈尔右翼后旗	
314	10.12.21.2	丁计河	内蒙古高原内流区河湖·翁滚诺尔·横格勒浑迪	内蒙古自治区乌兰察布市察哈尔右翼中旗广益隆镇乌尔兔不浪南山顶	内蒙古自治区乌兰察布市察哈尔右翼后旗当郎忽洞苏木上色拉营	87.5	1 409.96		内蒙古自治区乌兰察布市察哈尔右翼中旗、察哈尔右翼后旗	
315	10.12.22	乌日古布力格	内蒙古高原内流区河湖·查干诺尔	内蒙古自治区乌兰察布市四子王旗江岸苏木白音朝克图乡大脑包	内蒙古自治区乌兰察布市四子王旗江岸苏木柴达木北	95.3	1 708.99		内蒙古自治区乌兰察布市四子王旗	
316	10.12.23	好来浑迪	内蒙古高原内流区河湖·沙尔推饶木洼地	内蒙古自治区乌兰察布市四子王旗查干脑包乡冲格热格南山顶	内蒙古自治区锡林郭勒盟二连浩特市日勒图敖都苏木卓仑嘎查东	71.7	1 031.95		内蒙古自治区乌兰察布市四子王旗，锡林郭勒盟苏尼特右旗	
317	10.12.24	章古音高勒	内蒙古高原内流区河湖·乌兰推饶木洼地	内蒙古自治区乌兰察布市四子王旗脑木更苏木布日格特	内蒙古自治区锡林郭勒盟苏尼特右旗额仁诺尔苏木杭盖敖包	73.6	1 360.39		内蒙古自治区乌兰察布市四子王旗，锡林郭勒盟苏尼特右旗	
318	10.12.27.1	不冻河	内蒙古高原内流区河湖·察汗淖	内蒙古自治区乌兰察布市商都县西井子镇韩元沟西山顶	内蒙古自治区乌兰察布市商都县张四田村东	82.5	1 190.87		内蒙古自治区乌兰察布市商都县	
319	10.12.27.2	特布乌拉河	内蒙古高原内流区河湖·察汗淖	内蒙古自治区乌兰察布市化德县德包图乡长春沟村西北山区	内蒙古自治区商都县二工地村西	84.6	1 173.59		内蒙古自治区乌兰察布市化德县、商都县	
320	10.12.30.1	泉玉林河	内蒙古高原内流区河湖·黄旗海	内蒙古自治区乌兰察布市察哈尔右翼前旗白家村西山顶	内蒙古自治区乌兰察布市察哈尔右翼前旗南家村东南	135.5	2 001.92		内蒙古自治区乌兰察布市察哈尔右翼前旗	
321	10.12.32.1	塔布河	内蒙古高原内流区河湖·呼和诺尔	内蒙古自治区包头市固阳县大庙乡大南沟西南山顶	内蒙古自治区乌兰察布市四子王旗脑木更苏木沙尔浑迪	314	10 482.74		内蒙古自治区包头市固阳县，呼和浩特市武川县，乌兰察布市四子王旗	
322	10.12.32.1.1	乌日图沟	内蒙古高原内流区河湖·呼和诺尔·塔布河	内蒙古自治区乌兰察布市四子王旗东八号乡腊赛六号南山	内蒙古自治区乌兰察布市四子王旗吉生太镇西滩	90.5	1 457.55		内蒙古自治区乌兰察布市四子王旗	
323	10.12.33	乌兰陶勒盖高勒	内蒙古高原内流区河湖·图古木诺尔	内蒙古自治区包头市达尔罕茂明安联合旗达尔汗苏木母花以力更南山顶	内蒙古自治区乌兰察布市四子王旗哈吨德布斯格诺尔	130.3	2 429.15		内蒙古自治区包头市达尔罕茂明安联合旗，乌兰察布市四子王旗	
324	10.12.34.1.1	艾不盖河	内蒙古高原内流区河湖·查干淖尔·腾格尔诺尔	内蒙古自治区包头市达尔罕茂明安联合旗新宝力格苏木张毛胡同西山	内蒙古自治区包头市达尔罕茂明安联合旗腾格尔诺尔牧场西	192	7 185.46	0.166	内蒙古自治区包头市达尔罕茂明安联合旗	
325	10.12.34.1.1.1	塔尔洪河	内蒙古高原内流区河湖·查干淖尔·腾格尔诺尔·艾不盖河	内蒙古自治区包头市达尔罕茂明安联合旗石宝镇幸福村西南山顶	内蒙古自治区包头市达尔罕茂明安联合旗百灵庙城庙东南	48.2	2 472.49		内蒙古自治区包头市达尔罕茂明安联合旗	
326	10.12.34.2	乌苏特郭勒	内蒙古高原内流区河湖·查干淖尔	内蒙古自治区包头市达尔罕茂明安联合旗艾不盖河入腾格尔诺尔江入口	内蒙古自治区包头市达尔罕茂明安联合旗得令敖包东	54.4	2 790.10		内蒙古自治区包头市达尔罕茂明安联合旗	
327	10.12.35	开令河	内蒙古高原内流区河湖·哈尔诺尔	内蒙古自治区包头市达尔罕茂明安联合旗巴音乌兰苏木敦德呼都格西山顶	内蒙古自治区包头市达尔罕茂明安联合旗巴彦花镇哈尔淖尔村西	99.1	1 892.43		内蒙古自治区包头市达尔罕茂明安联合旗	

续表

序号	条目编号	河 名	水 系	发源地、起始地	入湖（河）口	河长 (km)	流域面积 (km²)	多年平均年径流量 (亿 m³)	行 经 地 区	备注
328	10.12.36	扎尔格楞图河	内蒙古高原内流区河湖·桑根达来诺尔	内蒙古自治区巴彦淖尔市乌拉特中旗新忽热苏木文都尔敖包	内蒙古自治区巴彦淖尔市乌拉特中旗巴彦吉尔嘎拉南	84.8	1 570.76		内蒙古自治区巴彦淖尔市乌拉特中旗	
329	10.12.37	那林河	内蒙古高原内流区河湖	内蒙古自治区巴彦淖尔市乌拉特中旗新忽热苏木哈日图东南山顶	蒙古人民共和国东戈壁省腾格尔诺尔	94	3 217.28		内蒙古自治区巴彦淖尔市乌拉特中旗，蒙古国东戈壁省	中国境内数据
330	10.12.37.1	乌兰额热格	内蒙古高原内流区河湖·那林河	内蒙古自治区巴彦淖尔市乌拉特中旗巴音乌兰苏木曼达山	内蒙古自治区巴彦淖尔市乌拉特中旗巴音乌兰苏木哈沙冬屋	107.3	2 035.51		内蒙古自治区巴彦淖尔市乌拉特中旗	
331	10.12.38	阿尔沙土沟	内蒙古高原内流区河湖	内蒙古自治区巴彦淖尔市乌拉特中旗川井苏木呼很乌兰	蒙古人民共和国东戈壁省腾格尔诺尔	106.6	4 320.56		内蒙古自治区巴彦淖尔市乌拉特中旗，蒙古国东戈壁省	中国境内数据
332	10.12.38.1	古尔班乌兰好来	内蒙古高原内流区河湖·阿尔沙土沟	内蒙古自治区巴彦淖尔市乌拉特中旗川井苏木乌林霍勒托山	内蒙古自治区巴彦淖尔市乌拉特中旗巴音乌兰苏木查干淖尔西北	89.8	1 525.69		内蒙古自治区巴彦淖尔市乌拉特中旗	
333	10.12.38.2	昌吉高勒	内蒙古高原内流区河湖·阿尔沙土沟	内蒙古自治区巴彦淖尔市乌拉特中旗巴音乌兰苏木巴特尔敖包东山	内蒙古自治区乌拉特中旗巴音乌兰苏木扎嘎乌苏	89.4	1 192.59		内蒙古自治区巴彦淖尔市乌拉特中旗	
334	10.12.39	包尔呼顺高勒	内蒙古高原内流区河湖·阿尔呼吉尔特洼地	内蒙古自治区巴彦淖尔市乌拉特中旗川井苏木莫若格钦辉斯陶勒盖	蒙古人民共和国南戈壁省	95.7	1 048.23		内蒙古自治区巴彦淖尔市乌拉特中旗，蒙古人民共和国南戈壁省	中国境内数据
335	10.12.40	巴音呼热音高勒	内蒙古高原内流区河湖·阿尔呼吉尔特洼地	内蒙古自治区巴彦淖尔市乌拉特后旗巴音前达门苏木萨音呼格格南山顶	内蒙古自治区巴彦淖尔市乌拉特后旗敖伦呼都格	78.5	1 190.33		内蒙古自治区巴彦淖尔市乌拉特后旗	
336	10.12.41	阿布日和音高勒	内蒙古高原内流区河湖·和布特呼仍尼戈壁	内蒙古自治区巴彦淖尔市乌拉特后旗潮格温都尔镇达巴都格北山顶	内蒙古自治区巴彦淖尔市乌拉特后旗乌兰陶勒盖西北 4 千米处	117.2	2 742.43		内蒙古自治区巴彦淖尔市乌拉特后旗	
337	10.12.42	巴格毛德庙高勒	内蒙古高原内流区河湖·和布特呼仍尼戈壁	内蒙古自治区巴彦淖尔市乌拉特后旗巴音宝力格镇额热格山顶	内蒙古自治区巴彦淖尔市乌拉特后旗巴彦哈尔西北约 5 千米处	114.7	1 928.28		内蒙古自治区巴彦淖尔市乌拉特后旗	
338	10.12.43	迈马乌苏郭勒	内蒙古高原内流区河湖·保楞苏亥洼地	内蒙古自治区巴彦淖尔市乌拉特后旗潮格温都尔镇巴仁沙巴呼热山顶	内蒙古自治区巴彦淖尔市乌拉特后旗滚格勋北	109.9	1 090.18		内蒙古自治区巴彦淖尔市乌拉特后旗	
339	10.12.44	莫林河	内蒙古高原内流区河湖·阿拉善戈壁	内蒙古自治区巴彦淖尔市乌拉特后旗那仁宝力格苏木岗嘎山顶	内蒙古自治区巴彦淖尔市乌拉特后旗巴音戈壁苏木西	135	5 800		内蒙古自治区乌拉特后旗	
340	10.13.1	额敏河	哈跨界内陆河	新疆维吾尔自治区额敏县兵团农九师一六五团四连	哈萨克斯坦	256	21 800		新疆维吾尔自治区额敏县、塔城市，哈萨克斯坦	中国境内河长 157 千米，流域面积 20 900 平方千米
341	10.13.1.2	哈拉依灭勒河	额敏河	新疆维吾尔自治区额敏县齐吾尔喀叶尔山西北坡	新疆维吾尔自治区额敏县县城东北约 28 千米处	28	252		新疆维吾尔自治区额敏县	哈拉依灭勒水文站以上数据
342	10.13.1.3	马拉苏河	额敏河	新疆维吾尔自治区额敏县齐吾尔喀叶尔山西北侧的别拉卡拉山	新疆维吾尔自治区额敏县古尔图乡萨拉尔巴斯村	32	262	1.15	新疆维吾尔自治区额敏县	马拉苏水文站以上数据
343	10.13.1.4	乌尔雪勒特河	额敏河	新疆维吾尔自治区托里县加依尔山西北麓	新疆维吾尔自治区额敏县古尔图乡萨拉尔巴斯村	62	906	0.5	新疆维吾尔自治区托里县、额敏县	
344	10.13.1.5	锡伯图河	额敏河	新疆维吾尔自治区额敏县	新疆维吾尔自治区额敏县恰夏乡切特吉也克村	28	231	0.85	新疆维吾尔自治区额敏县、塔城市	大、小锡伯图河汇合口以上数据

续表

序号	条目编号	河 名	水 系	发源地、起始地	入湖（河）口	河长 (km)	流域面积 (km²)	多年平均年径流量 (亿 m³)	行 经 地 区	备注
345	10.13.1.6	阿不都拉河	额敏河	新疆维吾尔自治区塔城市恰希特库勒湿地	新疆维吾尔自治区塔城市也门勒乡加尔苏村	31	271	1	新疆维吾尔自治区塔城市	山口以上数据
346	10.13.1.7	哈拉布拉河	额敏河左岸	新疆维吾尔自治区裕民县巴尔鲁克山北坡	新疆维吾尔自治区裕民县哈拉布拉乡	25	356	0.5	新疆维吾尔自治区裕民县	哈拉布拉水文站以上数据
347	10.13.1.8	喀浪古尔河	额敏河右岸	新疆维吾尔自治区塔城市卡拉克珍山口（西源）恰言伯库勒登巴土山口（中源）乌勒肯科茹尔山南坡（东源）	新疆维吾尔自治区塔城市也门勒乡团结村东	29	349	1.19	新疆维吾尔自治区塔城市	卡琅古尔水文站以上数据
348	10.13.1.9	乌拉斯台河	额敏河	新疆维吾尔自治区塔城市塔尔巴哈台山脉哈巴尔苏山口	新疆维吾尔自治区塔城市一六二团三连	37	189	0.45	新疆维吾尔自治区塔城市	山口以上数据
349	10.13.1.10	察汗托海河	额敏河	新疆维吾尔自治区裕民县巴尔鲁克山北坡	哈萨克斯坦	57	578	0.6	新疆维吾尔自治区裕民县，哈萨克斯坦	中国境内数据
350	10.13.2	塔斯提河	中哈跨界内陆河	新疆维吾尔自治区裕民县巴尔鲁克山区	哈萨克斯坦	67	994	2.2	新疆维吾尔自治区裕民县，哈萨克斯坦	中国境内数据
351	10.13.2.1	布尔干河	塔斯提河左岸	新疆维吾尔自治区裕民县巴尔鲁克山孔塔普坎锋	新疆维吾尔自治区裕民县哈拉布拉乡布尔干村	34.2	165	0.5	新疆维吾尔自治区裕民县	
352	10.13.3	铁列克提河	中哈跨界内陆河	新疆维吾尔自治区裕民县	哈萨克斯坦	66	1 109	0.43	新疆维吾尔自治区裕民县	中国境内数据
353	10.13.4	伊犁河	中哈跨界内陆河	哈萨克斯坦	哈萨克斯坦	442	56 000		新疆维吾尔自治区昭苏县、特克斯县、巩留县、新源县、尼勒县、察布查尔锡伯自治县、伊宁市、霍城县及兵团农四师的19个团场	表中河长、面积为中国境内数据，伊犁河河长1 236千米，流域面积151 200平方千米
354	10.13.4.1	木扎特河	伊犁河	新疆维吾尔自治区昭苏县南天山支脉汗腾格里山北坡	新疆维吾尔自治区昭苏县兵团农四师七十四团二连	75	1 275		新疆维吾尔自治区昭苏县胡松图喀尔逊蒙古族乡	
355	10.13.4.2	夏特河	伊犁河	新疆维吾尔自治区昭苏县南天山支脉汗腾格里山北坡	新疆维吾尔自治区昭苏县兵团农四师七十四团二连	75	1 228		新疆维吾尔自治区昭苏县	
356	10.13.4.3	苏木拜河	伊犁河	新疆维吾尔自治区昭苏县沙尔套山与哈萨克斯	新疆维吾尔自治区昭苏县兵团农四师七十六团六连	51	442		新疆维吾尔自治区昭苏县	
357	10.13.4.4	哈桑河	伊犁河	中天山哈萨克斯坦境内的克缅套山南麓	新疆维吾尔自治区昭苏县兵团农四师七十七团四连	60	514		哈萨克斯坦，新疆维吾尔自治区昭苏县	中国境内数据
358	10.13.4.5	阿克苏河	伊犁河	新疆维吾尔自治区昭苏县哈尔克他乌山北坡的高山带冰川区	新疆维吾尔自治区昭苏县昭苏林场	72	563		新疆维吾尔自治区昭苏县	
359	10.13.4.6	阿合牙孜河	伊犁河	新疆维吾尔自治区昭苏县哈尔克他乌山北坡	新疆维吾尔自治区昭苏县喀夏加尔乡喀拉托别村	117	2 813		新疆维吾尔自治区昭苏县	
360	10.13.4.7	科克铁热克河	伊犁河	新疆维吾尔自治区昭苏县哈尔克他乌山北坡	新疆维吾尔自治区特克斯县齐勒乌泽克乡阔步村	55.6	638		新疆维吾尔自治区特克斯县	
361	10.13.4.8	阔步河	伊犁河	新疆维吾尔自治区昭苏县	新疆维吾尔自治区特克斯县齐勒乌泽克乡阔步村	44	890		新疆维吾尔自治区昭苏县、特克斯县	

续表

序号	条目编号	河名	水系	发源地、起始地	入湖（河）口	河长(km)	流域面积(km²)	多年平均年径流量(亿 m³)	行经地区	备注
362	10.13.4.9	库克苏河	伊犁河	新疆维吾尔自治区和静县科克铁热克山山脊北坡的冰川区	新疆维吾尔自治区特克斯县军马场	208	5 666		新疆维吾尔自治区和静县、特克斯县	
363	10.13.4.9.1	库尔代河	伊犁河·库克苏河	新疆维吾尔自治区特克斯县比依克山山脊处的库尔代达坂附近	新疆维吾尔自治区特克斯县科克苏乡喀拉峻村	65.7	1 125		新疆维吾尔自治区特克斯县	
364	10.13.4.10	小吉尔格郎河	伊犁河	新疆维吾尔自治区特克斯县那拉提北麓	新疆维吾尔自治区巩留县吉尔格朗乡喀普其海村	59	1 024		新疆维吾尔自治区特克斯县、巩留县	
365	10.13.4.11	大吉尔格郎河	伊犁河	新疆维吾尔自治区特克斯县那拉提山北麓	新疆维吾尔自治区巩留县吉尔格朗乡喀普其海村	117	2 191		新疆维吾尔自治区新源县、巩留县	
366	10.13.4.12	巩乃斯河	伊犁河	新疆维吾尔自治区和静县那拉提山北麓	新疆维吾尔自治区巩留县阿尕尔森乡阿尕尔森牧业队	280	7 707		新疆维吾尔自治区和静县、新源县、尼勒克县	
367	10.13.4.12.1	恰甫河	伊犁河·巩乃斯河左岸	新疆维吾尔自治区新源县	新疆维吾尔自治区新源县塔勒德镇恰合普村	130	1 305		新疆维吾尔自治区新源县	
368	10.13.4.13	喀什河	伊犁河	新疆维吾尔自治区尼勒克县天山西部依连哈比尔尕山冰川区	新疆维吾尔自治区伊宁县雅玛渡	317	9 541		新疆维吾尔自治区尼勒克县、伊宁县	
369	10.13.4.13.1	阿热斯坦河	伊犁河·喀什河左岸	新疆维吾尔自治区尼勒克县阿吾拉勒山北麓	新疆维吾尔自治区尼勒克县乌拉斯台乡乔尔玛村	37	396		新疆维吾尔自治区尼勒克县乌拉斯台乡	
370	10.13.4.13.2	孟克德萨依河	伊犁河·喀什河右岸	新疆维吾尔自治区尼勒克县依连哈比尔尕山的门克廷达坂	新疆维吾尔自治区尼勒克县乌拉斯台乡孟克特村	22	482		新疆维吾尔自治区尼勒克县	
371	10.13.4.13.2.1	萨尔克提河	伊犁河·喀什河·孟克德萨依河	新疆维吾尔自治区尼勒克县依连哈比尔尕山南坡西部冰川区	新疆维吾尔自治区尼勒克县乌拉斯台乡孟克特村	26.2	289		新疆维吾尔自治区尼勒克县	
372	10.13.4.13.3	寨口河	伊犁河·喀什河右岸	新疆维吾尔自治区尼勒克县天山山脉博罗科努山南坡	新疆维吾尔自治区尼勒克县阿克吐别克村	36.0	145		新疆维吾尔自治区尼勒克县	
373	10.13.4.13.4	巴尔尕依提河	伊犁河·喀什河右岸	新疆维吾尔自治区尼勒克县天山山脉博罗科努山南坡	新疆维吾尔自治区尼勒克县乌拉斯台乡巴彦郭勒村	31.8	232		新疆维吾尔自治区尼勒克县	
374	10.13.4.13.6	博尔博松河	伊犁河·喀什河右岸	新疆维吾尔自治区尼勒克县博罗科努山南麓	新疆维吾尔自治区伊宁县托海水库下游2千米	67	938		新疆维吾尔自治区尼勒克县、伊宁县	
375	10.13.4.14	吉尔格郎河	伊犁河右岸	新疆维吾尔自治区伊宁县天山支脉科克琴山南坡	新疆维吾尔自治区伊宁县托格拉克乡	74	500		新疆维吾尔自治区伊宁县、伊宁市	山口以上数据
376	10.13.4.15	加格斯台河	伊犁河左岸	新疆维吾尔自治区察布查尔锡伯自治县乌孙山白什沙拉山隘	新疆维吾尔自治区察布查尔锡伯自治县海努克乡	21	231		新疆维吾尔自治区察布查尔锡伯自治县	
377	10.13.4.16	匹里青河	伊犁河右岸	新疆维吾尔自治区伊宁县科古琴山南坡	新疆维吾尔自治区伊宁市巴彦岱镇下游约7千米处	85	1 187		新疆维吾尔自治区伊宁县、伊宁市	
378	10.13.4.17	萨尔布拉克河	伊犁河右岸	新疆维吾尔自治区霍城县科古琴山西段南麓	新疆维吾尔自治区霍城县惠远镇惠远老城	90	1 184		新疆维吾尔自治区霍城县	
379	10.13.4.18	洪海沟	伊犁河右岸	新疆维吾尔自治区察布查尔锡伯自治县帖木里克他乌山东端与阿拉喀尔他乌山西端交界处的安格列特达坂	新疆维吾尔自治区霍城县爱新色里镇	37	395		新疆维吾尔自治区察布查尔锡伯自治县	山口渠首以上数据

续表

序号	条目编号	河 名	水 系	发源地、起始地	入湖（河）口	河长(km)	流域面积(km²)	多年平均年径流量(亿 m³)	行 经 地 区	备注
380	10.13.4.19	果子沟	伊犁河右岸	新疆维吾尔自治区霍城县博罗科努山东段南麓	新疆维吾尔自治区霍城县图开沙漠南	86	657		新疆维吾尔自治区霍城县	
381	10.13.4.20	小西沟	伊犁河右岸	新疆维吾尔自治区霍城县别珍套山东段余脉南麓	新疆维吾尔自治区霍城县兰干乡五一牧场西	76	270		新疆维吾尔自治区霍城县	
382	10.13.4.21	三道河子河	伊犁河左岸	新疆维吾尔自治区霍城县别珍套山南麓	新疆维吾尔自治区霍城县六十四团十九连	109	1 237		新疆维吾尔自治区霍城县	
383	10.13.4.22	开干河	伊犁河右岸	新疆维吾尔自治区霍城县别珍套山南麓	新疆维吾尔自治区霍城县六十四团十三连	35	200		新疆维吾尔自治区霍城县	
384	10.13.4.23	霍尔果斯河	伊犁河右岸	哈萨克斯坦境内别珍套山南麓的卡赞达坂	新疆维吾尔自治区霍城县六十四团十三连	148	1 660		新疆维吾尔自治区霍城县、哈萨克斯坦潘菲洛夫市	
385	7.20	额尔齐斯河	额尔齐斯河水系	新疆维吾尔自治区富蕴县阿尔泰山南坡	哈萨克斯坦	600	50 400		新疆维吾尔自治区富蕴县、福海县、阿勒泰市、布尔津县、哈巴河县、哈萨克斯坦	中国境内数据
386	7.20.1	喀依尔特斯河	额尔齐斯河	新疆维吾尔自治区富蕴县阿尔泰山东部西南坡	新疆维吾尔自治区富蕴县铁买克乡海口村	100	2 706		新疆维吾尔自治区富蕴县	
387	7.20.3	喀拉额尔齐斯河	额尔齐斯河右岸	新疆维吾尔自治区福海县北部阿尔泰山南坡	新疆维吾尔自治区富蕴县库尔特乡喀拉乔克村	192.5	6 522		新疆维吾尔自治区富蕴县、福海县	
388	7.20.3.1	卓路特河	额尔齐斯河·喀拉额尔齐斯河左岸	蒙古国阿尔泰山南坡	新疆维吾尔自治区福海县科克阿尕什乡萨尔布拉克村	103	3 334		蒙古国、新疆维吾尔自治区富蕴县、福海县	
389	7.20.3.2	巴拉额尔齐斯河	额尔齐斯河·喀拉额尔齐斯河	新疆维吾尔自治区富蕴县阿尔泰山支脉巴拉额尔齐斯山西南坡	新疆维吾尔自治区富蕴县库尔特乡巴拉额尔齐斯村	64	915		新疆维吾尔自治区富蕴县	
390	7.20.4	克兰河	额尔齐斯河右岸	新疆维吾尔自治区阿勒泰市阿尔泰山南坡	新疆维吾尔自治区阿勒泰市萨尔胡松乡阿克铁热克村	200	6 792		新疆维吾尔自治区阿勒泰市	
391	7.20.4.1	汗德尕特河	额尔齐斯河·克兰河右岸	新疆维吾尔自治区阿勒泰市阿尔泰山南坡	新疆维吾尔自治区阿勒泰市萨尔胡松乡阿克铁热克村	35.4	300		新疆维吾尔自治区阿勒泰市	
392	7.20.4.4	阿拉哈克河	额尔齐斯河·克兰河右岸	新疆维吾尔自治区阿勒泰市阿尔泰山南坡	新疆维吾尔自治区阿勒泰市汗德尕特蒙古乡多拉特村	88.6	1 455		新疆维吾尔自治区阿勒泰市	
393	7.20.5	布尔津河	额尔齐斯河右岸	新疆维吾尔自治区布尔津县阿尔泰山友宜峰下的冰川区	新疆维吾尔自治区布尔津县县城西1.5千米	296	9 836		新疆维吾尔自治区布尔津县	
394	7.20.5.3	禾木河	额尔齐斯河·布尔津河	新疆维吾尔自治区布尔津县阿尔泰山脊、中蒙交界处的霍米因达坂	新疆维吾尔自治区布尔津县禾木喀纳斯蒙古乡禾木村	69	2 160		新疆维吾尔自治区布尔津县	
395	7.20.5.4	苏木达依日克河	额尔齐斯河·布尔津河左岸	新疆维吾尔自治区布尔津县阿尔泰山中部西南坡	新疆维吾尔自治区布尔津县禾木喀纳斯蒙古乡苏木达依克村	122	2 459		新疆维吾尔自治区阿勒泰市、布尔津县	
396	7.20.6	哈巴河	额尔齐斯河右岸	新疆维吾尔自治区哈巴河县	新疆维吾尔自治区哈巴河县库勒拜乡阔斯阿热勒村	214	6 228		新疆维吾尔自治区哈巴河县	
397	7.20.6.1	铁列克德河	额尔齐斯河·哈巴河左岸	新疆维吾尔自治区哈巴河县阿尔泰山中山带萨勒哈木尔山西麓的喀拉格则峰	新疆维吾尔自治区哈巴河县铁热克提乡政府驻地下游7千米处	38	579		新疆维吾尔自治区哈巴河县	
398	7.20.7	别列则克河	额尔齐斯河右岸	哈萨克斯坦阿祖套山东南坡	新疆维吾尔自治区哈巴河县萨尔布拉克乡阔克托海村	155	1 600		哈萨克斯坦、新疆维吾尔自治区哈巴河县	

续表

序号	条目编号	河名	水系	发源地、起始地	入湖（河）口	河长(km)	流域面积(km²)	多年平均年径流量(亿 m³)	行经地区	备注
399	7.20.8	阿拉克别克河	额尔齐斯河右岸	哈萨克斯坦阿祖套山南坡	新疆维吾尔自治区哈巴河县一八五团六连	95	998		哈萨克斯坦、新疆维吾尔自治区哈巴河县	
400	7.20.9	塔斯特河	额尔齐斯河	新疆维吾尔自治区吉木乃县萨吾尔山东部山脊附近	新疆维吾尔自治区吉木乃县托斯特乡塔斯特村	36.8	450		新疆维吾尔自治区吉木乃县	山口塔斯特水库以上数据
401	7.20.10	拉斯特河	额尔齐斯河左岸	新疆维吾尔自治区吉木乃县萨吾尔山脉北坡	新疆维吾尔自治区吉木乃县托普铁热克乡喀拉苏村	74	837.5		新疆维吾尔自治区吉木乃县托普铁热克乡	山口以上数据
402	7.20.11	乌勒昆乌拉斯图河	额尔齐斯河左岸	新疆维吾尔自治区吉木乃县萨吾尔山脉的木斯岛山峰北坡	新疆维吾尔自治区吉木乃县吉木乃镇北部库木托拜沙漠	63	356		新疆维吾尔自治区吉木乃县	

附表二 西北诸河卷列条湖泊一览表

序号	条目编号	湖名	湖泊性质	水系	湖面面积（km²）	蓄水量（亿 m³）	所在地区	备注
1	10.3.190	盐湖	盐湖	羌塘高原内陆河湖	32.8		青海省玉树藏族自治州治多县	
2	10.3.191	海丁诺尔	咸水湖	羌塘高原内陆河湖	35.7		青海省玉树藏族自治州治多县	
3	10.3.192	库赛湖	咸水湖	羌塘高原内陆河湖	254.4	33.9	青海省玉树藏族自治州治多县	
4	10.3.193	卓乃湖	咸水湖	羌塘高原内陆河湖	256.4		青海省玉树藏族自治州治多县	
5	10.3.194	错达日玛	咸水湖	羌塘高原内陆河湖	89.9		青海省玉树藏族自治州治多县	
6	10.3.195	可考湖	微咸水湖	羌塘高原内陆河湖	62.3		青海省玉树藏族自治州治多县	
7	10.3.196	可可西里湖	咸水湖	羌塘高原内陆河湖	299.9		青海省玉树藏族自治州治多县	
8	10.3.196.1	饮马湖	咸水湖	羌塘高原内陆河湖·可可西里湖	107.2		青海省玉树藏族自治州治多县	
9	10.3.197	勒斜武担湖	盐湖	羌塘高原内陆河湖	227.0		青海省玉树藏族自治州治多县	
10	10.3.198	涟湖	咸水湖	羌塘高原内陆河湖	26.3		青海省玉树藏族自治州治多县	
11	10.3.199	月亮湖	咸水湖	羌塘高原内陆河湖	15.0		青海省玉树藏族自治州治多县	
12	10.3.200	移山湖	微咸水湖	羌塘高原内陆河湖	18.5		青海省玉树藏族自治州治多县	
13	10.3.201	西金乌兰湖	盐湖	羌塘高原内陆河湖	346.2		青海省玉树藏族自治州治多县	
14	10.3.201.3.1	永红湖	微咸水湖	羌塘高原内陆河湖·西金乌兰湖·陷车河	69.9		青海省玉树藏族自治州治多县	
15	10.3.202	明镜湖	盐湖	羌塘高原内陆河湖	88.1		青海省玉树藏族自治州治多县	
16	10.3.202.2.1	节约湖	微咸水湖	羌塘高原内陆河湖·明镜湖·明镜西河	17.0		青海省玉树藏族自治州治多县	
17	10.3.203	豌豆湖	微咸水湖	羌塘高原内陆河湖	17.9		青海省格尔木市	
18	10.3.204	乌兰乌拉湖	咸水湖	羌塘高原内陆河湖	544.5	水深6.9米	青海省格尔木市	
19	10.3.205	阿牙克库木湖	盐湖	羌塘高原内陆河湖	538	55	新疆维吾尔自治区若羌县	
20	10.3.205.1.1	依协克帕提湖	淡水湖	羌塘高原内陆河湖·依协克帕提河	15.2		新疆维吾尔自治区若羌县	
21	10.3.205.3	库木库勒湖	咸水湖	羌塘高原内陆河湖·阿牙克库木湖	25	0.75	新疆维吾尔自治区若羌县	
22	10.3.205.4	克其克库木库勒湖	淡水湖	羌塘高原内陆河湖·阿牙克库木湖	18	0.3	新疆维吾尔自治区若羌县	
23	10.3.205.5	贝勒克勒克湖	淡水湖	羌塘高原内陆河湖·阿牙克库木湖	21		新疆维吾尔自治区若羌县	
24	10.3.206	鲸鱼湖	咸水湖	羌塘高原内陆河湖	264		新疆维吾尔自治区若羌县	
25	10.3.207	阿其格库勒湖	盐湖	羌塘高原内陆河湖	351.2	34.4	新疆维吾尔自治区若羌县	
26	10.3.208	塔什库勒湖	咸水湖	羌塘高原内陆河湖	11.2		新疆维吾尔自治区且末县	
27	10.3.209	朝勃湖	咸水湖	羌塘高原内陆河湖	9.6		新疆维吾尔自治区且末县	
28	10.3.210	长虹湖	咸水湖	羌塘高原内陆河湖	17.2		新疆维吾尔自治区且末县	
29	10.3.211	半岛湖	咸水湖	羌塘高原内陆河湖	11.8		新疆维吾尔自治区且末县	
30	10.3.212	黄草湖	咸水湖	羌塘高原内陆河湖	2.1		新疆维吾尔自治区且末县	
31	10.3.213	工字湖	咸水湖	羌塘高原内陆河湖	0.81		新疆维吾尔自治区民丰县	
32	10.3.214	阿克赛钦湖	咸水湖	羌塘高原内陆河湖	165.8	12.9	新疆维吾尔自治区和田县	
33	10.3.215	萨利吉勒干南库勒湖	咸水湖	羌塘高原内陆河湖	46.9		新疆维吾尔自治区和田县	
34	10.3.216	列腾格湖	咸水湖	羌塘高原内陆河湖	43		新疆维吾尔自治区和田县	
35	10.4.1	罗布泊	盐湖（已干涸）	塔里木内陆河湖			新疆维吾尔自治区若羌县	

续表

序号	条目编号	湖名	湖泊性质	水系	湖面面积（km²）	蓄水量（亿 m³）	所在地区	备注
36	10.4.1.1.1	博斯腾湖	淡水湖	孔雀河	1 210.5	90	新疆维吾尔自治区博湖县	
37	10.4.1.1.1.1	大盐湖	盐湖	博斯腾湖	65		新疆维吾尔自治区和硕县	
38	10.4.1.1.6	科克苏湖	盐湖	孔雀河	25		新疆维吾尔自治区尉犁县	
39	10.4.2	台特马湖	淡水湖	塔里木内陆河湖			新疆维吾尔自治区若羌县	
40	10.4.2.1.2.8.3	琼库勒巴什湖	淡水湖	盖孜河	7.5	0.135	新疆维吾尔自治区阿克陶县	
41	10.4.2.1.2.8.4.1	喀拉库勒湖	淡水湖	康西瓦河	6		新疆维吾尔自治区阿克陶县	
42	10.4.2.1.2.8.5	布伦库勒湖	淡水湖	盖孜河	3.5		新疆维吾尔自治区阿克陶县	
43	10.4.2.1.2.14	硝尔库勒湖	盐湖	喀什噶尔河	50		新疆维吾尔自治区阿图什市哈拉峻乡	
44	10.4.2.1.3.5	萨依艾日克湖	微咸湖	阿克苏河	8.1		新疆维吾尔自治区阿克苏市	
45	10.4.2.1.3.6	黄宫湖	微咸湖	阿克苏河	8.64		新疆维吾尔自治区阿克苏市	
46	10.4.2.1.3.7	艾西曼湖	咸水湖	阿克苏河	150	2.75	新疆维吾尔自治区阿克苏市、阿瓦提县	
47	10.4.2.1.4.1	错鲁勒错湖	咸水湖	和田河	9.38		新疆维吾尔自治区皮山县	
48	10.4.2.1.6	色格孜力克湖	盐湖（已干涸）	塔里木河	79		新疆维吾尔自治区阿克苏市	
49	10.4.2.1.9	艾曼库勒湖	盐湖（已干涸）	塔里木河	10		新疆维吾尔自治区沙雅县	
50	10.4.2.1.20	赛依特库勒湖	干涸	塔里木河			新疆维吾尔自治区尉犁县	
51	10.4.2.1.21	巴什库勒湖	盐沼	塔里木河	4.4		新疆维吾尔自治区尉犁县	
52	10.4.2.1.22	格力米开勒库勒湖	干涸	塔里木河			新疆维吾尔自治区尉犁县	
53	10.4.2.2	乌尊硝尔湖	盐湖	塔里木内陆河湖	3.115		新疆维吾尔自治区若羌县	
54	10.4.3.1	青格里克湖	盐湖（已干涸）	塔里木内陆河湖·喀拉米兰河			新疆维吾尔自治区且末县	
55	10.4.6	绍尔克里湖	盐湖	塔里木内陆河湖			新疆维吾尔自治区民丰县	
56	10.4.7	曲曲克苏湖	盐湖	塔里木内陆河湖	15		新疆维吾尔自治区民丰县	
57	10.4.9.1.1	贝勒克湖	微咸水湖	尼雅河			新疆维吾尔自治区民丰县	
58	10.4.10	硝尔库勒湖	盐湖	塔里木内陆河湖	5		新疆维吾尔自治区民丰县	
59	10.4.13	乌鲁克库勒湖	咸水湖	克里雅河	15.4		新疆维吾尔自治区于田县	
60	10.4.14	阿什库勒湖	盐湖	塔里木内陆河湖	10.5	0.22	新疆维吾尔自治区于田县	
61	10.5	艾比湖	咸水湖	艾比湖	634	7.3	新疆维吾尔自治区精河县	
62	10.5.5	赛里木湖	微咸湖	艾比湖	458	210	新疆维吾尔自治区博乐市	
63	10.6.1.1	北塔山湖	盐沼	古尔班通古特荒漠区	30		新疆维吾尔自治区奇台县	
64	10.6.2.2	芨芨湖	已干涸	博格达山北麓水系			新疆维吾尔自治区奇台县	
65	10.6.2.12.1	天山天池	淡水湖	三工河	2.52		新疆维吾尔自治区阜康市	
66	10.6.3	玛纳斯湖	已干涸	玛纳斯湖			新疆维吾尔自治区和布克赛尔县	
67	10.6.3.8	艾里克湖	咸水湖	玛纳斯湖	50		新疆维吾尔自治区克拉玛依市	
68	10.6.3.9	小艾里克湖	咸水湖	玛纳斯湖	1.51		新疆维吾尔自治区克拉玛依市	
69	10.6.3.10	达巴松诺尔湖	盐湖	玛纳斯湖水系	150		新疆维吾尔自治区和布克赛尔蒙古自治县	
70	10.6.3.11	小盐池	盐湖	玛纳斯湖水系	20		新疆维吾尔自治区和布克赛尔蒙古自治县	
71	10.7	乌伦古湖	咸水湖	乌伦古湖	753	60	新疆维吾尔自治区福海县	
72	10.7.1.5	吉力湖	淡水湖	乌伦古湖	174	17.2	新疆维吾尔自治区福海县	
73	10.8.1	艾丁湖	盐湖	吐哈—巴伊盆地河湖	75		新疆维吾尔自治区吐鲁番	
74	10.8.1.2	柴窝堡湖	微咸湖	艾丁湖水系	30	1.26	新疆维吾尔自治区乌鲁木齐市达坂城	
75	10.8.1.3	盐湖	盐湖	艾丁湖水系	37		新疆维吾尔自治区乌鲁木齐市达坂城区	
76	10.8.2	帕尔干布拉克东湖	咸水湖	吐哈—巴伊盆地河湖			新疆维吾尔自治区鄯善县	

续表

序号	条目编号	湖名	湖泊性质	水系	湖面面积 (km²)	蓄水量 (亿 m³)	所在地区	备注
77	10.8.3	沙尔得兰布拉克湖	碱滩	吐哈—巴伊盆地河湖	70		新疆维吾尔自治区鄯善县	
78	10.8.4	乌尊布拉克湖	盐沼	吐哈—巴伊盆地河湖	276		新疆维吾尔自治区托克逊县、吐鲁番市	
79	10.8.5	沙尔湖	已干涸	吐哈—巴伊盆地河湖			新疆维吾尔自治区哈密市	
80	10.8.5.3	白山湖	干盐湖	沙尔湖			新疆维吾尔自治区哈密市	
81	10.8.6	巴里坤湖	咸水湖	吐哈—巴伊盆地河湖	100		新疆维吾尔自治区巴里坤县	
82	10.8.7	托勒库勒湖	咸水湖	吐哈—巴伊盆地河湖	29.1		新疆维吾尔自治区伊吾县	
83	10.8.8	淖毛湖	咸水湖	吐哈—巴伊盆地河湖			新疆维吾尔自治区伊吾县	
84	10.9.1	苏干湖	咸水湖	柴达木盆地水系	108	1.72	甘肃省阿克塞哈萨克族自治县	
85	10.9.1.3	小苏干湖	微咸水湖	苏干湖	11.6	0.24	甘肃省阿克塞哈萨克族自治县	
86	10.9.2	昆特依干盐湖	盐湖	柴达木盆地水系	1.4		青海省海西蒙古族藏族自治州冷湖行政委员会	
87	10.9.3	德宗马海湖	盐湖	柴达木盆地水系	9.0		青海省海西蒙古族藏族自治州冷湖行政委员会	
88	10.9.4	伊克柴达木湖	盐湖	柴达木盆地水系	36	0.72	青海省海西蒙古族藏族自治州大柴旦行政委员会	
89	10.9.5	巴嘎柴达木湖	盐湖	柴达木盆地水系	71.5	0.1859	青海省海西蒙古族藏族自治州大柴旦行政委员会	
90	10.9.6	托素湖	咸水湖	柴达木盆地水系	135	17.2	青海省德令哈市	
91	10.9.6.1	克鲁克湖	淡水湖	托素湖	59.6	1.8	青海省德令哈市	
92	10.9.7	尕海	盐湖	柴达木盆地水系	32	0.86	青海省德令哈市	
93	10.9.8	柴凯盐湖	盐湖	柴达木盆地水系	48		青海省乌兰县	
94	10.9.9	柯柯盐湖	盐湖	柴达木盆地水系	95	2.0	青海省乌兰县柯柯镇	
95	10.9.10	希里沟湖	盐湖	柴达木盆地水系	23	0.44	青海省乌兰县	
96	10.9.11	苦海	咸水湖	柴达木盆地水系	44	4.4	青海省玛多县、兴海县	
97	10.9.12.2.1	冬给措纳湖	淡水湖	柴达木河	230	68.44	青海省玛多县	
98	10.9.12.2.2.1	阿拉克湖	淡水湖	柴达木盆地水系·察尔汗盐湖·柴达木·乌兰乌苏河	35	4.9	青海省都兰县	
99	10.9.12.8.1	卡巴纽尔多湖	淡水湖	柴达木盆地水系·察尔汗盐湖·格尔木河	29	2.0	青海省曲麻莱县	
100	10.9.12.8.2	错日阿巴鄂阿东湖	淡水湖	柴达木盆地水系·察尔汗盐湖·格尔木河	15	0.8	青海曲麻莱县	
101	10.9.12.8.3.1	错木斗江章湖	淡水湖	柴达木盆地水系·察尔汗盐湖·格尔木河·格涌曲	21	1.5	青海省曲麻莱县	
102	10.9.12.8.6.1	黑海	淡水湖	柴达木盆地水系·察尔汗盐湖·格尔木河·昆仑河	38.7	3.06	青海省格尔木市	
103	10.9.13	西台吉乃尔湖	盐湖	柴达木盆地水系	129	3.82	青海省大柴旦行政委员会	
104	10.9.14	东台吉乃尔湖	盐湖	柴达木盆地水系	208	4.09	青海省格尔木市	
105	10.9.14.1.1	库水浣	淡水湖	柴达木盆地水系·东台吉乃尔湖·那棱格勒河	33.6	4	青海省治多县	
106	10.9.14.1.2	太阳湖	淡水湖		100	10.1	青海省治多县	
107	10.9.14.1.4	小库赛湖	淡水湖	那棱格勒河	9		青海省格尔木市	
108	10.9.15	甘森泉湖	盐湖	柴达木盆地水系	16		青海省格尔木市	
109	10.9.16	一里坪干盐湖	干盐湖	柴达木盆地水系	360		青海省海西蒙古族藏族自治州冷湖行政委员会、茫崖行政委员会	
110	10.9.17	茫崖盐湖	盐湖	柴达木盆地水系	128		海西海蒙古族藏族自治州茫崖行政委员会	
111	10.9.18	大浪滩干盐湖	干盐湖	柴达木盆地水系	5 000		青海省海西蒙古族藏族自治州茫崖行政委员会花土沟镇	

368

续表

序号	条目编号	湖名	湖泊性质	水系	湖面面积（km²）	蓄水量（亿 m³）	所在地区	备注
112	10.9.19	尕斯库勒湖	盐湖	柴达木盆地水系	123.8	0.8	青海省海西蒙古族藏族自治州茫崖行政委员会	
113	10.10.1	青海湖	咸水湖	青海湖水系	4 317.69	697.77	青海省天峻县、海晏县、刚察县、共和县	
114	10.10.1.3	尕海	咸水湖	青海湖水系·青海湖	47.2		青海省海晏县	
115	10.10.1.4.1	错果湖	微咸水湖	倒淌河	6.29		青海省共和县	
116	10.10.1.6.1	错略隆湖	淡水湖	布哈河	8		青海省天峻县	
117	10.10.2	茶卡盐湖	盐湖	青海湖水系	116.1		青海省乌兰县	
118	10.10.3	哈拉湖	咸水湖	青海湖水系	601.7	165	青海省德令哈市	
119	10.11.1	果红呆不隆诺尔	盐湖	河西走廊—阿拉善内流河湖	14.0		内蒙古自治区阿拉善盟阿拉善左旗吉兰泰镇	
120	10.11.2	吉兰泰盐湖	盐湖	河西走廊—阿拉善内流河湖	39.17		内蒙古自治区阿拉善盟阿拉善左旗吉兰泰镇	
121	10.11.3	鸡龙同古干盐湖	盐湖	河西走廊—阿拉善内流河湖	47.5		内蒙古自治区阿拉善盟阿拉善左旗吉兰泰镇	
122	10.11.4	巴音诺尔	盐湖	河西走廊—阿拉善内流河湖	19.2		内蒙古自治区阿拉善盟阿拉善左旗巴润别立镇	
123	10.11.5	爱麦克湖	盐湖	河西走廊—阿拉善内流河湖	18.0		内蒙古自治区阿拉善盟阿拉善左旗额尔克哈什哈苏木	
124	10.11.6	干盐池	盐湖	河西走廊—阿拉善内流河湖	16.5		内蒙古自治区阿拉善盟阿拉善左旗额尔克哈什哈苏木	
125	10.11.7	长湖	盐湖	河西走廊—阿拉善内流河湖	12.3		内蒙古自治区阿拉善盟阿拉善左旗额尔克哈什哈苏木	
126	10.11.8	白碱诺尔	盐湖	河西走廊—阿拉善内流河湖	42.0		内蒙古自治区阿拉善盟阿拉善左旗额尔克哈什哈苏木	
127	10.11.9	和屯盐池	盐湖	河西走廊—阿拉善内流河湖	10.0		内蒙古自治区阿拉善盟阿拉善左旗吉兰泰镇	
128	10.11.10	大海子	盐湖	河西走廊—阿拉善内流河湖	16.0		内蒙古自治区阿拉善盟阿拉善右旗曼德拉苏木	
129	10.11.11	雅布赖盐湖	盐湖	河西走廊—阿拉善内流河湖	22.6		内蒙古自治区阿拉善盟阿拉善右旗雅布赖镇	
130	10.11.12	中泉子芒硝湖	盐湖	河西走廊—阿拉善内流河湖	24.5		内蒙古自治区阿拉善盟阿拉善右旗雅布赖镇	
131	10.11.13	吉尔乃湖	咸水湖	河西走廊—阿拉善内流河湖	42		内蒙古自治区阿拉善盟阿拉善右旗吉尔乃苏木	
132	10.11.14	哈登贺少干盐湖	盐湖	河西走廊—阿拉善内流河湖	80.0		内蒙古自治区阿拉善盟额济纳旗苏泊淖尔苏木	
133	10.11.15	青土湖	盐碱滩	石羊河			甘肃省民勤县	
134	10.11.17	居延海	咸水湖	黑河	42(东居延海)，西居延海已干涸		内蒙古自治区阿拉善盟阿拉善左旗额尔克哈什哈苏木	
135	10.11.19	哈拉湖	盐碱滩	河西走廊—阿拉善内流河湖			甘肃省瓜州县	
136	10.11.20.7	月牙泉	咸水湖	疏勒河	1.5公顷		甘肃省敦煌市	
137	10.12.1	伊和沙巴尔诺尔	咸水湖	内蒙古高原内流区河湖	5.33		内蒙古自治区锡林郭勒盟东乌珠穆沁旗额仁戈比嘎查(村)	
138	10.12.1.1	准沙巴尔诺尔	盐湖	内蒙古高原内流区河湖·伊和沙巴尔诺尔	6.25		内蒙古自治区锡林郭勒盟东乌珠穆沁旗满都呼宝力格牧场	
139	10.12.2	乌拉盖戈壁	咸水湖	内蒙古高原内流区河湖	215.92		内蒙古自治区锡林郭勒盟东乌珠穆沁旗乌尼特牧场准哈达北	
140	10.12.2.1.7	阿尔勒诺尔	咸水湖	内蒙古高原内流区河湖·乌拉盖戈壁·乌拉盖河	8.65		内蒙古自治区锡林郭勒盟东乌珠穆沁旗道特淖子镇	
141	10.12.2.1.8	伊和达布斯诺尔	咸水湖	内蒙古高原内流区河湖·乌拉盖戈壁·乌拉盖河	6.68		内蒙古自治区锡林郭勒盟东乌珠穆沁旗道特淖子镇	
142	10.12.2.1.9	额仁诺尔	咸水湖	内蒙古高原内流区河湖·乌拉盖戈壁·乌拉盖河	5.78		内蒙古自治区锡林郭勒盟西乌珠穆沁旗额仁戈毕牧场	
143	10.12.2.3	柴达木诺尔	咸水湖	内蒙古高原内流区河湖·乌拉盖戈壁	1.10		内蒙古自治区锡林郭勒盟西乌珠穆沁旗巴彦胡舒苏木	

续表

序号	条目编号	湖名	湖泊性质	水系	湖面面积（km²）	蓄水量（亿 m³）	所在地区	备注
144	10.12.3.3	额吉诺尔	咸水湖	内蒙古高原内流河湖·必其格特陶勒盖洼地	20.65		内蒙古自治区锡林郭勒盟东乌珠穆沁旗额吉诺尔镇	
145	10.12.4	达里诺尔	咸水湖	内蒙古高原内流区河湖	240	14.9	内蒙古自治区赤峰市克什克腾旗西北部	
146	10.12.5	巴彦诺尔	咸水湖	内蒙古高原内流区河湖	8.53		内蒙古自治区锡林浩特市宝力根苏木	
147	10.12.6	呼尔查干淖尔	咸水湖	内蒙古高原内流区河湖	109.93		内蒙古自治区锡林郭勒盟阿巴嘎旗查干淖尔镇	
148	10.12.6.1.2	白银库伦诺尔	咸水湖	内蒙古高原内流区河湖·呼尔查干淖尔·高格斯台郭勒	14.1		内蒙古自治区锡林浩特市巴彦呼热牧场以南	
149	10.12.6.2.1	扎格斯台诺尔	咸水湖	内蒙古高原内流区河湖·呼尔查干淖尔·努格斯郭勒	5.10		内蒙古自治区锡林郭勒盟正蓝旗那日图苏木	
150	10.12.7	浩勒图音诺尔	咸水湖	内蒙古高原内流区河湖	10.03		内蒙古自治区锡林郭勒盟正蓝旗那日图乡	
151	10.12.8	宝沙岱诺尔	咸水湖	内蒙古高原内流区河湖	15.65		内蒙古自治区锡林郭勒盟正蓝旗宝绍岱苏木	
152	10.12.9	沙拉格诺尔	咸水湖	内蒙古高原内流区河湖	7.55		内蒙古自治区锡林郭勒盟正镶白旗伊和淖尔苏木	
153	10.12.11	哈沙土诺尔	咸水湖	内蒙古高原内流区河湖	22.83		内蒙古自治区锡林郭勒盟太仆寺旗贡宝拉格苏木	
154	10.12.15	阿尔善戈壁诺尔	咸水湖	内蒙古高原内流区河湖	14.86		内蒙古自治区锡林郭勒盟苏尼特左旗巴彦淖尔镇	
155	10.12.17	呼吉尔诺尔	咸水湖	内蒙古高原内流区河湖	7.88		内蒙古自治区锡林郭勒盟苏尼特右旗乌日根塔拉镇	
156	10.12.25	查干推饶木诺尔	咸水湖	内蒙古高原内流区河湖	3.43		内蒙古自治区锡林郭勒盟苏尼特右旗乌日根塔拉镇	
157	10.12.26	达布散诺尔	盐湖	内蒙古高原内流区河湖	9.10		内蒙古自治区锡林郭勒盟二连浩特市东北10千米	
158	10.12.27	察汗淖	咸水湖	内蒙古高原内流区河湖	40.47		内蒙古自治区乌兰察布市商都县十八顷镇、小海子镇与河北省康保县交界处	
159	10.12.28	碱海子	咸水湖	内蒙古高原内流区河湖	11.75		内蒙古自治区乌兰察布市察哈尔右翼后旗哈彦忽洞乡	
160	10.12.29	东岸湖	咸水湖	内蒙古高原内流区河湖	8.08		内蒙古自治区乌兰察布市察哈尔右翼后旗乌兰哈达苏木	
161	10.12.30	黄旗海	咸水湖	内蒙古高原内流区河湖	113.90	4.6	内蒙古自治区乌兰察布市察哈尔右翼前旗境内，乌兰察布市集宁区东南约50千米	
162	10.12.31	岱海	咸水湖	内蒙古高原内流区河湖	164.68	13.0	内蒙古自治区乌兰察布市凉城县县城东3千米	
163	10.12.32	呼和诺尔	咸水湖	内蒙古高原内流区河湖	21.13		内蒙古自治区乌兰察布市四子王旗江岸苏木	
164	10.12.34	查干淖尔	咸水湖	内蒙古高原内流区河湖	1.76		内蒙古自治区乌兰察布市四子王旗江岸苏木	
165	10.12.34.1	腾格尔诺尔	咸水湖	内蒙古高原内流区河湖·查干淖尔	28.77		内蒙古自治区包头市达尔罕茂明安旗查干哈达苏木	
166	7.20.4.4.1	阿拉哈克湖	咸水湖	额尔齐斯河·克兰·阿拉哈克河	5.4		新疆维吾尔自治区阿勒泰市西南部的阿拉哈克乡以东5千米处	
167	7.20.4.4.2	克孜治拉湖	咸水湖	额尔齐斯河·克兰·阿拉哈克河	4		新疆维吾尔自治区阿勒泰市阿拉哈克乡	
168	7.20.4.5	黑刺滩湖	咸水湖	额尔齐斯河·克兰河	1.5		新疆维吾尔自治区阿勒泰市	
169	7.20.5.1	阿克库勒湖	淡水湖	额尔齐斯河·布尔津河	8.5		新疆维吾尔自治区布尔津县内喀纳斯湖东北约38千米处	
170	7.20.5.2	喀纳斯湖	淡水湖	额尔齐斯河·布尔津河	45.73	53.78	新疆维吾尔自治区布尔津县	

附表三　　　　　西北诸河卷列条水库一览表

序号	条目编号	库名	所在河流	控制流域面积（km²）	库容（亿 m³）	坝型	坝长（m）	坝高（m）	功　用	坝址所在地	备注
1	10.4.1.1.1.6.7	察汗乌苏水库	开都河	17 735	1.25	混凝土面板坝	347.36	151.6	以发电为主，兼顾防洪、水产养殖	新疆维吾尔自治区和静县境内	
2	10.4.1.1.1.6.9	大山口水库	开都河	18 827	0.298	混凝土重力拱坝	220	72	以发电为主，兼顾防洪	新疆维吾尔自治区和静县境内，开都河峡谷出口处	
3	10.4.1.1.2	铁门关水库	孔雀河		0.0724	黏土心墙砂砾石坝	261.82	25	以发电为主，兼顾防洪、灌溉	新疆维吾尔自治区库尔勒市区以北8千米处	
4	10.4.1.1.3	希尼尔水库	孔雀河		0.98	混凝土面板砂砾石坝	7 650	20	以灌溉为主，同时对铁门关电站起反调节作用	新疆维吾尔自治区尉犁县西尼尔镇境内	
5	10.4.1.1.5	阿克苏甫水库	孔雀河		0.0581	均质土坝	5 300	3.5	以灌溉为主	新疆维吾尔自治区尉犁县阿克苏甫乡境内	
6	10.4.2.1.1.14	东方红水库	叶尔羌河		0.38	均质土坝	13 000	8	以灌溉为主	新疆维吾尔自治区莎车县城西12千米处	
7	10.4.2.1.1.15	依干其水库	叶尔羌河		0.4758	沙壤土均质坝	8 000	6	以灌溉为主	东距新疆维吾尔自治区莎车县依干其镇3千米	
8	10.4.2.1.1.16	艾里西湖水库	叶尔羌河		0.518	均质土坝	14 100	5.6	以灌溉为主	新疆维吾尔自治区莎车县艾里西湖镇境内	
9	10.4.2.1.1.17	苏库恰克水库	叶尔羌河		1.08	黏土心墙坝	13 900	7.7	以灌溉为主	新疆维吾尔自治区莎车县城北艾力西湖镇辖区内	
10	10.4.2.1.1.19	前进水库	叶尔羌河		1.27	碾压式土坝	19 800	10.8	以灌溉为主	新疆维吾尔自治区麦盖提县城东北15千米处	
11	10.4.2.1.1.20	红海水库	叶尔羌河		0.72	均质土坝	8 250	6.3	以灌溉为主，兼顾防洪	新疆维吾尔自治区巴楚县阿纳库勒乡境内	
12	10.4.2.1.1.21	小海子水库	叶尔羌河		5		13.2（北坝），11.8（南坝）	14	以灌溉为主，兼顾防洪、养殖	新疆维吾尔自治区巴楚县境内，西距巴楚县城14千米	
13	10.4.2.1.1.22	永安坝水库	叶尔羌河		0.9（北坝）		12 000（北坝）		以灌溉为主	新疆维吾尔自治区巴楚县境内，小海子水库东北18余千米处	
14	10.4.2.1.1.23	上游水库	叶尔羌河		1.8	均质土坝	56 590		以灌溉为主，兼顾防洪、渔业、旅游	新疆维吾尔自治区阿拉尔市境内	
15	10.4.2.1.2.11.1	沙罕水库	库山河		0.56	土坝	700	22	以灌溉为主	新疆维吾尔自治区英吉沙县城东南约5千米处	
16	10.4.2.1.2.13	西克尔水库	喀什噶尔河		1	均质土坝	4 546	7.1	以灌溉为主，兼顾防洪、养殖	新疆维吾尔自治区伽师县西克尔库勒镇	
17	10.4.2.1.3.3	阿克库木须水库	阿克苏河		0.5769	均质土坝	18 250	7.2	以灌溉为主	新疆维吾尔自治区阿克苏市喀拉塔勒镇境内	
18	10.4.2.1.3.4	多浪水库	阿克苏河		1.2	碾压均质土坝	21 400	8.5	以灌溉为主，兼顾发电、生活供水、渔业、旅游等	新疆维吾尔自治区阿拉尔市，西北阿克苏市区约70千米	
19	10.4.2.1.3.8	新井子水库	阿克苏河		0.86	黏土心墙坝	34 700	5.6	以灌溉为主	新疆维吾尔自治区阿克苏市境内兵团农一师沙井子垦区中心地带，北距314国道仅10千米	
20	10.4.2.1.4.8	乌鲁瓦提水库	和田河	19 983	3.47	混凝土面板砂砾石坝	365	133	灌溉、防洪、发电、水产养殖、生态保护及旅游等	新疆维吾尔自治区和田县境内和田河出山口处，北距和田市区71千米	

续表

序号	条目编号	库名	所在河流	控制流域面积 (km²)	库容 (亿 m³)	坝型	坝长 (m)	坝高 (m)	功用	坝址所在地	备注
21	10.4.2.1.4.9	东风水库	和田河		0.437	均质土坝	4 100	9	以灌溉为主	新疆维吾尔自治区和田河流域墨玉县城以西的扎瓦乡西部，距县城18千米	
22	10.4.2.1.5	胜利水库	塔里木河		1.08	碾压均质土坝	26 500	8.67	以灌溉为主	新疆维吾尔自治区阿拉尔市境内，西距上游水库30千米	
23	10.4.2.1.10	期满水库	塔里木河		0.391	黏土心墙坝	2 100	3.8	以灌溉为主	新疆维吾尔自治区阿克苏地区沙雅县托依堡勒迪镇辖区内，北距县城49千米	
24	10.4.2.1.11	大寨水库	塔里木河		0.1996	碾压均质土坝	13 200	4.4	以灌溉为主	新疆维吾尔自治区沙雅县托依堡勒迪镇西南部	
25	10.4.2.1.12	帕满水库	塔里木河		0.4	均质土坝	11 100	6.2	以灌溉为主	新疆维吾尔自治区沙雅县境内、塔里木河左岸	
26	10.4.2.1.13.4	克孜尔水库	渭干河	17 000	6.4	黏土心墙坝	2 208	44	以灌溉、防洪为主，兼顾发电、水产养殖及旅游开发等	新疆维吾尔自治区拜城县克孜尔乡南面木扎尔特河与黑孜河汇合处	
27	10.4.2.1.13.5	跃进水库	渭干河		0.58	均质土坝	9 550	8	以灌溉为主	新疆维吾尔自治区库车县城西南15千米处的玉奇吾斯塘乡境内	
28	10.4.2.1.13.6	五一水库	渭干河		0.39	均质土坝	8 400	7	以灌溉为主	位于新疆维吾尔自治区新和县塔什艾日克乡辖区内，北距库木吐拉电站6千米	
29	10.4.2.1.18	塔里木水库	塔里木河		0.297	碾压均质土坝	5 300 (北坝)	3.5	以灌溉为主	新疆维吾尔自治区尉犁县境内、塔里木河和孔雀河之间	
30	10.4.2.1.19	恰拉水库	塔里木河		1.61	碾压式均质土坝	27 270	8.3	以灌溉为主	新疆维吾尔自治区尉犁县城东南50千米的兵团农二师三十一团九连北侧、塔里木河左岸，距下大西海子水库约90千米	
31	10.4.2.1.23	大西海子水库	塔里木河		1.86	均质土坝	8 980	9	以灌溉为主	新疆维吾尔自治区尉犁县铁干里克镇西南15千米处	
32	10.5.1.2	奎屯水库	奎屯河		0.5	均质土坝	11 600	16	灌溉、防洪	新疆维吾尔自治区乌苏市境内	
33	10.5.1.3.1	柳沟水库	四棵树河		1.0152	均质土坝	1 600	17.3	以灌溉为主	新疆维吾尔自治区乌苏市	
34	10.5.3.1	下天吉水库	精河	1 439	0.33	混凝土面板堆石坝	290	94	以灌溉为主，兼顾防洪、环保和养殖等	新疆维吾尔自治区精河县	
35	10.5.4.4	五一水库	博尔塔拉河	7 394	0.196	黏土心墙沙砾石坝	2 700	22	以灌溉为主，兼顾防洪、发电、水产养殖等	新疆维吾尔自治区博乐市	
36	10.6.3.1.1	乌拉泊水库	乌鲁木齐河	2 593	0.562	黏土斜墙砂石坝	1 050	26	防洪、灌溉、城市供水	新疆维吾尔自治区乌鲁木齐市区南郊	
37	10.6.3.1.2	红雁池水库	乌鲁木齐河		0.53	均质土坝	700	23	集防洪、灌溉、工业供水、水产养殖及旅游等多种功能为一体	新疆维吾尔自治区乌鲁木齐市天山区	
38	10.6.3.1.3	猛进水库	乌鲁木齐河		0.65	均质土坝	8 650 (库周)	10	以灌溉为主，兼顾防洪	新疆维吾尔自治区五家渠市	
39	10.6.3.6.1	石门子水库	塔西河	632	0.501	碾压混凝土拱坝	169.3	109	以灌溉为主，兼顾防洪、发电、旅游和水产养殖	新疆维吾尔自治区玛纳斯县	

续表

序号	条目编号	库名	所在河流	控制流域面积（km²）	库容（亿 m³）	坝型	坝长（m）	坝高（m）	功 用	坝址所在地	备注
40	10.6.3.7.3	跃进水库	玛河纳斯河		1.033	均质土坝	10 450	13.99	以灌溉为主	新疆维吾尔自治区玛纳斯县	
41	10.6.3.7.4	大泉沟水库	玛纳斯河		0.4	均质土坝	6 600	14.65	以灌溉为主	新疆维吾尔自治区沙湾县	
42	10.6.3.7.5	夹河子水库	玛纳斯河		1.014	均质土坝	6 391	16.7	以灌溉为主，兼顾防洪	新疆维吾尔自治区玛纳斯县	
43	10.6.3.7.6	蘑菇湖水库	玛纳斯河		1.8	均质土坝	13 600	16.15	以灌溉为主	新疆维吾尔自治区准噶尔盆地南缘、石河子市区西北18千米处	
44	10.7.1.4	福海水库	乌伦古河		2.2	黏土心墙坝		13.5	以灌溉为主，兼有发电、水产养殖、城乡供水	新疆维吾尔自治区福海县喀拉玛盖乡	
45	10.8.5.1.2	石城子水库	石城子河	857	0.206	浆砌石双曲重力拱坝	71.9	78	灌溉、防洪、水产养殖等	新疆维吾尔自治区哈密市	
46	10.9.6.2.3	黑石山水库	巴音河	7 287.00	0.366	黏土心墙砂壳坝	160	34.5	灌溉为主，兼发电、防洪	青海省德令哈市	巴音河水库
47	10.9.12.8.5	温泉水库	格尔木河	9 374.00	2.55	砂砾石均质坝	880	17.5	调蓄、供水、防洪	青海省格尔木市	
48	10.9.12.8.7	小干沟水库	格尔木河	1 400.00	0.103	钢筋混凝土面板砂砾石坝	104	55	发电	青海省格尔木市	
49	10.11.16.1.1	大靖河水库	大靖河	389	0.1226	黏土心墙砂壳坝	146	33.6	灌溉、防洪	甘肃省古浪县	
50	10.11.16.3.1	黄羊水库	黄羊河	828	0.5644	黏土心墙砂砾壳坝	126	52	灌溉为主，兼防洪、发电	甘肃省武威市凉州区	
51	10.11.16.5.1	南营水库	金塔河	841	0.2000	黄土心墙砂砾壳坝	314.31	46	灌溉为主，兼防洪、发电	甘肃省武威市凉州区	
52	10.11.16.6.1	西营水库	西营河	1 455	0.2350	黏土心墙砂壳坝	230	41.7	灌溉为主，结合防洪、发电	甘肃市武威市凉州区	
53	10.11.16.8	红崖山水库	石羊河	13 400	0.9993	砂壤土均质坝	6 700	16.5	灌溉为主，兼防洪、养鱼	甘肃省民勤县	
54	10.11.16.9.1	皇城水库	东大河	1 030	0.8000	斜墙坝	501	45	供水为主，兼防洪、发电、养殖	甘肃省肃南裕固族自治县	
55	10.11.16.10.1	西大河水库	西大河	788	0.6800	壤土心墙坝	294	37	灌溉为主，兼防洪、发电	甘肃省肃南裕固族自治县	
56	10.11.16.10.2	金川峡水库	金川河	3 270	0.6500	壤土心墙碎石壳坝	260	29	灌溉、防洪、发电等综合利用	甘肃省永昌县	
57	10.11.18.2.1	李桥水库	河西走廊-阿拉善河湖·黑河·大马营河	1 143	0.1540	壤土心墙土石混合坝	1 480	25.4	灌溉	甘肃省山丹县	
58	10.11.18.2.3.1	双树寺水库	洪水河	578	0.2580	壤土心墙砂砾石坝	351.5	58.5	灌溉、综合利用	甘肃省民乐县	
59	10.11.18.3.1	鹦鸽嘴水库	梨园河	1 620	0.2500	壤土心墙砂砾坝	180	46.2	灌溉、综合利用	甘肃省肃南裕固族自治县	
60	10.11.18.7.1	大草滩水库	讨赖河	（旁注式水库）	0.6400	壤土心墙砂砾石坝		41.3	供水	甘肃省嘉峪关市	
61	10.11.18.7.3	鸳鸯池水库	讨赖河	12 439	1.278	黏土心墙坝	230	37.8	灌溉为主，兼防洪、发电、养鱼	甘肃省金塔县	
62	10.11.20.1	昌马水库	疏勒河	14 250	1.934	壤土心墙砂砾石坝	365.5	54.8	灌溉为主，兼供水、发电、防洪	甘肃省玉门市	
63	10.11.20.4	双塔堡水库	疏勒河	34 440	2	混凝土心墙结合黏土心墙砂砾壳坝	1 332.8	26.8	灌溉为主，兼有防洪、发电、养殖	甘肃省瓜州县	
64	10.11.20.6.2	党河水库	党河	16 800	4 640	沥青混凝土	837	56.8	灌溉为主，兼发电、防洪	甘肃省敦煌市	

续表

序号	条目编号	库名	所在河流	控制流域面积（km²）	库容（亿 m³）	坝型	坝长（m）	坝高（m）	功用	坝址所在地	备注
65	10.12.2.1.1	乌拉盖水库	内蒙古高原内流区河·乌拉盖戈壁·乌拉盖河	2 597.0	2.82	碾压式砂壤土均质坝	730.0	24.0	防洪、供水为主，兼顾灌溉、养殖、旅游	内蒙古自治区锡林郭勒盟东乌珠穆沁旗乌拉盖经济开发区	
66	10.13.1.1	乌什水水库	中哈跨界内陆河·额敏河		0.385	均质土坝	503	39.29	以灌溉为主兼顾防洪	新疆维吾尔自治区额敏县乌什水村	
67	10.13.1.8.1	喀浪古尔水库	中哈跨界内陆河·额敏河·喀浪古尔河	349	0.39	混凝土面板堆石坝	565.4	61.5	灌溉为主，兼顾防洪、供水、发电	新疆维吾尔自治区塔城市境内	
68	10.13.1.9.1	乌拉斯台水库	中哈跨界内陆河·额敏河·乌拉斯台河		0.2	双曲拱坝	223	62.4	以灌溉为主，兼顾防洪	新疆维吾尔自治区乌拉斯台河山口处兵团一六四团辖区内	
69	10.13.4.13.5	吉林台水库	中哈跨界内陆河·伊犁河·喀什河	5 992		混凝土石板沙砾石坝	157			新疆维吾尔自治区尼勒克县东	
70	10.13.4.13.7	托海水库	中哈跨界内陆河·伊犁河·喀什河			混凝土双曲重力拱坝	179.2	54.2	以发电为主，兼顾灌溉和防洪	新疆维吾尔自治区伊宁县麻扎乡托海村	
71	7.20.2	可可托海水库	额尔齐斯河水系·额尔齐斯河		1.13		164	20.8	主要用于发电	新疆维吾尔自治区富蕴县可可托海镇以西4千米	
72	7.20.4.2	唐巴湖水库	额尔齐斯河水系·额尔齐斯河·克兰河		2.2	堆石面板坝		10.74	集防洪、发电、灌溉、养殖和旅游为一体	新疆维吾尔自治区阿勒泰市红墩镇政府驻地以南20千米处	
73	7.20.4.3	阿苇滩水库	额尔齐斯河水系·额尔齐斯河·克兰河		0.45	黏土心墙坝	500	10	灌溉为主，兼顾养殖	新疆维吾尔自治区阿勒泰市阿苇滩乡政府南6千米处	

附表四　　西北诸河卷灌溉面积在2万公顷以上灌区一览表

序号	灌区名称	水源	灌溉面积（万hm²）	建成时间	受 益 地 区	备注
1	阿不都拉灌区	阿不都拉河	2.53	20世纪60年代	新疆维吾尔自治区塔城市	
2	喀浪古尔河灌区	喀浪古尔河	3.55	20世纪60年代	新疆维吾尔自治区塔城市	
3	察布查尔灌区	伊犁河	6.31	20世纪60年代	新疆维吾尔自治区察布查尔锡伯自治县	
4	团结跃进灌区	特克斯河	6.80	20世纪50—60年代	新疆维吾尔自治区新源县、巩留县	
5	萨尔库甫灌区	特克斯河	2.83	20世纪50年代	新疆维吾尔自治区特克斯县	
6	木扎特灌区	木扎特河	2.75	20世纪70年代	新疆维吾尔自治区昭苏县	
7	夏塔灌区	夏特河	2.71	20世纪60年代	新疆维吾尔自治区昭苏县	
8	巩乃斯河下游北岸大渠灌区	巩乃斯河	2.47	20世纪60年代	新疆维吾尔自治区新源县、尼勒克县	
9	那拉提灌区	巩乃斯河	3.80	20世纪60年代	新疆维吾尔自治区新源县	
10	巩乃斯河南岸灌区	巩乃斯河	2.01	20世纪60年代	新疆维吾尔自治区新源县	
11	喀什河下游灌区	喀什河	9.42	20世纪50—60年代	新疆维吾尔自治区伊宁县、霍城县、伊宁市、兵团农四师	
12	喀什河中游灌区	喀什河	2.27	20世纪50年代	新疆维吾尔自治区尼勒克县	
13	额河一干渠灌区	额尔齐斯河	2.03	20世纪60年代	新疆生产建设兵团农十师一八三团，阿勒泰地区一农场，福海县科乡、阿尔达乡	
14	哈巴河灌区	哈巴河	4.27	20世纪50—60年代	新疆维吾尔自治区哈巴河县	
15	布尔津灌区	布尔津河	3.40	20世纪50—60年代	新疆维吾尔自治区布尔津县	
16	克兰河灌区	克兰河	3.11	20世纪60—80年代	新疆维吾尔自治区阿勒泰市，兵团农十师一八一团	
17	喀什噶尔河灌区	喀什噶尔河	34.07	20世纪50—60年代	新疆维吾尔自治区阿克陶县、疏附县、喀什市、疏勒县、伽师县、岳普湖县、英吉沙县，兵团农三师的伽师总场、四十一团、四十二团和东风农场	
18	博斯腾灌区	开都河	20.04	20世纪60年代	新疆维吾尔自治区和静县、焉耆回族自治县、博湖县、和硕县、库尔勒市、尉犁县	
19	迪那河灌区	迪那河	2.28	20世纪60—70年代	新疆维吾尔自治区轮台县	
20	车尔臣河灌区	车尔臣河	2.60	20世纪50—60年代	新疆维吾尔自治区且末县	
21	木扎提灌区	木扎河	3.21	20世纪50—60年代	新疆维吾尔自治区拜城县	
22	台兰河灌区	台兰河	3.87	20世纪60年代	新疆维吾尔自治区温宿县	
23	渭干灌区	渭干河	21.31	20世纪60年代	新疆维吾尔自治区新和县、库车县、沙雅县	
24	阿克苏河灌区	阿克苏河	17.01	20世纪50年代	新疆维吾尔自治区阿克苏市、阿瓦提县，兵团农一师六团	
25	叶尔羌河灌区	叶尔羌河	44.00	20世纪50—60年代	新疆维吾尔自治区叶城县、泽普县、莎车县、巴楚县、麦盖提县、岳普湖县，兵团农三师前海灌区	
26	和田河灌区	和田河	20.62	20世纪50—60年代	新疆维吾尔自治区洛浦县、墨玉县、和田市	
27	昆仑灌区	克里雅河	3.63	20世纪50—60年代	新疆维吾尔自治区于田县	
28	若羌灌区	若羌河	2.13	20世纪50—60年代	新疆维吾尔自治区若羌县	
29	红旗北干渠灌区	喀普斯浪河	2.05	20世纪50—60年代	新疆维吾尔自治区拜城县	
30	库车河灌区	库车河	3.60	20世纪50—60年代	新疆维吾尔自治区库车县	
31	策勒灌区	策勒河	2.27	20世纪40—50年代	新疆维吾尔自治区策勒县	
32	皮山灌区	皮山河	4.27	20世纪40—50年代	新疆维吾尔自治区皮山县	
33	博尔塔拉河灌区	博尔塔拉河	10.87	20世纪50—60年代	新疆维吾尔自治区博乐市、温泉县	
34	精河灌区	精河	3.00	20世纪60—70年代	新疆维吾尔自治区精河县	
35	哈日图热格河灌区	哈日图热格河	2.13	20世纪60年代	新疆维吾尔自治区博乐市	
36	奥尔塔克赛河灌区	奥尔塔克赛河	2.11	20世纪60年代	新疆维吾尔自治区博乐市、温宿县	
37	库松木切克河灌区	库松木切克河	2.05	20世纪50—60年代	新疆维吾尔自治区精河县	
38	头屯河灌区	头屯河	2.68	20世纪50—60年代	新疆维吾尔自治区乌鲁木齐县、昌吉市	

续表

序号	灌区名称	水源	灌溉面积（万 hm^2）	建成时间	受 益 地 区	备注
39	金沟河灌区	金沟河	3.10	20世纪50年代	新疆维吾尔自治区沙湾县，兵团农八师一四二团、一四三团、一四四团及兵团工一师六团	
40	玛纳斯河灌区	玛纳斯河	21.09	20世纪50—60年代	新疆维吾尔自治区石河子市、玛纳斯县、沙湾县、克拉玛依市、兵团农八师、农六师	
41	三屯河灌区	三屯河	4.67	20世纪50—60年代	新疆维吾尔自治区昌吉市	
42	开垦河灌区	开垦河	2.10	20世纪50—60年代	新疆维吾尔自治区奇台县	
43	呼图壁河灌区	呼图壁河	3.11	20世纪60年代	新疆维吾尔自治区呼图壁县	
44	乌鲁木齐河灌区	乌鲁木齐河	2.92	20世纪50—60年代	新疆维吾尔自治区乌鲁木齐市	
45	塔西河灌区	塔西河	3.67	20世纪60年代	新疆维吾尔自治区玛纳斯县	
46	开垦河灌区	开垦河	2.10	20世纪50—60年代	新疆维吾尔自治区奇台县	
47	福海水库灌区	乌伦古河	2.16	20世纪50年代	新疆维吾尔自治区福海县	
48	煤窑河灌区	煤窑沟	2.02	20世纪50—60年代	新疆维吾尔自治区吐鲁番市	
49	石城子灌区	石城子河	2.46	20世纪60年代	新疆维吾尔自治区哈密市	
50	柳条河灌区	柳条河	2.01	20世纪60年代	新疆维吾尔自治区巴里坤哈萨克自治县	
51	阿拉沟灌区	阿拉沟河	2.15	20世纪50—60年代	新疆维吾尔自治区托克逊县	
52	双塔灌区	疏勒河	3.07	1960年	甘肃省瓜州县	
53	昌马灌区	疏勒河	5.69	1958年	甘肃省玉门市、瓜州县	
54	洪临灌区	洪水河	2.57	2000年	甘肃省酒泉市肃州区西洞镇、东洞乡、上坝镇、总寨镇、三墩镇、泉湖乡、铧尖乡、黄泥堡乡	
55	党河灌区	党河	2.68	1990年	甘肃省敦煌市	
56	鸳鸯灌区	讨赖河	2.8	1950年	甘肃省金塔县8乡镇	
57	盈科灌区	黑河	2.1	1973年	甘肃省张掖市甘州区	
58	西浚灌区	黑河	2.46		甘肃省张掖市甘州区	
59	大满灌区	黑河	2.64	20世纪70年代	甘肃省张掖市甘州区	
60	洪水河灌区	洪水河	2.15	1974年	甘肃省民乐县	
61	大堵麻灌区	大都麻河	2.16	1978年	甘肃省民乐县	
62	梨园河灌区	梨园河	2.14	1975年	甘肃省临泽县	
63	友联灌区	黑河	2.23		甘肃省高台县	
64	马营灌区	大马营河	2.16	1980年	甘肃省山丹县	
65	杂木灌区	杂木河	2.17	1949年以前	甘肃省武威市凉州区双树、新华等乡镇	
66	西营河灌区	西营河	2.75	1949年以前	甘肃省武威市凉州区西营、丰乐等乡镇	
67	红崖山灌区	石羊河	6	1964年	甘肃省民勤县三雷、夹河、大坝等13乡镇	
68	东河灌区	东大河	2.83	1990年	甘肃省永昌县	
69	西河灌区	西大河	3	1969年	甘肃省永昌县	
70	额敏河北部灌区	额敏河	2.36	20世纪60年代	新疆维吾尔自治区额敏县，兵团农九师	
71	额敏河南部灌区	哈拉依灭勒河	3.00	20世纪60年代	新疆维吾尔自治区额敏县	

索 引
Index

条题汉字笔画索引

一画

一里坪干盐湖 …… 216

二画

二塘沟 …… 174
丁计河 …… 281
八木墩河 …… 180
八宝河 …… 249

三画

三工河 …… 142
三屯河 …… 147
三道河子河 …… 322
干盐池 …… 231
工字湖 …… 20
下天吉水库 …… 129
大山口水库 …… 38
大马营河 …… 250
大吉尔格郎河 …… 312
大西海子水库 …… 105
大同河 …… 52
大灶火河 …… 211
大河沿子河 …… 132
大河沿河 …… 172
大草滩水库 …… 255
大哈尔腾河 …… 190
大泉沟水库 …… 152
大盐湖 …… 32
大格勒河 …… 206
大海子 …… 231
大浪滩干盐湖 …… 216
大靖河 …… 237
大靖河水库 …… 237
大寨水库 …… 94
上胡尔登郭勒 …… 280
上游水库 …… 61
小干沟水库 …… 211
小艾里克湖 …… 157
小吉尔格郎河 …… 312
小西沟 …… 321
小苏干湖 …… 191
小库赛湖 …… 215
小灶火河 …… 212
小沙河 …… 13
小青格里河 …… 163
小哈尔腾河 …… 191
小盐池 …… 158
小海子水库 …… 60
马尔洋河 …… 51
马拉苏河 …… 297
马营河 …… 254

四画

丰乐河 …… 254
开干河 …… 322
开牙克巴什河 …… 69
开令河 …… 289
开垦河 …… 138
开都河 …… 34
天山天池 …… 142
扎尔格楞图河 …… 290
扎格斯台河 …… 36
扎格斯台诺尔 …… 277
木扎特河 …… 307
木胡尔塔依河 …… 157
木垒河 …… 137
五一水库 …… 100
五一水库 …… 132
五龙沟 …… 206
不冻河 …… 282
太阳湖 …… 214
匹里青河 …… 319
车尔臣河 …… 107
牙通古孜河 …… 112
瓦石峡河 …… 106
瓦恰河 …… 55
中哈跨界内陆河 …… 293
中泉子芒硝湖 …… 232
中葛根河 …… 138
贝勒克勒克湖 …… 16
贝勒克湖 …… 114
内蒙古高原内流区河湖 …… 263
水磨河 …… 143
长虹湖 …… 19
长胜湾河 …… 281
长湖 …… 231
公格尔河 …… 274
月牙河 …… 18
月牙泉 …… 261
月亮湖 …… 8
乌日古布力格 …… 281
乌日图沟 …… 287
乌什水水库 …… 297
乌什塔拉河 …… 32
乌尔雪勒特河 …… 298
乌兰乌苏河 …… 203
乌兰乌苏浑迪 …… 264
乌兰乌拉湖 …… 12
乌兰陶勒盖高勒 …… 287
乌兰萨德克河 …… 126
乌兰道希浑迪 …… 265
乌兰额热格 …… 290
乌伦古河 …… 161
乌伦古湖 …… 160
乌苏特郭勒 …… 289
乌拉泊水库 …… 146
乌拉盖戈壁 …… 265
乌拉盖水库 …… 267
乌拉盖河 …… 265
乌拉斯台水库 …… 301
乌拉斯台河 …… 38
乌拉斯台河 …… 300
乌图美仁河 …… 212
乌勒昆乌拉斯图河 …… 341
乌鲁木齐河 …… 145
乌鲁瓦提水库 …… 90
乌鲁克库勒湖 …… 117
乌鲁克河 …… 59
乌鲁克萨依河 …… 118
乌鲁阿特河 …… 72
乌尊布拉克湖 …… 176
乌尊硝尔湖 …… 105
巴什却甫河 …… 51
巴什库勒湖 …… 104
巴尔尕依提河 …… 317
巴里坤湖 …… 180
巴拉格尔郭勒 …… 270
巴拉额尔齐斯河 …… 329
巴音沟河 …… 155
巴音呼热音高勒 …… 291
巴音河 …… 195
巴音诺尔 …… 231
巴彦布拉格郭勒 …… 280

巴彦郭勒 …… 272	北塔山湖 …… 135	西台吉乃尔湖 …… 212
巴彦诺尔 …… 275	且木干河 …… 72	西克尔水库 …… 77
巴格毛德庙高勒 …… 291	叶尔羌河 …… 43	西金乌兰湖 …… 9
巴格吉仁郭勒 …… 271	叶亦克河 …… 114	西营水库 …… 241
巴嘎柴达木湖 …… 193	四工河 …… 142	西营河 …… 240
孔雀河 …… 29	四棵树河 …… 126	达巴松诺尔湖 …… 157
双树寺水库 …… 252	禾木河 …… 335	达布散诺尔 …… 282
双塔堡水库 …… 259	白山湖 …… 180	达尔布特河 …… 157
	白杨河 …… 259	达里诺尔 …… 274
五画	白杨河（乌鲁木齐市）…… 170	列腾格勒湖 …… 21
	白杨河（克拉玛依市）…… 156	迈马乌苏郭勒 …… 292
玉山古西河 …… 84	白杨河（奇台县）…… 139	夹河子水库 …… 153
玉龙喀什河 …… 91	白杨河（阜康市）…… 141	吐日苏河 …… 89
玉浪河 …… 17	白银库伦诺尔 …… 276	吐米亚河 …… 114
甘子河 …… 222	白碱诺尔 …… 231	吐哈—巴伊盆地河湖 …… 166
甘河子河 …… 141	冬给措纳湖 …… 203	吐曼河 …… 67
甘森泉湖 …… 216	包尔呼顺高勒 …… 291	曲曲克苏湖 …… 112
艾丁湖 …… 168	宁家河 …… 153	曲惠沟 …… 33
艾不盖河 …… 289	半岛湖 …… 19	伊克乌兰河 …… 226
艾比湖 …… 124	头屯河 …… 147	伊克柴达木湖 …… 192
艾西曼湖 …… 85	讨赖河 …… 254	伊吾河 …… 184
艾里西湖水库 …… 57	永安坝水库 …… 61	伊和吉林郭勒 …… 270
艾里克湖 …… 155	永红湖 …… 10	伊和达布斯诺尔 …… 269
艾梗乌塔木各河 …… 18	尼雅河 …… 113	伊和沙巴尔诺尔 …… 263
艾曼库勒湖 …… 94	奴尔河 …… 117	伊和高勒 …… 278
古尔图河 …… 127	加格斯台河 …… 318	伊犁河 …… 302
古尔班乌兰好来 …… 290	皮山河 …… 121	杂木河 …… 239
古浪河 …… 238	皮什盖河 …… 117	多浪水库 …… 85
节约湖 …… 11	皮勒河 …… 51	色也勒钦郭勒 …… 267
可可西里湖 …… 7	皮提勒克河 …… 15	色格孜力克湖 …… 93
可可托海水库 …… 328	尕海 …… 197	色斯克亚河 …… 15
可考湖 …… 7	尕海 …… 223	安迪尔河 …… 111
石门子水库 …… 150	尕斯库勒湖 …… 217	米兰河 …… 105
石羊河 …… 234	台兰河 …… 93	汗德尕特河 …… 331
石油河 …… 259	台吉乃尔河 …… 215	那林河 …… 290
石城子水库 …… 180	台特马湖 …… 40	阳霞河 …… 103
石城子河 …… 178	台勒维丘克河 …… 97	那棱格勒河 …… 213
布古孜河 …… 74		好来浑迪 …… 281
布尔干河 …… 302	**六画**	红水河 …… 242
布尔津河 …… 333		红海水库 …… 60
布尔根河 …… 164	吉力湖 …… 165	红崖山水库 …… 242
布尔嘎斯台郭勒 …… 268	吉尔乃湖 …… 232	红雁池水库 …… 146
布尔嘎斯特高勒 …… 277	吉尔孟河 …… 226	
布伦库勒湖 …… 71	吉尔格郎河 …… 318	**七画**
布哈河 …… 224	吉兰泰盐湖 …… 230	
灭格滩根郭勒 …… 209	吉拉嘎浑迪 …… 274	玛尔坎苏河 …… 65
东大龙口河 …… 139	吉林台水库 …… 317	玛纳斯河 …… 150
东大河 …… 242	托云萨依河 …… 74	玛纳斯湖 …… 144
东风水库 …… 91	托木尔苏河 …… 82	坎尔其果勒河 …… 175
东方红水库 …… 56	托什干河 …… 82	芦草沟 …… 143
东台吉乃尔湖 …… 213	托拉海河 …… 211	克兰河 …… 330
东灶火河 …… 201	托素湖 …… 194	克里雅河 …… 115
东岸湖 …… 284	托海水库 …… 318	克里满河 …… 51
东荡格尔郭勒 …… 196	托勒库勒湖 …… 183	克孜尔水库 …… 99
卡木斯浪河 …… 97	巩乃斯河 …… 313	克孜治拉湖 …… 332
卡巴纽尔多湖 …… 208	苂苂湖 …… 137	克其克库木库勒湖 …… 16
卡拉苏河 …… 98	西大龙口河 …… 140	克勒青河 …… 49
卡浪沟吕克河 …… 67	西大河 …… 243	克鲁克湖 …… 195
北塔山诸小河 …… 134	西大河水库 …… 243	苏干湖 …… 190

苏木达依日克河	336
苏木拜河	308
苏约克河	73
苏库恰克水库	57
苏油口河	252
苏勒库瓦提河	49
杜瓦河	119
李桥水库	250
还东河	10
别列则克河	338
别迭里河	84
希尼尔水库	39
希里沟湖	199
希格尔曲	224
饮马湖	7
库山河	76
库木开日河	15
库木库勒湖	16
库车河	100
库水浣	214
库尔代河	311
库克苏河	310
库孜滚河	67
库浪那古河	51
库塔干渠	39
库赛河	5
库赛湖	4
羌塘高原内流区河湖	1
沙尔得兰布拉克湖	176
沙尔湖	176
沙罕水库	76
沙拉格诺尔	277
沃托格赛尔河	130
阿木乌苏浑迪	279
阿不都拉河	298
阿牙克库木湖	13
阿仁萨恨图海河	37
阿什库勒湖	117
阿布日和音高勒	291
阿尔沙土沟	290
阿尔勒诺尔	269
阿尔塔高勒	274
阿尔善戈壁诺尔	278
阿机拉河	90
阿合牙孜河	309
阿苇滩水库	331
阿克苏甫水库	40
阿克苏河	79
阿克苏河	309
阿克库木须水库	85
阿克库勒湖	334
阿克塔河	48
阿克赛钦湖	20
阿里雅力克河	109
阿拉木特河	70
阿拉克别克河	339
阿拉克湖	203
阿拉沟	169
阿拉哈克河	332
阿拉哈克湖	332
阿其格库勒河	18
阿其格库勒湖	17
阿依克特克河	84
阿依嘎尔特河	66
阿恰勒河	132
阿热斯坦河	316
阿特阿特坎河	217
努格斯郭勒	276
鸡龙同古干盐湖	230
纳赫什河	48

八画

青土湖	232
青格里克湖	111
青海湖	220
青海湖水系	218
拉陵灶火河	212
拉斯特河	340
苦海	199
若羌河	106
卓乃河	6
卓乃湖	5
卓尤勒干苏河	65
卓路特河	329
果子沟	320
果红呆不隆诺尔	230
昆仑河	210
昆特依干盐湖	191
昌马水库	258
昌吉高勒	291
明镜西河	11
明镜湖	11
迪那河	102
呼尔查干淖尔	275
呼吉尔诺尔	279
呼图壁河	148
呼和诺尔	286
呼赉冈干	265
呼斯台郭勒河	152
罗布泊	27
帕尔干布拉克东湖	176
帕斯热瓦提河	55
帕满水库	94
和屯盐池	231
和布克河	158
和田河	86
岱海	285
依干其水库	56
依协克帕提河	14
依协克帕提湖	14
依克赛河	37
依格孜亚河	76
金川峡水库	244
金水河	109
金沟河	154
金塔河	239
鱼卡河	192

庞纳子达里亚河	90
宝沙岱诺尔	277
宝楞高勒	273
河西走廊—阿拉善内流区河湖	229
波斯喀河	120
居延海	244
孟克德萨依河	316
绍尔克里湖	112

九画

茶卡盐湖	227
茫崖盐湖	216
南沟	210
南营水库	240
柯克亚河	59
柯坪河	78
柯柯亚尔河	86
柯柯亚尔河	175
柯柯盐湖	198
查干郭勒河	163
查干推饶木诺尔	282
查干淖尔	288
柳条河	181
柳沟水库	127
柳树沟河	127
奎屯水库	126
奎屯河	125
盼来沟河	11
哈巴河	337
哈尔盖河	222
哈尔嘎特郭勒河	37
哈沙土诺尔	278
哈沙图高勒	273
哈沙图郭勒	278
哈拉巴郭勒	277
哈拉布拉河	299
哈拉吐鲁克河	131
哈拉依灭勒河	297
哈拉湖	227
哈拉湖	256
哈夏克力克河	17
哈桑河	309
哈鲁乌苏河	205
哈登贺少干盐湖	232
拜兴沟	197
科克苏湖	40
科克铁热克河	310
保尔德河	131
皇城水库	243
泉玉林河	284
泉吉河	226
胜利水库	92
音苏盖提河	50
彦吉嘎郭勒	268
恰尔隆萨依河	55
恰克马克河	72
恰甫河	314
恰拉水库	104

恰哈河	118
前进水库	60
洪水坝河	255
洪水河	9
洪水河	251
洪海沟	320
浑德伦河	215

十画

敖优廷郭勒	271
敖伦套海	268
素棱郭勒河	201
盐水沟	101
盐湖	3
盐湖	171
都兰河	199
莫林河	292
莫勒切河	111
格力米开勒库勒湖	104
格尔木河	207
格涌曲	208
夏日哈河	205
夏日哈河	226
夏日格曲	225
夏特河	307
柴达木河	202
柴达木盆地河湖	188
柴达木诺尔	270
柴凯盐湖	198
柴窝堡湖	171
党河	260
党河水库	261
峻河	225
铁门关水库	39
铁木里克河	217
铁列克提河	302
铁列克德河	338
特布乌拉河	282
倒流沟河	10
倒淌河	223
爱麦克湖	231
鸳鸯池水库	255
高日罕郭勒	268
高格斯台郭勒	276
高崖子沟	170
准沙巴尔诺尔	263
准噶尔盆地河湖	134
唐巴湖水库	331
涟湖	8
浩来郭勒	273
浩勒图音诺尔	277
浩勒图郭勒	270
海丁河	4
海丁诺尔	4
诺木洪河	205
陷车河	10
桑株河	120

十一画

勒斜武担湖	8
黄水沟河	34
黄羊水库	238
黄羊河	238
黄草湖	19
黄宫湖	85
黄旗海	284
萨尔布拉克河	319
萨尔克提河	316
萨利吉勒干南库勒湖	20
萨依艾日克湖	85
萨恨图海河	37
雪山河	214
雀尔沟河	149
野马河	261
野云沟	103
跃进水库	100
跃进水库	152
梨园河	252
移山湖	9
猛进水库	146
麻扎达拉沟	49
康西瓦河	70
康苏河	66
章古音高勒	281
盖孜河	68
清水河	33
清水河	204
清水河子	152
淖毛湖	184
维他克河	71

十二画

琼库勒巴什湖	70
塔日彦浑迪	272
塔什库尔干河	52
塔什库勒湖	18
塔什萨依河	107
塔布河	286
塔尔郎河	172
塔尔洪河	289
塔西河	149
塔合曼河	54
塔克敦巴什河	54
塔里木内流区河湖	22
塔里木水库	103
塔里木河	40
塔塔棱河	193
塔斯特河	339
塔斯提河	301
提孜那甫河	57
博尔塔拉河	129
博尔博松河	317
博格达山北麓水系	135
博斯腾湖	31
期满水库	94
朝勃湖	19
朝勒更郭勒	278
硝尔库勒湖	77
硝尔库勒湖	114
棋盘河	56
雅布赖盐湖	231
辉腾高勒	276
跑牛河	12
喀什河	315
喀什噶尔河	61
喀纳斯湖	334
喀拉玉尔滚河	93
喀拉米兰河	110
喀拉库勒湖	71
喀拉铁热克河	65
喀拉额尔齐斯河	328
喀依尔特斯河	327
喀浪古尔水库	300
喀浪古尔河	299
黑马河	223
黑石山水库	197
黑沟	173
黑孜河	98
黑刺滩湖	332
黑河	245
黑海	210
等马河	12
策勒河	119
鲁直干直代牙河	90
敦德呼舒冈干	264
童子坝河	251
阔步河	310
普守达里亚河	90
温泉水库	209
渭干河	94
疏勒河	256

十三画

摆浪河	253
蒙古尔河	206
楚拉克阿拉干河	215
榆树沟	180
错木斗江章湖	209
错日阿巴鄂阿东湖	208
错达日玛	6
错果湖	223
错喀隆湖	224
错鲁勒错湖	89
锡伯图河	298
锡林河	272
腾格尔诺尔	288
新井子水库	86
新郭勒	269
新疆坎儿井	185
煤窑沟	173
滚石河	89

福海水库 …… 164

十四画

碧流河 …… 139
赛口河 …… 316
赛日木河 …… 37
赛里木湖 …… 133
赛依特库勒湖 …… 104
赛音呼都格郭勒 …… 280
察尔汗盐湖水系 …… 200
察汗乌苏水库 …… 38
察汗乌苏河 …… 38
察汗乌苏河 …… 204
察汗托海河 …… 301

察汗淖 …… 282
碱海子 …… 284
精河 …… 128

十五画

横格勒浑迪 …… 280
豌豆湖 …… 12
踏实河 …… 260
德尔嘎郭勒 …… 280
德宗马海湖 …… 192
额仁诺尔 …… 269
额尔齐斯河 …… 324
额尔滚赛埃图河 …… 215

额吉诺尔 …… 273
额敏河 …… 295

十六画

霍什拉甫河 …… 55
霍尔果斯河 …… 322
鹦鸽嘴水库 …… 253
鲸鱼湖 …… 16

十九画

蘑菇湖水库 …… 153

条题外文索引

A

Abudula River	298
Aburiheyingaole River	291
Aerlenuoer Lake	269
Aershangebinuoer Lake	278
Aershatugou River	290
Aertagaole River	274
Aheyazi River	309
Aibi Lake	124
Aibugai River	289
Aiding Lake	168
Aigengwutamuge River	18
Ailike Lake	155
Ailixihu Reservoir	57
Aimaike Lake	231
Aimankule Lake	94
Aiximan Lake	85
Ajila River	90
Akekule Lake	334
Akekumuxu Reservoir	85
Akesaiqin Lake	20
Akesufu Reservoir	40
Akesu River	79
Akesu River	309
Aketa River	48
Alagou River	169
Alahake Lake	332
Alahake River	332
Alakebieke River	339
Alake Lake	203
Alamute River	70
Aliyalike River	109
Amuwusuhundi River	279
Andier River	111
Aoluntaohai River	268
Aoyoutingguole River	271
Aqiale River	132
Aqigekule Lake	17
Aqigekule River	18
Aqqikkol Lake	17
Arensahentuhai River	37
Aresitan River	316
Ashikule Lake	117
Ateatekan River	217
Aweitan Reservoir	331
Ayakekumu Lake	13
Aydingkol Lake	168
Ayigaerte River	66
Ayiketeke River	84

B

Babao River	249
Baergayiti River	317
Bagachaidamu Lake	193
Bagejirenguole River	271
Bagemaodemiaogaole River	291
Baijiannuoer Lake	231
Bailang River	253
Baishan Lake	180
Baixinggou River	197
Baiyang River	259
Baiyang River in Fukang City	141
Baiyang River in Karamay City	156
Baiyang River in Qitai County	139
Baiyang River in Urumqi City	170
Baiyinkulunnuoer Lake	276
Balaeerqisi River	329
Balageerguole River	270
Balikun Lake	180
Bamudun River	180
Bandao Lake	19
Baoerde River	131
Baoerhushungaole River	291
Baolenggaole River	273
Baoshadainuoer Lake	277
Bashikule Lake	104
Bashiquefu River	51
Bayanbulageguole River	280
Bayanguole River	272
Bayannuoer Lake	275
Bayingou River	155
Bayinhureyingaole River	291
Bayinnuoer Lake	231
Bayin River	195
Beileke Lake	114
Beilekeleke Lake	16
Beitashan Lake	135
Biedieli River	84
Bieliezeke River	338
Biliu River	139
Boerbosong River	317
Boertala River	129
Bosika River	120
Bositeng Lake	31
Bosten Lake	31
Budong River	282
Buergan River	302
Buergasitaiguole River	268
Buergasitegaole River	277
Buergen River	164
Buerjin River	333
Buguzi River	74
Buha River	224
Bulunkule Lake	71

C

Cele River	119
Chaganguole River	163
Chagannaoer Lake	288
Chagantuiraomunuoer Lake	282
Chahannao Lake	282
Chahantuohai River	301
Chahanwusu Reservoir	38
Chahanwusu River	38
Chahanwusu River	204
Chaidamunuoer Lake	270
Chaidamu River	202
Chaikai Salt Lake	198
Chaiwopu Lake	171
Chaka Salt Lake	227
Changhong Lake	19
Changhu Lake	231
Changjigaole River	291
Changma Reservoir	258
Changshengwan River	281
Chaobo Lake	19
Chaolengguole River	278
Cheerchen River	107
Chulakealagan River	215
Cuodarima Lake	6
Cuoguo Lake	223
Cuokalong Lake	224
Cuolulecuo Lake	89
Cuomudoujiangzhang Lake	209
Cuoriabaeadong Lake	208

D

Dabasongnuoer Lake	157
Dabusannuoer Lake	282
Dacaotan Reservoir	255
Daerbute River	157
Dagele River	206
Dahaerteng River	190
Dahaizi Lake	231
Daheyan River	172

Daheyanzi River · 132	Fuhai Reservoir · 164	Heizi River · 98
Daihai Lake · 285		Hemu River · 335
Dajiergelang River · 312	**G**	Henggelehundi River · 280
Dajinghe Reservoir · 237	Gahai Lake · 197	Hetian River · 86
Dajing River · 237	Gahai Lake · 223	Hetunyanchi Salt Lake · 231
Dalangtan Playa · 216	Gaizi River · 68	Honghaigou River · 320
Dalinuoer Lake · 274	Ganhezi River · 141	Honghai Reservoir · 60
Damaying River · 250	Gansenquan Lake · 216	Hongshuiba River · 255
Danghe Reservoir · 261	Ganyanchi Playa · 231	Hongshui River · 9
Danghe River · 260	Ganzi River · 222	Hongshui River · 242
Daoliugou River · 10	Gaogesitaiguole River · 276	Hongshui River · 251
Daotang River · 223	Gaorihanguole River · 268	Hongyanchi Reservoir · 146
Daquangou Reservoir · 152	Gaoyazigou River · 170	Hongyashan Reservoir · 242
Dashankou Reservoir · 38	Gasikule Lake · 217	Huandong River · 10
Datong River · 52	Geermu River · 207	Huangcao Lake · 19
Daxihaizi Reservoir · 105	Gelimikailekule Lake · 104	Huangcheng Reservoir · 243
Dayan Lake · 32	Geyongqu River · 208	Huanggong Lake · 85
Dazaohuo River · 211	Gonggeer River · 274	Huangqihai Lake · 284
Dazhai Reservoir · 94	Gongnaisi River · 313	Huangshuigou River · 34
Deergaguole River · 280	Gongzi Lake · 20	Huangyang Reservoir · 238
Dengma River · 12	Guerbanwulanhaolai River · 290	Huangyang River · 238
Dezongmahai Lake · 192	Guertu River · 127	Huerchagannaoer Lake · 275
Dina River · 102	Gulang River · 238	Huhenuoer Lake · 286
Dingji River · 281	Gunshi River · 89	Huitenggaole River · 276
Dongan Lake · 284	Guohongdaibulongnuoer Lake · 230	Hujiernuoer Lake · 279
Dongdalongkou River · 139	Guozigou River · 320	Hulaiganggan River · 265
Dongdanggeerguole River · 196		Hundelun River · 215
Dongda River · 242	**H**	Huoerguosi River · 322
Dongfanghong Reservoir · 56	Haba River · 337	Huoshilafu River · 55
Dongfeng Reservoir · 91	Hadengheshao Playa · 232	Husitaiguole River · 152
Dongjicuona Lake · 203	Haergai River · 222	Hutubi River · 148
Dongtaijinaier Lake · 213	Haergateguole River · 37	
Dongzaohuo River · 201	Haidingnuoer Lake · 4	**I**
Dulan River · 199	Haiding River · 4	Ili River · 302
Dundehushuganggan River · 264	Halabaguole River · 277	Inland Rivers Crossing China-Kazakhstan
Duolang Reservoir · 85	Halabula River · 299	Border · 293
Duwa River · 119	Hala Lake · 227	
	Hala Lake · 256	**J**
E	Halatuluke River · 131	Jiagesitai River · 318
Ebinur Lake · 124	Halayimiele River · 297	Jiahezi Reservoir · 153
Eergunsaiaitu River · 215	Haluwusu River · 205	Jianhaizi Lake · 284
Eerqisi River · 324	Handegate River · 331	Jiergelang River · 318
Ejinuoer Lake · 273	Haolaiguole River · 273	Jiermeng River · 226
Emin River · 295	Haolaihundi River · 281	Jiernai Lake · 232
Endorheic Rivers and Lakes in Hexi	Haoletuguole River · 270	Jieyue Lake · 11
Corridor-Alashan Region · 229	Haoletuyinnuoer Lake · 277	Jiji Lake · 137
Endorheic Rivers and Lakes in Inner	Hasang River · 309	Jilagahundi River · 274
Mongolia Plateau · 263	Hashatugaole River · 273	Jilantai Salt Lake · 230
Endorheic Rivers and Lakes	Hashatuguole River · 278	Jili Lake · 165
in Qiangtang Plateau · 1	Hashatunuoer Lake · 278	Jilintai Reservoir · 317
Endorheic Rivers and Lakes	Haxiakelike River · 17	Jilongtonggu Playa · 230
in Talimu Basin · 22	Hebuke River · 158	Jinchuanxia Reservoir · 244
Erennuoer Lake · 269	Heicitan Lake · 332	Jinghe River · 128
Ertanggou River · 174	Heigou River · 173	Jingou River · 154
Ertix River · 324	Heihai Lake · 210	Jingyu Lake · 16
	Heihe River · 245	Jinshui River · 109
F	Heima River · 223	Jinta River · 239
Fengle River · 254	Heishishan Reservoir · 197	Junhe River · 225

383

Juyanhai Lake ············· 244

K

Kabaniuerduo Lake ············· 208
Kaidu River ············· 34
Kaigan River ············· 322
Kaiken River ············· 138
Kailing River ············· 289
Kaiyakebashi River ············· 69
Kalaeerqisi River ············· 328
Kalakule Lake ············· 71
Kalamilan River ············· 110
Kalanggouluke River ············· 67
Kalangguer Reservoir ············· 300
Kalangguer River ············· 299
Kalasu River ············· 98
Kalatiereke River ············· 65
Kalayuergun River ············· 93
Kamusilang River ············· 97
Kanasi Lake ············· 334
Kanerqiguole River ············· 175
Kangsu River ············· 66
Kangxiwa River ············· 70
Kariz in Xinjiang ············· 185
Kashigaer River ············· 61
Kashi River ············· 315
Kax River ············· 315
Kayiertesi River ············· 327
Kekao Lake ············· 7
Keke Salt Lake ············· 198
Kekesu Lake ············· 40
Keketiereke River ············· 310
Keketuohai Reservoir ············· 328
Kekexili Lake ············· 7
Kekeyaer River ············· 86
Kekeyaer River ············· 175
Kekeya River ············· 59
Kelan River ············· 330
Keleqing River ············· 49
Keliman River ············· 51
Keliya River ············· 115
Keluke Lake ············· 195
Keping River ············· 78
Keqikekumukule Lake ············· 16
Kunes River ············· 313
Kezier Reservoir ············· 99
Kezizhila Lake ············· 332
Kongque River ············· 29
Kuche River ············· 100
Kuerdai River ············· 311
Kuhai Lake ············· 199
Kuitun Reservoir ············· 126
Kuitun River ············· 125
Kukesu River ············· 310
Kulangnagu River ············· 51
Kumukairi River ············· 15
Kumukule Lake ············· 16
Kunlun River ············· 210

Kunteyi Playa ············· 191
Kuobu River ············· 310
Kusai Lake ············· 4
Kusai River ············· 5
Kushan River ············· 76
Kushuihuan Lake ············· 214
Kuta Channel ············· 39
Kuzigun River ············· 67

L

Lalingzaohuo River ············· 212
Lasite River ············· 340
Lexiewudan Lake ············· 8
Lianhu Lake ············· 8
Lietengge Lake ············· 21
Liqiao Reservoir ············· 250
Liugou Reservoir ············· 127
Liushugou River ············· 127
Liutiao River ············· 181
Liyuan River ············· 252
Lop Nur Lake ············· 27
Lucaogou River ············· 143
Luobupo Lake ············· 27
Luzhiganzhidaiya River ············· 90

M

Maerkansu River ············· 65
Maeryang River ············· 51
Maimawusuguole River ············· 292
Malasu River ············· 297
Manas Lake ············· 144
Manas River ············· 150
Manasi Lake ············· 144
Manasi River ············· 150
Mangya Salt Lake ············· 216
Maying River ············· 254
Mazhadalagou River ············· 49
Meiyaogou River ············· 173
Mengguer River ············· 206
Mengjin Reservoir ············· 146
Mengkedesayi River ············· 316
Miegetangenguole River ············· 209
Milan River ············· 105
Mingjing Lake ············· 11
Mingjingxi River ············· 11
Moguhu Reservoir ············· 153
Moleqie River ············· 111
Molin River ············· 292
Muhuertayi River ············· 157
Mulei River ············· 137
Muzhate River ············· 307

N

Naheshi River ············· 48
Nalenggele River ············· 213
Nalin River ············· 290
Nangou River ············· 210
Nanying Reservoir ············· 240

Naomao Lake ············· 184
Ningjia River ············· 153
Niya River ············· 113
Nuer River ············· 117
Nugesiguole River ············· 276
Nuomuhong River ············· 205

P

Paerganbulakedong Lake ············· 176
Paman Reservoir ············· 94
Pangnazidaliya River ············· 90
Panlaigou River ············· 11
Paoniu River ············· 12
Pasirewati River ············· 55
Pile River ············· 51
Piliqing River ············· 319
Pishan River ············· 121
Pishigai River ············· 117
Pitileke River ············· 15
Pushoudaliya River ············· 90

Q

Qiaerlongsayi River ············· 55
Qiafu River ············· 314
Qiaha River ············· 118
Qiakemake River ············· 72
Qiala Reservoir ············· 104
Qianjin Reservoir ············· 60
Qiemugan River ············· 72
Qiman Reservoir ············· 94
Qinggelike Lake ············· 111
Qinghai Lake ············· 220
Qingshuihezi River ············· 152
Qingshui River ············· 204
Qingshui River ············· 33
Qingtu Lake ············· 232
Qiongkulebashi Lake ············· 70
Qipan River ············· 56
Quanji River ············· 226
Quanyulin River ············· 284
Queergou River ············· 149
Quhuigou River ············· 33
Ququkesu Lake ············· 112

R

Rivers and Lakes in Chaidamu Basin ··· 188
Rivers and Lakes in Tuha-Bayi Basin ··· 166
Rivers and Lakes in Zhungaer Basin ··· 134
Rivers in Beita Mountain Area ············· 134
Rivers in Northern Piedmonts of
　Bogeda Mountain ············· 135
Ruoqiang River ············· 106

S

Saerbulake River ············· 319
Saerketi River ············· 316

Sahentuhai River 37	Tarim River 40	Wulasitai Reservoir 301
Sailimu Lake 133	Tariyanhundi River 272	Wulasitai River 38
Sairimu River 37	Tashikuergan River 52	Wulasitai River 300
Saiyinhudugeguole River 280	Tashikule Lake 18	Wulekunwulasitu River 341
Saiyitekule Lake 104	Tashi River 260	Wulonggou River 206
Salijilegannankule Lake 20	Tashisayi River 107	Wuluate River 72
Sandaohezi River 322	Tasite River 339	Wulukekule Lake 117
Sangong River 142	Tasiti River 301	Wuluke River 59
Sangzhu River 120	Tataleng River 193	Wulukesayi River 118
Santun River 147	Taxi River 149	Wulumuqi River 145
Sarim Lake 133	Tebuwula River 282	Wulungu Lake 160
Sayiairike Lake 85	Tenggeernuoer Lake 288	Wulungu River 161
Segezilike Lake 93	Tianshan Tianchi Lake 142	Wuluwati Reservoir 90
Sesikeya River 15	Tieliekede River 338	Wurigubulige River 281
Seyeleqinguole River 267	Tielieketi River 302	Wuritugou River 287
Shaerdelanbulake Lake 176	Tiemenguan Reservoir 39	Wushishui Reservoir 297
Shaer Lake 176	Tiemulike River 217	Wushitala River 32
Shahan Reservoir 76	Tizinafu River 57	Wusuteguole River 289
Shalagenuoer Lake 277	Tongziba River 251	Wutumeiren River 212
Shanghuerdengguole River 280	Toutun River 147	Wuyi Reservoir 100
Shangyou Reservoir 61	Tuman River 67	Wuyi Reservoir 132
Shaoerkeli Lake 112	Tumiya River 114	Wuzunbulake Lake 176
Shengli Reservoir 92	Tuohai Reservoir 318	Wuzunxiaoer Lake 105
Shichengzi Reservoir 180	Tuolahai River 211	
Shichengzi River 178	Tuolekule Lake 183	**X**
Shimenzi Reservoir 150	Tuomuersu River 82	
Shiyang River 234	Tuoshigan River 82	Xianche River 10
Shiyou River 259	Tuosu Lake 194	Xiaoailike Lake 157
Shuangshusi Reservoir 252	Tuoyunsayi River 74	Xiaoerkule Lake 77
Shuangtabao Reservoir 259	Turisu River 89	Xiaoerkule Lake 114
Shuimo River 143		Xiaogangou Reservoir 211
Shule River 256	**U**	Xiaohaerteng River 191
Sigong River 142		Xiaohaizi Reservoir 60
Sikeshu River 126	Urumqi River 145	Xiaojiergelang River 312
Sugan Lake 190		Xiaokusai Lake 215
Sukuqiake Reservoir 57	**W**	Xiaoqinggeli River 163
Sulekuwati River 49		Xiaosha River 13
Sulengguole River 201	Wandou Lake 12	Xiaosugan Lake 191
Sumubai River 308	Waqia River 55	Xiaoxigou River 321
Sumudayirike River 336	Washixia River 106	Xiaoyanchi Salt Lake 158
Suyoukou River 252	Water System in Chaerhan Salt Lake Area 200	Xiaozaohuo River 212
Suyueke River 73	Water System in Qinghai Lake Area 218	Xiarigequ River 225
	Weigan River 94	Xariha River 205
T	Weitake River 71	Xariha River 226
	Wenquan Reservoir 209	Xiate River 307
Tabu River 286	Wotuogesaier River 130	Xiatianji Reservoir 129
Taerhong River 289	Wuerxuelete River 298	Xibotu River 298
Taerlang River 172	Wulagaigebi Lake 265	Xidahe Reservoir 243
Taheman River 54	Wulagai Reservoir 267	Xidalongkou River 140
Taijinaier River 215	Wulagai River 265	Xida River 243
Tailan River 93	Wulandaoxihundi River 265	Xigeerqu River 224
Taileweiqiuke River 97	Wulan'erege River 290	Xijinwulan Lake 9
Taitema Lake 40	Wulansadeke River 126	Xikeer Reservoir 77
Taiyang Lake 214	Wulantaolegaigaole River 287	Xiligou Lake 199
Takedunbashi River 54	Wulanwula Lake 12	Xilin River 272
Talimu Reservoir 103	Wulanwusuhundi River 264	Xinguole River 269
Talimu River 40	Wulanwusu River 203	Xinier Reservoir 39
Tangbahu Reservoir 331	Wulapo Reservoir 146	Xinjingzi Reservoir 86
Taolai River 254		Xitaijinaier Lake 212

385

Xiying Reservoir ········· 241	Yihejilinguole River ········· 270	Yuka River ········· 192
Xiying River ········· 240	Yiheshabaernuoer Lake ········· 263	Yulang River ········· 17
Xueshan River ········· 214	Yikechaidamu Lake ········· 192	Yulongkashi River ········· 91
	Yikesai River ········· 37	Yushanguxi River ········· 84
Y	Yikewulan River ········· 226	Yushugou River ········· 180
	Yiliping Playa ········· 216	
Yabulai Salt Lake ········· 231	Yili River ········· 302	**Z**
Yangxia River ········· 103	Yinggezui Reservoir ········· 253	
Yanhu Salt Lake ········· 3	Yinma Lake ········· 7	Zamu River ········· 239
Yanhu Salt Lake ········· 171	Yinsugaiti River ········· 50	Zhaergelengtu River ········· 290
Yanjigaguole River ········· 268	Yishan Lake ········· 9	Zhagesitainuoer Lake ········· 277
Yanshuigou River ········· 101	Yiwu River ········· 184	Zhagesitai River ········· 36
Yarkand River ········· 43	Yixiekepati Lake ········· 14	Zhaikou River ········· 316
Yatongguzi River ········· 112	Yixiekepati River ········· 14	Zhangguyingaole River ········· 281
Yeerqiang River ········· 43	Yonganba Reservoir ········· 61	Zhonggegen River ········· 138
Yema River ········· 261	Yonghong Lake ········· 10	Zhongquanzimangxiao Lake ········· 232
Yeyike River ········· 114	Yuanyangchi Reservoir ········· 255	Zhunshabaernuoer Lake ········· 263
Yeyungou River ········· 103	Yuejin Reservoir ········· 100	Zhuolute River ········· 329
Yiganqi Reservoir ········· 56	Yuejin Reservoir ········· 152	Zhuonai Lake ········· 5
Yigeziya River ········· 76	Yueliang Lake ········· 8	Zhuonai River ········· 6
Yihedabusinuoer Lake ········· 269	Yueyaquan Lake ········· 261	Zhuoyoulegansu River ········· 65
Yihegaole River ········· 278	Yueya River ········· 18	

内 容 索 引

A

阿不都拉河　298
阿不拉河　71
阿布日和音高勒　291
　阿次克库里宁果勒河　18
　阿达根夏巴根高勒　292
　阿达滩河　217
　阿得楞苏河　156
　阿登布拉克河　308
　阿都去能萨依河　309
　阿尔本沙拉河　311
　阿尔潮海音高勒　291
　阿尔次塔萨拉河　126
　阿尔得落威君河　310
　阿尔呼都格庙郭勒　290
　阿尔喀勒克萨依河　319
　阿尔勒诺尔　267
阿尔勒诺尔　269
　阿尔奇坦郭勒河　37
　阿尔恰别勒河　66
　阿尔恰勒特尔冰河　307
　阿尔恰特河　154
　阿尔恰特沟　159
　阿尔萨朗河　157
　阿尔桑萨依河　315
　阿尔沙萨依河　312
　阿尔沙特河　161
　阿尔沙特乌生河　37
阿尔沙土沟　290
阿尔善戈壁诺尔　278
　阿尔善特诺尔　265
阿尔塔高勒　274
　阿尔塔什宁依奇河　88
　阿尔陶高其浑迪　268
　阿尔腾柯斯河　98
　阿尔乌苏沟　289
　阿尔乌尊河　125
　阿尔夏勒河　309
　阿尕什莫德纳河　298
　阿干恰尔勒河　156
　阿格勒达坂沟　49
　阿格塔尔坎勒河　111
　阿格特达吾　197
　阿格特尔门得夏日郭勒　209
　阿沟特沟　37
　阿圭雅斯水　309
　阿哈尔哈木尔音郭勒河　37
　阿哈日儿梗河　32
　阿浩尔沟　134

阿合奇河　81
阿合苏河　156
阿合峡河　132
阿合牙孜河　309
阿黑尔太来克河　77
阿机拉河　90
阿吉厄肯湖　47，60
阿吉根洼地　47
阿吉音推饶木　278
阿卡尔河　132
阿克巴什阿尤河　67
阿克巴斯套河　298
阿克巴下依河　67
阿克巴依塔勒　133
阿克布阿萨依沟　111
阿克布罕河　317
阿克布拉克河　161
阿克布拉克河　308
阿克布拉克河　311
阿克布拉克河　313
阿克布拉克河　315
阿克布拉克河　330
阿克布牙代牙河　111
阿克布早河　315
阿克达斯河　154
阿克达湾河　108
阿克古力河　176
阿克哈巴河　337
阿克基尔阿河　99
阿克吉勒尕河　51
阿克卡特河　319
阿克喀英恰河　337
阿克库勒湖　311
阿克库勒湖　334
阿克库木须水库　85
阿克库热孜河　96
阿克其河　59
阿克奇苏达里亚河　96
阿克恰依苏河　82
阿克然河　66
阿克萨拉赛依河　330
阿克萨依　141
阿克萨依河　20
阿克萨依河　72
阿克萨依河　84
阿克萨依河　111
阿克萨依河　311
阿克萨依河　319
阿克萨依河　338
阿克赛钦河　20

阿克赛钦湖　20
阿克沙依河　88
阿克苏尔科苏啊嗯河　65
阿克苏甫水库　40
阿克苏沟　170
阿克苏河　79
阿克苏河　106
阿克苏河　108
阿克苏河　115
阿克苏河　293
阿克苏河　295
阿克苏河　309
阿克苏库勒湖　18
阿克苏能代牙河　119
阿克苏萨依河　111
阿克它鲁代亚河　116
阿克塔格奥特拉克河　97
阿克塔河　48
阿克塔什河　66
阿克塔什河　72
阿克塔斯河　339
阿克塔西厄肯河　98
阿克铁克河　332
阿克铁热克河　65
阿克铁热克河　298
阿克窝铁克苏河　83
阿克窝赞河　310
阿克乌依俊河　318
阿克乌增河　312
阿克乌增河　314
阿克肖尔河　122
阿克亚伊利亚克河　97
阿库晋溪河　319
阿库里滚河　333
阿库里滚河　334
阿阔依喀沟　329
阿拉阿依格尔河　327
阿拉阿依格河　307
阿拉布拉格漳　281
阿拉尔河　217
阿拉尕特河　332
阿拉沟　169
阿拉哈克河　332
阿拉哈克湖　332
阿拉河　42
阿拉湖　293，295
阿拉坎其克达里亚　73
阿拉克别克河　339
阿拉克湖　203
阿拉克沙依河　92

387

阿拉马斯代牙河 116	阿日其麻扎 68	艾格孜乌勒河 180
阿拉木特河 70	阿日善高壁 278	艾梗乌塔格能苏河 18
阿拉散河 327	阿散艾肯河 102	艾梗乌塔木各河 18
阿拉珊阿仁河 336	阿沙勒阿乌孜 132	**艾梗乌塔木各河 18**
阿拉善沟 313	阿沙勒河 339	艾捷克萨依河 77
阿拉善河 329	阿沙哇义沟 83	艾勒曼特河 307
阿拉斯坦河 316	**阿什库勒湖 117**	艾里加克河 90
阿拉塔拉河诺尔 273	阿舒达斯河 299	**艾里克湖 155**
阿拉腾嘎达斯湖 277	阿斯刀恰萨依河 311	**艾里西湖水库 57**
阿拉腾嘎达斯诺尔 277	阿斯克吐河 152	艾力什拜希河 180
阿拉腾郭勒 270	阿苏巴西河 127	艾力斯台郭勒 193
阿拉雅力克·库拉木拉克萨依河 110	**阿特阿特坎河 217**	艾林郭勒 268
阿拉亚里克萨依河 217	阿特加依劳沟河 83	艾买勒河 137
阿腊达坂 180	阿特加依洛河 65	**艾曼库勒湖 94**
阿腊萨拉河 183	阿特塔木河 115	艾普特郭勒河 127
阿勒马勒苏河 322	阿特耶依拉克河 72	艾去库雨孜河 55
阿勒马力克河 53	阿图什大峡谷沟 74	艾热盖曲 224
阿勒玛勒河 304	阿托衣纳克苏河 86	艾色特别克河 84
阿勒玛萨依河 301	**阿苇滩水库 331**	艾维尔沟 169
阿勒佩斯乌侠克河 311	阿乌斯那很萨依河 321	**艾西曼湖 85**
阿勒沙朗河 315	阿西勒布拉克沟 301	艾西木萨依沟 111
阿勒坦额默勒河 268	阿西帕克宁依奇河 88	艾希买沟 103
阿勒坦特布什河 131	阿希河 119	爱利克斯伦河 201
阿勒腾萨拉沟 155	阿希河 319	**爱麦克湖 231**
阿勒腾萨依河 126	阿希勒沟 308	爱什库龙代牙河 116
阿勒吐勒尕沟 83	阿夏河 311	**安迪尔河 111**
阿勒吞鲁克河 172	阿秀果勒河 127	安集海河 155
阿勒足卢河 77	**阿牙克库木湖 13**	安拉沟 166
阿里比萨依河 320	阿雅格库木库里湖 13	安南坝河 256
阿里雅力克河 109	阿亚古兹 293	安西河 258
阿里亚马特郭勒 190	阿亚克恰纳克河 75	安习水 324
阿流比流河 274	阿依巴克萨依河 67	昂嘎沟 134
阿龙然河 65	阿依不龙河 59	昂沙提河 332
阿隆芒措 225	阿依丁库勒河 82	敖化诺尔郭勒 272
阿木尔郭勒 37	阿依尔克河 69	敖仑毛德高勒 291
阿木斯尔河 289	**阿依嘎尔特河 66**	**敖伦套海 268**
阿木乌尔特格漳尔 290	**阿依克特克河 84**	**敖优廷郭勒 271**
阿木乌苏浑迪 279	阿依库勒湖 85	嗷唠河 192
阿其查干陶勒盖浑迪 282	阿依浪苏河 74	奥得那克阿拉阿仁河 335
阿其格库勒湖 18	阿依里河 71	奥得纳克河 336
阿其格库勒河 105	阿依然阿然尔河 83	奥到梅盖西沟河 83
阿其格库勒湖 17	阿依托那克河 71	奥尔木都河 77
阿其格库勒湖 117	阿尤吉里沟 54	奥尔他铁列克提河 339
阿其格牙依拉克河 58	阿尤萨依河 312	奥尔塔克赛尔苏河 130
阿其克吉勒尕河 73	阿友沙特河 298	奥尔塔乌尊河 125
阿其克吉利阿河 120	阿扎尔格郎 312	奥干河 42
阿其库勒湖 17	阿孜阿那个沟 88	奥合西奶克河 51
阿其吾斯塘河 123	阿孜半德尔河 51	奥力木得河 70
阿恰别勒河 66	阿祖巴依河 330	奥米沙代里亚河 92
阿恰沟 100	埃基恰特河 84	奥塔什萨依 74
阿恰勒河 96	埃麦根河 84	奥吐腊克尔 56
阿恰勒河 132	埃姆精河 128	奥托塔什河 84
阿让郭勒 195	埃泽孜河 122	奥依布拉克萨依沟 77
阿热克托如克河 65	**艾比湖 124**	奥依切克库都沟湖 94
阿热斯坦河 316	**艾不盖河 289**	奥依塔克河 71
阿仁哈森河 37	艾地呀西依奇河 90	奥依札依劳 133
阿仁萨恨图海河 37	**艾丁湖 168**	
阿日胡力河 176	艾尔阿依特河 137	**B**
阿日克河 99	艾尔肯河 152	
阿日克特河 99	艾尔则特沟 310	八宝郭勒 206

八宝河 249	巴西迪那河 102	白杨河 135
八道沟 19	巴彦布拉格 270	**白杨河（奇台县） 139**
八道沟 176	巴彦布拉格沟 270	**白杨河（阜康市） 141**
八号沟 128	巴彦布拉格郭勒 268	白杨河 148
八里沟河 192	**巴彦布拉格郭勒 280**	**白杨河（克拉玛依市） 156**
八龙沟 256	巴彦查干淖尔 277	**白杨河（乌鲁木齐市） 170**
八木墩河 180	巴彦柴达木诺尔 270	白杨河 171
八墙沟 182	**巴彦郭勒 272**	**白杨河 259**
巴尔大隆吉勒嘎河 55	巴彦郭勒河 315	白杨树河 171
巴尔尕依提河 317	巴彦河 202	白音库伦诺尔 276
巴尔盖提河 317	巴彦呼热湖 269	白音淖海子 284
巴尔喀什湖 293	巴彦呼热淖尔 276	白音珠日和诺尔 274
巴尔克特萨依河 316	巴彦诺尔 264	白银河 109
巴尔特河 317	**巴彦诺尔 275**	**白银库伦诺尔 276**
巴嘎柴达木湖 193	巴彦诺尔 278	百墩阿拉恰特河 127
巴嘎额吉诺尔 273	巴彦诺尔 281	百泉河 16
巴嘎高勒 273	巴彦乌兰阿尔冈干 265	百习沟解克河 98
巴嘎花呼舒 278	巴杨阔马尔河 137	**摆浪河 253**
巴嘎赛得尔沟 158	巴依吐若河 84	拜格力克河 59
巴噶 165	巴音阿门萨依沟 128	拜克塔日阿克旦干 68
巴尕哈日诺尔 197	巴音格勒 215	拜什克热木达里亚斯河 73
巴格拜勒且尔 192	**巴音沟河 155**	拜什特勒克河 85
巴格哈尔特落沟 37	巴音郭勒 195	**拜兴沟 197**
巴格吉格代河 103	巴音郭勒河 37	拜依格布拉克河 302
巴格吉仁郭勒 271	巴音郭勒河 158	板房沟 148
巴格拉什 31	**巴音河 195**	板房沟 166，182
巴格毛德庙高勒 291	巴音河 276	板房沟河 178
巴格奇策尔根 192	巴音河水库 197	板房子沟 137
巴格亚马特河 37	**巴音呼热音高勒 291**	半边湖 3
巴格泽子沟 53	巴音呼舒郭勒 290	**半岛湖 19**
巴哈勒克河 304	巴音芒硝湖 231	半的代里牙河 55
巴哈乌兰河 226	**巴音诺尔 231**	半天沟 3
巴拉额尔齐斯河 329	巴音塔拉沟 37	包城河 240
巴拉格尔北支 270	巴音塔勒河 312	包尔包斯河 317
巴拉格尔郭勒 270	巴音泽尔肯郭勒 260	包尔格腊河 154
巴腊朔克萨依沟 163	巴扎尔胡勒河 340	包尔罕挺郭勒 280
巴勒根河 195	把柄湖 3	包尔呼吉呼都格 273
巴勒梗得河 83	霸王河 284	包尔呼吉尔诺尔 275
巴勒肯迪河 84	白哈巴河 337	**包尔呼顺高勒 291**
巴勒哲河 163	白湖 334	包尔陶勒盖音诺尔 268
巴里坤湖 180	**白碱诺尔 231**	包尔图河 176
巴利尔斯河 329	白泉河 252	包删可勒萨依河 314
巴龙查布淖尔 278	白沙河 8	包斯堂萨依沟 111
巴仑马海湖 192	**白山湖 180**	包孜克勒河 99
巴仑台郭勒河 34	白石头沟 241	宝登图拜兴（浑迪） 273
巴伦诺尔 271	白石崖河 250	**宝楞高勒 273**
巴仁下布图河 280	白水河 109	宝洛格斯吐沟 271
巴日特能干赞乃河 313	白水河 170	**宝沙岱诺尔 277**
巴荣哈日诺尔 210	白水河 239	宝绍代诺尔 277
巴润洪特诺尔 276	白水涧 170	宝音图高勒 291
巴润沙巴尔诺尔 263	白塔河 237，239	宝音图诺尔 274
巴润乌德（河） 273	白亭海 232	**保尔德河 131**
巴色克库勒沟 70	白亭水 234	保勒木沙吉勒尕河 55
巴沙拉克河 122	白仙萨拉河 159	保勒木沙勒河 76
巴什加斯卡克沟 67	白杨沟 141	保牧太布勒嘎（河） 273
巴什库勒湖 104	白杨沟 143	保赛吐尔根河 327
巴什却甫河 51	白杨沟 148	皁禾美海 220
巴斯布滚勒河 338	白杨沟 176	北大河 249，254
巴苏河 99	白杨沟 252	北海子 235
巴特巴克布拉克河 341	白杨沟河 170，171	北霍鲁逊湖 200，201

北其牙里克河　51
北清水河　240
北沙城沟　278
北沙河　237
北石河　259
北塔山湖　135
北塔山盐池　135
北塔山诸小河　134
贝郡河　84
贝勒克湖　114
贝勒克勒克湖　16
贝提力克达利亚河　15
崩红脑包河　278
崩肯提诺尔　273
比得科尔河　337
比勒特沟　159
比勒提河　83
比利克高勒　278
比林切克代里亚河　92
比其肯安集海沟　155
比奇根乌斯吐沟　155
比奇肯夏格孜郭勒河　152
比也色依马斯河　340
彼利克契河　319
必鲁吾特河　161
毕斯巴干河　320
碧流河　139
碧龙潭　21
膘尔托阔依河　66
别德图沟　320
别迭里河　84
别嘎逊摇尔河　98
别克萨依河　330
别勒迭什吉勒尕河　54
别勒吉勒嘎河　70
别列则克河　338
别仁界尕能代里牙河　92
别斯萨拉河　299
别斯铁列克苏河　298
别斯铁热克沟　338
别斯铁热克沟　341
别斯铁热克苏河　298
彬水河　3
冰沟　142
冰沟河　240
冰水湖　3
波茶克利可河　51
波尔钦沟　145
波伦河　159
波斯喀河　120
波斯坦托格拉克河　111
波祖丘克萨依　74
玻璃忽镜河　282
剥提塔勒德沟　318
伯布彦登勃河　74
伯布克拉克里湖　16
伯日科孜河　72
伯日克孜　68
勃尔和郭勒　290
勃勒浑迪　269

勃勒喀喇哲勒嘎河　84
勃勒音高勒　292
勃列嘿郭勒　290
博尔博松河　317
博尔诺洛贡河　154
博尔塔拉河　129
博格达山北麓水系　135
博古孜达里亚河　74
博拉勒克河　184
博喇济河　333
博罗塔拉郭勒　129
博斯库勒湖　323
博斯坦河　135
博斯腾湖　31
博斯腾淖尔　31
博斯腾塔　122
博塔干河　56
博图河　312
博孜艾格尔河　74
博孜克尔格河　99
卜吉尔川　256
不冻河　282
不尔都尔吉利阿沟　120
不拉格勒克河　99
不如库特河　98
布的乌哈拉斯河　333
布都堤哈桑河　309
布尔德诺尔　264
布尔德诺尔　267
布尔丁诺尔　268
布尔嘎斯台郭勒　268
布尔嘎斯台　205
布尔嘎斯特高勒　277
布尔夽斯特河　131
布尔干河　302
布尔干苏河　340
布尔根郭勒　164
布尔根河　164
布尔罕廷高勒　290
布尔罕托高勒　290
布尔津河　333
布尔克斯台河　160
布尔克特河　163
布嘎阿格孜河　176
布格丁郭勒　273
布古萨依河　309
布谷鲁克萨依沟　111
布谷孜河　74
布滚勒河　338
布哈河　224
布合图沟　159
布卡塔什萨依河　110
布拉格郭勒　268
布拉格力特河　37
布拉格诺尔　272
布拉格提格力克河　100
布拉克巴什代牙河　111
布拉克沟　77
布拉萨依河　76
布腊特河　156

布郎戈壁　279
布朗查干诺尔　279
布朗诺尔　280
布力开河　304，318
布林河　159
布隆吉尔河　256
布鲁湖　258
布鲁鲁窝赞河　310
布鲁斯台沟　34
布伦库勒湖　71
布伦木沙河　46
布伦努尔河　159
布伦托海　160
布南湖　214
布琼河　121
布热勒巴依塔勒河　302
布茹勒河　159
布特敖萨依河　309
布特木罗克河　84
布贴克勒接河　35
布西良河　121
步量河　286

C

才克仁包尔沟　155
裁缝沟　138
蔡湖　235
藏戈尔河　51
曹浩恩郭勒河　33
草东湖　3
草湖　100
策勒河　119
茶卡盐湖　227
查布其勒郭勒　269
查布其仁浑迪　267
查查河　201
查尕拉其诺尔湖　32
查干敖包郭勒　277
查干敖包乃高勒　291
查干敖包乃浩布特　292
查干布尔嘎河　134
查干布特河　137
查干额热格音高勒　291
查干岗干音高勒　290
查干沟　282
查干郭勒　133
查干郭勒河　163
查干哈达　197
查干哈尔夽沟　131
查干河　163
查干呼舒高勒　291
查干诺尔　272
查干诺尔　273
查干诺尔　276
查干诺尔　277
查干诺尔　281
查干诺尔　286，287
查干淖尔　288
查干诺尔河　180

查干特更沟 291	春根布拉格高勒 267	达万阿勒克河 99
查干推饶木诺尔 282	春进沟 7	达乌落公河 310
查哈美仁河 212	春雷河 109	达乌苏诺尔 198
查汗郭勒 199	春艳河 109	达乌苏诺尔 227
查可曲 203	绰汗哈尔肯河 33	达乌逊诺尔湖 31
查拉河 222	绰霍尔河 306	达吾干洛克河 99
查拉木高勒 268	茨斯克得也勒河 131	达西敖包河 245
察布查尔河 304	瓷窑口 254	大白代河 309
察仓郭勒 196	刺疙瘩 251	大白杨沟 151
察尔汗盐池 200	葱岭北河 64	大白杨沟 154
察尔汗盐湖水系 200	葱岭河 40	大白杨沟 176
察罕乌苏 309	粗鲁布突沟 33	大别勒湖 200，211
察罕乌苏河 313	崔木土沟 256	大布鲁斯台河 35
察汗河 199	措隆卡 224	**大草滩水库 255**
察汗淖 282	措纳合 227	大柴达木湖 192
察汗沙拉河 310	措纳日阿玛 224	大柴旦湖 192
察汗托海河 301	措尼河 199	大长湖 251
察汗乌苏河 38	措倾我立布 223	大车家滩海子 283
察汗乌苏河 76	错达连 223	大档曲垦河 99
察汗乌苏河 204	**错达日玛 6**	大东沟 140
察汗乌苏水库 38	错达日玛河 6	大东沟 142
柴达尔河 222	**错果湖 223**	大东沟 284
柴达木河 202	**错喀隆湖 224**	大东沟 330
柴达木诺尔 270	错鲁勒错湖 89	大东沟河 321
柴达木盆地河湖 188	错木斗江章湖 209	大东河 237
柴尔龙海 240	**错日阿巴鄂阿东湖 208**	大堵麻 251
柴凯盐湖 198		大尔札沟 158
柴窝堡湖 171	**D**	大干沟 172
昌吉高勒 291		**大格勒河 206**
昌吉河 147	褡裢湖 195	大沟 141
昌马河 256	**达巴松诺尔湖 157**	大沟河 87
昌马水库 258	达巴特沟 131	大拐杖沟 18
昌曼河 314	达坂艾肯河 102	**大哈尔腾河 190**
昌秋耶库衣鲁克河 84	达坂城东盐湖 171	大海子 160
昌图河 272	达坂城苏 170	**大海子 231**
昌图拉苏河 84	达坂河 135	大河 132
长鼻湖 3	**达布散诺尔 282**	大河 289
长春泉沟 18	达布斯图诺尔 269	大河坝河 137
长干河 184	达布苏诺尔 268	**大河沿河 172**
长虹湖 19	达布逊湖 200	大河沿河 286
长湖 231	达仇克河 122	**大河沿子河 132**
长泉水 242	达儿泊 274	大黑沟 166，182
长胜湾河 280	达尔布特河 157	大黑沟 260
长胜湾河 281	**达尔布特河 157**	大黑沙头 283
长峡沟 18	达尔很萨拉河 125	大红河 227
超饶格图好来浑迪 281	达格渠克宁依奇河 92	大红柳峡河 135
朝勒湖 19	达更诺尔 274	大红旗沟 166，182
朝尔登郭勒 280	达拉库岸河 111	大红泉 261
朝勒更郭勒 278	达来诺尔 274	大洪沟 241
潮海音高勒 291	达来音高勒 291	大洪沟 255
车尔臣河 107	达兰哈特沟 131	大洪纳海河 304
称库尔归依鲁克河 93	**达里诺尔 274**	大葫芦沟 166，182
城河 258	达利水 86	大花儿沟 170
赤金河 259	达鲁巴依朔尔马河 312	大花牛沟 152
冲卡因达河 156	达芒曲 225	**大吉尔格郎河 312**
臭水沟 255	达仆寺淖尔 278	**大靖河 237**
楚拉克阿拉干河 215	达热沟 329	**大靖河水库 237**
楚鲁高勒 292	达热依水库 94	大靖峡水库 237
川带依河 161	达什喀力克河 86	大九坝湖 16
船湖 3	达瓦沟 88	大卡拉干沟 304

大卡赞河 322	大盐池 157	东得萨拉河 169
大喀什喀苏河 65	**大盐湖 32**	东都果尔河 307
大克兰河 330	大羊夼 251	东都果勒河 127
大口子河 250	**大灶火河 211**	**东方红水库 56**
大喇嘛河 223	**大寨水库 94**	东房子河 281
大浪滩干盐湖 216	代代河 169	**东风水库 91**
大柳沟 166，182	代热合力 183	东沟 138
大龙池沟 100	岱根塔拉 285	东沟 140
大龙沟 139	**岱海 285**	东沟 143
大龙河 117	旦布拉克河 297	东沟 149
大陇沟 255	旦木河 156	东沟 166，182
大马圈沟 166，182	淡木郭勒河 158	东沟 207
大马营河 250	**党河 260**	东沟 251
大莫音台河 304	**党河水库 261**	东海沟 33
大南沟 138	**倒流沟河 10**	东河 259
大南沟 139	**倒淌河 223**	东横八郎沟 260
大南沟 154	道尔苏吉音高勒 282	东居延海 244
大南沟河 154	道沟 270	东喀拉斯坦河 58
大淖 278	道特诺尔 267	东柳沟 252
大牛河 154	道图诺尔湖 274	东龙河 13
大拍安萨依河 135	得龙 204	东马莲沟 253
大其沟 271	德勃斯亥音沟 278	东南大沟 147
大青格里河 161	**德尔嘎郭勒 280**	东南沟 142
大青河 161	德菲谢河 74	东曲 202，203
大清沟 282	德格诺尔 268	东泉河 8
大泉 256	德拉特郭勒 215	东水脑沟 137
大泉沟 153	德勒布尔根郭勒 264	东塔龙河 254
大泉沟水库 152	德力格音布拉格诺尔 275	**东台吉乃尔湖 213**
大三台子沟 140	**德宗马海湖 192**	东台子沟 140
大沙龙河 254	的拉卡拉麻河 68	东硝池 235
大山口水库 38	**等马河 12**	东小水河 170
大石壁 251	迪尔吉勒夼河 53	东亚马托郭勒 193
大石门沟 166	**迪那河 102**	东盐池 135
大石头沟 135，143	氐置水 260	东余一塔士沟 210
大水沟 320	帝帝河 302	东玉龙喀什河 92
大水河 239	第二人民渠 173	**东灶火河 201**
大斯别提苏河 298	第纳尔水 102	东辙湖 3
大松树沟 134	第一人民渠 173	东支流 141
大苏干湖 190	点鸡河 287	东直沟 139
大台子沟 170	点力宿太河 280	冬布特河 163
大淘海沟 271	吊大坂沟 259	冬都果勒河 126
大天生圈河 166	迭木加依洛河 66	冬都精河 128
大同河 52	迭木加依洛苏啊嗯河 65	冬都塔西哈恩郭勒河 32
大瓦布拉克河 317	迭斯特河 332	冬恩巴萨依河 312
大乌拉斯台河 134	迭依布依沟 53	冬冈萨依河 153
大乌龙沟 243	丁计河 280	**冬给措纳湖 203**
大西岔 252	**丁计河 281**	冬公河 137
大西沟 138	**东岸湖 284**	洞洞沟 137
大西沟 145	东白杨沟 145	洞洞沟 138
大西沟 149	东波扎陇 209	洞子沟 139
大西沟 273	东草河 249	都尔根河 163
大西沟 304	东岔 252	**都兰河 199**
大西沟 322	东岔河 19	都兰湖 199
大西海子水库 105	东岔河 329	都罗河 324
大西河 237	东城河 135，137	都热诺尔 274
大锡别特河 135	**东大河 242**	都野泽 232
大锡伯图河 298	**东大龙口河 139**	陡坎沟 3
大先生地海子 283	东大滩沟 211	豆错 199
大香沟 250	**东荡格尔郭勒 196**	**杜瓦河 119**
大熊沟 166，182	东得哈尔盖吐沟 159	段家村河 284

断山口河　254
对耳湖　21
敦德尔布拉克　331
敦德呼舒冈干　264
敦德乌德（河）　273
敦德夏拉郭勒　215
敦都郭勒河　308
敦薨　31
敦能巴依萨依沟　301
墩拜萨依河　311
多坝沟　256
多贡耐郭勒　290
多谷多尔河　69
多浪的河　57
多浪水库　85
多勒塔尔河　66
多隆恰如　225
多逻斯川　324
多纳东宰曲　207
多曲河　3
多素曲　225
多扎克达拉河　46
朵浪河　241

E

俄博河　249
娥勒根萨依河　128
额尺不井奇沟　53
额尔的失河　324
额尔根诺尔　263
额尔滚赛埃图河　215
额尔齐斯河　324
额黑岗岗河　290
额吉诺尔　273
额济纳河　245
额兰阿勒吉勒尕河　54
额勒济思河　324
额勒森尕诺英郭勒　215
额勒森沟　135
额勒森呼都格音高勒　291
额力盖巴依萨依河　316
额敏河　295
额仁诺尔　269
额如音霍布河　279
额什墨郭勒　103
额依他什河　90
鄂乃曲　227
恩楚鲁克郭勒　103
恩格尔高勒　277
恩和宝勒格　287
尔博图河　312
耳海　223
二板登沟　284
二道白杨沟　166
二道沟　19
二道沟　139
二道沟　155
二道沟　166
二道沟　170

二道沟　176
二道沟　211
二道沟　251
二道河　289
二道河　321
二道河子　154
二道渠河　280
二道水　148
二工河　135
二忽赛村河　282
二塘沟　174

F

乏牛岭河　18
法马沟　252
繁馆河　57
方池　334
方块湖　3
芳草湖　149
丰乐河　254
福哈里克河　47，61
福海水库　164
富龙河　254
覆袁水　245

G

嘎尔哲　225
嘎哈提河　33
嘎亥勒克河　327
嘎勒挺拜尔克沟　37
嘎顺淖尔　244
嘎顺淖尔　290
嘎顺诺尔　282
嘎顺音郭勒　279
尕海　197
尕海　223
尕禄河　204
尕落吐沟　37
尕诺尔扎木仁玛　12
尕斯库勒湖　217
盖拉马拉克河　88
盖美力克河　48，61
盖孜河　68
干顿萨依沟　111
干沟　148
干海子　258
干河子　141
干吉萨依代牙河　118
干树湾　242
干盐池　231
甘河子　141
甘河子河　141
甘森泉湖　216
甘子河　222
冈干巴拉尔　292
刚欠曲　207，208
岗更诺尔　274

高弟狼河　102
高格斯台郭勒　276
高吉拉沟　52
高日罕郭勒　268
高伟河　227
高崖子沟　170
高崖子河　170
高腰海沟　289
戈壁淖尔　280
戈末河　169
格登沟　308
格登河　308
格都尔格诺尔　267
格斗湖　3
格尔本郭勒河　158
格尔木河　207
格尔台刹拉高勒　292
格力米开勒库勒湖　104
格涌曲　208
格子布拉克萨依　114
给娜阿拉萨依河　320
根葛河　135
工字湖　20
弓坝河　286
公岔河　260
公多依河　67
公格尔河　274
公鸡河　282
公吉里尕河　46
公木艾格孜　176
公尚德音高勒　291
公乌苏北诺尔　288
供济堂河　281
巩昌河　258
巩乃斯河　313
孤尔克苏河　82
古尔班巴彦诺尔　277
古尔班乌兰好来　290
古尔本善德郭勒　292
古尔嘎赫德河　217
古尔古勒台郭勒　278
古尔图河　127
古尔翁沟　159
古浪河　238
古勒滚涅克河　66
古里巴扎沟　88
古鲁苏勒代克河　68
古吕提根河　65
古洛沟　35
古牧地河　143
古仁郭勒河　151
古肉木吐尔河　66
古萨斯河　58
古松林沟　243
谷水　234
故乡河　178，180
观山河　254
广瑞奎村北海子　284
归丰河　3
龟兹东川水　100

393

龟兹西川水　94	哈拉巴郭勒　**277**	哈希克塔尔河　310
贵水河　109	哈拉巴吐尔钦沟　51	哈溪河　238
贵新波龙河　59	**哈拉布拉河　299**	哈夏沟　131
贵新格勒河　59	哈拉布拉克河　308	哈夏里克得亚河　15
滚滚铁里克河　83	哈拉尕依苏河　301	**哈夏克力克河　17**
滚郭勒　269	哈拉给木河　336	哈夏苏吉萨依河　131
滚石河　89	哈拉滚河　158	哈夏廷果勒河　126
郭河　234	哈拉郭勒　203，204	哈夏图淖日　278
郭扎错湖　20	哈拉郭勒　206	哈熊沟　141
锅巴河　90	哈拉哈德河　310	哈熊沟　145
果当隆阿　225	哈拉哈高勒　291	哈熊沟　153
果红呆不隆诺尔　230	哈拉哈依特河　152	哈阴沟　141
果其拉甫吐鲁河　50	**哈拉湖　227**	海藏河　241
果子沟　320	**哈拉湖　256**	海潮坝　251
	哈拉米兰河　109	**海丁河　4**
H	哈拉木莫沟　51	**海丁诺尔　4**
	哈拉木萨克沟　142	海都河　29，34
哈巴河　337	哈拉诺尔　256	海尔诺尔湖　32
哈巴克沟　88	哈拉其阿拉萨依河　311	海尔特河　327
哈巴依萨依河　301	哈拉萨拉河　159	海拉斯台浑迪　268
哈比斯朗沟　311	哈拉萨依河　309	海勒森高勒　291
哈不泉河　280	哈拉萨依河　311	海勒森哈拉郭勒　292
哈布河　337	哈拉通克河　324	海勒斯高勒　290
哈布其罕沟　34	**哈拉吐鲁克河　131**	海勒斯图布拉格　270
哈布其勒高勒　271，273	哈拉也根河　329	海流滩河　333
哈布其勒高勒　290	哈拉也门河　297	海仁赛尔河　322
哈布奇哈郭勒河　34	**哈拉依灭勒河　297**	海牙沟　252
哈布日图音高勒　277	哈勒嘎提莎拉河　317	亥鲁特浑迪　274
哈布特盖沟　331	哈勒特尔河　196	亥特克河　35
哈布腾苏河　309	哈里哈特沟　37	寒凝泉河　18
哈步其盖高勒　292	哈林河　290	寒气沟　178
哈达贺休湖　232	哈龙沟　34	汗贝苏木高勒　274
哈登宝力格　287	哈龙沟　329	**汗德尕特河　331**
哈登贺少干盐湖　232	**哈鲁乌苏河　205**	汗霍腊塔尔河　173
哈登曲　223	哈伦沟　33	汗尼霍河　173
哈吨德布斯格诺尔　287	哈马尔音浑迪　278	汗铁列克代尔亚河　76
哈尔查布诺尔　279	哈满沟　29	亳伦河　274
哈尔查干诺尔　275	哈毛特高勒　292	壕赖沟　285
哈尔恩格尔音高勒　290	哈木尔达坂水　308	好拉吐诺尔　277
哈尔嘎特郭勒河　37	哈能威代里牙河　92	好来浑迪　270
哈尔嘎特河　34	哈朴切克萨依河　310	**好来浑迪　281**
哈尔盖河　222	哈普其克河　148	好来吐郭勒　272
哈尔盖曲　222	哈热别勒河　84	好来音郭勒　276
哈尔干德河　312	哈日戈壁　278	好勒海特音诺尔　271
哈尔沟　273	哈日淖日　289	浩尔爱河　158
哈尔哈马尔沟　159	哈日诺尔　290	**浩来郭勒　273**
哈尔开都郭勒河　37	哈日图热格河　131	浩勒包淖尔　277
哈尔昆德　192	**哈桑河　309**	**浩勒图郭勒　270**
哈尔淖　281	**哈沙图高勒　273**	浩勒图音淖日　277
哈尔诺尔　290	**哈沙图郭勒　278**	**浩勒图音诺尔　277**
哈尔诺尔湖　281	**哈沙土诺尔　278**	浩日格德克沟　159
哈尔萨拉河　37	哈舍克雷克河　15	浩雅日敖包　274
哈尔沙拉沟　38	哈升水　309	浩尧尔诺尔　193
哈尔陶勒盖浑迪　273	哈斯格沟　289	浩尧尔沃尔腾高勒　291
哈尔图郭勒　269	哈斯木卡拉吉勒尕沟　68	**皓月湖　3**
哈尔乌素高勒　291	哈斯特　197	**禾木河　335**
哈合仁郭勒河　38	哈腾苏河　293	合河　224
哈吉图郭勒　290	哈贴克勒接河　35	合黎水　245
哈克苏河　332	哈图河　205	合洛巴诺尔　277
哈克苏乌兰萨拉沟　159	哈图河　337	合什地克塔孜洪河　121

394

合同沙拉河 310	红水河 242	黄花滩河 238
和布根果勒 158	红土岭河 214	黄泥河 18
和布克河 158	**红崖山水库 242**	**黄旗海 284**
和布克赛尔河 158	红盐池 146	黄沙河 18
和其格力克萨依 182	**红雁池水库 146**	黄山河 135
和热木音呼都格高勒 292	**洪海沟 320**	黄水沟 258，260
和田河 86	洪浩尔舒特诺尔 273	**黄水沟河 34**
和屯盐池 231	洪呼日河 222	黄羊川 238
河西走廊—阿拉善内流区河湖 229	洪水坝河 255	黄羊沟 3
涸海 27	**洪水河 9**	黄羊沟 21
贺斯格诺尔 268	洪水河 205	**黄羊河 238**
褐且拉河 206	洪水河 242	**黄羊水库 238**
黑刺沟 210	洪水河 251	灰水河 68
黑刺滩湖 332	后沟 170	辉腾阿尔善河 328
黑沟 166，182	后壕子河 287	**辉腾高勒 276**
黑沟 170	后红海 284	辉腾郭勒 280
黑沟 173	后梢沟 250	浑楚鲁高勒 290
黑沟 180	**呼尔查干淖尔 275**	浑德仑郭勒 269
黑沟 249	呼尔德乃高勒 291	**浑德伦河 215**
黑哈巴河 337	呼和额热格 282	火烧沟 137
黑海 203	**呼和诺尔 286**	霍布高勒 292
黑海 210	呼吉尔郭勒 268	霍布苏河 310
黑海 227	呼吉尔诺尔 272	霍城河 250
黑河 245	**呼吉尔诺尔 279**	霍尔果斯达里亚河 154
黑湖 335	呼吉尔特河 164	霍尔果斯河 154
黑家沟 147	呼吉尔图诺尔 278	**霍尔果斯河 322**
黑勒哈塔沟 270	呼吉热图高勒 291	霍尔河 157
黑里勒库勒湖 104	呼吉日音淖 279	霍兰郭勒 207，208
黑马河 223	呼拉沟 137	霍落图尔 277
黑泉河 249	**呼赛冈干 265**	霍木河 335
黑沙图沟 286	呼勒盖高勒 292	霍若海萨依河 320
黑山湖水库 255	呼伦河 217	**霍什拉甫河 55**
黑石山水库 197	呼日查干淖 276	霍通诺尔 5，6
黑水 245	呼顺诺尔 268	
黑水河 255	**呼斯台郭勒河 152**	**J**
黑水河 320	呼苏木脱河 310	
黑水湖 71	**呼图壁河 148**	击拳湖 3
黑亚克萨依河 338	狐奴河 234	**芨芨湖 137**
黑鹰沟 242	胡吉尔河 315，317	**鸡龙同古干盐湖 230**
黑孜河 98	胡吉尔台萨依河 315	基里克河 52
黑孜河 102	胡家台沟 128	基普克河 128
黑孜泉河 76	胡居尔特河 134	基奇秋耶库衣鲁克河 84
黑孜水库 99	胡芦海 285	基什卡苏河 85
横干河 184	胡热格里河 212	基什克奈青格里河 163
横格勒浑迪 280	葫芦沟 166，176	激风湖 3
横河子 270	葫芦斯太依河 304	吉别特河 338
弘水河 109	虎洞沟 260	吉布库河 135
红格尔沟 286	花海 258	吉尔尕朗河 312
红沟 166，182	花努廷浑迪 265	**吉尔格郎河 318**
红海水库 60	花石头河 253	吉尔格勒达萨拉河 126
红柳湾河 237，240	桦木沟 320	**吉尔孟河 226**
红庙沟 190	**还东河 10**	**吉尔乃湖 232**
红其拉甫河 54	浣溪河 29	吉根河 65
红沙湖 3	焕珠沟 3	吉哈布奇勒 192
红山河 254	**皇城水库 243**	吉合申沟 201
红山口 256	黄草坝 254	吉克普林河 336
红山口河 166，182	**黄草湖 19**	**吉拉嘎浑迪 274**
红石拉排沟 259	黄草湖 137	吉腊萨依河 153
红水川 203	**黄宫湖 85**	**吉兰泰盐湖 230**
红水河 214，215	黄花村河 280	吉勒莫吾子河 68

吉力湖　**165**
吉力斯也布力干尔河　52
吉林郭勒　270
吉林台水库　**317**
吉木格尔沟　159
几格代喀克河　78
几克里阔勒萨依沟　111
几木革特沟　35
计戍水　40
加阿什他依河　336
加尔哦争沙耶　210
加尔苏河　299
加尔苏溪　322
加尕日曲　209
加干苏河　174
加格斯台河　**318**
加拉帕克博孜河　65
加拉斯台萨依河　319
加郎吉勒嘎沟　70
加朗阿什河　128
加朗阿依热克河　70
加乐斯巴衣乌兹河　336
加乐素河　299
加勒格孜阿嘎希河　324
加曼哈巴河　337
加曼铁热克河　293
加曼怡特沟　131
加皮泉　137
加斯喀克河　66
加乌仑巴依拉汉河　310
加依尔马河　304
加祖它土沟　210
伽师河　64，69
夹河子水库　**153**
佳哈力买河　96
甲玉儿斯当河　93
钾湖　191
坚捷克河　293
碱沟　143
碱海子　**284**
碱姆协勒河　90
碱泉沟　143
建得力河　115
江布哈尔赛沟　37
江布肯德郭勒河　37
江布拉克河　62
江河　225
姜布尔威河　159
姜格拉勒克河　99
姜满加尔河　70
将勒嘎吉勒嘎河　99
交尔喀拉苏河　332
交勒提河　329
脚马登塔拉诺尔　274
脚印湖　3
节约湖　**11**
杰尔德萨依河　319
结别特河　330
结尔布都萨依　74
结勒也苏河　297

结森沟　225
捷克台依达那河　149
捷麦克河　129
解拉克沟　52
金川河　242
金川峡水库　**244**
金洞河　242
金沟河　**154**
金龙河　254
金山河　251
金水河　**109**
金塔河　**239**
金塔寺河　240
金西沟河　135
金西克苏河　134
金希克乌尊沟　125
京西格克拉克河　330
京依什克苏　133
晶河　128
精河　**128**
鲸鱼湖　**16**
井画格拉斯河　338
井溪克苏河　298
九股地河　280
九号沟　128
九连城淖尔　278
九龙江　250
久鲁兴乌苏郭勒　269
韭菜沟　286
居勒特河　329
居力格台高勒　292
居延海　**244**
居延泽　244
巨头湖　3，19
觉洛浣　168
军塘湖河　149
均哈布逊沟　131
郡子河　225
峻格曲　225
峻河　**225**

K

卡巴纽尔多湖　**208**
卡巴塔斯河　298
卡布阿他禄苏河　295
卡布且克布拉克河　317
卡尔果尔河　99
卡尔苦子河　119
卡尔曼吾斯塘河　122
卡尔恰尔—苏盖里克河　105
卡尔塔西河　100
卡尔瓦斯曼吾斯塘河　43，60
卡尔乌力河　175
卡各墨西尔苏河　86
卡汗赛河　310
卡可特尔河　204
卡拉阿勒河　77
卡拉阿依乌鲁河　83
卡拉布浪海子　40

卡拉迪尔河　334
卡拉嘎依萨依河　85
卡拉盖雷布拉克河　322
卡拉干苏河　131
卡拉哈巴河　337
卡拉吉勒孕沟　68
卡拉交勒河　95
卡拉卡西河　58
卡拉克巴依达拉河　330
卡拉克达依　336
卡拉克河　88
卡拉库尔艾肯河　102
卡拉库里河　293
卡拉恰特河　310
卡拉秋尔苏河　52
卡拉赛河　35
卡拉苏沟　54
卡拉苏河　**98**
卡拉塔尔河　293
卡拉塔石河　76
卡拉特河　66
卡拉吐尔根河　327
卡拉西瓦克沟　68
卡拉依里克河　336
卡浪沟吕克河　**67**
卡里克阿克达西河　120
卡里鲁克隆格帕河　49
卡力拉克什　68
卡力什提克河　100
卡鲁乔卡沟　105
卡洛基告克起克河　99
卡帽萨依河　311
卡木斯浪河　**97**
卡木斯浪河北支　97
卡帕朗苏河　46
卡帕浪沟　46
卡普斯浪冰川河　97
卡普斯浪 2 号冰川河　97
卡其代牙河　92
卡墙河　107
卡求格吾格赛河　99
卡斯基布拉克河　322
卡斯卡乔勒沟　297
卡斯卡苏河　297
卡特里西萨依河　111
卡夏河　161
卡一勒克河　99
卡衣那尔河　84
卡依拉克德萨依河　316
卡因德布拉克河　338
卡因特布拉克沟　302
卡赞河　129
卡赞库勒湖　323
喀布其格河　315
喀德热特河　327
喀尔巴勒其格河　163
喀尔沟　143
喀尔交河　160
喀尔勒克艾肯沟　172
喀尔勒克河　159

喀尔于孜郭勒河 173	喀浪古尔河 299	康西瓦河 70
喀康铁热克河 172	**喀浪古尔水库 300**	考克木然代牙河 111
喀克萨依 132	喀浪赛尔河 299	考勒湖 165
喀克吐郭勒 194	喀勒恰 183	柯河 109
喀拉阿尔干布拉克河 315	喀洛吾伯群库沟 329	柯柯里河 248
喀拉阿塔萨依河 108	喀默斯特沟 148	柯柯赛 205
喀拉阿吾孜苏河 157	喀纳斯河 333	**柯柯亚尔河 86**
喀拉布拉克河 317	**喀纳斯湖 334**	柯柯亚尔河 93
喀拉彻兰吉勒嘎河 76	喀让古塔格河 92	**柯柯亚尔河 175**
喀拉达利亚河 47，61	喀日阿依提河 174	**柯柯盐湖 198**
喀拉都尔根河 327	喀森得尔河 46	柯克浩达河 158
喀拉额尔齐斯河 328	喀沙依特河 137	**柯克亚河 59**
喀拉尕依布拉克河 312	**喀什噶尔河 61**	柯姆河 335
喀拉尕依沟 145	**喀什河 315**	**柯坪河 78**
喀拉给牙艾肯 336	喀什喀苏河 67	柯舍野特克萨依河 304
喀拉古里沟 99	喀什喀苏河 72	柯伊拉克地河 320
喀拉果拉河 315	喀什喀苏河 77	柯孜列津河 158
喀拉和顺湖 25	喀什克尔特河 327，328	科当卡拉尕依河 337
喀拉喀什河 87	喀斯喀布拉克河 322	科迭巴依河 157
喀拉喀苏河 65	**喀依尔特斯河 327**	科尔德能苏河 318
喀拉库尔艾肯河 102	喀依恰河 83	科喀依达腊斯 329
喀拉库勒昂尕尔河 314	喀依孜河 55	科科什老克河 53
喀拉库勒河 70，71	喀因德木扎特河 307	科克阿拉皮也萨依河 311
喀拉库勒湖 71	喀英得河 301	科克布拉克河 157
喀拉库鲁木沟 54	喀英德河 338	科克布拉克河 163
喀拉阔洛特河 65	喀英德萨依 154	科克布拉克河 304
喀拉马沟 68，70	喀英迪吉勒尕沟 54	科克布拉克河 310
喀拉米兰河 110	喀英都河 62	科克哈马仁乌苏河 131
喀拉其库尔河 52，54	喀英都河 65	科克加尔河 148
喀拉恰特河 312	喀英沟 331	科克留木苏河 83
喀拉萨依河 304	喀孜嘎尔特吉勒嘎河 62	科克莫依纳克河 298
喀拉斯坦河 58	喀孜汗库勒湖 340	科克萨喀勒河 301
喀拉苏沟 54	**开都河 34**	科克萨依 329
喀拉苏河 77	**开干河 322**	科克萨依沟 133
喀拉苏河 304	开克利克布拉克沟 98	科克萨依 105
喀拉苏河 309	开克入木河 58	科克萨依 299
喀拉苏河 315	**开垦河 138**	科克萨依 310
喀拉苏河 341	开口斯湖 37	科克萨依 312
喀拉塔勒河 102	开勒特外克河 83	科克萨依 318
喀拉塔什河 76	**开令河 289**	科克萨依 327
喀拉塔什河 119	开龙河 254	科克萨依 340
喀拉铁热克河 65	开木棋河 212	科克赛因沟 139
喀拉托如克河 72	开普尔台沟 83	科克莎拉河 317
喀拉乌兹河 338	**开牙克巴什河 69**	科克晒力冰吉勒嘎河 70
喀拉下苏沟 297	刊苏河 84	科克苏河 310
喀拉尧勒混苏萨依河 67	堪库鲁河 76	**科克苏湖 40**
喀拉也木勒河 297	坎地里克河 56	科克苏盐湖 332
喀拉玉尔滚河 93	**坎尔其果勒河 175**	科克特克 68
喀拉哲勒尕河 65	坎尔其河 137	**科克铁热克河 310**
喀拉卓勒河 327	坎尔其河 175	科克窝赞河 310
喀拉足克沟 68	坎苏沟 313	科克乌苏河 38
喀喇昆仑河 49	坎苏河 83	科克正河 310
喀腊布拉克萨依 182	康阿孜河 122	科库萨依河 319
喀腊尕依萨依河 311	康吉勒格沟 180	科勒迭能萨依河 338
喀腊喀特勒克温库尔阔坦河 96	康卡尔河 311	科落克河 88
喀腊沙特河 338	康热艾肯沟 101	科木尔其苏沟 297
喀腊苏 331	**康苏河 66**	科纳郎扎萨依 74
喀腊吾孜苏河 298	康苏河 302	科乃孜河 55
喀来子河 51	康苏河 304	科普尔特依河 309
喀郎古艾肯河 101		科其克热依格勒河 58

科契卡尔巴西苏河 86	克普恰克河 74	克孜勒吉勒尕河 87
科然木阿勒克河 99	克齐铁热克河 84	克孜勒加尔河 65
科斯托郭勒河 174	克齐乌金格库乌什河 84	克孜勒克尔沟 55
科塔尼布拉克河 308	克其格萨依河 108	克孜勒库拉河 319
科图尔河 84	克其克阿尔萨依 74	克孜勒阔坦河 100
科托沟 166	克其克阿克亚伊利亚克河 97	克孜勒萨依河 110
科托郭勒河 184	克其克阿拉恰特河 127	克孜勒萨依河 301
科希库斯吐河 327	克其克奥恰克力克河 178	克孜勒沙衣河 92
科许孜河 88	克其克巴沙依拉克河 122	克孜勒苏河 61，67
可尔干可鲁河 69	克其克冰水河 20	克孜勒塔勒厄肯河 97
可考湖 7	克其克果勒河 99	克孜勒翁库勒河 108
可可尔图河 215	克其克卡拉子河 90	克孜勒哲勒 332
可可萨依河 141	克其克喀什喀苏河 65	克孜龙库尔萨依 74
可可晒尔郭勒 206	克其克库木吉勒尕沟 70	克孜纳克河 122
可可塔斯 141	**克其克库木库勒湖 16**	**克孜治拉湖 332**
可可托海水库 328	克其克木扎特河 307	肯迪隆阿 225
可可托海西沟 328	克其克其干科勒河 108	肯克萨依河 174
可可西里湖 7	克其克萨来克苏河 96	坑苏河 69
可克阿卡落河 99	克其克萨依 337	空格斯河 313
可克尔塔哈沟 108	克其克沙然里克河 54	空古拉布拉克河 309
可鲁克湖 195	克其克水亭沟 180	孔多依达里亚河 72
可斯勒代牙河 92	克其克斯坦河 58	孔家沟 140
克艾牙克河 88	克其克他力克河 176	**孔雀河 29**
克别涅克溪河 319	克其克台兰河 93	孔萨拉河 148
克达德萨依河 316	克其通河 46	窟窿山沟 270
克达石沟 46	克其孜苏河 215	**苦海 199**
克丁郭勒河 158	克其托库依瑞克河 72	苦木尔斯汗沟 158
克额阿沙萨依河 309	克奇科国吾赞河 310	苦习卡习布拉克沟 98
克尔布拉克昂额河 77	克奇克库孜娃依能代尔亚斯河 93	**库车河 100**
克尔格斯克尔干沟 108	克恰克喀斯喀布拉河 322	库尔阿克沟 56
克尔古提河 33	克热根河 322	库尔阿依热克乌增 340
克尔古提湖 33	克赛尔河 92	库尔布拉克河 311
克尔碱河 170	克斯麻克河 77	库尔达依河 311
克尔克勒布拉克河 317	克他斯吉勒干河 116	库尔代阿斥河 312
克尔克孜乌勒滚沟 66	克腾高勒 260	**库尔代河 311**
克尔其河 175	克提克河 84	库尔德宁河 312
克尔其马克沟 180	克瓦河 120	库尔德萨依河 149
克尔什河 163	克西克阿勒玛勒河 297	库尔嘎克皮亚孜河 73
克格拉克厄肯河 100	克西塔古孜河 58	库尔嘎克铁热克河 65
克江晤松河 337	克希阿克巴依塔勒 133	库尔会洛克河 93
克捷克库木拉克河 59	克希库什太河 311	库尔雷克湖 195
克克嗯格河 108	克希塔斯乌增 190	库尔良达利亚河 121
克拉基乃卡河 85	克峡希河 319	库尔美勒特沟 164
克拉依亚汗 56	克协哈拉哈依特河 152	库尔木图河 329
克兰河 330	克协河 163	库尔能阿牙格河 335
克勒喀什喀苏河 65	克秀布拉克河 336	库尔特河 324
克勒青河 49	克牙孜河 66	库尔特冷苏河 319
克里底雅河 115	克亚吉尔冰川湖 50	库尔图河 332
克里满河 51	克依恩苏河 340	库吉尔特河 161
克里希苏河 173	克因布拉克河 302	库克萨依河 320
克里雅河 115	克音格阿热克河 298	**库克苏河 310**
克里阳河 121	克音勒河 56	库克铁列克河 310
克里洋河 88	克英苏河 297	库克乌苏 310
克力木图诺尔 276	克泽勒萨依沟 135	库克乌枕河 312
克连科尔溪河 319	克孜布拉沟 301	库拉河 58
克列根河 48	克孜尔吉勒嘎河 72	库拉克拜萨依河 312
克鲁克湖 195	**克孜尔水库 99**	库拉图代亚河 116
克姆孜河 74	克孜勒布拉河 84	库腊萨依河 137
克努克克河 37	克孜勒布拉河 297	**库浪那古河 51**
克排恰克吉勒尕沟 52	克孜勒河 98	库勒加加依洛河 84

库勒杰依沟 302	库孜滚河 67	拉帕廷萨拉河 126
库勒克达里亚河 96	库孜吉勒尕河 53	拉斯多特河 336
库勒萨依沟 302	库孜娃依能代尔亚斯河 93	拉斯台沟 313
库勒萨依河 105	快奎乌松河 310	**拉斯特河 340**
库里巴克吉勒嘎河 77	宽柴河 29	拉瓦斯河 119
库龙布拉克河 302	宽沟河 135	拉窝河 204
库鲁科尔提溪 319	矿萨依河 108	拉依河 28
库鲁克贝提力克塔格能苏河 15	奎尔都仑赛尔河 156	拉因河 42
库鲁克河 28	奎勒河 121	腊吉勒拜克尕河 96
库鲁姆杜河 65	奎力布拉克河 310	来排尔提河 52
库鲁木都克河 77	奎苏沟 166，182	兰翠河 131
库鲁木勒克河 53	**奎屯河 125**	兰能果尔河 125
库鲁木苏河 295	**奎屯水库 126**	兰旗沟 166
库鲁铁列克 132	坤都伦水 245	兰特尔乌增河 148
库伦图河 287	昆格依特河 161	蓝旗沟 182
库马苏河 326	昆古依特河 328	浪头河 254
库玛拉克河 81	**昆仑河 210**	劳日特昭巴润阿尔湖 269
库米河 58	昆其布拉克河 111	牢兰海 27
库母吉尔嘎 77	**昆特依干盐湖 191**	老大河 80，85，86
库姆河 28	昆特依湖 191	老东湖 175
库木阿斯散沟 329	昆提白斯河 83	老和田河 89
库木阿依热克河 338	扩扩赛尔河 54	老虎沟 241
库木河 335	**阔步河 310**	老龙河 145
库木开其克河 184	阔床河 109	老路冲沟 21
库木开日河 15	阔大尔萨依河 153	老塔里木河 43
库木库勒湖 16	阔古晋河 319	涝坝沟 143
库木鲁克萨依河 110	阔果能萨依河 111	勒吾尔喀茨河 52
库木且木干河 72	阔克阔勒河 66	**勒斜武担湖 8**
库木塔什河 105	阔克萨依河 84	勒依赛河 88
库那尔汗萨依河 311	阔克赛勒苏河 54	冷湖 191
库内勒克河 46	阔克乌苏河 129	冷水河 7
库诺萨依河 311	阔库河 65	**梨园河 252**
库普沟 134	阔腊木阿特吉勒尕河 51	黎晖沟 19
库普河 295	阔腊依郭勒河 178	李家沟 166，182
库热克特河 163	阔勒阿依尔克河 69	**李桥水库 250**
库热萨拉沟 159	阔麻依萨依河 340	里田河 20
库仍别河 74	阔纳盖孜达利亚河 69	丽湖 3
库如克郭勒河 178，180	阔破尔他斯河 338	连湖 194，195
库如克果勒河 176	阔沙河 18	连水河 7，8
库如克铁热克河 172	阔什布拉克萨依沟 77	连水河 194，195
库如克玉瑞克河 90	阔什瓦克库勒河 173	莲藕湖 3
库赛河 5	阔什乌托克河 62	**涟湖 8**
库赛湖 4	阔托尔汗布拉克河 322	涟水河 10
库山河 76	阔彦布拉沟 301	列普萨河 293
库水浣 214	阔依布拉沟 297	**列腾格湖 21**
库斯拉甫河 55	廓噶尔特萨依河 83	猎马沟 21
库斯塔依河 157		临水河 255
库松木切克河 132	**L**	凌云河 111
库塔干渠 39		硫磺沟 143
库特鲁牙依拉克河 59	拉巴勒其克河 163	柳沟泉河 255
库铁列克沟 77	拉洞河 249	**柳沟水库 127**
库铁热克尤鲁沟 77	拉汗阿克乌增河 314	柳林湖 235
库卫沟 328	拉吉勒嘎河 70	柳什代牙河 116
库卫河 327	拉库哇提沟 49	柳树沟 166，176
库乌克河 174	**拉陵灶火河 212**	柳树沟 171
库依尔尕河 160，165	拉龙河 117	柳树沟 183
库依尔特斯河 324	拉木龙河 122	**柳树沟河 127**
库朱尔塔依溪 315	拉木隆公玛 225	柳树沟河 170
库朱木拜赛河 322	拉木隆河 122	**柳条河 181**
库珠尔特河 328	拉帕特河 126	柳条河 238

六场副业队海子　104
六道沟　19
六道沟　166，176
六台河　282
六峪水　234
龙沟河　238
龙骨河　161
龙潭　143
龙潭河　241
隆畅河　252
隆格帕冈波河　46
隆莫尔曲　225
隆木什　225
楼房沟　166，182
楼乌热那沟　53
芦草沟　143
芦草沟　151
芦水　234
鲁直干直代牙河　90
鹿角沟　18
鹿角沟　253
路圈沟　137
鸾鸟沟　243
罗布泊　27
罗布盖孜河　52
罗布淖尔　27
罗克伦河　144
洛尾希达里亚河　96
骆驼脖子　160
骆驼脖子水域　160
骆驼井子　137
落雁湖　3

M

麻麻西河　68
麻扎阿得河　93
麻扎艾肯河　78
麻扎达拉沟　49
麻扎沟　317
麻扎河　122
马城河　234
马池湖　12
马尔洋河　51
马尔叶奥河　157
马海河　192
马拉苏河　297
马拉特河　46
马莲沟　237
马岭足喏依河　51
马纳斯萨依河　153
马桥河　144
马群沟河　158
马如卡尔沟　53
马氏河　254
马太乌兹河　338
马蹄沟河　240
马雅山沟　142
马依丹萨依河　74
马依勒沙特　300

马依帕萨尔乔克河　332
马依特沟　137
马营河　254
玛尔坎苏河　65
玛纳斯河　150
玛纳斯湖　144
玛依哈巴克河　298
玛依勒卡特河　301
玛依纳能依奇河　90
买尔耐牙孜沟　54
买勒里河　122
买孙夏尔河　148
买提格尔萨依河　311
迈马乌苏郭勒　292
麦尔开其沟河　83
麦根陶勒盖浑迪　271
麦海因河　295
满达勒赫河　122
曼达勒克萨依河　105
曼达里克河　108
曼密萨依河　301
漫淌河　253
忙代恰河　327
盲起苏河　38
茫崖干盐湖　216
茫崖盐湖　216
毛藏河　239
毛敦呼都格音高勒　291
毛敦善达高勒　292
毛拉切可沟　87
毛木他西河　99
没草沟　210
眉沙沟　3
梅斯布拉克河　99
煤窑沟　173
美曲沟　109
门沙萨依沟　163
猛进水库　146
蒙古尔河　206
蒙古勒诺尔　278
蒙马拉尔河　318
孟克德萨依河　316
米吉提河　85
米家村河　282
米兰河　105
米斯克尼河　46
米特代牙河　111
米提孜达里亚河　90
庙尔沟　148
庙尔沟　166，171，182
庙尔沟河　166，176
庙湾沟　285
灭尔开河　76
灭格滩根郭勒　209
灭日特克河　163
明得戈罗河　85
明镜湖　11
明镜西河　11
冥水　256
磨河　320

磨石沟　183
磨子山河　284
蘑菇湖水库　153
莫盖吐萨拉沟　159
莫格尔加　202
莫河　227
莫河尔阿拉斯坦郭勒河　310
莫乎尔河　313
莫葫芦河　297
莫霍尔济尔噶朗水　312
莫勒河　67
莫勒切河　111
莫林河　292
莫鲁纳娃河　298
莫米吉力克河　46
莫尼萨依河　32
莫斯克沟　145
莫斯图河　215
莫松达坂郭勒河　127
莫托沟　158
莫托沙拉河　126
莫依勒特河　337
木丹莫霍尔岱河　144
木尔则克勒德河　84
木盖廷浑迪　267
木古提河　316
木哈尔额尔格郭勒　290
木呼尔查干河　38
木呼尔吉嘎特勒沟　126
木胡尔塔依河　157
木虎沟　251
木桧沟　322
木吉河　68
木库尔吉勒嘎河　70
木垒河　137
木那瓦萨依河　3
木头沟　173
木扎尔特河　94
木扎冷吉尔嘎河　55
木扎特河　307
木斋板艾肯河　103
苜拔河　91
牧古鲁加依洛河　66
慕士塔格河　50
穆林河　244，245

N

那格其来舒湖　269
那拉特水　140
那棱格勒河　213
那林河　290
那伦哈木尔沟　131
那伦河　337
那木肯诺尔湖　31
那仁郭勒　213
那仁郭勒河　125
那仁河　337
那仁塔拉淇迪　272
那依特河　33

纳赫买热 225
纳赫什河 **48**
纳理诺尔 281
纳林果勒河 304
纳林河 244，245
纳伦和布克郭勒河 159
纳木郭勒河 156
纳生恰勒河 330
纳彦特河 328
纳玉沙斯河 58
乃门乌苏河 34
乃羌克尔河 178
乃人沟 166，176
奈金河 207，210
奈齐郭勒 210
南草湖 250
南岔 252
南岔河 240
南沟 210
南沟河 137
南河 243
南霍鲁逊湖 200，203，206
南籍端水 256
南其牙里克河 51
南沙河 237，241
南山口河 166，176
南营水库 240
脑包兔河 281
脑儿墩沟 243
脑儿河 192
脑盖头溪河 319
脑盖图沟 319
脑滚沃尔滚霍布河 279
瑙滚推饶木 282
淖毛湖 184
内河 237
内勒基河 131
内蒙古高原内流区河湖 263
尼勒克河 132
尼勒克河 315
尼其克吉勒尕 68
尼其克苏河 69
尼奇克河 65
尼奇克吉勒嘎河 70
尼契克苏河 84
尼萨河 92
尼夏普鲁宁依奇河 92
尼雅河 113
泥匠营子沟 278
溺水 245
鸟歇湖 3
宁昌河 240
宁家河 153
牛圈子沟 139
牛亡牛旦海子 284
奴尔河 117
努茨根乃勒郭勒河 32
努得格诺尔 277
努尔河 206
努尔加河 148

努尔吐赫吐普河 148
努格斯郭勒 276
努拉洪布拉克河 319
努青郭勒 281
女恰河 154
暖泉湖 235
诺艾特河 163
诺尔肯尼河 152
诺木洪郭勒 205
诺木洪河 205

O

哦合拜谢河 99
欧都力特格力克河 100
欧勒滚河 334

P

爬卡克西拉克能伯西河 99
帕尔干布拉克东湖 176
帕合甫河 58
帕赫鲁克冰川河 93
帕克勒克苏河 86
帕满水库 94
帕曼艾肯河 99
帕那孜河 90
帕日帕克河 54
帕斯热瓦提河 55
帕梯卡拉里克苏河 82
帕夏汗河 74
帕夏拉依档河 105
拍什坡河 122
排依克吉勒嘎河 52
派艾留尔河 148
潘哈达沟 178
潘津布拉克河 319
盘丝沟 109
盼来沟河 11
盼水河 3
庞纳子达里亚河 90
炮江沟 56
炮斯台宁依奇河 88
跑牛河 12
沛雨湖 3
皮尔卡斯坎河 300
皮及宁依奇河 88
皮家沟 252
皮拉勒河 71
皮拉里河 70
皮勒河 51
皮里其河 319
皮恰克萨尔地河 311
皮阡萨依河 77
皮山河 121
皮什盖河 117
皮斯岭沟 53
皮特图木河 307
皮提勒克河 15
皮夏河 92

匹里青河 319
平羌沟 243
坡克陶河 77
破洞子沟 254
扑克依拉夫阿夫河 51
葡萄沟 173
蒲昌海 27
普鲁河 116
普守达里亚河 90
普斯开河 120
普塔吾牙河 54

Q

七安勒克萨依沟 111
七城子河 135
七道沟 19
七道沟 166，176
期满水库 94
齐背岭乌兹河 332
齐勒乌泽克河 304
齐力克河 191
齐力克苏河 301
齐特河 310
齐文阔尔河 43
祁连河 251
其不其库尔河 77
其布特尔河 311
其格勒浩勒 274
其呼尔廷浑迪 267
其克半的河 58
其兰勒克河 106
其吕特克河 85
其木干河 76
其其尔哈纳克河 83
其其汗河 114
其其力吉勒尕河 53
其色卡因达河 156
奇阿拉克河 122
奇干吐盖河 96
奇坎塔什河 84
奇喇河 330
奇台河 138
棋盘河 56
启得喜然陇哇 209
契别特河 331
契尔格河 318
契特铁列克河 339
恰比晓克沟 51
恰达沟 134
恰地吉尔勒尕河 48
恰尔阿尔恰河 84
恰尔巴克特河 301
恰尔巴克特萨依河 311
恰尔隆河 56
恰尔隆萨依沟 55
恰尔青萨依沟 77
恰甫河 314
恰干萨依河 311
恰哈河 118

恰合普河 314	青海 220	琼阔云都沟 70
恰克巴克特博格特河 128	**青海湖 220**	琼其干科勒河 108
恰克马克河 72	**青海湖水系 218**	琼萨达特沟 66
恰拉水库 104	青河 161	琼萨色克河 67
恰林河 197	青驹律沟 140	琼萨依河 78
恰普萨郎苏河 311	青龙河 109	琼萨依河 319
恰奇河 315	青马沟 190	琼色日克苏河 96
恰特尔塔尔河 319	青山湖 258	琼塔什河 176
恰特尔塔斯河 319	青土湖 232	琼台兰河 93
恰特恰什河 42	**青土湖 232**	琼铁热克河 84
恰特铁热克河 84	青羊河 240	琼托库依瑞克河 72
恰西河 312	青羊河 249	琼乌散库什河 84
恰阳河 42	青杨河 205	琼夏达比什河 173
恰依帕克河 319	清涧水 234	琼夏达河 173
千鸟湖 86	清水沟 21	琼彦托 183
千枝沟 3	**清水河 33**	丘巴尔博哈河 297
铅子里克河 318	清水河 153	丘布尔哈桑 309
前德门沟 291	**清水河 204**	丘尔丘特河 293
前红海 284	清水河 205	丘库尔布拉克河 322
前进水库 60	清水河 237	丘瓦尔亚孖西河 156
浅水河 147	清水河 241	秋库吐力河 119
羌巴苏 137	清水河 255	求勉雷克苏河 15
羌谷水 245	清水河 259	求汪阿尔孜河 58
羌克尔沟 178	清水河 284	曲尔默特沟 159
羌水河 251	**清水河子 152**	曲滚河 59
羌塘高原内流区河湖 1	顷木勒河 122	**曲惠沟 33**
强罕河 162	穷阿孜尕拉沟 46	曲库萨依河 108
乔尔沟 158	穷不斯萨依河 77	曲朗河 59
乔喀力克萨依 182	穷果勒河 98	曲勒齐特河 301
乔克津乌朗乌生河 37	穷卡拉子河 90	曲鲁海河 304
乔库尔河 306	穷科国吾赞河 310	曲曲克里克萨依 74
乔拉克达拉河 139	穷库勒萨依沟 297	**曲曲克苏湖 112**
乔拉克喀拉苏河 309	穷麦汗河 58	曲日能代牙河 119
乔拉克米斯河 310	穷铁开尔列克河 320	屈家泉 254
乔拉克萨依河 329	穷乌金格库乌什河 84	渠口河 289
乔拉克铁热克河 304	穷牙依拉克河 58	去库尔河 69
乔拉克乌尊河 125	穹库什太河 311	**泉吉河 226**
乔鲁特河 37	穹库孜娃依能代尔亚斯河 93	泉水湖 18
乔洛克卡普奇盖河 84	琼阿克萨依 74	**泉玉林河 284**
乔木河 335	琼阿希河 319	泉掌子沟 287
乔能格尔河 147	琼巴勒迪尔河 84	泉子沟 282
桥勒沟 153	琼冰水河 20	却卡巴依河 297
切得根艾肯河 99	琼果勒河 99	却拉塔拉克 141
切德克河 304,322	琼河坝 184	**雀尔沟河 149**
切格尔河 295	琼喀拉郭勒河 172	雀甫河 51
切吉沟 304	琼喀拉哲勒嘎河 65	确拉阿尔坦苏河 295
切木尔切克河 330	琼喀讷什沟 66	裙地那艾肯河 102
切茄克列克河 122	琼喀什喀苏河 65	裙它力克艾肯河 102
切特米斯河 310	琼喀什苏啊嗯河 65	群波河 3,19
切特沙尔布拉克河 319	琼开克能艾肯河 103	群吉萨依河 315
且末河 107	琼科克尔特河 73	群木孜力克河 100
且木干河 72	琼克什拉克河 175	群沙然里克河 54
且特乌尊河 125	琼库尔艾肯 101	群鸭湖 3
秦布拉克萨依河 108	琼库尔沟 140	
青布拉克河 311	琼库尔恰克河 83	**R**
青达玛河 222	**琼库勒巴什湖 70**	
青格达湖 146	琼库勒吉勒嘎河 70,71	热尔哈诺沟 51
青格里河 161,163	琼库木吉勒尔沟 70	热格色洛沟 53
青格里克湖 111	琼库恰克沟 108	热斯卡木河 46
青沟 252	琼阔克布拉克 74	日尔格河 224

日格依特河　293
日吉普河　110
日杰克山沟　54
日曼特河　293
绒牙依拉克河　122
茹萨姆贝赛溪河　319
若达勒孜河　52
若羌河　**106**

S

萨都库勒湖　340
萨尔不顺河　304
萨尔布拉克河　164
萨尔布拉克河　317
萨尔布拉克河　**319**
萨尔达拉河　154
萨尔卡尔达河　318
萨尔克提河　**316**
萨尔特基彼河　322
萨恨图海河　**37**
萨江巴依萨依河　301
萨喀勒河　62
萨喀勒斯肯河　309
萨喀萨依河　340
萨拉俄尔沟　54
萨拉高勒　292
萨利吉勒干南库勒河　3，20
萨利吉勒干南库勒湖　**20**
萨利吉勒干西河　3，20
萨帕尔库勒墩·吉勒嘎河　66
萨热别列斯沟　70
萨热克吉勒尕河　54
萨热克塔什河　53
萨热提坎河　84
萨热乌增河　338
萨日达格河　331
萨塞布拉克沟　83
萨色克河　65
萨瑟克湖　293
萨特阔依坎河　322
萨瓦亚尔顿河　65
萨依艾日克湖　**85**
萨依亨布拉克河　307
萨依亨河　307
萨音高勒　278
塞肯沟　159
赛不等埃根勒沟　98
赛德别克沟　158
赛尔卡铁萨依河　316
赛尔克勒接河　35
赛罕诺尔　269
赛里阔勒萨依沟　111
赛里木湖　**133**
赛米斯台河　156
赛女西河　58
赛日木河　**37**
赛什克河　199
赛依里肯河　324
赛依特库勒湖　**104**

赛音呼都格郭勒　280
三堡白杨沟河　176
三岔河　18
三岔河　234
三岔口河　18
三道白杨沟　166
三道沟　19
三道沟　170
三道沟　176
三道沟　190
三道海子　163
三道河子　154
三道河子河　**322**
三道马场河　149
三道泉河　322
三个岔沟　170，171
三个湖　3
三个山沟　171
三个山河坝　171
三工河　**142**
三台海子　133
三屯河　**147**
桑得克萨依河　320
桑根达来诺尔　290
桑根郭勒　205
桑株河　**120**
色格孜力克湖　93
色拉阿特河　122
色力德音高勒　278
色仍喀腊尕依河　340
色日克布隆河　119
色斯克河　176
色斯克亚河　**15**
色也勒钦郭勒　**267**
涩聂湖　200，212
瑟尔门阿拉别依河　72
僧阿尔加尔河　83
僧僧戈壁　278
沙巴尔台高勒　264
沙巴尔台郭勒　270
沙巴格霍托勒河　291
沙布根高勒　291
沙大王河　125
沙岛湖　218，221
沙得克塔斯河　301
沙德哈力马苏沟　297
沙堤雷哈桑河　309
沙尔敖包高勒　292
沙尔比亚河　83
沙尔布尔德湖　277
沙尔楚仑高勒　292
沙尔达坂沟　145
沙尔得兰布拉克湖　**176**
沙尔湖　**176**
沙尔毛敦高勒　282
沙尔木郭勒　270
沙尔诺海萨依河　320
沙尔区拉河　311
沙尔我依萨依河　77
沙尔音高勒　276

沙尕尔托格依河　301
沙沟河　238
沙海特河　135
沙罕水库　**76**
沙河　234
沙加尔雷克冰川河　93
沙克拉马河　338
沙克斯干河　49
沙拉格诺尔　**277**
沙拉依灭勒河　295
沙腊格诺尔　277
沙腊勒吉　282
沙勒哈拉玛河　301
沙里满河　35
沙柳河　201
沙柳河　226
沙隆格帕河　49
沙木森布拉克河　336
沙你达勒河　77
沙热塔什　69
沙特巴克兰沙河　49
沙特布拉克河　312
沙特瓦拉得湖　70
沙雅大河　96
沙依地库拉沟　53
沙依力克湖　85
沙孜吉勒嘎河　72
沙子河　16
傻郎河　57
山城河　251
山丹河　250
山水沟　256
山羊沟　21
删丹河　245
陕谢克萨依河　340
善钦赛思呼都格郭勒　278
上胡尔登郭勒　**280**
上穆龙河　254
上游水库　**61**
尚海沟　85
邵拉克宁依奇河　88
绍尔克里湖　**112**
绍荣根诺尔　264
蛇形河　9
舍布尔廷浑迪　267
舍尔本音高勒　291
社乐诺尔　274
深沟　210
渗水沟　3
胜利河　87
胜利水库　**92**
十八顷河　282
什巴尔库勒湖　163
什根特河　328
什那尔萨依沟　143
石城子河　**178**
石城子水库　**180**
石墩子河　259
石灰关河　253
石灰窑　251

403

石岭河 274	四矿沟 328	苏云河 293
石漫湖 3	四拉河 281	酥油口河 252
石门沟 319	寺沟河 250	**素棱郭勒河 201**
石门子水库 150	松巴扎陇 209	酸茨沟 237
石漆 259	松努克萨依河 309	绥吕皮亚孜河 73
石漆河 128	松树沟 139	碎石沟 5
石人子沟 137	松树沟 159	碎石河 18
石人子沟 143	宋家沟 143	孙多果勒河 66
石人子沟 166	苏阿尔勒马特河 304,319	笋子湖 3
石人子沟 182	苏阿克河 55	索代沟 286
石羊大河 234,237	苏阿苏河 304	索果淖尔 244
石羊河 234	苏阿苏河 310	索林诺尔 265
石窑子艾肯沟 172	苏阿苏萨依河 310	索洛莫沟 70
石油河 259	苏巴什河 78	索芝龙河 59
石脂水 259	苏巴什河 137	
史家大湖 235	苏布台河 315	**T**
氏水 251	苏布台河 318	
淑特诺尔 276	苏盖特河 76	他龙河 122
舒尔干河 207	苏盖特河 122	他图人高勒 287
舒吉音高勒 291	苏盖提坎河 111	他乌查干高勒河 161
舒诺尔 276	苏盖提力克河 58	他西土尔河 99
舒特诺尔 264	**苏干湖 190**	塔班阿拉德音高勒 291
舒特诺尔 267	苏海图河 212	塔勒勒克萨依沟 77
舒特诺尔 273	苏亥高勒 291	**塔布河 286**
舒特诺尔 275	苏亥音扎德盖浑迪 291	塔布勒河 126
疏勒河 256	苏吉布拉格河 268	塔尔布拉克沟 302
疏纳诺尔湖 176	苏吉萨依沟 131	塔尔嘎拉克河 66
帅仁诺尔 273	苏吉准浑迪 281	塔尔干里萨依沟 111
双泉河 17	苏记郭勒 292	**塔尔洪河 289**
双树寺水库 252	苏克代亚河 116	塔尔浑迪 272
双塔堡水库 259	苏客拉卡依河 330	**塔尔郎河 172**
双须湖 3	**苏库恰克水库 57**	塔尔郎河 332
水草沟 286	苏拉克艾奇厄肯河 98	塔尔米嘎河 70
水沟 153	苏拉尼能依奇河 90	塔尔萨依河 311
水沟子 143	苏拉夏河 171	塔尔沙特河 301
水关河 253	苏勒巴什达利亚河 69	塔尔特库里河 65
水管河 241	**苏勒库瓦提河 49**	塔格勒给特河 37
水井子河 278	苏勒萨依河 319	塔合拉克河 93
水苦龙河 117	苏勒铁列克 132	**塔合曼河 54**
水磨沟河 315	苏里苏河 166	塔机拉河 88
水磨河 143	苏力热河 37	**塔克敦巴什河 54**
水磨河 182	苏令郭勒 196	塔克勒特河 37
水西沟 141	苏令河 228	塔克力干河 158
思浑河 40	苏鲁克斯达克河 70	塔克塔库如木苏啊嗯河 65
斯板库勒河 301	苏鲁诺尔 280	塔克塔阔若木河 67
斯别提苏河 298	苏鲁铁热克河 65	塔拉额垫格图河 215
斯察尔河 312	**苏木拜河 308**	塔拉郭勒 290
斯迪尔琼亚尔河 73	**苏木达依日克河 336**	塔拉克泰依 336
斯尔库勒湖 318	苏木代尔格河 336	塔拉马拉萨依沟 77
斯呼勒高勒 292	苏木河 335	塔拉索勒郭勒 269
斯楞苏图诺尔 273	苏木勒克河 122	塔拉提河 163
斯里克库里 171	苏木音郭勒湖 277	塔腊特河 163
死海 160	苏怒斯能依奇河 90	塔勒艾勒克河 301
四道白杨沟 166	苏普特河 324	塔勒巴什河 55
四道沟 166	苏钦尔苏木高勒 287	塔勒得河 318
四道沟 176	苏热依奇河 90	塔勒德沟 313
四道河子 154	苏入河列河 98	塔勒德萨依 154
四工河 142	苏特开什三代河 51	塔勒德夏溪 313
四号地海子 284	**苏油口河 252**	塔勒登河 322
四棵树河 126	**苏约克河 73**	塔勒迪克河 137

塔勒坎木沟　77	台普希克乌增河　148	铁列克河　66
塔勒勒克艾根勒河　98	台然河　137	铁列克河　75
塔勒木吉尔格朗河　312	台日黑乌兰哈达河　268	铁列克河　83
塔勒木朔尔马河　312	**台特马湖　40**	铁列克萨依河　149
塔勒奇沟　320	太比勒黑特果勒河　126	**铁列克提河　302**
塔勒恰特河　338	太和城河　289	铁列斯布塔克河　338
塔里克列克河　335	太阳湖　1	铁留白萨依河　330
塔里木河　40	**太阳湖　214**	铁买克沟　129
塔里木河　103	坦色河　99	铁美尔巴坎他乌河　336
塔里木内陆河湖　22	坦特尔恩格沟　108	**铁门关水库　39**
塔里木水库　103	炭窑沟　166, 182	铁米尔勒克沟　315
塔列特萨依河　311	**唐巴湖水库　331**	铁米尔苏河　82
塔米尔河　55	唐盖沟　54	铁木尔里克　313
塔木彻萨依　74	唐宫沟　178	铁木尔里克沟　318
塔木卡拉河　77	唐拉卡尔河　98	**铁木里克河　217**
塔木塔格什河　95	唐斯克河　137	铁热克布拉克沟　77
塔日牙诺尔　269	陶来格勒河　277	铁热克德萨依　154
塔日彦浑迪　272	**讨赖河　254**	铁热克河　85
塔日彦浑迪　272	套来郭勒　292	铁热克萨依沟　297
塔什艾勒克河　77	**特布乌拉河　282**	铁热克苏河　298
塔什巴依　69	特尔维其克河　97	铁热克特河　300
塔什河　182	特给乃奇克河　77	铁热克特乌增河　302
塔什开其克河　184	特克喀英河　156	铁热克提河　338
塔什科若沟　83	特克斯河　293, 304	铁热克铁沟　148
塔什克勒木河　55	特拉木坎力冰川湖　50	铁热木河　69
塔什肯艾列克沟　174	特洛门根日能艾根勒河　98	铁仍吉拉沟　341
塔什库尔干河　52	特木尔土沟　159	铁仍哲腊沟　341
塔什库勒湖　18	特陪苏龙河　99	铁瓦托乎拉河　46
塔什库勒苏巴什河　3, 18	特热特诺尔湖　31	铁西克恰甫河　83
塔什那鄂特河　59	特洼萨依河　316	厅格姆音戈壁　279
塔什普什喀萨依河　75	特雅海子　31	听杂阿布河　57
塔什萨依河　107	**腾格尔诺尔　288**	通古孜鲁克河　75
塔什乌托克沟　70	腾格湖　21	通古孜鲁克河　83
塔什吾斯塘河　93	腾鱼湖　3	通天河　9
塔什玉依河　73	提霍腊河　173	通天河　35
塔水艾肯河　103	提坎布拉克河　82	铜厂河　100
塔水河　178	提约奴哈河　117	铜沟　171
塔斯拜克吐尔根河　327	提宰克古勒河　180	铜轱辘河　280
塔斯布拉克河　315	**提孜那甫河　57**	**童子坝河　251**
塔斯达旺溪河　315	天成河　286	头道白杨沟　166
塔斯都威河　99	天浒河　109	头道沟　155
塔斯格勒河　313	天井坑沟　143	头道沟　166, 176, 180
塔斯滚河　76	天蓬河　249	头道沟　170
塔斯萨依河　110	**天山天池　142**	头道沟　190
塔斯特布拉克河　336	天水河　13	头道沟　258
塔斯特河　339	田四沟海子　284	头道沟河　19
塔斯提河　301	条子沟　237	头道沟河　178
塔塔活络提河　66	铁布克苏　159	头道河子　154
塔塔棱河　193	铁布肯乌散　159	头道水　148
塔西河　149	铁盖列克河　83	**头屯河　147**
塔西里克萨依沟　111	铁干力克迪那河　102	图古木诺尔　288
塔夏阿勒河　55	铁格尔曼苏河　65	图拉苏冰河　307
塔牙孜苏河　137	铁开里　68	图力嘎浑迪　265
塔依旁　69	铁克塔什河　65	图尤克河　84
踏实河　260	铁奎河　204	土城子河　286
台郭勒　290	铁勒特孜沟　55	土尔根河　336
台吉乃尔河　215	铁里门萨依　132	土尔滚阿仁河　336
台兰河　93	铁里斯盖沟　329	土尔滚河　333
台勒维丘克河　97	**铁列克德河　338**	土格别里齐河　96
台木哈达河　176	铁列克厄肯河　97	土根曼苏河　54

土根曼苏能西其河 69	托莫尔特沟 331	乌尔喀什布拉克 176
土古里克河 149	**托木尔苏河 82**	乌尔喀什布拉克湖 176
土拉巴依河 66	托普苏孜河 90	乌尔莫盖提河 330
土拉河 90	托其里萨依河 108	乌尔塔布拉克河 134，135
土鲁克苏河 173	**托什干河 82**	乌尔塔查干敖包乃高勒 291
土塔河 241	**托素湖 194**	乌尔塔郭勒 270
土外提牙依拉克河 122	托索河 202	乌尔塔克萨雷河 130
土由克梅盖西沟河 83	托索湖 203	乌尔塔诺尔 278
吐尔布隆达里亚河 70	托乌力亚河 78	乌尔塔其浑迪 273
吐尔得库勒河 53	托吾恰克·乌勒都沟 66	乌尔塔音高勒 290
吐尔尕特河 74	托逊能苏 132	乌尔坦沟 304
吐尔干布拉克河 304	托依托果西河 329	乌尔特浑迪 291
吐尔干河 183	**托云萨依河 74**	乌尔兔河 289
吐尔干湖 183	托孜拉河 122	乌尔托明铁盖河 66
吐尔根布拉克河 304	托孜拉克河 59	**乌尔雪勒特河 298**
吐尔根沟 313	驼斯计河 35	乌尔扎尔河 293
吐尔洪河 324		乌嘎拉金高勒 292
吐尔库里 183	**W**	乌沟 166，182
吐古买提河 74		乌古图高勒 286
吐哈—巴伊盆地河湖 166	哇力麻河 222	乌哈尔里克河 319
吐拉苏河 318	**瓦恰河 55**	乌和尔陶勒盖淖尔 290
吐兰胡加河 112	**瓦石峡河 106**	乌花陶勒盖沟 273
吐鲁格图河 215	瓦音曲 227	乌吉高勒 274
吐鲁更恰干河 315	外河 237	乌晋吉库乌什河 84
吐鲁木塔依厄肯河 96	**豌豆湖 12**	乌克河 278
吐曼河 67	万泉子 153	**乌拉泊水库 146**
吐米亚河 114	威尔图诺尔 280	**乌拉盖戈壁 265**
吐姆河 307	微波河 3，19	乌拉盖郭勒 265
吐日苏河 89	维日克且 225	**乌拉盖河 265**
吐要克艾肯河 102	维日克琼 225	**乌拉盖水库 267**
吐孜布拉克河 106	**维他克河 71**	乌拉格琴果勒 164
吐孜敦昂额河 77	未都拉克哈恩木代牙河 112	乌拉哈乌拉 284
吐孜库勒 332	苇湖 235	乌拉森阔腊河 125
吐孜良达里亚河 120	苇湖 299	乌拉斯沟 330
吐孜苏盖特湖 78	苇湖沟 140	乌拉斯塔依溪 315
湍流河 109	渭户沟 140	乌拉斯台沟 155
团结湖 200	尉里克河 46	乌拉斯台沟 169
托布加嘎萨依河 156	**渭干河 94**	乌拉斯台沟 34
托儿色子河 76	温泉沟 222	乌拉斯台沟 35
托格尔托拜萨依 329	**温泉水库 209**	**乌拉斯台河 38**
托格拉艾肯河 102	温思乐河 297	**乌拉斯台河 300**
托格拉萨伊河 217	文殊沙河 254	乌拉斯台河 315
托个别拜尔哥列河 98	翁滚诺尔 280，281	**乌拉斯台水库 301**
托古求尔河 66	窝勒塔格勒萨依沟 302	乌拉斯泰郭勒 205
托海水库 318	我拉尔德克河 156	乌拉斯泰河 205
托海盐碱滩 93	沃搏尔孙都勒沟 291	乌拉台沟 166
托克满苏河 52	沃布拉格郭勒 270	乌拉太尔河 85
托克沙洼河 66	沃尔塔库勒湖 163	乌拉乌苏河 37
托克逊艾肯 169	沃尔塔库勒奎干河 163	**乌兰道希浑迪 265**
托库提吐鲁克河 70	沃吐拉达坂沟 137	乌兰额尔格音赛尔 291
托库玉入库能阿俄孜河 70	**沃托格赛尔河 130**	乌兰额热高勒 291
托库孜阿腊勒河 180	卧龙迹河 135	**乌兰额热格 290**
托库孜达拉沟 139	渥洼水 261	乌兰岗干 290
托拉海河 211	乌达阿河 123	乌兰沟 279
托拉纳什库里湖 293	乌代肯尼河 152	乌兰哈德郭勒 196
托勒库勒湖 183	乌德勒好来河 274	乌兰呼都格诺尔 288
托略萨依河 301	乌杜娥勒沟 128	乌兰呼沙海子 284
托洛河 240	乌尔达克赛河 130	乌兰花河 286
托洛姆托河 337	乌尔大隆萨依河 77	乌兰吉吐浑迪 272
托满河 88	乌尔墩赛依河 330	乌兰漳尔 280

乌兰努尔沟　128
乌兰诺尔　263
乌兰诺尔　273
乌兰诺尔　277
乌兰诺尔　282
乌兰萨德克河　126
乌兰沙勒诺尔　279
乌兰善达高勒　291
乌兰陶勒盖高勒　282
乌兰陶勒盖高勒　287
乌兰陶勒盖苏木河　280
乌兰陶勒河　287
乌兰推饶木　279
乌兰乌拉郭勒　209
乌兰乌拉湖　12
乌兰乌苏河　144，154
乌兰乌苏河　203
乌兰乌苏浑迪　264
乌勒肯　312
乌勒肯哈拉哈依特河　152
乌勒肯卡赞河　322
乌勒肯昆克依特河　327
乌勒昆阿勒玛勒河　297
乌勒昆乌拉斯图河　341
乌里库杜尔贡河　330
乌里吐尔根河　324
乌里亚斯台河　134
乌力德音高勒　278
乌力吉图沟　159
乌鲁阿特河　72
乌鲁尕依提能萨依　68
乌鲁格河　108
乌鲁克河　59
乌鲁克库勒湖　117
乌鲁克萨依河　113
乌鲁克萨依河　118
乌鲁克苏河　108
乌鲁克苏河东支流　108
乌鲁克苏吾斯塘河　43
乌鲁木盖提河　330
乌鲁木齐河　145
乌鲁瓦提水库　90
乌伦古河　161
乌伦古湖　160
乌尼河　227
乌帕塔勒坎沟　83
乌恰沟　324
乌日古布力格　281
乌日图沟　287
乌日吞郭勒　292
乌如克河　67
乌瑞克达里亚河　67
乌什开伯西河　100
乌什水水库　297
乌什塔拉河　32
乌斯曼河　103
乌斯特沟　159
乌斯通沟　169
乌斯吐河　125
乌苏都别格争河　130

乌苏特郭勒　289
乌苏图恩郭勒河　169
乌苏图乌兰萨拉　159
乌塔拉克河　297
乌塔木尔河　37
乌坦勒克河　118
乌特艾肯河　33
乌特布拉克河　160
乌铁肯沟　37
乌图布拉克　328
乌图精河　128
乌图阔力河　158
乌图美仁河　212
乌图诺尔湖　32
乌图乌拉生沟　159
乌图夏尔河　307
乌吐克代牙河　119
乌溪沙河　3
乌依塔克河　71
乌依扎依拉克河　322
乌优特音高勒　271
乌玉尔台河　304
乌玉河　86
乌珠尔呼舒　290
乌宗布拉克河　302
乌宗布拉克河　319
乌宗图什河　84
乌尊布拉克河　183
乌尊布拉克河　310
乌尊布拉克湖　176
乌尊布拉克湖　176
乌尊古勒尕　68
乌尊吉勒嘎河　70
乌尊喀克尔沟　77
乌尊克拉嘎依河　76
乌尊克勒河　111
乌尊萨依　182
乌尊硝尔湖　105
吾尔塔米斯河　310
吾甫浪沟　54
吾甫浪吉勒尕河　51
吾克里克萨依沟　111
吾浪肯亥河　310
吾勒昆塔勒德萨依河　154
吾龙沟　206
吾鲁尕提河　72
吾鲁特萨依河　147
吾牛沟　210
吾斯塘萨依河　111
吾唐沟　139
吾塘沟　139
吾土布拉格河　329
吴甫尔吉勒尕河　77
五道沟　19
五道沟　166，176
五道河子　154
五工沟　141
五沟　166，182
五号河　286
五涧谷　234

五龙沟　206
五鲁滚布拉克萨依　114
五守沟　140
五台河　282
五一水库　100
五一水库　132
武威雷台湖　235
兀泷古河　161

X

西白提河　127
西白杨沟　145
西草湖　250
西叉沟　170
西岔河　19
西岔河　253
西岔河　329
西大河　243
西大河水库　243
西大龙口河　140
西道流　251
西沟　139
西沟　166，182
西沟　237
西海子　180
西合休河　58
西河　259
西黑沟　166，182
西横八郎沟　260
西金乌兰湖　9
西居延海　244
西喀拉斯坦河　58
西克查岗郭勒河　127
西克尔水库　77
西克萨依河　310
西昆仑冰川河　92
西力比驴河　83
西柳沟　252
西马莲沟　253
西南果勒河　317
西南库尔河　317
西日克吐斯代牙河　112
西日芒来代牙萨依沟　111
西沙河　240
西水关　251
西水脑沟　137
西水峡沟　259
西塔龙沟　254
西台吉乃尔湖　212
西头沟　256
西土城河　280
西硝池　235
西小水河　170
西亚马托郭勒　194
西盐湖　176
西窑泉河　182
西营河　240
西营水库　241
西余一塔士沟　211

407

西玉龙喀什河 92	向南沟 3	小南沟 154
希格尔曲 224	向阳沟 3	小拍安萨依河 135
希克吉勒嘎河 174	消尔布拉克代牙河 50	小平槽沟 171
希勒布拉克河 163	硝尔达里亚河 75	小畦坝河 240
希勒维力克 183	硝尔库勒湖 3	小乾沟 171
希勒维鲁沟 77	**硝尔库勒湖 77**	小青格里河 163
希勒维鲁沟 84	**硝尔库勒湖 114**	小青河 163
希里沟湖 199	硝尔鲁河 66	小渠子沟 147
希力特沟 137	硝尔鲁萨依河 67	小三台子沟 140
希尼尔水库 39	硝若鲁河 67	**小沙河 13**
希热图诺尔 276	**小艾里克湖 157**	小沙龙河 254
希外特河 337	小八宝河 249	小石壁 251
希依达木苏啊嗯河 65	小白代河 309	小石河子 259
锡别特河 134	小白杨沟 151	小石门沟 166
锡伯图河 298	小白杨沟 154	小水梁沟 153
锡林河 272	小白杨沟 166,176	小松树沟 134
席边河 286	小白杨沟 184	**小苏干湖 191**
细长干河 184	小别勒湖 200	小唐沟河 135
细流河 3	小布鲁斯台河 35	小天生圈河 166
细水河 239	小柴达木湖 193	小同达坂河 52
虾酱河 284	小柴旦湖 193	小同河 52
虾子湖 3	小昌吉河 148	小土尔根河 324
峡口河 3,19	小昌马河 256	小土尔根河 329
峡门河 238	小档曲垦河 99	小乌拉斯台河 134
遐尔沟 169	小东沟 142	小乌龙沟 243
下得拉克河 99	小东沟 149	小无山郭勒 277
下尔戈河 203,204	小东沟 330	小西岔 252
下里诺尔 277	小堵麻 251	**小西沟 321**
下马里克河 113	**小干沟水库 211**	小锡别特河 135
下穆龙河 254	小公沟 284	小锡伯图河 298
下泉子沟 137	小拐杖沟 18	小溪沟 139
下天吉水库 129	**小哈尔腾河 191**	小香沟 250
下午持根郭 310	小海子 160	小熊沟 166,182
夏尔沟 169	小海子 165	**小盐池 158**
夏尔郭勒 196	小海子 284	小羊圈 251
夏尔苏河 85	**小海子水库 60**	**小灶火河 212**
夏尔希里河 131	小河子 139	小直沟 237
夏干沙特沟 145	小黑沟 166,182	肖墩阿吉萨依河 319
夏格孜郭勒河 151	小黑沙头 283	肖尔布拉克沟 313
夏哈特河 127	小红旗沟 166,182	肖尔布拉克沟 319
夏河 48,61	小红泉 261	肖尔布拉克河 66
夏拉 225	小洪纳海河 304	歇马昂里河 202,203
夏日阿哈木河 212	小花儿沟 170	协海吾斯塘河 47
夏日格曲 225	小花牛沟 152	协特克喀拉萨依沟 302
夏日哈河 205	**小吉尔格郎河 312**	协特克库勒河 163
夏日哈河 226	小鲸鱼湖 3	协特克库勒湖 163
夏日何清岗龙郭勒 209	小卡拉干河 304	协天德河 312
夏什克沟 329	小喀拉喀什河 87	协作湖 200
夏特河 62	小喀什喀苏河 65	斜河 242
夏特河 307	小克兰河 330	谢家沟 147
夏子盖盐池 157	小克斯湾 254	谢依特河 77
仙海 220	**小库赛湖 215**	谢依特喀什喀苏河 65
鲜水 245	小柳沟 166,182	辛滚沟 53
鲜水海 220	小龙池沟 100	新大河 79
陷车河 10	小龙口河 135	新地河 135
香沟 252	小陇沟 255	**新郭勒 269**
香日德河 203	小马圈沟 166,182	新和田河 89
香子沟 254	小玛纳斯河 152	新户河 135
祥龙湖 82	小莫因台河 310	**新疆坎儿井 185**
响水河 241	小南沟 138	新金沟 329

新井子水库 **86**
新乌苏高勒 291
杏树沟 171
熊鱼河 12，13
熊爪湖 235
休屠泽 232
秀水河 109
徐家沟泉 137
徐结矮艾力河 58
许鲁呼塔河 175
许许达腊河 56
雪柔曲 223
雪山河 **214**
雪水沟 207
雪水河 207
雪水湖 3

Y

鸭湖 213
鸭嘴湖 3
牙尔巴垦能艾根勒河 98
牙尔乃孜沟 172
牙格迪那河 102
牙马特河 329
牙马图河 194
牙满萨依河 76
牙台伯地河 119
牙通古孜河 **112**
牙娃石吉勒尕沟 54
牙瓦西其克河 88
牙依拉河 58
牙依拉克土尕氏河 122
牙杂克河 58
雅布赖盐湖 **231**
雅刁朵霍河 335
雅克拉克萨依河 110
雅日东陇曲 209
雅日加陇曲 209
亚合隆贡玛 224
亚合隆休玛 224
亚喀萨拉 183
亚勒古孜阿恰勒艾肯河 102
亚马堤沟 35
亚马特河 125
亚普羌吉勒尕河 76
亚斯波龙河 59
焉耆海 31
盐池河 332
盐海 124
盐湖 3
盐湖 171
盐湖河 4
盐水沟 **101**
盐泽 27
彦吉嘎郭勒 **268**
堰汰诺尔 268
羊布拉克河 55
羊大库勒沟 55
羊露河 255

羊奶子沟 172
羊腾河 274
羊胸子 251
阳春湖 3
阳康曲 224，225
阳霞艾肯河 103
阳霞河 **103**
杨家坝河 237
杨家坝河 240
杨树沟 270
杨托河 178
杨瓦克河 121
洋萨尔水 103
妖门精河 128
妖吾斯塘河 122
腰带高勒 290
尧尔特河 329
也步泉土尕氏河 122
也尔的石河 324
也尔嘎颇恰勒河 65
也尔克德克河 340
也根布拉克沟 301
也克卓勒河 161
也米里河 295
也特森布格河 315
冶雷苏河 84
野沟湾 252
野驹律沟 140
野马沟 190
野马河 **261**
野牛沟 176
野牛沟 210
野牛沟 248，249
野鸭湖 3
野云沟 103
叶尔盖提河 300
叶尔羌河 **43**
叶尔苏河 319
叶力岗郭勒河 310
叶亦克河 **114**
曳河 324
一百棵树沟 128
一棵树沟 242
一里坪干盐湖 **216**
伊不拉音库尔萨依河 319
伊和包勒格郭勒 269
伊和布达尔干诺尔 263
伊和查贝诺尔 269
伊和达布斯诺尔 **269**
伊和额勒特诺尔 280
伊和嘎劳塔诺尔 267
伊和高勒 **278**
伊和吉林郭勒 **270**
伊和诺尔 263
伊和诺尔 265
伊和诺尔 268
伊和诺尔 276
伊和赛得尔沟 158
伊和沙巴尔诺尔 **263**
伊克阿勒河 196

伊克柴达木湖 **192**
伊克当斯河 156
伊克郭勒 205
伊克济尔噶朗河 312
伊克乌兰河 **226**
伊拉河 302
伊拉斯特河 163
伊兰勒克 183
伊雷木湖 328
伊犁河 **302**
伊力克河 49
伊丽河 302
伊阡巴达河 14
伊阡巴达湖 14
伊色可斯 52
伊吾河 **184**
伊吾盐池 183
伊亚衣艾肯河 102
衣什塔尔吉苏河 86
依布拉格河 98
依当河 55
依干其艾肯河 93
依干其水库 **56**
依格孜亚河 **76**
依格孜也尔河 76
依给别里吉勒嘎河 70
依克尔克尔古提河 33
依克尔乔鲁突沟 33
依克哈尔特落沟 37
依克奇策尔根 192
依克如族海底克河 37
依克赛河 **37**
依克乌斯吐沟 155
依拉勒克河 98
依拉苏沟 54
依朗力克萨依 182
依灭勒河 295
依其里克沟 35
依日吉勒嘎河 70
依史克布拉克河 98
依协克帕提河 **14**
依协克帕提湖 **14**
怡安村沟 278
宜克光河 205
移山湖 **9**
义和村河 278
亦力 302
亦列 302
益离 302
因爱西河 88
因其可苏河 176
音德尔特河 228
音根河 77
音其克郭勒河 178
音苏盖提河 **50**
音扎格郭勒 268
吟诗湖 3
银球湖 3
饮马河 29
饮马湖 **7**

英阿苏河 83	玉树滚艾肯河 99	窄路沟 252
英达里亚河 96	玉苏干沟 158	**寨口河 316**
英达雅河 96	玉苏普阿勒克 217	寨口阔拉河 316
英盖亚依洛河 315	玉苏普阿勒克河 217	占德勒克河 163
英格堡河 135，137	玉希布拉克河 322	张掖河 245
英格里克河 106	玉依布札尔沟 70	张玉珠村河 282
英库尔干河 73	欲贡喀拉扎特河 336	**章古音高勒 281**
英库勒湖 184	鸳鸯泊 285	召河 287
英牙依拉克河 173	**鸳鸯池水库 255**	照阳河 278
英亚依拉克郭勒河 173	元川 251	折合玛日曲 223
英沿河 81	圆头山河 214	哲别特河 330
鹦鸽嘴水库 253	湲水河 3	哲普河 336
萤水湖 3	约尔根涌 204	正格河 327
永安坝水库 61	约马克其河 106	直沟 139
永丰湖 3	月亮湖 8	直河 242
永红湖 10	月牙河 18	治雷代勒克河 322
涌泉坝 254	月牙湖 260	**中葛根河 138**
优尔打息克尔河 99	月牙泉 261	**中哈跨界内陆河 293**
泑泽 27	岳普湖河 69，76	中海子 160
尤可特郭勒 203	**跃进水库 100**	中后河 286
邮电局沟 128	**跃进水库 152**	**中泉子芒硝湖 232**
有萨尔乌日萨依河 32	云机里克哈恩木代牙河 112	中小水河 170
于登巴斯也盖阿苏 152	云喀齐洛克河 99	朱龙关河 255
于肯海因德布拉克河 311		珠尔嘎代高勒 276
于勒昆铁列克德河 297	**Z**	珠斯令河 163
于阗河 86		诸闻泊 285
鱼儿泊 274	杂木河 239	猪场沟 320
鱼海 31	宰依达里亚河 47	猪野泽 232
鱼卡河 192	再依勒克河 92	助力可河 271
榆林坝 254	赞坎达尔尤河 53	庄浪沟 237
榆林河 260	灶火河 211	准达来诺尔 278，279
榆树沟 143	则克台沟 313	准嘎勒其嘎亥戈壁 279
榆树沟 180	则库河 316	**准噶尔盆地河湖 134**
雨孜你那克孜河 77	则库乌河 333	准浩希马格诺尔 276
玉带河 251	泽河 47，61	准洪特诺尔 276
玉尔滚河 183	泽普勒善河 47	准诺尔 277
玉河 91	扎达盖高勒 287	**准沙巴尔诺尔 263**
玉肯苏尔塔斯河 322	扎达盖河 289	准乌德（河） 273
玉昆克兰河 330	扎额斯特河 201	卓勒莫德纳河 298
玉浪河 17	**扎尔格楞图河 290**	卓勒萨依沟 163
玉勒克河 75	扎尔玛图河 125	**卓路特河 329**
玉勒肯科克哲腊沟 302	扎尕错 209	**卓乃河 6**
玉勒肯库斯吐河 327	扎尕曲 209	**卓乃湖 5**
玉勒昆且尔干德 190	扎格斯台郭勒 268	**卓尤勒干苏河 65**
玉龙河 118	**扎格斯台河 36**	孜牙勒德河 147
玉龙喀什河 91	**扎格斯台诺尔 277**	子母河 105
玉龙克尔河 118	扎哈塔西恰恩郭勒河 32	紫泥河 322
玉门河 258	扎加曲 209	宗昆尔玛哈勒赛河 15
玉奇布拉克河 317	扎朗阿什河 322	宗昆尔玛 15
玉奇开沟 83	扎雷克塔尔河 84	宗马海湖 192
玉奇塔什苏啊嗯河 65	扎陇拉考 209	祖鲁木台恩郭勒河 169
玉山古西河 84	扎明漳尔浑迪 290	祖鲁木图沟 169
玉山湖溪河 84	扎依都尔根河 327	祖木墩沟 128
玉姗格勒河 59	札根好来 291	最克特河 163
玉什库勒湖 163	札合哈尔盖吐沟 159	左尔布图河 331
玉什库勒湖 341		

《中国河湖大典 西北诸河卷》
编辑出版人员名单

总 编 辑：汤鑫华

副总编辑：胡昌支

特约编辑：谢良华

责任编辑：王海琴　王　丽　王德鸿　吴　娟　李金玲　吉鑫丽　冯红春

英文编辑：方　平　李金玲

美术编辑：刘一櫱　芦　博

地图编辑：樊启玲　黄云燕

封面设计：刘一櫱

版式设计：曲大鹏　王国华　黄云燕

责任排版：吴建军　郭会东　孙　静　丁英玲　聂彦环

责任校对：张　莉　陈春嫚　黄　梅　吴翠翠

责任印制：崔志强　帅　丹　孙长福　王　凌

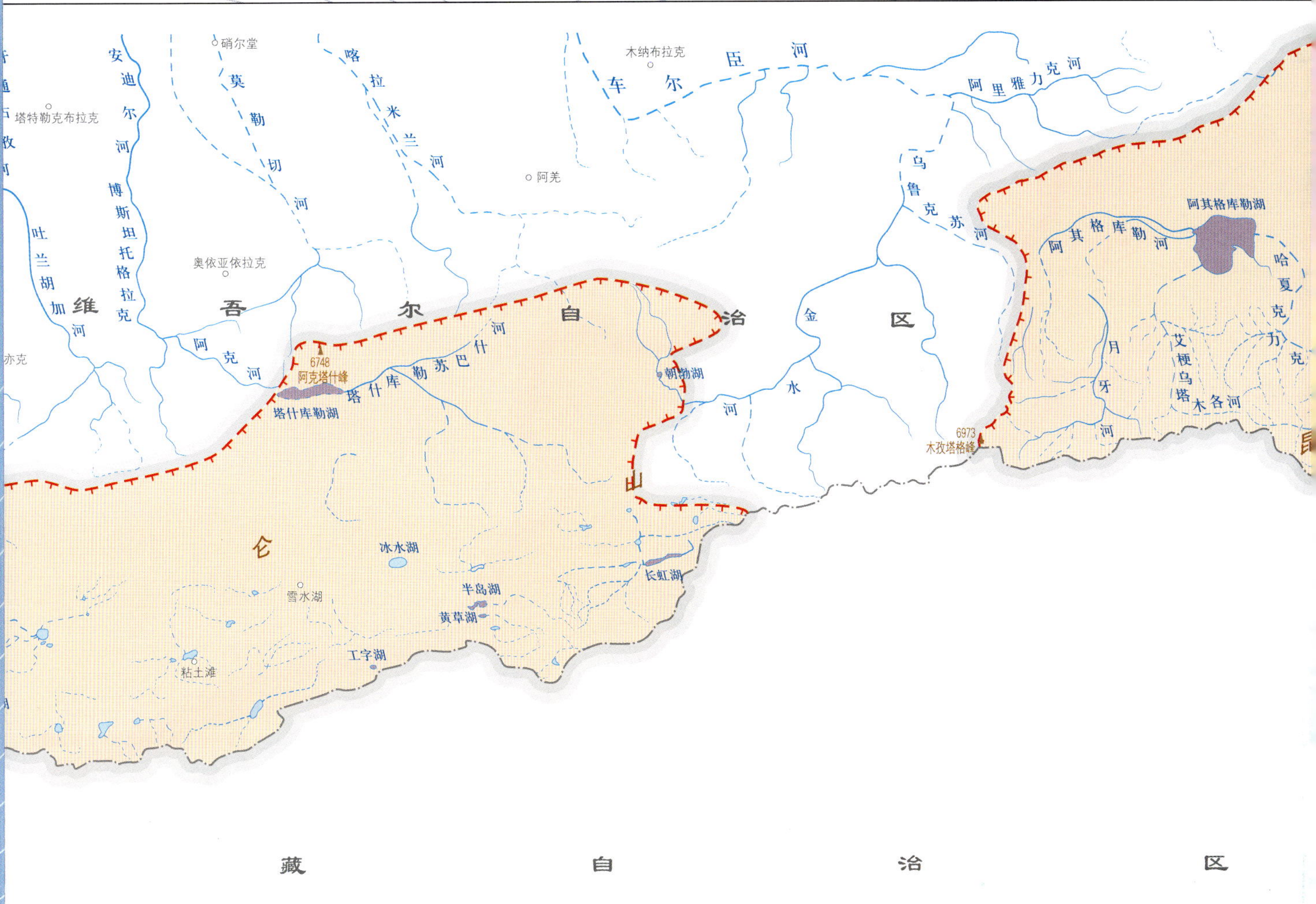

水系在西北诸河中位置示意图

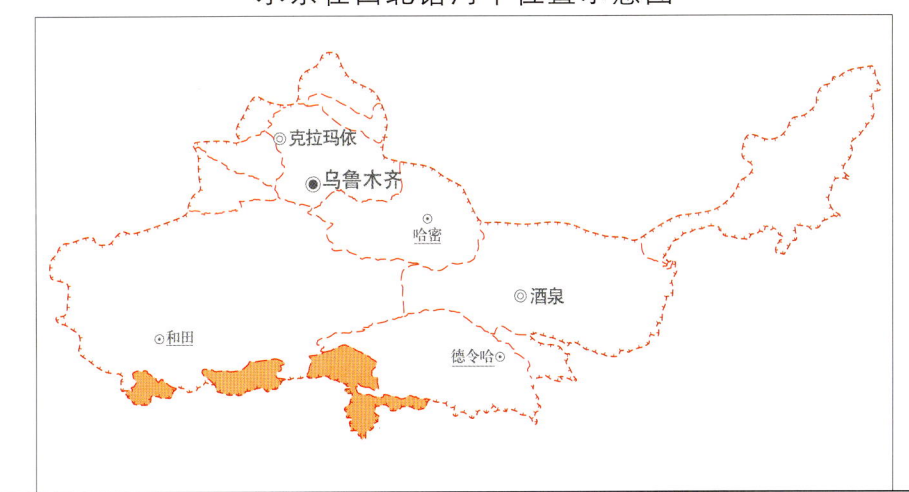

柴达木盆地河湖水系图

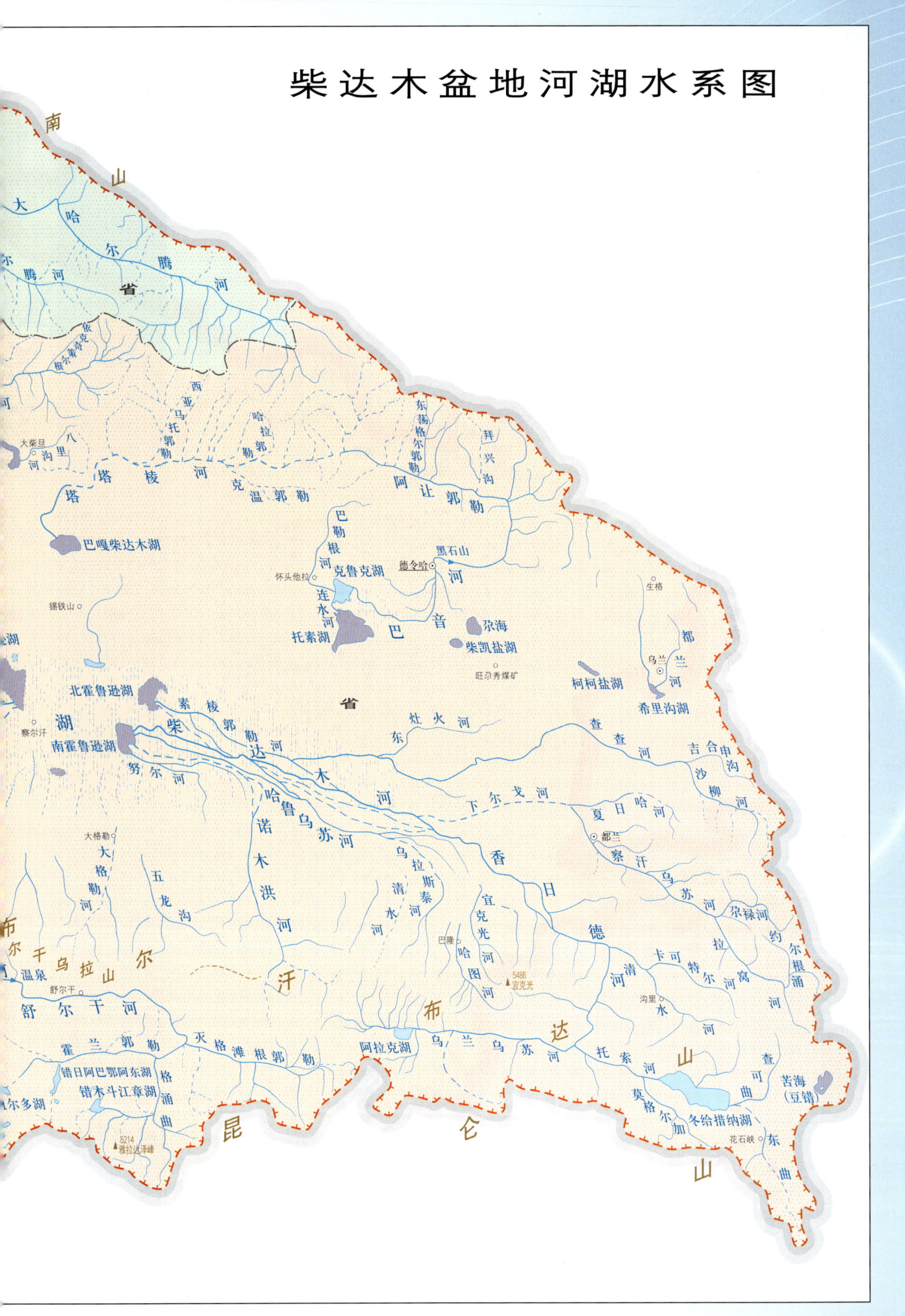